The Chimpanzees of Gombe / Patterns of Behavior
Jane Goodall

野生チンパンジーの世界
［新装版］

ジェーン・グドール著　杉山幸丸／松沢哲郎監訳

訳者／杉山幸丸・松沢哲郎・藤田和生・宮藤浩子・三谷雅純・広谷　彰・大井　徹
　　　中川尚史・五百部裕・板倉昭二・室山泰之・佐倉　統・伏見貴夫

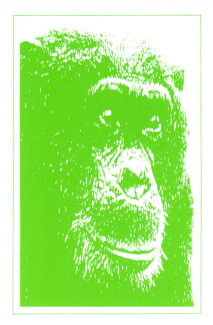

ミネルヴァ書房

THE CHIMPANZEES OF GOMBE
by Jane Goodall
Copyright © 2017 by Soko Publications Ltd.
Japanese translation published
by arrangement with Soko Publications Ltd.
c/o Maven Productions through
The English Agency (Japan) Ltd.

母 バンヌに，ゴンベのチンパンジーたちに，
　　そしてルイス・リーキーの想い出に

はじめに

　いつものようにその朝，わたしはカサケラ峡谷にわけいって，チンパンジーを探しもとめていた。昼に熱帯特有の豪雨があった。一時間後には雨足は衰えて，森は霧雨にけむっていた。からだがぐっしょりと濡れて寒かった。たぶんそのせいだろうが，ほんの10mにまで近づいて，はじめて，そこに1頭のチンパンジーがいることに気がついた。チンパンジーの方も，わたしが近づくのに気づかなかった。ふみあとの左側の下ばえの中で，そのチンパンジーはわたしの方に背をむけ，肩を丸めうずくまっていた。わたしはしゃがみこんでじっとみつめた。そのチンパンジーは，おそらくわたしと同様に濡れて寒かったのだろう，少しも動かずじっとしていた。しばらくして，右側からカサコソという音とともにかすかな声が聞こえた。ゆっくりと右方に頭をめぐらしたが，厚いしげみの中には何もみえなかった。眼を戻してみると，前方にいたはずの黒い影はあとかたもなく消えていた。今度は上の方で音がした。1頭の大きなおとな雄がじっとわたしの方をにらんでいる。唇をきゅっと結んで。すごい勢いでそのチンパンジーは枝をゆすった。わたしをおどしているのだとわかったので，すばやく眼をそらした。じっと見つづけていたなら彼をもっとおこらせたにちがいない。すぐにわたしは，もう1頭のチンパンジーが前方にいることに気がついた。二つの眼がじっとわたしの方をみている。黒くて大きな手が枝を握りしめている。もうひとつかすかな声がした。こんどはうしろからだ。上の方ではさっきの雄が，チンパンジーに特有のおそろしげな警声を発していた。ウラアアアーと長くひっぱった叫び声だ。彼はひときわはげしく樹々をゆさぶった。わたしの上に雨滴がシャワーのようにふりそそぎ，小枝や葉までが落ちてきた。ほかのチンパンジーたちもつられて同じ警声を発した。わたしを囲むように，四方八方で木の枝がしなり揺さぶられた。どすんどすんと足を踏みならす音や，ぽきぽきと小枝の折れる音がした。立ちあがってすぐに立ち去れと，わたしの内なる本能が命じていた。しかし，わたしはそこに踏みとどまった。わたしには科学的な興味と自尊心があったし，このおそろしげな威嚇はまったくのこけおどしでしかないと直感したからである。無害だということを示すために，わたしはわざと無関心をよそおい，くちゃくちゃと葉をしがむふりをした。

調査初期，デビット・グレイビアードとともに（H. van Lawick）

ルイス・リーキー

　突然，一本の枝が飛んできてわたしの頭にあたった。わたしの上にいた大きな雄がさらに興奮したのだ。べつのチンパンジーが下ばえの中から，まっすぐわたしの方につっかかってきた。最後の最後のところで，そのチンパンジーは急に向きを変えて森の中へとかけこんでいった。しばらくして，黒い影はみんな消えてしまった。森はふたたび静かになった。ぱらぱらと葉にあたる雨の音だけがする。そしてドキドキとわたしの胸は高鳴っていた。　　（1961年3月16日）

　今ここに書きつけた出来事が，チンパンジーの行動についてのわたしの研究の大きな突破口になった。すでに8カ月ものあいだ，わたしはゴンベに滞在していた（当時ゴンベという場所は鳥獣保護区になっていた）。その間，チンパンジーの行動を観察してはノートに書き留めていたが，ほとんどすべての情報が100m以上離れたところから収集されたものだった。双眼鏡の助けを借りて，採食や巣づくりの行動について，あるいは集団の大きさや四肢歩行のようすについて多くのことを学んだ。しかしチンパンジーの社会行動にかんする知見は乏しかった。もっと近づこうとすると，いつも彼らはこわがって逃げていってしまうのだった。しかし徐々に，彼らもこの白い肌をした直立姿勢のサルに慣れてきた。この闖入者は毎日同じようなくすんだ茶色の服を着ていて，けっして彼らに危害を加えないこともわかった。そしてとうとう彼らはわたしを威してみたのだ。それからの数カ月というもの，このこけおどしによって神経の苛まれる日々が続いた。しかしチンパンジーのこの攻撃は，彼らの抱いた恐怖が和らいでいったのと同じく，やがて鎮静した。ゴンベで仕事を始めて18カ月ほどの後，わたしはようやくチンパンジーに近づけるようになった。50m以内に近づいてもほとんどのチンパンジーは，もはや自分のしていることを中断しなくなった。こうしたことが積み重なって，チンパンジーはわたしやほかの人間に対しておどろくほど寛容になった。現在では，手をのばせば触れられるほどの距離までチンパンジーに近づくことができる。そんな時でも，チンパンジーの方はちらっともこちらを見ることさえない。今となっても，この寛容さには，感動さえ覚える。わたしが25年間にわたってゴンベでチンパンジーの行動研究をしてきたなかでも，とりわけ信じがたいことのひとつなのだ。

　アフリカで動物の研究をしたいという子どものときからのわたしの夢を叶えてくれたのは，ルイス・リーキーだった。リーキー博士は，考

昼間のベッドに寝る野生チンパンジー，最初のクローズアップ写真

古学者であり人類学者でもある。夏のあいだの数カ月をウェイトレスとして働きながら，わたしは彼のいるケニアまで往復切符を買うお金をためていた。「あなたが動物に興味があるのならぜひリーキーさんに会うべきだ」と友人が教えてくれたのだ。彼に会って，彼の秘書として1年間ケニアで働いた。1年後彼はわたしにこうすすめた。タンザニアにあるキゴマというところへ行って，タンガニーカ湖畔の森にすむチンパンジーの研究をしなさいと。しかしまず，その遠征に必要な資金を彼は調達しなければならなかった。当時，わたしは学問的な訓練も受けていないし何の資格もなかったので，その資金の調達はけっして容易なことではなかった。しかも，多くの人々がこの企てを問題外のこととみなしていた。若い女の子がひとりで武器も持たずにアフリカのジャングルに入りこみ，どれほど危険なものかしれない類人猿の研究をするなんてとんでもないことだ。多くの人がそう感じていたのである。幸いなことに，リーキーはそうした批判には無頓着だった。そして実際にわたしのためにいくばくかのお金を調達してくれたのだ。こうして，1960年7月に，（母とひとりのアフリカ人の料理人につきそわれて）タンガニーカ湖に面したゴンベの砂浜に，生まれてはじめてわたしは着いたのだった。

ルイス・リーキーは，人間という名の動物も含めて，あらゆる動物の行動に興味をもっていた。彼はとくにチンパンジーに対して深い興味を抱いていた。なぜならチンパンジーは，今日生きている動物のなかで一番人間に近いからだ。ヒトとチンパンジーは，生化学的にみると多くの点でよく似ている。染色体の数や形，血液たんぱくや免疫反応，そしてそのDNAの構造。チンパンジーの脳を解剖学的にみると，ヒトの脳とよく似ている。現生するいかなる動物の脳よりもチンパンジーのが一番よく似ているのだ。さらにチンパンジーの社会的行動の多くは，われわれのそれと薄気味悪いほどよく似ている。チンパンジーがその自然の生息環境でどのような暮らしを営んでいるのかを知ることは，初期の人類がしていた行動を解明する糸口になると

リーキーは考えた。いわゆる進化論が説くように，もし人類とチンパンジーが共通祖先から分岐したとするならば，現生のヒトおよび現生のチンパンジーの両者にみられる行動パターンは，おそらくその共通祖先や，共通祖先と現生のヒトとの間に位置する石器時代の人類ももっていた行動パターンに違いない。

　初期人類の生活様式にかんする現代の理論の多くは，こういった類いの推論に基づいているし，その多くがゴンベのチンパンジーの行動を参照している。リーキーの見通しはまったく正しかったといえるだろう。そこで論議をもう一歩進めてみよう。20世紀のわれわれの暮らしと比較してみれば，野生のチンパンジーの方がずっと初期人類に近い環境で暮らしている。そういった環境に対してチンパンジーの行動がどのように適応しているかをよく知ることは，進化を通じてわれわれの行動がどのように形成されてきたかを知る手がかりになる。たとえば，「攻撃性」を例にとってみよう。攻撃性は今日の社会にあっては非適応的にみえるかもしれない。しかしわれわれがもつ攻撃性を，それが進化してきた文脈のなかでとらえてみるとどうなるだろうか。この性質を苛酷な物理的環境に対抗し他の人類との競合に対処するための適応としてとらえ，果敢に行動することが当該個人やその家族やクランを生き永らえさせるために必要だったという視点にたてば，なぜわれわれ人間が潜在的には攻撃的なのかをよりよく理解できるだろう。

　もうずっと昔，わたしを送りだしたときルイス・リーキーは，この研究がひょっとしたら10年以上つづくかもしれないと覚悟していた。リーキーは，最も興味深い問いに対する解答が長期継続研究によってのみもたらされることを知っていたのだ。彼の見通しはここでも正しかった。10年どころかもっとずっと長い年月を要した点を除けば。50年もの長きにわたって生き

る動物を相手にするとき，25年間の研究というのはまだほんの入り口にしかすぎない。生まれてから死ぬまでの生活史を解明する。子どものころの経験が，おとなになったときの癖にどう影響するか調べる。あるいは，ある社会集団のさまざまなメンバー間の血縁関係を洗い出す。こういった研究は，ようやくその緒についたにすぎない。もしわたしやわたしの同僚たちがほんの10年間で研究を打ち切っていたとしたら，今日われわれが描くのとはまったく違ったゴンベのチンパンジー像を描いてしまっただろう。10年で打ち切っていたとしたら，チンパンジーとヒトの行動がかなり似ていることには気づいただろうが，チンパンジーはヒトよりずっと平和的だという印象をもって終ったに違いない。ところが実際にはそうではなかった。10年で打ち切ることなく研究を続けることができたおかげで，ひとつの社会集団が分裂するようすも詳細に記録できたし，あらたに分れた集団間ですさまじい攻撃がおこることも観察した。チンパンジーは状況によっては同種の他個体を殺すことがあるし，時には食べてしまうこともわかった。同じコインの裏側として，家族のメンバー間には一生にわたって保たれることの多いきわめて強固な愛情の絆があることも学んだ。どのくらい近縁であれば，お互いに助け合おうとするのかということも目撃した。なわばりの境界を巡察するとき，群れ内の雌や子どもたちを保護するときには，おとなの雄たちは協力しあうこともわかった。とくに，チンパンジーがもっているすぐれた認知能力に，もっともっと気がつくようになった。洗練された社会交渉や文化的伝統や著しい個体差は，みな，この認知能力の高さが生み出してきたものである。

　チンパンジーの研究の成果は，ヒトの行動を理解するという息の長い探究の一助になるという考え方がある。だからといってわたし個人は，チンパンジーの研究を「正当化する」ためにわ

枝わたりをする子ども雄

餌をとる若雄

ざわざヒトの行動の理解をもちだすつもりはない。たとえチンパンジーの研究がそれにつながることをわたしも確信しているとしても。ヒトという種を特徴づける最も重要な性質は、知りたいという欲求だ。いつの時代でも、知識を得ようとすることが目標となり、それが自然科学やテクノロジーにおける驚くべき進歩をもたらしてきた。人類が生まれながらにしてもっている好奇心と冒険への飽くことのなき希求があっ たからこそ、クリストファー・コロンブスはアメリカを発見できたのだ。われわれの時代には、そのおかげで人々が月面に着陸できた。なにもわれわれ人間をひきあいにだしてまで、チンパンジーの研究を正当化する必要はない。ホモ・サピエンスは措くとして、チンパンジーこそが、今日の地球上でもっとも魅惑に満ちた、知るに十分値いする複雑な生き物なのだから。

野生チンパンジーの世界

目　　次

はじめに

凡　例

チンパンジーの名前の略語一覧

I 研究の黎明期 …………………………………………………………1
ヨーロッパへの到来　2
理解の夜明け　4
1960年代から現在まで　6
野外研究　7　言語習得　8　心理学的テスト　11　飼育集団　12

2 チンパンジーの心 …………………………………………15
知　覚　世　界　16
学習の過程　20
物理的ならびに社会的環境　20　目標指向行動　22　チンパンジーの教育　25
学習能力に影響を及ぼす要因　26
高次の認知能力　29
異種感覚間転移　29　抽象と般化　29　時間上および空間上の転置　30
象徴的な表象機能　32　自己の概念　35
社会的な問題解決　37
他個体の目的を推理する　37　意図的コミュニケーション　39
知性と理性　39
実験室から森へ　43

3 ゴンベでの研究 …………………………………………45
チンパンジーの生息地　46
調査方法　52
チンパンジーと観察者との関係　57
チンパンジーの反応　57　観察者の態度　60

4 紳　士　録 …………………………………………………63

5 人口動態 ··· 87

性成熟年齢 *92*

妊娠と出産 *93*

コミュニティー間の個体の動き *95*

 移入者と訪問者 *95* 周辺部雌 *97*

健康と病的状態 *100*

 病気 *100* 負傷 *105* 母親の死亡に引き続いて起こる心身の不調 *108*
 老年 *111* 繁殖の不調 *112* 異常出産 *113*

季節の影響 *113*

 健康への影響 *113* 繁殖への影響 *114*

死亡率 *115*

 死因 *116* 死亡率の違い *118*

6 コミュニケーション ··· 121

気分の影響 *124*

コミュニケーションと情報の交換 *126*

 視覚コミュニケーション *126* 触覚コミュニケーション *130*
 聴覚コミュニケーション *131* 嗅覚コミュニケーション *144*

信号の組合せとその場面 *146*

音声以外の「方言」 *150*

7 特異な社会 ··· 155

社会の性質 *159*

 共存のパターン *160* パーティの構成とサイズ *162*
 年々の変化 *165*

社 交 性 *166*

 雄と雌 *166* 生涯にわたる変化 *172*

考 察 *178*

8 個体関係 ··· 181

個体関係の主なカテゴリー *183*

経時的変化 *185*

 フィガンをめぐる関係 *186* フィフィをめぐる関係 *193*

２個体をめぐる社会的ネットワーク　*196*

　　　雄と雌の比較　*199*　同性間の関係　*200*　雄 - 雌関係　*202*

適応的価値　*203*

　　　生態的利益　*204*　社会的利益　*206*　感情的あるいは心理的利益　*207*
　　　家族の利益　*210*

9　遊動のパターン ·· *213*

個体の影響　*214*

１日の移動パターン　*215*

時間経過でみた個体の遊動パターン　*222*

　　　年間遊動域　*222*　生涯の遊動域　*229*

コミュニティーの遊動域　*234*

他のチンパンジー個体群　*236*

10　採　　　　食 ·· *239*

食 物 選 択　*240*

季　節　性　*241*

食物の発見　*241*

方法と費やす時間　*244*

パーティーのサイズ　*249*

植物性食物をめぐる競争　*253*

水と無機物　*254*

糞　　　食　*255*

昆虫と昆虫の産物　*256*

　　　シロアリ　*256*　アリ　*258*　イモ虫　*260*　その他の昆虫　*260*　ハチミツ, 虫こぶ,
　　　シロアリの粘土　*261*　昆虫食における性差　*263*

鳥と小型哺乳類　*268*

文化的差異　*269*

11　狩　　　　猟 ·· *273*

方　　　法　*276*

　　　樹上性のサル　*276*　ヤブイノシシ　*280*　ブッシュバック（ヤギシカ）の子　*282*
　　　ヒヒ　*283*　ヒトの赤ん坊　*288*　カニバリズム（共食い）　*288*

協 同 狩 猟　*291*

殺　　　し　*295*

略奪と死肉食い　*297*

　　　略　奪　*297*　死肉食い　*299*

肉　　　　食　*301*

肉 の 分 配　*304*

狩猟の成功度と肉食　*306*

おとな雄　*306*　おとな雌　*308*

12　攻　撃　性 *325*

攻撃的行動のパターン　*326*

威　嚇　*326*　突進ディスプレイ　*328*　攻　撃　*328*

反　　　応　*330*

連帯と雪だるま式巻き込み　*331*

連　帯　*331*　雪だるま式巻き込み*331*

原　　　因　*332*

直接的原因　*333*　行動の流れ　*343*　種間の敵対的行動　*344*

興奮の程度に影響する要因　*346*

個　体　差　*347*

初期の経験　*347*　歴史的要因　*348*　遺伝的，生理的要因　*348*

雄と雌の行動の違い　*351*

チンパンジー社会における機能　*361*

13　友好的行動 *365*

接触行動　*366*

恐怖と興奮　*366*　服従と元気づけ　*367*

挨　　　拶　*374*

寛　容　さ　*377*

社会的遊び　*379*

食物の分配　*382*

援助と利他主義　*386*

愛 と 同 情　*392*

14　グルーミング *399*

グルーミングの手法　*400*

発達に伴う変化　*404*

グルーミング網　*406*

六つのプロフィール　*408*

ストレスの軽減　*414*

操作的戦略としてのグルーミング　*419*

15 優劣関係 ……………………………………………………………………… 423

雄 の 序 列 426

突進ディスプレイと争い 428　連合 431　最優位の地位と動機 436
順位の喪失 442　動機の欠如 443

優劣関係と雌 445

高順位はどんな利益をもたらすか？ 449

16 性 行 動 ……………………………………………………………………… 455

性 周 期 456

求愛と交尾 458

配偶のパターン 462

集団状態 464　かけおち関係 466　訪 問 474

近親相姦 477

父親となること 482

集団状態での授精成功 483　かけおち状態での授精成功 484

雄の生涯繁殖戦略 488

雄の順位と繁殖成功度 489

雌 の 選 択 490

雌の性的戦略 494

考 察 496

17 なわばり制 ……………………………………………………………………… 499

遠出と見回り 500

隣接するコミュニティーの雄間の遭遇 502

カサケラの雄対北の雄 503
カハマの雄対カランデの雄 503
カサケラの雄対「東方」の雄 503

雄と人づけされていない雌の交渉 504

若い未経産の雌 504　発情していない母親と赤ん坊 504
カサケラの雌への攻撃の可能性 509

よそ者に対するコミュニティーの雌の反応 510

あるコミュニティーの誕生と消滅 512

ゴディへの襲撃 514　デへの襲撃 516　ゴライアスへの襲撃 517
チャーリーの死 519　スニフへの襲撃 519　マダム・ビーへの襲撃 521

南からの侵略 524

参戦への個体差　*527*

他の個体群　*529*

考　　察　*532*

よそ者の雌に対する暴行─解けない謎　*532*　チンパンジーはなわ
ばりを持つか？　*534*　チンパンジーは殺意を持つのか？　*538*　戦
争行為の先駆者　*540*　戦場への入口か？　*543*

18　物体の操作 ·· *545*

採食場面　*547*

シロアリ釣り　*547*　アリ獲り　*549*　穴探り　*550*　巣の破壊　*551*
穴居者の攪乱　*551*　水飲み　*553*　その他　*553*　他のチンパンジー個体群　*553*

身づくろい　*556*

探　　索　*560*

脅　　し　*561*

鞭打ち，竿振り，棍棒打ち　*561*　投げつけ　*562*　武器を使う場面　*564*
個体差　*566*

その他の場面　*570*

文化的伝統　*572*

19　社会的意識 ·· *577*

社会的知識の獲得　*580*

行動の結果の予測　*582*

操作とだまし　*583*

優位者の場合　*584*　劣位者の場合　*585*

結　　論

参 考 文 献

訳書─原典対応辞書

訳者あとがき

チンパンジーの名前の略語一覧

（図表中）

雄

AL	アトラス	HH	ヒュー				
AO	アポロ	HM	ハンフリー				
BE	ベートーベン	HX	ハクスレー				
CH	チャーリー	JG	ジャゲリ				
DE	デ	JI	ジミ				
DP	デイプルズ	JJ	ジョメオ				
DV	デイビッド	LK	リーキー				
EV	エバレッド	MK	マイク				
FB	ファーベン	MM	ミカエルマス				
FD	フロイド	MU	マスタード				
FG	フィガン	PF	プロフ				
FR	フロド	PN	パン				
FT	フリント	PP	ペペ				
GB	ゴブリン	PX	パックス				
GI	ゴディ	RX	リックス				
GL	ギンブル	SD	スピンドル				
GOL	ゴライアス	SH	シェリー				
HG	ヒューゴー	ST	サタン				
		TB	ツビ				
		TI	タピ				
		WL	ウィルキー				
		WW	ウィリー・ワリー				
		WZ	ミスター・ワーズル				

雌

AP	アフロ	ML	メリッサ
AT	アテナ	MN	マンディ
BB	バーベット	MO	モー
BM	バンブル	MZ	ミーザ
CA	キャラメル	NP	ノウブ
CD	キャンディ	NV	ノバ
DM	ドミニー	OL	オリー
DO	ダブ	P	プーク
FF	フィフィ	PI	パティ
FLO	フロー	PL	パラス
FN	ファニ	PM	ポム
GG	ギギ	PS	パッション
GK	ギルカ	S	ソフィ
GM	グレムリン	SA	サンディ
HP	ヘプチーバ	SE	セサミ
HR	ハーモニー	SP	スプラウト
JO	ジョアンヌ	SS	スコッシャ
KD	キデブ	SW	スパロウ
KR	クリスタル	SY	スプレイ
LB	リトル・ビー	VL	ヴィラ
LO	ローリタ	WK	ウィンクル
MF	ミフ	WN	ブンダ

凡　例

1．原典には59ページにわたる付録がついていたが，専門的で著しく細かい内容のため，本訳書では省略した。しかし本文中で付録を引用してある個所では，そのまま「付録参照」と訳出してある。参考のため，付録の目次を下に記す。

　　A．ゴンベでのデータ収集

　方法：データのもと（キャンプ，個体追跡，雨量と気温），対象個体の選定，野外調査助手の訓練，調査器具，データのまとめ

　観察者：観察者の作業，評価と注意，チンパンジーの識別，行動分類への熟練，観察者の個人差と客観性，収集データの統一，熱意と動機づけ

　　B．おとな雄ジョメオの追跡2例

　　C．追跡5年間の時間数

　　D．（各個体間の）共存星取表

　　E．性行動の補助データ

2．本書の内容は目次にしたがって明瞭に書き分けられているので，原典にあった索引は省略した。そのかわり巻末に「辞書」をつけ，必要な場合には多少の説明を加えて，専門用語の理解の用に供した。

3．本書には多数のチンパンジーの個体名（とその略号）が登場する。64〜65ページの表4-1によって性別や家族関係等を理解してほしい。

4．音声名の適切な訳語をつくることは難しく，ただちに理解できないかもしれない。134ページの図6-2とその前後の記述によって各音声のおおよそのようすと発声の状況を理解してほしい。

5．原典のイタリックと“　”は原則として傍点と「　」で表したが，必ずしもこれにしたがえない個所もあった。

I 研究の黎明期

この現生の類人猿であるチンパンジーは，きわめて謎に満ちた興味深い存在であり，それを見た人はかならず驚くだろうし，うれしくも思うはずだ。したがってこの類人猿は，自然誌にくわしい専門家によって，偏見によって曇らない眼で研究されるべきものだ。人はそもそも知りたがり屋なのに，この類人猿をこれまで暗闇のなかに放置してきた。ヒトに最も近い存在であるこのチンパンジーという対象を，どういうわけか知ろうとしてこなかった。どうしてなのか，ふしぎだ。わたしにとって彼らが住んでいる場所でまぢかに観察することほど楽しいことはない。王様だってそうしたいはずだ。いまだかつてこの動物を熟視してたんのうした者はいないのだから。あらゆる民がその意につき従う王者でさえ，この類人猿を手に入れることはたやすいことではなかった。もしも人が1日をこの動物と過すことができたとしよう。人間の叡智がどれほど彼らにまさっているか，畜生と呼ばれる彼らと理性をもつ存在としての人間のあいだにほんとうにどれほどのへだたりがあるか，実際に調べたとしよう。そうした1日が哲学にもたらすものはけっして小さくないはずだ。さらにいえば，だからこそ彼らをすみずみにわたって記載することが自然科学を学ぶ人々にとって光明になるのだ。そうした作業にわたしは強く興味を憶える。なぜなら，自然誌的な原理にてらして考えてみるに，チンパンジーをヒトから区別できるようなほんとうに確たる証拠となる特徴が存在するのかどうか，わたしはきわめてうたがわしく思っているからだ。たとえば，体の構造についていえば，顔，耳，口，歯，手，胸，そのどれをとってもヒトと類人猿はきわめてよく似ている。食物も似ているし，模倣することや身ぶりの点でも似ている。とくに，直立二足歩行する擬人類（Anthropomorpha）とも呼ぶべき種においては，これらの類似がたいへん著しい。したがって，ヒトとの区別を確証するようなものはきわめて見出しがたいといえる（Hoppius, 1789, 75-76ページ）。

パン。チンパンジーの属を表す学名は「パン（*Pan*）」と名づけられている。パンとは自然の聖霊のこと。ギリシャ神話にでてくる「牧神」である。牧人の神で，音楽好き，やぎの角と足を持った半人半獣の姿をしている。チンパンジーの種を表す学名は「トゥログロディテス（*troglodytes*）」。暗い洞穴に住むものという意味である。したがってチンパンジーの学名，すなわち属名と種名による正式な呼び名は，「パン・トゥログロディテス」ということになる。チンパンジーはさらに3亜種に分類されている。

「トゥログロディテス（種名と同じ）」，「サティルス（*satyrus*）*」，「ベルス（*verus*）」の3亜種である。サティルスとは，森の神のこと。ギリシャ神話の中では，馬のひづめと尻尾を持った姿をしている。ローマ神話の中では，フォーンと呼ばれ，馬ではなくて山羊のひづめと尻尾を持っている。酒神バッカスに従う半人半獣の怪物で，酒と女が大好きだ。ベルスというのは語源

＊ 訳註1-1：現在はシュワインフルティ（schwein-fruthii）（人名）と呼ばれている。

がよくわからないのだが，そんな動物がたしかに存在するという意味なのだろう。これらの命名はみな，この人間に似たサルについて，見知らぬ土地で原住民から聞きこんだ物語や憶測を船乗りや旅行者が，ほんの断片的な知識として文明社会にもちかえっていた頃のずっと昔の遺産である。そんな断片的な話でしかチンパンジーのことは知られていなかった。キリストが生まれる3世紀以上も前に，すでにアリストテレスがこの「類人猿」について言及している。しかしチンパンジー*がきちんと記載され分類されるようになったのは，もっとずっと後のことである。それまでの長い期間，この熱帯の森林にすむ半人半獣の「ピグミー（ギリシャ・ローマ神話にでてくる小人）」には，多くの謎と伝説がつきまとっていた。

ヨーロッパへの到来

ヨーロッパに到来した最初のチンパンジーは，記録によればアンゴラから来たもので，1640年にイギリスのオレンジ公に献上されている。ニコラス・トゥルプというオランダの医師であり解剖学者だった人がこれを剖検して，「サティルス・インディクス（*Satyrus indicus*）」という学名で記載した。彼のコメントによれば，この最初の実物が来るまで，チンパンジーには角とひづめがあると人々に信じられていた。トゥルプはさらにこう書いている。「ギリシャ神話にで

（Buffon, 1766から引用）

（Tulp, 1641から引用）

* 「チンパンジー」という呼称は，「ロンドン・マガジン」の1738年9月号の465ページで初めて使われている。そこに以下のような記述がある。「最も驚くべき生物がもたらされた。（中略）。ギニアのある林の中で捕えられた生物だ。もたらされたのはその生物の雌で，地元のアンゴラ人はその生物をチンパンジーと呼んでいる。原地語で，人に似た生物という意味だ。」

てくるサティルスという半人半獣の神になぞらえて『インドのサティルス』とでも言うべきこの生物の到来は，やがて多くの人々の知るところとなり，霧に包まれたその実像をあらわにしてくれるにちがいない」(Tulp, 1641. Yerkes and Yerkes, 1929, 12ページからの引用)。

しかしながら実際には，霧はほんのすこししかはれなかった。チンパンジーの実物が同時に何頭も，ヨーロッパ各国にもたらされることはなかったからだ。トゥルプの記載からさらに50年後に，ロンドンに住む医師のエドワード・タイソンによって，1頭のチンパンジーが解剖され記載された。タイソンは，ピグミーと当時呼ばれていたこの生物と人間とのあいだに，多くの形態的な類似性があることを認めた。しかし次のように結論している。「この生物は人間とたいへんよく似てはいるが別の種の動物である。(中略)。ただ両者があまりにも似ているがゆえに，昔の人々も今の人々も，この生物を劣等な人種のひとつとみなしてきたのである」(Tyson, 1699. Yerkes and Yerkes, 1929, 14-15ページからの引用)。

その後の約2世紀のあいだに，ヨーロッパ各地の動物園がときどきチンパンジーを手に入れた。チンパンジーを眼のあたりにして，人々はたいへん喜んだ。ある作家が書き残しているように，「午後のお茶の席で格好の話題」だったのである(Boreman, 1739. Morris and Morris, 1966, 134ページから引用)。これらのチンパンジーは，呼吸器系の病気に倒れることが多く，めったに長生きしなかった。こんな話がある。ある時，1頭の若いチンパンジーが病気になった。見るに見かねた親しい友人たちが，そのチンパンジーを動物園から運びだして，最高級ホテルの豪華な一室に入れたという。チンパンジーが最後の息をひきとるときに，その臨終の席にみなが集まった。「彼の意識は最後まで明瞭だった。友人たちが集まってきてくれたのがわかった。

(Tyson, 1699から引用)

でもお別れのことばを言うことができないので，その気持ちをまなざしに込めて，チンパンジーはしっかりと手を握り返した」(Morris and Morris, 1966, 101ページからの引用)。

1860年にダーウィンの進化論が公表されて，動物の行動にかんする興味が新たにかきたてられた。同時に，この進化論によって擬人主義もまたはびこることになった。もし人間が動物から進化したものだとしたら，人間に近い動物たちには愛すべき知的で高貴な性質が豊かに賦与されているにちがいない。1890年代に，R.L.ガーナーという人が西アフリカのジャングルに分け入った。がんじょうな檻の中に入って身を守り，彼はチンパンジーの行動を観察することができた(ということだが真偽のほどはわからない)。彼は飼育下のチンパンジーも研究した。そしてチンパンジーの知能にかんして，きわめて誇大な評価をくだしている。そんな類いの俗説に基づいて，1896年，ビクトール・メニエー

3 —— 研究の黎明期

ルという名のフランス人が，サルや類人猿を家畜化するという手のこんだ計画を大まじめに発表している。さまざまな種類の下等労働ができるように類人猿をしこんで，人間の召し使いとして役立てようというものだ。メニエール氏の推論によれば，チンパンジーは機械よりずっとましだということになる。なぜなら，機械とそれを操作する工具の両方の役をチンパンジーは同時にやれるからである。このフランス人は，チンパンジーには食卓の給仕として優れた資質があるとにらんだ。「食事のしたくができました」と，なんらかの方法で知らせるようにしこむこともできるにちがいない。チンパンジーはある特殊な学校で訓練されることになるだろう。その学校では，庭師，見習い看護婦，ホテルなどのボーイや女中，靴直し職人，船乗り，建設現場で働く人夫，塗装工，守衛，といった職につくための訓練もされるだろう，と論じている（Morris and Morris, 1966）。

理解の夜明け

1912年，プロシャ科学院はカナリー諸島のテナリフに類人猿研究施設を設置した。有名な心理学者であり哲学者でもあるウォルフガング・ケーラーはそこで研究した。一群のチンパンジーを相手にした彼の研究はいまや古典となっている（彼の仕事およびそれと関連した他の人々の研究については，第2章でもっと詳しく触れる）。知的能力にかんしてヒトと類人猿はどの程度違っているのか。それこそケーラーが興味をもった点である。被験体であるチンパンジーたちに，彼はさまざまな問題を課した。たとえば，檻の外の手の届かないところにバナナを置くとか，天井からバナナを吊して手が届かないようにしておくとか，そんな問題である。通例，これらの問題を解決するには，何らかの道具を使用したり製作したりすることが求められる。彼の研究は科学的にみて完璧なばかりでなく，チンパンジーに対する驚くほどの理解と深い愛情に満ちている。1925年に出版された彼の著書『類人猿の心』（邦訳，『類人猿の知恵試験』岩波書店）は，チンパンジーのもつ問題解決能力がいかなるものかという理解にとどまらず，さらに奥深くまでその心の世界を洞察している。チンパンジーの行動にかんする彼の記述は，今日においても，最も入念かつ的確に対象を捉えたものであり，最も重要な文献となっている。

テナリフに類人猿研究施設が設立された頃，時を同じくしてモスクワでは，心理学者のナディ・コーツが1歳半になる1頭の雄のチンパンジーを手に入れていた。イオニーと名づけられたこのチンパンジーを2年半にわたって彼女は研究した。チンパンジーの視知覚にかんするテストが研究の中心だった。その後，彼女には男の子が生まれたので，4歳になるまでその子を対象として，チンパンジーにあたえたのと同じ

1950年頃のウォルフガング・ケーラー（E. B. Newman とハーバード大学心理学教室の提供）。

一団となってバナナ取りの作業にいそしむチンパンジーたち：コンスルとグランド（上），そしてサルタンとチカ（Köhler, 1921より引用）。

テストをさせた。

　また1925年にボストンでは，心理学者のロバート・ヤーキスがある船乗りから2頭の若いチンパンジーを購入した。この2頭がやがて，イエール大学付属霊長類生物学研究施設の中核となった。その後，ヤーキスと彼のチンパンジーたちはフロリダのオレンジ・パークに移った。そしてそこにヤーキス霊長類研究施設を設立した（この施設はその後さらに再移転して，現在はジョージア州アトランタにあるヤーキス霊長類研究所となっている）。ヤーキスとその同僚たちは，チンパンジーの行動の理解に大きな前進をなしとげた。1931年には，ヤーキス霊長類研究施設生まれの1頭のチンパンジーが，心理学者のウィンスロップ・ケロッグとその夫人によって，彼らの家庭で育てられた。グアと名づけられたこのチンパンジーは，9カ月間をケロッグ夫妻とその息子（グアと同年齢）と一緒に暮らしたのである。こうしてヒトとチンパンジーの子どもが毎日一緒にテストされた。

　これらの歳月はじつに実り豊かだった。新しい多くのわくわくするような知見が，飼育下のチンパンジーについてもたらされた。でもヤーキスはそれで満足はしなかった。彼は，チンパンジーがその本来の生息場所でどのように暮らしているかを知りたがったのだ。こうして，1930年に，ヤーキス霊長類研究施設のヘンリー・ニッセンがフランス領ギニアに向い，2カ月半にわたる野外調査を実施した。かつてガーナーがおこなった奇想天外な探検から40年して，ここにはじめて開拓的な野外調査に手がつけられたのである。不幸にして，チンパンジーを理解する研究のこうした諸々の契機も，第二次世界大戦の勃発とともに消えてしまった。

　これらの初期の研究者たちは，チンパンジーのもつ知的過程をきわめて深く探究した。今日多くの人々が考えている以上に，深い理解に達していたとわたしは信じている。ケーラーは，5年間にわたる研究を総括して次のように述べている。「人間になじみ深い知的行動は人間に特有と思われているが，チンパンジーにも認められる」（1925年，226ページ）。ヤーキスは1943年の著作の中で，チンパンジーの知能にかんするそれまでの知見を要約して，議論をさらに一歩押し進めている。「実験的研究の成果に基づいていえば，強化や抑制の諸過程のほかに人間と

5 ── 研究の黎明期

モスクワのナディー・コーツの研究室で実験中のチンパンジー、イオニー。

ロバート・ヤーキスと2頭のチンパンジー、パンジーとチム（エモリー大学のヤーキス霊長類研究所の提供）。

同様の知的過程がチンパンジーの学習においても認められるという作業仮説は、きわめて妥当だと思う。やがてチンパンジーは、ヒトの象徴的認知過程の先行者として認識されるようになるだろう。こうした研究主題は今まさにすばらしい発展の途上にあり、重要な新発見がもたらされる日も遠くないように思える。」（上掲書、189ページ）。

1960年代から現在まで

　現実には、チンパンジーの行動研究がふたたび軌道にのるのに15年以上もかかった。いったん研究にはずみがつくと、関心は高まった。研究者たちはアフリカの森に分け入り、チンパンジーを故国に連れ帰り、トレーラーや放飼場で飼って生活をともにし、さらには飼育下のチンパンジーをジャングルへ連れ戻すことまでしたのである。チンパンジーは、伝統的な実験室の

装置の前で被験者となっただけでなく，じつにさまざまなことをした。コンピューターを操作し，ことばを学習し，絵も描き，舞台で芸も見せ，人間の患者に腎臓を提供し，宇宙にも打ちあげられた。

　行動研究における興味はとてつもなく拡大しているが，おおまかにいって次の4領域に分けられるだろう。野外研究，言語習得にかんするプロジェクト，伝統的な実験室場面での心理学的検査，そして屋外放飼場における社会行動の自然誌学的観察である。

野外研究

　先見の明のあったルイス・リーキーの援助を得て，1960年にわたしはゴンベに向けて出発しようとしていた。ちょうど同じ頃，オランダのアドリアン・コルトラントは，東部コンゴ（現在のザイール）での短期間の野外研究に向かっていた。また日本の伊谷純一郎は，タンザニアの各所を踏破してキゴマの南に向かっていた（このタンザニアでは，方々で短期間の研究がおこ

なわれたあと，マハレ山地で長期的研究が開始され，西田利貞のリーダーシップのもと今日なお継続している）。これらの研究のうねりの直後に，バーノン・レイノルズとフランシス・レイノルズ夫妻が，ウガンダにあるブドンゴの森にやってきて9カ月間研究をおこなった。ブドンゴの森ではその後，杉山幸丸と鈴木晃が研究をおこなった。1968年に，コルトラントとその共同研究者らはギニアでの研究を開始した。2カ所の研究地点のうちの1カ所（ボッソウ）では，杉山とその共同研究者たちがいくつかの継続研究をおこなっている。さらに最近になって，ウィリアム・マックグルー，キャロライン・テュティン，パメラ・ボルドウィンが，セネガルにおいて3年間におよぶ研究をおこなった。1976年には，ミカエル・ギグリエリがウガンダにあるキバレの森のチンパンジーについて一連の野外観察をはじめた。彼の仕事は1981年に終ったのだが，その2年後イザビリエ・バスタが同じ場所であらたに研究を続けている。クリストフ・ボエシュとヘドウィヒ・ボエシュ夫妻は，

表1.1　チンパンジーの主な野外研究

国	地　　域	年	研究期間	調　査　者
ギニア	ネリビリ	1930	2.5カ月	H. Nissen
	カンカシリ	1968-1969	数カ月	A. Kortlandt, H. Albrecht,
	ボッソウ	1968-1969*	数カ月*	A. Kortlandt, H. Albrecht, J. Koman*
東ザイール	ベニ	1960-1961	数回の短い調査旅行	A. Kortlandt
タンザニア	ゴンベ国立公園	1960-	25年（連続的）	J. Goodall；ゴンベ川流域研究センターの大勢のメンバー
	マハレ山	1966-	19年（ほとんど連続的）	伊谷純一郎，西田利貞，大勢の日本人研究員
ウガンダ	ブドンゴ森林	1962	9カ月	V. Reynolds, F. Reynolds
		1966**	9カ月**	杉山幸丸，鈴木晃
	キバレ森林	1976-1981	3回の調査旅行，488時間の観察	M. Ghiglieri
		1983-	2年	I. Basuta
セネガル	ニオコロコバ国立公園	1976-1979	3年	W. McGrew, C. Tutin, P. Baldwin
コートジボアール	タイ森林	1979-	6年（連続的）	C. Boesch, H. Boesch
ガボン	ローブ国立公園	1983-	2年	C. Tutin, M. Fernandez

＊　訳註1-1：ボッソウは1976-　10年（連続的）　杉山幸丸，J. Koman の誤り
＊＊　訳註1-2：1966-1970　4年の誤り

ロジャー・ファウツとチンパンジー, ワシュー（おもちゃのバイクの上に乗っている）とローリス（R. Foutsの提供）。

象牙海岸にあるタイの森で長期継続研究を開始した。テュティンとマイケル・フェルナンデスは、ガボンにあるロープ国立公園のチンパンジーの研究に着手した。これらすべての野外研究の概略は表1.1にまとめられている。

言語習得

1821年にトーマス・トレイルはチンパンジーを解剖して、ごくかんたんな記載をおこなった。呼吸器、舌、喉頭を剖検したあと、「チンパンジーがなぜことばを話せないかという問いに対する納得のいく理由」は見あたらないと書いている。トレイルはさらに、ことばを話すためには物事を抽象化する能力が必要なのだと示唆して、「この獣には抽象化能力があるとは思えない」といっている（Traill, 1821. Yerkes and Yerkes, 1929, 301ページからの引用）。

適切な環境条件を整えたらチンパンジーがことばを話せるかどうかを明らかにするために、心理学者のキース・ヘイズとキャシー・ヘイズ夫妻は、1947年、1カ月齢の赤ん坊のチンパンジー、ビッキーを養子にして、彼らの「娘」として家庭で育てたのである。ビッキーは夫妻とともに暮し、（不幸にも6歳で病死するまで）わが子同様に扱われ、言語訓練も精力的におこなわれた。それにもかかわらず、ビッキーは、パパ、ママ、カップ、アップの4語しか学習しなかった。ことばといっても、それは話すというよりむしろ「息を吐く」とそれがことばらしく聞こえる程度でしかない。言語習得という点からみれば、この実験は失敗だった。現在では、チンパンジーとヒトの発声器官（とくに喉頭上

8 ── 研究の黎明期

部と咽頭部の構造）に実際には差があることが わかってきた。発声器官の構造が違うために，ヒトの母音のa, i, uにあたる声をチンパンジーはだすことができなかったり，舌の可動性にも限界があることがわかってきた。ヒトではこの舌をいろいろと動かして，発声器官の形を変えることができる（Liberman, Crelin, and Klatt, 1972. Fouts and Budd, 1979からの引用）。

　ビッキーがヘイズ夫妻の「養女」になる22年もまえに，すでにヤーキスは次のような指摘をしていた。「おそらく，耳や口の不自由な人の場合と同様に，チンパンジーに手指を使うことを教えることができるだろう。そうすれば，音声によらないかんたんな『手話』を習得できるはずだ」（Yerkes, 1925; Yerkes and Yerkes, 1929, 309ページからの引用）。ヤーキスのこの指摘から40年もたって，心理学者と動物行動学者のアレン・ガードナーとベアトリス・ガードナー夫妻によって，ようやく「手話」によるアプローチが実践された。1966年に，ガードナー夫妻はワシューを手に入れた。当時およそ1歳になる野生の雌のチンパンジーである。ガードナー夫妻と住む家こそ別々だったが，ワシューは人間の子どものような待遇を受けた（ワシューは裏庭のトレーラーで寝起きしていた）。ガードナー夫妻は，彼らの研究プロジェクトが成功するためには，豊かな環境と愛情が不可欠だと確信していた。なぜなら人間の子どもは社会的な環境においてこそ言語的発達をとげるからだ。ワシューはASL（かつてはアメスランと呼ばれていたこともある，耳の不自由な人の使う手話）を教えられた。ワシューは急速にその手話を習得したが，憶えた語彙は定期的，かつきわめて科学的に厳密にテストされた。1970年末に，ワシューはガードナー夫妻のもとを離れて，オクラホマの霊長類研究施設のロジャー・ファウツの研究室に移ったが，そのときワシューが表現しうる語の数は130を越えていた。

チンパンジーのルーシーとその養い親
（J. Carter 撮影，Temerlin 夫妻の提供）。

　このプロジェクトは歴史的事件だったといえる。チンパンジーの心を理解するうえで，ガードナー夫妻はきわめて多大な貢献をした。いかに強調しようともたりないほどの大きな貢献といえる。プロジェクト・ワシューの成功は，きわめて広汎な関心を呼んだ。家庭や実験室で，他の若いチンパンジーにもASLを教える試みがなされた。ガードナー夫妻自身も第2の研究プロジェクトを打ちあげた。耳が不自由で手話の達者な人を訓練者として，4頭の赤ん坊のチンパンジーが実験室で育てられた。この研究プログラムは，幼いチンパンジーが示す知覚的・認知的発達にかんしても重要な知見をもたらした。

　ファウツは現在，ワシントン州のエレンズバーグにあるセントラルワシントン大学で教鞭をとっている。そこにはワシューのほかに，ガードナー夫妻の第2プロジェクトの生き残りである3頭のチンパンジーがいる。ワシューは，ローリスという名の雄のチンパンジーを「養子」として育てている。ローリスは，人間からではなく「養母」であるチンパンジーのワシューからASLを学んでいる。

コンピューター端末上のヤーキス語のシンボルを押すチンパンジーのラナ（F. Kiernan 撮影，D. Rumbaugh とヤーキス霊長類研究所の提供）。

ASLとの関連から，べつのもう1頭のチンパンジー，ルーシーについても言及しておく必要があるだろう。精神分析学者であるモーリス・トマーリンとその夫人のジェーンの「養女」となったチンパンジーである。ルーシーはトマーリン夫妻と10年間一緒に暮らした。そして1972年，彼女が約4歳のとき，ロジャー・ファウツによってASLの訓練がはじめられた（当時ファウツはオクラホマ一帯をかけまわって，家庭で育てられていたさまざまなチンパンジーたちに個人授業をしていた。Fouts, 1973 参照）。

そうこうするうちに，伝統的な実験場面での研究をしてきた人々も，（大型類人猿の言語習得という）想像力に富んだ研究にのりだしてきた。ガードナー夫妻の仕事に触発されて，デイビッド・プレマックとアン・プレマック夫妻は，サラと名づけられた野生の雌のチンパンジーを相手に研究をはじめた。彼らはチンパンジー用の人工言語を開発した最初の研究者となった。この人工言語は，色，形，大きさ，手触りがさまざまに異なるプラスチック片で構成されている。プラスチック片の背面は金属になっているので，磁石のついたマグネット・ボードの上に，くっつけて並べることができる。プラスチック片の1枚1枚が，それぞれひとつの語に対応している。訓練者はプラスチック片でできたこれらのシンボルを使って，サラに質問をした。つぎはサラが答える番だ。サラは正答となるプラスチック片をとりあげ，適切な順番でボード上に並べることによって質問に答えた。

このプレマック夫妻のプロジェクトがはじまった直後に，ヤーキス霊長類研究所のデュエイン・ランバウとその共同研究者たちの研究がはじまった。コンピューターで制御する洗練された訓練場面を考案し，2歳半になる1頭の雌のチンパンジー，ラナの言語能力のテストをしたのだ（Rumbaugh, Gill, and von Glasersfeld, 1973）。ラナは，（タイプライター状の）コンピューターの端末のキーを押すことを学習した。（最初の頃，端末には25個のキーが配列されていたのだが）各キーにはそれぞれレキシグラム（図形文字）が描かれていた。この図形文字を使った人工言語は（研究所の名にちなんで）ヤーキッシュと呼ばれている。ラナがタイプしたすべてのメッセージが，コンピューターに記録されるしくみになっていた。ある程度ならば，ラナはこうしたやりかたで彼女の身のまわりの世界を変化させることができた。ラナが正しい語順で要求をだすと，「機械」が自動的に応えて，飲物やバナナ片をだしたり，音楽を流したり，映画をみせたりする（ラナはディスプレイ上に写しだされる彼女の作った文をみて，もしまちがいがあれば自発的にそうした誤文は消してしまうようになったという）。ただし機械には応じられないことだってもちろんある。ひとりぼっちですごす深夜に，ラナはこうタイプした。

10 —— 研究の黎明期

エミール・メンツェルと彼の「メンツェル・グループ」の一員であるチンパンジーのビル、1968年の記録（E. Menzel の提供）。

「どうぞ／機械／くすぐる／ラナ／終止符」（機械さん，どうぞわたしをくすぐって）。日中はラナの訓練者がつきそっていて，もうひとつのコンピューターの端末の前に座っている。コンピューターを媒介とした会話だけでは欠落する社会的な接触が，こうして埋め合せられた（Gill, 1977）。ラナ以後，その他のチンパンジーたちもヤーキッシュを学んだ。この方法はヒトの自閉児や精神遅滞者とのコミュニケーションにも使われ，ある程度の成功をおさめている（Parkel, White and Warner, 1977）。

心理学的テスト

ヤーキス霊長類研究所からは，ランボーの研究のほかに二つの飛躍的研究が生まれた。リチャード・ダベンポートとチャールズ・ロジャースは，1970年，チンパンジーには異種感覚モダリティー間の学習転移（たとえば視覚的に学習した弁別が，何も特別な訓練をしないのに，触覚的にも弁別できるというような現象）が認められることを証明した。同じ1970年，ゴルドン・ギャラップは，チンパンジーは鏡に映った像を自己と認識できるが，サル（マカクザルなど）ではそれができないことを示した。

ユルゲン・デールとベルナード・レンシュは西ドイツのミュンスターにある動物学研究所で，ジュリアという優秀な雌のチンパンジーを相手に数多くの研究をおこなった。極端に複雑な迷路や，錠前のかかった箱を使って実験がおこなわれた。ジュリアは，直接見ることのできないある目標に到達するために前もって手順を考えることができることを示した。

デイビッド・プレマックとその共同研究者たちは，著しく想像力に富んだ一連の実験をした。たとえば1人の俳優がある演技（たとえば寒さにふるえている）をしているビデオテープをサラに見せる。その人がなぜそうしているのか。何を欲しているのか。サラは理解できるという（たとえばこの場合，「ストーブ」の写真と「踏み台」の写真を見せられると，サラは自発的に「ストーブ」の写真を選び取る）。サラやその他のチンパンジーを使って，プレマックらはチンパンジーの心のひと味違った側面を探求したのである。

心理学者エミール・メンツェルは，1960年代に，大きな放飼場の中に飼われている若い野生

由来のチンパンジーの一団を対象として研究を始めた。チンパンジーは，彼らのまわりにある物の場所がかわったり，そこでおこる出来事が時がたつにつれて変化したりしたとき，いったいどのように互いに情報を伝えあうことができるのだろうか。こうした質問に答えるべく，メンツェルは多くのきわめて優れた実験をおこなった。彼の仕事は，チンパンジーの「認知地図」を理解するうえで多大な貢献をした。

飼育集団

　チンパンジーを集団として飼育している場所は数多いが，今まででいちばん重要なものは，少なくとも公表された研究から判断するかぎり，オランダのアーネムの集団だ。アーネム市にあるバーガーズ動物園の集団は，バンフーフ兄弟（ジャンとアントン）によって創設された（van Hooff, 1973）。この集団を観察したフランツ・ドゥバールの近著（de Waal, 1982）は，チンパンジーの社会的知能の上限がどのようなものか，いきいきと描きだしている。ソ連のパブロフ研究所のレオニード・フィルソフは，想像力を駆使してチンパンジーを観察するのに最適の方法を考え，飼育集団をつくりあげた。その群れは，北西ロシアのプスコフ地方の無人の小島の中を，夏の間じゅう歩きまわっている。科学者たちのチームは近くの島に陣取って，毎日チンパンジーを訪問している。残念ながら，このソ連のすばらしく魅力的な観察成果は西側諸国にはほとんど漏れ伝わってこない。

　これらの他にもいくつかの研究室や動物園でチンパンジーの集団が飼育されており，貴重な情報を生み出しつつある。こうした観察の大き

な利点は，チンパンジーが野生状態よりもっと恒常的な監視下にあり，かつこれまでの因習的な研究施設とくらべて自由を束縛されずに暮らしているということにある。*こうした飼育下での観察を積み重ねていくことによって，社会的知能にかんするわれわれの理解はもっともっと深まるだろう。さて，ようやく現在にまでたどりついた。言うまでもなく，ここに言及した以外にもチンパンジーの研究は数多くある。チンパンジーを理解する道程のほんの里程標だけを見てきたのだ。われわれ以前にも多くの先人たちが，長くつらい研究に耐えてきた。それらの人々に負うところはきわめて大きい。なぜなら，コツコツと積み上げられた仕事があってはじめて，重要な洞察が得られることもあったからだ。ケーラーのようなたぐい稀な例を除けば，「いかなる理論的支柱もなく，まったく未知の分野で（Köhler, 1925, 226ページから引用）」研究を始めることなど，やたらにできるものではない。

　学ぶべきことはまだ数多く残っている。チンパンジーの行動のあらたな側面があらわになるとあたらしいアイデアが動きはじめ，さらなる研究の展開の導火線となるだろう。いってみればわれわれは，小さな破片を持ち寄ってひとつの巨大なジグソウパズルを作りあげようとしているのだ。徐々にその全体像は明瞭になってきている。しかし，抜け落ちたところもまだたくさんある。飼育下のチンパンジーにかんする研究は，チンパンジーの心をもっとよく理解するために大きな貢献をするだろう。その一方で野外研究は，行動の適応的価値を説明する役に立つだろう。そして，その社会生活の複雑さをわれわれに深く理解させてくれる。チンパンジー

＊　伝統的な研究施設ではチンパンジーの自由が束縛されがちだったので，わたしはスタンフォード大学にユニークな霊長類研究施設を作るべく手助けしたことがある。そこには，もともとメンツェルが飼っていた集団と，ローレンス・ピネオによって創設された集団と

が飼われていた。こうした研究施設とわれわれのゴンベの研究施設が長年にわたって共同したということは，きわめて重要な意味をになっている。残念なことに，スタンフォード大学は，これらのチンパンジーを維持することができなくなった。

の知的行動にかんする野外で得られた資料は，おうおうにして逸話的なものになりがちだ。そこでわたしは次章で，実験室の研究から得られた成果をもとにチンパンジーのもつ複雑な心の概観を記述してみたい。こうした作業は，ゴンベのチンパンジーにおいて観察された知的行動の例を評価するうえで，ひとつの規準枠としての役割を果たしてくれるだろう。

2 チンパンジーの心

1983年11月 セントラルワシントン大学の心理学教室で飼われている5頭のチンパンジーがいつものお勤めに出かけようとしていた。彼らはいつもとちょっと違う空気を感じたかもしれない。というのは、彼らがいつもいる部屋がきれいに掃除されていたからだ。ドアが開いて、訪問者がふたり、静かに部屋に入ってきた。5頭のチンパンジーのうち4頭は、その場に座ると身じろぎもせずに、ふたりの客を見つめた。最も若いチンパンジーだけは一瞬彼らのほうを見たあと、ケージの壁をどんどんたたきまわってディスプレイを始めた。

その訪問者は、アレン・ガードナーとベアトリス・ガードナー夫妻だった。夫妻は、あっけにとられて座っているこのチンパンジーたちを育てた人である。しかし、いちばん若いチンパンジーのルーリスとは初対面だ。2, 3分後、ワシューが突然手話を出し始めた。ガードナー夫人の愛称、トリキシーのサインを出し、さらに、来て、抱きしめてと手話でせがんだ。ダルはルーリスを静かにさせようと手を

ガードナー夫妻と5歳のワシュー（R.A. and B.T. Gardnerの提供）。

のばして彼をひっつかみ、アレン・ガードナーの名前を手話で綴った。タツーも同じサインを出した。

ダルとモジャは、最近ガードナーのところを離れたばかりである（ダルは4年、モジャは2年半になる）。彼らが手話でアレンのサインを覚えていてもそれほど驚くことではない。しかし、ワシューは11年もトリキシー（ベアトリス）に会っていなかったのだ（Roger and Debbi Fouts, 私信）。

ごく普通の2人の人間がリンゴの木を見ているとしよう。彼らはそれをほとんど同じように知覚するだろう。幹は茶色、葉は緑、そしてリンゴの実は赤く丸く見えるだろう。リンゴの実が熟していれば、甘い香りを感じるだろうし、風が吹けば、葉のカサカサという音が聞こえるだろう。近くにあるリンゴの実は、木の向こうがわにある実よりも大きく見えるはずだが、この見かけ上の違いは自動的に修正され、これらの実はだいたい同じ大きさだとされるだろう。

このように観察者が変ってもそれぞれの知覚が似かよっているのは、先天的な内的プログラムがあるからである。このプログラムは、最初に述べたような状況で感覚器官を刺激する視覚、嗅覚、聴覚刺激などの複雑な一群の要素を選り分けたり並べたりする。この2人の観察者にあとでその木の写真を見せたならば、それを木と認知するだろう。抽象化や一般化のための生得的メカニズムを通して、実際のリンゴの木や写真に写ったリンゴの木を、木として分類するこ

15 ── チンパンジーの心

とができ，さらに，木というカテゴリーのなかからリンゴの木を選択することができるのである。

しかしながら，人間が知覚したものをこの2人がどう意識的に選択し解釈するかということについては，はっきりとした違いがあるだろう。いいかえれば，リンゴの木にかんしても異なる考え方があるということだ。このような概念的な差異は，2人が違う文化の中で育ってきたとき，とくに片方がリンゴをまったく見たことがないとき最大となる。もし2人が同じ文化を共有していれば，概念的な差異は彼らの社会的背景，職業，興味などによって決定される。その人が空腹であればリンゴを食べ物としてみるかもしれないし，小さな男の子であれば，木登りの対象として考えるかもしれない。優れた観察者なら，面白い形をした大枝の配置，リンゴの実と葉の色の配合，空に向かって伸びた小枝の模様など，他の観察者であれば見落とすかもしれないようなことにも目を向けるかもしれない。さっきの男の子なら木の下に落ちた枝はリンゴをたたき落とすのに都合がよいことに気づくかもしれない。同じ木でも，芸術家，林務官，果樹栽培者，植物学者，その木のそびえている場所に家を建てたいと思っている人，それぞれがちがったふうに知覚するだろう。

リンゴの木とだれかがいうと，そのことばは抽象的なシンボルとして作用し，この2人に対してなんらかの心的イメージを喚起する。このイメージについて尋ねられれば，リンゴのなっている木，木一般，リンゴ一般などについて彼らは苦もなく語るだろう。リンゴの味や表面の感触を容易に思い浮かべることもできるだろう。しかし彼らの「心的体験」は，問いかけによってそれを制約しないかぎり，実際に木のそばに立ってそれを見ていた場合よりも，さらに異なることになりそうだ。リンゴの木ということば，あるいはそれを示す抽象的なシンボルならどんなものでも，それぞれに非常に異なる心的イメージを引き起こすことがある。ある人にとっては，単に赤い実のなっている木を想像しただけのことかもしれないし，ある人にとっては，月明りの下でガールフレンドと出会った思い出の木であるかもしれない。またある人にとっては，子どもの頃をすごしたリンゴ園であるかもしれないし，ある人は，イブや蛇やエデンの園を思い浮かべて，核兵器による大虐殺やこの世の終りに至る複雑な連想をするかもしれない。

さてそれでは，チンパンジーの知覚的世界や知的世界は，われわれとどの程度の共通点を持っているのだろうか？　また，彼らは単にリンゴの木を見ることからエデンの園を連想するまでの道を，どこまでたどれるのだろうか？　飼育下のチンパンジー1頭1頭に対して，非常な忍耐力と正しい理解と深い洞察とすぐれた技術を持って研究することだけが，チンパンジーの知的世界の限界を知る唯一の道なのである。それではこれに関連した研究をいくつか見ていくことにしよう。

知 覚 世 界

信頼できる情報によれば，チンパンジーの感覚系はわれわれのものときわめて類似しているように思われる。視力，光に対する感度，そしてスペクトルの各波長を区別する能力は，われわれのそれとほぼ同じである。ただし，スペクトルの黄から赤にかけての端（長波長光）に対する感度はヒトのほうが高いようである。チンパンジーはわれわれと同じように大きさの違い

を見出したり，形を弁別したりする。また，動きの知覚にかんしても同様である。音源の定位もまったく問題なくやるし，拍子（テンポ）の変動も識別できる。高周波音に対しては，チンパンジーのほうが感度が良いが，聴感度はヒトとほぼ同じである（Prestrude, 1970）。

　チンパンジーの嗅覚にかんしては，系統だった研究はまったくおこなわれていない。彼らが，典型的な文明人よりも匂いの感覚を有効に利用するのはほぼ確かである。しかし，捕食者の匂いに気づく能力が自らの生死を決定するような自然に近い環境に生きているヒトと比べれば，おそらく大差ないだろう。

　ケロッグ夫妻（Kellog & Kellog, 1933）は自分たちの息子とチンパンジーのグアに，四つの味（甘味，辛味，酸味，苦味）に対する好みの順序をつけさせた。ヒトの子どもの好みは，甘味，酸味，辛味，苦味の順であった。これに対して，グアは甘味よりも酸味を好んだが，後の二つは同じであった。*

　チンパンジーはときどき自分の傷をいじることがある。それも，ヒトだったら痛くてとても耐えられそうにないような方法でやるのだ。これは，彼らの痛みに対する感受性がわれわれよりも低いかもしれないことを示唆している。（ただし，痛みに対する反応は，ヒトの場合では文化の違いによってかなりの変動がある）。温度に対するチンパンジーの感受性は，おそらくわれわれと同じだと思われる。彼らは気温が非常に高いときは暑い太陽を避け，ものうげに横になり（Köhler, 1925; Fouts, 1974 を参照せよ），寒いときはぶるぶる震えて情なさそうに見える。

　チンパンジーがわれわれと同じような感覚能力を持っているのだとすれば，チンパンジーはわれわれと同じようにリンゴを知覚するのだろうか。リンゴの丸さやまっすぐな枝，ねじ曲がった枝の形を同じように知覚するのだろうか。コーツ（Kohts, 1935）はイオニーという名の若いチンパンジーに，彼の知覚の性質を調べるために計画された500以上の弁別課題をやらせた結果，イオニーの視覚世界はヒトの子どものそれにきわめて類似しているとの結論をくだした（Yerkes and Petrunkevitch, 1925 参照）。また，ある若雌のチンパンジーは，物をいくつか並べてそのまん中にある物体を選ぶことができるようになった。彼女は物の数が17個まで増やされても，75％の正答率をあげることができた。これは，初歩的な数かぞえがおこなわれていた可能性を示すものであろう（Rohles and Devine, 1966, 1967）。

　チンパンジーの世界では，物と物との空間的な関係が支配的である。つまり，どの位置にあるかということは，色，形，大きさといった他の手がかりよりも明らかに優先されるということだ。このことをヤーキス（Yerkes, 1943）は，次に述べる実験のなかで記している。チンパンジーが部屋のまん中に座らされる。部屋の四隅には，色以外は形も大きさも同じ箱が置いてある。チンパンジーはそれらの箱のうちの一つに餌が入れられるのを見ている。次に，チンパンジーと箱のあいだについたてが置かれ，実験者は餌の入った箱の位置を変える。チンパンジーは一貫して，色の手がかりをまったく無視し，餌の入った箱が置かれてあったもとの場所に行った（もちろん，チンパンジーは色をよく知覚できる）。箱の中がからであることを知ると，

＊　公式の観察ではないが，チンパンジーがアルコールを自発的に味わうようになった例がある。トマーリンの被験体であるルーシーが初めて果樹園をおとずれたとき，彼女は枝からリンゴをもぎとった。そのあと，何度か訪れるうちにルーシーは地面に落ちて完全に腐ったリンゴを食べるようになった。このときの様子は次のように記述されている。「彼女はとても嬉しそうに見え，よく笑い声を出していた……彼女は地面に落ちて自然発酵したリンゴに酔っていたのだ」（Temerlin, 1975, p. 49）。

17── チンパンジーの心

図2.1 吊された果物をとるために棒を「はしご」として使用するチンパンジー（Köhler, 1925 より）

チンパンジーはその箱の中やまわりを一生懸命さがし，それから怒り，ついには自分のからだを地面に投げ出して泣き叫んだ。この実験は，箱の色だけでなく大きさや形も変えて繰り返された。結果は同じだった。最終的には，チンパンジーは位置以外の手がかりに注目することを学習できた。しかしそれは，問題の提示とその実行のあいだの時間間隔が40秒以内のときに限られていた。ただし，通常の生活でも空間的にものを見るということを優先するために，チンパンジーは場所記憶のテストではヒトよりもすぐれた成績をあげる場合もある。

ASL（アメリカン・サイン・ランゲージ）の訓練プログラムでは，チンパンジーの手話の語彙を増やしたりテストしたりするために，写真がよく使われる。対象物が鮮やかな色を持つ背景の中に写っていると，対象物よりも背景の色を答えることが多かった（Gardner and Gardner, 1983）。ガードナー夫妻はまた，彼らのチンパンジーが，冬のまる裸になったリンゴの木の幹や枝とか空を背景にした「クリスマス・ツリー」の写真に対してよく反応したが，夏になって青々と葉の繁った夏の木の写真に対してはあまり反応しないことを見出した（よく経験をつんだチンパンジーは，冬のリンゴの木をリンゴの木として同定することができるのだろうか。ほとんどの人間にはできないことだが）。

ケーラーの仕事も，チンパンジーの視覚世界がわれわれのものとどのように異なっているかを示してくれた。たとえば壁にぴったり寄せて置かれたテーブルは，壁とは切りはなして動かせる物としては知覚されず，上から吊されたバナナをひっぱり落とすために箱を探しまわっているチンパンジーに何度も無視された。また問題を解決するために，チンパンジーは箱から木片をひきはがして棒切れをこしらえなければならないことがあった。板と板のあいだのすきまが見えるような箱であると，そうでない場合に

比べてずっと容易に板を道具として用いること
ができた。ケーラー（Köhler, 1925, p. 99）は，
「全体がみえるものを分析することにかけては，
チンパンジーよりもヒトのおとなのほうが得意
なのだろう」という結論をくだした。

　ごほうびをとるために箱のなかからいっぱい
詰まった石をとり出して運ぶという問題は，き
わめて難しいことがわかった。たいていのチン
パンジーはその問題を解けなかったが，中には
ものすごい力で石の入った箱をひっぱって行こ
うとするものもいた。最も才能豊かなチンパン
ジーのサルタン（Sultan）は解決策を考えつい
たのだが，彼でさえ，力いっぱい引いてようや
く動かせるくらいにしか石を出そうとはしなか
った。

　ビッキーは，好きなように物を分類させると，
その物の機能よりも材質で分類する傾向があっ
た。たとえば，箸はナイフやフォークではなく
鉛筆といっしょにされたし，金属製のボタンは
骨でできたボタンよりも金物類といっしょにさ
れた。しかし，彼女はしかるべき課題に対して
は正しい物をすぐに取り上げることができた。
つまり，必要とあれば物の機能的側面をとらえ
ることができたのである。

　ケーラーが観察した一見「バカな」行動の中
にも，チンパンジーの物の見方をよく表すもの
がある。一例を挙げよう。ある雌が道具になり
そうなものを探していた。彼女は目的にうまく
合う小枝がたくさんついた小さな木の前を何度
か通り過ぎた。彼女はその木を無視し，ドアに
かたくとめられているボルトを回してはずそう
としたのである。たしかに，視覚的には黒い色
をしたボルトはドアからくっきり浮びあがって
見えた。枝の方は木からくっきり浮びあがって
は見えなかったのだ（ただし，最終的には，彼
女は枝を折り取った）。ケーラー（Köhler, 1925,

p. 97）は，「実利を考えるよりも視覚的な印象
が優先している」ことを示す事例についてさら
に記載している。才能に恵まれないチンパン
ジーのレイナは，上から吊された食べ物を取ろ
うとするとき，竿をまっすぐ立て，すばやくそ
れに登って竿が倒れる瞬間に果物をとるのがお
気に入りのやり方だった（図2．1）。あるとき
適当な棒が見つからず，彼女はとても役にたた
ないほど小さな棒を目的物の下に立て，何度か
それに登ろうとしたことがあった。突然彼女は
小さな棒をもう1本拾い上げ，二つの棒の端と
端をくっつけて持ち，視覚的には1本になった
ように見える棒に登ろうとするような動作をし
た！

　ロープを支柱に4回も巻いておくことは（お
互いに重ならないように注意深く巻かれていて
も），われわれにとってのもつれた糸のように，
チンパンジーにとっては解けない問題のようだ
った。ケーラーはひねくれたコメントを添えて
いる。「著者にとっては折りたたみ椅子の操作
でさえそうなのだが…」と（Köhler, 1925, p. 103）。

　ヒトでもそうだが，チンパンジーにとって学
習と経験は，世界を見る目に大きな影響を及ぼ
す。家庭で育てられたチンパンジーは机が何の
ためのものかを学習するだろうし，また何の苦
もなく部屋の反対側までも机を動かすことがで
きるだろう。巻きつけたロープの形や性質がど
う変るかは，ロープを使うことにより現実的な
ものになるだろう（折りたたみ椅子でさえも，
何度も使えば最後にはその構造がわかってく
る！）。最初は長くてまっすぐな物体としか見
えなかった棒を，それを手に持ったあとは硬い
ものとして分類できるようになる。そして，餌
をとるために使われたり仲間を叩くために使わ
れたりすると，棒は道具として分類されるよう
になるのだ。

学習の過程

　学習はさまざまに定義される。ハインド（Hinde, 1966）が指摘したように，それらはそれぞれの著者の興味により異なったものになっている。多くの動物行動学的な定義では，学習は適応的であることと，行動変容を引き起こすことの二つが強調されてきた。ソープ（Thorpe, 1956, p. 55）は学習を「経験の結果として生じる個体の行動上の適応的変化が出現する過程」と定義している。学習が適応的であることは，行動が進化する上できわめて重大な意味を持ってきたのだが，ステンハウス（Stenhouse, 1973）は，学習の定義から適応的という用語は取り除かれるべきだと主張した。そうでなければ非適応的行動を学習することは理論的に起こり得ないことになる。残念ながら，このことは，とりわけわれわれヒトの場合に当てはまる。またある種の経験は「内的機構の変容を生み出し……すぐには行動の変容としては現われてこない場合もある」（Hinde, 1966, p. 41）。これらの変容は中央記憶貯蔵庫に組み込まれるのかもしれない（Stenhouse, 1973）。ある経験が「学習され」たか否かは，のちにその動物が，自らの「記憶」から適切な反応を取り出すことができるかどうかにより，明らかになるであろう。

　生物学者は異口同音に学習は単一の過程ではないというが，学習の実際のメカニズムに関しては論争がつきない。ここで学習理論の根本的問題を考察するつもりはない。それは目まぐるしく変化し，白熱した議論を呼ぶ分野であり，わたしがそれを熟知しているなどというつもりはないが，チンパンジーの心を概観することは，学習過程についてもなんらかの考察を提供することができるにちがいない。とくに，最近得られた知見から，高等な霊長類では，「認知はよ

り基本的で原初的な連合学習の過程から生まれ，古いものにとってかわる」ことが示唆されているからだ（Rumbaugh and Pate, 1984, p. 586）。次に述べる非常に単純化して説明されたカテゴリーのほとんどは，1956年にソープにより提唱されたもので，いまだに広く引用されているものである。

物理的ならびに社会的環境

　もちろんチンパンジーは，（呼吸したり眠ったりする）学習する必要のない行動や（コミュニケーションシステムに見られる多くの鳴き声，姿勢，身振りなどの）成熟の過程で徐々に現れてくる行動をたくさん持っている。初期学習においてきわめて重要なことは，物理的社会的環境との相互作用を通じて，生れながらにもっている傾向を修正することである。たとえ社会的に隔離された状況で育てられたチンパンジーが，自発的に種特異的なコミュニケーションパターンを示すとしても，社会的な場での経験を通して，それらを使うべき正しい手順や場面を学習しなければならないのである（Menzel, 1964）。

　若い個体はいくつかの段階をへて発達していくが，どの段階においても，新しい行動を学習するための肉体的・精神的準備をしている。（木に登ったり，物を操作したり，仲間への対応のような）基本的な行動様式は系統発生的に決められてしまうために，（木のてっぺんでじょうずに動き回ることや物を道具として使ったり，自分の仲間をうまく操ったりする）学習可能な行動もあるが，（ヒトの出すやたらに複雑で不自然なテストのような）容易に学習のきかない行動もある。

　チンパンジーは知識の大部分を知覚学習と試

行錯誤学習と観察学習の，複雑な交互作用を通して獲得する。自分のまわりの世界のものを見たり聞いたり匂いをかいだりすることだけから，動物がどの程度のことを学習できるのかはまだわかっていない。しかし知覚経験の分類や蓄積が，物理的社会的環境を少しずつ知るために重要な役割を受け持つことには疑う余地がない。チンパンジーの子どもは母親の胸に抱かれたままの生後数カ月のあいだに，母親の恐れや興奮や喜びを母親の身になって感じとり，多くの知識を得ているのかもしれない。次から次へとあらゆる方向からやってくるすべての刺激に注意を払ってはいられない。少しずつ，ある特定の物や音や匂いが意味のあるものとなってくる一方，他のものは感覚器には受け取られるが，意識には現れなくなる。生まれてすぐはありとあらゆる出来事に同じようにおびえるかもしれない。たとえば白衣を着た技官が彼の居室にはいってくる様子。おとな雄のチンパンジーがとなりの部屋の鉄壁をどんどんたたく音。母親がおびえて発する叫び声。皮下注射用の注射器を持った手が現れること。彼はこれらの出来事のうちあるものを無視することを学習する。つまりそれらに馴化していく。そして，ほかのものはきわめて明確な意味をもつようになる。きまった時間に鍵をまわす音は朝食の到着を告げ，興奮の引金となる。つまり彼は音に条件づけられたのである。一度でも注射されたことがあるなら，おそらく注射器を見ることは恐れの反応を引き起こすだろう。しかし，毎日持って来るだけで何日間も使われなければ，注射器に対する恐れの反応はしだいに消去されるだろう。

赤ん坊は徐々にまわりの心的地図（McReynolds, 1962）を獲得する。広い自然の生息地よりも実験室や大きな野外放飼場（Menzel, 1974; Menzel,

Premack and Woodruff, 1978）のほうが，心的地図の獲得はずっと容易である。

伝染性の行動もある。チンパンジーが餌を食べ始める時に満足気に低い唸り声をあげたり，またはひどく興奮して毛を逆立てて突進したりすると，仲間はそれに加わることが多い。このことは，動物行動学者のあいだで社会的促進として知られている現象である。もしあるチンパンジーが，たわわに実のついた木に向かって急いで走っていく他のチンパンジーを見たり，建物から餌のある放飼場へと突進する他のチンパンジーを見たりしたら，彼も同じことをしようとする場合が多い。それは彼の注意が仲間の行動により餌の方に向けられたからであろう。このことは局所的強調として知られている。社会的促進によって若いチンパンジーは，ある声がどんな状況で出されるのか，どのような危険を避ければよいかなどについて多くのことを学ぶだろう。また局所的強調によって，チンパンジーは，その場の環境の中で資源にかんする知識をより良いものにすることができるだろう。

正の強化と負の強化——すなわち報酬と罰——は，いずれも学習過程においてきわめて重要な役割を果たす。遊びや探索の間に，子どもは彼をとりまいている環境の物理的特性をどんどん学習していく。木に登る。枯れた枝が折れて彼は地面に落ちる。木の枝の状態と自分が地面に落ちたことの関係がいったん理解されれば，彼は枯れた枝を避けるようになるだろう。しかしそれには多くの失敗を必要とするかもしれない。これに対して，ただ一度の試行で果物はおいしいということを学習するかもしれない。チンパンジーであろうと人であろうと，若い個体は他者との相互交渉のあいだに，どんな行動（たとえば，催促をしてグルーミングをしても

＊　条件づけとして二つのものが一般的に認められている。すでに述べた古典的（もしくはパブロフ型）条件づけと（偶然の動きが繰り返し報酬を受ける）オペラ

ント条件づけである。たとえば，ニワトリが右に一歩進むたびに報酬を受けるなら，このニワトリは，最終的には円を描くように歩くことを学習するだろう。

らえるとか，遊びの誘いかけをしながら近づけ
ばくすぐってもらえることとか）が受け入れら
れるかを正の強化を通じて学び，またどんな行
動（たとえば飼育者を噛むこと）は受け入れら
れないで罰を引き起こすかを学習する。

　ここまでわれわれは，発達と環境との相互作
用が進むにつれて，チンパンジーの知識が徐々
に蓄積される道筋——いわば学習性の行動内容
が形づくられる過程——をたどってきた。自然
環境では，これは社会集団のそれぞれに特有な
行動特徴を作り出す。飼育下では（自然な性向
が阻害されると），種々のステレオタイプで奇
怪な行動が生じるようになったり，（自然な性
向を少しずつ良い方向へ導いてやると）たいへ
ん注意深く調和のとれた個体を生み出したりす
る。さて，次にわれわれは，種々の場面で蓄積
された知識がどのようにして実際の行動へと移
されるのかを考察しなければならない。

目標指向行動

　実験室で動物は，しばしば実生活では意味の
ない問題を解決する場面に置かれる。弁別テス
トの経験のあるチンパンジーは，新しい課題
（たとえば二つの緑色の図形のうち暗い方を選
ぶ課題）に直面しても，以前の経験から二つの
パネルのうちどちらかひとつを選べば報酬が得
られることを知っている。彼は両方のパネルを
試すにちがいない。どちらかを推理する方法な
どない。しかし，いったん試行錯誤のすえ正し
い反応を学習したなら，般化（他への応用を可
能にする一般化）によって，二つの青い物また
は二つの赤い物のうち暗いほうを選ぶことがで
きるだろう。動機づけや注意や知性といった要
因と同じように，般化も今までの経験の広さに
依存するだろう。

　それほど複雑ではない問題に直面した時，チ
ンパンジーは以前の経験に基づいて解決を試み
ることができる（それらはある木から次の木へ

と渡って行くことから，仲間をうまく使うこと，
さらには，実験室でのケーラー型の課題までの
広い範囲におよぶかもしれない）。しかし正し
い解決にたどりつく前に，数多くの失敗をする
こともある。ケーラーは，こういった失敗を
「良い」誤りと「悪い」誤りに類別した。良い
誤りは，直面する問題の本質を正しく認識でき
たことを示す。たとえば，ケーラーのチンパン
ジーのうちの1頭が頭上に吊されたバナナを取
ろうとしたとき，箱を持ち上げ壁にくっつけて
おいた。もし，箱がそのまま動かないでいれば，
彼は食べ物に届き，問題を解決できたはずであ
る。同様に，レイナが見かけ上はつながってい
るように見える棒を作ったことは，彼女がその
場面でより長い棒が必要であることを理解した
証拠である。これに対して悪い誤りは，問題の
本質をまったく理解していないことを示すもの
である。たとえば，同じ場面で，適切な位置に
あるが高さが足りない箱をどこかほかの所に動
かしてしまうような場合である。ケーラーはま
た，すでにその問題を解決する能力を十分に持
っているはずの個体がする「いいかげんな愚
行」について述べている。たとえばある雌チン
パンジーは，柵の外にある果物を取ろうとして
石を自分の小屋まで持ってきたことがある（こ
れは，同じ場所でおこなわれた他の実験の影響
である。その実験では石が踏み台として使われ
た）。

　この種の試みをしているときは，良い誤り同
様悪い誤りも，チンパンジーが課題の条件をよ
り深く理解するための手助けになることがある。
彼は，その課題に適切なやり方であることをま
ったく理解しないまま，しかし偶然に解決にた
どりつくかもしれない。たとえば若いチンパン
ジーは，別の木へ移ろうとしていろいろな方法
を試みて失敗しているうちに，偶然に自分の体
重で枝がしなり，その枝を橋にして移動するこ
ともあるだろう。自分の体重あるいは自分のと

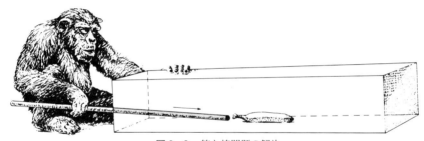

図2.2 箱と棒問題の解決

った行動と，目的が達成できたこととの関係はすぐには理解できないかもしれないが，同じ状況に何度も直面するうちにこれらの事象を関連づけて理解するようになるのだろう。こうして問題解決がなされる。

ヤーキス（Yerkes, 1943, p.135）は6歳の雌のチンパンジー，マモが，「箱と棒」テストの場面におかれている時の行動を記述した。箱は図2.2に示されているようにせまい筒状になっており，両端はあいている。彼女の手が届かない箱の中央部にバナナがおかれた。報酬を手にいれるためには箱のどちらか一方に座り，棒を使ってもう一方の端から手が届く位置にまでバナナを押しやらなければならない。12日間ものあいだ，マモは問題を解く兆しすら見せなかった。1時間のセッションのあいだ，彼女は何度も何度もバナナを見て，いたずらにバナナの方へ手を伸ばすだけだった。それから，箱のまわりで遊んだり，棒をもて遊んだりした。そして13日め，箱のそばでとんぼがえりをしながら箱のなかを見つめていたかと思うと，突然思い立ったように「まっすぐ棒のところへいき，確信を持ってそれをつかんだ…」。まさにその瞬間，棒を持って箱の端に近づく前に問題がすでに解決されていたことは，観察者の目には明らかであった。

このような自発的問題解決は，チンパンジーが物と物との関係を知覚すること，すなわち洞察することに基づいている（Köhler, 1925）。この過程は，チンパンジーの心にある現存しないものの表象が関係したのかもしれない。たとえば，あるとき，ケーラーのサルタンは，手の届かないところにあるご馳走を取ろうとしていた。彼は突然立ち止まり，動かなくなった。それから箱（その日，別の部屋で見たときには気にもとめなかった箱）の方に駆け出したかと思うと箱を持って戻り，それにのって餌を手に入れた。

他者の行動を観察したり模倣したりすることによる新しい問題の解決には，社会的促進や局所的強調とは異なり，やはり洞察という過程が含まれる。模倣は，ケーラー（Köhler, 1925, p.190）の定義によると「他者の活動の意味することを理解し，知的に把握する」能力である。一方，ソープ（Thorpe, 1956, p.135）は，次のようなきわめて狭い定義を提案した。それは，真の視覚的模倣においては，「模倣された行動は，その動物種のレパートリーにはない運動様式のものでなければならない」ということを主張するものであった。*

飼育下のチンパンジーには，ソープの狭い定義にさえ当てはまる模倣能力をみせた者がいる。古い例をあげれば，ビッキーは口紅をぬるときに唇をすぼめた。これは，チンパンジーの生得的な行動レパートリーにはない（Hayes and

* ソープは，模倣は「自己意識と，自分自身に似たものとして他個体を実感することを含む」と考えていた（Thorpe, 1956, p.64）。したがって，自己概念を形成できない動物が除外されるような定義をする必要があった。観察学習は，われわれ人間にとってきわめて重要であり，それはチンパンジーにとっても同じである。ソープのいう「真の」模倣とは，連続した各種の行動様式の中の最も洗錬された最終点と見なすのが最良だと思われる。

8歳のバンディットはメンツェルのチンパンジーのうちの1頭である。彼はよく放飼場からの脱走を先導した。他のチンパンジーは木に飛びつこうとしているのに、バンディットは柵のなかから観察していた人の行動を真似した（J. Mosley）。

Hayes, 1951）。ケーラーの広い定義にあてはまる例をあげれば、家庭で育てられたチンパンジーは、布を縫う、びんの蓋をあける、飲物を注ぐ、すきで穴を掘る、といった複雑な行動を模倣することができた。それらの行動を列挙すると、人が家で普通におこなう活動の大部分が含まれていた。

ビッキーにかんする楽しい例がある。ある日彼女は、「お母さん」がまるまった写真をのばすために電話帳に挟んでいるのを熱心に見ていた。それから数日というもの、ビッキーは、開封されていない手紙、領収証、鍋つかみ、そして手に入るありとあらゆる紙にいたるまで、電話帳に挟んでプレスすることに熱中したのである（Hayes, 1951）。もうひとつ別の例をあげよう。モーリス・トマーリンが病気のときのことである。激しくおう吐したあと、彼はベッドの方へ歩いて行き、よろめいてたおれた。心配そうな様子でルーシーがついてきた。しばらくしてルーシーは洗面所にもどり、トマーリンがしたように便器の上に屈み、口を大きくあけ、まるで彼が吐いていたのをまねるかのようにゲーゲーという音をたてた（Temerlin, 1975）。ヨハネスバーグ市立動物園でもおもしろいチンパンジーの模倣の例が観察された。2頭の雄のチンパンジーがすぐ近くの小屋で飼われていた。ただしお互いを見ることはできなかった。そのうちの1頭は飼育係にタバコを吸うことを教えてもらっていた。もちろん観客は大いに喜び、そのチンパンジーにタバコをあたえた。するともう1頭のチンパンジーも、一度もタバコを教えられたことなどなかったのにもかかわらず、タバコを吸うようになった。喜ぶ観客を見ることにより、彼はタバコを吸うことを学習したのである（Brink, 1957）。バンディットは、メンツェルのチンパンジー集団のなかで最も才能に恵まれた雄のチンパンジーであった。彼は放飼場の外の人の活動を何時間も見ていた。彼はたびたび「脱走の手引き」をした。仲間のチンパンジーが、木に飛びついたりしているあいだ、放置されたままの道具——たとえばシャベルや水まき用のホース——へ一目散に突進した。そして短い自由時間を、自分が見た行動を模倣するのに使ったのである（P. Midgett, 私信）。

ワシューの養子のルーリスは、生後10カ月で、ロジャー・ファウツにひきとられた。そしてルーリスとワシューは、ガードナーの二つめの研究プロジェクトに参加していた若い3頭のチンパンジー、ダル、モジャ、タツーと同居させられた。ファウツと彼の研究協力者は、意図的に、赤ん坊チンパンジー（ルーリス）の前では（どれ、だれ、なに、といった七つの疑問詞のサインを除いて）できるだけASL（アメリカン・サインランゲージ）を使わないようにした。ルーリスは一度も、誰からも、1語の手話も教えられたことはなかったが、4歳6カ月までに

観察と模倣を通して39のサインを獲得した（Fouts, Fouts, and Schoenfeld, 1984）。

チンパンジーの教育

「われわれが実験の対象としてチンパンジーを使用するおもな理由のひとつは，彼らにものごとを教えるのがきわめて容易だということである」とヤーキスは記している（Yerkes, 1943, p. 133）。この特性を大いに利用して，若いチンパンジーに宇宙旅行のための訓練がおこなわれた。モリス夫妻（Morris & Morris, 1966）は，この若いチンパンジーたちが受けた条件づけの手続きを詳細に記述している。チンパンジーは装置板（パネル）に向かって長い時間，複雑な操作をしなければならなかった。そこでは地球の軌道に乗った宇宙船の中の飛行士にかかるのと同じくらいの精神的負担が，チンパンジーにかかるように計算されていた。

モリス夫妻は，ニューメキシコにあるホロマン空軍基地の航空医学研究室で，5歳の雄のチンパンジーが受けた14日間の耐久テストについて記述している。テストに先がけて，このチンパンジーは1093時間の特別訓練を受けた。テスト期間中，チンパンジーは小さな部屋に入れられ，ナイロンメッシュのスーツに縫い込まれた皮ひもで拘束されていた。またチンパンジーが正しく反応できなかったときに，軽い電気ショックを与えるために，金属板につながれた靴をはかされていた。チンパンジーの前方には，報酬（餌や水）を得たり，罰（電気ショック）を回避したりするために操作しなければならないテスト盤が置かれた。24時間ごとに66分間のセッションが8回あった。各セッションの合間に，チンパンジーは休んだり睡眠をとったりすることができた。1セッションは1分か2分の間隔で四つの局面に分けられた。ブザーの合図で局面が始まると，赤色光がチンパンジーの前にあるパネルの三つの窓のうちの一つにつけられた。

赤色光が点灯しているあいだ，チンパンジーはすくなくとも20秒に1回は電気ショックを避けるために，三つのレバーのうちの一つを押さなければならなかった。青色光が点灯したときは，すばやく他のレバーを押さなければならなかった。失敗すれば電気ショックをうけた。最初の15分間に，あるレバーをおよそ45回，それ以外のレバーを7回押さなければならなかった。次の15分間は緑色光で予告され，水を報酬とした課題があたえられた。20秒間隔でレバーの一つを押すと，頭上にある管から小量の水を飲むことができた。もしチンパンジーが20秒より短い間隔で（19秒でさえ）レバーを押せば水はもらえなかった。次の15分間は餌を報酬として同じ課題が与えられた。最後の15分間は，各試行で三つの刺激の形を弁別して，一つだけちがったものを選ばなければならなかった。それが終るとチンパンジーは，まったく同じ作業がふたたび始まるまで，十分に休みをあたえられた。14日間，チンパンジーはおよそ120時間にわたってこれらの作業をこなした。驚くべきことに，彼の成績は向上し，最終日までには，形の弁別テストや水を得るためのテストをうまくやるようになった。この間，それ以外の課題の成績が低下することはまったくなかった。最終的に彼が解放されたとき，24時間ほど手足の動きが悪かっただけで，それ以外は病気の兆しすらまったくなかった。また厳しい条件での訓練期間中にも，体重は減少していなかった。

チンパンジーは，観察した行動の最も重要な点をある程度まで理解できるので，模倣を利用して何かを教え，学習させることができる。チンパンジーがショービジネスで非常に人気があるのはこのためである。モリス夫妻（Morris & Morris, 1966）は，1909年，ニューヨーク劇場に登場したチンパンジーのピーターの公演について記している。彼は，ステージで手の込んだ料理を楽しみ，タバコを吸い，歯を磨き，髪にブ

ジュリアは、チンパンジーがごく小さな道具を操作できることを示してくれた。彼女は箱の中の餌をとるためにねじを回して、取りはずすことができた。彼女は問題解決に必要となる、細心の注意を払っている（Döhl & Rensch, 1967より）。

ラシをかけ、顔におしろいをつけ、飼育人にチップをあたえたりした。また、服を脱ぎ、ろうそくに灯りをともし、ベッドにもぐりこみ、そして灯りをふき消したあと、ベッドから起き出し、服を着てローラースケートに乗り、若い女性を追いかけ回したりした。それから自転車の曲乗りを15分間披露し、最後に、自転車に乗ったままジョッキから飲物を飲んでみせた。そして自転車からおり、拍手をして退場した。その演技は56項目の独立した動きから成っていた。もっとも有名なチンパンジーの俳優はもちろんJ. フレッド・マッグスで、彼の名声が絶頂のころ、彼は週に357ポンドも（約1000ドル＝約14万円）かせいでいた。何と、1950年代の初期にである。

自然生息地では、おとなのチンパンジーが、若いチンパンジーの行動を丁寧に教えて直してやることはめったにないだろう。もっとも、あとで見るように、チンパンジーの母親の自然な振舞いが、子どもに種々のことを教えるという機能は果たすが。ヤーキス（Yerkes, 1943）は、放飼場の母親チンパンジーたちが、どのようにして子どもたちに登ったり歩いたりといった活動を促すのかを記述している。

この観点から見て興味深いのは、ワシューの行動である。チンパンジーにASLを教えるときは、型はめ——訓練者がチンパンジーの腕をとって正しい位置におく——と、訓練者が実際にそのサインをしてみせる実演の両方で訓練される（Gardner and Gardner, 1969）。ワシューは、彼女の養子のルーリスに新しい手話のサインを3度教えようとしたことがある。1度は、ヒトが棒キャンディを持って近づいてくるのを見たときで、ワシューは、二足歩行をしながら非常に興奮し、毛を逆立てて、手話で食べ物のサインをした。生後わずか18カ月のルーリスは、それをとくに気にもかけず見ているだけだった。やおらワシューは、ルーリスのところへ行き、彼の手をとり、型はめ法で、食べ物を表すサイン（口を指さす）を教えた。2度めは同じような状況で、しかし自分の手をルーリスのからだの上においてガムのサインをした。3度めはワシューが、突然小さな椅子をとりあげてルーリスのところへ持っていき、彼の前に据え、椅子を表すサインをはっきりと3回おこない、そしてルーリスをじっと見つめた。椅子を表すサインは、ルーリスのサインにはならなかったが、食べ物を表す二つのサインはルーリスの語彙に付け加えられた。（Fouts, Hirsch, and Fouts, 1982）。これらはワシュー自身が教えられたために、自分でも教えることができたのだと考えられる。

学習能力に影響を及ぼす要因

同じ課題でもチンパンジーによって容易に学習する場合とそうでない場合がある。その原因は、中枢神経系の遺伝子構成に個体変異があることや、異なった生活経験によるものとして説明できよう。また、個体の気質も考慮に入れなければならない。興奮しやすい個体や神経質な個体は、落ちついて自信を持った個体よりも混乱に陥りやすい。さらに忘れてならないことは、その個体の動機づけの強さである。

チンパンジーが新しい課題を学習するとき、

動機づけが強ければ成功する確率が高い。この場合，チンパンジーは課題に十分な注意を払うだろうし，不適切な刺激によって混乱することが少なくなるからである。動機づけの程度は，さまざまな要因により影響を受ける。たとえば報酬や罰の性質（それがある場合），能力との関連で見た場合の課題の性質，そしてそのときの情動状態などである。ケーラー（Köhler, 1925）は，最も年老いた雌のチンパンジーのツェゴーが，動機づけが高まった結果，突然課題の解決に至った事例を記述している。それは初めてのテストのときであった。彼女のケージの外に果物の房が置かれた。果物はじゃまになっている箱をどかせば手の届く距離にあった。彼女は2時間ものあいだ，なすすべもなく何度も何度も果物に手を伸ばしてとろうとしていた。突然若いチンパンジーの何頭かが果物に近づき始めた。彼らが近づくにつれて危機感がツェゴーに「霊感」を与えた。彼女は，箱をつかんで脇に押しやり，若ものたちが果物を取ってしまう前にそれを差し押さえた。

　ケーラー（Köhler, 1925）の記載しているもう一つの例は，動機づけの欠如が，すでに学習した課題の遂行をどのように妨げるかを示している。才能豊かだったサルタンは捨てられた果物の皮を集め，バケツのなかにほおり込んで飼育係の手伝いを容易におぼえた。最初の2日間はすばらしくよく働いた。しかし，「3日めには続けるようにたえず指示しなければならなくなった。4日めはひとつひとつの皮ごとに命令されないとやらなくなり，5日めになると……皮をつまみ，もち上げ，歩かせ，皮をかごの上へ持っていき，そして中に落とさせて，彼の手足を1動作ごとにいちいち導いてやらなければならなかった。というのも，彼の手足は導かれたところまででぴたりと動きを止めてしまったからである」(p. 252)。

　報酬の性質もまた行動に影響する。報酬のえさが小さすぎれば，飽食したチンパンジーはそれを得るための課題に真剣にならないかもしれないし，大きすぎれば，夢中になってしまい課題遂行をすっとばしてしまうかもしれない。もし彼が極度に空腹であれば，報酬の餌を見ただけでそれに釘付けになり，課題に取り組むどころではなくなるかもしれない（Köhler, 1925）。プライヤー（Pryor, 1984）は，（時によって報酬が出たり出なかったりする）変動強化スケジュールや，反応は適切なものでなければならないがふだんよりできが良かろうが悪かろうが，それに関係なく，時々大きな予想外の報酬を与えることの利点について論じている。彼女は，この「大当り効果」が，動物を訓練するのにきわめて有効な手段であることを発見した。

　チンパンジー（および他の哺乳類）は，餌以外の報酬のためにも作業をする。たとえば，グルーミングしたりグルーミングされたりすること（Falk, 1958）や，遊ぶこと（Yerkes and Petrunkevitch, 1925）である。さらにチンパンジーは，与えられた課題を楽しんでいたり，その課題に夢中になっていたりすれば，まさに課題解決そのもののために何度も何度も反応を繰り返すことがある。バトラー（Butler, 1965）はこれを自己報酬行動と表現している。満腹状態にあっても，この種の課題であれば，わずかな報酬もしくは報酬なしで，空腹のチンパンジーが，嫌いな課題（サルタンとバナナの皮の例）や難しすぎる課題をやるときよりも，ずっと長くこの課題をやり続けるかもしれない。多くのチンパンジーは，えんぴつで線を引いたり，絵の具で何か描いたりすることが好きなようである。これについてモリス（Morris, 1962）は述べている。彼らは，物質的な報酬がなくても何分間も一心不乱にやることがある。ワシューやモジャは，幼児のときに線を引いたり描いたりすることを始めた（Gardner and Gardner, 1978）。現在，彼らの行動にかんして系統だった研究がおこなわれ

より長い道具をつくるために2つの棒をつないでいるサルタン（Köhler, 1925 より）。

ている（Beach, Fouts, and Fouts, 1984）。

　チンパンジーが課題を与えられる以前に経験した類いのことは，その課題に成功するか失敗するかに重要な役割を果たす。たとえば，吊されたバナナを棒でたたき落とすことを求められるような課題では，過去に棒に触れたり棒で遊んだりする機会があったかどうかが非常に重要となる。シラー（Schiller, 1952）は，棒に触れる機会がまったくなかったチンパンジーは，そのような課題で棒を適切に使えないことを発見した。しかし，いったん棒で自由に遊ぶ機会が与えられると，遊びを通して得た知識を問題解決のために利用することができた。同様に，サルタンは，2本の棒で遊んでいる時に，偶然，一方の棒を他方に押し込んだあと，はじめて2本の棒をつなぎ合わせて，ケージの外に置かれた餌に届く長さの道具を作ることができた。このような経験なしに，その問題が解決されることはなかった。ケーラーが自分の指を棒の一方の端に押し込んで，棒が空洞でそこに別の棒がつなげることを示してもできなかったのである。先行経験が重要であることは，ビッキー，就学前のヒトの子ども，研究室で育てられたチンパンジー（いずれも同じくらいの年齢）の，模倣能力のテストでよりはっきりと示された。ビッキーはヒトの子どもと同じような経験をしてきたのであるが，テストの結果は，ほとんどのテストに失敗した実験室育ちの若ものチンパンジーよりも，ヒトの子どもにずっと近かった（Hayes, 1951; Hayes and Hayes, 1952）。

　初期経験が，成熟後の学習技能にあたえる効果は，今日多大なる注目を浴びている研究領域である。幼少時の視覚経験の違いでさえ，のちのちの視覚的弁別を必要とする課題を学習する能力に影響を及ぼすことが明らかにされている（Hinde, 1966）。ランバウ（Rumbaugh, 1974）は，生まれてから最初の2年間の社会的・環境的な経験不足が，それらのチンパンジーが14歳にな

ったときの高次の認知的学習過程の，少なくともひとつの側面に悪影響を与えることを示した。２選択の弁別課題で，以前に学習した正—誤反応の正解を逆転させて質問したときの成績では，同年齢の野生生まれのチンパンジーたちの方が「圧倒的に優れていた」。二つのグループは，２歳以後同じ研究室で育てられていたのにもかかわらず。

高次の認知能力

ヒト以外の動物の高次認知能力にかんする研究は，ヒトが特別な動物であるという考え方に何度も挑戦し，そのたびに人々に拒絶の嵐を引き起こしてきた。幸いなことに，真の科学的精神を支えに，多くの研究者はそのような批判をのりこえ仕事を続けてきた。

異種感覚間転移

目で見たものを触って認知する，または触ったものを目で見て認知する能力は，つい最近までヒトに特有のものであると考えられてきた。しかし現在では，チンパンジーもこの種の異種感覚間転移をおこなえることが明らかにされている（Davenport and Rogers, 1970）。チンパンジーは視覚的に知っている物だけではなく，触れた経験しか持たない物を写真から同定することさえできる（Davenport and Rogers, 1971; Davenport, Rogers, and Russell, 1975）。最近，情報をある感覚チャンネルから他の感覚チャンネルへと転移するこのような能力は，ヒトおよびヒトに最も近縁な動物に特有なものではないことがわかった。ブタオザルにおいても同様の能力が示されたのである（Gunderson, 1982）。わたしは，この研究を契機に，さまざまな種でも同じ能力を見出す試みが広くおこなわれ，そしてそのような努力の多くが報われるのではないかと思っている。

抽象と般化

ヒトは「けもの」より一段上位に位置するものである，と今日まで思わせてきたもうひとつの能力は概念形成である。たとえばリンゴの概念を形成するためには，そのものの特性（形，色，匂いなど）を抽象化すること，そしてこれ（リンゴ）はあれ（他のリンゴ）とは同じだが，それ（モモ）とは違うといったような般化をおこなうことが必要である。さらにもう一歩進めて，テニスボールとは区別されるリンゴやモモなどの果物の概念が形成される。それができるためには，抽出された特性を手がかりにして物を分類する能力も必要となる。

もしガードナーが類人猿の言語獲得訓練に先鞭をつけなかったら，われわれはこの領域のチンパンジーの能力に関しては，ほんのわずかのことしか知り得なかったであろう。しかし現在では，われわれはこのことにかんして多くのことを知っているし，いまもなお学習しているのである。ガードナーが指摘したように，ワシューの誤答はいろいろな点で正反応よりもさらに多くの情報をわれわれにあたえてくれた。たとえば，ワシューに櫛の名前を尋ねたとき，彼女はブラシと手話で答えることはあっても，皿と答えることはほとんどなかった。しかし，ボウルやカップに対しては，皿と答えてしまうことがあった。言いかえれば，彼女は明らかに，物をカテゴリーに分類していたのである。ガードナーの二つめの研究プロジェクトに参加した４頭の若いチンパンジーは，どんな種類の犬も犬として，どんな花も花として，数多くの虫を昆虫として適切に分類できた。[*]興味深いことに，

29——チンパンジーの心

自動車（写真やおもちゃ）は非生物ではなく生物として分類する傾向が見られた（Gardner and Gardner, 1983）。

言語訓練を受けたワシューおよび他のチンパンジーは，自発的にサインを般化させた。つまり彼らがある場面で学習したサインを，新しい場面で適切に使用するようになったのである。ドアを開く（open）というサインを学習したワシューは，いろんな容器のふたをあけてもらいたいときや，冷蔵庫や水道の蛇口をあけたいときにもそれを使い始めた。ヤーキッシュ語の訓練を受けたラナは，すでに習得した表現を，ただちにもともとの訓練場面での目的とは異なった目的のために用いることができた。その使用法はその場の状況にぴたりと適合していた（Rumbaugh and Gill, 1977）。

言語訓練を受けたチンパンジーは，物のカテゴリー関係をも理解していることが示されている。サラは，物体間の関係が同類であるか否かの区別ができたし，上-下や内-外といった空間的な関係も理解できた（Premack and Premack, 1972; Premack, 1976）。

サラが16歳のとき，類推問題を解く能力がテストされた。サラに与えられた問題は，一つのシリーズが36のテストからなっており，同じものは一つとしてなかった。それは，次のような形式であった。刺激Aは，青い鋸歯のついた物体で，印として点が一つつけられていた。これに対して刺激A′はAと同じであったが点の印はなかった。サラが把握しなければならなかったAとA′の関係は点の有無であった。刺激Bはオレンジ色で，点のついた三日月形であった。サラが選択することを求められた選択肢は，オレンジ色で点のない大きな三日月形と点のついた青い大きな三日月形であった。この種の問題でサラの正答率は72％であった。それぞれがた

だ一回しか与えられなかったので試行錯誤により解法を学習することはできなかったのに，サラはいきなり最初の4問に正答することができたのである。これらのことは，サラが実験開始時よりも前に，類推の能力を持っていたことを示唆している（Gillan, 1982）。

サラはまた，概念的な推論問題のテストも受けた。たとえば，紙（A）に対するはさみ（A′）の関係と同じものは，リンゴ（B）に対してナイフか皿のどちらかという問題があたえられた。サラはナイフを選んだ。そのような試行の85％が正答であった。しかしながら，このことは単なる連合の結果として起こったということも考えられる（リンゴは皿よりもナイフとの連合が強い）ので，こんどはふた（A）と容器（A′）の関係と同じものは，リンゴ（B）に対してナイフと皿のどちらか，といったような問題でテストされた。ここでも彼女は皿を正しく選ぶことができた。ギラン（Gillan, 1982）はつぎのように結論した。チンパンジーは知覚的関係と概念的な関係のいずれをも理解でき，そしてこれらの関係を同異判断に使うことができる。

時間上および空間上の転置

チンパンジーの世界は，いまある時間や空間を越えてどの程度まで広がるのだろうか。ことばをかえると，チンパンジーは過去におこった出来事をどのくらい再生できるのか，未来の計画をどれくらい予測できるのか。

当然のことながら，中枢神経機構に情報を貯蔵し，必要に応じてそれを取り出す能力は，経験から利益を得る上で欠かせないものである。純粋に記述的なレベルでいうならば，そのとき個体が正しい解答にたどりつくことを可能にするものは，与えられた状況と中央記憶貯蔵庫と

＊　ワシューが初めて本物のチンパンジーに引き合わされ，あれはなにかと聞かれたとき，彼女はきっぱりと手話で「黒い・虫」とサインした。これだけでは昆虫を示したのかチンパンジーを示したのか明確ではない。

の相互作用である。このことは，与えられた課題が，しばらくいなかった仲間を識別することであろうと，実験室の複雑なテスト場面であろうと同じことだ。

チンパンジーが，ヒトであれチンパンジーであれ自分の生活のなかで深くかかわった個体をよく覚えていることはよく知られており，この章の始めのエピソードの中でも触れた。1年くらいたったあとでも，チンパンジーは自分の世話をしてくれた人を認知できるという報告は数多い。ある雌のチンパンジーは，彼女がひどい病気のとき面倒をみてくれた人を4年たっても憶えていたという（Yerkes and Yerkes, 1929）。ケーラー（Köhler, 1925）によると，彼のチンパンジーが4カ月ぶりに集団に戻されたとき，その集団の個体は彼のことをはっきり憶えており，友達としての挨拶をしたという。メンツェルのチンパンジー集団の最年長のオス，ロックは，18カ月ぶりにもとの集団に戻されたときも仲間だと認められた（W. C. McGrew, 私信）。チンパンジーは，自分たちを虐待した個体もよく憶えているらしい（Yerkes, 1943）。

チンパンジーの知覚世界の中で，場所の役割が重要であることはすでに述べた。ティンクルポー（Tinklepaugh, 1932）は，チンパンジーの場所記憶にかんする印象的な実例を何十年も前に記録している。彼は，1頭の若い雄と1頭の若い雌のチンパンジーを，六つの部屋へ別々に連れて行き，それぞれの部屋で二つの同じ容器のうちの一つに餌を隠すのを見せた。そのあと，彼らを出発点に戻して部屋から部屋へと自由に動きまわることを許し，各容器の対から一つを選択させた。彼らが餌の入った容器を選んだ正答率は，雄が92％で雌が88％であった。同じ個体を被験者として，さらに難しい配置でテストが繰り返された。同じ容器が16対も大きな部屋に円形に配置された。チンパンジーは，実験者が，各対のうちどちらか一方の容器に食べ物を

隠しているあいだ，円のまん中に置かれた椅子に座らされ，それを見ていた。そして，被験者はまず最初の容器対の所に連れて行かれ，そこで選択をさせられた。成功すると次の容器対の選択をする前にいったん椅子にもどり，報酬として得た餌をたべる。同じようにして容器の対を次から次へとまわっていった。2頭のチンパンジーの正答率は，すべてのテストで78％から89％のあいだにあった。これはヒトの子どもよりも高かった。

このような空間記憶は，チンパンジーが，精巧な心的地図を形成するのを可能にする。メンツェル（Menzel, 1974）は大きな放飼場で，若いチンパンジーを被験者として空間記憶にかんする一連のテストをおこなった。実験者は，チンパンジーを1頭ずつ放飼場に連れだして，18の食物片を隠すところを見せたあと，放飼場が見えない部屋にチンパンジーを戻した。少なくとも2分間はかかったが，チンパンジーたちはすばらしい再生能力を見せた。たいていの場合，彼らは隠された食物をすべて見つけただけでなく，実験者に連れられた道筋をたどらないで，しばしば近道を通って食物に到達することが見られた。続いて，メンツェル（Menzel, 1978）は，別の被験者を使って，別の放飼場でテストをおこなった。チンパンジーはモニターテレビで餌が隠されるのを見たあと，放飼場に出された。彼らは，同じようにうまく食物を手にいれることができた。

チンパンジーは，物のありかを記憶するだけではなく，その知識を長期間にわたって保持することができる。ケーラーは，1頭のチンパンジーに食べ物を砂に埋めるところを見せたあと，砂の表面をならした。48時間後，食物を探す機会があたえられると，彼は一目散に餌の位置に走っていった。最近ラナは，チンパンジーがより「学問的な」記憶を持つことができることを示した。彼女は，ヤーキッシュ語の図形シンボ

ルを記憶したり記憶から想起したりすることができた。また彼女は，ヒトと同じような機構で記憶を再生する傾向があった（Buchanan, Gill, and Braggio, 1981）。

ティンクルポー（Tinklepaugh, 1932）は，チンパンジーも期待することを実験的に証明した。容器の下に大好きな食べ物が置かれるのを見たチンパンジーは，知らないうちにあまり好きではない食べ物に取り替えられていたりすると，容器を開けてから明らかに驚いた様子や失望の色を見せ，時には怒ったりもした。チンパンジーは，失望の様子を身体で，表情で，そして音声などで表した。大きな食べ物を密かに小さな食べ物にかえた時も同じ反応が生じた。トマーリンのチンパンジーのルーシーは，牧場に遠出する家族によくついていった。途中何度も橋を渡らなければならなかったのだが，ルーシーは橋が大嫌いだった。それは，みんなが彼女を恐がらせるからであった。「彼女は橋が近づくのをみると，橋までまだ200か300ヤード（約200〜300m）もあるのにもう不安そうな様子をみせるのだった」とトマーリンは記している。中でも，ぐらぐらしていまにも壊れそうな橋がもっとも彼女を恐れさせた。その橋までまだ半マイル（約800m）もあるというのに，もうからだを揺すって哀訴の声をもらし，ときとして運転している人が誰だろうと，その腕にしがみついたりした（Temerlin, 1975, p. 73）。

チンパンジーが将来の計画を立てる能力を持つことをはっきり示したのは，デール（Döhl, 1968）およびデールとレンシュ（Döhl & Rensch, 1968）である。雌のチンパンジーのジュリアは，すでに複雑な迷路課題でかなりの才能をみせた個体である。彼女には，鍵のかかった五つの透明な箱の組み合せが2シリーズ呈示された。箱を開ける鍵はそれぞれ異なっていた（図2.3）。二つのシリーズのうち，一方はバナナの入っている箱に到達するが，もう一方はからの入れ物

に到達するだけだった。鍵のかかっていない最初の二つの箱から，ジュリアはバナナに到達するシリーズの箱を開ける鍵を選ぶことができた。ゴールの箱から逆にたどる以外に最初の選択を推理する方法はなかったのである。

ジュリアの課題の場合，目標は目の前にあったが，これに対してアーネム・コロニーのある雌チンパンジーは，彼女の心の中にしかない未来の出来事を計画できることをはっきり示している。その出来事は寒くなり始めてまもなく起こった。それは冬の到来が近いことを告げるものだ。ある朝フランジェは，建物のなかにある寝室を出る前に藁をひとかかえ丹念に集め，外に運び暖かい巣を作った。彼女は，野外の空気を冷たいと感じる前に藁を集めたのである。明らかに彼女の行為は，その前日，寒く感じたことの記憶と，近い将来やってくる寒さを予期したことに基づいたものである（de Waal, 1982）。

ビッキーは，作法を身につけるのに長期間を要し，排泄のうまくできたときには報酬としてキャンディをもらっていた。今は亡きレオナルド・カーマイケルは，ヘイズ夫妻の家を訪れたときに起こった出来事をわたしに語ってくれた。ビッキーは，おまるへ行く途中，立ち止まって食器棚に飛び上がり，そこで器から報酬を取った。おそらくここで時間を食ったためだろう，ことは彼女が予期した通り進まなかった。カーマイケルが驚いたことには，そそうをして元気をなくしたビッキーは，食器棚に上りキャンディを器に戻したのである。部屋にはカーマイケル以外誰もいなかったのに。

チンパンジーが，自分自身と仲間の行動の社会的な過程を予測し，それに従って自分の行動の計画をたてる能力があることは，十分な証拠がある。この問題にはあとでもう一度触れる。

象徴的な表象機能

チンパンジーの持つ象徴的な過程にかんする

ジュリアが迷路を解いている（Döhl & Rensch, 1968 より）

図2.3 ジュリアは鍵のかかっていない最初の二つの箱に入っている鍵のうち，正しい方を選択しなければならなかった。この鍵はプラスチックの蓋を通して見ることができ，それを使えばバナナの入っているゴールの箱にたどり着く一連の箱の最初の箱を開けることができた。もし間違った選択をして別の鍵を使えばもうひとつの箱のシリーズ，すなわち最終的にはからの箱に到達する最初の箱を開けることになる（Döhl, 1968 より）。

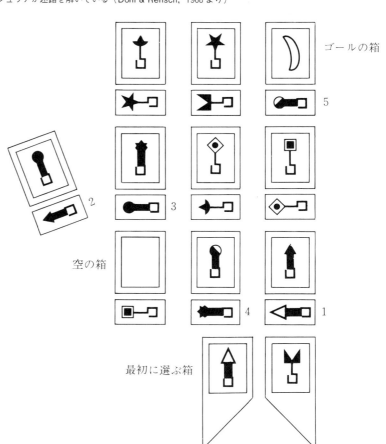

33——チンパンジーの心

総説の中で，メディン（Medin, 1979, p. 99, におい
て Mead, 1934; および Langer, 1957 を引用しつつ）は，
象徴を「思考の表象的形態である。すなわち象
徴は何か他のものを『指し示す』，または表象
する。しかしながら，表象的思考の具体的な表
れとは異なり，象徴は，刺激を直接指示するこ
ともあるが，抽象的概念（刺激の統合によって
構成された認知的カテゴリー）を指示すること
もある」と定義している。

写真の像を理解する能力は，非言語的な象徴
的理解に基づく（Davenport, Rogers, and Russel,
1975; に引用された Langer の論文も参照せよ）。すで
に見てきたように，チンパンジーは，高度に発
達した写真解釈能力を持っている。このことを
初めて示したのは，ケーラー（Köhler, 1925）で
ある。ビッキー・ヘイズは（人に育てられた他
のチンパンジーと同じように），よく腕時計の
写真に耳をあてた。また彼女は，チョコレート
バーの写真をコツコツとたたきながら，餌発見
の吠え声を出した（Hayes and Hayes, 1953）。プレ
マックのチンパンジー，サラは，ビデオの場面
をきわめて正確に理解することができた。

トマーリンのところにいたルーシーは，写真
に対して奇妙な反応を見せた。あるとき彼女は
『プレイガール』という雑誌を与えられた。彼
女は発情の真っ最中であった。「裸の男性の写
真が載っているページにくると，彼女の興奮は
目に見えて増大した。彼女はペニスをじっと見
つめ，おいしそうなご馳走を見たときに出す
〈ウ，ウ，ウ，ウ〉という声に似た低い声を出
した。彼女は人差指で最初は慎重にそしてだん
だん速くペニスをさすった。写真によっては彼
女は人差指でまずペニスをなで，非常に興奮し，
指の爪でひっかいてそれを引きちぎった。一つ
の写真でそのような行為を終えると，ルーシー
はページをめくり次の写真に同じことをした。
……彼女は写真の他の部分を愛撫したりひっか
いたりはしなかった。」見開きのページにくる

と，彼女はそれを床に広げその上にからだをの
せ，外陰部を写真のペニスにあて約20秒間前後
に動かした。それからペニスのうえでとびあが
ったりした。最後に，いったんそこを離れてか
らもう一度もどってきて，きわめて慎重に方向
をさだめ，ペニスに直接ちょろちょろと尿をか
けた（Temerlin, 1975, p. 138）。

種々の言語獲得プロジェクトで，チンパン
ジーは身振り言語や図形文字や象徴的単語を教
えられた。彼らは確実にかつ高頻度にそれらを
使用し，それらに対して反応する。リンゴを示
す青い三角形のプラスチックは，確かにサラに
適切な心的イメージを呼び起こした。彼女は，
目の前に赤いリンゴがなくても，プラスチック
片に対して「赤さ」や「まるさ」といった性質
を付与することができた。その一方，別の場面
では，同じプラスチック片から「青さ」や「三
角形」という性質を正しく同定することができ
た（Premack and Premack, 1972; Gillan, 1982）。

ASL（アメリカン・サイン・ランゲージ）
の訓練を受けた若いチンパンジーのアリーを被
験者として，話しことばの理解と ASL のサイ
ンとの関係を調べる一連の実験がおこなわれた。
話しことばとサインは，いずれも明らかにそれ
らが示す物の心的イメージをチンパンジーにあ
たえた。話しことばでのスプーンを理解するよ
うになったあと（「スプーンを取ってこい」と
いったような，ことばにされた命令に正確に反
応することができたあと），彼は，話しことば
だけで，（スプーンが実際には存在しないとこ
ろで）スプーンを表すサインを教えられた。こ
うしたあとで，アリーが ASL で以前と同じ命
令を与えられたとき，彼はそれに正しく応ずる
ことができたのである（Fouts, 1973）。

獲得した象徴語を自発的に組み合わせること
は，ASL 訓練を受けたすべての被験者に見ら
れた。最初の組合せ使用は（スーザン・ブラシ，
そこ・飲む，上・行く，など）習い始めてから

6カ月から10カ月のあいだに出現した。これは，手話を使うヒトの子どもと同じくらいの月齢であり，ことばを話す子どもよりもはやい（Gardner and Gardner, 1980）。*

言語訓練を受けたチンパンジーは，名前をしらない物を記述するために，手話のサインや図形文字（レキシグラム）を組み合わせてことばを創造することがある。ワシューは白鳥をみていて，あれは何，と尋ねられたとき，水と鳥と二つのサインで答えた。これにかんして，ただ単にあれは水，あれは鳥と連続的にサインしていたにすぎないという指摘もある。しかしこの指摘は，彼女が岩の実（rock berry）——それはあとでブラジルナッツと判明したのだが——をしつこく要求した事実にはあてはまらない。トマーリンのルーシーもASLを使った。あるとき彼女は，野菜や果物など種々の食べ物を見せられた。彼女は，野菜，食べ物，飲物といった「カテゴリー」を表すサインしか持っておらず，それらを表すには不十分であった。あれは何，と尋ねられると，いくつかの食べ物について，彼女の人生観を映したおもしろい名前の組み合わせで答えた。セロリはパイプの食べ物（pipe food），スイカはキャンディの飲物（candy drink）か飲む果物（drink fruit），そして大根は，初めて味わったのが古くて辛かったので，傷つき泣く食べ物（hurt-cry food）と命名した（Temerlin, 1975; Fouts and Budd, 1979）。ラナもまたきゅうりを緑色のバナナ，オレンジをオレンジ色のりんごといった創造的な能力をみせた（Gillan, 1982）。モジャはアルカリ炭酸水を音を聞く飲物（listen drink），タバコのライターを熱い金属（metal hot）と呼んだ（Fouts, 1975; Gardner and Gardner, 1980）。

特に興味深いのは，チンパンジーがサインを発明したという事例が二つ報告されていることだ。ルーシーは成長するにつれて，外出のとき皮ひもをつけなければならないようになった。ある日，はやく外出したいが皮ひものサインを知らないルーシーは，曲げた人差指を，いつも身につけている首輪の鈴のところにあてて自分の希望を伝えた。このサインは彼女の語彙の一つになった（Temerlin, 1975）。別の例（Gardner and Gardner, 1969）では，お腹をすかせたワシューは，ガードナー夫妻が教えたよだれかけのサインを忘れていた。そこで，自分の胸に両方の人差指をあてて，よだれかけの輪郭をなぞるように動かした（ガードナー夫妻はそのサインを訂正したが，あとになって，それこそが正しいASLのサインであることがわかった。正しいサインを知らなかったのはガードナー夫妻の方だった。つまり，ガードナー夫妻が最初にワシューに教えたサインの方こそが勝手に考案されたサインだったのだ）。

自己の概念

チンパンジーは自己という概念を抽象することができるだろうか。自分を対象物として見ることができるだろうか。この問題については，メディン（Medin, 1979）が詳しい考察をしている。ミード（Mead, 1934）によれば（メディンによる引用，p. 104），「自己の認識は，象徴的思考ができ，組織された社会集団の一部となっている動物が，社会的相互作用を通じて形成するものである」。自己の概念は，「他者に自分がどう見えているかを自分自身で理解する能力に伴った認知構造」である。そしてこのことにより動物は，自分自身を対象物として見ることができる

---

* ガードナーは，4頭の人工飼育の子どもチンパンジーのASL語に見られた最初の50語が示すものと，8人のヒトの子どもの話しことばに見られた最初の50語が示すものは，かなりの範囲で重なっていることを見出した。実際，どのチンパンジーの50の手話のサインをとっても，重なりの程度を変えずに，どのヒトの子どもの50語の話しことばにも置き換えることができた（Gardner and Gardner, 1983 より）。

図2.4 オースチンはモニターテレビを見ながら自分の手を対象物（黒い斑点）に導く（Menzel, Savage-Rumbaugh, and Lawson, 1985 より）。

ようになる。

ワシューは，自己を認知できることを示した最初のチンパンジーである。彼女が鏡を見ている時に，あれは誰なのと聞かれると，躊躇なくわたし・ワシューと答えた（Gardner and Gardner, 1969）。この能力はワシューだけのものではないことがギャラップ（Gallup, 1970, 1977）により実験的に示された。5頭のチンパンジーに麻酔がかけられ，鏡を使わなければ見えない身体部位に赤い斑点がつけられた。麻酔からさめると彼らは鏡に映った像をじっと見つめ，自分の身体につけられた不思議な印に何度も触れた。これらのチンパンジーは，どの個体も以前に自分の像を鏡で見たことがあったが，そのような経験のない3頭の隔離飼育のチンパンジーは，つけられた点に反応することはできず，自己認知の証拠を何ら示さなかった。

メンツェル，サベージ＝ランバウ，そしてローソンの3人（1985）は，言語訓練を受けた2頭のチンパンジー，オースチンとシャーマンに一連の巧妙なテストをおこなった。それは，鏡の像やモニターテレビの画像を見て直接には見えない物に自分の手を触れさせるというもの

であった。このテストの前に，2頭とも鏡やテレビのスクリーンで自分自身を見たことがあり，そこでは疑う余地のない自己認知の証拠をすでに見せている。たとえば，モニターで自分の画像を見ながら懐中電灯で喉の奥を照らしたりした。最初のテストでは，チンパンジーはすぐに仕切りのあたりに手をのばし，手と同様に鏡を通してしか見ることのできない餌を取ることができた。次の実験では（図2.4），各個体はドアの外側に置かれた餌（後には，匂いのないインクの点）を探しあてることが求められた。チンパンジーは，部屋のなかのモニターテレビを通して，対象物を見ることができた。チンパンジーは，ドアの穴から腕を出し，目はスクリーンを見たまま目的物へ手を向けることによってそれをとることができた。この課題は像を上下逆，左右逆，左右逆かつ上下逆にしても容易に解決できた。実際オースチンは，初めて上下逆の像を見たとき，自発的にお尻をスクリーンの方に向け，頭を逆さまにし，足の間からスクリーンを見た。テスト終了後1年たって，チンパンジーに同じ課題をやらせてみたところ，彼らの成績は以前よりもよくなってさえいた。い

ずれの個体も，15秒以内に腕を標的に到達させることができた。

ワシューは毎日風呂に入れてもらい，オイルを塗ってもらっていたが，彼女が，自分の人形に対してまったく同じことをするという事実は，「対象」として自分自身を理解することができたことを示す。しかしながら自己概念の決定版

は，ビッキーにあたえるべきだろう。彼女の課題の一つに，いろいろな人や動物が写った写真のたばを分類する作業があった。彼女はたった一つだけ「間違い」を犯した。ビッキー・ヘイズをヒトに分類したのである。もちろんビッキーにとってこれは間違いでもなんでもなかったのだ（Hayes and Hayes, 1951）。

社会的な問題解決

これまでのところ，この重要な領域では，実験室内の厳密に統制された条件下で2，3の研究がおこなわれただけであった。そして，2頭以上のチンパンジーが使われたことはほとんどない。何十年も前にクローフォード（1937）は，2頭の子どもチンパンジーを用いて，食べ物を獲得するために協力できるかどうかをテストした。最近では，言語訓練を受けた2頭の若いチンパンジー，オースチンとシャーマンが象徴的コミュニケーション能力のあることを示した。最初に彼らは，11種類の食べ物と飲物のヤーキッシュ語（図形言語）を教え込まれた。それらに習熟してから1頭だけにある食べ物が入った容器が見せられた。2頭で共有している部屋に連れ戻されると，隠された食べ物を実験者からもらうよう指示された。コンピューターに接続した端末の表示を「読む」まで，容器の中身について何の知識もなかった彼の相棒は，自分でキーボードを使って食べ物を求めることができた。双方のチンパンジーが正しく反応したときにだけ，両方が報酬をもらい食べ物を分けた。彼らは，最初からほとんど間違わずにこの課題を遂行することができた。その後，一方の個体に隣接した部屋の窓を通して相棒が餌を食べているのを見せると，彼は自分のキーボードに歩み寄り，自発的に彼が見た食べ物を要求した。すると相棒は幾分かを彼に分けようとした

（Savage-Rumbaugh, Rumbaugh, and Boysen, 1978）。

他個体の目的を推理する

ケーラー（Köhler, 1925, p. 145）は，実験中次のような出来事を記録した。「わたしは2本の棒の使用をチカに教えようと努力していた。わたしは柵の外に立ち，サルタンはわたしのそばにしゃがんで熱心にそれを見ていた。……チカが何を要求されているか理解できないのを見て，わたしは，サルタンがこの事態をわかりやすくしてくれることを期待して，2本の棒を彼にわたした。サルタンは棒を取ると，一方をもう一方の棒に差し込んでつなぎ，自分で果物を取らないで，その棒を柵のそばにいるチカの方へゆっくりと押しやった」。ケーラーの言によれば，この反応は「明らかに［サルタンが］自分以外の者の立場からなすべき作業を理解していることを示すものであった」（傍点は筆者が付け加えた）。

それからか50年ほどたって，プレマックは，チンパンジーがどの程度他者の心的状態を把握できるかを調べるのに，科学的にきわめてみごとな，しかも想像力に富んだ方法を思いついた（Premack and Woodruff, 1978）。チンパンジーのサラは，種々の短いビデオテープを見せられた。それは人がさまざまな問題に直面している場面で，たとえば鍵のかかった部屋から出ようとしている場面，電気温熱器のプラグが抜けてぶる

グランドが箱に登って天井から吊されたバナナを手に入れようとしている。それをサルタンが見ている。サルタンの同調した左手に注目（Köhler, 1925 より）。

ぶる震えている場面などであった。ビデオを見せられたあと，サラは一組の写真をあたえられた。そのうちの一つは「答」を表していた（鍵の写真，プラグの差し込まれた温熱器など）。彼女は一貫して正しい反応を示した。このことは，「問題を示すものとしてビデオを見，その目的を理解したことを示唆する」（p.515）。続くテストでも同じビデオが呈示されたが，こんどは解答の選択肢の数が増やされた。完全な鍵と曲がった鍵と壊れた鍵の写真，あるいは，電気コードがちゃんと取り付けられている，取り付けられていない，取り付けられているが切れている，の三つの写真のなかから一つを選ばなければならなかった。サラはこんどもまちがいなく正しい写真を選択することができた。

サラの答えの選択が，ビデオの登場人物との特別な関係に依存して変わるかどうかを調べるために別のテストがおこなわれた。2組のテープが作られた。1本めは，サラの好きな飼育係

が問題に直面しているところだった。たとえば，セメントブロックがいっぱい入った箱があるためにその飼育係がバナナを手にいれることができない場面である。もう1本はサラの嫌いな人，「ビル」が同じことをしようとしている場面であった。前の課題と同様，サラは，「正しい選択肢」「まちがった選択肢」（上述の問題ではブロックをおろしている人とばらまかれたブロックの下敷になって床に横たわっている人）のどちらか一方を選ばなければならなかった。テストは8種類あった。サラは好きな人のときはすべて正しい答えを選んだ。しかしビルのときは6回もまちがった方を選んだ。続くテストで，彼女が好んで選ぶ間違った写真は，ブロックの下でうつぶせになっている人であることが示された。プレマックらは，チンパンジーは，「他者の欲求や目的や情緒的態度を把握することが必要な課題」をうまくこなすことができるとの結論をくだした（Premack and Woodruff, 1978, p. 526）。

パブロフ生理学研究所の2頭の若いチンパンジーは，お互いに何を要求しているかを理解し合えることを示した。彼らは，形と色が異なる三つの手形（トークン）を用いてちがったものを手にいれる訓練を個別に受けた。チンパンジーが手形を訓練者に手渡すと，一つは食べ物を，一つは飲物を，一つはおもちゃを手に入れることができた。双方のチンパンジーは，必要な学習レベルに達してから隣接した部屋に入れられた。ある時，2頭のうちAが空腹だった。彼はおもちゃを持っていた。もう一方のBは，十分食べたうえにさらにバナナをひとふさあたえられた。どちらの個体も3種類すべての手形を持っていた。Aは自分の食べ物手形を柵ごしにBの方へ押しやった。Bはそれをとり，バナナを房からもぎ取り相棒にあたえた。このあとすぐにBは，Aにおもちゃ手形を押しやった。Aはおもちゃを手渡した（Schastnyの実験。

Popovkin, 1981 の報告による）。これらの 2 頭のチンパンジーは，訓練者に食べ物やおもちゃを手渡すように要求されたことは一度もなかった。テストで見せた彼らの行動も，誰かに指図されたものではなかった。

意図的コミュニケーション

また別の実験で，チンパンジーがうそをつく能力が調べられた（Woodruff and Premack, 1979）。受け取った情報の流れを止めたり，忠実に伝えなかったりすることがその個体に利益をもたらすとき，チンパンジーはそれをどの程度できるのだろうか。被験者は，檻のなかから食べ物が容器のなかに隠される様子を見ることができた。

何試行にもおよぶ訓練の結果，4 頭の若いチンパンジーは，隠された食べ物の位置を協力的な人に指さして教えることを学習した。この人は「情報提供者」であるチンパンジーと食べ物をわけあった。さらに多くの試行を重ねると，チンパンジーは，いつも一人で食べ物を食べてしまう非協力的な人に，食べ物の位置に関する情報を教えないことも学習した。最も年長のチンパンジーは，食べ物を独占してしまう人にうその情報を流すことすら学習した。

これらの実験は，チンパンジーの意図的コミュニケーションの能力を示すものである。またこの能力は，コミュニケートしている相手の動機づけ状態を理解する能力にも依存している。

知性と理性

最近の論文のなかで，メイスン（Mason, 1982）は知的行動そのもののおもな特色を列挙している。種々の物や出来事に応じて反応を変える能力，環境の変化に従って既存の知識を修正する傾向，動機や目的の多様性，そして柔軟で，しかも間接的な手段を用いて手持ちの知識から必要なものを選び出すことである。メイスンはリストの最後に次のようなコメントをつけている。「計画をたて，先を見越し，下位目標を立ててそれに向かって働き，問題の要点を取り出す能力，これらが知性の要点である」（p. 134）。このリストはチンパンジーの行動特性を表すために作り上げられたものではなかっただろうが。

以前，ステンハウス（1973, p. 31）は知的行動を「個体の生涯のなかで適応的に変動するもの」と定義し，知能を「知的行動の能力」と定義した。固定した柔軟性のない本能的行動に対して，知的行動は柔軟性があり適応性に富む。非適応的行動を学習することも可能であるが，定義によれば知的行動は非適応的ではありえな

い。ただし，いうまでもないことだが，このことは知的生物が非知的活動をするはずがないと言っているわけではない。ステンハウスの知性の進化の四要因理論によれば，系統発生的に最も古い要因は，感覚運動制御でなされるものであり，能率の良さといってもよいものである。次に中央記憶貯蔵と情報の抽象化と一般化のための要因が，ほぼ同じ時期に進化したであろう。最後に，最も遅れて発達した抑制要因は，あたえられた刺激に対する「本能的」反応を抑えることを可能にするものである。これらの「本能的」反応に代わるものとしてある反応をすることが可能になったが，この方が適応的であるのかもしれない。

この理論を用いてわれわれは，無脊椎動物からヒトへの知的行動の漸進的な進化の跡をたどることができる。ゴキブリは，ある範囲を探索するのに要する時間に比例して，適応的に逃避反応を変えることができる。これは知的行動の一要素である（Barnett, 1958）。ゴキブリの知的

行動能力全体は，（ヒトの標準からすると）高く評価されないかもしれない。しかし，ゴキブリが知的行動の要素を持っていないということにはならない。ハトはもう少し進んだレベルの抽象と一般化を示し，ヒトが写っている写真だけをつつくように訓練することができる（Herrnstein and Loveland, 1964）。また，すでに述べたように，チンパンジーは，他者が直面している問題の答を表す写真を選ぶことができ，またそれは写っている人が好きか嫌いかによって変わる。

　ステンハウスは，ヒトに見られる知的行動の進化においてとりわけ重要な役割を果たしたのは，第4の抑制要因の出現と発達であるとの論を展開した。これはパブロフの「内制止」に起源を持つ（あるいは相同）かもしれない。ソープ（Thorpe, 1956）は，複雑なテストではしばしば反応を抑制することが動物にとって必要であり，そのような抑制は，その行動が過去に強化されたものである場合でさえ必要な時があることを指摘した。餌の位置にかんする情報を教えないことを学習した若いチンパンジーの反応を記述するなかで，ウッドラフとプレマック（1979, p. 357）は，次のように述べている。「このような学習は少なくとも部分的には被験者の行動傾向を抑制する能力によりもたらされる」。

　おそらく知性は，少なくともある部分では，集団生活で生じる社会的圧力や社会的問題に対処するために進化してきたと思われる（Jolly, 1966; Kummer, 1971）。つまり集団生活をする個体は，他個体の行動や欲求に応じて自分自身の行動や欲求を調整しなければならないということである。ミジレイ（Midgley, 1978）が指摘したように，他の欲求を満足するためにある欲求が抑制されなければならないとき，葛藤が生じることがある。ステンハウスは，動物がある問題に直面したり欲求の葛藤に直面したりしたとき，しばらく時間を置いてから答を選ぶのは，抑制

要因が働いているからであることを示唆した。そして，われわれが「推理」と呼ぶのは，まさにこの選択の過程なのである（Midgley, 1978, p. 258）。まったく主観的な見地からいえば，知性が働いているという印象をわれわれが受けるのは，動物があたかも考えているように間をとるときである。ケーラー（Köhler, 1925, p. 166）は自分の研究に批判的な同僚に，サルタンを使ってチンパンジーの問題解決能力を証明するための実験をおこなっていたときのことを記している。「サルタンがゆっくりと頭をかき，目と頭を静かに動かす以外のことは何もせず，じっと間をとったことほど彼らに強い印象を与えたものはなかった。その間サルタンは，全体の状況をきわめて注意深く眺めていたのである」。

　もちろん，ヒトは単に「賢い」だけではない。われわれは理性的な種である。理性は「計算力など知能テストで測定しうる」賢さと「感情に基づく確かで有効な優先体系」をもつ総合力との合わさったものである（Midgley, 1978, p. 256）。フレッチャー（Fletcher, 1966, p. 321）は，同じ問題を取り上げ，個体が示す知性のレベルは，単に「認知，意識，思考過程の比較的不変の能力」を示すものとしてのみとらえられるべきではなくて，「人格全体の総合された状態」をも意味すると主張している。もちろんミジレイとフレッチャーのどちらもが指摘したように，この二つはしばしば同一歩調をとって進むのである。しかし，「知識人」はときとして非常に不合理な行動をする。一方，複雑な認知的問題をまったく解くことができない人たちには「健全な常識」が授けられているのかもしれない（ある判断は当事者の優先体系が自分自身のそれとたまたま合致したときにのみ通用する）。

　われわれの理性が埋め込まれた好みの構造は，ミジレイが指摘したように，人間だけのものではなく，高等動物にもみられる。何の困難もなしに弁別問題を解くことはできても，大きくて

40——チンパンジーの心

強い雄の挑戦に対して適切な反応ができないチンパンジーは，自然生息地ではうまく生きていけないであろう。ケーラーのチンパンジーのうち，最も才能に乏しかったレイナは，問題を解こうとしているときに多くの「ばかげた」行動を示した。しかし，彼女にとってさらに不利益に作用したのは，集団の他の個体と良い関係を形成する能力が欠けていることだった。「愚かで依存的で動作が鈍いために，彼女はたいていの場合厄介者であった」(Köhler, 1925, p. 69)。

ミジレイ (Midgley, 1978, p. 282) は，動物とヒトの理性にかんする考察を次のようなことばで結んでいる。「ヒトに特有なことは，何がおこっているかを理解し，その理解に基づいてその出来事を調整する力を持つことである」(傍点は著者)。しかし，これはほんとうにヒトに特有なことなのだろうか。プレマックの若いチンパンジーは，寛大な人とわがままな人の行動を区別し，それに応じて自分たちの行動を調整することができた。サラは，ある人が直面した問題を正確に把握し，それらの問題のもたらす結果を理論的に調整することができた。実際彼女は，セメントブロックの下敷になって倒れている嫌いな「ビル」の写真を繰り返し選んだ。

この10年のうちにヒトは，橋をかけることもできない溝で動物たちと断絶された特別な優越者ではないことが明らかになった。ヒトを高いところに位置づけるはずの特徴は，「下等な」動物の生活形態の中にも存在することが，ひとつずつ示されてきた。進化は，ゴキブリからサルへ，サルから類人猿，類人猿からヒトへとゆったりと着実に歩を進めてきた。にもかかわらず，たとえわれわれとチンパンジーの差異が質的なものではなく，程度の違いにすぎないとしても，その差はやはり圧倒的に大きいといわねばならない。これは忘れてはならないことである。ヤーキス (Yerkes, 1943, p. 185) が書いているように，「類人猿はヒトがすでにずっと遠く

まで歩いてきてしまった道の出発点にいるのである」。

ここで振り出しに戻ってしまった。リンゴの木からエデンの園へと続く道を，チンパンジーはどのくらい遠くまでわれわれとともに歩むことができるのだろうか。

この章の最初に，われわれは，ヒトがリンゴの木を知覚したり，利用したり，リンゴの木について考えをめぐらしたりする過程を考察した。そこで，ふたたび問うてみよう。チンパンジーの知覚がわれわれのものとどれほど類似しており，どれほど異なっているのか。また感情，理解，想像といったもっと高いレベルで，ヒトはチンパンジーを越えてどこに登ってしまったのか。もちろん，それは木を見るために一緒につれていったチンパンジーによって異なるだろう。サルタンの知覚は，ルーシーの知覚と異なるだろう。ビッキーは，実験室という監獄に幽閉された個体とは非常に異なった見方でリンゴを見るだろう。ワシューやサラは，自分たちの考えることをよりたくさんわれわれに語ることができる。サラは，色のついたプラスチック片をあたえれば，リンゴは丸くて赤いあるいは緑色であるとわれわれに教えてくれる。ワシューは，わたし・ワシュー・食べ物・はやくはやくと手話でのべる。ビッキーは，餌発見の唸り声をあげ，リンゴをとろうとして飛び跳ねる。ルーシーもまた，餌発見の唸り声をあげるかもしれない。彼女は，風で落ちて発酵した果物を食べて楽しく酔うことに思いをはせているのだ。ケーラーに下手な体育教師というあだなをつけられたサルタンなら，棒を見つけ出し，またたくまにリンゴをたたき落とすかもしれない。または踏み台として使うために，われわれを一番低い枝の下にひっぱって行こうとするかもしれない。実験室のチンパンジーは少々絶望的な唸り声をあげるだけで他になにもしないかもしれ

41——チンパンジーの心

チンパンジーによるリンゴの表現。上がモジャによるもの。下がワシューによるもの。ワシューは描きおわったあと手話でリンゴとサインした。2枚の絵は驚くほどよく似ている。これほど類似しているにもかかわらず、これを描いたチンパンジーに組織的なテストをすると、リンゴ（あるいはいかなる果物）に対しても、不変のスキーマ（図式）を持っていないことがわかった。ただし、他の物、たとえば「ブラシ」に対しては、不変のスキーマを持っていた。もし、これが本当に表象的な作品であるなら、われわれはリンゴのどの部分をチンパンジーが描こうとしていたのか、しらべなければならない（R. Fouts）。

ない。もしワシューが、牛が野原を横切って自分の養子（ルーリス）を追いかけるのを見たら、ルーリス・はやく・木に登って、と手話で言うかもしれない。実験室のチンパンジーならその木を見ても、仲間はおろか自分の逃げ場であるとすら気づかないかもしれない。もしそのチンパンジーが幼年期に社会的な隔離をうけいれば、絶対にそのことに気づかないだろう。サラは逃げている個体が何をすべきかを正確に知っているだろう。でもそれだけでなく、その個体がたまたま彼女の敵であれば、おそらく彼女は、上に乗ったら折れるとわかっている枝にその個体を登らせて、怒り狂った牛の通り道に落ちるようにし向けようとするだろう。ワシューとモジャは家にもどったとき、キャンバスに何かを

描きつけ、それは何かと尋ねられれば、自分たちの芸術作品をリンゴと名づけるかもしれない。知覚や理解におけるこうした個体差は、ある種が遺伝によって受け継いだ行動傾向をその個体の生涯においてどの程度まで修正できるかを示す物差しである。各々の個体は相違点を持つというだけではない。印象的なのは、それらの個体差によって示される可変範囲の大きさなのである。

普通に育てられ普通の知性をあたえられたチンパンジーは、10年前に考えられていたのとは比べものにならないほど遠くまで、われわれといっしょに歩むことができる。わたしは最近、この章の主題であるチンパンジーとリンゴの木について友達と話していたところ、不思議なことに（話題が奇妙に一致して）彼女も子どものころ、両親の果樹園の一番古いリンゴの木に住む妖精を信じていたのだった。エデンの園のなかに妖精やイブを創りだした想像力がヒトとチンパンジーの本当の違いなのだろうか。ヤーキスとヤーキス（1929, p. 577）は、類人猿の遊びのなかに、創造的な想像力の証拠が見られることを書いている。彼らは「人の目をひくような複雑な行為を発展させたり、自分自身で楽しんだりする方法を発明する傾向がある」。

最後に、もう一度ビッキー・ヘイズにかんしてつけ加えなければならないことがある。ある日、洗面所でキャシー・ヘイズはビッキーがとても奇妙なふるまいをしているのに気づいた。

彼女はゆっくりと、しかし脇目もふらずに歩いていた。片手の指先は床を引きずっていた。ときおり立ち止まり、振り返って引きずっている自分の手を見た。そして、ふたたび同じことを始めるのだった。ビッキーは、子どもが糸につないだおもちゃを延々とひきずって歩く、おもちゃ引きをしていたのだ。ビッキーの体は、ちょうど四輪車や靴や人形や財布を引っ張る角

度になっていた。ある日，彼女はうしろを振り返り，歩くのを止め，目に見えない糸を引くような格好をした。もしロープがあれば糸ひきと呼べる行動だったが，もちろん実際には何もなかった。ビッキーは非常に奇妙なやり方で，鉛管のノブのまわりを巻くように手を動かした。そしてノブと一直線になるように両こぶしを上下に重ね，まるで綱引きをするようにしてうしろむきにひっぱった。最後にビッキーは，少しだけ強く（目に見えない）ロープを引き，そしてひっぱりおもちゃとしか私には考えられない想像上のものをひきずりながら，行ってしまった。

ビッキーは「釣り」が大好きである。家具の上に立って，遊び道具につないだ糸でそれをひっぱりあげる。いま，彼女は見えないロープを使って，おまるから「ひきずりおもちゃ」をたぐりあげ始めた。それから彼女はそれを静かに降ろしふたたび「釣り」あげた。

ビッキーは，毎日このゲームをして遊んだが，「トイレのまわり以外では決してやらなかった」。

ビッキーが最初にこの遊びを始めてからおよそ２週間たったある日の午後のことを，ヘイズは次のように続けている。

ビッキーはノブのところでもう一度立ち止まり，目に見えないもつれたロープと奮闘した。しかし今度は，ほんの少し頑張っただけであき

らめてしまった。彼女は，あたかもぴんと張られたロープを持っているかのように両手を伸ばして座り込んだ。そして鏡に映ったわたしの顔を見て大声で叫んだ。「ママ，ママ」。

手の込んだパントマイムを演じながら，わたしは彼女の手からロープを取り，ひっぱったり，うまく動かしたりしながら鉛管からロープをほどき，われわれのどちらにも見えない（とわたしは思うのだが）そのロープを彼女に差しだした。「さあ，どうぞ，おちびちゃん……」彼女の愛敬のある小さな顔は，口をあけて笑っていた。そして，前にもましてはやくトイレのまわりをまわった。彼女のうしろにある想像のおもちゃを引っ張りながら。

好奇心から，キャシー・ヘイズはひっぱりおもちゃを自分で「発明」することにした。最初の日，おもちゃを引っ張っているふりをしながら歩き回っていると，ビッキーは，あきれ顔で見ていたかとおもうと，おもちゃがあったはずの場所を見るために走った。次の日，この想像的な演技はビッキーを恐がらせたようであった。彼女はそれを見てフィンパーをなき，体を揺すり，最後には非常に困惑したようすで「お母さん」の腕のなかに飛び込んだ。それ以来彼らのどちらも二度と想像のおもちゃでは遊ばなかった（Hayes, 1951, pp. 80-85）。明らかにこれは将来の研究——チンパンジーの想像力という未知の領域の解明——へと続く大きな道である。

実験室から森へ

ヘンリー・ニッセン（Henry Nissen）は，西アフリカの森で２カ月半チンパンジーを観察したあと，「類人猿の複雑な行動能力がどれほどのものであるかは，われわれの実験室の実験場面

において見出され，測定されるであろう」と書いている（Nissen, 1931, p. 103）。実際，統制された実験室の中で注意深く組まれた実験を，飼育下のチンパンジーを用いて実施することにより，

はじめて科学者はチンパンジーの認知能力を研究できたのであった。そのような実験状況では，的確な報酬と賞賛によって，被験者は日々の生活で要求される努力に加えて，もっと大きな力を発揮するようにけしかけられる。種々の新しい経験をあたえられ，ある意味ではこれにより，心の発達まで促進される。また，自分自身を表現するための象徴的な言語といった新しい道具さえもあたえられる。より複雑な認知機能が見出されると，チンパンジーの心的能力を深くさぐるためにさらに洗練されたテストが組まれる。ウォルフガング・ケーラーが古典的研究を始めて以来60年にわたって，チンパンジーは，どんどん高度な能力を発揮してきているようにみえる。

　ゴンベのチンパンジーでも，数多くの知的行動が観察されてきた。しかし，多くが逸話的なものである。わたしは，正しく使われたならエピソードもチンパンジーの行動の複雑さを理解する最も重要な手がかりの一つになると信じている。しかしながらそういっていいのは，問題となっている認知能力のゆるぎない強力な「証拠」が，実験室であたえられたときだけである。いまわたしは，この章で引用した忍耐強い科学者に対して深い感謝の念を抱きながら，複雑な自然生息地での話に戻ろうと思う。そこはほとんどすべての行動が数えきれないほど多くの変数により混乱させられるところであり，何年にもわたる観察，記録，分析のみが実験室の工夫されたテストにおき代えられるところである。また例数はしばしば片手で数えられるほどしかなく，自然だけが実験を遂行でき，結局，時間をかける以外に繰り返すすべのないところである。だがともかく，アフリカの森にもどろう。そこからすべてが始まったのだから。

3 ゴンベでの研究

1964年の日記より：「そうだ、いい考えがある。学位か何かのために研究をする学生1人分の基金なら手に入るんじゃないだろうか。2人分あればもっといいけど。わたしがケンブリッジに戻らなければならなくなったら、その学生に引き継いでもらえばいい。ああ、ほっとした。フリントの6カ月間の生活が記録から抜けてしまうなんて、考えただけでもいやだ」。

その考えが浮かんだのは、ゴンベで研究を始めてから二度目に帰国したあと、ケンブリッジで数学期すごしてゴンベに戻ったときのことだった。最初に帰国するとき、わたしはキャンプをすっかりたたんで、テントから何からあらゆる物をキゴマまで持ち帰った。しかし、わたしは戻ってくるつもりだったので——というよりそうせずにはいられなかったので——、荷物はみなその地区の行政官の家に置かせてもらった。二度目の帰国の時は、ある菌類学者がわたしに代わってキャンプの世話をしてくれた。彼は自分の仕事のかたわら、タンザニア人の料理人と助手と一緒に、あらゆることに気を配ってくれた。しかし、観察の訓練を受けたものは誰ひとりいなかったうえ、このあいだにフローが子を産んだために、多くの貴重な情報が取り返しのつかないまま失われてしまった。しかし、そんなことはもう二度と起こらないだろう。わたしの計画はまるで魔法のようにうまく運び、タンザニア政府の許可がおり、全米地理協会から学生への基金が供給された。

こうして、ゴンベストリーム研究センターが生まれた。その時は、それが世界で最もよく知られた野外調査基地の一つになるとは思いもしなかった。

バナナをとろうとしているデイビッド老人（H.van Lawick）。

わたしが1960年に初めてゴンベに着いて以来、ゴンベではさまざまな変化があった。たとえば、最初ゴンベストリーム保護区と呼ばれていた地域は、1968年にはゴンベ国立公園になった。また、初期のころ、観察し資料を収集しているのはわたしひとりだった。それが1975年になると、チンパンジーとヒヒの行動を調べる研究者からなる学際的かつ国際的な研究チームができあがった。初めの数年間わたしの調査基地であった2張りのテントは、ゴンベストリーム研究セン

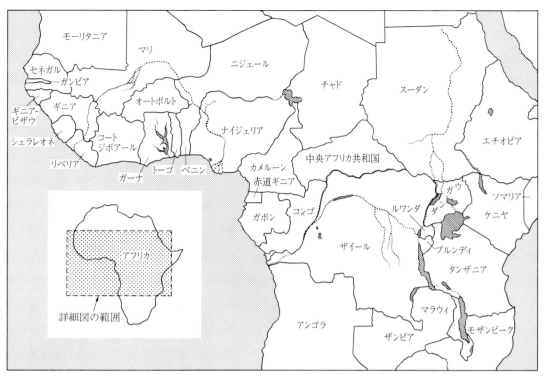

図3.1 アフリカにおけるチンパンジー（Pan troglodytes）の分布（分布が確認されている地域，分布していると思われる地域，分布している可能性のある地域）［資料はジョージ・ワシントン大学（ワシントン D.C.）のゲザ・テレキ氏，および国際連合自然保護委員会提供］。

ターという名のアルミニウム製の小屋と3棟のセメントブロック造りの家に姿を変えた。今日では，センターには訓練を受けたタンザニア人の野外調査助手が勤務している。資料収集の方法は，観察したことをノートに記録するやり方から，複雑なチェックシートをうめるやり方まで，実にさまざまなものが用いられてきた。しかし，観察対象に干渉しない，観察者と観察対象の間に信頼関係を築く，という二つの鉄則は，今も昔も変わらない。

チンパンジーの生息地

　チンパンジーは，アフリカの西海岸から，東海岸の内陸数百kmまでの，赤道をはさんだ幅広いベルト内で見られる。彼らは大型類人猿の中で最も適応力が強く，低地雨林から乾燥した疎開林にまで生息していて，ときには樹木が点在するサバンナにさえ生息する。低緯度の熱帯降雨林では気温の季節的変化がほとんどない。湿度はいつも高く，1年のうちまったく雨の降らない日はほんの数日しかない場合もある。月によってはとりわけ湿度が高くなる。（たとえばセネガルのような）アフリカ北部の乾燥した地域や，彼らの分布の南東端にあたるタンザニアでは，1年のうち乾燥する時期が7カ月もあり，気温と湿度にかなりの変動が見られる。セネガルでは日中の気温は42℃に達し，夜間には17℃にまで下がる場合もある（Baldwin, McGrew, and

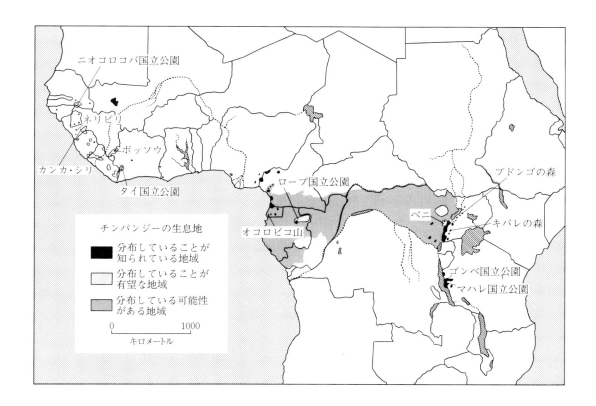

Tutin, 1982)。物語に名高いウガンダの「月の山々（Mountains of the Moon）」ルーエンゾリのような地域では，チンパンジーは標高800mもの高地にいることが報告されている。そこでは夜間の気温はこれよりずっと低くなる（Schaller, 1963)。

ゴンベ国立公園（図3.2）は，タンザニアのキゴマ地方，チンパンジーの分布域の東限に近いところに位置する，タンガニーカ湖東岸の起伏の多い細長い地域である。タンガニーカ湖は海抜775mの高度にあり，おおよそ長さ675km，幅70kmの広大な湖である。湖岸からひびわれ断層（リフト・エスカープメント）の頂上まで急峻な山が立ち上がっていて，その高さは海抜1500mをこえる。絶壁にはさまれた峡谷が何本も断崖から湖へと走り，それらの峡谷にはさまれた尾根から流れ出す深い谷が，次々と峡谷に切れこむ。この台地の起伏をのばしたならば，公称32平方km（20平方マイル）*の土地は，おそらく倍以上の面積になるだろう。

図3.3と図3.4に，ゴンベにおける1カ月の平均雨量と雨天の日数を，4年分選んで示した。1年は雨期と乾期に分けることができる。10月の中ごろから5月の中ごろまではかなりの降水があり，とくに12月から3月にかけての「長雨」の期間は雨が多い。残りの期間は乾燥している。われわれの資料はほとんど月別にまとめられているので，月の途中から途中までを単位として分析するのはあまりに手間がかかりすぎる。そのため，10月は乾期に含め，5月は高湿で背の高い雨期の草が生えているので，雨期に含めることにする。

* 訳註3-1：52km²の誤りであろう。

47 —— ゴンベでの研究

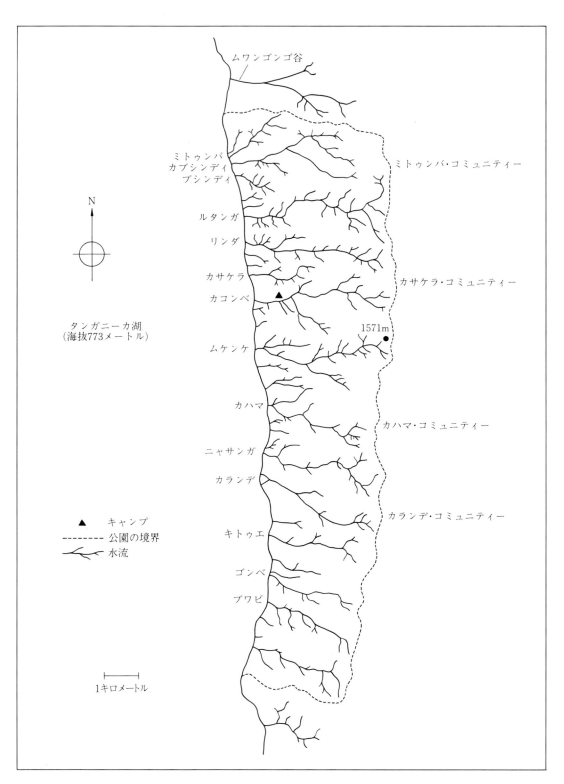

図3.2　ゴンベ国立公園。ひびわれ断層（リフト・エスカープメント）が東の境界になっている。

気温は，カコンベ谷につくられた研究所内で毎日記録される。平均最高気温は，雨期には約25℃から26.5℃であり，乾期には約27℃から30℃である（32℃に達する日もある）。平均最低気温はほとんど変化せず，多くの場合18.5℃と21℃の間である。もっとも暑い月は8月と9月であり，日中の最高気温はつねに30℃に達する。雨期の終わりである5月から6・7月になれば，気温は低くなる。

湿度は高い。雨期にはおよそ60から100％，乾期には30から70％である。これらの値は，ティモシー・クラットン＝ブロックが，1970年の1月から8月にかけて測定したものである（Clutton-Brock, 1972）。湿度は，昼間気温が上がるにつれて低くなる。

もちろん調査基地で記録された気温は，公園全体の気温の変動の推定値にすぎない。調査地の建物は，壁と屋根が草でふかれており，外の斜面に比べかなり涼しいことが多い。逆に，風が室内に入りこまないので外より暖かいこともある。建物はひらけた斜面にあるため，うっそうと繁った森林に覆われた谷では，建物内よりも湿度が高いことが多く，逆に丘の上の草で覆われた尾根では湿度が低いことが多い。

4月から5月にかけて，および8月から9月にかけては風が強いことが多い。風は朝早くから吹き始め，日中までには弱まる。雨期に激しい暴風が吹き荒れることもある。特に頻繁に起こる雷雨の時に多い。1980年の大嵐では，一つの谷の下流域だけで，少なくとも10本のアブラヤシと，種々の大きな森の木が25本倒された。同じ場所で3〜4本の木が倒れたところは，森の中の小さな開拓地のようになった。

ゴンベの植生は大きくわけて五つの型から成り立っている（Clutton-Brock, 1972）。ひびわれ断層の頂上に沿って分布する亜高山帯湿原。上部斜面を覆う（灌木層のない）ブラキステギア（もしくはミオンボ）疎開林。灌木層がはなは

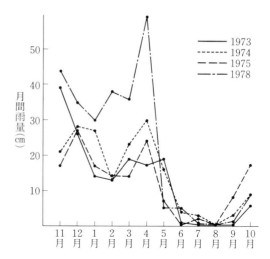

図3.3　1973年から1975年の3年間，およびとりわけ雨の多かった1978年の毎月の雨量。

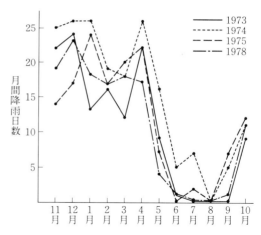

図3.4　1973年から1975年と1978年の毎月の降雨日数。雨量計で測定可能な量の雨水が集められれば，降雨日とした。

だしく繁茂していたり少しすけていたりする，谷を分ける尾根の斜面や谷底の乾燥した場所，あるいは湖岸のそばの斜面の最も低い所などを覆う半落葉林。灌木層が繁茂していたり少しすけている，主として谷底もしくは河床に沿って分布する常緑林。谷を分ける尾根の頂上部の多くと斜面の最下部の多くを覆う樹木が散在する草原。砂と砂利もしくは岩から成る浜辺もあるが，これは湖の縁にだけ沿ってのびているもの

高い尾根から険しく切り立った谷のひとつをこえて見通した光景（H. van Lawick）。

それぞれの峡谷には、ひびわれ断層の上の分水界から注ぎこむ、澄み切った細く速い流れがある。デイビッドが食べ物を持って跳んで渡っている。

で、植物はあまり見られない。特に乾期になるとほとんどみられなくなる。

　チンパンジーの食物となる木や草は、主として半落葉林と常緑林に見られるが、疎開林にも生えている。草原には食物はほとんどなく、山頂部やひびわれ断層に沿った尾根はほとんど利用されない（Wrangham, 1975）。

　今日ではこの公園には約160頭のチンパンジー（Pan troglodytes schweinfurthii, ヒガシチンパンジーもしくはケナガチンパンジーと呼ばれる）がいる。1960年には、人手の入っていない森林がひびわれ断層の東まで大きく広がっており、キゴマ地方の広大なミオンボ疎開林の一部をかたちづくっていた。チンパンジーは公園の東方と南方にいることが報告されていた。北の方には、点在した森林や細長い森林があって、ゴンベのチンパンジーをブルンディのチンパンジー個体群と結びつけていたことがほぼ確実である。し

かし，今日ではこの図式は変わってしまった。ひびわれた「急斜面」の東側の土地はきわめて広範囲に耕された。このことは公園の境界の北側と南側についても同様である。チンパンジーは公園の外側に点在する森林にもまだ生息しているが，これらの避難場所の数と大きさは，人間が耕作地を広げるにつれてしだいに減少している。遠からずゴンベのチンパンジーは実質的に孤立することになるだろう。現実の問題として気にかかることは，そうなった時，ゴンベのチンパンジー集団が個体群を維持していけるだけの充分な大きさを持っているかどうかである。

　この公園にはチンパンジーの他に霊長類が7種いる。アヌビスヒヒ（*Papio anubis*），アカコロブス（*Colobus badius*），オナガザル科（*Cercopithecus*）3種——ブルーモンキー（*C. mitis*），アカオザル（*C. ascanius*），ベルベットモンキー（*C. aethiops*）——，そしてハリヅメギャラゴ（*Euoticus elegantulus*）である。これに加えて，ブルーモンキーとアカオザルの雑種がかなりの数いる（Clutton-Brock, 1972）。

　公園内で普通に見られる霊長類以外の哺乳類には，ブッシュバック（*Tragelaphus scriptus*），カワイノシシ（*Potamochoerus porcus*）のほか，ジャコウネコ（*Civettictis civetta*）やジェネット（*Genetta genetta*），ハネジネズミ，いろいろな種類のリスやマングースやネズミといった小型のものがある。ヒョウ（*Panthera pardus*）もいるが，臆病なためほとんど見られない。ときには，サーバルキャット（*Felis serval*）が見られる。ハイエナ（*Crocuta crocuta*）も観察されたことがある。一度，リカオン（*Lycaon pictus lupinuo*）のつがいが見られたこともある。1960年代の初めには，少なくともアフリカスイギュウ（*Syncerus caffer*）の小さな群れが二つあり，各群れに16頭ほどの個体がいた。しかし，周囲の村から来る密猟者たちの餌食になって少しずつ減少していった。この本を書いている時点では，いずれ殺される運

命にある個体がわずか3頭残っているにすぎない。初期の頃はときどきカバ（*Hippopotamus amphibius*）が，湖岸で草を食べるために夜中に湖から上がってきた。わたしは朝早く彼らのそばを通りすぎたこともあった。しかし，彼らはライオン（*Panthera leo*）と同じように姿を見せなくなってしまった。聞くところによれば，わたしがくる前にはアフリカスイギュウの出産期にライオンが公園をうろついていたらしい。

　以前は，数種類のワニ（クロコダイル）が湖岸沿いに生息していた。初めてゴンベにきた時には，そのうちの2種をよく見た。今日，見ることのできる最も大きな爬虫類は，ニシキヘビ（*Python sebae*）と，体長1.5mに達するナイルオオトカゲ（*Varanus niloticus*）である。ヘビはたくさんおり，その中にはパフアダーやナイトアダー，ブッシュバイパー，スピッティングコブラ，ストームミズコブラ，ブラックマンバ，ツルヘビといった毒ヘビもいる。トカゲやヤモリ，ヒキガエル，カエルなどはよく見かける。

　ゴンベには，有害な，あるいは不快な昆虫や無脊椎動物は驚くほど少ないが，最悪のものを挙げればそれは巨大なムカデだろう。このムカデは，かまれるとヘビと同じくらい危険だと言われている。もちろんサソリはいるし，水辺にはツェツェバエがいる。雨期にはカやユスリカなども発生する。

　森林性生物の研究がおこなわれている他の場所と比較すると，ゴンベは楽園である。大型で危険をもたらす可能性のある動物がほとんどいないために，人が武装をせずに歩きまわっても，普通では考えられないほど安全である。野外調査にたずさわる者は，危険に対していつも神経をとがらせねばならないものだが，ゴンベではその必要はない。水晶のように透きとおった水を抱く湖は，砂浜から10歩もいかないうちに10m以上の深さまで急勾配に落ち込んでいる。このような環境はビルハルツ住血吸虫

ゴンベ国立公園はタンガニーカ湖の東岸にそって約16km（10マイル）にわたって延びているが，内陸部はひびわれ断層の頂上までに過ぎない。細長い帯のような土地で，無数の峡谷が横切っている。この写真は，カコンベ谷である。われわれのキャンプは湖岸から1km弱（約0.5マイル）内陸へはいったところに設置されている。

（schistosomiasis）の寄主である巻貝の生息地としては不適当なので，湖で泳いでもほとんど危険はない。50年ほど前まで，この地域には眠り病が蔓延していたが，それ以降は問題になっていない。マラリアだけがゴンベの人々の健康をいつも脅やかしている。しかしそれは雨期の間だけだ。

乾期には野外調査をするのに理想的だが，雨期になるとずっと厳しくなる。ノートや器具にかびがはえ，カメラのレンズも菌類にやられる。衣類や寝具はいつもじめじめして，体の調子が悪くなり士気が低下する。下生えはずっと密になり，ありとあらゆるとげやいばらが伸び出して，情熱的な野外調査者の妨害を企てる。しかし，たとえばビルンガ火山帯でマウンテンゴリラを研究している人々が耐えている状況にくらべれば，雨期のゴンベでさえ（少し前にビルンガからゴンベにきた人がわたしに話してくれたことばを借りれば）「休暇」にすぎない。

調査方法

ゴンベに着いて最初の何カ月かがすぎ，そのあいだチンパンジーが徐々にわたしの存在に慣れるにつれて，わたしは少しずつチンパンジーの生活全体の流れをとらえることができるようになった。わたしは，双眼鏡で彼らを観察し，あらゆることをノートに書いていた。1962年のある日，成熟した雄のデイビッド老人がわたしのベースキャンプを訪れ，そこに生えていたア

1962年、デイビッド老人が机から彼のために置いてあったバナナを持っていこうとしている。

ブラヤシの果実を食べた。彼は、果実がなくなるまで毎日やってきた。時にはもう1頭の雄、ゴライアスも一緒に来ることがあった。ある時、彼はわたしのテントからバナナをひとふさ取っていった。このことがあってから、わたしはアフリカ人の料理人に、バナナを外に置いておくようにいいつけた。デイビッドは、来ると必ずバナナを取っていった。3カ月後、別のヤシの木の果実が熟すと、デイビッドはまたキャンプを訪れるようになった。こんどはゴライアスだけでなくウィリアムも連れてくることがあった。2本目のヤシの果実がなくなっても、この3頭の雄たちは時おりキャンプを訪れて、われわれが毎日並べ続けたバナナをとっていった。しだいに、他のチンパンジーたちもついてくるようになった。その中にはフローという1頭のおとな雌とその家族もいた。1963年7月、フローが性的に受容可能になると、8頭の成熟雄が彼女についてキャンプに入ってきた。

わたしが餌場を作ろうと決心したのはこの時だった。第1の目的は、チンパンジーの行動を近くから撮影しやすくすることだった。というのは、全米地理協会で働いているヒューゴ・バンラビックがキャンプに来て、一緒に仕事をしていたからだ。餌づけをしたおかげで、初めてわたしはいろいろな個体をほとんど毎日観察することができるようになった。餌場、すなわちキャンプを訪れるチンパンジーの数はしだいに増加した。1964年になると、われわれのキャンプを定期的に訪れていた個体のうち何頭かに子どもが生まれ、赤ん坊の発達をほとんど毎日、詳細に研究することが可能になった。

ゴンベで最初の研究補佐員が加わったのは1964年のことである。これは、ゴンベストリーム研究センター設立への第1歩になった。その年の終わりには2人目の補佐員が到着し、それから少しずつ数が増えていった。1967年になると、初めての独立した研究プロジェクトが、1人の博士課程在学生によって始められた。1975年までにゴンベで研究をおこなった者の数は、アメリカとヨーロッパとタンザニアの学生が22人（学部学生と大学院生）、および博士課程を

修了した研究者が1人である。その中にはヒヒの行動を研究した者もいた。

1968年には，初めてタンザニア人の野外助手が雇われ，翌年以降さらに何人かが加わった。最初のうち，これらの人々の仕事は，アフリカのやぶに不慣れな学生に同行することだけだった。しかし，またたく間に，野外助手たちはわれわれの調査にとってきわめて重要な役割を果たしてくれることが明らかになった。というのは，彼らは人々の核になり，長期間熱心に仕事をしてくれたからだ（学生のほうは18カ月以上滞在することはほとんどなかった）。それにチンパンジーや地形や餌となる植物を熟知していた。1970年になって，野外助手たちは，簡単な資料収集のための基礎的訓練を受けることになった（詳細は付録A。ただし，邦訳では付録は省略）。

バナナの餌づけによる利点と欠点については，すでに別のところでも詳細に論じている（Goodall, 1971; Wrangham, 1974）。最初のうちわれわれは，原則としてチンパンジーがキャンプを訪れるたびにバナナをあたえていた。1967年までに，雄雌合わせて58頭のチンパンジーが規則的にキャンプを訪れるようになった。その中には，あらゆる年齢層の個体が含まれていた。ほとんど毎日やってくるものもいた。1964年から1967年にかけて餌づけの欠点が次第に明らかになってきた。遊動や集団形成のパターン，採食，攻撃への影響がしだいに大きくなった。その上キャンプのある場所は，個体によっては行動域のいちばん端にあたっていたので，バナナを食べにきた時に，本来めったに出会うことのない個体と頻繁に顔を合わせることになった。このように出会いの頻度が多くなったために，キャンプから離れたところにいる個体とほかの個体との関係の質的側面に影響が出たことは疑いようがない。

1968年になって，この餌づけの体制は大幅に改められた。どのチンパンジーに対しても，7

チンパンジーは定期的に体重を測定される。ロープがばねばかりからぶら下げられ，そのロープに取りつけられた缶の中にバナナがかくされている。いま，エバレッドが登って餌を取っている（C. Tutin）。

日から10日に1度，ひとりでいるか，仲のよい個体ばかりの小集団でいる時に限って，バナナを少量（5本か6本）あたえるだけにした。こうすることで，キャンプ内での攻撃の頻度はあっというまに著しく減少し（Wrangham, 1974），集団形成と遊動のパターンも，餌づけ体制を確立する前に観察された形態にほぼ戻った。チンパンジーがキャンプを訪れることはめっきり少なくなった。まったく来なくなった個体もいた。チンパンジーが，バナナをもらうためだけに遠方から足を運び，数週間引き続いて自分の遊動域から離れていることは，今ではほとんど見られなくなった。しかし近くにきた時にはキャンプに立ち寄って，バナナがあるかどうかを調べ

わたしの最初のキャンプで段ボール箱を分けあっているウィリアムとゴライアスとデイビッド老人。

フロイトとフィフィがバナナを待っている。バナナは倉庫からここに映っている箱の中に移される。餌をあたえない時には、外側のふたは閉められている。

55 ── ゴンベでの研究

たり，よく他の個体を探したりする。くればた
いていバナナをもらえるのにもかかわらず，1
年にほんの3，4回しかキャンプを訪れないチ
ンパンジーもいる。

　1964年以降，キャンプを訪れたチンパンジー
の相互交渉にかんする資料を記録するようにな
った。キャンプを訪れた雌の生殖にかんする状
態と，すべての個体の健康状態は，たんねんに
記載されており，1970年からは定期的に体重が
測られるようになった。

　チンパンジーが観察者に対してしだいに寛容
になるにつれ，朝，巣を離れてから夜眠りにつ
くまで，1頭の個体を追跡することができるよ
うになった。これを何日も続ける「長期追跡」
が，これまでに何度もおこなわれた。初めてお
こなわれたのは1968年のことである。この時に
追跡されたのは妊娠していたフローである。こ
れは出産を観察する目的で16日間続けられた
（実際には夜間に出産した）。1974年には，最
優位雄のフィガンが50日間連続して追跡された
（Riss and Busse, 1977）。1976年には，フィフィ
が45日間毎日追跡された。1977年には二つのマ
ラソン的追跡があった。雌のパッションが69日
間追跡されたこと（パッションには共食いの傾
向があることが知られていたので，新しく子を
産んだ個体との相互交渉を監視するためにおこ
なわれた）と，双子を産んだあとメリッサが55
日間追跡されたことである。これら以外にも2，
3週間にわたる追跡は何度もおこなわれている
（うち2回はフィガンの追跡の補足だった）。
しかし，ほとんどの追跡は1日か2日のもので
ある。1日に満たないものも多い。

　25年間の調査を通して，わたしは長期的な記
録を作り上げることに特別の注意を払ってきた。
学位論文や特別な計画のためにデータを集めた
人々には，それを整理したコピーをゴンベに置
いていくことを要求した。チェックシートを使
った学生には，数値の羅列でなく，面白い発見

事実を述べたわかりやすいまとめを書くように
依頼した。捕食や道具使用，ヒヒとの相互交渉
など，多種多様な行動にかんする資料が保存さ
れた。利用可能なすべての情報から，チンパン
ジー1頭1頭について「個性のファイル」が編
集され，広範囲の相互参照ができるようにし，
ゴンベで仕事をする学生なら，誰でもこれらの
記録を利用できるようにした。長期的な記録が
あれば，学生の役に立つかもしれないと考えた
からである。

　共同的・協力的におこなう野外調査の価値が
明らかになってきたのは，1970年代の初期であ
る。大勢の観察者によって集められた資料の蓄
積が，チンパンジーの不可解な行動や，めった
に見られない行動などに新しい光を投げかけ，
社会構造の理解を大いに進めることになった。
最新のデータを収集し，同時に過去の記録をも
調べることは，学生たちのおこなった遊動や採
食行動の研究（McGrew, 1974; Wrangham, 1975），
青年期の行動にかんする研究（Pusey, 1977），離
乳にかんする研究（Clark, 1977）などにとっては，
とりわけ価値のあることだった。

　1975年の5月に，東部ザイールからの反乱者
の一団が真夜中にタンガニーカ湖を渡り，4人
の調査隊員を捕らえ，彼らをザイールに連れ戻
して身代金を要求したことがあった。結局彼ら
は無事に両親の元へ戻ることができたとはいえ，
この出来事はゴンベでの一時代の終わりを示す
ことになった。というのも，タンザニア人以外
の人間にとって，この公園で長期間を過ごすこ
とはもはや安全とはいえなくなったからだ。幸
い，タンザニア人の野外助手たちのおかげで，
その後も長期調査を続けることは可能な状態に
ある。学生たちがいなくなったあとの最初の何
カ月間かは，彼らは多少とまどいを見せた。彼
らは自分たちがどれだけのことを知っているか
わからなかったし，この調査にどれだけ貢献で
きるかも知らなかった。彼らがあとを引き受け

て，今日構成しているような熱心で良心的な調
査隊になるには，しばらく時間が必要だった。
学生たちが去ったあと，収集される資料の量と
質は急に低下した。しかし，1976年の終わりに
は，タンザニア人たちはすぐれた信頼性のある
野外資料を，系統立てて集め始めるようになっ
た（付録A）。最初のうちゴンベの研究所にいら
れるのは，わたし自身一度に1週間がやっとだ
ったので，わたしは3カ月に2度ゴンベに行こ
うとした。その後保安体制が緩むにつれて，2
カ月ごとぐらいに，一度に3週間滞在できるよ
うになった。はじめのうちわたしは，セミナー
を開いたり，資料の信頼性を調べたり，各人の
仕事について長々と議論をしたりして，野外助
手としての技能を作り上げることに精力を傾け
た。その結果，最近では，野外にいるあいだ，
わたしは彼らの指導のかたわら，自分の時間の

ほとんどを自分自身の資料の収集に割けるよう
になっている。野外助手のうちヒラリ・マタマ
とヤスフ・ムブルガニの2人には，日々の野外
作業の編成に関する責任を委任している。

　これらのタンザニア人たちは，高度の学問的
訓練を受けたわけではない。しかし，森の中で
チンパンジーを追跡する方法については，大学
で訓練を受けた多くの学生よりも疑いなくよく
知っている。おそらくチンパンジーの行動につ
いても，学生たちよりもよく理解しているにち
がいない。最新の状況を呈示するため，この本
のあちらこちらに（学生たちが去った）1975年
以降に収集された資料を大量に引用したが，こ
れらの資料は，12人の野外助手によってなされ
た貢献が，いかに質の高いものであったかを如
実に示している。

チンパンジーと観察者との関係

チンパンジーの反応

　ヒトの存在とそれによって当然引き起こされ
る出来事は，われわれの観察対象であるチンパ
ンジーの行動にどの程度の影響をあたえるのだ
ろうか。これは簡単に答えられる問題ではない。
というのは，もしヒトの観察者を除去したなら，
われわれはその結果生じるチンパンジーの行動
の変化を記録することができなくなるからだ。
ともあれ，わたしの見解をすこしばかり述べる
ことにしよう。

　すでにわれわれは，毎日バナナをあたえたた
めにチンパンジーの行動が変化してしまったこ
とを見てきた。これらの変化の長期的な影響が，
今日どれほど残っているかを評定することは難
しい。キャンプは今なお，何カ月にも何年にも
わたって同じ場所で食物が手に入るという，不
自然な食物資源となっている。もし，キャンプ

がそこになければ，現在のように規則的にチン
パンジーがこの伐採地を訪れることはないだろ
う。キャンプはバナナだけでなく，出会いの場
所をも提供する。そこはチンパンジーが仲間と
出会う確率が高い場所である。たとえば，母親
を見失った子どもは，きっと母親を探しにキャ
ンプを訪れるだろう。あらゆる方向を気づかわ
しそうに見ながら，長いあいだ待っているかも
しれない。あるいは一旦キャンプを立ち去って，
短い時間をおいて何度もやってくるかもしれな
い。キャンプがない場合に比べて，はるかに頻
繁に出会う個体がいることは間違いない。これ
に比べれば，約1週間に一度，1頭の個体に
「約束された」5，6本のバナナを与えること
など，食物全体のことを考えればほとんど重要
ではない（気前良く餌をあたえていたころ，わ
たしはあるおとな雄が貯蔵庫に侵入したあと，

57── ゴンベでの研究

ひとところに座って50～60本のバナナを食べるのを見たことがある）。また，すでに指摘したことだが，キャンプに来ればバナナが報酬として与えられるのにもかかわらず，ほとんどキャンプを訪れない個体もいた。後の章で見るように，バナナが定期的に与えられることに慣れたあとでさえ，キャンプから姿を消してしまったチンパンジーがいる。

　1人ないし2人の人間に，時には何日も続けて森の中を追跡されることが，チンパンジーの生活をどれだけかき乱すかも問題にされるべきだろう。人間が何人かすぐそばまで近づいてもまったく気にかけず，興味さえないような行動を示すチンパンジーもいる。かと思えば，まるで落ち着かない態度を示すものもいる。これは観察者の行動にも関係がある。追跡対象のチンパンジーの行動に鈍感だったり，その個体が何かに耳を澄ましている時にざわざわと移動したり，チンパンジーが休息している時に突然動いたり，移動している時に近くへよりすぎたりすると，チンパンジーの行動に影響をあたえやすい。ほとんどすべてのチンパンジーは，今日，観察者に対しておどろくほど寛容だが，このような関係になるのには非常に時間がかかる。だからこそわたしは，チンパンジーと人間のこのすばらしい関係を守り，進めていくことが重要なのだと，何年にもわたって強く主張してきた。わたしは，もし追跡中にチンパンジーが神経質になったり，いらいらしたりすることがあれば，たとえ追跡個体を見失うことになったとしても観察者は後ろに下がって，もっと離れて観察せよと教えている。もしチンパンジーが本気で逃げようと思えば，それはいたって簡単なことだ。ゴンベでは土地の起伏があるので，逃げようとするチンパンジーを追い続けることは人間ごときには事実上不可能である。実際，対象個体がおとなしく追跡を受け入れている時でさえ，対象個体を見失って観察が打ち切られることはよ

くある（たとえば，チンパンジーは密生したイバラの下生えをたやすくすべり抜けていくのに対して，人間はチンパンジーのあとから痛みをこらえて，時にはおなかで道をかきわけて進んだり，もっと楽な道を捜したりしなければならない）。

　人間に対する態度は個々のチンパンジーによってかなり違う。ノウプという雌がいる。彼女は1965年に初めてキャンプを訪れ，以後定期的に訪れるようになった。しかし今日でさえ，多くの仲間と一緒でない限り，神経質に追跡することができない。わたしだけは例外だ。わたしに対してはよく慣れた他の雌たちと同様に穏やかで寛容である。ハンフリーというおとな雄は大きな石を投げつけることで，よく観察者に対する不満を表した。ハンフリーは男性の観察者に対しては寛容で，威嚇の大部分は女性に向けられた。一般的にいってチンパンジーは，女性に対してなれなれしくする傾向がある。たとえば青年雄の中には，雌のチンパンジーより優位に立とうと奮闘している時，女性の観察者に対しても優位に立とうとするのがわかる個体がいる。

　初めのころ，わたしは6頭のチンパンジーと，遊びやグルーミングなどの社会的な接触を積極的にやってみた（Goodall, 1971）。わたし個人にとって，それらの接触は大成功だった。それは，最初は遠くからわたしを見ただけで逃げていた連中の信用を勝ち得たことを意味していた。しかしながら，この調査を将来的に続けてゆくことが明らかになると，この種の接触をやめることが必要になった。このようなかかわり合いは，チンパンジーの行動を歪めるかもしれないし，チンパンジーはわれわれよりもはるかに力が強いため，人が危険に陥る場合も考えられるからだ。そこでわたしは，研究者たちに，自分の対象個体の約5m以内には近づかず，チンパンジーがいかに友好的な（あるいは非友好的な）

（左上）スコッシャとクリスタルという2頭の孤児を主調査路のひとつに沿って追跡する（H. Kummer）。
（右上）メリッサと彼女の家族を観察する（H. van Lawick）。
（右下）人間の観察者に興味を示す赤ん坊のフリント（H. van Lawick）。

59 —— ゴンベでの研究

態度で接近してこようとしても，無視するかそこから離れるように指示した。しかしわれわれが，観察する者と観察される者の間にかなりの距離を置こうと心がけているにもかかわらず，若いチンパンジーは，観察者に対して触ったり，つついたり，叩いたり，なめたり，威嚇したり，遊びかけたりするものが多いので，なかなか思い通りにはならない。ふつう青年期になれば，このように観察者に注意を向けることは見られなくなる。ときどき女性の観察者をおどかそうとするのだけが例外だ。

今述べたような諸行動は，生じれば非常に印象に残るが，実はいつも起こるわけではない。むしろこれらは例外的なことだ。たいていの場合，チンパンジーは人間や人間の行動に対してほとんど興味を示さない。すでにわれわれは，彼らが森で一緒に暮らしているヒヒや他の動物と同じくらいに，彼らの生活のありふれた一部分になっている。われわれの存在が彼らの行動にあたえている影響は驚くほど小さいだろう。来る日も来る日もチンパンジーの観察をしているわれわれはみな，どの点からも直観的にそう感じている。

観察者の態度

チンパンジーの行動にはわれわれ自身の行動と著しく似たところがある。そのため，ゴンベで何年間にもわたって仕事をした人間の多くは，研究した個体にある程度感情移入をしている。それ自身は悪いことではない。他のチンパンジーに向ける「気分」や態度がわずかに変化したことを示す手がかりは，彼らの微妙なコミュニケーションの中にある。この種の感情移入が一度確立されれば，そういったものをより容易に見つけ出すことができるし，また，それは複雑な社会的プロセスを理解する上で手助けともなりうる。しかしわれわれは，行動の解釈に擬人的な歪みを加えることのないようつねに注意

を払わなければならない。観察は，可能なかぎり客観的でなければならない。直観的な解釈は，対象に対する感情移入から直接導き出された理解に基づく可能性がある。だからこそ，あとでデータに含まれた諸事実に照らし合わせてもう一度判定をくだすことも時には可能になる。

ごくまれな例だが，可能な場合にはチンパンジーに対して医療上の補助やその他の補助をおこなった。一度数頭のチンパンジーが，ほぼ確実にポリオと思われる病気で麻痺したことがあった（Goodall, 1968b）。そのときは，研究集団のできるだけ多くの個体に経口ワクチンを（バナナに入れて）投与した。人道的な理由で2頭のチンパンジーを射殺した。ギルカという雌には，鼻と眉の異様な腫れものが何かを調べるため，麻酔をかけ生検をおこなった。彼女に対する投薬はいくぶん不規則ながら，その後も（やはりバナナに入れて）9年間にわたって継続した（Goodall, 1983）。ひどい裂傷を負ったチンパンジーに対して，抗生物質を投与したことが4回あった。年寄り雌のマダム・ビーが無数の傷を負って死に瀕した時には，彼女の最後の日々をいたわるためにバナナと卵と水をあたえた。もう1頭の年寄り雌のフローには，死ぬ前の2カ月間卵をあたえた。子ども期だった彼女の息子は，母親が死んだあと元気を失い，後には病気になってしまったので，彼にもさまざまな種類の食べ物をあたえた。

このようなことを実行するのに眉をひそめる科学者もいた。彼らは自然にまかせるべきだと信じていた。しかし，人間がすでに多くの場所で，多くの動物に，たいてい非常にマイナスになるやり方（生息地の破壊，病気の持ち込み，など）で激しく干渉している以上，プラスになる干渉をある程度おこなうのは必要なことであるようにわたしには思える。わたしは，個々のチンパンジーと強い感情的なかかわりを持っていることは素直に認める。しかしそれなしでは，

調査ははるか昔に終わっていただろうと思う。

　確かに，人間の存在，調査の進行，その調査がおこなわれる方法などを考えると，ゴンベのチンパンジーの住んでいる環境が攪乱されていないとはいえない。とはいえ，研究対象となる個体のそれぞれが受けている攪乱の程度は，多少の差はあれみな同じだ。わたし自身は，調査の初期から個体差に興味があった。なぜ雄Aは雄Bよりずっと攻撃的なのか。なぜ母親Cは母親Dに比べて赤ん坊に対する寛容度が低いのか。おとなに見られる個体差は，育てられ方や家族との生活や子どもの時の経験の違いで，どの程度説明できるものなのか。

　ある意味では，研究対象となっている集団の社会的環境や物理的環境がどうであれ，これら

の問いに対する答えは，それぞれ同じぐらい重要である。しかし，その答えを種全体へと一般化するにあたって，それらの要因を考慮に入れることは大切だ。とりわけそれらの要因が行動の究極的な原因にかかわるものである場合には，これが重要なことになる。この本は，一言でいえば，チンパンジーのひとつのコミュニティーを記述したものである。しかし，より広い展望を見失わないために，他の調査地から報告された行動とゴンベのチンパンジーの行動を可能な限り比較した。種全体から見た場合，ゴンベのチンパンジーの行動は必ずしも典型的なものではないこともあるだろう。もしそうならどのような点が特異的なのか。それを読者に判断していただけるほど，この本に盛り込まれている情報が包括的なものになっていれば幸いである。

4 紳士録

われわれのおこなってきたような長期研究の主な利点の一つは，個々のチンパンジーの生活史が蓄積できることである。それぞれのチンパンジーはさまざまな組合せの遺伝あるいは学習によって備わった特質を持つが，これが彼らの性格の独自性をかたちづくっている*。さらに多くの場合，彼らの過去の経験を知ることは，不可解な行動を理解する手助けとなる。

表4．1はわれわれの研究の過程で識別され名づけられたすべてのチンパンジーたちの名簿である。ただし，1968年以前に死亡した4頭の老齢の個体ウィリアムズ，ホラチウス，ドラキュラ伯爵，そしてウィルヘルマイナは除外してある。

ここでは，チンパンジーの行動の研究に貢献してきた個体のうち，ほんの数頭の生活史と彼らの個性についてまとめてみようと思う。彼らの特徴の描写はやむをえず短くしたが，それでも，チンパンジーとかかわったことのない多くの読者にとっては理解の手助けとなるだろう。

1963年にわたしのキャンプに来た最初のチンパンジーたちのうちの1頭に，当時，若ものだ

チャーリー（B. Gray 撮影）

ヒュー（G. Teleki 撮影）

---

* 1960年にわたしがチンパンジーの観察を始めたときには，人間以外の動物に個性を認めるという考え方は学会では一般的でなかった。実際に，わたしが出版のため一流の雑誌に投稿した最初の専門的な論文は，数カ所訂正するようにという示唆が添えられて戻ってきた。その示唆というのは，わたしが「彼」とか「彼女」あるいは「誰が」と書いたところは抹消して「それ」あるいは「何が」に代えるべきだというものだった。わたしはその最終稿でチンパンジーの両性の尊厳を保てたことを嬉しく思う。

表4.1　ゴンベの主な調査コミュニティーの現在と過去のメンバー達

A. おとな雌の繁殖経歴

ベシー（1926?-1965）	マリーナ（1926?-1965）	フロー（1929?-1972）
バンブル（1954?-1968）	ペペ（1951?-1968）	ファーベン（1947?-1975）
ビートル（1960?-1967）	ミフ（1956?-）	フィガン（1953?-1982）
	ミーザ（1969-）	フィフィ（1958?-）
	ミカエルマス（1973-）	フロイト（1971-）
	モー（1978-1985）	フロド（1976-）
	メル（1984-）	ファニ（1981-）
	メルリン（1961?-1966）	フロシー（1985-）
		フリント（1964-1972）
		フレーム（1968-1969）
オリー（1939?-1969）	ジェシカ（1940?-1967）P	ソフィー（1940?-1968）
エバレッド（1952?-）	マクディー（1953?-1966）	サリー（1955?-1967）
ギルカ（1960?-1979）	リタ（1958?-1967）P	スニフ（1960?-1977）*
m/sb（1973）	ジェイ（1965-1967）P	赤ん坊（1965）
ガンダルフ（1974）		ソレマ（1966-1968）
オッタ（1975）		
オリオン（1976）		
グロスベノール（1966）		
m/sb（1967）		
スプラウト（1942?-）P	ウォッカ（1943?-1968）P	マダム・ビー（1947?-1975）*
サタン（1955?-）	ジョメオ（1956?-）	リトル・ビー（1960?-）I*
セサミ（1962?-1973）P	シェリー（1961?-1979）	m/sb（1976）
スプレイ（1969-）P	クアントロ（1966-1968）P	ツビ（1977-）
スピンドル（1976-）P		ダービー（1984-）
赤ん坊（1984）		ハニー・ビー（1965-）*
		ビー・ハインド（1971）
		ウッド・ビー（1973）*
メリッサ（1950?-）	パッション（1951?-1982）	マンディ（1951?-1975）*
m/sb（1963）	赤ん坊（1962?-1963）	ジェーン（1964-1965）
ゴブリン（1964-）	ポム（1965-1983）	ミッジ（1966-）b
m/sb（1969）	パン（1978-1981）	マンティス（1972-1975）*
グレムリン（1970-）	m/sb（1970）	
ゲティ（1982-）	プロフ（1971-）	
赤ん坊（1976）	パックス（1977-）	
ゲニー（1976）		
ギレ（1977-1978）		
ギンブル（1977-）		
m/sb（1984）		
グロウチョ（1985-）		

注：雄の名前には二重下線が引いてある。＊が付いている個体は分裂してカハマ・コミュニティーを形成した個体か，カハマ・コミュニティー
　　で誕生した個体である。破線下線は社会関係が不確かか，性が不明か，その個体が最後に観察された年（たぶん死んだか，移出した年）がは
　　っきりしないことを示す。中括弧でくくってある個体は双子である。Ⅰ：移入個体，P：周辺個体，m/sb：流産，死産，または生まれて2，
　　3日で行方不明になった個体，？：年が推定によるか，確証できない。
　a．研究の始まる前に生まれていた個体，あるいは研究の初期に生まれた個体の年齢は以下のように推定されてきた。(1) 最初観察された時15
歳以下の個体については，その個体の写真や映画，記録を年齢が既知のチンパンジーと比較することによって。(2) その個体の母親の初産年齢，
出産間隔，最年長の子どもの年齢を推定することによって。(3) 最初観察されたとき，15歳より年とった雄については，その写真や映画を，研
究の途中に年を経ていった個体と比較することによって（あまり，正確な方法ではない）。
　　母親と（研究の過程で初めて確認されたとき，青年期であった子どもについて）子どもの確かな関係を支持する証拠はグドール，1968b，
p.222に示してある。兄弟関係の可能性は，身体特徴の類似，連合関係などに基づいて推定された。
　b．キデブはマンディーの娘のミッジであることはほぼ確実である。

64 ── 紳　士　録

サース （1952?-1968）	ノウプ （1952?-）	アテネ （1953?-）
シンディ （1965-1968）	マスタード （1965-）	m/sb （1966）
	ロリータ （1973-1981）	アトラス （1967-）
	m/sb （1979）	m/sb （1972）
	ヘプチーバ （1980-1981）	アフロ （1973-）
	ヌータ （1982-）	アポロ （1979-）
		アリアドネ （1985-）

ギギ （1954?-）	ノバ （1954?-1975）	プーク （1955?-1968）
	m/sb （1967）	
	スコッシャ （1970-）	

パラス （1955?-1982）	キャラメル （1956?-）[l.P]	ジョアンヌ （1958?-）[l.P]
m/sb （1968）	キャンディ （1969?-）[l.P]	ジャゲリ （1971?-）[l]
プラト （1970-1973）	カリフォルニア （1983-）[P]	ジミー （1981-）[P]
ビラ （1974-1975）	キャスター （1976-）[P]	
バンダ （1976）	シュガ （1976-）[P]	
クリスタル （1977-1983）		

ワンダ （1958?-1975）[l.P*]	ダブ （1959?-）[l.P]	ウインクル （1959?-）[l]
ロマニ （1971-1975）[P*]	ドミニ （1972-）[P]	ウイルキー （1972-）
	m/sb （1977）	ブンダ （1978-）
	ダブルス （1978-1981）[P]	ウルフィー （1984-）
	ダルシ （1985-）[P]	

スパロー （1960?-）[l.P]	パティ （1960?-）[l]	ハーモニー （1960?-1981）[l.P]
サンディ （1973-）[P]	赤ん坊 （1978）	m/sb （1977）
バーベット （1978-1982）	タピ （1979-1983）	m/sb （1978）
シェルダン （1983-）[P]	ティタ （1984-）	

| キデブ （1966?-）[l.b] | ジェニー （1966?-1980）[l.P] | |
| コンラッド （1982-） | | |

B. 研究の始まる前に生まれた雄，もしくは母親のわからない雄

名　前	推定生存年	推定社会関係
ミスター・マグレーガー	1925？-1966	
ハクスレー	1926？-1967	
ジェイ・ビー	1933？-1966	マイクの兄
リーキー	1935？-1970	ミスター・ワーズルの兄
ヒューゴー	1936？-1975	
デイビッド老人	1936？-1968	
ゴライアス*	1937？-1975	
マイク	1938？-1975	ジェイ・ビーの弟
リックス	1941？-1968	
ヒュー*	1944？-1973	チャーリーの兄
ミスター・ワーズル	1944？-1969	リーキーの弟
ハンフリー	1946？-1981	メリッサの兄
デ*	1948？-1974	
ウィリー・ワリー*	1949？-1976	ギギの兄
チャーリー*	1951？-1977	ヒューの弟
ゴディー*	1953？-1974	
ホーンバイ	1957？-1966	
ベートーベン	1969？-	ほぼ確実にハーモニーの弟

ったチャーリーがいる。彼は最初から並外れて恐いもの知らずだった。チャーリーの兄だと推測されるヒューは，その次の年キャンプにやってきた。彼はチャーリーと同様恐いもの知らずで，堂々たる体格を持った壮年の雄であった。最初からこの2頭の雄は密接で協力的な関係にあった。かつてゴライアス（当時の最優位雄）がチャーリーを攻撃した時，ヒューはゴライアスが攻撃を止めるまで突進し，力強くディスプレイをおこなった。1968年には，チャーリーとヒューはすでにおとなになっており，この印象深い協調的な突撃行動をおこなうことですでに知られていた。その翌年にはこの2頭の連合は他の雄の誰をも威圧することができた。

　チャーリーとヒューは「南のサブグループ」の中心個体であった。このサブグループは最終的には分裂してカハマ・コミュニティーとなった。1970年から続いた分裂の過程で，カハマ・コミュニティーの個体は南の地域に滞在する時間がだんだん長くなっていった。しかし，彼らは時々遊動域の北に戻ってくることもあった。そのときには，しばしば密集した隊形を取った。彼らと北の雄とが出会うと両方とも木々をドラムのように叩き，大声で吠え，互いに勢いよく突進した。チャーリーとヒューは際だった協調的なディスプレイをおこなうことによって，やすやすと北の雄たちより優位にたった。もちろん北のアルファ（最優位）雄のハンフリーに対してもである。

　コミュニティーが最終的に分裂を終えたすぐ後，ヒューは行方知れずとなった。彼はそのときにはまだたいした歳ではなく，その4年後のチャーリーの末路のようにコミュニティー間の争いの犠牲者となったのであろう。その4年間はチャーリーがカハマ・コミュニティーのアルファ雄であった。彼を死にいたらしめた争いは観察されていないが，彼のひどく傷ついた亡骸は，1977年の5月にカハマ川に横たわっている

デイビッド老人（H. van Lawick 撮影）

ところを発見された。

　デイビッド老人は本書ではあまり目だたないが，初期の調査では重要な役割を果たしたので，ここで書き落とすわけにはいかない。デイビッドは，肉食と道具使用を，わたしが最初に観察した個体である。また，森の中でわたしの接近を許してくれた最初の個体でもある。最初の数カ月間に人づけをかなり早められたのは，まず彼がわたしの存在を穏やかに許容してくれたおかげである。

　最初にキャンプを訪れ，たくさんの仲間を新しい食べ物（バナナ）のありかへ連れて来たのもこのデイビッド老人であった。彼は特に落ち着いた優しい性格を持っていた。劣位の個体が彼に近づき，劣位のあるいはおどおどした行動を見せると，彼はほとんどいつも手を相手の胴か頭に置いて安心させるようにふるまった。彼はバナナを食べているときにもたいへん気前がよく，他の個体に（雌や子どもたちにさえ）自分の取り分を分けてやった。デイビッドは死ぬまでゴライアス（初期の頃のアルファ雄）と親密な関係を持っていた。激しやすいゴライアス

が神経質なそぶりを見せると（たとえばわたしが近づきすぎた時）、デイビッドはしばしば手を差し伸ばしてゴライアスの鼠蹊部を触るかしばらくグルーミングをしたものだった。これでたいていゴライアスは落ち着きをとりもどした。社会の混乱が激しかった時期（1963年から1969年の間には、時には14頭ものおとな雄が同時にキャンプに現れ、混乱は日常茶飯事であった）、デイビッドはたいてい、争いを避けようとしていた。しばしば彼はゴライアスの横か後へまわって争いから逃れた。しかし、本気になると恐いもの知らずの個体であった。実際、1964年に、断固たる連合を組んで新しいアルファ雄のマイクに対する挑戦を最初に主導したのがデイビッドだった。

わたし自身とデイビッドの関係は他に類のないものであり、このような関係は二度と得難いものだろう。彼はわたしにグルーミングをさせてくれた。さらにある忘れがたい出来事としては、わたしが彼にヤシの実をあたえようと手を出すとわたしを安心させようと元気づけの身振りをしたこともあった。1968年に肺炎が流行してデイビッドが行方しれずになった時、わたしは後にも先にもかけがえのない彼の死をいたんで悲しみにくれた。

エバレッドは、臆病で極度に興奮しやすいオリーの、知られている限りでは最年長の子どもである。彼は、ごく初期にキャンプを訪れた個体であり、1962年にデイビッド老人やゴライアスとともに現れた。翌年には母親と妹のギルカを伴い新しい採食場にやってきた。エバレッドは明らかに高い社会的地位を得たがっていた。しかし、緊密な同盟関係を持っていなかったので不利だった。彼よりすこし若いフィガンとの順位をめぐっての確執は、この2頭が青年期の後半にあった頃から始まった。最初にエバレッドがこの順位争奪戦に勝った。しかし最終的に

エバレッド（H. Bauer 撮影）

はフィガンが自分の兄と同盟を結び、これがエバレッドの敗北を決定的にした。実際しばらくのあいだ、エバレッドは追放者のごとく、一度に数週間もコミュニティー遊動域の北周辺部をさまよい歩いていた。エバレッドが戻ってきたときにはフィガンと彼の兄は再び、しばしば攻撃を仕掛けた。そのためエバレッドはほとんどすぐにこの地域を離れなければならなかった。しかし、1975年にフィガンの兄は行方しれずとなり、エバレッドは再びコミュニティーでの仲間との生活に戻ることができた。フィガンが死ぬ前の数年のあいだは、エバレッドが最も頻繁に彼の同伴者となり同盟者となった。

1970年から1983年にかけて、エバレッドはゴンベにいた他のどの雄よりも自分の子どもを残したと考えられる。彼は北へ去っていた長い期間に、人づけされていないミトゥンバ・コミュニティーの一員と思われる雌と一緒にいるところを観察されている。一時的追放のあいだにさえも、彼はその状況を活用できたようだ！

1969年にオリーが死んだ後、エバレッドとギルカがしばしば一緒にいた。コミュニティーの他の雌と妹のギルカのあいだの喧嘩に居合わせた時、エバレッドは自分の妹を助けた。肉を食べているときには妹に分け前をあたえた。さらに他の兄たちと違って、ギルカに自分と交尾す

ファーベン（P. McGinnis 撮影）

フィガン（H. van Lawick 撮影）

ることを強要しなかった。長期不在の後，エバレッドがギルカと平和に一日の大半を歩き回っているところが三度観察された。互いに毛づくろいし合い，同じ木で食べ，二度ばかり巣を接して眠った。親密な接触は明らかに両者の安らぎとなっているようだった。

フローの長男と推測されるファーベンは1966年に不具になった。ポリオの流行時に片方の腕が使えなくなったのだ。弟のフィガンはこの期を利用して何回も彼を攻撃して優位になった。続く2・3年のあいだはこの兄弟間には余りつき合いがなかったが，1970年から彼らはだんだん親密になり協力的になった。右腕が麻痺しているのにもかかわらず，ファーベンは二足で立ってすばらしい突撃ディスプレイができるようになった。フィガンが競争相手に対してディスプレイをする時，ファーベンはほとんどいつも弟を助けた。実際にフィガンが最優位の地位を得るのを助けたのはファーベンだった。

ファーベンはコミュニティー間の争いではたいへん活動的で，何回もカハマの構成員への攻撃に加わった。彼は1975年に行方知れずとなった。最後にみたときには健康だったから，コミュニティー間の闘争の犠牲になったのかもしれない。

フィガンが最初に確認されたのは1961年で，彼がまだ子どもで，年老いた母のフローと妹のフィフィと一緒にいるときだった。3頭とも，初めてキャンプに来たのは1962年のことである。翌年，フィガンの兄と思われるファーベンも家族とともにキャンプを訪れ始めた。

フィガンは20代の初めにアルファ雄となった個体だが，幼年期にさえ雄の頂点に就くことを予期させる資質を示していた。彼は年長個体の誰かが一時的に病気になると，いつもこれに素早く乗じて，その地位を奪った。自分の兄のファーベンが1966年にポリオに苦しめられたときのチャンスも逃さなかった。兄をうまく威圧し，そのときから兄より優位に立っている。1970年から熱心に年輩の雄に挑戦し始め，それ以来ディスプレイを起こす時機と場所をうまく選べるようになった。

フィガンは自分の家族からの緊密な協力関係も利用した。フィガンが青年初期だったころ，高位であったフローは，フィガンが他の若い雄を打ち負かす手助けをした。そしてフィガンは，兄のファーベンを凌いでからは，最優位の地位を得るのに重要なファーベンとの緊密な同盟関係を次第に作り上げていった。ファーベンが積極的に助けてくれなかったら，1972年にフィガンが，かなり重量があり攻撃的なハンフリーを

倒して，最高の地位をつかむことはできなかっただろう。フィガンは少し年長のエバレッドも打ち負かした。これもファーベンのかわらぬ助けがあってこその成果であった。エバレッドの紹介で述べたように，この2頭の兄弟は繰り返しエバレッドに対してディスプレイをした。時には激しい攻撃をうけて，エバレッドがコミュニティー遊動域の中心から追い出されたほどだった。

フィガンはたいへん興奮しやすい気質を持ち，緊張した社会状況ではときどき興奮して叫び始め，元気づけのあいさつを求めて手近の仲間に突進し，マウントするか抱きつくことがあった。時には緊迫した瞬間，自分の性器をしっかり握ることもあった。これらの行動は自分に自信がない証拠のようにも見えた。ゴンベの観察者の多くは，フィガンはトップにはなれないだろうと思っていた。しかし彼の十分な動機と疑いようのない知性は，この明らかな欠点を補って余りあるものだった。

1975年にファーベンが行方知れずになり死んだと思われたときは，フィガンは一時的に統率力を失った。しかし1977年までには，再び確固としたアルファ雄となった。1979年にフィガンは若いゴブリンに挑戦された。そのときまでフィガンは他の雄の攻撃からゴブリンを助けていた。ゴブリンがその恩人を裏切った時，フィガンはだんだん緊張と不安をました。そして再び一時的にトップの座から落ちた。しかし翌年には，他の年輩の4頭の雄の助力を得てゴブリンを攻撃し，フィガンは再びトップに返り咲いた。

フィガンには社会的順位を維持するために緊密な同盟関係を持つことがいかに重要かわかっていたようである。それは彼が母親から（そしてたぶん兄からも）安定した助けを受けていたとき，つまり発達の初期に受けた教訓による。ファーベンが死んでからフィガンはハンフリーと友好的になった。この雄はフィガンが最優位

フロー（H. van Lawick 撮影）

フィフィ（K. Love 撮影）

を奪った雄だった。ハンフリーが1981年に死んでから，フィガンはジョメオと，また自分の長年のライバルである老エバレッドと，緊密な関係をきずきあげていった。

晩年のフィガンはアルファ雄ではなかったが，年輩の雄はまだ彼に一目置いていた。彼を最後に見たときは健康だった。1982年に行方知れずになりたぶん死んだと思われるが，その理由はわかっていない。

フローと娘のフィフィは母性行動と家族関係を理解するのに広く貢献してくれた。フローは初期にキャンプに来た個体であり，1962年当時赤ん坊だったフィフィと，子どものフィガンと

ともに現れた。翌年，彼女の長男と思われるフ
ァーベンも彼女とともにキャンプにやってきた。
フローは5年ぐらいフィフィの育児に忙しかっ
たが，1963年にそれから解放されて性的魅力を
とりもどすと，以前には来ることのなかったた
くさんのコミュニティー雄たちがフローととも
にキャンプを訪れ，バナナを見つけるようにな
った。こうしてフローはデイビッド老人と同じ
ように，ゴンベ調査の初期に重要な役割を果た
した。

60年代の初期にフローは高順位の攻撃的な雌
だった。そして彼女の地位と性格が息子のフィ
ガンの権力を増大させ，フィフィを現在の高い
地位に押し上げた強力な要因であることは疑い
ようがない。たぶん高齢が原因でフローは最後
の2頭の子ども，フリントと赤ん坊のフレーム
とに対して母親としての役割を果たせなかった。
フレームは，フローが重病で夜になって木に登
ることすらできなかった時に行方不明になった。
フローは回復したが，子どものフリントを独立
させるための十分な体力は残らなかったようだ。
フローはフリントが8歳半になるまで，夜に添
寝してくれという要求や赤ん坊のように背に乗
せてくれという要求を拒めなかった。1972年に
フローが死んだ時，フリントはこの難局をうま
く切り抜けられず沈みがちになり，とうとう病
気になって死んでしまった。

フローは英国のサンデー・タイムズ紙に死亡
広告が掲載されるという類い稀な栄誉を受けた。
その一部を記すと：

フローは科学におおいに貢献した。彼女とそ
のたくさんの家族はチンパンジーの行動，たと
えば赤ん坊の発達，家族関係，攻撃性，順位，
性等についての豊かな情報を提供してくれた。
その家族の観察時間を集計すると4万時間にな
る……。しかし，これで献辞がおしまいではな
い。確かに彼女の一生は，人類の知識を豊かに

してくれた。しかし，たとえゴンベでチンパン
ジーの研究がなされなかったとしても，豊かで
活力と愛に満ちたフローの一生は，この世のも
ののあり方としての意味と意義にあふれていた
だろう。

フローの忘れ形見フィフィは，2頭の息子フ
ロイトとフロドそして2頭の娘ファニと赤ん坊
のフロッシーをもうけた。

ギギは，1963年，子どもの時期に最初に確認
された。当時彼女は5歳か6歳ぐらい年上の若
もののウィリー・ワリーとほとんどいつも一緒
にいた。ギギは自信家で強引な少女であり，自
分より年上のチンパンジーたちをしばしば憤慨
させた。このことで彼女の身に厄介が起こると，
ウィリー・ワリーは臆病で低順位であるにもか
かわらずいつも彼女を助けにやってきた。彼は
ギギのせいで頻繁に追いかけられ攻撃された。
われわれは彼らが母を失った兄妹ではないかと
思っている。

ギギは不妊症で，1965年に初潮をむかえて以
来，毎月発情している。彼女には性行動をして
いる途中で相手を振り切って逃げるという癖が
あったにもかかわらず，おとな雄のあいだで最
初から交尾相手として人気があった。彼女は集
団生活のいくつかの点で積極的な役割を果たし
た。多くの異なる雄と連れ添い関係を結び，発
情しているときはコミュニティー遊動域の周辺
をうろつき回ったし，おとな雄から成るたくさ
んのパーティーの核となった。雄は3頭か4頭
一緒になるとレンジの周辺部をよくパトロール
するが，ギギは知らず知らず隣接コミュニ
ティーのチンパンジーと一悶着起こす原因となっ
た。

ギギの行動はたいへん雄に似ていた。彼女は
雌にしては大きく強く，そしてしばしば攻撃的
であった。彼女がディスプレイをおこなう頻度

オリー（H. van Lawick 撮影）

ギルカ

ギギ（L. Goldman 撮影）

は高く，時には他の雌にはめったにみられない「川底滝落しディスプレイ」をした。彼女はコミュニティーの他のメンバーと交渉するときには強引だった。おとな雄から攻撃を受けているときでさえもそうだった。そして，1967年以来ずっと，押しも押されぬ最上位の雌であった。彼女は他のどの雌よりも頻繁に狩りをし獲物を捕まえたようだった。おとなのサルが見せる自衛の攻撃に対してもまったく動じなかった。

1976年に，彼女は月経のあいだじゅう，赤い泡のようなジェリー状のものを流していた。後でわかったのだがこれは胎盤だった。それ以来彼女の月経周期は不順になり，おとな雄の交尾相手としてはあまり人気がなくなった。1975年以来，ギギは1.5歳から3歳までの赤ん坊に興味を持ち，ずっと「保母さん」の役割をしていた。

60年代の初期，わたしが最初にギルカをみたときは赤ん坊だった。彼女はたいへん魅力的だった。顔はハート形で少し白い髭があり，まるで妖精のようだった。母親のオリーは大きなグループを避ける小心な雌だった。たぶんこのことがギルカが大きな集まりの一部にいたときかえって活動的だった理由だろう。特に成熟した雄が周りにいるとギルカは爪先旋回してとんぼ返りをし，はねてからつぎつぎと近寄っては遊びに誘う。オリーはそんな時たいへん動揺して，少なくともわれわれには落ち着いて見える周りの雄をなだめようと，神経質にパントグラントを発した。1度，元気いっぱいな自分の子どもを4度繰り返して引き戻した後，オリーはギルカの片手をしっかり握ったままグループの端の方で座ってしまった。

初期にギルカが一番よく一緒にいたのは，兄のエバレッドを除けば，フィフィとフィガンだった。オリーは老いたフローと友好的で，この2頭の母親はずいぶん長いあいだ一緒にいることがあった。しかしフィガンとファーベンが成熟し，オリーを含めた年上の雌に挑み始めたとき，オリーはこの家族さえも敬遠し始めた。そ

の結果ギルカは初老の母親だけと長時間過ごさざるを得なくなった。時々エバレッドが彼らに加わったが、これは彼の成長につれてそうたびたびは起こらなくなった。同じ時期にギルカは乳離れしつつあった。これは最も自信家のギルカにとってさえも落ち込みの時期だった。

1966年、今度はポリオの流行があった。オリーの次の赤ん坊で生まれて数カ月しかたっていないグロスベノールが最初の犠牲者の1頭だったが、さらにギルカ自身も感染し、片方の手首が少し不自由になり親指の自由がまったくきかなくなった。2年後にわれわれはギルカの鼻が膨れ始めてきたのを認めた。彼女の顔を醜く歪めた茸病（鼻藻菌症）の始まりだった。

つづいて1969年にオリーが消えた。この後ギルカは1人でいるか、エバレッドとともにいることが多かった。若もの期にギルカが発情したとき、普通の若ものらしく性的関心を高めたが、カサケラの雄たちには人気がなかった。この時期までにこのコミュニティーは分裂していた。たぶんカハマの雄たちがギルカに性的興味を示したのだろう、彼女は南で過ごす時間をどんどん長くしていった。1973年にはギルカは南で連続6カ月過ごし、われわれはそのまま完全に移籍したのだと考えた。もし彼女が去る以前に規則的な投薬によって抑制されていた茸病がひどくならなくても、たぶん彼女は移籍していただろう。実際、彼女が戻ってきたとき、すでに鼻、眉、そして目さえも巨大に膨れていた。もうなにもみえないかのようだった。彼女の帰還はコミュニティー間の争いの開始によっても促進されたらしい。

ギルカは1973年にカハマ・コミュニティーから戻ってきたとき妊娠していたのかも知れない。しかしもしそうだったとしても、われわれはその赤ん坊を一度もみることができなかった。翌年（一連の投薬により再び彼女の顔の腫れがひいたとき）ギルカは子どもを生んだ。彼女はす

ばらしい母親だったが赤ん坊はわずか1カ月で行方不明になった。翌年再び出産した。この赤ん坊は共食い屋のパッションによって捕まり、食べられてしまった。われわれは前の赤ん坊も同じ運命をたどったのではないかと思った。パッションの突飛な攻撃を最初にみたときから1年後の1976年、ギルカの3番目の赤ん坊も、身の毛のよだつ同じ最期をとげた。ギルカは自分の赤ん坊を守ろうと最善を尽くして激しく戦ったが、彼女はパッションよりも小さく弱かった（パッションはさらに若もの晩期のポムの加勢を得ていた）。赤ん坊を失った上にギルカはひどく傷を負っていた。この3回目の暴行があってから、ギルカは二度と妊娠しなかった。彼女の健康状態は次第に悪くなっていった。慢性の下痢が進行し、われわれが確認するたびに、治ったかなと思っていた昔の指の炎症も再発しひどくなっていた。手が関節炎にかかっているのに加えてこれらの疾患のため素早く動きまわれなくなっていた。ますます衰弱し1人で過ごす時間が多くなった。彼女の一生の最後の2年間、一番よく一緒にいた仲間は、子どものいなかったギギとパティの2頭だった。

ギルカと兄エバレットの絆はしっかりと維持されていた。実際はあまり一緒にはいなかったが、彼は、一緒のときにはいつもギルカを助けていた。エバレッドがいると、ギルカはいつもは恐くて避けているパッションに対して威嚇さえした。これらの最後の何年かは、エバレッドはギルカに対し、自分がかつてフィガンとファーベンと敵対していた時にギルカから受けたのと同じような、心休まる友好を示していた。

1964年にメリッサが産んだゴブリンは、わずか16歳で1対1の関係では高順位雄になった。ゴブリンはこの地位を（彼が地位を巡って他の雄と争ったときに助けてくれた）アルファ雄のフィガンとの長い特別な関係と、きっぱりとし

72——紳 士 録

ゴブリン

ゴライアス（H. van Lawick 撮影）

た決断力と忍耐とのみによって得たのだ。1979年にゴブリンは最終的にフィガンに反抗し何回もの挑戦の後，かつての同盟者を威圧してしまった。フィガンはその後トップの座を（一時的に）奪回したが，ゴブリンがいると緊張するようになった。フィガンが生きているうちにもゴブリンは再度トップ雄に返り咲き，1985年までには不動の最優位の地位を築いた。

　1983年までゴブリンは自分の母親と緊密な協力関係を持っていた。しかし彼女が性的受容状態に入ったとき，ゴブリンは近親相姦の「タブー」を破った。この近親相姦のタブーは，普通は肉体的に成熟した息子が母親と交尾しないように働く。ゴブリンはメリッサに荒々しくまた執拗に求愛したばかりでなく，実際に何度も自分の無理無体を彼女に押し付けるのに成功した。メリッサの反応は最初は攻撃的であった。彼女は自分の息子を脅し，さらにひっぱたきさえした。ゴブリンがメリッサを攻撃した後，彼女はびくびくしていた。それから彼女の発情が終って妊娠してしまった後では，彼女はゴブリンをひたすら無視した。しかし赤ん坊が生まれてから友好的な関係が復活した。実際ゴブリンはその他にも性的に奇妙なところがあったが，それについては本書でさらに詳しく考察する。

　ゴライアスは森の中でわたしの接近を許した最初の1頭だった。それは彼が座ってデイビッド老人とグルーミングしていたときだった。1962年までにわたしはさまざまな個体と親しくなったが，ゴライアスがアルファ雄なのは明らかだった。彼は攻撃的で並はずれて大胆な気質に加えて，たいへん素早くみごとな突撃ディスプレイをした。おとな雄がなんらかの奇妙なもの（たとえば死んだニシキヘビなど）にいきあたったとき，ゴライアスはいつも最初に，あるいは近くまで接近できる唯一の個体だった。わたしが最初に彼にバナナを手ずからあたえたときの彼の反応は典型的なものだった。彼は毛を逆立ててにらみ，そして走り抜けた。さらにテーブルを掴みテントから引きずり出した。そしてわたしが持っていたバナナをつかむ時，わたしを激しく押したのでわたしは危うく転ぶところだった。

　ゴライアスは戦わずして最優位の地位を手放すことをしなかった。ゴライアスの後にマイクが最高の順位についてからも，ゴライアスはまだときどき彼に挑戦した。しかしいつも負けていた。ゴライアスはさらに4年間上位の地位を維持していたがその後病気になり，だいぶ体重

ヒューゴー（H. van Lawick 撮影）

が減って，かなり低い順位に落ちてしまった。カハマ・コミュニティーが分裂した時，ゴライアスは他の個体とともに南へいった。このことは驚くべきことだった。なぜなら彼は一度も「南の住人」と親しい関係を持っていたようには見えなかったからである。彼はカハマの雄の中でキャンプを訪れた最後の個体だった。これは1975年のことであり，彼がカサケラの雄たちによって残酷に攻撃され死んでしまった2・3カ月前のことだった。そのときまでに，彼はたいへん老いさらばえ，萎び，禿げていた。そして，たいていひとりだけでいた。

ヒューゴー*はキャンプを訪れた4番目のおとな雄だった。ある日デイビッド老人とゴライアスに従って現れたが，明らかに自分がどこに連れて行かれるのかわかっていないようだった。彼の到来は印象的だった。空き地の周りの下生えから現れ，わたしをぎょっとした顔で見つめ，（ほとんどのチンパンジーが逃げようとしたのに）逃げる代わりに威嚇の音声を発し，石を握ってわたしに投げつけた！　事実ヒューゴーは

*　わたしの初期の本である『森の隣人』ではロドルフとなっている。

ゴンベで石投げに精通しているわずかな個体のうちの1頭だった。

　当時ヒューゴーは高順位で明白にリーダーシップを持っていた。新参個体をキャンプに連れてきたのがデイビッド老人だったとすると，しょっちゅう彼らを連れ去ったのはヒューゴーだった。彼はたいへん大柄なチンパンジーだったが，あからさまに攻撃的になることはなかった。特に採食している時に，他の個体を脅かすのが素早かったが，その後で同様にその犠牲者に手を差しのべ安心感をあたえるのも早かった。時には攻撃の身振りがすむかすまないうちにそうすることさえあった。老いたフローが1963年に5週間発情していたあいだ，ヒューゴーは彼女と尋常でない関係を作り上げ，彼女の行くところどこへでもついて行った。フローは傷ついたり脅かされたとき，元気をつけてもらうために彼の元へ戻った。そのときには彼は彼女に手を差しのべて触ったり抱いたりした。ヒューゴーは彼女が発情を終え他の雄が関心を失った後も，2週間は頻繁に彼女の同伴者になった。われわれは彼らが姉弟ではないかと思った。

　ヒューゴーは死ぬまでリーダーとしての資質を保っていた。しばらくのあいだ，攻撃的なハンフリーと緊密な関係を持ったし，たくさんの年端のいかない若もの雄からは，母親の元から初めて離れて旅行をするときの連れとして選ばれていた。長い一生の終わりが近づくに連れて，彼の歯は擦り減り体も衰えた。彼とマイクの2頭は晩年しばしば一緒にグルーミングをしたのだが同じ月に死んだ。ヒューゴーの死体は1975年に「肺炎」が流行したときに見つかった。

　1963年にわたしがハンフリーを最初に知ったときには彼は若いおとなの雄だった。老いた雄のミスター・マグレーガーと，たいていいつも一緒にいた。彼らの顔の特徴はたいへん似ていたし，彼らのおこなうパント・フート**もまたしかりだった。さらに彼らは緊密で友好的な関係

74——紳士録

を持っていた。マグレーガーはこの若い雄が威嚇されるか攻撃されるかすると，たいていいつも助けにとんで行った。彼らは叔父と甥の関係だった可能性がある。そして，後でのべるように1966年に老マグレーガーがポリオでうちのめされたときも，ハンフリーは彼を助けようとした。

ハンフリーは1969年までにはたいへん大きくたいへん攻撃的になっていた。雌たちは年輩のアルファ雄のマイクに挨拶する前にたいてい，ハンフリーに服従的身振りで挨拶をした。翌年ハンフリーはマイクを攻撃し，しばらくのあいだアルファ雄の地位についた。彼はこの地位を20カ月のあいだだけ保ったが，フィガンと彼の兄の協同攻撃の前にこの地位を失った。ほとんど確かなことなのだが，もし当時コミュニティーが分裂しなかったらハンフリーはトップの座につけなかっただろう。なぜなら彼はチャーリーとヒューの兄弟を極度に警戒していたからだ。彼らが1971年に北の地域を周期的にパトロールしたとき，ハンフリーは彼らをいつも避けるようにしていた。

1964年にハンフリーは片方の耳の中にできた腫れ物のようなものを悪化させていた。数分座っては，指，特に親指を耳の奥に突っ込んでいたくらいで，それはたいそう痛いに違いなかった。癖になったのか，この傷が痛んだのか，あるいはもしかすると傷ついた組織が頭に「雑音」を起こしていたのかもしれないが，彼は死ぬまで，座ったときにはしばしば親指を耳に当てていた。もし彼が実際周期的な耳の傷みに悩まされていたのだとしたら，並外れて攻撃的で他の個体，主に雌を高い頻度でしばしば残忍に攻撃したことの説明がつく（たいへんよく起こったのだが，もし犠牲者が発情していたなら，ハンフリーは攻撃しているあいだ，雌の腫脹し

ハンフリー（H. van Lawick 撮影）

た性皮を裂き開こうとさえした。彼はほとんど意図的にそうしているふうだった）。ハンフリーは人間の女に対しても攻撃的で，不愉快にも正確な狙いで，とても大きな岩をわれわれに向かって，しばしばほうり投げた。面白いことに彼はたいへん遊び好きのおとなでもあった。しかし，彼が遊ぼうとして雌や若もの雄に近づくと，多くの場合彼らはたいへん神経質になり応じられなくなるのだが，この拒否がまたハンフリーの攻撃を引き起こした。

ハンフリーは最優位の地位を失った後4年間高順位を保った。このあいだ，旧敵フィガンとたいへん友好的になり，この関係は1981年に死ぬまで続いた。どうしてハンフリーが死んだのかわからない。彼の頭骨はコミュニティー遊動域の東の境界近くで見つかったのだが，また別のコミュニティーとの争いの犠牲者となった可能性がある。

ジョメオとシェリーは兄弟だった。ジョメオは1964年にキャンプにやってきたが彼の家族がついてきたのはバナナの採食頻度が高くなった3年後のことだった。ジョメオが約9歳の時，彼はコミュニティーの雌に若ものが普通やるよ

＊＊ 訳註4-1：大声で叫ぶディスプレイ。6-2図参照。

シェリーとジョメオ

うに挑戦し始めた。しかし翌年ジョメオは二度ばかり手痛い傷を受けた。この出来事は彼の後の生活に深い影響をあたえることになったかも知れないので，何がそのとき起こったか知り得ないのは残念である。そのあと若い雌に対して威張っていたのがおさまり，また雄の優劣階級の中で順位を上げようとする動機づけがほとんどなくなってしまった。

シェリーは1968年に彼らの母親が失踪（たぶん死亡）する前にすでに兄のジョメオと広域を動き回り始めていた。翌年の半ばまでにはこの2頭の兄弟はほとんど離れられなくなった。そして1971年にシェリーが雌に挑戦し始めたときにジョメオは弟が苦戦するとよく駆けつけて助けた。たぶんこの援護のせいでジョメオの自信は増した。そこで彼は年齢の近い若雄のサタンに挑戦し始めた。シェリーはしばしば彼を援助するためのディスプレイをおこなった。

1977年にシェリーがジョメオを1日に2回攻撃するところが見られたが，それ以来ジョメオには弟のシェリーに対して劣位の行動を取る傾向がでた。2頭は多くの時間を一緒に過ごしていたが，以前よりはそんな時間も少なくなった。1979年にシェリーが消えたのは未だに不思議で

ある。シェリーが消え去る少し前，ジョメオは最優位雄のフィガンとつき合い始めていた。ジョメオはフィガンの一生の最後の2年間，フィガンの緊密な仲間2頭のうちの1頭であった。ジョメオはたいへん若もの雄に対して寛容だったし，孤児のベートーベンは彼と緊密にくっついていた。わたしはジョメオが採食場所から採食場所へ移動するのを1日ついて行ったことがあるが，少なくとも5頭の若雄が彼の後を落ちついてついて行くのを観察した。

1978年ジョメオは左目にひどい傷を負った。2週間のあいだというもの瞼はしっかり閉じられ相当量の液体が流れ出た。われわれは彼が片目になるだろうと思った。（傷ついた組織のせいで）うまく見えなくはなったが，片目が半分真っ白になった状態で傷は癒えた。このせいで彼は邪悪な容貌になった。

最後になるがジョメオはゴンベの雄の中で常に一番体重の重い雄のうちの1頭だった。ゆえに，彼に自分の社会的順位を上昇させようという動機づけが明らかに欠けているのは肉体的に劣っているからというのでは絶対なかった。さらに遺伝的に攻撃性が欠けているからでもなかった。コミュニティー間の闘争の時ジョメオが

いると，彼はいつも小さなカハマ・コミュニティーの個体に対して，カサケラの雄の攻撃の前衛となっていた。優る体重を利用して彼は相手に明らかに著しい損害をあたえていた。もし彼の初期の生活史についてもっと知ることができたら，興味深い個性をもっとよく理解できただろう。

　リーキーとミスター・ワーズルはたいへん緊密で互助的な関係を持っていた2頭の雄である。ミスター・ワーズルは茶色というよりも白いきょう膜（白眼）を持っていたのでだった。そのためとても人間ぽくみえた。数歳年上のリーキーもきょう膜に白い斑点を持っていた。この事実とリーキーのワーズルに対する友好的で保護的な態度から彼らはたぶん兄弟だと思われる。
　1963年にわたしが最初にリーキーを知るようになったときには，彼は大きな，中年の，中順位の雄だった。これに対してワーズルは非常に小さく低い順位だった。彼はたくさんの異常な行動をした。彼は（決して射精はしなかったものの）自慰行為をした数頭の雄のうちの1頭だったし，（おとなの雄には稀だが）しばしば赤ん坊のようにむかっ腹を立てた。そして，食べ物をねだるときしばしばくんくん鳴いた。体が小さいことに加えこれらの行動は彼が孤児だったことを暗示している。
　リーキーのもっとも印象的な特徴は異常な連れ添い行動である。彼は同時に2頭の雌を連れ去ろうとした唯一の雄である。興味深いことに，リーキーとワーズルは決して一緒に1頭の雌を連れて行こうとはしなかったが，ときどき，交互に同じ雌（オリー）を連れて歩いた。たとえばリーキーが1カ月連れていった後，ワーズルが次の1カ月連れて歩くというように。
　1969年にワーズルがまず死亡した。彼はしばらくのあいだ消耗性疾患にかかったうえに（たぶん関節炎のせいで）手の自由が利かなくなっ

リーキー（H. van Lawick 撮影）

ミスター・ワーズル（H. van Lawick 撮影）

た。翌年リーキーが死んだ。たぶん肺炎にかかったのだろう。

　マダム・ビーと彼女の娘リトル・ビーは1963年には定期的にキャンプにきていた。2番目の娘ハニー・ビーは，1966年にポリオが流行してマダム・ビーが片腕を使えなくなる前の年に生まれた。ハニー・ビーはおとなになるまで生き延びたが，マダム・ビーの最後の2頭の赤ん坊のビー・ハインドとウッド・ビーは1歳にもな

マダム・ビー（H. Bauer 撮影）とリトル・ビー

らぬうちに死んでしまった。マダム・ビーは腕が利かなかったのでしばしば赤ん坊に適切な世話をしてやれなかった。このことが赤ん坊たちを死なせてしまったひとつの原因だろう。

マダム・ビーはいつもキャンプの南を遊動していたので，カハマ・コミュニティーを形成すべく「南の雄たち」が分裂したとき彼女が彼らに加わったのは驚くべきことではない。彼女は引続きキャンプをときどき訪れたが，その足もだんだん遠のいた。しかし，リトル・ビーは発情しているときにはしばしば北の地域を動いた。ときどきカサケラの雄のパーティーが彼女を南に帰さないようディスプレイしたので，自分の家族と離ればなれにならざるをえないときがあった。彼女はときどき南の母親や妹に会いに帰っていたかもしれないが，1975年までにはカサケラ・コミュニティーに定着したようにみえた。

マダム・ビーがカサケラの雄たちに残忍に攻撃されて死んでしまった年のことである。リトル・ビーは攻撃者のパーティーにいたが猛攻撃で混乱していてその姿は見つからなかった。そしてこの出来事の後，彼女はカサケラの雄たちに従って北に帰っていった。ハニー・ビーは致命的な傷をおった母親と残り，5日後彼女が死

ぬまでグルーミングをしたりハエを追ったりしていた。続く5年間にわたり不規則に，ハニー・ビーは（発情している時）カサケラ・コミュニティーの遊動域に現れた。しかし，1980年以後姿はみられなくなった。

リトル・ビーはパッションとその娘のポムという2頭の共食い雌のためにほぼまちがいなく1頭の赤ん坊（もしかしたら2頭）を失っている。1977年にこの2頭は新生児のツビ（彼の名はこの出来事に由来して「To be, or not to be ……生きるべきか死ぬべきか」名付けられた）を捕まえるためにしつこく頑張ったのだ。しかしリトル・ビーは殺害者が1時間近くもその辺りを探し回ったにもかかわらず，赤ん坊と一緒にうまく逃げ隠れおおせた。

リトル・ビーの右足は奇形だった。たぶん先天的なエビ足である。彼女はびっこであり，早く移動するおとなのパーティーについて行くのが時々困難なときがあった。また胸の中央に副乳を持っていた。たぶん彼女が低順位で他個体を脅かさなかったのでカサケラ・コミュニティーの雌たちの間ではもっとも同行者として好まれた。約1年のあいだ彼女は最優位雄のフィガンのお気に入りの同伴者であり，連れ添い関

係にあるあいだにツビをはらませられたと思われる。1984年彼女は2番目の赤ん坊ダービーを産んだ。

メリッサは若ものの時代の晩期に頻繁にミスター・マグレーガーやハンフリーとつき合っていた。マグレーガーはメリッサとハンフリーの両方を助けたのでわれわれは彼ら3頭は血縁であったと考えている。1966年にこの年寄りの雄が死んでからはメリッサとハンフリーはほとんどつき合わないようになった。ハンフリーは他の雌を攻撃するのと同じくらいしばしばメリッサを攻撃した。1964年にはメリッサをめったうちにし斜面を引きずり木に叩きつけた。この結果彼女の鼻は潰れかけた。しかし，このことは必ずしも彼らが兄妹であることの反証にはならない。なぜなら，兄妹の絆が強いことはめったにないからだ。

若いときメリッサはたいへん社交的だった。他のチンパンジーが興奮してパント・フートをしているとき，それに合わせて彼女はいつもきまって片方あるいは両方の足で地面を踏みならすディスプレイでこれに加わった（この行動は今日まで彼女の特徴となっている）。彼女は肉やバナナを，時にはグルーミングを，非常にしつこくねだった。もしこの努力が報われないときには，くんくん鳴きそうになったり大声で叫びそうになったりするのだ。

メリッサはポリオの犠牲者の1頭である。首と肩が病気におかされたため，一時期，歩くときに腕がつかえず二本足で立って移動した。結局は彼女の腕は回復したが，まだ顎を普通に持ち上げることはできないし頭をまわすことができない。それでも彼女の順位はたいへん高かった。部分的には彼女の地位は自分が発展させてきた援助関係の自然の成行きだった。まず，最高位の雄である息子のゴブリンと援助関係を結び，ついで，娘のグレムリンと結んだ。メリッ

メリッサ（H. van Lawick 撮影）

サはたいへん思いやりのあるおばあちゃんで，他のどの子よりも長時間孫のリトル・ゲティと遊んだ。

メリッサの名を高めた第一のことは双子のギレとギンブルを産んだことだ。不幸にして，いつも弱かったギレは10カ月にして死んでしまった。ギンブルもそのときはたいへんちっぽけで，非常に小さな雄になるのではと危ぶんでいたのだが，ギレが死んでからは回復にむかった。メリッサはさらに2頭の赤ん坊を生んだが，両方とも1976年のことだった。そのうちの1頭のジェニーはパッションとポムによって殺された。もう一方も（命名されていないのだが）たぶん同じ運命を辿ったのだろう。

1960年代の初期にわたしがミフを最初に知った時，彼女は子どもだった。老いた母親マリーナが死んだ時，ミフはまだ赤ん坊だった弟メルリンの世話をした。彼女は夜，この弟に巣で添寝をしてやったし，いつも弟が遅れないように待ってやった。しかし母親の役割を十分補うことはできないようだった。次第にメルリンは不活発になり，あまり遊ばず異常な社会的反応を見せるようになった。マリーナの死後1年半で

ミフ（L. Goldman 撮影）

メルリンは骸骨のようになってしまった。最後にみたときには麻痺した足を引きずっており、1966年にポリオが流行したときに死んでしまった。ミフの兄のペペもこの病気にやられ片腕が麻痺した。ファーベンと同じように、彼は直立姿勢で長距離歩くのにうまく適応した。

たぶんメルリンとの初期の経験があったせいで、ミフはたいへん有能な母親になった。最初の赤ん坊、娘のミーザは1969年に生まれた。他の3頭はその後、約5年おきの間隔で生まれた。ミカエルマス、モー、そして1984年にリトル・メルである。

ミフはおもに自分が発情しているあいだ、とりわけ理由がないようなのに雄からの攻撃をしばしば受けた。残忍な暴行の一例について12章で述べる。ミフが1977年に発情していたとき受けた攻撃はまさにこの類いの猛攻であって、ミカエルマスは左足にひどい傷を受けた。彼は何カ月もこの足を使うことができず、われわれは彼が生きていけないのではと恐れた。しかし翌年モーが生まれるときまでには、まだかなりびっこをひきながらもなんとか回復していた。

共食い屋のパッションが断固として新生児のモーを捕まえようとしながら、ミフに打ち負かされたのはこのときである。このことについては12章で述べる。モーが生涯の初期にこの蛮行から生き延びられたにもかかわらず、その後6歳の時、弟のメルが生まれてすぐに死んだというのは皮肉だ。モーは1983年に病気になった。彼女はしだいに気力を失い衰弱し、とうとう1985年の8月に消失したのだ。北部のミトゥンバ・コミュニティーを人づけするため仕事をしていたヤハヤ・アラマシがいなくなっていた娘のミーザを「見つけた」のはこの同じ月だった。この前、最後にみられたのは1983年の6月のことで、ひどく怪我をしておりわれわれはミーザが死んだものと思っていた。予想外に彼女はうまく新しい社会集団に組み込まれていた。ミフは若もの期になって発情したときにはしばしば行動域の北の部分をさまよい歩いたが、やがてその地域で1年のうち何カ月も過ごすようになった。彼女は1977年そして1983年に発情した時、ミトゥンバの雄たちを訪問したか彼らと連れ添い関係を結びさえしただろう。だから、若もの期のミーザが発情した時ミトゥンバの雄に混ざったというのは驚くほどのことではない。彼女が最終的に北の一員になるまでこの訪問の時間はだんだん延びていった。

したがってミフの孫たちは異なったコミュニティーで育つことになる。もし北の地域の調査が進展したら、その後のなりゆきを追うことができる。一方、ミフは年長の娘からの援助の機会を失い、2頭の若い息子とともに出自のコミュニティーに残った。

マイクは1963年には低順位の雄だった。彼は優位者に向かって突進するとき、空の灯油缶を自分の前で巧みに打ち鳴らし、1964年には最優位をはったりで獲得した。この後しばらく、マイクは自信がないのか、近くにいるのがどんな雄だろうとも、あらゆる機会を利用して乱暴なディスプレイで印象づけた。また他のおとな雄が目の前にいて緊張したとき、はっきりした理由もなしに雌をしばしば攻撃した。マイクが最優位を（ゴライアスから）奪ったとき、コミュ

ニティーには14頭のおとな雄がいた。さらにチンパンジーのいつになく大きなグループがバナナをもらいにほとんど毎日キャンプに集まってきた。攻撃的な雰囲気が高まり，状況はアルファ雄にとって厳しかった。彼がすぐれた知性を持っていなかったら（結局すべての雄が空の缶に近づいたのだが，マイクだけが最後までそれを計画的に使った），また高いレベルの動機づけと順位を高めたいという決断がなかったら，マイクはたぶん栄えあるトップの座に達しえなかっただろう。そしてもう一つの資質，適切なことばがないのだが，「根性」がなければこの地位を長くは保てなかっただろう。なぜなら彼は5頭ものおとな雄からなるグループから何度も挑戦を受けたからである。

　最終的にマイクは落ち着き，穏和なアルファ雄になった。彼は肉を分ける時非常に気前がよかった。兄弟とおぼしきジェイ・ビーには特にそうだった。彼は高順位の雄にしては例外的に，低順位の個体に多くの時間をかけて熱心に毛づくろいした。1966年のポリオの流行時にジェイ・ビーが死んでからは，マイクは決して新たな同盟関係を持たなかった。マイクの緊密な友好関係の一つは彼がやっつけた競争相手であるゴライアスとのものだったが，これはゴライアスがしだいに遊動域を南に移しカハマの雄たちと同盟するようになった遅くとも1970年までは続いた。

　このときまでにマイクは歯が擦りへり，髪の毛も疎らに茶色になって老けて見えた。ある雌がやって来たとき，攻撃的なハンフリーには挨拶をしに駆けより，この年老いたアルファ雄を無視したのにはちょっと戸惑った。ハンフリーは当時まだマイクよりも劣位だったのだ。しかし，しだいにハンフリーは自信をつけてきて，1971年の初期には到着ディスプレイのあいだにマイクを攻撃した。それはハンフリーに最優位の地位を約束した決定的な戦いだった。マイク

マイク（H. van Lawick 撮影）

は年を取り過ぎてもうそれにかかわっていられないようだった。高い順位を維持しようとはしなかったし低順位のおとな雄に対しても劣位の行動を示した。彼は孤独を好むようになった。彼が当時最も頻繁につき合ったのは老いたヒューゴーだった。1975年の初期に肺炎が流行したとき，彼らは1カ月もおかずにつぎつぎと死んでしまった。

　ノウプは1965年に（われわれのバナナにひきつけられて）最初に現れた大きな，がっちりした体格の雌だった。彼女はその年遅くに男の子のマスタードを生んだ。ノウプは60年代の後半にもう1頭の強力な雌のサース（彼女は最終的にアルファ雌の地位をフローから奪った）と長くつき合うようになった。ノウプとサースは雌にしては長く互いにグルーミングしあったし，時には遊び，また社会的闘争では互いに援護しあった。われわれはこの2頭が姉妹ではないかとみている。

　サースは1968年に原因不明で死んだ。彼女の赤ん坊のシンディはノウプやマスタードと移動するのではとわれわれは考えたが，ことは予想に反した。3歳のこの子はおとなから世話をしてもらえなくてほんの2・3週間で死んでしまった。サースが死んでから，ノウプは（自分の子どもを除いては）他に緊密な関係を作ろうと

ノウプ（L. Goldman 撮影）

せず，だんだんひとりでいることが多くなった。最も友好的な遊び友達のシンディを失ってしまったマスタードは（ギルカのように）自分の母親と一緒にいるしかなくなった。子どもの時や若もの初期にマスタードはとてもノウプに依存していたのだが，一つの理由は，まちがいなくノウプがマスタードを7歳になるまで乳離れさせなかったからである。13歳の時やっとマスタードはおとな雄と定期的に移動するようになった。

ノウプは2番目の赤ん坊のロリータも7歳まで子守りした。3番目の赤ん坊はみることができなかった（死産したか，ごく初期に死亡したのだろう）。そして次のヘプチーバは1歳足らずで消えてしまった。これが起こったときにはノウプ自身が新しい傷を負っていたので，たぶんヘプチーバはコミュニティー間の争いの犠牲となったのだろう。しかし，事実は知る由もない。少し後でロリータは重篤な病気になり2・3カ月後に死んでしまった。したがって1982年の初めにはマスタードがノウプの子どもの唯一の生き残りとなった。

ノウプは性的受容のときには滅多に観察されなかった。そんなとき彼女はあっさりと消えてしまった。しかし，ヘプチーバが死んだ後，ノウプは続く3回の発情の期間にはカサケラの集中利用域に残っていたし，そのつど大きく，興奮気味な性集団の中心個体となった。彼女との交尾の特権を得るため，おとな雄のあいだで数多くの激烈な争いが起こった。その結果として，最後の赤ん坊のヌータが1982年に生まれた。

この赤ん坊の発達を追うのはたいへん興味深い。3歳のときにすでに，高齢の母親の非社交的な気質の影響を受けていた。多くの雌は年をとるに連れて孤独になる傾向がある一方，この時期に生まれた赤ん坊は1頭かしばしば2頭の兄姉を持つことになる。ヌータの唯一の兄はマスタードだが彼はあまり自分の家族と一緒にいようとはしなかったし，さらに若ものの遊び好きは卒業してしまっていた。

最後になるが，マスタードが生まれたすぐ後の1966年のこと，ノウプが過去に築いた人間に対する信頼をたぶん永久に壊した何事かが起きたに違いない。約20年後の今日でさえ他のチンパンジーと一緒でないと観察者がノウプを追跡できる見込みはない。しかし，何が起ころうともノウプとわたしが個人的に築き上げてきた関係は壊れなかった。彼女は今でもわたしと一緒のときには，くつろいでいるし落ち着いている。ただし，それには少なくとも数分はかかる。その間に彼女は，森の中をつけてきたのがわたしであると気づいてくれるらしいのだ。

パラスとノバは彼女らが若もの後期だった1965年に初めて認めた。彼女らは隣のコミュニティーから移籍してきたか，コミュニティー遊動域の周辺部からキャンプの豊富なバナナに引き寄せられてきたのだろう。翌年，2頭の雌とも妊娠した，しかし赤ん坊は死産か，生まれて2・3日で死んでしまったのでみることができなかった。しかし1970年にはうまく子どもを持つことができた。ノバがまずスコッシャを産み，9カ月後にパラスがプラトを産んだ。実際，こ

の若い母親たちは最初から一緒に過ごすことが多かった。出産後，彼女らは乳をあたえており規則的に発情することはなかったので，他のおとなとあまりつき合わなくなった。

プラトは早熟で活発な子どもだったが，3歳の時一種の胃カタルで死んでしまった。そして1975年にパラスの次の赤ん坊のビラがたぶん肺炎の流行で，10カ月で消失した。

ノバはこの時までずっと病気にかかっておりたいへんやせていた。たぶんこの結果，この母娘はだんだん周辺部ですごすようになり，カサケラの遊動域の中心ではめったに出会わなくなった。1975年にスコッシャが1頭で現れたのでノバは死んだにちがいない。その年の終わりまでにスコッシャは子無しのパラスに引き取られた。数カ月後パラスは再び赤ん坊を産んだ。1カ月のうちに消えたこの赤ん坊がパッションの犠牲者となったのはほぼ確かだ。1年後クリスタルが生まれた。そのときまでにパラスの家族の一部になっていたスコッシャは新しい赤ん坊の姉の役を果たした。母親のパラスはカサケラの中心雌の中ではつき合いのよくない雌の1頭だったので，スコッシャはクリスタルにとって本当に必要な遊び仲間だった。

クリスタルが5歳のとき，パラスは病気になり死んだ。今度はスコッシャが孤児を養った。その後数週間彼女とクリスタルは離れて観察されることはほとんどなかった。しかし，母親の死後クリスタルは意気消沈して衰弱し，その年の終わりには消え失せてしまった。

パラスは，おとな雌の順位序列の中でたいへん低い地位を占めていたが，おとな雄とはくつろいだ友好関係をもっていた。たぶんこのせいで彼女は性行為の相手としては人気があった。1973年と1976年にコミュニティーのすべての雄が交尾の権利をめぐって活発に競争をした時（これらの出来事の一つが16章に述べられている），パラスは巨大で興奮に満ちた多くの性的

パラス（L. Goldman 撮影）

スコッシャと一緒のノバ（L. Goldman 撮影）

グループの核個体となった。さらに，パラスはたくさんの連れ添い関係を持った。

パラスは情愛の深い思いやりのある母親の1頭だったのに，彼女が産んだ5頭の赤ん坊のうち生き延びたものがいないというのは，悲劇としか言いようがない。

パッションはゴンベで最も悪名高い個体となった。というのも，若もの晩期になる娘のポムとともに1975年からカサケラ・コミュニティーの新生児を殺して食べ始めたからだ。わたしは研究のごく初期から彼女を知っていた。彼女はデイビッド老人とともに1961年になってまず最

パッション

ポム

初に撮られたシロアリつりの写真の中に出てくる。彼女は1964年までキャンプを訪れなかったが，規則的に発情して大きな性的グループの核個体となったので，その年の秋にはよく知られた個体となった。1965年に彼女は娘のポムを産んだ。そしてまったく役にたたず，へたくそな母性行動を見せてくれることとなった。

ポムはいくらか粗雑な養育にもかかわらず生き延び，成長するに連れて，緊密で協力的な絆が母と娘のあいだにできあがっていった。なかんずく，このことがこの2頭に子殺しを可能にした要因である。パッションがポムの助け「なしに」おとなの雌と争ったときには，赤ん坊を捕えるという試みは失敗した。しかし，この2頭が組んだ結果，1974年から1977年の4年間に，3頭のいたいけな赤ん坊が殺され食べられたことがわかっている。さらに他の7頭の赤ん坊も彼女らが殺して食べた可能性がある。なぜパッションが赤ん坊を殺し食べたかという理由はまだ謎のままだ。

1970年から，パッションはだんだん非社交的になり自分の直接の家族とだけ過ごすようになってきて，1979年まで彼女は身内の4頭のチンパンジーとだけほぼ安定してつき合っていた。彼女はポムを産んだ後さらに2頭の子ども（両方とも息子）を産んだし，1978年にポム自身も

子を産んでいる。ポムの子どもが3歳にならずして死んだ時，母親と娘の絆は，例がないくらい強まった。2頭は1982年にパッションが原因不明の消耗性の病気で死ぬまで，ほとんど別れていることができないほどだった。ポムと弟の若もののプロフが，パッションが最後に産んだリトル・パックスのめんどうをみた。リトル・パックスはわずか4歳のときに母親を失ったにもかかわらず，なんとか生き延びた。ポム自身は1983年の終わりから姿をみなくなった。

サタンは1964年にキャンプに彼の家族と最初に訪れたとき，わたしの母が書いていた本の原稿の一部を盗んだので「悪魔のような」という意味でその名をつけられた。彼は当時まだ子どもであり，母親のスプラウトの世話を受けていた。サタンはすばらしい体格の若ものに成長していき，最近ではゴンベの重量級の1頭である。彼は間断なく自分の優劣序列の中での地位を上げようとしたが，最高位の雄たちをしつこく攻撃するといったことはなかったし，他の雄と継続的な同盟を結ぶこともなかった。数年にわたる争いの後，彼は年上のハンフリーより優位にたったし，ジョメオとシェリーの同盟をも凌いだのだが，長年エバレッドに対してはとても服

84——紳士録

従的だった。サタンの方は48kgの体重がありエバレッドの方は39kgしかないのにである。そして今日でも，もし2頭の年輩の雄（エバレッドとジョメオ）がいなければ，37kgの若いゴブリンがディスプレイをするとサタンは完全に威圧されてしまい，たいてい，悲鳴をあげながら逃げる。それにもかかわらず，彼はコミュニティー間の争いでは目だった働きをするし，コミュニティー遊動域の周辺をよくパトロールする。

　サタンはしばしば雌と連れ添い関係を持ったが，これらの連れ添い関係は雌の発情で最も受胎の可能性の高い時期の前に（しばしば雌が逃げて）終ってしまったので不成功だったといえる。サタンは自分の子どもを残す多くの機会を失ってしまったのだ。

サタン

5 人口動態

1972年9月
サンデータイムスからのフローの死亡記事の抜粋。「1カ月を経た今でも，フローが死んだなんて信じられない。特徴的な裂けた耳，だんご鼻，ときおり見せた野生味のある性行動，そして剛胆で激しい性格……。この年老いたチンパンジーは10年以上にわたりゴンベストリームでのわたしの生活の重要な部分を占めてきた――。彼女は狭いカコンベ川のほとりに横たわっていた。わたしが仰向けにしたとき，彼女の顔には恐怖や苦痛の表情は見られず，その顔は穏やかで安らかだった。目はまだ輝いており，身体はしなやかだった」。

彼女は一生をまっとうした。長男のファーベンが1966年のおそるべき小児マヒの流行によって不具になったにもかかわらず，彼女はこの病気に感染しなかった。彼女は，肺炎か何かの重い病にかかったときも生き延びた。彼女が木にも登れないほどに疲れ，地上に横たわり，そして激しい雨に打たれたとき，彼女の末の子は消失した。フローは滅多にない凶作の乾期に遂に死んだ。彼女は確かに年をとっていた。

1972年死亡直前のフロー（H. van Lawick）。

しかし，ゴンベのチンパンジーがどれほど生きられるかをわれわれが知るためには，さらに多年にわたる研究が必要だろう。

チンパンジーのコミュニティーの構造は年ごとに変化していく。ゴンベでは，毎年の誕生と死亡に加えて，何頭かのチンパンジーがコミュニティーに移入してきた。そして，死亡か移出かはわれわれにはわからないが，何頭かのチンパンジーが消失した。1965年から1983年までのあいだに59頭の子が生まれ，13頭が隣のコミュニティーから移入してきた。そして80頭が死亡したか移出したか，とにかく消失した。図5．1はこのような個体数の増減が，この19年間に一様に起こったわけではないことを示している。表5．1はチンパンジーの発育段階を示してい

* わたしの研究の最初の4年半のデータは，1965年以降のデータと較べ不完全なので，この章では取り扱わないことにした。1965年までに何頭かの周辺部雌を除くコミュニティーのすべての個体が識別され，名前がつけられた。

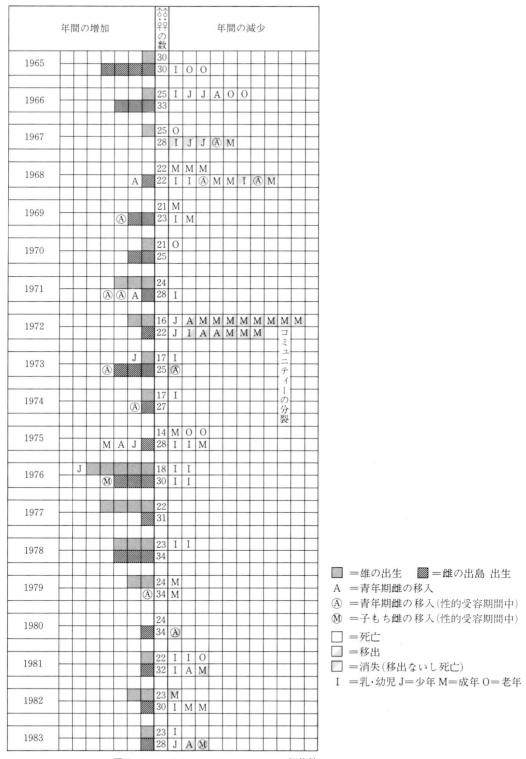

図5.1 カサケラ・コミュニティーの個体数
1965年から1983年までの出産と移入による年ごとの増加と死亡，移出，消失による年ごとの減少

表5.1　チンパンジーの発育段階*

乳幼児（赤ん坊）期（0-5歳）
　　　　誕生から，子どもがほぼ完全に固形食に移行し，通常離乳するまでの期間。ふだん移動するときに，母親に乗るのが見られなくなるまでの期間。たいていは弟妹の誕生によってこの段階は終了する。

少年（子ども）期（5-7歳）
　　　　母親との近接は保たれるが，すでに離乳して，移動時に母親を頼らなくなる。夜のベッドを自分自身で作るようになる。

青年（若もの）前期
　(a)　雄（8-12歳）
　　　　徐々に母親から独立する。おとな雄と過ごすことが多くなるが，彼らに対する用心も増加する。（血中のテストステロン濃度が高まり）より攻撃的になる。そして，同一コミュニティー内の雌に対して優位になるための争いを開始する。

　(b)　雌（8-10歳）
　　　　母親との近接はまだ維持される。（不規則で成年期雄をひきつけないが）性皮の腫脹が始まる。乳幼児期，少年期，青年前期の雄と交尾するようになる。

青年（若もの）後期
　(a)　雄（13-15歳）
　　　　大部分の時間をおとな雄や発情雌と過ごすようになるが，かなり周辺化する。この期間の終わりまでにたいてい，すべてのおとな雌よりも優位になる（しかし，16歳か17歳になるまでは社会的成熟はしない）。

　(b)　雌（11-13歳あるいは14歳）
　　　　初潮から胎児を持つことができるようになるまでの青年期不妊の期間。規則的な性皮の腫脹を開始し，それに伴いおとな雄と移動および交尾をするようになる。この期間の終わりまでに数頭の雄とつれそい関係を結ぶようになる。隣のコミュニティーへ一時的に移出し，そのコミュニティーの雄と交尾する。母親との密接な関係は保持する（ゴンベの場合のみ。マハレでは明らかにこの関係は保持されない）。

成年期[a]
　(a)　雄
　　　前期（16-20歳）
　　　　年長の雄たちの集まりにさらに組み込まれていく。遊動域の周辺部のパトロールへ努力を傾ける。社会的地位を上昇させようとする。
　　　中期（21-26歳）
　　　　社会的地位を上昇させようとする努力を続ける。
　　　後期（27-約33歳）
　　　　背と足の光沢のある黒毛が茶色になりだす。未だ活発な個体。

　(b)　雌（14あるいは15-約33歳）
　　　　家族を養う（もし繁殖周期が順調ならば，第1子を育てている時期を前期，第2子を育てている時期を中期，第3子以降を後期と分類することができる）。

老年期（約33歳から死亡まで）[b]
　　　　徐々に活動性が低下する。激しい社会的相互交渉に参加しないようになる。歯は摩耗するか折れる。特に頭部と腰部の毛は薄くなる。毛はより茶色くなる（中には1頭の年老いた雄のように背に白髪が混じるものもいる）。

---

a　雄は社会的成熟に到達する以前に，（雌を妊娠させる能力を持つ）性成熟に達する。しかし，雌ではこのようにならない。また，年老いた雄が不能になるというデータは得られていない。以上のことから，青年後期と老年期の雄は性成熟という範疇には含まれる。

b　この範疇に含まれる期間まで生きていた個体はとても少ない。ヤーキス・センターの2頭の最も年老いた雌は1984年の終わりに，それぞれ52.3歳と54.8歳に達していた（ネイドラーによるヤーキス地域霊長類研究センターの記録と D. ランバウからの私信による）。野生チンパンジーの寿命を確定するにはさらに長い年月の研究が必要だろう。

*（訳註）　これはゴンベのチンパンジーの発育段階を示すものであって，野生チンパンジー全体を示すものではない。

表5.2 1965年から1983年までのカサケラ・コミュニティーにおける性年齢クラスごとの雄・雌の個体数（各年とも，年末における集計）

年	老年期 雄	老年期 雌	成年期 雄	成年期 雌	青年期 後期 雄	青年期 後期 雌	青年期 前期 雄	青年期 前期 雌	少年期 雄	少年期 雌	乳幼児期 雄	乳幼児期 雌
1965	2	1	13	8(3)	3	5	5	2(1)	2(1)	3(3)	4	3(1)
1966	1	1	12	9(3)	5	6(1)	2	1(1)	2	2(2)	3	5(2)
1967	0	1	14	9(2)	3	6(1)	3	0(1)	1	2	4	5(1)
1968	1	1	11	9(1)	3	3	2	3(1)	2	0	2	4
1969	2	1	11	10(1)	2	2(1)	2	2(1)	3	0	1	4(1)
1970	2	1	10	10(1)	2	2(2)	2	2	3	2	2	4(1)
1971	3	1	10	11(2)	1	3(3)	2	0(1)	3	2	5	4(1)
1972	2	0	6	12(1)	0	1(1)	3	1	1	1	4	4(1)
1973	2	0(1)	6	12(1)	0	1(1)	3	1	1	0	4(1)	7(1)
1974	2	0(1)	6	11(2)	1	2(1)	2	1	1(1)	1(1)	4	6(1)
1975	0	0(1)	5	12(1)	1	3	3	1(1)	1	1(2)	4	6
1976	0	0(1)	5	13(2)	1	3	3	1(1)	3(1)	0(2)	3(2)	6(1)
1977	0	0(1)	6	13(2)	1	3(1)	3	3(1)	3(1)	1(1)	6(2)	4(1)
1978	0	0(1)	6	16(2)	2	0(1)	2	3(1)	4(1)	4(1)	6(2)	4(1)
1979	0	0(1)	5	13(4)	2	0(2)	4(1)	3(2)	2	2(2)	7(3)	3(2)
1980	1	0(1)	6	12(5)	1	2(1)	5	1(2)	1	2(2)	7(3)	4(2)
1981	0	0(1)	6	12(4)	1	2(3)	6	1(1)	1(2)	1(2)	5(1)	4(1)
1982	0	1(1)	5	10(5)	1	1(2)	6	1(1)	4(2)	1(2)	3(2)	5
1983	0	1(1)	6	10(5)	3	1(2)	3(2)	1(2)	4	2	3(2)	2(1)

付記）成年期の項には成年前・中・後期を含む。カッコ内の数はコミュニティーの周辺部個体の個体数を示す。カッコ外の数はそれ以外の（中心部個体の）個体数を示す。1971年と1972年の間の空白は，コミュニティーの分裂を示す。1976年に（1頭が雄，もう1頭が雌の）双子が生まれたと思われる。また，1977年には2頭とも雄の双子が生まれた。

る。それらは，乳幼児（赤ん坊）期，少年期，青年（若もの）前期・後期，成年期，老年期に分けられる。表5.2はコミュニティーの構造の経年変化を示しており，各々の性年齢クラスの個体が，各年の末に何頭いたかを示している。

図5.2はチンパンジーのコミュニティーの構造の三つの違った時点——1968年，1978年，1983年——におけるいくつかの著しい違いを示している。一つめの重要な変化は社会的性比の変化である。1968年には，12頭の雄と10頭の雌がおり，社会的性比は，ほぼ1：1だった。しかし，10年後には状況は大きく変化し，おとな雄1頭当りのおとな雌の数は3頭になった。1983年までに雄の割合が若干増え，社会的性比は，1：2.8になった。二つめの変化は，乳幼児期，少年期，青年前期の個体数が，コミュニティー全体の個体数に占める割合にかんするも

のである。1968年には，この割合は34％だったが，1978年には51％になった。そして，1983年には，コミュニティー内の個体の43％が未成熟個体だった。この二つめの変化は，もちろん出産可能で血縁集団を養うことのできる雌の数の増加に直接起因している。

動物がつくる社会集団の構造や大きさに影響をあたえる（繁殖年齢や出産率，死亡率，そして死因のような）要因を考える前に，わたしは，ゴンベのチンパンジー・コミュニティーに甚大かつ遠大な影響を及ぼした，以下の三つの稀な出来事について述べねばならない。

（a）1966年に，たぶん小児マヒと思われる麻痺性の疾患の大流行があった。この期間に6頭が死亡，あるいはいなくなった。さらに6頭は不具者となり，この病気に悩まされ続けた。

（b）1960年以来観察を続けてきたカサケラ—

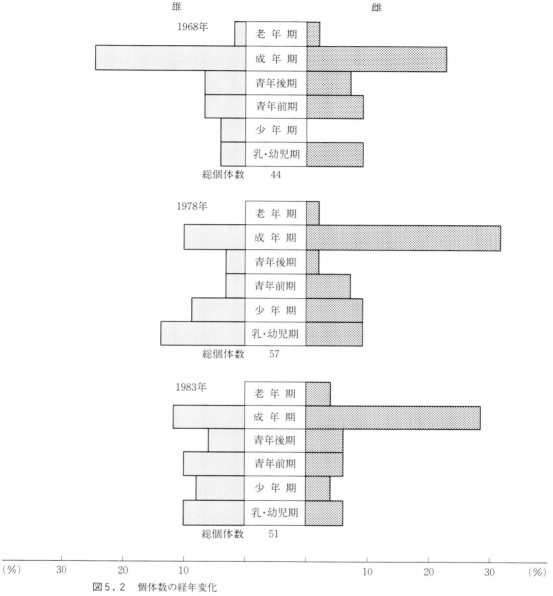

図5.2 個体数の経年変化
1968年，1978年，1983年の三つの時期における性年齢クラスごとの割合

カハマ（KK）コミュニティーが，1970年に分裂を開始した。1972年の終わりまでに，北部のカサケラ・コミュニティーと南部のカハマ・コミュニティーの二つの社会集団が認められるようになった。この分裂は激しい争いを生じた。カサケラ・コミュニティーの雄は，組織的により小さなカハマ・コミュニティーの個体を追い払い，攻撃し，傷つけた。その結果，カハマ・コミュニティーのすべての個体は殺されるか，消失した。

(c) 1974年に，カサケラ・コミュニティーの雌のパッションと彼女の娘で，すでにおとなであったポムが，同じコミュニティー内の他の雌を攻撃し，この犠牲者の小さな赤ん坊を捕まえ，

91 —— 人口動態

殺し，その子を食べたのが観察された。その後の４年間に，パッションとポムは同じようにして，さらに２頭の幼児を殺した。パッションとポムは，この期間の他の７頭の個体の消失，あるいは死亡にも関係していたと思われる。この４年間には，たった１頭の赤ん坊の生存しか確認されなかった。したがって，一連の殺戮が終了したとき，このコミュニティー内のすべての雌は，赤ん坊をなくした後で発情を開始する状態か，あるいは妊娠していた。この結果，1977年から1978年にかけて「ベビーブーム」がおとずれた。この出産の集中は図５．１に認められる。そして，前回よりも顕著ではないが，1984年から1985年にかけても，やはり二度目の出産の集中が見られた。これも，パッションによる赤ん坊殺戮の結果と考えられる。

性成熟年齢

　長期間の研究にもかかわらず，調査期間中に生まれた個体のうち３頭の雄と２頭の雌が性成熟年齢に達しただけだ。しかし，調査初期に青年期，あるいはそれよりも若かった個体の年齢推定は，かなり確実だと思われる。ゴンベのチンパンジーが性成熟に達する年齢は，雌雄ともに飼育下のものよりも遅い。これは，体重の違いに起因していると考えられている（McGinnis, 1973; Pusey, 1977）。

　雄では，９歳から12歳のあいだに体重増加の促進が見られる（Pusey, 1977）。飼育下では，この体重増加の促進は血漿テストステロンの急激な増加と対応している（McCormack, 1971）。その後の２年間，あるいはそれ以後の期間に，体重はゆっくりと増加し，16歳か17歳でおとなの体重に達する。ゴンベのチンパンジーの雄は体重によって二つの集団に分けられる。重い方の集団は平均46kg（100ポンド）で，軽い方は平均37kg（82ポンド）である（Pusey, 1977）。

　最初に陰嚢が目だって大きくなるのは，９歳か10歳の初めである。そして，さらに１年後の４カ月から６カ月の間に，陰嚢の急激な成長が見られる。最初の射精は３頭の雄（ウィルキー，フロイト，プロフ）で，それぞれ8.9歳，9.2歳，9.4歳のときに見られた。射精がこれより前の時期に見られるとは思われない。人間の男性では，最初の射精の数年後に成熟した精子が現われる（Katchadourian, 1976）。これはチンパンジーにもあてはまると考えられる。そして，もしそうであるなら，雄は陰嚢がおとなの大きさに達する12歳か13歳になるまで，雌を受胎させる能力を持たないわけである。実際に，ゴンベでは14歳以前の雄で雌を受胎させたものはいないと考えられている。

　雌では，7.5歳から8.5歳のあいだに陰唇の周辺部のみの，最初のわずかな性皮の腫脹が現われる。性皮の腫脹は徐々に大きくなり，10歳か11歳のときに最大腫脹を示すようになり，おとな雄と交尾するようになる。このときが初めての発情の時期と思われる。初潮は，この後の１カ月から６カ月のあいだに起こる。雌では青年期の雄のような急激な成長は見られない。そして，19歳のときにおとなの体重（32kgから37kg，すなわち71ポンドから82ポンド）に達する。

　雌では，初潮から初めての出産につながる妊娠までの期間に青年期不妊が見られる（Hartman, 1931）。ゴンベの５頭の雌（ミフ，フィフィ，ウィンクル，ギルカ，ポム）では，この期間は，1.1年から３年であり，もう１頭の雌（グレムリン）では５カ月だった。この６頭のうちの５頭では，たぶん初めての妊娠が出産につながった。しかしギルカは，最初に観察され

た月経の後，1.2年から1.8年のあいだに赤ん坊を失ったと考えられる。というのは，彼女がカハマ・コミュニティーへ6カ月間行って帰ってきたとき，発情していなかったからである。しかし，彼女の不規則な発情は病気のせいかも知れない（彼女は細菌性の病気にかかっていた）。最初に観察された赤ん坊を妊娠したのは，初潮から2.4年後だった。

（上記の6頭を含めた）14頭の若い雌のうち，ギルカを含む6頭が，最初の子どもを出産する以前に少なくとも1回は妊娠していたと考えられている。しかし，これらの妊娠の結末が，出産から数日以内の赤ん坊の死亡であるのか，自然な流産であるのか，あるいは，死産であるのかをはっきりと断定することはできない（飼育下での若い雌の流産はごく普通に見られる。Graham, 1970)。

青年前期のウィルキー

妊娠と出産

経血と，外部生殖器周辺部の周期的な腫脹と，腫脹の衰退によって特徴づけられる雌のチンパンジーの性周期については，第16章で詳しく述べる。

チンパンジーの妊娠期間の平均は約8カ月である。野外では妊娠期間を正確に計算することは不可能である。しかし，1回の交尾と正常な妊娠によって出産した，飼育下の9頭の雌集団の平均妊娠期間は229.4日，妊娠期間は203日から244日だった(Martin, Graham, and Gould, 1978)。

チンパンジーの妊娠は，一般には一子の出産に結びつく。しかし，双子の出産率は人間よりも高い(Keeling and Roberts, 1972)。ヤーキス霊長類研究所では，300の出産例のうち4％に当たる12例が複数子の出産だった（11例が双子，1例が三つ子）。4頭の雄と7頭の雌が，この複数子の出産にかかわっていた。最も多産の雌だったフローラは，2頭の違った雄によって種付けされ，2組の双子を産んだ。さらに，彼女はそのうちの1頭によって種付けされて1組の三つ子を産んだ。また，最も種付けをよくした雄のハルは，フローラを含む5頭の雌に種を付け，5組の双子を産ませた。そして，彼はフローラの産んだ三つ子の父親でもあった(Martin, 1981)。オレゴン州ポートランドのワシントン公園動物園では，19の成功した妊娠のうちで，3組の双子が生まれた。そして，これらの双子は，すべて同じ雌雄の組合せによって生まれた(M. Yentter, 私信)。

これらの複数子の妊娠は，一般的には流産や死産，あるいは，1頭のみの出産といった結果に終わることが多い。ヤーキスでの12例の複数子出産のうち，1週間以上双子とも生き残ったのは3組に過ぎない(Martin, 1981)。そして，この3例のうち2組4頭の赤ん坊は，母親から独立する時期まで生き延びたが，残りの1例では，

メリッサが1歳齢のゴブリンを見つめている。ゴブリンは彼女にとって最初に生き残った子である（H. van Lawick）。

1頭の赤ん坊は出産から6カ月で死亡し，もう1頭は15カ月で死亡した。残りの9例の複数子の出産では，1組の双子が死産であり，2組は早産，さらにもう2組では出産後3日以内に2頭とも死亡した。そして3例では，双子のうちの一方は出産後4日以内に死亡した。残った3頭のうち，1頭のみが幼年期を越えて生き延びたに過ぎない。三つ子の例では，1頭は早産であり，残りの2頭は出産後数時間しか生きられなかった。このように，12例の複数子の出産によって生まれた25頭の赤ん坊のうち，20％（5頭）しか青年期まで生き延びることができなかった。

ゴンベでは，二卵性双生児，ジャイアーとギンブルの出産例も含めて，出産に結びついた59の妊娠が記録されている。しかし，一般に母親は出産後1週間から2週間ほとんど観察されないので，双子が生まれても，その双子の一方，あるいは双方とも出産後の短期間のうちに死亡してしまった可能性が残る。1976年には，人づけされていないキャラメルという雌が，同年と推測される雄と雌の2頭の赤ん坊を連れているのがゴンベで観察された。1頭が養子であった可能性は否定できないが，この2頭の赤ん坊は多分，双子だったのだろう。メリッサの双子のうちの一方のジャイアーは常に身体が弱く，出産後10カ月で死亡した。他方，ギンブルは1985年現在，8歳に達している。

前の子が生きている場合の，連続した出産の平均間隔は，13頭の雌（21の出産間隔）で66カ月だった（範囲は48カ月から78カ月）。赤ん坊が死亡した場合には，7頭の雌（13の出産間隔）で，母親は平均1年後に次の出産をした（範囲は10カ月から16カ月）。マハレのM集団での記録では，出産後の非発情期間は4頭の母親で30カ月から51カ月であった（中央値45.5カ月）。また，出産間隔は7頭の雌で5.2年から7.1年だった（中央値6.0年）（Hiraiwa-Hasegawa, Hasegawa, and Nishida, 1983）。

飼育下でのチンパンジーは，40歳を越えると卵巣内の第一母原細胞の欠如を伴う突発性の無月経を示すことがある（Flint, 1976）。若いときより受胎する機会は減るが，48歳まで発情周期を高頻度で保った個体もいる（Graham, 1979, 1981）。ゴンベのフローは，40歳を越えていると推定されていた彼女の死の2年半前に，最後の性皮腫脹を示した。野生のチンパンジーにとって老年期は，よりストレスの多い時期である。というのは，寄生虫の影響や，食物を得るために木に登ることが困難になることや，強い風雨にさらされることなどがあるためである。しかし，マハレM集団の40歳を越えると推定される年老いた2頭の雌は，出産も妊娠もしなかったが3年間の調査期間中発情を繰り返していた（Hiraiwa-Hasegawa, Hasegawa, and Nishida, 1983）。

コミュニティー間の個体の動き

今日でもなお，われわれのコミュニティー内の若もの雌とおとなの雌の正確な個体数はわかっていない。何頭かは一回に数カ月もいなくなるが，後になって再び現われる。人づけされていない雌が，カサケラ・コミュニティーのメンバーと出会っているかも知れない。しかし，彼女らは一般的にヒトを大変に恐れている。南のカランデ・コミュニティーと北のミトゥンバ・コミュニティーのチンパンジーが人づけされ，これらのメンバーが識別されたときに，初めてわれわれはこの問題に取り組めるようになるだろう。

移入者と訪問者

ゴンベでは，完全に入って来る移入者（出自コミュニティーを出て隣のコミュニティーに加わる雌）と，一時的にやって来る訪問者（一般的には発情期間中に，比較的短期間隣のコミュニティーを訪問し，その後，元の社会集団へ帰っていく雌）がいる。これに加えて，コミュニティー間を行ったり来たりしている周辺部雌もいる可能性がある。表5．3は12頭の移入雌の詳細を示している。*これらのうちの5頭は青年後期だった。彼女らは最初，発情した状態で現

われ，カサケラの雄たちとともに移動し，彼らと交尾し，その後，このコミュニティー内で出産した。6番目の青年後期の雌の例であるリトル・ビーについては，後述する。キャラメルとジョアンヌという2頭の移入者は，当時，初産雌であり，それぞれ子どもを連れていた（実際のところ，すでに彼女らはこのコミュニティーの周辺部のメンバーだったと思われる）。ジョアンヌは発情しており，雄と交尾した。あと3頭の移入者は青年前期だった。彼女らは移入後すぐ，最初のおとなの性皮腫脹を示し，カサケラの雄と交尾した。残りの移入雌はキャラメルのつれてきた娘でまだ子どもだった。

2頭の雌，ジョアンヌとハーモニーは，母親からまだ独立していない雄を連れていた。（ジョアンヌの息子である）ジャゲリと（ハーモニーの弟と推定された）ベートーベンである。また，青年前期の移入者であったジェニーは，彼女が最初に発見されたとき，生後約8カ月の赤ん坊の面倒を見ていた（この2頭はみなし子きょうだいと推定された）。2日後，彼女がこの赤ん坊の死体を運んでいるのが観察された。

移入雌のリトル・ビーについては，初期の履歴がわかっている。彼女は分裂前のKK（カサ

---

* 1963年にバナナ供給システムを始めた後で，「新しい」雌が，この食物源を発見して，1頭，また1頭と現われた。しかしながら，彼女達がわたしにとって新しい個体であるからといって，必ずしもこのコミュニティーにとって新しい個体であるということは意味しない。1965年にキャンプに現われた4頭の雌は，青年後期だった。彼女らは移入者であったかもしれない（Pusey, 1979）が，移入者であったかどうかを決定することができなかったので，わたしは表5．3に彼女らを移入者として取り上げなかった。バナナ供給が最盛期であった1964年から1965年にかけて，子連れの3頭の母親がキャンプに現われた。彼女らはキャンプから遠いところに集中利用域を持つ周辺部雌と推定さ

れた。そのためにわれわれのバナナを見つけるのに長期間を要したのであった。彼女らのうちの2頭には，キャンプへ出てくる前に，すでにキャンプへの訪問者であった若い息子がいた（あるいは，いると推定された）。バナナを与える量をより少なくするという餌付けシステムの変更の後，彼女たち3頭とも現われなくなった。彼女らのうちの1頭，スプラウトはキャンプの北の，自分がより好んでいた地域へ帰っていった。そしてそれから後も，引き続いてその地域で彼女と時々出会っている。他の2頭ジェシカとウォッカも自分たちがより好んでいた地域へ帰っていったと思われるが，これ以後，彼女らは観察されていない。

表5.3 カサケラ・コミュニティーへ移入してきた12頭の雌の履歴

発育段階 および 個体名	推定年齢	最初に見られた 年月	最初の子を出産 するまでの履歴
青年前期			
ウィンクル	8/9	1968年8月	（キャンプの近くで）最初に見られたとき，すでにコミュニティーによくとけ込んでいた。1969年7月か8月に，最初のおとなとしての性皮腫脹を示した。最初の子は1972年10月に生まれた。
ハーモニー	9/10	1973年11月	1974年2月に最初のおとなとしての性皮腫脹を示した。最後に見られたのは1981年である。
ジェニー	9	1975年6月	最初に見られたとき，彼女のきょうだいと推定されたみなしごの赤ん坊と一緒だった（この幼児は死亡した）。1977年9月に最初のおとなとしての性皮腫脹を示した。最後に見られたのは1980年である。
青年後期			
ワンダ	10/11	1969年9月	1971年に出産した。南へ移動し，カハマ・コミュニティーの一員となった。
ダブ	11/12	1971年2月	1972年に出産した。発情したとき以外は周辺部雌であった。
パティ	10/11	1971年3月	1971年と1972年にはほとんど見られなかった。1973年11月から中心部雌となった。1978年に赤ん坊を失った（この以前に少なくとも1回，子どもを失っていたか流産していた）。1979年に出産に成功した。
スパロウ	10/11	1971年9月	1973年に出産した。発情したとき以外は周辺部雌であった。
リトル・ビー （カハマから移入）	13/14	本文参照	コミュニティーの分裂後，二つのコミュニティーのあいだを何回も行き来したが，最終的に中心部雌となった。発情したときにカサケラを訪れることが多かった。1976年に出産したと推定されている（すぐに，赤ん坊を失った）。1977年に出産に成功した。
キデブ （カハマから移入したと思われる）	10	1979年9月	カハマ・コミュニティーのマンディーの娘のミッジと思われる（顔の特徴が非常に似ているため）。1982年に出産した。多分，中心部雌になるであろう。
初産雌			
キャラメル	19/20	1975年8月	最初に見られたとき発情しており，彼女の子（と思われる）キャンディーと一緒だった。多分，すでにカサケラの周辺部雌だっただろう。1976年におそらく双子を出産した。まれにしか見られず，1980年まではカサケラの雌に含めていなかった。
ジョアンヌ	16/17	1979年2月	最初に見られたとき発情しており，雄の子と推定されたジャゲリを連れていた。多分，すでにカサケラの周辺部雌だっただろう。1981年に出産した。
母親に依存していた個体			
キャンディー	6	1975年8月	母親（と推定される）キャラメルと一緒にいるところを発見された。1983年に発情していたときに，よくコミュニティーに組み込まれるようになった。1983年に出産した。

ケラ・カハマ）コミュニティーで育った。彼女は母親であるマダム・ビーと青年前期だった姉と一緒に南へ移動し，新しいカハマ・コミュニティーの一員となった。1972年から1974年のあいだ，発情すると彼女は繰り返しカサケラ・コミュニティーを訪問し，発情が終ると南へ帰っていった。そのため1972年から1973年のあいだ，彼女はカサケラ集団への訪問者として分類されていた。1974年にカサケラの雄たちはカハマ・コミュニティーのメンバーに対する残忍な攻撃を開始した。そのとき，発情中のリトル・ビーは攻撃の第2の犠牲者になったデとともに移動中だった。攻撃の後，カサケラの雄たちは彼女をむりやり北へ連れて帰った。さらに，その他

の３例において，侵略してきたカサケラの雄た
ちが発情中の彼女をパーティーにとり込み，自
分たちの地域まで連れて帰ったという証拠があ
る。1974年，ついに彼女は非発情期間中も北に
とどまり，移入者として分類されるようになっ
た（Pusey, 1979）。カハマの雌のマンディの娘と
思われるキデブも，同じような経過をたどった。

　最終的に移入者となった青年後期の雌のすべ
ては，最初は訪問者として現われた。リトル・
ビーがカサケラ・コミュニティーの安定したメ
ンバーとなった2年後に，妹のハニー・ビーが
訪問者として現われた。彼女は1976年，1978年，
そして1979年に，いずれも発情していたとき不
規則に観察された。また，彼女は1982年にも一
度だけ観察された。その他の訪問雌は個体識別
されていない。われわれが観察を始めてから，
発情した若い雌を年に10回以上も観察している。
しかし彼女らはとても臆病なので，接近するこ
とはそもそも不可能である。これらの若い雌の
観察は，じつは１頭だけいたのか，10頭もいた
のか，あるいはそのあいだぐらいなのかを知る
すべはない。

　図5.3は数頭の移入雌がコミュニティーに
とり込まれていく様子についての追加情報を示
している。パティは３年間にわたって訪問者と
してときおり観察された。その後，彼女はよく
コミュニティーに参加するようになり，まもな
く中心部雌と考えられるようになった。キデブ
も同様の経過をたどった（ウィンクルの場合は
図には示されていないが，最初にキャンプの近
くで観察されたときから中心部雌だった）。こ
れとは対照的に，スパロウとダブは，発情して
いるときにはカサケラの個体とよく一緒にいた
が，発情していないときや授乳しているときに
は，カサケラの個体とはあまり一緒にいなかっ
た。１年当り彼女らと出会った日数は，彼女ら
の性的活動状態と有意に相関している。ハーモ
ニーは５年間にわたりよくコミュニティーにと

り込まれていたが，その後いなくなり，多分死
んだと考えられる。ジェニーも５年後に消えた。
２頭の初産雌，キャラメルとジョアンヌは周辺
部にとどまっている。

　19年間に，５頭の青年後期の雌と，子どもを
持たずに発情したさらに年長の雌１頭が，われ
われのコミュニティーから消えた。このうちの
１頭のミーザはミトゥンバ・コミュニティーへ
移ったことがわかっている。彼女はカサケラ・
コミュニティーの遊動域内で（母親とともに）
いたところを最後に観察された。ところが，そ
の２年後，ミトゥンバ・コミュニティーの遊動
域内で彼女と出会った。彼女は自分が生まれた
コミュニティーを去る前の年に，特に発情した
ときには，北の方で時間を過ごすことが多かっ
た。サリー，バンブル，セサミそれにポムは，
最後に見たときはとても健康そうだったので，
彼女らも移出したのかもしれない。しかし，
プークは肺炎の流行期間中に消え，またそのと
き傷が癒えていなかったので，彼女の消失は死
亡であるように思われる。[*]すべてのカサケラの
若い雌は，発情期間中に隣のコミュニティーを
何回か訪問していると考えられている。この件
に関しては，第16章で検討する。

周辺部雌

　1965年から現在まで，年ごとに３頭から６頭
の青年後期の雌，あるいはまだ独立していない
子どもを連れた成年期の母親が，周辺部個体と
して分類されてきた。周辺部雌とは，好んで利
用する集中利用域がコミュニティー遊動域の外
縁部に位置する個体である。そして，他のコミ
ュニティーメンバーが近くにいるときには，一
緒に移動することもあるが，（性的受容期間中
を除いては）自分の集中利用域を離れて彼らと
ともに移動することがほとんどない個体である。
調査中に彼女らと出会うことは月に２，３回し
かない。そして，食物が季節的に豊富になって

おとな雄たちが彼女らの地域に引きつけられたときを除いては，われわれが彼女らと出会うことは少ない。

図5.3は1971年から1983年のあいだに，8頭の周辺部雌の観察された頻度を示している。ノバは（初めて識別された）1965年から中心部個体と分類されていたが，1973年からは周辺化がひどくなった。これは，病気が原因だと思われる。彼女は1975年に死んだ。その後，彼女の娘であった若もののスコッシャは，もう一度コミュニティーの中心部メンバーとなった。

今まで見てきたように，青年後期の雌は隣接したコミュニティー間を行き来しており，両方の雄と共存し，交尾している。カサケラ・コミュニティーの中心部メンバーと分類されてから2年を経た後でも，ハーモニーは発情中に隣の雄とつれそい関係を持っているのが観察された。出産後，雌はきまって二つのコミュニティーのうちの一つにとどまるようになる。しかしながら，彼女が好んで利用する地域がコミュニティーの境界に非常に近い場合には，しばらくのあいだ，両方の集団のメンバーとの絆を維持する場合もある。小さな赤ん坊を持った若い，人づけされていない母親が，カサケラ・コミュニティーの地域内でカサケラの雌と出会ったのが2回見られた。このときには，チンパンジーはお互いを無視し合っていた。新生児を連れた見なれない雌がカサケラの雄たちと出会ったこともある。このとき緊張は高まり，雄たちは彼女を取り囲んだ。しかし彼女は攻撃されず，なん

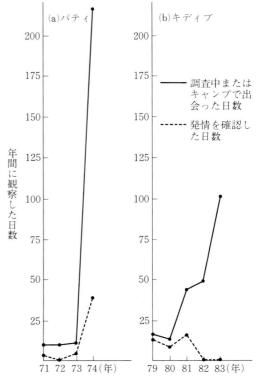

図5.3 カサケラ・コミュニティーへ移入してきた8頭の雌がコミュニティーに組み込まれていく様子。年間，何日これらの雌と（調査中，または，キャンプで）出会ったか，そして，これらの雌が年間，何日間発情していたかを示す。

とか逃げ去った。この雌は前年には訪問者であった（半分麻痺した足によって個体識別されていた）。しかし，これ以降彼女は観察されていない。

おとな雄が，（2歳以上の子どもを少なくとも1頭持った）隣のコミュニティーの年をとっ

---

* 19年間に，9頭の若い雌が，主研究対象のコミュニティーへ移入してきたにもかかわらず，5頭のみが，外へ移動していったと考えられている。若い雌が生まれた集団から離れることを，バナナの魅力が妨げているのだろうか。多分，これは違っている。というのは，これらの果実は大変，重要視されている反面，簡単に「あきらめられる」からである。移出者と推定されるサリーとバンブルの2頭が消失したのは，1967年から1968年の最もバナナ供給が盛んな時期であった（この時期にブークも消失した）。ミーザとポムは乳・幼児期からキャンプを訪れ，定期的にバナナを食べていた（キャンプを後にして，南のコミュニティーを6カ月間訪問したギルカについても事情は同じである）。さらに，ハニー・ビーやジェニーのような，隣の社会集団からキャンプへ現われ，バナナを発見した何頭かの雌の訪問者も，その後，ふたたびキャンプから去っていった。

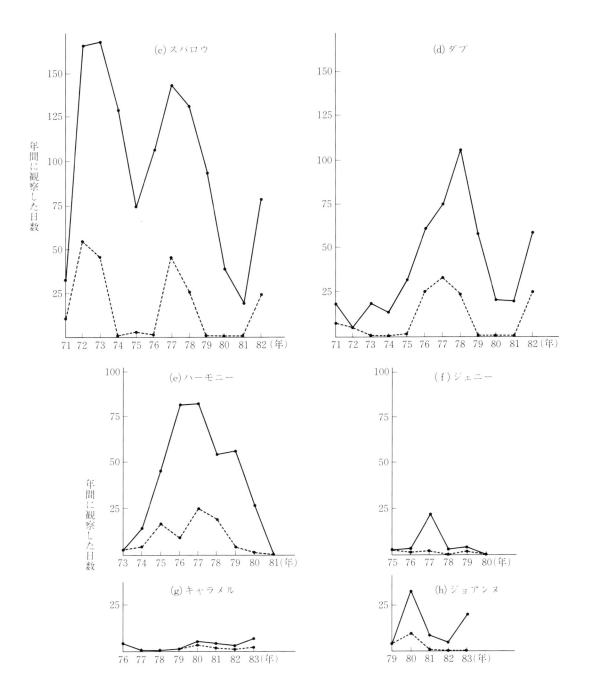

た雌と出会うと、きまって激しい攻撃行動が見られる。しかし、ときおりカサケラの雄と雌が平和裡にこのような見慣れぬ母親と一緒にいることがある。この場合には、この母親は、われわれには認められていないが、カサケラ・コミュニティーの周辺部メンバーだったのかも知れない。あるいは、彼女らが好んで利用する地域が、隣接したコミュニティーとの重複域にあり、両方のコミュニティーの周辺部メンバーだったのかも知れない。

健康と病的状態

野生チンパンジーはさまざまな病気にかかる。少数の例外を除いて，ヒトと同じ伝染病にかかることが知られている。しかし，野外では正確な診断はほとんど不可能だ。フリントとプラトの2頭の死体のみが，検視解剖のために送られた。麻酔をかけられたギルカから取られた組織について，生体組織切片検鏡がおこなわれたこともあった。薬が病気の個体に対して数回与えられた。しかし，さまざまな病気や怪我の大部分について，チンパンジーは自分たちの自然なやり方で生命を維持していた。チンパンジーとヒトとの関係を壊すことなしに「干渉する」のは簡単なことではない。

病　気

呼吸器　特に雨期のあいだチンパンジーは，しばしば風邪をひき，咳をしている。ときには，無気力な発声，食欲の減退，発汗，どろどろで黄色い粘液の鼻からの流出，きしむような呼吸，むかつきと嚥下をときどき伴った，ひどくしゃがれた咳といった，さらに進んだ症状を示す。というのは，これらの症状は肺炎にかかった飼育下のチンパンジーの場合と同じなので，肺炎と考えられる（M.J. Schmidt, 私信）。これらの症状のいくつかを示していたプラトというゴンベの赤ん坊の死体が，検視解剖のために送られた。そして，（腸カタルを伴った）肺炎と診断された（D. Köhler, 私信）。1968年に肺炎の流行があった。この期間に5頭の個体（デイビッド，ソフィー，サース，プーク，フレーム）がいなくなった。1975年の流行では，10カ月の幼児のヴィラが消えた。1978年には，数頭のチンパンジーが乾期のあいだに風邪をひいた。このとき，双子のうちのより弱く，当時10カ月齢だったジ

ャイアーは，肺炎によるしゃがれた咳と，きしむような呼吸を悪化させた後に死んだ。

上述したような症状を示した個体は，しばしば，数時間にわたって昼間のベッドに横になり，朝は遅く起き，短い距離しか移動せず，そして夜は早く眠りにつく。2回の激しい雨を含む数日間，フローは木に登れないほど弱って地上に横たわり，ほとんど動かないことが2度あった。2回目のこの病気のあいだに，彼女の6カ月齢の子のフレームが，（われわれがフローを発見する前に）いなくなった。

小児マヒ　1966年に麻痺性の病気が，このチンパンジー・コミュニティーで流行した。最初の犠牲者は8月に，そして最後の犠牲者は12月に見られた。大型類人猿は，ヒトの小児マヒのウィルスに感染しやすいことが知られている。1964年にはフロリダのヤーキス霊長類センターで自然流行した（H. Koprowski, 私信）。ゴンベでの麻痺性の病気の流行は，キゴマ地区の人々のあいだでの，小児マヒの流行の約1カ月後に始まった。公園の南の境界を越えてすぐの村の2人の若者が，この病気にかかった。それゆえ，チンパンジーが小児マヒにかかったのは確かだと思われる。たぶん，病気は南から公園に広がっていった。というのは，この数年後，研究対象のコミュニティーの南の，人づけされていないカランデ・コミュニティーでも，体の一部の麻痺した3頭のチンパンジー（1頭の雄と2頭の雌）に出会ったからである。

1966年の5カ月間に，10頭がこの病気にかかったことがわかっている。そのほかに2頭が消えたが，結局は死亡したものと推定されている。1967年の初めに，チンパンジーに小児マヒの経口ワクチンを（バナナに入れて）あたえること

ファーベンは、1966年の小児マヒの流行中に片手が麻痺したため、長距離を2足で歩くことを覚えた（B. Gray）。

1982年、死ぬ4日前のパッション。彼女は、この3カ月ですっかり痩せた。そして、死ぬ前の数週間、明らかにひどい腹痛を伴っていた。

が決定された。これは、できるだけ完全な方法でおこなわれた。不具になった犠牲者にかんするデータを表5.4に要約した。生き残った個体は、彼らのもつさまざまな障害を巧みにのりこえた。

胃腸の病気　青年前期だったフリントの死体が検視解剖のために送られたときに、胃腸に一種の炎症が認められた。フリントの母親が死亡して3週間、彼は慢性の下痢になり、やせ衰え、不活発になった。十二指腸が悪性の炎症を起こしていたことと、慢性の腹膜炎であったことが検視によって示された（D. Köhler, 私信）。赤ん坊のプラトが肺炎と腸カタルにかかっていたことは上述したとおりである。

他の3頭（パラス、パッション、ロリータ）もまた、何かしらの腸の病気にかかった。そしてこの3頭は、死ぬ前の3週間か4週間、相当な苦痛に悩まされていたようだった。突発的な腹痛に襲われたかのように、2分間かそこらしゃがみこみ、動かずにいたこともあった。3頭とも、次第に動きが鈍くなり、やせ衰えていった。パッションは生涯の最後の日、余りにも弱っており、動こうとするたびにふるえていた。

パラスは、生涯の最後の3カ月間、慢性の下痢に悩まされていた。そして、この状態は不規則に10年前から続いていた。たとえば、果実が熟し、大量に食べられるようになるといった食物の変化と同時に、しばしばすべての個体は下痢をするようになる。一般的にはこの状態は1日か2日で終るが、特に年老いた個体では、持続的な下痢が数週間から数カ月も続くことがある。

飼育下のチンパンジーで普通にみられる糞食は、ゴンベでは下痢をしている個体にときおり見られる。パラスは少なくとも1972年から死ぬ1982年まで、下痢をしたときには糞食をした。フローは年老いて十分に採食することができなくなると、（自分と他個体の）糞の中の未消化の食物を探すようになった。プラトとフリントが母親の糞食を見てそれを真似たことは、腸の病気がおこる状況を考えるうえで重要かもしれない。というのは、このことは腸の病気の感染に疑いなく関係したからである。

嘔吐はほとんど観察されていない。普通、吐かれた物は数回かまれた後に再び飲み込まれる。ときおり、チンパンジーは吐いた物をもう一度

表5.4 チンパンジーの小児マヒの症例

個体名	発育段階	麻痺の状態	結果
グロズベノール	乳児 （3週齢）	病気の2日目か3日目に四肢を使えなくなった。	四肢を使えなくなった日に死亡した。
マグレーガー	老年	両足を使えなくなった。そして，失禁するようになった。座ったままの姿勢で手を使って後ろへ少しずつ移動するか，とんぼ返りのように，かかとの上へ頭を引いて移動した。	片手を脱臼した後，人道的理由から射殺された。
マクディー	青年後期	両腕を使えなくなった。しゃがんだ姿勢で身体を引きずって移動した。	人道的理由から射殺された。
メルリン	幼児 （4-5歳）	片足を使えなくなった。	再び見られなかった。
ファーベン	成年前期	片腕を使えなくなった。最初のうち，片腕を引きずって，3足で移動した。	直立した姿勢で長距離を歩くことを覚えた。
ペペ	成年前期	片腕を使えなくなった。最初のうち，片腕を引きずって，しゃがんだ姿勢で移動した。	3週間後に2本足で歩くことを始めた。
マダム・ビー	成年後期	片腕を使えなくなった。しかし，ファーベンやペペよりも肩を使うことができ，指を使うこともできた。3足で移動し，手を地面から離していることができた。	発病してから5年後に生まれた子を養育することは困難だった（移動の途中，自由に使える手がなかったので）。赤ん坊は，3カ月で死亡した。次の子のときには，しばしば2足で移動し，それゆえ，子を養育することができた。
ウィリー・ワリー	成年前期	後足を部分的に使えなくなった。最初のうち，大腿を腹につけたままで3足で移動した。	1年後，麻痺した足を使って3歩進んだ。その後，次第にこの足をよく使うようになった。1969年までに足を引きずって歩くようになった。
メリッサ	成年中期	首と肩が麻痺した。最初のうち，2足で移動した。	2週間，傷害はひどかった。数カ月後には普通に歩くようになった。しかし，首の筋肉は十分に回復せず，後ろを向くことはできなかった。
ギルカ	子ども （7歳）	右の前腕と手が部分的に麻痺した。最初3足で歩いた。死体検査では左の上腕の骨が明らかに長くなって肥大しており，腕の使い方が左右で違っていたことを示していた。特に左の親指では掌骨も肥大していた（A. Zihlman, 私信）。	3カ月後に麻痺した腕を使い始めた。手首の強さは元に戻らなかったし，親指も使えなくなった。後年，前腕は幾分衰えた。

付記）雄の個体名は下線を付した。

のみこむ前に，自分の手に吐き出す。ある個体は2カ月の間，数日に一度嘔吐していたが，しばらくして回復した。

潰瘍・ただれ・消耗性疾患 1964年に，成年中期の雄だったミスター・ワーズルは，怪我をした人差し指の手の甲側に潰瘍ができた（この指は固まっており，曲げることができなかった）。このただれは治らなかった。そして，他の指も同じようになった。1966年までに，ただれは顔（特に唇と耳），足，臀部へと広がっていった。肌は乾き，表面がでこぼこになった。1967年には歩行が困難になり，ついにすべての指関節は皮がむけ，手首の甲側を地上について，びっこを引くように移動することを強いられた。1968年，彼はとても無気力になり，仲間について行くことができなくなり，ひとりで過ごすことが多くなった。1969年の初めには悪性の風邪を引いた。この風邪は治ったが，彼は下痢に繰り返

し悩まされた。ただれは，しばしば皮がむけ，血が流れ，次第にやつれていった。1969年5月に25歳で死んだときには，体重は20.7kgしかなかった。

1977年の初めに17歳だった雌のギルカは，3頭もしくは4頭の新生児をパッションのためにつぎつぎと失った後で，慢性の下痢になった。翌年，ギルカの指の手の甲側にただれ，あるいは潰瘍ができ，数週間，彼女は歩行困難に陥った。傷害は何回か治ったが，その度にぶり返した。右手の外側および内側の指骨が，骨関節炎のために曲がっていたことが検視解剖で明らかとなった（A. Zihlman，私信）。1974年には31.5kgあった彼女の体重は，1977年には22.5kgまで減少した。下痢は続き，次第にやつれていった。1979年に死んだときには，体重は19.5kgしかなかった。

雌のノバは，1975年に21歳で死ぬ直前には非常にやつれていた。彼女は死ぬ前の2年間，周辺部雌になっていたため，その詳細は不明である。

鼻藻菌症　前述したギルカのただれは，彼女が8歳になった1968年に，すでに鼻の上の小さな腫れ物として認められていた。この腫れ物は次第に大きくなり，彼女の目と眼窩上隆起の回りの組織にまで広がった。1970年に生体組織切片の検鏡がおこなわれた。組織培養の結果，彼女は西アフリカの人々のあいだでは普通に見られるが，タンザニアでは記録されたことのない菌類による病気に悩まされていることが明らかとなった（Roy and Cameron, 1972）。彼女には，ファナジルとヨウ化カリがバナナに入れてあたえられ，この病気の治療がおこなわれた。薬物治療の結果，腫れ物は引いた。しかし，彼女が（1972年の終わりから1973年の初めにかけて）一時的に隣のコミュニティーへ移動し，治療がおこなわれなくなると，状態は再び悪化した。彼女は，鼻，眼窩上隆起，および目の回りの組

ギルカは，細菌性の病気（鼻藻菌症：*Rhinophycomycosis entmophthorae*）にかかった。この病気のために彼女の鼻や目の回りの組織が異様に腫れ上がった。この病気が最もひどかったときには，目はほとんどふさがってしまい，彼女は動き回るたびに，物にぶち当たっていた。

織を気味が悪くなるほど大きく腫らして帰ってきた。両目とも閉じていた。彼女は明暗を頼りに動いているようで，しばしば，木の枝にぶち当たった。再び薬物治療によって腫れは引いた。妊娠はこの症状に効果的に作用したようである。というのは，1974年に出産した後，薬物はあたえられなかったにもかかわらず鼻だけが腫れていたにすぎなかったからである（彼女の指のただれや，下痢，そして，一般的な消耗性疾患は菌類による病気と関係ないのはほぼ確実である）。

甲状腺腫　（当時22歳だった）オリーが1961年に個体識別されたとき，彼女の首の内側の表面は小さく腫れていた。この腫れ物は次第に広がっていき，3年後には，首の内側の大部分は腫れ，幾分垂れ下がった。ヨウ素欠乏のため，キゴマ地区では，甲状腺腫は普通に見られる。オリーの腫れ物も甲状腺腫と考えられた。1969年には，さらに腫れが広がっているのが記録された。しかしこの症状は，死亡と推定されたこの年の終わりのオリーの消失には関与していな

左上）オリーの首の腫れ物は甲状腺腫と思われる（H. van Lawick）。
上）1964年，ハンフリーは耳の入口付近に膿瘍ができ，親指を耳の中へ突っ込むことを始めた。彼はこれから後，死ぬまでときどき親指を耳の中に入れていた。この写真は1978年に撮られたものである。
左）ジョメオの左目は古傷のために傷ついている。そして，上顎の左側の犬歯の下の部分に膿瘍ができたために彼の顔は腫れている。この膿瘍はこの写真が撮られた日に破裂した。しかし，腫れはその後3週間も続いた。

いと考えられる。

膿瘍 1964年，成年前期だったハンフリーの片方の耳の中に膿瘍ができた。この膿瘍は彼をひどく苦しめた。彼は度々，親指をその耳の中に突っ込み，数分間そのままでいた。膿瘍が破裂した後も，彼は耳の中へ親指を入れることをやめなかった。4年後には，もう一方の耳へも親指を入れ始めた。1981年に死ぬまで，彼はこの動作を繰り返した。

おとな雄のジョメオの上顎の臼歯に，膿瘍のようなものができた。片方の頬をひどく腫らしているのが観察された2日後に，膿瘍は破裂し，14日後に腫れは引いた。

発疹 雨期が始まると，鼻や口の回り，あるいは，身体の他の部分（腹部，腿や腕の内側の皮膚）に数多くの小さな吹出物がよく見られる。これらの発疹はとくに3歳になるまでの幼児によく見られる。3週間以上，おできの固まりにおおわれていることもある。

痔症 フローは数週間にわたって，この病気と思われる症状を示した。この期間中しばしば，性皮を指で触れ，自分の糞を食べるのが観察された。

寄生虫 内部寄生虫を調べるためのチンパンジーの検便が，1966年におこなわれた（Goodall, 1968b）。1973年には，より組織的な調査がおこ

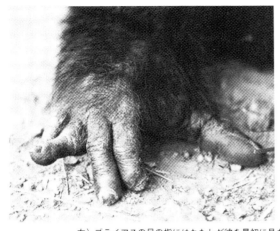 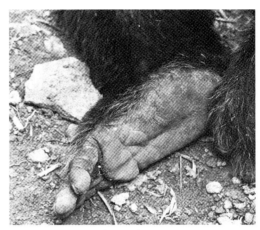

左）ゴライアスの足の指にはわたしが彼を最初に見た1961年にすでに傷があった（B. Gray）。
右）リーキーの足には明らかな傷跡はない。彼は足の親指を幼年期に失ったのだろう（H. van Lawick）。

なわれ、（すべての性年齢クラスにわたる）32頭のチンパンジーの糞が検査された（File, McGrew, and Tutin, 1976）。各個体は、*Probstmayria gombensis*, *Strongyloides fulleborne*, *Necator sp.*, *Oesophagostomum sp.*, *Abbreviata caucasiac*, *Trichuris sp.* の6種の蠕（ぜん）虫のうち、1種から数種を持っていた。2種の繊毛虫も見つかった（*Trogoloytella abrassarti* と未同定種）。1966年の報告と同様に、重度の寄生虫感染は見つからなかった。1966年の分析では、10個の資料について住血吸虫の卵の検査がおこなわれたが、まったく見つからなかった。

2例の検視解剖において、最初の発達段階のマラリア原虫が血液中に数匹発見された。

外部寄生虫にかんしては、チンパンジーしらみ（*Pedicularis schaefi*）が最もよく知られている。ダニはグルーミングのあいだに速やかに取り除かれる。ときおり、チンパンジーの足の裏側にスナノミ（*Tuga penetrans*）の白い卵が見られる。チンパンジーは、それらを噛んだり、つついたり、吸い出したりする。

負　傷

同じコミュニティーのメンバー間の闘争の大部分は激しいものではない。それらは、1分も続かないし、相手にひどい傷をおわせることもない。

主な研究対象となったコミュニティーの個体が7年間にわたり受けた傷を表5.5に示した（分裂後のカハマの個体と、共食いされた赤ん坊は除外した）。この負傷の大部分が、コミュニティー内での闘争のあいだに受けたものであることはまちがいない。ひどいと判断された負傷の割合は、全体としてかなり低い（17.1%）。そして、この割合はおとな雄で15.2%、おとな雌で19.3%、母親から独立していない個体で15.0%と、三つの性年齢クラスで同じくらいだった。

雌雄とも、手と足が最も傷つきやすい。ある雄は、闘争のあいだにつま先を折った。そして、このつま先は曲がったままになった。ゴライアスは、明らかに片方のつま先を脱臼した。この状態は死ぬまで続き、いつも彼を悩ませていたようだ。雌は、性皮が腫脹している期間雄からの攻撃を受け、しばしば、臀部に深い傷を受ける。記録されたうちでも、最もひどい傷のいくつかを表5.6に示した。ただし最終的には、チンパンジーは、これらの傷から回復した。

チンパンジーは、もし傷が手や足、あるいは、簡単になめやすい部分にある場合には、しばし

表5.6　1964年から1981年までにカサケラの個体が受けた負傷の例

年	個体名	発育段階	負傷の状態	治癒までの期間	負傷を受けたときの状況（明らかな時）
1964	ヒュー	成年中期	足の中指を咬まれた。1カ月後に中指は末端の関節から落ちた。	1カ月	コミュニティー内の5頭の雄と1頭の雌からなる集団による襲撃。
1971	パッション	成年中期	2週間，片方の目を閉じた，あるいは，わずかに開いた状態だった。非常にゆっくりと移動し，よく片手で目を覆っていた。しばしば，目を閉じて1，2時間，うつ向けになり，目を手で触ったりしていた。目と鼻から粘液を出していた。虹彩に白い不透明な斑点ができた。	2週間。しかし，この後の10年間，鼻からの粘液は止まらなかった。	何かで目を刺したと思われる。
1973	フィフィ	青年後期（14歳）	頭に非常に深い刺し傷を受け感染した。うじがたかっていた。攻撃者の犬歯が頭骨まで達したと思われる。テトラサイクリンをあたえた。	20日	コミュニティー内の雄による攻撃。
1976	シェリー	青年後期（15歳）	大腿にとても深い傷を受けた。1週間，腐敗臭がした。	20日間とても悪い状態が続いた。1カ月後に完治した。	年長の雄による攻撃。
1977	ポム	青年後期（12歳）	顔，背中，腕，足に傷を受けた。2日間，とてもゆっくりと動いていた。	2週間	不明（1週間現われず，現われたときは，この状態だった）。
1977	ミカエルマス	幼児（4歳）	大腿骨か骨盤を骨折した。10カ月間左足を使うことができなかった。大腿は腹部の方に曲がったままだった。足の下部は徐々に使えるようになっていった。	1年半	母親が攻撃されたときに巻添えをくった（この頃，母親は性的受容状態にあり，激しい攻撃をしばしば受けた）。
1978	ジョメオ	成年中期（23歳）	左の眼球を負傷した。目をきつく閉じて，液体を目から流していた。異臭を放ちながら10日間，目を閉じていた。瞳は傷ついていなかったが，明らかに周辺部の視野は失われていた。テトラサイクリンをあたえた。	10日後に若干，状態はよくなった。4週間後に目が開き治癒した。	不明
1979	ゴブリン	青年後期（15歳）	7～9cmの長さの深い傷を鼠径部に受けた。1時間，おびただしい出血をした。翌日，集団の後方を足を引きずってのろのろと歩いた。1週間後膿が出てきて，2週間，この状態が続いた。この期間，ひとりで過ごすことが多かった。	3週間，状態はとても悪かった。その後徐々に回復し，5週間で完治した。	肉食の最中に5頭の雄に攻撃された。

1980	フロイト	青年前期 （9歳）	足の骨を折ったか靱帯を切った。10日間，その足を地面につけずに移動した。その後の3週間，足を引きずって歩いた。	1カ月後に足に体重をかけるようになった。その後の1カ月半，足を引きずって歩いた。	母親とおとな雄が交尾していたところへ干渉したために雄から攻撃された。
1980	パッション	成年後期	肛門と陰唇のあいだの生殖器の部分に水平な深い傷を受け，この部分が垂れ下がった。足を引きずって歩き，1週間横になって過ごすことが多く，葉で傷の部分を軽くたたいていた。排便と排尿のあいだやその後は，激しくたたいていた。	3週間，ひどい状態だった。6週間後に完治した。	人づけされていないカランデ・コミュニティーのメンバーによる攻撃と推定される。
1980	パックス	幼児 （3歳）	鼠径部からペニスへかけて傷を受けた。最初の日，両足ともほとんど使えず，手で母親の背中にしがみついていた。最初の1週間，1日に数歩しか歩けなかった。10日目にペニスが非常に腫れ，排尿が困難となった。14日目に傷口が開き，膿が出た。	2週間，ひどい状態だった。5週間後に傷は完治したが，傷跡のために正常なペニスの勃起ができなくなった。	パッションの息子。母親と同時に傷を受けた。
1981	フロイト	青年前期 （10歳）	背中の下部に深い傷を受けた。	5日間，歩行が困難だった。2週間後に完治した。	カワイノシシの子どもを捕まえようとして，おとなのカワイノシシの攻撃を受けた。

付記）雄の個体名は下線を付した。

表5.5　1971年および，1973年から1978年の7年間にわたり，カサケラ・コミュニティーの各性・年齢の個体が受けた傷。切傷やかすり傷といったものは含めていない

	重傷				軽傷			
年	雄	雌	未成年	計	雄	雌	未成年	計
1971	2	2	0	4	10	8	1	19
1973	1	4	1	6	5	8	7	20
1974	0	1	0	1	4	7	3	14
1975	1	0	0	1	1	8	2	11
1976	1	2	0	3	8	8	3	19
1977	0	1	2	3	1	3	0	4
1978	2	1	0	3	10	4	1	15
計	7	11	3	21	39	46	17	102

表5.7　1978年と1979年の2年間に観察されたチンパンジーの転落。1978年には2990時間の観察で23例，翌年には1975時間の観察で28例の転落が観察された

	成年期		少年期		乳幼児期		
情況	雄	雌	雄	雌	雄	雌	計
攻撃（闘争，追跡）	13	3	4	0	1	0	21
遊び	0	0	0	2	10	3	15
採食中の移動	4	1	3	0	6	1	15
計	17	4	7	2	17	4	51
枝折れ	8	2	2	0	3	1	16
距離							
5 m 以上	11	1	3	1	7	0	23
10 m 以上	8	1	1	1	2	0	13

ばその傷をなめる。また彼らは，傷害を指で繰り返し触り，その指をなめることもある。ときおり，ひとつかみの葉で傷を軽くたたき，この葉を嗅いで落とす。その後この葉をなめて，再び使うこともある。赤ん坊や子どもが母親の傷をなめるのは観察されるが，おとなは傷を一心に見つめ，大概は，相手の傷の回りの部分を注意深くグルーミングしてやるだけである。

　2年間（1978年から1979年）に，チンパンジーが木から落下するのが観察された回数を表5．7に示した。ここでは，地上にまで落下した場合のみを取り上げた。彼らは，しばしば木の枝をひっつかみ，何とか地上までは落ちずにすませる。51回の落下のうち，31.4％は，枯れた枝を踏んだり，その上に飛び降りたりしたときに起こった。おとな雄は，闘争中のような攻撃的出来事の最中によく落下した。サルを狩猟しているときに，雄が2度落下したことがあった。雌の落下のうち3例が，雌間の争いに関係していた。赤ん坊と子どもは遊びの最中に最もよく落下した。

　おおよその落下距離が，36回記録された。おとなと青年前期の雄が最も長い距離を落下するようだ（この年代の雄の数が，雌や子どもの数と比較して，とても少ないということは，注目に値する）。2歳以下の小さな赤ん坊の場合は，たいてい1m以下の落下だ。年を重ね，自信を増し，運動能力が向上すると，落下距離も長くなっていく。ある18カ月齢の雄が10m近く落下したとき，目に見えるほど息を弾ませていた。

　ここに示されていない落下には，ひどい負傷の原因となったものもあった。フィガンが成年前期だったとき，闘争のあいだに他の2頭とともに落下し，手か手首を負傷し，その部分が腫れた。その後数日間，彼はその手を使わず，2週間にわたって，びっこをひいていた。1頭のおとな雄と1頭の赤ん坊の雄は，まさに落下が原因で死亡した（死因の項を参照）。

　最後の例は，おとな雄のゴブリンが，木から急斜面にとび下りたときのことだった。彼は自分の勢いを止めるために小さな若木を摑んだ。しかし，この木は乾いた石ころだらけの地面から抜けてしまった。彼は仰向けになって斜面を落ちていった。草やその他の物を摑もうとしたが，何も摑めなかった。最後に，転んでから12mのところで何とか根を摑み，自分自身を止めることができた。そこは，湖岸まで落下している15mの絶壁のふちから，わずか2mのところだった。

母親の死亡に引き続いて
起こる心身の不調

　人間以外の霊長類においても，母子のあいだの結びつきの崩壊が数カ月にもおよぶ行動上の乱れを導くことは，豊富な証拠がある（以下の例を参照，Kaufman and Rosenblum, 1969, Hinde and Spencer-Booth, 1971）。アカゲザル（*Macaca mulatta*）やブタオザル（*M. nemestrina*）の赤ん坊が，実験室において母親から引き離されると，最初，彼らは探索行動をおこない，活動を増加させる。しかし，次には活動を低下させる。この症状には，身体を丸めた姿勢，典型的な「悲しみ」の表情，無気力，社会的活動（特に遊び）への不参加，協調性の低下が含まれる。一般的には，赤ん坊は数週間でこの状態から回復する。しかし何頭かは，検視の結果ですら明らかな死因もわからずに死んでしまう。生物遠隔測定装置をはめ込まれたブタオザルの赤ん坊が，母親からの分離以降監視された。この研究から，赤ん坊の体温や心拍数，および心臓のリズムに大きな変化が生じることが明らかになった。たとえ母親から離した子をすぐに子どものない雌の養子にして保護をあたえても，結果は同じだった（Reite, 1979）。

　19年間にゴンベで死亡し，1頭かあるいはそれ以上のまだ独立していない子を残した11頭の

雌のチンパンジーを表5.8に示した。この表には，13頭のみなし子についての情報がある。3歳以下だった最も若いのは3頭いたが，その時期母親のミルクにほとんど依存していた。それゆえ，このうちの2頭は兄姉の養子になったにもかかわらず，3頭とも母親なしで生きていくことは不可能だった。完全には離乳していなかった他の6頭のうち5頭は，やはり，兄姉の養子になり（クリスタルの場合は，「乳きょうだい」の養子となった），残りの1頭，スコッシャは，生物学的にはおばの可能性のあるおとな雌の養子になった。すべての個体は，初め臨床的な欝状態の徴候を示した。無気力になり，遊びの頻度は少なくなった。みなし子になったときちょうど5歳だったクリスタルは，母親を失ってから9カ月後にいなくなった。メルリンは18カ月間生きた。彼は，身体を前後に揺すったり，自分自身の毛を抜いたりという異常な行動を発達させ，道具使用行動の技術や，社会的反応は低下した。彼の実際の死因は小児マヒだったが，近づきつつあった雨期を生き延びられるとは思えなかった。ビートルの欝状態は次第に回復し，母親の死から1年後には，彼女の行動は正常と思えるようになった。彼女はその1年後に死亡したと考えられている（というのは，彼女の姉が彼女を連れずに現われたからだ）。もしその通りなら，彼女の死因は臨床的な欝状態とは関係ないだろう。

スコッシャ，ベートーベン，そしてパックスも母親の死を乗り越えた。彼らの行動は徐々に正常になっていった。みなし子になったとき4歳だったパックスは，欝状態の症状をほとんど示さなかった。彼の母親はいつも彼を拒否するように扱い，愛情に欠けているようだった。おそらくこのような母親を持ったみなし子は，愛情に満ち，寛容な母親だった雌のみなし子よりも，生き残る機会が多いだろう。他方，スコッシャとベートーベンは，身体の発育が大変遅れ

母親を失ってから1年後のメルリン。この時期，いつもこのように身体を丸めていた。足の下部の毛がないのは，彼が発達させた異常行動の一つとして自分の毛を抜いたためである。メルリンは母親がいなくなってから18カ月後，小児マヒの流行期に死んだ（C. Coleman）。

た。スコッシャは最も小さい個体で，13歳になるまで不規則な性皮の腫脹を繰り返した。そして13歳のときに，初めて青年期の雄の注意を引きつけた。この6カ月後に，彼女は本当の発情を示すようになった。これは通常の発育よりも3年遅れていた。ベートーベンは，推定で13歳か14歳になるまで，陰嚢がまったく発達しなかった。そして15歳になったとき，通常の若い雄であれば，9歳か10歳で起こる陰嚢の急激な発達を示した（もう1頭の子ども，ミカエルマスは4歳のときに足を負傷した。彼も，同様の身体発育の遅れを示した。11歳で，彼の陰嚢はおとなの半分ほどの大きさだった）。発育遅延（あるいは，社会心理的身体の萎縮）は，ヒトの子どもでもよく知られた現象である。そしてこの現象は，母性からの隔離や，その他の心理的混乱とよく対応している（以下の例を参照，Blodgett, 1963, Patton and Gardner, 1963, Reinhart

表5.8 1965年から1983年までのゴンベでのみなし子の記録

母親	子ども	母親が死亡したときの子どもの年齢	生き延びた長さ	観察された心身の不調		注釈
				身体的	行動的	
ソフィー	ソレマ	14カ月	2週間	無気力。	遊ばなくなった。	（8歳と推定された）雄のきょうだいの養子となった。
人づけされていない個体	ジェニーのきょうだい？	1年半？	不明	不明。	不明。	最初にカサケラ・コミュニティーで見られたとき，きょうだいと推定された雌に連れられていた。その2日後に死亡した。
サース	シンディー	3歳	7週間	無気力，太鼓腹。	遊ばなくなった。	きょうだいはいなかった。両性のさまざまな個体と一緒に移動した。ひとりで過ごすことが多かった。
パッション	パックス	4歳	●	なし。	とても少なかった。移動中，取り残されたとき，クークーいう哀訴の声を出した。	兄のプロフと同じように，姉のポムはパックスを運んで同じ巣で寝ようとした。パックスは恐がるか拒否して，プロフと一緒に移動したがった。
ベシー	ビートル	4-5歳	●	太鼓腹。	遊ぶことが少なくなった。きょうだいから遅れると，よくクークーという哀訴の声を出した。	当時10歳の姉のバンブルの養子となった。よく姉の背に乗って運ばれた。母親が死亡して1年半たって健康になった。
人づけされていない個体	ベートーベン	4-5歳	●	13歳か14歳になって，陰嚢の成長の最初の徴候を示した。	姉が交尾をすると恐ろしく攻撃的に干渉した。6歳か7歳になるまで，雌に興味を示さなかった。	最初に（9歳の）姉と推定された雌に連れられているところをカサケラ・コミュニティーで見られた。
マリーナ	メルリン	4-5歳	18カ月	無気力。太鼓腹。落ちくぼんだ目。次第にやつれていった。雨のとき，しばしば風邪をひいて青ざめていた。小児マヒで死亡したと思われる。	ほとんど遊ばなくなった。社会的反応の低下。身体を前後にゆすったり，毛を抜いたり，時には数分間逆さまにぶら下がったりした。道具の操作がうまくいかなかった。	（9歳と推定された）姉の養子となった。彼女と一緒に寝ることはあったが，彼女の背に乗って運ばれることは，たいてい拒否した。

110—— 人 口 動 態

ノバ	スコッシャ	5歳	●	最初の年，太鼓腹だった。13.3歳まで青年期腫脹の徴候を示さなかった。最初のおとなの性皮腫脹は13.7歳のときだった。	遊ぶことが少なくなった。いつもびくびくしていた。幼児を連れているところを見たことはない。	きょうだいはいなかった。さまざまな個体，特に雄とよく一緒に移動した。最終的に（ノバと近縁の）おとな雌の養子となった。
パラス	クリスタル	5歳	9カ月	とても無気力。	ほとんど遊ばなくなった。	最初の数カ月乳きょうだいのスコッシャと，その後血縁関係にないおとな雌のミフと一緒に移動した。
ソフィー	スニフ	7歳？	●	なし	なし	まだ赤ん坊の妹，ソレマを養子とした。
マリーナ	ミフ	8歳？	●	なし	なし	幼児の弟，メルリンを養子とした。
フロー	フリント	8歳半	3週間	無気力，食欲をなくす。落ちくぼんだ目。最後は，胃腸傷害になる。	遊びが非常に少ない。何頭かの大きな雄に対してとても神経質になった。	母親はとても年を取っており，対処することはできなかった。（フリントが5歳のとき）彼の妹が6カ月齢で死亡し，その後，異常に母親に依存するようになった。
オリー	ギルカ	9歳	●	なし	なし	次第に兄のエバレッドと連合することが多くなった。

付記）雄の個体名は下線を付した。
　　　●は母親の喪失から立ち直った個体を示す。

and Drash, 1969)。

　4頭の子どもたちは，7歳から9歳のときに母親を失った。彼らのうちの3頭は，行動の変化をほとんど示さなかったし，病的な徴候も示さなかった（このうちの2頭は，年下の弟妹を世話した）。残りの1頭のフリントの場合は例外的だった（Goodall, 1979）。彼は，年老いた母親のフローをいつも頼っていた。そして，彼女の死後も死体の近くで長時間過ごした。その後の6日間，彼は数頭の個体と社会的な交渉を持っていたが，次第に無気力になっていった。そして4日後，観察者は彼を見失った。次に発見されたときには，体の状態は大変悪く，人生最後の2週間をその状態で過ごした。前述したように，検視解剖によって彼が胃腸炎と腹膜炎であったことが明らかになった。母親を失ったことによる心理的，身体的な混乱が，彼を病気にかかりやすくしていたようだ。

　みなし子だった初産の母親は，最初の子を手荒く扱うことが多く，その結果，死に至らしめてしまうらしいことがニホンザル（*Macaca fuscata*）で報告されている（Hasegawa and Hiraiwa, 1980）。ゴンベでは，パティだけが母としての子育てをうまくせず，1週齢の子を死亡させた。彼女は10歳から11歳のときにカサケラ・コミュニティーへ移入してきたために，残念ながら初期の履歴や，血縁の素性などはわかっていない。

老　年

　1965年から1983年のあいだに，6頭の雄と5頭の雌の合計11頭が老年期に達した。他に，老年期とされた2頭の雄と1頭の雌がこの期間よ

1968年，死亡する4年前のフロー。このとき，彼女は40歳を越えていた。歯がすっかりすり減っていることに注目（B. Gray）。

り前にいなくなった。

　3頭の雄（ヒューゴー，マイク，ゴライアス）と1頭の雌（フロー）は，死んだとき，他の年長個体よりも年をとっていたと思われた。この4頭は，死ぬ2年前から徐々に弱くなり，やつれていった。そのため骨盤と肩甲骨が特に突き出てきた。いなくなる2年前のマイクの体重は，38.5kgだったが，消失直前には32.5kgになっていた。ヒューゴーの体重も，同じ2年間に38kgから28kgに減少した。フローの体重は，死ぬ前の2年間22.5から27kgのあいだで，ほとんど変化しなかった。雄の顔の毛は白くなり，どの個体も肩から頭にかけての毛がはげた。彼らの歯はひどくすり減っていた。実際，フローの歯は死の8年前の1964年にはほとんどなくなって，ゴムのようになってしまった。

　年より4頭はいずれも，1週間ほど続く下痢に悩まされた。徐々に動きが遅くなり，大木に登るのが困難になった。彼らの人生最後の数カ月，病気に煩わされたか否かにかかわらず，老化そのものが死因の最も大きな理由であることは疑いない。

繁殖の不調

　ギギは1965年に初潮を迎えた。その後の12年間，彼女は規則的に発情を繰り返した。この間，彼女は受胎しなかったらしく，死児を運んでいることもなかった。1978年5月の月経期間中に大量の出血をし，血液の固まりを排出した。この固まりは採集され，その後，鑑定された（C.E. Graham, 私信）。その結果，この固まりはヒトの女性の膜様月経困難症に伴ってしばしばみられる，子宮の残骸であることがわかった（Sollereld and van Zwieten, 1978）。以前は，おとな雄にとってとても性的魅力に溢れていたギギは，1976年以来次第に魅力を失っていった。1977年からは発情周期が不規則になった。それ以来交尾するのをいつも嫌うようになり，しばしば，雄が射精する前に身を引くようになった。

　その他には明らかな繁殖の不調は記録されていない。しかし，負傷や病気は雌に一時的な発情周期の乱れを生じさせる。たとえば，もし性皮の腫脹期間中に雌の外部生殖器が傷つくと，その後の数日間，性皮の腫れがひく。もっとも，腫脹は再開する。青年期だったプークは，鼠蹊

部にひどい傷を受けた6カ月後にいなくなった。この6カ月間、彼女は性皮の腫脹の徴候を示さなかった。おとな雌のメリッサは、小児マヒにかかった後の6カ月半、性皮の腫脹を再開しなかった。ポムは自分の2歳の子を失った後、とてもやつれた。ゆっくりと回復していったが、赤ん坊が死んでから11カ月間、発情しなかった。ギルカが徐々に衰えていったのは前述したとおりである。彼女は死ぬ前の2年半、もはや性皮腫脹の徴候を示さなかった。

異常出産

これまでのあいだに何例かの異常出産が記録されたが、当事者に支障をきたしたのは1例に過ぎない。第4章で見たように、リトル・ビーは、わん曲足、または彎足と同じような状態の奇形だった。彼女は、ときに速く移動するチンパンジーの集団についていくことが困難だった。ワーズルは、通常なら茶色の目のきょう膜が完全に白かった。他の2頭もきょう膜に白い斑点を持っていた（この内の1頭のリーキーは、ワーズルの兄と推定されている）。リトル・ビーは、彎足に加えて副乳を持っていた。彼女の息子は顔面に黒ずんだ斑点を持って生まれてきた。そして、6歳になった今でもそれは認められる。

季節の影響

健康への影響

1968年から1979年のあいだに、5回の肺炎の大流行があった。これらのうちの2回（1970年と1977年）は、雨期の始めの10月（以前、わたしは、この月を乾期に含めていた）に起こった。他の2回（1971年と1975年）は3月に起こった。5頭が肺炎で死んだと考えられる、最もひどかった流行は1968年の1月だった。合計すると、雨期では0.9カ月に1頭、乾期では2.7カ月に1頭の割合でこの病気にかかった。もし、10月の例を除いて本当に乾いた季節のみを考えると、この割合は（2頭の赤ん坊で）15.5カ月に1頭ということになる。

咳や風邪も雨期の方がやや多いようだ（雨期では0.37カ月に1頭、乾期では0.21カ月に1頭）。乾期の風邪は雨期のそれよりずっと軽い。肺炎と風邪の季節変化を図5.4に示した。

上の表から明らかなように、病気や老化によって死亡した個体（小児マヒの流行による犠牲者やみなし子を含む）の割合は、雨期（5.8カ月に1頭が死亡）が乾期（13.6カ月に1頭が死亡）の2倍になっている。

チンパンジーは、激しい雨のあいだやその後で激しく震える。特に、寒く湿った夜の翌日で風が強い日には、より激しく震える。（腹や腕や足の毛を引き抜いていた）みなし子のメルリンは、死に先立つ雨期の2カ月間、寒さのためによく青ざめていた。深い傷を負ったチンパンジーにとって、湿った寒い気候がその傷が乾いて治ることを難しくするために、その個体が生存する機会を少なくするだろう。

	1965年から1983年までの死亡	
	乾　期 （95カ月）	雨　期 （133カ月）
老年期	1	7
成年期	1	7
青年期・少年期	1	3
乳幼児期	4	6
合計	7	23

たいていの年には、チンパンジーは1年を通して十分な食物を得ることができるが、概して雨期の方が乾期よりも豊富である。チンパン

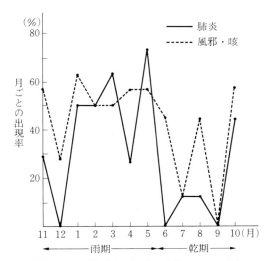

図 5.4 「肺炎」と風邪やせきの病気の季節変化。9年間にわたり，各月に2頭以上の個体がこれらの病気と関連した症状を示した場合の割合

ジーの体重は雨期のほうが重くなる傾向がある。ランガムの研究 (1979) は，1972年と1973年の2回の乾期と，そのあいだの雨期におこなわれた。1972年の乾期にはチンパンジーの体重は著しく減少し，ある種の食物をめぐって競争は高まり，雄はフッドコールをださなくなり，1日の移動距離は減少し，パーティーの大きさが小さくなった。このことから彼は，1972年の乾期は，食物の獲得が特に困難だったことを発見した。主観的にみても，この時期，チンパンジーはしばしば腹をすかせているように見えた。年老いた雌のフローが死んだのもこの季節だった*（メリッサの双子のうちの弱かった方が，1972年と同様に食物が少なかった1978年の乾期に死亡したということも重要だと思われる）。

また，チンパンジーよりも限られた行動域を持つゴンベのヒヒにとって，季節の影響はより重大である。乾期には群れの行動域は拡大し，（明らかに食物を追加するために）新しい地域が行動域に加えられる。そして，この時期に群れ内の非常に年老いた個体の多くが死亡する（ゴンベストリーム研究センターの記録）。

繁殖への影響

交尾は1年を通しておこなわれる。出産に季節性があるという証拠はない (Goodall, 1968b, Tutin, 1975)。図5.5(b)によると1965年から1983年まで，雨期と乾期で出産の数には違いがない（雨期では4.8カ月に1回の出産があり，乾期では3.3カ月に1回の出産があった）。しかしながら，例数は未だとても少ない。受胎の時期は出産の時期から推定されたものなので，図5.5(a)は，図5.5(b)と独立したものではない。1980年までの資料では，雨期の終わりに受胎の集中が見られた (Goodall, 1983)。しかし最近の資料によると，そのようなことは起こっていない。

雌の発情周期は1年を通してランダムに分布しているわけではない。図5.6は3年ごとの，四つの期間について発情の年間分布を示したものである。最初の1972年から1974年までの期間の資料は，テュティン (1975) から引用した。各月の発情の平均値は，1975年から1977年までの期間で高くなっている（この時期，性的受容状態にある雌が多くいたことを反映している）。しかし，9月に最高点があるという分布の形は，四つの期間で同じである。この型のために，わたしは，初めのうち「交尾期」が乾期の終わりにあるとしていた (Goodall, 1965)。

---

* ランガムは，1973年に日常の食物の重要な部分を占めていた *Parinari curatelifola* の果実が，1972年にはほとんど実らなかったために，このようなことが生じたと考えた。しかし，*P. curatelifola* が少なかった1974年の乾期に，リスとビュス (1977) が最優位雄のフィガンを追跡したときには，十分に食べられるだけの場所を見つけることがむずかしくないことがわかった。この果実は，風による落下が特に多く，たやすく集めて地上で食べることが可能なので，この汁気の多い果実の欠乏は，年老いた，あるいは，病気の個体に何らかの影響をあたえるだろう。

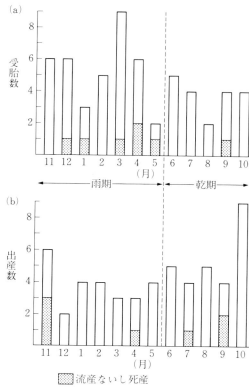

図5.5 1965年から1983年までのデータに基づいた，(a)受胎と(b)出産の月別変化

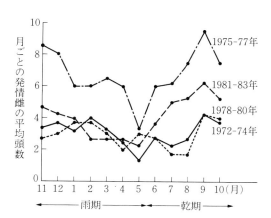

図5.6 1972年から1983年までの3年ごとの4期間の月当り発情雌の平均頭数

授乳中の不妊期間後に雌の性皮の最大腫脹が再開するのもまた，（幼児の死亡によって発情が再開した場合を除いて）乾期の終わりに最も多い。このことは，以下の表から明らかである。青年後期の雌の最初の性皮腫脹の開始時期は，1年を通してランダムに分布している。

	性皮の腫脹を再開した雌の数	
	性成熟	青年後期
11月 ― 1月	4	4
2月 ― 4月	2	2
5月 ― 7月	4	2
8月 ― 10月	16	2

死亡率

1963年以来，二つの研究対象コミュニティーでは，66頭のチンパンジーが死亡した（あるいはいなくなって，死んだと考えられた）。このうち24頭の死体が実際に見られたにすぎない。チンパンジーが単にいなくなったことも普通にある。しかし，何かの病気の流行期に消えた場合や，最後に見られたときとても病弱で，その後消えた場合には，この消失は死亡と推定することが可能である。また，たとえいなくなる前に明らかな病気の徴候がなかった場合でも，ある場合には，この消失が死亡であると推定することは可能である。たとえば，母親が小さな赤ん坊を連れずに見られたときには，母親のミルクや世話なしに生きていけるとは思えないので，この赤ん坊は死亡したということができる。また，赤ん坊が母親なしで見られ，その後母親が二度と現われなかった場合にも，母親は死亡したと考えられる。健康だった雄が突然いなくなった場合も，死亡したと考えられるだろう。しかし，健康な若い雌が消失したときには，隣の

表5.9　1963年から1983年までのカサケラとカハマ・コミュニティーの個体の死因（明確なもの，あるいは推定）

死因	乳児期(1歳未満)	幼児期	少年期	青年期	成年前期	成年中期	老年期
呼吸器疾患	ジャイアー(D) フレーム(W) ヴィラ(W) ビー・ハインド(D)	ブラト(W)		ブーク(W)[1]	サース(W)	ソフィー(W) デイビッド(W) リーキー(W) ウィリアム(W)	
天然痘	グロスベノール(D)		ホーンバイ(W)	マクディー(W)(射殺)		ジェイ・ビー(W)	マグレーガー(W)(射殺)
その他の病気		タビ(W)	ロリータ(W)		ギルカ(W) ノバ(W) ワーズル(W)	パラス(D) パッション(W)	
孤児		ソレマ(W) シンディー(W) ジェニーのきょうだい?(D) クリスタル(D)	メルリン(W)[2] フリント(D)[3]				
けが	ジェーン(W)	パン(D)			スニフ(W) ゴディ(W) デ(W) チャーリー(W)	マダム・ビー(D) リックス(W)	ゴライアス(W) ハクスレー(W)[4]
パッションとポムによって殺された	オッタ(D) オリオン(D) ゲニー(W)						
同上(推定)	ガンダルフ(D) メリッサの赤ん坊(W) ワンダ(W)						
老衰							マイク(W)[5] ヒューゴー(W)[5] フロー(D) ベシー(W) マリーナ(W)
保護の欠如	パティの赤ん坊(W)						
死亡と推定。死因不明	ウッド・ビー(D) ソフィーの赤ん坊?(D) ヘプチーバ(D)	ディプルズ(D) バーベット(D)	ビートル(D)		ペペ(D) シェリー(W) ハーモニー(U)	ウィリー・ワリー(U) ヒュー(U) ファーベン(D) オリー(W) フィガン(W)	ハンフリー(W)*
消失。移住と推定		ジェイ(W) コアントロー(D)		リタ(W) サリー(W) バムブル(D) ジェニー(D) セサミ(U)	ポム(W)	ジェシカ(W) ウォッカ(D)	

付記）ゴシック＝死体を発見；？＝性不明；D＝乾期に死亡または消失；W＝雨期に死亡または消失；U＝死亡した季節が不明；＊＝頭蓋骨が発見され，歯によって個体識別。
雄の個体名は下線を付した。
死因）1＝負傷が治癒しなかった　2＝小児マヒ　3＝胃腸炎　4＝老衰　5＝肺炎

コミュニティーへ移動した場合が多い。

死　因

　ゴンベでのわれわれの記録は，死因にかんして以下の種類の情報を提供してくれる。一つは死因の明確な，推測可能な，または不明の，しかし確実な死亡。そしてもう一つは，死因が推測される，または，わからないまま死亡と推定された場合である。表5.9に，この情報を要約した。この表には，死亡確認あるいは死亡と

表5.10 1965年から1981年までの間に死因となった（または関係した）と思われる負傷。
パッションとポムに殺されて食べられた3頭の赤ん坊と，コミュニティー間の争いで
死亡したカハマの犠牲者は含まれていない

年	個体名	年齢	負傷の状態	死因
1965	ジェーン	3カ月齢	上腕骨の骨折および，腱が延びてしまった。負傷して3日後に死亡。母親が連れていた。	不明。
1967	ハクスレー	老年期	目の下から唇にかけての深い傷。2カ月間，傷の部分が閉じたり，開いたりした。消失。	コミュニティー内の雄との争いと思われる。
1968	プーク	青年期	鼠径部に深い傷を受けた。6カ月間，足を使って歩けず，性皮の腫脹を示さなかった。肺炎の流行期に消失。	不明。
1968	リックス	成年後期	首を折って即死。	二つのパーティーが一つになったときの興奮状態の最中に木から転落。
1976	メリッサの赤ん坊	1週齢	首を折り，額が裂けて血が流れていた。背中の上部の皮膚がめくれていた。母親が連れていた。	パッションとポムによる殺害と思われる。
1981	パン	2歳10カ月	身体の内部の負傷と思われる。4日目に死亡。	強風の中，14mの高さのヤシの木から転落。

付記）雄の個体名は下線を付した。

考えられた個体を性年齢クラスごとに示した。できるだけ完全にするために，カハマ・コミュニティーの個体も含めた。

死亡あるいは消失して死亡と推定された66頭のうち51頭について，はっきりわかっている，あるいは推測された死因を表に示した（その他に，5頭の青年期雌，1頭の成年前期雌，2頭の子持ち成年中期雌の総計10頭が消失した。彼らは移出したか，周辺部の集中利用域へ帰って行ったと考えられている）。51頭の確実な死亡のうち，28頭の死亡の原因は病気だった（55％）。10頭の死亡の原因は，闘争や転落によって被った負傷だった（19.6％）。残りの死因は共食いによるもの（3頭が確実，3頭が推定）と，母親の喪失によるもの（6頭。うち2例は，胃腸炎と小児マヒが死亡に関係しているもの）だった。フローは老化のために死んだものと思われる。ヒューゴー，マイク，ハクスレー，ベッシィー，そして，マリーナの死亡もこの要因によるものだろう。明らかに正常出産のパティの赤ん坊の死亡は，母親の不適切な世話によるものと考えられる。

負傷の結果，死亡あるいは死亡と推定されたカサケラ・コミュニティーの個体を表5.10に示した。1971年から1972年にかけてのコミュニティーの分裂後，カサケラの雄たちによる攻撃のあいだにカハマの個体は多くの深い傷を負った。ハクスレーとプークの2頭は，ひどい傷を受けた後に死んだと考えられた。しかし，負傷は死因の一つに過ぎないと思われる（ハクスレーは老齢だったし，プークは肺炎の流行期に消失した）。1965年に，赤ん坊のジェーンが致命的な傷を受けた原因を探る手がかりはない。1976年に死亡した赤ん坊は，パッションとポムの犠牲者だろう。おとな雄のリックスと2歳のパンは木から落ちて死亡した。リックスは，二つのパーティーが出会ったときの社会的興奮状態の中で転落した。彼は岩の上に落ち，首を折った。今しがた折れたと思われる大きな枯れ枝が死体の近くに落ちていた。だからこの枝が転落を引き起こしたと考えられた（Teleki, 1973a）。パンは，とても強い突風が吹いたときに，14mの高さのヤシの木から落ち，乾期のかたい地面に背中を打ちつけた。母親が彼を助けに木を降

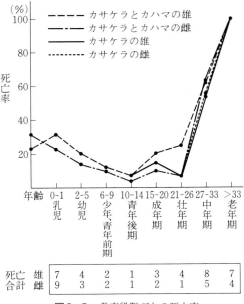

図5.7 発育段階ごとの死亡率

りてきたときには、まだ母親にしがみつくことができた。しかし数時間後には短い距離しか歩くことができなくなり、4日後に死亡した。多分、彼は身体の内部を損傷したか、頭蓋骨を折ったか、あるいはその両方だったのだろう。

おとな雌のパッションと、彼女の娘で当時青年後期だったポムによって、(1週齢から4週齢の) 3頭の赤ん坊が殺され、食べられるのが観察された。観察者が大きな叫び声のした場所へかけつけると、母親の腕の中ですでに赤ん坊が死んでいるのが見つかった。赤ん坊の負傷の様子から、同じような攻撃の4番目の犠牲者であると思われた。たぶん、母親の叫び声を聞きつけておとな雄がやってきたのだろう。彼は、殺されるのを防ぐには遅すぎたが、(約1時間後に近くでこの2頭と出会った) パッションとポムが、死体を持ち去るのには間に合ったと思われる (Goodall, 1977)。その他に、2頭の3週齢の赤ん坊が消失した。また、ある期間生存していた5頭の赤ん坊が、その後再び観察されなかった。たぶん、これらも殺し屋の雌たちの犠

性になったのだろう。

カサケラのおとな雄は、「見知らぬ」、人づけされていない母親の (2歳半から3歳になる) 3頭の幼児を殺して、その一部を食べた。カランデの雄がカサケラのなわばりへ侵入してきた1980年から1982年のあいだに、3頭のカサケラの赤ん坊 (ヘプチーバ、バーベット、デイプルズ) が、同様の運命にあった可能性がある。共食いはウガンダやマハレでも観察された。そこでは、幼児は異なった単位集団の雄によって殺されただけでなく、同じ単位集団の雄によっても殺された。この問題は第11章で議論する。

死亡率の違い

表4.1に示された各個体の推定年齢に基づいた各発育段階ごとの死亡率を図5.7に示した。成年期は、前期、中期、後期、そして、老年期の四つの段階に区分した。コミュニティー分裂後の、多くのカハマの個体の生活史を追跡することが可能だったので、カハマの個体の資料も図に含めた。しかし、カサケラのチンパンジーのみの資料も提出した。

赤ん坊の死亡率は両性とも初めが高い (1歳までで雄は23.3%、雌は33.3%)。次の4年間の乳幼児期の死亡率は、若干低くなっている (雄は21.7%、雌は13.6%)。そして、10歳から14歳までの期間にかけて、より低くなっている。研究の前半 (1964年から1973年まで) に生まれた10頭の雄と14頭の雌のうち、7頭の雄と8頭の雌、すなわち、62.5%の個体が、独立期まで生き残った (この中には、母親とともに消失し、その後の運命がはっきりしていない2頭の個体は含まれていない)。

雌は、一度独立期まで達すると、27歳から33歳までの期間 (成年後期) まで生き残ることが多い。しかし、成年前期と成年中期の雄は、同時期の雌よりも若干多くの危険を背負っている。もしカハマの個体を含めるならば、21歳から26

歳までの成年中期の雄と雌の死亡率の違いは大きなものとなる。これは，もちろんコミュニティー間の争いによる死亡を反映したものである。雄の方が雌よりも長生きする傾向があるようだ。というのは，全観察期間（1960年から現在まで）を通じて，本当に年老いた雌は3頭（フロー，スプラウト，ウィルヘルミナ）だけだったのに対し，雄は6頭（マグレーガー，ヒューゴー，マイク，ゴライアス，ドラキュラ，ヒュバート）いたからである。

6 コミュニケーション

　　　　　1980年11月　ノウプが採食をしている。彼女の子どもはひざの上で寝ている。ポムが東からやってくる。ノウプはチラッとそっちを見る。若いポムは柔らかい唸り声を2回発し，ノウプのそばで食べ始める。35分後，谷のはるか下の方から雄たちのパント・フートが聞こえてくる。あれはゴブリンの声だ。サタンもいる。ポムとノウプは声の方をちょっと見ただけで，採食を続ける。それから15分間，雄たちは何度も何度も雄叫びをあげる。ポムはずーっと目を上げたままでいるが，ノウプは気にもしない。と突然，一頭の雌が悲鳴をあげる。ポムは彼女をじっと見つめるとノウプの方を振り返って歯をむき，金切り声を発しながら手を差し出す。ノウプはその手にちょっと触る。一瞬の後，嵐のような叫び声が再び沸き起こる。ひっきりなしに悲鳴を出している個体が少なくとも2頭。うち1頭は子どもだ。威嚇するときのワアワア吠える声も聞こえる。ポムは飛び跳ねて，音が沸き起こっている方へ駆けつける。荒れた通り道をたどって，あまり遅れずに後をついていく。500mも走っただろうか。わたしがブドウのからんだつるから抜け出ると，ちょうどポムが母親を見つけたところだった。ふたりは一心にグルーミングをしており，子どものパックスがそばにいる。

パッションとポム。

パックスとパッションは攻撃の犠牲になったらしく，ふたりとも血を流している。パックスは耳，パッションはつまさきに深い傷を負っている。プロフも巻添えを食ったのだろうか。木の上でぐったりとしている。突然，ゴブリンが下生えの中から仰々しく現れた。パッション，ポム，パックスの方に突進して来る。3頭の親子は悲鳴を発してプロフのいる木に上る。ゴブリンはポムの足をつかもうとするが，取り逃がす。彼はディスプレイをしながら消えていく。と，サタンが現れてゴブリンの後を追う。パッションとその家族だけが残される。

　チンパンジーの豊かな音声・姿勢・顔の表情は，個体間の相互交渉において信号として機能する。これらはまたさまざまなもの——たとえば，いろいろな自律的反応・生理的状態を示唆する信号，あるいは感情的な気分・社会的順位などと組合わさって，コミュニティー・メンバー間の情報交換を促進する。あるひとつの信号や複雑に組合わさった信号は，他の個体の行動を変化させることを目的とする。そしてそれらの信号は，その目的の個体に向けて発せられる。「ちょっと，こっちに来てよ！」。これは，相手がこっちに来ることを期待しており，その目的の人に向かって呼び掛けられる。ことばでなく手招きをして，同じ命令を出すこともでき

121——コミュニケーション

る。注意をひくために，先に口笛を吹くことも
あるかもしれない。離乳期の子どものチンパン
ジーが，お乳が欲しいのに母親に拒否されるこ
とがある。そうすると子どもは母親に近寄り，
唇をとがらせて乳首に近づけたり，数フィート
離れたところで哀訴の声を出したりするが，ど
ちらの信号も同じ情報を運んでいる。

　一連の信号に内包されるメッセージが受信さ
れると，受信者は自分の反応を伝達する信号を
発する。呼ばれた人は，すなおに来ることもあ
るし，「ちょっと待って，今忙しいんだ」と応
えるかもしれない。チンパンジーの母親も，子
どもを抱きしめて授乳させるかもしれないし，
子どもを遠くに押しやって出鼻をくじくかもし
れない。2頭のチンパンジーのあいだで信号化
されたメッセージが行き来するうちに，長い会
話になることがある。そして当事者の一方，あ
るいは両方ともに，自分の行動を変化させるこ
とがある。この変化のさせかたは，相手の要求
にそうような形にすることもあるし，逆に逆ら
うような形のこともある。また，外野が口出し
して，信号化されたコメントを割り込ませるこ
ともある。たとえば，母親におっぱいを拒否さ

れた子どもがかんしゃくを起こすと，近くにい
た雄の腕上げ威嚇行動を誘発するかもしれない。
そうすると，この時点で母親は優しくなって，
子どもの望みをかなえてやるかもしれない。こ
ういった行動の連鎖は，人間における命令と要
求，威嚇と服従，招待と拒否，議論とおしゃべ
りなどと同列に論じられるものである。これら
の行動様式は人間の相互交渉においては，言語
を使用することで明瞭にされるか，あるいは特
定の文化ごとに確立されたコミュニケーショ
ン・レパートリーの中の非言語的信号を使用す
ることによって，とりおこなわれているのだ。

　もちろん，特定の個人に向けられて発せられ
る信号ばかりではない。遭難した飛行機の救助
信号，「メーデー！　メーデー！　メーデー！」
は，受信者を特定しない電波信号であり，救助
などのしかるべき処置をとってくれる人なら，
受信者は誰でもいいのである。攻撃されたチン
パンジーが逆上してうるさい悲鳴を出すのは，
あるいは，似たようなものかもしれない。誰で
もいいから支援を求めているのではないだろう
か──ただし後で見るように，明らかに特定の
味方に向けて悲鳴が発せられる場合もある。そ

＊　マッケイ（Mackay, 1972, p. 6）の定義によれば，
信号を発することとは「情報を伝達する行為のことで
ある。その行為が目的を指向している（goal directed）
か否かということとは関係なく，受信者にどのような
影響を与えるか，ということとも無関係である。」こ
れは，社会生物学者の次のような定義と似ている。信
号とは，「ある個体から他個体へ情報を伝達する行動
をさす。それが他の機能も果たすか否かは問わない」
（Wilson, 1975, p. 585; 伊藤監訳，訳書 pp. 283-284）。
情報伝達のために進化の過程で特殊化した信号を，動
物行動学ではディスプレイと名付けている。本章でわ
たしが論議する内容は，個体間での直接的なコミュニ
ケーション的相互交渉はもちろん，チンパンジーがお
互いにかんする情報をどのように獲得しているのか，
お互いの環境にかんする情報をどのように獲得してい
るのか，といったことも含む。信号という語を使用す
るのは，以下の二つの場合に限った。一つは，特定の
個体に向けられる方向性をもった（directed）コミュ
ニケーション行為の要素を指す場合，もう一つは，雌
の性皮腫脹のようなコミュニケーション的ディスプレ

イの要素を指す場合である。ある行動がコミュニケー
ションの信号であると明言するためには，「その行動
が他個体の行動に変化を引き起こすことが示されなけ
ればならない」と，カレン（Cullen, 1972, p. 103）は
指摘している。この章で記述する信号のほとんどは，
少なくとも何回かは，他個体の行動に影響を及ぼして
いることが観察されている。しかしこれらの信号は，
複雑な行動連鎖に組み込まれている場合がほとんどで
ある。したがって，異なるコミュニケーションの要素
が受け手にどのような影響を及ぼしているか，実験操
作なしに決定することは困難だろう。このような分析
は（少なくともいくつかの信号については）可能だと
思うが，研究対象である動物のコミュニケーション行
為が創意に富む場合は，あまり重要なことではない。
雄が求愛の行動連鎖で実際に示す信号は，ものすごく
多様性に富んでいる。同じ雄でも，場面が異なれば異
なった信号を発するし，雄が異なれば異なった信号が
発せられる。雌は，ディスプレイに含まれる個々の要
素に反応するのではなく，多様な信号の総合的なメッ
セージに反応するのである。

122──コミュニケーション

の個体がすぐ近くにいない場合でも，味方を求めて呼ぶことすらある。

またコミュニケーション信号の中には，もっと受動的な方法で情報を広めるようにデザインされているものもある。若くてハンサムで，おまけに均整のとれた筋肉質の体をしていれば，見る人みんなにたくましい男らしさをアピールすることになる。同じように，雌の性皮がケバケバしく腫れていれば，好き者の雄みんなに，自分の魅力的な状態をアピールすることになる。ヒゲをきれいに剃ってとっておきのスーツに身を固めた若い男は，希望する就職先に採用されたいと意識している。尻の腫れた雌のチンパンジーも，まったく同じである。彼女が特定の雄に近づいて催促するのは，方向性をもった信号なのだ。

性皮の腫脹そのものは雌のホルモン状態にしたがっており，意のままには進行しない。雌ができるのは，雄に催促したり雄をふったりすることによって，腫脹の信号としての有効価を増減させることだけだ。自分の性的受容性を示す性皮の周期的な膨張・収縮にかんしては，何もできない。このように，個体がほとんど，あるいはまったくコントロールできないにもかかわらず，コミュニケーションとしての機能をもっている行為は，他にもある。たとえば，人がほおを赤らめたりチンパンジーが体毛を逆立てるのは，自律的で不随意な行動だが，内的な感情の状態を反映しており，その人やチンパンジーの気分にかんする情報を他に伝達する。

２頭のチンパンジーは，意味のある相互交渉をおこなう前に，互いに相手の外見から適切な情報をたくさん引出し，分類しているにちがいない。たとえば，小さな体に白い顔，尻尾の白いふさ毛，とくれば子どもだし，大きな体に大きな犬歯，おまけに目だつ性器をしていれば雄らしさを強調し，性皮と乳房は雌らしさの表れである。自信に満ちた歩きっぷりと態度なら高

順位の個体だろうし，おどおどした動きは臆病で頼りないことを示す。さらにまた，顔の形や姿勢，歩き方，行動，そしておそらく体臭にも，すべて特異性がある。この特異性が，「ぼくは味方だ，敵じゃないよ，ぼくはＸだ，Ｙじゃないよ」という情報をあたえる。尻尾の白いふさ毛などのような信号のうちのいくつかは，おそらくそのコミュニケーションとしての価値ゆえに，進化の過程で選択されて残ってきたのだろう。一方，雄の大きな陰嚢などは別の機能の副産物であり，同種の他個体に情報を伝達する機能は二次的なものである。これらが渾然一体となってコミュニケーション体系の土台となる。そしてその土台の上に，全員が互いに一人ひとりを知っている社会の中で，すべてのコミュニケーションが組み立てられているのである。

チンパンジーは人間と同じく，ある状態にかんする情報を実にたくさん得ることができる。これは仲間の行動を見ることや，それに注意を払うことによってなされる。伝達される「メッセージ」がどんなものかとか，意識的かどうかということは，関係ない。チンパンジーはまた，コミュニティー内の複雑に入り組んだ個体間関係もよく理解している。さらに，後ほど19章で述べるように，自分の仲間が自分の行動や他の個体の行動にどのように反応するか，また，自分の行動をどのように変えたらよいか，といったことを予想することもできる。これらの洗練された社会的知識が，チンパンジーのコミュニケーションの基盤である。

ある環境や社会的状態にかんするかなり特定された情報を得るには，もうひとつ別の方法もある。仲間の行動のうち非作為的で方向が特定されていないものを注意して見ていれば，偶発的な手がかりが得られるのである。男の人が釘を壁に打ち込むとき，（普通は）何かを知らせようとは思っていない。しかし彼の奥さんは，（やっと）ウチの人もあの絵を吊す気になった

のね，という情報を受け取るだろう。マッケイ（Mackay, 1972）が指摘しているように，はしかにかかった人は自分の健康状態にかんする情報を知らせようとは思っていない。にもかかわらず，ボツボツのできたその顔は病気であるという信号であり，友人は感染を避けようとするだろう。

　チンパンジーが，堅い殻におおわれたストリクノスの実を岩にコンコン叩きつけるとき，その目標は殻を割って中味を食べることだ。けれども彼の行動は，そのコンコンという音を聞きつけた全チンパンジーに特別な情報を伝える。いわく，向こうにチンパンジーがいるぞ。いわく，向こうでストリクノスの実を食べようとしとるぞ（あるいは，そのどちらか）。コンコン音が小さければ，情報はさらに付加される。割っとる奴は子どもだ（でかい音を出すほど強くない）。もちろん，見えない割り手の身元を確認する手がかりはない。しかし断言はできない。1時間前，今まさに音のしている方角に特定の母子連れが移動していった。聞き耳を立ててい

るチンパンジーがもしそれを目撃していれば，割り手の身元を割り出そうと推測をめぐらしているかもしれないではないか——神のみぞ知る。

　この種の偶発的手がかりはわれわれの日常生活において，実にたくさんの情報を伝えている。焼き立てのパンのにおいから，シシリアおばさんがいつもより早くパンを焼いていることがわかる。きっと，昨日美容院の予約をしたんだろう。ということは，今日はジョニーを学校に迎えに行けないだろうなあ……などなど。こういった複雑な推理を，チンパンジーがどの程度までしているのか，まだわかっていない。しかし進化の過程において，生物種の認知能力はより複雑になってきた。したがって生物個体は，複雑化する信号の組合せに注意を向け，反応するようになってきたし，周囲の環境の多様性を考慮するようになってきた（Andrew, 1972）。明らかにチンパンジーには，無関係な情報の断片をつなぎ合わせる能力がある。そしてこの才能によって，彼らの世界で起こる出来事にかんする，より鋭い眼を持つことができたのである。

気分の影響

　2人の人間の社会的相互交渉は，その2人の関係および2人の気分，すなわち感情状態とに影響される。明らかに上司のご機嫌ななめのときに，くだらないムダ話をする秘書はいない。機嫌がなおるまでつとめて邪魔にならないようにするだろう。ルームメイトが失恋して深く落ち込んでいるときに，自分は彼氏とうまくいっているなどと言ってはいけない。気のきいた友人というのは，そういうものだ。同様に，ある信号を受信したチンパンジーの反応も，少なくともいくらかは，送信者との関係およびその時の各人の気分によっている。くつろいで採食しているおとな雄が若ものを穏やかに攻撃しても，

その若ものは恐慌の反応をするだろう。そのような場合，送信者の興奮状態があまり激しくなければ，無視できるのは送信者よりちょっとだけ順位の低い雄に限られる。邪魔にならないようにしていればいいのだ——ただし，その雄も著しく興奮していればだめである。そういうときは，彼も同じように攻撃を仕返すだろう。

　ある信号が，特定の個体の行動を変化させることを目的として発信されたにもかかわらず，その信号が向けられていない個体の行動を変える働きをすることもある。たとえば，AがBを（腕振り上げで）威嚇した。Aは，（Bを近づけさせないという）目標を達成した。同時に，

第三者のCも，その威嚇によって向こうに逃げる，というような場合である。いいかえると，CはAとBの一連のコミュニケーションから，Aの気分を知ったのである。

チンパンジーの感情について，系統的な研究はほとんどなされていない——もっとも，このような研究につきものの難題を考えれば，驚くことでもない。今から40年ほど前にヘッブ（Hebb, 1945, p. 32）はこの問題を取り上げて，こう言っている。「感情を確実に認定することはできないと断定するのは，誤りである。この誤った判断は，不適切な科学的方法に基づいている。……人間の感情も動物の感情も，同じ方法で確認できるものである」。感情は，行動の時間的な連鎖との関係を通して基本的に確認できるものであり，生物の顔の表情や一瞬の状態で判断するのは有効でない，と彼は述べている。ヘッブのこの主張を取り入れて追求した研究を，わたしは知らない。けれども，長期にわたってチンパンジーを親密に研究してきた人たちは，みな異口同音に，チンパンジーが人間と同様の喜び・楽しみ・悲しみ・退屈といった感情を持ち合わせていると，躊躇なく断言している（たとえば，Köhler, 1925; Kohts, 1935; Yerkes, 1943 などを参照）。

チンパンジーの感情はわれわれ人間の感情とほとんど同じなので，経験の浅い観察者でもその行動を解釈できる。子どもが身を地面に投げ出し，悲鳴を発しながら顔をゆがめて当たるをさいわいにすべてなぐりつけ，おまけに頭をたたきつけながらころがっていれば，これはどうみたって激怒しているのだ。かんしゃくというやつだ。あっちの子どもは母親の回りをとんぼ返りではね回り，ピルエット（つまさき旋回）のステップを踏んで何度も母親に駆け寄っては膝枕をしてもらい，ポンポン叩いたりくすぐってちょうだい，と手を引っ張る。これはもう，生きる喜びを満喫している。ほとんどの研究者は，まず例外なく，ハッピーで楽しい感情の状態と生理的満足感がこの子の行動の原因である，と判断するだろう。こういった，怒りや幸せの極にいるチンパンジーは，人間の子どもと同じく体全体で感情を表す。気持ちがこれほど強烈でないときは，顔の表情や姿勢のわずかな変化で表現する。

チンパンジーのおとなも子どもと同様で，人間の小さい子のように「思ったままに行動する」傾向がある。元にある感情の状態を，ほとんど，あるいはまったくつつみ隠さず表してしまう。つまり，ある状態における行動の相互交渉を完全に理解しようと思ったら，感情を理解することが重要なのである。しかし現状では，感情の解明は理想的というにはほど遠い。わたしがこの章や他のところで言及している感情は，大部分，直観に基づくおおざっぱな分類である。したがって，たんなる試論と思っていただきたい。

チンパンジーは過去の経験を思い出して，不快な出来事を予想する能力がある。したがって，彼らが不安をいだくことがあるというのも，容易にうなずける。彼らは恐怖感も示す。見なれぬものや未知のものを恐れ，極度に攻撃的な相互交渉においては，社会的恐怖を味わう。また，彼らは，嘆き，悩む。幼児期に，迷子になったり欲しいものが手にはいらなかったりしたときの嘆きは，離乳期にはもっと激しい感情に変容する。激しく攻撃されて傷ついたおとなの感情も，同様である。劣位者の不快な行動に対して，優位者はいらいらする。この感情は，態度と音声によって表出される。態度はぶっきらぼうだが荒々しいものではなく，音声は「もう，静かにしてよ！」や「出てけ！」と同じ信号である。怒りはもっと攻撃的な状態で，激しい攻撃行動や威嚇になることもある。これが欲求を邪魔された感情（つまり，欲求不満——たとえば，子どもがおっぱいを吸おうとして断わられたり，

おとなが何度もおねだりをして拒否されたりすると，欲求不満になる）と組合わさると，激怒になる。この極端な形が，おなじみのかんしゃくとなって表現されるものである。チンパンジーには安らかな楽しみあるいは充足感といった感情も存在する。穏やかな採食時，グルーミングしているとき，そして，お腹いっぱいになって休息しているときなどが，そうである。相手をなだめて友好関係を再確認するときの一連の行動や，肉などの食物分配（第13章）における多様な感情状態の分類は，かなり困難である。性的交渉と性的行動にまつわる感情は，穏やかで平和的なものだろう。ただ，ときには性的興奮に火がつけられることもある。多様な社会的興奮の根底にある感情は非常に複雑であり，おそらく，異なる興奮の水準が関係しているのだ

ろう。社会的興奮は，激しい突進ディスプレイとか，奇妙な姿勢や振舞いなどによって表され，ときにはうるさい鳴き声がともなう。社会的興奮はさまざまな活動に参加したりそれを目撃することで刺激を受ける。おもなものは，狩猟，豊富な食物資源に到着したとき，パーティー同士の再会，雨降りディスプレイ，未知の個体との遭遇，などである。このリストに激しい社会的遊びを加えてもよかろう。社会的興奮は，そのときの流れに左右される。したがって，喜びと不安，怒りと恐れなど，対立する感情の入り混じったものであることはまちがいない。社会的興奮を構成要素に分解して明確なイメージを抽出するには，まだまだ多くの研究が必要である。

コミュニケーションと情報の交換

情報の発信と受信の経路は，おもに視覚・触覚・聴覚・嗅覚の四つである。メッセージには，このうちのひとつの経路だけを通って伝達されるものもある。たとえば，見えないところにいるチンパンジーから音声の情報を受け取るときなどはそうである。しかしほとんどのメッセージは，二つかそれ以上の経路で伝達される。ここでは便宜上，各経路ごとに別々に取り上げることにする。

視覚コミュニケーション

チンパンジーは（他の高等なサルや類人猿，ヒトと同様）顔の筋肉が発達しており，顔には毛がない。これはおそらく，顔の表情を多様にするための特殊化であろう（Andrew, 1963）。マーラーとテナザ（Marler & Tenaza, 1976）が指摘したように，表情には特定の音声と対応しているものが多い。これは，表情を変えることに

よって口の開き方と共鳴腔の形が変わるからである。受信者は音声そのものよりも，このような「音声と結びついた」表情からより多くの情報を得るだろう。一方図6.1に示したのは，音声なしで示されることの多い表情である。これらは音声と一緒のこともあるが，信号としての機能はこの種の表情の方が明確である。

きわめて近い距離にいるチンパンジー同士のコミュニケーションにおいて，表情は決定的に重要である（Kohts, 1935; Yerkes, 1943; van Hooff, 1967; Goodall, 1968b; Marler, 1976）。これは，われわれ人間においても同様である（Argyle, 1972）。アルトマン（Altmann, 1967）が指摘しているように，受信者の方に顔を向けて見つめることは，社会的メッセージの方向を決定するための一番普通の方法だろう。また，視覚・姿勢・運動などで信号の方向を決定することによって，自分の方を見ている者に情報を与えることもできる。

図6.1 チンパンジーの顔の表情
(D. Bygott による)

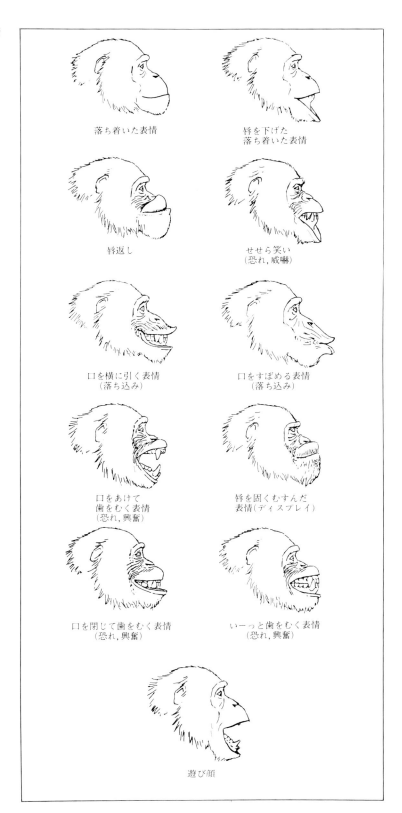

劣位者は優位者の表情を見ていれば，表情のわずかな変化を感知して，自分の行動をそれにあわせて修正できる。たとえば，こんな場面を見たことがある。ゴブリンがまだ子どもだったころ，おとなの雄がバナナの皮を自分の脇に捨てた。その雄は採食を続けており，ゴブリンはそーっと皮に近づいた。その計略は完全に成功したが，その間，ゴブリンはその雄の顔をほとんど見なかったのである。

人間以外の大多数の霊長類では，ゴリラもふくめ，おとな同士が長々と目を見つめることは威嚇として機能する。しかしチンパンジーでは人間と同じく，長く目を見つめることは友好的な相互交渉の証として作用することがある。アーネム・コロニーでは，おとなの雄が互いに対立した後，互いの視線をまさぐる。このまさぐりあいは，ときに15分も続く。ひとたびしっかりと目を見つめ合うところまでいけば，和解は簡単だ（de Waal, 1982）。人間の家庭で育てられたルーシーというチンパンジーに初めて紹介されたとき，こんな経験をした。まず彼女がわたしの近くにやってきて座り，それからおよそ30秒，彼女とわたしはじーっと見つめ合った。

（わたしがそのとき何を思ったか，また，彼女はそのとき何を思っていたのだろうか——ここでそれを詳しく語るのはやめよう！）

他のどの表情よりも劇的な信号価をもつ表情は，いーっと歯をむく表情（full closed grin）である（図6.1を見よ）。突然この表情をされると，白い歯とピンクの歯ぐきで顔がまっぷたつに裂けたように見える。この表情は予期せぬ刺激で驚いたときに見せるもので，たいてい音声はともなわない。この，歯をむいた，恐るべきゆがんだ表情が仲間に向けられると，たちまち恐怖の反応が広がる。この表情は，「危険」にかんする情報を伝達するにはうってつけのものだ。そのような状況では，沈黙することが身の安全にとって決定的に重要なのだ（たとえば，偵察中の隣接コミュニティーの連中がいて，声を聞きつけるかもしれない）。

ゴンベのチンパンジーには，他の個体には見られない表情をもつものもいる。くつろいでいるときに下唇をベロンと下げる者がいるが，これは一部の個体だけで，それ以外の者は決してやらない。また，上唇を鼻の頭に裏返しにかぶせて唇返し（lip flip）をし，唇で鼻をすばやくこする者もいる。これも一部の個体だけである。成熟雄のデイビッド老人は，もっとバナナを食べようとして餌箱を次々とあさっているうちに，下唇をだんだんと突き出したものである。ヒューゴーは，唇を合わせて端を後ろに引くにせ笑い（mock smile）をよくした。遊び顔（play face）をほほえみ（smiling）として紹介している文献もあるが（Yerkes & Yerkes, 1929），にせ笑いはこれとは関係ない。にせ笑いはいろいろな場面で見られるが，遊びやいい気分とは結び付いていない。ハンフリーとギギは，突然驚かされるとせせら笑い（sneer）をする。

ミスター・ワーズルは，眼の虹彩の回りに，人と同じような白いきょう膜（白眼）があった。彼はたえず視線を前後左右に動かすので，異常に警戒心が強いように見えた。このような目配りは（まったくくつろいでいるか，何かの作業に集中しているのでなければ）きわめて普通のことなのだが，白眼があるために視線の動きが目だつのである（われわれ自身の白眼に備わっている潜在的信号価を思い出していただきたい。とくに，暗がりにいる人や肌の色の濃い人では，この信号価が著しい）。

体の姿勢も大きな意味をもつ。くつろいだ姿勢が少しでも変わると，二次的な信号として作用し，近くの個体に情報を伝達する。姿勢の変化の度合はさまざまである。単に場所を変えるだけでも，神経質な若ものを跳び上がらせるのには十分なこともある。起き上がって立ち去ることもある。腕で威嚇する（arm threat）となる

ミスター・ワーズルの白眼。その潜在的な信号価に注意（H. van Lawick）。

上：攻撃的な出来事の最中に，歯をむき，悲鳴を発するリーキー（H. van Lawick）。
左：攻撃されたマイクが，いーっと歯をむきながら悲鳴を出しているところ。

と，明らかに特定の個体を対象としている場合である。

　ケガをしたり健康が優れなくて外見や動きに変調をきたすと，仲間の接し方も変わるようだ。小児マヒを患うと外見や歩き方に著しい変化をきたすし，死ぬとまったく動かなくなってしま う。こういう変化は，恐れや攻撃，あるいはその両方の反応を引き起こすことが多い。欲しかったものが手にはいったときも，微妙に行動が変わる。したがってその個体に対する回りの反応も，違ったものになるだろう。

　興奮の度合（Mason, 1965）の変化を測定する

ために（見ている人間にとってもチンパンジーにとっても）とくに重要なのは，体毛が固く逆立つこと（体毛直立 [piloerection]。ゴンベの用語では，毛の逆立ち [bristling]）である。これは自律的な行動で，極度に攻撃的なときや社会的な興奮状態にあるとき，また，見なれないものやびっくりするようなものを見たり聞いたりすると，毛が逆立つ。対照的に，優位個体を恐れたり神経質になっているチンパンジーは，毛をなめらかに寝かせている。ときどき——雄が遠距離の呼び声を聞いたり，攻撃的な相互交渉を見たりしているとき——毛を立てたり寝かせたりを交互にしていることがある。おそらく，見たり聞いたりしたものに対し，感情的に反応しているのだろう。優位個体が突然毛を直立させると，近くの劣位個体はそわそわして立ち去ることがある。毛を逆立てた雄は，毛を寝かせた雄より頻繁にディスプレイや攻撃をするからだ。

音声以外のコミュニケーションの体系における姿勢や動作の多様性は，第12章と13章で詳しく述べる。服従的な行動様式は，尻向け（presenting），手を伸ばす，這いつくばる（crouching），首振り（bobbing）などである。攻撃的な行動パターンには，いろいろな腕振り（arm-waving）動作，二本足でののしのし歩き（bipedal swaggering），肩を丸める，そして，雄の印象的な突進ディスプレイを構成するさまざまな行動要素などが含まれる。一般に，攻撃的に動機づけられた状態では，自分を大きく見せる行動様式をとる。二足姿勢，上下に飛び跳ねる，腕を振る，毛を直立させる，すべてそうである。突進ディスプレイのときに太い枝をひきずりしならせ，大きな岩を投げつけころがし，下生えをなぎたおす，ということがある。これらもすべて，より大きくより危険に見せるためである。対照的に服従的で恐れおののいている個体は，（逃げるのでなければ）毛を寝かせて地面に這

いつくばり，用心深くコソコソと動く。穴があったら入りたい，消えてなくなってしまいたい，といったところだろうか。

視覚刺激による個体間のコミュニケーションは，かなり近い距離で交わされるものがほとんどだ。しかし，発情した雌の膨らんだ性皮は，非常に効果的な遠距離信号（distance signal）としても機能する。それは，幅の広い渓谷をはさんで1キロぐらい離れた向こう側にいる雄の行動をも変化させる。とくに若い移入雌や訪問雌の場合，遠くから見てわかることは重要であろう。なぜなら，遠くから見てただちに魅力的な資源として受け取られれば，「よそもの」であるがための激しい攻撃を回避できるからである。人間の観察者でも，特定のチンパンジーの特徴的な姿や歩き方を見て，谷を横切っているのが誰なのかわかることがある。おそらくチンパンジーもこのような識別ができているらしい。次のような事例がある。母親を見失って泣いていた子どもが，谷を横切る母親の姿を見ると泣きやみ，母のもとへと急いで行ったのである。

触覚コミュニケーション

肉体的な接触は，落ち込んでいる個体や緊張している個体を元気づけたりなだめたりするメッセージの重要な要素となる。これはさまざまな場面で見られるが，おもなものは，別れていた後の再会のあいさつ，攻撃的な出来事のあとの和解，興奮・恐れを示したときの元気づけ，などである。このような状況下では，さわる・軽く叩く・抱擁する・キスをする，などが共通して見られる。再会のとき，劣位者は優位者に向かって懇願するように手を伸ばすが，それだけでなく，実際に接触することもある。その振るまいに対する優位者の反応は，さわる，キスをする，抱きしめる，馬乗りするといったところだ。劣位者が，元気づけの接触を実際に要求することもある。望んでいた接触があると，劣

130——コミュニケーション

位者は目に見えて落ち着いてくる。

第14章で詳しく述べるように，社会的グルーミングによる友好的な肉体接触は，チンパンジーの社会生活の中でも最も目だつもののひとつである。母親とその大きくなった子どもや，おとなの雄同士といった，きわめて友好的な関係にある個体同士は，別れて遊動していた後で出会うと長々とグルーミングを始める。緊張関係にある2頭のおとな雄の場合，グルーミングは緊張をやわらげる働きをする。また，突進ディスプレイを続けざまにやったり，喧嘩をしていて極度に興奮している個体の場合は，他の個体からグルーミングされることによって目だって落ち着く。短いきまりのグルーミング動作は，あいさつや服従，元気づけなどの相互交渉の一種である。セカセカと無駄の多いグルーミングをしているチンパンジーは，（たとえば，求餌を待っているあいだのように）欲求不満の状態にあるのだろう。

ある個体が触覚刺激を自分自身に向ける場合も，沈静化と元気づけの機能を果たす。不安や欲求不満の状態にあるチンパンジーは，自分をひっかいたりグルーミングしたりする。雄のフィガンは，突然恐れおののいたとき，自分の陰嚢をつかむ癖があった。バナナ待ちのチンパンジーがキャンプで長時間を過ごしていた頃は，雄たちはよく，自分の勃起したペニスで遊んでいた。思うにこれは，欲求不満の表れなのではないだろうか。

肉体的接触は，いつも快適なものとは限らない。平手打ち・蹴っとばし・ぶん殴り・ひきずりまわし・咬みつき——これらはみな，攻撃の要素となるものだ（また，乱暴な遊びの中でも見られる）。そしてこれらに対する反応は，恐れ・悲鳴・避難——あるいは，怒り狂った報復。攻撃的な接触が起こるのは，信号が無視されたり，まちがった社会的反応が返ってきたりしたときなどである。また単に，犠牲者がその時そ

こにいたからだ，という場合もある。スコット（Scott, 1958）は，以下のように述べている。痛みをともなう刺激は急速に学習され，なかなか消去しない。したがって，攻撃的な肉体的懲罰がチンパンジー社会の序列化に果たす役割は重要であり，過小評価してはならない。

聴覚コミュニケーション

自然状態のチンパンジーは，何頭か一緒にいるときでも，何時間にもわたって一声も発しないことがある。そうかと思うとひっきりなしに声を出すこともあり，特にいくつかのパーティーが互いに声の届く距離にいると，うるさく頻繁に鳴き交わす。チンパンジーの声はほとんどがコミュニケーションとして機能し，声を聞いた個体の行動を変化させる。変化のさせかたは，かなりの確率で予想できることが多い。これは，他個体の行動に影響を及ぼそうという意図が常に音声に含まれている，ということではない。もちろんそういうこともありうる。

チンパンジーの音声は，感情と密接に結び付いている。特有の感情状態なしに声を出すことは，チンパンジーにはまず不可能なようだ。ヘイズ夫妻は，チンパンジーのビッキーに集中的な（かつ，根本的に不毛の）発話訓練を施したが，この訓練をする前のビッキーは，「いかなる音声も意識的に発することはできなかった」（Hayes, 1951, p. 66）。偶然ビッキーは，何かが欲しいときに絞め殺したような〈アアアア〉（ahhhh）という声を出すことを学習した。結局ビッキーは，（不明瞭な）単語表現を4種類以上はできなかった。おそらくこれは，少なくともいくらかは，類人猿と人間との言語器官の相違によるものだろう。つまり，ビッキーが思う通りに発声できなかったのは，重度の言語障害のようなものだと思って間違いないだろう。

声を出したがために発信者に注意がそそがれ，発信者が好ましくない，または危険な状態にな

唇を結んだ表情は，攻撃性と結び付いている。これは，ファーベンが突進ディスプレイをしているところ（H. van Lawick）。

最優位雄のマイクが近くを通ったため，服従的な行動をとるフィガン。頭を揺すって，咳こむような吠え声を出している（H. van Lawick）。

突進ディスプレイの準備をしている最優位雄のマイク。四足で丸くなっている。（H. van Lawick）

社会的グルーミングは，落ち着いた友好的な肉体的接触である（Gombe Stream Research Center）。

ることがある。こういう状態では，チンパンジーは声を出さないことを学習する能力があるが，それは容易なことではない。フィガンがまだ若ものだったとき，年長の雄たちが去るまでキャンプに残っていたので，やっとわれわれはバナナをあげることができた（彼はそれまで，一本もバナナをもらえなかった）。フィガンが興奮して餌発見の声（food call）を出したために，大きな雄たちがとんで帰ってきて，バナナをとりあげてしまった。数日後，フィガンはもう一度隠れて待っていて，バナナをせしめた。今度は大きな声は出さなかった。しかし，のどの奥からかすかに声がもれ聞こえており，まるでさるぐつわをかまされているみたいだった。

チンパンジーの音声は，現状で可能な限り，その声の源となった感情の状態と関連づけるのがいいと思う。図6．2は，その初歩的な試みである。列挙した感情状態は，すでに述べたものがほとんどである。が，ある種の一群の音声は，記述するのが困難な感情と結び付いている。

ここではその感情を，試みに「社交的な気分」と名づけた。仕事からもどった人が，「ただいま！」と言う。あるいは，リンゴもぎのおじさんが自分のリンゴの樹に向かって「どうだい，調子は？」と，つい呼びかけてしまう。こういう人たちの感情は何と表現すればいいのだろうか？ おたずねパント・フート（inquiring pant-hoot）や自発的パント・フート（spontaneous pant-hoot），あるいは弱い唸り声（soft grunt）や長い唸り声（extended grunt）を出しているチンパンジーも，これらの人々と同じ感情の状態にあるとわたしは信じている。

音 声 チンパンジーの音声は，連続的に変化する。ほとんどの音声が，音響的には一つの連続的な体系の中に位置づけられるだろう（Marler, 1969）。音響スペクトログラフによる分析の結果，15種類の異なった音声が区別され，記述された（Marler, 1976；この分析は，1967年にゴンベでマーラーが3カ月間に集めたデータによる）。この

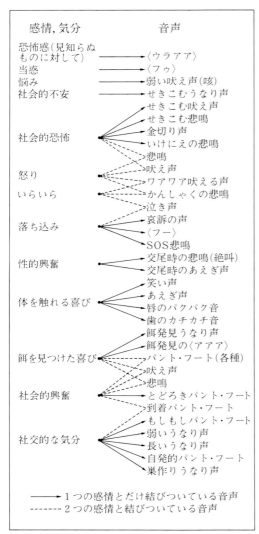

図6.2 チンパンジーの音声と，音声に一番強く結び付いている感情・気分

画期的な研究以後，ゴンベのチンパンジーは何千何万時間も追跡・観察されてきた（総観察時間は約58,500時間になる）。このあいだ，チンパンジーの音声コミュニケーション・システムは，当初考えられていたよりもはるかに複雑であることが明らかになってきた。したがって，音響スペクトログラフによる分析はないが，マーラーの音声目録を拡張することは重要だと思われる。

多様な音声を耳で分類することは，容易ではない。チンパンジーの発声組織は人間とは異なっており，不連続な音声を連続的な尺度によって区別・分類することは，人間には困難である。さらに，同じ声でも個体差が著しいので，音声の分類作業は一段と困難になる。同じ基本音声から派生している二つの音声タイプのあいだの違いより，個体差の方が大きいこともある。このように困難ではあるが，ここでは，以下の諸点を考慮して分類することにした。(a) ある音声が発声されたときの行動の状況 (b) 発声者がどのような感情状態にあると推測されるか (c) もし，音声を向けられた個体や音声を聞いた個体の行動が音声によって影響されたならば，それは予想可能な方向であること (d) 経験をつんだ観察者が，その音声を他の音声と区別できること*。その結果，マーラーの目録に17種の音声を追加することができた（図6.2）。これらの音声の中には，マーラーがデータを集めたころの野外研究者がすでに存在を認めていた（たとえば，Goodall, 1968b）ものの，音響的な特徴に差のないものもある。たとえば，交尾時のあえぎ声（copulation pant）と当惑したときの〈フゥ〉（huu）がそうである。それ以外の音声は，主要な音声型，とくにパント・フートと悲鳴の細分類，あるいは派生型である。

チンパンジーの複雑な音声コミュニケーションを解明するためには，いくつかの音声が組合わさることによって増加する複雑さを考慮しなければならない。チンパンジーが，こういった複雑な組合せを経験豊かな人間の観察者なみに解釈できるとすれば，それによって伝達されるメッセージはさらに増加することになろう。そ

---

* 4人の古参の野外アシスタント（H. マタマ，E. ムポンゴ，Y. アラマシ，Y. ムブルガニ）に，自由回答形式で質問したが，彼らの答えはおおむね一致していた。ただし，図6.2に示した32種類よりもっと細かく分類したがることもあった。

して明らかに，彼らは人間の観察者よりはるか
にうまく解釈している。

チンパンジーの音声が発せられたり向けられ
たりする状況には，次のようなものがある。(a)
発声者と同じパーティーの個体に対して (b) 違
うパーティーにいる，同じコミュニティーの個
体に対して (c) 隣接コミュニティーの個体に対
して (d) 動物以外の環境刺激，たとえば，食物
資源に対して (e) 他種の動物に対して。(a) と
(c) に含まれる大きな声も，分散している同じ
コミュニティーの仲間に情報を伝える。また，
隣接コミュニティーの個体がたまたま声の届く
距離にいれば，これらの声と (b) に分類される
声も，その個体に情報を提供する。同様にして，
(c)，(d)，(e) の声も，声を聞いたチンパンジー
が誰であれ，情報を提供する。簡単のため，以
下，音声レパートリーを二つに分けて記述する。
一つは，パーティー内の音声で，主として同じ
パーティーにいる個体間のコミュニケーション
に使われるものだ。もう一つは，遠距離用の音
声で，あるパーティー（またはコミュニティ
ー）から別のパーティー（コミュニティー）
への情報伝達を，おもな目的とするものである。

パーティー内の音声 劣位個体から優位個体
に向けて出される音声は，あいさつや敬意を表
す弱いせきこむような唸り声（pant-grunt）から，
せきこむような吠え声（pant-bark）へと連続的
に変化する。そして，劣位個体が威嚇されたり
攻撃されたりすると，悲鳴（scream）を発する。
この悲鳴は，周波数・強度・持続時間ともに変
動する。困惑している個体は哀訴の声
（whimper）を出す。この困惑が恐れと結び付い
ており，しかも恐れがだんだん大きくなってく
るようなときは，哀訴の声から金切り声
（squeak）へ，そして悲鳴へと連続的に変わっ
ていく。もし，困惑が欲求不満に満たされてい
れば，しまいには，かんしゃくの悲鳴（tantrum
scream）までいくだろう。この声はひどくうる

さく，逆上したものである。

自信に満ちた攻撃者は，あまりうるさくはし
ない――ときおり弱い吠え声を出す他は，威嚇
のときも攻撃のときもまったく静かなのが普通
である。しかし，不安や恐れがかけらでも混じ
ってくると，うるさくワアワア吠える（waa-
bark）。また，攻撃が激しいものになると，攻
撃者も犠牲者もうるさく悲鳴を発する。

友好的な場面の音声コミュニケーションは，
大体が唸り声のような柔らかい声である。もっ
とうるさい声が発せられるのは，性的・社会的
に興奮したときに限られる――たとえば交尾時
の悲鳴や，うるさくヒステリックに響く笑い声
などである。

パーティー内の音声は，発声者が交渉をもち
たいと思っている個体の注意をひき，コミュニ
ケーションとしての身ぶりを強調する。また，
深い森で個体同士の集合を維持するのにも役立
つだろう。ある個体が，一時的に他個体の視野
からはずれることがある。もちろんそんなとき
でも声が届く所にいれば，音声によって仲間の
状態にかんするなにがしかの情報を得ることが
できる。ほぼ確実にわかるのは，誰が声を出し
たかということである。この，音声によって個
体識別ができるという興味深い能力は，次のよ
うにして確認できた。手話（American Sign Lan-
guage: ASL）の上手なチンパンジーに，（ピー
ター・マーラーが）ゴンベで録音したチンパン
ジーの声を再生して聞かせたのである。フロー
の悲鳴とフローのパント・フートを続けて聞か
せると，違うけど同じ，と手話で話した。フ
ローの悲鳴とマイクの悲鳴を聞かせると，驚い
たことに同じだけど違う，と反応した。思うに
これは，同じ種類の声だけど違う人の声，とい
う意味なのではないだろうか。他の音声の組合
せにも同じような反応が返ってきた。この実験
は，音声の個体差を明らかにするようには計画
されていなかったし，テープを再生するときは，

遠くからの声に反応してパント・フートを出すチンパンジー。左から右へ：フロー、ヒューゴー、マグレーガー、メリッサ、少しむこうを向いているのがデイビッド老人（H. van Lawick）。

誰の声なのか実験者も知らない状態でおこなった（Fouts, 1974）。チンパンジーの母親は，自分の子どもの姿が見えなくてもその悲鳴を識別して反応する（これは他の哺乳類でも同様である——ベルベット・モンキーを対象とした研究で，見事に立証されている; Cheney & Seyfarth, 1980 を参照）。

聞き手としてのわれわれのチンパンジーは，音声の連鎖からも多くの情報を得るだろう。異なる個体のあいだで声が行き来する場合など，特にそうである。子どもの笑い声の後に哀訴の声が続くと，遊びの最中に遊び相手のひとりがちょっと乱暴しすぎたな，とわかる。いじめられている方の子の母親は，木のてっぺんで採食していてもわが子の声を聞きつけ，警戒体制をとる。哀訴の声が悲鳴に変わると，母親はわが子を守るために飛んで行く。子どもの声がワアワアと吠える声になったら，母親は安心できる。これは，もうその子が味方を見つけたことを意味するからだ。同様に，おとなの悲鳴に金切り声が続き，しまいにせきこむ唸り声になったとしよう。これは，声を聞いたチンパンジーに，次のような出来事を見たのと同じくらいの情報を伝達する。すなわち，攻撃的な相互交渉が起こり，その後犠牲者は落ち着いて攻撃個体に近づいたのである。せきこむ唸り声がこもっていれば，キスをしているのだろう。

音声レパートリー

その1，パーティー内の音声

せきこむ唸り声（pant-grunt）は，常に劣位者から優位者に向けて発せられる。敬意を表す象徴（token）として機能し，コミュニティーのメンバー間で友好的な関係を維持するのに重要な役割を果たす。相対的に劣位な個体はより緊張するため，大きなせきこむ唸り声を出す。友好的な個体同士のあいさつのときは，ほとんど声にならないくらいやわらかい声になる。劣位者に不安感があれば，せきこむ唸り声はせきこむ吠え声（pant-bark）に変わる。これは，もっと大きな声である。極度の恐怖感にとらわれている個体は，（とくに社会的に興奮しているときに）せきこむ吠え声を逆上したように鳴

き続けることがある。この声が悲鳴になってくると，せきこむ悲鳴（pant-scream）になる。

哀訴の声（whimpering）は，周波数の低い，一連の弱い声である。だんだんと大きく，高くなることもある。チンパンジーはさまざまな状況でこの声を出すが，基本的に共通しているのは，困惑や要求である。子ども，とくに離乳期の子どもがよく出す。おとなでも，優位者に食物をねだって断わられたときや攻撃されたときなどに出す。哀訴の声は悲鳴に変わることがある。

この哀訴の声の一部分だけが独立して発せられたものが，〈フー〉（hoo）である。両者を区別する音響的な特徴はない（Marler, 1976）。この声は，連続して何回も発せられることもあるが，各々の音声は独立している。一連の〈フー〉の周波数と音量が変化して音声の間隔が短くなると，哀訴の声に変わっていく。母親と子どもが肉体的な接触を回復するときには，子どもも母親も〈フー〉を出す（ただし母親がこの声を出すことは，はるかに少ない）。たとえば，移動中に子どもが母親の背中に乗りたいときや，母親が危険から子どもを引き戻すときなどである。餌やグルーミングをねだるときは，おとなもこの声を出すことがある。

金切り声（squeak）は短く鋭い声で，1秒間に2～5回発せられるのが普通である（Marler, 1976）。自分より優位な個体から威嚇されたときに，この声を出す。劣位者の恐怖がもっと強くなると，悲鳴に変わる。また，発声者が少し落ち着けば悲鳴は金切り声に変わる。

悲鳴（scream）は，大きな，周波数の高い声で，続けて発せられることがほとんどである。攻撃や一般的な社会的興奮の場面で聞かれる。発声者は極度に抑圧され，恐怖におびえ，欲求不満の状態，または，興奮状態にある。ここでは，悲鳴を4種類——いけにえの悲鳴，かんしゃくの悲鳴，ＳＯＳ悲鳴，交尾時の悲鳴（すなわち，絶叫［squeal］）に分類してみた。分類基準は，悲鳴を発している個体の感情，悲鳴が発せられる状況，音声の周波数・音色・持続時間・タイミング・強度などの（人間の耳で聞いてわかる）違いである。悲鳴は遠くまで届くので，相当広い範囲にいるチンパンジーに聞こえると思われ，発声者を助けに味方がやってくるであろう。ＳＯＳ悲鳴は，発声者の属しているパーティーとは別のパーティーの個体に向けられているようなので，遠距離用音声のひとつとしてあつかう。

(a) いけにえの悲鳴（victim scream）は攻撃さ

哀訴の声を出すフィフィ（口をすぼめて横に引く表情）（H. van Lawick）。

フィガンがかんしゃくを起こし，うるさく悲鳴を発し，しゃがみこんでいる（H. van Lawick）。

れたチンパンジーが発する。音質（荒さ［harsh］や長さ）は，攻撃の殴り方やひきずり回し方，叩き方などに影響される。したがって，攻撃に対する反応として発せられる悲鳴にはさまざまな変異が認められる。攻撃者が叩いたり殴ったりする音が聞こえることもある。

(b) かんしゃくの悲鳴（tantrum scream）は，ものすごく大きな荒い声である。ときに，声門が締め付けられたり，詰まったりすることもある。授乳期の子どもが授乳を拒否されたときのかんしゃく行動の一部として，出されることが多い。攻撃されたおとなは，相対立する二つの欲求——たとえば，仕返

しをしようという攻撃的な欲求と，攻撃者に対する恐怖——にとらわれていることが多い。この欲求不満を，かんしゃくの悲鳴で発散させることがある（かんしゃくの動作をすることもある）。

（c）テュティンとマグルー（Tutin & McGrew 1973, p. 243）は，交尾時の悲鳴（copulation scream）のことを，「周波数の高い澄んだ声で，長さはいろいろである。歯をむいた表情を伴う」と描写している。彼らはこの声を，絶叫（squeal）と呼んでいる。経験をつんだ観察者なら，この声を聞き間違えることは，まずない。たとえば調査助手は，雌が「性の声（sex call）」を出してはいないが恐怖の悲鳴を発している，という交尾を記述していることがある。

吠え声（bark）は大きく鋭い声で，長く続くのが普通だが，周波数はさまざまである。雄より雌の方がこの声をよく出す。どんなたぐいのものであれ，社会的に興奮しているときには，いろいろな声が発せられるが，吠え声のような音が混じっていることが多い——人間には聞き分けるのがはなはだ困難な声である。膨大なサンプルを注意深く分析しなければ，ごたまぜになった音の中からはっきりした音声を区別することはできないだろう。

ワアワア吠える声（waa-bark）は，大きく鋭い声で，いろいろな攻撃的な場面で発せられる。通例，腕上げの威嚇姿勢を伴うが，腕振りや直立走行のような，もっと荒々しい動作を伴うこともある。対立的状況に第三者が口をはさむときは，ワアワア吠える声を出す。犠牲者への共感を表していることが多い。雄が雌を攻撃しているときに，他の雌たちが立て続けにワアワア吠える声を出して，攻撃が終るまでいちゃもんをつけることもある。攻撃のあと——味方の連合があったり，攻撃者がディスプレイをして向こうに行ってしまったりして——犠牲者が突然図々しくなることがある。そんなとき，犠牲者の悲鳴は「反抗的な」ワアワア吠える声に変わる。

咳のような威嚇（cough-threat；または弱い吠え声［soft grunt］）は，吠え声に似た声で，少し口を開けて発せられる。これは順位序列に沿って，高順位個体から低順位個体に向けてのみ，発せられる。この声は若干いらいらしていることを表し，劣位者が近寄らないようにしたり，明らかに不愉快なこと（たとえば，発声者の食物に手を出す）をしないように警告する機能がある。

笑い声（laughing）は遊んでいるときに発せられる声で，人間の笑い声とよく似ている。音響スペクトログラフで分析した結果，さまざまな種類があることがわかった。その範囲は，安定した呼気音から，くすくす笑い（chuckle）のようなパルスのある呼気音，さらに「ぜいぜいいう」笑い声まで，いろいろである。声の変化は遊びの激しさの程度と相関している（Marler, 1976）。指でくすぐったり，遊びで咬みついたりといった，肉体的接触のときに笑い声を出すことが多いが，追いかけっこのときに聞くこともある。（おとなより子どもの方がひんぱんに遊ぶので）赤ん坊や子どもはおとなよりずっとひんぱんに笑うが，遊ぶときはおとなでもこの声を出す。

あえぎ声（panting）は，たいてい無声音で，グルーミング中やあいさつをするときに出される（あいさつのときは，口を相手の体や顔に押し付けることが多い）。左の写真は，口開けキス（open-mouth kiss）を相互にやっているところで，これは30秒以上続いた。この間，雄も雌もあえぎ声を発していた。

マーラー（Marler, 1976）は，音響スペクトログラフによる分析から，交尾時のあえぎ声（copulation pant）を他のあえぎ声と同類に分類している。しかし，野外ではこの音は識別が容易なので，わたしは分けて扱う。この声が大きくなると，笑い声との区別が難しくなる——最近の音響スペクトログラフによる分析結果によれば，両者のあいだにほとんど差はないということである。しかし，交尾時のあえぎ声は笑いのあえぎ声より急速で，笑い声に見られる吸気がしばしば欠けている（P. Marler & S. Runfeldt, 私信）。

唇のパクパク音（lip smacking）と歯のカチカチ音（tooth clacking）は，しばしば社会的グルーミングに伴う。このふたつの音は，舌と歯と口を使って発せられるもので，声ではない。突然歯を激しくカチカチ鳴らすと，グルーミングされている個体の注意をひく。ときには周囲にいる他の個体の注意をひくこともある。グルーミング中のカチカチは，だれかけたグルーミングを活性化する機能がある。ときには，グルーミングの活性化を意図して歯をカチカチ鳴らすこともある（第14章）。

弱い唸り声（soft grunt）は，親しいチンパンジー，とくに家族が一緒に採食したり遊動しているときに，互いに鳴き交わす声である。唸り声が発せられる典型的な場面は，ある個体が移動中に止まったとき，移動しようと思って立ち上がったとき，近くの茂みの中に仲間がいる気配を感じたとき，などである。1頭，またはそれ以上のチンパンジーが，同じ唸り声で反応する。つまりこの唸り声は，親し

い個体どうしの行動や結びつきを調整しているのだ。

長い唸り声（extended grunt）は長く引き延ばされた音で、二つの音節（syllable）から成る。この二重の唸り声（double grunt）、〈エー・ム……〉という声は、休憩中に聞かれる。この声の機能ははっきりしていない。パーティーの中で個体の居場所をはっきりさせているのかもしれないし、単に満足感を表しているだけなのかもしれない。二重の唸り声には、もう一種類ある。巣作り唸り声（nest grunt）である。これは、個体が巣に適した場所を探しているときや巣を作っているとき、さらに巣にもぐりこんだとき、などに発せられる。

餌発見唸り声（food grunt）は弱い声で、比較的落ち着いた個体が出す。普通は、大好きな食物を食べ始めて最初の数分間に発する。また、長く採食している途中の休みにも発せられることがある。この声は、パーティーの仲間に資源に対する注意を喚起する機能がある。弱い餌発見唸り声と、（パーティー間のコミュニケーションとして機能する）餌発見の〈アアア〉（food aaa call）は、どちらも、個体が食物資源に到着する前に発せられることがある——ときには、食物がまだ見えないうちに発せられることもある。

おそらく音響的には異なった音声だと証明されるだろうが、ある種の唸り声は、チンパンジーがハチミツやサファリアリに向かって行くときに発せられる（Wrangham, 1975; E. Mpongo, 私信）。この二つは、チンパンジーの大好きな食物であり、虫に刺されたり咬まれたりして痛いという点でも、共通している。

〈フゥ〉（Huu）は、当惑したり、驚いたり、ちょっと不安だったりするときに発せられる声である。小さなヘビや訳のわからないものがうごめいていたり、動物の死体を見たり、そんなものに向けて出す。この声は、チンパンジーがひとりでいるときでさえ出すことがある。マーラーは音響スペクトログラフによる分析に基づいて、〈フゥ〉を哀訴の声と同じものとして分類した。しかし私は、野外で〈フゥ〉

再会したときに、口を開けてお互いにキスをするハンフリーとアテネ。アテネはハンフリーの頭に手を置いている。

と〈フー〉を聞き間違えたことは一度もない。〈フゥ〉という声があると、近くにいるチンパンジーはまずまちがいなく発声者に接近して、その声の原因となった物を見つめる。一方、子どもの〈フー〉に対して（発声者の母親ときょうだいを除いて）接近するという反応があったのは、見たことがない。また、〈フゥ〉を鳴いているチンパンジーは唇をすぼめることはしないが、失望の〈フー〉を鳴いている個体には、この表情がつきものである。

あくび（yawning）には、呼吸のようなかなり大きい呼気が伴うことがある。人間のあくびもそうだが、声が伴うこともある。緊張しているとよくあくびをする。あくびの聴覚的な要素によって注意が喚起され、あくびをしている個体の気分にかんする情報が出されているのかもしれない。

咳（cough）、くしゃみ（sneeze）、しゃっくり（hiccough）、物を食べているときの大きな舌鼓などは、人間とほとんど同じである。これらの音は付随的な信号として機能し、ときにはパーティーのメンバーを探すのに役立つ。

遠距離用の音声 この音声の主な目的と機能は、特定のメッセージを発声者の属していない集団の個体に伝えることである。こういう場合は、伝達される情報が明瞭であることが重要となろう。遠く離れた受信者は、信号の意味をより明確にする情報を状況から得ることができな

いし、解釈の助けとなるような小さな声は、全然聞こえないからである。

構成員が安定（またはほとんど安定）した社会集団を組織している動物の社会においては、遠距離用の音声は、主に集団間の空間配置を調整する（たとえばホエザルの遠吠え [howl] や、

テナガザルの遠鳴き [long-call]）。また，はぐれた仲間を連れ戻す役目も果たす（オリーブヒヒの〈ワーフー〉[waa-hoo]）。しかし，ハイエナやライオンやチンパンジーのように離合集散する社会[*]では，遠距離用音声はもっと多様な機能を持つ。それには次の三つが考えられる。(a)環境条件についての注意をうながす。たとえば，豊かな食物資源や危険の存在を知らせる (b) 遊動域に分散している個体の正確な位置を知らせる。これにより，少なくとも音声による接触は保てる。(c) ある集団のメンバーが他の個体の助けを必要としていることを知らせる。

音声レパートリーの一覧表にあげられている遠距離用の音声は，これらの機能を満たしている。災難を知らせる声――SOS，その他の悲鳴――を聞けば，遠くにいる味方が助けにかけつける。パーティー間でパント・フートを鳴き交わせば，同じコミュニティーの仲間には味方や敵の所在がすぐわかる。それにしたがって，移動の計画を修正することもあるだろう。食物や危険があれば，餌にありついたときの声や警戒の〈ウラアア〉(wraa) を発して，同じコミュニティーの仲間と情報を共有する。これらの音声が，食物や危険の種類をどの程度まで伝達しているか，それはわからない。狩猟に成功したときの声は，たしかに聞いただけでそれとわかる。しかしそれ以外では，食物の種類にかんする情報ではなくて，質と量にかんする情報がありうるようだ。結局のところ，１頭の個体に歓喜の声をあげさせるほどのすばらしい食物は，みんなが味わうことになる。それ以上の細かい情報はいらないのである。警戒の〈ウラアア〉はめったに聞かれず，音声の種類と危険の種類とのあいだに首尾一貫した対応があるのかどうか，まだわからない。もっと分析すれば，そう

いった対応関係があることが明らかになると思う。ベルベット・モンキーでは，警戒音が何種類かあり，それぞれ，たとえばヒョウ，ヘビ，ワシなどの異なったものを示している（Cheney & Seyfarth, 1980）。

　声以外の音信号　声以外の音信号についても述べておこう。一番重要なのは太鼓叩き（drumming display）で，大きな木の板根を，跳びはねながら手足でバンバン叩く。この音は，遠く離れて（たとえば，谷の向こう側に）いても聞こえる。太鼓叩きをするのは，突進ディスプレイと同じく基本的に雄である。パント・フートが一緒に発せられることが多く，両性を含む大きなパーティーで移動しているときによく聞かれる。チンパンジーの通った跡に，太鼓叩きにうってつけの木が見られることがある。その木の形を見ると，雌や若ものまでもが太鼓叩きをしたくなる，そんな木である。音声なしで太鼓叩きをすることもある。それはたいてい，隣接コミュニティーとの重複遊動域である「危険地帯」を通るときの緊張した場合である。突進ディスプレイを構成する行動要素――たとえば，平手打ち，地だんだ，植物ゆすり，岩投げ，など――は，特徴的な音を発する。これらの音は突進ディスプレイの威嚇効果を増す。

　求愛ディスプレイのときに雄が小枝をヒュッヒュッと振る音も，よく目だつ。この音は遠くまでは聞こえないが，音なしの求愛信号には気づかなかった雌の注意を向けさせることはできる。

　音をたてて上腕や体の脇の上方をかくのは，社会的グルーミングの前によくみられる信号である。少し離れたところでボリボリとかき始めると，音がけっこう大きくかなり目だつので，お目当ての相手の注意を引くことができる。母親は木から降りる前に，下の枝分かれの所でちょっと止まって子どもを見上げ，ボリボリと自分の体をかくことがある。この動作は信号とし

---

[*]　離合集散する社会とは，構成員が採食などの目的でより小さい集団に分かれ，それからまた一緒になるような社会集団をいう（Kummer, 1968）。

て機能し，子どもを急がせ，降りる準備をさせる。欲求不満で落ち着かないチンパンジーも，ボリボリと音を立てて乱暴にかく。この音は，その個体の気分を他の個体に伝える。

最後に，チンパンジーが何か別のことをしている最中にたてる，実にさまざまな二次的な音がある。枯葉や枯草の上を動くと，ガサガサと衣擦れのような音がする。樹上で採食や遊びをしているときは，枝と枝のぶつかり合う音を立てる。大きな音で舌鼓を打ちながら物を食べていることも多い。おならもよくする。樹皮や種子や枝を落とすと，地面に当たって音がする。ただし，意味を取り間違えようのないのは，ストリクノスを叩き割る音だけだろう（ゴンベにすむチンパンジー以外の動物は，こんなにはっきりした音を立てない）。この音以外の物音からは，単にチンパンジー大の動物が近くにいるな，ということがわかるだけである。複数で偵察中のチンパンジーが下でガサガサという音を聞きつけると，ハッと驚き，毛を逆立て，歯をむく。そして——その姿の見えない生き物がヒ

ヒやイノシシだったとわかると，ひたすら落ち着くために，互いに抱き合うのである。

音信号の抑制　チンパンジーは普通，見回りや駆落ちの最中には音をたてない。狩猟のときも声を出さないことがある。もっとも，金切り声やときにはパント・フートで狩猟が始まることもある。チンパンジーは，何か警戒を要する新しい物に出会うと黙って逃げるだろう。彼らがまだわたしの姿に慣れていないころ，バッタリ出くわすと，じっと見つめてから逃げ出すことがあった。そうかと思うと，数メートルとんで逃げてから，止まってわたしをじっと見つめ，それからおもむろに森の中に黙って消えて行ったこともあった。木の上にいるところを驚かしてしまったときは，いつも声をたてずに急いで地面に降りて，走って逃げた。彼らがときどきわたしに近寄って，〈ウラアア〉で荒々しく威嚇するようになったのは，この沈黙の逃走期を過ぎて，わたしがもはや彼らにとってたいして珍しくも危険でもなくなってからである。

音声レパートリー

その２，遠距離伝達用の音声

パント・フート（pant-hoot）は呼気と吸気の両方を含む声で，おとなの個体がもっとも多く出す音声である。また，声による個体識別が，（少なくとも人の耳には）一番容易な声である。野外観察者は多くの個体のパント・フートをはっきり聞き分けることができるし，実験室でテストされたチンパンジーも，同様の区別ができた（Bauer & Philip, 1983）。パント・フートの音響構造に性差だけでなく歴然とした個体差があることは，音響分析によっても確認されている（Marler & Hobbet, 1975; Marler, 1976）。

パント・フートはさまざまな場面で発せられる。新しい食物資源に到着したとき，二つのパーティーが出会ったとき，移動中，とくに，谷と谷のあいだの稜線にいるとき，緊張した長期の偵察から帰って

きたとき，他個体や他パーティーの声に反応するとき，社会的に興奮しているとき，そして，採食中や夕方に巣作りをしているときにも明らかに自発的に出すことがある。夜，二つ以上のパーティーが声の届く範囲で寝ていたり，ひとところにたくさんのチンパンジーが寝ていたりすると，パント・フートの合唱が起こることがある。こういうときは，音声があちこちに飛び交う。もっと分析が進めば，同じ個体が発するパント・フートでも，場面によって音響的な違いがあることが明らかになるのはまちがいない（そのような分析は現在進行中である）。ここでは，悲鳴を分類したのと同様の方法で，以下の４種のパント・フートを区別する。

(a) おたずねパント・フート（inquiring pant-hoot）は，ある個体（普通，雄）が高い稜線に着いたときや，移動中の休みのときに出す声である。し

ばしば，木の幹叩き（tree drumming）を伴う。終わり近くに周波数が高くなる傾向にあり，声の後には常に沈黙が続く。この沈黙は，発声者が聞き耳を立て，（もし見晴らしのいいところなら）周囲を見渡すためである。このパント・フートを耳にした別のチンパンジーは，やはり声で応えることが多い（普通はパント・フートで応える。ときには，ワアワア吠える声や悲鳴のこともある）。したがって，この質問を開始した個体は，応えたチンパンジーが誰でどの辺にいるのかわかるはずだ。もし発声者が高い稜線にいれば，少なくとも二つの谷を調査することができる。彼は受け取った情報と照らし合わせて，今後の移動ルートを選択する。たとえば，特定の個体と合流する——あるいは，特定の個体を避ける——のである。仲間から一時的にはぐれた雄も，10分おきくらいにパント・フートを出し，座って聞き耳を立て，あたりをうかがう。この行動は，他の個体からの反応があれば終る。たとえ反応がなくとも，1時間もたてばあきらめて，あとはだまっている。

　(b)　到着パント・フート（arrival pant-hoot）は，低いとどろくような音で終るか，高い悲鳴のような音で終る（この違いは，おそらく個体差によるものだろう）。良い餌場に到着したときや，他のパーティーと合流したときに発せられるのが普通である。おとな雄がキャンプに到着したときにもよく聞かれる。この声は発声者が誰かをはっきりさせる機能があり，「○○様のお着きー」というメッセージを伝える。木の上で採食しているチンパンジーは，下に来たのが誰だかすぐにはわからないので，このメッセージは役に立つだろう。餌発見の声やその他の社会的興奮を表す声が，合唱となってこの種のパント・フートに続くと，誰が何をしているのか，他の所にいるチンパンジーにもよくわかることになる。

　(c)　とどろきパント・フート（roar pant-hoot）は，極度に興奮した雄が出す，周波数の低い連続した声である。雌はめったに出さない。常に突進ディスプレイを伴い，よそものと接触しているときや，その接触の後によく聞かれる。ただし，コミュニティー内の社会的興奮時に発せられることもある。

　(d)　自発的パント・フート（spontaneous pant-hoot）は，静かに採食している個体や（もっとまれだが）休息している個体が出す。たいてい周波数が高く，とくに最後の一声がそうである。何頭もがユニゾンでこの声を出すと，ほとんど「歌っている」ような感じである。この声は，おたずねパント・

フートと同じように他の個体からの反応（たいていは同じ声）を喚起するが，わたしは独立した声に分類した。理由は，同じ音には（わたしの耳には）聞こえないからであり，また，発声者の動機づけが，おたずねパント・フートのように情報を伝達しようというものには思えないからである。この声を出したチンパンジーは，音楽的な合唱を歌い終えると静かに採食を続けるが，他個体からの反応を待ってはいない。自発的パント・フートの合唱を開始するのはおとなや青年後期の雄がほとんどだが，雌や若いチンパンジーも楽しそうに唱和する。近くの雌も同じ声で応えるのが普通である。しかしこういった雌は，他の種のパント・フートを聞いたときには黙っていることが多い。

　悲鳴についてはすでに説明した。どの種の悲鳴も遠くまで情報を運ぶが，ＳＯＳ悲鳴と泣き声（哀訴の声が途中に入るかんしゃくの悲鳴）の二つは，この傾向がとくに著しい。現在犠牲になっていない，特定の個体に緊急のアピールを送るのである。

　ＳＯＳ悲鳴（SOS scream）は，周波数の高い澄んだ声で長く引き延ばされ，何度も何度も繰り返される。攻撃されたり激しく威嚇された個体が，その場にいない味方に助けを求める声である。チャーリーが若ものだったころ，フローの家族全員から攻撃されたことがある。彼は木の上に逃れ，谷の反対側の斜面を見ながら大声でＳＯＳ悲鳴を出した。20～30分後に，チャーリーの兄と推定されるヒューが助けに駆けつけ，チャーリーを逃がさないように取り囲んでいたフロー一家を蹴散らした。

　泣き声（crying）は，普通，危機に瀕した赤ん坊や子どもが出す。大きな哀訴の声とかんしゃくの悲鳴が混じった声である。何かの拍子に子どもが母親と離ればなれになると，子どもの不安はだんだん大きくなる。そうすると悲鳴の途中に哀訴の声が入り，だんだんうるさく，見境がなくなってくる。さらにその声の聞こえてくる方向が，あっちと思えばまたこっちと急速に変わるので，子どもが母親を捜しているという情報が付け加わることになる。母親は我が子の泣き声を聞きつけると，まずまちがいなくそっちに駆けつける——ただし，子どもが明らかに自分の方に向かっているときは別である。そういうときは，子どもがやって来るのを待っているだろう。

　チンパンジーがヒョウやバッファローに出会うと，長く引き延ばされた〈ウラアア（wraaa）〉を発する（どちらも危険な動物である）。ヒョウやバッファローに限らず，見知らぬもの（したがって，潜在

パント・フートを出すフィガン (H. van Lawick)。

的に危険なもの) を見たときもそうだ。たとえばニシキヘビ (ゴンベにはあまりいない) とか, まだ人に十分慣れていないときは, わたしを見たときもそうだった。コミュニティーの仲間が異常な行動や怪奇な振舞いをしたときも, 極度に興奮して〈ウラアア〉を発する (たとえば, リックスが木から落ちて首の骨を折り突然動かなくなったときや, 年老いたマグレーガーの両足がきかなくなったときなどである)。

〈ウラアア〉には二つの機能がある。一つは, 遠距離警戒音としての機能である。遊動域の中に危険, あるいは潜在的危険があること, そしてその位置を, コミュニティーのメンバーに知らせる。もう一つは, 危険または潜在的に危険な生物を脅して追い払う機能である。これは, わたしの個人的な経験だが, 威嚇のディスプレイ (のしのし歩きと枝ゆすり) が身の毛もよだつ〈ウラアア〉と組合わさると, 大層効果的である!

いくつかの声は, まとめて大ざっぱに餌発見の大声 (loud food calls) として分類できる。チンパンジーは, とくに大きなパーティーでいると, 餌場に近づいたり採食を始めるときにさまざまな声を発することがある。パント・フート, 吠え声, 唸り声, さらに, 大きくて周波数が高い, うるさい〈アアア〉(loud aaa)。このうるさい〈アアア〉は採食場面に特有の声である。また, 食物パント・フート (food pant-hoots) という別の声を聞くこともある (Wrangham, 1975 中の Plooji)。

採食場面で一番頻繁に鳴き一番大きな声を出すのは, 雄のチンパンジーである (Wrangham, 1975, 1977)。雌は喜びの歌声に唱和するときでも, 大きなパーティーで移動しているときを除けば, 餌発見の唸り声を弱く発するだけのことが多い。餌発見の

声を聞いた個体は, しばしばその採食集団の方に移動する。したがって餌発見の音声の機能は, 豊富にはあるが束の間の食物資源をコミュニティーの仲間に共有させることである。ただし, 餌発見の声が利他行動というわけではない。他個体を御馳走に招待したあげく, 自分の食べる分が足りなくなった, などということはないからである。だいたいにおいて, みんなに行き渡るだけの量はあるのだ。少なくとも, 一番大声でわめくおとな雄たちの分はある (Wrangham, 1979; Ghiglieri, 1984)。ランガムは次のようなこともありうると考えている。雄は声を出すことによって, 自分自身の利益になるような個体の注意をひき, その個体と社会的接触ができるのではないか——たとえば, 発情した雌や, グルーミング相手の雄, 狩猟や見回りに一緒に行く仲間, 等々。

狩猟があると, ものすごくうるさい音声が嵐のように涌き起こる。悲鳴やワアワア吠える声も発せられる。他のチンパンジーがこの手の音を聞きつけると, たいていはすっとんでいって肉食の席に加わろうとする。こういった狩りのときは, 犠牲者の出す音声も, はたで聞いているチンパンジーにとっては重要な手がかりとなるだろう。

コミュニティー間の音声 (intercommunity call)。異なるコミュニティーの雄パーティー同士が敵対するときは, さまざまな声が聞かれる。パント・フート, とくにとどろきパント・フート, ワアワア吠える声, 吠え声, 悲鳴, 等々。このうちのどの音声がこういう場面に特有のものなのか, まだわかっていない。しかし, ここで聞かれる音声の不協和音の嵐には, 独特の緊張感と「獰猛さ」があり, 人間の観察者にまごうことなき興奮と不安をつのらせる。まず一方のコミュニティーが音声を出す。たいていデ

ィスプレイを伴う。次に，もう一方（ときには両方）のコミュニティーが鳴き返す。場合によってはそれから1時間以上ものあいだ，延々と互いに鳴き返す。そうこうしているうちに，一方または両方のメンバーがゆっくりと後退していくのである。

嗅覚コミュニケーション

チンパンジーが，嗅覚による合図をどの程度解釈できるのか，はっきりとはわからない。あらゆる生き物と同じくチンパンジーも，種特異的な臭いをもっている。成熟した雄は，とくに社会的に興奮しているときに，人間の汗のツーンとくる臭いとまったく同じ強烈な臭いを出す。しかし，照りつける太陽の下でチンパンジーがかく汗には，この臭いがない。シャラー（Schaller, 1963）は，同様の特別強烈な臭いをゴリラでも発見し，それは成熟雄のシルバー・バックが出すもので普通の汗ではない，と結論している。

飼育下のゴリラは，顔見知りの2人の人間がクチャクチャ嚙んだ紙の塊を，誰がどっちを嚙んだのかすぐ識別したという（Patterson, 1979）。このような実験は，チンパンジーではまだなされていない。もっとも，チンパンジーはある臭いがチンパンジーのものかそうでないのか，区別できるようではある。しかしそれ以上細かく，「敵か味方か」「XかYか」という識別が臭いでできるのかどうか，それはわからない。そういった区別ができようができまいが，彼らが臭いの感覚をよく使い，嗅覚信号に注意を払っているのは確かである。とくに見回り中や，仲間を探すときはそうである。若いおとな雌のポムが母親を見失ったときのことである。彼女は10分ごとに地面と下生えの臭いをかぐためにかがみこみ，ゆっくり動いて聞き耳を立て，ときどき哀訴の声を出しながら45分間も探し回っていた。彼女の努力は実を結び，母親と再会することができた——しかしこの成功が，どの程度まで嗅覚信号を正しく読み取ったためなのか，そ

れはわからない。ある個体を探すときに地面や下生えや食痕などの臭いをかぐことは，雄雌を問わずしばしばおこなう。

嗅覚が性反応の調節にどの程度重要なのかは，いまだにはっきりしないが，何らかの役割を果たしていることは確かである。雄が雌と再会すると，雌の性器のあたりを検査することが多い。しゃがみこんで雌の尻の臭いを直接かぐか，外陰部に指を突っ込んで指の臭いをかぐ。これを2〜3回繰り返すこともある。雄のヒューゴーが，こと性にかんしては人気のあったフローに対して所有行動をとっていたときのことである。性皮の腫脹が終って2週間後，グルーミングの最中にヒューゴーは突然フローを押して立ち上がらせ，彼女の体を乱暴に検査して，それからグルーミングを再開した。フローは他の雄からも——やはり性皮の腫脹が終ってから——5分間に14回も検査されたことがある。

雄はこの種の検査によって，雌の繁殖状態にかんする何らかの情報を得ているのかもしれないが，どっちみちそれはたいして正確な情報ではないだろう。すでに妊娠している雌を駆落ちに連れだそうと空しい労力を費やす雄は，じつに多いのだ。また，（高順位雄が周排卵期の雌に対して所有行動をとることから考えて）雄は，雌の周排卵期をある程度正確に探知できるようだが，嗅覚がこれに果たしている役割はまったくさだかでない。飼育雌の膣を洗浄して得られる揮発性の脂肪酸（コピュリン）からは，周排卵期を正確に特定する嗅覚物質は検出されなかったし（Fox, 1982），飼育下でチャクマヒヒを詳細に研究した結果，雄の性的興奮を高めるには，嗅覚刺激より視覚刺激の方が有効であることもわかっている（Bielert & Walt, 1982）。

再会時にパッションの性器を検査するヒューゴー。パッションはヒューゴーに抱きつき，口を開けて尻にキスをしている（H. van Lawick）。

　再会のときには，雌同士も互いにぞんざいな性器検査をする。雄の陰嚢やペニスを指でさわってその指の臭いをかぐことは，雄雌を問わずよくやる（2頭の若い雌が小型哺乳類［ネズミとコウモリ］の死体を検査するときに，死体の性器に繰り返しさわっては，自分の指の臭いをかいでいた）。フリントは，生まれたばかりの妹にさわらせてもらえなかったので，棒でつついてその先の臭いをかいでいた。病気にかかった個体は，体のあちこちを何度もクンクンとかがれる。また，チンパンジーの死体に対しても，注意深く臭いをかぐ。死体がそこに横たわっていた場所についても同様である。けんかの最中に血が下草に飛び散ると，その臭いをかぐこともある（なめることもある）。体についた汚れや血を拭き取るのにチンパンジーが使った葉っぱを，他の個体が拾って臭いをかぐこともある。

信号の組合せとその場面

信号の組合せにはさまざまな方法がある。それらは信号が知覚される場面によって異なり，受信者がコミュニケーション連鎖の意味を正しく読み取ることを可能にする。たとえば，雄が3m離れた所にいる別の個体を見つめて枝を揺すったとすれば，こっちに来てくれという信号である。もしこの雄が採食中で，とくに信号の向けられた個体も雄であれば，「こっちに来てグルーミングして」という意味の信号になる。駆落ちの開始期に同じ信号が雌に向けられれば，意味は「オレについて来い！」だ。さらに，毛を逆立てて枝をゆすり，腿を広げてペニスが勃起していれば，またまた違った意味になる。これは「こっちに来て交尾しよう」である。最後にもうひとつ，ヘビやオオトカゲに向かって毛を逆立てたチンパンジーが枝をゆすっていることがある。これまた違う意味で，「あっちに行け！」となる。

ときには，その場の状況だけが，信号の連鎖を正しく解釈するのに必要な情報を与えることもある。たとえば人間でも，「汚いわよ」という言葉を母親が泥だらけの子どもに対して言った場合と，仲のいいおとな同士が議論の終わりに言った場合とでは，意味が全然異なる。チンパンジーの場合でも，谷の向こうから聞こえてくる声に対しておとなの雄が毛を逆立てたとすれば，近くにいた雌は急いで雄に近寄り，手をにぎって抱き合い，2頭そろって声のした方を見つめるだろう。一方，敵の雄が近づいてきたために雄が毛を逆立てたのであれば，この雌は雄同士のごたごたを予想して，木に駆け上って避難するだろう。

他の高等霊長類同様チンパンジーも，仲間の行動に多大の注意を払う。したがって社会的促進によって多くの情報が伝達しうるので，コミュニケーション信号はそんなに多くは必要ない。いくつか例をあげよう。

(a) 2頭の子どもたちが一緒に歩いている。1頭がアリの行列を横切ったが，全然気がつかない。弟は立ち止まり，棒切れでアリを釣り始める。しばらくするとお兄さんも立ち止まって後ろを振り返り，アリ釣りを眺める。それから戻って一緒にアリ釣りを始めた。

(b) 若ものが1頭，おとなばかりのパーティーに混じっている。おとなたちは休息している。そのうち，その若ものは食べかすの団子をクチャクチャ嚙んでいる個体に近づき，相手の口と手を一生懸命クンクンとかぐ。それから向こうに行って同じ食物を見つけ，食べ始める。

(c) 1頭の赤ん坊が茂みの方に向かって歩いている。ふと立ち止まり，地面に斑点があるのをじーっと見つめる。25秒後，その子の姉が彼の方を見て近づき，同じ場所を見つめ，ちょっと威嚇の動作をする。小さなヘビがすべるように逃げていく。

もちろん，明確な信号によってパーティーの他のメンバーの行動が変化することもある。たとえば，ある個体が危険な物や恐ろしい物を見つけると，すでに述べたように，さまざまな音声信号でそのことを知らせるだろう。あるいは，毛を逆立てたり危険物に向かって威嚇動作をとることによって，危険の存在を知らせることもある。音声を伴わない，いーっと歯をむく表情の信号機能は，すでに説明した。これは，驚いた場面で非常によく見られる。対象物の正確な位置は，視線の方向と定位でわかる。音信号が，仲間の食物の利用可能性に影響することもある。たとえば，AとBの2頭が一緒に移動している

としよう。Aは木に上り，Bは下に座って見上げている。Bが木に上ってAに合流するのは，餌にありついたときの弱いうなり声をAが出したときだけである。

人間以外の霊長類の大多数は，わりあい安定した集団で移動する。したがって，1頭が新しい食物資源や潜在的な危険を発見すると，その情報はかなり素早く共有される。これは，チンパンジーには当てはまらない。チンパンジーはひとりでいることが多く，新しい食物資源やヒョウの穴，できたばかりの獣道などを見つけたときでも，ひとりでいるかもしれないからだ。もちろん，チンパンジーAが発見したのとまったく同じことを，後に別の個体が発見するかもしれない。しかし興味深いのは，Aは自分が発見したことを，どの程度まで他の個体Bに（計画的にであれ，どうであれ）伝達できるか（または，伝達するだろうか）ということである。そして，ある程度伝達しているとすれば，どうやって伝達しているのかということである（もちろん，Aは同時に発見した複数個体でもかまわないし，Bも複数であってかまわない）。まず，Aの発した聴覚信号がBに届くだろう。Bは，たまたま近くを通りかかったところでもいいし，あるいはもっと離れていてもよい。これは，Aが採食中に枝をボキボキ折る音や，ストリクノスをコンコン割る音のような，偶発的な信号かもしれないが，あるいは，もっと特異的な音声かもしれない。

すると次にBはAのところにいって，以前Bが見つけた食物資源に到達するかもしれない。あるいは，Aの発見が危険にかんするものだったら，Aの後を追わないことで危険を回避するかもしれない。さて，Aが他の個体と一緒にパーティーで移動することになった。Aは特定の方向を目指す。目標は，このあいだ見つけたイチジクを食べることである。仲間はついてくるかもしれないし，ついてこないかもしれない。

もしAがリーダーシップを兼ね備えたおとなの雄だったり，よくもてる発情雌だったら，Aの行き先に関係なくパーティーの他の個体もついてくるだろう。たとえAが低順位で若くても，きっぱりした態度をとれば，少なくとも何頭かはついてくるかもしれない。

ゴンベのチンパンジーが小さなパーティーで移動しているときの個体間の行動の呼応（coordination）は，詳細な研究を必要とする分野である。追随しているチンパンジーはリーダーの動きをちょくちょく監視し，リーダーが動き出すとあわてて食べるのをやめ，後を追ったりする。リーダーは，自分が出発するときに他の個体の方をよく見る。もしすぐついてくる個体がいないと，待っていることもあるし，ときには弱いうなり声や長いうなり声を出したりする。こういう状況で自分の体をひっかくことは明確な信号であり，「もうすぐ出発するゾ」という意味である。木を下りてきて低い枝まで来た母親が，止まって子どもを見つめ，わき腹をゆっくりと激しくかき始めたことがある。素直な子どもはすぐに反応し，木を下りるために母親にくっついた。

枝ゆすりの「オレについて来い！」信号は，駆落ちの初めに雄が使うものだが，それ以外の移動時にも見られることがある。2頭の雄の優位の方が，自分は動きだしたいのに相手がすぐについてこないと，枝をゆする。ランガムは18カ月間で6回，このような行動を目撃した。一度は，フィガンがジョメオに向かって枝をゆすったもので，明らかに，「狩猟に行くからついて来い」という信号だった。また，すでに述べたように，ハンフリーは，小児マヒで不具になったミスター・マグレーガーを追随させようとするときに，この信号を使った。

人間以外の霊長類の中では，チンパンジーは自分の思うように振舞う自由度が大きい。あるパーティーでAとBの2頭が，それぞれバラバ

ラの方向の食物資源に行こうと決めたとする。Cは Aについていってもいいし、Bについていってもかまわない——あるいは、ひとりで残ってもいっこうに差し支えない。Cの選択の根拠を正確に知ることは難しい。そこには環境に対するCの今までの知識が反映されていることもあるだろう。たとえば、Aの行こうとしている方には良い食物資源があることを知っているが、Bの方の食物については全然知識がないかもしれないしあるいはまた、Bのリーダーシップが優れていたり、Bとのあいだに特別な関係があるために、Bについて行くこともあるかもしれない。それとも、Aについてそっちの食物まで行っても、Aが邪魔して食べさせてくれないことを知っているかもしれない。誰にもついて行かないとすれば、別の方向に豊かな食物があることを自分で知っているのかもしれない。あるいは、（Aとは一緒に移動したくないが）今朝方友人のBと一緒にBの方の食物を食べたのだろうか。

A、B、Cの関係はどのようなものか？ AとBが行こうとしている餌場で手にはいる食物の質と量はどんなものか？ そしてCはこれらの食物について、両方とも知っているのか、片方だけなのか、それとも全然知らないのか？——これらのことが全部わからないと、AとBが提供した情報をどの程度Cが利用したのか、という問いには答えられないのだ。

この問いを含め、対象物にかんするコミュニケーションをめぐる諸々の疑問に取り組んだのが、メンツェル（Menzel, 1971, 1973, 1974）である。彼は、若いチンパンジーの集団を野外で放し飼いにして、一連のテストを試みた。どのテストも開始の方法は同じである。まず集団を室内に入れて、放飼場が見えないようにする。1頭の個体（毎回異なる）だけ外に出して、隠してある物の位置を教える。隠してあるのは餌のこともあるし、ヘビのような危険なもののこともあ

る。情報が与えられた被験者を仲間のところに連れ戻す。少したってから集団の全員を外に放す。これらの実験でメンツェルが発見したのは、以下の諸点である。

(a) 情報を与えられた個体Aの移動の方向が仲間の手がかりになっている。何試行か後には、情報を与えられていない個体も、どっちに物が隠されているか予測できるようになった（Aがそこに到達する前に発見することもあった）

(b) 隠されている物の性質（餌か危険か）は、集団が外に放される前から知れ渡っていた。たとえば、Aの見た物がヘビだったとすると、全員が毛を逆立てるなど不安の信号を出し、互いに近くに集まっておそるおそる動き、物が隠されている場所を手で調べることはしない（代わりに、岩を投げたりディスプレイをしたりする）

(c) Aには山と積んだ餌、Bにはほんのちょっとの餌という風に、2頭に異なった情報を与えると、集団はAに追随する傾向を示した。これは、Aの方がよりはっきりと希望に満ちた行動をとるからだろう、というのがメンツェルの結論である。たとえば、Bより速く走る、よりたくさん信号を出す、誰もついてこなければ、より大きな哀訴の声を出す、などである。指摘しておかなければならないのは、メンツェルの実験でもゴンベでも、Aが積極的にBを追随させて餌まで連れて行ったとしてもそれは利他的な動機づけからではない、ということだ。これはおそらく、理由は何であれAの仲間意識の反映なのだ。

霊長類の集団では、目標を定めた（goal-oriented）個体が目標に向かう動作は、他のメンバーにすぐ察知される。マントヒヒの群れが泊まり場の崖から毎日の行進に出発する前にする複雑な意志決定について、クンマー（Kummer, 1968, 1971）が生き生きと描写している。マント

148——コミュニケーション

ヒヒも，離合集散社会をもつ種である。日中，群れはバンド（band）に分かれ，バンドはクラン（clan）に分かれ，クランはしばしば単雄集団（single-male unit）に分かれる。そして，毎晩再び一緒に集まって，食物や捕食者にかんする切れ切れの知識を持ち寄るのである。朝，雄が雌を引き連れて出発するときに違う方向に行くのは，おそらくこのためだろう。群れの周辺にアメーバの偽足のようなふくらみができ，ふくらみはそのままだったり少し大きくなったりし，またあるものは雄が中心部に戻り始めると引っ込む。そして最後に1頭の年長の雄が判断をくだし，出発するのである。この雄の確固たる足取りは，周辺雄のたよりない動きとはまったく違う。すぐに群れ全体が動き出す。誰もがこの段階で，どこに連れて行かれるのかわかっているようだ。というのも，違う雄が交互に群れの先頭に立つからである。

あるとき，崖からの出発がいつもと違ったかたちで始まった。突然1頭のおとな雄が，ユサユサと体を揺すりながら変わった足取りで出発した。周辺の偽足は群れがよく行く方向に行きかけていたのだが，無視された。この雄がとった方向はめったに行かない方だったにもかかわらず，間髪をいれず，群れの全員が従った。これはその朝，いつも行く方向では川が氾濫しており，通れなかったためと思われる（Kummer, 1968）。体を揺すって自信たっぷりに歩く奇妙な歩き方の他に何か信号があったのかどうか，それはわからない。おそらく，その歩き方だけで十分だったのではないだろうか。雄がこの歩き方で出発したことは，この他に3回あったが，いずれも群れはさっと従った。しかし，この3回とも，なぜこの行動をとったのか，理由がよくわからない。

野生のチンパンジーは，自分が見たりかかわったりした特別な出来事について，どの程度まで情報を仲間に伝達できるのだろうか？　「と

ても悪いこと（良いこと）があったぞ」という情報以上のことを伝達できるのだろうか？　遊動域周辺を移動していた雄が，隣接コミュニティーのチンパンジーに襲われ，けがをしたとする。この個体は，この情報のうちどれくらいをコミュニティーの仲間と共有できるのだろうか？　その雄自身の発するコミュニケーション信号によって伝達される情報は，おそらくわずかだろう。しかし，彼がもどってきて出会った個体は，彼の災難がどんなものだったか，実に多くのことを知るだろう。合図となるのは，次のようなものである。

対立的な音声――同じコミュニティーのよく知っているメンバーの悲鳴と，知らない個体の攻撃的な声。

音声がどっちの方から聞こえてきたか，また，そのおよその位置。

犠牲者はどっちから来たか。

犠牲者の恐れおののく行動（大きく歯をむいた表情，悲鳴，再会時の抱擁）。

遭遇のあった方を何度となくチラチラ見る。

けがの状態と，体のどこをけがしているか。

見知らぬ個体のパント・フートと太鼓叩きが，犠牲者の来た方で断続的に続いている。

知らない個体の臭いが，犠牲者にこびりついている。

チンパンジーは，空間的・時間的にバラバラになっている断片的な情報を秩序立てて組合せ，意味を見つけることができる。したがって，上で述べたような，声の聞こえる範囲での出来事についてはある程度まで知ることができると思われる。一方，攻撃のあったときに遠くにいて声が届かなかった個体が，犠牲者と数日後に会っても，その件にかんしては何も情報は交換されないだろう――何かけんかがあったらしいなあ，と（治りかけたけがを見て）わかるぐらいだろう。

詳細は12章で述べるが，雌のパッションとそ

149――コミュニケーション

の娘ポムが，コミュニティーの他の雌の赤ん坊を殺して食べていた時期がある。子殺しをするのは，犠牲者の母親が乳離れしていない子どもとふたりきりでいるときに限られていた。攻撃された母親以外の個体がこの奇怪な行動について察知していた，という確たる証拠はない。けれども被害にあった母親たちは，パッションを恐れたりいやがったりしていることをコミュニティーの他のメンバーに伝達することができたのではないかと思われる。パッションがギルカの新生児を見ようと近づいたとき，（以前，この殺人鬼に自分の子どもを殺されたことのある）ギルカは，悲鳴を発した。そうすると2頭の雄が次々とパッションに襲いかかり，攻撃したのである。実際にパッションの行動によって，大変面白いコミュニケーションの連鎖が引き出されたことがある。この一件にはミフが関係している。まだ赤ん坊がとても小さかった頃，ミフはパッションに出会った。ミフは，ただちに悲鳴を発して逃げだし，数百メートル離れたところで2頭の雄を見つけた。するとミフはパッションの方に向き直り，いままで悲鳴を出していたのを攻撃的な吠え声に変え，肩ごしに雄たちを振り返りながら今来た道を引き返し始めた。助けを求める彼女の信号に呼応して，その雄たちが後をついていく。パッションを見つけた雄たちはディスプレイをした——パッションは逃げていった。パッションの異常な行動について，ミフが何らかの情報を持っていたのはまちがいない。観察されてはいないけれども，ふたりの出会いがそれ以前にあったのではないだろうか。彼女は赤ん坊をパッションから守りはしたものの，何カ月も後まで，ずっとパッションを恐れ，恨んでいた。

音声以外の「方言」

チンパンジーは，生後2年間社会的に隔離して育てられても，（今まで述べてきた，姿勢・動作・音声などの）コミュニケーション信号を実にたくさん発する。ところが，隔離個体を正常な若いチンパンジーに引き合わせると，隔離個体は不完全な連鎖および不適当な場面で信号を使用する（Menzel, 1964）。この現象は，特定の行動様式は遺伝的にプログラムされており，一方，どういうときにどのように使ったらいいのかは正常な社会的環境で成長することによって学習される，ということを意味している。この学習の過程は，試行錯誤や罰と報酬などが考えられる。いいかえると，動作・姿勢・音声の種特異的なレパートリーが，他個体との経験を通して徐々に機能的な行動連鎖に様式化され，体系化されていくということである。そしてこの行動の連鎖が使用される場面は，集団で伝統的に定められている。

類人猿は脳が複雑な構造をしており，また，成熟までに時間がかかり，その間の経験が大きな役割を果たしている。したがって，その行動は可塑性があり，個々のチンパンジーは自分に独特の行動様式を多様に発展させている。ということは，異なる地方のチンパンジーにはコミュニケーション・パターンに集団レベルの変異があるかもしれない——つまり，地域方言とみなせるものがあるかもしれない，と考えたくなる。異なるフィールドや飼育研究でのデータが比較できるようになり，実際にそういった変異が存在することが明らかになってきた。

例を三つあげよう。ゴンベでは2頭でグルーミングするときに2頭とも頭上の枝を片手でつかむことがよくある。ゴンベから160km南のマハレや，ウガンダのキバレの森では，グルーミ

ングするときには座って，頭上で互いの手を握り合うことが多い（McGrew & Tutin, 1978; Ghiglieri, 1984）。ゴンベの母親は，子どもに対して背中に乗れと合図するとき，独特の「乗りなさい」姿勢をとって背中を指す。アドリアン・コルトラントが西アフリカで撮ったチンパンジーのフィルムでは，すさまじく社会的な興奮状態にある雄が，別の雄に対してまったく同じ動作をとっていた（その集団はぬいぐるみのヒョウを見せられたところだった）。この姿勢をされた雄の反応は，姿勢をとった雄に馬乗りになることだった。最後はお決まりの対面抱擁で終った――この抱擁は，ゴンベでも同様の場面でよく見られる。しかし西アフリカの雄チンパンジーは，ゴンベでは決して見られない場面で「乗りなさい」姿勢を使っていた。マハレと，ギニアのボッソウのチンパンジーは，求愛ディスプレイの最中に特徴的な葉っぱ咬みちぎり（leaf clipping）をする。これは，雄が大きな緑の葉っぱをつかんで，おおげさに顎を動かしながら小さく咬みちぎる動作で，葉脈だけが残る（Nishida, 1980）。この行動様式は，ゴンベでは観察されていない。

飼育集団で見られる変異も含めれば，文化的に獲得された方言の一覧表はもっと長くなる。たとえば，二本足ののしのし歩きは，ゴンベではまず攻撃的な場面でしか見られない。ところが，スタンフォード霊長類野外施設（現在閉鎖中）とフロリダにあるライオン・カントリー・サファリの飼育集団では，若ものやおとなが遊びの誘いかけにこの信号をよく使う。服従的な尻向け姿勢は，観察データの収集可能なチンパンジー集団のほとんどで，雌と若ものに普通に見られる信号である。ところがフロリダの集団では，2カ月間の詳細な研究で3回しか見られなかった（Gale & Cool, 1971）。

社会行動にかんする情報がもっと増えれば，この種の変異はまだまだたくさん明らかになっ

ゴブリンとメリッサが，頭上の枝を片手で握りながらグルーミングしているところ。

マハレの2頭のおとなが互いに相手の手を握りながらグルーミングしている。この行動様式はゴンベでは見られない（C. Tutin & W.C. McGrew）

てくるに違いない。そのためには，野外や飼育下でいままで観察されていない集団を観察すること，比較を目的として行動連鎖を撮影すること，研究者同士が協力して他の集団も見てみること——などが必要だろう。

　方言が定着する過程は，ある個体が珍しい行動を始めて，他の個体がそれを模倣するというものだろう。ゴンベであるとき突然，子どものフィフィがお手々ぶらぶらを始めた。この行動は，飼育個体が自発的に示したことがある（Gardner & Gardner, 1969）。フィフィは年長の個体を威嚇するときにこの行動を使った。あるとき，フィフィより若いギルカがフィフィと一緒にいた。翌週になると，フィフィは相変わらず（同じ場面で）お手々ぶらぶらをしているのが観察され，のみならずギルカもこの動作をするようになっていた。やがてギルカは，さまざまな場面でお手々ぶらぶらを頻繁にするようになった。フィフィもこの新しい行動パターンを使ってはいたが，それは威嚇するときだけで，回数もそんなに多くはなかった。翌年になると2頭ともだんだんとこの動作をしなくなり，やがてレパートリーから消えてしまった。またあるとき，ある子どもが，雌の恥部に細い小枝を突っ込んでその端の臭いをかぐという行動を始めた——普通は指を使うのである。それから2週間のうちに，他の子どもたちも同じことを始めた。しかしお手々ぶらぶらと同じくこの行動様式も，だんだんとすたれていった。この2例は定着はしなかったが，新しいコミュニケーション信号や既存の信号の新しい使用法が，「発明者」からその仲間へと，どのようにして広まっていくのかをよく示している。

　新しいコミュニケーション信号が集団全体のレパートリーに組み込まれるためには，その行動様式が模倣されるだけではだめである。信号の伝達しているメッセージが，送信者と受信者の両方に理解される必要がある。新しい行動様式が，同じ場面で使われている既存の信号と非常に似た意味を伝えるのであれば，これは難しいことではないだろう。フィフィのお手々ぶらぶらは，威嚇の意味を伝える平手打ちや，いろいろな腕振り行動と似ている。したがって受信者は，正確に解釈できただろうと思う。西アフリカの雄チンパンジーが使った「乗りなさい」の信号は，母親が発する指令とほとんど同じものであり，これは幼児期に学習される。葉っぱ咬みちぎりは，典型的な求愛パターンに付け加わったものである。実験状況下の雌は，この行動様式を単独で示されても反応する。したがって，かなり以前から葉っぱとペニスを結び付けてとらえていることは確かである。特に興味深いのは，メンツェルの飼育集団で若い雄が見せた，新しい求愛ディスプレイである（Tutin & McGrew, 1971）。普通求愛ディスプレイは攻撃行動の要素を多く含む。若いシャドウが年長の雌と性交渉を始めようとして攻撃的な姿勢をとると，雌は向きを変えて彼を攻撃するのだった。そこでシャドウは，性的場面における奇妙きわまりないディスプレイを創案した。まずまっすぐに立ち，手で下唇をひっくり返して顎にかぶせ，唇返し*をする。それから，お目当ての雌を見つめるのである。雌たちはこの奇妙なパフォーマンスに対し，適切な反応をすぐに学習した。なぜか？　勃起したペニスだけでは雄の性的関心を示すのには十分でない。性的に興奮していないときでも，雄はよく勃起させているからである。思うに，勃起したペニスと凝視の組合せが決め手だったのではないだろうか。ともかく，決め手が何だったにせよ，このディスプ

＊　この唇返しは，図6.1に示したゴンベのものとは異なる。ゴンベでは上唇の内側を外に向けて鼻にかぶせる。自分をグルーミングしている最中によく見られ，

ほとんど何も伝達はしていないようだ。したがってシャドウは，求愛ディスプレイだけでなく顔の表情も「発明」したといえる。

152——コミュニケーション

シャドウの独特な求愛ディスプレイ（C. Tutin; Basel の S. Karger AG の好意による）。

レイはうまく作用した。そしてこれは，チンパンジーのすばらしい面を遺憾なく発揮した最高の事例である。創意，行動の可塑性，社会的意識，そしてコミュニケーションの能力――だからこそチンパンジーはあらゆる霊長類の中で一番魅力的な研究対象なのだ。もちろん，ホモ・サピエンス（*Homo sapiens*）という種は除いての話だが。

7 特異な社会

1977年7月　おとな雌フィフィの交友録からの5日間

1日目　早朝，フィフィとその子フロイトとフロドはまだ巣の中に静かに横たわっている。すぐ近くで眠っていた3頭のチンパンジー，サタンとスパロー，4歳のサンディは起き上って出発。フィフィの家族は終日，独立して動きまわる。フィフィは息子とグルーミングしたり，よく遊んだりする。フロイトはまだ赤ん坊の弟とよく接触し，抱いたり，遊んだり，グルーミングしたりする。

2日目　朝一番に，フィフィ一家は単独でいる。11時にキャンプに到着し，そこで4頭のおとな雌とその家族に出会う。フロイトは青年後期のポムの性皮の膨らみに夢中。バナナを受け取らなかったフィフィ一家は，これらの家族の中の2頭，ウィンクルとメリッサとちょうど1時間にわたって一緒に移動し，採食する。14時からフィフィと息子は独立。他個体と一緒にいたのは日照12時間のうち，3時間だけだった。

3日目　二つの別々の家族と若い雄ゴブリンとの短い出会いをのぞけば，フィフィ一家は朝の大部分を単独ですごす。しかし午後には大きなパーティーに合流する。コロブスモンキーが捕まえられ，フィフィはエバレッドからそれをねだり取るのに成功。獲物をフロイトと分け合って平らげてしまう。フロイトが他の赤ん坊と荒っぽい遊びをしているあいだ，フィフィは辛抱強く待つ。家族だけで平和な午後を

フィフィとその家族。

すごすが，夕方にはさっきの大きな集合のメンバーの中に巣をつくる。結局，自分たちだけで9時間半をすごした。

4日目　朝になって他のチンパンジーが出発したのに，またもやフィフィ一家は巣の中にとどまっている。その後2時間15分にわたって，スパローとサンディが一緒に虫こぶを採食したのを除いて，フィフィ一家は終日単独。

5日目　もう1日をほとんどまったく独立にすごした。パッション一家に短時間出会い（約35分），フロイトがまたポムの性皮の膨らみに関心をもつ。フロドは母親と巣を共有し，フロイトは自分の小さな巣をすぐ近くにつくり，フィフィ一家だけでもう一晩をすごした。

チンパンジー・コミュニティーは離合集散の社会である。この用語は，最初にクンマー（1968）がマントヒヒに適用した。離合集散は珍しいタイプの社会組織である。ヒト以外の霊長類のたいていの個体群は，いくつかの比較的閉鎖的な社会集団，すなわち単雄群や複雄群，時には一夫一妻のペアから成り立っている。母集団の一部分が一定の基準で他の部分から離れ，その後ふたたび合流するような離合集散のシステムは，マントヒヒとゲラダヒヒ（Crook, 1966; Kummer, 1968; Dunbar and Dunbar, 1975）において高度に形式化されている。これらの種は重層社会を組織する。たとえば，しばしば全体で移動するマントヒヒの群れは，実際には厳密に閉鎖的ないくつかの単雄集団より成り立っている。単雄集団は，とくに餌が少ない場合に顕著だが，朝にはふつう採食のために離ればなれになるが，その日のうちに再び融合する。さらに，夜には多くの群れが泊まり場の崖に集合し大きなバンドを形成する。クモザル（Klein and Klein, 1973）やカニクイザル Macaca fascicularis（Mackinon and Mackinon, 1978）では，その社会組織はやや厳格さに欠け，採食中にいろんなサイズの集団が集まるようだ。ゴンベのヒヒも日常の採食中にときどきかなりの分節化を示し，どの個体がどのサブグループにはいるかはきわめて流動的である。

チンパンジー社会の離合集散は柔軟性の極限にまで達し，雄も雌も望み通りに行き来するほとんど完全な自由を持っている。パーティーのメンバーシップは絶えまなく変化している。おとなと若ものはまったく自分の意志で採食し，移動し，眠り，時には数日間もひとりでいる。この特異な社会構造は，チンパンジーの日々の社会的経験が他のほとんどの霊長類のそれよりもはるかに変化に富むことを意味している。たとえばゴンベのヒヒの群れが分節化しても，群れの各メンバーは事実上毎日同じ個体に出会い，

季節的に餌の供給が変化するにつれて徐々に遊動域を移行しながら，いつもほぼ同じ地域を訪問する。隣接する群れに出会う場所と時間さえ，ある程度予測可能である。血縁集団のメンバーは，たとえ群れが分節化しても一緒にいるので，たいていのもめごとに際していつでも援助と支援がえられる。

ところが，チンパンジーでは状況が一変する。あるチンパンジーが1日にそのコミュニティーの全メンバーに出会うことはめったにないし，まして，このようなことが2日連続することは決してないだろう。ある日は興奮して騒ぎながら，大勢集まって移動し，その翌日はまったくのひとりぼっちですごしたりもする。朝には，小さな身内だけのパーティーで和やかに採食し，その後，狩りに成功した午後遅く，他の15頭のチンパンジーと合流することもある。1週間同じ雌をめぐって競合していた6頭の雄のうちの1頭が，つぎの週には他の雄たちから離れて別の雌と寄りそっているかもしれない。自分の集中利用域のどまん中で1日をすごした翌日に，はるか遊動域境界まで見まわりにとび出して行くこともある。

チンパンジーの社会では，ある個体はかなり定期的に出会うのに，あるものはめったに出会わない。いつも不確実性をともない，朝目覚めたチンパンジーがその日，誰に出会うかをはっきりと予測するのはまったく不可能である。一般に雄は，（誰かと連れ添ってみんなから遠くに離れていない限り）週に数回コミュニティーのすべてのおとな雄に出会い，さらに，多くの雌にも出会う。いっぽう，雌は発情中の1週間はとても社交的で多くの個体と出会うが，発情が終わると単独性が強くなる。ある非発情雌，とくにその集中利用域がコミュニティーの遊動域の中心部にあるものは，（たとえ短時間でも）定期的に多くの個体と出会う。周辺部の雌は1週間あたりごく少数の個体としか出会わず，あ

156——特異な社会

る雌同士は1年を通してほんの数回しか出会わなかった。明らかに，共存頻度におけるこれらの大きな相違はコミュニティー・メンバー間の関係を左右し，同時に，これから見てゆくように，それぞれの個体間の関係のあり方は共存パターンに影響をあたえうる。その社会はとてつもなく複雑である。もしチンパンジーに高度な知性が備わっていなければ，絶えまなく変化する社会環境によってひっきりなしに起こる緊張と不確実性を，とてもうまく処理することができないだろう。

　日々新たな社会的経験をしているのを写実的に描写するために，わたしはおとな雄ジョメオの2度にわたる終日追跡をスワヒリ語から正確に訳して付録Bにおさめた。併載してある移動・共存表によって2日間の大きな相違が明らかになる。1981年5月9日，ジョメオは1頭のおとな雌と1頭の子どもと45分間一諸にいたが，

それ以外の時間はすべて，5月8日の夜と5月9日の夜も含めてずっと単独ですごした。これとは対照的に10月14日のジョメオは，カサケラの独立行動するすべての雄と4頭をのぞくすべてのおとな雌にしばしば100m以内で共存し，単独になることはまったくなかった。5月9日には1回の社会的相互交渉が記録された。それに対し10月14日には，12回の拮抗的相互交渉と7回のグルーミングセッションにかかわり，合計8個体と接触した。5月9日は1日中で（彼の会った単独雌が）たった2回声を出すのを聞いただけだったが，10月14日にはジョメオ自身が少なくとも22回声を出した。5月9日に歩いた総距離は約1.4km，10月14日には遊動域の北のはしまで動き回り，雄たちは約7.2km移動した。わたし自身10月14日には，三組の母子三ペアを追跡した。ワード・ピクチャー7.1にはこれらの観察をまとめてある。

━━━━━━━━━━━━━━━━━━━ワード・ピクチャー7.1

チンパンジーの集合，1982年10月14日

　そよ風の吹く晴れ渡った日。乾期の終わりで（谷をのぞく）植生はよく開け，良好な観察条件だった。わたしは，キャンプでメリッサとその成熟した娘グレムリン，その2頭の赤ん坊ギンブルとゲティの追跡を始めた。9時5分に，時折聞こえる大声の方向へ向かって東へ，さらにカコンベの谷の上へとメリッサは家族を率いていった（ギンブルは歩き，ゲティはおんぶされていた）。9時30分に，メリッサ一家は他の2頭の雌フィフィとリトル・ビーおよびその家族と合流した。グレムリンは地上を走り，足を踏み鳴らして毛を逆立てディスプレイをした後に，フィフィが接近してくると服従的にせきこむような唸り声（パント・グラント）を発し，フィフィを手短かにグルーミングした。ギンブルもフィフィに挨

拶し，それから若ものフロドとツビとの荒々しい遊びの時間が始まった。

　9時57分，メリッサとそのパーティーは雄と雌の一団と合流した。パント・フートや吠え声，パント・グラントの爆発ののち，やっと落ち着きをとり戻した。

　10時21分，攻撃的なサタンは堂々としたディスプレイでメリッサに突進し（メリッサは悲鳴をあげながらそれを避けた），一連の行動はメリッサの成熟した息子ゴブリンにも向けられた。サタンは背の高い草の中を通って斜面の下に消えた。ジョメオと2人の野外調査助手，（ほどなく）ゴブリンも彼についていった。

　メリッサはグレムリンと（わたしの2番目の追跡目標である）発情雌のミフと一緒にいた。性皮の一部腫脹したアテネもそばにいた。7頭の青年雄はこれらの雌のうしろにひかえ，ずっとペニスを勃起させていた。若い雄のうちの1頭が雌の1頭とくり返し交尾し，そのたびに1頭以上の赤ん坊がその雄に

＊　ふつう "Swahili" といわれるが，東アフリカ諸国の言語の正確な名称は Kiswahili である。

＊＊　訳註7-1：本訳書では省略してある。

157——特異な社会

前方では1982年10月14日の追跡対象であったおとな雄ジョメオが，右方に座っているダブの青年期の娘ドミニィをグルーミングしている。後方には，タンザニアの野外調査助手 E. ムポンゴと G. パウロがいる。
（H. Kummer）

1982年10月14日の集合の一部。岩の多い絶壁の近くで若芽を食べる。（H. Kummer）

駆け寄っては，触ったり，つついたりして邪魔をした。興奮の度合は高く，若もの同士の荒っぽい遊びの最中に何度も小ぜり合いが起こった。アテネのまだ子どもの娘は，遊びが荒っぽくなるとそこから離れて地面に小さな巣をつくり，その中でふざけてころげまわった。彼女は指で自分の首をくすぐり大声で笑った。

3歳半の幼児モーは離乳途中だった。彼女が乳を飲もうとするたびに，ミフは（少なくとも初めのうちは）拒絶した。モーは哀訴の声をだし何分も大声でしつこく悲鳴をあげ，集団の中に緊張をもたらした。

時折，ジョメオのいる方向から爆発的な声が聞こえてくる。そのたびに，雌と若ものは大きな雄たちのいる方向をじっと見つめ，しばしばパント・フートやワァワァ吠える声で反応し，途中で採食しながら集団の他のメンバーの方に進んでいった。われわれの後方で聞こえるパント・フートは，もう一つの集団も一時的に雄たちから離れていることを示していた。

12時30分，ジョメオは他個体から少し離れて移動し，静かに採食した。まもなく皆が移動したので，声をだしてディスプレイしながら集団に再び合流した。休息時間に他のおとな雄がグルーミングしているあいだ，ミフは岩の上で手足をのばして横たわっていた。暑く，風がないでいた。近くで数頭の若ものがヒヒの赤ん坊や子どもと遊んでいた。

まもなく雄たちはサタンについて再び移動し，ミフと雌たちは後からついていった。われわれは皆，岩の多い絶壁の方へ高く登っていった。あたりはいっそう開け，でこぼこした岩が多くなった。草は短くまばらとなり，ついにまったくなくなった。われわれの前で，ジョメオと雄たちは高い木に昇った。雌たちのあるものは雄に合流し，ミフやその他の雌たちはさらに高みへと移動し，おいしいムハンデハンデ（*Uapaca nitida*）の果実を食べ始めた。しばらくすると雄たち（と野外調査助手）がわれわれに合

流し，まもなく広く分散した集団の全体が，木から木へとゆっくり移動しながらこれらの果実を採食した。

13時18分に，わたしは再び追跡目標を変え，2頭のみなしごスコッシャとクリスタルを追い始めた。サタンがこの2頭のいた木にのぼると，彼らはパント・グラントをしながらサタンに挨拶にいった。野外調査助手が追跡しているジョメオと若い雄アトラスが，われわれの上50mの空に突出した場所を，北へ向かって進んでいるのが見えた。サタンが木を降りて彼らのあとを歩きまわると，他の個体も1頭また1頭とついていった。若い雄ベートーベンは優位者の目の届かないところで，派手に毛を逆立て，（あたかも"練習"するかのように誰にも向けられない）突進ディスプレイを演じてから，他の個体のあとを進んでいった。

14時15分まで，わたしの追跡個体以外に見えるチンパンジーはポムとその弟だけだった（最近彼らも母親を亡くしている）。大きな集団からの声は北へ進むにつれてだんだんと弱まり，リンダ谷に下っていくと静寂がおとずれた。4歳半のパックスはクリスタルに遊んでもらおうとするが拒絶された。少し

ずつ二つの家族は離ればなれになっていった。わたしはカサケラの岩場の上方にいた唯一のポム一家を残して，カコンベ谷に戻っていったスコッシャとクリスタルを追跡した。

その後メイン・パーティーがさらに北へと進むうちに，（野外調査助手の報告から確かめたのだが）他の雌たちは落ちこぼれていった。コミュニティーの遊動域の北部に集中利用域を持つ2頭の発情雌だけが，16時15分以降も雄たちのもとにとどまった。

（いつものことではあるが）その日の非常に驚くべきことがらのひとつは，チンパンジーのまったくの元気の良さであった。あれが人間だったら，彼らは大変な情熱でうち込んでいたとわれわれはためらわずに言うだろう。大騒ぎし，よく遊び，交尾し，グルーミングをしていた。悲鳴をまじえた荒っぽいディスプレイをするが，本気の争いにはならなかった。雄がどんどん進んでゆくとき，採食のため遅れがちな雌たちは，明らかにパント・フートやその他の声によって引き寄せられていった。普通，雌たちもこれに応答し，食べるのをやめて，移動に合流するために再び進む。それはまるでカーニバルだった。

社会の性質

動物の社会型は環境圧とそれに対処すべく種のメンバーが発達させた適応戦略とのあいだの相互作用の結果として，時を経て進化してきた。各個体は自身が受け継いだ遺伝子の組み合わせとともに生まれ，環境との接触および同種の他個体との行動による相互交渉を通して，その社会特有の構造に寄与する。同時に，個体自身の生まれながらの特徴は，他の集団メンバーの行動と関係，すなわちその個体が暮らしている社会の構造によって修正され，形づくられていく。

そこで，われわれは二つの問題に挑まなければならない。もしわれわれがある種の社会構造を把握しようとするならば，その動物社会のメンバーの行動上の相互交渉と関係について理解する必要がある。そして，社会構造がどのように個体行動の表出に制限を加えているかを正し

く認識するために，社会構造を理解する必要がある。ある特定の種を，数年にわたって自然生息地で研究して初めて，この非常に複雑な問題を把握することが可能となる。

ハインド（1976, 1979）は，いろいろな変異をもった霊長類各種の社会構造についての情報を分析，評価，比較の可能な概念的枠組みにして提出した。われわれはある社会で観察される表層構造を，さまざまなメンバー間の関係の質や種類やパターン化といった用語で，描いているのだと彼は指摘している。これらの関係もまた，それにかかわる個体の行動上の相互交渉の質や種類やパターン化に言及することによって描かれる。われわれの仕事はこれらのレベルのおのおのにおいて基本原理，すなわちその構造が依って立つ相互交渉や関係の底流をなす規則を探

し求めることである。

　個々の構成メンバーが死んでもその社会組織
は維持され，表層構造は時を越えて安定である
のが普通である。その社会環境で育った子ども
は年長者と同じような関係や相互交渉のパター
ンを発達させる。こうして社会内の個体間関係
はハインド（1976, p.8）が記すように，集団の
メンバーシップによって左右され，“構成者間
の関係をたしあわせただけでは説明できないよ
うな特性を持っている”。さらに，たとえ環境
的制限や人口学的変化が関係のパターン化に一
時的な変化をおよぼしても，条件が許すなら社
会はその伝統の力によって以前のパターンに戻
ることができる（Kummer, 1971 参照）。同時に，
革新的な行為をなすことができ，仲間を観察し
模倣することを通して行動を獲得することがで
きるような動物をあつかう時，われわれは社会
的伝統そのものが集団ごとに違うことを見いだ
すだろう。たとえそうでも，同種の他集団にも
適用できる一般化を試み，常軌を逸した風変り
な行動とは別物の，究極的にその社会の構造を
把握できるようなパターンを見いださなければ
ならない。

共存のパターン

　チンパンジーのコミュニティー構造の基礎と
なっている最基底原理は，社交性と仲間を選ぶ
にあたっての性差にかかわるものである。雌が
発情していなければ，雄は雌よりも集合性が高
くお互いに一緒にいることを好む。雌は，発情
中以外はあまり社交的でなく，ほとんどの時間
を自分の子とすごす。この基本パターンは，さ
まざまな社会的要因によって絶えず変化し続け
る特徴的な離合集散社会を形づくっていく。す

なわち，(a) コミュニティー内の雄の数や食物
供給といった変化する性質を持つ環境的および
人口学的要因や，(b) 月々あるいは年々の発情
雌の数の変化，(c) 順位の逆転や自分のなわば
りへのよそものの侵入など。これらの要因のそ
れぞれが，その時々にパーティー・サイズと
パーティーの構成，コミュニティーのさまざま
なメンバーの共存期間および誰と誰が共存する
かの確率に影響を与える。

　図7.1にあげたソシオグラムは，1981年の
1年間にコミュニティー内の各メンバーが他個
体と一緒にいるのが観察された頻度を示す。
（共存の測定に使った）対象個体は等しい時間
の追跡をしていないので，これは共存を見るた
めのやや荒っぽい方法であるが，めったにある
いはまったく追跡しなかった個体もソシオグラ
ムに含めてある。その欠点にもかかわらず，ソ
シオグラムに示された情報は，後に考察する同
一個体についてのより正確な追跡情報から引き
出された同年のデータと比較できるので，好都
合である。これらのソシオグラムのもととなっ
た生データは付録Dにおさめてある。**

　スコアは共存の等級を六つに分け，最もよく
一緒に見られた個体間を1番目の共存，ほんの
まれにしか見られない個体間を6番目とした。
　1番目の共存は，図7.1aに示してある。
母親と独立以前の子どもとの共存は全体を通じ
て最も親密なものである。7〜8歳までの若も
のとコミュニティーの他のメンバーを結ぶ共存
は，事実上その母親のそれと同じなので，別々
には取り扱わない。
　2番目の共存も同じソシオグラムに示す。3
本は母親とその成熟した娘や青年期の娘を結び，
1本はおとな雌パラスとその養女のスコッシャ

＊　ゴンベでの継時的データの大部分，とくに追跡個体
　の共存パターンのコンピューター処理は1973年から
　1975年にかけてスタンフォード大学で始められた。し
　かし，スタンフォードの学生が誘拐されたためゴンベ
　とスタンフォードの協力関係は絶たれ，不幸にもこの

計画は中断した。それ以来わたしは他の方法をとるこ
ともそのような努力をもう一度始めることもしていな
い。それゆえ，ここに示したすべてのデータは苦労し
て手計算したものである。
＊＊　訳註7-2：他の付録同様，本訳書では省略した。

160── 特異な社会

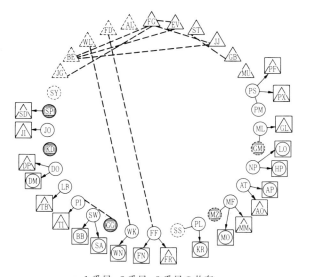
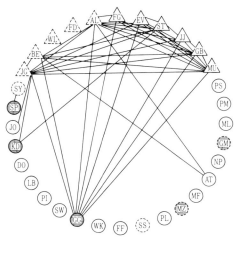

a. 1番目, 2番目, 3番目の共存
　　　←―――― 1番目(100%)
　　　―――― 2番目(50―99%)
　　　―――― 3番目(30―49%)

b. 4番目の共存(15―29%)

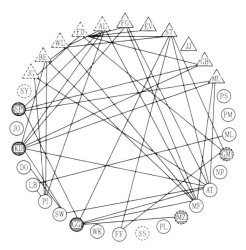
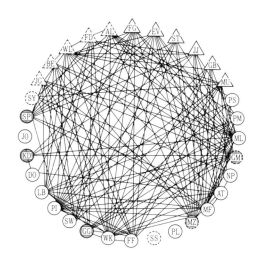

c. 5番目の共存(10―14%)

　△ おとな雄　　　● 発情中のおとな雌
　△ 青年雄　　　　● 発情中の青年雌
　○ おとな雌　　　□ 雄の子
　○ 青年雌　　　　□ 雌の子

d. 6番目の共存(5―9%)

図7.1　1981年，各コミュニティー・メンバーが他個体と一緒にいた頻度を示すソシオグラム。データは全個体についてのすべての追跡からのものである（キャンプ外のデータのみ）。彼または彼女がコミュニティーの他のメンバーと一緒にいるのが見られた15分の単位（または，その一部）数を個体ごとに総計し，マトリックス（付録D）を作った。このマトリックスから次のような公式によって，共存の大まかな度合を2個体ごとに算出した。

$$\frac{\text{AとBが一緒にいた}}{(\text{AがいてBがいない}) + (\text{BがいてAがいない}) + (\text{AとBが一緒にいた})} \times 100$$

得られた共存の度合は，5～100％の範囲で6等級に分けた。5％以下の時間しか一緒に見られなかった2個体の関係は含まれていない。

161 ―― 特異な社会

を結んでいる。

　3番目の共存も図7．1aに示す。2本は母親と青年期の息子を結び，3本はおとな雄のペア，1本はおとな雌のペア（パティとギギ）間を結んでいる。その他の4本は青年期の雄のうちの2頭ジャゲリとベートーベンをおとな雄と結びつける。その年，みなしごのベートーベンが3頭のおとな雄と非常に親密に一緒にいるのが見られた。

　4番目の共存は図7．1bに示してあるが，（若ものを含む）上記以外の雄同士を，そして青年期のジャゲリとその母親を，多くの雄と不妊の発情雌ギギを結びつけている（ギギは子どもを持たずいつもおとな雄と親密で一緒にいた）。その他の発情雌は慣れていなくてめったに見られないか（スプラウトとキデブ），青年期で雄にあまりもてないのである。おとな雌アテネは息子アトラスと青年期のベートーベンと結びついている。

　5番目の共存（図7．1c）はより多くのコミュニティー・メンバーを結びつける。ここでわれわれは，おとな雄と非血縁おとな雌との主要な結びつきのほかに，おとなと青年期の雄，および非血縁雌同士の結びつきが加わっているのを見る。（直系の家族としか結びつかない）あまり社交的ではない雌はパッションとノウプ，パラス，ウィンクル，（めったに見られない周辺雌）ジョアンヌであった。ミフとアテネは最も社交的であった。ミフの場合，娘のミーザがその年に発情中であったのがその理由のひとつである。

　6番目の共存（図7．1d）には，残りのほとんどすべての個体がはいっている。2頭のおとな雌パラスと周辺のジョアンヌだけは，5％レベルの共存ネットワークにははいらなかった。ジ

ョアンヌはこのソシオグラムに示されているよりも他個体とよく一緒にいたかもしれない。彼女は非常に用心深く，普通は観察者が現れると集団から離れていってしまう。いっぽうパラスは中心雌であり，定期的なキャンプの訪問者である。図7‐1には実際に彼女の生涯のうちで極端に非社交的だった時のものが示されている。

　大まかではあるが，これらのソシオグラムには全体にわたるパターンが図示されている。すなわち，母親と成長した子，とくに娘とのあいだ，および雄同士でよく共存すること，雄は非発情雌よりも発情している雌と高いレベルで共存すること，ある非発情雌たちはコミュニティーの他のメンバーと驚くほど低い頻度でしか共存しないことなどである。これらの全パターンは次の章でもっと詳細に検討する。[*]

パーティーの構成とサイズ

　チンパンジーは，典型的には（赤ん坊と子どもを別にして）5頭以下のパーティーで移動し，採食し，眠る。おとな雄の平均パーティー・サイズはコミュニティーが分裂する前後でも，集中的にバナナを供給した日々の前後でも，4頭と5頭のあいだだった（Goodall, 1968; Bygott, 1974; Wrangham, 1975; Bauer, 1976）。5頭の非発情雌が1971年から72年に加わったパーティー・サイズの中央値は（母親から独立していない子は別にして）1.6頭だった（Bauer, 1976）。発情中の雌はつれそい相手と2頭だけでいることから大集合にいたるまで，さまざまなサイズのパーティーで移動する。

　パーティーのタイプはさまざまである。ハルペリン（1974）はいくつかの用語を使ってパーティーのタイプについて論じたが，わたしにはつぎに挙げるものが最も理にかなったカテゴ

---

[*]　この本の図表の多くは，雄と雌；乾期と雨期；ある年と他の年のあいだの行動上の違いを示すよう意図されている。これらの図において，わたしは詳細を強調するよりむしろ違いのパターンの視覚的印象を提供しようとした。

162──特異な社会

谷を渡ってくるパント・フートに小さな両性パーティーが同じ声で応じる。左から右へミフ，モー，ハンフリー，ミカエルマス（後方に）ジョメオと赤ん坊を抱いたパティ。

雄だけのパーティー——2頭以上のおとな雄と（または）青年雄。

家族単位——母親とその独立前の子ども。それより年長の子を伴うこともある。

育児単位——二つ以上の家族単位。ときどき，非血縁で子どもを持たない雌を伴う。

両性パーティー——1頭以上のおとな雄または青年雄と1頭以上のおとな雌または青年雌。雌は独立前の子どもを伴うこともある。

性的パーティー——1頭以上の発情雌を含む両性パーティー。

つれそい（駈落ち）——排他的な関係にある1頭のおとな雄と（発情または非発情中の）1頭のおとな雌の独立行動。雌は独立していない子やそれより年長の子を伴うこともある。

集合——成熟した雄の少なくとも半数を含み，コミュニティーのメンバーの少なくとも半数からなる集団（もちろん実際には，非常に大きな両性パーティーと同じもので，普通は性的パーティーでもある）。

単独個体——完全に単独。*

これのパターン全体を背景として，ようやくわれわれは日々および月々のパーティー・サイズとその構成に影響する要因についての考察に取りかかることができる。実際には，環境や社会的要因はチンパンジー自身のユニークな個性と織り混ぜられているので，こうすることはいくらか単純化のしすぎという結果をまねくことを忘れてはならない。四つの主要変数は次の通りである。

食物供給のありかた。季節にともなって変化する食物の性質と利用可能性は共存パターンに絶えまなくかつ非常に重要な影響をおよぼす。食物が少なく，それも斑点状にしか発見できない時，チンパンジーは小さなパーティーか単独

---

* チンパンジーにかんする文献の多くは，採食行動や遊動といった生態学的テーマにかんするものであり，パーティー・サイズは伝統的に独立したおとなに限られていた。しかし，ランガムとスマッツ（1980）は，成熟した娘と共存している母親およびその反対の場合を"単独"としてあつかった。この本では，単独という用語は，たった1頭でいることを意味する。

163——特異な社会

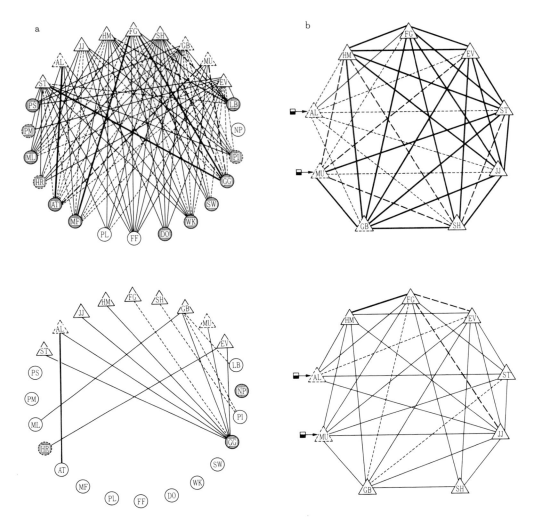

図7.2 1977年（上）と1979年（下）における，a, 雄と雌：b, 雄同士：c, 雌同士のペア間の共存レベルを示すソシオグラム。これらのデータは各年に70時間以上追跡した（13歳以上の）個体についてのターゲット情報から得られている。指標は両者の全追跡中で，AがBとすごした時間の割合を示している。（十分な時間追跡できなかったため）共存指数を算出することができなかった個体については，もっとよく追跡できたチンパンジーの指標において5％以上のスコアを示した場合にのみ，これらのソシオグラムにのせてある。5％以下の共存スコアは含まれていない。

で動きまわり，（時間・空間的に）食物が分散しているか集中しているかにかかわらず量が多いときには多くの個体が一緒に採食する傾向がある（Wrangham, 1977）。バナナの供給がたけなわのころはパーティー・サイズは劇的に増大したが，システムが変わると前のレベルにまで縮小した（Wrangham, 1974）。食物供給の季節変化は，マントヒヒやゲラダ，クモザル，ゴンベの ヒヒの群れの分節化にも著しい影響をおよぼす（Crook, 1966; Eisenburg and Kuehn, 1966; Kummer, 1968; Klein and Klein, 1973; A. Sindimwo, 野外データ）。

人口構成。同年齢の赤ん坊がたくさんいる時，彼らの母親はよく一緒に動きまわり，育児パーティーはそうでない時よりも大きくなる傾向がある。コミュニティー内の雄の数が多ければ多いほど，遊動域の境界をパトロールするために

164 —— 特異な社会

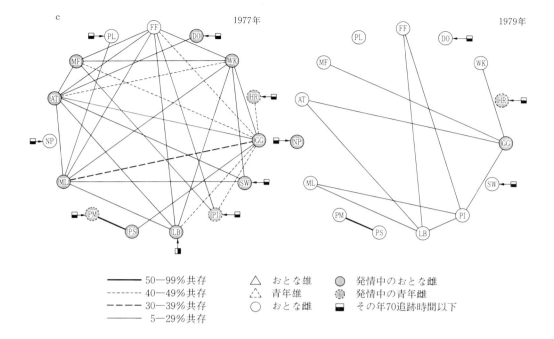

出かけて行くパーティーは大きくなる。

危険。捕食圧がチンパンジーのパーティー・サイズの増大をまねくというはっきりした証拠はまだないが、ありうることだ。クンマーら（1981）は、サウジアラビアの調査地のマントヒヒが、エチオピアのものよりも小さな集団で移動することを見いだし、サウジでの小集団の形成は捕食圧がずっと低い（場所によってはほとんどない）ためであると述べた。ゴンベのヒヒの群れが頻繁にサブグループ（時には3頭または4頭の小集団）へと分裂するのも捕食者による危険がないための反応なのかもしれない。

発情雌の有無。性的受容状態にある雌がいるかいないかは、年々のチンパンジー・コミュニティーの全体的なあり方の最も重要な要因のひとつとなる。発情中で性的にもてる雌は、もし誰かとつれそい関係にはいっていなければ、ほとんどのあるいはすべてのコミュニティー雄と多くの雌に（あるものは、子どもまたは青年前期の息子が性的に刺激され引き寄せられた結果として）取り巻かれるだろう。最優位雄（アルファ雄）フィガンを1974年に50日間連続して追跡したが、彼の参加したパーティー・サイズは発情中の雌が存在する場合に有意に大きかった（Riss and Busse, 1977）。数頭の雌が同時に発情すると、パーティー・サイズがさらに大きくなることもしばしばである。その1例として、1976年の暮れに8日間続いた集合がある。赤ん坊と子どもをのぞいて、1日あたり平均11.3頭（9頭から14頭の範囲）のチンパンジーが一つのパーティー内にいた。性皮の腫脹した5頭の雌がさまざまな期間にわたってその集合の一員となっていた。非発情雌は合流しては去り、そのうち何頭かはそれを数回繰り返した。核となっていたのは発情たけなわで性的にもてるパラスで、ずっと彼女のもとにとどまっていた7頭の雄は彼女の性皮腫脹が減退し始めると徐々に分散していった。

年々の変化

図7.2は、二つの異なる年、1977年と1979年のカサケラ・チンパンジーの共存パターンを示している。この二つの年は、非常に重要な変数の一つである性的受容可能雌の数が両極端を

示すために選ばれた。1977年には14頭の雌が，年中あるいはしばらくのあいだ性的受容状態にあり，1979年には6頭だった。1977年の2頭と1979年の3頭は周辺的であるか一時的な訪問者であり，めったに見られなかったので追跡個体との共存スコアはとても低かった。これらの雌は図には示していない。それにもかかわらず，コミュニティー内の共存パターンにある影響をおよぼした。もしこれらの雌もぜんぶ考慮すれば，月あたりの発情雌は1977年には平均6.3頭，1979年に平均1.9頭であった。

ソシオグラムが示すように，性的魅力のある雌がたくさんいれば，雄と雌のあいだの共存レベルは劇的に上昇する。さらに，雄同士はお互いにより多くの時をすごし，雌同士もより高いレベルで共存する。その年によく集合を形成すれば全体的に社交性が増加するという結果をもたらす。これまで見てきたように，非発情雌はしばしば集合の“興奮”に引き寄せられるし，たとえそうでなくとも，若ものが引き寄せられるだろう。母親は，時に子の欲求に左右される。

コミュニティーで最も非社交的なメンバーをのぞくすべての個体が，1977年の性的お祭り騒ぎに巻き込まれた。

選ばれた二つの年で，コミュニティー・メンバー間の全体的な共存レベルの相違は劇的なものだが，社会構造の基礎をなす原理は変わっていないことを忘れてはならない。雄は時によって集合性が高くなったり低くなったりするが，つねに雌よりは高い。そして，雌はある年には他の年よりも雌同士でよく一緒にいるとはいえ，全体的には雄同士が一緒にいるよりもはるかに少ない。（性的パートナーの有無と食物供給状況によって）ある年は他の年よりも多くの集合ができるが，（チンパンジーは生得的に社会的興奮に引き寄せられるため）いつもいくつかの集合があり，それらに雄は雌より頻繁にそして長く参加するだろう。社交性にかんするこの両性間の相違はチンパンジーの行動の多くの側面に大きな影響をおよぼすので，われわれはこれについてもっと詳しく調べる必要がある。

社　交　性

雄と雌

おとな雄は，以下に述べるすべての基準において，非発情おとな雌より社交的である。その基準とは，彼または彼女がある期間中に家族以外のメンバーに出会う頻度，共存した家族以外のメンバーの数，形成された共存関係の持続性，である（Bauer, 1976; Halperin, 1979; Nishida, 1979; Wrangham and Smuts, 1980）。ランガムとスマッツは，1972年から1975年の中頃までのゴンベのデータを分析し，非発情雌よりも雄は（1日中他個体と一緒にいる）パーティー日を多くすごす。雄が単独でいる日よりも，非発情雌が自分

の家族だけと一緒にいる日の方が多い。（その日の一部分を他個体と過ごした）混合日には，雄はあまり単独ではすごさず，非発情雌よりもパーティーに長時間参加する。

図7.3は，a.4頭のおとな雌と，b.4頭のおとな雄の“社交性の網目”を示している。8歳以上の全個体がこれらの網目に含まれる。赤ん坊と子どもは追跡個体との共存指数が50％より大きい時だけ含まれる。

おとな雄とおとな雌の共存パターンにおける三つの大きな違いが一目瞭然である。(1) 雄の輪の中央は空いているが，パッションのような雌たちのそれは4頭ほどの個体によってうめら

166——特異な社会

れている。(2) 雄の網目には10〜39％の位置で雌のそれよりも多くの個体が含まれている。(3) 雌の網目は雄のそれよりもずっと大きな年変化を示している。両性の社会生活のパターンは明らかに非常に異なっている。雄は8歳くらいで母親から離れ始めてから（残りの生涯の）多くの時間をひとりですごすようになる。これは雄の網目の外側の部分にある"単独"スコアから明らかである。雌のほうも初めて母親から独立して移動し始める時から、ひとりで時間をすごすようになる。しかしその2〜3年後、彼女が最初の子を産んでからというものは、（もし赤ん坊が死ななければ）残りの人生をまったくひとりですごすことはこれっぽっちもありそうにない。実際にパッションの網目をひとめ見ればわかるように、ゴンベでは母親と青年期およびおとなになった娘の結びつきはとても強い。雌の社交性網目の中心にある固く結びついた家族サークルは、成長するにともない同胞関係を形成し、その中で雌はグルーミングしたり遊んだりする。そして最も重要なことは、コミュニティーメンバーとの拮抗的な相互交渉において援助してもらえることである。

雌が発情している年の共存パターンの主要な変化も、これらの網目によって明らかにされる。これはパッションやパラスのような概して非社交的な雌においてとくに著しい。興味深いことに、1981年のミフの網目に見られるように、母親は彼女自身が性的受容状態にある時ばかりでなく、娘がその状態にある時にも社交的になるようだ。

おとな雄の年々の網目はもっとずっと単調なパターンを示し、主要な変化は雌とどれだけ共存するかによってもたらされる。（"性的な"年）1977年の雄—雄共存スコアの上昇は、4頭の雄の網目から明らかである。そしてコミュニティー内にまだかなり多数の性的受容可能雌がいた1978年には、共存レベルは高いままであっ

た（対照的に、サンプルの中で1977年に非発情だった唯一の雌フィフィは、10〜19％のレベルで雄との共存にわずかな増加を示しただけだった）。雄の共存のパターンにおける変動のうちのあるものは優劣関係の変化を反映している（たとえば、1977年のエバレッドと1978年と1979年のゴブリン。これについては15章で議論する）。

網目はコミュニティーのおとな雄と中心雌の全体的な共存パターンを示しているが、周辺的かつ（または）用心深い雌（またはそれ以外で十分な追跡ができなかった個体）についての情報を加味していない。社交性をはかるもうひとつの方法は、各個体が集合に参加した頻度を調べることである。チンパンジーはばらばらと集合に参加しては離れていくが、ある集合は1週間以上にわたって維持される。コミュニティー・メンバーはそのような集合の中で他個体と会い相互交渉する機会を持ち、遊び、グルーミングし、ディスプレイし、騒ぎたてる。ある意味で、集合はチンパンジーの社会生活の中枢である。

図7.4は、10年間にわたって観察された集合におとな雄やおとな雌、若ものが参加した程度を示している。ここにはおとな雄の少なくとも半数を含み、コミュニティーの少なくとも半数が参加し、少なくとも2日間にわたって維持された集合だけが含まれている。この分析によって、今一度コミュニティーの全メンバーについての比較が可能になる。用心深い周辺雌でさえ、大きな集合に参加している時は人間の観察者をあまり恐れなくなる。

期待されるように、雄は非発情雌より高いスコアを示し、集合に合流する日が多かった（雄はいったん合流すると雌よりも長期間とどまったが、これは図には示されていない）。雄の参加回数の変動の大部分は、駆落ちのためにコミュニティー遊動域から長期間いなくなったこと

167—— 特異な社会

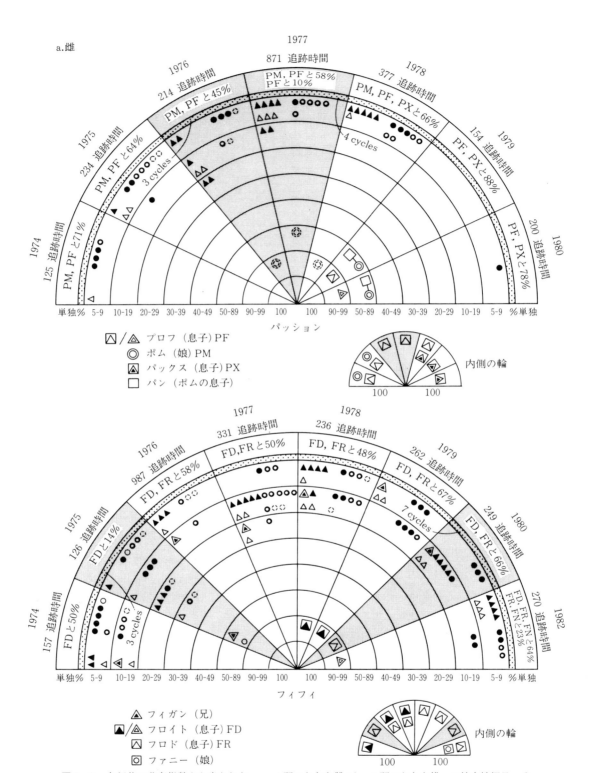

図7.3 各個体の共存指数から出された，a, 4頭のおとな雌；b, 4頭のおとな雄，の社交性網目。その年に，彼または彼女をターゲットとして追跡した総時間数に対するパーセンテージで表される。網目の各扇状部分は1年を表し，ターゲットとして個体を追跡した時間数が示されている。各シンボルは特定の性年齢クラスを表している（個体が次の年齢のカテゴリーに進むにつれてシンボルは変化する）。近い血縁関係は確認されている。同心の輪は異なる共存の程度を表し，中心に近くなるほど高くなる。5%以下の共存スコアは省かれている。

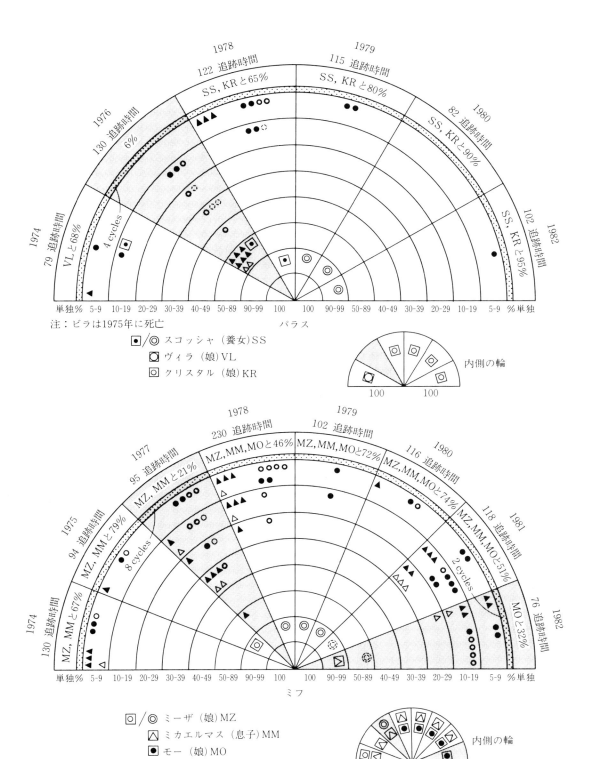

雌について陰影部分は対象とした雌が性的受容状態にあった年を示し，それらの年ごとに発情によって性皮が腫脹した回数を挙げてある。外側の輪は，彼女が追跡時間に対して自分の直系の家族のメンバーとだけ一緒にいたパーセンテージを示している。最も内側の輪（100%）は，はっきりとさせるために網目の下に拡大した半円で示してある。

雄の外輪には，各年ごとに追跡時間に対して単独でいたパーセンテージを示してある。

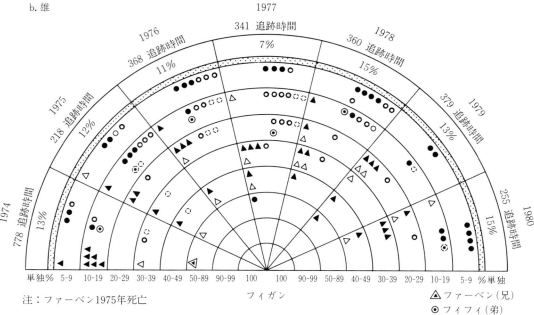

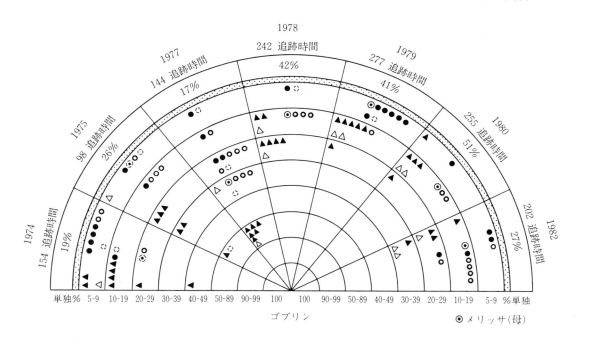

170 ── 特異な社会

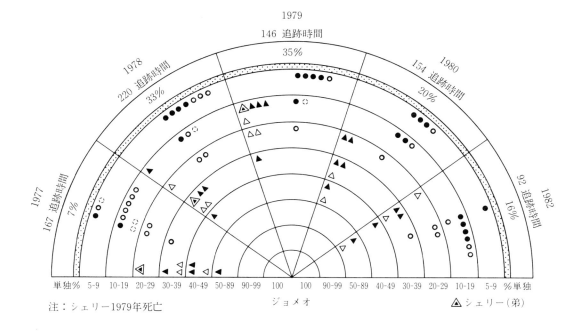

注：シェリー1979年死亡

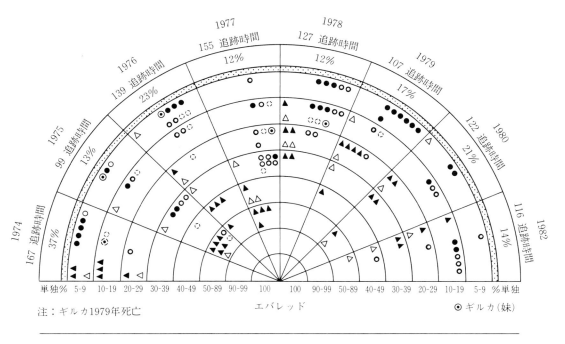

注：ギルカ1979年死亡

□ その年に発情中の追跡♀　　● おとな♀
▲ おとな♂　　　　　　　　　○ 青年♀
△ 青年♂

171 ── 特異な社会

コミュニティーのおとな雄は社会的順位をめぐって激しく争うが、たいていはおたがいが一緒にいてくつろぎ、グルーミングし、採食し、移動してかなりの時間をともにすごす。雄だけのこのパーティーで、ヒューは弟と推測されるチャーリーにグルーミングされている。年上のヒューゴーが後方にいる。(B. グレイ)

を反映している。1974年のサタン、1979年のエバレッド、そして少なくともある程度1976年のシェリーの参加回数が少ないのは上記の理由による。雄は優位を失った後に、いくらか非社交的になるようだ。これが1974～75年のエバレッド、1980年のフィガン、1981年のゴブリンに見られる参加回数の降下の理由である。シェリーは1976年に優劣をめぐる重要な争いに破れたが、これもまたその年の集合への参加の少ない原因のひとつであったかもしれない。

雌は雄よりも大きな個体差と大きな変動を示す。1979年のノウプのようにつれそい関係のために長い間いなかった場合を除いて、雌たちは性的受容年にたくさんの集合に参加する。3頭の最も非社交的な中心雌（パッションとパラス、ノウプ）と2頭の最も周辺的で慣れた雌（ダブとスパロウ）は、性的受容年をのぞいてはめったに集合に参加しなかった。いつも性的受容状態にあった不妊のギギは、予期したようにおとな雄と同等の参加レベルを示した。

図7.4は、青年期を経過する際の雄と雌の社交性の相違についての情報も示している。若い雄は10歳（ウィルキーとフロイト）から12歳まで（アトラス）に、母親とはなれてたくさんの集合に参加し始めたが、2頭の若い雌（グレムリンとポム）は独立に当たってこのような急激な変動を示さなかった。

生涯にわたる変化

この主題についてもう少し詳しく論じておくと、両性間の相違を強調するのに役立つだろう。

雄 8歳以下の雄が直系の家族サークル以外の個体と共存する程度は、その母親の個性と社交性に大いに依存している。たしかに子どもは、

（母親が離れる時についていくのを拒むといった）限られた方法で他の家族と一緒にいる期間を拡大することができるが，実際には，母親が他に「合流」する頻度こそ重要な要因となる。ふつう5歳か6歳の雄は，(a)一緒に遊ぶ他の若ものがいるか(b)発情雌がいるか，あるいは(c)（大声をだしディスプレイやドラミングしている）おとな雄を巻き込んだ，ある種の社会的興奮にあるパーティーにしきりに参加したがる。しかし，8歳か9歳まではこれらの欲求のままに母親から離れることはなく，このようなパーティーに参加する頻度は母親が息子の意向をくむかどうか，母親を"説得して"ついてくるようにさせることができるかどうかに完全に依存している。たとえば，パーティーの興奮した声に応えてそれに向かって進んだとしても，息子はその後立ち止まって母親を振り返る。もし母親がついてこないと，しばしば訴えるような小さい声を出し始める。彼はさらに進み，10分ほどじっとしていることもある。それでもまだ母親が来ないならば，ふつう（泣きつづけながら）戻ってくる。息子の欲求に快くしたがう母親もいる（Pusey, 1983 も参照）。非社交的なパッションと社交的なフィフィの社交性の網目およびこの2頭が集合に参加した頻度（図7.4）をひとめ見れば，その息子プロフとフロイトの初期の社会的経験が異なっていたであろうという見当がつく。

青年期が進むにつれて，雄は母親とすごす時間がだんだん少なくなり，家族外メンバー，とくにおとな雄や発情中の雌とすごす時間がだんだん多くなる。青年後期の雄はひとりでかなり多くの時をすごし，やや周辺化する傾向がある（Pusey, 1977; Halperin, 1979）。図7.5は7頭のカサケラ雄について，（追跡中に）ひとりですごした時間を年齢ごとにプロットしたものである。青年後期にゴブリンの単独時間はまず増加し，横ばいになり，その後おとな雄に組み込ま

れるにつれて徐々に減少していった。いったん成熟すると"単独"スコアの変化は少なくなり，死ぬ前のシェリーをのぞくと，その後45％より大きくなることはなかった。

フィガンのグラフは，彼がどの年齢の時にもほとんど単独ではすごさなかったことを示している。1972年と1973年の彼がまだおとなになりたてだった時，ハルペリン（1979）の単独雄というカテゴリーでたった2％と，全部の雄の中で最も低いスコアだった（これは7時間以上追跡したものについて，時間ごとに対象とした雄のパーティー・サイズをサンプルして算出した）。フィガンが高い社交性を示すのは，兄ファーベンとよく一緒にいたのがその理由のひとつだが，これを考慮にいれてもフィガンの"単独"スコアはまだ他の雄より低かった。1974年の50日間の追跡で，フィガンの総"単独"スコアは16％だった（Riss and Busse, 1977）。彼の兄はその時まだ生きていたが，図7.5に示したように，1975年にファーベンが死んでもフィガンの単独時間は増えなかった。

ある雄は，年をとるにつれて単独性を増す。1972〜73年にハルペリンのサンプルの中で最も年とった2頭の雄（それぞれ34歳と36歳と推定される）マイクとヒューゴーは，かなり異なったスコアだった。単独雄カテゴリーのポイントは，マイクが54％に対してヒューゴーは社交的で29％だった。未発表の原稿（Polis, 1975）からのデータによれば，この2頭のあいだの社交性の相違は，ヒューゴーがずっと単独性を増しマイクと同様のスコアになった晩年の3カ月の時点まで持続した。生涯の最後の1年間にそれぞれが集合に参加した頻度は急降下し，マイクは79％から42％に，ヒューゴーは74％から44％になった。どちらも晩年の3カ月に観察された13の集合のいずれにも参加しなかった。

雌 雌の場合も，幼児や子ども初期の社会的経験は母親の社交性と個性に依存している。雄

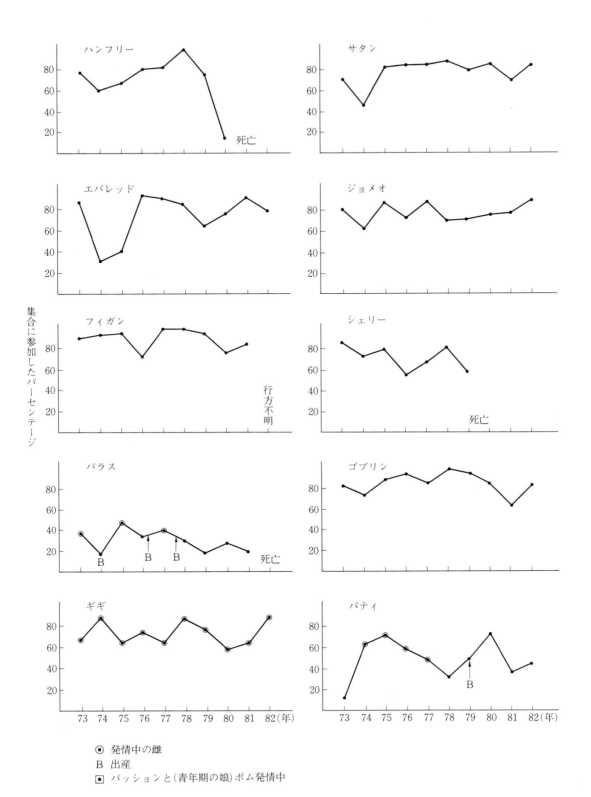

⊙ 発情中の雌
B 出産
[⊙] パッションと(青年期の娘)ポム発情中

図7.4 カサケラ・コミュニティーのおとな雄(上)とおとな雌(次ページ)が、10年間にわたって集合に参加した頻度。各年ごとに各個体が集合に参加した日数を数えてある。それぞ

174 —— 特異な社会

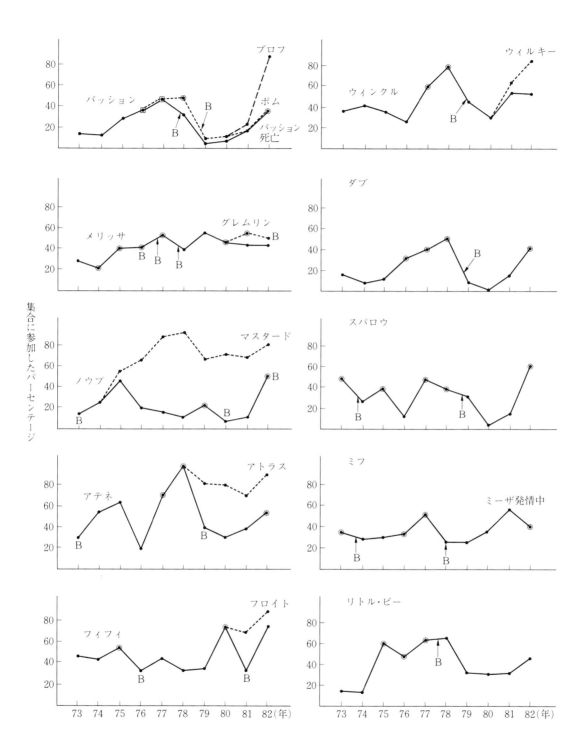

れの総合的貢献度は，その年の総集合日数に対するパーセンテージとして表されている。
子のグラフは母親のそれと一緒にプロットされている。

175 —— 特異な社会

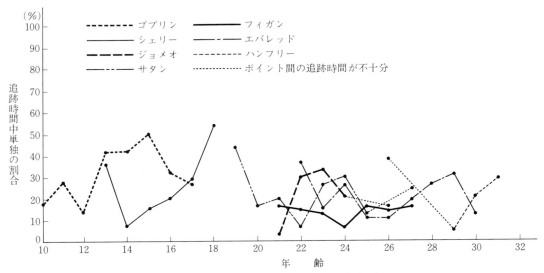

図7.5　7頭の異なる年齢のおとな雄が追跡時間に対して単独ですごしたパーセンテージ

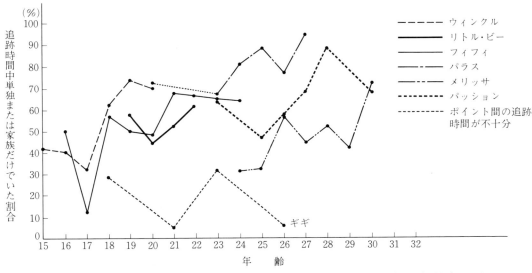

図7.6　7頭の異なる年齢の中心雌が追跡時間に対して単独あるいは家族だけですごしたパーセンテージ

と同様に雌の子どもも，ある程度は他の家族単位との接触を長引かせることができる。しかし子どもから青年前期には，彼女は若い雄で観察されたほど集合に参加しようという強い意志を示さず，10歳頃の青年後期にはいってそれを示し始める。定期的に起こる発情と性的受容性によって特徴づけられるこの期間は非常に社交的になり，発情中の雌はしばしば雄と移動するた

めに母親から離れる。彼女の共存パターンは青年後期の雄とはまったく異なってくる。雄は周辺化する傾向にあるが，雌はコミュニティーの社会生活に参入する。さらにこの時，彼女は隣接するコミュニティーを訪問し始め，永久移籍するにせよ，発情と発情のあいだに出生コミュニティーに戻るにせよ，雄が生涯のどの段階でもできないような方法で知合いのサークルを拡

176——特異な社会

大する。移籍したら，青年後期の雌はいっそう社交的になる。たぶん先住雌の敵意を避けるため，非発情の時でさえ雄と一緒の時間を多くすごす（Pusey, 1979）。しかし，もし出生コミュニティーにとどまって，その時母親がまだ生きているなら，非発情期のほとんどを自分の家族とすごす。

最初の出産をした後は，雌は集合性が下がるのが普通である。彼女は（もし母親がまだ生きているなら）母親とも頻繁に共存しつづけるが，そうでなければ多くの時間を自分の子どもとだけすごす。この比較的平穏な段階から発情周期が再開すると，突然に社交性が再発する。図7.6はカサケラの中心雌が"家族だけと一緒にいた"スコアを示しているが，これには明らかに発情の効果が表れている。多くの雌が性的受容状態にあった年には，彼らは"家族だけ"ではあまりすごさなかった。これまで見てきたように，母親の社交性は娘の発情状態によっても影響される。グレムリンが性的受容状態にあった1年間に，（他個体の追跡中）パーティー内でメリッサが追跡個体と出会ったパーセンテージは娘が発情中により大きかった。

	メリッサがパーティー内にいた割合	
	グレムリンが発情中	グレムリンが非発情中
1月から6月	88%	47%
7月から12月	87%	50%

これらのデータはグレムリンの発情中に社交性レベルが上昇したことを示している。同様のデータは1977年にパッションを長期間追跡した時に得られた。ポムが非発情中であった初めの2週間，この家族は83%の時間を独立してすごした。ポムが発情中であった次の2週間に，こ

成熟雄と移動するため，若もの雌は発情中にしばしば母親から離れる。写真はフィフィ，年齢は約11歳。

の数値は45%に下がった。最初の2週間にパッションは他個体や他のパーティーに10回出会った。2週間にわたって彼女が最もよく一緒にいた家族外メンバーはあるおとな雄であり，彼女はその雄とともに168時間の観察中の12%を一緒にすごした。その次の2週間に，パッションは他個体や他のパーティーに19回出会った。168時間の33%を別のおとな雄とともにすごした。

このように接触が増加するのは，(a)発情中の娘が母から離れるのをいやがる（これは雄が家族に誘引されることを意味する），あるいは(b)娘が自分のもとを離れるのを母親がいやがる（これは若い雌が雄を求めるのに母親がついていくことを意味する）せいだろう。たぶん両方の要因が働き，その程度は母と娘の関係のタイプによって決定される。

雌は年をとるにつれて，徐々に家族メンバーだけと時をすごす傾向が増える。これは図7.6に非常にはっきり示されている。たぶんこのように集合性が低下するのは成長していく家族が彼女に社会的利益をあたえ，それゆえ他に社会的利益を求める必要がなくなるためだろう。

考　　察

　ほかの霊長類社会と比較して，チンパンジーの社会の最も際だった面の一つは9歳頃からどの個体もが享受する自立性である。いったん若い雄が結びついていた母親への依存心を断ち切ると，どんな時にどの個体と合流するのも，また避けるのも自由である。これはある程度雌にとってもあてはまるが，母親への依存心は雄より強いように思える。ただし駆落ちして雄に連れ出されている場合，雄は雌が離れるのを強引に妨げようとするので，そこから離れるのは時に困難であり不可能でさえある。もっとも，これは通常ではなくむしろ例外である。チンパンジーはほとんどいつでも，望ましくない社会状況から撤退してしばらく単独でいるか，もっと気の合った仲間を求めることができる。チンパンジーの両性とも，プライバシーをもっていつでも自分のしたいことをできるのは，大多数のヒト以外の霊長類と驚くべき対比をなしている。雄にとってはこれは完全なプライバシーを意味し，雌にとっては自分の直系の家族と共有するプライバシーである。

　仲間や移動ルート，活動内容などの選択にあたってのこの自由は，とくに雄にとって，ストレスを減少させるのに重要な役割を果たす。同時に，さまざまな時間間隔でひっきりなしに起こる個体間の別離と再会は，特に社会的知識や意識を必要とし，柔軟な行動を促す強い圧力として働く。おとな雄にとって，味方の存在は優劣をめぐる争いに決定的に重要だろう。しかし，最も必要なパートナーが（たとえばヒヒの社会のように）たとえ端の方でもいつも群れの中にいるとは限らず，音声も届かない別の谷にいるかもしれない。彼とは数日あるいは数週間も離れていることだってありうる。そこで彼の仲間

は，他の方法でライバルに対抗しなければならない。雌も，子が味方として役に立つのに十分な年齢となり，やがて独立し，しばしばひとりぼっちにされるようになると，雄と同じ問題に直面する。

　生まれた社会の性質は必然的に子どもの発達に著しい影響をおよぼす。母親の年齢やランク，個性は，すべての霊長類の集団の子どもの社会化のある局面に決定的に重要だ。若いチンパンジーにとっては，それ以外に，母親がどの程度「社交的」か非社交的かということも重要だ。また彼の家族内の地位も，他の霊長類種の赤ん坊にとってよりもはるかに重要な要因となる。非社交的な母親の初子は，親とだけすごす時間が圧倒的に多いだろう。このように母親の個性（優しいか無愛想か，拘束的か寛大か，遊び好きか生真面目か）は，子どもが成長するにあたって，かけがえのない重要な役割を果たす。次に生まれた子は遊び友だちがすでに備わっているという長所を有し，弟なら兄の中に役割モデルを見いだす。

　たいていの霊長類社会では，子どもは比較的安定した社会集団にいることが有利である。たとえば，若いヒヒはたえず他の赤ん坊や子ども，あるいは拮抗的な出会いにおいて味方になってもらえる母親やその他の親類縁者に囲まれている。だから，若ものが，仲間たちに向けた挙動が引き起こす結果を学ぶのは困難ではない。しかしチンパンジーの母親は，毎日さまざまなコミュニティー・メンバーといろいろな組み合わせで一緒にいる。赤ん坊にとって，社会現象のダイナミクスを学ぶのは非常に複雑な仕事である。経験を通して，もし遊び友だちを傷つけたら，相手の母親と自分自身の母親の相対的なラ

左から右へ：ファニが兄フロドをグルーミングする。フロドは母親フィフィにグルーミングされ，フィフィもまた青年期の息子フロイトにグルーミングされる。

ンクによってのみならず，一方または両方の家族の兄姉やそれ以外の血縁者の存否によっても，その結果が影響されるだろうことを理解するにちがいない。中心雌はコミュニティーの他のメンバーによく出会うが，周辺雌はあまり出会わないことをわれわれは思い出さなければならない。おとな雄の社会へのはいり方は，そのような2種類の雌の息子でやや異なっている。一方は非常時にすぐ助けてくれる母親を持っているが，他方は助けてもらえないことがしばしばあるだろう。この事実が，若い雄が他の雄とどのような関係を築くかに影響をあたえる。

コミュニティーのさまざまなメンバーのあいだの関係，すなわちコミュニティーの構造が究極的に依って立つ関係について詳しく調べることができる地点に，ようやくわれわれは到達したといえる。

8 個体関係

　1975年6月　われわれは突然，何週間も姿をみていなかったエバレッドが，キャンプの北の伐採地の茂みの中にすわっているのをみつけた。これまで，しばらく留守してから戻ったときに，彼はいつもフィガンとファーベンの兄弟からこっぴどく攻撃を受けたものだった。明らかに彼は落ちつきなく，神経質にあたりを見回し，小さな物音にもいちいち驚いていた。20分後，毛を逆立て，東をにらんだまま立ちあがった。そして，ほっとする。妹のギルカだった。エバレッドは前へ進み，ギルカも柔らかいあえぐような唸り声をだしながら急いで近づく。2頭は抱き合ってからグルーミングを始めた。ほどなくギルカは彼から離れて，餌箱の一つに近づく。彼女は12日間もバナナをもらっていなかったので，われわれは少しあたえることにした。すると，エバレッドが毛を逆立てて突進してきた。彼がこの前バナナをもらってから何週間も過ぎていた。他の雌なら悲鳴をあげながら逃げ，どのみち攻撃されたに違いない。しかし，ギルカはエバレッドが見つめているあいだに落ちついて自分の分を取り，わきにさがった。エバレッドも自分の分を取り，急いで食べた。彼が食べ終わったとき，まだギルカはバナナを数本持っていた。彼は口一杯に頬張りながらギルカのバナナを

ギルカが，兄のエバレッドをグルーミングする。（E. Tsolo）

見つめ，にじりより，手をのばして皮をもらった。やがて彼らはキャンプを去った。ギルカは出産ま近のおなかをかかえ，ゆっくりと移動する。彼女が止まって休むたびに，エバレッドは辛抱強く待つ。その日彼らはグルーミングしたり，ヤシの木でとなりあって採食したりしてすごし，夜は同じ木にベッドをつくってねた。彼は自分をおどしたりしない親しい妹といることで安心し慰められただろう。おそらく，翌日手ごわいライバルであるフィガンと対面する勇気もわいたに違いない。

　ゴンベのチンパンジーは4半世紀にわたって研究されてきた。われわれは子どもがおとなになり，おとなが年とっていくのを見てきた。われわれはチンパンジーそれぞれに個性を示すような著しい行動変異があることを指摘してきた。そして，数百の個体間組合せのあいだの数千の相互交渉について観察し，記録してきた。今われわれは，さまざまな個体のあいだのさまざまな関係の発達にかんする法則性を探るだけのデータを持っている。たとえば，おとな雄と赤ん坊のあいだの関係の特徴は何か，子どもが成長するにつれてそのような関係がどのように変化するのか，性をめぐる競合，食べ物の少ない乾期といった特定の社会的・環境的因子はどの

ような影響をあたえるかなどの法則性である。あるいは，直接的な疑問に戻って，ある種の（友好的または敵対的な）関係の性質が，特定の状況（たとえば，再会の最中）におかれたチンパンジーのふるまいかたにどれだけ影響をあたえるのかなどの諸問題である。

個体間のある関係は，彼らの相互交渉として最もよく表現できる。ハインド（Hinde, 1975）は一つの考え方を提示した。いくつかの相互交渉の絶対的・相対的な型，質，そして頻度に注目すべきであると提案したのである。相互交渉の型がいくつあるかは重要である（たとえば，母子関係には授乳，運搬，グルーミング，遊び，保護や他の多くのものが含まれるが，これに対し，2頭のおとな雌がかかわる相互交渉は偶然の再会だけかもしれない）。相互交渉は（AがBをグルーミングして，BがAをグルーミングする）相互的なものか，（Aが催促して，Bがグルーミングする）相補的なものかの程度についても考慮しなければならない。もう一つの重要な因子は，2頭の個体の行動がどれだけ「かみあう」かということである。つまり，どれだけ彼らのゴールが似ているか，もし違うなら，どのようにたやすく一方が他方の希望を受け入れるか，それとも競合するかの程度である。

（集団で生活する他の哺乳類と同じく）チンパンジーはいくつかの性・年齢クラスのメンバーに対して異なった仕方でふるまう傾向があり，これらは予測可能である。このような傾向は性によって違っており，年齢とともに変化する。たとえば，ある子ども雄は他の子どもと遊ぶ一方で，おとな雄を観察し，よくまねている。若ものになると，まだ仲間たちとも遊ぶがその質はより乱暴なものになり，仲間たちと攻撃的で競合的な相互交渉も交わすようになる。そして，依然としておとな雄に関心をもち，彼らに対しては否応なく服従的でおどおどした行動をとる。おとなになると，頻繁に他のおとな雄と

共存し相互交渉を持つ。彼ら全員とグルーミングし，何頭かと協力し合い，その他の雄たちとは地位や雌への接近をめぐって競合しあう。自分を観察し自分のまねをする赤ん坊や子ども雄に対しては，（いつも）寛容で友好的である。と，こんなぐあいである。

このような傾向の一部は遺伝的なものだが，ある程度は社会的な状況で形作られる。これまでみてきたように，赤ん坊が仲間と遊ぶ頻度は母親のタイプによるし，人口学的な因子，たとえば遊び仲間になりうる赤ん坊の数にも依存する。遊びの質は母親の地位による。なぜなら，高順位の母親の息子はより劣位な雌の息子に比べて頑固で乱暴な傾向があるからだ。

幼年時代の初期から雄は発情した雌に性的な関心を持つようになるが，その関心のかたちそのものには変異がある。赤ん坊のときは，魅力的にふくらんだ尻ならどれでも，臭いをかいだりさわったりする。成長すると，その中にペニスを挿入し，スラスト運動をしようと試みる。おとなになると，彼の性的反応の性質は，雌の年齢や性的パートナーとしての親しさ，自分の順位，他個体の存在などによって決定される。雄が1頭の雌と相互交渉をもつ頻度の少なくとも一部は，彼が彼女と共存する程度に依存する。つまり，彼らのあいだの遺伝的な近縁度，彼女の社交性と年齢，彼女の集中利用域の場所，そして彼女の子どもの年齢や性別に依存するのである。

一方，雌の赤ん坊は性皮の腫脹にあまり関心を示さず，子ども時代を通じて，雄の赤ん坊のようにおとな雄に関心をもつこともあまりない。若い雄と若い雌では小さな赤ん坊に惹かれる程度も違い，雌は若い雄に比べて乱暴な遊びもしない。若もの雌は突然他の雌に対して攻撃的になるが，若もの雄のように目標を定めて攻撃するのではなく，突進ディスプレイを示すことも少なく，自分の母親より高順位の雌を威嚇する

ことはめったにない。また雄に比べて，非血縁のおとなたちと密接で友好的な関係を作ることを強く望んではいない。そのため非社交的な性質が共存を少なくし，非血縁雌との結びつきをあいまいにしている。おとな雌間の友好的関係は，息子が若ものになり母親の友だちを攻撃し始めることで崩壊する。もしその友だちが彼を威嚇したり攻撃したりすると，母親は必ず息子に味方する。そして低順位の雌は，以前の仲間を避けるようになる。

　最も基本的なレベルでは，個体関係のあり方は個体の性・年齢，親しさの程度や相対的な社会的地位を基盤に成り立っている。相互交渉が起きる社会的状況の違いは，相互交渉の性質に大きな影響を及ぼしうる。普通は家族のメンバー間では友好的で非常に寛容だが，極度に緊張した時には互いに攻撃しあうことがある。さらに，２個体間の相互交渉の結果が（そして，

時には彼らの関係のあり方が），第三者の参加あるいは介入によって変えられることもある。チンパンジーの社会においては，三者間の相互交渉は（多くの個体を含む場合と同様に），非常に重要な役割を持っており，しっかり確立された永続的な同盟関係が多数存在する。しばしば２頭の同盟者は，第三者をおどすか打ちまかすという共通のゴールをもって団結する。

　チンパンジー・コミュニティーのなかの社会関係の動態を解き明かそうとするどんな試みにおいても，これらの社会的変数のすべてが考慮されなければならない。さらに，あらゆるチンパンジーが遺伝的な性質と獲得的な性質を独自な組み合わせでもつユニークな存在であることを繰り返し思い返すことは重要である。その事実があらゆる関係の特徴に多かれ少なかれ影響をあたえている。

個体関係の主なカテゴリー

　個体関係は，友好的，性的，そして非友好的の三つのカテゴリーにわけられる。加えて，タイプ分けのむずかしいいくつかのものがある。（より洗練されたデータ収集ができて理解可能になるまでの）一時的な尺度として，それらを「中立的」としておく。以下にそれぞれのカテゴリーを簡単に説明する。

　(a)　友好的な関係。親和的行動が質的にも量的にも攻撃的行動よりずっと多い。以下の三つのタイプには特別なコメントが必要だろう。

　保護者—子どもに対する母親の関係が典型的。多くの親和的な行動だけでなく高いレベルの共存，防衛，援助そして支持で特徴づけられる。

　友だち—最も強固で，もっとも永続性の高い友好的関係。両方向の親和的，支持的相互交渉が特徴である。母親と子どもの保護関係は年長

の子どもになると，通常は友だち関係へと移行する。とくに（ゴンベでは）母親と一人前になった娘の関係は，おとな間のすべての結びつきのうちで最も強固な関係である。友だち関係はまた，おとなの兄弟間や，通常，社会的順位のいちじるしく離れた非血縁の雄間にも存在する。

　追随者—ある子ども（通常は，若もの雄）とある特定のおとな雄との関係。若い雄は自分より年長の雄を観察し，模倣し，ときどきはグルーミングする。そして，年長者も彼に対しては寛容である。追随している若い雄と他の個体とのあいだの相互交渉の時に，年長の雄はときどき彼の味方をする。

　(b)　性関係。これは，配偶行動や攻撃を伴う性行為にほとんど限られる。また，つれそい関係のような高いレベルでのくつろいだ共存も含

183—— 個体関係

まれるだろう（このようなつれそい関係は1カ月以上も続くことがあり，雌が発情していない時にもできる）。基本的に性関係は相補的である。雄の性的欲求が雌の（雄一般に対してか，特定の雄に対してかの）受容性とどの程度かみあうのかによって，親和的関係のカテゴリーに含まれるか否かが決まってくる。いくつかの性関係は明らかに非友好的なものである。

(c) 非友好的関係。攻撃的あるいは，回避的な行動が友好的，親和的行動よりも多い。非友好的な関係には以下の二つの基本型がある。

競合関係—地位をめぐって競争している時のどんな年齢間にもどちらの性にもある。この種の関係はおとな雄間に最も顕著である。一方が社会的順位を上げたがっていて，他方がそれを守りたがっている時にみられる。若もの雄とおとな雌のあいだにも，雄がより優位になりたがっている時に認められる。時には若もの雌と少し年長の雌のあいだにも，似たような関係が発達する。競合関係は，とくに雄の場合，同じぐらいの年齢の赤ん坊や子どもの間でも認められる。それらは頻繁にあらわれるので，遊びのバウトが攻撃的な事件になってしまうこともある。他の個体はしばしば，競争相手の一方あるいは両方の連合の相手として，競合的相互交渉に引っ張り出される。

通常，優劣関係の逆転が起こった直後に，雄間の関係がしばしば両義的で緊張したものになる時点がある。この段階では，関係する個体が攻撃的行動と友好的行動の両方を高レベルで示す。2頭がそれぞれの新しい相対的な位置に順応すると，関係は基本的に友好的か非友好的かのどちらかに落ちつく。

敵対関係—非常に高レベルの攻撃が特徴。通常は一方向であり，劣位個体は恐れたり，避け

たりする。たとえば，先住雌は新しい移入雌に対して敵対的である。極端な場合，おとな雄たちが隣接コミュニティーの個体を攻撃する時のように，敵意が死を招くこともある。

(d) 中立的関係。とくにおとな雌間には，友好的とも非友好的ともわけられないようないくつかの関係がある。このような関係にある個体間では，めったに相互交渉が見られない。時としてこれらの例のあるものは，彼らがほとんど一緒にいないためと考えられる。しかし，何時間も一緒に過ごしながら互いにまったく無視しあっているような例もある。数年間の相互交渉の記録をためることで，そのような関係の性質も，時には決定できることがある。しかし，この種の決定はいつもどちらかに決められるわけではない。したがって，本章の目的のために漠然とした関係は「中立的関係」としておく。

最後のポイント。2個体間の相互交渉の頻度の変化は，しばしば彼らの関係の変化を示している。にもかかわらず，頻度自体は有効な尺度でないことがだんだん明らかになってきた。2個体がほとんど相互交渉を持たない時，彼らの関係は敵対的でお互いに避け合っているとも考えられるし，非常にくつろいでいて相手に寛容で身体的な接触はあまりみられなかったとも考えられる。メンツェル（Menzel, 1975）は，「まったくグルーミングしたり遊んだりせず，身体的な接触があまり見られないような2頭のチンパンジーが9m以上離れることはなく，けんかの時にお互いを防御しあっていた」と述べている。もしわれわれが，チンパンジー，とくに雌のチンパンジーの複雑な関係を野生状態で十分に理解するつもりなら，彼らのコミュニケーションの微妙な点までも定量化するよい方法を見つけなければならない。

184——個体関係

郵便はがき

（受　　取　　人）
京都市山科区
　　　日ノ岡堤谷町１番地

ミネルヴァ書房

読者アンケート係 行

◆　以下のアンケートにお答え下さい。

お求めの
　書店名＿＿＿＿＿＿＿＿＿＿＿　市区町村＿＿＿＿＿＿＿＿＿＿＿＿＿＿＿書店

＊　この本をどのようにしてお知りになりましたか？　以下の中から選び、3つまで○をお付け下さい。

A.広告（　　　　　）を見て　B.店頭で見て　C.知人・友人の薦め
D.著者ファン　　　E.図書館で借りて　　　F.教科書として
G.ミネルヴァ書房図書目録　　　　　　　H.ミネルヴァ通信
I.書評（　　　　　）をみて　J.講演会など　K.テレビ・ラジオ
L.出版ダイジェスト　M.これから出る本　N.他の本を読んで
O.DM　P.ホームページ（　　　　　　　　　　　）をみて
Q.書店の案内で　R.その他（　　　　　　　　　　　　　　）

書 名 お買上の本のタイトルをご記入下さい。

◆上記の本に関するご感想、またはご意見・ご希望などをお書き下さい。
　文章を採用させていただいた方には図書カードを贈呈いたします。

◆よく読む分野（ご専門)について、3つまで○をお付け下さい。
　1. 哲学・思想　　2. 世界史　　3. 日本史　　4. 政治・法律
　5. 経済　　6. 経営　　7. 心理　　8. 教育　　9. 保育　　10. 社会福祉
　11. 社会　　12. 自然科学　　13. 文学・言語　　14. 評論・評伝
　15. 児童書　　16. 資格・実用　　17. その他（　　　　　　　　）

〒
ご住所

Tel　　（　　　）

ふりがな　　　　　　　　　　　　　　　　　年齢　　　　性別
お名前　　　　　　　　　　　　　　　　　　　歳　男・女

ご職業・学校名
（所属・専門）

Eメール

ミネルヴァ書房ホームページ　　**http://www.minervashobo.co.jp/**
＊新刊案内（DM）不要の方は × を付けて下さい。　□

成熟した兄弟であるファーベンとフィガンは，1968年からファーベンが消失し死亡したと考えられる1975年まで，密接に支持し合う関係を持っていた。

経時的変化

　社会集団のメンバー間の関係は，年齢と社会的順位の基本原理によって決定される。だれでもおとなになるので，すべての関係は時間とともに変化する。これらの変化のいくつかは段階的である。たとえば，離乳期になると母親は少しずつ子どもに対する拒否反応を増加させていき，次の赤ん坊が生まれるとその子をきっぱりと独立させようとする。若い雌が初めて発情する時のように，より急激に起こる変化もある。個体関係はまた，予想しないような出来事によっても変更させられることがある。たとえば，ゴンベでは，小児まひの流行や赤ん坊殺しのパッションとポムによる異様な攻撃などがあげられる。

　このようなパターンで連続的変化が起こるにもかかわらず，いくつかの共存関係の基本的性質はかなり安定して存在する。たとえば，家族メンバー間の関係はやむをえない上昇下降があるものの，基本的に生涯友好的である。しかし，兄弟2頭間の関係は，非血縁の雄間に比べてもかなり違った変化をたどる。まず5歳違いの兄弟について考えてみよう。その弟が生まれた時，兄はまず弟にさわることを許される。それから彼は，グルーミングをし遊ぶことを許され，最後には赤ん坊である弟を運んで歩くことも許される。彼は，小さな弟をいつもよく守る。彼らのあいだの遊びは最初おだやかなものだが，弟が成長するにつれ乱暴なものになる。兄が自分の家族から離れてすごす時間が長くなると，相互交渉はあまり起こらなくなってくる。しかし，彼らの関係は友好的で支持しあうものであり続ける。彼らはしばしば一緒に採食し，パトロールし，巣をつくる。ある時点で，すべての弟は自分の兄よりも優位になるようだ。このような優劣逆転の時期には2頭の関係が緊張し，攻撃がよく起こる。しかし，すぐに友好的関係にもどる。この種の友情は，自分の優劣序列を上げようと強く望んでいる雄には大きな影響をおよ

ぼす。なぜなら、一般に社会的争いに際して彼らは互いの味方をし、自分の兄弟に対抗する側につくことはまったくないといってよいからだ。

　（同じように５歳の違いがあっても）、２頭の非血縁雄間の関係は、兄弟関係と多くの点で違ってくる。彼らの初期の相互作用を特徴づけているいくつかの要素は兄弟のものと似ている。年長者が若い方をグルーミングしたり、一緒に遊んだり、運んだり守ってやったりさえする。しかし、彼らがそういうことをするのは、そうしばしばではない。なぜなら、彼らには兄弟の場合と同じような機会がないからだ。年長者は年若い雄とあまり一緒にいないので、親密度はあまり高くない。２頭のうちの若い方が母親から離れ始める頃、その年少者は非血縁の青年に追随したがらない。彼らは一緒に何かをしたり互いに助け合ったりすることもないだろう。むしろ年少者が年長者に挑戦するようになり、彼らの関係は著しく非友好的なものとなり、多くの攻撃やいくつかのきびしい争いさえ起こる。いずれ、前以上に仲よくなるのだが、そうなるまで数カ月というより数年もかかる。一方が第三者と争っている時、積極的に相手が味方してくれることは期待できない。

　記録８.１、８.２、そして８.３でよく研究された２頭（10年間最優位雄だったフィガンとその妹フィフィ）をめぐる関係を述べる。これ

らは20年間を通じて、彼らのそれぞれに対して最も意味深かったと考えられる関係である。これらの記述から、自然環境におけるチンパンジーの個体関係の複雑さや多様性が少しはわかるだろう。

フィガンをめぐる関係

　記録８.１ではフィガンと以下に示す３頭の雄との関係が述べられる。

　(a)　兄のファーベン──安定して持続的な友情を持っていたが、年若いフィガンがファーベンに挑戦して彼より優位になった短い期間は、その友情がこわれた。

　(b)　非血縁のハンフリー──最初は非友好的で、その後フィガンが年長の彼から最優位の地位を奪い取ったので敵対的になったが、最後は友好的になった。

　(c)　非血縁のエバレッド──最初ははっきりしなかったが、その後数年にわたって著しく敵対的になり、そして最後（フィガンの晩年にかけて）は友好的になる。

　他にフィガンと雄ゴブリンとの関係にも簡単にふれる。なぜなら、それは上の三つとは違ったパターンを示しているからだ。最初は友好的だったが、次に緊張関係になり、やがて、フィガンが消失しおそらくは死ぬ*まで著しく敵対的だった。

─────── 記録8.1　フィガンと他の雄との重要な関係について

フィガンとファーベン

　フィガンが子どもでまだ母親のフローを頼っていたとき、彼はファーベンと多くの時間をすごした。当時、ファーベンは明らかに弟よりも強かったが、

攻撃することはほとんどなかった。２頭はくつろいだ関係をたのしみ、一緒によく遊んだ。その後1966年に、ファーベンは小児まひにかかり片腕の自由を失った。フィガンは即座にその状況を巧みに利用して兄に挑戦し始めた。あるときファーベンが木の上

---

* 　フィガンとこれらの雄との共存状態にかんする資料の多くはすべて公表されている（Goodall, 1968b, 1971; Riss and Goodall, 1977; Riss and Busse, 1977）。

わたしはここで、最近のデータだけでなく、デイビッド・リスによる未発表の分析をもとに補足を加えた。

高順位のハンフリーが通過するあいだ、フィガンは手首を曲げて避けるように体を傾ける。

でフローにグルーミングしていると、フィガンが枝を激しく揺らした。それがあまりにも激しかったので、まだ自分の体の不自由なことに慣れていなかったファーベンは悲鳴をあげながら地上に振り落とされた。この後、初めてファーベンが服従的になり、あえぐようなうなり声を出しながら自分の弟にあいさつした。これ以降ファーベンに対するフィガンの攻撃はなくなったが、彼らの密接な関係もしばらくのあいだ途切れた。時たま一緒にいるのがみられたが、それはいつも家族単位の中でそれぞれが母親との同席を求めている時だった。

1969年に状況が変わった。兄弟はしばしば一緒に移動やグルーミングをし始め、他の雄に対するディスプレイを一丸となっておこなった。ついに1973年、ファーベンはフィガンに心からの忠誠を誓い、仲のよい同盟者となった。ファーベンの支持のおかげで、フィガンはとうとうカサケラ・コミュニティーの最優位雄になることができた。そして、兄のファーベンが1975年に消失した（おそらく、死んだ）ときにフィガンはその地位をほとんど失いそうになった。

フィガンとハンフリー

ハンフリーは非常に攻撃的な性質だったので、フィガンは子どものとき、いつも彼を避けていた。60年代中ごろ、フィガンはハンフリーとファーベンの遊び仲間に加わることが何回かあったが、明らかに臆病だった。1970年までにフィガンだけでなくファーベンもハンフリーに対して服従的になった。フィガンは当時もまだ高順位の攻撃的な雄をできるだけ避けていたが、それでも、その年にハンフリーの彼に対する攻撃が2回みられた（ファーベンに対しては4回あった）。

1971年の初めにハンフリーは最優位雄になった。フィガンは依然として彼に対し非常に服従的だった。しかしハンフリーは、その自分より若い雄の威嚇の能力を感じとっていたにちがいない。フィガンがいるところで頻繁にディスプレイをした（Bygott, 1974）。当時ファーベンはまだ弟と同盟を結んでおらず、しばしばハンフリーと一緒に移動し、1回は実際にフィガンに対抗してハンフリーを支持した（R. Wrangham, 私信）。この年のうちにフィガンはしだいに大胆になった。1972年の10月、フィガンとハンフリーがはげしく争ったことはほとんどまちがいない。悲鳴とワー・バーク（ワァワァと叫ぶ声）を聞いて観察者がその場に駆けつけたところ、両雄が真新しい傷をつけていた。彼らは強烈な集団興奮状態にあり、しばらくの間悲鳴やディスプレイを続けた（Bauer 1976）。

1973年4月までにフィガンとファーベンは仲のよい同盟者となった。ファーベンはほとんどいつでも

弟のディスプレイに参加した。これがハンフリーの失墜の重要な要因となった。ファーベンがそばにいない時，フィガンは年長で体の大きい雄にめったに挑戦することはなかった。この有力な同盟による繰り返しディスプレイが明らかにハンフリーに影響をあたえ，彼は次第に緊張しておどおどするようになった。最後の対決は5月の初めに訪れた。ある夕方，ハンフリーを含んだ大きなグループが一夜をすごしていた木のてっぺんで，フィガンは乱暴にディスプレイを始め，突然，巣の中にいたハンフリーめがけて音を立てて突進した。両雄は地上に落ち，ハンフリーは悲鳴をあげて逃げた。ハンフリーが二つ目の巣に落ちついたとき，フィガンが2度目の攻撃をしたことですべてが決定した。結果は同じだった。ファーベンはその場にいて積極的にフィガンを助けることはなかったが，暗黙の支持を与えたのである（D. リスの観察）。

その夕方以来，フィガンは死ぬまでハンフリーより優位だった。続く2年のあいだに彼らの密接な友情が次第に発達した。ファーベンの死後，ときどき他の雄が協力してフィガンに対抗する時，フィガンが安心を得るために振り返る相手はハンフリーだった。

フィガンとエバレッド

ハンフリーに勝ったことで，フィガンが最優位の地位に立ったわけではなかった。フィガンはさらに他の競争者であるエバレッドより優位に立たねばならなかった。そしてこの努力によってファーベンの支持はふたたび重大な意味を持った。フィガンとエバレッドは幼年期の遊び友だちだった。彼らの遊びがときどき乱暴になり過ぎると悲鳴をあげながら逃げるのは，若いフィガンの方だった。エバレッドの小心な母オーリーよりも優位なフローは，すぐさま息子フィガンの味方をしようとかけよった。しかし1966年のフローは，青年後期になったエバレッドに対し用心深くなり，フィガンのために介入することは滅多になくなった。

フィガンとエバレッドのあいだで最初の厳しい闘争が観察されたのは1970年だった。それはエバレッドが，長いつれそい旅行を終えてふたたび現れた直後に起こった。フィガンとファーベンはエバレッドに向かって突進し，彼を高い木まで追い詰めて攻撃した。フロー，フィフィ，フリントは恐怖のワァワァと叫ぶ声や唸り（パント・フート）を発しながら木の下に突撃した。ついにエバレッドは11m近く落ち

て，悲鳴をあげながら逃げた。切れた頬からは血が流れていた（D. バイゴットによる観察）。その後，エバレッドは初めてフィガンに対し服従的になった。それにもかかわらずフィガンは，エバレッドがいると依然として落ち着かなかった。続く2年間，彼らの関係は緊張していた。それから，1972年の始めにエバレッドは他の雄の支持を得てフィガンを攻撃し，打ち負かした。この出来事の後，彼らが出会う時には，よりつよい緊張があった。同じパーティーに一緒にいるときは，彼らはいつでも活発にディスプレイをしたが，大きな対決は双方で避けようとしているようだった。互いに相手に向かって突進することはなく，自分のライバルと普通に近接するだけだった。ある時彼らは前後に行ったり来たりしながらディスプレイをした。一方が先にやると他方が続いてディスプレイをした。こうして1時間あまりのディスプレイが続き，明らかに疲れはてて終わった。

その年の12月，われわれはエバレッドが再び地位上昇を果たすだろうと考えた。彼はハンフリーと組んでフィガンを攻撃し傷を負わせた。ファーベンはその場にいたが弟を助けなかった。しかし，続く4カ月間にフィガン—ファーベン同盟は確実になり，これがエバレッドの破滅につながった。

1973年5月，ハンフリーに対するフィガンの決定的勝利の4日前に，フィガン，ファーベンの兄弟はエバレッドをいじめ始めた。最初に観察された出来事は，フィガンによるいわれのない攻撃だった。その後，兄弟はエバレッドがいる木の下で繰り返しディスプレイをした。彼らのえじきは次第に臆病になり，誰かになだめてもらおうとするかのようにフーフーという哀訴の声を発しながら，赤ん坊にさえもグルーミングをした。エバレッドは兄弟が立ち去るまで逃げることができなくなり，最後の敗北は3週間後に訪れた。それはフィガンとファーベンがエバレッドのパント・フートを聞いたときに始まった。彼らはその音の方に駆けつけ，エバレッドが木の上にいるのを見つけるとその下でディスプレイを始めた。それから，フィガンは隣りの木にのぼってすわった。そのあいだファーベンはけわしい斜面をエバレッドと同じ高さにまでのぼった。そして，えじきに接近すると2頭は突然エバレッドに飛びかかった。3頭全員が地面に落ち，エバレッドは悲鳴をあげて兄弟の追跡から逃げた。続く1時間，エバレッドは別な木の上でちぢこまり，その下で2頭は前に後ろに突撃を繰り返した（D. リスの観察による）。

それ以来，エバレッドはフィガンに対し極端な服

従を示すようになった。時には，服従のために格別の努力をした。たとえばある朝，エバレッドは早く起きて，まだ自分の巣の中にいるフィガンの下に25分間もすわっていた。そして，フィガンが彼を見おろすと，エバレッドはあえぐような唸り声を発して，気も狂わんばかりに頭を振った。それでもフィガンはエバレッドがそばにいる時は，いつでも高い頻度でディスプレイを続けた。まるで自分の地位を強調するかのようだった。そして，ファーベンが13日間のつれそい旅行にでかけてしまうと，フィガンは時々木の上に高くのぼってにらみまわし，大きな声でSOSの悲鳴をあげた。フィガンは明らかに兄を呼んでいた。

ファーベンが戻ると，エバレッドの服従的な行動にもかかわらず，兄弟はエバレッドをコミュニティーから追い出そうとするかのようにいじめを続けた。もう一つの攻撃は1974年に見られた。それは40分間続き，フィガンとファーベンは（ふたたび木の上に逃げた）エバレッドの下に静かにすわり，互いにグルーミングをかわした。彼らが最後にエバレッドを追い立てたときの攻撃はすさまじく，エバレッドはふたたび悲鳴をあげて逃げ，長期にわたって北方向に消えた。その年の8月にエバレッドに対する別の攻撃が見られた。フィガンとファーベンの兄弟にハンフリーおよびギギが加わり，エバレッドはいくつかの小さな傷を負った。

1975年の6月，ファーベンが消え，2度と見ることはなかった。彼との同盟がなくなってフィガンは大方の自信を失い，一方，エバレッドはあまりおどおどしなくなり，北方で数週間もすごすことはなくなった。フィガンがエバレッドに向かってディスプレイをしているときも，エバレッドはときどき自分の立場を守った。そして，2頭の雄は抱き合い，キスをし，両方とも大声で悲鳴を発しながら互いの口や陰嚢を乱暴に叩き合うなどした。今やほかの雄たちはファーベンの死を有利に利用しようとしていた。彼らは，力を合わせてフィガンに対抗した。フィガンはいつも安心を求めてハンフリーの方へ走っていった。9カ月間，フィガンは最優位といえる状態で

社会的な興奮状態のあいだ，ファーベンは弟のフィガンからの元気づけを求める。（H. van Lawick）

はなかったが，ふたたび少しずつ，頂点の地位を手にいれるようになった。それでも彼はファーベンが生きている頃のように，絶大な力を持ってその地位にいることは2度となかった。

1980年のハンフリーの死後，フィガンは仲間を求め，長年の敵であるエバレッドやジョメオにも支持を求めた。3頭は非常に友好的になり，しばしば若いゴブリンの挑戦に対抗して互いを支持し合った。青年期のゴブリンはフィガンの追随者で，何年にもわたってフィガンは，ゴブリンがけんかするときの支持者だった。そして（フィガンの援助の結果），ゴブリンは雄の序列のほとんど頂点にまで地位を上昇させ，やがてフィガンに対抗し彼は最優位の地位に挑戦した。このことは15章でくわしく述べたい。

記録8.2　両性間の関係

フィガン，フィフィとフロー

青年期に達した後も，フィガンとフィフィは両方ともフローとともに多くの時間をすごし続けていた。このことは，彼ら同士もしばしば出会っていたことを意味する。フローとフィフィはフィガンが完全に

成長した後でさえ，彼と一緒にいる時にはほとんどいつでも，とてもくつろいでいた。彼がフローを攻撃するのがみられたのはわずか2回だけだった。どちらもかるい連打をふくみ，バナナの給餌が最も多かった時に起こった。フローは自分の息子を完全には恐れていないようで，むしろ怒ることさえあった。彼女は激怒して悲鳴をあげ，彼がディスプレイをして去るときには大きなワァワァと叫ぶ声を発した。一度フィガンが20歳ぐらいのときに，フローは彼が突進ディスプレイをする通り道に直接すわりこんだ。他の雌は悲鳴を発して逃走したが，年老いたフローは静かにすわり続けた。フィガンが近づくと，彼女は頭をひょいと下げ，彼はまっすぐに彼女の上を飛び越してそのまま進んだ。

　子どものころ，フィガンはフィフィの味方をした。しかし，おとなになるとめったに妹を助けず，肉を分けあたえることもなく，互いにグルーミングすることもあまりなかった（妹のギルカと非常にあたたかい関係を持っていた同世代のエバレッドとはまったく違っていた）。フィフィはめったにフィガンを恐れることはなかった。フローと同様，彼のする多くのディスプレイのあいだ，まったく平静にしていた。それでもときどきは彼の通り道から逃れるために木にのぼった。他のどんなおとな雄に対するよりも，フィガンに対しては服従的でなかった。確かに1974年にフィガンを50日間追跡した時も，フィフィは一度も彼に対してあえぐような唸り声を発しなかった。その時，フィフィは他のどんな非発情雌よりもよくフィガンと一緒にいた（Riss & Busse, 1977）。1976年にフィフィを45日間追跡したとき，フィガンは彼女にとって最も頻繁にみられる雄の仲間だった。しかしながら，一緒にいた時間の合計はあまり多くなく，フィガンの1974年における563時間の長期の日中観察のうちの73時間，1976年の540時間のうちの62時間だけだった。フィガンは死ぬまで，フィフィが最もよく共存した3頭の雄のうちの1頭だった。

　フィガンは決して自分の母親と交尾しようとはしなかった。しかし，16章で述べるように，フィフィに対しては何回か性的関心を示した。

フィガンと2頭の非血縁おとな雌

　母親と妹に加えて，フィガンが1974年から死ぬまでに多くの時間を過ごした2頭の雌がいた。ギギとメリッサである。（よくあるように）1965年以来，他の求婚者とつれそって遠くへ行っているとき以外，

絶えず妊娠可能な状態にあったギギが発情している時は，フィガンがほとんど毎回共存した。フィガンの生涯の中で最も長いつれそい関係は，おそらく彼とギギが1972年に39日間出かけたときのものだろう。彼とメリッサとの密接な共存は60年代の終わりにさかのぼる。当時フィガンはメリッサの赤ん坊のゴブリンを伴って彼女を何回かつれそい関係に連れ出した。メリッサが発情していない何年かのあいだも，彼女はしばしばフィガンと一緒にいるのが見られ，平静でくつろいだ関係にあった。2頭はたくさんの相互交渉を持つわけではなかったが，これが雄と非発情雌との典型的な関係だった。フィガンは自分の妹よりもメリッサとより多くのグルーミングをかわした。

フィフィと3頭の非血縁雄

　フィフィの生涯に重要な影響をあたえた雄はリーキーだった。1967，68年，彼女の青年後期に，彼は彼女を7回，合計して67日間のつれそい関係に連れ出した。そして失敗はしたものの，それよりはるかに頻繁に，彼女を連れ出そうとした。ときどきフィフィは家族から離れてリーキーと行動をともにするのをいやがったが，より直接的な性的申し込みに対してはそんな失礼をすることはなかった。他の多くの若もの雌と同じように，彼女も雄に対してはたとえ最小限の性的興奮でも熱心に示そうとした。ある日，リーキーが雄仲間とグルーミングをしていると，フィフィは横になって彼の萎えたペニスを一心にみつめた後，手をのばしてそれを指でひっぱり始めた。まもなく自分の望んだ結果をみて，すぐにくるりと向き直って交尾を催促した。しかし，彼女はまったく無視された。

　おとなになってから，フィフィは子ども時代の遊び友だちであるサタン，エバレッドと多くの時間をともにすごした。彼女は他の誰よりも彼ら2頭とよくグルーミングした。1968年のフィフィのキャラクター・ファイルにさかのぼると，サタンは彼女の「特別な」雄友達と記述されていた。彼女と彼の関係はいつもエバレッドとの関係よりも多様で，いろいろな状況での相互交渉の頻度が高いことが特徴だった。フィフィがあえぐような唸り声や他の服従的な行動を起こす一方，サタンは相当量の攻撃行動（実際の攻撃を含む）を起こし，さらに非常に多くの遊びも始めた。フィフィはしばしばサタンから肉の分配にあずかった。

───記録 8.3　フィフィと他の雌とのいくつかの重要な関係について

フィフィとフロー

フィフィと実際に密接な結びつきをもった雌は，自分の母親だけだった。フィフィが赤ん坊のとき，フローはやさしく寛容でよく遊んでくれる母親であり，保護の傾向が強く，争いごとではいつもフィフィの味方をした。フィフィは，性皮が膨らんで発情している期間だけ母親から離れておとな雄と移動したが，青年期の終わりにはほとんどいつもフローと一緒にいた。出産後も多くの時間をフローと一緒にすごし続けた。彼女たちは依然として助け合い，お互いが主要なグルーミング相手だった。しかしフローの生涯の最後の数カ月間，フィフィはあまりフローと一緒にいなくなった。この頃にはフローは年老いて弱っており，移動もカサケラ峡谷の中の狭い地域に限られていた。それは1972年の食物の欠乏した乾期のことで，世話をしなければならない赤ん坊を持ったフィフィは，おそらく必要な食物を探すのにより遠くへ動く必要を感じたのだろう。

フィフィとウィンクル

フィフィとウィンクルの関係は最初敵対的だった。ウィンクルは青年初期にカサケラ・コミュニティーに現れ，しばしば先住雌と対立的なトラブルを起こしていた（Pusey, 1977）。フローはウィンクルを最も激しくいじめ，10歳になるフィフィも，熱心に母親の味方をした。次第にカサケラの雌たちに受け入れられるにつれ，ウィンクルはより攻撃的になった。フィフィがウィンクルを威嚇すると彼女もやりかえし，年老いたフローは次第にフィフィの味方をしなくなった。1972年のフローの死後，ウィンクルとフィフィはしばしば一緒に移動するようになった。それに続く数年にわたって，彼女たちの赤ん坊のフロイトとウィルキーのあいだには遊び仲間の強い結びつきが発達した。どちらの子も一緒に遊ぶ兄姉がいなかったので，母親しか一緒にいない時，彼らは自分に注意を向けてもらおうと母親につきまとっていた。しかしフィフィとウィンクルが出会うと，フロイトとウィルキーはすぐさま遊びだすのだった。その時2頭の母は，平和に採食したり休んだりしていた。彼女たちが多くの時間を一緒にすごすことは，疑いもなく偶然の一致ではなかった。

しかし1979年になると，8歳になったフロイトはより乱暴になり，彼より1歳若いウィルキーとの遊びは次第にけんかで終わるようになっていた。ウィンクルはいつも自分の息子の応援に駆けつけ，結局母親同士の攻撃的衝突にいたった。同時にフィフィは再び発情し始め，多くの時間を雄とすごすようになり，彼女とウィンクルはほとんど共存しなくなった。

その3年後，彼女たちは同じパーティーの仲間として再び頻繁に出会うようになった。ウィンクルの4歳の娘のブンダは，フィフィの1歳の赤ん坊ファニに魅了されていた。ウィンクルがフィフィのもとを離れ，違う方向に移動しようとする時さえ，ブンダはファニと残りたがり，母親と同行するのを拒否し，ウィンクルはしばしば娘に降参した。1983年，ウィンクルはフィフィが2番目に最もよく出会う仲間であった。そしてブンダとファニはとても仲のよい遊び仲間だった。

フィフィとパティ

パティもまた移入者だった。彼女は1973年に現れたが，そのころ約15歳だったフィフィは，彼女に対して最も攻撃的な3頭の雌のうちの1頭だった。彼女らは，1975年までは共存することはほとんどなかった。しかしこの年2頭は発情し，しばしば同じ性的パーティーのメンバーとして行動した。その翌年，フィフィがはじめて妊娠し，さらには小さな赤ん坊の世話をするようになった時期，パティとは長時間共存するようになった。これはほとんど完全にパティの根気づよさによるものだった。フィフィはパティが近づくのを見ると繰り返し彼女に向かって乱暴に突進し，毛をさか立て，足を踏みならし，枝を揺さぶった。3回は，この行動が攻撃とともに終わり，そのうち2回はパティが悲鳴をあげながら逃げたが，1回は戻ってきて再び争った。そしてこの時負けるのは妊娠後期のフィフィの方だった。パティがフィフィと共存することを決定した理由ははっきりしない。しかし，一つの要因はパティ自身とフィフィの5歳の息子フロイトが性的に強くひかれ合っていたことだと考えられる。そしてフロイトがパティと一緒にいたいと思う明白な欲求は，彼の母親がその若い雌に対して寛容さを発達させていくことに影響し

191──個体関係

た。フィフィは，出産した年の終わりごろに，パティと互いに協力して若もの雄を追い払ったことが一度あった。そして，パティによって開始されるまったく乱暴な遊びのセッションにフィフィが加わることさえ観察された（パティは以前フィフィとの遊びを試み，失敗していた）。

1977年，フロイトは6歳の時に，（幾分おませに）パティを含んだ低順位雌に挑戦し始めた。パティがこれに応酬すると，フィフィはいつものように攻撃的に息子の応援に駆けつけた。それ以来，パティはフィフィや彼女の家族とあまり共存しなくなった。しかし次の年，パティは妊娠するとフィフィの2歳の息子フロドに魅了されるようになった。フロイトはパティを威嚇しつづけたが，パティがこれに応酬しても，赤ん坊に夢中なフィフィはもうあまり介入したがらなかった。

フィフィとパティは比較的高い頻度で共存し続けたが，以下の出来事で示されるように，彼女たちの関係の質はあいまいだった。1978年のある日，フロイトは毛をさか立て，大きな枝を打ちつけながら，おとな雌のスパローをおどした。スパローはキーキーと悲鳴をあげ，近くにすわっていたパティとリトル・ビーに向かって走った。3頭の雌は大きなワー・バークを発した。パティはフロイトに対し乱暴なディスプレイをし，彼はフィフィの方に逃げた。フィフィがフロドを腹につかまらせてキーキー悲鳴をあげながらあわてて逃げ，それからフーフーという哀訴の声をあげながらフロイトをわきにしたがえてすわるまで，パティはディスプレイを続けた。数分後，2頭のおとな雌がそのパーティーに合流した。フロイトは再び，スパローをおどした。移動してほとんど視界から消えていたパティは，すぐに毛をさか立てながらディスプレイをして，フロイトに向かって突進してきた。フロイトは再び母親のフィフィに駆けより，フィフィはもう一度フーフーという哀訴の声を出しながらひきさがった。それからちょうど2分半後に，パティはキョロキョロ見まわしながらフィフィのところまでのぼり，彼女の尻をくすぐり始めた。およそ1分間フィフィは彼女を無視したが，突然笑いのグラント（唸り声）を発し，彼女はパティの首をくすぐり始めた。彼女らは笑いころげながら遊び，それから9分間にわたってやぶの回りを追いかけっこした。

フィフィとリトル・ビー

この2頭の雌は同じコミュニティーで成長したが，

彼女たちの母親がめったに共存しなかったためにあまり一緒にいることはなかった。フィフィが2頭の子どもを持ちリトル・ビーが1頭の子どもを持った1978年になって初めて，二つの家族は一緒の時間をすごし始めた。その時，フィフィの息子のフロドは2歳で，リトル・ビーの息子のツビよりちょうど一つ年上だった，彼らは互いに良い遊び仲間だった。フロドの兄のフロイトも，しばしば彼らの遊びに合流した。フロイトはウィルキーのような年長の子どもに対しては乱暴だったが，年下の子どもには優しかった。こうしてリトル・ビーはフィフィと移動する時，自分に注目してくれというツビのしつこい要求から一時的に解放された。

1979年の終りまでに，フロイトはコミュニティーの雌たちに対するディスプレイを強化させた。低順位で足が曲がりびっこをひいているリトル・ビーが，ますます頻繁におどかされるようになる一方，フロドは自分より若い赤ん坊と乱暴に遊び始めるようになった。ツビはそのような遊びの突撃目標になる時，攻撃的に応酬し，ワー・バークとともに悲鳴をなきちらしながらフロドに駆け寄って咬んだり打ったりしようとした。フロドはいつもこのような怒り狂った突撃を避けたが，ツビが彼を傷つけることも何度かあり，その時は彼もまた悲鳴をあげた。リトル・ビーは息子を救おうと駆け寄り，フロドのかたきをうとうとするフィフィとときどきぶつかった。これがしばしば母親間の敵対的衝突になり，2家族が一緒にすごす時間は次第に少なくなった。そして彼らの共存は，1980年にフィフィが発情のサイクルを復活させた時に大きく減少した。

次の年，フィフィは再び出産し，リトル・ビーとの中断していた共存を復活させた。これはリトル・ビーが発情を再開する1982年まで続いた。彼女は幼い赤ん坊を連れたフィフィの好まない性的パーティーに入って雄とともに移動した。ふたたび2頭が一緒にいる時間は少なくなった。しかし，1983年にリトル・ビーは再びフィフィが最も頻繁に出会う仲間となった。

おとな雌間の相互交渉は，友好的な時でさえ少ないことは，フィフィとリトル・ビーの関係によく表れている。たとえば，母と赤ん坊のあいだの詳しいレポートを含むすべての記録を調べた結果，1978年にフィフィが非常に頻繁にリトル・ビーと共存した時でさえ，彼女たちのあいだには全部でわずか10回の相互交渉しかなく，それらのうちの6回は弱い攻撃であることがわかった。1976年から1982年にかけ

て，彼女たちがキャンプの中で共存した時間は長かったが，それにもかかわらず，事実上，互いにグルーミングをすることはほとんどなかった。リトル・ビーがフィフィを5分間グルーミングしたのが唯一の例外である。

フィフィとギギ

この2頭の雌は一緒に成長した。子どもの時と青年前期にはよく一緒に遊んだ。おとなになっても非常に多くの時間を一緒にすごした。彼らの関係は基本的にはいつも友好的で，ギギはフィフィが好んだグルーミング相手の1頭だった。1975年から1977年を通じてギギはフィフィと最も頻繁に共存した仲間である（1975年にはその位置をパティと分け合っていた）。これには，おそらく以下のようないくつか

の因子がきいている。(a) 2頭とも発情していて同じ性的パーティーに入って移動していた。(b) フィフィはまだ兄のフィガンと多くの時間を過ごしており，ギギはフィガンが好んだ雌仲間だった。(c) 息子のフロイトが性的に非常に強くギギにひかれていた。(d) 幼い赤ん坊に対して強い関心を示すギギは，1977年にはフィフィの息子のフロドに強くひかれていた。

その後，フィフィとギギはあまり一緒の時間をすごさなくなった。フィフィが多くの時間家族と一緒にいるあいだ，ギギは性的パーティーに入って行動し続けた。フロドはギギを魅了するような依存的で扱いやすい性質を失った。フィフィの次の赤ん坊が1歳半になった1982年になって，ギギはフィフィの家族との共存を再開した。

青年期の多くの雄に共通している特徴は，自分の社会的順位を維持し引き上げるのに夢中になることである。そして彼らの多くの社会的相互交渉はこのゴールを目指している。相対的な優劣順位の変化は，2頭の雄間の関係の型だけでなく，共存の程度にも影響をあたえる。図8.1aは，フィガンを追跡した8年間にフィガンが他のおとな雄とすごした総時間の変化を描いている。どの年でも，追跡した総時間の10％未満しか一緒にいないような雄は含まれていない。この図は，記録で述べた出来事と関連してフィガンをめぐる共存がどのように変わったかを示している。兄のファーベンの死はフィガンの社会的地位の変化をもたらした。その数カ月後にハンフリーとの共存が増加し，ジョメオとの共存も増えた。1979年からゴブリンとの共存が急激に減ってくることは，彼らのあいだに強い敵意が発達してきたことを反映している。それは，1976年からエバレッドとの共存時間が次第に増加してきたことが，彼らの敵対期間の終りを反映していることとちょうど同じである。フィガンとサタンの共存時間の総量はかなり変動した。1976年から1979年のゴブリンによる挑戦まで，サタンは最優位の地位をめぐる最も手ごわい競争者だった。フィガンとサタンの関係は緊張し

ていた。これは，おそらく彼らの共存が年毎に変動していたことの説明となるだろう。

記録8.2はフィガンと4頭の雌との関係を含んでいる。4頭はフィガンと密接で親密な関係にあった母のフローと妹のフィフィであり，また，最も頻繁にフィガンの性的パートナーとなったギギ，彼が若い時に数回交尾したメリッサだった。

おとな雄と非血縁のおとな雌との関係の大部分は，雌の発情周期のリズムで定型化される。非発情の期間には雄とほとんど相互交渉を持たない雌たちでさえ，発情して性皮が膨らむと，雄たちの社会生活に引き込まれる。図8.2aは，この原則に従って，フィガンがより好ましい雌とすごす時間の総量が，年毎にどのように変化するのかを示している。彼は自分のコミュニティーの雌との関係では，たいてい忍耐強く寛容だった。そして雌たちとの性的相互交渉はほとんどいつも友好的だった。

フィフィをめぐる関係

記録8.3ではフィフィと他の5頭の雌との関係について説明した。彼女の母フローと，青年期にカサケラ・コミュニティーに移入してきた少し若い2頭の雌，ウィンクルとパティ，そし

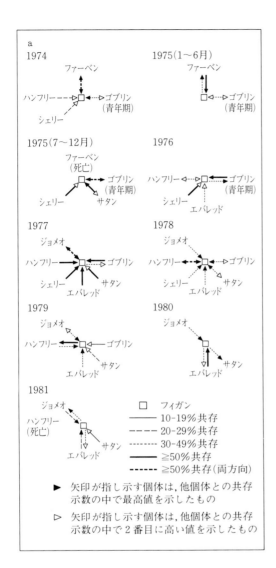
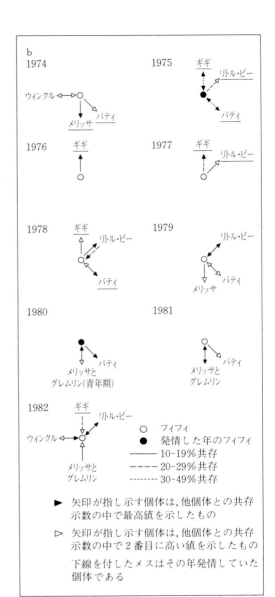

図8.1 a. 1974年から1981年にかけてのフィガンと（青年期のゴブリンも含む）おとな雄の共存パターン
b. 1974年から1981年にかけてのフィガンとおとな雌の共存パターン

て，フィフィとともにカサケラ・コミュニティーの中で成長したリトル・ビーとギギであった。リトル・ビーは，一時コミュニティーを離れて母と妹がいる新設のカハマ・コミュニティーに合流したが，数年後に戻ってきた。

フィフィはフローとのあいだでのみ基本的に友好的でいつも支持しあい高いレベルの共存とグルーミングで特徴づけられる関係を維持した。

フィフィとウィンクル，パティとの相互交渉は，彼らが最初にコミュニティーに現れたとき，敵対的だった。パティはフィフィとのあいだに友好的な関係をつくろうと辛抱強く努力をつづけ，ある程度は成功した。一方，フィフィとウィンクルは敵対的ではなくなったが，特別に友好的にはならなかった。フィフィとギギ，リトル・ビーとの関係はいつも非常に友好的だった。

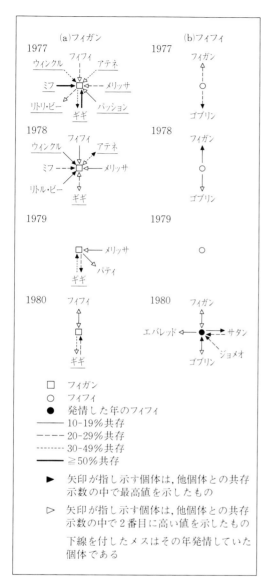

図8.2　1977年から1980年にかけての共存パターン
　a．フィガンとおとなおよび青年後期の雌
　b．フィフィとおとな雄

　雌は13歳ぐらいから子育てに忙殺される。その仕事は，性的活動期の合い間に3～5年間隔でやってくる。他の雌との関係は，彼女たちの発情サイクルの時期，子どもの年齢や性，そして（他の要因の中でも特に）彼女たちの社交性のレベルに影響をあたえる要因によって影響を受ける。2頭の雌が共存する頻度は，彼女たちの関係に重大な影響をおよぼすと同時に，関係そのものが，彼女たちが共存する時間の総量に影響するようである。

　図8.1bに，母親の死後2年たった1974年から1982年にかけて，フィフィが最も頻繁に共存したおとな雌を示した。それをフィガンについての情報を示す図8.1aと比較すると，二つのはっきりした相違点がうかびあがってくる。第1点は，フィフィは最も密接な雌仲間とでさえ，フィガンが他の雄と共存した時間よりずっと少ししか共存していないことである。第2点は，フィフィの共存相手の選択には年ごとにほとんど一致点がなく，生殖周期およびフィフィ自身や仲間の家族構造の連続的な変化を反映しているということである。

　カサケラのおとな雌の多くは，図8.1bにあらわれることさえない。彼女たちは少なくとも観察時間内にはその図に表されるほど多くの時間フィフィと共存することは決してなかった。非常に低いレベルの共存によって特徴づけられるような関係は，しばしば定義できない。それでもいくつかの例では，低頻度の共存がおそらく故意による回避の結果とみなせる。フィフィとパッションの場合，これは真実である。フィフィがパッションや彼女の家族と一緒の移動を選ぶことはまずなかった。一緒にいる時は，キャンプで会ったか共通の大きな集合の一部だったかに限られていた。どの相互交渉も，いつも非友好的だった。次の項でみるように，フィフィよりも高順位だったパッションの死後，フィフィとパッションの娘のあいだの関係は積極的に敵対的になった。

　記録8.2にはフィフィと4頭の雄との関係が述べられている。それらは彼女の最も年長の兄でいつも非常にくつろいで共存できるフィガン，そして，青年後期に最初の交尾相手となったリーキー，最も頻繁にグルーミングをかわしつれそい関係を持ったエバレッドとサタンの2頭だった。また，第5の雄であるハンフリーとフ

ィフィの関係は非友好的だった。

　図8.2bには，発情していない年にはフィフィがおとなの雄とほんの短い期間しか共存していなかったことが，はっきりと表されている。1979年の１年間，フィフィの総追跡時間（262

時間）の10％に達するほどフィフィと共存したおとな雄は１頭もいなかった。もう１度，同時期のフィガンとおとな雌の共存を示した図8.2aと比べると，社交性にかんする性差がはっきりする。

２個体をめぐる社会的ネットワーク

　これまで，ゴンベの２頭のチンパンジーの生涯の，より重要な関係のいくつかを概観してきたが，ここで１頭のチンパンジーとコミュニティーのすべてのメンバーとのかかわり方について詳しく検討しなければならない。ゴンベには，情報をひろいあつめることのできる三つのデータ源がある。一つは特定の個体をターゲットにした追跡時間中に記録された観察結果であり，二つめは他の個体がターゲットの時に記録された情報であり，三つめはキャンプで毎日記録された情報である。特定のチンパンジーとそれを取りまくすべての個体との関係のできるだけ完全な様相を把握するために，これらのデータをまとめる必要がある。

　わたしは，ゴブリンとフィフィの２頭についてこれを試みた。表8.1に示したように，1983年には２頭ともさまざまな状況で観察されている。フィガンについての情報を集めたかったが，彼は1983年以前に消失してしまった。この年を選んだのは，希望する情報を比較的簡単に抽出する方法によってすでにデータがまとめられていたからである。その手続きを説明するためにゴブリンについてのデータを用いよう。

　(a)　ゴブリンがターゲットになったすべての追跡から，彼がおとなあるいは青年後期の誰かと相互交渉を持った時間を計算した。（Aが接近してあえぐような唸り声を発する，Bが毛をさか立てる，Aがキーキー悲鳴を発してBに向かって手をのばす，Bが肩をゆすってから攻撃

表8.1　ゴブリンとフィフィの1983年の観察時間

データ源	観察時間	
	ゴブリン	フィフィ
個体追跡	314.00	179.00
母親と赤ん坊の研究	0	31.00
キャンプ内での観察	159.50	165.25
他個体の追跡	613.00	476.50
合計	1,086.50	851.75

する，Aが悲鳴をあげて逃げ，それからBの許しを得るように近づく，といった）行動の連鎖は一つの相互交渉として数えた。１分続いても40分続いても，一つのグルーミングのセッションは，一つの相互交渉と数えた。

　(b)　ゴブリンの追跡中に，彼が誰かと共存して観察された時間数を計算した。

　(c)　ゴブリンと他個体の各組合せについて，ゴブリンの観察時間あたりの相互交渉の数を計算した。

　(d)　ゴブリンと他個体とのすべての相互交渉の詳細を，キャンプの記録や他個体の追跡結果から注意深く抽出した。

　(e)　ターゲットのチンパンジーを含んだすべてのグルーミングを追跡中に記録した。ゴブリンがグルーミングしたり他個体によってグルーミングされた時間の，彼とその個体との共存時間に対するパーセンテージを計算した。

　ゴブリンの追跡から得られた正確なデータは，表8.2に示されている。彼が他のあらゆる個体と共存してみられた時間数，ゴブリンと他個体という各組合せで記録された相互交渉の数が

196――個体関係

表8.2　1983年，ゴブリン（追跡時間：314時間）とフィフィ（追跡時間：210時間）の追跡中に，彼らがコミュニティーの他個体と共存していた時間数と，それぞれの組合せで記録された相互交渉の数。12歳以下の未成熟個体であるフィフィの3頭の子どもは含まれていない。それぞれのカテゴリー（雄，雌と子ども）は，年齢の上のほうから順にならんでいる

コミュニティーのメンバー	ゴブリン		フィフィ	
	共存時間	相互交渉の回数	共存時間	相互交渉の回数
エバレッド	103.0	81	12.0	6
サタン	119.5	74	13.0	6
ジョメオ	73.0	60	10.5	2
ゴブリン			15.5	7
マスタード	72.0	21	5.0	2
アトラス	122.0	15	9.5	2
ベートーベン	134.0	11	12.5	1
ジャゲリ	141.5	23	12.0	1
メリッサ	68.0	5	13.0	5
ノウブ	9.5	1	1.5	1
アテネ	30.5	3	0	0
ギギ	98.5	20	21.0	1
ミフ	35.0	10	1.5	2
フィフィ	73.0	12		
ダブ	29.0	4	3.5	1
ウィンクル	87.5	24	23.0	4
スパロウ	30.0	6	2.0	1
リトル・ビー	47.5	22	30.0	5
パティ	19.0	20	12.5	3
スプラウト	27.5	5	0	0
ポム	34.0	9	3.5	1
キデブ	60.0	9	0	0
グレムリン	69.0	7	14.5	1
キャンディー	41.5	1	0	0
スコッシヤ	53.5	3	4.5	1
フィフィの子ども				
フロイト			111.5	38
フロド			170.0	45
ファニー			210.0	140

示されている。

　図8.3aに1983年のゴブリンをめぐる社会的ネットワークが描かれている。それは表8.2に示されたデータおよび上に示した他の資料から抽出された情報から編集された。ゴブリンはネットワークの中心に表されている。（12歳以上の）他の個体は，ゴブリンからいろいろな距離をおいたいろいろな大きさの円で描かれている。ゴブリンに最も近い円は，彼が最も頻繁

に共存していた個体を表している。最大の円は，ゴブリンを追跡しているあいだに最も数多く相互交渉を持ったチンパンジーである（それぞれの円の大きさは，ターゲットとその円で示された個体とのあいだの，追跡時間あたりに換算した相互交渉の数に依存している）。それぞれの円の位置は，個体の性，およびゴブリンと相手個体とのあいだの関係の型を示している。雄は図の上半分に示されている。ゴブリンと友好的だった個体は左に集められ，非友好的だった個体は右に集められている。また，12時の位置の近くには，ゴブリンとのあいだに緊張した双方向の関係を持っていた個体がいる。ネットワークの下半分にはゴブリンと雌との関係がプロットされている。友好的な個体および非友好的な個体は，雄の場合と同じようにそれぞれ左および右に位置している。その年のうちに発情してゴブリンが性関係を持った雌が示されている。ほとんど相互交渉を持たなかった雌や，彼との相互交渉が特に友好的でも非友好的でもなかった雌たちは，6時の位置の周辺に集められ，「中立的」のラベルをはられている。こうして，円の大きさと中心からの距離は個体追跡からの正確な情報に依存している。しかし，円が右寄りか左寄りかという位置については，その年のあいだに集められたすべてのデータを考慮した。

　最後に，ゴブリン追跡中の正確な情報から描かれた図8.4aと8.5aは相対的な得点を示している。すなわち，前者はゴブリンと他個体の各組合せが観察された時間数をもとにした1時間あたりの相互交渉の回数を示している。また後者は，各ペアの共存時間に対するグルーミングに費やされた時間のパーセンテージを示している。

　図8.3b，8.4bおよび8.5bは，表8.2をもとにして描いたフィフィについての同じ情報を示している。彼女の場合は，13歳以下の2個体も含めた。息子のフロイトとフロドであ

197―― 個 体 関 係

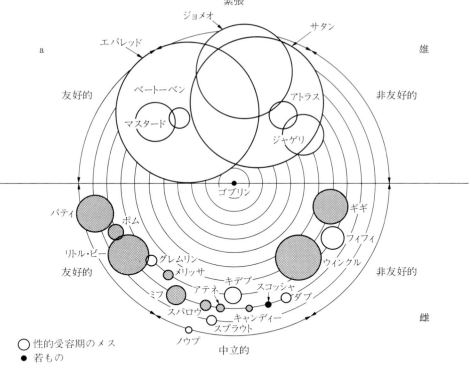
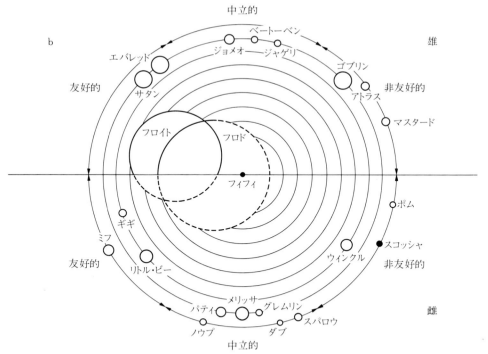

図8.3 1983年の追跡個体をめぐる社会的ネットワーク。aはゴブリン，bはフィフィで，それぞれネットワークの中央に表されている。それぞれの円はカサケラ・コミュニティーの各個体を表している。雄は上半分，雌は下半分に示されている。（友好的，非友好的，緊張そして中立的という）個体関係の型は，端に示されている。それぞれの円と中心との距離は，その追跡個体がそれぞれの他個体と一緒に観察された時間の全追跡時間に対するパーセンテージを表し，中心に近いほどより頻繁に共存する仲間ということになる。それぞれの円の大きさは，追跡個体とその円で表された個体とのあいだの追跡時間あたりの相互交渉の回数に依存している。

る。ゴブリンとフィフィの二つの社会的ネットワークを比較するにあたって、一つのことを強調しておきたい。それは追跡中に実際に起こった相互交渉の回数は、記録されたものより必然的に多くなるということである。この分析には多くの微妙な視線、やわらかい唸り、めだたない回避など、チンパンジーのコミュニケーションを特徴づけるようなものは含まれていない。これらは、報告の中で頻繁に記載されている。しかし、それらは信頼できるものとしては記録されておらず、たとえそうしようと試みても、多くのものは失敗していただろう。さらに、「劣悪観察」と記録された期間は総時間からのぞかれたが、よりはっきりした相互交渉でさえその一部はまちがいなく脱落していただろうと思う。それにもかかわらず、その年に記録されたすべてのデータを考慮することによって、ここに提出された描写はかなり現実に合っていると信じている。たしかに二つのネットワークの

違いは、彼らの社会の中で雄と雌が他個体と関係を持つ方法の現実の幅を反映している。

雄と雌の比較

ゴブリンとフィフィがコミュニティーの他個体と共存した程度を表8.2に示したが、ここでは社交性に明らかな性差のあることが強調されている。図8.3に表した二つの社会的ネットワークを比較すると、この性差はよりはっきりする。フィフィのネットワークにおける円のほとんどは、(彼女の2頭の息子をのぞいて)ゴブリンのネットワーク上の円より小さく、中心からより遠い所にある。しかし、フロイトとフロドを示す二つの円はゴブリンのネットワーク上のどの円よりも大きく、中心に近い。その年の初めに生後22カ月たっていた赤ん坊のファニを示す円をこの比較に加えるなら、それはフロドのものより3倍も大きい。その他の母子の組合せではそれ以上だった。母親と赤ん坊のあ

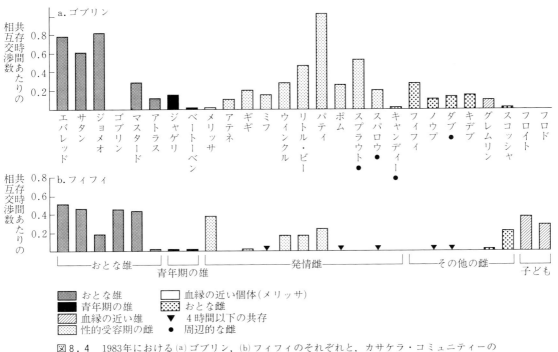

図8.4 1983年における(a)ゴブリン、(b)フィフィのそれぞれと、カサケラ・コミュニティーの各個体との、共存時間あたりの相互交渉

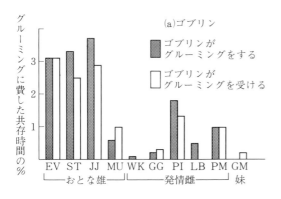

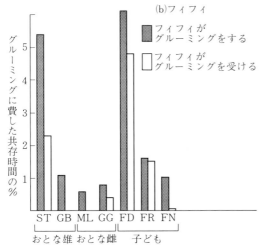

図8.5　1983年の追跡中に、(a)ゴブリンと(b)フィフィが他個体と一緒に観察された時間数に対する彼らが他個体にグルーミングをした時間数。ゴブリンとフィフィがグルーミングを受けた時間のパーセンテージも示した。ゴブリンが追跡された314時間のあいだにゴブリンとフィフィがグルーミングしあうのは観察されなかったが、フィフィが追跡された210時間のあいだにフィフィがゴブリンをグルーミングするのが観察された。

いだの相互交渉の多くのものは、追跡中記録されずに残されている（ただし、特別な母子間の研究はのぞく。そのデータはどこか他で示したい）。確かに母親は、なんらかの方法でずっと赤ん坊と相互交渉を持っているということができる。したがって、もしここでゴブリンとフィフィが追跡時間あたりに他個体と相互交渉を持った割合の合計を比較するなら、フィフィの値がゴブリンよりずっと高くなるだろう。表8.2の数に基づくと彼らの値は大体等しく、ゴブリンが1時間あたり1.5回の相互交渉、フィフィが1.4回になる。しかし、13歳以上の非血縁個体との相互交渉の割合を比較すると、ゴブリンの値がずっと高い。フィフィは追跡1時間あたりわずか0.3回の相互交渉を持つだけだ。さらに、各組合せが共存して観察された時間をもとにしてえがかれた図8.4によると、ゴブリンと他のほとんどの個体との相互交渉の割合は、ほとんどすべての例においてフィフィと他個体のものより多い（ここには、その年フィフィと4時間未満しか共存しなかった5頭のチンパンジーは含まれていない）。

図8.5によると、フィフィとその子どもの場合をのぞき、追跡中にゴブリンもフィフィもあまり頻繁にはグルーミングをしたりされたりしなかったことがわかる。社会的グルーミングに費やした時間量は個体ごとに大きく違い、これら2頭のチンパンジーは熱心なグルーマーではない。追跡中ゴブリンがグルーミングをしていたのは、総時間の2.5%だけだった。フィフィの場合は自分の子どもとの時間を含めると、5.3%だった。また、ゴブリンはわずか3頭の年長雄を、一緒にいた時間の3%強グルーミングしただけだった。フィフィは雄のサタンと息子のフロイトに対して、一緒にすごした時間の5%強グルーミングした。その年のある時期にゴブリンは6頭をのぞくコミュニティーのおとな全員に対しグルーミングした。一方、フィフィが最も若い3頭の雄とグルーミングすることはまったく認められなかった。彼女の社会的ネットワークの中に示された雌たちのうちの7頭とグルーミングするのも見られなかった。

同性間の関係

ゴブリンと雄たち　1983年を通じて、ゴブリンは、年長雄のエバレッド、サタン、ジョメ

ゴブリンが、生まれたばかりの赤ん坊を腕に抱く妹のグレムリンと座っている。

母子間の結びつきは一生続く。ここでは、メリッサが自分の双子の赤ん坊と成長した息子のゴブリン（13歳）と一緒にいる。谷の上流から突然声がきこえて、彼らは互いに抱き合う。

オラに対して完全な優位を獲得するようがんばっていた。ゴブリンとこれらの雄との関係は全般的に緊張したものだったが、図8.3aのエ

バレッドの円はより友好的な側に位置している。これは、ゴブリンによるエバレッド攻撃が観察されなかったという事実を反映している。一方、サタンとジョメオの両方に対する攻撃は、それぞれ3回と4回見られた。また、ゴブリンとエバレッドの共存では、とてもくつろいでいる時もあった。もし相互交渉がもっと詳細に記録されさえすれば、この種の印象を定量化することが可能だろう。青年後期のジャゲリやベートーベンの2頭だけでなく、2頭の若いおとな雄マスタードとアトラスも、ゴブリンと頻繁に共存した。マスタードはゴブリンより明らかに劣位だったが、アトラスやジャゲリほど服従的な行為を狂ったようにすることはなかった。彼はゴブリンと非常によくグルーミングをおこない、狩猟では彼との協同が2回あった。アトラス、ジャゲリ、ベートーベンは、性的パーティーの中でゴブリンと一緒にいるのが最もよくみられた。彼らを一緒にひっぱっているのは発情雌だった。そんな時、ゴブリンは劣位者に対し寛容ではなく、近よりすぎると威嚇した。ベートーベンはいつもゴブリンの邪魔にならない位置を

保って彼を怒らせるのを避けていたが，アトラスとジャゲリは不用心で，しばしばゴブリンに威嚇された。

フィフィと雌たち　フィフィはその年，他の雌たちとよりも，ギギ，リトル・ビー，ウィンクルと一緒にいることが多かった。彼女とギギ，リトル・ビーそしてミフまでとの関係はかなり友好的だった。しかし，ウィンクルとのあいだには攻撃的事件がしばしば発生した。またフィフィは，ポムとスコッシャとははっきりと敵対的だった。ポムに対しては決して友好的でなく，フィフィよりも順位の上だったポムの母親が死んだ後，フィフィは彼女への嫌悪をはっきりと表明した。同様にスコッシャの「乳母」であるパラの死後，フィフィは（メリッサとその娘グレムリンとともに）スコッシャを繰り返し威嚇し，追いまわし，時には攻撃した。彼女らはコミュニティーの外へその若い雌を追い出そうとしているかのようだった。

その他の雌たちは，フィフィをめぐるネットワークの「中立」地帯にかたまっている。これはすでに論じたように，実際に相互交渉がめったにない個体間関係の性質を定義するのがむずかしいからである。フィフィとこれらの雌のあいだで記録された相互交渉は，しばしば敵対的性質を示す。彼女たちは，採食中や自分の赤ん坊がけんかした時にお互いを威嚇しあった。しかし，このような威嚇，ディスプレイ，時たま起こる攻撃がリストアップされている一方で，長時間にわたって平和的に共存して，なんらの明白な相互交渉もみられないこともあった。

雄─雌関係

ゴブリンと雌たち　図8.3aが示すように，1983年には多くの雌が発情した。ゴブリンは性的な状況ではせっかちで，雌が彼の呼び出しにすぐに従わないと，たちまち攻撃性をあらわにした。特にギギは（他のおとな雄を避ける

のと同じように）しばしば彼の求愛申し込みを避けようとしたために，頻繁にけんかをした。リトル・ビー，ポム，パティのそれぞれとの関係は非常に調和的だった。これらの雌たちはいつも彼の性的な誘いかけに対してすばやく反応し，彼らのあいだのグルーミングのレベルはかなり高かった（図8.5a）。ゴブリンはパティといる時に最もくつろいで友好的だった。彼女の1979年の赤ん坊タピは彼の子と考えられる。

特に興味深いのはゴブリンと彼の母，メリッサとの関係である。メリッサは1983年に6年ぶりに発情した。6年前も今回も，彼女の性皮が腫脹している期間に息子のゴブリンが彼女と交尾しようとするのが見られた。メリッサの反応は最初攻撃的だったが，ゴブリンの求愛を避けた時に彼は実際に母親を攻撃した。その後，彼女は彼を恐れるようになった。この一連の事件は，それまで友好的で支持し合っていた母と息子の関係に大きな影響を与えた。

ゴブリンは追跡中やその他の時に，非発情雌とはめったに相互交渉を持たなかった。彼とフィフィとの関係は基本的に非友好的だった。彼はときどき彼女を威嚇し，彼女は服従的か回避的な行動パターンを示した。そして，グルーミングや宥和行動のような親和的相互交渉は観察されなかった。ゴブリンと妹のグレムリンとの関係はまったくくつろいで友好的だった。彼と他の非発情雌との共存や相互交渉のレベルはとても低かったので，それらの質をどんな程度にも正確に定義することは不可能だった。そこで，（フィフィと雌たちとの関係の多くのものと同じように）それらを「中立」カテゴリーに分類した。

フィフィと雄たち　図8.3bを一見すると，フィフィはおとな雄たちの中でも長期にわたってお気に入りのサタンとエバレッドと多くの相互交渉を持っていたのがわかる。サタンが彼女にとって最も頻繁な非血縁のおとなのグ

202——個体関係

ルーミング相手であり（図8.5b），その年，彼女が彼と遊ぶのも2回見られた。フィフィは彼女の追跡中にエバレッドとグルーミングをすることはなかったが，他の時に（他個体の追跡中やキャンプ内で）グルーミングをした。彼女とゴブリンとの関係は，すでにみたように，基本的に非友好的だった。フィフィはまた，より若いマスタードやアトラスよりも（ゴブリンを含む）年長雄たちと一緒にいる時に，よりくつろいでいた。1982年までは，彼女は年長雄たちをおどすことができたが，もはやそれもできなくなった。彼女は雄たちが示すどんな攻撃のそぶりに対しても，すぐに服従的に反応した。このようにして，あるいははっきりと雄たちを避けることによって，フィフィは彼らからの懲罰を避けることができた。

適応的価値

　個体関係の適応的価値を理解することは，なぜ動物たちが単独生活よりも集団生活を好むかを説明する助けとなる。進化の過程において自然選択は生残率や繁殖成功度のレベルを下げるような行動を非情にも除去してきた（このことは，あらゆる活動がその個体の遺伝的な生残率に貢献する必要があるという意味ではない。なぜなら，進化的に中立な行動は受け入れられるからだ）。しかしながら，グループのメンバー間の密接で友好的な関係の形成のように，ひろく根深くおこなわれる行動は，その個体にとって決定的な進化的利益を持っているに違いない。
　クンマー（Kummer, 1979）は，ある社会集団の中の関係をある個体Aの視点からみるという貴重な理論的アプローチを提案した。Aと相互交渉を持つグループのメンバーBは，（友情の強化あるいは敵意の減少などのように）Aにとっての潜在的資源になりうるとみなされる。相互交渉は独自の個体関係をつくりあげたり変化させるための機構とみなされる。AにとってのBの潜在的価値を最大にし，Bの潜在的害悪を最小にするために，AはBの行動を監視しなければならない。AはBの（攻撃性や臆病さのような）性質について，（Aを攻撃するか助けてくれるか，避けるか追随するかといった）Bの傾向について，そして（空間的近接，他の個体が

Bの行動のじゃまをする程度のような）Bの有効性について値ぶみする。AはBの傾向を変えるよう試みることができる。たとえば，Bの友好的な反応を強めるためにグルーミングその他の親和的行動を示す。あるいは，もしBがAを威嚇するならBをなだめるために服従的な行動を示す。反対にBを攻撃し打ち負かしてしまえば，もはやAにとって危険な存在ではない。もしBがAよりも強く，Aに対して明らかに敵対的なら，Aは少なくともしばらくはBを避けなければならない。そうしながらも，AはBの自分に対する傾向が改善されるよう仕向け，やがて自分にとって有利なものとなるように試みるかもしれない。このような視点からみると，Bとの相互交渉とは，現在あるいは将来的にAに対し有利になるような社会的結合に対する投資なのだと考えられる。
　セーファース，チェニー，ハインド（Seyfarth, Cheney and Hinde, 1972）は，個体関係において相互交渉の長期的な利益を求める意義を強調した。たとえば，子ども雌のヒヒは，低順位よりも高順位の非血縁雌とよくグルーミングをし，それらの赤ん坊と相互交渉を持つ。この傾向は，雌の子どもにとって将来潜在的に最も役にたつ個体との友好的な関係を形成するための第一歩と解釈することができる。なぜなら，高順位の雌

と良い関係を持っていることは，数少ない食物資源を手にいれる時に有利な結果をもたらすからである（Weisbard and Goy, 1976）。これに対して，子ども雄は低順位雌とよくグルーミングする。結果的に雄はすべての雌よりも優位になるので，高順位雌とのあいだに良い関係を育てておくことのはっきりした利益はない。さらに，雄は青年期に生まれた群れを出てよそに移籍する傾向がある（Packer, 1979）。彼がグルーミングをする低順位雌は，（高順位雄からの挑戦がなく）最も交尾をしやすい雌である。このように，雌たちと違って雄の行動は直接的な利益を指向している。ある若い雌チンパンジーが初めて新しいコミュニティーに移籍する時，彼女は，1頭あるいはそれ以上の若くて潜在的に高順位な雌と良い関係をつくるため，繰り返し努力する。この点にかかわる事例は，ウィンクルとパティが何度も攻撃されながらもフィフィと辛抱強く一諸にいようとしたことにみられる。不慣れな関係を改善するための決然とした努力は，結果的に成功した。移入者がより強い高順位雌によって受け入れられ，それによってその移入雌に敵対する継続的で力強い同盟形成の可能性が弱まることは明らかに重要である。

　ある時に不適切と思われる行動も，長期的な投資とみなすと理解できることが多い。最近若い配偶相手2頭を得たばかりのマントヒヒの若雄は，夕方，彼女たちを連れて肩ごしに繰り返し振り返りながら，泊まり場の崖を横切って行ったり来たりした。おそらく彼は，彼女たちの追随反応をテストしていたか，追随傾向を訓練していたか，あるいはその両方だったのだろう（Kummer, 1968, 1979）。雄のチンパンジーは，発情可能だけれど性皮が腫脹していない雌をはっきりした理由もなく（しばしば激しく）攻撃する。これは，彼女の行動を型にはめる訓練かもしれない。というのは，やがてその雌は発情すると，つれそい関係に入って彼を追随するよう

になるからである。

　クンマー（Kummer, 1979）は，ある個体間関係で考えられる利益には，生態的なものと社会的なものがあると指摘した。これに加えてわたしは，感情的あるいは心理的な利益もあると考える。家族のメンバー間の密接な結びつきによって得られる利益は，これら三つのカテゴリーのすべてを含んでいる。

生態的利益

　クンマーは，ある個体Aが他個体Bとの関係から得られる生態的利益を確認することの重要性を強調した。チンパンジーに限っての以下のリストから，赤ん坊が母親から得る利益は除外した。

　(a)　Bは，「餌があるぞー」という大きな声を出すことができる。おそらくこれが，Aが知らなかった食物資源に対しAをひきつけるだろう。この利益は，特に食物が不足している時には重要になる。あるいはAがすでに知っている食べ物であるが，その音声はAの注意を引きつけて，単に動機づけをするのかもしれない。ある時おとな雄のサタンは，ゴブリンの発した餌のありかを知らせる大きな声に反応したかのように，熟した果実がなっている木にいたゴブリンに合流した。2頭の雄が去った直後に，ヒヒの1群が来て残った果実を残らず食べてしまった。もし，ゴブリンのあからさまな喜びの声に注意を向けなかったら，サタンはその特別な食事を見のがしていただろう。

　(b)　Bは，哺乳類の獲物を捕まえてAに分け与えることができる。ときどき，Bは植物性の食物をもAと分け合う。しかしこれは，母親と赤ん坊の関係以外ではまれで，少なくともゴンベでは重要な利益にはならないようだ。

　(c)　BはAの食物獲得の技術を改良することができる。それはAの注意を（たとえば，コロブスモンキーのいる1本の木のような）環境の

204——個体関係

1962年のバナナの給餌中に，デイビッド老人は1頭のおとな雄のヒヒに威嚇され悲鳴をあげる。ヒヒが彼の方へ突進すると，デイビッドは親密な友だちゴライアスにかけよって元気づけてもらおうとする。ついにゴライアスは，デイビッドの味方をして争いに加わる。

ある側面にひきつけることや，（Bが狩猟を始めて，Aが合流するというような）社会的促進によってなされる。あるいは，Aによる部分的な観察学習によることもある。この時AはBをよく見て，その結果似たような技術を使うのである。その他の食物獲得の方法は，大部分，乳幼児期に母親か兄姉から学習する。

（d）BはAの食物のあるところから競争者を追い出したり，あるいはAが追い出すのを助けたりできる。デイビッド老人は，バナナを奪おうとする攻撃的なヒヒによって繰り返し威嚇され叩かれた時，走りまわって友だちのゴライアスの援助を催促した。最初，ゴライアスはデイビッドを無視したが，とうとう催促に応じた。ときどき低順位雄は，高順位の仲間から食物を分けてもらおうとねだりにくる他の個体を，攻撃的に威嚇したり本当に攻撃することさえある。もちろん，彼自身も分け前をねだるが，他の多くの個体は退けられ，その肉の所有者はさらに多くの食物を安心して食べることができる。

（e）Bは，（音声あるいはびっくりして飛び上がる反応や回避によって）Aに危険を警告したり，Aを守ったり，あるいは物理的にAを危険なところから移動させたりすることができる。チンパンジーはしばしば，ヘビがいることを，見つけ出した個体の行動から学ぶ。若ものや子どもはときどき，ヒヒやその他の危険に近づきすぎた赤ん坊たちをひき戻す。

（f）もちろん，移動ルートについての多くの情報は母親から学ぶ。しかし，それ以外の地形についての知識は若もの雄のAあるいは移入したか発情可能な雌Aが，おとな雄Bに追随する過程で獲得される。おとな雄と一緒に移動する時，Aはコミュニティーの境界についても多くのことを学ぶ。

（g）BはAの皮膚をきれいにして寄生虫を取りのぞいてやることができる。

（h）BはAが病気の時に傷にたかるハエを追

い払ったりグルーミングをしたりして，Aの世話をすることができる。そうすることで，膿を持ったただれからハエの卵やウジを取りのぞいてやる。

社会的利益

社会的利益がどの程度個体の適応度あるいは包括適応度を増大させるように働くかについては，かなり評価がむずかしい。もっとも明白な利益の中には以下のようなものがある。

（a）BはAの交尾相手となり，その性に従ってAの子どもを生んだり育てたり，あるいはAを妊娠させたりすることができる。

（b）Bは同種個体による威嚇や攻撃からAを守ることができる。たとえば，ゴブリンが年上の雄に対して挑戦した時に，フィガンはゴブリンに敵対する雄たちに対してディスプレイをした。

（c）ファーベンがエバレッドをいじめる時にフィガンとしばしば連合したように，Bは敵対者をおどしたり攻撃したりするためにAと協同することができる。

（d）AはBを観察したりBと同じように行動することによって，社会的な相互交渉における付加的能力を獲得できる。たとえば，ゴブリンはフィガンの早朝のディスプレイのまねをした。

（e）AはBに訓練されて，適切な社会行動を学ぶことができる。たとえば，若もののゴブリンはパトロール中に悲鳴をあげたため，ハンフリーに威嚇され叩かれた。潜在的に危険な状況では，おとなの雄は沈黙を守り続けるのだ。

（f）もしAとBが赤ん坊あるいは子どもなら，Aは後になって三者間の相互交渉で重要になるような社会的操作のいくつかを，Bとの遊び時間中に学ぶことができる。たとえば，エバレッドはフィガンとの遊びが乱暴になりすぎると，フローがフィガンを助けに駆けつけることを学んだ。Aはまた，この種の遊び時間に闘争技術

の実習もできる。

いくつかの関係では，組合せの一方から他方に与えられる社会的利益ははっきりしている。たとえば，Ａが赤ん坊でＢが彼の母親である場合とか，Ａが雄でＢが低順位の友だちを変わらず援助する高順位の雄のような場合とかがある。しかし，時としてある組合せの一方にとっての利益がすぐには明らかでないこともある。第2の例で，高順位雄が低順位の友だちを助けることから社会的に何を得るのだろうか。特にそうすることによって彼自身が傷つく恐れのあるような事例では，何が利益なのか。もし，きょうだいが互いに助け合うように，自分の近縁者を助けるならば，援助行動は血縁選択の機構（Haldane, 1955; Hamilton, 1964）を通して彼の包括適応度を増大させるのかもしれない。この進化理論は，自然選択が何よりも遺伝子の存続とかかわっているという事実に基づいている。したがって，たとえ雄のゴリラが自分のグループを守って殺されたとしても（Fossy, 1983），彼の行動は自分の近縁者が生きることを可能にし，彼らの中にあるその雄の持つ遺伝子が生き残るだろう。このように自己犠牲的行動も時には選択されうるのだ。

もし，高順位雄が血縁者でないのなら，彼の行動は通常，互恵的利他主義（Trivers, 1971）ということばで説明される。明日は友だちがあなたを助けることを期待して今日は彼を助けるという行動である。これは13章で論じたい。他個体が血縁であれ非血縁であれ，高順位であれ低順位であれ，ある個体がその個体を支持することから得るもう一つの利益がある。彼らのあいだの連合によってあるライバルの繁殖の機会を減少させるかもしれないということだ（Hinde, 1984）。

おとな雄と若もの雄のあいだの追随関係では何が利益だろうか。若ものにとっての有利性は明白だ。年長雄に関心をもたれることは，若い雄にとって母に対する子ども時代の依存が弱まることにつながる。そして若もの雄が（狩猟やパトロールのような）雄としての行動に接することは，彼にこれらのパターンを観察し学習する機会を提供する。さらに，これまで母と一緒には訪れることのなかった遊動域の一部についても，若もの雄は慣れ親しむようになる。若もの雄が成熟するにつれて，年長雄から彼に向けられる攻撃の量は次第にふえ，彼に雄の気質を習得させる。そして，若もの雄は次第にトラブルを避けておとな雄の優劣の序列の中で地位を上昇させる行動をうまく見つけるようになる。若もの雄のパートナーである年長のメンバーの方は，どのように利益を得ているのか。おそらく，非常に少ないだろうが，大半は彼には重荷にならないだろう。追随関係のほとんど全部は追随者である若もの雄によって始められ，維持される。さらに，自分のコミュニティーの雄と共存し，より密接な結びつきをつくり，なわばり行動についての知識を得ようとする若者の傾向に促されて，年長雄は，その個体が将来近隣個体による侵入からコミュニティーの遊動域や食物を守るための能力獲得を助ける。このような発達は「教師」の子孫たちにとって非常に重要である。なぜなら，17章で述べるようにおとな雄がつくる力強くまとまりのあるグループは，時としてコミュニティーの存続に必要だからである。

感情的あるいは心理的利益

心理的苦悩は，広範囲の医学的問題を含むいろいろな病気に人間や動物を陥らせ，悪化させることがある。人間の場合，突然の危機が実際に予想されたものでも，内分泌や自律神経過程の典型的な変化を引き起こし，さまざまな内臓失調に至らせる。これらが明らかな感情的苦悩のひきがねになり，不安がずっと続くと，このような状況に対応して副腎皮質ホルモン・レベ

ルがはっきり上昇する。苦悩が軽くなるとこの
レベルは落ちる (Hander, 1970)。

　人間の場合，ストレスがある時に仲間が近く
にいることは非常に助けになる。われわれがひ
どく動転している時，抱いたりなでたりなどの
身体的接触を受けることは気持ちを大いにしず
めてくれる。ちょうど赤ん坊が母親に抱き上げ
られ慰められると静かになるのと同じである。
味方をしてくれる仲間がいることは，たとえば
社会的結びつきが崩壊するといったような
(Hamburg, Elliott, and Parron, 1982) 一連の苦しい
出来事にあっても，それに立ち向かおうとする
人間の努力に決定的な影響を与え，臨床的な苦
悩に陥ることを防いでくれる (Brown, Brolchain
and Harris, 1975)。仕事上の都合で（テロリスト
の活動地域のような）危険の多い場所へ乗り込
む場合，単身者の方が結婚していたり仲のよい
友人がいるような人々より恐怖に立ち向かうこ
とがむずかしい。前者は，しばしば契約が終わ
る前に離脱することになる (M. Gould, 私信)。事
実，非常に密接な関係は，時として危険あるい
は不安を伴うような経験を共有した人々のあい
だで形成されることがある。

　感情的な結びつきあるいは愛着は，個体発生
と系統発生の両方の意味で，母子の結合が決定
的な開始点となる。この点については，ヒト以
外の霊長類 (Kaufman and Rosenblum, 1969; Hinde
and Spencer-Booth, 1971) とヒト (Spitz, 1946; Bowl-
by, 1973) の両方についての文献に多くの証拠が
あげられている。赤ん坊が，母あるいはそれに
準じる保護者はいないが身体は健康に育てられ
た時でさえ，母子関係の崩壊は甚大な感情的不
安をもたらし，長く傷跡を残す。同時に，その
赤ん坊は最も基本的な生理的障害にもさらされ
る (Reito, 1979)。ゴンベでは（栄養摂取の面で
はすでに独立していた）4 ～ 6 歳で母親を失っ
た 6 頭の若いチンパンジーのうち，2 頭は18カ
月以内に死んだ。

　人間と同様，チンパンジーが，情緒的に母に
依存する期間は子ども時代までかなり長く引き
延ばされる。赤ん坊だけでなく子どもや青年前
期まで，母親が離れるとフーフーという哀訴の
声，時には叫び声を伴って不安げな探索行動を
とる。自分からしばしば母親のもとを離れるよ
うになった年長の子どもでさえ，不意に母親を
見失うと不安になるようだ。時には自分自身も
赤ん坊を持つ十分に成熟した雌が，背伸びをし
てフーフーという哀訴の声を出しながら何時間
も母を捜すことがある。新しい赤ん坊の誕生に
続く離乳期は，（4 ～ 5 歳の子どもにとって）
まったくきびしい情緒的障害をひき起こす。彼
らの遊びの頻度は減少し，フーフーという哀訴
の声を出して母にくっついていることがはっき
りと多くなる。これらの症状は，ヒトの子ども
が同じような子ども時代の危機において示すの
とおそらく相似の拒否感覚である。

　フローと息子のフリントのあいだの異常な関
係は，ここでもはっきりしている。これまでみ
てきたように，フリントは 8 歳になっても母に
依存して背中に乗ったり夜は同じ巣に寝たりし
た。そしてその頃には，フロー自身もいくぶん
息子に依存するようになっていた。彼らが道の
分岐点に来てそれぞれ別の方向をとると，フ
ローはフリントが自分にそうするようにフー
フーという哀訴の声をあげながら引き返して，
フリントに従った。最も異常だったのはフロー
の死後のフリントの極度の落ち込みで，やがて
彼は病気になり 3 週間半後に死んでしまった。

　子ども時代を通じて，ストレスがたまるとど
のチンパンジーも母親からなぐさめられること
を切実に求める。13章で論じるように，母親か
ら長いあいだ離れていると，誰かのなぐさめを
求めるようになる。しかし，もし母親がそこに
いたら，まっ先に母親にかけよるだろう。フィ
ガンは青年後期の頃でさえ気持ちが動転した時
にはしばしばフローにかけよって，その体にさ

フローは，フィフィの腕に抱かれた初孫フロイトを見る。フリントは姉をグルーミングする。

おとな雄のジェイ・ビーが突進して通過するあいだ，フローは成熟した息子ファーベンに抱きついて彼のかげに隠れようとする。フローもファーベンも悲鳴をあげている（H. van Lawick）。

わるか軽くグルーミングした。いつも彼女は手を差し出し，息子を安心させるのだった。成熟した雄と一緒に移動を始めた若もの雄は，しばしば激しい社会的興奮の後で（特に彼自身がなんらかの攻撃的事件に巻き込まれた時），そのグループを離れて再び母親やきょうだいと合流する。非常に高いレベルの親密さと，おそらくは赤ん坊の頃から得てきた安心感もある部分では原因して，その雄は安定した家族の環境からくつろぎを覚えるらしい。そして，トラブルが起こったのに家族のメンバーがそばにいなくて助けを求められない時，少なくとも自分に敵対するような連中と一緒に行動するようなことはないだろう。

フィガンとファーベンのようなおとなの兄弟間の密接で支持しあう関係は，明らかに両者に大きな社会的利益をもたらす。フィガンは最優位雄の地位を獲得し，ファーベンは高順位の同盟者による保護を獲得する結果になった。フィガンは長いあいだフローに依存しながら，一方でファーベンとの友好関係を持つようになっていた。ファーベンが死んだ時，フィガンは他の誰かとの密接な結びつきをつくることが心理的に必要であるとさとったようだ。彼はかつてのライバル，ハンフリーを選んだ。おそらく，その時までにハンフリーはおとな雄の中で最も威嚇的でない個体になっていたからである。ファーベンとハンフリーの，フィガンに対する関係の違いは興味深い。社会的いざこざに巻き込まれているあいだファーベンは積極的にフィガンの味方をしたのに対して，ハンフリーは彼らの友情が確実になった後でさえ，そういうことはほとんどしなかった。しかし，ハンフリーはフィガンに対抗する他の個体と連合しなかったので，ある程度の安全性を表明していたことになる。フィガンが感情的にハンフリーに依存していることは，彼らが採食中に離ればなれになったとき，フィガンがその年長雄を探すかのようにフーフーという哀訴の声や悲鳴をあげながら45分も行ったり来たりしていた3回の出来事から明らかである。そしてハンフリーが死んだ時，フィガンはかつての強力なライバル，エバレッドと一連の最後の友情をつくりだした。

家族の利益

これまでみてきたように，チンパンジーの社会の中で最も密接な個体間の関係は母親と子どものあいだや，きょうだい間などの家族メンバー間のものである。このような組合せではそれぞれ違ったふうに，違った時間に，違った状況で両方が利益を得る（Trivers, 1971）。まず初めに，子どもの立場からの利益を検討しよう。

彼にとって母親による長期の世話は，防衛や暖かさや食物やおとなの生活のために必要ないろいろな技術の学習などの点からいうと，明らかに有利である。

もしも母親が高順位なら，高い順位を得るための長い闘いのよいスタートとなるので，息子にとっても娘にとっても有利になる。子ども雌や若もの雌は，赤ん坊である自分のきょうだいと遊んだり，そのきょうだいをグルーミングし，連れ歩いて守ってやることを許される経験から，やがて彼女自身の子どもをじょうずに世話できるようになるという利益を受ける。この年頃に兄弟姉妹間に発達する結びつきは，特に兄弟間の場合は持続するようだ。これは，後の生涯で社会的順位を決めるのに重要であろう。そして雄と雌の両方にとって，きょうだいの存在はいろいろな状況で役に立ち，心地よいものだ。したがって2番目に生まれた赤ん坊やその後に生まれた個体にとっては，兄姉の存在は成長環境に保護的で支援的な雰囲気をそえる。しばしば彼らは赤ん坊の世話を手伝い，母の死んだ時にはこれを養子にすることさえある。雄の赤ん坊にとって，兄は雄の行動について多くのことを学ぶ既製の役割モデルとして働く。

母親の立場からみると，年長の子どもは，ある時は仲間に，ある時はグルーミング相手に，そしてしばしば助っ人になる。彼らは幼い弟妹と遊んだり，グルーミングしたり，あやしたりして，赤ん坊にかかりっきりの状態にある母親を少しでも解放してくれる。成長するにつれて，息子や，特に娘は，連合仲間として役に立つようになる。子どもたちの助力によって母親は雌の序列の中でより高い位置へのぼることもある。最も重要なことは，繁殖できるような健康な子どもに育っていくことによって，母親自身の包括適応度を増加させることである。

最後に，家族内の個体関係のネットワークを全体的に考えてみよう。近縁の個体同士は助け

合うことによって，高い繁殖成功度を得る機会を増加させる。それと同時に非血縁個体に損害をあたえて，家族のメンバーの包括適応度を増加させる。日々の生活の直接的利益だけでなく

進化生物学における究極的利益という点からみると，子どもに対する雌の投資は自分自身や近縁の個体にとって高い利益配当をもたらすことができる。

9 遊動のパターン

　1979年9月，われわれは午前中いっぱいかかって少しずつ高みへとのぼってきた。断崖の直下までもうすぐだ。

　前方のチンパンジーは，狭い谷間を見つめながらわずかに毛を逆立て，身を寄せ合いながら静まりかえっている。カランド・コミュニティーのたくましい雄たちがすぐそばに見え，彼らは神経質になっている。サタンは全身の毛を逆立て，2～3歩前進する。突然，ジョメオとゴブリンのところに駆け戻り，3頭は恐怖で歯を大きくむき出して抱き合う。まったく無言。前方のブッシュから枝のポキッと折れる音がすると3頭は飛び出して，物音も立てずに北へ向けて駆け戻った。わたしは彼らを追いかけようとしたが，間もなく見失ってしまう。谷間にチンパンジーの気配はない。そこでわたしは四方を見渡せるところまでのぼる。眼下西方のザイール湖岸線に目をやると青みがかったタンガニーカ湖の水が，北方に目を移すとカサケラ・コミュニティーのなわばりが広がる。わたしはムケンケ渓谷の向こうに広がる渓谷群をみわたす。分裂前のKKコミュニティーの中心地であるカコンベ渓谷。カサケラ，リンダ，ルタンガの各谷。そして最後に公園の北の境界であるミトゥンバ―カブシンディ渓谷へと視線を移す。下

寄り添って座っているパトロール中のおとな雄（C. Busse 撮影）。

方のミトゥンバ浜の近くには，エバレッドがしばしばかけおち相手の雌を連れて歩いていた狭い地域がある。南方に目を向けるとそこには，カハマ・コミュニティーの雄たちがその所有権を主張している二つの渓谷カハマとニャサンガがある。ここはもとのコミュニティーが分裂してきびしい敵対関係にあった舞台である。今はその隣りの谷から南は，カランド・コミュニティーのチンパンジーによって乗っ取られている。カランドの向こうには，われわれが知っているチンパンジーは誰も歩き回ったことのないキトウェ，ゴンベ，ブワビのもやのかかった尾根筋が広がる。わたしは1時間ばかり腰を下ろしていたが，姿も見えなければ声もしない。山を下り始める。

　集団生活をする動物は，採食，睡眠，育児やその他の日常の活動を主におこなう地域を共有している。こうした遊動域の大きさは多くの要因に依存している。その中でより重要なのは，動物の身体の大きさや要求食物，集団内の個体数，周囲の個体群密度，そして生息地の型である。集団サイズやその構造に差異を引き起こす環境要因は，異なる種の遊動域の大きさや異なる地域の同種集団の遊動域の大きさの変異の底に横たわる。これから見ていくように，ゴンベという比較的草木の茂った環境に生息するチンパンジーは，アフリカのよりきびしく乾燥した

地域に生息するチンパンジーより小さな遊動域をもつ。ゴンベではチンパンジーとヒヒは同じ環境を共有している。離合集散する組織を持つチンパンジーコミュニティーは，おおよそ同数（またはわずかに少なめ）の個体数でより幅広い食物を食べるまとまりのよいヒヒの群れよりも，広い地域を遊動する。動物たちは彼らの遊動域のすべてをいつでも均等に利用するわけではない。利用される地域が広い時は特にそうである。集中利用域と呼ばれるよく利用する地域（Kaufmann, 1962）もあれば，たとえば季節的に食べられる食物のある時期にだけ，ほんの時おり訪問する地域もある。

個体の影響

たいていの霊長類の種と違って，チンパンジーはきまったルートをたどって日々食物を探索するようなことはしない。いつも利用する泊まり場へ毎晩戻るわけでもない。彼らはその日の最後に食事をした場所の近くに巣を作る[*]。そのコミュニティーの遊動域内でおとなのチンパンジーは，それぞれどこへ行くか，そしてそこへ行くのにどういうルートをたどるかを自由に選ぶ。しかし，ある程度彼の選択はコミュニティーの他のメンバーの動きに影響される。

チンパンジー社会の流動的な性質のために，全体を統率するリーダーは1頭もいない。しかし，大いに仲間の遊動パターンに影響を与える能力をもつものがいる。たいていのおとな，あるいは若ものでさえ，しばしば小さなパーティーを先導し，移動の方向を決定するようだ。発情雌を含んだパーティーでは，移動方向の決定までは担っていないにしろ，彼女が移動の速度をコントロールすることはしばしば起きる。コミュニティーのおとな雄のうちの数頭あるいは全頭が，発情雌が採食したり，グルーミングしたり，あるいは子どもの世話をし続けるのを時おり見上げながら，彼女ののぼっている木の下で辛抱強く待っているのはふつうに見られることである。ある時サタンは20分間辛抱強く待った後，15mほど歩いて立ち去りかけたところで立ち止まり，振り返ってしばらく座ってセルフグルーミングし，そして最後には他の雄たちのいるところへ戻った。さらに2回，自分の足跡をたどって同じことを繰り返した。結局，彼はグルーミングを始めたが，その雌が木を下り始めるや，彼は自分の選んだ方向へパーティーを導きながらふたたび移動を始めた。つれそい関係にある場合，いったん雄が雌を自分の好む方向へ導いてしまえば，あとは日々の移動速度を決定するのはたいてい雌である[†]！

ある家族が自分たちだけで移動する時，若もの後期あるいはおとなの息子がいなければ疑いなく母親がリーダーであり，いる場合はしばしば母親の方が息子に追随する。赤ん坊や子どもの雄がそばにいるチンパンジーと一緒に行動したがると，母親の意に反したトラブルが生じうる。そんな時，すぐに許してしまう母親もいる。子どもが成長するにつれ，誰がどこへいつ行くかで起こるいざこざは，しばしば，母と子が単に異なる方向へ行くという結果に終るようにな

---

[*] 特に近くに豊富な食物がある場合，同じあるいは別の個体が一つの寝場所を数日続けて用いることがときどきある。その場所は，翌年同じ食物が実った時に再び使われるようだ！

[†] 自分の雌がさまよい出るとふつう攻撃的に狩り集めるマントヒヒの雄でさえ，彼女が発情している時はおとなしく追随する（Kummer, 1968）。

る。

　チンパンジーの中にはリーダーとしての傑出した資質を持っているものがおり，デイビッド老人で初めて明らかになった。（ゴライアス，つづいてウィリアムがデイビッドについてキャンプまできた）1961年と（最後の周縁部の個体が現れた）1965年のあいだの新参者のおよそ75％が，初めて現れた時デイビッドと一緒だった。彼はリーダーシップにとって最も重要と思われるすべての特徴を持っていた。冷静で，寛大で，そしてきわだって平和的で，しかし同時に自信に満ちており，反抗されても自分の思いどおりに事を進めた。神経質になっている，あるいはこわがっている劣位者に，彼は素早く手を差し伸べて安心させた。そして彼の物静かな接近とグルーミングは社会的に興奮した高順位雄たちをなだめるのに役立った。

　ヒューゴーはまた違うタイプのリーダーであった。デイビッドより興奮しやすいにもかかわらず，自分が攻撃的になった時は即座にみんなを落ち着かせる行動をとった。ウィンクルとパティがカサケラ・コミュニティーに若ものとして移入したとき，彼らはしばしばヒューゴー一行とともに遊動した。ヒューゴーが年をとるにつれ，母親から離れたばかりの若い雄がたびたび彼と行動をともにした。

　移動行進の1番前を歩いている個体をリーダーと定義したバイゴット（1974）は，1971年，いつも必ず先頭をいく個体はいないが，エバレッド，ファーベンそして（すでにまったくの老齢個体であった）ヒューゴーという3頭の中順位雄と，若くて高順位の雄，フィガンが最も頻繁に先導していることを見つけた。当時ハンフリーという最優位雄はめったに仲間を先導することはなく，ハンフリーの前に第1位雄であったマイクもたった1頭で行動することが多かった。

　（19章で議論するように）フィガンは最優位雄として君臨した時代を通して特徴づけられるリーダーシップに，若ものの頃から異常な能力を示した。1979年以来，フィガンはだんだんと南方の周縁部へ行きたがらなくなった。このような遠出のあいだに4度，彼は旅を中止して北の方に引き返すのが見られた。その度に，他のメンバーも方向転換して彼にしたがった。それとは著しく対照的に，常に南へ行きたがらなかったハンフリーがその進行方向の先頭にいたパーティーから離れた時，他のメンバーはほとんどいつも彼をほったらかしにして動き続けた。しかし，多くのより若い雄たちは近隣コミュニティーのチンパンジーにしきりと接触したがっていた。サタンやシェリーのような個体は，遠出の時には特徴的に前方へ出て，起こるかもしれない興奮につつまれた出来事に向けて大胆に先導していった。そして多くの場合，パーティーの残りのメンバーも彼らについてきた。

　それゆえ全体としてみると，かなりの程度まで個々のチンパンジーはコミュニティーの遊動パターンに影響を与えうる。

1日の移動パターン

　多くの要因が1日の移動距離に影響をあたえる。⒜ 季節によって変わる食物の分布，主要食物間の距離は特に重要である。⒝ 健康—病気の個体は遠くまで移動しない。⒞ 天候—どしゃぶりの雨の時は移動は短くなる。⒟ つれそい関係—雄雌のペアがいったんかけおち用の遊動域を確立すると，非常に短い距離しか移動しない。⒠ 前日の活動—長距離の遠出をした

215──遊動のパターン

歩いているおとな雄のヒュー（B. Gray 撮影）。

表9.1 長期間追跡中の1日の移動距離（キロメートル）。ダッシュ（—）は，チンパンジーをしばらく見失い，追跡が1日中続かなかったことを示す

対象個体と追跡日	第1日	第2日	第3日	第4日	第5日	第6日	第7日	第8日	平均
フィガン									
74/ 7 /16—74/ 7 /23	6.2	4.1	3.6	3.0	4.2	3.3	4.0	4.8	4.2
74/ 7 /24—74/ 7 /31	2.5	2.5	2.4	4.4	2.5	3.3	—	3.5	3.0
74/ 8 / 1—74/ 8 / 8	3.0	3.4	4.1	3.3	—	5.0	3.0	3.8	3.7
74/ 8 / 9—74/ 8 /16	2.9	3.6	2.9	5.0	3.5	2.7	2.9	2.6	3.3
77/ 7 /19—77/ 7 /26	3.8	4.8	4.6	4.0	5.7	7.5	—	4.8	5.0
ゴブリン									
83/ 8 /19—83/ 8 /26	7.0	2.5	4.8	—	4.6	6.0	6.2	4.0	5.0
パッション（妊娠中）									
77/ 8 / 4—77/ 8 /11	3.7	2.9	3.3	2.5	1.3	2.7	2.9	3.5	2.9
77/ 8 /12—77/ 8 /21	1.9	3.7	2.8	1.9	2.4	2.0	2.3	2.5	2.4
77/ 8 /22[a]—77/ 8 /29	2.9	—	1.5	2.0	2.6	3.5	1.3	3.1	2.4
77/ 9 /11[b]—77/ 9 /18	3.1	3.5	4.5	2.1	2.0	4.1	4.3	5.2	3.6
ポム（非発情中）									
83/ 8 / 2—83/ 8 / 9	1.4	3.4	1.8	1.3	3.4	2.5	1.4	2.9	2.3
フィフィ									
76/ 6 / 3[c]—76/ 6 /11	1.4	2.3	1.9	1.5	1.5	1.6	1.4	2.5	1.8
77/ 7 / 5[d]—77/ 7 /10	—	1.4	1.6	2.5	—	1.5	1.6	—	1.7
81/ 3 /22[e]—81/ 3 /29	0.7	0.7	1.3	1.0	0.6	0.9	1.8	0.3	0.91
ウィンクル									
79/ 1 /21—79/ 1 /28	3.2	1.0	1.4	0.6	1.3	0.9	1.3	1.0	1.3
79/ 1 / 1[f]—79/ 1 / 8	0.8	0.6	0.8	0.8	0.6	1.2	1.0	2.4	1.0
グレムリン（発情中）									
81/ 8 /21—81/ 8 /30	1.9	2.1	2.6	3.8	4.1	3.7	—	3.2	3.1
エバレッド/ウィンクル（かけおち中）									
78/ 5 / 4—78/ 5 /12	1.3	2.2	1.0	0.4	0.8	1.2	1.1	1.2	1.0

a．ポム非発情中　　　　　　d．1歳の赤ん坊持ち
b．ポム発情中　　　　　　　e．生後約1週間の赤ん坊持ち
c．1976年6月1日生まれの赤ん坊持ち　　f．1978年12月29日生まれの赤ん坊持ち

その翌日は，移動距離が非常に短くなる傾向がある。ランガム（1975）の2年間の研究で1日に最も長距離を移動したのは，おとな雄のヒューが記録した10.7kmであり，その翌日はたったの2.4kmだった。

　雄と雌は異なる方法でコミュニティーの遊動域を利用する（Wrangham, 1975, 1979; Wrangham and Smuts, 1980）。雄は雌に比べて1日のうちに長距離移動する（雌の平均3.0kmに対して雄は4.9km）。雄はまた雌より広い範囲を移動し，約4日に1度の割で遊動域の各境界域を訪れる傾向にある。他方，雌とくに非発情中は集中利用域で大部分の時間を費やす。雌の移動距離は彼女の性的活性状態に左右されるだろう。つまり，発情中やおとな雄と一緒に行動している時は，いつもにくらべて遠くまで遊動するし，妊娠後期や出産後最初の2〜3週間はあまり移動しない。これからみていくように，雌の動きは自分の子の年齢や性によっても影響を受けるだろう。

　すでに述べたように，ゴンベでは特定個体を1〜9週間にわたって連続観察した長時間追跡の記録が，数多く何年にもわたってある。（観察者の側のかなりの肉体的努力と献身によってなされる）こういった追跡は，ゴンベのチンパンジーの遊動パターンについてのユニークなデータを提供してきた。図9.1から図9.4はこれらの追跡のデータから選んだ6頭のおとなと1かけおちペアの8日間にわたる（そして6日のうち1日の）終日移動ルートをトレースした地図である。パッションとウィンクルについては2セットのデータ，フィガンについては3セットのデータを示した。季節や環境が異なると個体の移動パターンにどのように影響を与えるかがわかる。これらの追跡のあいだの1日の移動距離の詳細な記録に加えて，若もの雌のグレムリンにかんする長い追跡データも表9.1に示した。

　図9.1は乾期におけるフィガンとゴブリンという2頭のおとな雌の移動ルートを示す。当時の最優位雄であるフィガンは1974年7月から8月の50日間にわたって追跡された（Riss and Busse, 1977）。このマラソンのような長期の追跡から8日を単位とする二つのブロックが抽出された（図9.1a.b）。それらは両極端を示し，一方はフィガンが最も広範囲を移動した8日間であり，他方は最も移動の少なかった8日間であった。1977年，フィガンは14日間追跡された。図9.1cに選ばれた8日間は彼の最も長い移動（第6日）と最も短い移動とを含んでいる。ゴブリンは1983年に8日間追跡された（図9.1d）。

　1977年のフィガンと1983年のゴブリンの移動パターンはよく似ている。1日当りの平均移動距離は同じでともに5.0kmであった。1974年のフィガンはあまり広範囲を移動せず，期間全体で平均4.4kmであった。ランガム（1979）も連続した乾期の平均移動距離の違いについて触れ，1972年では8頭の雄の平均で1日3.9km，翌年は6頭の雄の平均で6.2kmとしている。そこでランガムは，1972年に移動距離が短かったのはこの年の食物の乏しさと，翌年の豊富さのためではないかと述べている。1974年は食物は乏しくなかった（Riss and Busse, 1977）が，フィガンの平均移動距離は1972年の雄たちに類似していた。

　1974年にフィガンは平均8日間の周期で，北の境界へ3度，東の境界へ2度，南の境界へ1度の遠出をした。周縁域へのこうした訪問のうち2例だけがパトロール行動のためであった（17章を見よ）。1977年に追跡された14日間にフィガンは北へ2度，東へ1度，南へ3度の計6度の遠出をした。これらのうちの5例で，最も遠くまできた時でもパーティー全体が落ち着きはらって採食しており，6番目の事例にかんしては，パーティーは南の（隣接コミュニティーとの）重複域で用心深く動き回り，高い木

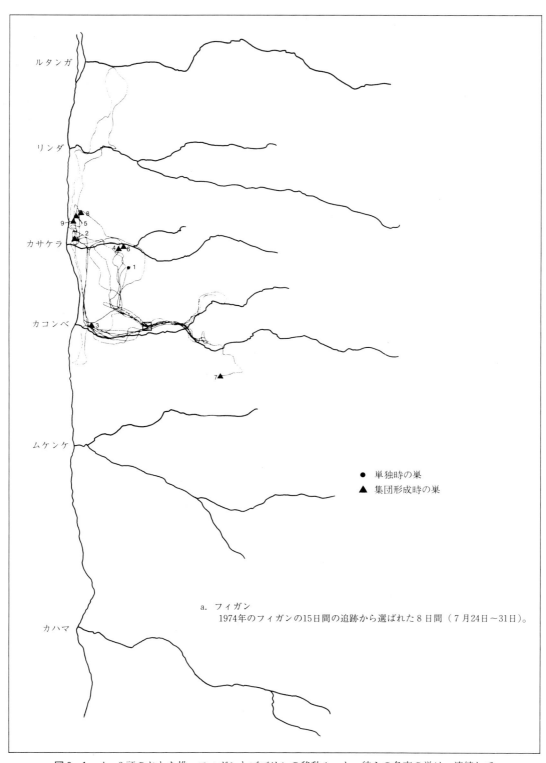

図9.1 a-d　2頭のおとな雄，フィガンとゴブリンの移動ルート。彼らの各夜の巣は，連続して番号が付けられている。どの場合でも追跡を開始する前夜の巣に番号1がつけられている（たとえばaでは1はフィガンの7月23日の夜の巣である）。白ぬきの四角はキャンプの位置を示す

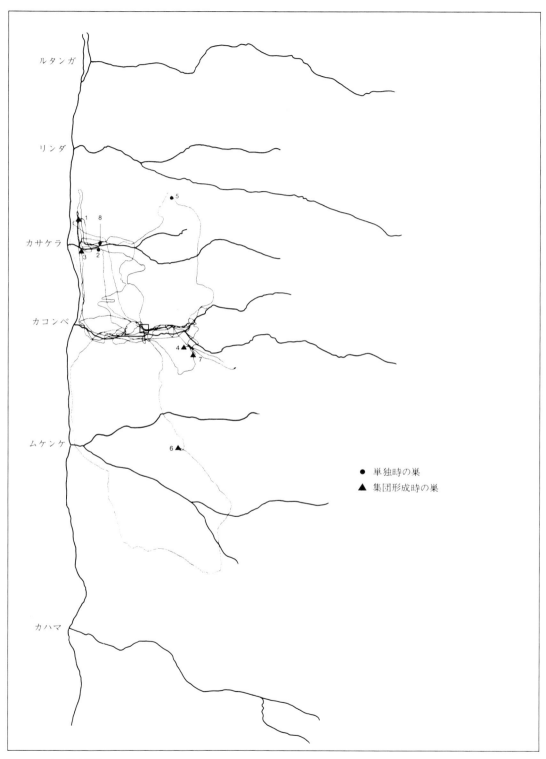

b. フィガン
　同じ長期の追跡から選ばれた異なる8日間（8月1日～8日）。8月5日のフィガンの巣は観察されなかった。

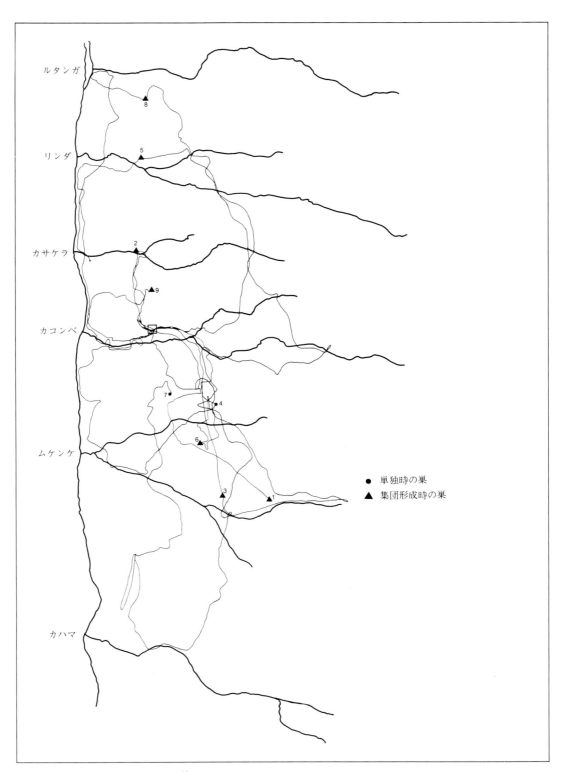

c. フィガン
1977年の連続8日間（7月19日～26日）にわたる移動ルート。

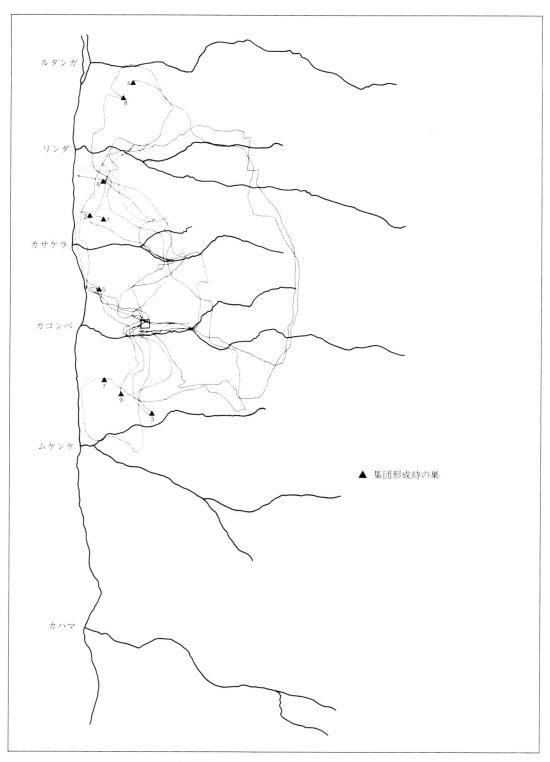

d. ゴブリン
　1983年の8日間（8月19日〜26日）の移動パターン。

性的受容期にある若い雌は,かけおちの間中雄にしたがう。

から隣接コミュニティーの方を注視するパトロール行動を示した。彼らはおよそ4時間無言でいたのち,激しくディスプレイしながら自らの集中利用域へ戻っていった。1983年,ゴブリンは北の重複域へ3度,北東へ1度,南の周縁域へ1度遠出をおこない,そこで彼と彼のパーティーはパトロール行動をおこなった。

図9.2はフィフィとウィンクルという2頭の非発情雌のそれぞれ7日間と8日間の遊動を示している。2頭とも自分の息子である子ども雄を伴っており,加えてフィフィは1歳の赤ん坊を,ウィンクルは3週齢の赤ん坊を抱いていた。2頭の雌は,フィガンやゴブリンほど広範囲を遊動せずに,かなり小さな地域にとどまっていた。1日当りの平均移動距離は短く,フィフィで1.7km,ウィンクルで1.3kmだった。

図9.3はパッションという非発情雌の8日間の遊動域を2例示している。青年後期の娘ポムが発情中(図9.3b)は,発情していない時(平均2.4km)にくらべてパッションは広い範囲を移動した(1日平均3.6km)。図9.3cは母親パッションの死後,1983年のポムの8日間の遊動域を示している。コミュニティー間の闘争のために彼女の遊動した地域は北に移った。しかし移動距離そのものは,彼女が非発情で,母親も一緒にいた1977年に類似していた(図9.3a)。

この一連の地図の最後の図(図9.4)は,1978年5月の10日間のエバレッドとウィンクルにより確立された典型的なかけおちペアの遊動域を示している。いったん遊動域が確立されると1日の移動距離は1.3kmになった。彼らが1日に動いた最長距離は2.2kmであり,0.4kmということも1度あった。

時間経過でみた個体の遊動パターン

年間遊動域

1個体の年間遊動域は,特定の1年のあいだに訪れたすべての地域をあわせたものである。もちろん個々のチンパンジーは1年を通じてわずかな日数しか観察されていない。したがって,このように記録された年間遊動域は実際の年間遊動域に比べてせまい範囲に限られている。言いかえれば,追跡されていない時にチンパンジーが訪れた地域が実際に書き込まれた範囲を越えているであろう。ランガム(1975)は野外でチンパンジーの遊動を書き込むために用いられていた標準地図の1枚に100m四方を単位枠とした格子を重ねて,ある個体を見た枠の数が1年間に観察された時間数に比例して次第に増加していくことを見つけた。しかし,およそ250時間にわたる観察で,枠の数は増加しなくなり,その時点で記録された遊動域が,おおよそ真の遊動域であると仮定することができた。

健康なおとな雄の年間遊動域は健康な非発情雌よりも大きい。1972年から1973年には,(そ

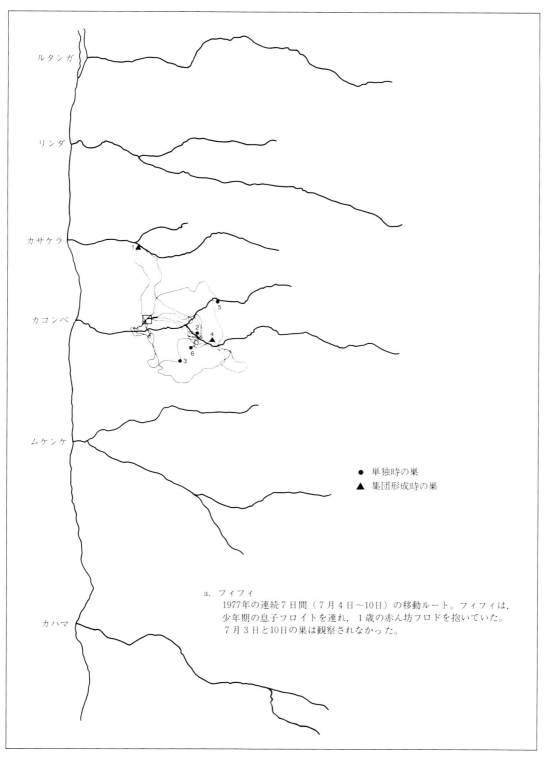

a. フィフィ
　1977年の連続7日間（7月4日〜10日）の移動ルート。フィフィは，少年期の息子フロイトを連れ，1歳の赤ん坊フロドを抱いていた。7月3日と10日の巣は観察されなかった。

● 単独時の巣
▲ 集団形成時の巣

図9.2 a,b　非発情雌2頭の移動パターン。彼女らの各夜の巣は，連続して番号がついている。白ぬきの四角はキャンプの位置を示す

223 —— 遊動のパターン

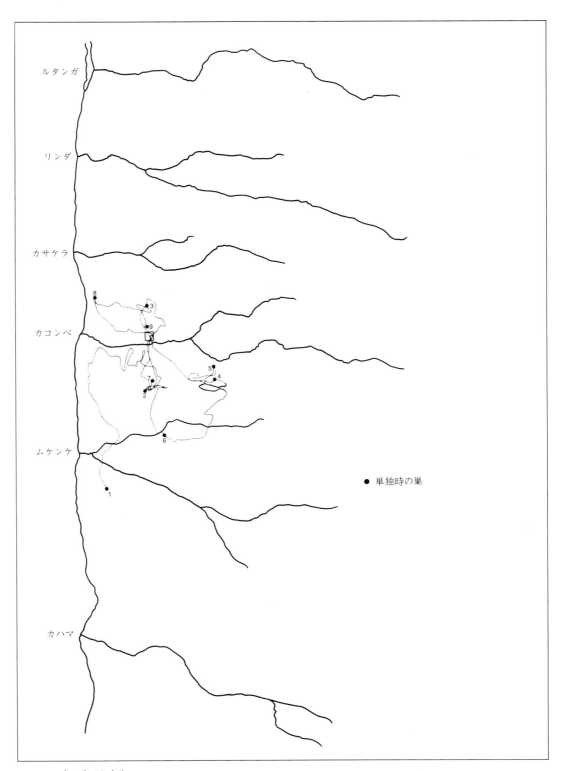

b．ウィンクル
　1979年の8日間（1月21日～28日）の移動パターン。ウィンクルは少年期の息子ウィルキーと3週齢の赤ん坊ブンダを連れていた。番号1は追跡に先立つ1月20日の夜の彼女の巣を表す。

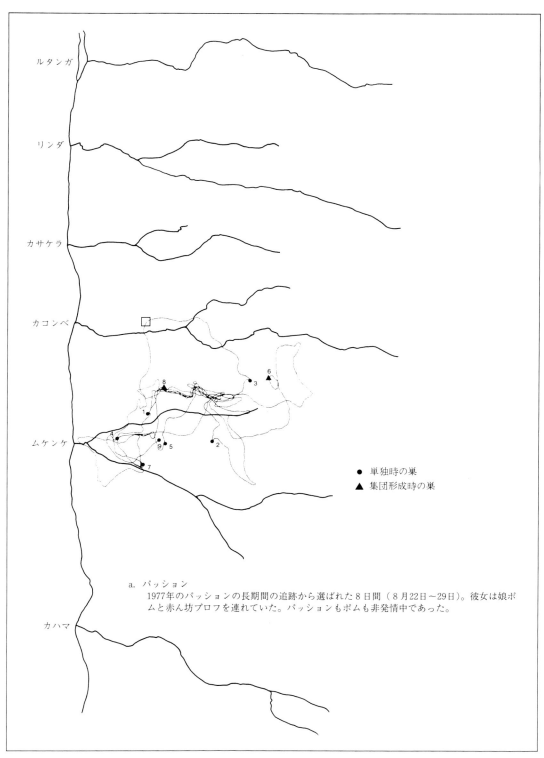

a. パッション
1977年のパッションの長期間の追跡から選ばれた8日間（8月22日～29日）。彼女は娘ポムと赤ん坊プロフを連れていた。パッションもポムも非発情中であった。

図9.3 a-c　1977年に2度の，1983年に1度の8日間にわたるパッション一家のとった移動ルート。巣は連続して番号がついている。それぞれの地図において，番号1は追跡を開始する前の夜の巣である。白ぬきの四角はキャンプの位置を示す

225 ―― 遊動のパターン

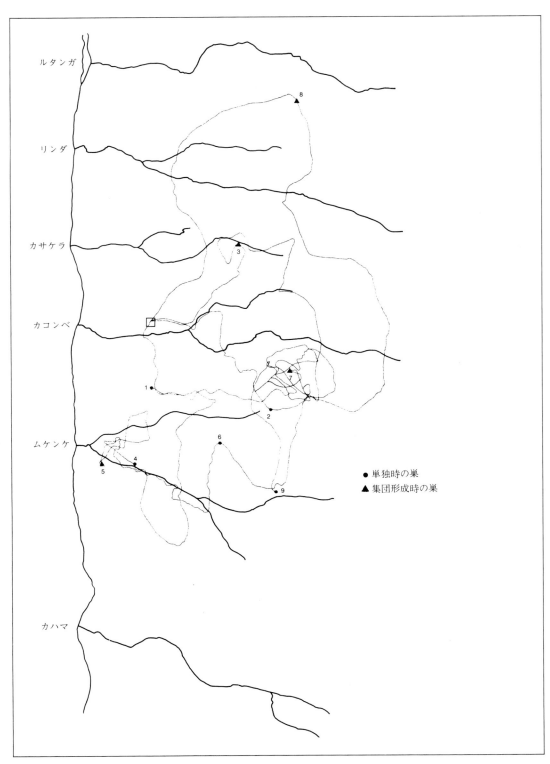

b. パッション
　同じ長期の追跡から選ばれた異なる8日間（9月11日～18日）。この時までにポムは発情した。

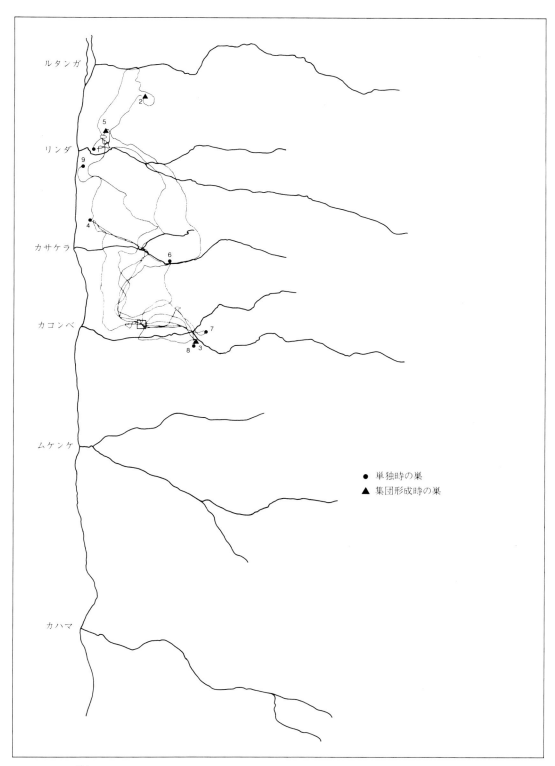

c. ポム
　パッションの死後1年半たった1983年の8日間（8月2日〜9日）の遊動パターン。ポムは非発情中であった。

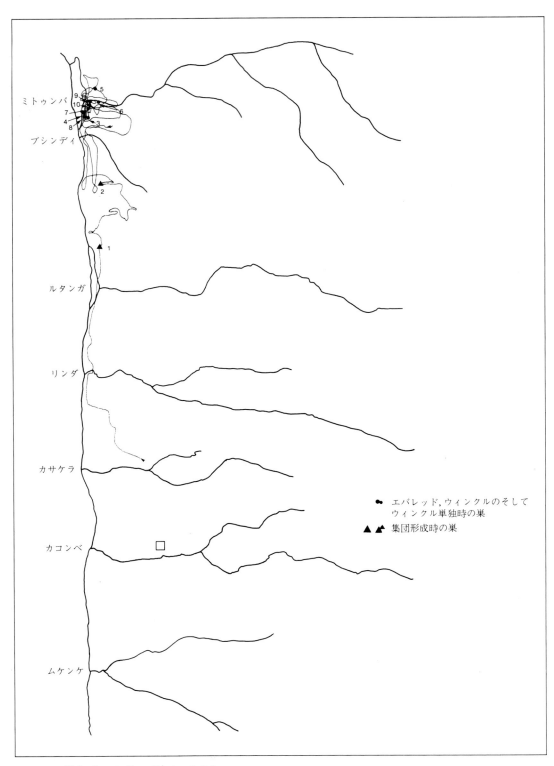

図9.4　エバレッドとウィンクル
　ウィンクルが発情中の1978年の10日間（5月3日〜12日）にわたるつれそいペアの遊動域。彼女とエバレッドはウィルキーというウィンクルの子どもの息子と一諸にいた。巣1は5月2日の夜のものであり，その時ウィンクルはまだ発情していなかった。白ぬき四角はキャンプの位置を示す

れぞれ250時間かそれ以上追跡された）おとな雄により利用された地域は9ないし12km²であり，中央値は10.3km²であった。3頭の非発情雌もまた必要な時間数追跡された結果5.8ないし7.0km²で，中央値は6.8km²だった。発情中に雄とともに移動した性的受容状態にある雌の年間遊動域はもちろん大きく，8.3ないし11.0km²で中央値は9.8km²だった（Wrangham, 1975, 1979）。

図9.5は最優位雄のフィガン，発情した雌のアテネ，そしてミフとパッションという2頭の発情しなかった雌の1978年の年間遊動域を示している。三つのクラス（おとな雄，性的受容状態にある雌，非発情雌）すべてで，年間遊動域は1972年から1973年に比べて大きくなっており，フィガンで14.0km²，アテネで13.6km²，ミフで9.2km²，パッションで8.2km²となった。こうした遊動域拡大は，カサケラ・コミュニティーがカハマ・コミュニティーのなわばりを併合したあと南へ遊動域を広げたためだった。

個々の雌が好んで使う地域は互いに排他的ではなく，時には集中利用域さえも分け合ってかなり重複があるが，コミュニティーの遊動域全体を通じてみると，互いに間をあけているといえる。図9.5cと図9.5dからミフはコミュニティーの遊動域の北部で多くの時間を費やしているのに対し，パッションは南部を好んで利用していることがわかる。このパターンは1972年から1973年のランガムの研究ですでに明瞭であった。母親が眠る場所，特に血縁関係にないおとなを伴わずに自分の子とだけ一緒にいる時に眠る場所は，その母親の好きな地域であるという良い目印になる。ミフについて書き込まれた52カ所の寝場所のうち47（90.4％）はカサケラ沢の北であり，家族のみの寝場所16カ所のうち93.8％は北にあった。パッションの好む地域はまったく異なっている。彼女について書き込まれた61カ所の寝場所のうち55カ所（73.8％）はカサケラ沢の南であり，39カ所の家族のみの

土台の上に枝を曲げて作った巣の中のおとな雌
（H. van Lawick）。

巣場所のうち84％は南にあった。事実，パッションはその年性的受容状態にあっておとな雄と一緒に動き回っていた娘のポムを伴い，北の方をいつもの年より広範囲に移動していた。

生涯の遊動域

個体の遊動パターンは年齢とともに明らかに変化する。非発情の母親と一緒にまだ移動している雄の子どもの年間遊動域は，成長してほとんどの時間をおとな雄と一緒に過ごすようになった時よりも小さいだろう。同様に，発情してコミュニティーの成熟雄とともに広く動きまわると，若い雌の遊動域は，増加するだろう。遅かれ早かれ，彼女は雄のうちの1頭とつれそい関係を結び連れだって遊動域の周縁にかけおちする。だから，遊動域はさらに増大するだろうと考えられる。もしその時一時的あるいは恒久的に近隣コミュニティーに移入したなら，彼女の遊動域に数エーカーが加わることになる。そして出産後，二つのコミュニティーのうちの一

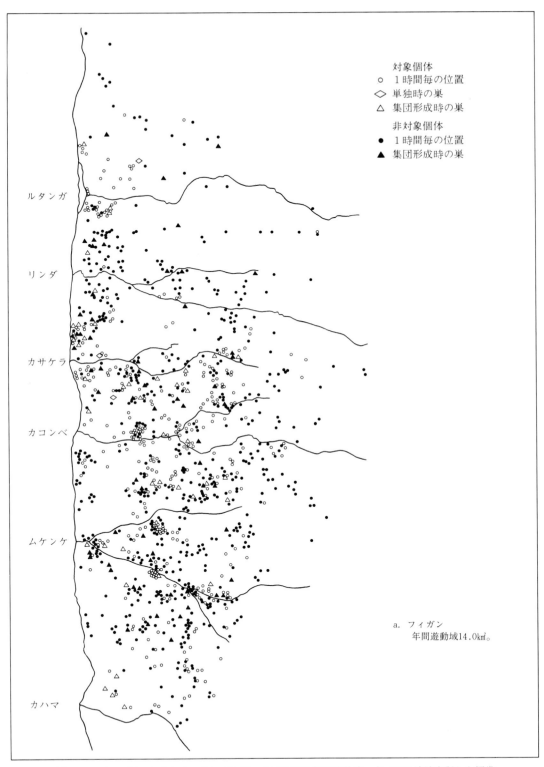

図9.5 a-d　4頭のカサケラ・チンパンジーの1978年の年間遊動域。すべての追跡を記した標準地図の上に対象個体の1時間毎の位置と，対象個体であった別のチンパンジーと一緒にいた時の位置をあわせてプロットしてある（2種類のデータが区別されている）。遊動域のおおよその大きさは，100m四方の地域を表す正方形の格子を重ねることにより計算された（Wrangham, 1975にならって）。対象個体が1人で寝た場所と他個体と一諸だった場所を示した

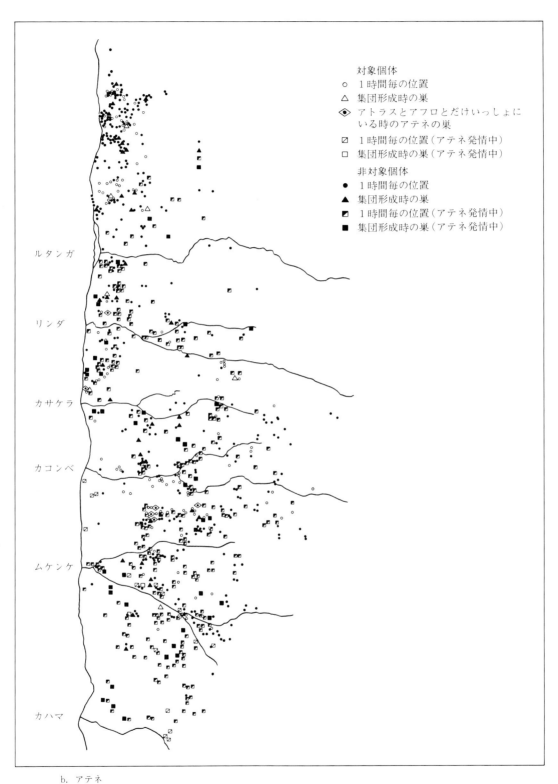

b. アテネ
　年間遊動域13.6km²。アテネはアトラスという若ものとアポロという子どもを連れ、エバレッドやフィガンとかけおち中に追跡された。

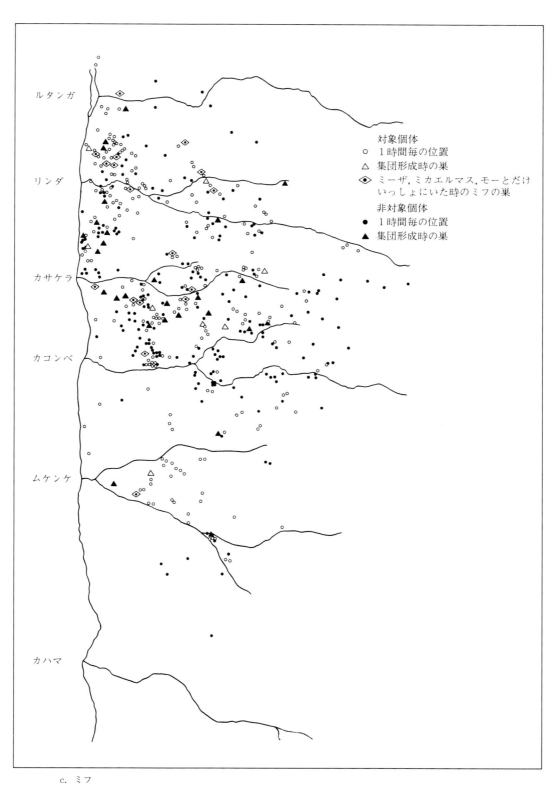

c. ミフ
　年間遊動域9.2km²。ミフは娘のミーザ，少年期の息子のミカエルマス，赤ん坊のモーを連れていた。彼女が明らかにコミュニティーの北方を好むのは，巣の位置，とくに家族だけで巣を作った位置で示されている。

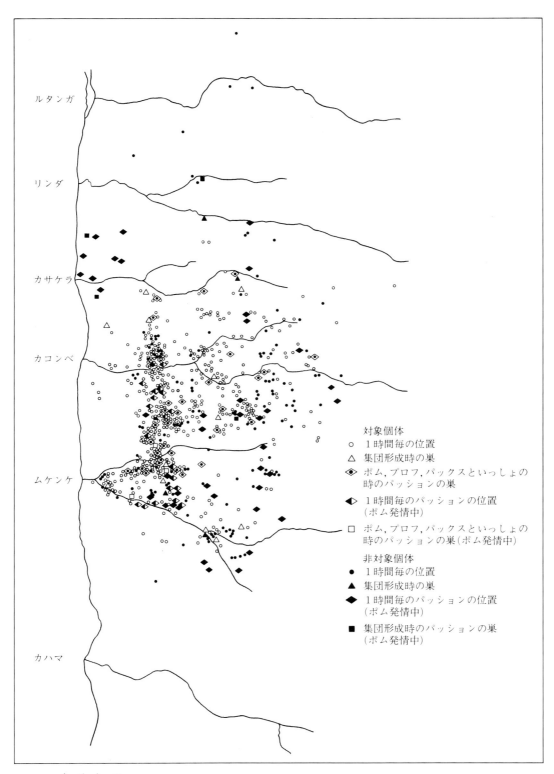

d. パッション
　年間遊動域8.2km²。パッションは非発情中であった。しかし，だいたいの時間性的受容状態にあった彼女の娘ポム（発情中の巣は色つきで示した），子どものプロフそして赤ん坊のパックスを連れていた。

つに落ちつくと，こんどは小さくなるだろう。リトル・ビーはカサケラ・コミュニティーとカハマ・コミュニティーのあいだを行ったり来たりしていた1974年から1975年には，およそ15㎢の遊動域をもっていた（Pierce, 1978）。1978年に彼女が赤ん坊の世話をしている時期には8㎢だった。老齢個体の年間遊動域はさらに減少するようだ。フローの遊動域は彼女が死ぬ前の年にたった3㎢前後と推定された（およそ150時間の観察に基づく，Wrangham, 1975）。

雄のチンパンジーにとっては，生涯に遊動する全面積はコミュニティーの遊動域に一致するようで，時間経過に伴いコミュニティーの遊動域が変わった時のみ変化する。雌はもしあるコミュニティーへ一時的にしろ移籍したなら，一生のあいだには雄よりも広い地域を動くことになる。

コミュニティーの遊動域

コミュニティーに属するそれぞれのおとな雄がある年に訪れるすべての地域を合せたものをコミュニティーの遊動域とみなしている（Wrangham, 1979）。これはおとな雄のメンバーの遊動域におおよそ等しいが，非発情の母親のものよりかなり大きい。個体の実際の年間遊動域が観察された年間遊動域より大きいのと同じように，特定の年のコミュニティーの遊動域も，チンパンジーが実際見られた地域よりいくらか大きくなる傾向がある。

コミュニティーの遊動域は雄と雌と子どもたちを支えるのに十分なだけ広くなければならない。北から南にかけて，おおざっぱには，しばしば沢が近隣コミュニティーとの境界線となるが，その輪郭はあまりはっきりしていない。チンパンジーは時おり境界を越えて隣接コミュニティーの遊動域へ侵入するが，通常そうした時は不安なようすを示す。このように，少なくとも一つの谷ぐらいの広さの地域が，近隣コミュニティーのメンバーによって時間を違えて利用される重複域とみなされる。17章でみるように，こうしたコミュニティーの関係は一般に友好的なものではない。

ゴンベにおける遊動域の大きさは，主にコミュニティーに属するおとな雄の数が年毎に変化する結果，時間とともに変化する。多くの雄がいる時は，弱い近隣コミュニティーのメンバーたちを犠牲にして遊動域を拡大できるかもしれないが，少ない時は，土地を失い遊動域は小さくなる。60年代初期，KKコミュニティーに14頭ものおとな雄がいた時には，遊動域は少なくとも24㎢と見積られた。しかし1981年，（南北の人に慣れていないコミュニティーにはそれぞれ少なくとも10頭の雄がいたのに対して）6頭のおとな雄しかいなくなった時，カサケラ・コミュニティーの遊動域はたった9.6㎢であった。

図9.6は（初めてチンパンジーが長距離にわたって追跡された）1971年から1982年までのコミュニティーの遊動域を地図上に示し，その変化を概観したものである。1972年のKKコミュニティーの分裂は，遊動域の不均等な分割をひき起こした。北のカサケラ・コミュニティーは，より大きい集団でより広い地域を占有した。図は，1974年に南でカハマ・コミュニティーの最後の1頭を攻撃した後，カサケラ・コミュニティーの集中利用域が増大したことを示す。またこの図は，南からの強力なカランド・コミュニティーの侵入によるだけでなく，カサケラ・コミュニティーの雄が北のミトゥンバ・コミュ

234——遊動のパターン

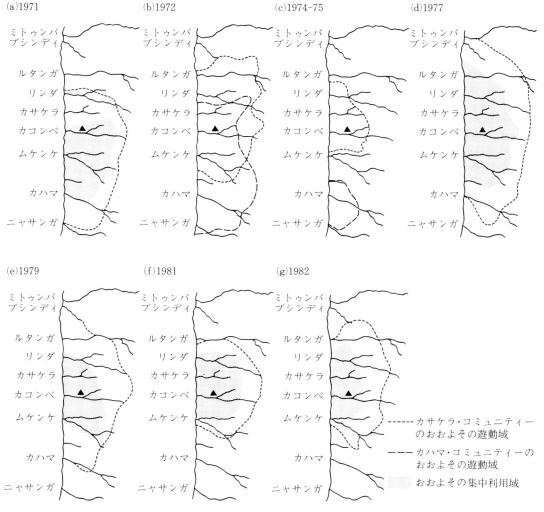

図9.6　1971年から1982年にかけてのゴンベ・コミュニティーの遊動域の変化。これらの地図は分裂前のKKコミュニティーの遊動域を示している。分裂後その地域は，北側はカサケラ・コミュニティー，南側はカハマ・コミュニティーにより所有権が主張された。カハマ・コミュニティーの全滅後，カサケラ・コミュニティーの遊動域（とくに，集中利用域）は南側にのびた。引き続いて幾分か北方へも延びたが，カランド・コミュニティーの侵入の結果，南側では縮小が起こった。最終的には1982年に少しずつ拡張した。三角印はキャンプの位置を示す

ニティーとの重複域を利用するのを明らかに躊躇したために，1979年に始まった遊動域の減少をも示している。1982年になってコミュニティーの遊動域が南でも北でも拡大しているよう　すが，最後の図で見られる。この拡大は，5頭までの青年後期の雄によるカサケラ・コミュニティーの頻繁なパトロール行動のためらしい。詳しくは後の17章で述べられている。

他のチンパンジー個体群

二つの家族が、めったに利用されない地域である湖岸に沿って移動している。子どもたちは、母親から独立するまでの長い年月のあいだに伝統的に決っている家族の移動ルートを学ぶ。

チンパンジーが1頭1頭個体識別され追跡されるまで、彼らがコミュニティーの遊動域内を移動している時の移動パターンや特定の社会的集団により利用される地域全体の大きさは推定にすぎなかった。それにもかかわらず、いくつかの地域でチンパンジーがゴンベよりずっと広い地域を移動していることは明らかである。

セネガルのアシリク山のチンパンジーは、今まで知られているチンパンジーの中で最も暑く、最も乾燥し、最も開けた生息地を占めている（McGrew, Boldwin, and Tutin, 1981）。この地域では、（乾期の終りにだけ渡渉可能な川を除いて）チンパンジーの遊動を制限する障壁がなく、近隣に他のチンパンジーコミュニティーもないようである。雨季にはこれらのチンパンジーは遠く離れた食物を探索しながら広い範囲を遊動し、利用される全面積は278km²ないし333km²と見積られる。乾期の終りにのみ、流水の不足とおそらくは疎林の極限的な暑さによって遊動は制限される（Baldwin, McGrew, and Tutin, 1982）。タンザニア西部のかなり乾燥した地域のチンパンジーコミュニティーにおいても、大きな遊動域が推定されてきた（Suzuki, 1969; Izawa, 1970; Kano, 1971a, 1972）。

ゴンベとよく似た状態であるマハレで、5～6頭の成熟雄がいたときK集団の遊動域の大きさはおよそ10.4km²であった（Nishida, 1979）。大きなM集団（1982年、成熟雄11頭、Hiraiwa-Hasegawa, Hasegawa and Nishida, 1983）の遊動域は少なくとも33km²である。1年に一度、乾期の終りに向けてM集団はK集団との重複域である遊動域の北部に移住した。M集団が来たちょうどその日にしばしばK集団は、自分たちの遊動域の北部に移住した。4～5カ月後、M集団のチンパンジーは再び重複域を立ち退いて南へ戻り、その地域は再びK集団によって利用された（このパターンは結局重複域に設置された人工餌場に影響を受けていた）。M集団の南端から北の重複域にかけての移住ルートはおよそ5kmである（Kawanaka, 1982b）。季節移動は、（*Landolphia*の結実期のピークである）雨期には北へ動き、4～5月のあいだに戻るというゴンベのカランド・コミュニティーに似ている。

コミュニティーの遊動域内のチンパンジーの動きは、食物や水の分布、発情雌がいるかどうか、近隣コミュニティーの大きさや動き、捕食者やその他の危険の存在など、地域によって異なるさまざまな環境あるいは社会的要因によって決められる。伝統的な移動ルートが、母親に

よりその子へ，おとな雄より若もの雄へ，先住者より移入者へと受け継がれていく。コミュニティーのメンバーは，セネガルにおけるように最も乾燥した月に水不足によってのみ制限を受ける広大な遊動域をうろついたり，あるいはゴンベの北の小さな取り残された個体群のように

（A. Seki, 私信），ヒトによる侵害のため小さな地域に閉じ込められているものもあるかもしれない。ゴンベとマハレにおける長期の調査は，時間経過に伴う遊動パターンの変化にかんする唯一の資料を提供してきたのである。

10 採　　　食

　　　　　　1980年9月　パッションが家族づれでストリクノスの木に近づいた時，先導していたポムがうしろをふり向き穏やかにパント・グラントを発し，母親の眉に触れた。そしてポムは先頭をきって走り，パッションは小さな威嚇の声を発しながらそのあとにつづいた。2人は一緒にストリクノスの木に達し，パッションがまず木に上り，3歳のパックスがつづいた。しかし，ポムはまばらにしかなっていない実を一べつしたあと，さっさと行ってしまった。パッションはストリクノスの堅い実を割って開けるためにそれを幹に叩きつけ，そして唇で果肉を取り出しながら，10分間採食した。食べながらだらだらとよだれを出しているところをみると，実はまだ熟しておらず，渋いらしい。パックスも2〜3個もぎ取ったが，まだ幼いので開けることができない。そこへまだ開けていないストリクノスの実を四つ持ってパッションが下りてくると，腰をおろして気分よさそうにそれを食べた。パックスは母親におちょうだいをして，小さなかけらをもらう。彼はそれをしがみながらよだれで顎までよごしている。すると彼は草の葉を1枚取って，口のまわりのべとべとした汁をこ

母親が熟していないストリクノスの実を食べ，赤ん坊は興味深げに見つめている。

する。さらに食べ続けながら，繰り返し小さな葉片で口をふく。ご馳走を食べ終るまでの5分間にこうしたナプキンを9枚も使った。一方パッションは少しも自分の体をきれいにしようとはせず，食事が終った時には顎も胸も手も唾液と果汁がまじりあってべとべとであった。

　森と林と草原がモザイク状にあるゴンベの生息地はどの谷にもいつも水があり，植物も動物も非常にバラエティーに富んでいる。そしてチンパンジーに代わるがわる十分な，しばしば多すぎるほどの食物を供給してくれる。食物は雨の多い雨期は豊富になる傾向があるが，最も乾燥した乾期でも健康なチンパンジーなら必要な食物を見つけるのは困難ではない。しかしながら，乾期は実りが少ないことがあり，そんな時，結果として特に年老いて病気のチンパンジーが犠牲になる。

　たいていチンパンジーは起きている時間の半分弱（平均47％）を採食に費やし，残りの時間の多く（13％）をある食物源から次の食物源への移動に費やす（Wrangham and Smuts, 1980）。主要な採食活動のピークは二つあり，一つは午前

7時と9時のあいだで，もう一つは午後3時30分と7時30分のあいだである。ランガム（1970）は午後1時頃に第3のピークがあると書いている。実際，食物はいつでも──（まれに）月夜の晩でさえ──食べている可能性がある。

食物選択

141種の木や草から，チンパンジーが食べる184の植物性の食物品目を同定できた（Wrangham, 1975）。このうち26品目は一度だけしか食べるのが見られなかった。残りの158品目のうち果実が48％，葉と葉芽が25％，種子，花，茎，髄，樹皮，樹脂合せて27％である。チンパンジーは種々の昆虫，鳥の卵，鳥そして小中型の哺乳類で植物性の日常の食物を補っている（狩猟については次の章で別に議論する）。おそらく無機物摂取のために，チンパンジーは土のようなさまざまな物質も採食する。

図10.1は，1978年と1979年の終日追跡から集められた対象個体が，各食物タイプの採食に費やしている時間割合を示している。各タイプの占めるパーセンテージは月によってあまり変化しなかった。24カ月のうちほとんどの月で，果実が日常の食物を構成する唯一最大の要素であった。葉はすべての月で非常に頻繁に食べられた。種子は（1978年の5月から7月の）3カ月間に高い割合を示し，昆虫はどちらの年でも11月に大量に消費された。

この採食行動から，彼らがバラエティーに富んだ日常の食物を要求していることがわかる。あるタイプの食物をしばらく採食したあと，その食物源がまだ残っている時でさえ，別の種類の食物を食べるために移動することがたびたびある。ランガム（1977）はおとな雄の採食行動にかんする詳細な研究の中で，選択される食物品目の数は毎月似たようなものであることを見つけた。ある典型的な月に，雄は40から60品目の異なる食物を採ることから，年間通じて1日

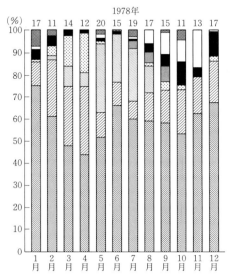

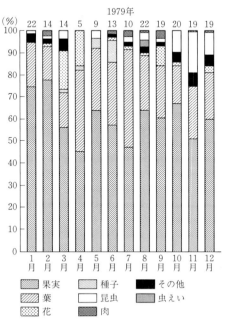

図10.1　1978年と1979年における種々のタイプの食物の割合。雄と雌についての終日追跡のデータのみ用いた。各月の追跡数は各コラムの上に示した

240──採　食

当りに食べる食物品目の数は平均して13である
と彼は見積っている。

対象個体が食べる食物は，毎回の追跡で必ず
記録される（付録A）。しかしこうしたデータは
ランガムのものと比較することができない。と
いうのは，彼の食物植物のリストはかなり範囲
が広いためである。彼は採食そのものに関心が
あり，他の観察者では見落としがちな小さな草
本の葉や種子やその他の部分といった品目も記

録しているし，また，対象個体が絡まりあった
植生の高みで採食していても，食物選びの変化
に気づいている。雄の日常の食物と雌の日常の
食物の詳細な比較をすることは不可能であるが，
月毎にみて，雌は雄より多様な葉をいくらか高
頻度に食べるようである。この違いは今調査中
である。またこれから見ていくように，動物性
タンパク質の摂取については，雄と雌で重要な
違いがある。

季　節　性

食物の中には，（月によって多い少ないはあ
るが）食物全体に占める重要さからみて年間通
じて主要食物といえるものがある。しかし，た
いていの主要食物は季節的に変化し，特定の月
にのみ大量に食べられる。ものによっては，毎
年およそ同じ時期にまったく規則的に摂取でき
るものもあれば，隔年に豊作となり間の年では
ほんの少ししかないという種類もある。最も風
変わりなのはイモ虫の"大発生"であり，いっ
たん起こると大量に食べられる。

これらのパターンは図10.2に描かれている。
この図は対象個体が（1978年と1979年の）2年
間にわたり17品目の主要食物摂取に費やした時
間を，全採食時間に占める割合として，月毎に
示したものである。*　わたしが独自にきめた主要

食物の基準は，24カ月のうち少なくともある月
で全採食時間の15％以上を占めたということで
ある。16品目の植物性食物のうち10品目は明ら
かに季節により変化する。4品目（No.8,9,10,
15）は年間通じて食べられているが，中心の数
カ月には他のものより多く食べられている。そ
して1978年か79年のどちらかの年に重要な食物
となっている6品目（No.4,5,7,9,11,13）のう
ち1品目（No.5）は，1978年にまったく存在せ
ず，もう1品目（No.7）は1979年にはごく少量
しかなかった。24カ月のうち6カ月を除き，す
べての月で1種あるいはそれ以上の昆虫が食べ
られるが，著しく季節性が強く，採食時間から
みるとシロアリだけが常用の食物として重要な
位置を占めていた。

食物の発見

おとな雄，フィガンの50日追跡のあいだ，彼
は食物など探していないかのようであった。し
かし，みごとにその日かその前の日に食べた食

物のある場所に戻ってきた。ときどき移動の途
中で，「新しい」食物に出会うことがあった。
しかしそれらは，前に見つけておいたものがや
っと熟したり食べられるようになったので，そ
こで新たに彼の食物リストに組み込まれるよう
になったのである（Riss and Busse, 1977）。地上

＊　図10.2にはさまざまな食物の名前が学名で示して
　ある。以後，他のところでは食物名はスワヒリ名やハ
　名で書かれている。

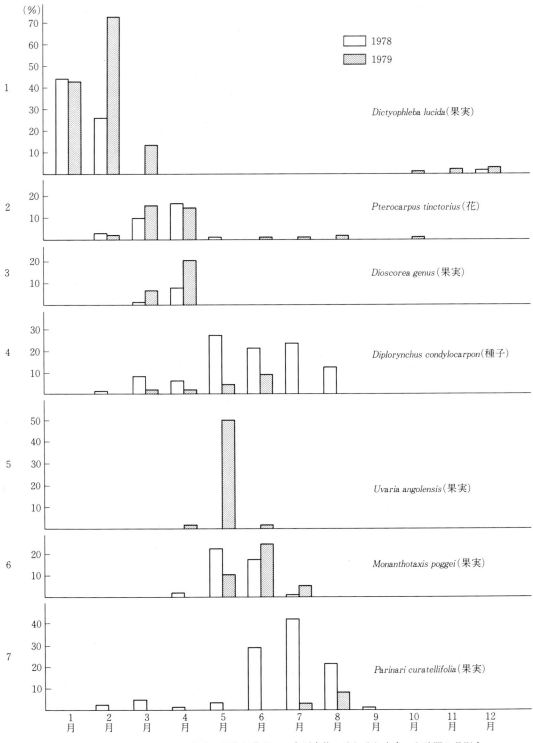

図10.2 1978年と1979年の2年間，対象個体が17の主要食物のそれぞれを食べた時間の月別全採食時間に対する割合

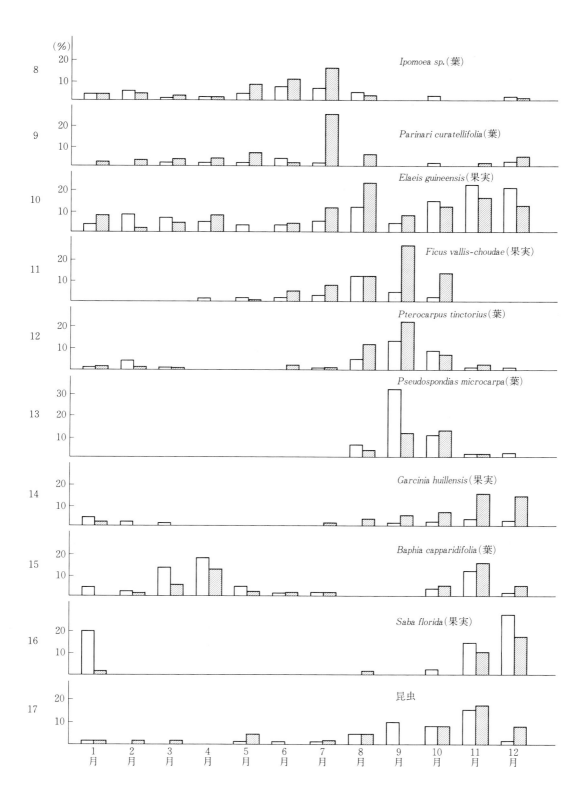

の落果を見て，新たな食物源に注意が向けられることが時折ある。チンパンジーはこうした落果を1〜2個食べ，上方の繁みを見上げる。もし多くの果実が見えたら，木に上って採食し始める。また仲間のチンパンジーが採食しているのを見るか聞くかして，新たな食物源に注目することもある。あるいはまた，ヒヒのような他種の採食行動も観察するらしい。たとえばある時，雌のチンパンジーが頭上の音を聞いて見上げると，子どものヒヒが（ヤシの実を）食べているのが見えた。直ちにその木にかけ上がりヒヒを追い出した。また，おそらくサルやサイチョウ，エボシドリのような騒々しい鳥がいることで，熟した果実のありかをみつけることもあったようだ。遊動域の周縁近くで境界をパトロールしているあいだに食物を見つけたことが明らかに三度はあった。次の日，チンパンジーたちはそこに戻って再度採食した。

　おそらく以前に食物源を見つけておいた仲間につれられて，新しい食物源に到達することもあるだろう。あるいは，その仲間の鋭い観察力のおかげでそこへ行けることもあるかもしれない。たとえば，ある若い雄はサファリアリ（Dorylus〔Anomma〕nigricans）の通り道に気づかずに通り過ぎてしまった。あとから来た仲間が立ち止まってそれを食べ始めたので，彼も戻ってアリを見つけ，自分も食べ始めた。

　たくさん食物のある木に上ると，チンパンジーのパーティーは（パント・フート，フッド・アアア・コール，バークそして悲鳴が混じったような）餌にありついたときの声を発するようだ。単独雄でもこのようにして仲間を呼ぶ。

この呼び声を聞いて他のチンパンジーも食物に引きつけられるらしい。狩猟が成功に終った後，チンパンジーのパーティーはいつもより大きな声で仲間を呼ぶ。こうした情況で発せられる悲鳴，パント・フート，そしてバーク（吠え声）は近くにいる個体に特別な情報を伝えるようだ。彼らは毛を逆立てたり，歯をむきだして抱き合ったりして興奮し，獲物のある場所へ走っていく。ヒヒが獲物を捕まえた時に出した呼び声もチンパンジーに同様の情報を伝え，それを聞くと彼らは肉を奪い取るため走っていく。

　チンパンジーは遊動域のみごとな認識地図をもっており，その中の多くの食物資源の位置を知っている。ランガム（1975, 1977）は，個体がなんらためらうことなくある食物に戻ることができるという例を示した。シロアリの季節にはしばしば，同じシロアリ塚へ異なった順番で，異なった方向から毎日そこを訪れる雌たちがいる。彼女らは塚までの距離が100 m以上もあってまだ見えないうちから，道具として用いるための草の茎を選ぶ。チンパンジーのパーティーは結実樹のようにあらかじめ知っている食物源に行くときには，まるで前触れのように3分も穏やかなフッド・グラントやフッド・アアア・コールを発する。2頭の雌が一緒に移動するとき，劣位者は好きな食物へ急ぐ前に突然パント・グラントやキーキーいう悲鳴を発して歯をむき出し，互いに体を触れ合ったり抱き合ったりすることがある。野生状態のチンパンジーはかなりの時間，おそらく翌年まで食物源がどのあたりにあるかを覚えているようである。

方法と費やす時間

　食物のある木の下に着くとすぐ，チンパンジーはそのまま木に上って採食し始めることもあるが，最終的に上る前に落果の臭いをかいだり味をみたり，それから樹上を見たりして注意

深く食べられる食物を検査する時もある。いったん彼らが採食し始めると大変な選択性を示す。果実についてはその色，柔らかさの程度，臭いをもとに選ばれる。こうして赤や紫や黄色に熟した果実は，緑のものに比べてためらうことなく選択される。果実の中には熟しても緑のままか，一部熟してまだ色は緑であっても食べられるものもある。チンパンジーは選択するか否かの前に，しばしば果実をぎゅっと押しつぶしたりする。あるいは歯でそっと押してから，臭いをかいで果実を調べることもある。おそらく果皮を傷つけると臭いが強くなるのだろう。相対的な大きさも選択の基準にするようだ。大きな房の中の小さな実は，しばしば未熟であるから無視される。

　花や葉のような食物の典型的な食べ方としては，小枝から（ふつうは手で，時には口で）直接もぎ取られ，しがんでからのみこまれる。しかし，イチジクのある種（Ficus urceolaris）の葉はランガム（1977）が述べているように，通常1枚1枚手で摘みとって重ねて折りたたんでからしがむ。Aspilia sp. の若葉はいちいち検査してから一つずつ口でひきちぎる。それから口蓋に押しつけこすりつけるが，しがむことはしない（Wrangham and Nishida, 1983）。

　こんなふうに，果実の中にも摘み取ってから口の中で絞ったりこすったりするものがある。苦いか，毒もあるかもしれないような種子はのみこんだり，しがまずに吐き捨てたりすることがある。チンパンジーの肉質の唇とひどくひだのある口蓋は，おそらくこうやって果実を押しつぶすために特殊化したものだろう（Wrangham, 1977）。チンパンジーは最後の果汁が抽出されるまで10分以上も絞ったり吸ったりして，果皮や種子や繊維の塊をつくる。唇と切歯のあいだで

水気の多い Saba florida の果実を食べる。

こうした塊を絞りながら，それを突き出た下唇の上に押しだし，鼻ごしに覗きみたりする。時には2番めの塊を作るために口中でしがんでるあいだ，片手にもう一つの塊を持っていることがある。それから彼は二つの塊を代わるがわる吸いながらくつろぐ。一連の採食が終って立ち去る時，しばしば口の中に塊を入れており，移動しながらも吸い続けるのである。

　果肉が多かったり熟しすぎた果実（あるいは卵や肉）のようなたいへん柔らかい食物を採食する時，チンパンジーはときどき葉を摘み取って食物と一緒に口に入れ，上述のような絞り吸い用の塊を作る。これらの葉はのみこんでしまうこともあるが，たいてい果汁が絞り出されたあと吐き出してしまう。

　多くの種子，果実，髄の類の食べられる部分を取り出すためには，みごとな手の操作と口の器用さが必要になる。鞘に入った小さな種子は鞘ごと口に直接入れ，唇と歯であけ，種子だけ

＊　1頭の雌が夕方遅くイチジクの木に着いた。暗すぎて採食を始められなかった。しかし，彼女は枝当り2〜3個の果実を食べてから，1分半ほど素早く枝から枝へと動いた。そばに巣を作って泊まり，翌朝早く起きるとすぐさま，前の日の夕方最後に試食しておいた場所で採食を始めた。

グレムリンはアブラヤシの葉から髄の一部を引き裂く。彼女の赤ん坊のゲティは、捨てられた破片をしがんでいる。

メリッサは水分を絞り出す種子と種皮の塊を鼻ごしにじっと見つめる。しばらく水分を吸い取った後、その塊を捨てた。

採食用に自分でとり出したアブラヤシの葉の髄のかけらを持つプロフ。

取って鞘は除く。1cmもない鞘から種子を取り出して食べることもある。*Diplorynchus condylocarpon* という丈夫で繊維質の鞘に入った種子を取り出す時、チンパンジーは臼歯で鞘を割ってからそれをひっくり返して犬歯のあいだに置く。そして最後に親指と人差指で鞘を引き抜き、種子を唇で口中に取り残し、しがんだのちのみこむ。いくつかの大きな果実の丈夫な外皮は、犬歯で突き通してから手と歯で引き裂く。テニスボール大のストリクノス（*Strychnos sp.* マチン属の一種）の堅い殻は木の幹や枝に打ちつけるか地上に落とし、岩に打ちつけ、そのあとで手と歯で殻をひきはがす。アブラヤシの実は花の先端の刺のあいだから注意深く引き出されなければならないので、手に入れるのがなかなか大変である。

　アブラヤシの葉の髄も乾期にはよく食べられるが、食べようとするたびにかなりの労力を費やさなければならない。チンパンジーはまず葉を折り曲げ、それからたいへん堅い刺のある隆起をもった外皮をはがさねばならない。この処理にはまず犬歯を使って始め、最後に手——あるいは手と足——と歯を使って終わる。結局、皮を剝いだサトウキビのような50cmほどの髄が

メリッサは木の幹から樹脂をこすり落とすのに歯を用いる。

メリッサは口いっぱいに Harungana の小果をほおばっている。

折り取られる。最後は臼歯で割り、それからかみつける大きさの破片にちぎってからしがみ、そして汁を吸う。最後に繊維を捨てる。地上に落ちたヤシの乾いた雄花の房の繊維もしがんで汁を吸う。茎を引き裂く時に黒っぽい雲状のほこりがでて、見たところいくぶん黒っぽい繊維があらわれる。それらもまたしがんで吸ってから捨ててしまう。まったく乾いていたり、時には湿って腐ってわずかに菌の臭いがする枯れたヤシの大きな繊維の塊もまた裂いて吸う。ヒトから時おり盗むボール紙や布も、同じように裂いて吸って塊にする。樹皮は歯や手を使って剥いでしがむ。ときどき、かなり大きなシート状に幹から剥ぎとることがあり、樹皮の内側が傷つけられる。樹脂はにじみ出てきた時に木の幹や枝からなめとるか、空気に触れて堅くなっているなら、切歯や犬歯を使ってこすりとったり、指を使ってとる。

たいていの場合、チンパンジーは食物を見つけた場所で食べる。しかし、長時間の採食の終わり頃、大きな実を集めたりあるいは食物のついた枝ごと持って樹上の木陰か居心地のよい場所、あるいは地上に持って下り、そこでのんびり採食することもある。手と口を落果でいっぱいにしてから、チンパンジーは腰を下ろしてくつろいで食べるのである。もしだれかが採食を終える前にパーティーが動き出したら、彼は食物のついた枝を引き裂き、次の休息のあいだに食べるためにそれを持っていくこともある。

食物の中には処理に多くの時間を要するものがあるため、1日あたりの実際の採食に要する時間は食物のタイプにおおいに関係する。このことはリスとビュス (1977) によるフィガンの50日間にわたる追跡から実証された。最初の20日間フィガンは処理に長時間要する二つのタイプの食物 Diplorynchus condylocarpon の種子とヤシの実、そして無数の果穂から（口で）たくさんの実をとらなければ食べた気になるだけ摂取できないほど小さい Harungana madagascariensis の実の採食に多くの時間を費やした。フィガンはこれら三つの食物に長い時間（67.5％）を費やした。次の30日間に彼は処理時間の短い食物（イチジクの一種と Pseudospondias microcarpa の果実、Parinari curatellifolia の葉）を

247 ── 採　食

Diplorynchus condylocarpon の種子を採食するプロフ。(通例ゴンベのチンパンジーは臼歯を使うが) 切歯と犬歯を使って鞘を割り、割れた鞘を裂き、開けてねばねばした鞘から種子を取り出す。

主に採食し，これらを合わせても採食時間の49.8%にすぎなかった。

図10.3は1978年に対象個体であるおとな雄とおとな雌を終日追跡することによってえた月毎の採食時間パーセントを示している。どちらの性についてもグラフは類似している。図10.2を参照すると各月に最も高頻度に食べている食物がわかる。5，6，7月に採食に費やす時間が最も長く，これは明らかに *Diplorynchus condylocarpon* の種子と *Monanthotaxis poggei* の果実が季節的に食べられる状態になることの結果である。前者は堅い鞘から取り出されねばならず，後者は広い地域に散在しており，チンパンジーは小さくて鮮やかな黄色の果実を求めてブッシュからブッシュへ歩きまわるので，採食するのに長時間を要する。

1日あたりの採食時間はさまざまな社会的要因によっても影響を受ける。バイゴット（1974）とランガム（1975）によると，おとな雄は彼らが1人あるいは相性のよい1〜2頭と一緒にいる時は，大きなパーティーの時より採食時間が短い傾向にあることを見つけた。ランガムとスマッツ（1980）はゴンベのデータをさらに分析

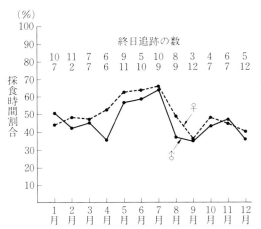

図10.3　1978年のあいだにおとな雄とおとな雌が採食に費やした時間の割合。終日追跡のデータのみを用いた

して，雌は採食時間がパーティーの外にいるときと中にいるときで変らないことから，雄ほど他のメンバーの存在に影響を受けないという。採食時間を抑える他の要因には，かけおちした初日に生じる緊張や，人気のある発情雌をめぐる雄間の激しい競争や，パトロール行動などがある。

病気の重い個体はほとんど何も食べないため，健康でないことは採食時間に影響を与える。同じことが母親になりたての個体にもあてはまる。

パーティーのサイズ

たいていの場合チンパンジーは小さなパーティーで採食する。フィガンがよく採食する11品目の食物のうち9品目を採食する時のパーティーの（8歳以下の若齢個体を除いた）平均サイズは2.2頭から4.4頭であることを，リスとビュース（1977）が見つけた。フィガンは1977年の乾期にも14日間追跡され，最もよく利用する11品目のうち10品目の食物を採食する時のパーティーサイズは2.0頭から4.4頭だった（そのうち両年に共通なのは4品目だった）。

パーティーサイズに及ぼす異なる食物タイプの影響は，特に発情雌の存否のような他の変数がかかわってきて評価が難しい。それにもかかわらず，たとえば食物が広範囲に分布しているか狭い地域に集中しているかといった食物のさまざまな特徴が，大きな採食パーティーで一緒に食べる可能性を変えるようだ。

ゴンベの食物源は五つの主要なタイプに分けられよう。

(1) 広範囲に散らばり，採食場所が少なく，たびたび採食可能になるタイプ。アブラヤシの木は個体毎にサイクルをもっているので，果実

アブラヤシでの採食。(H. van Lawick 撮影)

は1年中どこかでみられる。公園の高度の低いところにはヤシの木は広く分布している。低い葉のすぐ上，実は幹にくっついてぎっしり詰まった房状になる。通常1本の木当りいつも1房だけしか食べられる状態にならないので，1頭が葉の基部，房の片側にすわると，おとなのチンパンジーならもう1頭分のスペースしかない。ときどき2房が一緒に熟すが，そんな時でさえ同時に4頭のおとなが採食するのが精一杯である。ヤシの木が2〜3本かたまって同時に実をつけることもよくあるが，そういう場合には多くのチンパンジーが同時に採食できる。一つのシロアリ塚にいい入口が3〜4個以上あることはめったになく，たった一つのこともときどきあるので，この場合も似たようなものである。

(2) 多くの採食場所をもった孤立樹。数週間にわたって採食可能なタイプ。いくつかのたいへん大きな木が実をつけると，同じような食物はたとえ500mかそれ以上はなれていても，おおぜいのチンパンジーが一緒に採食できる。食物が減少するにつれて同時に十分食事をとれる個体数はだんだん少なくなる。このタイプの食物の例としては，*Ficus kitablu*（イチジクの1種）の実や *Chlorophora excelsa* の葉芽と成熟葉の両方にできる虫こぶがある。

(3) 広範囲に分布して多くの採食場所があり，1カ月かそれ以上採食可能なタイプ。コミュニティーの遊動域に広範囲に分布する木や灌木や蔓植物に豊富にできる食物がある。このカテゴリーに属する食物は，果実，種子あるいは花のようにだんだんと食べられるようになり，最高4カ月におよんで摂取可能である。このように収量に季節変化のある主要食物はたくさんあり，月毎に次々と重要食物品目として受け継がれていく。たとえば *Landolphia* の果実, *Parinari* の（異なる時期に食べられる）果実と葉, *Diplorynchus* の種子, *Pterocarpus tinctorius*（カリン属の一種）の（これも異なる時期に食べられる）葉芽と花があげられる。(*Monanthotaxis* や *Harungana* の果実のような) いくつかのものは低木につく。チンパンジーは低木の中をあちこち歩き回りながら食べ，たまにたくさん食物があるところにくるとそこにとまって食べる。

(4) たいへん好きだが，時間的・空間的に非常に局在するタイプ。たとえば *Dalbergia*（シタン属）は非常に大きな木で，その芽は大きな採食場所を提供する。しかし芽は食物として3〜4週間しか利用できない。時間的にもっと局在している食物源として肉があげられる。肉はもし一頭の捕獲者が餌食のすべてか大部分をひとり占めにするなら，ほとんど一頭にしか採食場所を提供しないことになる。しかし死体が広く分配されるなら多くの採食場所を提供することになる（次章をみよ）。

(5) 川岸のような好適な生息地にまだらに，遊動域全体に非常に広く分散しているタイプ。

Pterocarpus の芽を採食する母親と赤ん坊（アテネとアポロ）。細い枝の先にある食物にとどくように，チンパンジーの長い腕がどのように用いられるのか注目。

こうした場所に見いだされる食物はしばしば他の種に囲まれて生長し，通常どの1カ月をみてもチンパンジーの日常の食物に高い比率を占めない。これらの食物の多くは Asystasia gangetica（コロマンソウ）や Ipomoea sp.（サツマイモ属）のような小さな蔓植物か草の葉である。

6番目の食物源はわれわれの設置したバナナの餌場であり，これは1年を通じて決まった間隔で供給される非常に重要な食物である。もちろんこの食物源はゴンベのチンパンジーの自然の食物資源のどれとも異なる。他の地域において野生のチンパンジーがたとえばパパイヤ（Kortland, 1962）やグレープフルーツ（Albrecht and Dunnett, 1971）のプランテーションを荒すことがあるが，これらは，実が熟しかつ接近が人為的に制限されていない場合にのみ利用可能である。当初ゴンベではバナナの餌場をたくさん設け，多くの箱にバナナをつめて同時に多くのチンパンジーが食べられるようにした。しかし1969年以来，1頭あるいは小さな相性のいいグループで出てきた時だけ餌をやる方式を実行し，いまでは餌場は少数しかない。

もちろん他の特徴をもつ食物資源もある。しかし，チンパンジーの日常の食物の重要な部分を構成するたいていの食物資源は，上記のカテゴリーの一つにあてはめることができる。一般にチンパンジーがカテゴリーの(2)や(3)の食物を採食する時よりカテゴリー(1)の食物を採食する時の方がパーティーサイズは小さい。ランガム（1975，1977）は，Harungana の実（カテゴリー2）を採食する時よりヤシの実（カテゴリー1）を採食する時の方が，パーティーサイズは小さいことを見つけた。

またランガムは，一緒に採食したチンパンジーは，少なくともしばらくは一緒に移動する傾向もあることに注目した。それゆえカテゴリー(3)の食物が豊富にある時，近くの別のタイプの食物を採食する時でさえチンパンジーはしばしば非常に大きなパーティーを維持する。採食パーティーのサイズは1年の各季節の主要食物資源に関係するので，これにかんしてはさらに分析を重ねる必要がある。

表10.1 チンパンジーが異なる食物を採食している時のパーティーの平均の大きさ。（14日あるいはそれ以上の）長期間の追跡データのみ用いた。追跡中のすべての採食において半時間ごとに採食個体数が記録された。それぞれの食物を採食している30分単位の時間総数が（ ）内に示されている。[ ] 内に示された数字は特定食物の採食例数が五つより少ないことを示す

食物	カテゴリー	フィガン・パーティーの大きさ		フィフィ・パーティーの大きさ		グレムリン・パーティーの大きさ
		1974 （50日間）	1977 （14日間）	1976 （28日間）	1977 （14日間）	1981 （15日間）
アブラヤシ	1	2.2(108)	2.5(31)	1.4(28)	1.2(8)	2.7(30)
Chlorophora につく虫こぶ	2	—	5.1(36)	[5.0(4)]	1.7(78)	2.5(12)
Diplorynchus の種子	3	3.5(59)	3.2(12)	1.5(8)	1.5(12)	—
Harungana のしょう果	3	4.3(45)	3.0(15)	[4.0(3)]	—	—
イチジク（*Ficus vallis-choudae*）	3	4.3(11)	4.8(6)	2.9(17)	—	4.0(12)
Dalbergia の芽	4	7.4(37)	8.8(16)	—	—	—
サツマイモ（*Ipomoea*）の葉	5	4.4(33)	3.4(17)	3.8(15)	1.0(14)	3.1(13)

a. 1976年の7日間の追跡では，*Diplorynchus* の種子採食時のフィガン所属の平均パーティーサイズは3.7頭であり，*Harungana* のしょう果採食時には4.0頭であった。

b. 1978年の6日間の追跡のあいだには，アブラヤシ採食のフィフィの平均パーティーサイズは1.1頭であった。

c. Riss and Busse, 1977, のデータを用いた。

パーティーサイズに及ぼす各タイプの食物の効果を調べる一つの手段として，同一個体が異なる年に同じ食物を食べる時のデータを比較しなければならない。フィガンが1974年と1977年の追跡のあいだにかなり大量に採食した5品目の食物について，パーティーサイズが非常に似ていることを表10.1は示している。*Dalbergia*（シタン属）の芽が1974年と1977年の両年に極端に豊富だったのは興味深い。両年ともフィガンは3日連続してやってきて1日におよそ2時間以上採食した。どちらの年でも平均パーティーサイズは追跡中に食べた他の食物タイプのどの場合よりも高かった。

表はまた1976年と1977年の同じ時期（乾期）のフィフィ（非発情中）の長時間の追跡から得られた資料を示している。食物のカテゴリーにかかわらずフィフィはたいてい（少年期の息子を除いて）ほんの1～2頭の他個体と一緒にしか採食しなかった。バウアー（1976）は1972年の個体間の共存を示した図（付録D）を分析して，チンパンジーがある特定の食物タイプを食べる時のパーティーサイズの中央値は（8歳以下の若齢個体を除いて）非発情雌よりも雄の方が大きい傾向にあることを見つけた。

表10.1はこれらの食物のうちのいくつかを採食している発情中の若い雌グレムリンにかんする資料を含んでいる。彼女のパーティーサイズは，同時期にデータを集めた非発情のフィフィのパーティーサイズより大きい傾向がある。事実，発情雌の存在はパーティーサイズを決定する食物タイプの影響を打ち消してしまう。*Uvaria angolensis*（バナナボク属の1種）の果実が大々的に食べられた1977年の2カ月と *Diplorynchus* の種子が旬であった2カ月にわたるデータを分析した。表10.2に示した結果から，どちらの食物についても対象個体が雄である場合の平均パーティーサイズは，性的誘引力のある雌がグループに入っている時の方がずっと大きくなることがわかる。発情雌の存在は非発情雌を対象個体にした（*Diplorynchus* の種子を）採食中のパーティーサイズにも影響をおよぼし，その平均値は発情雌がいる場合にかなり高い値になっている。

ゴンベにおける大規模なバナナの餌場の導入は，餌場におけるパーティーサイズだけでなく，チンパンジーの行動の多くの側面に大きな影響を及ぼした（Wrangham, 1974）。要約すれば，キャンプ地のチンパンジーの数は1963年からずっと増加し，より多くのチンパンジーが次々と新しい食物源であるバナナを発見していくにつれて，次の施しものを求めてずっと長いあいだそこに集まる傾向がでてきた。バナナ採食が最高

表10. 2 対象個体が二つのタイプの食物を採食する時のパーティーの平均サイズ：対象個体が雄である場合と雌である場合に非発情雌の存否が及ぼす影響。ゴンベにおける移動とそれに関連した図表のデータを用いた

	Uvaria 採食		*Diplorynchus* 採食	
情況	パーティーサイズ	パーティーの数	パーティーサイズ	パーティーの数
対象個体が雄の場合				
発情雌が一緒にいる	8.8	24	9.0	7
発情雌が一緒にいない	3.6	42	1.1	7
対象個体が雌の場合				
発情雌が一緒にいる	17.0	1	8.5	11
発情雌が一緒にいない	2.1	33	3.2	18

潮の時は，20頭以上ものパーティーがキャンプ内にとどまっているというのはごくふつうのことになってしまった。1970年にはキャンプのパーティーサイズは縮小した。ランガムとスマッツ（1980）は対象個体にした雄と雌のパーティーサイズは彼らがキャンプにいるあいだは大きいことを示したが，このことはキャンプ地の外でのパーティーサイズにまで重要な影響をもたらしたということにはならない。

植物性食物をめぐる競争

　2頭以上のチンパンジーが一緒に採食する時，食物そのものかあるいは採食場所をめぐる競争がありうる。ランガム（1975）は（ある個体が別の個体をどかしたり，威嚇や攻撃行動を示すといった）あからさまな競争はまれであることを見つけた。彼はおおよそ20時間に一度しかこのような出来事を観察しなかった。しかし次のような事例から，あからさまな交渉はなくても競争はあると考えた。(a) 個体Bはより優位な個体Aが採食場所を去るまで採食せずに座って，Aが去った時点で採食場所に入る。(b) Aは豊富な食物に囲まれて座っていて，手を伸ばしただけで食物を得ることができるのに対し，Bはたくさんの枝から少ない果実を摘み取りながら木全体をあちこち動かねばならない。(c) 大きなパーティー内ではBは少しも採食できず，すべての採食場所がふさがっているようだ。

　1979年（3月から12月）の10カ月間に記録された（バナナを除く）植物性食物をめぐるあからさまな競争の大ざっぱな分析で，対象個体を含むか否かにかかわらずすべての出来事を合せて調べた。データは統計的には扱えないが，非常によくみられる競争的な行動やそれらが生起しやすい状況，性・年齢クラスのみを描いてみようと思う。

　全体で104例の競争的な出来事のうち一番多い（50%）のは母親と5歳〜8歳の子のあいだで起こり，18.3%が成熟雌から他人の子へ向けられる攻撃行動，そして9.6%がきょうだい間のものであった。残りのうち9例がおとな雄から若ものと子どもへ，7例がおとな雌間の攻撃的相互交渉であった（事実，植物性食物をめぐる競争はおとな雌間の攻撃の最もありふれた原因のうちの一つである。12章を見よ）。期間中におとな雄が（穏やかに）雌を2度，別のおとな雄を一度だけ威嚇するのが観察された。直接的位置交代は15回あったが，これはある個体が近づくと近づかれた個体が直ちに採食場所を去った例である。おそらくこれは最も普通にみられるあからさまな競争的行動である。しかしこ

253——採　　食

の行動は，明らかな攻撃パターンより記録量は少ない。はるかに多く観察されるのは，（事例全体の48％を占める）かるい唸りを伴った腕振り上げ威嚇であった。他のパターンとしては，採食パーティーで他のメンバーのすぐ前にある食物のついた枝を，相手がまさにそれを取ろうと手を伸ばした矢先に横取りしたり（9例）；好きな食物のある場所の方にだれかが先に歩いているのに気がついて，そこへ先に着こうと走ったり（7例）；食物の前から相手を押し退けるような攻撃的接触や足を踏みならし，蹴り，つかみかかるような実際の争いがあったりした。争いはおとな雌間で4例，おとなと若い雌間で2例，若い雄とおとな雌間で1例，きょうだい間で1例，計8例だけが観察された。ある子ども雌がおとな雄のハンフリーから約4m離れた

ところにある落果に向かっていった時，彼がその子ども雌に向かって大石を投げたという1例があった。

バナナが毎日大量にキャンプで供給されていた時は，キャンプを訪れるチンパンジーの数が常時増加しただけでなく，食物をめぐる競争が頻度も激しさも劇的な高まりを示した。われわれが餌付けのシステムを変えると，キャンプ内の攻撃とパーティーサイズはともに減少した。1979年の10カ月間にキャンプ内でのバナナをめぐる争いは，雌同士が2度，母親とその息子間で1度の計3度しか起こらなかった。また，おとな雄がおとな雌に突進してバナナを取り上げたが，雌は直接的接触の前にバナナを落としたので争いには至らなかったという事例が五度あった。

水と無機物

断崖の上の分水嶺からゴンベ渓谷の急流を澄んだ水が流れている。チンパンジーは流れを横切る時，しばしば立ち止まって水を飲む。雨期には1日中まったく水を飲まない日もあるが，特に乾期には1日に2～3回にもなる。彼らはかがんで一度に通常ほんの2～3秒唇で沢の水を吸い上げる。木の幹の洞から水を飲む時もある。もし唇が届かない時は，葉のスポンジを使うこともある（18章）。乾期のにわか雨のあと，とくに若齢個体はしばしば枯葉を取りあげて雨滴を吸ったり，自分の毛からたれる雨滴を吸ったりなめたりする。

公園内だが人付けされたコミュニティーの遊動域の外で，チンパンジーが崖の表面から土を食べるのが観察された。（ブッシュバックや種々の鳥だけでなく）ヒヒもそこで採食するのが観察された。わたしはチンパンジーのその行動を1961年に5度見たが，1回当りおよそ30分

その場にとどまり，土をこすりそれを手のひらからなめることを繰り返した。サンプルの分析から少量の岩塩，すなわち塩化ナトリウムが存在することがわかった。

乾燥したアブラヤシの花を分析すると，花の繊維が異常にカリウムに富むことがわかり，その含有率は砂糖大根の糖密とほぼ同じ4.2パーセントを示した。少量含まれている他の無機物としてはマグネシウム0.83％，カルシウム0.51％，リン0.18％があり，ナトリウムがごく微量で0.013％含まれている。

調査対象コミュニティーのすべての個体は，バナナのかわりに時おりキャンプに置くようにした岩塩のブロックを熱心になめていた。おまけにチンパンジーは，1967年に保存のために塩づけしたニシキヘビの皮をおいたセメントの棚を今でもなめ続けている。その行動をやめさせようと，そのセメント棚に灯油を1度，使い古

フロドはアブラヤシの乾燥した雄花の房から，口いっぱいに繊維をくわえて引きちぎる。

フィフィが小川で水を飲んでいるあいだ，4歳のフロイトが岩で遊んでいる。若齢個体はときおり数分間水中で水遊びをする。

しの車のオイルを2度，思いきり塗ったが無駄だった。

きわめて頻繁にチンパンジーは漁師の空き屋に入り，10分も費やして火床から灰を採食した。ヒトの尿もまた時おりなめるが，この行動はマウンテンゴリラにも見られる（Schaller, 1963）。ある時写真用の化学薬品を不注意にも地面にひっくりかえしてしまった。すると次の2～3日に多くのチンパンジーが来て30分にもわたって薬のしみ込んだ土をそっとかんでいた。

糞　　食

糞食はゴンベではほんのまれにしか起こらない。（1971年から1982年に死ぬまでのあいだに）おとな雌のパラスは，（たいていその時彼女は下痢していたが）何度も自分の糞を食べるのが観察された。たいていの場合，彼女はほんの少しつまんで，小さな実とか種子のような未消化のまま排出した食物を食べた。彼女の子はこれを熱心にみた後，自分自身の糞を少し食べることもあった。子どもの雄のフロドは1カ月のあいだに5度自分の糞を（うち2度は便全体を）食べるのが見られた。しかし彼はその時以来この習慣をやめてしまった。ある乾期（1981年）に糞食の観察が急に増加し，6頭が（うち4頭は数回にわたって）その行動を示した。いずれの場合でも彼らは未消化の食物のかすを食べた。フローは，もう太い木にも上れず遠くへも移動できないほど老齢になってから，ときどき自分や他人の糞から食物のかすを取り出すことがあった。少年期にあった彼女の息子はこの行動をまねした。

昆虫と昆虫の産物

　昆虫はおそらく遊動域の到るところでチンパンジーの日常の食物として手に入るものである。[*]ずっと以前のニッセン（1931）の先駆的研究も含め，チンパンジーが組織的に調査されたすべての地域から昆虫食は報告されている。さらに飼育下のチンパンジーでも，屋内飼育されたものでさえ昆虫を捕まえてうまそうに食べる（Köhler, 1925）。ゴンベでよく食べられる種（6種），時おり食べられる種（少なくとも5種）あるいは（おそらく植物性の食物と一緒に）偶発的に食べられる種を表10.3に掲げた。表にはよく食べられるハチミツや虫こぶのような昆虫の労働による産物ものせた。選択と採食の方法にかんして文化的差異が存在するが，同じ種類あるいは非常に近い種類の多くがマハレのチンパンジーでも食べられている。

　図10.4は対象個体が2年間のあいだに食べた昆虫をその種類にかかわらず月毎の全採食時間に対する割合で示している。昆虫が採食された実際の頻度の感じをつかむためにわたしは，（終日の追跡だけでなく）すべての追跡のデータから対象個体以外の個体がおこなった昆虫食も含めておおざっぱな分析をおこなった。1979年にはチンパンジーを6時間以上追跡した289日のうち，44.6％で昆虫が食べられていた。1980年にはチンパンジーは278日のうち，46.4％で昆虫を食べていた。図10.4は昆虫食が最も高頻度に観察された月を示している。

　図10.5は異なる昆虫種採食の季節的な分布を示すために，終日追跡のみから昆虫食にかんするデータを分割して示した。シロアリ（Mac-rotermes オオキノコシロアリ属）は明らかに10, 11月において日常の食物に重要な位置を占めており，1979年の3月と8月，1978年の9月には大々的に食べられていた。両年とも5月のピークはPseudacanthotermesの羽アリが食べられる時期に対応している。ツムギアリは両年とも8月と10月に食べられた。サファリアリ採食にはあまり季節性はなかった。イモ虫が1月か6月（異なる2種）に大々的に食べられる年があったが，1978年と1979年は平均的な量が消費された。

シロアリ

　Macrotermes bellicosus（オオキノコシロアリの一種）は（1978年には全昆虫食に費やした時間の87.4％，1979年には86.3％という）全採食時間割合や（1979年には昆虫食が観察された日の58.6％，1980年には63.6％という）食べられる全体の頻度からみて，ゴンベのチンパンジーの日常の食物において最も重要な昆虫である。図10.5に示すように主要なシロアリ「釣り」の季節は11月である。これはシロアリの繁殖個体が新しいコロニーを作るために巣をとび出す時期である。チンパンジーは羽のついた「王子」や「王女」が分封するのをみると，ときには巣まで走ってきて彼らが出てきたところを捕まえる。ヒヒやサル，多くの小型獣，鳥（そしてヒト）もまた，（長さ約2.5cmに達する）大きくて栄養のある繁殖個体を常食にしている。チンパンジーは単純な道具を使って，地下のトンネルからシロアリを取り出して兵隊アリや（まれに）働きアリも食べる。このシロアリ釣り行動

---

[*]　昆虫は日常の食物に動物性タンパク質を提供しているが，必須アミノ酸のために食べられているのかもしれない。シロアリに含まれる脂質が選択されている可能性がある。動物性脂質における不飽和脂肪酸はチンパンジーにとってアミノ酸と同じくらい必要である（Hladik, 1977）。

256——採　　食

表10.3 ゴンベとマハレで食べられる昆虫の種類

目	科(通称)と属	食べられる種類	
		ゴンベ	マハレ
シロアリ目	シロアリ		
	Macrotermes(オオキノコシロアリ)	*M. bellicosus*	*M. ?herus*, B集団
	Pseudacanthotermes	*P. militaris*	*P. militaris*
			P. spiniger
膜翅目	アリ		
	Oecophylla(ツムギアリ)	*O. longinoda*	*O. longinoda*
	Dorylus (Anomma)(サファリアリ)	*D. nigricans*	―
	Crematogaster	*C. sp.*	*C. clariventris*, K集団
	Componotus (carpenters)(オオアリ)	?	5種
	Monomorium	?	*M. afrum*
	ハチ		
	Blastophaga	イチジクにつく多種	イチジクにつく多種
	Polistes(アシナガコバチ)	未同定種(一度のみ)	―
	その他	枯死した木からおそらく食べられた幼虫	
鱗翅目	イモ虫		
	未同定	*Annona senegalensis* の葉につくもの	2種の未同定のガの幼虫
	未同定	*Baphia capparidifolia* の葉につくもの	
鞘翅目	甲虫の幼虫		
	Longicorna ?	未同定種	―
	Cerambycidae ?	―	未同定種
直翅目	コオロギ		
	Acridoidae	―	未同定種
	昆虫の産物		
膜翅目由来のもの	ハチミツ		
	Apis(ミツバチ)	*A. mellifera*	未同定種
	Trigona(ハリナシバチ)	―	2種
	Anthophoridae(ケアシハナバチ)	―	未同定種
半翅目由来のもの	虫こぶ		
	Phytolyma	*Chlorophora excelsa* の葉につく *P. lata*	*Chlorophora excelsa* の葉につく *P. lata*
	Paracopium	*Clerndendrum schweinfurthii* の花芽につく *P. glabriyorne*	
シロアリ目由来のもの	シロアリの粘土		
	Pseudacanthotermes	おそらく *P. spiniger*	*P. spiniger*

a. *Macrotermes*(オオキノコシロアリ属)はセネガルのアシリック山地域でも(McGrew, Tutin, and Baldwin, 1979),西アフリカのムビニ(リオ・ムニ)の3カ所でも(Jones and Sabater Pi, 1969)食べられる。ウガンダのブドンゴの森ではほとんどまちがいなくこれらのシロアリがいるのだが,食べられたという確かな証拠はない(McGrew, Tutin, and Baldwin, 1979)。ガボンの移入されたチンパンジー集団は,昆虫が日常の食物に高い割合を占めているのに,*Macrotermes* の塚はまったく無視する(Hladik, 1977)。ギニアでも(Sugiyama and Koman, 1979)西カメルーンでも(Struhsaker and Hunkeler, 1971),シロアリの未同定の種が食べられている(訳注。西カメルーンのチンパンジーによるシロアリ食は Sugiyama, 1985 が記載したものであり,それは *Macrotermes muelleri* である)。

はこれまでにも詳細に述べられてきた(たとえば Goodall, 1970)。18章でさらに論じられる。手短に述べると,第2指である人差し指,あるいは親指を用いて,通路の入口をふさぐために働きアリが作った蓋をチンパンジーは掘り返す。次に草の茎か他の適当な道具を通路におしこめる。しばらくして,顎でその道具にしがみついてきたシロアリを落とさないように注意して引き抜く。兵隊アリは唇と歯でむしりとりしがむ。一方,働きアリは通常道具を指にはさんで引っ張

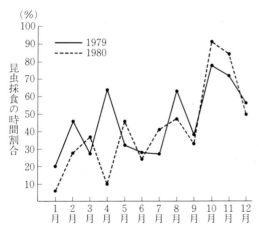

図10.4 1979年と1980年の2年間で対象個体が（種類にかかわらず）昆虫食に費やした時間の全採食時間に対する月毎の割合。少なくとも半日の追跡ができたデータを用いた

り，きれいにぬぐって，次の挿入に備える。塚の表面に落ちた兵隊アリは唇か親指と人差指で摘む。あるいは手甲や手首をモップのように使って捕える。2～3匹しかシロアリが出てこない通路でも，特に雌の場合乾期には続けて数分間もねばっている。こんな場合はいつも，働きアリも兵隊アリと同じように食べてしまう。

Pseudacanthotermes militaris はあまり食べられない。大雨期（5月と6月）の終わり，繁殖シロアリが巣を去って2～3時間高い樹冠のあたりで渦をまく巨大な群れを作るころに記録されるだけである。おとなのチンパンジーはときどきこのシロアリが地下の巣を出る時に捕まえる。若ものが2度，子どもが1度，木に上って高いところにある枝から手を延ばし，樹冠のあたりを飛んでいるシロアリを手いっぱいにつかもうとしたことがあった。

アリ

ゴンベでは2種類のアリがよく採食される。ツムギアリは葉を集めてきて，それらを幼虫の出す絹糸でつなげて樹上に巣を作る。チンパンジーはまず巣を選び（咬まれると痛いので，捕獲をのがれたアリの攻撃反応を避けるために）その場所から巣に向かって突進し，それから巣をしっかり片手でつかみ，あいている方の手か足で激しく下向きにしぼるようにしてそれを押しつぶす。こうして表面に群がっているアリを払い落し，チンパンジーの腕にうようよはい上がらないようにする。それから（多くは部分的につぶれている）巣を少しずつひきちぎり，アリが姿を現したところを唇で捕える。（辛くて酸味のある）アリの体液を吸い取ったあと，のこりかすはたいてい捨ててしまう。

チンパンジーがサファリアリを集める手法は，マグルー（1974）が詳しく述べている。まず地下の巣を片手あるいは両手を迅速に動かして掘り開ける。それからそばの若木や灌木から折りとったつえとでもいったらよいようなかなり長い棒を巣に挿入する。しばらくしてアリがその道具の半分くらいまではい上がって来た時，引き抜いてあいている方の手でぬぐい取り，アリのかたまりを直ちに口に入れる。2頭のチンパンジー，マグレーガーとポムは口でその棒をぬぐい取るようにテクニックを変えたので唇でアリの塊をとれるようになった。たぶん咬まれると非常に痛いのでできるだけ早くアリをつぶすために，素早く狂ったようにアリを嚙みくだく。巣をあけたのち手を中に入れ，いつものようにほじくり始める前に卵と幼虫を手にいっぱい取り出す雌を2度観察した。

巣が乱されるとアリは素早く表面に群がり，出会うものすべてにはい上がって防衛しようとやっきになる。地上で採食する時，チンパンジーはできるだけ巣から離れたところに立っている。ときどき棒を突っ込んでいったん退き，棒いっぱいにアリが群がってくるのを大急ぎでつかまえ，それから食べるためにまた一歩後退する。しばしばチンパンジーは巣の上方に戦略拠点を設け，比較的安全なところから棒をたらす。この場合，片手は木につかまっていてあい

オオキノコシロアリの1種（*Macrotermes bellicosus*）を採食するフロー（H. van Lawick 撮影）。

ていないので，つえを引き出してから足でもたなければならない。わたしは若木にのっているある雌が，アリが幹にどんどん群がってきて，おおいに逆上してしまったのを見た。彼女は初め片足で，それから反対の足で幹の上でアリを踏みつけたり，足でたたいたり，やがて逆上して空中に蹴り出したりして，払い落した。しかし，それでも彼女は合計10分間棒をたらし続けた。このような行動はきわめて典型的である。マグルーはチンパンジーが手近の直立した若木を押し曲げて止まり木になるような位置に持ってきた事例を記述している。それと関連して頭上の枝からぶらさがっている時，木が折れてチンパンジーが直接アリの巣に落ちた事例も述べている。

マグルーはアリ獲りエピソードの平均時間長は18.9分であるとしている。彼が（チンパンジーがいつも食べるのと同じ大きさのアリの塊を自分自身で集めることにより）推定したところによると，ひと釣り（292匹のアリを含む）の平均重量はおよそ0.45gで，1頭の雄のアリ釣り作業のあいだの平均摂取量は約20gだった。

サファリアリの巣のありかはよく知られており，同じ巣に何日も連続して訪れることがある。（シロアリと違いサファリアリはまったくの移住性であり）ときどきチンパンジーはすでに破棄された巣を訪れる。その時2〜3回掘る動作をしたあとチンパンジーはあきらめて立ち去る。

樹上性のアリ，*Crematogaster sp.*（シリアゲアリの一種）が，1964年から1965年の調査期間中に分析された糞のサンプル内に多数見つけられたことが3度あった。ランガムはチンパンジーが枯死した枝からこのアリをとっているのを2回見ており，わたしはある雌が枯れた木を

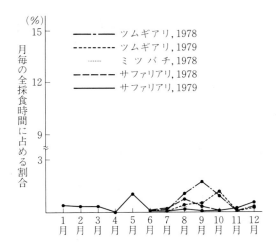

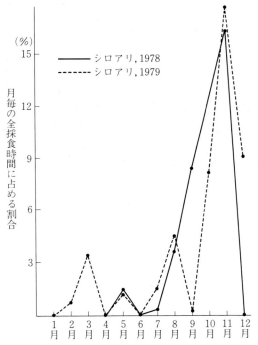

図10.5 1978年と1979年の2年間で種々の昆虫の採食に費やした時間の季節分布。アリとミツバチは上に示し、シロアリは下に示した。終日追跡のデータのみ用いた

こわしてその中に見つけたシリアゲアリの巣にいる卵も幼虫も成虫も食べるのを観察した。ときどきチンパンジーはほかの種類のアリも食べた。たとえば1978年にはほかの種類のアリを食べるのが5度見られた。3度は小さくて赤黒いアリで、これらはシリアゲアリであるようだ。

2度はたいへん大きな頭をもった黒いアリで、大きくてどうもうだと記述されている。おそらくこれらは Camponotus (オオアリ属) すなわちオオアリの一種である。

イモ虫

未同定の2種類のイモ虫が、数年にわたって大量に食べられた。1種は Annona (バンレイシ属) の葉の裏側にまゆを作り、豊富な年 (1964年、1981年、そしておそらく1973年) にはチンパンジーは1日に3時間も採食していた。1981年の5月から6月に2週間、対象個体 (11頭の雌と3頭の雄) は追跡した126時間の11%でこのイモ虫を採食していた。イモ虫の2番目のタイプは Baphia の葉を常食にしている。それは1月と2月に食べられるが、これも数年を除くと散発的に食べられるていどである (Wrangham, 1975, によれば、1973年1月には対象個体の雄の日常食物の1.5%を占め、1978年1月から2月には大量に食べられた)。他の種類のイモ虫も時おり食べられる。ある若もの雌は茶色の棒状のイモ虫を食べ、ある赤ん坊は長くて棒状のイモ虫をしぼって中身を食べ、それからその皮で遊んでいた。

その他の昆虫

チンパンジーがある種の甲虫、おそらくカミキリムシの大きくて白い幼虫を食べているのを2回見た。木の葉といっしょにしがんでいた。ときどき枯れ枝を引き裂いて、数種の幼虫を取り出して食べていたこともある。ある雌がアシナガバチ (Polistes) の巣をつかみ、まるごと食べたことが1度あった。おそらく中には卵や幼虫が入っていただろう。

偶然に昆虫が食べられることもときどきある。チンパンジーがイチジクを採食する時、数種の Blastophaga (イチジクコバチ) が摂取された。アリがイチジクの中に見られることがあり、い

(a) ミフはツムギアリ（*Oecophylla longinoda*）の採食中，自分の手首を這っているアリを取り払うために小休止する。右手には葉でできたつぶれたアリの巣の残りを握っている。(b) ミフの4歳の娘のモーはアリの巣の材料になっている数枚の葉に手を伸ばす。(c) モーはミフから取った葉からアリを摘みとり食べる。ミフの息子のミカエルマスも母親が持っていたアリのついた数枚の葉を取った。

っしょに食べてしまうこともあるのだろう。高い摂取率を示す葉にくっついている小さな昆虫や卵が一緒に食べられるのは当然だろう。

　チンパンジーやヒトを寄主として，通常足の裏や足の指のあいだの皮下に卵のうを作る（普通スナノミとして知られている）*Tuga penetrans* の卵をチンパンジーが食べるのが何度も観察された。この卵はとくに扱いにくいようである。子どものプロフは母親のパッションが自分の足についたスナノミをつついているのを熱心に見ていた。皮膚を破ると白い卵がにじみ出始めた。彼は皮膚をこじあけてそれを吸った。パッションはしばらくこれを許していた。彼女が（自分が吸うために）息子を押し退けても，彼はもとに戻ってまた吸おうとした。そしてじゃまされるとかんしゃくを起こした。またミフは，すでに成熟した自分の娘であるミーザがスナノミと格闘しているのを見た後，突然スナノミのついた足をひっつかんだ。ミーザは急に走りだし，母親に2度も木のまわりを追いかけられたが，その後どうにかこうにか木に上り，自分の足についたスナノミの卵を無事食べることに成功した。

サファリアリ（*Dorylus nigricans*）を食べる。ミフは細い道具を巣に挿入する時に，群がる攻撃的なアリたちからできるだけ離れていようとする。

ハチミツ，虫こぶ，シロアリの粘土

　通常乾期にチンパンジーはハチの巣を荒す（図10.5）。これらがすべて同じ種類の巣かどうかは明らかでない。枝の下側や木の幹に巣を

作るものもあれば，木の洞の中や地中に作るものもいる。しかし，1964年から1965年の糞分析で見つけて同定できたハチの標本はすべてミツバチ（Apis mellifera）であった。

　1978年から1980年の3年間にチンパンジーが21回ハチの巣荒しをするのがみられた。うち3度はかなり興奮していたとはいえ，ハチに囲まれて座り，ぴしゃりぴしゃりと叩き殺しながら一心にミツを食べていた。母親につかまっている2頭の小さな赤ん坊は哀訴の声をあげながら自分の顔を母親の胸で隠していることもあった。そのあと雌たちは自分自身の体から針を引き抜くのに時間を費やした。グルーミングの時に自分の赤ん坊に刺さった針を抜いてやる母親も観察された。手に1～2杯のハチミツを取った後，チンパンジーがハチの群れに追い払われたことが9回あり，ハチミツをまったくとらずに逃げ去ったことも9回あった。チンパンジーがハチに刺された時の痛みに耐える我慢の程度が，利用できるハチミツの量やその手に入れ易さに依存するのかどうかは確かでない。全部で16頭の個体が積極的にハチの巣荒しをした（雄6頭，雌10頭）。このうち4頭が(a)ハチミツをとらずに逃走するか，(b)ハチを無視してとどまり採食する，という異なるかたちで観察された。ある雌は4回のうち逃走1回，しかし3回はとどまって採食した。このように逃げるかとどまるかの決定は個体の忍耐力の違いでは説明できないようである。

　チンパンジーがハチの巣を実際につかんで噛んだ時に，ミツといっしょに幼虫や2～3匹の働きバチを食べてしまうこともたびたび起こる。幼虫はヒトの多くの部族にとってもご馳走であり，おそらくチンパンジーはハチミツそのものを求めているのであろうが，たしかに幼虫も喜んで食べる。

　二つのタイプの虫こぶが食べられる。一つは*Phytolyma lata*が*Chlorophora excelsa*の葉に作ったものである。チンパンジーは1ないし数枚の葉を摘み取り，唇で虫こぶを選り取って葉を落とす。葉にはみごとに丸い穴があいている。別の虫こぶはカメムシ（*Paracopium glabricorne*）が*Clerodendrum schweinfurthii*の花芽に作るものである。遊動中たまたま通りかかったチンパンジーが，おおよそヒトの握りこぶし大の変形した花の先を摘んで食べる。チンパンジーが虫こぶを食べる時，必然的にそれを作った昆虫も食べることになるが，彼らが虫こぶそのものに含まれる物質を求めているのは確かなようだ。典型的な虫こぶが作られる時タンニンが付加的に作られるが，同時に，昆虫の作用によりデンプンが糖質に変えられるのである（Frost, 1959）。

　中近東の*Aulax*の一種が作り出す「サージの葉の虫こぶ」のようにヒトが食べる虫こぶもある。そして*Callirhytis*の一種がつくる虫こぶはアメリカでは動物の飼料として用いられている（それは63.6％の炭水化物と9.3％のタンパク質を含んでいる）。*Chlorophora*の葉の上に作られる虫こぶは栄養価が高い可能性がある。ランガムはこの虫こぶが1972年の9月には4番目に高頻度に食べられ，1973年には最も高頻度に食べられていたのを見つけた。1978年9月には再び雄が最もよく虫こぶを食べた。別の年には雌が長期間虫こぶを採食しているので，この年雌の食物に，虫こぶが低い割合しか占めなかった理由は明らかではない。1977年のパッションの長期間の追跡によると，8月には全採食時間の15.8％，9月には10％を虫こぶ採食に費やした。同種の虫こぶがマハレ山塊でも8月と9月に食べられている（Nishida and Hiraiwa, 1982）。

　およそ1日に1回，（通常*Pseudacanthotermes militaris*の）シロアリ塚を通る時，チンパンジーは立ち止まって，（クルミの実にも満たないほどの）少量の塚の粘土を摘んで食べる。ランガムはシロアリ塚の粘土のサンプルを集めて分析したところ，相当量のカリウム，マグネシ

ウム，カルシウム，微量の銅，マンガン，亜鉛，ナトリウムが検出された。異なるシロアリ塚から採取されたサンプルに存在する各無機物の量には大きな変異があった。これらの無機物はいくつかの植物性食物の中にも相当量存在するので，チンパンジー（やその他の霊長類）がなぜシロアリ塚の粘土を食べるのか正確なところまだはっきりしない。植物性食物に含まれるタンニンやその他の毒性物質を中和するのかもしれない（Hladik, 1977）。粘土は田舎に行けば世界中の多くの地域でヒトも食べている（M. Latham, 私信）。タンザニアのほとんどの地域では市場で売られているし，キゴマ地域のワハ族では，とくに妊娠4カ月以降の女性が食べる。彼女らはその時期になると粘土の臭いに引きつけられるらしく，昼食や夕食のあと2〜3塊を食べる（H. Matama, 私信）。

昆虫食における性差

蓄積された証拠はゴンベの雌が雄よりもよく昆虫食をすることを示している。わたしの研究のごく初期においてさえ，雌が雄よりもシロアリ釣りに多くの時間を費やしていることは明らかであった（Goodall, 1968b）。1972年7月から1974年7月までの関連資料を分析し，1964年から1965年にかけての糞分析データを再検討すると，ゴンベの雌は，雄よりも多くのシロアリ，ツムギアリそしておそらくはサファリアリを食べていることがわかった（McGrew, 1979, 1981）。

雄と雌の昆虫食を分析した図10.6は，1978年と1979年をあわせて示した図10.2のデータを分割したものである。どちらの年でも雌は雄よりも昆虫食に費やす全体の時間割合が大きい。昆虫が食べられた19の月のうち13の月で雌が高い値を示し，また，雄がまったく昆虫を食べなかった8つの月でも雌は食べていた。その上雌は2年間に追跡された日の少なくとも42％で昆虫食をしているのに対し，雄では27％であった。

表10.4　5年間の11月に昆虫食が見られた雄と雌の終日追跡の割合

年	雄		雌	
	追跡数	昆虫を食べた追跡の割合	追跡数	昆虫を食べた追跡の割合
1976年	7	28.9	20	22.5
1977年	5	16.7	20	4.5[a]
1978年	6	23.6	7	9.1
1979年	10	19.8	10	16.8
1980年	7	24.3	7	19.5
平　均		22.7		14.5

注）マン・ホイットニーの（片側）U検定によると雄・雌間の差は有意である。p＜0.05。
a．この異常に低い数字はたまたま双子を生んだある雌の追跡数が多いためである。1977年のデータを除くと，雌の平均は17.0％になる。

上記のデータから一つの驚くべき事実が浮かび上がる。それはいずれの年でもシロアリ釣りのピークである11月には，雌が示す値より雄の示す値の方が高いことである。初め，これはおそらくサンプリングの手法のせいだと思った。しかし別の3年間の同じ月のデータを加えても表10.4に示したのと同様の結果が出た。もし雌が雄より虫食性がつよいなら，なぜ最も豊富な時期に，雄より明らかに少ししか食べないのだろうか。

表10.5にはシロアリ採食の例が初めから終わりまで観察された時のすべての観察データを集めてある。資料は少なくとも数匹のシロアリがとれたシロアリ塚での滞在と，まったくとれなかった場合の二つのカテゴリーに分けられる。最初のカテゴリーはさらに探索時間と摂食時間に分けられる。ある個体が塚に到着した時間からシロアリを採食し始めるまでの時間間隔が記録されているか，（新しい通路が探索された時の）採食の合間の休止は，それらがおよそ2分以上の時のみしか記録されていないので，資料は必ずしも厳密ではない。月当り性別に記録された例数は生データであり，コミュニティーには雄より雌が多く，また両性が観察された時間数も異なるという事実があり，厳密でない。それにもかかわらず，この表は2年間のシロアリ

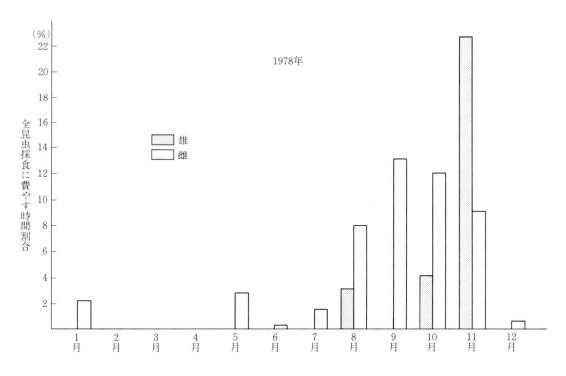

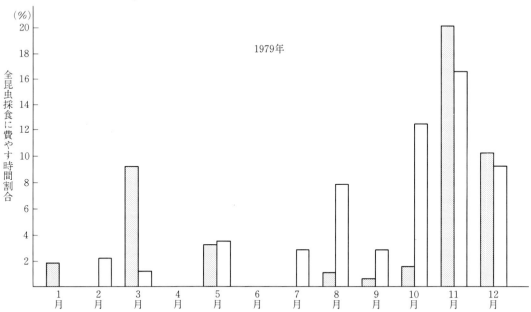

図10.6 1978年と1979年の終日追跡のあいだに（種類にかかわらず）昆虫採食に費やした時間の全採食時間に対する月毎の割合

表10.5 2年にわたるシロアリ釣りの性差

	雌								雄							
	獲物のあった滞在			獲物のなかった滞在			% 獲物のあった滞在	% 探索時間割合	獲物のあった滞在			獲物のなかった滞在			% 獲物のあった滞在	% 探索時間割合
月	例数	平均時間長(分)	範囲(分)	例数	平均時間長(分)	範囲(分)			例数	平均時間長(分)	範囲(分)	例数	平均時間長(分)	範囲(分)		
1979																
1月	0			0					0			0				
2月	1	*45.0*		1	*5.0*			*11.1*	0			0				
3月	3	52.0	19-152	0				13.9	1	*2.5*		1	*2.0*			
4月	0			0					0			0				
5月	4	59.0	41-80	3	10.0	1-17	57.1	22.8	0			0				
6月	1	*40.0*		1	*5.0*			20.0	0			0				
7月	1	*79.0*		0				16.9	1	*10.0*		0				
8月	6	34.0	11-101	6	11.5	1-27	50.0	33.4	1	*15.0*		1	*1.0*			
9月	9	54.4	9-172	19	5.0	1-12	32.1	37.2	1	*15.0*		1	*1.0*			
10月	26	40.7	2-100	22	5.0	1-25	54.2	28.6	4	9.0	5-10	0				
11月	37	31.1	3-77	6	10.0	1-16	86.0	6.9	43	33.9	5-134	7	2.0	1-15	86.0	3.8
12月	20	26.0	2-50	6	6.0	1-7	76.9	6.9	9	37.0	7-70	4	1.5	1-8	30.8	5.0
1980																
1月	6	19.5	17-105	5	7.0	2-25	54.5	12.7	1	*60.0*		1	*1.0*			
2月	8	42.0	10-97	5	4.0	4-6	61.5	18.5	3	30.0	30-57	1	*6.0*			
3月	14	36.0	1-157	12	14.0	1-46	53.8	22.4	0			0				
4月	17	31.5	10-156	18	45.0	1-70	48.6	37.5	1	*20.0*		1	*11.0*			
5月	2		16-269	0					0			0				
6月	7	72.0	11-208	6	7.5	3-28	53.8	31.8	0			0				
7月	8	38.5	18-230	9	6.0	1-36	47.1	34.1	0			0				
8月	7	67.0	34-180	6	12.0	5-16	53.8	26.1	0			0				
9月	9	60.0	30-106	10	9.0	3-32	47.4	31.6	1	*33.0*		1	*1.0*			
10月	26	41.4	16-192	13	14.7	1-27	65.8	28.6	3	7.7		—				
11月	63	21.1	6-52	17	5.7	1-13	78.8	5.8	50	28.8	4-90	16	4.8	1-3	75.8	5.1
12月	8	22.2	5-51	10	3.6	1-7	65.6	17.2	19	22.2	10-43	10	3.6	1-6	65.5	7.9

注) おとな雄とおとな雌についてのすべての追跡データを用いた。イタリックの数字は1回だけのデータである。

表10.6 シロアリ塚を訪れる頻度とそこでシロアリ釣りに従事する時間の性差

性別と月	追跡数	塚を訪れた日数	調べた塚の数	獲物のあった塚の割合	塚一つ当りの平均滞在時間(分) 探索+採食	採食	1日当りの平均滞在時間(分) 探索+採食	採食
雌								
10月	13	10	29	44.8	55.3	29.3	85.0	71.9
11月	10	9	29	79.3	24.3	20.7	66.7	62.0
雄								
10月	8	3	3	100.0	7.7	7.7	7.7	7.7
11月	10	9	21	85.7	32.7	31.8	79.4	77.3

注) データは1979年10月と11月のあいだの41の終日追跡からのものである。

表10.7 1980年のツムギアリとサファリアリ採食時間，（McGrew, 1979から引用）サファリアリ採食時間の長さ（分）。1980年の（Annonaの葉からとる）イモ虫採食の時間も示した*

食物	採食回数 雄	雌	平均時間長(分) 雄	雌	範囲(分) 雄	雌	採食にかかわった個体数 雄	雌
ツムギアリ，1980	14	57	8.9	8.0	2-17	2-21	7	12
サファリアリ，1980	25	35	8.9	12.0	1-35	1-44	7	12
サファリアリ（マグルー，1979）	8	19	13.6	15.5	5-32	3-48	—	—
イモ虫，1980	3	25	27.7	32.2	8-45	4-115	2	6

*1980年のツムギアリとサファリアリについての採食時間の雄・雌間の差は統計的には有意でなかった（χ^2検定，自由度2）。

釣りのパターンについて妥当で適切なイメージを提供している。雌は1年を通じてシロアリを探索し採食するのに対し，雄のシロアリ釣りは11月と12月のピークの季節に限られる傾向にある。

シロアリが巣の深い位置にいる乾期には雌は探索に長時間を要し，収穫の多い塚を見つけたら長時間採食する。これまで，一つの道具で釣られるシロアリの数，あるいは1回の探索で1匹でもシロアリが捕れる回数がどれほどの割合になるか，正確なデータは集められてこなかった。しかし，1年のこの時期，10分間に2，3匹のシロアリしか得られなくても，1頭の雌が1時間あるいはそれ以上シロアリ釣りを続けることは珍しくない。2年間に記録された最も長い滞在例は，1980年5月で，その時（ポムや自分たちの子と一緒にいた）パッションは全部で4時間29分，一つの塚でシロアリ釣りをおこなった。運悪く，その時のパッションの全摂取量はわからないが，ごくわずかのシロアリしか捕まえていないことは確かである。

10月になって，最初の雨が降るころ，雌は骨の折れるシロアリ釣りに執着するようになる。表10.5が示すように獲物の多い塚がある割合はこの月に増加する。それにつれて探索時間の割合は減少する。実際ここでも体系だったデータ収集も分析もないが，雌はしばしば有効な滞在においてそれ以前より多くのシロアリを捕まえている。

終日追跡のデータだけを集めた表10.6は，10月には雄よりも雌が多くのシロアリの塚を調べ長時間を費やしていること，そして彼女らが獲物の多い塚を見つけると雄よりもずっと長時間を費やすことをはっきり示している。10月に雄ではゴブリンとマスタードだけにシロアリ釣りが観察された。2頭ともシロアリ塚へ向かう途中で道具を選んだ。おそらく以前にこれらの塚で採食している雌に出会ったことがあり，そ

の塚は獲物が多いことを知っていたのだろう。しかし，彼らは一つの塚当り平均およそ7分しか滞在しなかった。雌たちは辛抱強く100分程も耐えるのに対し，彼らは努力が不成功に終るとすぐあきらめてしまった。

11月には繁殖に参加するシロアリはいつでも巣から飛び出す用意ができている。巣内の活動は活発であり，働きアリは通路をあけたり閉めたりするのに忙しい。兵隊アリは侵入者から巣を防衛するために集合する。そのためシロアリを捕まえるのがにわかに容易になり，しかも大量につかまる。おとな雄が豊富で栄養価の高い食物源を利用するのはこの時期である。この時期，雄の方が雌より一つの塚で長時間費やし，塚当りでも1日当りでも長時間食べていることを表10.6は示している。雌は平均すれば10月よりもシロアリ釣りに時間を費やさない。しかし，非常に速くシロアリを食べるので，食べる量ははるかに多いのかもしれない。雄でも雌でも獲物の少ない塚ではほんのわずかの探索時間しか費やさない。もし，予備的に調べてシロアリが「咬みついて」こなかったなら，チンパンジーはあっさりと別の塚へ移ってしまう。

道具の長さとタイプ，そしてシロアリ塚滞在当りのシロアリのおよその捕獲数にかんするデータが今集められている。この資料は同性内，両性間のテクニックの個体差を際だたせるだろう。おそらくこれらのデータの分析は11月の雄雌間のシロアリ釣りの興味ある違いを説明するのに役立つだろう。雄はシーズンオフにはめったに食べず，シーズンに入ってから突然日常の食物に取り入れられることから，シロアリは「新しい」食物を代表するものであり，興奮して狩り，大喜びで食べるすばらしいご馳走であると説明できよう。あるいはおそらく（これはありそうもないのだが），雄はあまり練習を積んでいないので，道具一つ当り，雌より少ししか釣れない。それゆえ同じ栄養量を得るのに長

266——採　食

時間この仕事に従事する必要があるということかもしれない。

　ツムギアリやサファリアリを食べる時の性差は、その行動があまり頻繁に見られないのではっきりとは出てこない（図10.5）。その上ツムギアリはしばしば木の高いところで食べられるので、採食滞在が見落とされるのかもしれない。1964年から1965年までの糞分析についてマグルーは雄のサンプルより雌のサンプルに、ツムギアリの残骸が高い割合で含まれていることを示しているが、サファリアリにかんしては、サンプル数が十分でなく結論は出せなかった。しかしながら、終日追跡の最近のデータから、1978年と1979年には、どちらかの種のアリが食べられた日の割合は雄でも雌でもほとんど同じであることを示した。もし、2年間の数字を合せると、雌は追跡した日の10.3％、雄は9.2％でアリを食べるのが見られたということになる。

　雄と雌の1回あたりのツムギアリ採食の時間は表10.7に示すように非常に似ている。しかし、サファリアリ獲りは雄より雌でわずかに長い（それぞれ8.9分と12.0分）。マグルー（1979）の結果は雌（15.5分）についても雄（13.6分）についてもより長い平均時間を示している。1978年と1979年で観察された30分以上の5例中4例が雌であったのは意味のあることかもしれない。

　チャンスがあれば雌は雄よりもサファリアリを獲る動機づけが強く、ただ単に見ているだけの個体に対し、積極的に食べる個体の比率が雄より明らかに高いことをマグルーは示した。しかし、最近の観察は必ずしもこのようなはっきりした相違を示してはいない。すなわち、雌ではアリの巣の近くで観察された55例のうち、90.6％がアリ獲りをおこない、雄では39例のうち76.9％がおこなった。

　別の観点からみると、（1979年と1980年に）この行動が観察された46例のうち78.3％で、そこにいるすべてのおとながアリ獲りをしていた。1頭かそれ以上の雌がアリ獲りに参加しなかったのが6例、1頭かそれ以上の雄が参加しなかったのも6例あった。

　たとえいったんアリの巣に到達してからのおとなの雄雌の意欲にほとんど差がないにしても、雌だけが1日に1回以上同じ場所を訪れるのが記録されてきた。マグルーはある雌がたった一度の追跡のうちに4回同じ場所に戻って来たのを見ている。また、雄と一緒に移動している雌が朝にはアリの行列を素通りしたが、その日のうちにひとりで戻ってきて8分かけてそのあたりを探し、巣を見つけてアリを食べたという例も述べている。

　イモ虫が大量に食べられることはきわめてまれであり、イモ虫採食に性差があるかどうかははっきりしない。大量に食べられた1981年5月から6月には、おとな雄の終日追跡が少なく、雌の数字と比べることができなかった。確かに雌は大量にイモ虫を食べた。実際に、1日の全採食時間の42.2％をイモ虫採食に費やし、また別の日には31.9％を費やした雌もいた。この次ゴンベでイモ虫が大量に食べられることがあったら、両性について十分量の追跡サンプルをとってみようと思う。

　要約すると、雌は雄に比べてより高頻度に昆虫を食べるだけでなく、より昆虫食に長時間かける傾向がある。その主要な違いは、雌が雄よりしつこい、あるいは辛抱強いということにあるようだ。彼女らは（どんな率でも、とにかく消費された量としての）報酬がほとんど得られない時でさえ、シロアリ塚で数時間釣りに費やす心構えがある。しかも彼女らはおそらく実際に多くのサファリアリを食べていない場合でさえ、雄よりもアリの巣をよく調べ、そこで長時間を費やそうとする。

鳥と小型哺乳類

　鳥を食べるという最初の報告はロンドン動物園からのものであり，これによると1883年サリーというおとな雌がほとんど毎夜ハトを捕まえてむさぼり食べた。次章でみるようにゴンベではめったに鳥は食べない。次のような種の卵と若鳥が餌食として記録されている。少なくとも2種類のハタオリドリ Ploceidae sp., シャコ Francolinus squamatus, ヤシハゲワシ Gypohierax angolensis, ホロホロチョウ Numida melaegris, そしてアオバト Treron australis (Goodall, 1968b; Wrangham, 1975)。ゴンベのチンパンジーではたった2度だけ成鳥が殺され食べられるのが観察された。そしてそのどちらも怪我をした個体だった。一つはアフリカハクセキレイ Motocilla aguimp, そしてもう一つはチュウヒ Polyboroides typus だ。

　マハレにおいても，チンパンジーは卵や巣だちびなを捕る。捕まえて食べられた1羽の成鳥シロマユバンケン Centropus supercilosus もまた怪我をしていた (Nishida and Uehara, 1983)。ゴンベでもマハレでもニワトリ Gallus gallus のひなが捕まえられて食べられた (Goodall, 1968b; Nishida and Uehara, 1983)。

　チンパンジーはひなの声や成鳥の動きに注意を引きつけられて，しばしば巣を襲う。1度若もの雄のフィガンは谷の向こうの作りたての巣にヤシハゲワシの番いがおりたつのを見つめていた。フィガンは出かけていって間もなく約1km離れた木に上り，そこにあった（からの）巣を調べた。成鳥が彼に繰り返し飛びかかってくるのに，ほとんど注意を払わなかった。しかし，マハレではカンムリクマタカ (Stephanoaetus coronatus) の巣から卵か巣だちびなをとろうとしたチンパンジーのおとな雄が，成鳥の攻撃にあってあきらめた例がある (Takahata, Hasegawa and Nishida, 1984)。子どもと若もの前期のチンパンジーは採食中に，偶然，鳥の巣に出会うと，きまって中味を調べる。

　ゴンベではこれまで2度だけ小型の哺乳類が捕まえられた。いずれの場合も狩人は若もの雌である。ポムはリスの子どもを捕まえ，グレムリンはネズミを捕まえて頭から食べた。（げっ歯類はたいてい無視される。たとえばフリントは新生児のいるネズミの一家を無視したし，おとなのチンパンジーがネズミをたたいただけで殺そうとしなかったのを数回観察した。）

ニワトリの卵をくわえるヒューゴー。殻を割り，それから葉を使って中身をすべて吸い取る。
（H. van Lawick 撮影）

巣だちびなが地上すれすれに飛んでいたのを捕まえて食べる青年前期のウィンクル。

文化的差異

　異なる地域のチンパンジーにより選択される食物品目の変異は、たいていその利用可能性に関連している。たとえば、ゴンベではカハマ・コミュニティーのチンパンジーは *Morus lactea*（クワの一種）の果実を食べるが、カサケラ・コミュニティーの遊動域には、この木は1本も見られない（Wrangham, 1977）。あるチンパンジーコミュニティーで普通に食べられる食物品目がその利用可能性にかかわらず別のコミュニティーには無視される——あるいは違った方法で食べられる——という証拠もある。アブラヤシ（*Elaeis guineensis*）は西アフリカから移入されてゴンベでもマハレでも生育している。ゴンベではチンパンジーはその果実、髄、乾燥した花の茎そして乾燥するかあるいは腐った木の繊維を採食する。実際われわれが見てきたようにアブラヤシの果実は1年を通じて唯一最も重要な食物である。マハレのチンパンジーはこのヤシのどの部分も採食するのを1度も観察されたことがない（Nishida et al., 1983）。リベリア（Beatty, 1951）やギニアのボッソウ（Sugiyama and Koman, 1979）では、チンパンジーはアブラヤシの堅い種子を割ってあけ、その核を食べる（果肉も食べるか否かは報告されていない）。象牙海岸のタイ国立公園では、アブラヤシはあるがそう多くはない。3年の調査期間中に髄を食べるのが観察されただけである（C. Boesch and H. Boesch, 私信）。

　最近の論文（Nishida et al., 1983b）はゴンベとマハレのチンパンジーの植物採食行動にはその他にも差異があることを実証している。両地域にある九つの植物種に由来する16の異なる食物品目はマハレでは日常的に食べるが、ゴンベではまったく食べないか、ほんの2～3回食べるのが見られただけである。両地域にある三つの植物種に由来する六つの異なる食物品目はゴンベでは食べられるが、マハレではチンパンジーの食物としては記録されなかった。マハレの食

枯死したヤシの木の破片をしがむエバレッド。

コミュニティーの食習慣は赤ん坊時代に学ぶ。フロドは母親から口うつしで食物を食べる。フロイトはそばでそれを見ている。

物のうちの一つ（Cordia millenii, イヌヂシャの一種の果実）とゴンベの食物のうちの一つ（アブラヤシの果実）が，それぞれの地域のチンパンジーの食物の非常に重要な部分を占めている。

興味深い違いは，木の木部を食べる行動にみられる。すでに述べたようにゴンベのチンパンジーはときどき枯死した木（たとえばアブラヤシ）の繊維を嚙む。マハレでは木部を食べるのは普通には見られないが，ときどき Ficus capensis（イチジクの1種）と Garcinia huillensis の乾燥した材をかじったりなめたりする。彼らは何本かの木をよく訪れるので，巨大な「ほら」ができてしまう。だからチンパンジーはこのほらにもぐり込んで，尻だけを突き出して材を食べる（Nishida and Uehara, 1983）。両種ともゴンベにあって，チンパンジーはその果実を食べるのに，この種の行動は1度も観察されていない。

マハレではチンパンジーは21種の異なった植物種の樹皮（内皮，外皮，あるいはその両方）を採食するのが観察されてきた。ゴンベではこれらのうち13種が存在するが，両地域で食べられるのは3種，Brachystegia bussei, Pseudospondias microcarpa そして Sterculia tragacantha（ピンポン属の一種），の樹皮だけである。ゴンベのチンパンジーはそれとはべつのタイプの4種の樹皮を食べ，そのうち2種 Ficus vallis-choudae（イチジク属の一種）とアブラヤシはマハレにも存在するが，マハレでは食物リストには入っていない。マハレのチンパンジーは根の部分を嚙みちぎって食べるのがまれに観察されるが，それらを掘るところは見られていない（Nishida and Uehara, 1983）。この行動はゴンベでは記録されていない。

マハレではチンパンジーはときどき川床の土手やタンガニーカ湖岸の岩をなめる（Nishida and Uehara, 1983）。ゴンベではこの習慣はヒヒでは普通に見られるのにチンパンジーでは一度も見られていない。

ゴンベとマハレのチンパンジー個体群間では食物として選択されるアリの種類や食べられる頻度に種々の差がある。ツムギアリやサファリアリは両地域で見られる。ツムギアリはゴンベとマハレの両方のチンパンジーに食べられるが，サファリアリはゴンベでのみ食べられる。樹上

採食習性は，社会的促進と観察学習のメカニズムを通して伝えられる。1歳半のゲティは6歳の兄のギンブルが葉を食べているのを観察している。ゲティはそれから同じ食物を試食し，そのあいだギンブルは彼を見つめている。

性のアリ，主に *Crematogaster*（シリアゲアリ属）の数種，*Camponotus*（オオアリ属）の少なくとも5種，そして小型の *Monomorium afrum*（ヒメアリ属の一種）は，マハレでは非常によく食べられる（Nishida and Hiraiwa, 1982）。しかし，これらの種のうちほんの2〜3種だけが，しかもごくまれにゴンベで食べられるだけである。

二つの地域の採食行動を大ざっぱに比較しただけでも，採食方法にいくつかの差異が現れた。*Ficus urceolaris*（イチジク属の一種）のような，小さいざらざらした表面をもつ葉をしがむ前に手で積み重ねるのは両地域で見られるが，ゴンベでは集めてから口の中で積み重ねるのがときどき見られる。*Diplorynchus condylocarpon* の堅い鞘はゴンベではふつう臼歯で割って開けるが，マハレでは切歯と犬歯で割る。さらに徹底的に調査することにより，これらの二つのチンパンジー個体群の採食テクニックの多くの変異をきっと明らかにできるだろう（採食のための道具使用の違いは18章で述べる）。

ゴンベとマハレのチンパンジーの食物における上述の相違点のいくつかは，ある一つの個体群内の食物選択に影響を与えうる植物の化学成分の種内変異によるかもしれない（R. Wrangham, 私信）。しかし，その違いのほとんどは伝統に基づくものだろう。生後およそ5カ月頃からチンパンジーの赤ん坊は母親が採食するのを近くでよく見ている。赤ん坊は母親のすぐそばに顔をもってきて，母親が食べている食物の臭いをかぐ。いったん（およそ4カ月齢から6カ月齢で）固形食物の小片を食べ始めると，赤ん坊は母親の手あるいはそばの房から取って，通常母親が食べているのと同じ食物をしがむ。彼はまたきょうだい，同輩あるいはグループ内にたまたまいる別個体が食べた食物を試食する。実際，赤ん坊はおとなが採食しているのを見たこともない食物でも，摘み取ってためしにしがんでみる。しかしこのような実験は，しばしば，母親や他の個体によってやめさせられる。1歳の赤ん坊が（おとなは吐き出すか，かまずにのみこむ）*Garcinia sp.* の果実の種子を口にいれ始めると，母親は彼の歯のあいだからそれを払い落とす（Wrangham, 1975）。3歳のギルカがパパイヤの一片を摘み取りなめ始めたら，母親は直ちにそれをひったくり，臭いをかいでから投

271 ── 採　食

げ捨ててしまった。そして7歳のフリントがわたしの食べていたビスケットの小片をかじった時，彼の姉であるフィフィが彼のもとへ走りよってその残骸の臭いをかぎ，激しく叩きつけて捨てた。マハレではおとなの日常の食物には入っていなかった植物の葉を，母親がその赤ん坊の口からひったくって捨てたという例が二つあった。この種の干渉は疑いなくコミュニティーの伝統的な食物の嗜好維持に役立っている。

　一度新しい食物の味をみて，おそらくその味のよいことがわかった赤ん坊は，再び食べようとするだろう。1965年，9カ月齢のゴブリンはわたしが地上においたままにしてあったマンゴーの皮の臭いをかぎ，なめて遊んだ。マンゴー（*Mangifera indica*）は約700年前にインドから移入され，キゴマ地域の湖岸や丘のふもとに沿ってまったく普通にみられるが，チンパンジーがマンゴーの果実になんらかの興味を示したのをわたしはそのとき初めて見た。3年後ゴブリンが少し熟したマンゴーを取って食べるのが観察され，彼が8歳の1972年には未熟のマンゴーも食べていた（Wrangham, 1977）。彼がマンゴーの実を食べているのはその後見ていないが，他個体が食べるのは見ている。1979年1頭のお

とな雄と，3頭の子をもつ2頭の雌が，（雄は自分ひとりで，雌と子どもは一緒に）それぞれ未熟の落果マンゴーを食べた。翌年他の2頭の雌が約30分間未熟なマンゴーを食べた。そして第5位の雌の赤ん坊がマンゴーの実を数個食べたという場合もあった。このように，しだいにマンゴーはカサケラ・コミュニティーの日常の食物の中に取り入れられてきているようだ。これが赤ん坊時代のゴブリンの実験と結びついているかどうかは，われわれの知るところではない。しかし融通性のある行動と探求心をもつ若齢個体は，新しい採食行動を取り入れるのに最も可能性のある年齢クラスであるようだ。ニホンザルの群れに広がった多くの新しい採食行動の開始に赤ん坊と子どもが直接かかわっていたことは疑問の余地がない（たとえば Kawamura, 1959 を見よ）。

　1982年，マハレでマンゴー食いが初めて記録された。その実は5歳の個体が採って食べた。他のマハレのチンパンジーがその行動を今後まねするかどうかをみるのは興味深いことだろう（Takasaki, 1983）。おそらくどちらの調査地でも，いずれマンゴーはおとなのチンパンジーの日常的な食物の一部になるだろう。

11 狩猟

1981年11月 6頭の雌とその子どもたちがヤブイノシシに会ったのは、午後も遅くなってからだった。ヤブイノシシは約8頭とその子どもたちで、密生した下草の中で低く唸りながら採食していた。メリッサは手をのばしてフィフィにさわり、2頭で興奮したように歯をむきだした。毛をさか立てながら全員はしのび足で前進した。ギギと10歳のフロイトが最初にヤブイノシシを追いかけた。イノシシはびっくりし混乱しながら先を争って逃げ出したが、子どものイノシシがギギに捕まった。子どものイノシシが恐怖の悲鳴をあげると、すぐに3頭のおとなのイノシシが引き返して、吠えるようなすさまじい鼻息を出しながら、ギギに突撃した。ギギはせっかくの獲物をとり落とすと、悲鳴をあげて木に飛びついた。みんな混乱し、おたがいに下草の中でぶつかり合った。おとなのイノシシは吠え叫び、鼻をならしてたがみをふりあげた。チンパンジーはワァワァ吠えたり悲鳴を発しながら上方の枝に避難した。ときどき単独のチンパンジーが飛び降りて再挑戦した。

狩りが始まって5分後に若雄のフロイトが別の子どものイノシシを捕まえた。しかしその途端、大きな雌のイノシシにつかまり、彼は獲物を落として恐怖と痛みの叫びをあげた。他のチンパンジーは吠えたり悲鳴をあげたり、枝をゆすって威嚇しただけだった。が、突然1頭のチンパンジーが絶望的な状況のフロイトに直接の援護を試みた。雌のイノシシは

殺しの直後の強い興奮。3頭の雄が死体におおいかぶさりながら歯をむき出し悲鳴をあげている（H. van Lawick）。

新しい挑戦者の方を振り返ってフロイトを放したので、フロイトはあやうく繁みの中に逃げ込んだが、ひどく出血していた。間一髪、ギギは悪魔の牙からのがれて飛びさった。おとなのイノシシは群れをなしてぐるぐる回り続けていた。しかし狩りは終わって、チンパンジーは静かにすわった。それから14分してイノシシたちは去って行った。そして、チンパンジーは静かに地上におりると、ヤブイノシシとは別の方向へと移動した。フロイトはまだ血を流していたが、びっこを引いてゆっくりと彼らのあとを追った。

中型の哺乳類を、狩り、殺し、食べることは、地域ごとに量的な差はあろうとも、おそらくどの生息地のチンパンジーにとっても特徴的な行動だろう。肉食は、タンザニアの3調査地、ウガンダ、セネガル、象牙海岸で記録されている。ガンビアとガボンで野生に戻された二つの元飼育チンパンジーの集団でも、獲物を狩って殺し、食べることが観察されている。表11.1にこれ

表11.1　いろいろな地域におけるチンパンジーの獲物の種

種	地域					元飼育	
	西タンザニア		ウガンダ[c]	セネガル[d]	象牙海岸[e]	ガンビア[f]	ガボン[g]
	ゴンベ[a]	その他[b]					
霊長類							
コロブス							
Colobus badius	●	●			●	●	
C. polykomos			●				
ヒヒ							
Papio anubis	●						
グエノン							
Cercopithecus mitis	●	●	●			●	
C. ascanius	●	●				●	
C. aethiops		●				●	
原猿							
Galago sp.（種は未同定）						●	
G. senegalensis		●		●			
G. crassicaudatus		●					
G. aleni							●
Perodicticus potto						●	
チンパンジー							
Pan schweinfurthii＊	●	●	●				
ヒト							
Homo sapiens	●						
有蹄類							
ブッシュバック							
Tragelaphus scriptus	●	●					
スニ							
Nesotragus moschatus		●					
ヤブイノシシ							
Potamochoerus porcus	●	●					
ブルー・ダイカー							
Cephalophus monticola		●					
げつ歯類							
ハツカネズミとネズミ							
未同定種	●						●
Cricetomys eminii		●					
リス							
Funsciurus sp.	●						
Protoxerus stangeri		●					
食虫類							
格子縞ゾウトガリネズミ							
Rhynchocyon cernei		●					
食肉類							
マングース（白尾）							
Ichneumia albicauda		●					
イワダヌキ類							
ハイラックス							
Heterohyrax brucei		●					●

a　Goodall, 1963; Teleki, 1973c, 1981; Wrangham, 1975, 1977; Busse, 1977, 1978; McGrew, 1983; Wrangham and Bergmann-Riss, 印刷中.
b　日本の研究者が1966年から西タンザニアで広域調査をしている。ここであげた狩猟行動は、カサカティ盆地とタンガニーカ湖畔に近い他の地域（Izawa and Itani, 1966; Kawabe, 1966; Kano, 1971b）とマハレ山地（Nishida, 1968; Nishida, Uehara, and Nyundo, 1979; Kawanaka, 1982a; Norikoshi, 1983; Takahata, Hasegawa, and Nishida, 1984）で最初に観察された。
c　Suzuki, 1971; Ghiglieri, 1984
d　McGrew et al., 1978
e　Boesch, 1978
f　Brewer, 1978
g　Hladick, 1973
＊　訳註11-1：*Pan troglodytes schweinfruthii* の誤り。

表11.2 22年間の観察で，ゴンベのチンパンジーが捕まえたり食べたりしたのが観察された（あるいは，その残りが糞のなかから発見された）獲物各種の個体数

年	月数	アカコロブス	ヤブイノシシ	ブッシュバック	ヒヒ	グエノン（アカオ・ブルー）	チンパンジー	げっ歯類	鳥	未同定
1960-1963	33	4	3	2	0	1	0	0	8	5
1964-1967	45	6	4	5	4	1	0	0	3	4
1968-1969	24	3	2	1	12	0	0	0	0	1
1970-1971	24	5	6(4)	2	1	0	1	0	0	1
1972-1974	36	42	9(5)	9	1	4	0	1	4	1
1975	12	18(12)	5(2)	3	0	0	2	1	0	0
1976	12	19(13)	10(6)	3	0	0	2	0	1	0
1977	12	37(23)	10(5)	6	0	0	0	0	0	0
1978	12	32(32)	9(7)	6	0	0	0	0	4(3)	0
1979	12	25(17)	2(2)	5	3	0	1	0	2(2)	0
1980	12	16(13)	0	4	2	0	0	0	0	0
1981	12	14(8)	6(5)	3	2	1	0	0	4(2)	1
合計 1960-1981		221	66	49	25	7	6	2	26	13

注）獲物個体数と捕獲事件数と異なる時には，（ ）内に後者の回数を示している。すなわち，1970年から1971年には，4回の捕食例で，6頭のヤブイノシシの子どもが捕獲され食べられた。

らの地域で現在までに記録されている獲物の種類とその完全な文献を示した。観察された獲物の大きさはさまざまで，ネズミや小鳥から，20kgは下らない中型のヤブイノシシにまでおよんでいる。人間の赤ん坊を含む霊長類は特に多く，獲物の種類数の約半分にもなる。カニバリズム（共喰い）はタンザニアの二つの地域（ゴンベとマハレ），およびウガンダで報告されている。

表11.2に，ゴンベでの22年の調査のあいだにチンパンジーによって捕まえられたり，食べられたり，あるいは糞の中から出てきたりしたさまざまな哺乳類と鳥類を示した。最初の15年の調査は五つの期間に分けられ，この期間にかんする資料の多くはすでに公表されている（この区分はそれぞれのデータ収集の方法によって決定したものである）。残りの7年は各年ごとに示した。この表は，ゴンベの肉食行動の頻度についての情報を提供するようにはなっていないが，この行動が調査期間の全体にわたって記録されていることや，少なくとも肉が珍しい食物ではないことを示している。それぞれの種類の獲物が消費されている相対的頻度についても，ある程度わかるだろう。個体追跡の時間が長くなった1970年以降のデータは，より正確である。

アカコロブスは最も頻繁に食べられる獲物である。1970年から1975年までにとられた中型の獲物の総数（374）の59％，1976年から1981年

---

* ゴンベのアカコロブス個体群に対する狩りの影響が大きいことは明らかである。T・クラットンブロック（Clutton-Brock の C. Busse, 1970 への私信）は，カサケラとカハマのチンパンジー・コミュニティーの地域内に300から500頭のアカコロブスがいると推定している。もしそうならば，1973年から74年にかけて観察されたチンパンジーの捕食によって，この地域のコロブスの8～13％が死亡していることになる。これらの数値には観察されていない捕食が考慮されていないので，実際に殺されたサルの数は必然的にもっと大きくなる。ランガムとベルグマン・リス（Wrangham and Bergmann-Riss, 印刷中）は，もしクラットンブロックの推定した個体群の大きさが正しいならば，調査対象の二つのコミュニティーの15頭の雄がコロブス個体群の30～50％を殺していると推定した。そのような高い捕食率では獲物の種が維持されることはないとして，コロブスの実際の密度がもっと高いのだろうと彼らは示唆している。いずれにしても，これらのサルは確かにチンパンジーの捕食によって年々かなりの数減少している。

では66％にあたっている。＊また，ゴンベでは，2種のグエノン，アカオザルとディアデムグエノン（ブルーモンキー），にはアカコロブスほど頻繁に出会わない。アカコロブスは樹冠のてっぺんをバサバサと動き回るので遠くからでも目立つが，グエノンの群れは小さくアカコロブスよりも行動が機敏である。こんな理由から，グエノンはチンパンジーの頻繁な獲物とはならないようだ。

　チンパンジーは他の霊長類の種に比べてヒヒと最も頻繁に出会う。1972年から73年に雄の追跡観察個体の200m以内でヒヒの姿を見たり，声を聞いたりしたのは5分ごとにとった観察単位数全体の4.3％に達した。これに対して，アカコロブスは0.68％，アカオザルは0.36％だった（Wrangham and Bergmann-Riss, 印刷中）。それにもかかわらず1968年の例をのぞいて，ヒヒはコロブスに比べて獲物になることはずっと少なく，数年間にわたってまったく捕まえられないこと

もあったようだ。年間被食数では，ヒヒは子どものヤブイノシシやブッシュバックと同じくらいになる。後述するように，多くの子どものブッシュバックはチンパンジー自身が捕まえたのではなくヒヒから奪うことによって獲物にされている。

　木の高いところで起こる肉食の一連の行動を完全な写真に収めることはほとんど不可能である。捕獲そのものを写真にとることは，さらにむずかしい。事実，ゴンベのチンパンジーにかんする限りそのような写真はない。そこで，2例の狩猟行動について，その事件を観察した調査助手の報告をもとに本章のワード・ピクチャーに示す。わたしはそれらをほとんど完全に逐語訳したが，若干の説明を加え，少し要約した部分もある。これらの記述を読めば，狩猟行動を1度も見たことのない人々でも理解できるだろうと確信している。

方　　　法

　狩りはいずれも，ある程度はチャンス次第で，適当な獲物を見つけた後だけに起こる。それにもかかわらず，（たとえば，ブッシュバックを地面に押しつけるような）チンパンジーが単に偶然にある獲物と出会ってそれをつかまえる時に起こる捕獲と，（最高2時間にもおよんで）ねらった獲物を観察し，後を追いまわした後での捕獲には違いがある。時には，500mも離れている谷の向こう側のサルを見てただちに狩りに出発することもあった。また，1回の殺りくの後に分け前を得られなかった1頭が獲物から離れて狩りに再出発することもあった。

　1頭で狩りに成功することもあるが，たいていは集団でするものだ。単独狩猟は成功してもたいてい沈黙のうちに完了するのに，集団狩猟

がうまくいった時にはその頂点で（それとわかる）大音声が典型的に沸き起こる。そのため，集団狩猟は（チンパンジーにも人間の観察者にも）まちがいなく感知される。いくつかの狩りで，2頭あるいはそれ以上の個体が協同したというはっきりした証拠がある。もっとも，方法は獲物の種類によって違ってくる。

樹上性のサル

　アカコロブスは雌を多く含む最大約80頭の大きな複雄群をつくるが（Clutton-Brock, 1972），小グループや一時的な単独個体もみられる。追跡中のチンパンジーに出会うと，コロブスはかならず高いピッチの警戒音を出して樹冠の中に逃げこむ。しかし，これが観察者の存在に対する

反応でないと確証することは難しい（チンパンジーがいない時に人間が近づいても，彼らは同じように反応する）。調査の初期にわたしは，チンパンジーとコロブスの出会いを23回観察した。こんな時，わたしは谷の対岸にいて双眼鏡で見ていたので，わたしの存在はサルたちの行動に影響をあたえなかった。そのうち16回で，相互におよそ30m以内で採食していても，コロブスは何の緊張も示さなかった。

　チンパンジーの方が先に近くにいるコロブスの群れを見つけると，単に動きを止めてサルたちを見つめるだけの時もあるが，ほとんどいつもなんらかの興味を示す。時々，彼らは歯をむき出して小さな音声（唸り声あるいは金切り声）を発する。そして，チンパンジー同士で手をのばして相手にさわったり，抱き合ったりする。この行動の後，ほとんどかならず狩りが起こる。500mもの遠くからコロブスの声を聞いてチンパンジーのパーティーが一気に走りより，狩りを開始したことが数回あった。

　本格的な狩りを始める前に，チンパンジーはしばしば樹冠を見上げたりサルが跳び下りそうなところを歩くなどして，地上で時を過ごす。まるで状況を値踏みしているかのようである。それは，特に母子のペアや小さな子どもなどの適当な獲物がどれだけ手に入りやすいか，そのような獲物はどこに位置しているか，そしてサルたちが逃げることのできる樹上の道があるかなどについてである。ランガム（Wrangham, 1975）の観察によると，とぎれのない樹冠にいるサルに出会っても，チンパンジーはめったに狩りをしない。しかし，樹冠が途切れたところで出会ったとき，特に逃げ道のない林冠から突出した高木で採食しているサルたちを見つけた時には，たいてい狩りを開始した。時としてチンパンジーは，獲物にまだ気づかれないうちに静かにすわって，しげみの上のサルの群れを見上げながら，このような初期の値踏みをする。

また時には，狩りに先だって隠れようともせずに，追跡のために木にのぼる前に大きなパント・フートを出すことも確かにある。身をさらしての接近とかくれながらの接近の割合は，明らかに人間の存在に影響される。人間は森の中を動きまわるので見つかりやすく，ハンターかもしれないとサルが注意を集中させるからである。いったん見つかってしまうと，チンパンジーが身を隠そうとすることはほとんど得にならない。

　チンパンジーは単独狩猟でも時々は成功するのだが，2頭以上が一緒にいる時に，最もよく狩りが観察された。1973年から74年にかけて単独雄による狩りが19回観察され，そのうち6例は成功した。そのうち4例の捕獲は，カハマ・コミュニティーの雄スニフによるもので，彼の捕獲率はいつも高かった（Busse, 1977）。1976年から1979年までの4年間には単独雄による狩りは9例観察されただけだ。2例は，これにかかわっていた雄のサタンが狩りの最中に消えたので，結果は不明である。残りはすべて不成功だった（つまり，サタンは1頭の子ザルを捕獲したが，コロブスのおとな雄の攻撃に会って，その子ザルを傷つける前に放さざるをえなかった）。これらの4年間に，チンパンジーの単独雄がコロブスの群れ近くに静かにとどまっていたことが2回あった。そのうち1回は，2時間近くも続いた。しかし，そんな単独雄にもう1頭別の雄が合流すると，狩りはただちに始められた。

　時にはパーティーの中の1頭だけが木にのぼってサルを追いかけることがあるが，たいていは，2頭あるいはそれ以上で同じ獲物か別々の獲物に向かって同時に追跡をおこなう。他の個体は下に残って狩りの後を追うか，あるいは木にのぼって上から見守る。いつもというわけではないが，雄雌両性を含むパーティーでは，雌はたいてい周辺部にとどまる。一連の追跡が失

表11.3　観察されたアカコロブスの狩猟での雄チンパンジーの成功率

年	狩猟観察例	少なくとも1頭の獲物が捕獲された狩猟件数	成功率
1973	14	7	50.0
1974	14	11	78.0
1975	32	12	37.5
1976	29	12	41.4
1977	33	20	60.6
1978	30	19	63.0
1979	40	16	40.0
1980	28	11	39.0
1981	24	8	33.3

表11.4　複数回の殺しがおこなわれた時のコロブス狩りの回数

成功した狩猟1回あたりの殺しの数	年							
	1973-74	1975	1976	1977	1978	1979	1980	1981
2	6	5	1	8	5	4	2	3
3	1	0	1	2	1	1	1	1
4	0	0	0	0	1	0	0	0
5	0	0	1	0	0	0	0	0
複数回の殺しがおこなわれた狩猟の成功率	38.9	41.7	23.1	43.5	50.4	29.4	23.1	50.0

敗に終わったらあきらめて立ち去るが，時には
その場にとどまって，1時間も1時間半にもお
よんでサルを観察し，ふたたび狩りを開始する。

　1973年から1981年までの各年に観察された狩
りの成功率は33.3〜78.0（中央値は41.4）％の
範囲にあった。表11.3に示したように，1回
の狩りで1頭以上のコロブスが捕まっている。
時には，ほとんど同時に捕まえられるが，誰か
が1度捕殺をした後で，最初の捕殺に失敗した
個体が狩りを続けることもある。時として，最
初の獲物の所有者から肉をもらおうとして失敗
したチンパンジーが新たな狩りに入ることもあ
る。表11.4に，連続狩猟の頻度と成功度が示
されている。三つの例では，「すでに肉を所有
していた」個体が，それにもかかわらずふたた
び狩りをして成功した。1回目は，フィガンが
母親からひったくった子ザルをすわって食べて
いる時だった。まだ狩猟中の仲間を注視してい
た彼は，突然，自分の持っていた死体を（おね

だりしていた）ハンフリーにそっくりわたすと
狩りに加わり，2頭目のサルを捕まえてそれを
食べた。またある時，片手で肉の大きなかたま
りを持ったまま，ハンフリーは殺しをした。ま
た，シェリーは自分が殺して少し食べた1頭の
子ザルの肉片を口にいれたまま（他のチンパン
ジーを避けて）シェリーの方へ走ってきた1頭
のおとな雌（その子ザルの母親）を捕まえた。

　1975年から1981年のあいだに起こった130例
について，犠牲者のコロブスの年齢クラスを記
録した。犠牲者の78％は子ザルで，そのうちの
47％は母親からひったくられた赤ん坊だった。
捕まえられたおとなのサル23頭のうち，57％は
このような赤ん坊の母であり，6頭が雄で，そ
のうち3頭は雌や子どもを守ろうとして攻撃さ
れたものだった。

　狩りの最中に，サルは木から落ちることがあ
る。そのサルたちは，自分（あるいはその子）
を捕まえようとしているチンパンジーによって

278── 狩　　猟

地面に叩き落とされたか，枝が折れたか，特に長い追跡をうけた後で，おそらく疲れているのに大きく跳びすぎてしまったために，木から落ちたものである。1975年から1980年までに30頭のサルが落ち，このうち22頭（17頭の子どもと５頭のおとな）は捕まえられ，残りの４頭の子どもと４頭のおとなはどうにか逃げおおせた。さらに別の３頭のサル（おとな２頭と子ども１頭）は，逃げながら地上に跳び降り，そのうち１頭のおとな雄は逃げた。殺されたサルのうち14頭は，獲物のあとを猛烈に追って木の上から降りてきたチンパンジーによって捕まえられたが，約半分にあたる残りは，地上に先まわりして下から狩りの進行を見ていたチンパンジーによって捕まえられた。地上に残るチンパンジーは，サルが落ちてくるのを心待ちにしているのかもしれない。

　多くの場合，コロブスのおとな雄は，１頭かそれ以上のチンパンジーによる捕食攻撃から群れのメンバーを積極的に防衛する。ビュス（Busse, 1976）の発見によると，1973年から1974年のあいだに記録されていた捕食成功例の半分は，獲物との最初の出会いから７分以内に起こった。サルたちがまだ広く分散しており，しばしば犠牲となる個体がおとな雄の保護から遠ざかっていることがその理由であると，ビュスは示唆した。狩りが進行すると，おとな雄はすばやくチンパンジーの方に進み出て，枝を揺すり頭を上下にふり，低い威嚇の声をあげながらいつも精力的にチンパンジーを威嚇した。雄コロブスの攻撃にあうと，チンパンジーはしばしばクークーという哀訴の声や悲鳴をあげながら，ほとんどいつも引きさがり，急いで（時にはあわてて）地上におりた。

　ある時３頭のおとな雄のチンパンジー（フィガン，ジョメオ，ゴブリン）が狩りを始めたのに対し，３頭の雄コロブスが枝を揺すり，吠えながらチンパンジーに向かって飛び降りた。チンパンジーは悲鳴をあげながらすばやくその木をはなれた。コロブスはチンパンジーを地上まで追いかけ，（１頭の青年雄と１頭の子連れ雌を含んだ）チンパンジー・パーティー全体が，きびすをかえして逃げ出した。その攻撃的なサルたちがふたたび木にのぼると，チンパンジーたちは真上でかなり分散したサルの大群を見上げながら，静かに地上を移動し始めた。コロブスに追いたてられた５分後，フィガンはふたたび狩りのために木にのぼった。ただちに１頭の雄が枝を揺すり威嚇の声を上げながら，フィガンに向かって突進した。フィガンはクークーという哀訴の声を発し，すばやく木を降りた。チンパンジーたちが依然として木の上を見上げながら下にすわっているので，（おそらくさっきと同じ）３頭の雄コロブスは，チンパンジーたちの頭から数メートル上にある最も低い枝まで跳んできて威嚇した。もう１度チンパンジーたちは敗走し，これが最後だった（H. ムポンゴと Y. アラマシの観察による）。

　1965年に，年老いたミスター・マグレーガーが地上を約10mにわたって追いたてられているのをわたしは観察した。彼は大声で悲鳴をあげ，うしろから１頭の雄コロブスが追いかけていた。また別の時には，１頭のおとな雄コロブスが，高い木の上で，４頭のチンパンジーによって逃げ道をふさがれた数頭の子ザルを助けるのに成功した。チンパンジーが１頭近づこうとするたびに，この雄によって威嚇され退けられた。そして１時間半後，チンパンジーたちはあきらめて立ち去った（Busse, 1976）。

　これとは別の19例では雄コロブスが狩猟中のチンパンジーを実際に攻撃し，彼らに飛びかかって背中や陰嚢のあたりを咬んだ。こういう場合，ほとんどいつもチンパンジーは退却した。シェリーは「最も勇敢」な雄だと考えられていて，サルたちによる激しい防衛行動に真向から対抗して狩りを続けたことが２度もあった。１

度は，彼に飛びかかって尻に咬みついた２頭の雄コロブスを，振り返りざま追い払った。その雄たちが，それでもまた突進してきてシェリーを攻撃した時には，さすがに彼もあきらめた。もう１度は，コロブスの母子を追いかけていたときに，１頭の雄がシェリーに向かって突撃し，彼の背中に真上から跳びかかった。彼は大声で悲鳴をあげ，その雄を振り落とすと，ふたたび獲物を追いかけた。防衛しようとした雄はあきらめずに，シェリーがその母親を摑んで子ザルをひったくると，ふたたび彼に跳びかかり，腰に咬みついた。ついにシェリーは前よりも大きな悲鳴をあげて，子ザルは命拾いをした（H. マタマと E. ムポンゴの観察）。

チンパンジーに捕まえられた群れメンバーをコロブスの雄が救った例が他に６例ある。シェリーは母親から奪った子ザルを放棄しなければならなかったことがあるし，別の例では，シェリー，フィガンと雌のギギのそれぞれが子ザルをひったくるために捕まえた雌ザルたちを，そのまま逃げるにまかせなければならなくなった。また，ギギは自分が捕まえた１頭の若い雌ザルを放棄させられたこともある。１頭の若い雄ザルを大きな木の幹まで追い詰めた雄のサタンは，他の６頭の雄コロブスが仲間を救うために突撃してきたので，あわてて逃げた。コロブスの雄たちが，狩猟中では「ない」チンパンジーに対して攻撃にでたことが２回あった。１度は，地上にいた２頭のチンパンジーに近づき，そのうちの１頭のフィガンをひと突きした（そのため，フィガンは１本の木に追い上げられた）。もう１度は，何も知らずに下ですわっていたジョメオの頭めがけて６ｍも上から跳びかかった（Wrangham, 1975）。

殺しが起こると，犠牲になった子ザルの母親は自分の子が食べられているあいだも近くにとどまる。ある母親は，食べているエバレッドから自分の子ザルを引き離そうとしたが，１頭の

雌のチンパンジーによって追い払われた。チンパンジーによって殺されたり傷つけられたりしたおとな雌のコロブスは，１例をのぞき，わが子を捕まえられてもすぐには逃げ出さなかった母親たちだった。これらの母ザルのうちの１頭は，自分自身が殺されかけているあいだも，（食べられている）わが子に近づこうとした。

表11. 2に示したように，ディアデムグエノン（ブルーモンキー）やアカオザルはゴンベでは獲物としてあまり多くは記録されていない。ディアデムグエノンに対する実際の狩猟はたった５回観察されただけで，そのうち２回が成功した。残りは雄ザルの攻撃にあって失敗した。アカオザルの捕殺はファーベンが（彼のまひした腕にもかかわらず）地上で１頭の子どもを追いかけて捕まえたのが唯一の観察である（Wrangham, 1975）。

ヤブイノシシ

ヤブイノシシは夜行性で日中は密生したしげみの中で寝ている。非常にまれだが，薄暗かったり霧がかかった時には日中も動き回る。密生した下ばえの中での観察条件はよくない。しかし，1970年から1980年のあいだに55回の正確なカウントをすることができた。ゴンベのヤブイノシシは，おおむね単独かサウンダーと呼ばれる小さなグループをつくって動き回るようだ。最高６頭までの子どものイノシシが，時には二つの年齢集団に分かれて同一サウンダー内で見られた。

22年の調査期間全体にわたってみると，45の狩猟例で66頭の子どものイノシシがチンパンジーによって食べられたことになる。成功した狩猟１回当たりに１頭半の子どものイノシシが食べられている。1972年から1981年にかけてより長い追跡ができるようになって，捕食行動についてもよりはっきりした像が得られるように

マイクがコロブスの死体を引き裂くと，フローがおねだりをする（B. Gray）。

なった。その間に50を越える追跡あるいは捕殺が観察され，そのうち22例は成功した。他の10例では，チンパンジーが殺したばかりの子どものイノシシを食べているのが見つかった。犠牲者のほとんどが小さくて，まだ生まれたての縞の毛皮を持っていた。しかし，3例はより年長の子どもイノシシで，最大のものはおとなの大きさの半分よりちょっと大きく，他の二つはちょっと小さかった。

下ばえの中でイノシシを見たり声を聞いたりすると，チンパンジーはほとんどいつも立ち止まって探索する。もし1頭かそれ以上のおとなのイノシシが走り去るなら，チンパンジーはそのやぶを注意深くチェックする。彼らがそこで子どもイノシシを見つけて捕まえたことが6回あった。1度は，おとな雄のマイクが雌のイノシシを追い払って数分間探したが，その雌の3頭の小さな子を見つけることはできなかった（その雌のイノシシは8時間後に戻って来て，子どもをつれ去った；Wrangham, 1975）。また別の雄のサタンは3頭目を残したまま2頭の縞模様の子イノシシを持って下ばえの中から現れたことがある。ヤブイノシシは（草のマットを山のように盛り上げて）簡単な巣を作り，非常に小さい子どもをそこに隠す。チンパンジーはこの巣に出会うと，一つかみずつ草を引っ張って，あたり中をかぎまわりながら，その巣を注意深く調べる。巣にイノシシのいたことが3回あった。1度は雌のイノシシが走り去り，2頭の子どものイノシシが捕まえられた。また別の時には，母親（と推定される個体）の後を走る子どもイノシシを逃がして，1頭のおとなが突撃してきた。第3例では，1頭のおとなだけが現れ，懸命に捜しても子どものイノシシは見つからなかった。

イノシシ猟はいつも圧倒的に観察が難しい。一つには，いつも密生した下ばえの中で起こるからであり，また，人間の観察者が普通あまり近くにいないからである。これは，一つには激怒したおとなイノシシから受けるかなりの危険のためだが，主な理由は，イノシシの方が人間を恐れるためである。だから，観察者が遠ざかれば遠ざかるほど，その存在が事件の流れを変

える恐れは少なくなる。時たまチンパンジーが単独でヤブイノシシのサウンダーに忍び寄り、イノシシがその存在に気づかないうちに子どものイノシシを盗むことがある（こんなことはおそらく物音をたてる人が周囲にいる時はほとんど起こらないだろう）。チンパンジーを見つけるとおとなのイノシシは、子どもを連れて走り去るか、子どもを防衛するようにとりかこむ。おとなイノシシたちが子どもをチンパンジーから遠ざけようとして、ブーブー鼻を鳴らしながら、子どもたちを押すのが2回見られた。

いったんおとなのイノシシが危険を察知すると、獲物を捕まえることは非常にむずかしくなる。典型的な例は、チンパンジーはディスプレイをして地面を踏みならし、草をなぎ倒しながらサウンダーに突撃する。おとなのイノシシが乱暴に唸り声を発して応酬しながらチンパンジーに走り寄ると、捕食者たちはあわてて安全な頭上の木に飛びあがる。それでも捕食者たちは、大声で吠え、パント・フートを叫んで、枝を揺すりながらディスプレイを続け、しばしば獲物に向かってもう1度突撃する。混乱状態でチンパンジーとイノシシが入り乱れて走りまわるうちに、しばしば1頭かそれ以上の子どもイノシシが捕まえられる。おとなのチンパンジーがイノシシの逃げこんだしげみを囲んで、1頭ずつあるいは2頭一緒に突入することを繰り返し、ついにはチンパンジーの1頭が獲物を捕えたことが3回あった。1度はチンパンジーたちが、2頭のおとなとその4分の3の大きさの子どもと小さな子どものイノシシに出会った。チンパンジーが彼らを囲む間、3頭の大イノシシが子どもををわきにつけて前面に立ち、沈黙した。チンパンジーはすぐには狩りを始めなかったが、お互いをちらりと見、何度も餌を発見した時の声を出した。約2分後、殺し屋軍団の中のマイクはイノシシの方へ進み出て、大岩を投げた。それは1頭の大イノシシの鼻に当たっ

た。それでも、イノシシたちはじっとしており、他のチンパンジーは近づかなかった。観察者が近づき過ぎたことに驚いて、獲物が団結を崩すと、初めてチンパンジーはより近くへと進んだ。1分後、ヒューゴーが木の上で死んだ子イノシシを持っているのが観察された（F. プロイの観察）。

合計27回の狩りが観察され、これらのうちの66.7％は成功だった。失敗のうち9例は、ほぼまちがいなくおとなイノシシの防衛・保護行動のおかげで、子どもたちが救われた。1頭のおとなイノシシが唸り声や叫び声を出し、たてがみを振り、頭をふり上げながら突撃を繰り返すこともあった。これによって殺し屋たちは、何度も何度も木の上に逃げた。この章の最初のエピソードで述べたように、狩りの最中に、おとなのイノシシたちがいったん捕まえられた2頭の子どものイノシシを助けたことがある（H. ムポンゴと H. マタマの観察）。おそらくこの種の救出は、イノシシを混乱させ驚かせる人間がそこにいない時には、もっと普通に起こることだろう。

ブッシュバック（ヤギシカ）の子

1960年以来合計49頭の子ジカが、全部あるいは部分的にチンパンジーによって食べられた。しかし、チンパンジーの殺し屋によって実際に捕まえられたのを見たのはわずか数頭だった。子ジカの多くは、捕食者のヒヒから盗まれたことがわかっているか、そう推測されているものだった。表11.5にブッシュバックの子の捕獲あるいは捕食についての情報が示されている。

捕獲されたことがわかっている7例は、チンパンジーが移動中に子ジカに出会った時に起こった。多くのアンテロープ類の子どもと同じく、ブッシュバックの子どもはカモフラージュと身動きしないことと、体臭の発散を最少に保つことによって捕食者から身を守ろうとしている。

したがってチンパンジーが突然獲物の存在に気づいた時には、長時間の狩猟にエネルギーを費やす努力なしに捕獲されている。1979年にハンフリーは自分から約35mのところにいる子ジカを見つけ、追いかけ捕まえて走り去った。子ジカはか細く数回鳴き、母親は鼻を鳴らして子ジカの方へ走り寄ったが、他のチンパンジーと人間の観察者が近づくと、飛ぶように走り去った。別の捕獲では、子ジカが「メー」と鳴くのを聞いて数秒後、チンパンジー・パーティーの中で最年長の雄ヒューゴーがその子ジカを捕まえた。興奮してかん高い声をあげながら抱き合っていた他の雄たちは、獲物の方へ急いだ（Wrangham, 1975）。3例目の子ジカは1977年に青年後期の雄ゴブリンによって捕まえられ、ゴブリン自身のものになった。その他の4回の捕獲は雌によってなされた。1度はギギが移動中突然立ち止まり、あたりを見つめ、9分間にわたり草原の中を非常に注意深く歩きまわった。その間頻繁に立ち止まっては葉の臭いをかぎ、そして1頭のとても小さな子ジカを捕まえた。パッションは（1977年に）1週間のうちに2頭の子ジカを見つけて殺したが、両方ともわずか生後2～3日のものと思われる。フィフィが両性を含むパーティーと一緒に移動している最中に1頭の少し大きめの子ジカを捕まえた時には、他のチンパンジーたちは急いで近づき、殺しを手伝った。

われわれは捕獲事件の最中のブッシュバックの母親の行動について正確な描写をしていない。なぜなら、この種のアンテロープはとても臆病で、いつも人間の観察者から走り去るからだ。しかし、1961年にわたしがチンパンジーの2回目の肉食を観察した時、それは谷の反対側で起こった。興奮した声を聞き、チンパンジーが1頭の子ジカを食べるのを双眼鏡で観察した。子ジカの母親は、もはや観察のできなくなるたそがれどきまで、1時間ものあいだチンパンジー

表11.5 ブッシュバックの子の捕獲あるいは肉食 (1960年～1981年)

捕獲の方法	知られているもの	推定	合計
チンパンジーによる捕獲	7	7	14
ヒヒからの略奪	14	13	27
未確認			8
食べ残りを持ったチンパンジーが発見された	2		
オスのチンパンジーが新鮮な獲物を持ったパーティーに参加	1		
チンパンジーの糞の中に残りかすがあった	5		
合計			49

たちのいる木の下にとどまった。チンパンジー（あるいは、この獲物は必ずといっていいほどヒヒから奪いとったものだから、ヒヒ）が地上に降りた時にはいつでも、母親は捕食者に向かって突撃し、木の上に追い返した。他にはわずか2例しか、ブッシュバックの母が子どもを守るために駆け寄るのが見られなかった。捕食者に対して突撃した後、その母親は人間の観察者を見て走り去った。

おとなのブッシュバックがチンパンジーの接近によって驚かされ、警声を発しながら跳んで逃げることが何例かあった。そんな場合、チンパンジーは明らかに捕食に関心があり、ブッシュバックがいたところへ行って、草むらを探すのだった。おそらく、1979年にハンフリーが子ジカを殺したときに、ハンフリーの関心をひきつけたのは、母ジカの存在だったろう。

ヒヒ

チンパンジーが1頭のヒヒを食べるのが最初に観察されたのは1964年だった。しかし、これより前にわたしは3回は確実に、2回はそれと予想されるようなチンパンジーによるヒヒ狩りを観察していた（1961年に1回、1962年に2回、そして1964年に2回である）。表11.2が示すよ

表11.6　チンパンジーによる18回の狩猟成功例と32回の失敗例におけるヒヒの赤ん坊や子どもの状態（1968〜1981年）

| 獲物の状態 | 赤ん坊と | | | | 年長の赤ん坊か子ども | | 成功 | 失敗 | 合計 |
| | 母親 | | おとな雄 | | | | | | |
	＋	－	＋	－	＋	－			
群れ内	8	7	0	2	2	7	10	16	26
小グループ内	1	9	1	1	2	4	4	14	18
孤立	1	1	2	0	1	1	4	2	6
成功	10		3		5		18		
失敗		17		3		12		32	⎫ 50

注）＋＝成功した狩猟，－＝失敗した狩猟

うに，1968年の極端な例をのぞいて1年に3頭を越える数のヒヒの捕獲が観察されることはなかった。また，1973〜1978年の6年間には1頭の捕獲も観察されなかった。さらに，（2頭のチンパンジーが毛をさか立てながら1頭の若いヒヒに向かって進み，それからとり囲んだ1例をのぞいて）1976年から1978年にはヒヒ狩りはまったく見られなかった。

　調査開始から合計25頭の若いヒヒが人づけされたチンパンジーによって食べられたことが知られている（そして南の人づけされていないチンパンジーによっても2頭のヒヒが食べられている）。さらに1頭，別の子ザルが捕えられ殺されたが，食べられる前にその母親によって取り戻された。年齢が正確にわかっているもの（8頭），あるいは大体わかっているもの（14頭）の合計22頭の獲物のうち，77.3％はまだ体が黒い（生後6カ月以内の）赤ん坊だった。犠牲者はヒヒの群れのまん中で捕えられる時もあれば，小さなサブグループにいるときに捕まる時もあり，単独か世話をする1頭とだけでいる時に捕まることもあった（表11.6）。50例の狩りはよく観察され，そのうち18例が成功した。これらの例の多くで，最初のチンパンジーの注意は，子ザルが出すいろいろな悲鳴によってひき起こされた。それは離乳の最中だったり，しばしばおとな雄が子ザルを荒っぽく運んでいる時だったりした。4回の別々の例で，チンパンジーは同じ3週齢の子ザルを捕まえようとした（結局は，失敗したのだが）。その時，子ザルは1頭の雄ヒヒがいやがる母から子ザルを取ろうとしたので悲鳴を発したのだった。2度はその子ザルが2週齢の時であり，その次の週にも2度起こった（Ransom, 1972）。

　ヒヒ狩りの時に雄チンパンジーが用いる戦術については，テレキ（Teleki, 1973c）が詳しく述べている。2頭かそれ以上（まれには1頭だけ）の雄チンパンジーが，狙いをつけた獲物に駆け寄りながら，捕まえたり捕まえようとしたりした。他の時には，数頭の雄がゆっくりと獲物に近づいた。そして雄たちのあいだには，しばしば高いレベルの連携と協同があった。よく観察された狩りの54％では，チンパンジーは狩りの対象を母と子のペアーに集中していたし，よく観察された捕獲の55.5％は，母から子を奪ったものだった。狙いをつけられた個体，あるいはその母や近くにいた個体がいったん危険を察知すると，（母か子が）恐怖の大きな声を出したり，（おとな雄が）威嚇した。これらの音声は，たいてい他のヒヒの注意をひきつけ，ヒヒたちは危険にさらされた子ザルを防衛するために駆け寄った。時にはそれに続く種間攻撃でチンパンジーとヒヒは（しばしば雌もまき込んで）悲鳴，唸り，吠えの交錯した大混乱を招いた。この種の争いの間に，時として闘士たちは立ち上がり，互いに叩き合って，肉弾のぶつかり合いになることさえあった。雄ヒヒがチンパンジーに飛びかかり，チンパンジーの背中を犬

歯で傷つけたことが6例あった。青年雄のマスタードは、1頭のおとな雄エバレッドがディスプレイをしてヒヒを追い払ってくれたおかげで、あやうくヒヒから解放された。

　そんな出来事の後で、われわれはいつもチンパンジーの体にけがのあとを探したが、開いた傷口を見つけたのはたった1回だった（Wrangham, 1975）。ヒヒの雄は大きく強力な犬歯を持っている。他の地域では、雄たちが群れメンバーを攻撃するヒョウを捕まえて、死に至るような傷を負わせることが知られていながら（Goodall, 1975a）、ヒヒたちがほとんどチンパンジーの殺し屋にけがをさせないのに困惑させられる。それでも、ヒヒのおとな雄たちの威嚇や邪魔のために、チンパンジーは狙った個体の捕殺を何回もあきらめている。フィガンはまだ体毛の黒いヒヒの赤ん坊をその母から奪ったことが（1969年に）あったが、たくさんの雄のヒヒに追われて悲鳴を上げながら、密生したやぶの中に逃げ込んだ。ふたたびフィガンが現れた時は、子ザルを持っていなかった。後で母親がその子を運んでいるのを見かけたが、すでに頭はつぶれて死んでいた。（1968年に）マイクもまた、1頭の雄のヒヒが、彼の背中に飛び乗った時に獲物を失った。マイクは立ち上がって敵を追い払うために体をねじったので、獲物は彼の手の中から逃れて深い草原の中にもぐり込んだ。もっとも、その時は一緒にやぶに走り込んだ別の雄チンパンジーによって、結局は捕まってしまった（Ransom, 1972; Teleki, 1973c）。

　1頭捕まると、何頭かのヒヒは、チンパンジーが肉を食べる場所までついていく。ある子どもヒヒは捕まってから30分も死なずにいた。その子が小さな物音をたてるたびに、木の下からヒヒの声がわきおこった。何頭かの雄ヒヒは攻撃をしかけ、時折チンパンジーと雄ヒヒとのあいだで短い争いが起こった（Ransom, 1972; Teleki, 1973c）。しかし、いったん犠牲者が死んで

しまうと、母親はしばしばその場に長くとどまるが、雄ヒヒたちは興味を失って立ち去ってしまう。母親がすでに食べられている自分の赤ん坊を奪い返そうとしたことが3回あった。彼女らは、近くにいたチンパンジーに脅され追い払われたが、戻って来てわが子を食べている殺し屋のそばにとどまった。ある母親は殺しの現場近くに4時間もとどまった。少しのあいだおとな雄が1頭一緒にとどまったが、ほとんどは彼女ひとりだけだった。

　ヒヒ狩りの継続時間はコロブスに対する捕殺攻撃より短い傾向があった。ヒヒの標的捕殺が失敗すると、たいていの場合、チンパンジーはすぐにあきらめた。おそらくヒヒの群れがいったん警戒態勢をとるともう捕殺努力を続ける価値はないのだろう。一つの出会いに（別々の標的に対してだが）2度の試みがなされたのは、今までにわずか2例しかない。1968年に雄チンパンジー4頭が、1頭のおとな雄のヒヒから子ザルを奪おうとした。この試みは失敗したが、3分後に、同じ殺し屋連中はしげみの中に走り込み、ふたたび現れたとき、そのうちの1頭だったヒューゴーは生後10カ月の子ザルをつかんでいた（Teleki, 1973c）。1981年におとな雄のチンパンジー4頭がヒヒの母子に向かって突進し、殺し屋のうちの1頭のサタンが、その子ザルを捕まえて、仲間たちと肉を分けながら食べ始めた。25分後にまだ体の黒い赤ん坊を背に乗せた1頭の雌ヒヒが近くを通過した。フィガンは立ち上がると彼女に向かって慎重に移動した。母ザルは悲鳴をあげて走り始めた。おとな雄のヒヒ1頭が、吠え唸りながら、フィガンに向かって突進した。フィガンは雄ザルを避けながら雌の後を100m近く走ったが、やがてあきらめた（R. ファジリとH. マタマの観察）。

　ヒヒ狩りには、いつも少なくとも2頭のチンパンジーが参加するが、時折雄がひとりで試みることがある。1968年のある日、マイクはおと

285—— 狩　　猟

ヒヒの獲物を持ったリーキーとマイク。獲物の母親がじっと見ている（B. Gray）。

な雄1頭と一緒にすわっていたヒヒの母子に近づいた。（前にもやられたことがある）その母親は悲鳴をあげて逃げ、マイクは追わなかった。フィガンがまだ黒い子ザルを捕まえて殺したときは、ひとりで狩りをしたが、おとな雄のヒヒに追われている時にその子ザルをなくしてしまった。雄チンパンジーがまったく1頭だけでいる時に狩りをしようとしたことは、これまで2回だけ観察されている。1969年にエバレッドが1頭のおとな雄の近くにすわっていた2組のヒヒの母子に近づいた。エバレッドは子ザルに手を触れたが、つかみそこねた。そしてそこにいた雄ザルは他のヒヒの応援を得て、2本の木を伝ってエバレッドを追いたてた（Teleki, 1973c）。1981年、ハンフリーは、群れのメンバーたちから離れていた母ザルの生後6カ月の子を断固捕まえようとした。その2頭がハンフリーの真上の木に登った数秒後、ハンフリーはゆっくりと彼らの方に移動して、密生した下ばえのあたりに身をかくそうとした。それから近づくまでの数分間、ハンフリーはそのヒヒの採食を観察した。見つけてから8分後、彼は突然木の上のヒ

ヒに向かって突進した。母ザルは悲鳴をあげ、子を抱くと跳んで逃げた。ハンフリーは枝にぶら下がって木を降り、母ザルが向かった別の木にのぼった。しかし、その母ザルは地上に跳び降りて走り去り、ハンフリーは30m追いかけたが、あきらめた（Y. ムブルガニとY. アラマシの観察）。

ヒヒに対する捕食（の観察頻度）には年変動があった。1968年を並外れたピークとして次第に減少し、明らかに停止し、それから1979年以降また関心が起こってきたことは非常に興味深い。1968年のピークは、バナナの給餌が多い期間にあたっており、キャンプのなかで両種のメンバーが異常に集合したことと明らかに関係している。高い捕食率は単純にその機会が増えたことに起因するとランガム（Wrangham, 1977）は示唆した。確かに1970年以後チンパンジーとヒヒは餌場で長時間すごさなくなったが、チンパンジーはキャンプを頻繁に訪れ続け、少なくとも1群のヒヒは毎日キャンプを通過した。給餌のシステムを変えてから8年たった1978年でさえも、チンパンジーとヒヒはキャンプで123時

間共存した。追跡時間にはよくヒヒと出会った
し，同じ年のキャンプ外での追跡でも，両種の
個体たちが100m以内にいたことが少なくとも
54時間はあった（彼らはしばしば同じ食物を食
べるので，いつもはもっと近くにいる）。した
がって，機会の少なさが長い年月1頭のヒヒも
捕まえられなかったことの説明にはならない。

　1968年から69年にかけて，ゴンベのヒヒを研
究したランソムは，ヒヒたちの警戒心が強まっ
たことが捕殺の数の減少にかなり影響をあたえ
ていると示唆した。彼が捕殺事件を観察した最
初の数例では，標的になる母子のペアーと一緒
にいたおとな雄のヒヒが，チンパンジーの意図
に気づかないようだったと，コメントしている。
その後，多くの殺しが記録されるようになると，
ヒヒは危険の兆候に対して素早くよく警戒する
ようになった。1969年の1月に，1頭のおとな
雄のヒヒが，狩りへの関心を示している1頭の
チンパンジーから母子のペアーを追いあげ，遠
ざけるのが，初めて観察された。子持ち雌の中
でも，すでにわが子を標的にされた経験のある
母は，自分に関心を持っている雄チンパンジー
が接近したり見つめたりしていることに対して
より素早く反応し始めた（Ransom, 1972）。1969
年のあいだに狩りの成功率はみるみる落ち，こ
れ以来ヒヒ狩りの頻度も減少し，ついには止ま
ってしまった。

　では，なぜ1979年に，突然ヒヒ狩りの関心が
復活したのだろうか。おそらく，偶然の機会に
ヒヒが殺しにあって，ヒヒが可能な食物源であ
ることがもう1度チンパンジーに認識されたの

表11.7　人づけされたヒヒの群れと人づけされて
いない群れとで比べた若いヒヒへの捕食
の試み（1968～1981年）

年	成　　功		不　成　功	
	人づけ群	非人づけ群	人づけ群	非人づけ群
1968	10	0	13	0
1969	1	1	6	0
1970	1	0	2	0
1971	1	0	1	0
1972	2	0	1	0
1973	0	0	1	0
1974	0	0	3	0
1975	0	0	2	1
1976	0	0	0	1
1977	0	0	0	0
1978	0	0	0	0
1979	0	3	0	0
1980	0	2	4	2
1981	0	2	7	1

だろう。1979年から1981年のあいだに起こった
7回の殺しの成功例がすべて人づけされていな
い群れで起こっているのは意味深い（表11.7）。
人づけされたヒヒは，狩りをするチンパンジー
に出会っても（人間の）観察者に注意をそらさ
れることがないので，殺し屋を追い払う努力に
集中することができた。人づけされていないヒ
ヒは，非常に神経質でいつも逃げてしまう。
1979年に観察された3例の殺しのうちの2例は，
おとな雄を含むヒヒの群れが逃げている時に起
こった。このときチンパンジーは母親から子ザ
ルをひったくることができた。こんな比較的容
易な捕殺がうまくいってからチンパンジーは人
づけされたヒヒの狩猟をもう1度開始し，1980
年から1981年にかけてそんな試みが11回観察さ
れた。こうしておとな雄のヒヒから極度に攻撃

＊　チンパンジーは，まったく平静で逃げ出さないよう
な動物を攻撃したがらないようだ。盲目の子ザルに対
する捕食の例が1回あっただけだ。ジョメオとシェ
リーの兄弟が母子のヒヒに近づいた。視界内には約15
mのところにおとな雄が1頭いただけだった。どのヒ
ヒもチンパンジーに何の関心も示さなかった。ジョメ
オは毛をさかだててその子ザルをにらみつけ，シェ
リーとともに2m以内のところまで行って枝を揺らし，
地面を手で激しく打った。ジョメオが5分間にわたっ

てそうしても，ヒヒがまだ彼を無視していると，ジョ
メオはあきらめて立ち去ってしまった（C.パッカー
の観察）。前に述べたように，子どもをかばって立っ
ているヤブイノシシにマイクが大岩を投げつけたのは，
きっと逃走させるための試みだったのだろう。ブチハ
イエナ（Crocutta crocutta）はシマウマやワイルド
ビーストのような大型動物を狩る時，もし獲物が地面
に立ったままならば，攻撃をひどくちゅうちょする。

的ですばやい防衛行動を引き出し，殺し屋チンパンジーは追い払われた。しかし，この期間に人づけされたいくつかの群れから，4頭の子ザルが消えた。おそらく1頭かそれ以上はチンパンジーの攻撃の犠牲となったのだろう。最近，1981年にこれらの群れから2頭の子ザルがチンパンジーによって殺され食べられるのが観察された（そのうち1頭は母親を失ったばかりの孤児だった）。

ヒトの赤ん坊

わたしがゴンベに着く前にこの地域でチンパンジーがヒトの赤ん坊をおそったという報告が2例あった。このうちの1例は，国立公園の外（東のマニョブ街道の近く）で起こった。1人のアフリカ人女性がたきぎを集めていると，1頭の雄チンパンジーが突然現れ，彼女に跳びかかると，背中から赤ん坊を奪い取った。母親は怪我をし，取り戻された時に赤ん坊はすでに死んでいて一部食べられていた (Thomas, 1961)。二つ目のできごとはニャサンガ海岸近くの公園（当時は狩猟保護区）内で起こった。6歳の少年が小さい弟を子守りしている時に1頭の雄チンパンジーが彼に向かって突進し，その子をうばった。少年はチンパンジーを追いかけ，チン

この犠牲者は，6歳ぐらいの時に，雄のチンパンジーが食べるために捕えた小さな弟を助けようとして，このような傷を受けた
(H. van Lawick)。

パンジーは赤ん坊をとり落とした。赤ん坊は助かったが，チンパンジーはこんどは少年を地上に引き倒して顔に咬みついた。他の女性たちといた彼の母が悲鳴に気づいてチンパンジーの方に駆け寄ると，チンパンジーは逃げた。この少年も助かったが，ひどい咬み跡が顔に残っている。それ以降はヒトの赤ん坊に対する捕殺攻撃の記録はない。

カニバリズム（共食い）

1971年から1984年までに，6頭の赤ん坊チンパンジーが研究対象のコミュニティー・メンバーによって殺され食べられるのが観察された。それらの事例の大部分はすでに詳しく述べられて，表11．8にまとめられている (Bygott, 1972; Goodall, 1977)。

そのうち3回の犠牲者は「よそもの」雌の子で1歳，1歳半から2歳，そして，1歳半と推定された。事例1と6ではカサケラの雄たちが赤ん坊の母親を激しく攻撃し，その争いの間に赤ん坊が殺し屋に捕えられるのが観察された。事例3では激しい争いの音を聞きつけて観察者が行ってみると，すでに3頭の雄たちが赤ん坊の体を食べていた。しかし，母親は観察されなかった。カサケラの雄たちがよそもの雌を同じように攻撃しているときに，また別の赤ん坊を捕まえるのも観察された。しかし，その赤ん坊は殺されたり食べられたりはせず，(4歳の子どものフロイトも含む) 4頭のカサケラの雌たちによって運ばれた後，放された。

事例2，4，5における犠牲者は，すべてカサケラの雌たちの生後1カ月以内の子で，激しい争いの後，カサケラの雌パッションによって捕まえられた。2度にわたり，青年後期の娘のポムが母親のパッションの行動を手伝った。この2頭は，そのほかにも2頭の小さな赤ん坊を捕まえようとし，パッションは単独でも明らかに3頭目を捕まえようと試みたことが観察された。

表11.8　ゴンベで観察された共食い事件（年代順）

事例番号	年月	犠牲者の性・年齢	コミュニティー	捕獲者	共食い個体	そこにいたが食べなかった個体[a]	観察者	コメント
1	1971年9月	1歳半〜2歳半 性別不明	別	ハンフリー	ハンフリー、マイク、ジョメオ	おとな雄2、雌1、赤ん坊1	D.バイゴット F.プルージ	すべての雄による母親への攻撃。赤ん坊は食べながら殺される。
2	1975年8月	3週齢、雌 ギルカの子	同じ	パッション	パッション、ポム、プロフ、スコッシャ	なし	E.トゥツロ H.マタマ	頭骨に咬みついて殺し、5時間にわたって食べ続ける。
3	1975年10月	1歳半〜2歳半 雄	別	おとな雄（複数）	ジョメオ、サタン、フィガン	おとな雄1 おとな雌1	R.バンバンガンヤ	フィガンとジョメオがすぐに死んで血を流している赤ん坊を持っているのが発見される。
4	1976年10月	3週齢、雌 ギルカの子	同じ	パッション ポム	パッション、ポム、プロフ、スコッシャ	おとな雄2 未成熟個体2	E.ムポンゴ G.キアラ E.トゥツロ	パッションとポムがギルカを襲う。ポムが前頭部を咬んで赤ん坊を殺し、5時間食べ続ける。
5	1976年11月	3週齢、雌 メリッサの子	同じ	パッション ポム	パッション、プロフ	ポム、メリッサと、メリッサの子ども期の娘	L.ルクメイ R.バンバンガンヤ	母親との激しい争い。ポムが赤ん坊を殺し、パッションとプロフが肉を分けるのを見守る。その母親と子ども期の娘がとどまって見守る。
6	1979年5月	1歳半〜2歳半 性別不明	別	シェリー エバレッド	シェリー、エバレッド、ジョメオ、マスタード	おとな雄5 おとな雌2	J.アツマニ Y.アラマシ	7頭の雄が母親を攻撃する。

a. 殺しの後に到着しても、そこにとどまらなかった個体は、そこには含まれていない。犠牲者の母親も、そこにとどまっていないならば、含まれていない。

これ以外の新生児1頭も，これらの雌たちの一方か両方によって殺された可能性がある。けんかの物音にひかれて行った観察者が，新生児の死体をしっかりとつかんだメリッサを含むカサケラ雄たちのパーティーに会ったことがある。（パッションとポムが顔見知りを殺した時と同じように）赤ん坊の前頭部はかみ砕かれていた。その後に2頭の共食い雌たちがパーティーに加わった時，メリッサはおとな雄の1頭にぴったりとより添っていた。母親の悲鳴に注意を促されたおとな雄の介入で救われたが，赤ん坊はすでに殺されていた。1974年から1977年にかけての4年間に他の2頭（ギルカの子のガンダルフとパラの子のバンダ）が生後1カ月のうちに消えた。妊娠が確認または推測されていた他の3頭の母親もまた，小さな赤ん坊を失った。この期間に自分の子を育て上げることができた母親は，フィフィ1頭だけだった。このような小さな赤ん坊の死の何例か，あるいはすべては，パッションとポムのせいだろう。

おとな雄による子殺し（事例1と6）はその母親に対する攻撃の結果と思われる（同じように残忍な攻撃をよそものの雌に対しておこなうことが他の多くの場合に見られている）。一方，パッションとポムは肉としての赤ん坊を手にいれるためだけに，犠牲者の母親たちを攻撃した。いったん赤ん坊を奪ったら，その母親に向けて攻撃をくり返すことはなかった。事実，メリッサが自分の子が食べられているところに近づくと，パッションは手をのばしてメリッサを抱いたのである。

共食いは，ウガンダ（Suzuki, 1971）やタンザニアのマハレ（Nishida, Uehara and Nyundo, 1979; Kawanaka and Seifu, 1979; Kawanaka, 1981; Norikoshi, 1982 そして Takahata, 1985）のチンパンジーでも報告されている。ウガンダでの犠牲者は生まれたばかりの子だった。捕獲は見られていないが，おとな雄によって食べられたものである。マハレの犠牲者のうちの2頭は生後1.5〜2カ月の子で，同じコミュニティー・メンバー（おそらくおとな雄たち）によって殺されたと考えられる。他の2頭の犠牲者は1歳〜1歳半と，3歳だった。1頭は同じコミュニティーの雄たちによって殺されて食べられ，もう1頭は隣のコミュニティーの雄たちによって殺された。これらの赤ん坊4頭はすべて雄だった。

共食いはライオン（Schaller, 1972），ヒョウ（Turnbull-Kemp, 1967），ハイエナ（Kruk, 1972）のような多くの肉食獣でよく報告されているが，ヒト以外の霊長類の共食いについてはいくつかの文献が見つかっただけである。アカオザルのおとな雄が最近乗っ取ったばかりの群れの子を捕まえ殺して食べたことが2例あった（Struhsaker, 1977）。おとな雄のチャクマヒヒ（*Papio ursinus*）が母親から子を奪って逃げ，食べ始めたことも観察されている（Saayman, 1971）。ゴンベでは，1頭の雌チンパンジーがひどいけがで死んだ自分の子の一部を食べた（彼女は一つの傷のまわりの肉を少しずつかじり，はみ出していた小腸を少し食べた）。早産の赤ん坊の死体が別の雌に奪われ，食べられたこともあった（A. シンジモーの観察）。フォッシー（Fossey, 1979）は，ある1頭のゴリラの赤ん坊の破片を，同じグループの他の2頭のゴリラ（雌とその息子）の糞の中に見つけた。人間以外の霊長類では，共食いはそうしばしば起こるものではない。ラングール（Hrdy, 1977），ゴリラ（Fossey, 1979）そしてヒヒ（Collins, Busse and Goodall, 1984）で述べられている子殺しのほとんどの事例では，犠牲者は食べられなかった。しかしながら，チンパンジーのはっきりした捕食行動を考えると，チンパンジーたちが人間のように時として自分自身と同じ種の犠牲者の肉を食べることは，おそらく驚くべきことではないのだろう。

協同狩猟

協同を「2頭かそれ以上のチンパンジーが同時に同じゴールに向かっておこなう行為」とわたしは定義する。その行為を合わせることによって、おそらくゴールにより到達しやすくなるだろう。2頭のチンパンジーが同じサルを追いかける時、それぞれが自分の仲間を助けるという利他的な意図ではなく、獲物を自分でつかみたいというゴールを持っているという方が考えやすい。それにもかかわらず、最終的な結果はどちらも同じである。

最も洗練された協同狩猟の例は、ヒヒに対する捕食攻撃の時に観察されている。そのいくつかはすでに記述されてきた (Goodall, 1968b; Teleki, 1973c)。すでに指摘したように、チンパンジーが1頭だけでヒヒの狩りをすることはまれである。実際たくさんの例で、1頭のチンパンジーが捕獲の可能性を仲間に知らせようとしているようにみえた。たとえば1980年にゴブリンは、遊んでいる赤ん坊のヒヒの集団をじっと観察した後で、サタンとエバレッドがグルーミングをしている1本の木まで行った。ゴブリンは毛をさか立てて木の下に立ち、エバレッドとサタンを見てそれからヒヒへと視線を移した。サタンとエバレッドはただちに木を降り、ゴブリンとサタンは歯をむき出して金切り声を上げて抱き合った。そして3頭全員がゆっくりと幼いヒヒの方へと近づいた。この狩りは、彼らがおとな雄のヒヒに追い払われたので成功しなかったが、別の時にも、1頭のチンパンジーが自分の狙ったヒヒの方へ歩きだし、立ち止まり、振り返って仲間の雄を見たことがあった。そして時にはその雄にさわろうと腕を伸ばした。その後彼らはしばしば一緒に狩りをした。

時たま、群れからわずかに離れていて獲物となりそうなヒヒがいると、3頭あるいはそれ以上のおとな雄のチンパンジーのうち、1頭が獲物の方に登り、他のものが逃げ道を塞ぐように注意深く位置につくことがあった (Goodall, 1968b; Teleki, 1973c)。比較的最近の観察からの1例について、その行動を示すと以下のようになる。1979年9月、1頭をのぞくカサケラのおとな雄全員が下ムケンケ谷を移動している時、彼らはまだ体の黒い小さな子を連れた1頭の雌ヒヒに会った。そのヒヒは1本のアブラヤシの木で採食していて、まったく単独らしかった。ゴブリンは歯をむき出し、柔らかくかん高い声を発すると、手を伸ばしてサタンに触れた。6頭の雄すべてが毛をさか立てた。雌ヒヒはチンパンジーに気づくと、採食をやめて彼らの様子をじっと見守った。およそ30秒たって、その雌は不安な様子を示し始め、小さく咳こむような声を発して、後ずさりし、捕食者たちから遠ざかった。ジョメオは非常にゆっくりと他の雄たちから離れて、そのヤシの木の近くの木に登った。この時になって雌ヒヒは悲鳴をあげ始めたが、まだ逃げだしはしなかった。ジョメオは雌ヒヒからおよそ5m離れた同じ高さの枝まで登ると、そこでとまった。そして雌ヒヒをにらみつけ、追い払うかのように1本の枝を揺すり始めた。雌ヒヒはさらに大声で悲鳴をあげたが、声が聞こえる範囲にヒヒが1頭もいないことは明らかだった。2分後、フィガンとシェリーもゆっくりと移動して、それぞれ別の木に登った。こうして、雌ヒヒが自分のいるヤシの木から飛び移れる木にはそれぞれ1頭のチンパンジーがいて、残り3頭はそれを見上げたまま地上で待っていた。この時点でジョメオはヤシの木に飛び移った。ヒヒはフィガンのいる木に向かって

大きくジャンプし，そこであっさりと捕まって赤ん坊を奪われた。母親は6mほど逃げてから，悲鳴を上げながらもそこにとどまった。そしてチンパンジーがわが子を食べているあいだ，15分にわたってワー・フーと鳴き続けた（A. イブラヒムとS. ルケマタの観察）。

このようにしてわなにはまったヒヒは彼女だけではない。1968年のある捕獲は，子ザルを自分の腹につかまらせたおとな雄のヒヒが採食しているヤシの木に，チャーリーが登っていった時に起こった。チャーリーはゆっくりとその木にもたれかかると，子ザルをつかみ急いで下で待っている他のチンパンジーのところへと降りた（Ransom, 1972）。1969年の別の例では，フィガンが1頭の小さな雄の子ザルを，アブラヤシの樹冠から樹冠へと追跡してはまた戻ることを3回繰り返すのが観察された。ヒヒはだんだん恐怖をつのらせ，追跡は次第に速くなった。ついに標的は大きく跳んで隣の木に移り，それまで地上で待っていた別の雄チンパンジーに捕まりそうになった。しかし，1頭の雄ヒヒが救援に駆けつけて子ザルは逃げおおせた。

捕獲が成功した時に必ず起こる，おとな雄のヒヒの激しい妨害のあいだも，殺し屋が獲物を確保し続けるためには，他に雄チンパンジーのいることが重要である。1979年に起こったある事件では，ハンフリーが1頭の子ザルを捕まえた時，雄ヒヒたちが極度に激しく攻撃してきた。しかし，他の5頭のチンパンジーが葉を叩き（そのうちの1頭は）たくさんの石を投げつけて，ヒヒに向かって攻撃を繰り返したので，雄ヒヒたちはハンフリーに攻撃を集中することができなくなった（H. ムポンゴとR. ファジリの観察）。

協同戦術はコロブス狩りでも観察された。ビュス（Busse, 1977）は，1973〜74年の間に，2頭以上のチンパンジーが，同時に同じサルを追跡するのをわずか2例しか記録していない。どち

らの場合も，協同には兄弟ペアが含まれていた。しかし，その後は非血縁雄間の協同もたくさん観察されている。たとえばある時，シェリーとゴブリンは1頭の子どもコロブスを追跡した。長い狩りの中で，ゴブリンは，2度にわたって木から急いで降りて地上を走り，逃げていくサルの前方にある別の木に登った。そして2度目の追跡でそのサルはシェリーによって捕まった（H. ムコノとJ. アスアニの観察）。また別の時には，フィガンとエバレッドが同じ獲物を追跡した。フィガンは（枝をすり抜けて）前方へ走り，そのためサルは急に向きを変えた。エバレッドが獲物に跳びかかって失敗したのち，フィガンが捕まえた（H. ムコノとJ. アスアニの観察）。協同狩猟の最もよい例の一つは，1969年に，5頭のチンパンジーが高い木の上にいる1頭の雄コロブスを取り囲んだときに観察された。2頭のチンパンジーがコロブスに向かって走ると，コロブスは次の木に飛び移った。しかし，そこで待っていた1頭のチンパンジーがたちまち同じ枝に駆け寄って，コロブスの逃げ道を遮断した。コロブスは元の木に戻されたが，そこでふたたび逃げ道は遮断された。こういう状態がおよそ15分続いたのち，追跡者の1頭が（疲れきったような）獲物をやっと捕まえた（D. バイゴットの観察）。また別の協同的なコロブス狩りはワード・ピクチャー11.1に見られる。

協同はヤブイノシシ狩りでも観察された。ある時，ハンフリー，エバレッド，フィガンとサタンが，少し大きな子を連れた1頭の雌イノシシに会った。イノシシは絡みついた葉が密生したやぶの中に逃げ込んだ。殺し屋たちは1頭か2頭で突撃し，しげみを取り囲んでイノシシの逃走を防いだ。およそ10分後，1頭の雄がやっと獲物をつかんで他の3頭も集まって来ると，おとなのイノシシは（おそらく，人間の観察者がいたために）走り去った。チンパンジーが単

ポム（左），パッションとプロフが生まれたばかりのギルカの赤ん坊の肉を分け合う（E. Tsolo）。

　独でそんなに大きな獲物を捕まえることはたぶんできなかっただろう。たとえ獲物を捕まえたとしても，おそらく殺すことも母イノシシの突撃から逃れることもできなかっただろう。別の時に，1組のイノシシの母子が走り込んだしげみを一心にのぞき込んだ後で，フィガンはジョメオを振り返り，普通つれそい関係の雌を呼び出す時につかう，特徴的な枝ゆすりをおこなった。ジョメオは現場に急行し，2頭の雄がしげみに入って1頭の子どものイノシシを捕まえた（H. マタマと R. バンバンガンヤの観察）。

　子殺しのパッションとポムの非常に緊密な協同もまた興味深い。確かに1975年にパッションは単独でもギルカの子を捕まえることができた。しかし，ギルカは小さくて弱く，小児まひの流行で片方の腕と手が部分的にまひしてしまっていた。また，鼻と瞼をキノコ病でやられていた。

その翌年にギルカがふたたび攻撃された時，彼女のキノコ病はかなりよくなっていて，以前よりよく戦った（彼女は次に何が起こるかを知っていた）。もし，彼女の闘争相手が1頭だけだったら，自分の子を守れたかもしれない。しかし，その攻撃のあいだや，1976年のメリッサに対する攻撃でも，パッションとポムは見事なチームワークを見せた。重くて力の強いパッションが母親をつかみ，その間にポムは赤ん坊を引っ張った。（ポムが妊娠していて参加しなかった）1978年にパッションがひとりでミフを攻撃した時，途中で両者が1本の木から地上まで6mも落ちるほどの長い激しい闘争をしたにもかかわらず，パッションはミフの赤ん坊を捕まえることができなかった。

　まとめると，チンパンジーはある種の獲物なら1頭でも非常にうまく捕殺することができる

し，実際にそうすることもある。しかし，殺し屋仲間がいれば有利になることが多い。特にヒヒやヤブイノシシの大きな子どもなどを狩る場合には，殺し屋仲間の存在が狩りの成功に必要不可欠でさえある。またその他の場合でも，フィガンがイノシシ狩りの時にジョメオを呼んで参加させようとしたように，殺し屋たちは，独力ではうまくいかないことがあるのをよく知っている。

──────────────── ワード・ピクチャー11.1　コロブス狩り

1978年7月19日　観察者：H. ムポンゴとG. カケラ

　追跡個体はおとな雄のエバレッド。最優位雄のフィガンと2頭の青年雄アトラスとベートーベン，それから2頭の雌ギギとミフと，ミフの子どもが，エバレッドと一緒に移動していた。7時44分，この小パーティーがコロブスの1群に会う。すぐにフィガンとエバレッドは立ち止まり，毛をさか立てながらコロブスをにらんだ。フィガンはエバレッドの腰のあたりをつかんで抱きしめる。柔らかい高い声を上げてサルを注視しながら，チンパンジーは全員で地上を走り始める。一方，サルは警戒音を上げて枝伝いに逃げだした。7時45分，2頭のおとな雄（フィガン，エバレッド）はアトラス，ベートーベンとともに木に登り，1頭の小さな子どもを追いかけた。ちょっとして，彼らは追跡をあきらめたかのように地上に戻ったが，2分後にフィガンとエバレッドはふたたび木に登って追跡する。エバレッドが1組の母子を追走すると，3頭の雄コロブスが枝を揺すり威嚇の声を上げながら走りよった。エバレッドは大きく吠え，さらに悲鳴を上げながら地上まで追い落とされた。フィガンは木の上で狩りを続行した。

　7時49分，エバレッド，アトラスそしてベートーベンがふたたび木に登る。コロブスの大きな子どもが1頭，最も近い群れメンバーから約10m離れた高いムセビの木に孤立。チンパンジーが近づくと，狙いをつけられたそのサルは悲鳴をあげ，チンパンジーたちは餌発見の声をあげて，その木の近くによって休み，一心に獲物を観察。それから，アトラスとベートーベンがわあわあと大きく吠えて追跡，フィガンも参加した。

　7時50分，コロブスは大きくジャンプして隣の木のごく細い枝に移った。フィガンは追跡できなくて立ち止まったが，他の3頭の殺し屋は樹上の別のルートをつたって追いかけた。エバレッドはコロブスの逃げ道を跳びはねながら獲物の前にでる。獲物が立ち止まり，殺し屋どもも一息ついて餌物を見つめ，そして大きな餌発見の声をあげた。

　7時54分，ベートーベンが枝の最先端につかまっているコロブスに近づいた。短い金切り声にワァワァいう声を混じえて，ベートーベンはゆっくりと接近。コロブスの約1m以内に来ると，ベートーベンはとびきり大きなワー・バーク（吠え声）を発し，1本の枝を揺する。コロブスはふたたび大きくジャンプして隣りの木におりる。そこでコロブスは木のまわりをまわっていたフィガンに会い，フィガンはコロブスに突進。7時55分，フィガンは獲物から2mで，その尾をつかもうとするが失敗。コロブスは細い枝に飛び移る。フィガンが後を追い，その枝が折れてフィガンと獲物の両方が約10m下の地上に落ちる。コロブスは走り去るが，フィガンは落下で驚いたかのようにゆっくりと起き上がる。アトラスとベートーベンは，音をたてて地上におり，コロブスの後を追うが，エバレッドはそれを見ながら樹上に残留。しばらくして，2頭の青年狩猟者に追いかけられた獲物は，ふたたび枝に跳びつき，7時56分にアトラスがやっと捕まえる。獲物は大声で悲鳴をあげ，2頭の雄コロブスが救援に走ってくるが，アトラスは獲物を手にしてこれを避ける。すぐにベートーベンはアトラスの近くまでかけのぼって，その獲物につかみかかり，悲鳴をあげているコロブスの顔に咬みつく。フィガンは大きな餌発見の声をあげ，ゆっくり近づく。フィガンは獲物を取ると，頭を壊し脳みそを食べ始める。その間ベートーベンは，獲物の鼻と唇を噛み，アトラスは背中から肉をはぎ取る。さっきまで悲鳴をあげていた3頭のチンパンジー全員が静まりかえる。

　8時3分，突然フィガンは毛をさか立てて，アトラスとベートーベンから死体を奪う。すぐにアトラスは大声で悲鳴を出し始めたが，フィガンが手を伸ばしてアトラスの背中に，さらに股に手をあてると，やっと静まる。しばらくしてエバレッドが近づく。

雌のギギ，ミフと，ミフの子が，エバレッドの後に
ぴったりとつく。全員がフィガンに対し大声で咳こ
むような唸り声を発し，分け前をねだり始める。
ベートーベンは1本の足を噛んでいるアトラスの近
くにすわり，彼を見ながらクークーという哀訴の声
を発する。

　8時8分，パラスとその家族が到着。肉を持って
いないエバレッドは毛をさか立て，パラスがエバレ
ッドに対し服従的にパント・グラントを発した時で
さえ，彼女に跳びかかって尻を叩いて攻撃する。

　8時12分，フィガンは獲物の腹を裂き，アトラス
に内臓すべてを取らせる。8時15分まだ分け前にあ
ずかっていないエバレッドは，ふたたびパラスを攻
撃するが，パラスは悲鳴を上げながら地上まで駆け
降りて，完全に殺しの場面から離れる。子どもも追
随する。同時に母親のアテネが到着。咳こむような
唸り声を発しながらフィガンの方へのぼるが，出会
っただけでエバレッドに激しく攻撃される。アテネ
は悲鳴を上げてエバレッドから離れ，ふたたび獲物
を持っているフィガンの方へ移動。

　8時20分，フィガンは自分のまわりに集まってい
る連中から跳び離れる。片手で死体を叩きつけなが
ら地上でディスプレイをして，それから別の木に登
る。誰もがフィガンの後を追い，ふたたびおねだり
を始める。フィガンは片腕を切り裂く。ミフはそれ
を取ると移動し，息子のミカエルマスとモーが後に
ついて行ってねだる。ミフは小片をミカエルマスに
あたえ，モーに骨の残りをかじらせる。それからフ
ィガンはギギに大きい部分（尻の肉がついた片足）
を取らせる。すぐにエバレッドがギギを攻撃するが，

すさまじい大声でスクリーム（悲鳴）を上げながら
も，ギギは必死に肉片につかまる。フィガンはエバ
レッドとギギに向かってディスプレイをする。エバ
レッドはギギとの争いをやめるが，彼女が立ち去る
までつきまとう。エバレッドは毛をさか立ててギギ
の近くにすわるが，もはや彼女を攻撃することも，
フィガンにおねだりをすることもなかった。

　9時に雄のジョメオ，ゴブリン，ジャゲリ，プロ
フが到着。ジョメオとゴブリンは肉食している集団
の下で激しくディスプレイ。ジョメオはギギのとこ
ろに駆け上がり，彼女を強く打って攻撃し，それか
ら肉をつかんで引っ張る。しかし，ギギは肉にしっ
かりとしがみついてジョメオを追い払う。そのあい
だにゴブリンは毛をさか立て，ゆっくりとギギに近
づいてくる。依然として悲鳴をあげながら，ギギは
木にのぼって逃げるが，ゴブリンはまだゆっくりと
後を追い，おねだりをし始める。5分たっても，彼
は非常に熱心にねだり続ける。ギギが肉を持ったま
ま背を向けるとゴブリンもその方へ動くが，むりや
り肉を取ろうとはしない。ここで初めて，ギギはゴ
ブリンに肉を分けあたえた。アテネの娘，アフロは
一家がそこに到着してから，ずっとフィガンの近く
にいたが，彼女もやっとフィガンが食べていた足の
残りを手にいれる。9時6分突然ギギは自分が持っ
ていた肉片を捨て，ゴブリンがそれを持ち去る。同
時に，息子のギンブルを連れたメリッサの姿が現れ
た。メリッサたちはゴブリンの方へのぼり，プロフ，
ジャゲリと並んでゴブリンにおねだりをする。

　9時16分，追跡個体のエバレッドはまったく肉を
食べないまま，ついにその場から立ち去った。

<hr>

殺　　　し

　チンパンジーが獲物を殺す時には以下のよう
な方法がある。(a) 頭か首に咬みつく。(b) 枝や
岩や地面に獲物の体を打ちつけて頭をつぶす。
(c) 腹わたをひき出す。(d) 単純に獲物をつかん
で死ぬまで肉片（または四肢）を切り裂く。数
頭のチンパンジーが1頭の小動物にたかった時
は，捕獲した途端に，獲物は文字通りちりぢり
に裂かれてしまう。赤ん坊や子どものコロブス，
体毛のまだ黒い赤ん坊のヒヒ，縞もようのつい

た子どものイノシシなどの小さい獲物は，いつ
も食べられながら死んでゆく。これらの獲物の
脳はほとんどいつも最初に食べられるので，死
はたちまちおとずれる。チンパンジーはしばし
ば獲物の首をつかみながら頭に咬みつき，前頭
骨を割る。捕獲の状況がよく観察された赤ん坊
や子どもコロブス34頭のうち，31頭はこうして
殺された（2頭は叩きつけられ，1頭は腹を裂
かれた）。

295 ── 狩　　猟

おとなのサルやヤブイノシシの大きな子のような獲物には，時として問題がある。チンパンジーは肉食獣のような歯を持っていないので，獲物の皮を切り裂くのは少々難しい。木の幹や岩に打ちつけてつぶしたり，足を引きちぎったり（時には折ったり）することを組み合わせて，大型の獲物でも 5 〜10分のあいだにまったく動けない状態にできるが，本当に死ぬのはずっと後のことである。1975年から1980年までに17頭のおとな（また青年期の大型）のコロブスが捕えられて食べられた。さらに，殺されはしなかったが，捕えられひどく傷つけられたのが 2 頭いた。これらの事例には，15頭のおとな雄チンパンジーがかかわっていた。6 例では獲物は捕獲から 5 分以内に殺された。2 頭あるいはそれ以上の雄の殺し屋によって，獲物は引き裂かれたり窒息させられたり，腹を裂かれたりした。3 例は，大型のサルの獲物に対し，10分かそれ以上も奮闘した若ものや雌におとな雄が加わり，たちまちその獲物を殺してしまった。しかし，ジョメオと弟のシェリーによって叩きつけられたり，踏みつけられたり咬まれたりして，最終的に死ぬまでに10分近くかかった獲物もある。また別の時，ジョメオは捕まえたおとなのコロブスをすぐに動けなくしたものの，その獲物が最終的に死ぬまでに47分間も食べ続けた。

おとな雄たちがおとなのサルを数回叩きつけたり，腹を裂くなどした後，ほうり出してそのまま戻ってこないことも 3 回あった。ハンフリーとフィガンが，妊娠した雌コロブスの腹を引き裂いて胎児をひき出して食べたのに，母ザルへの興味を失ってしまったことが 1 度あった。これらの事例における 4 頭のサルはすべて，最終的には若ものか雌チンパンジーによって殺され，食べられた。若もの雄が実際おとなのサルを相手に長々と奮闘したことは 8 回あった。そしてそのうちの 2 回では，殺し屋は少しの肉も食べずに犠牲者が死ぬ前にあきらめてしまった。

以下の二つの例は，悪寒を覚えるようなエピソードである。1977年に雄のジョメオは，樹上でおとな雄のコロブスと短い奮闘をした後で，犠牲者の尾をもって地上まで引きずり降ろし，そのコロブスを引きずりながらディスプレイした。犠牲者は一つかみの植物をしっかりと握っていたが，ジョメオがつかんでいる手をふりきるほど強くはなかった。捕獲者は去り，犠牲者はかすかにキーキー悲鳴をあげながら横たわっていたが，すでに歩くことはできなかった。若もののフロイトが，そのコロブスに近づき手に咬みついたが，犠牲者が乱暴に動いたので引き下がった。5 分後，ジョメオの弟のシェリーが近づき，その尾をつかんで引っ張りながら少し進み，それからまわり込んで顔に咬みついた。シェリーはふたたび尾をつかみ，乱暴にディスプレイをして犠牲者を木や岩に 3 回叩きつけた。すぐにジョメオが戻って来て，彼もその犠牲者を引きずったり叩きつけたりしてディスプレイをした。もう 1 度コロブスは地上に横たえられたままになったが，まだ完全には死んでいなかった。また別の若もの雄のチンパンジーが近づき，のぞき込んでからその生殖器の部分を咬みとった。フロイトが戻ってきてさらに咬みとり，そのあとジョメオは犠牲者を完全に去勢してしまった。捕獲から 9 分後のこの時点でそのサルは死んだ（R. ファジリと H. マタマの観察）。

1980年にマスタードは大きめの赤ん坊を連れた雌コロブスを追跡して捕まえた。マスタードが子ザルにつかみかかろうとした時，彼と母コロブスは地上に落ち，子どもは逃げた。母コロブスもマスタードに激しく追いかけられながら逃げ去った。彼は母コロブスを20ｍほど追いかけ，その尾をぐいと引っ張って，ディスプレイした。母親は前の事例と同じく植物にしがみついたが，役にたたなかった。マスタードは一息つくと，ふたたびそのコロブスにつかみかかり，地面に打ちつけ踏みつけ蹴とばして，乱暴にデ

ィスプレイした。このあとマスタードはすわりこんで，消耗しつくした母コロブスの背中をひっくり返して，その腹に咬みつこうとした。しかし，コロブスがマスタードの手を咬んだために失敗し，彼は悲鳴を上げた。もう1度彼は立ち上がって叩き，かん高く大声を上げ続けながら跳びかかり，踏みつけた。彼の金切り声が，雄のエバレッドとフィガンの注意をひき，2頭は駆けよってその獲物を奪った。フィガンはコロブスの腹を引き裂き，その顔を咬んだ。その間，エバレッドは足を引きちぎり，この時点でコロブスは最後の声をあげて死んだ（H. ムコノの観察）。

死んだことが確認されたヒヒの赤ん坊や子どもの大部分は，捕えられてからすぐに死んだ。しばしば数頭のおとな雄のチンパンジーが駆けよって，犠牲者の体をばらばらに引き裂く。しかし，生後10カ月のある子ザルは，単独のおとな雄によって食べられたのだが，捕獲されてからも40分間にわたって生き続け，か細い声で助けを呼んでいた。3頭のヤブイノシシの大きな子どもは，ゆっくりと引きちぎられたために死ぬまでに11～23分かかった。その中の最大のイノシシは，ハンフリーが心臓を引き抜いた時に最後の悲鳴をあげた。

略奪と死肉食い

略　　奪

チンパンジーがヒヒからブッシュバックの子どもを奪って食べたことが確認または推測された事例は27回観察された。そのデータは次のページにまとめる。

獲物の略奪が確認または推測されたうちの10回（37％）は雌によるものである。その一つはワード・ピクチャー11. 2に記述されている。おとな雄による略奪の典型例は，1978年10月に起こった。8時10分にハンフリーとサタンはヒヒの声が突然沸き起こるのを聞いた。彼らは毛をさか立てながら歯をむきだし，金切り声をあげて抱き合うと，その声の方へと走った。観察者が5分後に追いついた時，ハンフリーはすでに獲物を樹上に持って上って殺していた。母親のブッシュバックはまだ近くにとどまり，落ちてくる食べ残しを地上で探している（キャンプ群の）ヒヒたちに突撃していたが，人間たちが到着するとその場を去った。1頭のおとな雄のヒヒは肉を分け合っているハンフリーとサタンの近くにすわった。そのヒヒは何回も大きなあ

くびをして犬歯を見せ，まぶたの白っぽい皮膚をちらちらさせながらチンパンジーを威嚇した。それで，両方のチンパンジーは威嚇するように腕を上げ，ワー・バークを発して応酬した。約1時間後，別の雄チンパンジーが突然出現したことに驚いて，ハンフリーは自分の分け前（尻の大部分と両方の後肢）をとり落とした。彼はそれを追ってすばやく降り始めたが，若雄のヒヒのヘクター（ヒヒの名前）がいちはやくそれを持って逃走した。そのグループに加わり，やはり肉の分け前を待っていた3頭のチンパンジー（2頭の若もの雄と雌のギギ）によって，ヘクターは激しく追いかけられた。4時間後ギギをふたたび見つけた時，彼女は子ジカの皮を持っていた！（A. セキとH. ムコノの観察）。

ゴンベのヒヒが，チンパンジーに邪魔されずにブッシュバックを殺したり食べたりするのを，少なくとも13回観察している。ヒヒはまた，ヤブイノシシの子ども（2回みられた）や，フルーツコウモリ，ネズミ，鳥，トカゲ，ヤモリ，カエルも捕食する。チンパンジーたちがホロホ

観察	みられた回数
ヒヒが実際に子ジカを殺し，それをチンパンジーが取ったのがみられた。	2
興奮したヒヒの声の方へチンパンジーが突進。そのうち7回はこの声が死にそうな子ジカの〈メー〉という声とまじり，チンパンジーが獲物を得たのを確認。	12
追跡中のチンパンジーがヒヒの声の方へ走った。観察者は数分後に到着。ヒヒに囲まれたそのチンパンジーが（腹をさかれた）子ジカを叩きつけるのを発見。	1
チンパンジーとヒヒの興奮した声が沸き上がり，追跡中のチンパンジーか観察者がその声の方へ行くと，ヒヒに囲まれたチンパンジーが子ジカを食べていた。	11
チンパンジーとヒヒのなき声が沸き起こる。チンパンジーが声の方へ駆け寄り，やがてブッシュバックの死体の一部をもって現れる。	1

ロ鳥を食べている雄ヒヒに出会った時，その中のマイクはヒヒを追いかけて獲物の大部分を奪った（Morris and Goodall, 1977）。実際チンパンジーがヒヒから肉を奪おうとしなかったのは，たった1例だけである。それはおとな雌のウィンクルがキャンプ群の3頭の雄のヒヒたちと出会った時で，雄ヒヒの1頭は，殺されたブッシュバックの死体の一部を持っていた。おそらくその時，ウィンクルが努力をするほど肉は多くなかったのだろう。また，雌のチンパンジーたちがヒヒの興奮した声の方へ走ったことがあったが，ヒヒの雄同士が発情した雌をめぐって激しく争ったことが原因となってひと騒動起きただけ，ということが2例あった（これらは，チンパンジーがヒヒの声をいつも正確に解釈して

いるわけではないことを示す興味深い例である）。

チンパンジーが子どものイノシシを狩るところに，ヒヒがいたことが1度あった。雄のヒューゴーが子どもイノシシを捕まえて獲物を地面に叩きつけると，1頭の雄ヒヒが駆け寄って威嚇した。残念なことにそのヒヒは，人づけされた群れの個体でなかったので，観察者に気づくと走り去った。おそらくヒヒも同時に，同じイノシシを相手にして狩りをしていたのだろう。他の2例では，チンパンジーが子どもイノシシを殺した直後にヒヒが到着し，食べ残しを食べた。また1例，調査のごく初期に，わたしはデイビッド老人が1頭の子どもイノシシを食べている傍らで，おとな雄のヒヒがじっと見ているのを発見した。双方のあいだには実際の闘争も含めていくつかの攻撃的事件が起こった。これとは対照的に，チンパンジーがコロブスを食べたすべての事例のうち6例では，ヒヒが傍らにいたが何もしなかった。そしてそれらの事例で，ヒヒたちは肉を食べたり，食べ残しを探すことにまったく関心を示さなかった。しかし，ごく最近おとな雄のヒヒがチンパンジーからコロブスの肉を取ろうとしたのが観察された。そのヒヒはチンパンジーが肉を食べている木の下で何時間にもわたって食べ残しを探しては食べた。

1頭のヒヒがチンパンジーから肉をかすめ取ることに成功したのが，たった1例だけ観察された。（キャンプ群の）若い雄のヘクターは，パッションと彼女の家族が獲物の鳥を食べるのをじっと観察していた。パッションの幼い息子のプロフが母親からの分け前をやっと手にいれて，それを食べるために母親から少し離れた。ヘクターはすぐに後を追って，プロフの大きさほどもある1枚の翼をすばやく奪うと，それを持って走り去った。プロフは怒って悲鳴をあげパッションのもとへ走って帰り，ヘクターの方へ向かって威嚇をしたが，むだだった（E.ム

ポンゴと Y. アラマシの観察）。もし（ヒヒが
チンパンジーから「略奪する」ような）この種
の出来事が今後も記録されないとすると、これ
は非常に珍しいことだったといえよう。

死肉食い

ゴンベの研究史の中で、チンパンジーが地上
で見つけた肉片を食べたのは、わずか10回観察
されただけである。その4回は、チンパンジー
がその前に殺したものの残りを食べたものだっ
た。その発見者自身が同じ日の早い時間に放棄
した部分を食べるためにもどったことが2回あ
った。1回は肉食事件に参加しながら分け前を
得ることができなかったギルカが、次の日に戻
って来て見つけたものである。犠牲者はひどく
傷ついたおとな雌のサルだったが、まだ生きて
いた。また別の個体は、他のチンパンジーたち
が数時間前に放棄したサルの半頭分を手に入れ
た。拾い食いされた別の5頭のコロブスも、そ
れ以前にチンパンジーが殺して置き去ったもの
だったのだろう。確かに2頭のコロブスは、少
し前に狩りがおこなわれた場所のすぐ近くで発
見された。ゴンベのチンパンジーはいつも死体
を全部食べるのだが、特に複数の獲物が殺され
て、全員に肉がたくさんいきわたると、あるい
は1頭か2頭で肉食する時などには、肉片が放
棄されることがある。全員がおそらく満腹した
のだろう（ときどきだが、厚切りの肉が翌日の
食事か夜中の宴会用にベッドに運ばれることも
あるではないか）。

チンパンジーの捕食の残りではない死肉食い
の例がある。H. マタマの観察によるとコロブ
スの群れのあいだに闘争があったようで、その
間にあるおとな雄のコロブスが子ども雄を捕ま
えて咬んだ。その子どもは地上に落ち、出血し
て10分以内に死んだ。死体が調査のために運ば
れた。わたしが何枚か写真を撮っていると、突
然黒い手がフレームの中に現れて死体は消えて

しまった！ 若もの雌のグレムリンが静かに近
づき、その死体を取ってしまったのである。そ
の死体は彼女と一緒にその場に来たジョメオが
たちまち横どりした。そして（グレムリンの母
を含む）小さなパーティーはその日の大半の時
間を死肉食いに費やした。

他の事例では、その日にヒヒが放棄したブッ
シュバックの子ジカの残りや、まだ温かいホロ
ホロ鳥の死体をチンパンジーが無視したことも
あった。私たちが（槍による傷で死んだ）おと
な雄のヤブイノシシの死体を置いたところ、キ
ャンプ内でそれを見つけた多くのチンパンジー
は、毛をさか立ててにらんだり、小さなフーと
いう声を出したりして恐れを示す行動をした。
多くのチンパンジーはそれからまわり中の地面
の臭いをかぎ、近くの木の幹や枝の臭いさえも
かいだ。チンパンジーはこの地域でおとなのイ
ノシシを殺すことのできる唯一の捕食者である
ヒョウの痕跡を探しているようだった（人間も
捕食者であるが、チンパンジーが樹上で人間の
痕跡を探すとは思えない）。

マハレでは4回の死肉食いの観察がある。2
回はブルーダイカーのおとな雌の死体で、2回
はおとなのブッシュバックだった。ダイカーの
うちの1頭は、死んでから少し時間がたって腐
り始めていた。それはある青年雄によって運ば
れてとり落とされたが、後で調査員がチンパン
ジーのグループにそれを差し出すとすぐにひっ
たくられ、14頭のチンパンジーによって2時間
でほとんど完全に食べられてしまった。2頭目
のダイカーは調査員が発見し、その死体はキャ
ンプに運び込まれて皮をむかれた。チンパン
ジーは捨てられた内臓と他の残りかすを食べた。

ブッシュバック2頭は両方とも確かにヒョウ
によって殺されたものだった。彼らの死体はチ
ンパンジーによって発見された。チンパンジー
はしばらくのあいだ、付近の葉のにおいを一心
にかいで、（ゴンベの場合と同様に）木に登り

幹のにおいさえかいだ (Hasegawa et al., 1983)。

ワード・ピクチャー11.2　１頭のヒヒから獲物のブッシュバックを奪う

1981年11月10日　観察者：H. ムポンゴと
　　　　　　　　　　　　　　　H. カヘラ

午後２時12分，メリッサは（妊娠中の）娘のグレムリン，幼い息子のギンブルと一緒にヒヒが殺しをしている声を聞き，ただちに騒ぎの方へと急ぐ。現場に着くと，１頭のおとな雄のヒヒが殺したばかりの子ジカの肉を引き裂いているのを見つける。他の雄ヒヒたちは地面を叩き，あくびのたびに犬歯と白いまぶたを誇示し，恐ろしげに響き吠えるようなブーブー声を出しながら，その雄を威嚇している。メリッサとグレムリンは彼らの方へゆっくりと進む。ヒヒは自分の獲物を引きずって，ちょっとだけ移動し，ふたたび食べ始める。

午後２時14分，メリッサとグレムリンは突然大きなワー・バークをあげて腕を振りながら，そのヒヒめがけて走る（ギンブルは木に登って樹上から彼らを追う）。ヒヒが犬歯を見せてチンパンジーの方へ突進しながら威嚇すると，メリッサはクークーという哀訴の声を出しながら立ち止まる。不意にメリッサは太い枯れ枝をつかむと，毛をさか立てそのヒヒの方へ放りなげる。ヒヒは吠えるようなブーブー声をひと声なくと，横にとびのく。そのミサイルは彼からはずれる。メリッサは枝葉を乱暴に揺すりながらディスプレイをして，跳び上がったり降りたりしながら，次第にそのヒヒへと近づいていく。すぐにヒヒは肉をとり落とすとメリッサに突進し，体が触れるや彼女の腕を咬みそうになる。メリッサは大きなワー・バークをあげながら腕を振りこぶしで打つ。ヒヒは引き返すと自分の獲物を回収する。メリッサはその後を追い，立ち止まってヒヒがその獲物を引きずり続けるのをじっと見る（その間にグレムリンは３ｍほどの距離まで引きさがっていた）。

午後２時15分，メリッサとグレムリンはふたたび腕を振りワー・バークを発しながら，そのヒヒの方へ進み，ヒヒは今や狂ったように獲物の尻を裂き始める。彼が食べているのをメリッサとグレムリンはじっと見つめる。ギンブルが木を降りて母親のそばにくる。

午後２時20分，ヒヒは突然ギンブルに駆けより，ギンブルは悲鳴をあげて木にかけのぼる。ヒヒは自分の獲物へ戻って引き裂く。それからメリッサがふ

たたび枝葉を乱暴に揺らして大きな声でワー・バークを出しながら，ヒヒに向かってディスプレイを始めると，ヒヒは獲物を口にくわえたまま移動する。ヒヒが後退する時に獲物は植物に引っかかる。引っ張っても動かないので引き裂こうとするが，そのあいだもメリッサは枝を揺らし続ける。メリッサはヒヒに近づかずに注視しながらクークーと哀訴の声を出す。突然，ヒヒは肉の１切れを引き裂くと走り去る。ただちにメリッサは，その獲物の方へ駆け寄ってかたまり全体をつかむ。しかし，ヒヒはただちに戻って来て，ふたたび吠えるような唸り声をひと声発し，犬歯を誇示しながらメリッサの肉を引っ張る。メリッサは悲鳴を上げながら決然と持ちこたえるが，グレムリンはふたたび引きさがる。今度はグレムリンが木に登り，ギンブルと一緒に樹上からメリッサの方に近づく。２頭はワー・バークを発し，グレムリンはヒヒの真上で枝を振ったり，揺すったりし始める。メリッサは依然として死体にしがみついており，それを持ってグレムリンの方へと木に登り始める。突然ヒヒは死体を放してしまう。メリッサは前肢を１本もって死体を肩にのせる。ヒヒは真下から見上げて歯をむき出し，チンパンジーに跳びかかる。この時グレムリンは１本の枯れ枝をつかんで折ると，そのヒヒめがけて叩きつける。ヒヒが立ち止まりその場にすわると，グレムリンはヒヒめがけてその枝を投げるが当らない。これに対してヒヒはメリッサに向かって威嚇しながら突進する。しかし午後２時25分，メリッサは今やヒヒを完全に無視して獲物を食べ始め，グレムリンとギンブルは近くに移動してこれに加わる。

これらの出来事のあいだ中，他のヒヒたちは，ブーブー吠えて威嚇しながら，付近をぐるぐるまわっていた。しかし彼らがメリッサと実際に衝突することは決してなかった。子ジカの所有者はその肉を自分自身で守るように放っておかれたのである。チンパンジーが食べているあいだ，獲物を失ったヒヒは近くにすわり威嚇を続ける。しかし午後２時40分，さらに２頭の雌のチンパンジーが到着し，メリッサのまわりに群がっておねだりをすると，この時点でヒヒはその木を去る。ヒヒの群れの残りのメンバーは，木の上から落ちてくる残りかすを地上で探し始

める。

午後３時10分ヒヒは去り，チンパンジーはまだ肉を食べている。午後５時40分メリッサは死体の残り——頭，首と胸部——を背中にのせて移動する。午後５時50分，ギンブルがその肉を引っ張るとメリッサはひと切れ裂いて持ち，残りを置いていく。ギンブルはそれを引きずろうとするがうまくいかない。そこへグレムリンが登って来て，餌発見の唸り声をあげ，自分の持っていた肉片を落とすと，メリッサにならうようにその死体を引きずった。午後６時，ついにグレムリンは肉片を１枚引きはがし，死体の残りを地面に置いて去る。

肉　　　食

チンパンジーは歯と手で肉の塊を切り裂くが，死体を分解するために力が必要な時には，ときどき足も使う。たいていの場合，チンパンジーは肉片を葉っぱと一緒に，時には枯葉と一緒に噛む。このような混ぜ葉（ワッジ）は呑み込んでしまうこともあるが，たいていは骨，皮膚の破片のような廃棄部分と一緒に捨てられる。大きな骨はいつも叩き割って髄を吸い出す。チンパンジーは皮膚だけでなく小さな骨や骨の破片を吸って，しがんで，呑み込むことさえある。特に，水分の多い部分を手に入れられなかった個体がよくこのようにする。彼らはより好運な仲間たちが捨てた葉と肉の混ぜ物もかむ。

肉はゆっくりと食べられる。老雄のヒューゴーは子どものヒヒの死体を９時間近くかかって食べた。彼がついにその死体を，（それまでほんの小さな食べ残ししかもらえないまま）その場にいた他のチンパンジーたちに与えた時，頭，腕，足と胴体部分はまだ残っていた。

赤ん坊のコロブスあるいは子どものイノシシのような小さな獲物を食べる時，チンパンジーはきまって頭から始める。頭骨を咬んで開け，血を吸い，それから脳を食べる。コロブスの赤ん坊か小さな子どもが犠牲者になった観察34例のうち，32例でこの方法が用いられた。子どもイノシシのほとんどの場合や，１頭あるいは２頭のチンパンジーだけが捕獲に参加していた３頭の子ジカの場合も，同じだった。少し大きな獲物の時にはきまって，まず内臓が食べられる（残り２頭の赤ん坊コロブスの例でもそうだった）。

1977年にパッションが生後まもないブッシュバックを捕まえた時には，肉食の過程がつぶさに記録された。獲物の顔に強く咬みつき，両方の目をつぶしておびただしい出血を引き起こした後，パッションは耳をかみ取って葉と一緒に食べた。それから頭骨を割って脳を食べた。彼女の娘で青年後期のポムは，獲物の口と目から出た血をまずひと口吸った後でひづめを食べ始め，赤ん坊のプロフも同じように食べた。それからポムは子ジカのはらわたを抜き出して内臓を食べ始めた。そのあいだにプロフは母の隣で脳を食べた。次に一家は胸や肩や尻の肉の多い部分を食べ始めた。４時間50分後，その死体は放棄され，（なかば食べられた）足と背骨がかろうじて皮膚でつながっていた。

数日後，パッションは別の子ジカを捕まえた。この時もまず目に咬みつき，流れる血をすすってから前と同じように脳を食べ始めた。この事例でも，ポムはまずひづめを食べ，それから内臓を食べた。捕獲から３時間40分後，暗くなって30分後に巣をつくった時，パッションはまだ死体を持ち続けていた。翌朝，彼女は昨日の残りを食べなかったものの，８時40分まで運び続けてから放棄した（H. ムコノと Y. アラマシ，および Y. ムブルガニと H. ムコノの観察）。

年とった獲物の頭骨は小さい赤ん坊に比べてかたく，開けるのが難しいので，おそらく最後

まで頭は残されるのだろう。テレキ（Teleki, 1973c, 144ページ）は、3頭の雄のチンパンジーたち（マイクが5回、ヒューゴーとリーキーが1回ずつ）がどうやってそのような七つの頭骨を開けたかについて述べている。頭骨はヒヒが五つ、ブッシュバックが一つと若いコロブスが一つであった。6例ではチンパンジーは犬歯と切歯を使い頭蓋骨のてっぺんに歯を貫通させて頭骨をこわした。彼らは「体全体が……震えるほどの力をこめて」咬んだ。残りの1例では、チンパンジーは大後頭孔をおしひろげた。その孔が十分に大きくなると、2、3本の指を入れ、脳をすくい出した。わたしは別の場合にも2回、この行為を観察した。1度は脳室の内側のものをきれいに取り出すためにしがんだ葉のかたまりを使った（Wrangham, 1975）。

テレキが指摘したように、脳は好んで食べる部位のようだ。死体のその他の部分はたやすく分け与えられるが、脳が分配されることはけっしてなかった。ランガム（Wrangham, 1975）はそのような好みを認めておらず、いくつかの場合に脳が分配されるのを数回観察した。しかし、開けるのが難しいほど頭骨が厚くない時には、ほとんどすべての事例で脳が最初に食べられたことは確かである。そしてデータを大ざっぱに分析したところによると、死体が分割されるとき、もし所有者が高順位ならば、しばしば彼は最後まで自分用に頭を確保し続けるようである。ある時、フィガンは子どもコロブスを捕まえ、しばらくしてハンフリーが2頭目を捕獲した。興奮して悲鳴をあげながら、フィガンはハンフリーがすわっているところに駆け寄り、彼自身の獲物をぐいとつかみながらハンフリーの獲物もつかんだ。フィガンはその年上の雄から獲物をもぎ取ろうとまではしなかったが、その頭を咬み開き、脳も一緒に食べた。そのあいだ、ハンフリーはその子ザルの腹を裂いて内臓を食べた。この後、フィガンは彼自身のサルの脳を食

べ、ハンフリーは自分のサルの頭なしの体を持って立ち去った！（G. キプヨと R. バンバンガンヤの観察）。

すでに指摘したように、チンパンジーは獲物の頭に咬みついた後で、血を吸ったり飲んだりすることもある。1度、雄のゴブリンはおとなのコロブスの首に孔を開けた後で、約1分にわたって（おそらく頭部から出ている）血を飲んだ。雌のミフはおとなのコロブスの腹わたを引き出すと、5回にわたり自分の手をカップがわりにして血を飲んだ。肉食のあいだに獲物から滴り落ちる血は、一片の肉も手にできない個体によって葉や枝や地面からきれいになめ取られる。けがをしたチンパンジーから流れる血は、ときどき彼らの仲間がなめる。1度、3頭のチンパンジーがメリッサの腫脹した生殖器の傷から葉に滴り落ちる血を30分にもわたってなめたことがあった。青年雌のスコッシャは、自分がなめている血のついた葉が、おとな雌（メリッサの娘）によって引っ張られた時に、かんしゃくを起こした。彼女は血のかかった枝を折ると、ときどき休んで葉をなめながら、その枝を100m以上も運んだ。

しばしば大腸内の糞の中味も、明らかに好んで食べられる。1度、雌コロブスが捕まった時、ハンフリーは指を1本その獲物の肛門に繰り返し突っ込んで糞をなめた。また別の時にはハンフリーが赤ん坊ヒヒを捕まえようとして失敗したが、その子ザルが逃げる時にまき散らしていった「恐怖脱糞」のすべての痕跡を、10分もかけて注意深く食べつくした。

チンパンジーの糞が定期的に調べられた年に、標本には毛や骨や肉のかたまりがいっぱい入っていたので、われわれはいつチンパンジーが肉を食べていたかをただちに指摘することができた。ある標本からはサルの指が1本出てきたし、また別のものからは片方の耳が、3番目のものからは信じられないことに5インチ（約13cm）

ヒヒの獲物を持った3頭のおとな雄。ヒューゴーが死体の大半を持ち、リーキーは手を伸ばして長く伸びた内臓に触れようとしている。

もある尾や骨やその他もろもろの残骸が出てきた！ある朝、マイクはブッシュバックの肉を食べた後で、自分の糞から（前に食べたものと思われる）いくつかの肉片をつまみ出して食べた。

おとな雄たちが、よそもの雌の赤ん坊を殺したゴンベの3例のうちの2例（表11.8の事例1と3）で、殺しに続いて起きた共食いのあいだにきわめて異様な行動が現れた（Bygott, 1972; Goodall, 1977）。事例1では、実際に肉を少しでも食べているか食べようとしたのは、その場に居合わせたうちの数頭だけで、マイクとハンフリーだけが数分以上にわたって肉を食べた（ハンフリーは12分、マイクは9分間だった）。しかし近くにいた他の3頭の雄（ジョメオ、フィガンとサタン）は、ただ死体をとりかこんでいた。異常な行動パターンには、繰り返しの突進と死体を叩きつけること、死体に指を突っ込んで調べること、胸あるいは頭をこぶしで強く打つこと、死体と遊んだりあるいはそれにグルーミングしたりすることなどがあった（似たような奇妙な行動はブドンゴの森における共食いでも見られた；Suzuki, 1971）。さらに、事例1と3で獲物の赤ん坊が放棄された時には、肉はほとんど食べられていなかった。これに対し、事例6の赤ん坊を食べた4頭の雄たちと事例2、3、5の赤ん坊を食べたパッションとポムは、マハレ山の雄による共食いの4例（Nishida, Uehara and Nyundo, 1979; Kawanaka, 1981; Norikoshi, 1982; Takahata, 1985）と同じような行動をした。

コミュニティー間の攻撃の最中にみられたカハマ個体に対するいくつかの攻撃パターンは，チンパンジーがおとなのサルを殺したり食べたりする時に示すパターンと似ていた。

肉 の 分 配

すでにみてきたように，雄でも雌でも1頭だけで遊動しているチンパンジーは単独で狩りを成功させることができる。そのような場合，チンパンジーはひとりで静かに肉を食べる。もし誰かがそばを通りかかって捕食者に気づけば，必ずといっていいほど近づいて分け前を得ようとする。一方，集団狩猟で捕獲が成功したら，特に何頭かのおとな雄がそこにいたら，獲物を手にした個体のまわりにみんなが集まってきて，通常強い興奮が沸き起こる。若ものや低順位雄，あるいは雌が捕獲者のときは，捕獲後すぐに獲物を奪われやすい。1973～74年のあいだに，7頭のコロブスが捕獲から2分以内に力づくで奪われるのが観察された（Busse, 1976）。したがって，死体を持っているところを発見された個体が，本当の捕獲者であるときめてしまうわけにはいかない。彼は単に横取りに成功したのかもしれない。

殺しがおこなわれた後の最初の数分間で興奮がしずまらないうちに，そこにいる個体（少くとも雄たち）は，しばしば，できるだけ大きな分け前を得ようとする。彼らは捕獲成功者めがけて突進し，獲物のかたまりをつかみ引っ張る。時には競合者たちが，内臓の大部分あるいは四肢全部を引き裂いて立ち去ることがある。また，時には捕獲者とならんで死体を食べ始める。この最初の分配の間，森には悲鳴，吠える声，ワァワァと叫ぶ声，パント・フートなどがなりひびく。これらの音声は，その地域にいるチンパンジーたちの注意を促し，その大部分は急いで肉食に加わろうと駆けつける。

肉は強い関心を引く食べ物で，一つの獲物をめぐって，激しく攻撃的な競合がしばしば起こる。この攻撃は以下のような行動から成る。(a) 肉を持っていない者たちによる所有者への攻撃，(b) 獲物を分けてもらおうとする個体に対する所有者からの反撃あるいはもっと普通にはディスプレイか威嚇，(c) 分け前を取れなかった個体から同じように肉を得ようとしている低順位個体に向けられた攻撃や威嚇，などである。ランガム（Wrangham, 1975）は1970年から73年のあいだの19回の捕食観察のよい例で，最初の30分間に起こる攻撃の頻度を分析した。彼の記録によると，肉の所有者に対する20回の攻撃のうち，攻撃が成功したのはわずか3回だけだった。1975年から77年にかけて肉の所有者が攻撃されるのは14回観察された。この場合もやはり，攻撃者が成功したのはわずか3回だけで，そのうち2回は雄から雌への攻撃だった。けんかのあいだに目的の肉が落ちて，下にいた「残飯あさり」に取られたことが2回あった。ランガムの指摘によると，肉の所有者は普通，（攻撃下で母親が自分の赤ん坊を守る場合とよく似たように）肉の上におおいかぶさったり，腕と体で防いだりして，その肉を守ることができる。その上，普通，所有者には自分の有利性を保とうという動機が強い。低順位雄でさえ，激しい攻撃にあっても自分の獲物を持ち続けるだろう。たとえば，ある例では，最優位雄のフィガンが若い低順位雄のシェリーから獲物のコロブスをもぎ取ろうとしたが，4回の激しい攻撃にもかかわらず成功しなかった。

別稿（Goodall, 1986b; Teleki, 1973c）で詳しく述べたように，おねだりは，肉を手にいれようと

304 —— 狩　猟

マイクがディスプレイをして通り過ぎるあいだ、ヒューゴーは自分の獲物におおいかぶさり、リーキーが興奮して悲鳴をあげる (B. Gray)。

マイクと彼の獲物のコロブスのまわりに集まったものごい集団。フィフィが片足をつかみ、フローは死体からはずした小片を食べる。フリントがフローとマイクのあいだに押し入る。ファーベンはおねだりをしない (B. Gray)。

する時に多くのチンパンジーが用いる方法である。それが成功するか失敗するかには、いろいろな要因がある。たとえば、そこにある肉の量、所有者がすでに食べた量、二個体間の相対的な年齢・順位・社会関係などである。ある雄は気前がいいし、ある者は寛容だし、またある者は攻撃的である。おねだりをする個体はしばしば、肉の所有者の気分を探るかのようにその顔をちらちらと見ながら肉にさわろうと腕を伸ばす。あるいは、手の平を上にしてさし出したり、所有者の口まで手を伸ばして、所有者が肉と一緒にしがんでいる葉にさわろうとする。所有者は低順位個体のおねだりをまったく無視して、たいていは伸ばされた手から顔をそらす。あるいは、所有者はその手を押し退けて背中を向けるか、軽く威嚇をする。時に、特に、おねだりをするチンパンジーの集団に取り囲まれると、所有者は我慢できなくなったかのように突然毛をさか立て、獲物を叩きつけたり口にくわえたりしたまま、彼らに向かって荒々しくディスプレ

305 ―― 狩　猟

イをし，道をふさぐ者を叩いたり踏みつけ，包囲網を通り抜ける。こうして別の場所に落ち着き，また肉を食べ始める。しかし，ほどなく彼のまわりには再び包囲網ができる。たいてい肉は樹上で食べられるが，ランガム（Wrangham, 1975）はこの理由について，樹上の方が地上ですわっている時に比べると，所有者のまわりの集団がはるかに小さいからだと示唆した。事実，

非常に多くの攻撃的交渉が起こるのは，肉を手にいれようとする欲求が満たされないような状況なのだ。ワード・ピクチャー11.1はこの種の欲求不満と転嫁攻撃について述べている。

しかし，多くの場合はおねだりが成功し，懇願していた者はいろいろな大きさの肉片を取ることを許されるか，実際にもらったりする。この現象については13章で考察する。

狩猟の成功度と肉食

おとな雄

ランガム（Wrangham, 1975）の観察によると，おとな雄間には狩猟能力にはっきりした違いはなかった。片腕がまひしているファーベンでさえ，ヒヒやアカオザルの子やイノシシの子を捕まえたし，片足が少しまひしているウィリー・ワリーでさえ，コロブスを2回捕まえた。ビュス（Busse, 1977）もまた，調査期間中（1973年から74年に），最も老齢の雄と最も若い雄は，全盛期の雄たちより成功率が低かったが，個体差はほとんどないと指摘している。

表11.9は1973年から1981年にかけて観察されたゴンベのおとな雄の狩りへの参加と成功度をまとめたものである。サルを捕まえるのに必要な技術は，たとえば子どもイノシシの狩りに比べるとずっと複雑な要素を含んでいるので，ここではコロブス狩りだけを示した。この表によるとフィガンとシェリーの捕獲率は常に高い。フィガンについては，1973-4年以降であり，シェリーについては，1976年以降だった（それ以前の青年時代にはコロブスを捕まえるのは1度も観察されなかった）。その他の雄たちはもっと変動が激しかった。

表11.9には，狩りが協同で成功したか否かの情報は含まれていない。2頭の雄が一緒に狩りをした時には，実際に獲物を捕まえた個体を

成功者として記録する。もし両方がほとんど同時に獲物を捕まえた時には，両方の成功として記録される。したがって表11.10には，雄が1頭だけでサルを追いかけて捕獲した時と，別の1頭あるいは複数の雄と協同で捕獲した時についての，良い観察例のパーセンテージがまとめて示されている。協同の項目には，(a) 同時追跡と捕獲，そして，(b) 1頭の捕獲者がサルを足もとに打ちつけたたき落として，下にいる他のチンパンジーが獲物を捕まえやすくした場合の両方が含まれている。この表によると，フィガンやシェリーのような何頭かの雄は，ひとりで獲物を捕まえることがほとんどだが，ハンフリーやジョメオらの雄は，他個体と一緒に狩りをしている時により多くの獲物を殺しているようだ。事実，ハンフリーの協同捕獲は，他のチンパンジーが狩猟して，足もとに叩きつけたり，ふり落としたりした獲物を，彼がつかんだ場合に起こっている。一方，ジョメオは実際に他個体（2回は兄のシェリー）と一緒に獲物を追いかけて捕まえている。

ある雄が実際に食べる肉の量は，必ずしも彼の殺し屋としての成功度に依存しないことは強調されるべきである。（雌だけでなく）若もの雄や若いおとな雄もときどきは獲物を捕まえるが，所有し続けることができない。表11.10に

306——狩　猟

表11.9　1973年から1981年，アカコロブスを狩猟した時の7頭のカサケラ雄による（x回の狩猟あたりのサル1頭の）捕獲成功率は1頭の雄がいて獲物を捕まえた，良好な狩猟観察回数をもとに計算された

雄	狩りの場にいた回数						捕　獲　率						
	1976	1977	1978	1979	1980	1981	1973-74[a]	1976	1977	1978	1979	1980	1981
ハンフリー	11	12	14	19	6	5	7.5	5.5	4.0	14.0	4.8	6.0	0
エバレッド	9	11	8	12	8	14	6.5	0	3.7	2.7	0	1.6	7.0
フィガン	19	23	20	30	22	14	4.0	2.5	4.6	4.0	6.0	3.7	4.6
サタン	14	16	12	13	10	13	15.0	7.0	3.2	3.0	6.5	3.3	6.5
ジョメオ	15	14	12	17	11	8	4.0	15.0	4.7	12.0	8.5	3.6	8.0
シェリー	13	11	15	17	[b]	[b]	0	2.1	3.6	3.8	4.3	[b]	[b]
ゴブリン	14	10	11	19	7	12	0	0	5.0	2.2	0	0	4.0

注）（シェリーを除く）雄間の捕獲率の差は，フリードマンの two-way analysis による変異性の検定（片側）で有意である（p＜0.001）。
　a．これらのデータはビュス（Busse, 1977）によるものだが，彼は狩りの場に出席していた回数についての情報を示してはいない。
　b．シェリーは1979年に死亡した。

表11.10　7頭のカサケラ雄による7年間（1975～1981年）のコロブス獲得状況（ただし，ハンフリーは1981年，シェリーは1979年に死んだ）。よく観察された狩猟だけが含まれている

	ハンフリー	エバレッド	フィガン	サタン	ジョメオ	シェリー	ゴブリン
捕獲の観察例	10	10	35	15	11	22	16
略奪の観察[a]	1	2	5	8	0	0	0
獲得の合計	11	12	40	23	11	22	16
他個体に取られた獲物	1	0	0	0	1	2	5
協同捕獲率	45.5	16.5	17.5	8.5	45.5	27.5	31.25
単独捕獲率	45.5	66.5	70.0	56.5	54.5	72.5	68.25
他個体からの略奪率	9.0	17.0	12.5	35.0	0	0	0

注）協同捕獲における雄間の差は有意である（χ^2検定，自由度＝6，p＜0.001）。単独捕獲における個体差は有意ではない。
　a．（数回しか口に運ぶチャンスがないうちに）捕獲者からすぐに奪われた獲物だけを含む。

は，捕獲後すぐに獲物を失ってしまった6頭の雄とその犠牲者数も示されている。1975年から1981年にかけてゴブリンが捕獲したのが観察された16頭のサルのうち，5頭（31％）は捕獲後のごく短時間のうちに年長雄によって奪われた。シェリーは自分の獲物のうちの2頭（9％）を失い，ハンフリーとジョメオはそれぞれ1頭の子ザルを失った。この表には狩りに成功した者が，自分の獲物を部分的に奪われたり，大部分を他人に分け与えたりしたような例は含まれていない。

個々の雄の成功度に違いが生じる一つの原因は，他のチンパンジーが捕まえたばかりの獲物を盗もうとする程度の違いにある。表11.10が示すように，サタンはこのやり方で肉を獲得した代表である。7年間にサタンが食べているのが観察されたサル死体のうちの8体（35％）は，捕獲直後に他個体から奪ったものである。サタンは雌から4回，雄のゴブリンから3回，シェリーから1回，獲物を奪った。サタンはまた，他にも獲物を奪おうとして乱暴な試みをしているが失敗した。シェリーに対してこの試みをおこなった時には（シェリーが兄のジョメオの助けを受けたために）失敗し，ギギに対しておこなった時も（乱打されながらも彼女が肉にしがみついていたので）失敗した。

捕獲に成功した個体は，時々獲物を持って走り去る。もしそこにとどまっていたら獲物を失う可能性があることを，明らかに予期しているのである。1968年にハンフリーが初めてこのようにふるまうのが観察された。その時彼は，ヒヒの子を捕まえた個体がおとな雄のヒヒと争っているあいだに，丈の高い草の中に落ちたその子ザルをそっとかすめ取った。ほどなく観察者

ギギとミフが真上の樹冠にいるコロブスの群れを見つめる (C. Busse)。

は，ハンフリーが谷の反対側で静かにこの獲物を食べているのを見つけた。この方法で彼は，1979年に3頭のコロブスを手にいれ，1980年にもう1頭手にいれた（そのうち3回は，他のチンパンジーがハンフリーの真上で獲物を追跡しているあいだに，獲物が地上まで落ちてしまったものだった）。ハンフリーがブッシュバックの子を持って走り去ったことが1回あった。その時ハンフリーと一緒にいた他のチンパンジーたちは，彼と同じ方向に走り，ハンフリーが獲物のはらわたを出すために止まった場所でときどき立ち止まり，臭いをかいだり残りかすを集めたりしたが，とうとうハンフリーに追いつかなかった。

ときどき，狩りの最中に何頭かの個体が「消える」ことがある。彼らが捕獲に成功して静かに去って行ったことはおそらく間違いない。そうすることによって，争うことなく肉を所有し静かに食事することができる。70年代の初め，ジョメオは年長の雄がいる所では獲物を所有し続けることがほとんどできず，このような方法で何度か消えていた。ランガム (Wrangham, 1975) の記述によると，ジョメオがかなりのエネルギーを費やしてコロブスを殺した後に，一口も食べないうちに獲物を失ったことが1回あったという。彼は葉についた数滴の血をなめとり，あたりを見回してから，そこを去った。またジョメオとシェリーが協同してヒヒの子を捕まえた時，この2頭はその獲物をもって黙って走り去ったことがある。争いの音に気づいて他のチンパンジーが捕獲の場所に到着した時には，捕獲者も獲物も見つけることができなかった。

獲物の捕獲に成功した個体が，必ずしも多くの肉にありつけるとは限らないのと同じように，狩りに成功しなかった者が空腹になるときまったものでもない。すでに見てきたように，死体の全部あるいは多くの部分をひったくったり，所有者と分け合ったり，肉片をおねだりしたりすることによって，他個体から肉を手に入れる技術に非常にたけている個体もいる。樹上で宴会がおこなわれている時にその下で残りかすを探している個体でさえ，突然落ちてくる獲物を得ることもある。表11.11に2年間にわたる7頭の雄の肉獲得のおおよその成功率を示した。成功度には二つの尺度がある。よく観察された肉食の各事例にある雄が参加したパーセンテージを，(a)肉を少しでも食べた場合と，(b)大量の肉（少なくとも腕1本あるいは足1本）を食べた場合についてそれぞれ示した。この表によると，年長雄（ハンフリー，エバレッドとフィガン）がbの尺度（大量の肉を食べた場合）について若い個体より高い値を示していることが非常にはっきりしている。1978年のハンフリーについての値は，それ以降に比べて高かった。彼はどの事例においてもいくらかの肉を食べ (100%)，それらの71%では大量の肉を食べた。これに対し，死ぬ前の年の1980年にはそれぞれの値は81%と54%であった。ランガム (Wrangham, 1975) とビュス (Busse, 1977) もまた，年長

表11.11　1978年から1980年にかけての良好な肉食観察に，各おとな雄が同席していた回数と，そのうち各雄が(a)何がしかの肉（大量の場合も含む）か，(b)大量の肉，を食べるのが観察された事例の割合。これには雄自身が捕獲した獲物も含まれている

雄	その場にいた回数	肉を食べた事例の%		その個体が殺しをした回数
		いくらか	大量	
ハンフリー	35	90.5	62.5	2
エバレッド	27	79.0	76.0	6
フィガン	46	85.0	78.0	13
サタン	33	77.5	42.5	7
ジョメオ	28	58.0	50.5	2
シェリー[a]	16	75.0	56.0	7
ゴブリン	31	31.5	10.5	0

注）大量の肉が食べられた事例数に関しての雄間の差は，χ^2検定（片側，自由度＝6，$p < 0.001$）により有意だった。
a　シェリーの値は1978年だけのもの。

雄が若い雄に比べて肉を得ることによく成功していることを発見した。

おねだり行動についてはまだ詳しく分析されていない。しかし，データの予備的分析から，他の仲間に積極的におねだりをする程度にはおとな雄間ではっきりとした違いのあることが明らかになった。たとえば1977年から1981年にかけて，ハンフリーとジョメオは自分たちが参加した肉食事例では，いつもしつこく所有者に肉をせびり続けた。それに対し，フィガンは（多くの場合に力づくで獲物を引ったくったり，引ったくろうとしたりしたが）めったにおねだりをしなかった。これは最優位雄の特徴というわけではない。マイクが最優位だった時，彼は他人にせびることをいやがらなかったのに対し，ゴブリンはまったくといっていいほどおねだりをしなかった。1978年にゴブリンがおねだりをするのが2回観察され，1979年にはまったくなく，1980年に2回あった（1回は雌のギギにおねだりをした）。フィガンもゴブリンも肉食をしている個体がいると，その場で激しいディスプレイをして，それから少し距離を置いてすわる傾向があった。いくつかの事例では，ゴブリンは20～30mほど離れ，果実か他の植物性の食物を食べ始めた。進んでおねだりをする性質に

個体差があることは興味深く，将来注意深い調査が必要である。次に述べるように，同じような個体差は雌間にも認められた。

お と な 雌

おとな雄が雌に比べてはるかに頻繁に狩りをすることは確かだが，最近の観察から，以前考えられていた以上にゴンベの雌たちがよく狩りをし，ずっとたくさんの肉を食べることがわかってきた。1976年まで，雌は終日あるいは何日間かの連続追跡の対象にはめったにしなかった。狩りにかんする新しい情報は，そのようなかたよりを修正することによって得られた。

雌が獲物を殺すのが初めて観察されたのは，1970年のことである。その時，一緒に移動していたパラスとアテネがそれぞれ幼いヤブイノシシを捕まえた。雌による狩りの次の観察は1973年の終わりにあり，ギギがまた別の子どもイノシシを捕まえた。表11.12に1974年から1981年にかけての雌による獲物獲得のデータがまとめてある。この8年間に，雌たちが44頭の獲物の少なくともある部分を，捕まえるか盗むかして食べるのが観察された。それに加えて，彼女たちはもう15頭の獲物を捕まえるか取るかしているが，結局は（獲物が仲間の助けによって逃げ

309 ―― 狩　　猟

表11.12 1974年から1981年にかけてのカサケラ雌の狩りの得点

種	捕まえて食べた	捕えたが失った	盗んで食べた	盗んだが失った	殺しに加わった
コロブス	13	9	2	1[a]	6
ブッシュバック	4	0	10[b]	0	0
ヤブイノシシ	7	3[c]	0	0	0
チンパンジー	3	0	0	0	0
げっ歯類	1	1[c]	0	0	0
鳥類	4	1	0	0	0

a 若もの雄から盗み，おとな雄に取られた。
b ヒヒから盗んだ10体の獲物。そのうち2体は他の雌チンパンジーに取られた。
c 母親にとられた。

表11.13 雌チンパンジーがいろいろな型の捕食活動に参加した程度

獲物の種類	ギギ	フィフィ	パッション	ミフ	アテネ	パラス	メリッサ
コロブス							
捕獲	8(3)	3(2)	0	1(1[a])	0(1)	0	0
チンパンジーから盗む	0	2[b]	0	1[a]	0	0	0
殺しを助ける	0	2	0	2	1	0	0
ブッシュバック							
捕獲	1	1	2	0	0	0	0
チンパンジーから盗む	1	0	0	0	0	1	0
ヒヒから盗む	3	0	0	4	4	0	2(1)
ヤブイノシシ							
捕獲	2(1)	0	2	0	1	1(1)	0
チンパンジーから盗む	0	0	1[c]	0	0	0	0
チンパンジー							
捕獲	0	0	3	0	0	0	0
げっ歯類							
チンパンジーから盗む	0	0	1[c]	0	0	0	0
鳥類							
捕獲	0	0	1	1	0	0	1

注）（ ）内の数字は捕獲あるいは略奪の後に失った獲物の数。
a ミフが若もの雄から奪取。獲物はおとな雄によって捕獲されたもの。
b フィフィが子ども期の息子から奪取。
c パッションが青年期の娘から奪取。

るか，他のチンパンジーによって——2回は他の雌によって奪われるかして），獲物を失った。雌たちはまた，6回にわたるおとなのコロブスに対する無益な殺しにも参加した。

表11.13は，個々の雌たちの捕食活動への参加について詳しく示したものである。これらすべての雌が同じくらいの時間観察されたわけではないので，この表を使って彼女たちの実行の程度を比較することはできない。それにもかかわらず，8年間に広範囲にわたって追跡された雌たち（フィフィ，パッション，メリッサとパラス）だけを考えるならば，いくつかの興味深

い違いが明らかになる。たとえば，フィフィは7頭のコロブスを捕まえるか手にいれるかしているが，他の3頭には記録がまったくない（事実，パッションとパラスはコロブスを狩ろうとすることさえ，観察されることはなかった）。また，パッションだけが（ポムと一緒に）チンパンジーの赤ん坊を捕食することに関心を示しているのが観察された。また，頻繁に追跡された雌ではないにもかかわらず，（表11.13に示したように）ギギは他のどの雌よりも多くの捕食の事例に参加していた。

自分の幼い子どもと一緒に家族単位で遊動し

表11.14 1977年から1979年の３年間に，両性を含むパーティーによるコロブス狩りにそれぞれの中心的な雌が出席した回数，およびそのうちで木に登って狩りに積極的に参加した回数の割合

雌：	ギギ	フィフィ	ミフ	スパロウ	パティ	メリッサ	アテネ	ウィンクル	リトル・ビー	パッション	パラス
コロブスの狩りに出席していた回数：	34	17	14	9	17	8	14	17	13	6	4
参加したパーセント：	67.6	53.0	50.0	44.4	40.0	25.0	14.0	0	0	0	0

たり，小さな雌のパーティーで遊動したりしている雌は，両性パーティーで狩りをする時よりも，獲物を獲得し持ち続けるのに成功しやすいようだ。事実，12頭のコロブスのうちの６頭，６頭の子イノシシのうちの５頭，４頭の子ジカのうちの３頭，それにヒヒから盗んだ13頭の子ジカ全部が，家族単位か小さな雌のパーティーでいるときに得られた。フィフィによる殺しの１例は，1976年に彼女が出産してからわずか２週間後に起きた。彼女は自分自身の小さな赤ん坊を片手で支えながら，コロブスの小群の中にいた１組の母子を200ｍ以上にわたって懸命に追いかけた。フィフィはその母ザルの体を捕まえると，子ザルを奪い取った。（必死で追いつこうとしてクークーという哀訴の声を出していた）５歳になる息子フロイトが肉を分けてもらおうとフィフィのそばにきた時には，彼女はすでに肉を食べていた。他の２例でも，フィフィとその家族は，彼らだけで狩りを成功させた（１度は獲物を実際につかんだのはフロイトで，彼のすぐ隣にいたフィフィはただちに獲物を奪ったが，彼と肉を分け合った）。もう１度はフィフィとフロイトが，捕まえたばかりの赤ん坊のコロブスを食べているのが観察された。他のチンパンジーは誰もそばにおらず，彼ら自身でそれを捕獲したと考えられる。ミフ一家もまた，コロブスの狩りに成功している。

しかし，（失敗した例も含む）雌による捕食行動の多くは，両性を含むパーティーの狩りの際に観察された。ここではそれぞれの個体の参加状況をより容易に比較できる。ある３年間に

（良好な狩りの観察例で），おとな雄たちがコロブスを狩る時，それぞれの雌が同伴していた回数と，そのうち雌が積極的に関与するのが観察された例のパーセンテージを表11.14に示した。地上で走った時にも狩りをしていたと考えられる場合があるが，ここでは，彼女たちが木に登って獲物を追いかけるのが観察された例だけをデータに入れた。ある雌がそこにいた回数は，彼女の社交性のレベルを反映したものであり，捕食への関心の指標とはなり得ない。出席回数に対する狩りに参加するのが観察された事例のパーセンテージこそが，捕食への関心の度合いを示す。狩猟騒動の中で，見落とされたある雌の参加が確かにあるとしても，この表は雌間にいくつかのはっきりした違いがあることを示している。

ギギはどの値についてもトップで，３年間にわたり，出席時の67.6％の例で狩りをおこなった。成績の悪い雌たち（パラス，パッション，リトル・ビーと，ウィンクル）は，青年期や子ども期にあたる彼女たちの子どもが頻繁に狩りをしているのに，自分たちがするのはまったく観察されなかった。さらにつけ加えると，彼女たち４頭は，雄のチンパンジーがいない時でさえ，サル狩りをするのが観察されなかった。

両性を含むパーティーで，雌のチンパンジーが捕まえた19頭のあらゆる種類の獲物（逃げられたものをのぞく）のうち，７頭はすぐにおとな雄によって奪われた。そして，しばしば強奪した雄はその肉を雌の捕獲者と分け合った。フィフィが，両性を含む大きなパーティーの中で，

311 —— 狩　　猟

ブッシュバックの子を捕まえた時，彼女は興奮して金切り声を上げ，それを地面に押し付けた。ミフもまた金切り声を上げながら駆け寄って獲物をつかんだが，どの雌もそれを殺そうとはしなかった。数秒のうちにフィガンとエバレッドが駆け寄って，たちまち獲物を殺して引き裂いたが，フィフィとミフもそれぞれ大きな部分を獲得した（H. マタマと E. ムポンゴの観察）。

　両性を含むパーティーで雌によって捕えられながら，おとな雄に奪われなかった12頭の獲物のうち，10頭はギギによって捕獲された。ここでもやはり彼女の行動は非常に興味深い。おとな雄たちによる決然とした攻撃にもかかわらず，いくつかの事例で，彼女は肉を確保し続けた。たとえばある時，両性を含むパーティーでの狩猟中に，落下したか地上に跳び降りた大きめのコロブスの子をギギは捕まえた。すぐにサタンが跳び降りてきてギギを追いかけ，彼女が腹ばいになって獲物におおいかぶさっているあいだ，彼女を激しく攻撃した。ギギはどうにか逃げおおせ，獲物を持ったまま木に駆け登った。サタンは後を追い，枝をくぐり抜けながらディスプレイして，もう1度ギギを捕まえて攻撃した。両者はおよそ10m下の地上に落ちた。ギギは起き上がると走り出し，サタンがすぐ後を追いかけた。サタンが近くで食べられつつあった2番目の獲物の方にディスプレイしたために，ギギはほっと一息ついた。しかし8分後，サタンは（何も持たずに）戻ってきて，ふたたびギギを追いかけ攻撃した。またも2頭は，少なくとも10m落ちた。地上でもまだ争いは続き，ゴブリンがサタンに突進攻撃した。ギギは逃げて，まだ獲物をぐいとつかんだまま樹上に戻った。サタンはふたたび第2の獲物に戻ったが，この時シェリーが到着して，ギギの方へ突撃して獲物をつかみ，しがみついた。それでギギもまた獲物にしがみつき，両者は大声で金切り声を上げながら獲物を引っ張り合った。ただちにサタン

が戻って来て突撃し，双方の背中を踏みつけたり叩いたりしながら攻撃したが，彼らは獲物をしっかりとつかみ続けた。それからサタンはシェリーを集中的に攻撃し，体ごと持ち上げて獲物から引き離した。ギギはふたたび獲物を持って木に登ることができたが，すぐにサタンが彼女を追いかけた。ギギが逃げながら地面に墜落すると，下で待っていたシェリーが獲物をつかんで，今度はかなりの部分を裂き取るのに成功した。サタンは（自分から肉を取りあげようとしていた）シェリーの所へと引き返した。とにもかくにもその場に静かに取り残されたギギは，苦労して勝ち取った略奪品の少しばかりの肉を食べた。

　時にはギギ以外の雌も，おとな雄が彼女たちの持っている肉を目当てに襲ってくると，驚くほどの頑固さを示した。これは1974年のことだが，メリッサがヒヒから奪った子ジカの体の一部を持っていると，争いの音に引かれて，何頭かのチンパンジーがその場にやってきた。メリッサは最初はハンフリーによって，ついでフィガンによって激しく攻撃された。どちらの猛攻撃にも抗して肉にしがみついていたが，ハンフリーが2回目の攻撃をした時，とうとうメリッサは獲物を放してしまった。この時点で，ギギががんばってその死体を手にいれ，3頭の別々の雄が攻撃してくるあいだその獲物を死守し続けた。雄のうちの1頭は，彼女を引きずったまま岩だらけの斜面を15mも降りたのだった（D. アンダースンと C. ビュスの観察）。

　1975年にアテネが（やはりヒヒから奪った）子ジカの残りを持っていた時，フィガンが長い時間をかけて攻撃したが，アテネは獲物にしっかりとしがみつき続けた。その攻撃のあいだに2頭は木から落ちた。下ばえの中なので見えなかったが，争いは続き，やがてまだ肉をしっかりと持ったままのアテネがふたたび現れた。フィガンはゆっくりと後をつけて樹上に引き返し，

アテネの気持ちを何とかしずめようとなだめの行動をとった。やがてフィガンは，アテネのすきを見て素早く獲物をひったくった。フィガンが肉を持って逃げると，アテネは赤ん坊のようなかんしゃくを起こした。フィガンは同じように，一連のもの静かなお願いをした後で，突然獲物をつかんで，ギギからも獲物のコロブスをもぎ取ったこともあった。その時フィガンに背中を向け，まわりを歩き回っていたギギは（やはりおねだりをしていた）おとな雌のノウプを見ると，彼女を激しく攻撃して地面に叩きつけた。

雌たちが若いおとな雄から獲物を奪ったことが2回ある。1973年に，ギギはジョメオから1頭のサルを引ったくったが，ほとんどすぐに別のおとな雄たちに奪い返されてしまった。また1977年に，ミフはマスタードから1頭のコロブスを苦労して奪ったが，それもすぐにサタンに奪われた（サタンはこれを彼女と分けた）。

狩りの最中に，おとなのコロブスが地上に落ちたりたたき落とされたりした時，獲物を解体したり内臓を出したりする作業に雌のチンパンジーが6回参加した。1度はミフが，おとな雄（コロブス）の胃に咬みつこうと繰り返し試みたが失敗した。そこへノウプが支援にかけつけ，彼女はたちどころに獲物の腹を裂くことができた。雄のフロイトとマスタードが39分間にわたって，おとなのサルを引きずり叩きつけた時，前肢を切り裂いて犠牲者を死に至らせるような作業を始めたのはミフだった。また別の例では，スパローが肛門から腹腔に指を入れてひとつなぎの小腸を引き出した。

雌のチンパンジーがおとな雌のコロブスを捕まえたことが3回あったが，何をすべきかはっきりしないようだった。パティは，子ザルを取られた母親をつかんで，足に咬みついたが，逃

ブッシュバックの子を持つアテネ (L. Goldman)

がしてしまった。そのサルは傷ついていないようだった。パティはまた別のおとな雌をつかむと地面に叩きつけた。彼女はその獲物を追いかけたが、触るのを恐れているようだった。両者はちょっとのあいだにらみ合ったが、パティが引き下がってサルは逃げた。最も奇妙な例は、夕方遅くにハーモニーが、地上で２頭のコロブスに出会った時のものである。ただちにハーモニーはサルの方へ駆け寄った。１頭はすばやく木に登ったが、他の１頭は病気らしく、ほとんど逃げようとしなかった。ハーモニーは獲物をしっかりつかむと、咬みついて、それから放した。そのおとな雌のサルは立ち去ろうとした。すると、ハーモニーは後を追い、そのサルを捕まえると、しっかりかかえ、それからまた解放した。この奇妙な一連の行動は、さらに２回繰り返された。そしてその後、ほとんど真っ暗になって、ハーモニーはそのサルを置き去りにして自分の巣をつくった（E.トゥリロの観察）。

コロブスを狩るあいだに、雌チンパンジーは、雄と同様に雄ザルによく追いかけられた。パティが地上で狩りをしていると、雄コロブスが跳び降りてきて彼女を威嚇した。彼女がコロブスを避けて引き返すと、そのサルは彼女に飛びかかって、大きく腫脹した彼女の臀部を咬んだ。また別の時、ギギが単独で狩りをしていると、１頭の雄コロブスが、彼女に向かって攻撃的に突進してきた。彼女は足を踏みならし両腕を振って大きなワー・バークを発したが、その雄はさらに近づいてきた。ギギは棒立ちになった。その雄ザルが彼女に跳びついて腕を咬むと、彼女は雄ザルをこぶしで叩いて反撃した。ついに雄ザルは走り去り、ギギは枝をぴしゃりと打ち、足を踏みならして、凶暴なワー・バークをあげながら５ｍほど彼を追いかけた。これは、チンパンジーが雄コロブスの防衛行動に反撃して追い払った数少ない観察例である。

ヒヒを狩るあいだ、雌はしばしばそこにいる

が、捕獲そのものへの参加は１度も観察されなかった（フィフィは狩りの間におとな雄のヒヒに逆襲されたが、無傷で逃げおおせた）。しかし、すでに見てきたように、雌たちは単独かペアーで、雄ヒヒたちが捕まえたばかりのブッシュバックの子を奪うことがある。ゴンベでは、ヒヒの雄たちには典型的な肉の分配行動はないので、これらの子ジカは「群れ全体の所有」にならなかった。そのため、チンパンジーの雌による盗みが、赤ん坊のヒヒ捕殺に対するようなヒヒの集団反撃を引き起こすことはなかった。とはいえ略奪した雌のチンパンジーは、獲物を持っていた雄ヒヒから大量の激しい攻撃を受けた。そんな出来事を二つ別稿に述べてある（Morris and Goodall, 1977）。ワード・ピクチャー11.2もまた別の例と関連している。

雄と同様、雌も集団肉食の事例において肉を手に入れる能力には個体差がある。ある雌は他の雌よりも、雄に対してはるかに頻繁におねだりをする。もちろんこれは、雄たちがより頻繁に大量の肉を所有していることが主な理由だが、それとともに、雌が他の雌におねだりをしても、めったに肉をもらえないことも原因している。ギギが１頭のブッシュバックの子を捕まえた時、彼女と一緒にいたミフ、ミーザと雄のミカエルマスは、何分間もクークーと哀訴の声を発しながら根気づよく分け前をねだっていたが、しまいにはかんしゃくを起こしてしまった。彼女たちは小さな残りかすさえももらえず、獲物を持ったギギを残して、とうとうその場を去った。

表11.15に、十分観察された90回の肉食事件での雌の成功度のデータをまとめた。肉食の事例はそれぞれ1972年から1973年までに30回、1978年から1980年までに60回あった。これらの事例に参加する頻度には、雌間でいくらかの差異があり、また雄と同様に肉を手に入れるための根気づよさと成功度にも差があった。予想通り、ギギはすべての尺度について最も高い値を

表11.15 1972年から1973年と，1978年から1980年の5年間の（よく観察された90回の）集団による肉食事例（少なくとも1頭のおとな雄を含むもの）のうち，それぞれの雌が出席していた割合，および，そのうちそれぞれの雌が(a)何がしかの肉か，(b)かなりの量の肉を食べるのが観察された割合。雌は大きな分け前を手にいれたものの順にならべてある

雌	肉食の事例に参加していた%	肉食をした%	
		いくらか	大量
ギギ	59.5	72.5	54.0
ミフ	29.5	63.0	34.0
ウィンクル	30.0	64.0	31.5
メリッサ	20.0	52.0	31.0
フィフィ	28.5	45.5	29.0
アテネ	35.0	41.5	28.5
ノウプ	23.0	42.5	18.0
パラス	18.0	25.5	14.0
リトル・ビー[a]	22.0	26.5	7.0
パティ[a]	23.5	12.5	6.0
パッション	19.0	28.0	0

注）多くの肉が食べられた事例では雌間の差が有意だった（片側のχ^2検定，自由度＝10，$p<0.001$）
a 1978年から1980年のあいだの60例における得点。

示した。これは，一部は彼女自身が獲物をとって保持し続けた成功度によっているし，また一部は，彼女が雄におねだりをした成功度によっている。1968年から1969年の期間を振り返ると，ギギに特別頻繁な肉食が観察されたわけではないが，どの雌よりも大量の肉を手にいれたことが1回記録されている（Teleki, 1973c）。

これとは対照的に，パッションは全事例のわずか19%にしか出席せず，かつ，実際に肉食が観察されたのは，その3分の1の事例だけであり，大量の肉を食べたことはまったく観察されていない。1968年から1969年にかけて肉食の事例に出席した割合は，大部分の雌たちと同じようなものだったが，肉食は1度も見られず，おねだりさえも見られなかった。近年，パッションが参加したいくつかの例では，大量の肉が食べられる状態でも彼女はほとんど食べなかった。たとえば，1978年にパッションは8例に出席し，3回だけ肉食に加わった。死体から肉の小片を取ったのが1回，地上から残りかすを一つつまんだのが1回，そして（唯一観察された）おねだりで分け前をもらったのが1回だった。1979年から1980年のあいだには，彼女は5回同席しただけで，肉を食べたり食べようとしたことは

まったくなかった。しかし，集団肉食の事例にほとんど参加しないことは，必ずしも捕食の関心がないことを意味しない。彼女が，子ジカや子イノシシ，さらにチンパンジーの子を捕食したことがその証拠である。

他の非社交的な雌，パラスも，肉食事例にはほとんど出席せず，肉食もめったに観察されなかった。2頭の若い移入者リトル・ビーとパティも，同じように低い値を示している。年長で中心部にいる雌たちは，全事例の約半分に出席し，出席事例の約半分で何がしかの肉を食べ，約3分の1の事例ではかなりの量の肉を手に入れた。

雌の生殖にかんする状態は，肉獲得の成功度に影響を与えている可能性がある。テレキ（Teleki, 1973c）の発見によると，1968年から1969年にかけて，ある雌たちはいくつかの事例に出席しながら，発情している時だけ，肉食に参加したという。テレキは雌による236例のおねだり行動を分析した。それらのうちの132例は，性皮が十分に腫脹した雌によるもので，その69%でおねだりは成功した。その他の104例は非発情雌か幾分性皮が腫脹した雌によるもので，成功度は40%だった。ギギが大量の分け前（1頭

マイクがおねだりをするフローに背中を向けると，フローは催促を続けるために木の幹をぐるりと回る（P. McGinnis）。

のヒヒの赤ん坊の内臓の大部分）を手にいれた時，彼女の性皮は十分に腫脹していた。

　より最近のデータの予備的な解析からも同一傾向が出ているが，何頭かの雌では，生殖の状態によって大きな違いが生じないようだ。フィフィは，発情期にも授乳期にも同じぐらい高いレベルの成功度を示した。彼女が頻繁に捕食活動に参加するのは，赤ん坊や子どもの頃に肉食行動に頻繁に接してきたことと関係するかもしれない（彼女の母親のフローは，1968年から69年に記録された肉食事例のほとんどすべてに出席し，その大部分で肉を得ることに成功した。フローは老練で根気強くおねだりをし，欲求不満になっている傍観雄からの攻撃に長時間おびやかされることもなかった。彼女は悲鳴をあげて逃げるが，またすぐに戻ってくるのだった。死ぬ前の2年間には，フローはわずか2例の肉食事例に参加しただけだった。しかしどちらの場合も，彼女は大量の肉を手にいれ，1度は獲物の死体のまわりにいた雄たちのあいだに押し入っていった）。一方，母親がコロブスを狩ることなどまったく観察されなかったにもかかわらず，パッションの娘のポムは頻繁に狩りをした。

　雌の狩猟能力と雌がどの型の捕食活動に参加するかに影響する諸因子は複雑で，年齢や順位あるいはしつけなどといかなる程度にも関連づけられない。これは，将来の研究に残された夢多い課題である。

研究初期に,チンパンジーを求めて。背景は大地溝帯の断崖の峰々である(H. van Lawick)。

ゲティがばねばかりの上で遊んでいる (C. Boehm)。

ポムが若ものの頃。バナナ隠しのざん壕の上に座っている。

ベートーベン，プロフ，パックス（最前面）がタンガニーカ湖を見渡せるいちじくの木の上にいる。

湖畔でヒヒ達を眺める（C. Boehm）。

318 ── 狩　　猟

ゴブリンが獲物のコロブス・モンキーを持っている。

ギギとフィフィが遠くからの声に答えてパント・フートを発している。1歳児のフロドは黙ったままである。

フィフィがすこしそしゃくしたアブラヤシに、生後18カ月のファニが目をつけている。

ゴブリンがアルファ雄のフィガンをグルーミングしている。

319 ── 狩　猟

フローが9カ月になる息子のフリントと気だるく遊んでいる。

サタンはハンフリーへのグルーミングの手を休め，到着したチンパンジーを2頭で見る。

グレムリンが腹にゲティを運んでいる。

ジョメオ

ポムがシロアリを釣っている。

シロアリ塚の雌たちとその子どもたち。

ゲティとグレムリン

2頭の若もの雄，ツビとジャゲリが発情しているギギを待つ。

ウィンクル，ウルフィーそして，6歳のブンダ。

ヒューゴーがゆっくりした突進ディスプレイの一つを堂々とおこなう。
（H. van Lawick）

ダービーとツビ

フィフィが母親の腕の中で安心している弟のフリントを見ている。若もののフィガンがフローをグルーミングしている（H. van Lawick）。

休息,グルーミング中の両性パーティー (H. van Lawick)。

12 攻　撃　性

　1963年12月　ある日の夕方遅くゴライアスが1頭でキャンプにやってくる。彼は何度となく立ち上り，自分がやってきた方向をうかがう。神経質そうにどんな音にもびくつく。6分後，3頭のおとな雄がキャンプに通ずる小道の一つに現れる。そのうちの1頭は高順位雄のヒューだ。彼らは毛を逆立てて立ち止まり，急にゴライアスに向かって突進した。しかしゴライアスは，空き地の向こう側へ音も立てずに消え去る。次の5分間に，かの3頭は下生えを踏みしだきながら，ゴライアスの逃げ道を捜しまわる。それから彼らは餌場に現れ，バナナをもらう。彼らが座ってバナナを食べている時，反対側の斜面を少し上がった所にある大きな木の幹の背後から，ゴライアスの頭が覗いている。3頭のうちの1頭がその方向を見上げるとゴライアスは急いで身を沈める。彼らはすべてキャンプのすぐ近くに泊まる。夜中に叫ぶのを何度も聞く。

　翌朝早くヒューは，2頭の仲間とともにキャンプに戻る。2・3分後ゴライアスが大きな枝を引きずって突進。驚いたことに，彼はまっすぐヒューめがけて走り寄り，攻撃する。2頭の巨大な雄がころげ廻り，取っ組み合い，互いに打ち合って戦う。昨日の夕方にはたいへんおびえていたゴライアスが，なぜ今日になって突然勇敢になったか。戦いが進行してやっと理解する。われわれはデイビッド老人の深いパント・フートを聞いたのだ。彼は下生えの中か

デイビッド老人が同盟者のゴライアスに安全保証を求めている。

ら現れ，ゆっくりと堂々たるディスプレイを闘士たちの周りでおこなう。彼は昨夕遅くゴライアスと合流したにちがいない。戦いには直接加わらないが，精神的にゴライアスを助けたのだ。突然ゴライアスはヒューの右手に跳び，肩の毛をひっつかんで，両足で彼の背をめったうちにする。ヒューは悲鳴をあげながら，なんとか振り切って逃げる。彼は敗れたのだ。

チンパンジーの初期の野外研究（わたし自身のものも含む）はこの類人猿は穏和で平和を愛するという神話を作ってきた。ゴンベや他の所で，何年にもわたってチンパンジーの行動についてのデーターが集められていくにつれて，この神話は次第に薄められていった。チンパンジーは小さな，仲の良いグループで移動するときには特に，互いに何時間もあるいは何日も，平和な関係を保っている。それにもかかわらず，彼らは容易に，特に社会的に興奮したときには，突如として暴力的になる。ほとんどの争いでは，傷を受けるほどまでにはいたらないが，時には，特に隣接する社会集団の個体を相手にした戦いでは，確かに傷つくことがある。

"拮抗的（agonistic）"という言葉は攻撃，威嚇，防御，逃走，そして宥和という行動の連鎖に適用するために，スコットとフレデリクソン（1951）が最初に使った。チンパンジーについて考える時は，元気づけ（reassurance）（Goodall, 1968b）をこのリストに加えるべきである。ブラウン（1975, p. 40）の言葉を借りれば，いくつかの拮抗的な行動は「機能的には種内の競争的状況と関連し，動機と生理が複雑にからみあい，さらに空間的時間的に同時に起こる傾向がある」。チンパンジーの拮抗的行動を述べるにあたり，わたしは攻撃，威嚇，防御を「敵対的行動」（aggression）としてひとまとめにした。「攻撃」（attack）とは，友好的ではない行動上の流れ，あるいは，交渉の受け手が逃げるか相手に敵対的行動を引き起こした活動を止めるという反応を起こす場面において，ある個体が他個体と肉体的接触をしたときをいう。この行動の受け手はさまざまな服従的あるいは宥和的身振りをするか，反撃をする。威嚇（threat）は，威嚇された個体に上記と類似の反応を引き起こす肉体的接触を伴わない行動である。ナーゲルとクンマー（1974, p. 159）は敵対的行動の定義には「強力な肉体的な衝撃」をあたえる攻撃だけを含めたが，わたしは威嚇も含めることにした。なぜならいくつかの威嚇ディスプレイはしばしば攻撃パターンに由来することがあるし（たとえば Marler and Hamilton, 1966; Eibl-Eibestfeldt, 1979 参照），いくつかの行為については，犠牲者が行為者の敵対性を避けるすべを知っていたが故に，（肉体的接触を含まないので）攻撃と分類しそこなった可能性があるからだ。

チンパンジーは他の多くの霊長類と同じように，彼らの仲間をうまく操る能力を持っている。ある個体は同盟を作り，その相棒の力によって，あるいは2頭の力を合わせて競争相手を威嚇したり攻撃したりする（Kummer, 1971）。ほとんどの場合，敵対的行動は逃避や回避によって個体間（そしてコミュニティー間）の距離を維持したり増したりする役割を果たす，しかし，ある種（たとえばチンパンジーやマントヒヒ）においては雄が雌を威嚇したり攻撃すると，雌が追随するという攻撃の囲い込み（Kummer, 1968）のように，個体間距離を縮める役割も果たす。しかし，ほとんどの場合，個体間距離は拮抗的行動の要素である宥和，服従，そして元気づけの結果縮まる（そして絆は保たれる）。このことについては次の章で議論する。

攻撃的行動のパターン

威　　嚇

動物たちの大多数と同じく，チンパンジーは実際の闘争によるよりも威嚇によって争いを解決する方が多い。ほとんどの戦いは傷つくところまではいかないようだが，肉弾戦は攻撃者にとっても犠牲者にとっても危険なはずで，避け

るのが最上の方法である。その激しさと本当の攻撃にまで達するかどうかの程度によって，威嚇の身振りと姿勢を以下に記した。

◦顎突き出し（head tip）　少し上に向かって。
◦腕上げ威嚇（arm raise）　急に腕をあげるのだが，たいていは前腕だけで肘は曲げたままである。
◦空叩き（hitting toward）　腕を振り下ろして相手の方に向かって叩く。
◦叩き（flapping）　空叩きの変形で相手のいる方向に向かって空を急速に叩く。ほとんど雌がする。
◦座りふんぞりかえり（sitting hunch）　肩を持ち上げ腕を側方か前方に向けてからだからはなす（p. 366写真参照）。
◦四足ふんぞりかえり（quadrupedal hunch）　背を丸め頭を両肩のあいだに引く。
◦枝揺すり（swaying branches）　勢いよく，または短く小きざみに枝を揺する。
◦投げつけ（throwing）　岩，枝，あるいはなんでも投げる。
◦棒振り（flailing）　棒や枝で前方を打つ。
◦二足威張り歩き（bipedal swagger）　腕を腰にあててふんぞりかえり，足を振る（p. 327写真参照）。
◦立ち上り走り（running upright）　しばしば両腕をふりまわしながら，相手に向かって。
◦突進（charging）　素早く相手に向かって。

　二つまたはそれ以上のパターンが，特に突進ディスプレイにおいて，組み合わされることもあるが，それについては別に後で述べよう。威嚇行動と結びついている音声は（典型的には最初の三つのパターンと結びついている）柔らかい吠えから，普通の吠えと（威嚇がより強くなったときの）ワー・バークまで，また（威嚇している個体が興奮し，また恐れているときに出

バナナを食べて興奮しているとき，ヒューが雌に二足でのふんぞりかえり歩きをして威嚇をしている（H. van Lawick）。

327 ―― 攻 撃 性

す）悲鳴までにわたる。

より緊張して威嚇しているときにはほとんどいつも毛が立っている。この自律的な行動はそれ自身が無方向な威嚇であり、他のチンパンジーに自分が敵対的な気分である警告をする。もしこれが高順位の雄であるなら、劣位者は彼の周りを迂回して近辺から離れるだろう。そのため方向性のある威嚇の身振りは不必要になるかもしれない。

威嚇の際に使われる型は、前後の状況、交渉喚起の程度、相対的な順位、どんな個体が関与しているか等のさまざまな要因に依存している。

突進ディスプレイ

これは最も印象的な威嚇であり、雄がよくするが、ときどきは雌もする。ディスプレイを構成する要素は以下の通り。毛を逆立てる、ときどき2本足で立ち上がり、地面を素早くあるいはゆっくり走る。枝を引きずるか空打ちする。岩や他のものを投げる、地面を平手で打ったり地団駄を踏んだり、あるいは交互にこれをする。飛び上がって木を叩いたり踏みつける（ドラミングディスプレイ）。低い枝や椰子の木の葉を摑みそれらを左右に勢いよくふる、木の上で枝から枝へ跳躍したり大げさな腕渡りをおこなう。各々の雄はそれぞれ特有のディスプレイをもつ傾向にある。ヒューとペペの典型は直立して走ったり、時々胸を叩いたりで、ゴライアスはたいへん素早く突進した。またバイゴット（1974, p.56）はゴディという1頭の雄について述べている。この雄は「ゆっくりと地団駄を踏み手当たりしだいに何十もの棒や石を宙に投げるという長いディスプレイ」をした。

音声的なものと非音声的なものという二つの明確な型のディスプレイがあることを、最初に指摘したのはバイゴットである。音声的なディスプレイはパント・フートやしばしば地面や木の幹を平手で叩いたり蹴飛ばしたり等、ディス

プレイのより騒々しい要素を伴う。このディスプレイは特定の個体に向けられることは滅多にない。もし攻撃が起こるとすれば、それは気まぐれから生じたものである。これに対して非音声的なディスプレイは、頻繁に特定の個体に向けられる。それはしばしば、二足威張り歩き、あるいは腕振りなどのひとつ以上の視覚的なディスプレイパターンの要素を含む。非音声的なディスプレイはしばしばつづいて数回起こる。各々のディスプレイは同じ相手に向けられるし、行為者は毎回、相手に少しずつ近づきながら威嚇する。他の威嚇よりもこのディスプレイの後には、攻撃の起こる傾向が強い（Bygott, 1974）。行為者はある抑制を失うようだ。したがって、いつもは小さな赤ん坊に対して穏やかで保護的な雄も、そのようなディスプレイのときには赤ん坊をひっつかみ、引きずり、投げ飛ばす。成年雄に対していつもはいんぎんな態度をとっている若もの雄さえも、すぐ近くまで突進し、ひっぱたきさえする。

攻　　　撃

攻撃のパターンは殴りつけ、蹴飛ばし、踏みつけ、引きずり、投げつけ、咬みつき、引っかき、そして摑みかかりから成り立っている。攻撃のあいだ、雄は犠牲者の背中に飛びかかり、足で踏みつけたり、相手が小さい個体なら体ごと持ち上げ、地面に投げつけるか引きずり回したりするだろう。雌のチンパンジーはころげ回りながら、ときどき互いの毛を引っ張ったり、引っかき合いながら、つかみ合う傾向がある。ときどき、2頭以上の攻撃者が組んで、1頭の個体を同時にあるいは順次攻撃することもある。

わたしの定義によれば、敵対的な殴りつけまたはつき押しは、攻撃に含められるべきである。しかし、直感的にいうと、このような副次的な敵対的行為は別に考慮されるべきであると思う。したがって、観察された攻撃は三つの範疇に分

けて記録される。レベル1は軽くおこなわれる敵対的殴りつけ、つき押しまたは素早い蹴りから成り立つ。レベル2は敵対的な連打、引きずり回し等からなり、30秒も続くが、重篤なけがに至ることはない。レベル3はかなり乱暴な攻撃で、30秒以上続き、重篤なけがを負う場合がある。本書では、断わりがなければ、攻撃とはレベル2と3だけを指している。

次の表は、4年間のおとな雄による攻撃の総数であり、レベル3の割合とレベル3の攻撃のなかでの重傷（1箇所以上の出血を伴う深手）を負わせたものの割合を示したものである。毎年この割合にほとんど差はない。

	1976	1977	1978	1979
争いの総数	92	127	93	124
レベル3の割合	15.2	16.5	16.1	13.7
重傷に至ったレベル3	28.6	14.3	26.7	23.5

他に特別な攻撃の型があるが、これがレベル4であり、隣接コミュニティーのチンパンジーに対して起こる攻撃の典型である。1頭の犠牲者に対して2頭以上（6頭まで目撃されたことがある）のおとな、たいていは雄によっておこなわれる残酷な暴行であり、5分以上続く。そのような攻撃は21回見られている。そのすべてにおいて誰かが重傷を負った。6例が15分から20分間続き、そのときの犠牲者は受けた傷のせいで死んだことがわかっている（1例）か、死んだと考えられている（5例）。2例だけにつ

ファーベンは腕が麻痺していたのでほとんどいつも二足姿勢でディスプレイをした（H. van Lawick）。

突進ディスプレイは雄の見かけを実際より大きく、危険にみせるのに効果的なこけ脅しの常套手段である。ジェイ・ビーが植物を揺さぶっている典型的な例

いてはコミュニティー内の攻撃ではあったが，5分間以上続いた。両方とも赤ん坊殺しのパッ

ションによっておこなわれた。

反　応

　敵対的行為に対する反応は，大急ぎの逃走から静かな回避，または，まったく反応を示さないものまでさまざまである。若ものたちは（そしてよくおとなも）かんしゃくを起こすことがある。犠牲者は大声で，ぎゃーぎゃー，くんくん泣きわめくこともある。実際の攻撃の時，犠牲者は受動的にちぢこまり，泣き叫ぶこともあるし，逃げようともがくか，戻って復讐しようとする。攻撃の後，犠牲者は逃げ去ることもあるし，攻撃者に対してさまざまな服従的な，あるいは宥和的な行動をとることもある。そして攻撃者から犠牲者への，たいていは肉体的な接触を含む元気づけの身振りが続く。時折，犠牲者はこの種の元気づけのための接触を，たまたまそばにいる第三者に求める。宥和と元気づけからなる一連の複合行動はすべて13章で議論する。
　敵対性から生ずる行為と同様に，ある犠牲者がどう反応するかはさまざまな要因に依存している。すなわち，敵対的行動の強さと型，それが起こった行動の場面，交渉したものの個体性，彼らの相対的な体の大きさと順位，そして盛り上りの程度である。したがって同じぐらいの順位の個体への穏やかな威嚇にはまったく無反応だが，同じパターンのものでもずっと低い順位の個体に向けられると，服従的な，あるいは恐怖の反応を引き起こす。子どもは母親がいないと，いるときよりも威嚇に対してずっと恐怖心を持った反応をする。いつもは高順位の雄から

の敵対突進から逃げている雌も，もし雄が彼女の赤ん坊を捕まえ，この赤ん坊をつかってディスプレイしたなら，その雄に殴りかかるだろう。多くの雌は発情している時，あまり神経質でも服従的でもなくなる。他に，考慮にいれなければならない環境要因や動機要因もたくさんある。
　一般的に，劣位者に向けられた敵対的行動は，まず第1に，威嚇または攻撃を引き起こしている行動を抑制する働きをする。しかしここでも交渉の起こる場面や動機が考慮にいれられなければならない。木で果実を食べている雄に雌が近づき過ぎると，雄の戦闘開始するぞという威嚇と穏やかな吠え声に，雌は悲鳴をあげ，別のところで採食をするために移動する。再び雄に肉をねだるために近づいた雌は，雄からの同じ威嚇に対して悲鳴をあげ，服従的なパターンを示すが，しばらく後に，彼女は彼の獲物の分け前をもらおうとし続ける。実際，雄が彼女をかなり乱暴に攻撃し，木から追い出しても，また戻ってきて肉をねだる。母親に近づき過ぎて採食した4歳の赤ん坊は母親から穏やかに吠えられるか，穏やかに押し戻されると，静かにその場を去るか，あるいは少しクンクンいうか，またはキーキー泣く。しかし，乳を吸うために近づいた赤ん坊に対し，同じ敵対的行動パターンをおこなうと，赤ん坊はかんしゃくを起こす。その間赤ん坊は，母親を叩き，乳にたどり着こうとし続ける。

連帯と雪だるま式巻き込み

連　帯

すでに述べたように，攻撃的行為の犠牲者は，第三者に元気づけの接触を求めることがある。そのような接触は，彼（あるいは彼女）の気を鎮め，その事件を終らせることもある。しかしいつもこうというわけではない。すなわち，ときどきこの接触は恐れの表出を減らす一方で，敵対的なワーという吠え声が悲鳴や金切り声に取って代わることがある。そして，もし第三者CがもともとのＡ撃者であるＡより順位が高い場合，犠牲者のＢはＡを威嚇することもある。この出来事の連鎖はまず最初にクンマー（1957）によって，保護下での威嚇であると述べられた。高順位個体Ｃに近い位置にいるという安心から，Ａを威嚇するどころか，さらにＡに対する攻撃にＣの加勢を求めようとするかもしれない。Ｂは，Ａを威嚇し続けつつ，視線をＡから潜在的な同盟者のＣへ繰り返し移すだろう。ＢはＣと肉体的接触を維持するか，再開する。あるいはＡの方向に向かって進むかもしれない。そして自分が実際に助けてもらえるかどうか振り返ってたしかめるだろう。このようにして，Ｂが同盟者Ｃと一緒に，Ａに対する敵対的交渉にかかわるとき，連帯を結ぶことになる（Ａは，ＢとＣが個別的には自分より順位が低くとも，ＢとＣが連合して挑戦すれば，退くこともある）。

個体が助けを得るのに成功するか失敗するかは，多くの要因に依存している。最も重要な要因は，ＢとＣの関係とＣとＡの関係である。われわれがすでにみてきたように，特定の二者関係で密接な絆が発達している場合がある。すなわち，連帯が成功するのは，この種のペアで多い。特に，家族の構成員は互いに助け合う傾向がある。

雪だるま式巻き込み

２頭のチンパンジーの敵対的交渉が他個体を巻き込んでいく場合が多い。

ａ）攻撃の犠牲者が逃げ，攻撃者はそばにいた関係のない個体を捕まえ攻撃する。これは「転嫁攻撃」（Moynihan, 1955）である。

ｂ）攻撃者がある犠牲者を攻撃した後，ほとんどすぐに次の個体を摑み攻撃する。

ｃ）ある個体が敵対的な出会いを見た後，突進して攻撃に加わり，最初の攻撃者と一緒に攻撃するか，彼が攻撃を止めたときに彼に取って変わる。

ｄ）（特に犠牲者が血縁の場合）犠牲者の味方をするように同じような介入が起こる。

ｅ）第三者あるいは第四者さえも加わる。これを集団攻撃と呼んでいいだろう。

ｆ）ある敵対的な出来事が起こったすぐ後に２頭のまったく異なった行為者を巻き込む別の敵対的な出来事が起こる。

ｇ）以上のすべての場合において，前章において述べたように，さらにまだ他の個体も犠牲者（たち）の積極的な誘いかけに応じて巻き込まれるかもしれない。ドゥバール（1982）はアーネムのチンパンジー繁殖場におけるある出来事について詳述している。その争いは２頭の雄によって始まり，結局は15頭の傍観者を巻き込んだのだ。

図12.1は敵対的な出来事に関与しているチンパンジーが辿るさまざまな行動の道筋を模式的に表したものである。

原　　因

　チンパンジーがなぜ攻撃的なのか調べるためには行動の深層を連続的に掘り下げる必要がある。敵対的行動の直接の原因は簡単に理解できる。すなわち，AがBの果実を取ろうとしたらBがAを攻撃したというふうに。これは食物をめぐる競争の単純な例である。しかし，昨日AがBの果実を奪った時，BはなぜAを攻撃しなかったのだろう。DがBの果実を奪った時，DはAと同じ性，年齢であるにもかかわらず，BはDをなぜ攻撃しなかったのだろう。Aが，Bと同じ性，年齢のEの果実を奪ったとき，Eはなぜ Aに威嚇しかしなかったのだろう。調査がより複雑に面白くなってくるのは，どうして同一の個体が別の機会にちがう行動をするのか，あるいはどうして別の個体が同じ状況で異なったふうに振舞うのか問い始めたときである。各々のチンパンジーは遺伝的にあるいは環境的に獲得した独自の一連の特質をもっており，それが複合してより穏やかな，あるいはより恐がりの，あるいはより攻撃的な個性を創り出している。最近の重要な戦いに勝ったか負けたかなどは，個体の攻撃性に一時的あるいは永久的な

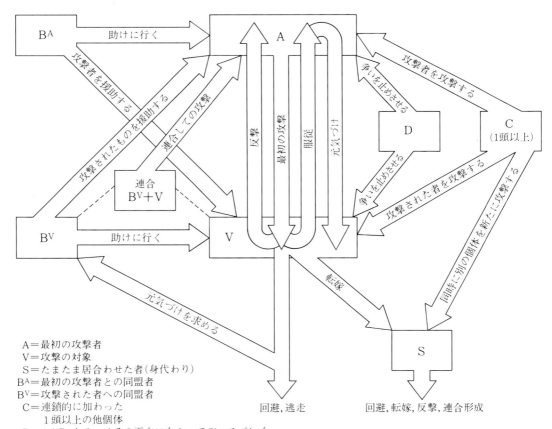

A＝最初の攻撃者
V＝攻撃の対象
S＝たまたま居合わせた者（身代わり）
B^A＝最初の攻撃者との同盟者
B^V＝攻撃された者への同盟者
C＝連鎖的に加わった1頭以上の他個体
D＝AかB，あるいはその両方に向かってディスプレイ，または，打ってかかり攻撃的行動を止めさせる個体

図12.1　攻撃がひき起こすさまざまな行動の模式図

表12.1　敵対的行動の直接的原因

直接的原因	社会的状況，敵対的行動の意味の説明
bがAの要求あるいは命令に適切な反応をしない	Aがbのあからさまな「不服従」を罰する，あるいは威圧的にbの行動を制限する
BがAから物を取ろうとする	Aが食物資源（あるいは道具か「おもちゃ」）を競って得ようとしている
B（雄）が，雌cに求愛するか交尾する（Aは雄）	AかAが交尾権をめぐって競争しているかあるいは，暗黙に不服従を罰する
b（雌）がcと交尾する（Aは雄）	Aが暗黙の不服従を罰しているか交尾権をめぐって競争
b（雄）が雌cと交尾する（Aは雌）	Aは雌cと性をめぐって競争
b（雌）が雄cと交尾する（Aは雌）	Aが雌bと性をめぐって競争
bがAと友好的なcとグルーミングしたり遊んだりそばに座ったりする	Aが社会的接近か保護関係をめぐって競争している
bがAを「困らせる」	Aがbを罰する
bが不注意にもあるいは偶然Aを邪魔するか，怒らせるか，驚かす	Aがbの過ちを罰する
Bが逃げることができないaを威嚇するか攻撃する	aは自分自身を防衛
BがAを威嚇するか，Bがaを攻撃する	Aかaは反撃
Bは，そこにいるだけ（Bの行動は無関係）	Aは敵対者に挑戦，または順位をめぐって競争
B₁とB₂は，そこにいるだけ	Aは敵対者に挑戦，またはAが自分の順位を強調
BはCかC（同じような順位の雄）のグルーミングをするか，そばに座る	Aは現在ある同盟を破壊，または同盟の形成を妨害
BかbはAかaの近い血縁者か劣位の友達を威嚇，または攻撃	Aかaは犠牲者を保護，または援護
BかbはAの同盟者のCかcを威嚇，または攻撃（Bは同盟者Cかc，または，Aの敵対者より劣位）	AかAは同盟者を援助，または尻馬に乗って挑戦する機会を狙う
Bは進行中の争いの攻撃者か犠牲者	Aは敵対者に「忍び足で近づく」機会を狙う
b₁とb₂がAのそばで喧嘩，または争う	Aは順位を誇示，社会的調和を修復，または両闘士の保護のために敵対的行動を止める
bが近くにいるため目的を達しえずAが欲求不満に陥る	Aは身代りへ敵対的行動を転嫁
bが近くにいるためAは進行中の敵対的行動を凝視	Aは社会的促進か，連鎖的に影響を受ける
X（馴染みの個体で順位は関係ない）は異状な行動をしたか，見かけが奇妙	Aは最初，Xを恐れ，後，嫌悪感を催す
X（順位は関係ない）は隣接コミュニティーの一員	Aはよそ者に対する生まれつきの嫌悪を表出

注）各々の場合において，A，A，aは攻撃者であり，B，B，bは攻撃的行動の受け手である。Bはaより優位。BはAのすぐ上か下の順位。bはAより劣位である。Cはaより優位な第三者。CはAよりすぐ上か下の順位の第三者。cはAより劣位の第三者。

影響を持つ。さらに，生態的（気候）社会的（存在するチンパンジーの数）な数多くの環境要因が，すべての個体の行動に対し，状況によって攻撃的になりやすいかなりにくいかの影響をおよぼす。攻撃的行動のさまざまな点における性差と個々の敵対的行動の適応的機能について検討する前に，わたしが議論したいのはこれらの要因である。

直接的原因

　敵対的行動を起こす感情は，弱い苛つきとわずらわしさから，激怒と敵意という極端にまでわたる。恐れも攻撃という行為の引金になるかもしれない（Hebb, 1945の例を参照）。表12.1にはゴンベのチンパンジーのあいだでの威嚇あるいは攻撃の敵対的反応を最も引き起こしやすい状況をあげた。

　罰，反撃，挑戦　利益をめぐる闘争，すなわち，雄が配偶の権利や肉をめぐって競争する時，

雌が餌をめぐってこぜりあいをする時，子ども
たちの乳離れに際して，乳を欲しがる時，ある
いは赤ん坊と遊ぶ機会を互いに奪い合う時といっ
った2頭間のどんな交渉も敵対的行動の引き金
となりえる。敵対性はそれが優位者から劣位者
に向けられた時には懲罰的とか威圧的とか名づ
けられ，劣位者が攻撃者になったときには反撃
とか挑戦とか名づけられるだろう。反撃は（そ
の個体の行為によって）敵対的な気分を起こし
た当のより優位な個体を避けて劣位の身代りへ
と向けられることもある。

罰と威圧　直接的な威嚇や攻撃によって，優
位者は劣位者の行動に不満を表明する。たとえ
ば，BはAの食物の分け前が欲しくて，Aが毛
を逆立てているにもかかわらずAに接近し続け
たとき，Aは威嚇するか攻撃するだろう。もし
くはAがBの餌を奪いたいという明らかな目的
をもってBに接近したのに，Bが動かなかった
ら，同じようにAは敵対的に行動するだろう。
劣位者が，優位者の特別な要望や要求に従わず
にいたり，従えなかったりするときがたくさん
ある。威圧的な攻撃的行動は，優位者が威嚇や
攻撃によって彼の要求を強いるときに起こるこ
ともある。したがって，雄は自分の求愛の身振
りに（かがんで尻を向ける）適切な反応をしな
い雌に対して繰り返しディスプレイをし，最後
には攻撃を加えるかもしれない。この雌が従う
まで，彼は手練手管を使い続けるかもしれない。
雌が配偶関係の始まりに，雄についていくこと
を拒否すれば，特別過酷なレベル3の攻撃が起
こることもある。

　上述した例の中でのBの行動は，明らかな
「不服従」としてAに「罰」を受けたのだと見
られよう。暗黙の反抗も罰せられる。高順位の
雄が発情雌に対して所有行動を示しているとき
に劣位の雄が秘かに交尾をしようとすれば，そ
の雄あるいは（より可能性があるのは）その雌
が攻撃されることもあろう。配偶者である雄が

雌を（こっそりと）連れ去ろうとしているとき
に他の雄の呼掛けに答えた雌も罰せられるかも
しれない。

　ヘップ（1945），あるいはドゥバールとヘクス
トラ（1980）は優位者への故意の「嫌がらせ」
について述べているが，これも攻撃的な罰を受
ける原因になる。アーネム・コロニーでは子ど
もはしばしば静かに座っている年長の個体に近
づき，地面をうるさく踏みつけ，砂や棒切れを
投げたりする。これがその場にいるおとな雌の
敵対的行動を最も多くもたらす原因の一つであ
る。ゴンベでは，3歳から5歳の子どもたちは
ときどき休んでいるおとなにぶら下がり，彼ら
の頭や肩を蹴飛ばすが，これによってしばしば，
特に何頭かのおとな雄が苛立ち，威嚇をするこ
とになる。

　劣位者が優位者を不用意に邪魔したりびっく
りさせることがたくさんある。ケーラー（1925,
p. 248）は騒々しい社会的邪魔がチンパンジーの
攻撃的行動の原因になることを最初に記述した。
最年長の個体の行動に触れて，彼は次のように
書いている。「ツェゴーの一生において平和は
基本的な欲求であった。他の個体同士でうるさ
い喧嘩が起こり，彼女にその騒動が迫ってきた
時，彼女はいつも怒り，飛び上がり，地団駄を
踏み，自分の平和を乱したものに打ってかかっ
た」。もし他個体が近づきすぎると，彼女は相
手の片方の手を摑み，力いっぱい嚙んだ。ゴン
ベでは近くで静かに休んでいる個体に，バンと
ぶち当たったり倒れかかったりする子どもたち
が罰せられることもある。うるさい服従的な行
動，特に若ものの年長者に対する熱狂した咳こ
むような吠え声もいらだちによる攻撃的反応を
引き起こしやすい。

反撃　劣位者が，優位者の行動によって苛立
ったり激怒したりすることはもちろんたくさん
ある。そのようなときには，彼は攻撃者に対し
て威嚇の声をあげたり威嚇の身振りを示したり

することもあろう。しかし，それは必らず罰を受けないですむ充分な距離を測ってのことである。雌と子どもたちはおとな雄によって攻撃された後しばしば次のように行動する。彼らは木に駆け上がり，枝の安全なところから「けんかごしの」ワー・バークを発したり，ぱたぱたと手を叩いたりする。おとな雄の場合は，高順位の敵対者に攻撃された後，怒り狂って，きちがいじみた悲鳴をあげながら，地面を平手で打って反撃する。しかし，もし優位者が立ち止まり彼に向かってきたら，直ちに反撃を止める。

攻撃に対する反応としてときどき，劣位者はふり返って反撃する。このタイプの反撃は，攻撃者につかまり，咬みつかれ，地面を引きずり回されて逃げられないときに起こるだろう。痛みと恐怖が犠牲者の敵対的反応の要素であるらしく，この場合は，防衛として理解できる。しかし，反撃の大多数は，犠牲者の順位が攻撃者のものとたいへん近い場合か，犠牲者の同盟者が近くにいるか，同盟者が，実際，彼を助けようとしているときである。遊びが乱暴になってきたとき，特に一方が年長の子どもで他方が年少の子どもの場合，片方が痛いめにあうことがある。この時点で一方は悲鳴をあげて逃げるか，相手に反撃して，この遊びは争いとなって終る。

欲求不満による転嫁行動　劣位者が思いどおりの行動を優位者によって妨げられたため，劣位者が断固として怒る場合がよくある。しかし，彼の順位が優位者に近いものでない限り，彼は直接的な反撃によっては，自分の感情を敢えて表そうとしない。たとえば，もし劣位のＡが，高順位のＢの手にある肉のような貴重な食物を欲しいけれど，分け前をねだってもはねのけられたときとか，ＡがＢの敵対的な反応を恐れるがゆえにＢへ接近することさえ抑制されたとき，Ａは欲求不満に陥る。欲求不満とは欲することの達成が何者かによって妨げられる時起きる状態である（Dollard et al., 1939）。もしＢの順位が

Ａより少ししか高くないのなら，Ａは力ずくで問題のものを取ろうとするだろう。しかし，今の状況では敢えてそうしようとはせず，これが欲求不満を起こさせる。その代わりＡは，傍観者で低順位のＣを，何の関係もないにかかわらず威嚇するか攻撃するかもしれない。彼の敵対的行動は欲しいものをめぐって高順位のＢとうまく競いあうことができない状況によって起こる。そこで，代わってＣが身代わりのＤを攻撃する可能性がある。Ｃは自分を攻撃したＡを攻撃できないので，Ｃの敵対的行動は本当はＡに反撃したいという欲求不満に起因する。

上述の例では，ＡのＣへの攻撃，そしてＣのＤへの攻撃は，転嫁性の敵対的行動であると容易に見なせる。しかし，この種の攻撃を同定するのはいつも可能なわけではない。なぜなら，時間的に離れて起こりうるからだ。このことを実際の例でうまく説明してみよう。対象のチンパンジーは若もの雄のゴブリンである。彼は，そのとき，サタンと緊張関係にあった。朝のあいだ，2頭のあいだに闘いとかなりのディスプレイを含む総数4回の敵対的交渉が観察された。両者ともかなり興奮していた。彼らが別れて1時間後，ゴブリンは（単独で）ある雌とその家族に出会った。彼は次から次へと3頭のすべてを攻撃した。これはかなり過激な攻撃で，雄と雌が再会するときにたいへんよく起こる短い追いかけ，ひっぱたきという類いの攻撃の比ではなかった。約45分後，ゴブリンはもう一度単独で別の雌と出会い，攻撃を仕掛けたが，やはり過激な攻撃だった。すくなくともこれら四つの攻撃の猛烈さが，その朝見られたゴブリンとサタンのあいだの緊張した対立と心理的に関係していると考えるのは，確かに合理的に思われる。出会った時点では，はっきりした理由もないのに雄が雌や若もの雄を猛烈に攻撃する事例が観察されてきた。これらの多くはわれわれが見ることのできなかった事前の「不満足な」順位上

での争いか，他の欲求不満に陥るような経験の結果によったかもしれない。

転嫁性の敵対的行動のテーマから離れる前に次のことに留意しておくべきだろう。欲求不満の個体（たいていは雄）は，本来の相手から勢いよく離れ，身代りを攻撃するよりも，むしろ突進ディスプレイをするかもしれない。この行動では，彼は地面あるいは木の幹（あるいは人間の観察者！）を踏みつけ，枝を揺すり回り，石を投げたりもする。これらは無生物に対して向けられてはいるが，明らかにすべて攻撃的パターンである。そのようなディスプレイをおこなうことは，たいてい行為者の興奮の程度を下げる（Goodall, 1968b, 1971）か，あるいはバンフーフ（1973, p. 199）がいっているように「社会的緊張のはけ口」の役割を果たす。かんしゃくも同様の効果をもつ。

挑戦　今まで考えてきた敵対的行動は攻撃者の必要あるいは欲求と，直接衝突する相手の特別な活動が原因になっているか，直接攻撃者に向けられた敵対行動によって引き起こされたものである。他に，Bという個体が単にいたというだけで，Aに生じてきたようにみえる攻撃性がある。Bがそのときたまたましたことは，Aの敵対的行動の引き金にはなっていない場合である。この行動はアーネム・コロニーで普通にみられた。そこでは，雄は「その時の行動と明らかになんの関係もなく遠くから敵になりそうな相手に対して」接近するのだ（de Wall and Hoekstra, 1980, p. 932）。Bの姿がいつもAからの敵対的反応を，引き起こすわけではないが，たくさんの機会に多様な場面で引き起こすのである。この種の敵対的出来事は，社会的興奮のさなか，特に食物資源のある場所で個体同士が再会したかそこに到着したばかりのときにしばしば始まる。別の場合には，そのような敵対的行動は，Bが静かに何かに夢中になっているときに始まる。アーネム・コロニーでは，敵の姿が見えないときでさえ「静かに，しかし威圧的に，出会いに備えて棒切れや重い石を探していることがある」（同書）。

これらの場合のAの攻撃的衝動は，Bの行動あるいは環境の変化とはっきりとは関連しないので，それは内的に変化したもののせいであり，この変化は，Bが過去に見せたり知られたりしたことによって起こされたと推測できる。かなり単純にいってみれば，ある時Aに見られたり知られたりしたBが，Aを「攻撃的気分」にしたということである。Aが特定のあるときに攻撃的になって，別のときにはそうはならない理由を詳しく調べることがもしかしたら可能かもしれない。そうするためにはAの気分に影響を与えたさまざまな要因を評価するために，長期にわたってAの行動を観察する必要があろう。

この範疇にはいる敵対的行動のほとんどは，社会的順位においてBのすぐ下の順位を占める個体によって起こされる。これらがただ単独で起こった出来事ではないということを再び強調しておくのは重要なことである。つまり，AはBに対し，ただ1回だけ敵対的行動を向けるのではなく，何回も，また多くの場面においてそうしているのだ。Aが活発にBに挑戦しているのは明らかだ。この種の敵対的行動は，AがBを脅したいという欲求によって動機づけられるようなのだが，たいてい長期的には（時には数え切れないほどのそのような出来事があった後で）AとBのあいだの優劣の順位を逆転させることになる。いったんこのような逆転が起きると，その関係はよりくつろいだものになる。しかし階級を上昇させようとしている若ものや低順位の雄は，年長の雄が単独でいるときにはその各々を脅し得たとしても，年長の雄がペア（あるいはそれより多い頭数）でいるときには優位にはたてない。1頭でいるAより少し優位の相手に対して敵対的闘争が起こるように，年長の雄が2頭かそれ以上でいても敵対的闘争は

336——攻　撃　性

起こる。ゴンベでは特定の2個体が，年長の雄の特定のペアや静かにしているグループを繰り返し激しいディスプレイで引き裂いた。特定の2個体というのはマイクとゴブリンである。マイクはアルファの地位を狙って闘争していた時，ほとんどが自分より順位の高い10頭にものぼる雄たちに直接ディスプレイをした。彼は灯油缶をうるさく鳴らすことによってこれらのディスプレイを増幅させたので，他の個体は簡単に怖気づいた。彼らは散らばり，しばらくの後マイクの周りに集まり，彼を毛づくろいした。代わってゴブリンの例だが，彼は2頭以上の年長の雄にディスプレイをしたが，逆にしばしば連帯行動によって攻撃された。しかし結局（15章でみるように）これらの攻撃的戦術を繰り返し使うことによって，彼はマイクのように最優位の地位を自分のものにすることができた。

　ある雄が他の雄より決定的に優位にたったときさえも，折々，特に再会のときに，はっきりした理由もなくその相手にディスプレイや攻撃で挑戦する。特に，アルファ雄は，休んでいる年長の雄たちをときどき叩いたり穏やかに攻撃しながら静かに休んでいる集団の中に突進して混乱を起こす。この攻撃的行動は高順位を再主張し維持するための戦術であると解釈されるかもしれない。

　実際ゴンベにおいては，優位に立つことへの「欲求」はおとなの雄同士の敵対的行動の最も一般的な原因である。しかし，それがあまりにも多くの状況で起こり，特定の誘因がないため，いつも簡単に同定できるというわけではない。多くの闘争が脅しの戦術という意味しかないのにかかわらず，大げさな戦いになっていく。若もの雄は低順位のおとな雄に関心を向ける前に，おとな雌を自分より劣位に追い込むための長い闘争を始め，同じ方法で順位の低いおとな雄たちに挑戦を開始する。ゴンベでは雌のあいだでも社会的順位をめぐる競争がいくらかはある。

しかし，後に明らかになってくるだろうが，雄同士の競争と比較してあまり頻繁ではない。

　他個体の事件への干渉　ときどきチンパンジーが2頭以上の他個体の交渉を見て，駆けつけて干渉するか敵対的に参加することがある。状況が対立的な時は，この行為は当事者の一方からの助力要請への反応かもしれない。さもなくば，彼をその行動に駆り立てたものは，単に交渉の性質か参加者の身元だろう。そのような干渉は本質的に友好的（性的なものも含む）な交渉への介入と，敵対的な交渉への介入に分けられるだろう。

　友好的な接触の妨害　ナーゲルとクンマー（1974, p. 178）は，以前は親交のなかったゲラダヒヒの個体間関係の発達について述べている。この状況において，どの個体も「自分以外の2頭間の親和的な行動を見たらいつでも干渉しようとした」。時間をかけてできあがる最終的な社会構造は「ペアの関係が集団の他の構成員の敵対的行動によってうまく抑制された直接的な結果である」と著者らは結論している。

　アーネム・コロニーでは，アルファ雄（最優位雄）が雌の支援者の1頭にグルーミングしたり，彼女のそばに座ったりすると，若もの雄のラウトはアルファ雄に対して繰り返しディスプレイをした。これはしばしば，ラウトに対抗する連合を発達させたにもかかわらず，ラウトの対抗者と雌の頻繁な接触は次第に減少し，最終的にはこの2頭の雄間の順位の逆転が起きた。ドゥバール（1982）はこの行動を「同盟破壊」と名づけた。

　わたしはすでにゴンベにおいて，マイクとゴブリンの両方ともが最高位の順位につこうと奮闘したとき，いかに年長の雄のペアあるいは集団を繰り返し混乱させたかすでに述べた。

　他の敵対的干渉は性的，競争的な気持から引き起こされるようだ。もし人間の行動について述べているのだとしたら，嫉妬あるいは妬みと

(a) おとな雄のヒューゴーがバナナを取る。メリッサがヒューゴーに元気づけの接触を求める。一方、彼女の赤ん坊のゴブリンがヒューゴーとおとな雌のオリーのあいだに割ってはいる。

(b) メリッサがバナナを手にいれたとき、ヒューゴーが彼女に弱い攻撃をした。左にいるゴブリンがそれを見ている。また、アテネが自分の赤ん坊を引き寄せて逃げ出す。

名づけられるだろう。雌と所有的な配偶関係を結んだおとな雄は、劣位の雄がその雌と交尾しようとしたら、攻撃的に干渉するだろう。雌が、交尾しているペアの一方を威嚇するか攻撃することもあるだろう。たとえば、かつてパッションが発情したとき、彼女はある若もの雄を誘惑したが、無視された。その若ものはすぐ後、パッションの娘のポムと交尾を始めた。するとパッションは駆けつけ、彼に平手打ちをくわした。彼の方は悲鳴をあげディスプレイをしつつ逃げた。

子どもは、まだ赤ん坊の弟や妹とよその子どもが遊んだり、グルーミングしようとしたりすると、その子どもを威嚇したり、叩いたりすることがある。ある個体が、すでにおとなになったメリッサの息子のゴブリンにグルーミングを

(c) ヒューゴーが自分のバナナ箱に戻ってきた。メリッサは口を大きく開いて歯をむき出し,手を伸ばして悲鳴をあげながら近づく。ヒューゴーは体に触れて答えてやる。ゴブリンもまた近づく。

(d) メリッサはさらに近づくが,今度はギャーギャー鳴く。そしてすこし神経質そうに歯をむき出したゴブリンは,咳こむような唸り声を発しながら戻ってきたオリーの方を振り向き,見つめる(B. Gray)。

始めることによって,ゴブリンの関心をメリッサから逸らしてしまうと,メリッサはその個体を威嚇(一度は攻撃まで)したことがある。また雌は時折,自分のコミュニティーの雄とグルーミングをする移入雌を威嚇することがある。

肉食の状況で,分け前をもらえない個体が,獲物の所有者からおねだりをしている個体たちを威嚇したり攻撃することがしばしばある。ねだっている連中がうまく分け前をもらえたかどうかにはかかわりない。これらの行為は,所有者に敢えて面と向かえない個体によっておこなわれた転嫁性の敵対的行動として分類されるかもしれない。しかし,犠牲者がうまく分け前を得たときには,ときどき,「ねたみ」の感情が関係しているかもしれない。

保護するため　母親は自分の子どもが他の個

体によって脅かされているか傷つけられようとしている時、いつもきまってその赤ん坊や、さらに年長の子どもでも、自分の子どもを助けに駆けつける。この干渉はしばしば助けをもとめる直接の要請に対する反応である。おとな雄が子どもを使ってディスプレイをするときのように、赤ん坊の危険が切迫していたら、（彼女は雄の順位がいかなるものであろうと飛びかかり攻撃するだろう）母親の防御反応は疑いなく恐怖の感情と混ぜ合わせになっている。たぶんその感情は、彼女自身が危険に陥っているとき起こるものと類似のものであろう。他の場合、たとえば子どもを傷つけているかおびえさせている個体が、（年長の子どもが遊びで過度に攻撃的になったときのように）その子の母親をあまり威圧しなかったら、その母親の敵対的行動はむしろ、苛立たしさの表現であるかもしれない。

争いの犠牲者が近縁の個体だったとき、おとなや若ものによる積極的な干渉の多くの例がある。赤ん坊が自分の母親や兄弟を攻撃しているおとな雄に飛びかかることもあるだろう。そして、どんな年齢、どの性の、血縁でない個体さえも、窮地に陥っている赤ん坊を保護しようと、加害者を威嚇しに駆けつけるかもしれない。わたしは次の章でこれらの出来事のうちいくつかについて述べる。

友達あるいは同盟者を助けるため　Aの同盟者のCが第三者のBと争っている多くの場合、Aは急いでCを助けに駆けつけるだろう。この場合の攻撃的介入も助けを懇願されることによって誘発されているかもしれない。たとえばCがBより劣位の場合、1対1ではBの順位が2頭の各々の上であったとしても、干渉の結果、AとCは同盟によってBとの形勢を逆転することができるかもしれない。

また、Aが加わる前には同盟者CがはっきりとBより優位だったときでさえ、AはBとCの争いに加わる。Aの参加はCの勝利に念を押す

だけなのに。この種の干渉は、Bが対抗者である時、同盟者のCを助けたいという欲求かBを決定的に脅したいという欲求によって動機づけられるのかもしれない（そして、同盟者Cがその戦いで勝つにしろ負けるにしろ、Aの助けは彼らの連帯関係を強化する機能を持っているだろう）。

機会をとらえて対抗者を攻撃するために　Bが進行中の闘争にまったく手いっぱいで反撃できそうにないとき、ときどきある個体が機会を捉えて対抗者Bに突進し、叩いたり、踏みつけたりすることがある。対抗者が勝者の場合もある。ゴブリンが若もの雄を攻撃した時、サタンがゴブリンに突進し、数回踏みつけた例がそれに該当する。（サタンはそのとき若いゴブリンから何回も挑戦されていた）。またはアーネム・コロニーで、劣位の雌が彼女より高順位の対抗者に対して、アルファ雄を「助けた」ときのように、対抗者は敗者の場合もある（de Waal and Hoestra, 1980）。これらの干渉は「卑劣な」挑戦と見なされるかもしれない。

敵対的行動を止めるために　ときどき、関与者のどちらよりも順位の高い個体が、関与者の両方に突進し、威嚇したり穏やかに叩いた結果その事件が終るときがある。この種の干渉は公正な「警察行動」（Kurland, 1977）と呼ばれることもあるが、ゴンベでは戦っているか小競り合いをしている2頭の雌に対して雄がディスプレイをし、この喧嘩を止めさせるときがある。また雌に対する低順位の雄の攻撃が、高順位の雄によって止められることもあるだろう。そして、母親はうるさい喧嘩をしている子どもにときどき、公平に威嚇か平手打ちで干渉する。これらの干渉の根底にある動機はまだ明らかではない。仲裁者は騒ぎを好まず、それを止めようとするのかもしれない。あるいは彼は両方の闘士を保護しようとする感情から行動するのかもしれない。あるいは、たぶん、たまたまみている個体

に印象づけることによって，自分の順位を主張する機会を逃がさないのだろう。

伝播　2頭間の敵対的交渉に別のチンパンジーが参加する時のさまざまな動機について述べてきた。しかし，ときにはこれらの理由と関係なく加わる場合もあるだろう。観察者がわかるかぎりにおいては，突然なんの関係もない争いに突入して，加わることがある。または，敵対的事件を見た後，はっきりした理由もなく，何の関係もない傍観者と並行して事を起こすこともある。

この種の敵対的交渉は2頭以上の個体が加わるので，激しい戦いになる可能性がある。ある場合などには，コミュニティー雄のヒューは5頭のおとな雄と1頭の雌に同時に攻撃され，たくさんの傷を負い，結局，足の指を1本失ってしまった。この種の攻撃の犠牲者はたいてい雌である。彼女らが赤ん坊を持っている場合，この赤ん坊も攻撃を受けやすい。発情しているミフが4頭の雄の集団に加わった時，異常に乱暴な出来事が始まった。アルファ雄のフィガンが毛をさかだてて彼女に近づき，彼女は従順に咳こむような唸り声（パント・グラント）を出したが，突然彼女を攻撃し始めた。猛攻撃のあいだ，4歳になるミカエルマスを母親のミフの背中からひっつかみ，投げ飛ばした。フィガンがミフを置き去りにして木々のあいだをディスプレイして歩いた時，ミカエルマスは母親の背に再び飛び乗った。そのとき若もの雄のゴブリンがディスプレイをし，ミフを地面に投げ踏みつけて同じように攻撃した。彼はその母親から赤ん坊をひったくり，約3m投げ飛ばした。ミカエルマスは若もの雄のそばに落ちたが，その雄はすぐに片足で赤ん坊を摑み，地面に引きずりながらディスプレイを始めた。ゴブリンが攻撃を止めると，強力で攻撃的なハンフリーが突進してきて引き継いだ。彼は不運な雌にめがけて最高に激しいめった打ちを加えた。彼が最終的にディスプレイしながら去り，ミカエルマスがなんとか逃げだして母親の元に戻ったとき，ミフは小さな悲鳴をあげながらハンフリーによって負わされた尻の深手から血を流して座っているだけだった（1977年7月；観察者：H. Matama）。

次にあげるこの種の攻撃は激しい雨のときに始まった。そのときには3頭のおとな雄がディスプレイを始めた。サタンが犠牲者となるおとな雌パラスに最初に近づいた。彼は彼女のいる木に飛び移り，彼女を激しく攻撃した。しばらく後に，彼女は彼から離れて大声で叫びながら逃走した。サタンはディスプレイを続けながら追い払った。そして他に2頭いた雌のうちの1頭を攻撃した。そのあいだにファーベンはパラスのいる木に上り，彼女を追いかけ打ち始めた。ファーベンの近くには，弟でアルファ雄のフィガンがいた。フィガンはパラスの上に飛び降り，その2頭は地面までおよそ3m落下した。パラスは大急ぎで逃げたが，フィガンは追いすがり彼女を再び組み伏せた。そして15秒ばかり彼女を強打し踏みつけた。ファーベンは突進してきてこれに加わった。パラスはもう一度逃げ，近くの木に上がった。それまでにサタンが再び現れ，ファーベンとフィガン兄弟たちがディスプレイをしながら森に引き上げていく時，彼女を捕まえ乱暴を続けた。サタンはすぐに，口に負った深手から血を流してすすり泣くパラスを置いて，彼らにつき従った（1973年5月；観察者：D. Riss）。

上述の出来事の両方とも，環境の刺激（発情雌の到着，豪雨）を受けて，雄の敵対者の各々が他者とは関係なく攻撃した可能性がある。もしそうなら，犠牲者は最初のいくつかの攻撃は手頃な犠牲者に注意を集めさせただけということになる。一方，それまでたいへん静かに座っていた第2の攻撃者が，起き上がり突進して近くで起きたその攻撃に加わった例もある。犠牲者にとって好運なことに，そのような複数の攻

撃者による攻撃はまれである。5年のあいだ，3頭以上の個体が1頭の個体に攻撃を集中したのはたったの1例だけである。それぞれ，3頭の雄が1頭の雌を攻撃した。

争いを見ることそれ自身が，社会的促進の機構によって傍観者の敵対的行動を刺激する可能性はある。もしそうなら，あるチンパンジーは，自分の興奮のレベルが上がったら，たんに戦うためにだけその争いに加わるかもしれない。それはほとんど「楽しみのため」といっていいだろう。ある状況においては，攻撃的行動の魅力のあることが知られている。ネズミとサルは，威嚇行動を活性化する脳の領野に電極を埋め込まれると，自分自身を刺激しつづけるし，ネズミの方は他のネズミと戦う機会を得ることを報酬にすると，レバーを押すことを憶える（Eibl-Eibesfeldt, 1979）。いくつもの霊長類の種では，17章で述べるように若いおとな雄が（少なくとも隣人との）敵対的出会いを実際に求めている。そして，われわれ人間においても，テレビの暴力の影響についての研究は次のように結論している。「暴力は価値があるものだとされ，求められ楽しまれる」。そして「暴力ドラマを見ると，実際にその後敵対的な行動を起こすようになる」（Gilula and Daniels, 1969, p. 403）。

よく知らないものへの恐怖　2～3のまれな例ではあるが，異常な行動によって攻撃者を恐がらせた者に向かっての敵対的行為も観察されている。最も注目に値する例は，1966年にポリオの流行があったときに起こった。そのときには，すでに述べたように3頭の個体が部分的に麻痺を起こし，その結果，奇怪な動きをするようになった。他のチンパンジーがこれらの3頭の不具者を最初に見たとき，彼らは極度の恐怖に陥った。恐怖が収まってくるにつれて，彼らの行動はだんだん攻撃的になり，彼らのうちの多くは犠牲者に向かってディスプレイし，さらには叩きさえした（完全な記述は Goodall, 1971の17

章を参照）。おとな雄のリックスが木から落ち首を折った時，集団の構成員は激しい興奮と不安を示し，死体の周りでディスプレイをし，死体に向かって石を投げた。彼らは互いに多くの敵対的行動をぶつけあったりもした（Teleki, 1973c）。敵対的行動を爆発させる類似の恐怖行動は，雄が初めて自分の姿を大きな鏡でみたときにも起こった。ある雄は大きな棒を威嚇するように繰り返し振り回し，歯をむき出して明らかな恐怖を示しながら仲間の方を向き，抱きついていった。

ライオン・カントリー・サファリでは，しばらく仲間から離され半分麻酔のかかった状態でもとに戻されたおとなの雄が——雄からも雌からも——攻撃された。彼はまったく自分を防御することができず，人間の介入がなければきっと殺されていただろう（M. Cusano, 私信）。

（たとえばニシキヘビ等の）異なる種の生き物に対する感情のように，恐怖の後に生まれてくる嫌悪感から生まれると思われる他の敵対的反応があるが，これについてはのちほど述べる。近隣のコミュニティーからの「見知らぬ」同類の姿は，特にその見知らぬものがおとなの雄であったとき，恐怖の感情を引き起こす。チンパンジーは，コミュニティー・レンジの安全でない周辺の地域を移動する時，枝が折れる音がしたり下ばえが急にがさがさいったりすると典型的な驚きと恐怖を示す。明らかに，彼らは隣接の敵対的な雄たちの見知らぬ集団と突然出会うときの危険をよく知っているのだ。偵察個体が長いあいだ秘かに移動をした後，行動域の「安全な」地域に戻ってきたとき，彼らはときどき活発に突撃ディスプレイにふけり，岩や枝を投げたり，ときどき劣位の身代りを攻撃したりする（Goodall et al., 1979）。それらの行為は，たぶん危険地域の移動のあいだ生じた緊張のはけ口となるのだろう。

見知らぬ者との出会い　ケーラー（1925, p.

342——攻撃性

246）はテナリフ繁殖場に若い雌を導入した時のことを記述している。何週間かのあいだ，彼女は他の個体からよく見える2，3 m離れたところに飼われた。したがって，最終的に集団の中におかれたときには，その集団の個体にとってまったく見知らぬ個体というわけではなかった。最初，集団メンバーは「石のような沈黙」で彼女を見つめた。それから，そのうちの1頭が「憤慨した類人猿のさけび」（ワー・バークか？）を発し，残りの全員もこれに加わった。「次の瞬間，新参者は憤慨した一団の中にのみこまれた。みんなで彼女の皮膚に歯を突き立てた後，われわれが断固とし割って入ったので，その場を離れた」。ケーラーは続けている。「彼女は哀れな弱々しい生き物で，戦おうという意志を少しもみせなかったし，彼女が見知らぬものであるということ以外（傍点は筆者）実際彼らの怒りを引き起こす理由はなかった」。

この攻撃性は生まれつきの見知らぬ者を嫌う「嫌悪感」のようなものによって，明らかに引き起こされたのだ。通例チンパンジーがこの嫌悪を克服するのにはしばらくかかる。すべての集団の構成員が2，3週間若いテナリフの雌をいじめ続けた。ゴンベでは後に示すように，集団居住雌は若い移入者に対し，彼らが新しいコミュニティーに加わってから数カ月はかなり激しい敵対的行動を示すことがある。

ゴンベでは，隣接コミュニティーのメンバーに対する最悪の猛攻撃は，攻撃者には幾分慣れている個体に対してなされる。カハマのチンパンジーはカサケラの雄たちとはコミュニティーの分裂が起こる前に何年も付き合いがあって，攻撃の数年前に疎遠になっただけである。この猛攻撃を起こす複合要因は，たぶん，チンパンジーが長いあいだ別れていた仲間と再び一緒になったとき興奮のレベルが高くなる傾向があるのだろう。家族の構成員か，緊密で協力的な絆を持つ他の個体の場合，この興奮は抱擁，抱き

つき，はたき，叫び声等によって表現される。しかし，帰ってきた個体が出会った1頭以上の個体とのあいだに，ある種の競合的な優劣関係がある時，同じような高いレベルの興奮が暴力的な敵意で表現される。確かに，エバレッド対フィガンとファーベンが敵対的な状態にあったあいだ，彼らが集まると異常に激しい攻撃的行動が起こった。一つの繁殖場（ニューメキシコのホロマン空軍基地）で，ある個体が長いあいだ隔離の後，再導入されたとき，最も激しい敵対的行動が観察された（Willson and Willson, 1968）。

行動の流れ

敵対的行動の直接原因についてのどんな議論も，それが起こる前後の流れともちろん関連していなければならない。多様な原因が関係しているだろうし，また，すこし前に起きた出来事の結果でもあるだろうから，実際，正確な原因を限定するのは必ずしも可能ではない。さらに，たくさんのチンパンジーがディスプレイをし，叫びながら突進しまくったとき，また敵対的交渉が雪だるま式に高まったとき，観察者はかなり困惑する。特に下生えが密だったり，関係者が木の高みにいたりしたらなおさらである。したがって，しばしば，各々の直接的な原因を特定しようとするよりも，それらが起こる状況について敵対的行動を分類するほうがより実際的で，正確である。「食物をめぐっての競争」というようなあるラベルは状況と原因の両方についてときどきは的を射ているが，いつもそのようにいくとは限らない。

雄の攻撃のほとんどはパーティの大きさが4，5頭より多いとき，再会したときや食物資源に到着したとき，遠距離からの声を聞いたときなど社会的に興奮したときに起こる。バイゴット（1974, 1979）は，1年間に83例の雄による攻撃の場面を観察したが，そのうちの39％は再会後

5分以内に起こった。5年間（1976〜1980）に観察されたこのような場面での雄の攻撃の割合は毎年非常によく似ている（それぞれ26，17，29，25，29％）。しかし，再会場面で雄が攻撃するということを知っていても，彼の敵対的行動の原因についてはわれわれにあまり多くを語ってはくれない。これらの再会場面で起きた攻撃の攻撃者と犠牲者を見ると以下の状況が明らかになる。

(1) 攻撃者Aと犠牲者である雄のBが対立していることがわかっており，かつAの順位がBのすぐ下である。

(2) Aの順位がBのすぐ上であり，このBが，Aに1回以上のディスプレイをおこなった後，Aがそれに反撃している。

(3) 高順位の対抗者がちょうど着いたとき，Aが雌か，かなり順位の低い雄を攻撃する。

(4) 高順位の対抗者とともにあるパーティにしばらく入っていたAが，そのパーティに合流したばかりの雌を攻撃する。

(5) Aは既知の対抗者Bとしばらく平和につきあっていたようだったが，彼らがAの長いあいだの同盟者であるCと出会ったとき，Aは突然Bにディスプレイをし攻撃する。

(6) Aが対象のない突進ディスプレイをしながら，どちらの性でもいいが自分より劣位なBにふと飛びかかり，2，3回叩いていってしまう。

上述したものの中で，(1)と(2)は直接的な順位をめぐる闘争として記述され，(3)，(4)はたぶん対抗者の姿によって引き金が引かれた敵対的行動だが身代りへの転嫁行動として記述されるだろう。(5)は，Aが彼の対抗者に対して最初から攻撃的気分になったが，彼の同盟者が到着するまで敢えて攻撃しなかったのか，同盟者の存在が，彼の対抗者に対する認識を変えたことを示唆する。(6)の型の攻撃は突進ディスプレイのほとんど一部のようなものであり，ディスプレイ

の行為者がチンパンジーや木の幹を踏みつけるか，通り道にたまたまいた人間をぴしゃりと打ったりするか，彼にとってほとんど違いがないという印象である（激しい社会的興奮の最中に起こる雄たちの多くの敵対的行動は，地位をめぐる対立と解釈しうる）。

ゴンベにおけるほとんどの攻撃は，以下のような行動上の流れの中で起こった。それは再会，社会的興奮，食物をめぐる競争，性的な競争，保護，そして，"あいまいな場面"である。次節でわかるように，これらの主要な場面の敵対的行動を示す頻度が雄と雌では明らかに違う。

種間の敵対的行動

威嚇から激烈な攻撃までにわたるさまざまな敵対的行動のパターンが，他の種の動物にも向けられるようだ。しばしば，この種の敵対的行動は狩猟のときに起こる。獲物を実際に殺すときの行動で攻撃的気分が生じていたり，いなかったりするだろう。多くの場合，たぶん狩猟者は犠牲者に対して，人間が夕飯に魚を捕まえて殺す以上の攻撃的気分は感じないだろう（事実，チンパンジーと人間の両方ともしばしば逃げられない獲物を実際には殺さないし直接的な威嚇はしない）。しかし，おとなのコロブスがやるように獲物が反撃してきたとき，特にもしチンパンジーの狩猟者が咬みつかれたら，彼の次の行為は報復的な敵対性によって増幅されるだろう。

チンパンジーとヒヒのあいだの食物をめぐる競合的な敵対性は，10章と11章ですでに述べた。さらに，かつて，イノシシとチンパンジーが同じ落果を食べていたとき，若もののチンパンジーがイノシシに向かって岩を投げ，イノシシは逃げた。

ゴンベでは，若いチンパンジーと若いヒヒのあいだの遊びは一般的である。しばしばそれはかなり攻撃的になる。ときどきチンパンジーが

到着ディスプレイのあいだ、チャーリーがパッションに突進していき彼女をひっぱたいた（ゴンベ川流域研究所）。

優勢になり、しきりに地団駄を踏み、平手打ちをし、岩や棒を投げて遊び相手を追い出す。しかし、チンパンジーがヒヒに敗走させられることもある。これらの出来事は時折、本物の攻撃で終る。そのあいだ大声で悲鳴をあげながら、互いに叩き合い、組み打つこともある。両種の雌はそのとき子どもの防御をするため、敵対的に干渉するだろうし、近くにいるおとな雄は保護的に行動するかもしれない。

チンパンジーと大型の捕食者（ライオンとヒョウ）の出会いが数回、ゴンベとマハレで観察されてきた。チンパンジーはときどき枝を威嚇するように振り回し、岩や棒を投げ、脅しディスプレイをした。（アドリアン・コルトラントとその同僚がおこなった野外実験において）剥製のヒョウと相対したとき、チンパンジーたちは攻撃的にディスプレイをし、彼らのうち何頭かは「棍棒」を手にして実際に偽物のヒョウに打ちかかっていった。これらの行為は18章に述べられている。チンパンジーがわたしの存在になれる前に、わたしはかなりの回数、彼らの攻撃的な脅しディスプレイの標的にされた。1頭の雄はわたしが地上で動かずにじっとしていると（わたしは彼の恐れを和らげようと思っていたのだが）、大胆にもわたしの頭をポカリと叩いた。ヤハヤ・アラマシとスフィ・マタマは最近、北のミトゥンバ・コミュニティーを人づけするために働いており、多くの敵対的ディスプレイの餌食となったが、チンパンジーとは肉体的に接触したことはない。

小さな捕食者なら、実際に18章で詳述されるように、猛攻撃を受けて大怪我をするかもしれない。枝を揺らしたり、棒で叩いたり、投げたりのようなさまざまな敵対的行動はニシキヘビやオオトカゲのような生き物に向けられることもある。

興奮の程度に影響する要因

　穏やかにくつろいだ気分でいるチンパンジーは，緊張し，社会的に興奮している個体よりも，近くで採食するためにやってきた劣位者を威嚇することは少ないだろう。すでに述べたように，毛の逆立ちは興奮状態の有効な指標である。つまり，体中の毛を逆立てているチンパンジーは，そうでないものよりもきっと緊張した状態にあり，敵対的か恐怖の行動を示すだろう。

　多くの生態学的，社会的要因がチンパンジーの興奮状態に影響を与え，したがってある状況で敵対的に振舞う傾向に影響を与える。重要な生態学的要因は食物供給の質と量であるが，これはかなりの程度まで1年の季節性によって決定されている。たぶん最も重要な季節変異の影響は遊動パーティーの大きさにかかってくる。食物が相対的に乏しく，かつ広範囲に散らばっているとき，チンパンジーは通例仲のよい2～3頭と小さなパーティーを作って移動する。この状況では敵対的行動はまれである。大きな木に食物が豊富に実っているときには，たくさんの個体が一緒に遊動し，敵対的出来事も相対的に頻繁になる。そして（肉のような）たいへん貴重なものが短いあいだだけ供給されるとき，敵対的競争は最高になるだろう。

　天候と温度も季節に大きく依存し，これも敵対的行動の表出に影響を与える。雨期の最後の3カ月に典型的な大量の激しい雨はすべての活動を鈍らせる。チンパンジーは体をちぢこめ雨がやむのを座って待つ。しかし，大雨の始まりには雄同士で狂乱のディスプレイが起こることも多く，このあいだに敵対的な出来事がしばしば起こる。類似のディスプレイはたいへん強い風が起こったときも起きる。

　午前12時から午後3時までの1日で暑い時間，

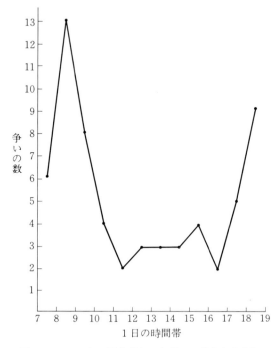

図12.2　1978年の最も暑かった月，7月から9月における争いの頻度の1日の分布

チンパンジーたちは休息して過ごし，特に乱暴な敵対的行動はあまり起こらない。図12.2は日中の気温が摂氏30度をめったにくだらない1年で最も暑い時期（7月，8月，9月）に起きた攻撃の頻度であるが，涼しい朝か夕方に高いことがわかる。

　病気のとき，チンパンジーはときどき特別おこりっぽくなっているようで，近づきすぎたりうるさがらせたりする個体に，腕をあげたり顎を突き出したりしてしばしば穏やかな威嚇をする。体のどこかに痛みがあると直接的な敵対的反応を起こす（Plotnik, 1974）。痛みは個体をいらいらさせたりもする。足指を折ったある成熟した雄は，近くで遊んでいたうるさい子どもたちを繰り返し威嚇した。

観察された敵対的行動の頻度と強度に影響を与える二つの主な社会的要因がある。第1の要因はパーティーの大きさである。集まっているチンパンジーの数の増加と個体当りの敵対的行動の比率には，正の相関がある（Wrangham, 1975; Bygott, 1979）。このことは，大きな集団では2頭以上の相対的に共存しにくい個体が増えることと，興奮のレベルを上昇させやすい状況（たとえば狩りが成功したとき，あるいは1頭以上の発情雌がいるとき）でしばしばたいへん大きな個体の集まりが形成されるからである。この種の状況において敵対的行動が起こる閾値は低く，若もの雄が，グルーミングをしている年長者のあまりにも近くを通り過ぎたというような一見些細な原因によっても引き起こされるようになる。さらに，雪だるま式巻き込みの影響で，敵対的行動の連鎖反応に巻き込まれる個体が多くなる。

第2の社会的要因は雄の優劣階級の現在の状態である（15章）。おとな雄の順位が相対的に安定しているときは，変動しているときに比べて争いはあまり起こらない。現在のアルファ雄が挑戦され続けていた2年間は，雄のあいだにはかなりの緊張があった。大きなパーティーが豊富な食物のありかに到着したり，二つのパーティーが出会ったり，休息しているパーティーが移動し始めたときのような社会的興奮にあるとき，突進ディスプレイや，争いがしばしば起こった。雄は敵対的行動の相手に若もの雄や雌を身代りにするのが典型的にみられた。類似の敵対的行動や雌への転嫁行動の増加は，最高位のアルファ雄が敗れた後の社会的不安定の時期に，ヒヒの群れの高い順位の雄たちにおいて顕著だった（Sapolsky, 1982）。

個 体 差

すべての生き物で，行動の獲得と修正は一生の生活の中での経験に彩られる。進化的な尺度で考えるとき，そのような経験はより重要な役割を果たす。

初期の経験

集団生活をしている他の霊長類と同様に，チンパンジーの赤ん坊はたいへん幼いときから攻撃的行動にさらされている。小さな赤ん坊を運んでいる母親でさえも攻撃され，母親は赤ん坊をかばうようにかがみこむのだが，ときどきは赤ん坊も直接被害を受ける。攻撃は，その母親に向かってのものではなくとも，突進ディスプレイのように騒々しく目だつような場合は，赤ん坊を含めた近くの個体は，逃げ出すのに一生懸命か，さもなくば緊張して見守っている。

ヒトの子どもはさまざまな敵対的行動を見る機会を与えられると，自分の見たパターンをまねることが示された（Bandura, 1970）。チンパンジーの赤ん坊も突進ディスプレイを熱心に見た後，同じパターンをすることがある。たとえば，おとな雄が突進ディスプレイの前にパント・フートをしたとき，3歳の雄（アトラス）は母親に庇護を求めて駆け寄ったが，その雄が走り，手で地面を叩き，地団駄を踏み，飛び上がって木の幹を叩いてディスプレイをおこなうところを見ていた。そのおとな雄が去って行くと，赤ん坊は，母親の元を去り，自分の足で地面を叩きつつちょっと走り，最後にドラミングをした木の近くで止まった。彼は，その木をじっと見た。そして，たいへん注意深くそして丁寧に，拳でそれを2回叩いた。同じ年齢の雌（ファニ）も母親の腕の下から雄がディスプレイをするのを見た。その後彼女はその場所へいって，

足で地面を数回踏みならした。突進ディスプレイの平手打ち，踏みならし要素は，しばしば両性の赤ん坊による運動遊びのセッションに現れる。

若もののチンパンジーは次第におとなの敵対的行動のパターンを獲得していくが，これは種特異的な行動が成熟した結果であることと，実際に敵対的行動を経験したことと，観察学習の結果である。おとな雌，特に赤ん坊の母親は，両性の小さな赤ん坊に敵対的パターンの重要な手本を示す。兄姉も重要である。若もの雄フロドは3歳の時から兄のやることを一生懸命見ていたばかりでなく，兄が若雌に攻撃的に突進をしたとき，しばしば彼を「助けた」。おとな雄は子ども雄や若もの雄にとってしだいに重要なモデルになる。若もの雄が母親から離れ始める約9歳から，彼は1頭の特定の雄を選び，たいへん頻繁につき合う（Pusey, 1977）。若もののゴブリンとアルファ雄のフィガンとのあいだのこの種の追随関係については15章で述べられている。ゴブリンはフィガンからたくさんのディスプレイと攻撃の技術を学んで，大いに役立てた。

母親の個性（特に彼女が社交的かあるいは比較的孤独を好むか）と彼女の順位は赤ん坊の攻撃性に影響を与える。母親が社交的な場合，赤ん坊は他のチンパンジーとより多くの時間を過ごすし，敵対的行動を見たり経験したりする機会も多く持つ。高順位の雌の赤ん坊は低順位の雌の赤ん坊より強引になる傾向がある。なぜなら，おそらく彼らは母親が自分を助けにくるばかりでなく，うまく保護してくれることを早くから学ぶからである。兄姉も，彼らを同じように保護するだろう。したがって，敵対的行動は繰り返し成功して報酬を受けるし，高順位の雌の息子も娘も両方，おとなになったとき，順位が高くなりやすい。もちろん低順位の雌の赤ん坊もときどき強引になるが，あまり良い結果は得られない。

歴史的要因

人々の生活と同じように，動物の生活の中にも「歴史的」とよんでもいい出来事があり，それは後の行動に影響を与え続ける。ゴンベにおける長年の観察の結果，われわれはたくさんのこの種の出来事を記録することができた。それらのいくつかは攻撃性の個体差をよりよく理解するのに役立つ。これから三つの例を述べるが，本書の別の場所でそれらのすべてについて，より完全に述べてある。

ハンフリーとの戦いで完膚無きまでに敗れてから，マイクはアルファの地位を失ったばかりでなく，他のほとんどの雄より順位が下になった。シェリーはサタンとの順位争いでひどく傷ついた後，サタンに対しかなり服従的になったばかりでなく，そのときから，彼は雄の最高位までのぼろうとする意欲が減退した。パッションが他のカサケラの母親たちに共食いのための攻撃をした後は，彼女らの何頭かは，この殺人鬼をその後死ぬまでのあいだ避け続けた（彼女は最初の攻撃が見られてから7年後に死んだ）。ミフはこのあいだパッションに対し，恐怖と（雄の助けが得られるときには）敵対的行動を示した。

上述の出来事とそれに似た出来事は，その後に起きた敵対的行動を理解させてくれ，この観察がなければ，後に起こったことを理解できないほどの好運な観察であった。必然的に多くの歴史的出来事が未記録のままで，われわれの理解から遠ざかり，解答は関係した個体の経験と記憶に閉ざされたままになるのである。

遺伝的，生理的要因

犬では選択的交配によって「攻撃的」と「穏やかな」系統を作ることができる（Scott and Fuller, 1965）。たぶん攻撃性のある側面はチンパンジーでも遺伝的であろう。しかし，この種で

遺伝的に決定される行動と環境的に獲得された行動による相互作用はたいへん複雑で，その問題に正面からまともに取り組むのは難しい。チンパンジーを生まれてから6カ月間，社会的に孤立させて育てる実験により，攻撃性に関連した行動パターンが遺伝的であることがわかっている。これらの個体が後に社会的な集団に導入されると，生得的パターンが不完全な行動連鎖で，不適当な場面で現れてくる（Menzel, 1964）。

　どの敵対的交渉においても，鍵となる変数は当事者の性である。自由遊動をしている霊長類の多くの研究で，一般に雄が雌よりも敵対的行動の頻度が高く，より乱暴であることをはっきりと示す証拠が提出されている（たとえば，Kummer, 1968; Lindburg, 1971; Saayman, 1971; Poirier, 1974; Galdikas, 1979 を参照）。確かにゴンベのチンパンジーではこのことは事実である。バイゴット（1979）は特に攻撃の頻度において，おとなの雄は雌よりもずっと攻撃的であることを見つけた。（この章の後に出てくる表12. 2での）さらに進んだ分析でも，おとな雄の攻撃頻度は雌のそれより統計的に有意に高いことが確かめられている。

　進化的な視点からすると，少なくとも高等霊長類の雄は子どもの世話に直接かかわらないので，雌より攻撃的で暴力的でもある。一方，雌は自分の体にしがみついてくる赤ん坊に何年もかかずらわなければならない。暴力がしばしば爆発することはこれらの子どもたちにとって良いことではない（そして多くの場合ではまちがいなく有害である），それでそのような行動は選択されてこなかったようだ。

　多くの霊長類の雄は，特に雄がより攻撃的な性であることが知られている種では，雌より大きく重く，たぶん強い。しかし，雄と雌のあいだの攻撃性の違いの主な理由は，行動表出の基礎である神経学的な，そして内分泌学的な機構にある。この分野の仕事はチンパンジーではほとんどやられていない。以下の説明はほとんどアカゲザルとネズミについてのものである。

　視床下部が，大脳辺縁系の他の部分から情報を受けてそれを統合し，中脳を通る回路を通じて情報を送り，脊髄の異なった部分を刺激して攻撃のパターンや攻撃性の表出をきめる（Smythies, 1970; Konner, 1982, p. 190 に引用してある Flynn et al., 1970）という攻撃的行動の調整に重要な役割を果たしていることが一般に認められている（Hunsperger, 1956 参照）。アカゲザルにおける脳刺激の実験は，この種で視床下部が攻撃性の表出に重要な役割を果していることを実証した（Perachio, 1978）。

　クマネズミとハツカネズミで，雄と雌の脳には構造的違いがあり，その違いは視床下部にあることが示されてきた。誕生時には，脳は両性のあいだで未分化であるが，生まれてすぐ後，雄の生殖腺ホルモンのテストステロンの血中濃度が，雄の赤ん坊の視床下部において，雄性の発達を刺激する。もし雄が生まれてすぐに去勢されたら，雌性が保持される。もし同じ年齢の雌にテストステロンの注射をすると，雄のパターンが発達する。

　この種の脳の構造的違いは，霊長類において現在までのところまだ示されてはいないが，胎児の発達において生殖腺ホルモン（特にテストステロン）の血中濃度がアカゲザルの行動のある側面に重要で永続的な影響をあたえることははっきりと認められている。雄のアカゲザルの生殖腺は胎児発生の45日目前後にテストステロンを生産し出すのだが，生後すぐに雄の赤ん坊の血液の中にみられるアンドロジェンは二日後に消える。雄の赤ん坊が典型的に高いレベルの敵対的行動を起こすのは，出生前にテストステロンにさらされされているからだということ（Harlow, 1965; Goldfoot and Wallen, 1978）が多くの実験によって示唆された。その中の一つでは（Chamove, Harlow, and Mitchell, 1967），生まれた

とき母親から離されたアカゲザルの集団が，3年間社会的に孤立して育てられた（したがって，母親や仲間からの，性による異なった扱いのような育児に関する変数が効果的に取り除かれた）。それから，隔離された個体はランダムに雌雄の対にされた。隔離された雄は，雌よりも，仲間をずっと多く叩いた。（雌は雄よりも育児行動が多かった。）他の実験では，4カ月で去勢された雄は子ども期を通じて，去勢されていない雄とまったく同等の攻撃性のレベルを示した（Goy, 1966）。そして妊娠14日から19日のアカゲザルのおとな雌にテストステロンを注射すると，4頭の両性具有の雌が生まれた。これらの偽両性具有個体を生後2カ月から5カ月の間に試験したところ，同じ年齢の正常な雄と雌の中間の攻撃性のレベルを示した。

アンドロジェンが雄と雌の攻撃性の最初の分化を開始するのに活発な役割を果たすということ，生殖腺ホルモンがないにもかかわらず，この差異が子どものあいだじゅう持続しているということが確証されているが，われわれは，次に，おとなにおける攻撃性と雄の性ホルモンの関係を調べなければならない。何らかの関係があるということははっきりとわかっている。雄のアカゲザルのさまざまな研究で，プラズマ・テストステロンが最高のレベルにある個体も，最も攻撃的な傾向にあることがわかっている（Gordon et al., 1979）。しかし，この関係の性質ははっきりしていない。アカゲザル（試験的研究において2頭の雄だけ; Gordon et al., 1980）やチンパンジー（3頭の雄; Doering et al., 1980）の普通の雄でテストステロンのレベルが人工的に高められても，敵対的行動はそれに呼応した増加をしない。たくさんのアカゲザルの雄が（おとなになってから）去勢されてプエルトリコのカヨ・サンチャゴ島の半自然状態の生息地に放されたが，彼らは相変わらず敵対的行動を見せ，ときどき，大きな非去勢の雄と争っては負かした（Wilson

and Vessey, 1968）。実験室の去勢雄も雄の仲間に対して攻撃性を向け続けた（Perachio, 1978）。

アンドロジェンと順位の関係も調べられた。アカゲザルの雄グループにおいて，プラズマ・テストステロンのレベルは順位とはっきり一致する（Rose, Holaday, and Bernstein, 1971）。しかし，アカゲザル（Gordon, Rose, and Bernstein, 1976; Perachio, 1978）やニホンザル（Eaton and Resko, 1974）の両性集団の研究においてははっきりした関係は見つかっていない。

特に興味深いのは，社会的事件がプラズマとアンドロジェンレベルに直接的な影響をもつということである。アカゲザル（Rose, Gordon, and Bernstein, 1972）や，優位なコビトグエノン（Keverne, Meller, and Martinez-Arias, 1978）においては，雄が発情中の雌に近づいたとき，プラズマ・テストステロンは基本水準を越す大幅な増加を示す。雄のアカゲザルが争いに決定的に勝った後，プラズマ・テストステロンのレベルがやはり上昇するのが知られている。一方レベルの低下は，争いに敗れた雄や，確立された集団に導入されて厳しい緊張にさらされ，また，繰り返し何頭かの個体にしつこくいじめられた雄に特徴的である。コビトグエノンでは，その集団に優位な雄がいる限り，低順位の雄は発情中の雌と一緒の檻にいれられても，プラズマ・テストステロンのレベルは増加しない。しかし，そんな雌とだけ檻にいれられるとレベルは上昇する。

サポルスキー（1983）は野外のオリーブ・ヒヒで，順位と関連した内分泌の違いを検討した。順位序列が安定しているあいだ，7頭の最高順位の雄は9頭の低順位の雄より攻撃的ではなかったし，特に高いテストステロンのレベルは示さなかった。しかし，（アルファ雄が傷ついた後の）不安定な時期，6頭の最高位の雄たちはより攻撃的になり，テストステロンも最高レベルになった。これらの雄の内分泌系は全体とし

てはあまり効果的ではなくなったとサポルスキーはいっている。彼らのコルチゾル・ストレス反応は減じ，ストレスに応じてテストステロンのレベルを上昇させることができなくなったのだ。

したがって，プラズマ・テストステロンは神経に媒介される出来事を決定するというよりも反映しているのかもしれない。　キバーン，ミラー，マルチネ・アリア（1978）は，社会的出来事は攻撃的な（そして性的な）行動を修正し，ゴナドトロピンを放出する視床下部アミンに影響を与えることを示唆した。この連鎖は，プラズマ・レベルとアンドロジェン・レベルを変化させる。ペラチオ（1978）も，テストステロンの制御に果たす役割と，内分泌と行動の相互交渉がある場所として，視床下部を強調した。

雄と雌の行動の違い

表12.2は二つの別の年に，分析対象の雄が雌よりも頻繁に他個体を攻撃したことを示している。それぞれの個体の攻撃率は大きく異なる。[*]この標本の雄では，１回の争いは27時間から207時間に１回の割合で起こり，その平均は47時間当り１回の争いということになる。雌については，47時間から230時間のあいだに１回の争いという範囲で，平均は106時間に１回である。バイゴット（1974）は，1971年における最も攻撃的な雄（アルファ雄のハンフリー）の攻撃率は９時間に１回の争いであることを見つけた。14頭の雄の中央値は（コミュニティーの分裂が起きる前）33時間に１回の争いという率であった。このような攻撃率の高低はさまざまな要因による。たとえば雄の数が多かったこと，コミュニティーの分裂のときで雄たちの緊張がかなり高まった状況であったこと，アルファ雄が代わったこと，そして概してパーティーサイズが大きかったことなどである。バイゴットは短期間彼らを追跡し，しばしば音声によって大きなパーティーに引き寄せられたときに観察を始めたが，最近のデータは一日中追跡したときのものである。

表12.2には，雄と雌が他の個体の攻撃の犠牲者になった頻度も示してある。追跡対象の雄は両方の年，攻撃される３倍から４倍の頻度で攻撃した。このことは1978年の対象雌についてもいえる。しかし1976年には，これからみていくように，たぶん雄の順位階級が不安定だったために，対象雌たちはより頻繁に攻撃された。

表12.3は，1978年の間おとなの雄によって開始された敵対的接触が攻撃に移行していく割合（29％）が，雌によるもの（17％）よりずっと大きいことを示している。雄による攻撃のうち14例（16.1％）は激しいレベル３のものであり，雌の開始した争いが激しいものになったのはたった２例だった（7.4％）。

加うるに，表は1978年の間に観察された，敵対的行動の主な状況も示している。雄の攻撃の３分の１とともに，雄の全敵対的行動の３分の１が再会の場面においてであった。雄が攻撃する時の主な状況は，肉食，性的あるいは社会的興奮，そして「はっきりした前後の脈絡なし」である。すでに議論したように，再会，社会的興奮，そして「はっきりした前後の脈絡なし」という枠組みでの雄の攻撃はしばしば，順位を

---

[*]　この資料から個体間の攻撃率の違いを比較するのは適当ではない。すでにみてきたように，チンパンジーが攻撃をするかどうかというのは，環境変数に依存しており，個体差についての意味のある理解をするにはこれらの変数を考慮にいれて個体の敵対的行動を分析することが必要であろう。

表12.2 1976年と1978年の2年間，雄と最も頻繁に追跡された雌が対象時間中に攻撃した，また，攻撃された頻度。対象個体がまったく1頭でいたか，あるいは依存している子どもとだけいた追跡については除外してある

性	年	観察時間	攻撃した頻度	攻撃された頻度	1回の攻撃に要した時間	1回攻撃されるのに要した時間
雄	1976	829(6 頭)	16	4	51.8	207.3
雄	1978	1,570(7 頭)	23	8	68.3	196.3
雌	1976	897(6 頭)	9	7	99.7	128.1
雌	1978	1,647(7 頭)	15	5	109.8	329.4

注) 雄は雌より，有意に頻繁に攻撃をした。
1976年：χ^2検定（片側），自由度＝1，$p < 0.001$.
1978年：χ^2検定（片側），自由度＝1，$p < 0.005$

表12.3 1978年のさまざまな場面での雄と雌の敵対的行動(攻撃を含む)と攻撃の頻度

状況	すべての敵対的行動				攻　撃			
	全　数		パーセント		全　数		パーセント	
	雄	雌	雄	雌	雄	雌	雄	雌
再会	105	8	33	5	28	1	30	4
社会的興奮	36	2	11	2	8	1	9	4
植物の採食	18	56	6	35	3	6	3	22
肉食	47	8	15	5	17	2	18	7
性に関係して	46	3	14	2	13	0	14	0
保護	13	56	4	35	4	7	5	26
はっきりした脈絡なし	45	10	14	6	16	6	17	22
その他	9	16	3	10	4	4	4	15
計	319	159			93	27		

注) 攻撃に至った敵対的行動は雄の場合，雌よりも有意に多い，χ^2検定（片側），自由度＝1，$p < 0.05$

めぐる対抗によって引き金が引かれる。これらの三つの状況においておとな雄が他のおとな雄を攻撃した20例すべては，ほぼ確実に順位をめぐる闘争だった。「はっきりした脈絡なし」での，おとな雄がおとな雄に対してしかけた攻撃のほとんどすべてで，完全には腫脹していない発情雌が関係している。このわけのわからない敵対的行動については16章でいくらか詳しく議論しよう。

おとな雌についての理解はまったく違う。敵対的行動が起きるのは，主として採食（植物食）と保護という二つの状況においてである。表は雌の攻撃の約半数（48％）が，これらの状況で起こっていること，そして雄についてみたのと同様に約4分の1（22％）が「はっきりした脈絡なし」で起こっていることを示している。

これらの例の多くはたぶん順位をめぐる対立によるものであるが，雄よりも図式はずっとぼやけている。

これらの雄雌間の違いをもっと綿密に調べるために，表12.3に示された情報を二つに分類した。表12.4はまずおとな雄によって，ついでおとな雌によって，活動（攻撃を含む）の実際の数と，異なった性―年齢クラスの構成員に対するレベル2とレベル3の攻撃の数を示した。ほとんどの雌がおとな雄よりも赤ん坊，子ども，若ものとより多くの時間を過ごすことを心にとどめておいて欲しい。おとな雄は，おとなと若ものの雄，そして発情雌とつきあう。表は，おとな雄はすべての敵対的行動の82％を，そして彼らの攻撃の88％を他のおとなに対して向けることを示している。雌が最もよく犠牲者になる

表12.4 1年間（1978年）のおとな雄とおとな雌によるさまざまな性，年齢クラスに対する敵対的行動（攻撃を含む）と攻撃の分布

敵対的行動の方向	敵対的行動の数	攻撃の数
おとな雄から		
おとな雄に対して	109	30
おとな雌に対して	154	52
若もの雄に対して	22	4
若もの雌に対して	13	2
子ども雄に対して	12	3
子ども雌に対して	9	2
計	319	93
おとな雌から		
おとな雄に対して	7	1
おとな雌に対して	53	18
若もの雄に対して	54	2
若もの雌に対して	33	5
子ども雄に対して	8	1
子ども雌に対して	4	0
計	159	27

表12.5 1年間（1978年）のおとな雄とおとな雌へのさまざまな性，年齢クラスからの敵対的行動（攻撃を含む）と攻撃の分布

敵対的行動の方向	敵対的行動の数	攻撃の数
おとな雄に対する敵対的行動		
おとな雄から	109	30
おとな雌から	7	1
若もの雄から	1	0
若もの雌から	0	0
子ども雄から	1	0
子ども雌から	2	0
計	120	31
おとな雌に対する敵対的行動		
おとな雄から	154	52
おとな雌から	53	18
若もの雄から	24	5
若もの雌から	5	0
子ども雄から	42[a]	2[a]
子ども雌から	1	0
計	279	77

a．これらの敵対的行動は1頭の早熟な子どもフロイトによるもの

のは驚くことではない。なぜなら彼女らはあまり危険のない相手だし，雄よりたくさんいるからだ。これら二つの理由によって，雌は転嫁性の敵対的行動では雄より犠牲者になりやすい。おとな雄が子どもたちに敵対的行動を向ける量はたいしたものではなく，別のところで議論することにしよう（もっとも子どもたちの立場からいえば，たいしたものではないとはいえない！）。雌は，ほかのおとな雌と若もの雄に対して同じ割合の敵対的行動を示し（各々の場合で33％），若もの雌に対しては21％の敵対をした（実際，彼女らの敵対的行動の約4分の1はさまざまな年齢の自分の子どもに向けられていた）。観察された雌の攻撃の多く（66.7％）は他のおとな雌に対してのものである。

表12.5は，おとな雄とおとな雌が他の性，年齢クラスの構成員から受けた敵対的行動と攻撃の数を示している。雄が受けた敵対的行動のほとんどすべては，驚くこともないのだが，他のおとな雄からであり，実際の攻撃は一例を除けばすべておとな雄からである。雌が受けた敵対的行動の約半数（55％），実際の攻撃の半数

以上（67.5％）はおとなの雄によるものである。雌が子ども雄から受けた敵対的行為の15％という数値は比較的高いが，すべてが，好戦的な子どもであったフロイトによるものだった。

図12.3と図12.4は出来事が観察されたさまざまな行動の流れごとに同じデータを別々に示したものである。おとな雄（図12.3aとb）は再会の場面と他の社会的興奮場面で最も頻繁に，他の雄に対して攻撃的であった。すでにみてきたように，しばしば，それは順位争いの要素を含む。雄たちはしばしば性的な意味を持った場面でも互いに攻撃し合った。その年，総数9頭の雌が性的活動期にあり，大きな性的パーティーではしばしば緊張が高まった。

雄は，再会のとき他の場面でよりも雌に対してしばしば著しく攻撃的になるが，雄たちの雌への攻撃は再会，肉食，性行動，そして「はっきりした脈絡なし」のすべてにかなり均等にばらまかれている。敵対的行動全体をみても実際の攻撃だけをとっても，ほとんどすべての場面で，雌に対するもの（約半分）とおとな雄に対するもの（約3分の1）の割合はたいへん似て

353——攻　撃　性

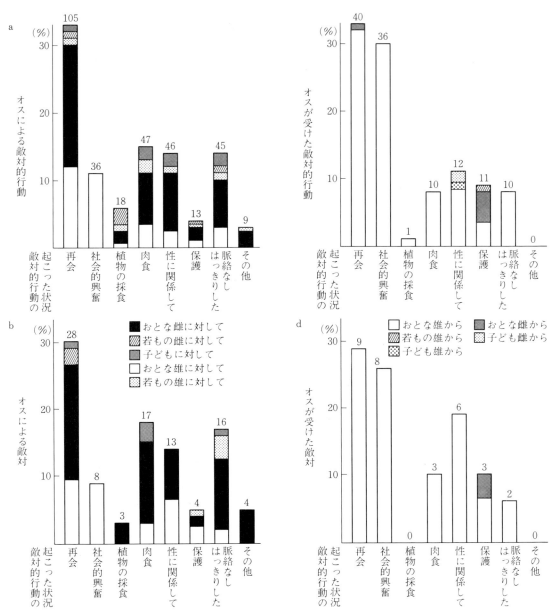

図12.3 a, おとな雄が敵対的行動（威嚇と攻撃）を各性，年齢クラスの個体に向ける状況。b, おとな雄が攻撃を各性，年齢クラスの個体に向ける状況。c, 各性，年齢クラスの個体からおとな雄が敵対的行動を受ける状況。d, 各性，年齢クラスの個体からおとな雄が攻撃を受ける状況。資料は1978年からのものである

いる。しかし社会的興奮の場面では，敵対的行動は他の雄に向けられるだけで，すべての出来事が順位をめぐる争いであることはかなり確かである。

明らかに，ほとんどの場面において，おとな雄はおとなの雄からしか攻撃されていない（図12.3cとd）。唯一の例外は性のからんだ状況で，子どもが敵対的に交尾の妨害をするときと，母親が雄の攻撃から子どもを救助しようとするときである。調べ直した期間のあいだで，これが，雌が実際に雄を攻撃した（一回）唯一の場面である。

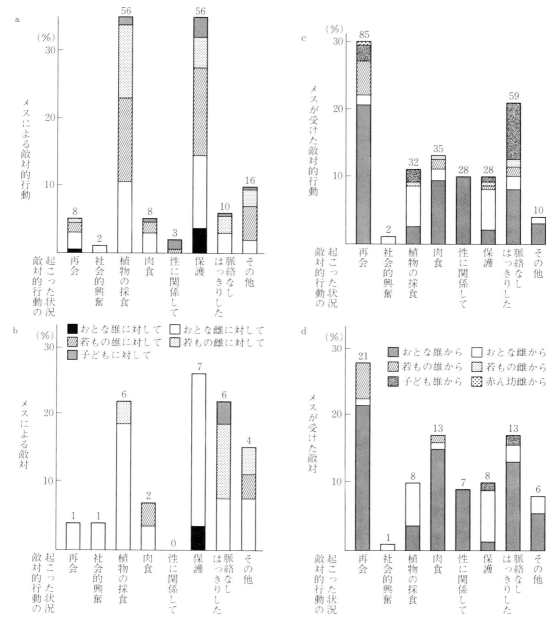

図12.4 a, おとな雌が敵対的行動（威嚇と攻撃）を各性，年齢クラスの個体に向ける状況。b, おとな雌が攻撃を各性，年齢クラスの個体に向ける状況。c, 各性，年齢クラスの個体からおとな雌が敵対的行動を受ける状況。d, 各性，年齢クラスの個体からおとな雌が攻撃を受ける状況。資料は1978年からのものである

おとな雌間のすべての敵対的交渉の32％（図12.4 a）は，植物を採食している状況において起こった。ここでたぶん，わたしは例を示さなければならないだろう。2頭の雌と彼女らの幼ない子どもが長い蔓の茎の先を食べていた。そのうちの1頭がその茎を引っ張り始めた。先端はもつれ合った藪の中の高い位置で採食していた他の雌の近くにあった。その雌が蔓の茎が自分のそばを通り過ぎて下りて行くのを見ると，それを凝視し毛を逆立てた。彼女はその茎を摑み，それを自分の方へ向かってぐいと引っ張り，二本足でふんぞり返って歩く威嚇行動を始めた。

355 ── 攻 撃 性

下にいた無礼者は金切り声をあげ，手を差しあげた。しばらく後に上の雌は落ち着きをとり戻し，無礼者の広げた指をしばらく触った（雌はその争いのもとになった蔓を食べた）。この場面で見られた子どもに対する総じて高い程度の攻撃性は攻撃の分布を正しく反映していない（図12.4b）。これは非血縁雌のものである。

保護場面における雌―雌間の敵対的交渉の割合は植物採食の場合と同じである（図12.4 a）。典型的な例を示すと，2頭の赤ん坊が遊んでいたとき，一方が傷ついて悲鳴をあげ，母親の方を見た。母親は腕を振りあげて遊び相手に向かってかるく吠える。すると，遊び相手の方が悲鳴をあげた。後者の母親（互いに近い社会順位だった）は毛を逆だてて突進。そこで2頭の雌は叫び，叩きあってこぜりあいをした。それから彼女らは落ち着きをとり戻し，赤ん坊は遊びを続けた。

植物採食の場面で，雌が開始した56例の敵対的出来事のうち，31％は子ども（若ものを含む）が採食しようとして母親に近づきすぎて威嚇されたとき起きている。そして保護の場面で起きた56例のすべての敵対的行動は，母親が子どもの助けに行ったときか，おとなになった子どもが自分の弟や妹を助けたとき（5回）である。

雌が最も頻繁に雄の犠牲者になる状況は（図12.4 cとd），再会，肉食，性的場面，そして「はっきりした脈絡なし」である。この最後の状況における子ども雄の敵対的行動はすべてフロイトのしたものである。子ども期と若もの前期の移行期にあった彼は，早熟にも多くのおとな雌に挑戦したのだ。

この年，おとな雄は15例の激しいレベル3の争いをしたことが観察された。これらのうち8例は，他の雄に向けられたもので，5頭がかなりひどく傷ついた。そのうち2頭は肉を食べているとき，2頭はアルファ雄のフィガンが社会

的に興奮して攻撃したとき，そして最後のが最悪で，ゴブリンがフィガンに挑戦したときで，5頭の雄でこの攻撃を決行したのだ。（他の年だったが）雄によって乱暴に攻撃された7頭の雌は，見た目にはたいして傷ついていなかったが彼女らはたぶんひどいあざをつけられたようだ。

おとなの雌のあいだに2例のレベル3の争いがあった。そのうちの1例ではひどく傷ついた個体が出た。これは共食いパッションによる肉食のための攻撃から，ミフが自分の赤ん坊を守る争いだった。4分間以上続いた戦いの間，両方の雌は高い木から2回地面近くまで落ち，再び木に登ってそのまま戦いを続けた。結局パッションは，たぶん自分の4カ月になる子どもが邪魔になり，諦めて退散した。ミフは木に残り，大声で吠えたてた。3分後，おとなの雄が毛を逆立ててディスプレイをした。そのときまでにパッションは消えていた。ミフはそのおとな雄とは残らず，その日の残りを娘と息子と一緒に移動し，ときどき自分の顔や手の傷を嘗めたりした。赤ん坊はまったく傷ついているようには見えなかった（観察者：H. Matama.）。

これが記録された雌―雌間で最も激しい戦いの極端な場面である。1975年（パッションが初めて他のコミュニティーの雌のギルカの新生児をつかみ，殺して食べた時）と1978年（上記の出来事が起きたとき）のあいだに，そのような攻撃が，総数5例観察された。しかし3例は不成功だったが，ギルカは2頭の赤ん坊，メリッサは1頭の赤ん坊を失った。パッションは，若もの後期の娘ポムに3回の攻撃で助けてもらった。この期間に5頭の他の赤ん坊が消えた。別の論文（Goodall, 1977）にわたしは，彼らがパッションとポムの犠牲になったかもしれないことを示唆する証拠を示した。これらの出来事は表12.6にまとめてある。

すでにみてきたように，全体として雌は雄の

エバレッドのメリッサへの激しい攻撃。約40分続いたこの攻撃には明確な理由がなかった。メリッサは発情していなかった。赤ん坊のグレムリンはこのあいだ中メリッサの腹にしがみついていた（B. Gray）。

表12.6 パッションとポムによる新生児を持った母親への攻撃

年月	攻撃についての記述
1975年8月	母：ギルカ 赤ん坊：生後3週間の雌 争いの長さ：1分 母親が被った傷：なし 攻撃の連鎖：ギルカがキャンプで座っている。パッションとその家族が到着。パッションは到着のしばらく後，突然ギルカに突進。ギルカは大声で悲鳴をあげて逃げる。パッションはギルカを約60分間追いかけ，捕まえ，攻撃する。ギルカは自分の赤ん坊にしっかりとしがみつく。しかし，ポムが走ってきてパッションに加勢し，ギルカは突然諦めて赤ん坊を放す。パッションは赤ん坊を腹側に押しやり，ギルカを追い払い，座って，赤ん坊の前頭骨をゆっくりと咬み，即死させる。ギルカはそっと戻ってきて，ワァワァと叫び，去る。 観察者：H.マタマとE.トゥソロ
1976年10月	母親：ギルカ 赤ん坊：生後3週間 争いの長さ：2〜3分 母親の被った傷：両手，両足，一方の眉の上に咬み傷 攻撃の連鎖：ポムがギルカに近づき，そばに横たわる。5分後パッションが近づく。ポムはパッションの方へ移動し，それから，2頭でギルカに向かって突進。ギルカは悲鳴をあげて逃げる。ポムはギルカの前に走りでて，行く手を遮る。パッションはギルカを捕まえ，地面に投げつける。ギルカは赤ん坊を抱え込むようにかがみこむ。パッションは赤ん坊にすがりつき，咬み砕く。ギルカがパッションを叩き，咬もうとする一方で，ポムがギルカを攻撃。パッションはギルカの眉を咬み，出血させる。攻撃は続く。パッションはギルカの手をきつく咬む。攻撃者らはギルカの背後に回り，ポムは赤ん坊をつかんで，走る。ポムはパッションがやった同じ方法で（上記）赤ん坊を殺す。ギルカはポムの後を追い，赤ん坊を攫むが，パッションがその後を追い，ギルカの手と足を咬んで攻撃。ひどく出血したギルカは戦い続ける。パッションとポムは急いで移動。ギルカは少し追い，諦める。 観察者：G.キブヨとE.ムポンゴ
1976年11月	母親：メリッサ 赤ん坊：生後3週間の雌 争いの長さ：9〜10分 母親の被った傷：かなりの出血を伴い，後に，腫れた顔にたくさんの深手，直腸にまで達した尻の深い傷（傷口から便が流れ出た），両手の深い裂傷。翌日は二足で歩く。10日間はたいへんひどい状態だった。約1カ月で治った。 攻撃の連鎖：エピソード12.1参照 観察者：R.バンバンガンヤとL.ルクメイ
1977年8月	母親：リトル・ビー 赤ん坊：生後1週間の雄（ツビ，生存） 争いの長さ：1〜2分 母親が被った傷：リトル・ビーを次に見たのは1週間後だが，明らかな傷はなかった。 攻撃の連鎖：ポムとプロフがヤシの木の上のリトル・ビーのところへ登る。ポムは赤ん坊に触り，臭いをかぐ。ポムは下に座っているパッションを繰り返し見る。リトル・ビーは不安になり，小さくキーキー声を発しながら，葉伝いに離れる。パッションは到着の5分後，急に突撃。わたしは彼女に向かって叫び声をあげたが，彼女は無関心。彼女とポムはリトル・ビーに躍りかかり，リトル・ビーは悲鳴をあげつつ枝づたいに逃げる。リトル・ビーは隣の木に大きく跳躍。パッションとポムは彼女の後を追い，続いて，木の高見の見えないところで戦いが起こる。この間，リトル・ビーは逃げる。パッションとポムは諦めて去るまで1時間近くもリトル・ビーを探す。

1978年5月	母親：ミフ
	赤ん坊：生後2週間の雌（モー，生存）
	争いの長さ：4〜5分
	母親の被った傷：眉と上唇の深手
	攻撃の連鎖：腹に生後4週間の赤ん坊のしがみついたパッションがミフのいる場所に到着。プロフがミフに接近するとミフはプロフに尻向け。2分後，パッションとポムがミフに近づく。ミフは咳こむような唸り声を発し，尻向けしてから去る。パッションはミフの後を追い，赤ん坊を摑むが，ミフは悲鳴をあげながら勢いよく歩き回りパッションを叩く。そして，追いかけは続く（ポムはパッションを助けない。彼女は妊娠しており，さらに，野外助手に脅されている）。パッションはミフを高い木に追い上げる。彼女らは，取っ組み合い，ミフはパッションの手を咬む。両者とも転落。ミフはもう一度，木に駆け上がるが，パッションは追いかける。再び彼らは取っ組み合い，パッションは転落。パッションは3回目も木に登り，攻撃し，そして諦めて去って行く。
	観察者：E.ムボンゴ，H.マタマとR.バンバンガンヤ

a　ギルカ，メリッサ，ミフのいずれもが，パッションに咬みついたにかかわらず，パッションはけっして傷を負わなかった。

ようには乱暴でない。時折，彼女らが激しい攻撃を見せる可能性があるのは，1976年11月のパッションによるメリッサの赤ん坊の強奪というワード・ピクチャー12. 1に述べられた出来事のようなときである。これはパッションの最も長時間にわたる攻撃であり，彼女の目論見の成功を保証した娘との協調行動の最高の例である。

ゴンベのおとな雄も赤ん坊を攻撃し，殺して一部食べたことが観察されたが，すべては今のところ，他のコミュニティーから来た雌の赤ん坊である。マハレ山ではM集団のおとな雄が自分のコミュニティーの赤ん坊を殺して食べた1例がははっきりわかっており，たぶんそうだろうという3例がある（Nishida, Uehara, and Nyundo, 1979; Kawanaka, 1981; Hiraiwa-Hasegawa, Hasegawa, and Nishida, 1983; Tanaka, 1985）。

この章で，わたしは雄が雌より高い頻度で敵対的行動を起こすことを示し，彼らの敵対的交渉の多くは肉体的攻撃を含み，これらの攻撃が激しいことを示してきた。また，敵対的行動が最も起こりそうな状況は雄と雌で異なる。さらに違うことが一つある。すでに見てきたように，雄は若もの期を通じて，次第に攻撃的になる。しかし，いったん彼が雄の社会序列の中での地位を確立し，自分のコミュニティーの雌を服従させると，敵対的交渉に参加する頻度は年々あまり変化しなくなる。雄の序列が不安定になると，確かに敵対的行動が多くなるかもしれない。そうなると雄—雄関係がより緊張して，社会的に興奮するようになり，転嫁性の敵対的行動が多くなる。しかし，そんなときでさえ，平均的な雄にとって，彼が敵対的行動を扇動し，またそれを受ける状況はあまり変化しない。毎年，雄は他の雄と，また雄と雌の混合パーティーで長時間移動する。他のパーティーと出会うこともあるが，そのときはたいてい興奮と敵対的行動のレベルが高くなる。毎年，雄は境界を偵察し，見知らぬものと出会い，肉をめぐって争う。そして毎年，争うべき性的受容期にある雌が存在し，雄は彼女を攻撃的に交尾に連れ出す。彼の社会生活は毎年，同じパターンでつづき，敵対的事件への関与も同じパターンである。しかし特別な年もあり，たとえば，アルファ雄に挑戦したり，長い付き合いの緊密な同盟者を失ったりすると，いつもの年と大きく違ってくるだろう。

しかし，雌の図式はまったく違う。青年後期は混合パーティーで遊動し，規則的に発情し，他の雌に対してたくさんの敵対的行動を向け，

359——攻 撃 性

デイビッド老人が若もの雌のプークを攻撃している（H. van Lawick）。

おとな雄ばかりでなく，頻繁におとなの雌の攻撃の的になる。そして，彼女は妊娠し，出産し，あまり社交的でなくなり，1頭でいるか，自分の母親とだんだん長く過ごすようになる。こうして敵対的事件への関与は，劇的に減少する。しかし，自分の子どもが成長するにしたがって，母親はだんだん子どものささいなけんかに巻き込まれるようになる。すでにみてきたように，この関与はコミュニティーの他の母親との争いへと進む。そして突然，性的腫脹を再開する。もう一度，彼女は性の相手を捜し，もう一度，大きな混合パーティーで移動し，結局，おとな雄との敵対的事件への関与を増すだろう。この期間は2回目の妊娠とともに終る。そして，他の母親との敵対的交渉を再開する。しかし，自分の最初の子どもが息子だった場合，息子の青年時代に，コミュニティーのおとな雄に挑戦するとき，彼女は新しい一通りの争いにすべて巻き込まれる。特に，彼がこれらの雄の中でもより攻撃的な者たちを服従させようとする努力をし始めたとき，母親は彼の相棒として，かなり厳しい闘争に何回もかかわることになる。最終的には，これは彼女の地位を上昇させるようである。なぜなら，息子が，大きく強くなるにつれて，代わって母親を助けるようになるからだ。

ワード・ピクチャー12.1　共食いのためのメリッサとその赤ん坊への攻撃，1976年，11月

午後5時10分，メリッサは生後3週間の赤ん坊ジェニーを腹にしがみつかせ，6歳の娘のグレムリンにつきそわれて木に上り低い枝に座った。1分後パッションの子どものプロフが現れた。彼はメリッサに近づき，じっと見つめ，それから彼女の赤ん坊の臭いをかいだ。メリッサは大きなパント・グラント

を発し，ジェニーをよりしっかりと抱いた。プロフは18歳の姉のポムに付き添われていた。ポムがそばにたったとき，メリッサは彼女に触れてからジェニーを片手で支えてその木からもっと上のアブラヤシに上った。彼女が樹冠にたどり着いたとき，観察者の視界から一時的に消えたが，（おそらく，ずっとそこにいた）パッションがメリッサに突然飛びかかった。メリッサは大きな悲鳴をあげて木の幹を滑りながら降りた。すぐ後ろにはパッションが迫っていた。ポム，プロフ，グレムリンも大急ぎで地面に降りた。

　戦いはほんの10分たらず続いただけだった。パッションと娘のポムは協力しあった。パッションがメリッサを地面に押さえつけているあいだ，ポムが赤ん坊を引っ張り取ろうとした。戦いが起こってから2分後，メリッサの上唇から血が流れ出した。その瞬間，パッションが赤ん坊をひったくったが，メリッサはパッションの手を咬んで奪い返した。パッションは飛び回り，背後からメリッサを摑み彼女の臀部を深く咬んだ（傷は実際肛門のちょうど上の直腸まで達した）。メリッサはこの猛攻を無視してポムと戦った。そのときパッションはメリッサの一方の手を摑み，繰り返し彼女の指を奥歯で咬んだ。同時にポムはメリッサの膝奥に手をのばし，赤ん坊の頭に咬みついた。メリッサはまだ赤ん坊を抱えていて，パッションはそれを奪い取ろうとしているようだった。そのとき，パッションは片足を使ってメリッサの胸を押す一方，ポムがメリッサの手を引っ張った。メリッサはまだ赤ん坊をしっかり持って，パッションの足に咬みついたが，ポムはメリッサの片方の手を持ち，それに咬みついていた。戦いが続いているあいだ，3頭はすべて大きな叫び声をあげていた。最終的にはポムが赤ん坊を持って逃げおおせた。この時点で，戦いのあいだじゅう母親を助けようとしたがその都度はねのけられていたグレムリンはポムに向かって跳んで行った。メリッサが赤ん坊をなん

とか取り返したが，あっという間にポムが奪い返し逃げた。ポムは死体を持って木に登り（赤ん坊はポムが前頭を咬んだ時死んでいたと思われる），パッションとプロフがそれに従った。メリッサも登ろうとしたが枯れ枝が折れて墜落した。彼女は消耗したようだった。彼女はパッションが死体を持って食べ始めるのを下で見ていた。

　3分後メリッサはなんとか木に登ってきた。するとパッションは腸の一部を枝に残して行ってしまった。メリッサはこれらを拾い上げ，臭いをかぎ，下におとし，殺人者の後を追った。メリッサは近づきながら，また悲鳴をあげ始めた。パッションはもう一度彼女を避けた。メリッサは細く哀訴の声を出しながらパッションの後を追った。

　赤ん坊を失った15分後，メリッサは再びパッションに近づいた。2頭の母親は互いに静かににらみ合った。そしてメリッサは手を差し出し，パッションは彼女の出血している手に触った。パッションがプロフと一緒にまだ赤ん坊を食べ続けているので，メリッサは自分の傷をさわり始めた。メリッサの顔はひどく腫れ，手は切り裂かれ，尻からかなり出血していた。午後6時30分，メリッサは再びパッションに近づき，2頭の雌は短いあいだ手を取りあった。メリッサは枝に横たわりながら傷の手当をしつつまだ見続けていた。午後6時42分，メリッサは再び近づいた。パッションはメリッサを抱き，赤ん坊を食べ続けた。パッションが自分の足をメリッサに差し出すとメリッサがそれに触った。夜の帳が降りたときもチンパンジーたちはまだそこにいた。パッションとプロフは食べ続け，他の者は見ていた（ポムは以前2回とも共食いの肉を食べたのに，なぜか今回はけっして肉を食べようとしなかった）。

　メリッサを次に見ることができた2日後，彼女は，引き裂かれた手を地面につけずにほとんど直立して歩いた。彼女の他の傷はまだ口を開け，腫れていた。さらに4週間，怪我は回復しなかった。

チンパンジー社会における機能

　攻撃性はチンパンジーのコミュニティーの中の社会関係の複雑な網の目の一部であり，他の拮抗的，友好的な行動のパターンとともに，チンパンジーの社会を構造化するのに一役買って

いる。敵対的行動が赤ん坊の社会化に果たす役割をまず考察することは，敵対的行動の多面的な機能を理解するのに有効である。赤ん坊の初期の行動の多くは，まず母親によっての，次い

でコミュニティーの他の構成員によっての不適当な行動への穏やかな敵対的反応によって形づくられる。子どもが年をとるにつれて，攻撃的刑罰は厳しくなる。特におとなからの攻撃は，極度に赤ん坊や子どもを圧迫し，スコット（1958）が指摘したように，恐怖は簡単に学習され消えないので，この種の出来事は，少なくともどの個体がいるときどの行動を避けるべきかを子どもに速やかに教える。

　母親の敵対的行動の最も重要な機能は，独立を促すことである。3歳の赤ん坊は乳をすい，母親の背に乗り，食物を分け与えることを許されるが，4歳，5歳ともなると，母親の寛容さは減り，子どもはしだいに自分で歩き，母親から，かなり離れて食べさせられるようになる。ある母―息子の対で，乳離れのときに攻撃的出来事が頻繁に起こった（Clark, 1977）。

　すでにみてきたように，攻撃性は注目を引く。そして，子どもたちは戦いとディスプレイに関心を示す。たぶん，ある程度，これは若い雄がおとな雄の行動にみせる関心に根ざすのだろう（Goodall, 1971）。これらの子どもが母親から最初に乳離れするとき，敵対的行動の対象にされてしまうかもしれないのにかかわらず，大きな雄を付き合いの相手に選ぶ。青年前期の雄は時折，母親の元を離れたあと，自分をこっぴどく攻撃した雄と移動することがある。

　子どもは，遊びの時間に攻撃について（また，順位について）多くのことを吸収する。子どもは成長するにつれてだんだん乱暴な遊びをするようになり，実際に最後には戦いになってしまう。こうして，子どもは自分の遊び相手が強いか弱いかだけでなく，自分の母親に対する相手の母親の順位についても学ぶ。同時に，彼は，戦いの技術やだますことや同盟を作る技術も発達させる。これらの技術をいったん習得すると，戦いによって「権利」を守り地位を上げていくことが重要な社会で，他と競っていけるように

なる。若い雄にとって，ディスプレイや戦いで雌より優位になることは，少なくともときどき彼女が配偶関係で彼に従うことを確実にする機能を持つ。もし彼女が拒絶したら，受け入れるまでディスプレイをし，ときどき激しく攻撃する。ここでは，雄のマントヒヒが雌の首筋を嚙んでかり集める（Kummer, 1968）ときのように，敵対的行動は個体の距離を縮める働きをする。そのペアは敵対的行動なしにさらに数週間一緒にい続ける。性的受容期にある雌に向けられた他のコミュニティーからの穏やかな戦いとディスプレイは，その雄たちの集団へ彼女らを組み込む働きを持つ。

　すでにみてきたように，雌の順位は，自分の子どもが雄であろうが雌であろうが，その将来の地位にとって決定的に重要である。すなわち高順位の雌の子どもは高順位になる多くの機会を持っているし，地位が高ければそれだけ雌はより攻撃的だからである。

　雄―雄間の敵対的行動は，少なくともコミュニティーの中では，第一に順位序列を確立し維持する働きをする。しかしいったん，無理なく安定した順位が機能すると，順位の高いものにだけではなく，ラック（1966）が指摘したように，劣位者にとっても利益ははっきりしている。自分が順位の高い個体と資源の獲得で競争しても意味がないと知っていれば，低順位の個体は無駄な努力をせず，怪我を受ける危険を犯さず，他のところで好運を求めるよう離れていく。チンパンジーは極度に興奮しやすく，そして多くの個体が集まったとき特に，些細な争いが敵対的交渉やディスプレイを起こさせることになる。しかし秩序が安定している限り，重大な戦いは滅多に起こらない。敵対的行動のすべての構成要素を伴った小さな攻撃も狂乱の突進ディスプレイも，社会的緊張を解放し，したがって生理的に好ましくないストレスを最小にする機能を持っている。

362――攻　撃　性

攻撃性が果たす役割は，しばしば明らかではない。なぜなら，それはたんにそれが創り出すのを助けた順位序列を通じて間接的に作用するだけだからである。たとえば，多くの個体が実をつけている大きな木に上がって行くとき，明らかな敵対的行動はないかもしれないが優位な個体が最良の採食場所を占めているだろうし，劣位者は一つの果実を取るためそこここを動き回るか，たんに地面で待っているだろう（Wrangham, 1979）。

こうして，だんだん攻撃性の複雑な機能があらわになってくる。しかし，それだけでは図式の半分しか明らかにならない。社会的求心という同じように強力な力を考慮にいれなければ，チンパンジーの社会を秩序づけることにおける攻撃性の果たす役割を理解することは望めない。われわれがコミュニティーと名づけている独得の社会組織を導き出しているものは，これら二つの相互作用である。すなわち，一方は攻撃的敵対性と罰であり，他方は緊密で永続的な親和的絆である。

13　友好的行動

　1974年7月　マダム・ビーはカハマ渓谷に向かってゆっくり歩いていた。観察者のエスロム・ムポンゴは、彼女の後をつけていた。マダム・ビーにはふたりの娘がいる。おとなになったばかりのリトル・ビーと青年期のハニー・ビーだ。娘たちは、大きなレモンのような実をつけたサバ・フロリダ（Saba flolida）の木立に続く道を、母親よりずっと先立って歩いていた。マダム・ビーは老けて、不健康そうに見える。彼女はポリオで麻痺した腕をひきずっている。頭と背中と足の一方に治りかけの傷がいくつかあった。この年の夏はたいへん暑く、食物も比較的少なかった。そのためチンパンジーたちは、採食場所を変えるのにかなりの距離を移動しなければならないこともあった。マダム・ビーは何度も立ち止まっては休んだ。弱い餌発見の声が聞こえた。娘たちが採食場所に着いたらしい。マダム・ビーはすこし急いだ。しかし採食場所に着いたときには、疲れたのか弱ったのか、木には登ることができなかった。彼女は娘たちを見上げて横になって、娘たちが熟した実を求めて動きまわっているのをじっと見ていた。10分ほどするとリトル・ビーが木から降りてきた。

（H. van Lawick）

リトル・ビーは実のついた枝を口にくわえ、手にはもうひとつの実を持っていた。彼女が地面に降りたつと、マダム・ビーは2, 3度、弱いうなり声を発した。するとリトル・ビーもうなり声を発しながら母親に近づき、手に持った実をそのそばに置いた。それからリトル・ビーも近くに座り、2頭の雌は一緒に実を食べた。

　今まで見てきたように、チンパンジーたちは、その気になればたいへん乱暴な振舞いをすることもできる。攻撃、特にその極端なものは生々しく、また人の注意を引くものだ。そのためわれわれは、実際以上にチンパンジーが攻撃的であるという印象を持ってしまう。実際には、平和的な相互交渉のほうがずっと多い。威嚇の身振りには激しいものより穏やかなものの方が多いし、実際に攻撃するよりも威嚇だけで終わることの方が多いのだ。仮に戦いに至った場合でも、怪我をするような真剣勝負はめったになく、比較的穏やかな短い闘いが大部分を占める。この章では、チンパンジーの性質の平和的側面について、すなわち、社会的調和を維持・修復したり、コミュニティーの成員の結びつきを強めるメカニズムについて述べることにする。

接触行動

チンパンジー同士の関係で、身体的接触は何にも増して重要である。子ども時代、チンパンジーは長期間母親に依存して生活し、母親に抱かれることで傷や恐怖を和らげる。このため、チンパンジーには、身体的あるいは精神的なストレスを受けると、仲の良い個体との接触を求めるという根深い性質が備わっている。そういった接触が心理学的に有益であることは立証されている。ある実験室でおこなわれた研究では、チンパンジーの幼児に弱い電撃をあたえたときに、チンパンジーが受ける苦痛の度合は、よく知っている世話人に抱かれている場合のほうがずっと小さくなることが示された (Mason, 1965)。同じ研究で、社会的グルーミングが、グルーミングする方に対してもされる方に対しても、興奮の度合を弱める効果があることが示されている。実際、社会的グルーミングは、おとなたちのあいだに長時間の落ち着いた調和的接触の機会を提供しており、おそらく社会的グルーミングは、いろいろな友好的行動の中で最も重要な要素になっている。これについては別に次章でとりあげることにする。

恐怖と興奮

チンパンジーは聞きなれない音を聞いたり、近くで闘いが起こったり、見なれぬ光景を見たりして思いがけず驚いたときには、身体的接触を求めて仲間に触れたり、抱きついたり、マウンティングしたり、キスをするなどの典型的な行動を示す。デイビッド老人は初めて鏡に映った自分の姿を見た時、恐怖に歯をむき出して毛を逆立て、近くにいた4歳のフィフィに突然手を伸ばし彼女を抱き寄せた。すると彼のむき出された歯や逆立った毛はゆっくりもとに戻っていった。

非常に興奮したときにも、これと同じような

バナナの給餌でみんなが興奮したとき、フロー (左) とパッションが抱き合う (H. van Lawick)。

マイクが捕まえたばかりのヒヒの赤ん坊を食べ始めると、リーキーとヒューゴーが興奮して抱き合ってキスをする（B. Gray）。

ざんごうの所で、ファーベン（手前）とチャーリーが興奮しながらバナナを持っている。2頭とも金切り声を発している。デ（ざんごうの上）も同様。彼は同時に自分のペニスをさわっている（B. Gray）。

接触を求めるという行動が起こる。狩りで獲物を仕止めると、それを見ていたものは大声で悲鳴をあげながら、お互いに抱き合ったり、キスをしたり、叩きあったりする。そしてそれから肉の分け前にあやかろうと獲物を手にいれた狩人のところに走って行く。また、ある時2頭のメスが思いもかけずバナナの山に出くわしたことがあった。そのうちの1本を手にとる前にも、彼女らは興奮して餌発見の声を発しながら互いの首に腕を絡ませ、口を開けて互いの肩に押しつけたのだ。バナナをしょっちゅう食べていた頃には、チンパンジーたちは箱が開くのを予期すると、非常に緊張・興奮し、互いに抱き合ったり、マウンティングしたり、開いた口をおしつけ合ったりすることもあった。ファーベンはこういう時に仲間に向かって尻を向けた。そし

て、仲間が近づいてきて彼に触ると、腰を突き出しペニスを上下させ仲間の手のひらにあてた。兄のフィガンは突然の恐怖や興奮におそわれると、自分自身のペニスをつかむことがあった。とりわけそばに誰もいない時にはそうすることが多かった。成長するに従ってそういうことはあまりしなくなったが、たとえば境界のパトロールのときなど著しく緊張した場合には、この行動が出現し、それは生涯続いた。他の雄たちも興奮するとすこしのあいだ自分のペニスに触ることがあった。

服従と元気づけ*

服従的行動は多種多様な非敵対的姿勢や身振りや音声から構成され、順位序列に従って劣位者から優位者に向けられる。服従的行動は、劣

367 —— 友好的行動

他の集団からの呼び声に呼応して，マンディーと青年期のジョメオがパント・フートを発している。身体を接触させていることが興奮の度合を減じている（H. van Lawick）。

位者が他個体に威嚇されたり攻撃されたりした場合に起こるだけでなく，優位者が劣位者に明確な攻撃のそぶりを見せなくても，劣位者が優位者に近づいたり近づいてこられたり，通り過ぎたり通り過ぎられたりしただけでも起こる。服従行動のパターンは以下のようなものである。

プレゼンティングあるいは尻向け。たいていは雌から雄に向けておこなわれる

はいつくばりお辞儀

首振り（優位者に向かって腕を伸ばしてから曲げ，頭を上下に振る）

キス（唇をとがらせて相手に触れるだけのこともあれば，口を大きく開けて相手に押しつけることもある）

抱きつき

マウンティング（後ろからしっかりと抱きつくことで，腰を前後に動かすこともある）

いろいろな手や腕の動き，たとえば相手に向かって手を差し出す（普通手のひらを上に向けておこなわれる）。手首の甲を差し出して身体の一部に触れたりグルーミングをする

逃げ腰姿勢（劣位者が，肘と手首を曲げて腕を引き寄せ相手から遠ざかるように体を傾ける）

これらの姿勢や身振りをするときには，（優位者の興奮の度合から最も影響を受けるが）劣位者の困惑の度合によって，咳こむような唸り声（pant-grunt），金切り声（squeak），哀訴の声

＊ 訳註13-1：「元気づけ」という用語は，基本的には，劣位者の服従を受け入れ，劣位者の存在や行為を認めるという優位者の行動，「保証」を意味する。しかし場合によっては，社会的な緊張感から解放され「安堵感を得る」という劣位者の情動的側面を意味することもある。原著ではこれらは同一の用語で記述されているが本章では文脈に即して訳し分けた。

（whimper），あるいは悲鳴（scream），を伴う。

高順位個体が平常な状態のまま接近したり通り過ぎたりするときの劣位者の反応は，普通，咳こむような唸り声を発する，逃げ腰姿勢をとる，相手に触れるなどである。もし，高順位個体に（毛が逆立つなどの）興奮の兆候が見られると，実際に威嚇されているわけでもないのに劣位個体の反応はより強いものとなる。青年前期のフィガンは，高順位個体のヒューが近くにくると，必ず狂ったように咳こむような吠え声（pant-bark）を発して首振りをした。そのとき以来，多くの青年期の雄がこのような緊張感のある服従的行動を，（そのときの最優位雄の場合が多いが必ずしもそうではない）特定の高順位個体に対してするようになった。エバレッドは，フィガンと敵対関係にあるときでも彼に対してそうしていた（8章）。

高順位個体はこのような服従的行動を無視することもあるし，劣位者を攻撃することもあるが，たいていの場合は相手に触れたり，軽く叩いたり，キスしたり，抱いたり，グルーミングしたりして反応する。これらの友好的行動はどれも，劣位者を鎮めて落ち着かせ，当該個体間の調和関係を再確立するのに役立つ。

すでに述べたようにチンパンジーは，威嚇されたり攻撃されたりすると，攻撃者にではなく第三者に向かって，服従の姿勢や身振りを使って，安心感を得るための接触を求めることがある。元気づけを求められた個体が，攻撃者がするのと同じように劣位者を元気づけることもある。闘いをしかけられたおとな雄は，悲鳴をあげて第3者のところに走って行き，その個体に接触することが多い。このようなとき，彼らはよく元の攻撃者の方を見ながら，悲鳴をあげたり，抱き合ったり，マウンティングやグルーミングをし合ったりする。前に述べたように，これは攻撃された個体が味方の援助を求める方法である。しかし第三者に保証を求めて安堵感を

バナナの給餌で興奮しているヒューとチャーリー（B. Gray）。

得ること自体が第一の目的のような場合もある。14歳にもなるフィガンが敵に攻撃された後に，母親の手を握りにいったり，メリッサが，ある高順位雄との緊張した相互交渉の後で（たぶん彼女の叔父の）年老いたミスター・マクレーガーのところへ行って，自分の手を差し出したことなどがその例である。

保証の接触によって軋轢が解消し落ち着いたように見えても，時と場合によって劣位者は腹の虫が治まらないことがあるらしい。あるとき若もの雄のエバレッドは，バナナを食べているときにプークを攻撃した。プークが悲鳴をあげてプレゼンティングすると，エバレッドは手を伸ばして彼女に触り，ちょっとグルーミングした。そしてその後2頭は並んでバナナを食べた。しばらくのあいだ，何事もなかったが，そのうちプークの親友で支持者でもある年老いた雄のハクスレーが毛を逆立ててやってきた。彼女は，ハクスレーを見るや否や味方の到来に突然大胆になり，荒々しいワァワァ吠える声を発しながらエバレッドを攻撃した。

確かに，劣位者がしばらくのあいだ恨みを持っていたりすることもあるかもしれないが，安心感を求める接触が軋轢の解消に重要な役割を果たしており，社会的グルーミングとあいまって，チンパンジーたちが互いにくつろいだ状態で多くの時間を過ごすことを可能にしているのは疑いない。ある時，マイクが年老いたフローを非常に激しく攻撃し，フローは2カ所にわた

って血を流すような傷を負った。その後マイクはフローの服従の身振りに応じて、なきやむまで彼女を抱いたり軽く叩いたりしていた。マイクがその後10分間フローをグルーミングすると、彼女はすっかり落ち着き、彼の足に頭をのせるようにして本当に眠りこんでしまった。

ある個体が他の2個体の拮抗的相互交渉の仲裁をすることもある。典型的な例をあげよう。あるとき、フロドと彼より年下のツビがレスリングをしていた。そのうちフロドが乱暴になってきて、ツビが哀訴の声を発し、ついには悲鳴をあげた。ツビはひどく怒ってフロドに体当りし、彼をきつく嚙んだ。今度はフロドが悲鳴をあげた。するとリトル・ビーが心配そうに歯をむき出した表情でやってきて、フロドをなだめようと手を伸ばした。彼女はそうしながら、フロドの母親のフィフィをちらりと見た。フィフィはリトル・ビーより高順位でもあるし、けんかが続くようなら、息子に代ってけんかに加わってきそうだった。また別のときに、リトル・ビーはフロドを無視してフィフィに近づいて、彼女に触り直接なだめようとしたこともある。神経質な母親であるオリーは、自分の赤ん坊がおとな雄と遊んでいると、おとな雄が何も攻撃のそぶりを示さなくても、そのおとな雄に向かって服従的行動をすることがよくあった。その様子は4章で述べた。

感情的・身体的に苦しんでいるチンパンジーが、元気づけや安堵のための接触を強く求めることを考えれば、服従的行動が順位秩序に従って、劣位者から優位者へ向けられるということもすぐ理解できる。高順位雄から威嚇や攻撃を受けて、このような（友好的な接触を訴える）行動をしたにもかかわらず、それがすぐ近くにいる当の高順位雄に無視されると、若ものの個体の場合、攻撃者の方を見ながらはいつくばって悲鳴や哀訴の声を発し続けることがある。あるいは手を伸ばしておねだりの身振りをするこ

ともあるし、ときにはかんしゃくさえ起こすこともある。

攻撃者との接触を求めるがゆえに、結果的に葛藤状態に陥ることがある（Hinde, 1966）。攻撃された劣位者が攻撃者に近づいたり離れたりを交互に繰り返しながら、攻撃者に近づいていくことがある。劣位者は攻撃者の近くに行こうとするのだが、同時に恐ろしくもあるのだ。以前、フィガンがゴライアスにとりわけこっぴどく攻撃されたとき、少なくとも50mは行きつ戻りつしながら、ゴライアスの後をついて行ったことがあった。ゴライアスが毛を逆立てて座り込んでしまうと、フィガンは立ち止まり、向きを変えて逃げるような素振りをした。それから終始大声で悲鳴をあげながら、この大きな雄の所へ後向きに近づいて行った。ゴライアスの手の届く所までやってくると、フィガンは地にはいつくばって、じっと動かないまま悲鳴をあげた。ゴライアスが30秒あまりやさしくフィガンの肩を叩くと、フィガンは次第に静かになり落ち着いてきた。恐怖におののいた劣位者の場合は、相手の手の届かない所で立ち止まってしまい、体を前方に傾け相手に向かって手を伸ばすこともある。この場合は、相手の方も嘆願者の方に手を伸ばして差し出された手に触れたり、軽く叩いたり、持ったりすることができるだけである。もちろん劣位者が恐怖を克服できないで、せいぜい5メートルくらいまで近づいただけで走り去ったり、立ち止まってそれ以上近寄らないこともときには見られる。

チンパンジーは騒がしい服従行動を好まない。このことが劣位者に対して安全保証をするという優位者の行動の引き金となるのかもしれない。攻撃された劣位者は、元気づけてもらいたくて大声で悲鳴や金切り声を発しながら、優位者の方に手を伸ばしたり、優位者の前ではいつくばったりするのが普通である。友好的な接触のなかには劣位者を宥めるのに役立つものがある。

メリッサが新生児のゴブリンを連れている。彼女はある若雄と出会って緊張した後、おそらく彼女の兄であるハンフリーの所に行って手を差しだしている。血縁個体だと思われるミスター・マクレーガーとデイビッド老人もそこにいる。

メリッサが服従的な金切り声を発し近づいてきたときに、最優位雄のマイクが元気づけている（H. van Lawick）。

以下にあげる例は、調和的雰囲気を回復させるのに役立つ元気づけ行動である。当時第2位雄だったゴライアスが座ってバナナの山を食べていた。青年期のペペがゴライアスの手の届く所まで近づいてきて、身をかがめて哀訴の声と金切り声を発しながら、その年上の雄を見て手を3度差し出した。やがてゴライアスはペペの顔や頭を軽く叩きはじめた。ゴライアスが叩くのをやめると、ペペはゆっくりとバナナの方に手を伸ばした。そしてバナナに手が触れる寸前、

371 —— 友好的行動

ゴライアスが威嚇したわけでもないのに手をさっと引き，悲鳴をあげ始めた。30秒後，ゴライアスは再びペペの頭を叩き始めた。15秒か20秒すると，ペペは再び静かになった。ゴライアスが叩くのを止めると，ペペはこの年上の雄をじっと見つめながらバナナを少し拾って持ち去った。ふたりは8mくらい離れて座り平穏にバナナを食べた。ゴライアスは元気づけの身振りをすることにより，平和的な雰囲気をもたらしたのだ。ゴライアスが平和的雰囲気を好んでいたのは疑いない。こうしてゴライアスの行動はペペを元気づけるのに役立っただけでなく，彼自身にも利益をもたらした。

元気づけという行動は，多くの場合利己的な動機づけに基づいているかも知れない。しかし忘れてならないのは，この行動の主なパターンは，軽く叩く，抱く，キスするなどであり，これらの行動パターンはほぼ確実に，子どもを宥め鎮めるように進化してきた母性行動の身振りに由来している。同じように，恐れおののく子どものように振舞っている劣位者の服従行動を見たときに優位者に生じる感情は，赤ん坊への母親の関心に由来するのかもしれない。服従行動の姿勢や身振りの多くのものは生まれつき備

わったものであるが，社会集団の内部で，幼児期の学習経験を通じて方向づけられ強められてゆくものだ。このことについてはすこし先で述べることにする。

もちろん，ゴンベでは，攻撃の被害者が，攻撃者にも他の誰にも保証を求める接触をしない場合も多い。攻撃者からすこしはなれたところまで逃げた後，次第に平静を取り戻したり，社会集団からはなれてひとりきりで発散したりすることもある。

表13.1は，三つの異なった時期にキャンプで観察されたおとな間の敵対的事件の回数を示す。1966年は2カ月だけ，1978年と1979年は通年の観察によるものだ。1966年には（バナナを大量に与えていたこと，キャンプに出没するパーティーが大きかったこと，おとな雄が多かったことの結果として）他の時期に比べ多くの敵対的事件が観察されている。しかし，これらのうち保証にかんする行動が起こった割合は，三つの期間を通じて同じようなものだ。

また表から，攻撃者がおとな雄の場合には劣位者が雄であっても雌であっても，同じような割合で元気づけが求められるようだ。また雄の攻撃者は自分に向けられた服従的身振りの約半

表13.1 おとな雄間，おとな雄雌間，おとな雌間の攻撃でそのあと元気づけが起こったエピソード。攻撃的事件の後に元気づけが求められた頻度，およびその要求が受け入れられた割合も示してある。データは三つの別々の期間のもので，1966年の2カ月，1978年，1979年のものである

攻撃の型	攻撃的事件の数	元気づけのおこった割合（％）	元気づけが求められた割合（％）	要求の成功率（％）
雄から雄				
1966	41	31.5	24.5	60.0
1978	58	15.5	5.2	66.5
1979	104	21.0	15.5	62.5
雄から雌				
1966	44	20.0	20.0	50.0
1978	105	27.5	21.0	41.0
1979	99	27.0	27.0	44.5
雌から雌				
1966	19	5.5	5.5	100.0
1978	38	8.0	8.0	0
1979	33	3.0	0	0

マイクに攻撃されたファーベンが，ゴライアスに元気づけを求めている。リーキーがゴライアスをグルーミングしている（H. van Lawick）。

分を受け入れている。おとな雌から他のおとな雌に向けられた敵対的行動では，攻撃者の方が元気づけてくれたものは少ない。また雌は，攻撃者が雄である場合よりも雌である場合の方が，攻撃者に対して元気づけを求める割合がずっと少なくなっている。しかし，雌に元気づけを求めた場合には，多くの場合受け入れられている。このような性差は，ゴンベでは雌のあいだに明確な順位制がないことを反映している。これについては15章で述べることにする。

ドゥバールとルースマレン（de Waal & Roosmalen, 1979）はアーネム・コロニーで，もめごとのあとで起こるチンパンジーの服従行動と元気づけ行動の詳細な研究をおこない，それを和解と名づけた。ここでも第三者に元気づけを求めることもあったが，敵対するもの同士が身体接触を求めることのほうが多かった。アーネムのチンパンジーたちの身振りは，ゴンベで観察されたものと似ている。しかし飼育下ではチンパンジーたちは相手から逃げることができないので，けんかを早急に治めることが，より重要なのは明らかだ。少なくとも敵対者同士が一時的にでも和解するまでは，その集団の中に緊張

フィガンは，ゴライアスに攻撃されたあと，彼に近づいていって服従を示す身をかがめた姿勢をとって，悲鳴を上げている。ゴライアスは元気づけの身振りでフィガンを宥めている。フィガンの悲鳴は哀訴の声にかわり落ち着きはじめた（H. van Lawick）。

373 ── 友好的行動

おとなになったばかりのぺぺが、咳こむような唸り声を発し、手首を曲げてゴライアスに接近している。このあとぺぺは、この年長の雄のすぐ隣に座り、食事するのをじっと見ていた（H. van Lawick）。

関係が持続している。敵対しているおとな雄が友好的な接触を再確立するのに、おとな雌がひと役かったこともある。それについては19章で述べることにする。

他の飼育集団でもめごとの解決や攻撃の統制に用いられる方法もまた印象深い。たとえばフロリダのライオン・カントリー・サファリでは、最優位雄が興奮して攻撃的ディスプレイをしていると、第3位雄が遊びの顔をして体を立てたまま、最優位雄の前から背中を向けて近づく。最優位雄は彼を無視することもあるし、たまには攻撃したりもするが、この戦略により2個体の遊びが始まることが多い（Gale & Cool, 1971）。また、狭い檻で飼育されている二つの集団（ワシントン公園動物園とチューリッヒ動物園）では、ゴンベなら間違いなく闘いになってしまうような状況で、優位者がわたしには信じられないような自己抑制をする。このようなもめごとの解決や激しい攻撃パターンの抑制の社会的メカニズムは、将来の研究におけるきわめて重要な分野である。

挨　　　拶

ある期間はなれていたチンパンジー同士が出会うと、挨拶と名づけてもよい相互交渉がよくみられる。挨拶の交換には、友好的な場合とそうでない場合とがある。挨拶の場面で起こる相互交渉には、唸り声を発したり新参者をちらりと見るだけといったものから、喜びに満ちた抱擁、そして攻撃に至るまでのさまざまなものがある。挨拶の型や強さは、多くの社会的・環境的変数によって決められる。その中で最も重要な変数は、当該個体間の関係と気分であり、ある程度は彼らが離れていた期間の長さにも関係する。滅多に一緒にいることのないような2頭の雌は、たとえば果物のなっている大きな木で出会ったりしたときには、ほとんど相手のことを気にかけないことがある（実際、完全に相手を無視しているように見えることもある）。し

374 —— 友好的行動

パッションとファーベンの緊張した再会。パッションは歯をむき出して金切り声を発している。3歳のボムはじっと見ている（P. McGinnis）。

かし，肉を食べている集まりで，一方がおねだりしているところへ，もう一方が中に入ってきたりすると，2頭が戦うこともある。ある母親と成熟した娘が，2，3時間別々に採食した後に出会ったときには，単に互いをちらりとみて唸り声を発するだけかもしれない。しかし1週間以上会ってなかったときには，唸り声や，たまには興奮して叫び声を発しながら，互いに腕を巻きつけあい，ひとしきりの社会的グルーミングを始めることが多い。ほとんどないことだが，唸り声のかわりに悲鳴を発することもある。また雌は相手の高順位雄が落ち着いて静かにしている場合には，柔らかなあえぐような唸り声を発しながら近づいて，手を伸ばして彼に触れたりする。しかし，彼が毛を逆立てていたり，敵対的事件に巻き込まれた直後だったりすると，雌は不安そうに咳こむような吠え声を発しながら，途中まで彼に向かって走って行った後，気後れして木に駆け登ったりする。おとな雄は発情していない雌にプレゼンティングされると，面倒くさそうに彼女の性器のあたりを触る。し

フィフィがフィガンにキスで挨拶している（H. van Lawick）。

かし雌に幾らかでも性器の腫脹の兆しが見られると，熱心にそれを調べたりグルーミングしたりするし，雌が発情しているときには交尾する。挨拶の質はその2個体が以前に一緒にいたときに起こった相互交渉によっても変わる。若ものの雄は，高順位個体に攻撃されてパーティーを離れると，次に会うときは特別彼を恐れるようだ。12章で述べたように，再会のときに起こる威嚇や攻撃の多くは転嫁攻撃の結果であり，攻

フローが気づかわしげな咳こむような唸り声を発して近づいてくると，ミスター・ワーズルが腹を突き出す姿勢を示す（H. van Lawick）。

再会のときにヒューゴーが年老いた雌のマリーナを踏みつける。マリーナは自分の3歳の子どもメルリンを体の下にいれて保護し，身をかがめている。マリーナが座って悲鳴を上げるとヒューゴーはすぐに彼女を抱きしめる。母親にしがみついているメルリンの足が見えている。

撃された個体は単なる身代りに過ぎない。

ここでひとつ強調しておかなければならないことがある。興奮の高まった再会のとき（たとえば二つのパーティーが同じ食物のところで出会ったときなど）の一連の行動のなかでは，突進ディスプレイの際に低順位個体が攻撃を受けることが非常に多い。毛の逆立ち，踏みつけ，殴打，耳をつんざくような悲鳴を伴ったこうい

う事件の解釈は，当事者のチンパンジーと人間の観察者では異なる。われわれヒトの社会でも，元気で健康な若者のあいだでおこなわれる挨拶は非常に荒々しいことがある。誰でも熱心すぎるくらい背中をばんばん叩くことがあるのを知っている。上の写真は，おとな雄のヒューゴーが年老いたマリーナのかよわい背中を踏みつけ，彼女が赤ん坊におおいかぶさり，死もの狂いで

悲鳴をあげているところである。ヒューゴーは数回殴ったり踏みつけたりした後，接触を保ったままその「被害者」を抱きしめてグルーミングした。わたしは，マリーナは攻撃されるのを楽しんでいたといっているのではない。ただ，彼女にとっては人間の傍観者が見るほどにはひどいことではないかもしれないといっているのだ。

挨拶行動は服従行動，敵対的行動，元気づけ行動，性行動の要素から構成されているが，通常，劣位者の方が，明確な服従的信号を用いて相手が自分より高順位であると再認識したことを示す。この点で挨拶行動は既存の関係の内容を再確立するのに役立っている。（敵意が極端なものでない限り）社会的な競争相手が再会したときの緊張は，元気づける接触によって減少する。おとな雄は再会した後に，長時間の社会的グルーミングをすることがあるが，こうすることによりさらに落ち着いた状態が生じえる。

寛 容 さ

たいていの場合，母親は子どもに対してきわめて忍耐強い。とはいえ個体による差はある。母親によじ登ったり，頬の毛や耳をひっつかんだりしても許される子どももいるし，そのような勝手気ままな振舞いを堅く禁じられている子どももいる。また時には，母親が別の所に移動しようという信号をだしても，子どもがそれを無視することがある。そういう時，遊びであれシロアリ釣りであれ何であれ，子どもがそれをやめるまで諦めて待つ母親もいる。しかし，あまり寛大でない母親は，子どもをつかんで引きずって行くこともあるし，そのまま子どもをおいていってしまうこともある。また，何カ月もかかる離乳期には，母親の寛容度の個体差が大きくなる。

赤ん坊は普通，休息中のおとな雄によじ登ったり，採食中すぐ隣に座ったり，あるいは食物を分けてもらうことさえ許されている。雄の方も思わず赤ん坊を引き寄せて抱きしめたり，軽く叩いたり，優しく遊んでやったりしてしまうことがあるようだ。雄が赤ん坊に対し最も寛容になるのは，性的な場面である。おとなが交尾

ポムがエバレッドに挨拶する。

していると，赤ん坊はよくその邪魔をする。赤ん坊はおとなたちの所へ走っていって手を伸ばし，雄の顔，特に口を触ったり，押したり，時にはおとなたちがやっているように雌の背中に飛び乗ったりする。邪魔をしている時には，赤ん坊はまったく穏やかな気持ちかもしれない。しかし交尾の当事者が母親の場合には動揺することが多いから，交尾中の雄を実際に叩いたりするのかもしれない。子どもあるいは青年前期のものまでが，母親が発情しているときには，ときどき交尾の邪魔をする。2頭，時には3頭の若い個体が同時に邪魔をすることがある。そのため雄は邪魔者たちがごちゃごちゃするために，性的パートナーを見ることすらできないという場合もある。しかし，たいていの場合雄は邪魔者を無視しようとする。徒労に終ることも多いが，彼らは頭をあちこちに振ってこの悩みの種たちを避けようとする。そしてその傍ら仕事に励むのだ。本書479ページの写真はこういった状況を表している（このときは雄の堪忍袋の緒が切れないうちに，2〜3秒で邪魔をやめたのが，おそらくこの若い個体にとっては好運だったのだろう）。

時として，雄は邪魔している赤ん坊に対し，腕上げ身振りで弱い吠え声を発し威嚇することがある。少し大きな子の場合，雄はさらにやや攻撃的になり，交尾中にその幼児を殴ったり後でゴツンとやったりすることもある。ゴブリンはこういう場面でほとんど恐怖症といえるまで*の態度を示すようになった。彼の攻撃的な反応を見れば，彼以外の雄たちがどれほど寛大であるかが明らかだ。

通例，おとな雄は著しく劣位な若ものの騒々しい行動に対してもきわめて寛容である。若いチンパンジーがおおげさな首振りをして，騒々しい咳こむような吠え声を発しながら行く手をさえぎり，高順位雄が前進できなくなった時でさえも，彼はせいぜいちょっと腕をあげて威嚇するくらいなものだ。以前，フィガンがこのような邪魔をするので，ヒューはジグザグに動かなければ前に進めないという場面があった。雌のポムは，青年後期にはいってからおとな雄とたいへん緊張した関係を持つようになった。彼女は何度も何度も年上の雄に近づいて雄の前で挨拶したり，熱狂的に咳こむような吠え声を発しながら，はいつくばったり雄の顔に向かって手を押しつけたり叩いたりするような身振りをしたが，いつも雄は顔をそむけるだけだった。

雄は採食の場面でもたいへん寛容であることが多い。おとな雄が1頭あるいは2頭のおとなに，ヤシの実の塊を分けあたえているのは珍しくない。あたえる相手は雄の場合もあれば雌の場合もある。もちろんこういうときに雄が示す寛容さの度合は，相手個体との関係によってかなり変化する。雄に近づく個体はその雄と親和的な個体であることが多い。そうでないものは，滅多に雄の所へ行こうとしない。あとで見るように，採食中の雄は，他の個体がすぐ近くまで接近してきたり，しつこくおねだりしたりすることに対して際だって寛容である。対照的に，採食中の雌は劣位者の接近に対して通常きわめて寛容性が低い。自分の子どもに対しても同じことである。

---

* はじめのうちはゴブリンも，交尾中に近づいてきた赤ん坊に対して威嚇したり軽く叩いたりするだけであった。しかし16歳になる頃には，彼が子どもにあたえる罰は異様に厳しくなっていた。その年（1980年），9歳のフロイトがゴブリンと自分の母親の交尾を邪魔したため，ゴブリンがフロイトを激しく攻撃し，フロイトは足か踵を骨折した。次の年になると，交尾中近くに赤ん坊がくるとゴブリンは射精できないようになったらしい。そういう時ゴブリンは雌からはなれて子どもを追い払ってから，引き返して再び雌に求愛することから始めるのだった。

社会的遊び

遊びは子ども時代の証であり，詳しくは他で述べることにする。遊びは，その要素として友好的な身体接触を持っており，生涯続くかもしれない友好関係を作り出すために重要なものであることは疑いない。たとえばフィガンとプークは，子どもの頃よく一緒に遊んでいた。青年後期になって彼らはつれそい関係になった。それはどちらにとってもほぼ確実に初めての体験であったろう。1968年に姿を消すまでに，プークはこれ以外に5回のつれそい関係を持ったと推定される。そのうち4回はフィガンが相手だった。プークが発情期でなくても，彼らは仲良く一緒にいることが多かった。

チンパンジーの赤ん坊にとって初めて経験する社会的な遊びの相手は母親である。母親が赤ん坊をたいへん優しく指でくすぐったり，あるいは顎を押しつけてくすぐったりするのがそれだ。初めのうちは，短い時間だが，赤ん坊が6カ月齢になって，遊びの顔や笑いで母親に反応する頃には，次第に長くなってくる。母子間の遊びは乳幼児期を通して共通にみられ，なかには赤ん坊が子ども，若もの，あるいはおとなになったときまで遊ぶ母親もいる。フローは少なくとも40歳であるが，自分の子どもが木の回りの追いかけっこに加わっているときには，そのゲームに参加することがよくあった。もっとも子どもたちがそばを通り過ぎるときに手を伸ばして彼らの足をつかんだりするだけだが。フローの娘フィフィも同じように家族と遊んだ。パッションやメリッサのように遊ぶことのずっと少ない母親もいた (Goodall, 1967)。

赤ん坊が3カ月齢から5カ月齢になると，母親は他の若い個体が自分の赤ん坊のところにやってきて穏やかな遊びをするのを許すようにな

フロイトが背中をプレゼンティングしている
(L. Goldman)。

る。こういう交渉の初めての相手は兄や姉であることが多い。成長するに従い，赤ん坊はより多くの個体と遊ぶようになり，遊びの時間も長く活発になってくる。3歳の頃までには，遊び仲間の一方が乱暴になって相手に怪我をさせ，悲鳴や攻撃で遊びが終わることが非常に多くなってくる。遊びの頻度は2歳から4歳のあいだが最も高く，その後，離乳期には次第に減少していく (Goodall, 1986b; Clark, 1977)。

しばらく離れていた2頭の子どもが出会うと，互いに抱き合うことが多い。またそのままくすぐりっこや穏やかなレスリングが始まることも多い。大きな子ども同士の場合，一方の遊び歩きで遊びが始まるようだ。遊び歩きとは，背中を丸め，頭を少し下げ，首をすくめておおげさな動作で歩くことだ。それからもう一方が手を伸ばし，相手をくすぐったりつきとばしたりするのだ。おとな雄と遊ぼうとする子どもは，ときどき相手に近づいていって座り，顔をそらし，

ヒューゴーが遊びで後ろ蹴りをすると，フィガンが噛みかかすをしがみながらこのおとな雄の足をつかむ。このあとフィガンは，この木の回りでぐるぐるとヒューゴーを追いかけた（H. van Lawick）。

体をちょっと前に傾け，背中を向ける姿勢をする。この信号は，当時フィフィ，フィガン，プーク，ギギの4頭の若いチンパンジーがヒヒと遊ぶときや，時たま私たちと遊ぶときなど，異種間の遊びの始まりにもよく使われた。チンパンジーが誰かに後向きに近づいていって，指で肩をかいたりくすぐったりする動作をするときは，より明確な遊びの誘いとなる。おとな雄が遊び歩きで若い個体に近づき，通り過ぎるときに一方の足で後ろげりをすることがある。こういうときは木立の回りで追いかけっこが始まることが多い。おとな間の遊びは指レスリングで始まることが多い。指レスリングとは，一方が相手の足や手に自分の手を伸ばし，そっとひっぱったり，くすぐるような動きをすることだ。

若いチンパンジー同士の場合には，遊びの始まりや中休みのときに，一方が小枝を拾って相手に近づき，それを中空で振り回したり口にくわえたりして跳ね回って，相手のそばを通り過ぎることがある。すると，通常，相手の方は追いかけてきたり枝をつかんだりする。

遊びは，青年期になるとその頻度がずっと低くなるが，成年期になってもなくなることはない。わたしが初めておとな同士の遊びを見たのは1961年だった。デイビッド老人とゴライアスが木陰で横になっていた。突然ゴライアスがデイビッド老人の手に，手を伸ばしてくすぐり始めた。デイビッドもそれに応えて一続きの指レスリングが始まった。その後の2分間は，手の動き以外どちらの雄ともじっと横になったままだった。デイビッドは藪をのぞき込んでいたし，ゴライアスは木の枝のあいだから上を見上げていた。突然，デイビッドは寝返りをうってゴライアスの股間に指を突っ込んだ。ゴライアスがデイビッドの肩と首のあいだをくすぐってやり返すと，すぐに2頭は笑い出した。この3分後，彼らは立ち上がり，ゴライアスがデイビッドを追いかけ幹のまわりを5回まわった。そのあと，まるで2頭とも承知していたかのように遊びが終わり，ひとしきりのグルーミングが21分間続いた。

おとな雄とおとな雌のあいだの遊びは，ほとんどの場合，おとな雄のほうから仕掛けられる。雄は指レスリングを使ったり，雌の顎の下をく

フィフィとサタンが遊んでいるのをファニが見ている。

すぐったりして遊びに誘う。雄の中でだれよりも雌に対して攻撃的なハンフリーは、最も遊び好きなチンパンジーのひとりでもあった。けれどもハンフリーは、自分の誘いかけに雌が反応すると、乱暴になることが多かった。もし雌が引き下がり、恐怖の金切り声を発すると、多くの場合彼はその雌を攻撃した。当然のことながら、多くの雌たちは彼からの遊びの誘いを受けることをいやがっていた。けれども、フローだけはいつも彼の誘いに応えていた。彼女は他の雄ともたいへんよく遊ぶ雌だった。フローの娘フィフィが子どもの頃よくおとな雄とふざけあっていたのは、たぶんこのせいだろう。フィフィはおとなになった今でもよく遊んでいる。

おとな雌同士はほんのたまにしか遊ばないし、雌を相手に遊んでいるのを一度も観察されたことのない雌も多い。不妊症のギギは雌と遊ぶことが多いが、それはたぶん彼女に家族がいないからだろう。すべての観察期間を通じて、彼女が最もよく遊んだのはフィフィとパティだ。一度この3頭の雌が一緒に遊んだことがあった。フロイト（当時6歳）が仲間に加わろうとしたが、彼女たちは互いの足をつかんだりくすぐっ

たりするのに夢中だった。

1967年の遊びのデータを分析してみると、子どもを持った雌は他のおとなに比べてよく遊ぶことがわかった。おとな雄の場合も、（たいてい赤ん坊や小さい子どもが相手だが）常時よく遊ぶ個体も観察されたし、本当にほとんど遊ばない個体もいた。遊ぶ頻度の高い雄には比較的よく遊ぶ時期があり、時期によっては遊ぶ回数がずっと少なかったり、まったく遊ばないこともあった。たとえばハンフリーの場合、1月から2月上旬のあいだに（すべての性・年齢クラスの相手を合わせて）54回遊んだが、この年、これ以外の時期には1カ月当り最大で5回しか遊ぶことはなかったし、全然遊ばない月も5カ月あった。近ごろではチンパンジーがバナナをもらうのを待ってキャンプの辺りをうろつくことがなくなったので、おとなの遊びはあまり観察されなくなった。それにもかかわらず、食物が豊富な時期やチンパンジーが集まって大きな集団になったときには、おとなの遊びがよく見られる。ワード・ピクチャー13.1はこのような場合について述べている。

381 —— 友好的行動

ワード・ピクチャー13.1　ランドルフィア(Landolphia)が実る頃の遊び

1978年1月16日　観察者　J. グドール

(H. van Lawick)

　午前中、カサケラのチンパンジーたちとわたしは、大きな集まりになって、黄色や赤の果物が実る場所から場所へと移動していた。真昼時になるとおとなたちは横になって休んだり、腰を落ちつけてグルーミングしたりし始めたが、若いチンパンジーたちは遊んでいた。わたしは5時間にわたる赤ん坊の観察を終え、ハンフリーの近くに座っていた。午後1時15分、11歳のアトラスが近づいてきて枯葉を腕いっぱい集め始めた。アトラスは枯葉の塊をハンフリーの近くの地面にどさっと投げ出し、その中で逆立ちしようとしている。多分これは遊びの誘いかけだったのだろう。ともあれ、ハンフリーはアトラスにつかみかかった。それから彼らは木の幹をまわり始め、アトラスは激しくハンフリーを追いかけまわした。突然、ハンフリーが立ち止まって強く蹴りかえしたので、アトラスは文字通り空中高く舞い上がった。しかしアトラスはひるまずすぐに遊びにかけ戻ってきた。時折2頭は追いかけ合いをやめて、レスリングやくすぐり合いに転じた。2頭とも大声を出して笑っていた。アトラスの声はたいへんヒステリックに聞こえた。午後1時20分、ギギがやってきて腰をおろし、彼らの見物を始めた（このとき、アトラスがギギの所へ走っていって交尾し、またハンフリーのところへかけ戻ったため遊びは一時中断した）。この遊びのあいだ、アトラスばかりか30歳のハンフリーまでもが数回宙返りをした。このゲームは、ハンフリーが姿が見えずに声だけ聞こえた悲鳴を調べに行ったため、午後1時27分に終了した。

　わたしはハンフリーの後をつけていってフィフィとその家族に出くわした。彼女はいつも通り怠惰に寝そべってフロドの面倒をみていた。午後1時34分フロイト（7歳）が子どもたちの遊びから抜け出してやってきて、フィガンに背中をつき出し、遊びの顔を肩ごしに彼に向けた。フィガンは必ずしも遊び好きの個体ではなかったが、すぐにグルーミングをやめてフロイトの足をつかんだ。これをきっかけにして23分間の遊びが始まった。その間フロイトとフィガンは2頭とも、フィフィの回りで、宙返りやレスリングやくすぐり合いをしたり、追いかけ合いをしたりした。幼児のフロドはときどき思いきって出撃して、振り回されている腕や脚をつかんでは、またかけ戻って母親に接触した。フィフィも寝そべったままで、時たまフロドやフィガンをくすぐり、血縁のないパラスさえも、しばらくのあいだ仲間に加わった。午後1時35分、フィガンは2本の木と一つの藪の回りを大きく回って走り出し、すぐ後方に座っていたフロイトに後ろ蹴りをみまった。5回、6回、7回と、彼らはぐるぐる回った。フィフィも彼らが通り過ぎる度に彼女の兄（フィガン）の踵をつかもうとした。突然フィガンは追いかけ合いをやめて歩き去ってしまった。フロイトはすこしのあいだフィガンの後を追ったが、フィフィとフロドのところに戻ってきた。この後しばらくしてパーティ全体が移動を始めた。

食物の分配

　2歳半から3歳までのチンパンジーの赤ん坊は、普通、母親からの抵抗をほとんど受けずに食べ物の分け前を得ることが許される。子どもは母親が手に持っている食物をかじりとったり、

母親がかんでいる食物を口から直接唇で取ったり，あるいは手でひとかけらを取ったり，あるいはもらい受けたりする。子どもが大きくなるにしたがって，母親はだんだん子どもに食べ物をあたえたがらなくなる。そのため子どもは，しばしば哀訴の声を長い時間発し続けるようになり，要求が通らなかった場合には，しまいにかんしゃくを起こすようになる。子どもが4，5歳になると，母親は処理するのが難しい食物だけを与えるが，子どもが自分で手に入れられるものにかんしては要求を拒むようになる (Silk, 1978)。けれども母親たちの気前の良さにははっきりとした個体差がある。ストリクノスの実のように，4歳未満の幼児では割ることができず，母親に分けてもらう以外に手にいれるすべのない食物でも，3歳の子どもにすら分けあたえるのを拒否する母親もいれば，5，6歳の子どもにでもあたえる母親がいる。

ゴンベのおとなチンパンジーが植物性の食物を分けあたえることはめったにない。ランガムの18カ月にわたる研究の中でも，バナナを除くと5回の記録があるだけだ。そのうち4回はストリクノスの実であった。マグルー（1975）はバナナの分配を調べた。観察事例のうち86％は家族間のもので，そのほとんどは母親が子どもにあたえたものだった。残りの事例の大半は，おとな雄が雌に（時と場合によってはその雌の子どもに）あたえたものだった。

植物性の食物に対して肉はたいへん貴重である一方，比較的少量しか手に入らない食物であり，（ひとりで持ち去りでもしない限り）肉はほとんどいつでも分配される。所有者が肉を分配するのにはいろんな理由がある。その理由のひとつは，ランガムが指摘したように，1個体が自分の必要量以上の肉を持っているということだ。しばらくのあいだ採食をした後では特にそうだといえる。そしてそのチンパンジーにとって，その肉を欲しがっている他のチンパン

ダブが1歳半の息子からバナナを遠ざけて持っている。

ジーを避けたり威嚇したりすることは自分の得にならないということだ。時と場合によっては，他のチンパンジーにねだられて，所有者がほとんど食べられないこともある。そうでなくてもおねだりは，少なくとも所有者を苛立たせる理由のひとつにはなる。所有者が肉を分け与えると，受け取ったものは普通立ち去って行く。他の者がそれについて行くこともある。たとえ所有者が，かんだ葉と肉の食べかすをひときれ手放しただけでも，社会的調和は一時的に回復し，所有者も平和のうちに何口かの肉を食べられる。

嘆願者が所有者から死体の一部を分けてもらったり，ちぎりとったりしても許されることが非常によくある。所有者が葉と肉の食べかすを，おねだりしている個体が差しだした手の上に置いたり，直接口移しで与えたりすることもよくある。こういうことは，普通所有者が欲しい分をすべて取った後で起こるのだが，ちょっとかんだだけで渡してしまうこともある。場合によっては所有者が自ら肉を切り裂き，それを差し出された手の上におくこともある。その食物に興味を持っていることは明らかだが，はっきりとはおねだりをしていない個体に対して，所有者が肉を与えたことも数回あった。こういうことが一番よく起こるのは，長い肉食の時間の終わりに，雄が時おり死体の残りを一番近くにい

フローがマイクの噛んでいる噛みかすをねだっている（B. Gray）。

フローが哀訴の声を発しながらマイクにおねだりをする。おねだりはついに成功し、マイクはフローが直接口から噛みかすを取るのを許した（B. Gray）。

フィフィが兄のフィガンに噛みかすをねだっている。

る個体に手渡すときだ。もらう個体は雌が多い。

チンパンジーは、長いあいだおねだりをしても報いられないと、哀訴の声を出し始めたり、（特に幼児や子どもの場合には）かんしゃくを起こしたりすることがある。1968年、ゴライアスが殺したばかりのヒヒの赤ん坊を持っていた。ミスター・ワーズルは枝から枝を渡ってゴライアスについて行き、哀訴の声を発しながらしつこくおねだりをした。11回目にゴライアスがワーズルの手を押しやったときに低順位のワーズルは激しいかんしゃくを起こした。ワーズルは枝から後方に身を投げ出して悲鳴をあげ、辺り一面の植物を殴りつけた。ゴライアスはそれを見て、たいへんな苦労をして（両手と歯と片方の足を使って）獲物をふたつに引き裂き、後ろ足の部分をまるまるワーズルに手渡した。

マグルー（McGrew, 1975）は、雄の中にはバナナを分けあたえる頻度が高いものとそうでないものがいることを見いだした。それと似たような許容度の個体差が、肉食のときにも明らかに認められる。しかしいろいろな変数が絡んでいて、寛容さの点から、雄の序列をつけることはできなかった。けれども雄から雌への分配の回数を見ると、エバレッドが一番多かった（エバレッドはバナナの場合も一番多い）。またフィガンは特におとな雄の要求に応じることが多かったし、ハンフリーはフィガン以外の雄には分けあたえるのをしぶっていた、などなど。

母娘間以外では、おとな雌間での分配はまれにしか見られない。たとえ死体をまるごとあるいはその大部分を持っている雌がいたとしても、他の雌が彼女におねだりをすることは滅多にない。たとえそうしたところで、分け前をもらえることはまれである。ギギがブッシュバックの

384 —— 友好的行動

メリッサが哀訴の声を発すると、マイクはそれに応じ果物をひとかけら差し出す。メリッサはそれを取る（H. van Lawick）。

子どもを丸ごと持っていたとき、ミフの家族は繰り返しおねだりをしてかんしゃくまで起こした。ミフたちは諦めなかったが、ギギはあくまで彼女たちに分けることを拒み続けた。ミフの方もコロブスの赤ん坊を捕まえたときには、ほんのひとくち分でさえもノウプに分けあたえなかった。おそらくこの性差は、雄に比べて雌は肉を大量に食べることが比較的少なく、雌にとって肉は大変なご馳走であることによるのだろう。そのうえ野生状態では、非血縁の雌同士が互いに支持しあったり助け合ったりすることは、雄に比べると非常に少ない。あとで述べるように、雌は他の雌からのグルーミングの要求を拒むことも多いのだ。

食物分配は飼育集団でも普通に観察されている。ケーラー（Köhler, 1925, 255ページ）は、おねだりされたチンパンジーが「突然果物をかき集めて相手に差し出したり、ちょうど口にいれようとしていたバナナをふたつに割って一方を相手に渡した」ときのようすを述べている。若いサルタンが「研究上の理由で」数日間続けて夕食抜きにされた。そのとき、年老いたツェゴーが近くに座って食事をしており、サルタンは彼女に気も狂わんばかりに食物を要求した。彼は哀訴の声を発し、悲鳴をあげ、ツェゴーのほうに手を伸ばしたり、彼女に向かって藁をひとつかみ投げたりした。とうとう彼女はその哀願に応じ、バナナをかき集めて彼に手渡した。彼女は、こうして5日連続サルタンに食物を与えた。その後彼女は非発情期に入り、サルタンを無視するようになった。次の性皮腫脹が始まると、彼女は再びサルタンに食物を与えるようになった。

アーネム・コロニーにもうひとつのエピソードがある。おとな雌のオーが枝から葉を取って食べていた時のことである。彼女は、自分の赤ん坊がおねだりをして哀訴の声を発するのを無視した。しばらくしてオーの最も親しい友だちが近づいてきて、枝を手に取ってその一部をちぎり取ると、赤ん坊と自分とで分け、残りの部分をオーに返した（de Waal, 1982）。ワシントン公園の動物園の飼育集団では、おとな雄のビルは残りの個体全部（3頭の母親とその赤ん坊、どの赤ん坊の父親もビルである）に食物を分け与える。その頻度がいちばん高いのは、唯一の息子であるゴライアスに対してだ。餌を食べる

とき，ビルはきまって自分の好きな果物を中央に置かれた餌の山の中から取り出して持って行く。この山の中から食物を持って行くことが許されるのはゴライアスだけだった。またゴライアスは，父親の口や手から食物を取ることもあった。この動物園では，1日1度，チンパンジーの口の中に直接ミルクを注いであたえていた。ビルはそのミルクを口いっぱいに含んだまま立ち去ることがあった。ある日，ゴライアスが片手を差し出してビルのところに走ってきた。ビルはゴライアスを抱えあげるとゴライアスに口移しでミルクを与え，ゴライアスが飲み終えるまで腹に抱いていた。これは習慣となり，ビルは，ゴライアスがおねだりし続ければ（一口の中から）2度，3度と口移しで与えるようになった。2，3日後にはゴライアスの母親も同じようにしてゴライアスにミルクを与えるようになった。（King, Stevens and Mellen, 1980）。ヤーキス（Yerkes, 1943）は，ある雌に檻ごしにコップ一杯のフルーツジュースを与えたときに，同じような行動を観察した。彼女は口いっぱいにフルーツジュースを含み，慎重に檻の中を歩いてとなりの檻へいって，そこにいる親しい雌に口移しでジュースを与えた。彼女はもう1度戻ってジュースを口に含み，再びその友達の所に持って行った。この行動はコップのジュースがなくなるまで続けられた。

　食物分配の研究には，チンパンジーはより価値のない食物を好んで分けあたえるとしたものがある（Nissen and Crawford, 1936）。その研究では，チンパンジーがおねだりに対して食物を与えるのは，いわゆる不快な刺激を取り除くための手段であることが多いと結論づけている。確かにこれは分配の多くの事例を説明するが，チンパンジーがおねだりをしている個体の要求を理解しているということも疑いのない真実である。明らかに意図的な分配が存在するということと考え合わせれば，チンパンジーにこのような分配行動が高頻度に生じるということは，われわれ人間にみられる互恵的食物分配には確固たる生物学的基礎があるということを示すものなのである。

援助と利他主義

　利他主義とは，生物学的に定義すると，自分自身にとってはいくらか損ではあるが，他の個体には利益をもたらすような行動である。時には損失の大きいこともあり，利他主義者が命を失うことさえもある。利他的行動について議論するときには，損失の測定方法に二通りのものがあることをいつも念頭におかなければならない。その第1は即時の損失である。たとえば同盟者の争いを援助するときに被る怪我がそうである。第2は究極的遺伝の損失である。つまり，利他的行動をすることによって，将来遺伝子プールにおける自分の遺伝子頻度が（競争者のものに比べて）減少することである。利益にかんしても同じように二つの方法で測ることができる。

　また，近縁者に向けられる利他的行動と，近縁でないものや非血縁者に向けられる利他的行動とは区別して考えなければならない。近縁者は利他主義者と多くの遺伝子を共有する（共有遺伝子の正確な数は血縁の度合によって決まり，両親が同じ兄弟姉妹なら半分，息子や娘なら4分の1というようになっている*）。一方，近縁でないものや非血縁者はほとんどあるいはまっ

＊　訳註13-2：息子や娘との共有は2分の1，兄弟姉妹との共有は「確率的」に2分の1，とするのが正しい。

386―― 友好的行動

たくその利他主義者と遺伝子を共有していない。

　利他的行動の進化を考える前に，まずチンパンジー社会にみられる援助や利他主義の例をいくつかあげよう。初期の報告の一つにサベージとワイマン（Savage & Wyman, 1843-1844, p. 386）のものがあげられる。彼らは，狩猟者が近づいてきたとき，ある雌が慌てて木から飛び降りたが，赤ん坊のために舞い戻った事例を述べている。その雌は「赤ん坊を抱きかかえた瞬間，撃たれた」。ゴンベでは，（たとえば，突進ディスプレイの最中に）雄が子どもを痛めつけたりすると，母親がその雄を攻撃することがある。この場合，母親はひどい罰を受ける危険を冒すことになる。最優位雄のマイクが興奮してメリッサの赤ん坊を引きずっていたときに，相手が最優位であるのにもかかわらずメリッサはマイクに飛びかかった。マイクは赤ん坊を放しメリッサを攻撃した。別の時にこんなこともあった。高順位で日頃から異常に攻撃的なハンフリーがリトル・ビーを攻撃した。リトル・ビーの母親と妹が2頭でハンフリーに体当りをした。すると彼は逃げていった。母親が攻撃されていると，子どもや赤ん坊が母親を助けようとすることもよくある。たんに距離をおいて大声でワァワァと吠えるだけのこともあるが，たとえ相手がおとな雄でも，殴りかかったり咬みついたりすることもある。ワード・ピクチャー13.2にはメリッサ一家の家族内の援助行動の詳しい例を挙げてある。

　雄であれ雌であれ，おとなのチンパンジーは，たまたま近くにいる場合には，母親を助けに行こうとすることが多い。以前，メリッサが他の雌に攻撃されて大声で悲鳴をあげたとき，それを聞いた息子のゴブリンは約200m も走って母親の所に駆けつけ，母親を攻撃している雌に向かってディスプレイをし，攻撃をかけた。おとな雄は，敵対的事件のときに弟妹，特に弟を助けることがよくある。ファーベンとジョメオは，

それぞれフィガンとシェリーの助けに駆けつけることがしばしばあった。エバレッドは，妹のギルカが大きくなってからも彼女の支えとなっていた。ギルカが社会的難題に出くわしたところに居合わせると，必ずといってよいほどギルカのために介入するのだった。彼ら以外にも，時と場合によっては妹を助ける雄がいた。

　ニッセン（Nissen, 1931, p. 88）は，草分けとなった野外研究の中で，たいへん大きな雄が自分の方をじっと見つめたあと，突如突進してきたため腰が抜けてしまったときのようすを述べている。「彼は30フィート（約10m）ほど離れたところまで来て立ち止まり，何かを拾い上げ，坂を駆け登って戻って行った。彼は3歳くらいの若いチンパンジーを連れていた」。ニッセンの推測では，その若いチンパンジーは背の高い草むらの中を歩いていて，危険をはらんだものに近づいていることに気がつかなかったということだ。その地域では，チンパンジーが狩猟の対象となっていたので，その雄はかなりの危険を冒したことになる。その子どもとその雄が近縁であったかどうかはわからない。彼はその赤ん坊の生物学的な父親であったかもしれないが，たとえそうだったとしても，それは彼の行動には関係のないことだろう。なぜなら，チンパンジーの場合，父親は誰が自分の子どもか分からないからだ。チンパンジーが明らかに近縁ではない個体のために危険を冒した例は非常に多い。すでに述べたように，雄のチンパンジーが，第三者である優位な個体に攻撃された同盟者を支援するのは珍しいことではない。時には自分の都合のためだけに援助する場合もあるが，いつもそうとは限らない。時と場合によってはおとな雌もおとな雄と同じように互いに助け合うこともある。またチンパンジーが，猟の最中に獲物に逆襲されている個体を助けに駆けつけた例が二つある。激昂した雄のヒヒがマスタードを地面に押さえつけているときにエバレッドが彼

を助けるためにヒヒに突進したとき，ギギのお
かげでフロイトがイノシシの魔手から逃れるこ
とができたときである。チンパンジーはたいへ
ん機敏で賢いので，他の動物のために危機に陥
ることはめったにない。そうでなかったらもっ
と多くの利他的行動が観察できるはずだ。

　おそらく最も劇的な非血縁個体の援助の例は，
二つの飼育集団で見られたものであろう。チン
パンジーは泳ぐことができないので，普通水に
はいるのを恐れる。水堀で囲んだ島にチンパン
ジーを閉じ込めておけるのはこのためだ。（オ
クラホマのノーマンで）ワシューというチンパ
ンジーが電柵で囲まれた島に暮らしていた。あ
る日，3歳の雌のシンディーがどういうわけか
この柵を跳び越えた。彼女は堀に落ちてバシャ
バシャやっているうちに沈んでいった。シンデ
ィーの姿が再び見えると，ワシューは柵を乗り
越え水際の狭く細い地面に降り立った。ワシ
ューは草の藪にしっかり捕まって水のほうに足
を踏み出し，シンディーが再び水面に出たとき，
彼女の一方の腕をなんとかつかまえた。ワシ
ューはそのとき9歳でシンディーとは血縁もな
かったし長いつきあいというわけでもなかった
（R. Fouts & D. Fouts, 私信）。フロリダのライオ
ン・カントリー・サファリのチンパンジーでも，
他個体の救出が成功した例や救出が試みられた
例が観察されている。そのうち二つは母親とそ
の幼児のものである。おとな雄が幼児を助けた
例もある。幼児を助けようとして溺れたという
おとな雄もいる。堀で溺れかかったおとな雄を
助けようとして，2頭のおとな雄が劇的なまで
の努力を払ったという例もある（M. Cusano, 私
信）。

　家族内の援助行動の出現は，8章で簡単に触
れたように，血縁淘汰という進化理論の枠組み
で理解することができる（Haldane, 1955; Hamilton,
1964）。この理論によれば，利他主義者が負う
遺伝的な損失と利益を，助ける相手との血縁関

係の度合によって計算できる。行為者の究極的
な遺伝的成功度よりも大きな損失を課すような
利他的行動には，当然のことながら負の淘汰圧
がかかるため，行為者の属している繁殖集団の
行動レパートリーとして定着する可能性はない
だろう。他方，（たとえ大きな傷を負うなど）
即時の損失は大きくても，利他主義者の究極的
繁殖適応度を損なわなければ，その利他的行動
は自然淘汰によって残るだろう。たとえ他個体
のために命を落とすことがあっても，そうする
ことによって，たとえば3頭の兄弟姉妹が助か
り，彼らが生きのびて行為者のかけがえのない
遺伝子のうち共有している半分ずつを残せば，
利他行動の行為者は，差引勘定で遺伝的利益を
得ることになる。

　わたしは，非血縁個体に対する利他主義の出
現も，血縁淘汰と同じメカニズムで説明できる
と思う（Boehm, 1981 も参照）。次に，高等な社会
性動物における「滅私的」利他主義の出現まで
の進化の道筋にかんする一仮説を述べようと思
う。

　子どもの発達の過程に無力で依存性の高い時
期のある種では，自然淘汰の要請で生物学的両
親（少なくともどちらか一方）は子育てに多く
の時間とエネルギーを費やさなければならない。
この労力は投資と考えることができる（Trivers,
1972）。両親にとっての儲けは，他の非血縁個
体との競争に打ち勝つことのできる子どもの数
である。いいかえれば，たとえ雌Aが雌Bより
たくさんの子どもを生んだとしても，Aの子ど
もたちが合計でBの子どもたちよりもたくさん
の子どもを生まなければ，雌Aにとってはよい
結果ではない。高等霊長類は進化の過程で未成
熟期が次第に長くなってきた。そのため両親の
養育行動の必要性はますます大きくなってきた。
雌はより多くの時間とエネルギーを子どもに費
やさなければならなくなったため，母子関係は
強くより意味深いものとなった。

388 —— 友好的行動

チャーリーに再会し、おずおずと近づいて行く孤児のメルリン。チャーリーはこの子どもを抱きしめ、メルリンはチャーリーの口に触れて挨拶をする（N. Washington）。

高等霊長類の若年個体にとっては，生後初期の親和的つながりは決定的に重要なものだ。母子のきずなの悲惨な崩壊が子どもにみじめな効果をあたえることは十分に実証されている（5章参照）。たとえおとなになったときにはっきりした行動異常がみられない場合でも，乳幼児期における養育者と子どもの関係の障害が，生存に必要ななんらかの機能に対し，重要かつ永久的な影響を及ぼすという証拠も蓄積されつつある。幼児期に3週間以内の母子分離された若いアカゲザルは，分離を受けてないサルに比べ，恐怖心が強く冒険心もなかった（Hinde & Spencer-Booth, 1971）。チンパンジーでは，生後1年の間に母親から引き離された個体は，母親との正常な関係を持っていた個体に比べ，課題解決場面に対する集中力がなかった（Rumbaugh, 1974）。われわれ人間の場合でも，小さいときに保護者との愛情ある深いつながりをもった子どもは，十分なつながりを持てなかった子どもに比べ，「克服すべき環境に直面したとき根気よくかつ効果的に対処できる」ようだ（Sroufe, 1979, p. 837）。さらに成人になった時，重大な局面に直面すると，母親との関係を剝奪されていた人間はより高いストレスを示す傾向がある（Brodkin et al., 1984）。問題に対して効果的に対処するすべを持っている適合性の高い個体は，剝奪経験のある個体に比べ子育てがうまい。このため，親和的つながりのメカニズムは集団の中で選択的に強められる可能性がある。

相互支持的な行動の結果，チンパンジーの母子にどんな利益が生じるかについてはすでに8章で概略を述べた。それはまた，結果的に家族構成員全員の遺伝的包括適応度を高めることにもなる。個体のレベルでみた場合，養育行動によって背負い込む損失は高いかも知れないが，

たいていの場合は家族構成員全員の利益を合わせたものは個々の損失を上回るだろう。ブラウン（Brown, 1975）が指摘したように，親はしばしば子どもの代わりに戦い，傷つく危険を冒すのだが，実際にはひどいけがをすることは滅多にない。危険を冒せば，それは自然淘汰に影響する。しかしそれは危険が現実化したとき，すなわち親の繁殖能力や，いまいる子どもを育てる能力が損害を受けたとき以外は作用しないのだ。このような不運はあちこちに見られるが，全体としてみた実質上の利益が大きければ，統計的にみたら進化の過程では無意味なものとなるだろう。

家族による養育行動には強い淘汰圧がかかるため，世話，援助，保護などの傾向がよく発達した個体が作り出される。繁殖適応度を最大にするには，こういう援助行動は例外なく血縁個体に向けられるべきであり，相手が近縁であればあるほどよいわけである。高度な社会性哺乳類は，互いを個体として識別しているし，行動も学習と経験によって調節されている。彼らにとって血縁というものは当該の個体の顔見知りの度合できまり，それは現在あるいは過去の連合の強さに依存する。したがって援助行動が，相手がそれほど近縁でなくてもよく知っている相手に向けられることがあるというのも，きわめて論理的である。慰めと元気づけ，援助と食物分配などのパターンは，何千年もの母子関係や，家族関係の流れから生じ，遺伝的遺産として埋め込まれたものだ。これらの行動パターンは，生物学的に血縁のある個体の困窮や嘆願によって触発されるだけでなく，血縁はなくともよく知っている個体の同じような訴えによっても触発されるのかもしれない。ミジレー（Midgley, 1978, p. 136）は，高等動物の社会について

---

* 興味深い例として，見知らぬ雌から伸ばされた手，つまり元気づけを求める訴えに対するサタンの反応をあげよう。サタンはすぐにその雌からはなれ，彼女に

触られたところを木の葉でゴシゴシこすった。そのほかに，コミュニティーの雄が見知らぬ個体の服従的身振りを無視したという例もある。

論じた中で、「相互に義理の親子として扱うことへのおとなの力」について言及している。また、このことは、ヴィクラーの「性的符号（Sexial Code）」（Wickler, 1969）とアイブル＝アイベスフェルトの「愛と憎しみ（Love and Hate）」（Eibl-Eibesfeldt, 1971）の中心的テーマでもある。

遺伝的にみれば、非血縁個体に対する利他的行動は、近縁間に確立された援助行動に依存している（Boehm, 1981）[**]。そのため、非血縁間の利他的行動の進化のメカニズムを別に考える必要はない。特に高等な社会性哺乳類では、家族以外の個体との親和的・支持的つながりが、伝統を通じてずっと広がりうるのだ。

互いに相手を認知し、持続的関係を形成し、長期的な記憶力を持つことが実証されている動物の場合、その社会では、ある個体が困窮している他の個体を助けた場合には見返りを受けることが期待できる。8章でも簡単に述べたが、互恵的利他主義（Trivers, 1971）では、利他主義者に対しても報酬がありうるのだ。つまり、後々の報酬を期待していようがいまいが、ともかく利他主義者がおこなった行動に対して予期

しない報酬が与えられる。オリーブヒヒでは、群れ内に近縁と思われる雄がいない雄は、たいていの場合自分自身に助けを求める雄、いいかえれば連合している相手に助けを求める傾向が強い（Packer, 1977）。チンパンジーは、（自分に敵対していた相手だけでなく）自分を助けてくれた相手をも次から次へと思い出すことができる。たとえ一つ一つの事件が大きな時間的隔たりを持っていてもだ。ヤーキス（Yerkes, 1943, p. 32）の観察によれば、チンパンジーは「はっきりと献身を表現することがあり、またそれに対する感謝も持続する。というのは、親切にしてもらったという記憶がたいへん長く続くからである」。アーネム・コロニーのチンパンジーでは、お返しをしないと罰を受けることもあった。あるおとな雌が、敵と喧嘩したおとな雄を助けたことがあった。のちに、その雄が彼女からの援助の要請を拒否したときには、彼女はその雄を攻撃し実際に殴ったのだった（de Waal, 1982）。このように、「情けは人のためならず」という諺は、疑いなく霊長類の遺伝的遺産に深く根づいたものだ。

ワード・ピクチャー13.2　家族内の援助行動

1983年8月15日　観察者：アラマシ

この事件はメリッサが発情していたある夏に起こった。朝、彼女は2頭の子ども、5歳のギンブル、すでに成熟した姉のグレムリンと静かに採食してい

た。午前10時13分、サタンがその小さな家族グループに近づいてきた。サタンは餌を食べているメリッサをじっと見て、枝を揺すり毛を逆立て、ペニスを勃起させて求愛を始めた。メリッサはすぐに木を降りてサタンのところにいき、咳こむような唸り声を

[**]　ベーム（Boehm, 1981 p. 173）はこのような非血縁個体に対する利他主義の出現の進化的メカニズムを「寄生的選択」と呼んだ。彼は1組の遺伝子に同時にふたつの行動がのっていることがあり得ると述べている。「そのひとつは著しく利己的な行動で比較的しっかりした遺伝的基盤を持っており、個体の相対的適応度という観点から見た場合、大きな利益をもたらす。もうひとつは形としては似ているが機能的にはまったく異なり、より不安定な行動である。その行動は、利他主義による遺伝的損失を少し引き起こす」。第1の

利己的、基本的行動は、（損失がどうでも赤ん坊を保護する母親の行動のように）強制的で生得的なものである。第2の行動は、派生的行動で（ギギがイノシシからフロイトを救うというような）選択性を持つものである。非血縁者への利他的行動が個体の適応度の観点から見て大きな損失を課す場合でも、その行動は近縁者を援助するということの利益と合わせれば生じ得るのだ。それは、その場では多大の損失や致命的な犠牲を払うにもかかわらず、生物学的な両親が子どもを助ける行動が生じるのと同じことだ。

発し身をかがめて交尾の姿勢をとった。サタンが交尾を始めメリッサが金切り声を発し始めると、娘のグレムリンは突然地面に飛び降り、1歳の赤ん坊を胸に抱いたままメリッサとサタンの方に駆けて行き、サタンに殴りかかった。そこは植生が密だったので、たぶんグレムリンは性行為を攻撃と勘違いしたのだろうと観察者は思った。ともあれ、サタンはすぐにメリッサとの交尾を止めてグレムリンの攻撃に転じた。サタンはグレムリンを踏みつけ、拳で殴りつけ下草の中を引きずり回した。その間グレムリンは悲鳴をあげ赤ん坊を守るように覆いかぶさっていた。そこへギンブルがワァワァ吠えながらサタンに走りかかり、サタンの頭や肩を繰り返し叩いた。サタンはギンブルのとるに足りない攻撃を無視して、グレムリンを攻撃し続けた。木に駆け登っていたメリッサも、この乱闘のさなかに戻り、ギンブルとともにこの大きな雄に体当りをかけた。サタンはすぐに矛先をメリッサに向けた。片手でメリッサの背中をつ

かみ、文字どおり地面からつまみ上げ、3mほどほうり投げた。メリッサはもう一度逃げるチャンスを得た。メリッサが大声で悲鳴をあげて走って行くと、サタンはメリッサに向かって突進した。小さなギンブルも、ワァワァ吠えながらその後について行った。グレムリンも安全な木の上でワァワァ吠えていた。メリッサも木に登って枝の中に逃げ込んだ。サタンは木に登らずその下で立ち止まり毛を逆立てたままメリッサをにらみつけた。今度はサタンは木の枝を揺すり始めメリッサに降りてこさせようとした。1分半のあいだ、メリッサは降りるのを拒んでいたが、結局彼女は木を降り悲鳴をあげながらサタンの前ではいつくばった。サタンは注意深くメリッサの性器の辺りを調べたあと歩き去った。ほどなく、メリッサとグレムリンは腰を落ちつけて20分間のグルーミングをした。その間、2頭の子どもは近くで遊んでいた。

愛 と 同 情

メレン（Mellen, 1981）は愛の進化について論じ、たったいまわれわれが論じてきたばかりの援助行動の中に、愛の起源を探っている。彼は、さまざまな種類や程度を持った愛情の遺伝子の複合体があり、その遺伝子によって他者との感情的愛着を形成しようとする一般的傾向が生じるのだと述べようとしている。

愛はいろいろな形をとりうるものだ。愛という言葉は、われわれの会話の中で自由に漠然と使われる（つれあいや子どもを愛するとか、神を愛するとか、音楽や友人の新しい家を「愛する」とか、アイスクリームを「愛する」とかいう）。しかしここでは、優しさや喜びや理解など、緊密なつながりに伴う感情のみを扱う。17章で述べるが、チンパンジーのコミュニティー間の激しい争いには、人間の残酷さや戦争を予示するものがある。しかしその一方で、人間の持っている愛の萌芽と考えてよい行動が、チンパンジーにも見られるのかどうかも考える必要

がある。わたしはすでにチンパンジーの親和的つながりの諸側面について述べた。仲のよい友だち同士でかわされる挨拶、落ち着いた身体接触の喜び、食物の分配、困っている相手を助けたり宥めたりすること、これらのチンパンジーの行動に示される親和的つながりが、人間の持っている愛につながる道の一里塚であることはまちがいない。

ケーラーは、彼の飼育している集団のチンパンジーがときどき示す非常に衝動的な行動が、必ずしも物質的な利益に向けられたものばかりではないことに注目した。彼はその例のひとつとして、朝一番にチンパンジーの所にいったときに彼らがおこなう挨拶をあげた。彼らは食物をとって口にいれる前に、ひとしきりキスや抱擁を続けるのだった。また一度、ケーラーが、夜、チンパンジーの悲しげな呼び声を聞いて、土砂降りの雨の中、外に出てみると、2頭のチンパンジーがたまたま寝室に鍵を掛けられて中

ルーシーはジェーン＝トマーリンの額の引っかき傷を見て，「それ，それ，怪我」と手話でサインしている（J. Carter; Termerlin 夫妻の好意による）。

(a) オリーが死ぬ直前の1カ月齢の赤ん坊を揺すってあやしている。この赤ん坊は，大規模に流行したポリオと思われる病気の最初の犠牲者である。
(b) 死後3日たってもオリーは赤ん坊を手放さない。しかし彼女はもう赤ん坊をあやさず，母親としての育児行動も一切示さなかった。
　　　　　　　　　　　　（H. van Lawick）。

に入れないでいたことがあった。ケーラーはドアをこじ開け，脇に立って彼らを中にいれた。「冷たい水がチンパンジーの震える体中をしたたり落ち，もちろんわたし自身も土砂降りのまっただ中に立っていた。けれども暖かく乾いた寝室に滑り込む前に，チンパンジーたちはわたしの方を向き，狂喜して1頭は手をわたしの体に，もう1頭はわたしの膝に腕を絡みつかせたのだった」（Köhler, 1925, p. 25）。

ケーラーはまた，若雌のレイナが，彼女の小さい相棒のコンスルが重病に陥ったとき，心配そうにしていた様子を述べている。コンスルが地面に横たわっていると，レイナは近づいていって一緒にくるように誘いかけたが，コンスルはほとんど動かなかった。「レイナはいたわりを見せるようになり，まずコンスルの頭を持ち上げ，それから腕をコンスルにまきつけ，慎重にその弱った体を持ち上げた。そのふるまいや様子からみて彼女の心配は非常に深く，その時の彼女の感情を疑う余地はまったくないほどだった」（1925, p. 242）。

第1章で，精神分析家のトマーリンとその家

族が，10年間雌のチンパンジーのルーシーと一緒に過ごしたことを述べた。トマーリン (Temerlin, 1975, pp. 164-165) は，人間の家族に対するルーシーの愛情を「十分に強く，持続的なもので，躊躇なく愛と呼べる。愛はいつもそこにあった。それはいじらしくて，見るからに優しく，保護や気遣いと隣合わせに，いつでも私たちのためにそこにあった」と述べている。トマーリンや彼の妻が気分が悪くて吐いていれば，ルーシーは洗面所まで飛んできてそばに立ち，キスしたり腕を巻きつけたりして，楽にさせようとするのだった。それでも症状が軽くならなかった時に，ルーシーは動揺してトイレの蓋をバタンとおろし，大きな叫び声を上げながらそれを叩いたことがあった。ジェーンやトマーリンが病床に伏せっていると，ルーシーは「優しくいたわりを見せ，ジェーンの食事を持ってきたり，自分自身の食事を分け与えたり，ベッドの端に腰をかけてジェーンを慰めようとした」ジェーンが腹を立てると，ルーシーはすぐそれに気づいて，「腕をジェーンのそばに置いたり，グルーミングしたり，キスしたりして」宥めようとした。

ゴンベでは病気や怪我をした個体や困惑した個体を気にかけるという行動は，主に家族内で観察される。母親は病気の乳幼児を優しくいたわる。オリーの子どもは生後1カ月のときポリオのために手足が使えなくなった。オリーは子どもを注意深く支え，彼が泣く度に，手足が折れないようにその位置に気を使いながら，揺りかごのように揺すってあやした。ところが，赤ん坊が死んでしまうと（あるいは少なくとも意識をなくしてもう泣かなくなると），オリーは赤ん坊の体をひどく邪険に扱い始め，自分の背中に放り投げたり，片足をつかんで持ち上げたりするようになり，地面に落ちるのすら気にかけなくなった。

母親が死んだときに，兄や姉あるいはそう思われる個体が，弟や妹の世話をしたという例が6例ある（うち2例は兄だった）。これらの世話役たちは，小さな子どもたちに対してたいへんよく気遣い，例外なく保護していた。子ども

孤児のパックス（5歳）と兄弟（プロフとおとな雌のポム）

のスニフは，母親が死んだ後14カ月齢の妹が2週間後に死ぬまでのあいだ，どこにいくにも妹を連れて歩いた。バナナの給餌でチンパンジーたちが興奮したとき，スニフは数回，妹を助けようとしたことがあった。このときスニフは，おとな雄のひとりにいたぶられ攻撃されたりした。パッションの4歳の息子パックスは孤児の中で最も若く，ひとりで歩くのが好きだった。パックスは遊動のペースが自分にとって速すぎたため，哀訴の声を発することがよくあった。少なくとも初めの8週間は，もうおとなになっている姉のポムか10歳の兄のプロフが戻ってきてパックスを背負っていこうとした。けれどもパックスは（説明のしようがないほど）頑固にそれを拒んだ。実際，ポムが無理やりパックスを背中に乗せようとすると，パックスはかんしゃくを起こし，草木にしがみついた。ポムはひどく狼狽し，パックスに向かって手を伸ばしたり，哀訴の声を発したりして，何とか助けようとした。しかし結局は無駄だった。夜の場合も同じことだった。パックスは姉のポムの隣に小さな巣を作り，低い声で泣いていた。ポムも哀訴の声を発し手を伸ばしてパックスを自分の寝床によぼうとしたが駄目だった。1年後，パックスは兄のプロフと強いつながりを持つようになった。エピソード13.3は，プロフがパックスの幸福を気遣う様子を示したものである。

1975年，（2頭の赤ん坊をなくしていた）雌のパラスが，最も仲の良い雌の5歳になる娘のスコッシャをひきとった（実際パラスはスコッシャの実の叔母だったかもしれない）。パラスはスコッシャに対しては驚くほどの忍耐強さを示し，30分以上もスコッシャを待ったり，背中に乗せて歩いたり，食物を分け与えたり，突然泣き出すことの多いスコッシャに元気づけをしたりすることがよくあった。パラスは再び出産したが，娘のクリスタルが5歳のときに死んでしまった。そのときには家族の一員となってい

スコッシャと5歳の義理の妹クリスタルが一緒にいる。妹の母親の死後。

たスコッシャは，パラスの死後義理の妹をひきとって世話をした。スコッシャは愛情に溢れた保護者だったが，彼女の愛情深い心づかいも空しく，クリスタルは1年後に病気で死んでしまった。

9歳のフロイトはかかとを痛めたとき（たぶん骨折だと思うが），地面に足を下ろすことができず，初めのうちはゆっくり歩くのがやっとだった。フロイトが立ち止まって休むと，母親のフィフィは待っているのが普通だったが，フロイトが足を引きずりながら歩き出そうとする前に，先にいってしまうこともあった。これが3度目に起こったとき，フロイトの弟，4歳のフロドは移動するのを止め，まず母親を見てそれからフロイトの方を見て，哀訴の声を発し始めた。フロドは母親のフィフィがもう一度立ち止まるまで鳴き続け，とうとうフィフィ一家は一緒に移動していくことになった。フロイトに対するフロドの心づかいはこれに限らなかった。彼は，フロイトのすぐそばに座って怪我をしたかかとをじっと見たり，グルーミングをしてや

マリーナが1965年に死んだのち, ミフはまだ幼児の弟メルリンをひきとった (E. Koning)。

ったりもした。

マダム・ビーは, カサケラ・グループの雄に襲われ致命傷を負い, 横たわったままほとんど動けなくなり5日後に死んだ。その間ずっと, 彼女の青年期の娘ハニー・ビーは, そばにいて母親をグルーミングしたりハエを追い払ったりしていた。年老いたミスター・マグレーガーはポリオにおかされて歩けなくなったが, 彼にも若いハンフリー (彼の甥かも知れない) という誠実な付添いがいた。すでに述べたように, ハンフリーは, 自分の友人マグレーガーを守るために, 敢えて高順位で力の強いゴライアスを攻撃することもあった。それだけでなくマグレーガーの生涯の最後の2週間, 毎日数時間も彼のそばで過ごしたのだ。

ゴンベでは, 血縁のない個体間で病気の介抱が見られることはまれだ。マグレーガーが社会的グルーミングを求めて非血縁個体に近づいたときでも, 相手に避けられてしまった (Goodall, 近日刊行)。フィフィは頭に深傷を負ったとき化膿させてしまった。それをグルーミングしてもらおうと傷口を見せると, 相手のチンパンジーたちは恐がって離れて行った。しかし飼育下の集団では事情は異なっている。おそらく飼育下のチンパンジーたちは一緒に育てられていた場合が多く, 野生状態の近縁者同士と同じくらいに顔見知りだからであろう。ケーラー (Köhler, 1972) のチンパンジーは一生懸命相手の傷から膿を絞り出したり刺を抜いたりしたし, ヤーキス (Yerkes, 1943) やファウツ (Fouts, 1983) も同じような報告をしている。マイルス (Miles, 1963) の観察によれば, あるおとな雄は仲間の雌が哀訴の声を発して嘆願したのに応じ, 目に入った小さな塵を取り除いてやった。メンツェルの飼育していたチンパンジー集団のある青年期の雌は, 仲間の歯をグルーミングしただけでなく, 抜けかかっている乳臼歯を引き抜いてやったりもした (McGrew & Tutin, 1972)。ケーラー (Köhler, 1925) が指摘したように, このような操作が, ある程度は物を取り除きたいという欲求に促されたものであることは疑いない。とはいえ, その結果は利益のあるものであり, このような行動が, どのようにして人間の互恵的な健康管理につながっているかを考えることはたやすい作業である。

同情を感じるためには, 困っている相手の望

みや要求をいくらかは理解しなければならない。チンパンジーが，少なくともある程度は感情移入する能力を持っていることはウッドラフとプレマック（Woodruff & Premack, 1979）によって示されている。サラは，友人の前では「うまい」問題解決をおこなったし，嫌いな人の前では「へたな」問題解決をするのが常だ。この章の初めに，リトル・ビーが病気で苦しんでいる母親に食物を持っていったときの様子を述べた。リトル・ビーがこのようにして母親を助けるのを見たのはこのときだけではない。この他にも2例，リトル・ビーが口や片手をヤシの実でいっぱいにして木から降り，母親の所に行ってそのそばに実を置いたことがあった。明らかにリ

トル・ビーは，年老いた母親が何を必要としていたかをある程度理解していた。人間の場合，著しく発達した感情移入の能力が高度の利他主義を促進する要因となっている。われわれは，他者，特に近縁者や仲のよい友人が苦しんでいるのを知ると，心乱れ，時には苦しむことさえある。そういうときの自分の苦しみを抑えるにはその人を助けること（あるいは助けようとすること）以外にすべはない。リトル・ビーも同じような感情に動機づけられていたのだろうか。たとえその答が何であれ，チンパンジーが，人間らしい愛や同情に続く道を，すでに少なからず歩んだところにいることは明らかだ。

——————ワード・ピクチャー13.3　兄プロフ，弟パックスを救う

1982年11月21日　観察者：J. グドール

　涼しくて曇った日の真昼間のことだった。最優位雄のゴブリンはミフの近くに座っていた。ミフは発情していた。他には数頭のチンパンジーがいただけである。それは，ミフの息子で子どものミカエルマス，4歳半の娘モー，11歳のプロフとその弟5歳のパックスであった（彼らの母親はパックスがたった4歳のときに死んでしまった）。パックスはミフに近づき，彼女の後ろに立って小枝を揺すり求愛した。ミフはなんの注意も示さなかった。するとパックスはもっと彼女に近づき交尾しようとした。ミフは辺りを見回すことさえしないでパックスを蹴とばした。パックスは後ろにひっくり返り，逆さのまま草むらに投げ込まれた。パックスは大声で泣き叫び，自分の頭の毛やらあたりの木の葉やらを手当り次第にひっつかみ，左右に転がり，今までにみたことのない

ようなひどいかんしゃくを起こした。ミフはパックスを無視した。ゴブリンはこの騒ぎにいらいらしたのか毛を逆立て始め，悲鳴をあげているパックスをにらみつけた。このときプロフがそばにやってきた。プロフはちょっと立ち止まって，パックスからゴブリンへと視線を移した。彼はすぐに事態をのみこんだようだった。プロフはパックスの所に行き，パックスの手首をつかみ，下草の中を8mほどひきずっていった。パックスが鳴きやむと，ようやくプロフは彼の手を放し，それから2頭は他のチンパンジーを残して去っていった。プロフがゴブリンの敵対的反応を予期して，ひどい罰から弟を救ったことはほぼまちがいない。パックスにとって罰は同じでも，攻撃されるほうがミフに拒否されるよりもずっとひどいものだったはずだ。

14 グルーミング

1981年7月　サタンは一人で森の中を歩いている。突然彼は、ゴブリンに出会った。ゴブリンは、30mほど先の地面に座って、穏やかにヤシの実のかすを噛んでいた。この2頭の雄はここしばらく、活発に順位争いをしている。サタンはこの年下の雄を見るや否や毛を逆立てて立ち止まった。ほぼ同時にゴブリンもサタンを見つけて、すばやく起き直る。全身の毛が逆立っている。そのあと45秒間はどちらも動かない。ゴブリンはサタンをまっすぐ見すえ、サタンは相手のまなざしを避ける。とつぜん毛を逆立てたまま、サタンはゴブリンの方へ歩いて行った。ゴブリンはその場から動かない。ゴブリンの毛は一層逆立ち、彼の体は2倍に膨れあがったように見える。サタンは、ゴブリンの手の届くところまで来ると、とつぜん体の向きをかえて、尻を相手に向けてグルーミングを要求した。ゴブリンはすばやい活発な動作で、すぐそれに応える。30秒後、サタンはゴブリンの方に向きを変え、グルーミングは相互的にな

グルーミングされてくつろいでいるサタン

った。最初のうちは、2頭ともとても緊張していた。歯が激しくカタカタと鳴る。しかし、しだいに2頭とも落ちついてくる。21分後、2頭は歩き出し、一緒に採食しはじめた。一時的にせよ、2頭は一緒にいることに安堵しているようだった。

社会的グルーミングは、チンパンジーの社会生活のありとあらゆる面に広がっていて、単なる皮膚の手入れ以上の多くの機能を持つ。グルーミングは、長時間のくつろいだ友好的な身体的接触の機会をもたらす。すでに見たように、このような接触は、さまざまな状況でストレスを緩和するのにきわめて重要だ。そのため、グルーミングは個体間関係の調整、とりわけ攻撃行動のあと調和を取り戻すような場合に重大な役割を果たす。緊張時にはよくセルフグルーミング（おそらく社会的グルーミングはこれに由来する

と思われる。Reynolds, 1981 参照）が生じるが、これでさえ、不安や欲求不満を持つ自分自身を落ちつかせるのに役立つ。

グルーミングは社会行動の多くの側面に入り込んでいるので、この本のほとんどすべての章で触れられている。シンプソンはゴンベにおける社会的グルーミングの詳細な研究を発表しているが、それはおとな雄だけを対象としたものである (Simpson, 1973)。これ以外に、おとな雄間の拮抗的な関係（Bauer, 1976, 1979）や再会（Bauer, 1976, 1979）、若ものの行動（Pusey, 1977,

1983)，性行動（McGinnis, 1973, 1979; Tutin, 1979），離乳（Clark, 1977）などとグルーミングとの関連について論じたものが公刊されている。わたし自身の初期のモノグラフ（Goodall, 1968b）にも，グルーミングの形態と手法が述べられている。

社会的グルーミングはグルーミングされる方のみならず，する方にとっても楽しい活動であるらしい。一定時間グルーミングしてやることを報酬にすると，チンパンジーは新しい課題を学習することができる。のみならず，少し効果が劣るが，グルーミングする機会を与えることを報酬にしても学習ができる（Falk, 1958）。ビッキー・ヘイズが最もくつろぎ，落ち着くのは，人間の養父母にグルーミングしてもらう時だったという。また彼女はよく熱心に養父母をグルーミングしただけでなく，（たとえば，皮膚が擦りむけているところを引っ張っているときなど）グルーミングをやめさせようとしようものなら機嫌が悪くなり，親たちの手を押しのけたり，ときにはかんしゃくを起こしたりしたという（Hayes, 1951）。

グルーミングの手法

ゴンベでくつろいだグルーミングを見れば，それだけでチンパンジーがこの行動をたいへん楽しんでいることがわかる。グルーミングされている個体は，仲間にグルーミングされているあいだ，気持ちよさそうな姿勢で座ったり，横になったりする。グルーミングする方は，目を伏せたまま面倒くさげに相手の毛に人差し指を走らせるだけのこともある。そうかと思うと，実にてきぱきとやることもある。体のさまざまな部分に手がとどくように相手を押したり引いたりして姿勢を変え，毛を指で分け，乾いた皮膚からごみを取り除いたりする。時たまダニやシラミ*を見つけることがあると，相手がバランスを失いそうになるくらい急に激しく手を押し込んで虫がいるところをつかみ，歯をカタカタ鳴らしながらその賞品をつまみ上げる。そして，大げさに顎を動かして噛む。相手はあっけにとられたようにその作業を見ている。いつ訪れるかは予測できないが明らかに刺激的なこの一瞬が，おそらくグルーミングする個体の興味を長時間持続させるのに役立っているのだろう。ある意味で，これは動物を訓練する際に大きな効

ペペのセルフグルーミング。指と唇の両方を使って毛を分け，皮膚を露出している（H. van Lawick）。

＊ チンパンジーのシラミ（*Pedicularis schaefi*）は光に曝されると動かなくなってしまう性質があるので，見つけるのがたいへん難しい（Kuhn, 1968, Ghiglieri, 1984 に引用されたもの）。そのため，見つけ出すためには，至近距離から皮膚の表面を調べることが必要である。このことがチンパンジーの特徴的なグルーミング行動を生み出している。

果を持つ「大当たり効果」をもたらしている（Pryor, 1984）。

ここでは，（恣意的に）2分以上の一続きのグルーミングで，2分以上の中断を含まないものを，一つのセッションと定義する。それより短いものは，おしるし（token）だけのグルーミングであることが多い。すでに述べたように，これは服従と安全保証をおこなう行動連鎖の一部である。セッションは，2個体のみを含む場合もあれば，もっと多くの個体を含む場合もある。これまで記録された中で最も参加者が多かったのは12頭である。その中には赤ん坊（グルーミングするよりむしろ遊んでいた）が2頭含まれている。多数の個体が参加する長いセッションでは，グルーミングをやめてのこのこ出て行く個体や，近づいてきてグルーミングの輪に加わる個体がいたりする。このように大きなグルーミング集団は多数の小さなグルーミング集団に分かれることが多い。

2個体が交互に（一方がしたあとにもう一方が），もしくは相互に（両者が同時に）グルーミングをすれば，セッションはより長く続く。表14.1に示されているように，セッションの長さは，平均すればおとな雄間の場合が最も長く，次いで母と成熟したその子どものあいだのグルーミングが長い。あまり近縁でないおとな雌間のグルーミングセッションは，ふつう5分以内に終る。今まで記録された中で最も長いグ

ルーミングセッションは，母と若いおとなの息子のものである。これは2時間45分続いた。

予想されるように，グルーミングには特有の一組の信号がある。グルーミングセッションを始めようとするとき，チンパンジーはただ単に選んだ相手に近づいていってグルーミングし始めるだけのこともある。あるいは，自分の尻や背，時にはかがめた頭のてっぺんや後ろをさし向けることもある。これらの部分は，セルフグルーミングをするとき，自分では見にくかったり，見えなかったりするところである。これらの動作をしながら，同時に相手にさし向けた部位をわざと掻くこともある。時には，3mぐらいはなれて立ち止まり，腕を上げて，たいていは頭上の枝を持ちながら，相手をじっと見つめたまま活発に腕を下向きに動かして肘から胸にかけて掻くこともある。

そのような催促に対して，選ばれた相手は以下の四つのうちのどれかで反応する。1．グルーミングをする。2．こちらからも催促をする。3．その要求を無視する。4．立ち去る。どう反応されるかは，その2個体間の関係やその場にいる他個体，あるいはその個体がすでに別の個体をグルーミングしているかどうか，といったさまざまな要因に依存するだろう。もし催促を無視されると，その個体はあきらめて立ち去ったり，別の個体をグルーミングしたりする。あるいは，目立つように体を掻いたり，哀

表14.1　1978年にキャンプで，同性の2個体間と異性の2個体間，およびそれより大きなグルーミング集団でおこなわれたグルーミングセッションの持続時間。2頭の母親とすでに成熟したその子どもとのグルーミングの数値は別々に示してある

性年齢の組合せ	2頭間のグルーミング		3頭以上のグルーミング	
	平均持続時間（分）	セッション数	平均持続時間（分）	セッション数
おとな雄同士	25.9	24	35.7	6
おとな雄とおとな雌	13.5[a]	61	29.9	47
おとな雌同士	6.3[b]	36	22.6	7
パッションと娘のポム	19.3	42		
メリッサと息子のゴブリン	16.6	10		

a．母親とおとなになった息子とのグルーミングを除く
b．母親とおとなになった娘とのグルーミングを除く

401 —— グルーミング

仲間をグルーミングしながら歯をぴちぴちならしているベベ。指で1カ所を正確につかんでいることに注目（B. Gray）。

訴の声を出したり，相手の腕や手に触れたりして，一層活発に催促することもある。これらのうち，最後の二つの哀願は主として家族内のグルーミングで見られるものである。実際，子どもが母親の注意を兄弟からそらせようとするとき，その子は母親の手をとり自分の方へ引っ張ることがある。あるいは，グルーミングしている2個体のあいだに体を割りこませることもある。赤ん坊や子どもによく見られるもう一つの身振りは，一方の腕を上にあげて保持することだ。同時に哀訴の声を出したり体を掻いたりすることもある。この行動は，マハレ（McGrew and Tutin, 1978）やウガンダの一部（Ghiglier, 1984）で，チンパンジーが相互的なグルーミング中によくおこなう手つなぎ（hand-clasp）姿勢[**]の起源かもしれない。

ひとしきりグルーミングしたあと，グルーミングしていた個体はよく間をおいて交代を要求する。活発に体を掻いたり，わざと位置をかえたり，体のどこかの部位をさし向けたり，前述したその他の信号の一つを用いたりして催促する。ヒューゴーは，自分より低位の雄がはっきりしたグルーミングの要求を無視すると，時おり枝を揺らし毛を逆立て始めることがあった。一度メリッサは，6分間哀訴の声を出したり，体を揺らしたり，体を掻いたりしたあと，年とったミスター・マグレーガーを片足で強烈に蹴った。

ゴンベとマハレには，リーフグルーミングという奇妙な伝統がある（Goodall, 1968b ; Nishida, 1980）。これは，社会的グルーミングをしているときに最もよく起こる。チンパンジーは，1枚あるいは何枚かの木の葉を拾い，間近でじっと見つめ，きわめてていねいに葉をグルーミングする。時には同時に（唇を細かくパクパク動かす）リップスマッキングをする。リーフグルーミングは例外なく近くにいる個体の興味を引く。皆それを見ようとしてまわりに集まってくる。時として，そのあとリーフグルーミングをしていた個体は見物人のうちの何頭かからグ

---

[*]　奇妙なことに，カニャワラのチンパンジーでは，記録されたグルーミングセッション（母親からのものを除く）の38％で手つなぎ姿勢が見られたが，10km離れたンゴゴではまったく観察されなかった。

[**]　訳註14-1：お互いに片手を頭上に挙げて相手と握手する姿勢。

大きなグルーミング集団。ヒュー（最前列）がヒューゴー（右）と最優位雄のマイクにグルーミングされている。一方、ゴライアスと第2位の雄は、マイクをグルーミングしている。ファーベンはゴライアスをグルーミングしており、青年雄のスニフはファーベンをグルーミングしている。フィガンはおとな雌のパラス（右端）をグルーミングしている（H. van Lawick）。

フローがフリントをグルーミングしているときに、哀訴の声を出しながら母親の腕に触るフィフィ。フィフィは腕を挙げ、なおも哀訴の声を出し続ける。フローは娘の催促に応えてやる。こんどはフリントが体を掻き始め、母親にもう一度自分をグルーミングをしてくれと要求している（H. van Lawick）。

ルーミングされることがある。このようにリーフグルーミングは、セッション中に失われていくグルーミングへの興味を復活させたり、相手個体の注意を別の個体から自分の方に向けさせたりするのに役立つことがある。しかし、時にはそのときすでにグルーミングされている個体がとつぜん手を伸ばし、葉をつかんでグルーミングすることがある。これはしばしば、グルーミングセッションを完全にやめてしまうことの前奏曲となる。ひとりチンパンジーがリーフグルーミングをすることもある。それは（主観的には）いたずら書きのようにもみえる。この行動は、（少なくとも起源は）おそらく転位活動だろうが、まだ正確にはわかっていない。

発達に伴う変化

チンパンジーの母親は，子を生むとすぐに自分の赤ん坊をなめ，グルーミングをする（Davenport, 1979; Goodall and Athumani, 1980; Fouts, Hirsch, and Fouts, 1982）。赤ん坊が生まれて最初の2～3カ月間は，母親からのグルーミングは（ゴンベの場合）たいていほんの2～3分しか続かない。ほんの2～3秒で終わることすらあり，セルフグルーミング中に間欠的におこなわれることも多い。しかし母親によっては，ずっと長い時間赤ん坊をグルーミングすることもある（Nicolson, 1977）。また飼育下では普通グルーミングの持続時間が長くなる（Davenport, 1979）。

赤ん坊が大きくなるにつれて，母親からのグルーミングセッションの長さは増加する。しかし，子どもが9歳から12歳になるころまでには，母親がグルーミングしようとして子どもをつかまえようとすると，子どもはよく嫌がるようになる。子どもは逃れようとしてもがいたり，その活動をグルーミングから遊びに変えようと活発に試みる。時にはそれが成功することもある。とりわけ母親自身が遊びの好きな個体だった場合にはうまくいくことが多い。うまくいかなかった場合，子どもは，母親の意向に従いながら，木の葉や枝その他何でもつかんでいられるものに手を伸ばし，それでぼんやりと遊ぶこともある。2～3分すると，たいていの赤ん坊は，母親の優しい指づかいにくつろぎ，おとなしくなる。きちょうめんな母親は体のすみからすみまでくまなくグルーミングする。フローは，耳と性器に不必要なほどの注意を払い，子どもがむずがるのを無視してそれらに固執した。この行動は，フィフィにも受けつがれた。耳へのグルーミングは不快感を引き起こすらしい。一方性器へのグルーミングはしばしば笑いを（そして雄の赤ん坊ではペニスの勃起を）引き起こす。

赤ん坊は生後2, 3カ月で短いグルーミング動作をし始める。1歳半くらいになれば，おとなと同じようにグルーミングできるようになる。この行動自体は生得的なものらしい。ビッキー・ヘイズは他のチンパンジーを見る機会がまったくなかったが，8週齢になると，自分の寝具の模様を「グルーミング」し始めた。6カ月になると，彼女は手と指を上手に動かすようになり，12カ月になるとリップスマッキングを始め，歯をカチカチならし始めた（Hayes, 1951）。グルーミング動作をし始めるとき，ゴンベの赤ん坊はとても「真面目」に見えることがある。しかし，数回正しい動作ができると，真面目にしようとはしなくなる。相手の毛を乱暴にくしゃくしゃにしたりすることが多くなり，時には相手をふざけ気味に叩いたりする。

赤ん坊が成長するにつれて，グルーミングはその生活の中で重要な位置を占め始める。5歳くらいになると，母親に近よってグルーミングを催促するようになる。膝の上にのぼり，体をのばし，脇や腹を上に向けて催促する。母親がこの種の誘いを断わることはめったにない。子ども自身のグルーミングの技術が向上するにつれ，母親とのグルーミングセッションは長くなり，直系家族以外の個体にも時々グルーミングされるようになる（Goodall, 1968b）。

普通離乳前には，子どもから母親へのグルーミングより，母親から子ども（雄でも雌でも）へのグルーミングの方が多い。次の赤ん坊が生まれると，母親と子どものグルーミングセッションは長くなり，交互的グルーミングと相互的グルーミングがともに多くなる。それでも少年期のあいだは，母親からのグルーミングが大部

分を占める。青年前期になると，性差が現れる。雌は母親にグルーミングされるよりグルーミングすることの方が多くなる傾向があるが，雄にはそういう傾向はない（Clark, 1977; Pusey, 1983）。青年前期の雌は，自分の近縁の家族以外の個体をグルーミングすることはほとんどない。とはいえ，時たま他の母親，特に彼女にとって魅力的な乳児を持っている母親をグルーミングすることはある。性周期が始まると，雌は時おり非血縁の雄とのグルーミングセッションに参加するようになる。最初のうち，相手の雄は彼女と同じような青年期の個体であることが多いが，（10歳ぐらいになって）最初の発情があったあとは，ときどきおとな雄からグルーミングされるようになる（Pusey, 1977）。それでも，母親との緊密な結びつきをずっと（時には一生）維持しているあいだは，グルーミングの相手は大部分直系家族のメンバーである。

若もの雌に比べると，若もの雄は非血縁の個体とグルーミングすることが多い。雄のグルーミング行動が変化していくのは，家族から離れる時間が多くなるにつれて一緒にいる相手が変化することことによる。しかし，それだけではなく，そのコミュニティーの他のメンバーとの関係，特に母親との関係や年上の雄たちとの関係が変化することをも同時に反映している。乳幼児期から雄はおとな雄が穏やかでくつろいでいる時に彼らをグルーミングするが，青年期になるとその頻度が上がる。それどころか，グルーミングを催促することもある。グルーミングをやめて立ち上がり，尻を年上の相手に向け，肩ごしにふり返って（期待を持った素振りで）相手を見つめるのである。概しておとな雄はこのような要求を無視する。すこしすると，若ものはその姿勢をやめグルーミングに戻る。9歳ないし10歳ぐらいから，若い雄はますますおとな雄を意識するようになる。おとな雄たちがグ

2歳の息子，アポロをグルーミングしているアテナ

青年前期のブークをグルーミングしている年老いたミスター・マグレーガー

ルーミングしている時，たびたび心を奪われたようにその方をじっと見ていることがある。しかし，あえて加わろうとはしない。これらと平行して，数年間（特に発情中）その若もの雄がグルーミングしてきたおとな雌が，雄の体が発達するにつれてグルーミングを返すようになる。青年後期になると，年上の雄のグルーミングセッションに加わることがますます多くなる。13歳から15歳になって恒常的におとな雄のグルーミングセッションに参加するようになり，彼らのうちの何頭かから恒常的にグルーミングされるようになると，雄は社会的に成熟したことになる。

グルーミング網

グルーミング相手の選び方には，ある種の一般的な原理がある。法則といってもよい。AはCよりBをよくグルーミングするとか，CはBよりAをよくグルーミングするなどといったことが起こるのはそのためである。サルや類人猿は，もうすでに親しくて援助してもらえる関係になっている個体，もしくはよりよい関係になれば利益が得られる個体をグルーミングの相手として選ぶことが多い。そして，選ばれた相手も同様の理由で，お返しをしたりしなかったりする（たとえば Seyfarth, 1980 を見よ）。

おとな雄は，高順位の雄や年上の雄からグルーミングを受けるよりも，彼らをグルーミングすることの方が多い（Simpson, 1973; Bygott, 1974, 1979）。高順位の雄とよい関係にあることから得られる利益は明瞭だ。年上の雄は，若い雄が順位を上げようとして挑戦してきた時，自分の大切な味方になることがある。ほとんどのおとな雄が協同してなわばりの境界を見回る社会では，全個体の仲がよいことは明らかに有益なことである。実際，雄のチンパンジーは，自分より低順位で年下の雄をグルーミングすることにもかなりの時間を費やす。

雄同士の関係が緊張してくると，彼らのあいだのグルーミング頻度は増えることが多い。しかし，彼らのあいだの敵意が強烈であれば，グルーミングが消えてしまうこともある。（1973年から1974年にかけて）フィガンとエバレッドの対立が最高潮に達した時，集中的な研究がおこなわれた18カ月のあいだに，ただ1度を除いてグルーミングはまったく記録されなかった。その1度とは狩猟で興奮した時，フィガンがエバレッドに数回グルーミング動作をしたことである（Riss and Goodall, 1977）。ファーベンがいなくなり，エバレッドがコミュニティーの社会生活に戻ったあとの1976年には，エバレッドがフィガンをグルーミングしたのはただ1度，4分間だけだった。1977年と1978年には，すでに彼

デイビッド老人がヒューゴーを，ヒューゴーはフローを，フローはフィフィをそれぞれグルーミングしている（H. van Lawick）。

らの関係は敵対的ではなくなっていたが、やはりグルーミングはめったに見られなかった。1979年に年長の雄たちがゴブリンに対抗して共同戦線を張ったときには、フィガンとエバレッドはよくグルーミングした。そして1980年に彼らが親密な関係になると、彼らのあいだでおこなわれるグルーミングの頻度は急に高くなり、それはフィガンが死ぬまで続いた。それと同時に、1979年の終わりに、（フィガンが先導して）ゴブリンに対する集団攻撃を加えてからは、フィガンとゴブリンのあいだでグルーミングが見られることは2度となくなった。これらのことからわかるように、雄間のグルーミングの頻度に見られる年ごとの変化は、ある程度彼らのあいだの関係の変化を反映したものなのである。

　おとな雌が最もよくグルーミングするのは自分自身の家族である。雌にとって家族と親しい関係を維持することは、明らかに利益になることだ。というのは、あとで自分の味方になってくれるのは家族であり、特に娘の場合には仲間にもなるからである。雌は、その個体が近縁でなければほとんどグルーミングしない。たとえその相手が、いつも一緒にいて友好的な関係にある場合でも同じことだ。それに対して、飼育下の雌はお互いによくグルーミングする。相互交渉の頻度も高く、相互に支え合う安定した結びつきを形成することが多い（Köhler, 1925; de Waal, 1982）。当然のことだが、ゴンベにおける母親と娘のように、彼女らはお互いのことをよく知りあっている。

　もし雌がおとな雄とくつろいだ関係をつくることができるなら、その雌が受ける精神的な緊張やストレスは小さくなるだろう。あとで見るように（16章）、雌は、繁殖周期中の受精可能な時期にいちばん性的な相手となることの多い年長の雄を、より頻繁にグルーミングする傾向を

持つ。しかし、雌はそのようにして性的関係を維持しようとつとめる必要はない。性皮の腫張やおそらくフェロモンなどの生理学的メカニズムが、彼女の代わりをしてくれる。関係を持つのに努力しなければならないのは雄である。なぜなら雌の協力が、雄の全繁殖成功度に決定的に重要な場合もあるからだ。ある飼育下の集団では、ただ1頭いたおとな雄は、雌の発情周期のうち性皮が4分の1ぐらい腫張した時に、雌をグルーミングすることが他の時期よりも有意に多かった。雌の性皮が最大腫張に達すると、雌をめぐる状況はもっと競争的になるだろう。その前に雌が自分を好むようにし向けることができれば、その雄は有利になる。この飼育下の雄の行動は、グルーミングがかかわるようなそのようなメカニズムがあることを暗に示している（Rapaport, Yeutter-Curington, and Thomas, 1984）。

　グルーミングセッションは、（一方的でなく）お互いにグルーミングした方が長く続く。コミュニティーのさまざまなメンバー間でグルーミングの分布が異なるのは、個体の性・年齢層によってはお返しをしようとしないことが多いからかもしれない。たとえば雌は、自分の子からグルーミングを要求されるとその子どもの年齢にかかわらず、すぐに応じる。このとき、子どもがお返しができるほど大きいと、グルーミングは長くなる。ゴンベでおとな雌間のグルーミングが（非常に近縁な個体間以外では）少ないことの理由のひとつに、他の雌にグルーミングされたときにほとんどの雌がお返しをしたがらないことがあげられるかもしれない。グルーミングした個体は、数分してあきらめることもあるし、自分から相手にグルーミングを催促することもあるが、たいていの場合その催促は成功しない。

六つのプロフィール

図14. 1と図14. 2は，1978年におとな雄3頭とおとな雌3頭がおこなったグルーミングのプロフィールを1年分示したものである。各々のチンパンジーについて，キャンプ内でグルーミングした時間とされた時間を，a）各ペアが一緒にいた時間に対する割合と，b）その年にグルーミングした時間とされた時間の総計に対する百分率で示してある。これらのヒストグラムは，6個体だけの，それもたった1年間の行動を示したものにすぎないが，グルーミング相手を選択する時の原理を多数描き出してくれる。

図14. 1でこの3頭の雄を選んだのは，彼らが三様のパターンを示したからである。ジョメオは，明確に雌よりおとな雄をグルーミングしている。サタンははっきりと雌好みだ。彼は，この年性的受容期にあった個体だけでなく，非発情の個体も同じように好んでいる。フィガンのグルーミング時間は，雄と雌にほぼ均等に分布しているが，彼が雌をグルーミングしたのは雌が発情している時がほとんどだった。

3頭の中で最も熱心にグルーミングしたのはサタンである。1970年の資料でも，彼はよくグルーミングしている（Bygott, 1974）。ジョメオとフィガンは，全体の数値が非常によく似ている。彼らは，サタンほどグルーミングに多くの時間を費やすことはなかった（ただし，後に述べるように，これ以外の年にはジョメオはもっとグルーミングをした）。

3頭の雄は，いずれも自分より高順位の雄や年上の雄からグルーミングされることより，それらの相手をグルーミングすることの方が多かった。他のおとな雄（ここには示していない）のグルーミングの資料を分析すると，その中で最も若いゴブリンは，すべての年上の雄に対し，

グルーミングされるよりグルーミングする方が多いことがわかった。また，最年長の雄であるハンフリーとエバレッドからは1度もグルーミングされていない。青年後期の2頭の雄のうち，年上のマスタードがグルーミングされたのは，サタンとゴブリンからだけである。もう1頭のアトラスは誰からもグルーミングされなかった。

表14. 2は，この3頭の雄のプロフィールを要約し，他の3頭（エバレッドとシェリーとハンフリー）のグルーミング行動と比較したものである。エバレッドはよくグルーミングをする個体で，彼とシェリーはサタンと同じ「雌重視」パターンを示した。この3頭がよくグルーミングした雌はみな異なっているが，いずれも他個体に比べ雌をグルーミングする時間が長かった。ハンフリーは最年長で，1978年には最下位に落ちてしまった個体である。彼は雌とかかわることが最も少なかった。

グルーミングされたあと，どの程度お返しをするかは，同じ性・年齢層の個体の中ですら異なる。サタンとエバレッドはとりわけ熱心にグルーミングする個体だった。彼らはグルーミングの誘いにすぐ応じるだけでなく，長いセッションでも熱意を失わず，疲れた相手を刺激しようと努めるのだった。1978年には，40分以上続いたセッションが28回あったが，そのうち20セッションはエバレッドかサタンのどちらかが参加していた。50分以上続いたセッションをとると，12セッションのうち10セッション，60分以上続いたものをとると7セッションのうち6セッションは，この2頭のうちのどちらかが参加したものだった。最も長い2セッションのうちの一つ（80分）にはエバレッドとサタンの両方が参加しており，エバレッドはもう一つ（78

分）にも参加している。エバレッドもサタンも一緒にいる時間のうちグルーミングしている時間の割合が高い。その数値は雄雌合わせた多くの個体の1年間の数値の中で高位に位置づけられる。エバレッドとサタンのグルーミングのやり方がこうした結果を生んでいることは確実である。7年間にわたって（1976年から1982年まで）、それぞれがお互いの最も好む個体だったことも驚くにはあたらない（ただし、1年だけ例外があった。サタンがエバレッドよりハンフリーをほんの少しだけ多くグルーミングしたのである。しかし、その年にもサタンを最もよくグルーミングしたのはエバレッドだった）。ジョメオやフィガン、ハンフリーといった雄は、もっぱら相手にグルーミングさせるだけのことが多かった。そんな時、相手はしばらくしてからあきらめてグルーミングをすっかりやめてしまったり、もっと応えてくれる相手をグルーミングしたり、時には自分自身をグルーミングしたりするのだった。

　図14.2には3頭の雌のグルーミング・パターンが示してある。最も若いパティはその年の始めに子どもを生んだが、1週間で死なせてしまった。再び性的受容期が始まって、8月にまた妊娠した。つまり彼女は子どものいない若い雌の代表である。他の2頭は母親である。フィフィは、1年中フロドとフロイトという2頭の子と一緒にいた。1978年の始めには、彼らはそれぞれ1歳半と7歳だった。パッションは最年長の雌で、彼女もパックス（1歳）とプロフ（7歳）という2頭の息子と常に一緒だった。またパッションは、1年間にキャンプ内で観察された142時間のうち、すでに成熟した娘のポムと119時間一緒にいた。

　母親は2頭とも、グルーミング時間の大半を家族に振り当てていた。パッションは、世話をすべき3頭の子のうちポムとプロフを同じぐらいグルーミングしたが、パックスに対しては心

もち少なかった。フィフィは、赤ん坊のフロドよりもフロイトをグルーミングするのに多くの時間を費やした。どちらの母親の場合も、グルーミングされた全時間のうちで最も割合が高かったのは年上の子からのものだった。2頭の赤ん坊は、時おりほんの数秒間やってみることを除けば、まったく母親をグルーミングしなかった。

　もし家族内のグルーミングを除けば、フィフィのグラフはパティのグラフと非常に似たものになる。両方とも、おとな雄と一緒にいる時間のうちグルーミングしている時間が30％に達する。フィフィと違ってパティは、グルーミング相手の7頭の雄のうち、5頭にかんしては相手からグルーミングされる時間のほうが長かった。これはおそらく、この年に彼女が性的受容期にあったからだろう。この5頭の成熟雄のうち、ほとんどの時間パティとグルーミングしていたのは、「雌重視」パターンを示したサタンとエバレッドの2頭だった。3頭の雌のグラフは、非血縁の雌とのグルーミングにあてている時間がいかに少ないかをきわめて明確に示している。フィフィの最も好んだ雌の相手はギギだったが、この2頭は、お互いに一緒にいた時間のうちの7％しかグルーミングしていない（おそらく子どもがいないせいだろうが、ギギは他の雌に比べて雌同士のグルーミングに参加することが多く、またグルーミングする時間も長かった）。フィフィのもう1頭のグルーミング相手はギルカだが、フィフィはギルカと一緒にいた時間のわずか4％しか彼女にグルーミングせず、グルーミングされた時間はさらに少なかった。パティの好きな2頭の雌の相手はギギとリトル・ビーだった。パティはそれぞれを、一緒にいた時間の5％グルーミングしたが、彼女らはパティをまったくグルーミングしなかった。パッションは非血縁の雌に対するグルーミングをまったくしなかった。相手からグルーミングされた

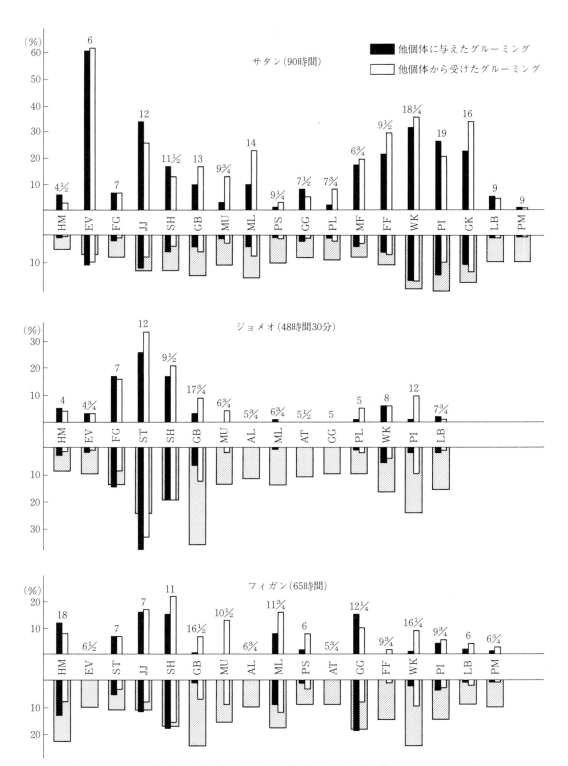

図14.1 キャンプの記録に基づいた，1978年1年間の3頭のおとな雄のグルーミング・プロフィール。個体の略号の上側の柱は，その個体と一緒にいた時間に対するグルーミングした時間とされた時間の割合を示す。キャンプ内に各組合せが同時にいた時間が柱の上に示されている（一緒にいた時間が4時間未満の個体については省略）。下側の太い斜線の柱は，各個体と一緒にいた時間のキャンプ内にいた時間に対する割合を示す。細い黒と白の柱は，それぞれ他個体に向けられたグルーミング時間と他個体から受けたグルーミング時間の全グルーミング時間に対する割合を示す。名前の右横の（ ）はキャンプにいた時間を示す

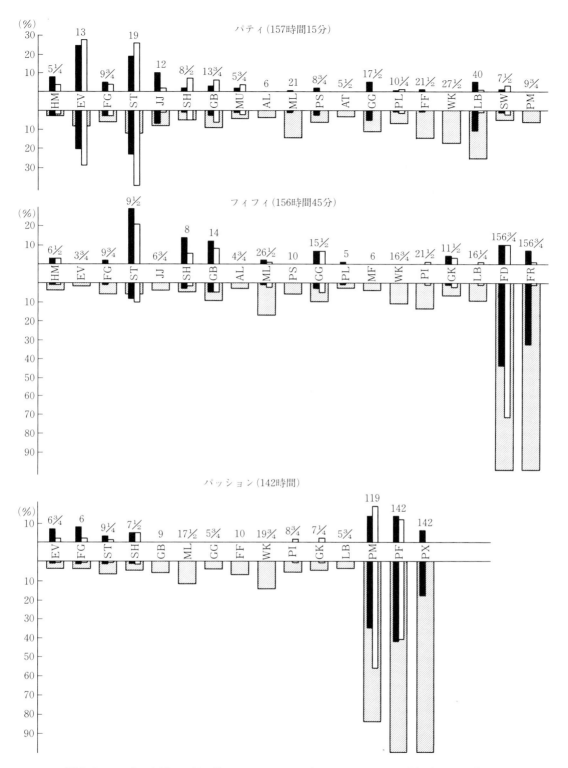

図14.2　1978年1年間の3頭の雌のグルーミング・プロフィール。2頭の母親（フィフィとパッション）の子どもも含まれていることを除けば図の見方は図14.1と同じ

表14.2　1978年にキャンプ内でおこなわれた6頭のおとな雄のグルーミング活動

| おとな雄[a] | 各おとな雄がグルーミングした個体数(a)とグルーミングされた個体数(b) | | | | 雄の全グルーミング時間に対するグルーミングした時間の百分率(a)とグルーミングされた時間の百分率(b) | | | | キャンプにいた時間に対するグルーミングした時間の百分率(a)とグルーミングされた時間の百分率(b) | |
| | 雄 | | 雌 | | 雄 | | 雌 | | | |
	(a)	(b)	(a)	(b)	(a)	(b)	(a)	(b)	(a)	(b)
ハンフリー	4	6	4	6	86.5	76.0	13.5	24.0	7.5	13.0
エバレッド	4	5	12	11	25.0	24.0	75.0	76.0	34.5	36.0
フィガン	5	5	9	12	52.0	54.0	48.0	46.0	15.0	22.0
サタン	6	6	13	14	36.0	30.5	64.0	69.5	36.0	41.0
ジョメオ	6	6	7	7	85.0	78.0	15.0	22.0	16.0	24.0
シェリー	6	5	13	11	55.0	43.5	45.0	56.5	15.0	19.0

注）Wilcoxon　符号順位検定（両側検定）によると，雄雌とも，グルーミングした時間とされた時間の割合に有意差はなかった。しかし，キャンプにいた時間に対する雄のグルーミングした時間とされた時間の割合には有意差がみられた（p<0.05）。すなわち，雄はグルーミングするよりグルーミングされることの方が，有意に多い。
a　雄は年齢が高い方から順に並べてある。

表14.3　1978年のキャンプ内における6頭のおとな雌のグルーミング活動

| おとな雌[a] | 各おとな雌がグルーミングした個体数(a)とグルーミングされた個体数(b) | | | | | | 雌の全グルーミング時間に対するグルーミングした時間の百分率(a)とグルーミングされた時間の百分率(b) | | | | | | キャンプにいた時間に対するグルーミングした時間の百分率(a)とグルーミングされた時間の百分率(b) | |
| | 雄 | | 雌 | | 子ども | | 雄 | | 雌 | | 子ども | | | |
	(a)	(b)	(a)	(b)	(a)	(b)	(a)	(b)	(a)	(b)	(a)	(b)	(a)	(b)
メリッサ，1978	5	6	6	9	4	2	20.5	12.0	7.0	4.5	72.5	83.5	23.5	18.5
メリッサ，1983[b]	5	4	3	1	3	3	7.0	10.5	1.5	0.5	91.5	89.0	21.0	14.0
パッション	5	4	1	3	3	2	3.9	2.5	0.1	0.1	96.0	97.0	37.0	27.0
フィフィ	5	4	5	6	2	2	18.0	17.5	6.0	10.0	76.0	72.5	22.0	14.0
ウィンクル	7	7	4	5	1	1	49.0	62.5	3.5	11.0	47.0	27.0	16.4	11.2
パティ	7	7	9	4	—	—	60.0	86.5	40.0	13.5	—	—	10.0	8.0
リトル・ビー	4	6	8	5	1	0	7.0	15.0	16.0	85.0	77.0	0	11.2	6.8

注）Wilcoxon　符号順位検定（両側検定）によると，キャンプにいた時間に対するグルーミングした時間とされた時間の割合には有意差がみられた（p<0.05）。すなわち，雌はグルーミングされるよりグルーミングすることの方が有意に多い。
a　雌は年齢が高いほうから順にならべてある。
b　メリッサの1978年のグルーミング・パターンは異例だったので，1983年の数値も示してある。

のも2頭だけである。どちらの場合も，一緒にいた時間の2％以下であった。

　前述したように，雌間のグルーミングがゴンベでは非常に少ないことの理由の一つは，おそらく，たまにグルーミングされてもそれに対してお返しをしたがらないことにある。次に述べる事例は1979年に起こったものである。パティはちょうどキャンプに来たばかりだった。彼女はフィフィに近づき，体の向きを変え，座って背中を向け，グルーミングを要求した。フィフィは彼女を無視した。パティはちらっと様子をうかがったあと，一方の肩を上から下へボリボリと掻いた。フィフィは，要求に応じてパティをグルーミングし始めた。1分半後，彼女はグルーミングをやめて立ち上がり，パティの前に行ってこんどは自分の背をさし出した。パティは2分ちょっとのあいだフィフィをグルーミングした。そのあとグルーミングをやめて，再びフィフィの前に行って体を掻いた。フィフィはパティにまったく注意を向けず，自分の足をグ

再会したメリッサを抱擁し、そのあとグルーミングしている青年後期雄のエバレッド

母親をグルーミングしているポム

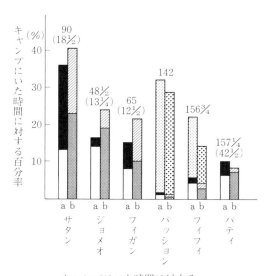

a キャンプにいた時間に対する
　グルーミングをしていた時間の百分率
b キャンプにいた時間に対する
　グルーミングされていた時間の百分率

□ おとな雄をグルーミング
▨ おとな雄からグルーミング
■ おとな雌をグルーミング
▨ おとな雌からグルーミング
⋯ 自分の子をグルーミング
⋯ 自分の子からグルーミング

ルーミングしていた。30秒後フィフィはパティの前に座り直した。この策略は何度も繰り返された（フィフィはもう1度，パティはさらに2度おこなった）。結局このペアは，パティがこのやや不満足な作業をやめにして立ち去るまでに，グルーミングを始めた地点から2m前方に移動してしまっていた。

表14.3に図14.2の3頭の雌の資料をまとめた。比較のため，他の3頭の雌（ウィンクルとリトル・ビーとメリッサ）の資料も掲載した。ウィンクルには6歳の息子があり，またこの年の後半の8カ月間は妊娠していた。彼女はパティとほとんど同じグルーミング・パターンを示した。リトル・ビーはパティとほぼ同じ年齢だが，1歳の子どもを持っていて，他個体とグ

図14.3 1978年にキャンプ内にいた時間に対する，3頭の雄と3頭の雌のグルーミングした時間とグルーミングされた時間の割合。キャンプ内にいた総時間が柱の上に示されている。そのうち，まったく1頭で過ごした時間が（　）内に示されている。各柱はそれぞれ，おとな雄とグルーミングした時間，おとな雌とグルーミングした時間，（2頭の母親の）子どもとグルーミングしていた時間の割合を示す

413——グルーミング

ルーミングすることはほとんどなかった。

メリッサとパッションはほぼ同じ年齢だが，1978年のグルーミング・パターンは非常に異なっていた。メリッサがおとな雄とのグルーミングにあてた時間はパッションよりもずっと長い。この理由の一部には，メリッサが赤ん坊殺しのパッションに怖れを抱いていて，そのために，できる限り雄のそばにいようとしたことがあげられる。もうひとつの理由は，メリッサが珍しく双子を生んだために，雄たちが興味を魅かれたことがあげられる（一般に，新生児を持っている雌をおとな雄がグルーミングする率は，赤ん坊が生まれる前よりも増加する）。そこで，表にはメリッサの1983年のグルーミングの数値をも含めておいた。これらの数値から，1983年のメリッサのプロフィールは1978年のパッションのプロフィールときわめてよく似ていることがわかる。

図14．3は，図14．1と図14．2の雄と雌のグルーミングのプロフィールから明らかになったグルーミング行動の性差をまとめたものである。キャンプにいた時間に対するグルーミング時間の割合は，サタンと，子を持たないパティとではまったく対照的だ。パティとフィガンの数値の差はわりあい小さい。特に他個体をグルーミングするのに費やす時間についてはそうである。ただし，グルーミングを受けた時間についていうと，フィガンはパティの3倍である。おそらく，最も驚くべきことは，サタンはひとりでいた時間が約20％あるのに対し，パッションは常時少なくとも1頭のグルーミング相手と一緒にいたにもかかわらず，キャンプにいた時間に対するグルーミングをした時間とされた時間の比率をとると，パッションよりサタンのほうが少し高いことだろう。

ストレスの軽減

チンパンジーの社会では，のどかでくつろいだ休憩時間に社会的グルーミングがよく起こる。それは，存分に食べて満腹した時間であることも多い。しかしグルーミングは，チンパンジーが緊張したり，不安になったり，恐れを抱いたりするようなさまざまの状況のもとでも生じる。敵対的な出来事のあと，おびえた劣位者が優位者に接近して，手を伸ばしてグルーミングすることがある。この時のグルーミングは，数回の動作で終わる場合が多く，前述した服従の身ぶりのレパートリーに組み込まれている「おしるし」に過ぎない（おそらく，安全保証を求める接触のいくつかのものは，これから派生したものである可能性が最も強い）。ストレスを受けた時，劣位者は，この種のグルーミングによって身体的な接触をすることができる。同じよう

なうわべだけのおしるしグルーミングは，強い欲求不満を生む状況に対する個体の反応としても出現する。たとえば，雌が雄に対して10分間ほどおねだり行動をしたのに結局うまくいかなかったような場合，その雌が少しのあいだその雄をグルーミングすることがある。

安全保証を求める劣位者がおそるおそる近づいたとき，優位者はよくグルーミングで反応する。（特におとな雄の場合）2頭が双方とも高い覚醒状態にあり，双方ともが安全保証を求めている場合，（時には最初に抱き合ったあと）よく相互的グルーミングが始まる。このグルーミングは長く続くこともあり，そのあいだに両者の緊張はしだいにとれていく。

乳幼児初期からチンパンジーは，グルーミングが安全保証を生む効果を持つことを経験する。

グルーミングは，抱擁とともに，子どもが示すあらゆる不安や恐怖や痛みに対して，母親がすぐにおこなう反応である。若いチンパンジーが重傷を負ったとしても，母親からの巧みななだめのグルーミングを受けると，その個体の気持ちは落ち着く。マンディの3カ月齢の赤ん坊が腕を引き裂かれて出血し，そこから骨が突き出た状態で現れた時，痛いことは誰の目にも明らかだった。赤ん坊は，どんよりした目を開けて一点を凝視したまま，頭をピクリとも動かさなかった。しかし，マンディがグルーミングするとしばらくのあいだくつろぎ，目を閉じた。1度，赤ん坊のフリントが巨大なアリに嚙まれたことがある。アリは彼の眉に食いついて離れなかった。彼は哀訴の声をだし，フローの胸に顔をこすりつけた。フローには彼が苦しんでいる原因が分からないようだったが，ともあれ彼女は時おりフリントをグルーミングしてやった。フローがそうするたびに彼は静かになった。フリントはフローがグルーミングをやめるたびに，哀訴の声を出し，再び顔をこすりつけるのだった。

青年前期の雄は，家族から離れておとな雄と一緒に過ごし始めると，徐々に優位個体からの威嚇や攻撃を受けるようになる。とりわけつらい時を過ごすと，彼はよく雄からはなれて母親を探し始める。母親と再会すると，必ず長時間のグルーミング・セッションになる。これが，激しい緊張とストレスを受けた彼を落ち着かせるのに役立っていることは間違いない。もちろん，若い個体が成長し，家族以外の個体と一緒に過ごす時間の方が長くなると，ストレスを受けた時にはそれらの個体も彼をグルーミングしてくれるようになる。いずれ彼も，まったく同じやり方で劣位者を元気づけるようになるのだ。

しかし，母親のグルーミングは受け手が完全におとなになった後でさえ，その個体を落ち着かせ，安心させる効果を持ち続ける。23歳のフ

ィガンが順位争いで手首を傷つけて，大声で悲鳴を発した時に，母親のフローは500mほど離れたところにいた。彼女は年をとっていたが（その後しばらくして彼女は死んだ），彼の方へ走った。フィガンはまだ叫び続けていたが，母親の姿を見ると彼女の方に寄っていった。フローはすぐに彼をグルーミングし始めた。悲鳴は徐々に小さくなり，やがて静かになった（Goodall, 1984）。

優位者に向けられるグルーミングには，劣位者の不安を抑える機能があるだけでなく，自分より優位な相手を鎮める機能もあるのだろう。一方，劣位者に向けられるグルーミングには，恐がっている者を安心させる機能があるだけでなく，グルーミングしている個体自身の緊張を解く機能もあるようだ。当然のことながら社会的グルーミングは，ふだんは親しい関係にある個体間の仲たがいを繕う時や，仲の悪い関係を改善する時，あるいは新しく友好的な関係をつくり出す時（たとえば，若いチンパンジーがおとなの世界に入って行く時や，移入した雌が受け入れを求めている時）などに，きわめて重要な役割を果たしている。このように，グルーミングは，コミュニティー全体としての調和を維持していくのに不可欠のものなのである。

別れた後，再会する時の緊張を乗り越える手段としてもグルーミングは重要である。このことは，以下の例に示されている。1979年に，何らかの友好的な相互交渉を含んだ挨拶は122回記録されているが，そのうちグルーミングが起こったのは70.5％に達する。図14.4に示したように，とりわけ雄間の挨拶ではよくグルーミングが生じ，それは46回観察されたうちの87％に達した。このうち半数では，2頭のうちの優位な方がグルーミングした。異性間の挨拶の場合も，その半数の事例では，優位な個体，つまり雄の方がグルーミングした。雌間では，弱い唸り声以上の行動を含む友好的な挨拶は，当該

の1年間にたった8例しかなかった。母親と成熟した娘のあいだの挨拶では、長期間にわたる熱心な相互的グルーミングがおこなわれた。

バウアー（Bauer, 1979）によれば、ある個体と再会した時にディスプレイをした雄は、しなかった雄よりもその後のグルーミング・セッションに参加することが多いという。また、すでに一緒にいる個体より、出会ったばかりの個体をグルーミングすることの方が多いという。

グルーミングは、16章で見るように性関係の重要な構成要素である。サタンやエバレッドのように雌をよくグルーミングする雄は、最もうまく雌と配偶関係に入ることができる（Tutin, 1979）。雄がある雌を追従させようとする場合、その雌がおそるおそる接近してくるのに対し、おしるしの短いグルーミングをするのが、配偶関係にある雄の典型的な反応である。それによって雌は少し安心し、その結果雄は雌を導くのが容易になる。さらに、グルーミングによって、いわば基本的に友好的な雄の態度を示す証拠が与えられるために、雌もあまり緊張せずに雄に追従できる。配偶関係にあるあいだ、雄はほとんどの場合、雌からグルーミングされるよりも多くの時間を雌に対するグルーミングにさく。

ゴンベでは、親しい雄間でおこなわれるグルーミングの絶対量は多いが、一緒にいる時間に対するグルーミング時間の割合をとると、それは（敵対的な関係でない限り）あまり親しくない2頭の雄のあいだよりも低くなるだろう。たとえば1974年の資料を見ると、グルーミングの絶対量はフィガンとファーベンの兄弟間のものが最高だったが、一緒にいる時間に対するグルーミング時間の割合では、フィガンは他個体とのグルーミングの方が多くなった（Riss and Busse, 1977）。同じことは、1978年のフィガンとハンフリーについてもいえる。血縁的に近い雄間でグルーミングの絶対量が多いのは、一緒にいる時間がそれだけ多いからだ。言いかえれば、どの雄よりもお互いをグルーミングの相手として利用しやすいからである。そのようなペアのうちの1頭がグルーミングするために近づいてくれば、もう1頭はたとえ「忙しく」ても、少なくともしばらくは、喜んで友だちのご機嫌とりをするだろう。ランガム（Wrangham, 1975）は、ヒューと彼の弟だと思われる若くて優位なチャーリーとのあいだで起こった愉快な出来事を書いている。2頭の雄は、食物のついた枝を地面に運んで落ちついて食べていた。ヒューが先に食べ終わった。彼はチャーリーに近づき、弟の持っていた枝をそっと取り上げて弟の手の届かない所に置き、弟をグルーミングし始めた。チャーリーは愛想良くお返しをしながらその後の12分間にじわじわと向きを変え、自分の枝をとり返した。チャーリーは再び食べ始め、セッションは始まった時と同じように平和的に終わ

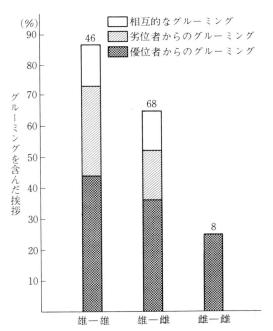

図14.4　1978年に、おとな雄同士、おとな雄とおとな雌、おとな雌同士の組合せでおこなわれた挨拶にグルーミングが含まれた割合。各組合せに見られた友好的な挨拶の総数が、柱の上に示されている

チャーリーがパント・フートを始める（勃起した陰茎から，彼の興奮の強いことが推測できる）。青年のスニフは彼をちらりと見て体を掻き（緊張をあらわす），それからこのおとな雄をグルーミングしはじめた。

った。

　このような個体間で攻撃が起こることは少なく，たいていの場合，相手に安全保証を与える必要もあまりない。2頭の雄が非友好的で激しい敵対関係にあると緊張が高まる。このような場合劣位者は，攻撃的な出来事のあと，服従の身振りをしながら相手に近づくことがある。そんな時，グルーミングはよく見られる反応であり，両者を落ちつかせるのに役立つ。

　雄の優劣秩序の上位が不安定な時期には，高位の雄同士の争いで発生する緊張が，コミュニティーの多くのチンパンジーに影響を与える。自分たちのまわりで攻撃が勃発すると，親しい雄同士でさえ，互いにやすらぎと安心を求めてグルーミングすることが多くなる。特に，彼らのうちの一方，あるいは両方が，第三者からの攻撃的な挑戦に直面している場合にはそうだ。その結果，おとな雄間のグルーミングの量が全般的に増加しがちである。アーネム・コロニーでドゥバール（de Waal, 1982）は，3頭のおとな雄がグルーミングに費やす時間が，雄間の優劣関係が不安定になった時，および雌が発情した時には有意に増加したことを記載している（ストレスの少ない期間の9倍のグルーミングがお

フィガンが弟のファーベンをグルーミングするのを中断すると，ファーベンは片腕を上げて，セッションを続けるように要求した（L. Goldman）。

こなわれたこともあった）。次の章で見るように，ゴンベでは，1979年の半ばから1980年にかけて，若いゴブリンが雄の優劣秩序に大混乱を引き起こした。これは年長の雄たちのあいだに大きな緊張をもたらした。それと同時に，カランデ・コミュニティーが北方へ激しく押し進んできて，カサケラ・コミュニティーのなわばりに侵入してきた。おそらく，これらの出来事が重なったためだろうが，1980年にはおとな雄間のグルーミングの量が多くなる傾向があった（図14.5を見よ）。またこの時，おとな雄のうち，

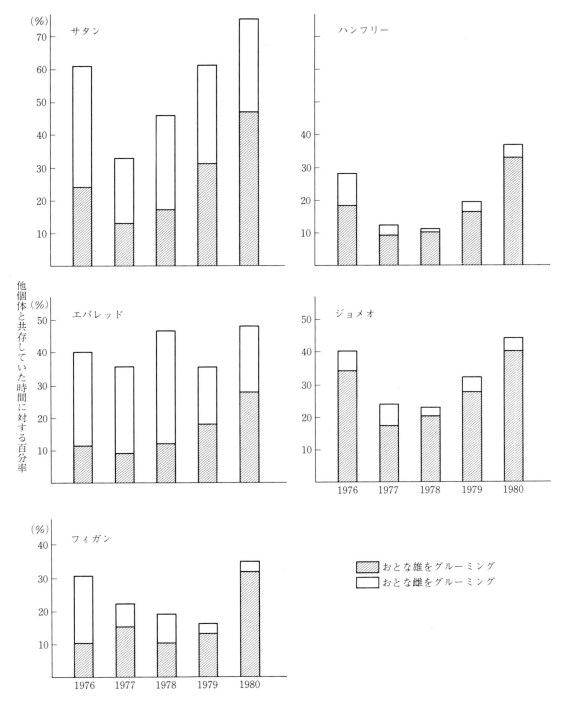

図14.5 5頭のおとな雄が，おとな雄とおとな雌に対しておこなったグルーミング時間の比率の5年間の変化（1976—1980）。柱の高さは，他個体とキャンプにいた総時間に対するグルーミングに費やされた時間を百分率で示したもの

サタンとエバレッドの2頭の全体的なグルーミングパターンも多少影響を受けた。1979年にこの2頭は，それまでの3年間彼らの特徴であった明確な「雌重視」パターンを示さなくなり，両性をほぼ均等にグルーミングするようになった。1980年になると2頭とも，以前はハンフリーとジョメオだけの特徴だった「雄重視」パターンを示すようになった。フィガンも同じような動向を示した（もちろん，1979年と1980年には性周期を示す雌がきわめて少なかったことも，この変化をもたらした原因のひとつであることを忘れてはならない）。

操作的戦略としてのグルーミング

グルーミングは，グルーミングをおこなう個体が直接的な目的を達成するのを助ける平和的手段として用いられるが，状況はそれぞれかなり異なる。以下にいくつか例をあげる。

（a）フロイトは，新しく生まれた弟（フロド）に何度か触ろうとして母親のフィフィに止められたあと，母親をグルーミングし始めた。フィフィの緊張は解け，セルフグルーミングを始めた。フロイトはじわじわと赤ん坊の方へと近づき，3分後，フロドの手を撫でることに成功した。同じような駆け引きで，離乳期の赤ん坊は母親の胸の辺りをグルーミングしながら，じわじわと乳首に近づき，すばやく乳を吸うことがある。自分より優位な個体の注意をそらせるというこの戦略は，霊長類ではごく普通に見られる。たとえば，ゴンベにいるヒヒでも同じ戦略がよく見られる。

（b）発情しているアテナに接近する前に，シェリーは最優位雄のフィガンの所まで歩いて行き，20秒間彼をグルーミングした。そのあとシェリーはアテナと（フィガンから7mほど離れたところで）交尾した。年長の雄を懐柔する時におこなわれるグルーミングは，ゴンベでも（Tutin, 1975），アーネム・コロニーでも（de Waal, 1982），非常によく観察されている。

（c）パックスは哀訴の声を出しながら，母親（パッション）に果物を分けてもらおうと一生懸命ねだっていた。パッションは，最初は食べ物を息子の手が届かないように持ちかえ，そこから移動しようとしたができなかった。しかたなく彼女はパックスを膝にしっかりと乗せ，彼を片手でグルーミングした。パックスはおとなしくなり乳を吸い始めた。こうしてやっとパッションは無事に食事を終えることができた。これは赤ん坊，すなわち劣位者がなだめられた例である。

チンパンジーが，自分たちのおこなうグルーミング行動が他個体に対してなだめの効果を持っていることを少しずつ学習していくのは疑いない。そのおかげで彼らは，グルーミングを，意図的に相手を操作するための道具として用いることができる。それだけでなく，チンパンジーは他個体間でおこなわれるグルーミング交渉の意味を，多少なりとも理解しているときがある。ゴンベでもアーネム・コロニーでも，最優位を目指すおとな雄が，競争相手が加わっているグルーミング・セッションをぶちこわそうとしたことが観察されている。

アーネム・コロニーでその時の最優位雄であるイエルーンに挑戦していたラウトは，イエルーンが他のチンパンジーとグルーミング・セッションを始めると，ほぼいつでも積極的に妨

---

* 同様の行動は，ゲラダヒヒにおいて互いに見知らぬ個体がしだいに集団を形成していく時にも見られた。優位な雌たちは，自分の雄と他の雌とのあらゆる友好的接触を常に妨害した（Kummer, 1974）。

害した。これらの友好的な接触を壊すことによって，ラウトは徐々にイエルーンを味方から遠ざけ，最優位の地位を引き継ぐことに成功した。そのあとニッキーがラウトに挑戦した時，ニッキーは，ラウトとイエルーンがグルーミングを始めると，必ず激しいディスプレイをした。その一方で，ニッキーはイエルーンとよくグルーミングし，この年上の雄と強い同盟をつくった。こうしてニッキーは最優位雄の地位を手に入れることができた（de Waal, 1982）。ゴンベではゴブリンが同じやり方をした。彼は，年長の雄同士がグルーミングしていると，そのまわりで繰り返し彼らに向かってディスプレイをした。状況はゴブリンにとって厳しかった。というのは，年長の雄が多かったために，彼らをみな孤立させることはできなかったからである。実際ゴブリンの行動は，彼の競争相手のグルーミングを増やし，結びつきを強める結果になった。年長の雄たちは，ゴブリンが来るとすぐにお互いをグルーミングし始めるようになったのである。おそらく，彼らはグルーミングすることでお互いの気持を鎮め，そうすることによってゴブリンの凶暴な演技をより長いあいだ無視することができたのだろう。彼らは努めてゴブリンを見ることを避け，わざとらしくお互いの毛皮を興味深そうに，じっと見つめ合った。ゴブリンが間近に突進してきたり，彼らのうちの一方を叩いたりした時だけグルーミングをやめ，一緒になってゴブリンを威嚇した。

　チンパンジーが他個体による相互的なグルーミングの効果を予見できることは，アーネムの飼育集団の雌が，敵対する雄間の仲裁人として振舞った時の事例からも明らかだ。このことは19章に述べられている。

　グルーミングが個体間関係の維持・改善や覚醒水準を抑えることに重要なのは，多くのヒト以外の霊長類の研究で強調されてきたことである（たとえば，Carpenter, 1942; Yerkes, 1943; Sade, 1965; Oki and Maeda, 1973; Anderson and Chamove, 1979; Seyfarth, 1980）。クンマー（Kummer, 1974）は行動の法則性を明らかにしようと意図して一連の実験をおこない，互いに見知らぬゲラダヒヒのあいだでおこなわれる相互交渉では，社会的グルーミングが4種類の行動から成る行動連鎖の終端にくることを発見した（マントヒヒでも同様であった。Stammbach and Kummer, 1982 を見よ）。まず最初に，2頭の雄は闘争によってそれぞれにふさわしい順位を決定する。交渉はこの段階で終わることもあるが，さらに進む場合にはプレゼンティングとマウンティングを経て，最後にグルーミングに至る。特に興味深いのは，友好的な行動を始めるのは通常闘争の勝者であることだ。結果として自分の優位な地位を失う危険性があるときでさえそうする。一度グルーミング段階に達すると，明らかに2頭の緊張が解ける。雌と組み合わされた雄は，闘争なしにすぐグルーミングの段階に入る。

　いま述べたことに関連して，飼育下のマントヒヒのペアで一連の観察がおこなわれている。2頭の個体が自分たちの群れから分離された場合，すでに友好的な関係を確立しているペアは，関係の確立していないペアよりもグルーミングすることが少なかった。2頭が社会集団にいるときにはその逆で，親しい個体のペアでは社会的グルーミングが多い。おそらくこれは，競争的な状況の中でその関係を守るためだろう（Stammbach and Kummer, 1982）。しっかりした関係を持たない2頭の動物（ヒトを含む）が他個体から離れて一緒にいると，緊張した気持ちになることはすでにいわれてきたことである。この気持ちは，友好的な接触，すなわちヒト以外の霊長類ではグルーミング，ヒトでは会話をすることで解消されるか，少なくとも軽減される。反対に，たまたま一緒になった2頭が満足できるくつろいだ関係なら，緊張は起こらず，グルーミングやおしゃべりの必要は小さくなるか，

あるいはまったくなくなるだろう。もし親しいマントヒヒの雌たちが，一緒にいるあいだに何か恐しい刺激にさらされたならば，おそらく彼らはお互いにもっとグルーミングし合うだろう。

レイノルズ（Reynolds, 1981）は，ヒト以外の霊長類に見られる社会的グルーミング網は，ヒトの社会における物々交換網と多くの性質を共有していることを指摘した。交換されるものは違うが，過程は似ている。グルーミングという行為は受け手にとってはもちろん喜びだが，この行為は，申し出られることもあれば，要求されることもあるし，受け入れられることもあれば，拒否されることもある。また，すぐにするか次の機会にするかはともかくとして，お返しのグルーミングがなされる場合もある。さらに，グルーミングの過程は意図的なものであり，その行為をすることによって生じる結果を行為者がどう予測するかに応じて，グルーミングがお

こなわれたり，おこなわれなかったりする。グルーミングは，望ましい結果を生み出すことを意図しておこなわれることもある。その結果が現実のものとならない場合には，他の相互交渉が出やすくなるように，グルーミングが打ち切られることもあるし，あるいはグルーミングがさらに強調されることもある。ドゥバールは，社会的グルーミングを，たとえ最優位雄であっても受けた好意に対して支払うべき代価であると考えた。だからこそニッキーは，雌に交尾する前に，彼より劣位な2頭の雄をよくグルーミングしたのだという。それにもかかわらず，ニッキーが雌に近づいたときに，2頭の雄が少しでもディスプレイをしたりパント・フートを発したりすれば，ニッキーは戻って来てもう少しグルーミングをして，支払う「代価を高くする」のだった（de Waal, 1982, p. 179）。

15 優劣関係

　1964年7月　新しく最優位雄となったマイクが木陰で休んでいた。突然、やぶの中ですさまじい音がして、最近、最優位の地位を追われた雄のゴライアスが現れた。ゴライアスは大きな枝を引きずりながらマイクに向かって突撃したが、マイクは動かなかった。どたんばでゴライアスは道をそれ、近くの木にかけ上ると静かに座った。そのときになって、初めてマイクはディスプレイを始めた。木を揺すり、石を投げ、そしてゴライアスのいる木に登ると枝を揺すった。マイクがやめると、今度はゴライアスがふたたびディスプレイを始めた。彼はマイクの反応をさそうように、すぐ近くに飛び移った。数分間、2頭は2mの間隔で乱暴に葉を揺すりあったが、直接争うことはなかった。2頭とも地上に降り、平行にやぶの中を走り、そして向かい合って座った。ゴライアスは二足立ちになって若木を揺すった。マイクはゴライアスのすぐ近くを走り抜けながら、大きな石を投げた。続く23分間、2頭はこの動作を続けた。そしてこの出来事のあいだ、一方が他方の揺すっていた大きな枝の端で打たれたときに1度だけ、2頭の身体接触が見られた。3分間の休止の後、ついにゴライアスはマイクに走りより、横にうずくま

（H. van Lawick）

り、大声で服従的にあえぐような唸り声を発した。そして、ゴライアスはマイクを熱心にグルーミングし始めた。マイクはゴライアスを30秒ほど無視していたが、ゴライアスの方へ向き直ると、打ち負かしたライバルを相手と同じような熱心さでグルーミングし始めた。30分間、お互いが落ち着き、安心するまでグルーミングし合った。

　シェルデラップ・エッベ（1922）がにわとりのつつきの順位について述べて以来、動物社会の序列を説明する原理として優劣関係の概念は浮き沈みしてきた。ハインド（1978）が指摘したように、AとBの2個体のあいだの、さまざまな状況でAがBより「優位」である優劣関係と、2個体以上いる集団の中での関係のあり方を区別することが必要である。直線的な順位序列では、AはB、C、Dよりも優位であり、BはC、Dよりも優位であるというようになる。多くの種、特に高等な霊長類では、もしAがCの同盟者であれば、BとCの優劣関係は、しばしばAという個体の存在の有無に左右される。すなわち、BとCしかいなければBはCより優

位になれるが，（Bより優位の）Aが近くにいるときにはBはCよりも優位にはなれず，Cの方がBより優位になるだろう。これが基礎順位と依存順位の原則である（Kawai, 1958）。

AとBの相対的地位は，最初は争いによって決まるかもしれない。しかし，優劣関係と攻撃行動を混同してはならない。AがBより優位になり，その関係が明白なものであれば，AがBより攻撃的である必要はない。実際のところ，彼らのあいだに明白な攻撃行動はほとんど必要ないだろう。たとえAが攻撃行動の徴候をはっきり示さなくても，BはAに対して服従的に振舞うかもしれない。この事実から，Aが攻撃行動によって自分の優位性を表明する可能性を持っていることを，Bが知っていると示唆される。たとえば，もしAが採食しているところへBが近づきすぎたというように，Bがある臨界点を踏み越えた場合には，Aのわずかな威嚇でBは自分の相対的順位を思い出し，それ以上Aを怒らせないようにする。前述したように，優劣関係の原則とは最小限の努力をはらうだけですむAにとってだけでなく，争いによってエネルギーを浪費せずに，他の場所で食物を探すためにそこを去るだけですむBにとっても，利益をもたらすものである（Lock, 1966）。

チンパンジー社会でのAとBの優劣関係は，最初，攻撃的な出会いによって決定される（あるいは，ある個体の攻撃行動を他個体が観察することや，コミュニティーの伝統によって決定される）。そしてこの2個体間の優劣関係は，Aが年老いて衰え，もし争いが起こったらBがAを打ち負かして相対的地位を逆転させることが体力的に可能になった後も，しばらくは続くかもしれない。言いかえれば，チンパンジー社会ではBは，習慣によってAに敬意を表して従い続けるのである。

チンパンジーの社会関係の総体としての順位序列は，自然状態では決して静的なものではな

い。若い個体が遊びの中で争い，仲間の強さや弱さを覚えていったり，ゲームが攻撃的になったりしたときに順位の変化は起こるし，同盟者がそれぞれを助けて勝ったり負けたりしたときや，若い雄が最初にコミュニティー内の雌，続いてより年長雄の1頭1頭に挑戦するときにも，この変化は起こる。また，若い移入雌が食物をめぐって先住雌と争うときや，雄が発情した雌をめぐって争うときにもこのような変化は起こる。そして，それぞれの個体は他のすべての個体の相互交渉を見ている。しかし数週間，あるいは数カ月といった期間をとってみれば，少なくとも年長の個体間の序列は比較的安定している。最も安定した時期には，攻撃行動の全体量は少なくなるようだ。こうしたとき各々の個体は，他個体との関係において，いわば「自分の位置を知っている」。さまざまな状況での威嚇は攻撃を引き起こす。このように，順位序列とは社会の中の攻撃行動を調整するために発達してきたわけではないが，実際のところ，しばしばそのように機能している。われわれは，順位が不安定な期間の攻撃の質・量の上昇を観察することだけが必要なのである。フィガンが確固とした最優位の地位を失ってしまった後の1976年，（889時間の）おとな雄追跡中に，103.5時間に1回，おとな雄が攻撃されるのを観察した。しかし，フィガンがふたたび最優位の地位を得た1978年には，（1187時間の）おとな雄追跡中の261.5時間に1回だけおとな雄が攻撃されたに過ぎず，1976年と比べるとこの値は有意に低くなった。

もし観察者がチンパンジーの行動をよく知っているなら，チンパンジー集団との初めての出会いに，チンパンジーの相互交渉を見ることによって多くの個体の順位を決められるだろう。いままで見てきたように，あいさつ行動は個体の相対的な社会的地位を再確認するのに役に立つ。劣位者は服従的な行動をとり，他方は，

高順位雄のチャーリーが最優位雄のマイク（手前）に近づく。マイクは，ちょうどいま現れて，突進ディスプレイをした。彼の毛はまだいくぶん逆立っている。チャーリーはまずパント・フートをして，彼になおも近づいて悲鳴をあげ始める。明らかに緊張しながら友情確認の接触を求める。マイクは顔をそむけ，チャーリーに向けて直接的な攻撃をしないことを示す（B. Gray）。

「心配しなくてもいいんだよ」という身振りで応えるだろう。実際に，身振りや姿勢によるディスプレイがおこなわれるか，おこなわれたとすればその熱心さがいかほどかということは，個体の年齢，性，性格，相対的地位，そして興奮の程度によっている。ドゥバール（1978, 1982）とバイゴット（1979）はチンパンジーの優劣関係のあり方を分析し，あえぐような唸り声（pant-grunt，ドゥバールによれば rapid ohoh）が相対的地位を表す最もよい指標であることを発見した。チンパンジーが大変興奮しており，さらに同盟者が近くにいるような場合には，彼は，（いつもはこの個体に対してあえぐような唸り声を発する）優位者に向かってディスプレイしたり，あるいは，この個体を叩くことさえある。

しかし，優位者は劣位者に対して決してあえぐような唸り声を出さない。とくにおとな雄のあいだでは，尻を向けることやうずくまることも，相対的地位を表す指標となる。自信満々の個体が発する穏やかな威嚇のための弱い吠え声は，順位序列の下の方向へしか発せられない声である。

野生チンパンジーの社会では雄が優位である。正常で健康な雄は，すべてのコミュニティー内の雌に対して優位である。そして，たとえ何頭か雌が集まったときでさえ，この優位性は変わらない。飼育下では，雌の連合は大きな雄を恐怖に陥れることもある（de Waal, 1982）が，ゴンベでもマハレ（Nishida, 1979）でも野外でこのようなことは起こっていない。

雄 の 序 列

バイゴット（1974）が，1970年から1972年までゴンベの雄の優劣関係を研究したとき，15頭の社会的に成熟した雄がおり，正確な直線的順位序列は認められなかった。たとえば，ハンフリーはチャーリーより多くの個体に対して優位であったが，ハンフリーは常にチャーリーに対して用心しており，いつもなるべく彼を避けていた。何頭かの雄たちは互いに相互交渉をおこなうことが少なく，それゆえ，彼らの相対的な社会的地位にかんして意味のある結論を引き出すことはできなかった。そこでバイゴット（133頁）は，「階層的な序列」という概念を提出した。それは，明らかな最優位雄マイク，3頭の上位雄ハンフリー，ヒュー，チャーリー，6頭の中位雄フィガン，エバレッド，ヒューゴー，リーキー，ファーベン，デ，そして5頭の下位雄ゴディ，ゴライアス，ウィリー・ワリー，ジョメオ，サタンからなっていた。1972年のコミュニティー分裂の後，カサケラ・コミュニティーの雄の数は（分裂前よりも）少なくなり，直線的な順位序列を認めることができるようになった（Riss and Goodall, 1977）。

図15. 1は，（1970年から1974年までは）あえぐような唸り声の方向性で，そして（1976年と1978年から1980年までは）この声とディスプレイの方向性によって，カサケラ・コミュニティーの雄の優劣順位の変化を示したものである。1970年から1974年までのデータはキャンプでのみ記録され（1970年の資料はバイゴット（1974）からの引用），残り4年分のデータはキャンプとキャンプ以外でのすべての雄についての情報をまとめたものである。これらは生のデータで，ときによって異なった個体の組合せが一緒に観察されたりされなかったりしたことは考慮されていない。しかしながらこれらのデータは，（争いの勝利者，逃走，悲鳴などの）他の優劣関係の指標とともに，各年の相対的な優劣順位の変化を監視するのに有効である。あえぐよう

426──優劣関係

な唸り声とディスプレイの組合せのデータは，劣位雄が優位者に対してあえぐような唸り声を発しながらも，ディスプレイによって優位者に挑戦を始めるようすを示している。ある特定の個体に向けてディスプレイを頻繁におこなうようになると，あえぐような唸り声をその個体に向けて発することは少なくなる傾向がある。このような挑戦が始まってから1年かそこらで，打ち負かされた雄はかつての劣位者に向けてあえぐような唸り声を発するようになる（しかし，より年長の雄は，しばしばゴブリンのような若い「成り上がり者」に対してあえぐような唸り声を発することを嫌うようだ）。このときになって，若い雄が新しく打ち負かした雄に対しておこなうディスプレイの頻度は，急速に低下する。

図15.2は9頭の雄の順位序列内での上昇と下降を，各雄の年齢によって示したものである。バイゴットの階層的な順位序列を用いて，あえぐような唸り声の方向性によって順位づけをおこなった。そして，第1位と第2位を他から区別し，その他は，上，中，下位の三つの階層に分けた。個体によって大きな違いはあるが，雄は20歳から26歳のあいだに序列の頂点に達する傾向があることを，図は示している。6頭の中間値では，雄が頂点に達する年齢は22歳であった。他の雄との1対1の関係ではゴブリンは14歳で最高の地位に達したが，これは例外的であり，詳細は後述する。コミュニティーの分裂以前には，若い雄にとって序列を上昇しようとすることはとても大変だった。というのは，彼らが高い地位に達するためには，分裂後と比べて2倍の数の年長個体を打ち負かさねばならなかったからである。30歳ぐらいになると雄の地位は徐々に，あるいは急速に下降する。ゴライアス，マイク，そしてヒューゴーのような年老いた雄たちは，生涯の最後の数年間をとても低い順位で過ごした。

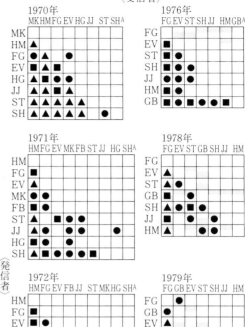

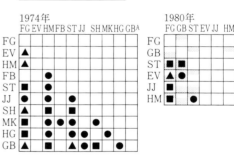

図15.1　8年間にわたる，カサケラの成年期と青年期の雄のあいだのあえぐような唸り声の方向性と，ディスプレイの方向性。1970年から1974年までのデータはキャンプの中だけでの記録。1976年から1980年までのデータは，キャンプの中とキャンプ以外での記録

年齢以外に順位序列内での雄の位置を決定する要因として，健康状態，攻撃性，争いの巧妙さ，連合を作る能力，知性，大胆さや決断力といった個性があげられる。ヤーキス（1943, 47頁）は優劣関係をめぐる争いを観察し，この争いがまるで「自信，統率力，応用力，そして忍耐力が，重要な要素となる意志のコンテスト」のようであると述べた。ゴンベでは何頭かの雄は数年にわたって，自分の社会的地位をよくするために多くのエネルギーを注いだ。しかし何頭かの雄は短期間しか努力せず，真剣な反撃に出会った場合には簡単にあきらめてしまった。また数頭は，自分の社会的順位にまったく関心を払っていないように見えた。

おとな雄の序列は数カ月，あるいは数年間，比較的安定している。しかしこのような時期にも，下位の若い雄の中には自分の地位をよくする機会を絶えずうかがっている個体がいる。彼らには，より年長の個体が病気になったり，老化したり，同盟者を失ったりした機会を利用する準備ができている。2頭の雄の優劣関係の逆転の大部分は，ある長い期間を通して起こる。この間，低順位個体は繰り返し高順位個体に挑戦し，争いに勝つ頻度は徐々に多くなっていく。このような期間，2頭のうちどちらが優位であるのかを確かめることが困難である。しかし，数回の激しく決定的な争いの結果で急速な順位の逆転が起こるような例もある。

突進ディスプレイと争い

わたしの初期の研究から，突進ディスプレイは雄が序列内での地位を上げる，あるいは地位を維持するために重要な意味を持つことが明らかとなった（Goodall, 1971）。バイゴットは1971年のデータの分析から，高順位雄は低順位雄よりも頻繁にディスプレイをおこなうこと，そして自分よりも明らかに優位な雄がいる場合には，その雄ほどはディスプレイをしないことを明らかにした。このことは，とくに，音声を伴った突進ディスプレイより攻撃的だと思われる音声なしの突進ディスプレイによく当てはまる。雄がある個体に対して明らかに劣位でありその個体を恐れている場合に，彼はその個体の前で決して音声なしのディスプレイはしないし，ディスプレイをしているときにその個体が突然現れたら，すぐにディスプレイを止める。反対に，

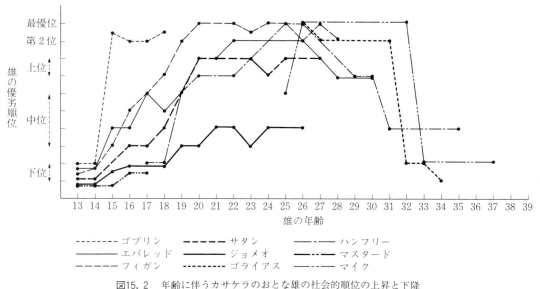

図15.2　年齢に伴うカサケラのおとな雄の社会的順位の上昇と下降

ときどきある特定の個体の前で繰り返しディスプレイをする雄がいる。たとえばフィガンがエバレッドを打ち負かして最優位になった後も、自分の地位を印象づけるために引続きディスプレイをした。次の年の50日間の追跡中に、フィガンは他の雄よりもかなり高い割合でエバレッドに向けてディスプレイをした。これに対してエバレッドは、フィガンの前ではすべての雄が肉食の興奮状態の中でディスプレイをしていたときに、たった1回、ディスプレイをしただけだった（Riss and Busse, 1977）。

若いライバルがディスプレイによって挑戦してきたとき、しばしば年長雄はそれをしっかりと受け止め、相手を威嚇し、自分自身もディスプレイをする。そして、少なくとも優劣をめぐる争いの初期の段階では、劣位者は逃げていく。ときに高順位個体が特別強烈なディスプレイを避けるときがある。この反応は、疑いなく挑戦雄に自信を与えてしまう。年長雄はたいてい若い雄のディスプレイを無視する（あるいは無視するかのようにふるまう）のだが、若い雄は繰り返しディスプレイをおこない、「被害者」のすぐ脇を通り抜け、何とか年長雄に注意を向けさせようとする。するとこの年長個体は威嚇や追跡、ときには避けるという反応を示す。前の章で見たように、ライバルのディスプレイは受け手がグルーミングしている場合に無視されやすい。アーネム・コロニーでドゥバール（1982）は、年老いたイエルーンが若いニッキーの長く騒々しいディスプレイを故意に無視した、類似の例を述べている。

序列の中で近い位置にいる2頭のライバル雄は、ときどき、一方が他方に向かって、あるいは、その近くでディスプレイをおこない、それに対して他方もディスプレイの応答を繰り返す。エバレッドとフィガンの関係がとても緊張していた数カ月間、彼らがこのように振舞っていたことはすでに見てきたとおりである。ゴライア

スとマイクも、マイクが最優位をうばった前後に同じようなことをした。またハンフリーは、ライバルであったサタンに向かって22個の石を投げ、サタンを木の上の安全な場所へ追いやることによって、このようなディスプレイによる長い争いを終結させた。

バイゴットは、ディスプレイと身体的攻撃の割合が雄によって違うことを発見した。最優位雄であったときマイクは、1回の争いで平均8回のディスプレイをした。これに対して当時第2位だったハンフリーは、1回の争いで平均3回しかディスプレイをしなかった。ハンフリーは大きく重い雄だったので、小さな雄と比べると争いによって自分が受ける危険が少なかったと思われる。1回の攻撃におけるディスプレイの頻度が高かった3頭の雄は、いずれも中ぐらいの大きさの個体だった。マイクは最優位雄であり、フィガンは中順位雄の中で優位であり、ゴディは低順位雄であった。このことは、雄のチンパンジーが高い順位を獲得し維持するための戦闘における戦術で突進ディスプレイが重要であることを示唆している。そしてこのことが、多くの霊長類において高い社会的地位を得るために重要だと考えられている重く頑丈なからだがなくとも、チンパンジーの雄が高い社会的地位を獲得することを可能にしている（Trivers, 1972）。

われわれの長期にわたる研究から、とくに効果的な突進ディスプレイを初めとする威嚇は、大体において現在の社会的序列を維持したりこれに挑戦したりするには有効だが、雄のあいだの順位の逆転の大部分の例は、争いの結果生じることが明らかとなってきた。スコット（1958）が指摘したように、恐れはすぐに学習され忘れることが難しいために、1回の決定的敗北は長期的効果を保つことができる。さらに、争いのための能力は失敗によって低下し、成功によって上昇する（Kuo, 1967）。

優劣関係をめぐる争いは2種類ある。一つは,「叩いて走り去る」行動とその変形で,若い雄がライバルの脇をディスプレイしながら通り抜け,その瞬間に両者が軽く相手を叩いたり,踏みつけたりするものである。このとき,もしチャンスがあれば,片方(あるいは両方)が相手を素早く連打し,それから走り去る。この種の攻撃を繰り返しているあいだ,攻撃者はほとんど怪我をすることがない。また彼の力強い突進ディスプレイは,相手の避ける反応を引き起こすようになる。こうして,徐々に若い雄はより激しい攻撃を開始するための,そしてライバルが彼に向けて攻撃をしたときにはそれに対して決然と反撃するための,自信をつけていく。二つ目はより真剣なもので,2頭の雄のあいだに永久的な順位の逆転を引き起こすたぐいのものである。ときとして,これはただ1回の決定的な攻撃という形を取る。たとえばマイクは,ハンフリーの1回だけ観察された攻撃の結果,最優位雄の地位を失ったようである。しかし,たとえば第8章で見たようなフィガンとファーベンによるエバレッドに対する攻撃や,フィガンとハンフリーの争いのように,大部分の順位の逆転は何回かの重要な争いの後に起こる。

1975年に観察されたシェリーとサタンのあいだの決定的な争いは,シェリーの残りの生涯に重大な影響を与えた。1974年にシェリーは成熟した雄に対して攻撃を開始した。最初の犠牲者はマイクだった。マイクはもはや老齢で弱っていたので,その敗北は若い雄に心理的勝利をもたらしたにすぎない(シェリーが最優位雄のフィガンとのグルーミングに最初に参加するのが観察されたのは,この直後だった)。引き続いてシェリーは他の年長雄に対して挑戦を開始し,頻繁に激しくディスプレイをし,ときには攻撃するようになった。サタンとの争いは,シェリーがサタンに向かってディスプレイをおこなったときに起こった。サタンは反撃し激しくシ

ェリーを攻撃した。シェリーが大きな悲鳴をあげて何とか逃げだしたが,肩,両手,背中,頭,そして片足にひどい傷を負い,血を流していた。この事件はシェリーの生涯の転換点となった。というのは,他の雄よりも優位になろうとする彼の試みはこの事件によって終ったからである。これ以降,彼が年長雄に対して攻撃を仕掛けることはあったが(そして,ときには勝つこともあったが),それは肉食や雌をめぐる争いといった,争うための直接的な理由がある場合に限られていた。

今日までゴンベとマハレでは,優劣関係をめぐる争いが(あるいはコミュニティー内でのいかなる争いも),敗者を死に追いやってしまった例はない。しかしこの事実は,このような死亡がまったくないことを意味しているのではない。というのは,数頭のおとな雄が消失しているからである(死亡したと考えられているが,死因はわかっていない)。ゴブリンが開始した争いは,5頭の雄による集団攻撃を引き起こし,ゴブリンはひどい傷を負った。マハレK集団の第1位と第2位の雄のあいだの数カ月にわたる一連の争いで,両者は大きな傷を負った(Ni-shida, 1983)。

飼育下の二つの集団では,雄間の争いが敗者を死に追いやった例が観察されている。アーネム・コロニーの3頭の雄(イエルーン,ラウト,ニッキー)は,数カ月も優劣をめぐって争った。最終的にニッキーが,前の最優位雄のイエルーンと連合して最優位雄となった。しかし緊張関係は続いた。ある夜,寝室で起こった争いは観察されなかったが,翌朝,ラウトが死んでいるのが見つかった。何本かの足の指と陰嚢は引きちぎられ,その他にも多くの傷を負っていた(de Waal, 1985)。ライオン・カントリー・サファリで観察されたおとな雄を死に追いやった出来事については,ワード・ピクチャー15.1に述べられている。

連　合

　雄のチンパンジーにとっては，闘争中に他の雄の支持をとりつける能力が，高順位を獲得し維持するためのもっとも決定的な要因である。ゴンベでは，長期間相互に支えあう関係，あるいは（しばしば，兄弟間で見られる）友情関係に基づいた安定連合と，（彼らの関係がどんなものであれ）2頭以上の雄が共通のライバルに立ち向かうため，一時的に結合する臨時連合がある。年長雄たちは高順位になろうと頑張っている若い雄に対して，しばしば臨時連合を形成する。

　フィガンが最優位雄となることを可能にした彼とファーベンの同盟は，安定連合の格好の例である。フィガンが自分の兄よりも優位となった後の1967年から，ファーベンが消失して死亡したと考えられている1975年まで，この連合は続いた。この間，ファーベンはフィガンが開始した攻撃をいつも支援した。また，たとえ彼が支援しなかった場合でも，弟を攻撃する側に加担したのは1回しか観察されておらず，1973年以降はこのようなこともなかった。その他の安定連合としては，ジョメオとシェリー（兄弟），ヒューとチャーリー，リーキーとワーズル，マイクとジェイ・ビー（兄弟と推定），マクレーガーとハンフリー（叔父・甥と推定），ゴライアスとデイビッド老人（近縁ではないと推定），ファーベンとハンフリー，フィガンとエバレッド（近縁ではない）といった組合せがあげられる。ジョメオとシェリーの相互助け合い関係は，（シェリーが青年前期で，初めて母親の元を離れて兄と移動するようになった）1968年から1977年まで続いた。1977年にシェリーがジョメオに挑戦するのが観察されてジョメオより優位になり，これ以降2頭が一緒に移動することは少なくなった。他の雄がこの兄弟を支援することはまったく観察されなかった。

　安定連合は，頻繁に一緒にいることによって特徴づけられる。このことは，もし一方がもめごとに巻き込まれたときに彼の同盟者は近くに

ジェイ・ビーとマイクが連合を組み，一緒に突撃ディスプレイをする（H. van Lawick）。

デが，ゴディにマウントする。採食時の興奮状態の中，この2頭は新しい最優位雄のハンフリーに面と向かう。これは一時的な連合である。3頭とも非常に興奮している（D. Bygott）。

431 ―― 優劣関係

いることが多く，助けることが可能であるということを意味している。さらに，一緒にいることが他の雄からの攻撃を抑制している。バイゴット（1974）は，ハンフリーがファーベンを攻撃したのはフィガンがいなかったときだけだと述べている。

　一般的には，（ライバルに向けられたものか否かを問わず）安定連合の一方のメンバーがディスプレイしたときには，もう一方の個体も参加して，2頭が同調してディスプレイをする。1974年のフィガンの50日間の追跡中，フィガンとファーベンが一緒にいたときのフィガンのディスプレイの60％はファーベンのディスプレイを伴っていた（Riss and Busse, 1977）。ヒューとチャーリーは，フィガンとファーベンの関係と同じような緊密な助け合い関係を持っていた。そして，彼らが並んでするディスプレイは印象的で，脅迫的だった。コミュニティーが分裂する前の1970年に，（当時第2位だった）ハンフリーは総計すると最も高い頻度でディスプレイをした。そして彼は，ヒューとチャーリーがいないときには彼と同じパーティーにいた他の雄の2倍の頻度でディスプレイをした。しかし，（しばしば一緒にいた）ヒューとチャーリーがハンフリーに出会うと，彼らはハンフリーに向かって並んでディスプレイをした。するとハンフリーは彼らを避けた。ハンフリーは，彼らの前では他のどんなときよりも自分を抑えているように見えた（Bygott, 1974）。

　連合のメンバーの一方が争いに直接参加しなかった場合でも，彼は近くにいるだけで他方の「心の支え」となっていたようである。たとえばゴライアスは，同盟者のデイビッド老人がいるだけで勇気を出した。フィガンがハンフリーより最終的に優位になった闘いを始めたとき，同盟者のファーベンは彼を助けなかったが，いつも近くにいた。ファーベンの死後フィガンは，たとえハンフリーが直接に彼を支援しなくとも，

兄弟と推定されたヒューとチャーリーは親しい仲間であり，とても強力なチームを作った。彼らは一緒にキャンプに到着し，一緒にパント・フートを発する（B. Gray）。

年老いたハンフリーの存在からはげましと安心感を得ていた。

　図15.3は，1976年から1982年までの7年間にわたるカサケラ・コミュニティーのおとな雄間の連合ネットワークを示したものである。（まだ関連情報をスワヒリ語の報告から抄出していないので）この図には1977年と1981年の最終4カ月間の2期間のデータの欠落がある。しかし，この図は同盟行動の経年変化と安定性を生き生きと表している。2頭以上の雄が1頭以上の他の雄に対して積極的に共同挑戦した場合，あるいは彼らに向けられた挑戦に一緒に反撃した場合の相互交渉のみを，ここでは取り上げた。たとえば，1976年から1978年の終わりまでフィガンがゴブリンを保護したような，1頭の雄が他の個体を保護しただけの例はここでは取り上げなかった。ただし，フィガンが威嚇しているときにゴブリンがフィガンの側に加わった例は取り上げた。

　まず明らかなことは，1979年のシェリーの死亡まで続いたジョメオとシェリーの兄弟の強力な同盟である。1973年から1974年までのフィガンとファーベンの関係も同じような同盟であった。同じような関係はフィガンとハンフリーのあいだでも，1978年からハンフリーが死亡する1981年5月まで続いて認められた（図15.3 b-d）。これらの雄たちが，1976年以降お互いに対抗する連合に参加することは決してなかった。

　1976年にはフィガンの最優位を打ち倒すために，他の雄は徒党を組んで繰り返し彼を攻撃した（図15.3 a）。エバレッド，サタン，ジョメオ，そしてシェリーは，何回も一緒にフィガンに挑戦した。ハンフリーだけがこれらの相互交渉にほとんどかかわらなかった（図15.5にあるように，彼がフィガンに対抗する連合に参加したのは2回だけだった）。ハンフリーは他の大部分の雄に対して両刃的な関係を持っていた。フィガンが再び最優位の地位を得るために闘争を

始めたとき，ハンフリーは断固として彼を援助し，これが他の雄たちのあいだの関係をも不安定なものにした。フィガンに対して最も激しく対抗していたエバレッドとサタンのあいだにも，1対1の関係では敵対的要素がたくさんあった。彼らがときどき（フィガンに対して）同盟を組むのはまったく一時的なもので，彼らのあいだの敵対心よりもフィガンに挑戦することの欲求の方が強かったためと思われる。さらに，サタンはハンフリーよりも優位になるための争いの最終段階におり，ハンフリーは（しばしばジョメオが援助した）シェリーとゴブリンの挑戦を受けていた。エバレッドさえも，前の最優位雄より優位であることを再確認する必要を感じていたらしい。そこでハンフリーは，フィガンをますます頼りにするようになった。またフィガンも，年老いた雄が近くにいることに大きな心理的安心感を感じた。

　1978年までに（図15.3 b）雄たちは静かになった。フィガンは（ファーベンが生きていたときのような完全な力を持つには至らなかったが）ふたたび確固とした最優位を得た。ほとんど必要がなかったので，彼は他の雄との同盟を形成するようなことはしなかった。ハンフリーとの緊密な関係はすでに確立しており，再挑戦されることはもうなかった。

　1979年には，年長雄，とくにジョメオとシェリーは，ゴブリンに対抗して協力するようになった。そして，11月のフィガンと他の4頭の雄によるゴブリンへの攻撃，「大闘争」の後には，年長雄たちは以前にも増してゴブリンに対抗して同盟を組むようになった。これらすべての連合は，後述するように，ゴブリンによって開始された攻撃への対応であった。ゴブリンはまったく同盟者を持っていなかった。1度だけ，サタンがフィガンに挑戦するために彼と一緒になったが，前述したように，これはサタンの一時的な目的のためであった。

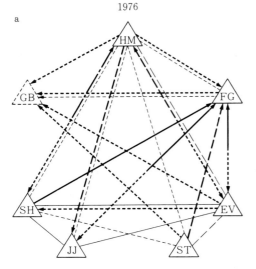
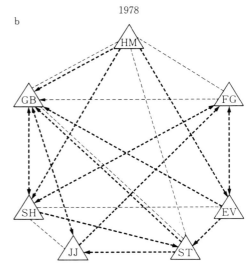

△ おとな雄　△ 青年期の雄

矢印の示す個体に敵対するような連合を
──────── 15回以上形成した
─・─・─・─ 10—14回形成した
─ ─ ─ ─ 5—9回形成した
・・・・・・・ 1—4回形成した

第3者に対する当該2個体間の同盟が
──────── 15回以上みられた
─・─・─・─ 10—14回みられた
─ ─ ─ ─ 5—9回みられた
・・・・・・・ 1—4回みられた

図15.3 1976年から1982年までのカサケラのおとな雄間の同盟の全体的パターンを図示した連合ネットワーク。いくつかのネットワークは1年間のデータに基づいているが、いくつかは、1年のうちのある期間のデータに基づいている。そこでこの図は、月数の違いを勘案すべきである。

　（たとえば、1976年のシェリーとジョメオのように）2頭が細線だけで結ばれている場合は、その年にどちらも他に対抗する同盟の形成が観察されなかった場合である。線の種類が同盟の頻度を示している。たとえば、1976年にシェリーはサタンとよりも、彼の兄のジョメオと多く同盟したことが観察された。細線は矢印をともなっていないが、これは主に（2頭以上の個体がそれ以外の個体を威嚇する、あるいは攻撃するために協力する）相互交渉が、お互いの支えとなったためである。1976年と1978年のフィガンとゴブリンの場合は細点線に矢印をつけたが、これは、フィガンがゴブリンを助けて年長雄を追い払ったのに、ゴブリンはどんな状況においてもフィガンを援助しなかったことを示している。

　太線は反発的な関係を示す。矢印は攻撃の方向性を示す。いくつかの例では線は一方向である。しかし、たとえば1978年の例で、シェリーはゴブリンに対抗した連合に参加し、ゴブリンもシェリーに対抗した連合に参加した。（1976年のハンフリーとエバレッドの場合のように）ある方向の連合の例数が逆方向の連合の例数より多かったときには、線の種類は真中で変えてある。

　太い線と細い線との両方の線で結ばれた個体間の関係は、さまざまな程度に矛盾したものである。たとえば1976年の例では、ハンフリーはフィガンと同盟を形成したが、フィガンに対抗する連合にも参加した

　図15.3eは、ハンフリーが死亡した後の、1981年初めの連合ネットワークを示している。他のすべての雄がしていたように、フィガンとエバレッドはゴブリンに対抗して共同闘争を続けていた。しかしフィガンは、すでに絶対的な最優位雄ではなかった。そして、ふたたび年長雄の関係は矛盾に満ちたものとなった。1982年5月のフィガンの消失の後、ゴブリンはサタンとジョメオに対して攻撃を集中し、まったく年老いてしまったエバレッドを悩ますことはないように見えた。サタンとジョメオは図15.3fに示されているように、ゴブリンに対抗して繰り返し同盟を作り、対応した。

　アーネム・コロニーでは、3頭のおとな雄の

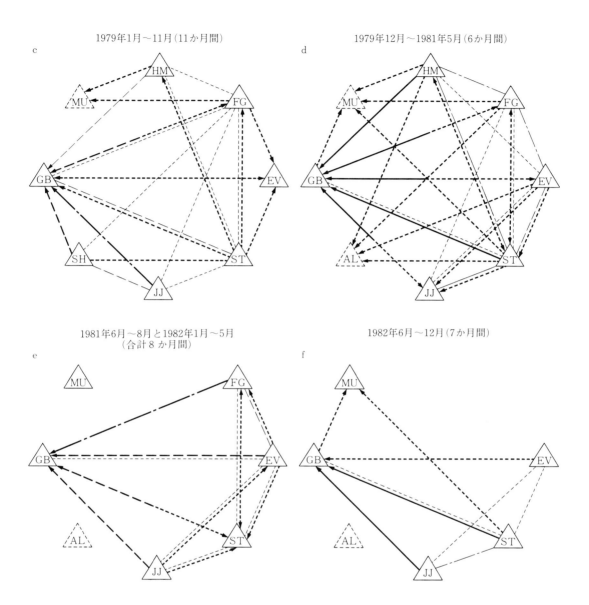

優劣をめぐる争いにおとな雌たちが大きく関与していた。ラウトが年老いた最優位雄に挑戦し始めたとき，すべての雌はイエルーンが彼の地位を守ることを支援した。イエルーンと雌がグルーミングしたり近接して座ったりしているのに対して，ラウトはディスプレイをしたり攻撃したりして，計画的に彼らのあいだの結び付きを壊そうとした。徐々に年老いた雄は独りよがりの同盟者と相互交渉を持つことが少なくなり，遂にラウトが最優位雄となった。ここでラウトは戦術を変え，打ち負かしたライバルと同盟を組もうとし，イエルーンと第3位のおとな雄ニッキーが相互交渉を持つことを懸命に邪魔した。しかしラウトは失敗した。イエルーンはニッキーとの強い連合関係を作り上げ，ラウトは打ち負かされた。ニッキーは最優位雄となった。しかし彼は，年老いた雄との助け合い関係をとても頼りにした。一方イエルーンは，他の2頭の雄が仲よくつき合うことを懸命に邪魔した。3年後でもイエルーンとニッキーの同盟は非常

に強いままであり，前述したように，彼らは夜のあいだに（たぶん共同で），ラウトを殺害した。

1976年，マハレ山塊のK集団には3頭のおとな雄が残っていただけだった。このうちの1頭カソンタは，1976年以来最優位雄だったが，第3位雄カメマンフと連合を形成した若いライバルのソボンゴに打ち負かされた。2頭による長く荒々しい闘いのあいだ，カメマンフは支持する相手をときどき変えた。他の2頭の雄が，勝利のためにカメマンフの援助を必要として彼に敵対することができなかったために，カメマンフのこの「操作」は彼に大きな利益をもたらしただろうと西田（1983）は推測している。

最優位の地位と動機

最優位雄とはコミュニティーの中で最も順位の高い雄のことである。このことは，彼がすべての状況を支配できるということは意味しないが，彼が（たとえ同盟を作った雄が相手でも），他の雄に強制されて何かをすることが稀だということである。何頭かの雄は自分の社会的地位をよくし，維持するために，他の雄よりも多くの時間とエネルギーを費やしている。図15.4は，9年間にわたりどの雄が最優位の地位を得たか，あるいは得ようと努力したかを示している。1961年にはゴライアスが最優位雄であった。彼がどのようにしてその地位を手に入れたかをわれわれは知らない。しかし彼は，はげしい攻撃行動と目ざましく素早い突進ディスプレイによってその地位を維持していた。1964年には空の灯油カンを騒々しく鳴らすことを突進ディスプレイに取り入れることによって，マイクはゴライアスに挑戦し打ち負かした。マイクはこの後の6年間高い頻度でディスプレイをおこない，最優位を維持した。この間，彼は9頭から14頭のおとな雄たちに対して優位であった。マイクが年をとった1971年初め，ハンフリーはたぶん

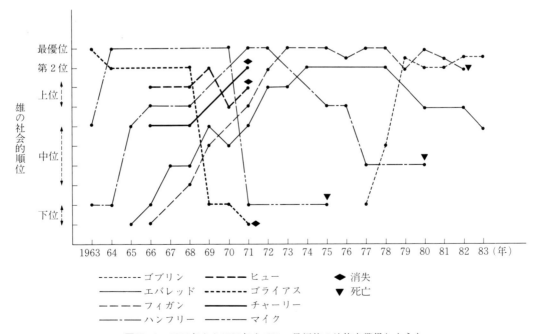

図15.4　1963年から1983年までに，最優位の地位を獲得しようと努力した8頭のカサケラの雄の社会的順位の上昇と下降

1回の争いで彼の地位を覆した。ハンフリーは特別な戦術を使わなかったので，20カ月間しか統治できなかった。その後の6カ月間，ハンフリー，エバレッド，そしてフィガンが最優位を争い，この間，明白な最優位雄はいなかった。1973年5月，フィガンがファーベンの助けを借りて最優位を奪った。2年後ファーベンが消失すると，（最優位雄の）フィガンの地位は徐々に不安定になってゆき，再び明白な最優位雄はいなくなった。しかし9カ月後，フィガンは地位と自信を取り戻し，1979年の中頃，ゴブリンが彼の地位を覆そうとするまではだれにも挑戦されなかった。ゴブリンの挑戦があってから5カ月間，また明白な最優位雄がいなくなった。そして，みたびフィガンは最優位へと返り咲いた。しかし，消失の9カ月前に遂に支配権を失った。またまた明白な最優位雄はいなくなり，この状態は2年以上も続いた。この期間，ゴブリンは1対1の関係では明らかに最優位であったが，年長雄の連合を制することはほとんどできなかった。1984年になってゴブリンはやっと最優位雄となった。

　ハンフリーを除いて，これらの最優位雄たちは仲間よりも優位になろうとする激しく強い動機を持っていた。ハンフリーは身体が大きく性格も攻撃的であるために，最優位を手に入れた。彼はマイクに対して決定的な攻撃をする前から，たとえコミュニティー内の大部分の個体から恐れられていなかったとしても，尊敬はされていた。バイゴット（1974）が示したように，ハンフリーは大きい身体と強さによって，相対的に小さな危険で相手を攻撃することができた。ハンフリーより身体が小さく，歯が摩耗し犬歯が折れていたマイクは，若いハンフリーがあえて挑戦し最終的な決着をつける数年前から，もし争いがあったら負けていただろう。しかしハンフリーは争いの前の数年間，年老いた最優位雄に多大な尊敬の念を示し続けた。このことは，

優位な地位がいかに習慣によって維持されるかという格好の例となるだろう。そして，遂にハンフリーがマイクに取って代わるときがきても，ハンフリーは彼の仲間で同盟者だったファーベンがいないときには，マイクを攻撃しなかった。

　ハンフリーは最優位雄になった後も高頻度でディスプレイと攻撃をしていたが，たった20カ月最優位にいただけだった。この期間を通じて，（カハマ・コミュニティーを形成する途中であった）南の雄たちが遊動域の北（カサケラ）へ来たときには，ハンフリーは神経質になって，彼ら，特にヒューとチャーリーの連合を避けた。もしコミュニティーが分裂しなかったら，ハンフリーが最優位雄となることはなかっただろう。というのは，彼は優劣をめぐる争いに特徴的な執着と決断力を，ゴライアス，マイク，フィガン，そしてゴブリンのようには示さなかったからである。

　マイクとフィガンはともに比較的小さな雄だった。そして，2頭とも1回のディスプレイに対する攻撃の割合が小さい個体だった。実際のところ，最優位の地位を手に入れるための4カ月にわたる闘争のあいだ，マイクが他の雄を攻撃することはまったく観察されなかった。マイクとフィガンの場合は知性とディスプレイのやり方にかんする発明の才が，最優位を得るための助けとなった。マイクが空の灯油カンを自分の突進ディスプレイに取り入れたことは，すでに何回も述べてきた（Goodall, 1968b, 1971）。マイクの同年者たちすべてがこの灯油カンを使う機会を持ち，ときには大部分の個体が使っていたにもかかわらず，マイクだけがこの経験から利益を得，自分の目的をさらに進めるために使用したのである（当時青年前期だったフィガンが，マイクが捨てた灯油カンを使ってやぶの中でディスプレイの練習をおこなったことが，2回だけ観察された）。

　十分練られたマイクの計画は，最優位へと上

1964年，マイクが，二つの灯油カンを使って突進ディスプレイを始めながら，パント・フートを発する（H. van Lawick）。

昇していった経過を印象的なものにした。たとえば6頭のおとな雄の集団が，マイクから10mのところでグルーミングし合っていたことが1度あった。このときマイクは，6分間彼らの方を見た後，わたしのテントにやってきた。彼の毛はつやつやしており，緊張した様子をまったく見せていなかった。空の灯油カンを二つ取り上げると取っ手のところを片手で一つずつ掴み，二本足で歩いてもとの場所まで運んだ。彼はそこに座り，当時彼よりも優位であった雄たちの方を見た。彼らは静かにグルーミングしており，マイクにまったく注意を払っていなかった。しばらくして，彼は微かに身体を横に揺すり始め，毛を少しだけ逆立てた。他の雄たちは彼を無視し続けた。徐々にマイクは身体を大きく揺するようになり，完全に毛を逆立て，パント・フートを発した。突然，彼は自分の前で灯油カンを叩きながら優位者たちに向かって突進した。他の雄たちは逃げた。マイクはライバルが戻ってきてグルーミングし始めるのを待って，それから突進するという動作を4回も繰り返すことが

あった。（しばしば彼は他の雄たちが座っていた場所で止まり）突進を止めると，他の雄たちは戻ってきて服従的な身振りをしながら彼をグルーミングし始めるのだった。

他個体に向けたディスプレイの大部分は無言でおこなわれるのに，マイクのディスプレイはパント・フートを伴うことが多かった。それはまるで，騒々しい灯油カンの音と関係づけて自分の存在を印象づけようとしているかのようだった。ライバルに向けてまっしぐらに突進するとき，彼は三つのガンガン鳴る物をできるだけ自分の前に確保しておくことを覚えたので，彼のはったりがこれほど効果的であっても驚くには当たらない。われわれが灯油カンを隠してしまった後，マイクは椅子，机，箱，三脚といった人工物で使えるものなら何でも探し出して，ディスプレイの効果を高めようとした。われわれがこれらの物を何とか使われないようにすると，彼は自然物を使うようになった。たとえば，斜面の上から2本のヤシの葉を片手で持って引きずりながら他の雄に向かって突進した。彼は突然途中で止まって3本目を掴んだが，3本持ってディスプレイを続けることは大変難しかった。最優位にいたあいだ，すべての雄の中でマイクはもっとも頻繁にディスプレイをおこなう個体だった（Bygott, 1974）。1970年には，彼は見るからに年をとっていることがわかるようになり，（フィガンやエバレッドのような）若い個体に挑戦されるようになっていた。彼がこんなにも長く最優位を維持できたのは，たぶん社会に対する鋭い知覚能力を持っていたからだろう。マイクはキャンプに静かに近づいてくる傾向があり，もし他の雄がいたら激しいディスプレイで驚かして，彼らを追い散らしてしまったとバイゴットは述べている。

フィガンもまたディスプレイをする時と場所をよく心得ていた。ときどき彼は気づかれないように雄の集団に近づいて上の斜面に静かに移

動し，突然，彼らめがけて斜面を駆け降りてきた。このことは，彼のディスプレイに非常に効果的な驚きの要素を与えた（Bygott, 1974）。もう一つの戦術は，早朝と夕方遅く，仲間が夜の巣の中にいるときに樹上でおこなうディスプレイだった。この場合にも，ディスプレイに驚かされて大混乱が生じた。集団の個体が巣を作り終えた後にフィガンはディスプレイをした。この間に2度，彼は勇気を出してハンフリーを攻撃した。そして，この攻撃が2頭のあいだの地位を逆転させた。

兄のファーベンの支援がフィガンの最優位獲得を可能にしたことは疑いない。第8章で述べたように，ファーベンの援助はエバレッドを最終的に打ち負かすのに決定的な役割を果たした。しかしわたしは，たとえファーベンの援助がなかったとしても，フィガンは最優位に到達できただろうという印象を持っている（同じようにマイクも，灯油カンなしでもそうできただろう）。これはまったく想像上の推測にしかすぎないが，ライバルよりも上になろうとする決断力とその時の発明の才が，フィガンとマイクにあったことは事実である。フィガンは青年前期から，たとえ一時的に優位になる機会でも，優位者をしのぐためのすべての機会——彼らが病気になったり，傷を負ったり，あるいは弱った徴候を示した場合——を利用した（Goodall, 1971; Bygott, 1974）。彼は，兄のファーベンが小児マヒの流行期に片手を使えなくなったとき，兄に対して攻撃的なディスプレイを繰り返しおこない，兄よりも優位になった。この後フィガンは，生涯を通じて兄のファーベンよりも優位であった。フィガンはマイクに対して，エバレッドがこの年老いた雄に最終的に挑戦を始めるのより少なくとも1年も前に，ディスプレイを始めていた。そしてマイクは，他のどの雄を用心するよりも前にフィガンの威嚇に脅迫されていた。

1973年から1983年までの10年間，最優位雄であったフィガン（C. Tutin）。

ファーベンの死後，フィガンはすべての支配権を失った。しかし，すべての雄が繰り返し彼に対抗して連合したという事実にもかかわらず，彼は最優位の地位を何とかふたたび獲得した。図15.5は，1976年のあいだに観察された，フィガンに対抗したさまざまな雄たちの組合せの20の連合の例を示したものである。3頭の雄が彼に対して一緒に闘った例が14例あり，4頭のライバルが同時に挑戦した例が2例あった。

ファーベンの死後，フィガンがぐらついた地位に執着し，そして次第にその地位を強固なものにして，1977年に以前と同じような支配力を持つことを可能にしたのには，以下の四つの要因が働いていたとわたしは信じている。

(a) フィガンは他の雄たちから悲鳴をあげながら逃げることもあったが，彼らはその最終的な結果を求めてフィガンを叩きのめすことまではしなかった。フィガンを追い払っても攻撃はせず，追いついても大きな悲鳴をあげて近づき，互いに抱き合い，興奮しながらグルーミングし合うのだった。

(b) 同盟者と一緒にいないライバルと出会う

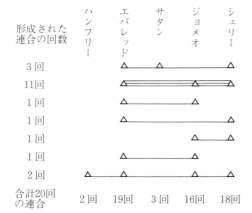

図15.5 1976年に観察された，フィガンに対抗したおとな雄の同盟のさまざまな組合せ。たとえばエバレッド，サタン，シェリーの組合せは，フィガンに3回挑戦した。エバレッド，ジョメオ，シェリーの組合せは，彼に11回挑戦した（3本線は，高頻度を示している）。このようにして合計20例の連合が見られた

と，フィガンは勢いよくディスプレイした。この年，各ライバルを少なくとも1回攻撃することが観察された。そして，彼自身が攻撃されることはなかった。

(c) 一時的に最優位雄がいなくなったことは，競争者のあいだにも少なからぬ動揺を与える効果があったようだ。ジョメオとシェリーのみが強固な同盟関係を持っていたが，シェリーは辛うじて青年期を脱したばかりであり，（後述するように）ジョメオは，当時自分の地位をよくしようとする動機をほとんど持っていなかった。

(d) フィガンはハンフリーとの関係を強めていった。

マイクも，手ごわい連合に対抗する同じような能力を持っていた。最も印象的な出来事は，彼が最優位雄となった直後の1964年に起こった。デイビッド老人，続いてゴライアスがマイクに向かって威嚇的に進み，これに他の3頭の年長雄が加わった。5頭は彼に向かってディスプレイし，荒々しいワー・バークを発した。マイクは新しく手に入れた地位を失うかのように見えた。しかしみんなで彼を枝の先端に追い詰めたとき，彼が突然向き直ると5頭すべてが地上へと退却した！ 兄と推定されるジェイ・ビーが彼を攻撃する側に加担していたことを考えると，マイクの勝利は非常に印象的なものであった。1頭の決断力のある個体が，5頭の怒ったおとな雄を脅迫することが可能だという事実は，チンパンジーの優劣関係をめぐる相互交渉において心理的要因が重要であるという格好の例となる。このような集団の抵抗にたった1頭で立ち向おうとする雄とは，（予想される結果を想像することのできない）愚か者か，勇気ほとばしる大胆な性質を持った者だということを意味している。マイク，ゴライアス，フィガン，そして（後述するように）ゴブリンは，さまざまな状況においてこの特徴を示した。そして，これらのどの個体も知性に欠けていたとはいえない。

さらに，これらの雄たちはねばり強さという共通の特徴を持っていた。フィガンが繰り返し年取った雄たちに向かってディスプレイをし，彼らめがけて繰り返し繰り返し攻撃したことをバイゴットは観察している。最初にフィガンがファーベンに対して脅しの戦術を用いたとき，ファーベンを木から振り落とすまでの15分間に，9回も彼の回りでディスプレイをした。1971年には，フィガンは高順位のヒューに向かって続けて9回ディスプレイをした。ヒューが彼のことを無視し続けると，最後に彼は短い攻撃をした（Bygott, 1974）。マイクも灯油カンを用いたディスプレイにおなじようなしつこさを示した。彼は年長雄，特に最優位のゴライアスに対して，成功を遂げるまで連日挑戦した。ゴライアスもマイクの挑戦を受けたとき，自分の最優位を維持するため，そしてマイクに打ち負かされた後最優位を取り戻すために，雄々しい試みをおこなった。たぶん，ゴブリンはこのねばり強さという性質を他のどの雄よりも強く持っていた。たとえばおとな雌に挑戦したとき，彼は1回や

1973年，青年前期のゴブリンが最優位雄のフィガンをグルーミングする。彼は（たぶんハエを追い払った）フィガンの突然の動きを威嚇と勘違いし，後ろへ飛び退いて悲鳴をあげる。それから，安全保証を求めて手を伸ばす（C. Packer）。

2回ディスプレイをするだけでなく，10回以上も続けた（彼の最高記録は15分間に12回というものだった）。激怒した雌たちに追われて叩かれた後でも，次に彼女らに出会ったときには，彼はもう一度挑戦準備をしていた。ゴブリンは，同じようなねばり強さを年長雄に挑戦したときに示した。ゴブリンは彼らから何らかの反応を引き出すまで，繰り返しディスプレイをした。そして彼が負けるという結果に終っても，もう一度彼らに出会ったとき，よい結果をもぎ取るための決意にいささかの違いもなかった。優劣をめぐる争いでひどい傷を負ったときも，ゴブリンは決して諦めなかった。彼は一度傷が直ると，前以上の熱心さでふたたび挑戦し始めたのだった。

ゴブリンが最優位に登ったやり方はさまざまな面で独特だった。コメンタリー15.2にこの出来事の要約を示した。

順位の喪失

図15.2で見たように，何頭かの雄は他の雄より若いうちに順位序列を下降し始める。徐々に下降するものもいるし，急激に地位を失う個体もいる。病気や，他の雄に打ち負かされたことや，同盟者を失ったことなどさまざまな原因で順位を下降した雄の下降に対する反応は，年齢によって大部分決まるだろう。マイクが，ハンフリーによる攻撃の後最優位の地位を失ったように，（30歳を越した）老齢雄が絶対的な逆転を被った場合には，序列を急速に下降するようだ。これは簡単に理解できる。というのは，この出来事の前のマイクの社会的地位は習慣的に維持されていただけだからである。ハンフリーが決定的な攻撃の前に服従的な行動をとったのは，マイクが力強く攻撃的な雄であることを覚えていたからであった。そしてマイクは，争いが起こりそうな状況には入っていかず，彼の印象的で時期を得たディスプレイを続けると

いう巧みな戦術によって，驚くべき長い期間この非現実的な情況を維持していた。しかし，彼の威嚇は単なるはったりだった。彼はハンフリーによる攻撃のだいぶ前から，すべてのおとな雄と青年前期の雄より肉体的に劣っていた。ハンフリーとマイクの対決の前から，マイクのディスプレイをフィガンやエバレッドといった年下の雄の何頭かは無視し始めていたところをみると，彼らはこの事実を感じていたようであった。

マイクの急激な順位の下降と比較して，（26歳のときに最優位から追い落とされた）ゴライアスとハンフリーはその後も（それぞれ5年間と3年間）高順位にとどまった。ゴライアスは31歳で病気になった。彼は3週間観察されなかった。その後ふたたび現れたが，そのとき体重は31.5kgしかなかった（3カ月後には，35kgになった）。このとき彼は，マイクのように他の雄に対して急速に服従的になり，残りの生涯を低順位のまま過ごした。

年若い雄はもっと柔軟性に富み，大転落の後でさえ，（望むならば）再び順位を上げることが可能である。若い時期に急速に順位を上昇させたファーベンとペペは，小児マヒのために不具になり急激に地位を失った。そして他個体に威嚇されると，服従的で恐怖を示す行動をとった。しかし身体的な傷害に慣れてくると，2頭とも再度序列を上昇しだした。同年齢のウィリー・ワリーも小児マヒにかかった。彼は最初から低順位だったので，小児マヒになった後も地位はほとんど変わらなかった（Bygott, 1974）し，順位をあげようと企んだことはなかった。

ライバルに決定的に打ち負かされたとき，（1979年のゴブリンのような）若い個体や，（同じ年のフィガンのように）順位を上昇させようという動機を強く持った個体の場合は，もう一度敵対者に立ち向かう。この場合，たとえ彼らが以前の地位をふたたび手に入れられなく

とも，序列内の比較的高い位置を維持できるだろう。しかし再度，1回あるいは数回打ち負かされると，争いのためのすべての意志と目的を失ってしまうこともある。シェリーはサタンにひどく打ち負かされた後，順位にかんする興味を失ってしまい，自分の地位をよくしようとする試みをしなくなった。

エバレッドは，フィガンとファーベンの強力な同盟によって繰り返し迫害されると，次第にコミュニティーの中心部で過ごすことが少なくなっていった。彼は，この攻撃の前にも1カ月程現れないことがあったが，1973年から1974年のあいだ，周辺部をさまようことが最も多くなった。若いライバルによって地位を追われたマハレK集団の老齢雄カソンタは，彼の遊動域の北の部分を1年以上にわたって主にひとりでさまよった。この期間，彼は他の2頭の雄と5日に1度しか一緒にいなかったと考えられている。興味深いことに，その後彼は中心部に戻り，再び最優位を手にいれた（Nishida, 1983）。M集団の前の最優位雄のカジュギは，他の雄との争いに敗れた後コミュニティーの周縁部へと移動し，その後の2年間ひとりでさまよい歩いた（Hira-iwa-Hasegawa, Hasegawa, and Nishida, 1983）。

エバレッドは北へ移動し，コミュニティーの中心部から離れて生活していたある期間，雌とつれそい関係にあったと考えられている。このようにして彼は，一時的な「流浪」を繁殖上の利点に変えていた。1976年に順位上昇を諦めたシェリーも，長期間コミュニティーの中心部から離れて生活していた。たぶん彼も，よそもの，あるいは周縁部の雌とつれそい関係を持っていたのだろう。マハレK集団の敗北雄も，15カ月にわたる流浪の少なくとも初期には，コミュニティー内の雌とときどき一緒にいた（Nishida, 1983）。

動機の欠如

順位などにわずらわされないことで，ジョメオは特徴的な個体だった。彼は1964年，8歳のときに個体識別された。このとき母親のウォッカはまだ生きていたが，内気であまり観察されることがなかった。1965年，ジョメオは他の青年前期の雄と同じようにコミュニティー内の雌に対して挑戦を始めた。彼はこの年齢のすべての個体と同じように，攻撃され追われた。しかし，高順位雌のパッションにバナナの箱から追い払われたときには，効果的に威嚇をおこない，彼女の仕打ちに抵抗することができた。最後に，彼らは果実を分けあった。

1966年のある日，ジョメオは足にひどい傷を負って現れた。彼はこの後1カ月間足を地面に下ろすことができず，このとき以来，足のすべての指は下を向いてねじ曲がったままとなった。何が起こったのか知らないが彼はおとな雌を脅迫する試みを突然止めてしまった。1968年にジョメオがパッションの赤ん坊を軽く攻撃したときには，彼女は彼を攻撃し，彼は悲鳴をあげながら彼女の執ような追跡から逃げた。1971年に彼が15歳になり，体重が44kgになったときでも，パッションは彼を恐怖に陥れることができた。この年の終わりに，よくわからない状況下でジョメオはふたたびひどい傷を負った。今度は背中，手，足，頭に傷を受けた。

1972年にジョメオの弟のシェリーが，コミュニティー内の雌に対して挑戦を始めた。ジョメオは必要なときにはいつも彼を助けに行った。このことはしばしば彼を争いに巻き込んだが，（シェリーの後ろ楯をもって）重い体重と大きな身体をもって彼は容易に勝つことができた。急速に彼は自信を増していき，雌たちは突然彼の強さを認識し，尊敬を持って扱うようになった。

同時に，彼のディスプレイの頻度は増加した。しかし技術は未熟だった。一度，彼は斜面を下

自分の地位をよくしようとする試みをほとんどしなかった数少ない雄の1頭, マスタード

りながら突進したが, 途中の木の根につまずいて転げ落ちた。別のときには, 大きな石を転がして自分のディスプレイを効果的にしようとした。しかし石を簡単に動かすことができなかったので, 止まって石を持ち上げようとした。このことがディスプレイの効果をぶち壊してしまった。(ディスプレイしようとして)しっかりと根を張った若木を摑もうとしたときも同様だった。若木を地面から引き抜くまで止まって引っ張り, ディスプレイを続けようとした。しかしこの若木はとても大きかったので, ときどき後戻りして, 両手をつかわねばならなかった。

ジョメオがコミュニティー内の雄に対して攻撃的な相互交渉を始めることは稀だった。争いが起こったときには反撃し, ときには, 争いの最中にチャンスをみて叩き逃げ攻撃をした。1977年, すでに低順位雄だったハンフリーに向かってジョメオはディスプレイをおこない, 彼を何度か叩いた。この状況で彼は自分の地位をよりよいものにしたのに, 4年後のおいぼれハンフリーは, 集団の興奮状態にまぎれてジョメオを追い払うことができた。

マスタードもジョメオと同じように育っていくように思われる。彼が16歳の1981年, フィフィは悲鳴をあげるような状況へ彼を5回も追い込んだ。彼は17歳になるまで, 雌たちにほんの数回しか挑戦しなかった。われわれはマスタードの氏素性から小さい頃のことまで幾分知っている。そこに, 「順位を上昇させようという意志」の欠如を探る手がかりがあるだろうか?

彼の母親のノウプがキャンプのバナナ供給システムの集まりにいつも参加していたので, 5歳になるまで他の子どもたちと相互交渉を持つ機会に恵まれていた。しかし供給システムの変更後, ノウプはひとりで過ごすことが多くなった。ノウプの不規則な発情周期のために, マスタードと彼の妹は7年間も乳を飲んでいた。青年前期になってもマスタードは母親に強く依存していた。11歳になるまでほとんど母親のそばから離れなかった。青年前期の感受性の高まる時期に社会的経験を積まなかったことは, 第4章で述べた。これらの要因が, 個体の遺伝的性質と同じように, 順位を上昇させようという意志の欠如の基盤に横たわっているのかもしれない。ジョメオの場合と同じように, 社会的順位に興味を持たなかったことは攻撃的傾向それ自体の欠如に起因するとはいえない。彼は5回にわたるカハマの個体に対する攻撃すべてに参加し, 最も残忍な攻撃者のうちの1頭でもあった。血縁関係や幼い頃の履歴のわかった雄がおとなになったとき, ジョメオやマスタードと同じような行動を示せば, そのとき初めて, この魅力的な論争をさらに深く探求することが可能になるだろう。

優劣関係と雌

アーネム・コロニーにおいてドゥバール（1982, 186頁）は，雌の序列は安定したものであり，「優位者による脅迫や力の誇示よりも劣位者による尊敬」に基盤を置いていることを発見した。彼は，（「あいさつ」とした）あえぐような唸り声の大部分が「自発的」であることを確認し，雌にとっては，優劣関係を試すことよりも優劣関係を受け入れることの方が重要であると感じた。そして彼は，チンパンジーにはラウエル（1974）の「劣位性の序列」という概念を当てはめるのが適当であろうと提案した。

しかしドゥバールは，アーネム・コロニーが作られたときにはそこにいなかった。「劣位者による尊敬」という事実が，初対面のときの敵対的な相互交渉の結果である可能性もある。かつてヤーキス（1943）はおとな雌を一カ所に集めたとき，彼女らが相対的地位をおとな雄と同じようなやり方で決めるのを発見した。

ゴンベでは雌間に多くの敵対的交渉があるにもかかわらず，彼女らを明白な序列に位置づけることはできない。なぜなら，互いに顔を合わせることがほとんどなかったり，たとえ出会っても拮抗的な交渉をほとんどしない組合せがあることや，2頭の雌間の相対的な地位が特定の個体，とくに近縁者の存在に，（たぶん雄間よりも）強く影響されることに原因がある。しかし，（しばしば最優位として位置づけられる1頭を含む）順位の高い雌と，順位の低い雌がいることは明らかである。そして残りの個体は中順位となっている。したがって，バイゴットの「階層的な序列」を雌に適用することは有効である。

（1964年から1968年までの）バナナを大量に供給していた時期には，チンパンジーはしばしば大きなパーティーになって集まっていたので，今日よりも雌たちが一緒にいることが多かった。（まだデータを分析していないが）今よりも明白な順位序列が彼女らのあいだにあったと思われる。1965年の終わりまでフローが最優位にいた。彼女は他の雌が青年後期の息子を後ろ楯にしていない限り，他のすべての雌に対して争いに勝つことができた。しかし1966年までにフローはとても年をとったようで，徐々に高い地位を失っていった。ノウプの強力な支援を受けた強力な雌であるサースが，バナナを供給しているあいだ次第にフローを威嚇するようになり，その年に2回彼女を攻撃した。たいていは，このような出会いでフローは服従的な行動を見せた。しかしときに彼女は反撃し，サースの方が譲歩することもあった。実際，1967年の初めにはフローがサースを攻撃し，争いに勝った。しかし1967年の中頃までには，フローが息子のフィガンとファーベンに支援されていない限り，攻撃的な状況でサースはフローよりも優位となった。

サースは1968年の初めに原因不明のまま死亡した。ギギとパッションの2頭の雌が最優位へと登った。すべての分析を終えるまでは，当時どちらが優位であったか明らかではない。たぶん両者は同等であった。ギギの行動様式は多くの部分で雄のそれと似ていたので，彼女が雌間で高い地位を得たとしても不思議ではない。今まで見てきたように，彼女は普通の雌とは違っていた。彼女は大きく，攻撃的で，不妊であり，他のどの雌よりもおとな雄と一緒に過ごすことが多かった。彼女はパトロールのあいだや集団の興奮時に，よく雄と一緒になってディスプレイをした。彼女のディスプレイは流暢だった。

高順位雌のフローが通ると、オリーは彼女に触ってあいさつをする（H. van Lawick）。

バナナが与えられたときにメリッサを威嚇する高順位雌のサース（H. van Lawick）。

そして、他のどの雌よりも多くの獲物を捕らえた。1975年までに、ギギは明らかにパッションより優位となった。（どちらが始めたか観察されなかったが）両者間の争いの後、ギギは大きな悲鳴をあげるパッションを200m以上追いかけた（R. Barnesの観察）。

ドゥバール（1982）は、アーネム・コロニーの雌の順位を測るただ一つの信頼できる指標があえぐような唸り声であることを発見した。ゴンベの雌についても、このことはあるていどあてはまる。しかし2個体が再会したとき、両方が同時にあえぐような唸り声を発する例も数多くある。さらに、興奮しているときや分娩のすぐ後で神経質になっているときには、（攻撃や回避といった）敵対的な指標からみれば、明らかに劣位な個体に対してあえぐような唸り声を発する雌もいる。

1978年から1979年のカサケラの中心部雌のおおよその順位序列を、あえぐような唸り声の方向性に基づいて算出した。（他の雌に対してあえぐような唸り声を発しなかった）ギギが最優位だった。ギギに対してのみあえぐような唸り声を発したパッションが、第2位だった。彼女はギギよりも多くの雌からあえぐような唸り声を受けていた。このことは、彼女たちがパッションの方をより恐れていたことを示唆している。多くの雌との激しい争いをもたらしたパッションの子殺し性癖を考えたとき、この事実は驚くに当たらない。

これら2頭の雌の下にきたのは、フィフィ、メリッサ、そしてミフだった。この3頭はそれぞれ他の3頭の雌に対してのみ、あえぐような唸り声を発した。次はウィンクルとアテネとパティだった。そして最も低順位だったのはパラスとリトル・ビーだった。

ギルカはこの2年間とても健康状態が悪く、次第にひとりで過ごすことが多くなっていた。彼女の序列における位置ははっきりしなかった。多くの個体に対してあえぐような唸り声を発することはなかったが、これは、相互交渉がほとんど観察されなかったことにも起因している。私の判断では彼女はすべての雌の中で最も順位が低かった。しかし息子のエバレッドの支援があったときには我を張ることができた。キャンプに置かれたミネラルの固まりをフィフィとギルカが一緒になめていたことがあった。フィフィは（邪魔になった）ギルカを叩いた。するとギルカも叩き返した（これは、低順位の雌でも他の雌とけんかするときには普通の行動である）。フィフィはもう1度彼女を攻撃した。ギ

ルカは悲鳴をあげ，ちょっとその場から離れ，すぐにフィフィのところへ戻ってきて手を差し伸べた。するとフィフィはその手に触った。その後2頭はふたたびミネラルをなめ出した。突然ギルカは大きくワー・バークを発し，悲鳴をあげだした。驚いたことに彼女はフィフィに向かって突進し，彼女を摑んで叩いた。わたしはエバレッドが現れたことに気づいた。彼は立ち止まって見回していたが，毛は幾分逆立っていた。フィフィもたぶんエバレッドを見たのだろう。ギルカから離れ，今度はフィフィが悲鳴をあげた。ギルカはミネラルのところに残っていたが，数回フィフィに向かってワー・バークを発した後，エバレッドと一緒になめ出した。（3分半後）フィフィは静かにその兄妹たちに近づいて，エバレッドを数分間グルーミングした。そして彼女は，エバレッドをギルカと自分とのあいだに挟んで一緒になめ出した。

重い病気や老齢を除いて，ゴンベの雌の順位をきめる最も重要な要因はある雌の家族の性質と，彼女が他の雌と出会ったときにどの家族が一緒にいたかである。

高順位で攻撃的な雌は自分の娘が他の雌と争っているときに支援することが多いので，若い雌にとっては母親の順位が決定的に重要である。1964年，フローが最優位の雌であったとき，娘のフィフィは彼女よりもずっと年長の雌を威嚇することが可能であり，攻撃さえしたことがあった。そして，（稀なことだが）反撃されたときにはフローは娘を助けるためにとんでいった。さらにフィフィは，兄のフィガンとファーベンがいるという利点を持っており，彼らもときどき彼女を支援した。当時は3頭の子どもしかなかったが，フィフィはこの年，この性・年齢クラスの個体によって開始された17回の攻撃すべてに関係していた（Goodall, 1968b）。フィフィが他個体を威嚇したとき，被害者はしばしば困惑した行動を示した。たとえば1度は，彼女が

（フィフィよりも年上で当時8歳だった）メリッサに近づいた。メリッサはバナナの皮を噛んでいた。そしてフィフィを軽く威嚇した。するとフィフィは，すぐに毛を逆立ててフローの方をちらっと見た。メリッサは歯をむき，手を伸ばし，そして宥めるように手首の背面をフィフィの口に近づけた。これに対してフィフィはワー・バークを発し，メリッサに向かって手首を振った（この行動は腕を上げる威嚇のフィフィ特有の変形である）。メリッサはまだ歯をむいていたが，フィフィを叩いた。同時に彼女は近くにいたフィガンに向かって尻を向けた。これでこの出来事は終わり，フィフィは離れていった。最近ではポム，ミーザ，そしてグレムリンの3頭が，それぞれの母親の高順位を利用して，自分たちより年上の雌たちを威嚇することができる。

今まで見てきたように，フィフィは今日では高順位雌のうちの1頭である。そしてフローと同じように，フィフィは高い頻度でディスプレイをする。1976年の中頃から1977年にかけての18カ月間に，雌による突進ディスプレイが66回観察され，このうち39例は，拮抗的な出会いのときに他の雌に向けておこなわれた。他個体に向けたディスプレイのうちの41％はフィフィがした。さらに（フローと同じように）彼女のディスプレイはとても激しく，地だんだを踏んだり，叩いたり，物を投げたりする動作を含んでいた。前述したように，1981年に彼女は16歳のマスタードに向けて5回ディスプレイをして，すべてにおいて彼を追い払った。一度彼を追い払った後で，彼女は2分以上にわたってディスプレイをして，地だんだを踏み，物を投げ，大きなパント・フートを発した。メリッサがフィフィの小さな息子のフロイトを威嚇した別のときには，（フロイトが遊びの最中に悲鳴をあげたのを聞いて）フィフィはメリッサに向かって激しくディスプレイをして追い払った。また彼

447——優劣関係

フィフィとギルカがミネラルの固まりをなめていると、フィフィがギルカ（真中）を威嚇した。ギルカは悲鳴をあげ、それから友情の確認を求めた。突然エバレッドが、たぶん妹の悲鳴を聞きつけて毛を逆立てながら現れた。するとギルカはフィフィに飛びかかり、2頭は悲鳴をあげながら闘った。その後、ギルカはエバレッドとミネラルの固まりを分け合い、フィフィに向かって挑戦的にワァワァ吠えた。フィフィはかっとなって悲鳴をあげ続けた。

1969年，高順位のフロー（子どものフィフィが後ろにいる）が，突撃ディスプレイを始める。逆立つ毛と，固く結んだ唇に注意（P. McGinnis）。

女が雌の小さなパーティーと一緒に移動したときには、15分間に7回ディスプレイをしてメリッサとその息子のグレムリン、そしてリトル・ビーを攻撃した。どうしてこのような攻撃が起こったのかはわからなかった。翌朝、同じような落ち着かない雰囲気の中、彼女はもう1度リトル・ビーに向かってディスプレイをして彼女を攻撃した。フィフィはリトル・ビーを激しく叩いて出血させ、川まで引きずっていって彼女を泥だらけにした。

フィフィが高順位雌になったからといって驚くには当たらない。というのは、彼女は血縁個体の支援はもとより長子と次子がともに雄だったことに基づいて、初期の優劣をめぐる争いで数多くの勝利を収めた（そして、この成功によって彼女の闘争能力はよりすぐれたものとなった；Kuo, 1967）。今まで見てきたように、子どもは両性とも攻撃的な相互交渉においていつも母親を助ける。これが、同じような順位の2頭の雌間の争いの結果が、一緒にいる子どもの性と年齢に大きく依存しているという理由である。フィフィが最終的にメリッサとその青年期の娘を打ち負かしたとき、彼女は10歳の息子と一緒だった。彼は（必要がなかったので）母親に代わって実際の攻撃をしなかったが、何回か母親と一緒にディスプレイをして、彼女の挑戦を効果的なものにした。

1964年の終わりに観察された一つの出来事は、この原則をよく説明している。それは、（当時子どもだった）フィフィを年老いたマリーナが威嚇して始まった。すぐにフローが自分の娘を助けにやってきて、2頭の母親はつかみ合い、ころげ回って争った。近くのヤシの木で採食していたマリーナの青年後期の息子、ぺぺが急いで木を降りてきて、争っている雌たちに突進した。フローは彼が来るのを見ると逃げた。マリーナとぺぺは一緒になってフローとフィフィ

を追い払った。2年前には、1対1の関係ではフローはマリーナよりも優位であったし、ペペに対してもそうであった。1964年までにマリーナは年老いて弱くなっていたが、ペペはより大きく強くなっていたので、星取り表は逆転していた。しかし、これも彼がいるときの話だった。もちろん彼は他の雄と一緒に移動して母親と一緒にいないときも多かったが、そのときはフローが勝った。もしフローとマリーナがそれぞれの子どものすべてがいたときに争ったら、フローが勝っただろう。というのは、彼女には2頭の青年期の息子がいたのに対して、マリーナには1頭しかいなかったからである。

母親とその直接の家族の連合が普通だが、近縁でないおとな雌同士が偶発的に共同戦線を張ることもしばしばある。サースが最初に（たぶん、移入雌として）コミュニティーの遊動域に現れたとき、フローとオリーは一緒になってサースを攻撃した。3頭のカサケラの雌による移入してきたパティに対する一時的な連合の例は、第17章で述べる。しばしば2頭の雌は、若もの雄が執拗に、一方あるいは両方に挑戦するとき、彼に対して一時的な同盟を形成する。

高順位はどんな利益をもたらすか？

雌の序列の中の高順位個体の直接的利益とは、第1に、望ましい食物を専有する可能性が増大することである。第12章で見たように、雌間の攻撃的な相互交渉は食物をめぐって起こることが多い。理論的には、より多くの食物を摂取するとより健康な雌になり、より多く出産し、より多くの食物を得る健康的な子どもを育てることになる。ゲラダヒヒのようないくつかの霊長類社会では、実際に高順位の雌は母親としても成功度が高い（Dunbar, 1980）。このことはチンパンジーについても当てはまるだろう。しかし、まだ十分なデータは集まっていない。アフリカのいくつかの地域の環境はゴンベよりも過酷であり、そこで食物をめぐる競争に成功する能力はより重要であろう。われわれは、高順位雌の子どもが高順位になる傾向があることを知っている。それゆえ、もし高順位雌が繁殖上有利であることを示せれば、高順位であることは彼女の遺伝的適応度にとって明らかに重要になるだろう。娘も母親と同じようにより多く子どもを生み、より高い成功度を得、その息子も繁殖上の利点を持つことを意味する。

繁殖上の有利さや望ましい食物に優先的に近づけるという高順位の利益は、他の多くの霊長

類の雄と比べて，チンパンジーの雄では重要でないと思われる。食物をめぐる競争については第10章で議論した。食物が不足したときにはチンパンジーはばらばらになる傾向があり，最優位雄といえども各小集団の最優位個体より多くの利点を持っているとは限らない。肉をめぐる競争では，最優位個体より年長雄の方が肉を得ることは多い。雄の繁殖成功度に高順位がどの程度影響しているかについては，次章で詳細に議論する。

高順位雄は，他の雄からの攻撃を恐れる理由がより少ない。そして，多くの劣位者から敬意を示す行動をしばしば受ける。これらの利益は，順位序列を上昇するに連れて増大していく。しかし，同時に彼は自分の地位を維持するために，より熱心に働かねばならなくなる。たぶんチンパンジーとは，物質的な利益のためだけでなく，心理的な利益のためにも多くのエネルギーを費やし，危険を冒して高順位を手に入れなければならない数少ない生き物なのであろう。

ワード・ピクチャー15.1　死を招いた順位争い

　フロリダのライオン・カントリー・サファリの中の島に放されていた多数の個体からなるチンパンジー集団の社会行動について，1971年から1972年にかけての3カ月間，詳細な研究がおこなわれた。観察を始めたときは，オールドマンが明らかに最優位雄であった。1971年の11月10日から11日にかけての夜，激しい争いが島の中で起こった（観察者は，島の中のトレーラーに寝ていた）。騒動は3時50分から4時30分までの40分間続いた。翌朝，オールドマンと彼より年下の雄ハロルドの2頭がひどい傷を負っていた。そしてオールドマンはハロルドに服従していた。オールドマンは次第に彼の地位を取り戻していった。しかし順位序列は明らかに混乱していた。引き続く6週間，ときどき争いが起こった。その中には，夜争いが起こったために観察はできなかったが，音だけは聞こえた一連の争いも含まれていた（そしてこの争いで，4頭のおとな雄のうちの3頭が軽い傷を負った）。この事件の2週間後，最初の順位をめぐる争いが実際に観察された。この激しい争いは，オールドマン，ハロルド，ブラックナイトのあいだで起こった。オールドマンはブラックナイトによって片足にひどい傷を負わされた。この後，順位序列はとても不安定になった。そして3日後，ハロルドはブラックナイトを攻撃し，彼を打ち負かした。ブラックナイトは片足にひどい傷を負い，腕

と頭に裂傷を負った。この争いの後，彼は初めてハロルドに対してあえぐような唸り声を発した。ハロルドがディスプレイをし，毛を逆立ててふんぞり返って歩き回っているあいだ，ブラックナイトはオールドマンの近くに座っていた。そして2頭は，ハロルドがディスプレイを続けているあいだグルーミングし合っていた。オールドマンもハロルドにあえぐような唸り声を発するようになったので，ハロルドは明らかに最優位雄と認められるようになった（Gale and Cool, 1971）。不幸なことに，この出来事のすぐ後にフロリダでの研究は終了した。

　約1年後，ブラックナイトがたくさんの傷を負い，島の真中でちぢこまっているのが見つかった。彼の片方の耳の一部はちぎれ，もう一方は完全になくなっていた。そして手足はめちゃくちゃにやられ，いくつかの骨が見えていた。また，何本かの手足の指はなくなっていた。一方の肩から反対側の尻まで深い傷を負っていた。手術の10日後，彼は檻を抜け出した。そして，他のチンパンジーたちを見つめながら濠の端に座っているところを発見された。翌日，彼は死んだ。検視解剖によって，広範囲に渡る肋膜と腹腔の癒着と，少なくとも5本の肋骨の骨折が明らかとなった。そして胸，背中と腹にひどい打撲の跡が残っていた（T. Wolfe, 私信）。

コメンタリー15.2　ゴブリンの場合

雄の順位序列内でのゴブリンの急激な順位の上昇は，少なくともある部分ではフィガンとの珍しい関係に起因していた。ゴブリンは母親から独立して行動し始めたときから，フィガンに魅了されていた。彼は，他のどんな雄よりもフィガンと一緒にいることが多かった（Pusey, 1977）。そしてこの近接関係は彼の青年期を通じて維持された。ゴブリンは彼にとっての「英雄」に常に敬意を表し，付き従い，行動を見，そして，よく彼をグルーミングした。フィガンはときどきおだやかな攻撃をしたが，概して非常に寛容であった。

ゴブリンがコミュニティー内のおとな雌に対して挑戦を始めた頃，しばしば高順位で攻撃的な雌がゴブリンに反撃し，叩き返したときでさえ，フィガンは決して彼を援助しなかった。しかしゴブリンは12歳の終わりまでに，すべてのおとな雌よりも何とか優位になった。そこで1976年の終わりに，彼は目標をおとな雄に変えた（図15.6）。彼のディスプレイがおとな雄のうちの1頭の攻撃的な反応を引き起こしたときには，ほぼ毎回，フィガンは彼を助けるために突進して行った。フィガンがいるだけで他の雄たちが反撃しないようになった後，高順位雌の息子のように，ゴブリンは年長雄に対する挑戦を次つぎと「のり越えていった」。

最も年をとり1977年までには年長雄の中で最下位になっていたハンフリーが，ゴブリンの最初の目標となった。この争いの最中，フィガンは決してゴブリンを支援しなかった。明らかに，彼にとってはハンフリーとの親しい関係も重要だった。しかし彼はハンフリーをも助けなかった。いつもフィガンは2頭のあいだでディスプレイし，これによって争いは終った。しかしゴブリンは，援助なしにハンフリーを脅迫することに成功した。そして1978年の初めに，ハンフリーは初めてゴブリンに服従的なあえぐような唸り声を発した。この間，フィガンはゴブリンと他の雄との争いがあるとゴブリンの後ろ楯となり続けた。そして1978年を通じて，ゴブリンはフィガンがいなければ他の雄に挑戦することはまれだった。たとえばその年の最後の4カ月間，ゴブリンが他の雄に向けて29回ディスプレイするのが観察されたが，このうち9回を除いては，フィガンがいた。そしてこのうちの2回，ゴブリンに他の雄たちが反撃した

ときには，フィガンは年下の友だちのゴブリンを守るために突進して争いが終った。ゴブリンに対して年長雄たちが攻撃を開始したときには（そんなことはこの年13回しか観察されなかったが），ゴブリンはフィガンがいたとき（6回）しか反撃しなかった。このうちの2回，フィガンは彼を援助した。

1977年の始めまでに，ゴブリンは，1対1ならフィガンを除いた年長雄のすべてを脅迫できるようになっていた。そして5月には初めて，ジョメオとシェリーが一緒にいるところを攻撃するのが観察された。彼らがグルーミングしているとき，彼は4回，2頭のそばをディスプレイしながら駆け抜けた。そして4回とも，彼は2頭の近くに行きジョメオを叩いた。兄弟は怒って彼を追った。しかしゴブリンは諦めなかった。4カ月後，劇的な争いが起こった。ゴブリンは自分よりも体重の重い2頭の兄弟に攻撃されたにもかかわらず，この争いに勝った。このときから，たとえ彼らが一緒にいるときでも明らかに優位に振舞えるようになった。

1979年6月，ゴブリンとフィガンの関係に最初の変化の兆しが現われた。ある日ゴブリンは，以前彼がよくやっていた最優位雄が到着したときのあいさつをせず，フィガンを無視した。これ以降，彼はフィガンに対してあえぐような唸り声をほとんどださないようになった。そしてフィガンはだんだんと緊張を増していった。ゴブリンが不意に現れると，彼はしばしば歯をむき，ギャーギャー鳴き，そして他の年長雄のうちの1頭のところへ支持の確認を求めに急いだ。

8月にフィガンが指の腫れ物のためにびっこになると，ゴブリンは彼に対する執拗な挑戦を開始し，繰り返し彼に向かってディスプレイをして，ときにはそのそばを走り抜けるとき叩いたりした。そんなときフィガンは，いつも他の年長雄たちのところへ助けを求めて走った。図15.6が示すように，1979年には若いゴブリンに対して，すべての雄がフィガンと連合を形成した。ゴブリンは長期にわたる支援者を敵に回したので，もはや同盟者はいなくなった。そのかわり，彼はくりかえしくりかえしの激しいディスプレイの絶大な効果を確信していた。フィガンとの長期間の親しい関係による支援から，ゴブリンは利益を得ただけでなく，早朝のディスプレイや，

451──優劣関係

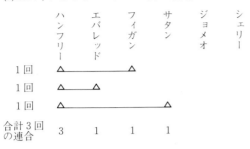
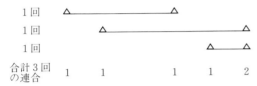
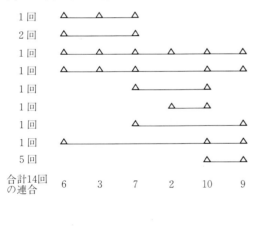
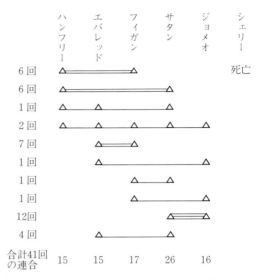

図15.6 六つの期間に観察された，対ゴブリンおとな雄同盟のさまざまな組合せ。2本線で結ばれた連合は1本線で結ばれたものより高頻度だったことを示し，3本線で結ばれたものは，それらより高頻度だったことを示している

（他個体が近づいてきたときにやぶの中に隠れ，突然飛び出してびっくりさせるという）脅しの戦術のようなフィガンの技術のいくつかを学習し，利益を得ていた。

1979年9月の終わり，フィガンとゴブリンの最初の激しい闘いが観察された。この闘いでゴブリンが決定的な勝利を収めた。逃げあがった木の上でフィガンはゴブリンに蹴られ，地上まで約10m落下し，悲鳴をあげながら走り去った。次の月以後，ゴブリ

ンが続けて何回か彼に向かってディスプレイをしたとき，フィガンはふたたび木の上に避難した。するとゴブリンはその下に座り，1時間あまりマスタードと静かにグルーミングをした。フィガンは次第にいらだち，クークーと哀訴の声を出し始めた。しかし彼は，ゴブリンが去るまで敢えて木を降りようとはしなかった。

こうして1979年10月までに，ゴブリンはたった15歳で雄の基礎順位の頂点に立った。彼は他の2頭が

一緒にいる状況を調節することはできなかったが、彼らの回りで繰り返しディスプレイすることは止めず、雄たちのあいだに大きな混乱を引き起こした。

11月中旬に起こった前述の「大闘争」で、ゴブリンは負けた。肉食時の興奮状態の中で、ハンフリー、エバレッド、サタン、そしてジョメオと一緒になって、フィガンはゴブリンを攻撃した。（自らこの出来事を開始した）ゴブリンは何とか逃げ出す前に、ひどい傷を負わされた。その後彼はフィガンがいると落ち着かなくなり、フィガンは自信を取り戻した。12月にはゴブリンが逃げ上った木の下で、フィガンは20分間座っていた。星取り表は逆転した。

1980年2月までに、フィガンは以前よりも弱くなっていたが、最優位の地位をふたたび確立した。ゴブリンは負傷から立ち直ると、（フィガンを除いた）他の雄に対する挑戦を続けた。彼はサタンとの地位の問題を最終的に解決するために、ほとんど全精力を傾けた。しかし図15.6dに見られるように、大きな争いの後、年長雄たちはゴブリンに対抗して、繰り返し熱心にお互いを支援し合った。

しかし、1981年を通じて、ゴブリンは徐々に自信を取り戻した。そしてこの年の終わりまでに、フィガンに対する挑戦をふたたび開始した。フィガンはゴブリンを次第に恐れるようになり、図15.6eにみられるように、彼は、当時残っていた他の3頭の年長雄と対ゴブリン同盟を組んだ。この同盟にもかかわらず、1982年の中頃のフィガンの消失以前に、ゴブリンはまた最優位の雄となった。彼は、年長雄たちが複数でいるときは優位に振舞えなかったが、フィガンがいなくなった後は闘志を新たにして、他の雄たちに向かってディスプレイをした。繰り返しディスプレイをして、落ち着いて休息したり採食したりしていた集団をばらばらにした。彼はわざわざジョメオに恐怖を引き起こすように振舞った（シェリーは1979年に消失していた）。ゴブリンがジョメオの周辺で3回ディスプレイをして、最後に蹴った

とき、ジョメオは狂乱し、最初はマスタードに、次にはアトラスに援助を求めた。そして2頭の若い雄が助けを断わると、ジョメオはひどいかんしゃくを起こして去った。実際のところ彼は、他の年長雄がいるとき以外はゴブリンとの交際を避けるようになった。

1983年を通じて、ゴブリンは年長雄よりも優位になろうとする試みを続けた。ゴブリンがディスプレイを始めると、他の雄たちは一心にお互いをグルーミングし合った。こうして、ときどき20分間もゴブリンを無視することができた。しかし最後に、彼らは行動を起こした。ここに、1983年の中頃の典型的な出来事を述べよう。

この出来事は、サタンとジョメオを含む集団にゴブリンが加わって始まった。彼が現れると、すぐに2頭の年長雄はお互いに近づいてグルーミングを始めた。ゴブリンは彼らの回りを7回ディスプレイしながら回った後で、サタンを攻撃した。ゴブリンは彼らの上の木に跳び上がり、より年長の雄の頭上に飛び降りた。サタンとジョメオは大きな悲鳴をあげながら、一緒にゴブリンに向かって突進した。当時体重が37kgだったゴブリンは、敵がそれぞれ49kgと47kgもあったのに、地面にすっくと立ち、2頭に跳びかかった。彼らは1分以上もつかみ合い、互いに叩き合った。そしてサタンとジョメオが逃げた。ゴブリンは石を投げながら彼らを追った。5分後、彼はふたたびサタンを攻撃し、その一団から去って行った。

ついに1984年、ゴブリンは明白な最優位雄となり、どのような社会的状況をも調節できるようになった。そして今日では、彼の最も親しい仲間はジョメオである。2頭は一緒に移動し、互いにグルーミングし合い、狩猟に成功した後では肉を分け合う。おとな雄間の関係は落ち着き、ゴブリンのディスプレイの頻度は半分近くに下がった。

16 性 行 動

　　1963年7月　フローがデイビッド老人とゴライアスをお供にして，早くからキャンプにやってくる。彼女は，性皮が最大腫脹になって2日目。雄はふたりとも，バナナを1本も取らないうちから彼女と交尾をする。デイビッドのときもゴライアスのときも，フローの子どものフィフィが母親の求婚者たちに飛びかかってじゃまをする。ことが一段落すると，みんな静かに座って食事を始める。と，突然，ずっと向こうの茂みで何かが動く。双眼鏡の向こうにミスター・マグレーガー，続いて，マイクとジェイ・ビーが見える。それからハクスレー，リーキー，ヒューゴー，ハンフリー，若い雄もたくさんいる。みんな初めてキャンプに来る連中ばかりだ。フローについてきたのだ。すぐに彼女は茂みに入り，それから15分のあいだ，あらゆる雄と交尾をする。フィフィはそのたびに飛びかかってじゃまをする。マグレーガーが交尾を始めると，フィフィはフローの背中に飛び乗って，マグレーガーを力いっぱい押す。彼はバランスをくずして斜面を転がり落ちていく。

　　それから1週間，フローはいつでもどこでも雄の従僕たちにつきまとわれている。彼女が座ったり横になったりすると，たくさんのなめるような視線が彼女に注がれる。彼女が立ち上がると，雄たちも間髪をいれず立ち上がる。何かちょっとでも騒ぎがあ

（C. Gale）

ると，おとなの雄たちは入れ替わり立ち替わりフローと交尾をする。みんな自分の順番を守って，けんかはしない。でもせっかちなジェイ・ビーはデイビッド老人が交尾をしているときに，ふたりの回りをのっしのっしといばって歩き，枝をゆすったりする。枝の先がデイビッドの頭にぶつかるが，彼は攻撃しない。デイビッドはフローにぴったり体を合わせ，目を閉じてことを続けるだけである。

　　最初の発情期を迎えた若い雌は，母親から離れて雄と一緒に遠くを歩き回るようになる。青年期不妊の1～3年間は，自分のコミュニティーの雄だけでなく，隣接する社会集団の少なくとも何頭かの雄とも交尾をする。12歳ないし14歳になって子どもを産むようになってからは，一つのコミュニティーに生涯とどまることが多い。ゴンベには，自分の出自集団に母親とともに残りそこで子を産み育てる雌もいる。最初に産んだ子は，隣接する社会集団の雄とのあいだにできた子どもである可能性が高い。これと対照的に若い雄は必ず出生集団に残り，雌との交

尾権をめぐって同じ集団の他の雄と競合する。また，雄は協力して自分たちの雌資源を近隣の雄からまもり，若い雌を近隣の集団から自力で調達しようとする。

性　周　期

雌のチンパンジーの月経周期は，飼育下（Graham, 1981）でもゴンベ（McGinnis, 1973; Tutin, 1979; Tutin & McGinnis, 1981）でも，くわしく調べられている。妊娠していないおとな雌の平均は36日間である。この周期は次の4段階にわけられ，野外でも簡単に見分けられる。性皮が徐々に大きくなっていく膨張（inflation）または腫脹（tumescence）期（約6日間），性皮が最大になる最大腫脹（maximal tumescence）期（約10日間），性器周辺の性皮が急速にたるんでくる腫脹減退（detumescence）期（5〜6日間），そして性皮が鎮静化する平らな（flat）時期（約14日間）の四つである。腫脹減退が始まってから約9日後に，月経（約3日間）がある。

性周期の各段階は，性ホルモンと密接な関係にある。性皮が膨らんでくるのは，濾胞期のエストロゲンの排出・分泌と関連しているし，腫脹減退はエストロゲン量の減少および血漿・尿中のプロゲステロン量の増加と相関している。排卵が起こるのは，ふつうは最大腫脹の最後の日か，腫脹が減退しはじめた日の早いうちだが，もっと早くに排卵することもある（Graham et al., 1972; Graham, 1981）。この章では，性皮が腫脹している時期の最後の4日間をまとめて，周排卵期（preovulatory period）と呼ぶことにする。輸卵管の中の精子は最高48時間まで生存可能である。したがって理論的には，この4日間の初日に交尾した雄でも，3日目に妊娠した赤ん坊の父親となる可能性がある（Speroff, Glass & Kase, 1983; Thompson-Handler, Malenky & Badrian, 1984）。

性周期には個体差があり，また，同じ個体で

も変化する。年齢は重要な変数で，若い雌は最大腫脹期が長くなる傾向にある（Tutin & McGinnis, 1981）。飼育下でも，若い雌の性周期は長い傾向にある（Graham, 1981）。このような不規則な性周期はけがや病気によっても起こりうる。また性皮の腫脹には，多くの社会的要因が関与している可能性もあり，ゴンベとマハレでは雌の性周期が互いに同調するという証拠がある（McGinnis, 1973; Nishida, 1979）。

性皮の変化は，体内のホルモンの変化や排卵が起こりそうな時期を教えてくれるので，観察者には重要である。最も膨らんだ性皮は大きなピンクで，非常に目立つ。その大きさは，推定で938cm²（Erikson, 1966）ないし1,400cm²（Yerkes & Elder, 1936）である。性皮の最大腫脹は行動上の発情とも符合しており，おとな雄の性行為を一番よく受け入れるのはこの時期である。おとな雄と雌の交尾の大半は性皮の最大腫脹期におこなわれる——というのが，チンパンジーの性行動にかんする今までの全研究に共通の結果である。この結果は，実験室内の研究でも野外研究でも一致している。性皮の膨らみが，交尾行動を容易にしている可能性もある。アレン（Allen, 1981）によれば，雄が射精にいたるまでのピストン運動の回数は，雌の性皮が半分以上膨らんでいるときの方が，たるんでいたり平らなときよりも少ない（もちろんこれは，そのときの雄の性的興奮度も要因だろう）。

ただし，性皮の最大腫脹期以外に交尾行動がまったくない，というわけではない。この傾向は，飼育下でとくに顕著である。飼育状態では，野生状態にくらべて日々の生活に追われること

456——性行動

も少ないし，適応とは関係ない実験に費やす時間も多い。ヤーキス（Yerkes, 1946）によれば，ある攻撃的で優位な雄は，雌の性周期がどうであれ，若くておく病な雌にも性行為を強制することができたという。ときには，非腫脹期の雌，とくに特定の雌が，自分から進んで交尾することもみられる（Lemon & Allen, 1978; Allen, 1981）。ゴンベでも，稀ではあるが，性皮が少ししか腫れていない雌や全然腫れていない雌が交尾行動をすることがある。5 年間に観察されたおとな雄の交尾行動1475例のうち96.2%は，最大腫脹またはそれに近い雌が相手だった。残り3.8%のうち，23例は性皮が半分腫脹した雌との交尾で，13例は 4 分の 1 腫脹した雌との交尾，20例は完全に性皮が平らな雌との交尾だった。これらの，不完全腫脹あるいは性皮のしぼんだ雌との性交渉のうち73%が，2 頭の雄によって占められている。1 頭はゴブリンで，後で述べるように彼の性行動は他の点でも特異だった。もう 1 頭はエバレッドで，彼のこの種の交尾行動27例は，すべてかけおち関係中のものである。うち16例は，完全に性皮がしぼんでいたアテネとダブとのものである。

赤ん坊，子ども，若ものは，最大腫脹期だけでなく，膨張期や腫脹減退期の雌ともよく交尾する。おとなの雄はこれらの雌にあまり関心を示さず，寛容だ。したがってこれらの雌は，若い個体にとっては性行動の格好の練習相手なのである。

性皮の腫脹は雄にとって視覚的な手がかりとなる。ひとめ見ただけで，雌の生殖にかんする状態が手に取るようにわかる。もっとも，性皮の腫れ具合は最大腫脹の期間を通じて実質的に同じであり，また第 6 章で述べたように，膣の分泌物の臭いからは排卵期はわからない。しかし雄のチンパンジーは，かなり正確に周排卵期がわかっているようだ。ゴンベのデータをまとめた結果，雌が発情しているとパーティー内の雄の数が増えることがわかった。このときの交尾行動の頻度は，つぎの二つのパターンのどちらかを示す。(a) 最大腫脹期の最後から手前 4 日間に，（成熟雄との交尾が）増える。あるいは，(b) 1 位雄のフィガンが所有行動をとり，他の雄の性行動を抑制するので，交尾頻度は減る。つまり前にも述べたように，おとな雄をより魅了するのは妊娠の可能性が最も高い周排卵期の雌であり，雄は（優位個体に邪魔されなければ），周排卵期の雌を頻繁に口説き，交尾をするようである（Tutin, 1979）。

排卵をしていないと思われる雌（分娩直後の非繁殖性周期や妊娠中の雌）は，発情してもおとなの雄にもてない。一番交尾を求められるのは，少なくとも 1 頭の雄を含むパーティーに初めてやってきた雌だ。つまり交尾行動は，新入生歓迎コンパの一種なのだ。性的魅力の劣る雌でも，初めてやってきたときにはよくもてる。この現象はアレン（Allen, 1981）によっても記録されている。雌をしばらく隔離しておいて飼育集団にまた戻すと，きまったおとな雄がいつもその雌と交尾をするという。この，アレンがいうところの「よそもの雌効果」は，雌が発情していないときも続く。ゴンベのコミュニティーの雄が移入してきた雌にこうも魅了されるのは，その雌の目新しさゆえだろう（若い雌は，自分の出生集団の雄より「新しい」雄を好むようだということから考えて；Pusey, 1980）。

しかし，当然ながら雌の魅力——セックス・アピールは，ホルモンや生理的要因や雄の興奮度だけで決っているのではない。個体の性格という要因も非常に重要である。マカクのいろいろな種（アカゲザル，ブタオザル，ベニガオザル，ニホンザル）や，キイロヒヒ，チャクマヒヒ，オリーブヒヒでは，特定の雌に対するおとな雄の好みがはっきりしている。その好みは，雌の性周期とは関係がない。アレン（Allen, 1981）がこの問題の関連文献を簡単にまとめて

いる。このような，ホルモンの影響とは独立した配偶者の好みが，チンパンジーでも一番重要なのだ。ヤーキス（Yerkes, 1936）は実験室での研究から次のように結論している。チンパンジーの雄雌関係の決定に一番重要なのは，個体的・社会的要因であって，ホルモンではない──と。

　ある雌は他の雌より，雄の性的興奮を強く引き起こす。このことはゴンベの調査では初期から知られていた。テュティン（Tutin, 1979）は配偶者の好みについて詳しく研究した。彼女は，交尾の直前に1頭の成熟雄から性皮最大腫脹の雌2頭が等距離にいる場合を38例集めたが，そのうち30例は年長の雌が選ばれた。おとな雌の何頭かが性的に人気があるというのは確実である。フローが1963年に発情したときの例をあげるのが一番わかりやすいだろう。当時彼女は30歳を越えていたが，どこでもかしこでも14頭ぐらいの雄につきまとわれ，新しくキャンプに来た調査員は，フローの近くにいようとする雄からよくおどされた。彼女が1967年に再び発情したときも，同様だった（このときは，彼女は1日に50回の交尾行動をするはめになった）。どちらのときも，彼女は4年ほど発情していなかったあとなので，ある程度は新奇効果で説明できる。しかし，それ以上のセックス・アピールがあることもたしかである。若い雌の中でも，おとな雄の性的関心を強く引く個体とそうでも

ないのとがいる。フィフィとポムは，どちらも同じようにおとな雄にもてる。2頭が発情の兆候をちょっとでも示すと，ただちに雄がとんでくる。発情する前から来る雄もいる。2頭は，おとな雄の近くにすわっている時間が長く，よくペニスを見つめている。しかし雄はポムよりフィフィとの交尾に熱心で，頻度も高い。この違いの原因となる性格はいろいろ考えられるが，一番関係しているのはおとな雄とのつきあいかただろう。フィフィはおとな雄にとって気軽につきあえる相手なのだ。青年のころ，フィフィはよく雄に交じって元気に遊んでいた。雄が彼女に言い寄ると，彼女は騒ぎもせず静かに近づいて，はいつくばって交尾姿勢をとる。一方ポムは，いつもおとな雄に臆病である。頭を上下に振り，咳こむような吠え声をうるさく発し，雄の顔を叩き，雄が彼女をなだめようとつかむと，とんで逃げてしまう。ポムもフィフィと同じく雄の誘いかけにはすぐ反応して近づくが，交尾姿勢をとるときはものすごく神経質になることが多かった。フィフィもポムも母親は高順位で攻撃的だが，フィフィの母親フローはおとな雄に非常に人気があり，気やすくつきあえる相手である。一方ポムの母親のパッションは娘と同じく，緊張しやすく神経質である。また，フィフィには兄が2頭いるので，パッションの最初の子であるポムよりはるかに雄との友だちづきあいに慣れていた（Goodall, 1984）。

求愛と交尾

　雄のチンパンジーも雌と同様，目立った外部生殖器をもつ。勃起したペニスはヒトのペニスよりは小さいが，ゴリラやオランウータンのより大きい。飼育下のチンパンジーで，勃起時に長さ8cmという記録がある。完全に成熟したおとなのゴリラは3cm，オランウータンは4cm，

ヒトは13cmが平均である（Short, 1979）。チンパンジーのペニスは先が細くなっている。多分，交尾のときに雌の膨らんだ性皮を貫通しやすくなっているのだろう。勃起していないペニスは，たいてい包皮に隠れていて見えず，体の表面上にあるただの穴にすぎない。ところが勃起する

458──性行動

雄の誘いかけによる求愛ディスプレイをおこなうチャーリー。毛をひっかき，こぶしで地面を叩いている。フィフィがそれに反応してしゃがんで交尾姿勢をとっている。フィフィの弟で赤ん坊のフリントが，チャーリーの顔に手を置いて妨害している。交尾中の雄の顔をかくす行動は，普通に見られる（P. McGinnis）。

と，腿と下腹の白い肌を背景にくっきりと浮かび上がる。雄の誘いかけ (male-invite) 姿勢 (Tutin & McGinnis, 1981) は，ペニスを誇示し，腿と下腹の白い肌を背景に，ペニスの明るいピンクをきわだたせる。時には，ペニスをすばやくさっと振り動かし，勃起したペニスの信号としての価値を強調する。これを何回も繰り返すこともある。

雄チンパンジーのペニスを相対的に大きいと表現するなら，その陰嚢はけたはずれに大きいといわなくてはならない。シュルツ (Schultz, 1938) が飼育下の3頭の雄で精巣の重さを測った結果，それは体重の0.269％に相当することがわかった。これは霊長類では最大の値である。ゴリラとヒトでは，それぞれ0.017％と0.079％である (Short, 1979)。チンパンジーの大きな精巣は精子形成能力が大きいことを反映している。これは，ショートが指摘しているように，乱婚的社会で交尾をたくさんしなければならないことへの適応なのだろう。乱婚社会は概して雌が雄より多く，若い雌は性周期が長く，そして性活動は一年中おこなわれる。

交尾（配偶）はほとんどの場合，雄の求愛ディスプレイで始まる。このディスプレイが雄の性的興奮の信号になり，雌の注意をひく。求愛ディスプレイは，必ずペニスが勃起した状態でおこなわれ次の各行動のうち少なくともひとつが含まれる。凝視，枝に手をかける，毛を逆立てる，枝ゆすり，片腕または両腕を雌の方に伸ばす，二足でのっしのっしと歩く，座ってうずくまる，などである。さらに雄が左右に体を揺すり，ときに，植物をゆすりながら，片足を踏みならしたり，こぶしで地面を叩くこともある。これらの行動パターンはどれも，純粋に攻撃的な場面の中でもみられるものである。したがって雌が雄の性的な意図を見抜くには，勃起したペニスを目立たせる雄の誘いかけ姿勢が重要なのだろう。雄による求愛の行動連鎖200例のうち，誘いかけ姿勢は126例で観察された（Tutin & McGinnis, 1981）。これはペニスの勃起に次いで2番目に多い。ペニスの勃起は性と無関係なさまざまな場面——たとえば，再会などの社会的興奮時——にも見られるので，それだけでは確たる信号にはならない。テュティン（Tutin, 1979）は，ペニスを勃起させてはいるが他の求愛行動をしていない雄に雌が近づくのを15例観察している。交尾があったのは，そのうちの3例だけだった。採食中の雄がペニスを勃起させているところに若い雌が後ずさりで近づき，雌の方から挿入して交尾を成功させた例を，マクギニス（McGinnis, 1973）が報告している。年をとって経験豊富な雌は，別の信号が加わって雄の性的欲求がはっきりするまで待つのが普通である。

雌が雄の求愛ディスプレイに気づくと，普通はまず雄の方を見てからおもむろに（あるいは恐る恐る）雄に近づき，尻を向けて，はいつくばった交尾姿勢をとる。通常，雄もまた，はいつくばった姿勢で交尾をする。馬のりという感じではない。雄は雌の背後にかがみこみ，片手で雌をつかむ。しかし，交尾で接触している部位以外には雌に触れないことも多い。交尾の姿勢は，とにかくいろいろなものがある。雌が後肢をほとんど曲げず，雄が直立したまま交尾することもある。ときには，雌が雄の求愛を無視しているのに雄が近寄って，地面に横になっている雌に挿入しようとすることもある。木の上で交尾する場合にも，枝の形によって姿勢はいろいろである。場合によっては，雄が交尾行動をしにくい所で雌がはいつくばった交尾姿勢をとることもある。そういうとき，雄はもっとやりやすい場所に動くが，雌がついてこないと求愛からやりなおすことになる。

ゴンベでは，おとな雄とおとな雌の性的交渉における主導権は雄がもっている。しかし若もの雌は性欲が強い（これはアーネム・コロニーの飼育下でも同じである；de Waal, 1982）。彼女らはあらゆる年齢の雄を繰り返し誘惑し，勃起していないペニスを引っ張ったりすることもある。雄はこの手の接近はたいてい無視するのだが，ときには誘惑に勝てないこともある。雄の求愛に対し，「まちがった」雌（普通，若もの）が応えることも，けっこう多い。雄はこういった反応は無視し，お目当ての雌を呼び続ける。2頭の雌が同時に雄のところにやって来ることもある。そういうときは，雄はお目当ての雌と交尾をし，そうでないほうは無視するのが普通である。

射精までのピストン運動は，平均して8.8回である（Tutin & McGinnis, 1981）。1度，3回だけピストン運動をしたところで雌が立ち去ってしまい，残った雄が空中に向かって（少なくとも射精前液を）むなしく放出していたことがあった。交尾のあいだ，雄が交尾時のあえぎ声を出すことがある。この声はだんだん大きくなっていくが，その頂点で射精があるものと思われる。通常，雌は周波数の高い独特の交尾時の悲鳴（または絶叫）を発する。ヒト以外の霊長類

の雌がオルガスムを感じているかどうかという問題は、いまだに決定的な答えがない（たとえば、Burton, 1971を参照）が、多分感じているように思う。人の家庭で育てられたルーシーは、性成熟に達してからは、ほとんど毎日オナニーをしてオルガスムに達していたらしい。自慰行為がクライマックスに達すると、彼女は笑い、恍惚として、そして突然やめるのだ（Temerlin, 1975, p. 108）。ゴンベでも、若もの雌がときどき指で自分の性器をいじっていることがあり、そういうときはたいてい穏やかに笑っている。雄が自分に性的関心を抱いていないときでさえ、交尾行動を切望する雌（たいてい、若もの）がいる。このことから推測すると、交尾は、少なくとも不快とはほど遠いものなのだろう。

交尾行動は、（ときには射精以前に）雌が前方に勢いよく離れるか、雄が後ろに離れるかして終わる。雄が射精に至らなかったときには、5分かそこらで雄が2度目の交尾行動を始める。3度目をすることもある。交尾行動が成功したあとは、新しい精液の名残がペニスについている。雄はしばしそれを見つめたあと、葉っぱをひとつかみちぎって自分で拭くことが多い。交尾の後で雌が自分の尻を拭くことはめったにないが、凝固した精液（すなわち膣栓）をつまんで食べることはある。

雄チンパンジーの射精能力は驚くほど高い。ある飼育下の雄は、たった5分の間隔で続けざまに3回射精したことがある（Allen, 1981）。野生状態では、テュティン（Tutin, 1979）によって、年齢と1時間あたりの射精回数とのあいだに有意な相関が認められている。対象個体の中で一番若いシェリーが一番回数が多く（0.72回）、一番年をとったマイクとヒューゴーが最も低い値（それぞれ0.26回と0.33回）だった。他の雄はこの中間の値である。しかし、コミュニティーが分裂する前は両性を含むパーティーは個体数が多くなる傾向にあり、バイゴット

（Bygott, 1974）によれば、同じパーティーの高順位の連中より若い雄のほうが交尾回数が低かった。大きなパーティーにおける著しい緊張は、劣位雄の性行動を抑制するようだ。

野生状態（Goodall, 1968b; Tutin, 1979）でも飼育状態（Allen, 1981）でも、時間あたりの交尾回数は早朝に高くなる傾向にある。したがってゴンベでは、発情雌が巣から出てすぐに交尾をめぐって一騒動がある。たとえば、恋に燃える年老いた雄が若い雌の巣に忍び込み、彼女が起きる前から精力的な求愛をしていたこともある。テュティンは雌の1日の交尾回数を分析した。その結果、早朝は雌1頭につき1時間に平均5〜6回でその後漸減し、正午には1時間に約2回、午後を通じて漸増、夕方になると1時間に1回まで落ち込むことがわかった。もちろん細かい数字は、そのときパーティーに何頭の雄がいるかによって変わる。ある雌が発情したとき、その雌の発情期間中ずっと同じパーティーにいた雄はエバレッドだけだった。彼の交尾回数からも、早朝に交尾行動が多いことがわかる。9日間の彼の交尾頻度は、午前7時〜9時に8回、午前9時〜11時に6回、午前11時〜午後1時に1回、午後1時〜午後3時に6回、午後3時以降は交尾なしだった。

朝方は循環血漿テストステロン（circulating plasma testosteron）のレベルが高く、これが夜間の禁欲とあいまって早朝の性的活動が活発になるのではないか、というのがテュティンの推測である（月夜の明るい晩に2回の交尾行動が見られたことがある。しかし夜中に何回交尾があるのか、夜通し観察して確かめたことはない）。

交尾の頻度は、社会的興奮や、一般におとな雄が高い興奮状態にあることとある程度相関しているようだ。興奮の高まりを表すさまざまな兆しが見られるのは、たとえばパーティーが食物資源にありついたときや、近くにいる別パーティーのチンパンジーの音声を聞いたとき、あ

461——性行動

るいは二つのパーティーが出会ったときなどである。こういったときに，逆立った毛，パント・フート，突進ディスプレイなどとともに，交尾騒動の起こることがある。こういう場面で発情した雌に求愛し交尾するのは，極度に興奮したおとな雄の一群である。たとえば，あるパーティーが新しい食物資源を見つけたときのことである。魅力的な雌が木に登ると，毛を逆立てた雄が8頭ついていった。そして5分間で，全部の雄がその雌と素早く交尾したのである。大勢のチンパンジーがキャンプに長期間集まっていたころは，この傾向はもっと顕著だった。1頭ないし何頭かの雄が発情した雌のいるパーティーに加わると，新入りの雄だけでなくほかのほとんど全員が交尾をしたがった。のんびりと休息したりグルーミングしている連中に，たくさんのバナナを与えると，採食活動に加えて突然嵐のような交尾活動が起こることもしばしばあった。社会的促進がこのような乱婚的配偶において重要な役割を果たしていることはまちがいない。交尾行動を横で見ている雄は，よく自分のペニスを勃起させているし，その交尾が終わると，すぐさまその雌に近寄って交尾を始めることもまれではない。

つまり結論は，発情した雌はたくさんの雄と一緒に大きなパーティーで遊動し，たくさんの交尾をすることになる——ということである。分裂以前のカサケラ＝カハマ・コミュニティーには，完全に成熟した雄が12～14頭いた。そして，年老いた雌フローが発情のピークだったときは，1日に50回もの交尾行動が観察されたのである（McGinnis, 1973）。当時は，1日20回や30回の交尾行動は，もてる雌にとってはざらだった。一方，1頭の雄だけと遊動をともにする雌は，1日に4～5回以上交尾することはないだろう。

配偶のパターン

テュティン（Tutin, 1979）は，性成熟に達した雌が経験する性的局面を次の六つに分類した。

(a) 性皮腫脹期の初期には，おとな雄からは無視される。かわりに，幼児・子ども・青年前期の雄が交尾する。性的受容期にあっても受精しない期間はこの状況が続く。一方で，何頭かの性的にもてる雌は，性皮が最大腫脹に達する前におとな雄が交尾する。この傾向は長い発情休止期の後で最初に性皮腫脹があったときにとくに顕著である。

(b) 雌の性皮の膨らみが最大に達するとコミュニティーの雄がたくさん（ときには全頭）寄ってきて，その雌を中心としたパーティーをつくる。この傾向は，繁殖の可能性のある性周期のときにはとくに著しい。この時期，交尾は乱婚的（あるいは行き当たりばったり）で，パーティーの雄ほとんど全員がその雌の配偶相手になる。ただし，おとなになった自分の息子とはめったに交尾しないし，母親が同じ兄弟ともあまり交尾はしない。

(c) 性皮腫脹期のある時期，たいていは性皮が半分腫れたころ，1頭の雄が所有的行動をとる。すなわち彼女をぴったりと付けまわし，頻繁にグルーミングをし，自分が交尾しているあいだは他の雄に交尾をさせない（ただしこれは，その雄が優位であるときだけ可能）。

(d) パーティー中最優位の雄がこの所有行動をとれば，彼は雌をある程度独占することになる。他の雄が雌と交尾するのを抑制し，あるいは攻撃して邪魔することができる。

(e) 雌の性周期のある時期（発情休止期も含む）に，1頭のおとな雄が雌を他個体から引き

青年後期のウィリー・ワリーが、青年後期のバンブルと交尾しているところ（C. Gale）。

離し，遊動域の周辺部に連れ出そうとすることがある。これが成功すれば，かけおち関係（McGinnis, 1973）が形成される。2頭だけでいた期間の最高記録は3カ月である。

（f）最後に，とくに青年後期の雌は，隣接コミュニティーの雄に見染められて一緒に遊動し，交尾をすることがある。そしてそのままそっちのコミュニティーに移入するか，もとのコミュニティーに，ときに子どもを宿して，もどるかする。

雌は1回の性周期で，これら六つのうち始めの五つの局面は全部体験しうる。いくつ体験するかはさまざまな要因による。たとえば，今回の発情が不妊，すなわち排卵のないものなのか，また自分の性的魅力はどうなのか。後者はまた，同時に発情している雌がいるかいないかによっても変わってくる。いるとすれば誰が発情しているのか，その雌はもてるかもてないか。また，雄の順位序列も雌の性的経験に影響する。強力な最優位雄のお気に入りの雌は，発情期間を通じて独占されやすいし，そうでない雌はかけお

ち関係に入りやすい。

性的に受容可能な雌の数は，年ごとに著しく変動する。これは繁殖行動を理解するさいに重要である。この変化をみるために，1976年から1983年まで8年間のデータを付録の表E1にまとめて示した。このデータは厳密に正確なものではない。直接の観察がなくても，当該の雌が性皮を膨らませていると仮定した場合もある。その雌が発情していると推定されるときに2週間かそれ以上見えなくなり，それから性皮の腫れがひいた場合である。そうでない場合は，その雌の長期不在期間中の性的状態を推定する情報が単になかった場合である。したがって，性皮が腫れていても数えられていない場合もあるだろう。それでも，さまざまな雌がさまざまな時期にコミュニティーの性的活動に関与していることが，この付録の表からはっきりとわかる。この8年間に，全部で22頭の慣れた雌（うち8頭は周辺個体）が，少なくとも276回発情した。訪問雌の数はわからないが，彼女らもカサケラ・コミュニティーの雄の性的満足に貢献した

だろう。ただし，そのうちのどれくらいが性的に受容可能だったのかは知るよしもない。

1979年から1982年にかけて性的に活発な雌の数が極端に減少した。これはパッションの子殺し行動が主な原因である。パッションは，1974年から1977年中期までの3年半に生まれた赤ん坊を1頭（フロド）をのぞいてすべて食い殺したと考えられている。1977年，パッションが新生児への攻撃をやめたとき，コミュニティーの雌のほとんど全員が妊娠していたか，あるいは小さな赤ん坊を持っていた。以後3年間，発情する雌はいなかった。多くは，5年間も発情しなかった。

集団状態

繁殖周期にある成熟した雌がたくさんの雄と関係をもつとき，それは嵐のような性的活動に巻き込まれることを意味する。これは，性皮の最大腫脹にある雌，とくに授乳による長期の非発情期を終えた雌の場合，著しい。とはいっても，雌が性皮最大腫脹期の前半にあるあいだは雄同士の過激な攻撃はそう多くない。この段階の雌は，雄にとってはみんなで共有する資源のようなものだ。非常にもてる雌の場合，若ものや低順位の雄は性的活動をおおっぴらにはできないが，優位者の目を盗んで交尾することなら可能だ。雄が次々と交代で雌と交尾するのが一番よく観察されるのも，この性皮最大腫脹期の前半である。そういうときも，雄は互いに敵意を含んだようすはみせない。

ところがある時点で，1頭の雄が雌に対して所有行動を見せはじめる。前に述べたようにこの雄が劣位であれば，優位な雄がこの雌と交尾するのを防ぐことはできない。ただ手をこまねいて見ているだけである。テュティン（Tutin, 1979）が指摘したように，優位雄とこの雌との交尾に劣位雄が気づいているかどうかすら，客観的には明示できない。一方，最優位，少なく

ともその場にいる雄の中で一番の雄は，雌をある程度独占できる。最優位雄が発情雌にぴったりくっついていれば，劣位な雄は雌に近づけないし，最優位雄は交尾しようとする劣位雄を攻撃して妨害することもできる。これは普通，威嚇の形をとる。実際に攻撃をするときは，雌が攻撃されるのが普通である。なぜなら，雄を攻撃すればその隙に別の雄が交尾する機会を得るからである。しかも，所有雄が雌を攻撃すれば，雌が他の雄と交尾することを妨げるだけでなく，他の雄との性的交渉をやめたほうがいいぞ，と雌に警告を発することにもなる。

1960年代の後半にはマイクが最優位雄だったが，彼が雌を独占するのがしばしば観察された。またバイゴット（Bygott, 1974）によれば，ハンフリーは最優位だった1971年には，簡単に雌を独占できたという。フィガンが1973年にその位を奪い取ると，彼は排卵期にあると思われる雌への接近権をおおっぴらに主張するようになった。マハレでは，K集団でも大型のM集団でも最優位雄が発情雌に対する所有行動をとる。特にK集団では，3頭以上のおとな雄がいない時期には，最優位雄が同時に何頭もの雌を独占することができた（Nishida, 1983）。

発情雌に対するこのような独占は，アーネム・コロニーでもドゥバール（de Waal, 1982）が観察している。アーネムでは最優位雄が交尾権をがっちりと握っており，低順位雄がどの雌と交尾しようとしても，「信じがたい狭量さ」を示した。人目を忍んだ交尾を最優位雄が発見すると，ゴンベ同様，不機嫌になった彼のとばっちりは雌が受けることになる。つまり，最優位雄は雌を攻撃することが多い。したがって雌は，低順位雄の求愛はどんなに熱心なものであっても，たいてい受け付けない。一時的に最優位雄が隔離されていても，である。

結果として，雄の順位序列が相対的に安定しており，とくに突出した最優位雄がいるときに

この一連の行動は，キャンプでリーキーがギギに求愛したことから始まった。ゴライアスがふたりに近づくと，神経質な咳こむような唸り声を発するギギ。ゴライアスは金切り声をあげて，リーキーが交尾を終えると入れ替わる。雄が2頭とも果てると，ギギは木の上に逃げた。このような連続交尾は，給餌や再会などの興奮時にはよく見られる（P. McGinnis）。

465 ── 性 行 動

は，雌をめぐる争いはあまり多くはない。たとえ雌が妊娠しやすい周排卵期で雄がたくさん群がっていても，多くない。しかし，攻撃性の水準自体が低いということではない。雌がいるのに大多数の雄は性的衝動を抑圧されていて，欲求不満におちいっている。ということは，興奮水準は高く，したがって攻撃の閾値は低いということを意味する。争いは，パーティー内の低順位個体（雄でも雌でも）がへまをして，攻撃が転嫁されたことの結果として起こる。これはさまざまな，ちょっとしたことがきっかけになる。しかしこれも，傑出した最優位雄がいなくて順位序列が不安定なときの雌をめぐるきちがいじみた騒ぎとは比べるべくもない。1976年の11月はまさにそうだった。当時おとな雄のフィガンは兄がいなくなった後で，まだ最優位に返り咲いていなかった。雌のパラスが性皮の最大腫脹を示したときの出来事は，ワード・ピクチャー16.1にまとめてある。ほとんど同じような無秩序状態は，1982年の3月にノウプが発情して，まずまちがいなく妊娠した時期にも起こった。そのときもまた，傑出した最優位雄がいなかったのである。

かけおち関係

　雄にとってきわめて確実な繁殖戦略はかけおち関係をつくることである。しかしこれは，熟練した社会的操作と絶妙のタイミングを必要とし，ときには適度の荒々しさも要求される。もし雄がかけおち関係を形成することに成功すれば，彼は相手の雌が排卵するあいだ中，完璧に独占して交尾することができる。つまり，すべてが順調なら彼女を妊娠させることができる。しかし多くの場合，なかなかこうはいかない。雌が生理的に受精しない時期のかけおちもある。たとえば，(a) 雌が発情していないとき（受精可能な性皮腫脹のあいだの時期か，すでに妊娠しているとき）や，(b) 排卵のない性皮腫脹期

（青年前期不妊の時期や，分娩直後）などである。さらに，雌が協力してくれなかったり他の雄に邪魔されたりで，かけおちの試みはなかなかうまくいかない。

　ある年に形成されたかけおち関係のうち，部分的にでも実際に観察できるものはほんのわずかである。しかし，関係を推測することはしばしば可能である。マクギニス（McGinnis, 1973）はキャンプの出席表から，特定の雄と雌がともに欠席している時期を割り出し，多くのかけおち関係を推測した。このような欠席がその雌の発情期と一致し，疑惑のもたれているペアが欠席しているあいだに他の成熟した雄が全員どこかしらで観察されれば，かけおちが進行中であると推定してまずまちがいないだろう。キャンプの出席表は1970年以降不完全なので，現在ではこの方法をこういう形で使用することは不可能である。しかしこの年以降，チンパンジーはキャンプの外でも頻繁に追跡されるようになった。したがって，キャンプ内の出席表とキャンプ外の移動および仲間関係のチャートとを突き合わせることによって，かけおちにかんする同様の推測は可能となる（Tutin, 1979）。

　1966年から1983年のあいだに，3日以上続いたかけおち関係が258例あった。このうち33例が直接観察で，残りは推定である。表16.1にデータをまとめてある。この表から，かけおち関係の数には年変動があり，それは主として成熟雄と性的に受容可能な雌の数によっていることがわかる。受胎する可能性のあったかけおち，つまり，受精周期にある雌と一緒のもので，決定的な周排卵期の時期まで続いたかけおちの割合は，約半数（43.7％）だけである。それ以外のケースは，雌が非受精期だったか，あるいは受精周期に入る前に関係が邪魔されたものである。実際に受胎に達したであろうかけおち関係はコミュニティーの分裂以前は8％だったが，分裂後は23％に増えている。

466──性行動

表16.1 かけおちの数。直接観察・部分観察・推定のすべてを含む。1966年から1971年までがコミュニティー分裂の前。1972年から1983年までは分裂後。年末に数えた繁殖可能（RM）な雄の数を示した。また、発情のピーク（EP）にある雌とのかけおちのパーセンテージと、妊娠に成功したかけおちの数もあわせて示してある

年	RM 雄の数	性皮腫脹期の数	かけおち数	EPとのかけおち(%)	かけおち中の妊娠 確実	可能性あり
1966	13	[a]	15	40.0	1	0
1967	14	43	29	41.4	0	0
1968	12	42	36	38.9	0	1
1969	13	33	24	41.7	1	0
1970	12	32	19	52.6	1	1
1971	13	43	17	47.1	0	0
1966〜1971年の平均	12.8	38.6	23.3	43.6		
1972	8	50	15	13.3	0	1
1973	8	37	15	40.0	2	1
1974	8	31	6	33.3	0	1
1975	5	50	13	69.2	1	0
1976	5	47	10	50.0	0	1
1977	6	55	18	50.0	2	0
1978	6	34	13	30.8	3	0
1979	5	17	2	100.0	1	0
1980	6	22	5	20.0	0	0
1981	6	25	4	20.0	0	0
1982	5	21	7	28.6	0	0
1983	6	59	10	70.0	1	0
1972〜1983年の平均	6.2	37.3	9.8	43.8		

注) 1年あたりのかけおちの数を変動させる要因は、雄の数と青年後期雌およびRM雌の性皮腫脹期の数である。ここでは、発情が妊性か不妊性かを区別していない。
a. 分析可能なデータが2カ月分しかないので、除外した。

リーキーが、腕のばしと雄の誘いかけ姿勢で、オリーをかけおちに誘っているところ。ペニスが勃起していないことに注意。オリーの娘で小児のギルカが、母親に寄り添いながら近づいている（H. van Lawick）。

雄には，雌の周排卵期直前に短いかけおち関係を持つことを好むものと，周排卵期以外の周期にある雌を引っ張り出して，非常に長期にわたる関係を持つ傾向のものとがいる。順位が非常に高い雄や緊張した順位関係をもっている雄は，短いかけおちを好むか，あるいはかけおちすることをあきらめるのが普通である。このことは，あとでまた触れる。

開始　かけおちを成功させるために雄がまずやらなければならないことは，雌を説得して他のおとな雄から離れた所，すなわち遊動域の周辺部まで自分と一緒についてこさせることだ。これは以下のような求愛の信号でおこなわれる。凝視，毛を逆立てる，枝ゆすり，体ゆらし，そして腕伸ばし。これらの行動に雌が反応して接近してくれば，雄は立ち上がり，肩ごしに振り返って雌がついて来ているのを確かめながら歩き去る。もし雌が反応しなければ，中断してもう一度呼びかけを繰り返す。なおも雌が拒み続けていると雄の行動は荒々しくなり，雌に向かってディスプレイをしたり，雌の回りを回ってディスプレイしたりする。ときには雌を攻撃することもある。この種の行動を，わたしはクンマー（Kummer, 1968, p. 36）にならって囲い込みと呼ぶが，要するに，「遠くに離れすぎた相手に懲罰を加えること」である。

もしある雄が，性的受容期の雌との排他的な交尾権を確立することに成功し，雌が排卵するあいだ連れ添う唯一の雄となることができたら，その雄は生まれくる子どもの父親となるための格好のチャンスを手に入れたことになる。もし雄が，雌の性皮が最大腫脹しているあいだだけ雌を連れ出すことができれば，コミュニティー遊動域の中心部からほんの数日間離れるだけでよい。これは次の三つの点で，雄に有利である。

(a)　この期間，雌との近接を維持したり雌が自分を避けないようにすることは，たいして難しいことではない。ひとつには期間が短いから

であり，また，性皮の膨らんだ雌はそうでない雌より雄と一緒にいたがるからである。

(b)　隣接コミュニティーの雄はかけおち中の雄を攻撃し，雌をさらっていくかもしれないが，そういった雄に出会うことは少ない。

(c)　コミュニティーの中心に戻ったとき，他の雄からの攻撃にさらされる危険を最小限にすることができる。長いあいだ留守にすると，他の雄から攻撃されることがある。

しかし，いつもこの最適な時期に雌を連れ出せるというわけではない。雌が周排卵期に近づくにつれて，他の雄との競合は強くなる。したがってかけおち志望の雄は，他の雄との関係という障害に直面するだろう。

性皮の最大腫脹と排卵の時期を通じて，性的パーティーにとどまる雌もいるが，これには二つの理由が考えられる。(a) どの雄も，その雌とかけおちすることを望んでいないから（グレムリンのような若い雌の場合はこれだろう），(b) どの雄も，その雌とかけおちすることができないから。後者の場合，理由はいろいろあるだろう——いわく，最優位雄が所有行動を見せたから。いわく，雌が協力することを拒否したから。あるいは，ほとんどすべての雄が競争関係にあって緊張のレベルが高いため，かけおちする機会がないから（1963年と1967年のフローの場合もそうだし，パラスとノウプの場合もほぼまちがいなくこの理由だろう），などなど。非常に多くのかけおちが，雌の性皮膨張期や，まったく膨らんでいないとき，あるいは最大腫脹が沈静化して性皮がしぼんでしまったときに開始されるが，それはおそらく最後の理由によるのだろう。全部で258例のかけおち（1966-1983年）のうち，39.5％が性皮の最大腫脹した雌とのあいだのもので，20.5％は性皮の全然膨らんでいない雌とのもの，16％は膨張期，12％は性皮のしぼんでしまった雌，12％がすでに妊娠した雌とのものだった。

かけおちを開始する雄の手口はそのときどきの状況によって変わる。雌が性周期のどの段階にあるか，そのとき他に誰がいるか，雄自身の性格，そして何より雌がかけおちを望んでいるかどうか。性皮が膨らんでいる雌，とくに受胎可能期にある雌は，発情雌を含むパーティーにいると思ってまちがいない。こういう場合，かけおち志望の雄が成功しようと思ったら，あらんかぎりの手練手管を駆使しなければならない。それだけやっても，成功するのは雌に協力する気があるときだけである。このようなときは，低順位雄がみせる所有行動が重要になる。低順位雄は雌のそばにぴったり寄り添い頻繁にグルーミングをする。こうすることで，それ以外の方法をとったときよりも高い頻度で交尾ができる（青年後期のゴブリンとパラスがそうだった）。それだけでなく，集団内の状態を注意深く監視していれば，雌を連れ出す絶好の機会を利用することもできる。

テュティン（Tutin, 1975）は，次のような成功例を記述している。おとな雄のサタンが発情していたミフに対して所有行動をとっていた。チャンスは休息の後にやってきた。ミフはサタン以外の雄が見えなくなるまで動かなかった。ミフが立ち上がって皆の後を追おうとした。と，そのときサタンが脱兎のごとくミフの前にやってきて，前に立って移動し始めた。頻繁に後ろをチラチラと見ながら……。38分後，ほかの雄たちが，怒濤のようなパント・フートの嵐を発した。しかし，すでに500mもはなれ，サタンとミフの機先を制することはできなかった。ミフは声の方を見て，それから座って枝ゆすりをしているサタンを見つめた。ちょっとの間があってミフはサタンに近づき，サタンに従って行った。ふたりは稜線を越え，隣の谷へと消えていった。ミフは他の個体の呼び声を聞いてそっちを振り向くまで，サタンの意図に気づいていなかったのかもしれないとテュティンは推測し

ている。彼女がサタンに協力する意志を示したのはその声を聞いてからなのだ。もし彼女が大声を出していたり，ついていくことを拒否していたら，かけおちは未遂に終っただろう。ミフの声は確実に他の雄の注意を呼び起こしただろうし，悲鳴でもあげればサタンは彼女の反抗に対し，懲罰を下していただろう。

発情している雌はパーティーの他のメンバーより巣を作り始めるのが遅い傾向にあるが，サタンは2回ほどこの事実を利用したことがある。他の雄が巣を作るためにいなくなってから，サタンは採食しているお目当ての雌に枝を振った。彼女がちょっとついてくると，サタンは彼女を連れ，ふたりは近いところに巣を作った。翌朝サタンは早起きをして，彼女が巣から出るまで彼女に向かって枝をゆすった。それから，他のチンパンジーとは反対の方向に彼女を連れて行った。ここでもまた，雌が協力してくれたからこそサタンは目標を達成できたのである（Tutin, 1975）。1984年にも，サタンは同じように夜討ち朝駆けで口説いた。そのときは（性皮腫脹のあいだで，発情していない）フィフィが口説き相手だった。

発情雌を他のチンパンジーから引き離すのにとりあえず成功した雄は，他の個体の声が届かない所までできるだけ早く離れる。ふたりが後にしたパーティーからの呼びかけに対して雌が反応すると，危険を招くからだ。ミフは音のする方を向いただけで，反対方向にゆくサタンについてきた。しかし，かけおち雄に付き従っていた雌が，近くで声を聞いたとたんに方向転換して急速に移動した例も4回観察されている。いずれの場合も，雄はかけおちを続けようとはせず，雌のなすがままにさせていた（Tutin, 1975）。また，かけおち雌が自分でパント・フートを出して応えたこともあった。このような雌の声に反応してほかの雄たちが現れた場合は2例観察されている。いずれの場合も，彼ら

はかけおち雄を攻撃した（McGinnis, 1973）。近くでパント・フートが聞こえたときに性皮の膨らんだ雌が応えると，かけおち雄がとんで逃げた例が3回あるが，これはきっと攻撃されるからであろう。

　かけおちの開始期で，コミュニティーの集中利用域から雌を連れだそうと雄がやっきになっているときは，雌も逃げようとすることが多く，雄も一番攻撃的である。エバレッドがウィンクルとかけおちしたとき，彼女は性皮が半分膨らんだ状態だった（このかけおちは，結局は妊娠に成功したと思われる）。彼女を連れてリンダ渓谷を（カサケラからルタンガまで；図16.3）渡るのに5時間かかり，その間エバレッドはウィンクルを6回攻撃し，うち2回は激しいものだった。また，ファーベンがパラスを強制連行してルタンガ渓谷を一緒に越えようとしたときも，異常なまでに激しい攻撃があった。これはテュティン（Tutin, 1975, 1979）によって記述されている。ハンフリーがノウプを強制連行したときの様子は，ワード・ピクチャー16.2に描いてある。パラスもノウプも性皮は平らな時期だった。この時期には他の雄との競合関係は問題にしなくていいが，雌に自分の後をついて来させるのが一苦労となる。

　テュティン（Tutin, 1975, 1979）は，雄の先導行動に見事な個体差があることを発見した。ヒューゴーとファーベンは移動中に雌が遅れるとせっかちになりやすく，すぐ枝をゆすったりディスプレイをしたりする。フィガンとサタンはもっと我慢強い。たとえばフィガンは，かけおち相手のパティがシロアリ釣りをしているあいだ40分ものんびり待っていたことがある。5年後の1978年になっても，フィガンはまだかけおち中に一番寛容な雄だった。ほかの雄たちはこれらの中間である。ミスター・ワーズルは，長く寛容な待ちの時期と，突然の攻撃の発作の時期が交互にくる。あるとき彼は，南の方にか

けおちしようとオリーを説得していた。頭上の昼寝用の巣の中でオリーが居眠りしているあいだ，彼は地上で静かに待っていた。刻々と時が過ぎ，上を見て，手に一杯の草を振り，端から端までのっしのっしと歩き出した。が，オリーは目を開けただけで静かに唸り声を発すると，また眠りだした。23分たった。突然，ワーズルの毛が逆立った。跳び上がってふんぞり返り，大股に歩き，勢いよく枝をゆすった。暑い太陽の下，彼はすぐ汗だくになった。オリーは咳こむような唸り声を発したが，まだ巣の中にいた。3分後，ワーズルが体を振り上げて彼女を攻撃した。結果は，悲鳴と咳こむような吠え声の阿鼻叫喚——そしてオリーはただちにおとなしく従い，これはそれから1時間続いた（P. McGinnis, 未発表フィールド・データ）。

　雄のリーキーは2頭の雌を従わせようとしたことが2回ある。1度目は彼が座って採食しているところにフィフィが来た。彼女は，リーキーとの交尾頻度が一番多い雌である（McGinnis, 1973）。彼はフィフィに向かって枝を1度ゆすった。彼が連れ出しに成功しないうちにオリーが現れた。彼女はリーキーとの交尾頻度が2番目に多い雌である。と，リーキーはオリーに向かって枝をゆすりはじめた！　彼は両方の雌に交互に枝ゆすりと凝視をして，ふたりとも連れだそうと試みた。ふたりとも気がのらないようだった。彼は緊張度を増し，突然フィフィを攻撃したが，フィフィはちょうど彼の方に走りよってきたところだった。オリーは急いで逃げた。リーキーはそれに気づくと，最後にオリーを見たところまで全速力で戻り，木に上り，あらゆる方向を探した。フィフィはそのすきにそっと消えた。リーキーは2頭の雌を捜すのに10分間費やして，結局あきらめた。2度目もほとんど同じである。しかしそのときは，オリーだけがからくも逃れ，リーキーはフィフィを連れて去った。

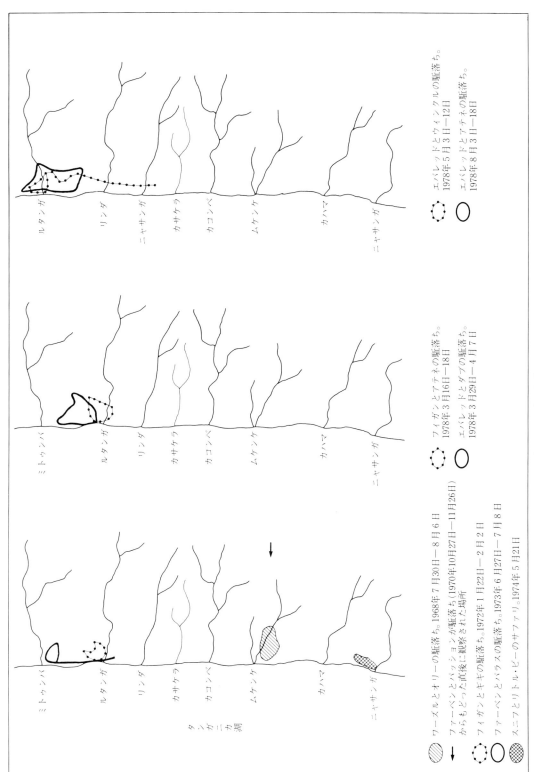

図16.1　1968年から1978年に観察されたかけおちの位置

排他的関係　かけおちの期間は，連れの雌が性皮の膨らんだものであれしぼんだものであれ，受胎可能であれ不可能であれ，血縁関係にないおとなの雄と雌が常になく親密な関係にあるときである。最初にかけおち行動が詳細に記録されたのは，1968年のミスター・ワーズルとオリーである。パトリック・マクギニスは，6日間このペアを追跡したが，かけおちはさらに3日間続いた（未発表フィールド・データ）。これ以来，6日間以上追跡できたかけおちは7ペア，もっと短期間の追跡は25ペアである。しかし，かけおち期間中を完全に追跡できたのは，1973年のファーベンとパラスのペアだけである。エバレッドとウィンクルのかけおちは性皮の最大腫脹の期間を通して観察したが，そのあと見えなくなってしまった（2日後に現れたときはウィンクルの性皮は平らになっていた）。

　かけおちに使う遊動域がひとたび決まってしまえば，そのペアの雄雌関係は通常は穏やかなものとなる。雌はいつもより従順になる。これは，慣れない地域にいるため雄の近くにいる必要があると感じているからである。突然何かの物音（たとえば，見知らぬものの声とか通りすがりの漁師の音など）がすると，雌は雄のところに走りよってふたりで抱き合い，キスをすることがしばしばある。雌をコミュニティー雄の耳の届かないところへ連れ出すのに成功した雄は，たいていは非常に穏やかになり，少なくともかなりの時間，自分の動作を雌のペースに合わせようとする。

　オリーを南に連れ出したミスター・ワーズルは，夕方遅くに彼女が採食を始めるまで仰向けに寝ながら彼女を見つめ，自分の頭の上で枝をゆすって辛抱強く待っていた。彼女を連れ出して約1時間後，暗くなり始めてからやっと彼は命令的になり，毛を逆立てて木にかけのぼった。オリーはすこしついていったが低いヤシの木に巣を作った。周囲15m以内にある木ではこのヤシだけが巣作りに適していた。ワーズルはオリーの近くにいるために，そのヤシの木の葉っぱを使って地上に寝なければならなかった。これは，（木に上れないほど重い病気の場合はのぞいて）ゴンベのチンパンジーが地上で夜を過ごした唯一の例である。

　かけおちのあいだにはくつろいだグルーミングが多くみられる。グルーミングされる時間は雌より雄の方が長い。雌が子連れの場合にはしばしば子どももグルーミングに加わる。また，雄を含めた遊びが見られることもたまにある。母親は子どもの世話に没頭していると雄に対して従順でなくなるが，そのために雄が子どもを攻撃したという記録はない。

　十分に観察されたかけおち8例のうち，雌の性皮が大きく膨らんでいたのはただ一つ，ウィンクルとエバレッドの例だけである。この2頭の交尾はあまり多くなく，1日に4回というのが最高記録である。エバレッドの交尾関係でとくに興味深いのは，ほかのかけおち相手の雌ダブとアテネが，2頭とも妊娠中で発情していなかったことである。前にも述べたように，エバレッドはほかにも性皮の膨らんでいない雌と交尾している。非発情雌が，雄から（めったにない）性的要求を――多くは，再会の興奮のときに――受けると，たいてい悲鳴を発して恐怖に満ちた服従行動をとる。ところが，エバレッドのかけおち相手のアテネとダブはおとなしかった。アテネとダブの行動は，成功したかけおちに典型的な穏やかな関係を示している。

　テュティン（Tutin, 1975）によって詳しく記述されたファーベンとパラスのかけおちは，この点で普通ではないようだ。2頭の関係はほとんど常に緊張しており，ファーベンは自分の雌に対して非常に攻撃的だった。パラスはかけおちの期間中発情せず，ファーベンについていくのをとてもいやがった。パラスをそばにいさせるために，ファーベンは13日間にわたって極度に

攻撃的な囲い込みをした。彼はかなり頻繁にパラスをグルーミングした。そして通常のかけおち雄とは異なり、自分をグルーミングするようパラスに強要した。かけおちの最後の3日間、ファーベンはますます高圧的になり、ぴったり寄り添うことをパラスに強制した。おかげで最後の日には、パラスはどこにも行きたくないほどになってしまった。移動を開始するときに、ファーベンは良い方の腕を彼女にからませて彼女を押さなければならなかった。

かけおち中の遊動域　かけおち中の2頭が直面する危険のひとつは、敵対的な隣接コミュニティーと出会うことである。図16.1は、十分観察された8例のかけおちに使われた地域を示したものである。コミュニティーの（当時の）遊動域内にとどまっていたのはワーズルとオリーだけで、ほかのペアは、カサケラ・コミュニティーの遊動域とミトゥンバ・コミュニティーの遊動域が重なっている北の方を使っている（ファーベンとパッションは、南西へのかけおち（推定）から戻ってきたところが観察されている。図参照）。エバレッドとフィガンはふたりで、ミトゥンバの湖岸近くの釣り小屋のあたりにかけおちの遊動域を定めた。人に慣れていないチンパンジーが人家近くまで来ることはないので、彼らの選んだところは非常に安全な場所といえる。

かけおち中のふたりはめったに声を出さない。これは自分たちのコミュニティーのほかのメンバーから存在を隠すためでもあるが、隣のコミュニティーから身を隠すことのほうが重要なのかもしれない。実際、いくつかのかけおちのあいだ、ミトゥンバ・コミュニティーのチンパンジーのものと思われる声をよく聞いた。こういった声が、700mとか800mよりも遠いところから聞こえてくるときは、チンパンジーはそっちの方をちょっと見るだけでそれ以上の注意は払わない。見もしないこともある。しかし、もっ

と近くから聞こえるときは静かに、そしてすみやかに反対の方向に移動する。つまり、自分たちの集中利用域のほうに動くのである。

よそものとの遭遇が実際に観察されたのは、エバレッドとアテネのかけおちのときだけである。人に慣れていない母子のペアが計4回見られ、そのうち2回は、エバレッドによる攻撃があった。1度はエバレッドが非常に強く攻撃し、その雌はびっこをひいて大量に出血しながら逃げた。別の遭遇のときは、2頭の雌が相手だった。そのうちの1頭は、アテネの息子で11歳のアトラスを追いかけて攻撃したが観察者の存在に気づいて逃げてしまった。このかけおちのあいだは他個体との遭遇が多かったが、これは湖岸の大きなイチジクが実っていたためである。チンパンジーはそこに採食に行って互いに遭遇したようだ。

このように遊動域周辺でのかけおちはかなり危険な場合もあるが、これについては次章で述べる。デはカサケラとカハマの境でカサケラの雄から致命的な攻撃を受けた。当時彼はリトル・ビーと一緒に遊動していたので、ふたりでかけおちをしていたのかもしれない。移入雌のハーモニーは、集中利用域にいないとき北部のミトゥンバとカサケラの周辺部で敵と遭遇した。このときは明らかによその雄とかけおちの最中だった。カサケラの雄がディスプレイをすると雄は逃げた。ハーモニーはそのとき発情しており、攻撃されてしっかりと囲いこまれ、南方にもどっていった。

終　了　13日間にわたるファーベンとパラスのかけおちは次のようにして終わった。ファーベンがパラスを攻撃したときに、彼女が発した悲鳴に対して近くにいた3頭のカサケラ雄からのパント・フートが聞こえた。雄たちがふたたび叫んだときファーベンはもう1度彼女を攻撃したが、近づいてくる雄から彼女を引き離そうとはしなかった。雄のうち1頭はファーベンの

弟のフィガンだった。5頭のチンパンジーはその日の残りを一緒に過ごした。ファーベンはパラスの近くにいたが，彼女を連れ出したり囲いこんだりする素振りは見せなかった。ハーモニーとミトゥンバ・コミュニティーの雄とのかけおち（推定）も，他の雄がやってきて終りをつげた。この場合は，よそのコミュニティーの雄がやってきたことになる。

1963年にゴライアスが，人に慣れていない雌と一緒にキャンプにやってきたことがあった。その雌は発情していた。彼女はわたしとテントを見て明らかにおびえ，急いで逃げた。ゴライアスはすっとんで彼女を追いかけ，攻撃し，バナナの待っているところへ彼女をつれもどそうとむなしい努力を重ねた。彼女は彼についていくことを拒否した。ゴライアスはディレンマの板ばさみにあった。キャンプに続く斜面を降りかけては向きを変えて急いで引き返し，雌がそこにいるのを確認する──これを交互に5分間続けた。そして，腕いっぱいの果物を集めるあいだ雌をひとりにしておいたため，ゴライアスはまたとない幸福を自ら手放してしまった。雌はこのあいだに，こっそり消えていなくなった

のである。雄が食べるのに夢中になっているあいだに雌が忍び去ったのを，マクギニスとテュティンが目撃していた。かくして，かけおちの試みは終ったのである。

訪　　　問

ゴンベへの訪問者は人に慣れておらず，彼らの配偶様式はよくわかっていない。普通は，（アレン（Allen, 1981）のいう「よそもの雌効果」によって）訪問者は雄たちにもてるようで，性的集団の中心になることもしばしばあるようだ。しかし，雌のミーザが青年後期にミトゥンバを訪れたときは，性皮が最大腫脹の時期にまったくひとりでいるのが観察されている。われわれが見たところ，雌が隣接コミュニティーの雄とかけおちすることもあるようだ。エバレッドはミトゥンバ所属の雌とかけおちしたのが観察されているし，ハーモニーがカサケラに移入した後で，ミトゥンバの雄と一緒に移動していたのも観察されている（おそらくかけおち中だったのだろう）。ただし，こういった場合，雌が雄のコミュニティーを訪れるのか雄が雌の方を訪れるのか，よくわかっていない。

────────ワード・ピクチャー　16.1　おとな雌パラスの性皮最大
腫脹期のひとこま，1976年11月22-29日

この時期にパラスが妊娠したことはほぼ確実である。したがって彼女の受精能力は高かったといえる。パラスに付き従っていた雄は，1頭をのぞいてカサケラの雄全員である。その1頭とはサタンだが，彼も北部での他の雌とのかけおちから戻ると，姿を現した。性を目的とするこの集合の毎日の大きさと構成を図16.2に示した。また，終日追跡できた6日間の遊動ルートは図16.3に示してある。

こういう出来事は，おとな雄間の階層的順位序列が不安定なときによく起こる。ファーベンの死後，当時のフィガンは最優位の地位を再び築く途中だった。この集合を追跡していた8日間に攻撃的な出来事が169例あり，そのうちの20例で実際の攻撃が観

察された。うち13例は成熟した雄同士のものだった。1時間あたり1.7回の攻撃的行動と，0.2回の実際の攻撃という計算になる。この時期に記録されたパラスの交尾は84例，相手はおとなの雄が5頭，青年後期の雄が2頭である。パラスは1日の大部分を木の上で，休息したり採食したりして過ごした。おとなの雄たちは，採食していないときは下の地面に座って，ひっきりなしにパラスの方を見ていた。1頭の雄が毛を逆立てペニスを勃起させながら木に上って彼女に近づくと，この行動をきっかけに怒濤のような興奮と攻撃の嵐がたびたび起こった。おとな雄はあちこちで互いにディスプレイをし，攻撃し合い，狂乱の中で接触による安心を求める。抱き合い，キ

スをし，叩き合う。混乱が続くあいだ中，悲鳴とワワアワいう吠え声が，当事者だけでなく，そこにいる個体みんなから発せられる。似たような出来事があまたある中から，典型的なエピソードをひとつ選んで行動を記述してみよう。これは11月27日，パラスの腫脹減退が始まる4日前の出来事である。

10時23分，エバレッドが木に上ってパラスに求愛する。毛を逆立てたフィガンが木に近づく。パラスはうずくまって交尾姿勢をとるが，エバレッドはフィガンが気になるのか交尾しない。そのかわり矛先を変えて，（だいたいいつもパラスのすぐそばにいる）ゴブリンを攻撃する。エバレッドはゴブリンを地面まで引きずり降ろし，ディスプレイをして去って行く。フィガンにハンフリー，ジョメオ，シェリーが加わって，みんなディスプレイをしながらパラスに殺到する。フィガンがパラスに近づくと，ジョメオがフィガンに飛び乗り，1回踏みつけて，ディスプレイをして去る。このあいだに，ハンフリーとエバレッドがけんかを始めた。フィガンが矛先を変え，今度はシェリーを攻撃する。サタンはこの混乱に加わらず，ひとりですわっている。ジョメオが（フィガン，ハンフリー，シェリーも同じく）うるさい悲鳴を出して木から跳び下り，ゴブリンに向かって突進し，攻撃する。シェリーがエバレッドの方を向き，互いに抱き合う。別の枝ではハンフリーとフィガンが抱き合い，キスをしている。騒ぎはおさまってきた（観察者：E. ムポンゴ）。

8日間に見られた84例の交尾のうち，フィガンの交尾は8％だけである。一番年をとっているハンフリーが一番多く，31％を占めている。シェリーとジョメオはフィガンと同じくらいで，若干年上のエバレッドは交尾頻度も若干多い。青年後期のゴブリンは，パラスの近くにずっといるという面白い行動をとった。他の年長の雄が下にいるあいだも，彼は木の上でパラスのそばに座っていた。彼の交尾は12例観察された（全観察交尾の14.3％）が，おとな雄がけんかしたりディスプレイをしたりで混乱しているあいだに，もっと交尾をしていたかもしれない（パラスが1973年11月に発情したときも，ゴブリンはまったく同じ行動をとった。このときはテュティンが観察していた。ただし残念ながら，1973年と1976年の出来事を同列に比較することはできない。1973年のときパラスは妊娠3カ月であり，交尾頻度は高かったが，雄たちは1976年ほど性的関心を示さなかったからである）。

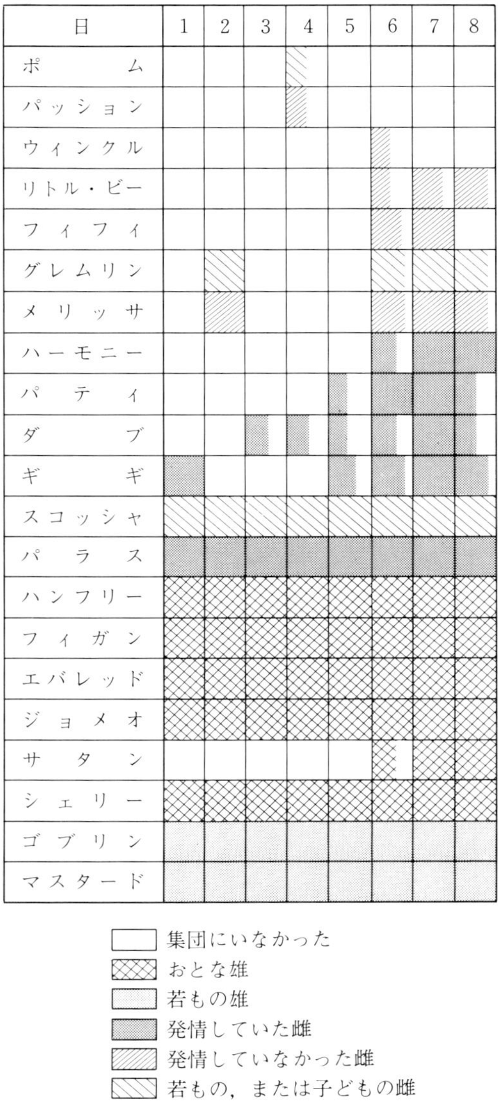

日	1	2	3	4	5	6	7	8
ポ　ム								
パッション								
ウィンクル								
リトル・ビー								
フィフィ								
グレムリン								
メリッサ								
ハーモニー								
パ　ティ								
ダ　ブ								
ギ　ギ								
スコッシャ								
パ　ラ　ス								
ハンフリー								
フィ　ガン								
エバレッド								
ジョメオ								
サ　タン								
シェリー								
ゴ　ブ　リン								
マスタード								

- ☐ 集団にいなかった
- ▨ おとな雄
- ☐ 若もの雄
- ▨ 発情していた雌
- ▨ 発情していなかった雌
- ▨ 若もの，または子どもの雌

図16.2 両性を含む大パーティー（集合）に参加した個体数の，日変化。このパーティーは，1976年11月に8日間追跡・観察された。集合の中心は発情中の雌パラスで，大変もてる雌である

475——性行動

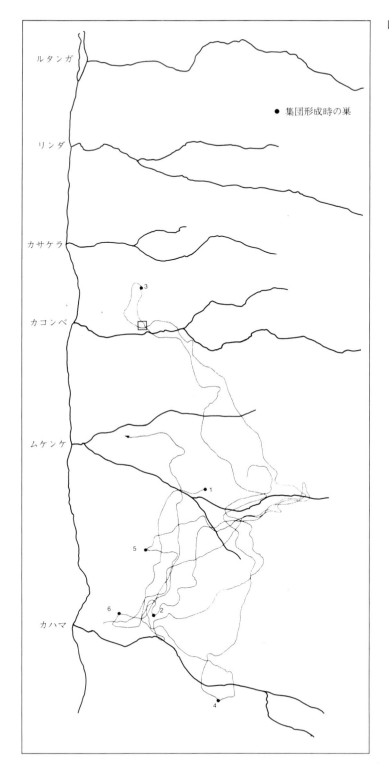

図16.3　1976年11月のパーティの移動ルート。追跡できた8日間のうち6日分を示してある。巣の数字は通し番号。白抜きの四角はキャンプの位置

━━━━━━━━━━ワード・ピクチャー　16.2　ハンフリー，ノウプをかけおちに誘う，1979年11月

1979年11月1日　シェリーとノウプが10日間のかけおち（推定）を終え，カサケラ・コミュニティーの遊動域の中心部に戻ってきた。このあいだにノウプが妊娠したのはほぼまちがいない。ノウプは性皮の最大腫脹でかけおちに入り，平らになって戻ってきた。戻ってきたその日に，ハンフリーが力づくでノウプを北のルタンガ渓谷に連れて行こうとした（彼女がそこに行ったばかりだったことはほぼ確実である）。キャンプから例の渓谷の南側の斜面までの比較的短い移動（約2km）に，8時間もかかった。このあいだ，枝ゆすりが独立に15回あり，彼女がいやいやついてくるまで10分間枝ゆすりを続けていたこともあった。また，彼女の回りで激しくディスプレイをして枝で強く叩いたことも3回あった。ここまでするとさすがに，ノウプはハンフリーのところまでとんできた。そして咳こむような唸り声と金切り声をあげながらはいつくばり，彼の腹と腿にキスをした。彼女を連れていく山もいく谷も越えるのは，並み大抵の苦労ではなかった。少し見晴らしの良い高台に着くたびに，ノウプは立ち止まってコミュニティーの集中利用域の方を振り返り，ハンフリーの狂ったような枝ゆすりやのっしのっし歩きを無視するのだった。多々ある遅れの中でハンフリーが一番激しく枝を振り回したのは，ノウプが7歳の娘ロリータを待っていたときだ。その子はシロアリを釣っていた。ノウプはハンフリーの求めに応じ子どもを残して彼について行った。しかし，いやいやながら何度も歩を休めながら100m移動すると，立ち止

まってロリータの方を振り向いた。ハンフリーののっしのっし歩きが激しくなり，ノウプは哀訴の声を出しはじめた。ハンフリーの我慢ももうこれまでかというとき，ノウプは彼に駆け寄って悲鳴を発し，後に従った。それでも哀訴の声を出しながら，繰り返し繰り返し肩ごしに振り返っていた。やがて，母親を探すロリータの大きな叫び声が遠くから聞こえた。ノウプはわが子の方へ戻りだしたが立ち止まってハンフリーを見つめ，彼に駆け寄って悲鳴を発し，抱擁した。やっとロリータが来た。彼女は母親の胸に飛び込み，7歳なのに長々とおっぱいを吸い始めた。このあいだ，ノウプはハンフリーの呼び出しを完全に無視し，わが子を一心不乱にグルーミングしていた。授乳が終るまでハンフリーの方は見なかった。

午後5時45分，ハンフリーが花を食べているあいだ，ノウプは葉のついた枝を何本か古い巣に加えて横になった。今度はロリータは母親と一緒で，横で大の字になっておっぱいを吸い始めた。午後6時ちょうど，ハンフリーは地面に降り，座ってノウプを見上げた。一度草をひとつかみ振って，それからノウプを見つめた。午後6時15分，彼はかけおち相手の巣から5mの所に自分の巣を作り，そこで夜を過ごした（翌日はこのペアを追跡できなかったが，ノウプがこの後すぐに逃げたのは確実である。ハンフリーは3日後に，カサケラの他の雄たちと戻ってきた）。

近　親　相　姦

ニホンザル（Imanishi, 1965; Enomoto, 1974），アカゲザル（Sade, 1968; Missakian, 1973），オリーブヒヒ（Packer, 1979）では，おとなになっても出生群にとどまっている近縁個体間での交尾は，まれである。これは，チンパンジーでも同様である（Goodall, 1968b; Tutin, 1979; Pusey, 1980）。

性的に成熟した雄とその母親とのあいだの近親相姦的配偶が極端に少ないことは，表16.2からわかる。フィガンとファーベンは，母親フローの5回にわたる発情のうち少なくとも何回かは母親と一緒にいたが，交尾をしようというそぶりすら見せなかった。1963年と1967年のフ

477──性　行　動

表16. 2　母親とその息子（おとな）との交尾頻度

母	息子	息子の年齢	母親と息子が一緒にいた性周期の数	交尾頻度	
				交尾あり	交尾の試み
フロー	ファーベン	16	2	0	0
		20	1	0	0
		22	2	0	0
	フィガン	14	1	0	0
		16	2	0	0
オリー	エバレッド	15	4	0	0
スプラウト	サタン	18	2	1[a]	0
メリッサ	ゴブリン	19	2	1[a]	3
		20	2	1	1
ノウプ	マスタード	16	2	0	0

a．母親が激しく抵抗し，悲鳴を発して射精前に逃げた。

ローの発情時に交尾しようとしなかったのは，彼らだけである。実際彼らは，フローの存在に対して性的に興奮している兆候をみじんも示さなかった。このことは，エバレッドと彼の母，オリーとの場合にも当てはまる。

　テュティンは，サタンが母親のスプラウトと交尾しているのを観察した。スプラウトは逃げようとしたが，サタンは母親を高い木のてっぺんまで追い詰めた。彼女は服従はしたが悲鳴を発し，射精の前に跳んで逃げた。ゴブリンも19歳のときに，母親のメリッサに対して性的な関心をよく示した。彼の最初の交尾が観察されたのは，彼女が双子を出産した後の最初の性的活動期で，腫脹減退（deflation）の2～3日前だった。ゴブリンがメリッサを呼び出したとき，彼女は拒否した。ゴブリンは枝ゆすりを繰り返し，2回ほどメリッサをちょっと追いかけた。それから彼女の背中を3回踏んで，すぐにあきらめた。翌日も，ゴブリンがメリッサを追いかけるのが観察された。このときは彼女は止まり，しゃがんで交尾姿勢をとった。しかし，ほんの2～3回ピストン運動があったところで彼女は逃げてしまい，射精にはいたらなかった。もういちど弱い攻撃があったが，彼女は逆にくってかかり（前もそうだった），難をまぬがれた。それから木の上に避難した。彼は木を見上げ，枝

を彼女に向かってゆすった。が，いかんせん彼女はとても高いところにいた。その1分後，彼はあきらめた。メリッサがその次に発情したときもゴブリンが彼女を呼び出しているのが観察された。しかし，彼女が走って行ってしまうと固執はしなかった。

　翌年メリッサは流産をして，性周期を再開した。2度の性皮腫脹のあいだ彼女は毎日雄に追いかけられていた。ゴブリンは1度だけ，メリッサの最初の発情のときに彼女を呼び出していたが，彼女が避けるとすぐにあきらめた。しかし1カ月後，ディスプレイをして彼女を木に追い上げた後，首尾よく彼女との交尾に成功した。

　われわれは何年ものあいだ，5頭の青年後期または性成熟した雌と，（推定または確実な）その兄との性的関係のデータを集めてきた。ミフとペペ，ギルカとエバレッド，ギギとウィリー・ワリー，フィフィとフィガン，フィフィとファーベンである。これら兄妹間の交尾はきわめて少なかった。ミフが兄と交尾していたことがあるが，彼女はまったく静かだった。彼はほとんど彼女に性的関心をもっていなかった。ギギの兄と推定されるウィリー・ワリーがギギに交尾を求め，ギギが攻撃したことがあった。しかし別のときには，彼女は騒ぎたてずに受け入れた。ギルカは性皮が膨らんだとき，兄エバ

ファーベンが目を半分閉じて、フリントとゴブリンを無視しようと努めている。2頭とも、ファーベンとフィフィ（ファーベンの妹）の交尾を妨害している。フィフィは交尾時の悲鳴を発している（H. van Lawick）。

レッドに集中的に追いかけられていたが、交尾は観察されなかった。エバレッドは控え目な性的関心を彼女に3度示したが、彼女が行ってしまったら追いかけなかった。ピュジー（Pusey, 1980）によれば、これら3頭の雌が兄弟と一緒にいる時間は、最初の発情の後で有意に下がっている。

フィフィは初めて性皮が膨らんだとき、青年後期および成熟したすべての雄と交尾したが、2頭の兄、フィガンとファーベンとはしなかった。フィガン（13歳）がこの段階ではフィフィに性的関心を示さなかったのに対し、ファーベン（推定19歳）は毛とペニスを立てて彼女に接近したことが2度あった。フィフィはほとんどの求愛者の性的行為には喜んで応えていたのだが（Goodall, 1971）、ファーベンに対しては2度とも悲鳴を発してあわてて逃げた。しかし彼女の8回目の発情のときには、フィガンもファーベンもフィフィと交尾しているのが観察されている（フィガンは1回、ファーベンは2回）。彼女はファーベンからは逃げようとしなかったけれども、フィガンが近寄ってきて求愛すると、悲鳴を発して木から飛び降りようとした。フィガンは後を追い、つかまえたが、彼女は交尾姿勢をとらなかった。彼女が悲鳴を発しながら木にぶら下がっているときに、彼はやっとのことで交尾にこぎつけた。フィフィの2年間にわたる青年期不妊のあいだ、フィガンはたった4回しか彼女と交尾せず、ファーベンは7回だった。

出産とそれに続く5年間の授乳期間が終わる

表16.3 母親が同じ兄妹間の交尾頻度。比較のため，成熟雄と血縁関係にない雌との交尾頻度（同時期に観察されたもの）もあげてある

雄		雌		雌の交尾観察例数	繁殖可能雄1頭あたりの平均	兄妹間の交尾		
名前	年齢	名前	年齢クラス			観察数	抵抗回数	抵抗が成功した回数
フィガン	14	フィフィ	青年後期	250[a]	14.0	1	0	0
	22		最初の出産と2度目の出産の間	38	6.2	1	0	0
	27		2度目の出産と3度目の出産の間	154	22.0	12	7	5
ファーベン	20	フィフィ	青年後期	250[a]	14.0	2	0	0
	28		最初の出産と2度目の出産の間	38	6.2	2	0	0
ペペ	16	ミフ	青年後期	100[b]	6.0	1	0	0
ゴブリン	16	グレムリン	青年後期	128	18.3	26	4	3

a．1967年から1968年のうちの4カ月（無作為）。
b．1967年から1968年のうちの3カ月（無作為）。

と，フィフィはふたたび性周期を開始した。彼女の観察は発情の4期間を通じておこなわれた。（まだ最優位だった）フィガンは，彼女と交尾した（またはしようとした）ことが17回見られた。そのうち5回は，彼女がしつこく拒んだのでフィガンはあきらめた。2回は，彼女が協力するのを拒んだものの，挿入できるまで彼もゆずらなかった。1度，威勢のいい求愛を1分以上おこない，勢いよく枝をゆすったために彼女が枝の下で動けなくなってしまったことがあった。結局，交尾のあいだ中，彼女の背中は枝に押さえつけられて動けなかった！ フィフィがこのように交尾をしつこく拒否することは，他のどの雄に対しても見られなかった。

6番目の兄妹ペア，ゴブリンとグレムリンの関係は異常だった。グレムリンがおとなになって初めて性皮が膨らんだとき，2番目に交尾相手になった成熟雄がゴブリンなのである。彼の求愛に対しグレムリンは何の抵抗も示さず，典型的なはいつくばり交尾姿勢をとった。続く7カ月のあいだ，グレムリンは規則的に性周期を繰り返していたが，彼女に対するゴブリンの求愛はさらに28回見られた。グレムリンはこのうち24回は最初の日と同じようにおとなしく受け

入れたが，あとの4回は彼女が大変取り乱し，悲鳴を発して性的交渉を避けようとした。1度，さんざん追い回して激しく攻撃したあとで，とにかく無理やり交尾したことがあった（数少ない「強姦」の一例である。ゴブリンが母親と交尾しようとしたときも，似た行動をとった）。あとの3回は，グレムリンは何とか避けることができた。グレムリンは他の雄の性的交渉に対しても抵抗することはあったが，そんなにしょっちゅうではなかった。ゴブリンの交尾の試みに対しては15.4％抵抗している（全部成功したわけではない）が，サタンには12.0％である。また，エバレッドとジョメオに対する交尾拒否はそれぞれ1回ずつだった。

表16.3は，4組の兄妹について観察された交尾頻度を示したものである。比較のために，成熟雄1頭あたりの調査期間中の交尾頻度も並べてある。フィガンとフィフィの交尾（または交尾の試み）は，フィガンが27歳のときに多くなっていることがわかる。また，ゴブリンとグレムリンの交尾観察例数は雄の平均回数よりたしかに多い（表16.4に示すように，ゴブリンの観察交尾回数はサタンとほぼ同じである。マスタード，アトラス，ハンフリーよりは少し多

表16．4　青年後期の２頭の雌が，コミュニティーの雄と（性皮最大腫脹期に）交尾した回数。この雄の中には父親の可能性のあるものもいる。雄の求愛ディスプレイに抵抗した回数も示した

雄	グレムリン			ミーザ		
	交尾観察例数	交尾抵抗回数	抵抗の成功回数	交尾観察例数	交尾抵抗回数	抵抗の成功回数
ゴブリン[a]	26	4	3	14	0	0
サタン	25	3	2	16	0	0
マスタード	20	0	0	2	0	0
アトラス	18	0	0	7	1	1
ハンフリー	17	0	0	[d]	—	—
エバレッド[b]	8	1	0	9	0	0
ジョメオ	6	1	0	9	0	0
フィガン[c]	7	0	0	4	0	0
計	127	9	5	61	1	1

ａ．グレムリンの兄。
ｂ．グレムリンの父親と推定される。
ｃ．ミーザの父親の可能性あり。
ｄ．ミーザが発情する前に死亡。

く，あとの３頭の年長雄よりはるかに多い）。

　父─娘の交尾，および父親が同じ兄妹のあいだの交尾は，抑制されていないと思われる。自分たちの関係を「知らない」からである。母─息子や母親が同じ兄妹間の近親相姦の回避には，一緒にいることからくる親しさが重要だと考えられるが，父─娘間や父親が同じ兄妹のあいだには，その強い結び付きがない。テュティン（Tutin, 1979）とピュジー（Pusey, 1980）は，非常に年老いた雄の求愛を若い雌がときどきいやがることを発見した。これは，近親交配をできるだけ避けるためのもうひとつの機構かもしれない，と彼女らは推測している。ところが最近，若い２頭の雌，グレムリンとミーザの性行動が観察できるようになってきたのだが，この２頭はほぼまちがいなくカサケラの雄の子をみごもった（グレムリンは確実であるし，ミーザもかけおち中なので，たぶん正しい）。グレムリンの父親と推定されるエバレッドは，グレムリンの性皮最大腫脹期８回のうち彼女と８回交尾をするのが観察された。彼女は，受精したと考えられる発情の期間中，集団状態で観察されることがほとんどだった。この間エバレッドが首尾よく交尾に成功したのは４回ある。ミーザは６回の発情が部分的に観察された。父親と思われ

るフィガンとの交尾は４回観察されている。グレムリンとミーザはふたりとも，年老いた雄たち──エバレッド，フィガン，ジョメオとの交尾をいやがる様子は見せなかった（グレムリンは各々１度だけ，エバレッドとジョメオを穏やかに拒否したが，すぐに受け入れた）。しかし，ジョメオが彼女らの関心を集めているとは思えなかった。表16．4に，グレムリンとミーザの交尾をまとめてある。

　母─息子および母親が同じ兄妹のあいだには，直接観察か推定かにかかわらず，かけおち関係はない。自分の母親や姉妹をかけおちに誘いだそうと試みた雄も，いない。父─娘関係はわからないので，父娘でどこかに行ったという可能性はある。しかし年老いた雄は，自分のコミュニティーの若い雌にあまり性的関心を抱かないことから考えて，このたぐいの近親交配の可能性は否定できるだろう。1966年から1983年までに観察または推定されたかけおちは258例だが，雄が，相手の雌の父親の可能性があるほど年をとっていたのは，そのうちの18％だけである。また，かけおちした雄はどれも，自分の娘ぐらいの年の雌を妊娠させていない（付表Ｅ２）。もっとも，年老いた雄が本当に若い雌とはかけおちしたがらないのかどうか，判断を下すには例

数がまだ少なすぎる。リーキーが推定31歳のときのお気に入りのかけおち相手は青年後期のフィフィであった。彼には若雌回避の傾向はなかった。

近親交配を回避するための機構のひとつは雌の移籍である（Goodall, 1968b; Nishida, 1979; Tutin, 1979; Pusey, 1980）。ゴンベではカサケラ・コミュニティーで生まれた雌が永久に出て行ったまま、ということはめったにない。しかし、ほとんどの雌は青年後期のあいだに隣接コミュニティーを訪問していると考えられている。そして、カサケラの子どもの中には、カサケラ以外の雄を父親にもつものもいるだろう。

同様に、父—娘間および父親が同じ兄妹間の近親交配も、雌の移籍によって軽減されている。しかしこれは、永久に移籍した雌にとっても確実なものではない。ある雌は、自分の母親が隣接コミュニティーを訪問したときに、そこの雄とのあいだにできた子どもかもしれないからである。その雌がそのコミュニティーを訪問したりそこに移入したときには、自分の父親がもし生きていれば、彼と交尾する可能性が高い。先にも述べたように、年長の雄はみな、若い訪問雌や移入雌に多大の性的関心を抱くからである。一方、自分と同じコミュニティーで育った雌にはそれほどの性的関心はもたないようだ。

父親となること

チンパンジーの妊娠期間は平均229.4日だから、赤ん坊の出産日がほぼ正確にわかっていれば、性皮腫脹のどの時期に受胎があったか推定することができる。また、受精直後の雌は性周期がいちじるしく不規則になることが多いし、それ以後性皮が膨らまない雌もいる。雌が妊娠するときの状態は次の三つが考えられる。(a) 発情雌を含むパーティー、すなわち集団状態で、コミュニティーの雄のほとんどかまたは全部に取り囲まれているとき；(b) 1頭の雄とかけおち中；(c) 隣接コミュニティーを訪問しているとき（集団状態・かけおち中もありうる）——の三つである。

受胎があるのは、まずまちがいなく周排卵期である。1967年から1984年までに観察または推測された周排卵期の雌の状態を、付表E2に示した。集団状態で受胎したのがおそらく16例、かけおち中が13例、隣接コミュニティー訪問時が6例である（それ以外の場合は、どのような状態だったか推定できるだけの情報がない。表には不明としてある）。雌が子をはらむ確率は、

集団状態とかけおち状態ではほぼ等しいように見えるかも知れない。しかし、もっと詳細にデータを分析してみると実はそうではないことがわかる。

付表E1には、カサケラの雌の（1976年から1983年までの）1年あたりの性周期回数が示してある。各性皮腫脹期における発情のピーク時の雌の状態がわかっているときには、それも示してある。8年間を通してみると、発情ピークの47.5％が集団状態であり、20.3％がかけおち状態、10％が訪問時ということがわかる。61例（22.2％）は、手持ちのデータでは発情ピーク時の雌の状態を決定できなかった。これらの数字は、観察期間中に性周期にあったすべての雌を考慮にいれている——つまり、排卵をともなわない性皮腫脹で、生理的に受胎不可能なものも含まれている。異なる配偶様式による繁殖効率を比較するのなら、これら不妊の性皮腫脹はすべてのぞくべきである。

表16.5は、発情のピークが妊娠可能な周期にあると推定される雌についてのみその状態を

表16.5 12頭の雌の周排卵期の状態。1976年から1983年までの8年間のデータ。集団状態・かけおち中・隣接集団を訪問中、の三つに分けた。この表の数字は、付表E1のデータから不妊の発情を除いたものである

年	発情雌の数	周排卵期の例数の合計	周排卵期の状態(%)				妊娠数		
			集団	かけおち	訪問	不明	集団	かけおち	訪問
1976	7	25	64.0	16.0	12.0	8.0	2	1[a]	0
1977	6	27	40.7	33.3	11.2	14.8	1	2	1
1978	4	9	66.7	33.3	0	0	2	2	0
1979	1	2	0	100.0	0	0	0	1	0
1980	1	3	100.0	0	0	0	1	0	0
1981	1	6	83.0	0	0	17.0	1	0	0
1982	3	14	28.5	14.3	42.9	14.3	2	0	0
1983	8	34	50.0	20.6	17.6	11.8	1	1	1
計	31	120	51.7	22.5	15.0	10.8	10	7	2

注）受胎時の雌の状態は統計的に有意な差がある（$p<0.001$；フリードマンの二元配置分散分析，片側）。
a．集団状態またはかけおち中の妊娠。

示した。観察期間は同じ。全体的傾向は、すべての雌をひっくるめたときとほぼ同じである。雌は周排卵期のうちかなりの部分（51.7%）を、集団状態で雄に囲まれながら過ごす。周排卵期の22.5%はかけおちしているあいだに起こっており、15.0%は隣を訪問しているときである。残りのケースは、周排卵期時の雌の状態がわからない。表16.5で対象になった12頭の雌は、全部妊娠した。8頭は1回妊娠し、2頭は2回、2頭は3回である。これら18例の妊娠のうち、約半数（55.5%）が集団状態での乱婚的交尾によるものであるのに対し、かけおち中の排他的交尾による妊娠は、3分の1（33.3%）である。しかし、かけおちは全部で25例であり、妊娠にいたったものの割合は24%になる。これは、集団状態（62例）で妊娠にいたった割合（16%）よりかなり高い。

集団状態での授精成功

すでに述べたように、集団状態では雄同士のあいだに厳しい競争があるといえる。たしかに、もてる雌の回りに集まってくる雄の中で最高位の雄は、劣位な雄が交尾しないようにある程度は妨害できる。しかし、いつも意のままというわけにはいかない。トップとしての力量がはっ

きりしているほど苦労は少ない。フィガンは、1973年から1974年にかけて際だった最優位雄だった。この時期に周排卵期の雌を選んでは何度も独占し、少なくとも何回かは交尾をしていた唯一の雄は、彼である（Tutin, 1975, 1979）。しかし、同盟者である兄を1975年に亡くすと、権力の頂点にいたころのように効果的な雌の独占は2度とできなくなった。

排他的な交尾権を最優位雄が守る能力は、そのときの社会集団にいる雄の数にも影響される。分裂前、マイクとハンフリーが最優位だったころは、1972年以後に比べてはるかに多くの雄がいた。たぶんこのことが、彼らがめったに発情雌を独占しなかった原因だろう。マハレK集団の最優位雄がいともたやすく交尾権を守ったときは、対抗するおとな雄は他に2頭いるだけだった。アーネム・コロニーのちょこちょこ変わる最優位雄でも事態は同じである。

仮に最優位雄が、集団状態でも排他的交尾権を維持できるほどの権力を実際に持っているとしても、テュティン（Tutin, 1979）が指摘したようにこの戦略には不利益がともなう。まず、最優位雄はしょっちゅう警戒していなければならなくなる。もし彼が——狩猟の最中によそものと出会ったとき、社会的興奮がすさまじいとき

表16.6　周排卵期の交尾頻度。この時期の交尾が受胎になる。7頭の雄と5頭の雌とのあいだで見られた交尾

| 雌 | 交尾観察例数 | | | | | | | 周排卵期の観察された時期 |
	ハンフリー	エバレッド	フィガン	サタン	ジョメオ	シェリー	ゴブリン	
パラス（1976年）	5	2	3	1	5	5	4	最後の2日間
パティ（1977年）	0	2	1	3	0	2	1	最後の2日間の一部
フィフィ（1980年）	3	2	3	0	2	死亡	4	最後の2日間
グレムリン（1981年）	死亡	1	4	6	2	死亡	5	最後の3日間
ノウプ（1982年）	死亡	5	6	3	1	死亡	1	第1，3，4日目

などのように──注意をそらしたり，深いやぶの中を通り抜けるためにお目当ての雌に十分近づけなかったとしたら，競争相手は彼の目を盗んでさっと交尾するチャンスがある。フィガンが（サルを眺めていて）ちょっと注意をそらしたすきに，3頭の雄がとんできて，フィガンの相手のパラスと交尾をし，4頭目は静かに彼女を連れ去って行ったことがあった（Riss & Busse, 1977）。テュティン（Tutin, 1979）とドゥバール（de Waal, 1982）も似たような出来事を報告している。いかに強力な最優位雄でも，現実に望みうることは，せいぜい，排卵前後の交尾の大部分を自分のものにする，という程度である。

1976年から1983年までの集団状態のデータを分析した結果，ゴンベの大多数の雌は周排卵期の4日間に，同じコミュニティーの繁殖可能な成熟雄ほとんど全員と交尾をしていることがわかった。雌がほぼ確実に受精したと思われる周排卵期をある程度観察できたことは，5回ある。表16.6にデータをまとめてあるが，受精率が一番高いときでも，ほとんど乱婚的に配偶していることがわかる。権力を持った最優位雄が，そのときたまたまいなければ，どんな年齢のどんな順位の雄であっても，「集団ベビー」の父親となることは可能なようだ。12歳のゴブリンでさえ，パラスが1976年に産んだ赤ん坊の父親である可能性は否定できないのだ。

かけおち状態での授精成功

繁殖可能な雌を首尾よく誘いだし，かけおち関係を維持できた雄は，たとえその雄が最優位雄だったとしても，集団状態にとどまっているときよりは父親となる確率が高いだろう。排他的な交尾権を確保できるだけでなく，かけおち状態自体が，妊娠にとって有利に作用すると思われるからだ。発情雌を含むパーティーには喧騒と攻撃的環境がつきものだが，これは雌にとって避けがたいストレスとなる。かけおちをすれば，こういったものから逃れられるのである。

1967年から1984年のあいだに，ほぼまちがいなく8頭の雄が，13頭の「かけおちベビー」の父親になった（この8頭には，父親の可能性があるだけの雄は含んでいない）。（データは，付表E2にあげてある。）子どもができたときの父親の年齢の範囲は，14歳から31歳までである。このうち4例は父親の方が母親より5〜10歳年上であり，4例は父親の方が4〜9歳若く，残りの5例は両親の年齢がほぼ同じ（だいたい前後3年以内）である。また父親の順位を見ると，6例は高順位雄，4例は中順位，3例は低順位であった。

成功したかけおちに顕著な特徴は，その持続期間である。ふたりで過ごす時間が長いほど成功するように思える。妊娠にいたったかけおち13例のうち，10日以下のものはたった3例であり，逆に7例は15日以上，2例は1カ月以上続いている。

例数はまだ十分でないし，どの雄が父親かということは推測に頼らざるを得ないのだが，かけおち状態で雌を妊娠させることには雄同士の

表16. 7　7頭の雄のかけおち行動。この7頭は長時間にわたるデータが蓄積されている（16年以上）

指標	ハンフリー	ファーベン	エバレッド	フィガン	サタン	ジョメオ	シェリー
観察年数[a]	11	9	16	15	12	15	7
かけおちの総数	34	23	33	24	30	15	16
周排卵期を含むもの(％)	38.2	47.8	45.5	54.0	33.3	21.4	43.8
雌が性皮の最大腫脹の							
ときに始まったもの(％)	51.5	25.0	35.3	40.9	55.2	30.8	43.8
平均日数	5.6	14.6	18.4	14.9	5.0	9.3	6.5
10日以上(％)	35.3	50.0	45.5	54.1	15.0	20.0	33.0
26日以上(％)	6.0	13.0	18.0	0	0	0	0
最長かけおち日数	28	45	99	26	18	26	21
妊娠に成功したかけおちの例数							
確実	2	1	4	0	1	0	2
可能性あり	0	1	1	2	1	0	1

a．最初のかけおちが観察，または推定された年から。

表16. 8　6頭の雄によって妊娠させられた雌たちが，妊娠前に父親と一緒にかけおちした頻度およびその総日数。比較のため，母親となった雌のかけおち総数も示した

	下記の雄によって妊娠させられた雌の各指標の値					
指標	エバレッド	サタン	ハンフリー	フィガン	ファーベン	シェリー
妊娠させられた雌の数[a]	5	2	2	2	2	3
相手雌のかけおち回数	15	4	5	7	18	9
うち父親[b]とのかけおち	10	3	3	3	4	3
相手雌のかけおちのうち						
周排卵期を含むものの回数	10	2	3	3	6	8
うち父親[b]とのかけおち	8	2	3	3	2	3
相手雌がかけおちに費やした総日数	193	23	85	97	214	213
うち父親[b]とのかけおちの日数(％)	75.5	69.6	69.4	44.3	24.3	19.2

a．それぞれの雄によって妊娠させられたと推測される雌も含む。
b．確実な父親と可能性のある父親の両方。父親とのかけおち日数のパーセンテージにおける差は，χ^2検定（片側）で有意（自由度＝5，$p <$ 0.001）。

あいだで成功度のばらつきがあるようだ。表16. 7は，もっとも長期にわたるデータが集まっている7頭の雄について，その全かけおち情報を示したものである。観察年数あたりの受精回数は，エバレッドとシェリーが一番高い。ジョメオは結局子どもを残せなかったと考えられており，フィガンもおそらくそうだ。シェリー，エバレッド，そして3番目に成功の多いファーベンたちは，妊娠に成功したかけおち（有望なもの，可能なものも含む）および鍵となる周排卵期を含むかけおちが，全かけおちに対して高い割合をしめている。エバレッドとファーベンは，比較的長いあいだ（2～3週間）雌を連れている傾向にある。対照的にシェリーの連れだし期

間は短い。彼とハンフリー，サタンは，1週間以内しかかけおちが続かない。この3頭は性皮が最大腫脹にある雌を誘う傾向にある。ところが，シェリーがたいてい周排卵期の期間を通して関係を維持できるのに対し，あとの2頭（とくにサタン）はよく失敗する。

前にも見たように，最初の妊娠前の期間と，妊娠と妊娠のあいだの期間に，雌は性周期を何回も繰り返すことが多い。この間，子どもの父親となる雄は他の雄より多く，長くかけおちするのだろうか？　この疑問に答えるために，出産に結びついたとみなせるかけおちの数と期間，それに父親と推定される雄とのかけおちの割合を数えてみた。結果が表16. 8である。ハンフ

枝をゆすって、オリーをかけおちに誘うリーキー（H. van Lawick）。

リーとエバレッド，サタンは，どちらの指標も高い値だった。ところが，シェリーとファーベンはもっともかけおちに成功した父親なのに，両方の指標ともいちじるしく低い値だった。

かけおちの成功と失敗を決定しているのは，各々の雄に対する雌の好みだということを見逃してはならない。集団状態において，性皮が最大に膨らんだ雌とよく一緒にいたりよくグルーミングしている雄や，喜んで食物を分配する雄は，かけおちできる確率も高く，これらの変数のあいだには有意な正の相関がある（Tutin, 1979）。エバレッド，シェリー，サタンは，こういった親和的指標も高い値を示していた。「反抗的な」雌をしかる攻撃的懲罰の頻度も重要だと思われる。一番しからない雄がジョメオだった。

エバレッドのように長期かけおちの専門家となった雄にとっては，どのかけおちも時間と労力を大量に投資したものである。さらにまた，雄の順位階層の中での自分の地位を危うくし，敵対的な隣接コミュニティーの個体に出会うという，二重の危険をもはらんでいる。同時に，表面的には成功したように見える（周排卵期を含む）かけおちでも，雌が妊娠したという保証はない。もし彼女が妊娠せずに次の発情で他の雄にでも妊娠させられたら，投資のほとんどが無駄になってしまう。したがって最良の戦略は，もういちどその雌と自分がかけおちをすることだろう。もし，まだ彼女が妊娠していなくても，事態を改良できるチャンスは残されているというわけだ。したがって連続かけおちは，雌がそれらのかけおち中にすでに妊娠していても効果的な戦略だと思われる。[**]

エバレッドは妊娠させずに2週間もパッションとかけおちしてから，10日後にもう1度39日間のかけおちに彼女を連れ出した。こうしてパッションはやっと妊娠した（あとは出産まで発情しなかった）。彼がダブを連れ出したときは，妊娠させただけでは飽きたらず，授精させた後でも性周期まるまる1回分（2回分まではいかないにしても）ほどの期間，彼女とつれ添って

---

[*] たとえ彼女が妊娠していても，もう1度かけおちすることにはメリットがある。その雌が次に（不妊の）発情をしたときに両性を含むパーティーにとどまっていると，交尾を数多くすることになる。かけおちをすれば，かけおち雄は，この多数回交尾から雌を隔離することができる。これは，自分のまだ見ぬ子の命を保護することになる。ケニヤのキクユ族とマサイ族では，最近妊娠したことのある女性は次の排卵の頃に頻繁に性交することがある。これは，望んでいなかった胎児を流産するためである（Leaky, 1977）。同様の手法は，カラハリのクン・ブッシュマンでも見られるようだ（Shostak, 1981）。

[**] 連続かけおちの空前絶後の記録は，リーキーによって樹立されている。リーキーは1968年から69年にかけて，立て続けに6回フィフィを連れ出した。彼女は長期不在の後，おそらく南方に現れたが，リーキーは再び彼女を連れ去った。しかし，妊娠させることはできなかった。リーキーが成功したのは，オリーとの長期3連続かけおちのときである。ゴライアスがオリーをさらって妨害したが，リーキーは再び彼女を連れ戻して，さらに2回連続のかけおちをした。これらの必死の努力も空しく，子どもは死産であった。

いたのだった。

　エバレッドの技術をもってしても，いつもう　まくいくとは限らない。1979年の夏中，エバレッドはノウプとマラソンかけおちをしていたらしい。2頭とも，カサケラ・コミュニティーの遊動域の中心部では99日間も姿が見られず，ミトゥンバ渓谷地域の湖岸近くで3度発見された（現地人の調査員が，自分たちの村との往復の途中に目撃した）。しかし，かけおちから戻ってきたノウプは，妊娠しているようには見えなかった。再び性周期を開始し，シェリーが彼女を連れ去った。シェリーが彼女を妊娠させたことはほぼまちがいない——たった10日間のかけおちで！

　つまり，かけおちを成功させる単純な処方箋などないのである。それぞれの雄がそれぞれの方法に磨きをかける。そのうちのどれかは他のものより優れているかもしれないし，ある雄は他の雄よりちょっとラッキーなのかもしれない。エバレッドは，いくらか性皮の膨らんだ雌か性皮の膨らんでいない雌と出かけ，その雌を自分の近くにとどめておく技術に長けていた。これが，雌の受精率が最大になる時期まで，さらにその時期を通して，ときにはその時期が終っても，続くのである。一方シェリーは最大腫脹の雌を連れ出し，周排卵期のあいだだけ関係を維持し，そのあとは雌をほったらかしておく。

　あまり成功しなかった雄たちではどうだろうか？　エバレッドとシェリーの成功の原因と思われる多くの指標について，フィガンは高い値を示した。しかしどのかけおちベビーも，フィガンの子どもだとは絶対に考えられない。サタンの問題点は，周排卵期の期間中にかけおち関係を維持できなかったことである。サタンの最初のかけおちは，1970年，彼が15歳のころだった。このかけおちは，フローの性皮が最大腫脹のときに始まった。4日後，ふたりは他の雄たちと一緒に現れた。フローの性皮はまだ膨らん

でおり，たぶん逃げてきたのだと思われる。このパターンがその後いくどとなく繰り返された。続く4年間に彼がおこなったかけおちは11例，そのうちの8例は，性皮が最大に膨らんだ雌と始められた。しかし，周排卵期を通じて雌を確保できたのはたった1回だけである。あとの7例では，雌はフローのように戻ってきて他の雄と交尾した。1975年を過ぎると，彼の技術もいくらか改善された。性皮最大腫脹期（8例）か膨張期（8例）の雌とかけおちを始めるのは同じだが，そのうち半分はなんとか雌を確保したのである。

　ジョメオは，かけおち行動のあらゆる指標において最低点を記録している。彼は同じ観察年数のうち，たった15回しか雌をかけおちに連れ出していないと思われる。このうち周排卵期を含むものは5例だけである。7例は，すでに他の雄の子を妊んでいる雌とのものだった。乱婚的集団状態におけるジョメオのふるまいも，同じように覇気のないものだった。ジョメオの交尾頻度は一般に低かったのだ。つまり，繁殖に関するいかなる分野においても，ジョメオは他の雄と互角に競争できなかったのである。

　最後にもうひとつ問題を指摘しておきたい。観察者の知らないコミュニティー周辺の雌や，隣接コミュニティーに属する雌とのかけおちがありうる，ということだ。1973年に順位争いに破れたエバレッドは，コミュニティー遊動域の北部で過ごすことがだんだん多くなってきた（最高は75日間）。彼が姿を見せると，強力なフィガン＝ファーベン連合の猛烈な攻撃を誘発するので，姿を見せない期間が長くなっているのだろう，と推測されていた。たしかにこれはある程度正しい。しかしこのような不在期間の途中，ミトゥンバ渓谷で見知らぬ発情雌と明らかにかけおちしているのが観察されている。このことから考えて，エバレッドは北部を訪れたときに，人に慣れていない雌とかけおちしてい

487——性行動

たのではないだろうか。ひょっとしたら，北部訪問の度にかけおちしていたのかもしれない。ファーベンがいなくなると，エバレッドが北部をうろつきまわることも少なくなり，エバレッドは再びコミュニティー中心部の雄になった。しかし今でもときどき，カサケラ遊動域の中心部をはずれて，謎の訪問を続けている。

　10日以上の行方不明がときどきある雄は，なにもエバレッドだけではない。1970年代初期にはときどき，ファーベンがかなりの期間（最高で41日間）姿をくらましていた。シェリーも1975年から1977年のあいだに，5回行方不明になっている。フィガンには15年間の繁殖生涯のうち，ぽつぽつと7回，説明のつかない行方不明がある（絶大な権力を誇った2年間はなかった）。したがって，記録されていないかけおちによって，人に慣れておらず，ゴンベの研究員が知らない雌に子どもができているということがあるかもしれない。

雄の生涯繁殖戦略

　雄のチンパンジーは自然選択により，精子の製造・貯蔵・射精にかんするたぐいまれなる立派な機構を備えるにいたった。もしある雄が他の宿敵との競争をうまく乗りきろうとしたら，雌に授精する機会はどんなものであれ，逃さず利用しなければならない。それは，ひったくりのような素早い交尾，集団状態で雌を独占すること，自分とかけおちするように雌を説得あるいは強制すること，なんでもよい。生涯の異なる時期に，異なる戦略を採用できる雄がいるのはとくに興味深い。フィガンとハンフリーは，彼らが最優位雄になる前からなっているあいだ，そして最優位でなくなるまでずっと観察されている。したがって，彼らの繁殖戦略の明白な変化を社会的地位の変化と関連づけて見ることができる。

　フィガンは初めは，成功する可能性のある（周排卵期を含む）かけおちを開始し，維持する能力を誇っていた。たとえば1967年，彼が14歳のころ，周排卵期を含むかけおちはコミュニティーの雄全部で11例あったが，そのうちの五つは彼によるものだった。翌年は四つと続き，1頭の赤ん坊の父親になった可能性がある（ただし，ミフがフィガンとのかけおちから戻ったときはまだ性皮が最大腫脹だったし，最後の2日間には他の雄との交尾もあったので，確実にフィガンの子であるとはいえない）。フィガンの繁殖戦略は，順位が1位まで上昇したあとで変化した。一緒にかけおちするのをあきらめ，代わりに，発情のピークにある雌たちとの排他的交尾権を守ることに専念した。そして，しばしばこれは成功した。2年後，絶大な権力の座を失うと，またも戦略を変えた。集団状態の中で可能なところまで雌を独占し，乱婚的に高い頻度で交尾し，ときには雌をかけおちに引きずり込む危険を犯した（リトル・ビーが1976年に産んだ子どもは，フィガンの子である可能性がある。ただし，ミフのときと同じように，リトル・ビーもかけおちから戻ったときはまだ性皮が大きく腫れており，腫脹減退より前に少なくとも1頭の他の雄と交尾をした）。フィガンは，繁殖成功度を最大化すべく，臨機応変な努力をおこなったのである。このことからすると，確実に彼の子どもだといえる赤ん坊が1頭もいないのは不思議な気がする。あるいは生殖不能症だったのかもしれないが，残念ながらこれは永遠にわれわれのあずかりしらぬことである。

　ハンフリーも同様の融通性を見せた。1971年

に最優位になる前は，フィガンより攻撃的な手口で雌を連れ出し，成功の可能性があるかけおちを何度となくおこなった。最優位を占めているあいだもフィガンと異なり，かけおちを完全にあきらめることはなかった。ただし，自分の最優位があやうくなるほど長期間留守にはけっしてしなかった。この時期に彼がおこなったかけおちは６例で，最長は８日である。平均日数（5.1日）は初期のかけおち（平均11.2日）よりはるかに短い。最優位の座から落ちると，再

び頻繁にかけおちするようになり，平均日数も13.0日に伸びた（1974年から７年後の死亡時まで）。最優位だったころのハンフリーは，同じく最優位だったころのフィガンのようにはしっかりと雌を独占しなかった。しかし集団状態におけるハンフリーの交尾頻度は高く，死ぬまでその水準を保った。

他の雄はみな，繁殖戦略を大きくは変化させていない。

雄の順位と繁殖成功度

競争相手を犠牲にして自分の将来的な繁殖効率を最大にすること——このことが，究極的な選択力となって雄チンパンジーは自分の地位をより高くしようと精力的かつ攻撃的にやっきになる。しかしすでに述べたように，集団状態で自分の交尾権を主張できるのは本当に強い最優位雄だけである。と同時に，低順位雄や不具の雄でさえ，かけおち関係形成の戦略的技量をみがき，集団状態で高順位の敵と争うことなしに雌を授精させることができる。彼らは，おとな雄同士の権力闘争から脱落しているにもかかわらず——というか，脱落しているからこそ，自分たちの遺伝子を次世代に伝えることができるのだ。エバレッドが申し分のない例である。彼は最優位になる機会を見事に失いながら，自らの繁殖能力を増大させる努力に精魂傾けた。同じく順位をめぐる問題で破れたシェリーや，麻痺した腕のために競争のできなかったファーベンも，エバレッドと同じ傾向にある。

したがって，順位序列の最高位につくために莫大な労力を費やしたり多大な危険をおかすことは，繁殖成功度との関係においては全然必要なことではないといってよいだろう。では，いったいどうしてこのように強烈な上昇志向が進

化してきたのだろうか？　おそらくこれは，今より流動性を欠いた——サバンナヒヒの多雄社会に似た——社会でチンパンジーが暮らしていたときの名残りなのではないだろうか。前に述べたように，このような状況では最優位雄は発情のピークにある雌を独占し，何頭かの雌との排他的交尾権を維持することができる。たとえ最優位雄が全能ではなくても，乱婚的状況で一番多く交尾をすることにより，競争相手より有利になる。

ところがあるとき，何らかの理由により集団の構造が変化し始めた。コミュニティーのメンバーが独立性を持ち，１頭または小パーティーで動き回るようになったのである。かくして，繁殖戦略にかんするあらゆる事態は一変した。雌が発情のピークを迎えたときに，最優位雄が常に近くにいるとは限らなくなった（性皮の腫脹期が長くなったので，ときには近くにいることもあっただろう）。チンパンジーは行動の可塑性に秀でているだけではない。彼らには，経験によって学習する能力がまちがいなく備わっている。あるとき，低順位雄（とくに，マイクやフィガンのように知能の優れた雄）が警戒怠りない最優位雄から遠く離れて，誰にも邪魔さ

れずに魅力的な雌と交尾することの快適さに気づいた。この筋書きの方が，先を見通して積極的にこの桃源境を作ろうとしたという筋書より可能性が高いだろう。基本的な求愛行動である枝ゆすりは，結局，近づくことを雌に要求する信号である。木陰での秘密の交尾に雌を呼び出すことに，ほんの一段階付け加われば，集団を離れて自分の望む場所までついてきてくれと雌に頼むことになる。この行動には繁殖上の有利さが付随しているので，選択されて残ったのだろう。

　チンパンジーの繁殖戦略が現在もなお，漸進的な進化の途上にあるということもありえないことではない。ある生物種が今も行動の大幅な変化の最中かもしれないなどというのは，とてつもなく奇妙なことに思えるかもしれない。けれども，よく考えてみればこれはそんなに驚くことではない。なんといってもヒトという種の社会行動は，人間性の起源から始まっていまだに変化のまっただ中なのである。その変化が弱まる兆候はほとんどない。われわれ自身の目もくらむような進歩は文化進化によるものだ。そして次のことを忘れてはならない。チンパンジーの行動も可塑性に富み，彼らの社会においてもわれわれの社会同様，観察学習や模倣・練習によって革新的な行動が次世代に伝わりうるのである，ということを。

雌 の 選 択

　ヤーキスとエルダー（Yerkes & Elder, 1936）はチンパンジーの性行動を研究して，次のように結論している。雄と雌が性成熟に達し，性行動を経験し，たがいに仲が良くなると，配偶するかしないかは雌が決定する傾向にある，と。こういう状態では，性皮の最大腫脹期の比較的短い時期に交尾が限定される。交尾の見られる時期が，性周期全体の3分の1以上にわたることはめったにない。一方，雄が著しく優位で性にかんして独断的であり，かたや若くて臆病な雌が未経験で雄に慣れていない場合もある。こういうときは，過剰な反応なしに雄の性的交渉を受け入れるよう，雄が雌に強制することができる。配偶期間は長くなり，雌の周期に関係なく交尾が見られるようになる。

　アーネム・コロニーの雌はだいたいの場合，「セックスするかしないか，自由に決める」。もし雄を受け入れる準備ができていなければ，「それっきり」である。しつこい雄はその雌から追いかけられ，ときには他の雌からも追いかけられることになる。このコロニーでは，雌の個人的な好みが決め手であり，順位の高い雄が雌にもてるとは限らない。したがって雌たちは，「雄のルールを出し抜こうとたくらむ」わけである（de Waal, 1982, p. 175：西田訳, pp. 234-235 [一部改訳]）。

　ゴンベの雌が交尾を妨害されないですむかどうかは，まわりの状況（パーティーの構成）と相手の雄がどの程度寛容かによる。1977年から1981年の5年間に，性皮が最大腫脹の雌に対するおとな雄の求愛は1475例観察された。雌が1分以内に反応しなかったのは61例（4.1%）だ[*]

---

　[*]　テュティン（Tutin, 1979）は，不完全に終った交尾連鎖を209例観察したが，そのうちの86%は，雌が雄の求愛に反応しなかったものだった。しかしこのデータは雄の年齢を考慮しておらず，3歳以下と以上で区別しているだけである。年長の子どもや若ものの求愛はよく無視されるが，おとな雄の求愛が拒否されることはずっと少ない。

けである。これらの拒否（あるいは拒否の試み）のうち46％は不妊のギギによるもので，21％はフィガンとゴブリンが自分たちの妹に求愛したときのものである（先の，近親相姦の節を参照）。

求愛が拒否されたうちの16例において雄は，雌が受け入れるまで求愛をしつこく繰り返した。また12例は，攻撃的のっしのっしディスプレイや雌が服従する前の短い追いかけをともない，求愛を強調していた。また1回（ゴブリンと妹）は交尾の前に攻撃があった。しかし普通は，雄はかなり寛容で忍耐強い。1980年12月，キデブがフィガンのパーティーにやってきて，フィガンと交尾した。10分後，フィガンが2度目の求愛を始めたとき，キデブは横になってあさっての方を向いたままだった。フィガンは断続的に枝ゆすりを3分間おこない，それから毛を逆立てて近づいた。さらに二本足で立って荒々しく枝をゆすったが，キデブは反応しなかった。フィガンは毛を逆立てたまま彼女を押した――何の変化もなかった。フィガンは最後の手段に訴えた。両手で彼女のお尻を持ち上げ，交尾を始めたのである。ことが終ってフィガンが後ずさると，キデブは飛ぶようにして逃げた。が，すぐにまた横になり，騒ぎなどどこ吹く風といった感じだった（同じ交尾手口は，ゴブリンが性皮の膨らんでいないフィフィに挿入するために使ったことがある）。

寛容な雄のもうひとつの例は，1969年のゴブリンである。彼はヤシの木の下で寝そべっているフィフィに対して枝をゆすった後，毛を逆立てながらのっしのっしと近づいた。フィフィはゆっくり起き上がると木を回って彼から逃げた。ゴブリンは毛を逆立てたまま，追いかけた。フィフィはだんだん速度を上げて木の回りを回り，逃げ続けた。なんと6回も木の回りをぐるぐる回って，やっとゴブリンはあきらめ，ディスプレイをやめて斜面を降りていった。彼の攻撃的

な性格と雌に対する頻繁な攻撃を考えると，このときの抑制は注目に値する。

テュティン（Tutin, 1979）が指摘しているように，同じ雌にいつもふられる雄はその雌をあきらめ，別の雌で満足することが多い。しかしあきらめない雄もいるのだ。60年代の半ば，ギギはよくハンフリーを拒否した。ハンフリーの燃え立つようなしつこい求愛をいやがって，ギギは吠え声と悲鳴をよく発した。ギギが性皮最大腫脹期になると，この声はキャンプ周辺で聞きあきるくらいおなじみのものとなってしまった。しかしハンフリーはあきらめなかった。彼が死ぬまでにギギと一緒にかけおちした回数は，ほかのどの雄よりも多い（付表E3）。おとなの雄は年をとりすぎていたり不具でない限り，いやがる雌に交尾を強制することが可能である。そして，いやがる雌を長期のかけおちに連れ出すことも，ときには可能なのだ。

集団状態のときに，性皮の腫脹した雌に対して低順位雄が所有行動をとると，雌はたいてい拒否することができる（Tutin, 1979）。しかし，最優位雄に目をつけられた雌は，雄が見ていないときに人目を忍んで交尾する以外には，拒否できない。

すでに述べたように，発情雌が低順位雄にかけおちを強制されても雌がいやなら解消できる（声を出すことで近くの雄に自分の居所を教えられるし，場合によったら声を聞いた雄が「救け出して」くれるかもしれない）。けれども，性皮の平らな雌や少ししか膨らんでいない雌は，いくら声を出しても他の雄を呼び出せないので，逃げることはできないだろう。かけおちしている雌が明らかにいやがっている場合もある。例をあげよう。一度リーキーが，性皮が平らで月経中のフィフィに，母親のフローから離れて自分についてくるよう強制したことがあった。フィフィはたいそういやがった。フローが子どもを産んだばかりなので，世話していたかったの

だ。大きな雄の後について行きながらも，フィフィは何度となく立ち止まって後ろを振り返った。が，結局それから1時間，リーキーにつき従った——数分ごとに哀訴の声を鳴きながら（このエピソードは，フィフィにとってはハッピー・エンドで終った。リーキーが何頭かの雄と会ってかけおちする気をなくし，フィフィは残ることを許された）。

　このことから，次のような興味ぶかい疑問がわいてくる。雌が抵抗なくかけおちするのは，そのように自分で選択したからと考えていいのだろうか？　もし近くで他の雄の気配がしたときに雌が声を出さず，逃げ出すそぶりも見せなかったら，そう考えていいだろう。しかし，マクギニス（McGinnis, 1973）の指摘したことを思い出そう。雌は，かつて声を出したために攻撃されたことがあり，その結果として従順になったのかもしれないのだ。性皮が膨らんでいない雌や少しだけ膨らんだ雌がこういう場面でかけおちすることを拒否したら，懲罰的暴行がおこなわれたかもしれないではないか。わたしは1961年に，このような懲罰を初めて見た。背中に子どもを乗せた年老いた母親が，ある谷から別の谷まで雄についていくことを拒否した。それからの3分間，雄が激しく2度攻撃し，結局雌はついていった。雌の悲鳴に応えて他の雄たちがやってきたとしても，当の雄にとってはどうということはなかっただろう。発情していない雌をめぐっての競争は観察されていないのである。そしてその雌自身が，この体験を忘れえない心の傷として身をもって学んだかもしれないのである。これから先，特定の雄は避けよ，避けられなければ従え，ということを。

　1976年，性皮が4分の1膨らんだパッションを，エバレッドが（彼女の好きな方向とは反対の）北の方に連れ出そうとした。エバレッドはパッションに向かって枝をゆすったが，パッションは近付くことを断固拒否した。するとエバ

レッドは，続く2時間に5回も攻撃をした。この攻撃はどれも激しく，4度目の攻撃でパッションの腕は深く傷つき，歩けなくなってしまった。当然これは，パッションの反抗を大幅に減らした。エバレッドは枝ゆすりとディスプレイを続け，パッションはびっこをひきながらついていった。彼女は哀訴の声を発し続けていた。パッションがびっこをひいているのにエバレッドはもう1度攻撃した。このとき，パッションの悲鳴が雄集団の注意をひきつけた。エバレッドはパッションを置いて後ろも見ずに彼らと行ってしまった。翌日から，エバレッドとパッションはかけおちしたものと推定されている。これは14日間続いた。さらにこれが終ってわずか10日後に，もう1度かけおちが始まったと推定される。このかけおち中にパッションが妊娠したことは確実である。エバレッドとパッション（それにお腹の中の子ども）は38日間姿を見せなかった。

　ここで，おとな雄が一見理由もなくおとな雌を攻撃することについて考察したほうがいいだろう。これらの攻撃は激しいものが多いが，観察している人間にはたしかな理由がわからない。穏やかな関係がしばらく続いていて，社会的状況も環境条件も変わっていないときに攻撃が起こる。この種の攻撃は1975年から1977年の3年間に51例記録されている。このうち83％は，性周期にあるが性皮は最大腫脹でない雌に対して向けられた。雄が発したかすかな信号に雌が反応しそこねたのだろうか？　交尾したいという欲求に突然襲われ，雌の不服従を暗示する行動から雌にその気がないと察知したのだろうか（最大腫脹でなくても，雌の性皮が刺激になるということは考えられる）？　理由は何であれ，これらの攻撃によって雌が相手の雄を恐れて敬う度合が増すことは，確かである。特定の雄をまったく避けるか，さもなければ，その雄の望みに沿うように素早く反応しなければならない

ハンフリーが青年後期のフィフィに近寄り、求愛を始める。フィフィはぐるっと回りを見て、避ける。ハンフリーは体をかすかに揺すり、足で地面を叩く。フィフィはもう1度彼を見て、しゃがんで交尾姿勢をとり、後ずさって勃起したペニスを入れる。足の間からペニスを見ているようだ。交尾中にフリントが近づき妨害を始める。他の雄ほど寛容でないハンフリーは、フリントを威嚇する。交尾の後、フィフィはおとなの雄たちとくつろいだ関係にあり、ハンフリーの近くで横になって自己グルーミングをしていた（P. McGinnis）。

493——性行動

ことを，雌は学習するのだ。

雌の性的戦略

　雌の性皮の腫脹は，チンパンジーの繁殖行動の中でもひときわ目だつ特色である。性皮が最大腫脹のときは，雌はかなり不便を感じているようだ。お尻で座るより横になることのほうが多いし，木の上にいるときはでっぱりを枝の片側に注意深く出している。攻撃的な関係に巻き込まれると腫脹は傷つきやすいので，よく裂けて口を開けている。その結果，腫脹が急にしぼんでしまうことがある。排卵は腫脹期の終わりにあるので，腫脹が突然減退することにより受胎が遅れることもありうる。これらの不利にもかかわらず，性皮の腫脹は雌の繁殖にとって進化的に有利だったにちがいない。そうでなければ選択されて残っているはずがない。

　性皮の腫脹はピグミーチンパンジー（*Pan paniscus*）でも見られ，ヒヒ（*Papio*），マカク（*Macaca*），マンガベイ（*Cercocebus*）などのサルにもある。これらはみな，複雄社会をもつ種である。性皮の腫脹は行動的にも発情と一致し，受胎可能な周排卵期の数日前に始まる。もし，高順位で独占的な雄ほど良い父親だとすれば，性皮の腫脹は雌に有利になるのではないだろうか。あらかじめ発情を知らせておけば，こういった雄に雌を妊娠させる絶好の機会を知らせることになる。特にチンパンジーの場合，雌はひとりでいる傾向にあり，コミュニティーの雄もばらばらなのでこの機能は重要だろう。

　雌にとって膨らんだ性皮がもっと重要な信号価をもつのは，コミュニティー間の相互交渉のときである。隣接コミュニティーの雄はたいして近づかなくてもその雌が繁殖可能な状態にあることがわかる。雄にとってこれは魅力であり，敵対的行動は抑制されて性的行動が誘発される

だろう。性皮の膨らんだ見知らぬ雌が激しく攻撃された事例は，ゴンベでは観察されていない。性皮腫脹が集団間の信号として適応的に機能するということは，他の霊長類でもいえるだろう。ゴンベでは雄のヒヒがよく集団間を移籍する。雄は移籍する前にその遊動域を木の上から見渡す。雌の性皮の腫脹はそこから簡単に見ることができる。自分の群れより隣の群れに性的受容雌の数が多いと，雄は移籍するのだ（Packer, 1979）。

　つまり性皮の腫脹は，隣接集団の雄との交尾機会を増やし，雌は自分の子どもの新しい遺伝的素材を得ることができる。集団間での機能に限ってみても，性皮の腫脹はチンパンジー（とヒヒ）の雌にとって，かなり適応的だと考えられる。

　さらに性皮の腫脹期には，雌にさまざまな特権が与えられる。このことを最初に明らかにしたのはヤーキスの実験である。雄と雌のペアを実験室にいれ，1回に1頭しか食べられない量の餌を与える。すると，「雌の性的状態がきわめて重要なる役割を果たしている」ことがわかった。「ある状況下に於ては，2個体間の性的関係が元来の順位関係より優先させられる事もあり，劣位な方（雌）がしばし優位に振舞う事を特権づけられているかのようであった……この競争的食物入手試験により，性的受容性の開始期に，雄より雌へ支配権が移り，受容性の終了期には，雌より雄へ支配権が戻る事が判明した」（Yerkes, 1943, p. 75）。

　ゴンベの雌も，性皮の最大腫脹期には独占的になる。フローの4〜5年にわたる授乳期不妊が終わって，初めて性皮が膨らんできたとき，

494——性行動

彼女は大きな雄たちを押しのけてバナナを取った——以前はこんなことはしなかった。オリーも, 性周期を再開したときに同じ大胆な行動をとった。普段のオリーはおとなの雄と一緒にいると過度に神経質なので, この行動はとくに印象的である (Goodall, 1968b)。また, 普段は (わたし以外の) 人間をとても恐がるノウプも, 2度の性皮腫脹のあいだは野外アシスタントから数フィートのところでくつろいで横になっていた (彼女の性皮腫脹はめずらしい)。直接的な利益もある。ひとつは, 性皮の膨らんだ雌は雄から頻繁にグルーミングされること。もうひとつは, おねだりに成功する回数が増えること。ヤーキスは実験をまとめてこう書いている。「競争的状況の支配権を得ること, および, 性的便宜または配偶の潜在的便宜を交換することによって生じる如何なる利益をも獲得することは……雌の特権となる」(1943, p. 76)。ゴンベでは, 発情した雌から肉をねだられた雄が食べるのを中断して, 獲物の死体を片手につかんだまその雌と交尾することはたいして珍しくはない。交尾が終ると雌は, その雄の獲物をお相伴できるのが普通である。交尾の最中に雌が手を後ろに伸ばして, 雄の口から食べ物を取ったこともある。

雌のチンパンジーが性皮を腫脹させている期間は長い。この長さは, 雌が雄を受け入れたり排卵時に雄を魅了するといった, 生物学的な必要性をはるかに越えている。まず, 厳密に生殖だけを目的にするなら1～5日間が必要と思われるが, 実際の性皮腫脹期ははるかに長く, 10～16日間である。もうひとつ, 若い雌は長期にわたる青年期不妊のあいだにも発情し, おまけにこの時期の最大腫脹は異常に長い。若い雌は妊娠初期の1カ月間にも不規則な腫脹を続けることがあり, この腫脹はときには3週間におよぶ。ほとんどの雌は分娩後3～4年は性周期を再開しない (母親8頭の平均は, きっかり3年

発情しているポム

半だった) が, 中には出産後1年で, (不妊の) 性皮腫脹を示すものもいる。

このような不妊の発情は, 社会的にも生物学的にも雌の利益となる。発情した若い雌は徐々におとなの社会に加わるようになり, 雄と一緒に周辺域を遊動し, 新しい食物資源の場所を知る。おそらく, コミュニティー間の対立からくる危険についても敏感になるだろう。また, より多くグルーミングされより多く肉をもらうことにもなる。年長の雌の子どもは, 母親の豊かな社交性がもたらす利益を得ることになろう。一方で雌は, 性皮を腫脹させることの利益と引き換えに性的な面での損失を支払わねばならない。支払う代価は, 望まざるかけおち, 隣接コミュニティーの雄による強制的な徴用, 乱婚的な集団交尾でけがをする危険——これは受胎を遅らせる可能性もある——などである。そしてもうひとつ, ほんのちょっとした不便さ。

雌のピグミーチンパンジーは, 性的受容期間

の延長という進化傾向をもっと押し進めている。*
ほとんどいつも性皮が膨らんでおり，コモンチ
ンパンジーの非発情と比べられるような腫脹減
退は，ものすごく年を取った個体でないと見ら
れない。さらに，妊娠期間を通じて性皮が腫脹
するのみならず，どの年齢の雌も，一般的に分
娩後1年で発情を再開する（Thompson-Handler,
Malenky & Badrian, 1984）。ピグミーチンパン
ジーの社会行動はさまざまな点でコモンチンパ
ンジーと異なっている（Kuroda, 1980）。相違点
のいくつかは，雌がほとんどいつも性的に受容
可能なこと，つまり雄にとっていつも雌が魅力
となっていることに由来すると思われる。成熟

した雄雌間の交尾は，どちらの性からでも開始
されるし，性行為自体，コモンチンパンジーに
比べてはるかに多くの体位がある。とくに雌は
対面交尾を好む。ピグミーチンパンジーの雄-
雌間の親和的結び付きは強い。植物性の食物は
異性同士で普通に分配するし，雌が雄の肩に乗
って頭の上のごちそうを取ったという記述もあ
る。ときには，夜，雄と雌が同じ巣で気持ちよ
さそうに丸くなって一緒に寝ることもある。何
より，雄の攻撃と順位競争は最小限に抑えられ
ている。それはまるでユートピアのような社会
だ。それに比べると，ゴンベのチンパンジーの
道のりはまだまだ遠いようである。

考　　察

　性はチンパンジーの社会生活に大きな役割を
果たしている。チンパンジーの社会はその独特
な流動性ゆえに，おそらく他のどの霊長類より
も，交尾できる雌がいるかいないかに大きな影
響をうけている。たとえばパーティーの大きさ
は，性的誘引力のある雌がいると大きくなる傾
向にある。そしてパーティーの大きさ自体が，
攻撃の頻度やさまざまな社会的行動に影響を与
える。分娩後初の性皮腫脹は乾期の終わりに多
いが，これはこの時期に，社会的に刺激された
個体がたくさん集まる結果をもたらす。コミュ
ニティーの雌の半数以上が，それぞれピンクの
旗をひるがえらせながら性の祭典を繰り広げ，
雄に性的満足感を与えていく。このように多く
の個体が集中する現象は，社会生活のさまざま
な面に影響する。1年のかなりのあいだ，何週

間もお互いに会わずに過ごしてきた個体同士が，
ともに移動し，ともに採食し，同じひとつのコ
ミュニティーに――ゆるくではあるが――結び
付いていることを再確認する。幼児や子どもは，
母親が社交性を増したことで仲間やおとなたち
と頻繁に接触する機会を増やす。特に，極度に
非社交的な母親をもつ子どもにとってはこのこ
との意味は大きいだろう。
　特に興味深いのは，チンパンジーの配偶様式
の柔軟性である。雄の繁殖成功度を最大にする
ためのさまざまな選択肢（options）が用意され
ており，少なくとも何頭かの雄は，生涯の異な
る時期に順位階層序列の異なる地位に応じて，
自分の配偶戦略を変えることができる。またす
でに述べたように，高順位をめぐる闘争に敗れ
た雄も逆にそれを繁殖上の有利さに転化するこ

＊　マントヒヒの若い雄は，通常，1歳の雌を隣の集団
　からさらってきて自分の単雄集団を始める。雄はその
　子どもを「母親のように」大事に扱う。おそらく，そ
　の雌の唯一の仲間が若い雄であるがために，たった2
　歳で不規則な性皮腫脹が始まることがある。（少なく

とも　ゴンベの）サバンナヒヒの平均より，約3年早い。
マントヒヒのおとな雌も性皮腫脹から利益を得ている。
その期間，しばしば相手の雄を引きつけることができ
るからである（Kummer, 1968）。

とができる。すなわち，コミュニティーの中心を離れ，周辺部の雌や自分のコミュニティーの雌，あるいは隣の社会集団の雌などと一緒に暮らすのである。

成功したかけおちで見られる穏やかでくつろいだ雄-雌関係は，1カ月以上続くこともある。このことから，チンパンジーのおとなの異性は，血縁関係になくても，永久的な結び付きを保つ潜在的能力をもっていることが示唆される。この強力で重要なペアの結び付きにおいては，雌の性皮が膨らんでいない時期に交尾の多いことが特に注目に値する。

性は単にコミュニティー内の社会様式を形作る上で重要なだけでなく，隣接コミュニティーとの関係にも同じように強い影響を与えることが明らかになりつつある。おとなの雄は，若い雌を自分たちの社会集団に調達するために周辺地域を訪れる。そこで子どもを連れた年長の雌に出会って激しい攻撃をしたり，隣のコミュニティーの雄に出会ってともに敵意をいだくこともある。かけおち中の2頭は遊動域が重なっているところを利用することが多いので，こっそり見回りをしている隣のコミュニティーの雄に不意討ちされる危険が高い。

（青年後期と訪問個体を含む）発情雌とおとな雄の数の比は，図16.4に示したように年によって変動している。攻撃的な事件をより激しいものにしているのは，交尾権をめぐるコミュニティー内の雄同士の競争よりも，この変動の方ではないだろうか。コミュニティー分裂の直前，1970年に，雄の性行動の相手になりうる雌の数は非常に少なかったといえる（コミュニティーの遊動域の周辺には，人に慣れていない雌がたくさんいたのだろうが）。当時は，南に隣接するカランデ・コミュニティーから若い発情雌を調達してくる必要があり，そのことが，離脱した雄の遊動パターンに影響を与えたのではないだろうか。

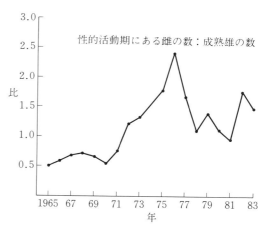

図16.4　繁殖可能な雄と性的活動期にある雌との比の年変動。カサケラ・コミュニティーにおける1965年から1983年までの19年間のデータ

さまざまな出来事の過程に個々のチンパンジーはどのような影響を与えるか――すなわち，個々のチンパンジーはチンパンジーの歴史にどのような影響を与えるか？　この問題にかんして，われわれの長期調査はかけがえのないデータを提示しつつある。とくに3頭の雌について触れておくべきだろう。

ギギは不妊だったが毎年発情を繰り返し，両性を含むパーティーの核となることが非常に多かった。コミュニティーの雄たちがこの雌の発情に魅了され，境界見回り用の遊動域をはるかに越えて行ってしまったことがあった。ギギの影響は，他に発情した雌があまりいないときにはとくに著しかった。たとえば1974年，発情したギギは全17パーティーのうち11（約65％）の核となった。これらは，雄がカサケラ・コミュニティーの遊動域の南方を見回り中に，ギギに追従したことによって形成されたパーティーである。次章で見るように，よそものが残酷な攻撃を受けるのは見回りの最中なのである。また，隣接する社会集団の雄が積極的に若い雌を調達するのも，見回りの最中である。

もとのＫＫコミュニティーが分裂し始めた

ギギ（L. Goldman）

1971年に，マンディはちょうど性的受容期にあった。彼女は発情のたびに，カハマの雄全員を魅了した。こうして，カハマの雄たちは一緒に集まり，しばしば緊密のパーティをつくって遊動域の北部を移動した——もっとも，この地域はまもなくカサケラのなわばりとなった。一致団結したカハマの雄たちは，ハンフリーやその他の北部の雄を威嚇することができた。もしこの状況が続いていれば，カハマとカサケラのコミュニティー間対立の過程は随分と異なったものになっていただろう。

しかし，カハマ雄に対する最初の攻撃が観察された1974年，発情しているカハマの雌がもう1頭いた。青年後期のリトル・ビーである。彼女は自分のコミュニティーの雄たちにはあまりもてなかったが，カサケラの雄を魅了した。カサケラの雄たちは何度となく南部に遠出をしたが，これは明らかに彼女を調達するのが目的だった。彼女がこんなにもカサケラ雄を魅了したのは，その年のカサケラ・コミュニティーには発情する雌があまりいなかったためかもしれない。こうしてリトル・ビーは，カハマ・コミュニティーを団結させる要とはなれなかった。のみならず，敵対的なカサケラの雄たちを魅了して対立の場へと呼び込んでしまったのである。

隣接コミュニティー間の相互交渉についてその頻度と性質を決定している要因を見極めるには，さらに膨大な調査とチャンスに恵まれた観察が必要である。しかし，性的魅力のある雌の存在がひとつの重要な要素であることはほぼ疑いがない。この点については次の章で触れる。

---

* この次にカサケラ・コミュニティーで発情雌の数が極端に落ち込んだのは，1979年から1981年にかけてである。この時期には人慣れしていない雌がカサケラの雄と一緒にいるのが次から次へと観察され，さらにキデブとキャンディの2頭が，人に慣れたコミュニティーに新しく加わった。この2頭はリトル・ビーと同じようにして調達されてきた可能性が強い。

17 なわばり制

　1974年11月　3頭のカハマの雄，チャーリー，スニフ，ウィリー・ワリーが子イノシシを捕まえた。彼らが食べていると，狭い峡谷の向こう岸遠くに別のおとな雄が現れる。初めて見る個体だ。彼は丘を越えて南の方を使う，勢力の強いカランデ・コミュニティーの一員に違いない。チャーリーはそのよそ者を見つけるやいなや，肉を放り出して北へ走る。すぐ後にスニフとウィリー・ワリーが続く。わたしは彼らの後を急ぎ，じきに，木に上って大声で悲鳴をあげるチャーリーを見つける。他の2頭は前方に向かって大声をあげている。そこでわたしは，チャーリーを放っておいて走り続ける。数分の後，スニフに追い付く。毛を逆立てたその若いチンパンジーは，急勾配の峡谷を降りる踏み跡に沿ってはでなディスプレイをする。チャーリーは後ろの森でまだ悲鳴をあげている。しかしスニフは，低い獰猛な声でとどろきパント・フートをあげる。下生えの中でさらに別のチンパンジーの大声が聞こえ，彼らがやぶを縫って突進して来るのがわかる。スニフはディスプレイをしながら何度も大きな石を拾い上げ，峡谷の中に投げ込んだ。石はよそ者の真下に落ちた。彼が視界から消えるまでに少なくとも13回は投げ込

(H. van Lawick)

んだ。下のチンパンジーも投げ返している。何度も石や枝がやぶの中から飛び出してくるが，そのミサイルはスニフのずっと遠くに落ち，実害を与えることもなくまた峡谷に転がり落ちていく。わたしは，よそ者のうち少なくとも3頭がおとな雄であることを確認する。彼らはわたしを見つけて南方へ去った（観察者　H. マタマ）。

　セイド（1972）は，一つの集団でなくある地域で相互に交渉し合っている社会集団の系を，社会組織の基本単位と考えるべきではないかと提案している。ゴンベでの長い年月を通して見えてきたコミュニティー間の交渉のパターンから，この意見は大変意味深いものであることが明らかになった。しかし運の悪いことに，つい最近になるまでわれわれは，チンパンジーの一つの社会集団しか人付けすることができなかった（ただしその集団は分裂したので，ほんの短期間は二つの集団がいたことになる）。今のところわれわれは，北のミトゥンバ・コミュニティーや南のカランデ・コミュニティーについてほとんど何も知らない。人付けされていないこ

ういった集団のチンパンジーは，ヒトを見ると逃げ去るのが普通だ。雌がわれわれの研究している集団に移籍してきても，われわれは彼女の生い立ちについて何も知らないし，われわれの知っている雌が出て行ってしまったら，その後の行方を追うすべはない。しかし，切れ切れの断片をつなぎ合わせて1枚の絵を復元するように，ゴンベに住むチンパンジーと隣接するコミュニティーのメンバーとの関係を1枚の絵に描き出すことは可能だ。1枚の絵。それはマハレでのコミュニティー間（あるいは単位集団間）交渉の描写に当たるものだ（Nishida, 1979; Nishida et al., 1985）。

すでに前の章で書いておいたことばかりだが，チンパンジーの社会組織の三つの側面は隣接するコミュニティー間の交渉を理解する上で重要だ。まず第1に，チンパンジーは連日安定した集団で移動することも予測可能なコースをたどることもない。離れ雄が隣接コミュニティーの雄と突然出くわしたり，雄のパーティーがつれあいのいない雌を驚かしたりといったことも起こり得る。こういった規則性のない出会いというものは，多くの霊長類にも例を見ない。たとえばゴンベに住むヒヒだが，彼らはどこで隣接群と出会いそうかをあらかじめ予想できる。そして出会ったときには，たとえ全群が見渡せなくても，彼らは，残りのメンバーもそんなに遠くにはいないと知っている。第2に，雄のチンパンジーは自分の生まれたコミュニティーにとどまるが雌は移出することが多い。そして第3に，雌のチンパンジーはコミュニティーの遊動域全体に広く分散するため，中には他の雌よりも頻繁に隣接コミュニティーとの重複域を動きまわる者がいる。これらの事実を頭に置いておけば，遊動域の維持と防衛，そして拡大に果たす雄チンパンジーの役割を検討することができる。

遠出と見回り

雄のパーティーは，流れに達するまでは安心していても流れを横切ってからはひどく用心深くなることがあるので，川の流れや峡谷がコミュニティーの境界になっているらしいこともある。しかし強調しておきたいのは，たいていの場合，境界線は簡単に引けるものではなく（ただし，マハレでは明瞭に引ける；Nishida, 1979），遊動域の周縁部は隣接するコミュニティーの遊動域と重複するのが普通だ。

次のようなさまざまな理由から，コミュニティーのメンバーは遊動域の周縁部へ定期的にやってくる。

(a) ある雌とつれそい関係を結ぶと，雄はなるべくコミュニティーの他の雄と会わなくてすむ場所へと雌をかけおちに誘う。そのようなペアー（たとえ世話の必要な子どもを連れていても雌はそうする）は，1カ月にもおよぶ期間を遊動域重複部の片隅にとどまることがある。

(b) 周縁域に遍在する季節の食物を食べようとして遠出することもある。雌や子どもを含む大きなパーティーが，よくそのような食物源へ移動して行く。採食場に入る前はたいてい峡谷全体が見渡せる尾根の上に一旦立ち止まる。そんなとき，雄がパント・フートを発して突進ディスプレイを見せたあとで，みんなは静まり返る。明らかに反応を待っているのだ。もし何事もなければ移動を再開する。またある場合には，その同じ場所に何の不安も見せずに移動して行くこともある。それはあたかも，彼らが今日は安心だと「知って」いるかのようだ。

500——なわばり制

隣のなわばりを見つめるフィガンとマイク（ゴンベ川流域研究所）。

(c) 雄は見回りや監視のために周縁域を訪れる。その際，雄は雌を伴っていることがある。通常その雌は，たまたまその移動に同行した発情雌である。

ときに，雄たちは採食のために大パーティーで周縁域につくと，見回り行動を始めることがある。おそらく彼らは，そのあたりに隣接コミュニティーが今いるとか，ほんの今しがたまでいたとかいったことを示す痕跡を見つけたのだろう。こんなとき，（採食のため）雄とたまたま一緒に来ていた非発情雌や子どもは，よくぞろぞろとついて行く。また2頭以上のおとな雄が一緒になって遊動域中の集中利用域を離れ，まるで差し迫った目的でもあるような顔をして周縁域に出かけて行くことがある。そんな時，非発情雌，中でも母親はたいていそのまま残っているが，発情雌は雄について行くのが普通だ。

典型的な見回りでは，パーティーのメンバーは小さな塊になって注意深く静かに移動する。そしてしょっちゅう立ち止まって辺りを注視し，聞き耳を立てる。場合によっては，1時間以上も高い木に上って静かに座り，隣接コミュニティーとの「危険地帯」を見渡していることがある。彼らは非常に緊張し，急に起こる物音（たとえば，下生えの中で小枝がポキリと折れる音や葉擦れの音）に歯をむき出して仲間のそばに寄り，ちょっと触れ合ってみたり抱き合ったりする。

見回りのあいだ雄たちは皆，ときには雌までも土や木の幹やその他の植物を嗅ぎまわる。彼らは葉を摘み取り匂いを嗅ぎ，食い痕や糞，あるいはシロアリ塚の上に放置された道具に注意を払う。もし真新しい泊まり場を見つけると，1頭かあるいはそれ以上のおとな雄が調べに上り，巣の回りでディスプレイをすることがある。そうなると巣材の枝はバラバラに引き散らかされ，巣はその一部あるいは全部が破壊されてしまう。

見回り行動のもっとも印象深い特徴は，参加者があくまで沈黙を守るという点だ。彼らは枯葉を踏んだり植物と擦れたりしないよう気をつける。ある時は，3時間以上も一声も発しなかったことがある。雄が突進ディスプレイを見せ

表17.1 ゴンベにおける，1977年から1982年までの6年間に見られた南北境界域への訪問の詳細

境界への訪問	1977	1978	1979	1980	1981	1982
雄を6時間以上追跡した延べ日数	109	224	155	93	100	77
そのうちパーティーが境界を訪れたパーセント	17.5	14	23	23	11	20
境界を訪れた延べ回数	19	32	35	21	11	16
パーセントで示したその内訳						
パーティーの南の境界への訪問	47	78	88	62	63	62
パーティーの北の境界への訪問	53	22	12	38	37	38
パーティーの見回り	26	31	31	33	27	13
パーティーの採食	37	44	57	57	54	38
よそ者雌との出会い	16	19	34	29	18	13
よそ者雄を見かけた，あるいは近くで声を聞いた	b	28	20	33	45.5	56

注）マン=ホイットニーUテスト（片側検定）の結果，南の境界への訪問は，北の境界への訪問に比べて有意に頻度が高かった（$p<0.003$）。
a．多くの訪問は，雄のパーティーと移動していた雌が標的として追跡された場合に起こった。その場合も表に含まれている。
b．1977年のよそ者雄との出会いの大多数は，カハマの雄スニフとであった。

ることはあるが，それでもパント・フートを発することはない。交尾時の発声は雌が抑制してしまい，もし若い個体がうっかり声をあげたりしたら罰を受けるだろう。ところが，見回りを終えたチンパンジーが住み慣れた地域にまた戻ってきたとなると，今度はうってかわって大声と太鼓叩きディスプレイが爆発し，石が飛び交うことになる。仲間を追い回し，本気ではないにせよ攻撃する個体まで出てくる。中でも圧巻は，川床や滝の回りでこれが起きたときだ。これが10分も続くことがある。おそらくこれほどの乱痴気騒ぎは，危険地帯を声を押し殺して移動することで張りつめていた緊張感や高まってきた社会的興奮の発散として役立つのだろう。

遠出や周縁域の見回りのあいだ，チンパンジーは何度も聞き耳を立て，嗅ぎ回り，そして隣接コミュニティーの個体を目前にする。出会いの反応は静かな回避から攻撃のための突進，あるいは直接的闘争まで，両パーティーの大きさや性年齢構成などさまざまな理由から幾通りもの起こり方がある。表17.1に，1977年から1982年までの6年間，カサケラ・コミュニティーのチンパンジーが北と南の境界を訪れた観察頻度を示した。同時に，見回り行動が見られたり，見知らぬ雌に出会ったり，見知らぬ雄が近くにいると考えられた場合の割合も示しておいた。

隣接するコミュニティーの雄間の遭遇

明らかに自分たちより多数の見知らぬ雄が発するパント・フートや太鼓叩きの音を耳にすると，雄たちは，場合によっては黙って音のする方向を見つめることもあるが，その後は急いで退却する。もし両パーティーの雄の数が同じぐらいなら，両者は普通あちこちでパント・フートやとどろきパント・フートを，そしてワァワァいう吠え声をあげながら，太鼓叩きをしたり，物を投げたりの派手なディスプレイをぶつけ合う。荒々しい爆発の後，参加者は立ったまま，あるいは腰を下ろして息を詰める。明らかに相手の出方をうかがっているのだ。もしディスプレイが再開されれば新たな爆発が起こる。このような音声による対決は一般的であり，たいてい一方あるいは両方ともに，それぞれの遊動域の中の集中利用域に騒々しく撤退して終る。

隣接コミュニティーの両方の雄の出会いが充分観察された，つまり，少なくとも何頭かのよそ者が観察者に姿をさらしたという機会はほとんどなかった。そしてその例外的な少数の観察も，人付けされていない個体はヒトを見るが早いか逃げ去ってしまうために，不完全なものでしかない。そのうち，比較的ましな観察が以下のようなものである。

カサケラの雄対北の雄

3回の出会いがカサケラの雄と北のミトゥンバ・コミュニティーから来た雄のあいだで観察された。

(a) 1974年，6頭のカサケラの雄が，少し離れた木の上に座っている3頭のミトゥンバの雄に突然気づいた。カサケラの雄たちはよそ者を睨みつけ，毛を逆立てて彼らの方へゆっくりと移動し始めた。しかしミトゥンバの一団がディスプレイをしながら突進してくると，カサケラの雄たちはきびすを返して南へ逃げ去った（観察者　H. ムコノ）。

(b) 1979年，カサケラの雄たちが，明らかにカサケラの雌ハーモニーとつれそい関係にあるミトゥンバの雄と出会った。彼らはそのよそ者に突進し，よそ者が逃げ去ると，ハーモニーを攻撃して彼らの集中利用域に連れ帰った（観察者　H. ムポンゴ）。

(c) 1980年，（発情中のフィフィを連れた）5頭のカサケラの成熟雄のパーティーは，ルタンガ川の北で1頭の雌と赤ん坊を連れたミトゥンバの雄1頭を見つけた。すぐさまカサケラの雄たちはきびすを返して南へ逃げ去った。そのとき，調査助手が発見した1頭以外にも雄のいることを示すパント・フートとワァワァいう吠え声が，ミトゥンバのパーティーの方から弾けるように起きた（観察者　H. ムコノ）。

カハマの雄対カランデの雄

1974年暮れ，カハマで3頭生き残った雄（チャーリー，スニフ，ウィリー・ワリー）と南のカランデ・コミュニティーの雄とのあいだに，3回の出会いがあった（Goodall et al., 1979 参照）。

(a) 第1の例では，人づけされていない雄に対して攻撃するのが見られた。3頭のカハマの雄が，突然見知らぬ雌雄2頭に気づきそのペアを襲った。2頭は逃げたが，雄の方は片足の一部が麻痺していたため捕らえられ，チャーリーとスニフに短時間攻撃された。ウィリー・ワリーはそばでディスプレイをした。よそ者は手を振りほどいて悲鳴をあげながら逃げだした。勝者たちはすこし追いかけたがやめた（観察者　E. ムポンゴ，A. バンドラ）。

(b) スニフ，チャーリー，ウィリー・ワリーの関係した第2の事件は，この章の最初に書いた。

(c) 第3の例は，7頭から9頭のよそ者がカハマ川の南に忽然と姿を現した時に起きた。チャーリーとウィリー・ワリーは北方へ逃げ去った。スニフはそのまま踏み止まり，カランデの雄2頭が彼から25mのところへ突進してくるまで，同行者の後を追おうとはしなかった（観察者　A. ピアス，C. シワガ）。

カサケラの雄対「東方」の雄

1975年初め，カサケラの遊動域のかなり東で見知らぬ雄との出会いが観察された。どうやら，カハマ・コミュニティーの遊動域のずっと東を（あるいは彼らの遊動域の東側で国立公園の外を）北へ移動して来た，カランデの雄がいたらしい。話は，カサケラの4頭の雄が，カコンベ谷の上から突然鳴り響いたパント・フートと太鼓叩きの音を耳にしたときに始まる。彼らはかなり興奮し，大声をあげながら上に走った。1番若い2頭，シェリーと青年後期のゴブリンが先頭に立ち，やがて3頭のおとな雄のパーテ

ィーと出くわした。両パーティーはディスプレイを繰り返し，枝を揺すり石を投げた。カサケラの雄4頭がそろって突撃すると，よそ者は退却した。カサケラの雄はディスプレイを繰り返し，叫び続けた。しかし，それ以上追おうとはしなかった（観察者　P. レオ）。

　もう一つ別の出会いが，カハマ・コミュニテ

ィーの絶滅の後にカサケラとカランデの雄のあいだで見られた。それはきわめて攻撃的な事件で，この章の後の節で述べる。このように隣接コミュニティーの雄間にみられる関係は，マハレでの研究（Nishida, 1979）からみても，典型的な敵対関係にあることは明らかだ。

雄と人づけされていない雌の交渉

　「見知らぬ」——つまり，人間の観察者が知らない隣接コミュニティーから来たらしい——雌へのおとな雄の反応は，雌の年齢や性的活性状態によって大きく変化する。ここでは，(a) 発情，非発情を問わず若い未経産の雌と，(b) 世話の必要な子どもを連れた発情していない母親，の二つに分けて考えねばならない。ただし母親が発情していたら，子どもを連れていても(a) と考えることができる。

若い未経産の雌

　この範疇に入る雌は普通隣接コミュニティーの雄からかなり寛容に扱われるため，自由に出自コミュニティーと隣接コミュニティーのあいだを移動し得る。ただし移動先のコミュニティーに元からいた雌からは敵対的な扱いを受けることがある。おとな雄がこのような若い訪問者に出会うと，比較的穏やかな挨拶が交わされることもあるし，雌の方が逃げ出すこともある——そのような場合，雌は追いかけられ，穏やかに攻撃されるようだ。この攻撃はつれそい関係の形成時に見られる攻撃と同様で，マントヒヒの首咬み行動に似た機能，すなわち雌を攻撃者のもとにとどまらせる機能（Kummer, 1968）を果たすらしい。しかしここでもう1度，チンパンジーの行動が観察者の存在に影響され得ることを思い出していただきたい。人付けされてい

ない雌はたいてい人間から逃げ出してしまう。すると雄は，雌を追いかけ攻撃せざるを得ない結果になる。このことは，少なくとも何度かはおとな雄が若い雌を自らのコミュニティーへ誘い込もうとした証拠がある点からうなずける。人付けされていない雌の臆病さが，なぜもっとこのような行動が観察されないのかという疑問を解く鍵になるかもしれない。

発情していない母親と赤ん坊

　この範疇に入る雌に対するカサケラの雄の反応は，若い未経産雌とは比較にならないほど異なっている。1975年から1982年までの8年間で25回，カサケラの雄がこのような雌に出会うのが観察された。そして，その出会いの76％はかなり手きびしいもので，突進あるいは攻撃が見られた。さらに若い未経産雌への軽い攻撃とは大違いで，もう若くない雌への攻撃は，15回の直接的攻撃のうち14回までが極端に激しいものだった。そのため，雌の連れていた赤ん坊が死んだことが3回あり，2回は赤ん坊の体の一部分あるいは全部が攻撃者に食べられてしまった（Goodall, 1977）。これらの攻撃のうち10回は犠牲者を観察できた。彼女たちはいつも必ず手足や背中の傷から大量の血を流しており，少なくとも8回は頭や顔にも大怪我をしていた。

　1975年以前に，このような雌への獰猛なまで

の攻撃が3回記録されている。そのうちの1回は子殺しにいたり、体の一部が食べられてしまった（Bygott, 1972; Goodall et al., 1979）。ランガム（1975）が報告している詳しい観察は、ここで示すのに適切だ。1974年、カハマの雄のパーティーは迂回路をとっていた。彼らの遊動域の南にある、カランデの年老いた雌の死体を調べようとしていたとしか考えられない。無数の傷のせいで死亡したものらしい。もっともひどい傷は、背中をふかぶかと刺し貫いていた。チンパンジー以外にこのような傷を負わすことができる動物といえば、ヒョウとヒヒしかいない。死体はどこも食べられておらず、ヒョウに襲われたときにできる裂傷もない。またチンパンジーがヒヒの子どもを攻撃した狩猟の例はあるが、ヒヒがチンパンジーにひどい傷を負わせたという例は1度も聞いたことがない。やはりこの雌も、他のチンパンジーに攻撃された犠牲者なのだろう。カハマのパーティーは死体のそばにすこし留まり、1頭の雄が匂いを嗅いでグルーミングをしてやった。その後彼らは去って行った（観察者　Y.セレマニ）。

よそ者の雌に対する攻撃例を表17.2に、またその観察の起こった場所を図17.1にまとめた。ケース2はチンパンジーがよそ者の雌をかり立てることもあるというもっとも良い例だ。1頭の若ものと7頭のおとな雄を含むカサケラのチンパンジーの大パーティーが、1頭のチンパンジーの予期せぬ声を聞いた。すぐさま大混乱になり、パント・フート、ワァワァいう吠え声、さらに絶叫が渦巻く中を、彼らは先を争って声のした方向へ駆け出した。やがて静まり、初めに声のした方へ一団となって近づいて行った。そして15分もそこに座り込んだ。ふたたび、ほんの少し移動してみて立ち止まり、静まり返って座り込むことを30分繰り返した。その後静かに移動を続け、北のミトゥンバ・コミュニティーの遊動域に侵入した。彼らは地面や幹の匂

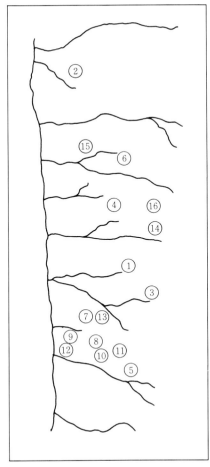

図17.1　おとな雄によって人づけされていない雌が襲われた場所。番号は、表17.2のケース番号に一致する

いを嗅いでいたが、やがて諦めて採食を始めたかに見えた。そこへ突然、3時間20分も経ってから最初の声がふたたび聞こえ、彼らは東の方へ駆け出して行った（それは、もと来た方角へ引き返すことだった）。すると、何分もたたずに大音響が爆発した。観察者が追いつくと、ハンフリー、エバレッド、サタンが一緒になって非発情の老齢雌を攻撃していた。その雌は地面にうずくまり悲鳴をあげていた。彼女は逃げだそうともがき走りだしたが、カサケラのパーティーは執拗に追いかけた。そして観察者はまったく取り残された。攻撃された場所の血の量か

表17.2 1971年から1982年までの，カサケラの雄によるよそ者雌への激しい攻撃の例（赤ん坊の年齢は推定）。
攻撃者の個体名は2重下線で示した。図17.1は，それぞれの攻撃の起こった場所を示す

ケース番号	日付		攻撃内容
1	1971年9月	犠牲者	母親と2歳半の赤ん坊
		同行者	マイク，ハンフリー，フィガン，サタン，ジョメオ
		タイプ	レベル3
		時間	2分
		傷の状態	母親は片耳の半分を失う。大量の出血。赤ん坊は殺され食べられた。
		コメント	雄が駆け出し，協同で母子2頭を攻撃。ハンフリーが赤ん坊を摑み上げたらしい。混乱が収まったとき，彼が赤ん坊の体を握っていた。赤ん坊は生きており，食べられながらも4分間声を出していた。11日後，同じ雌らしい個体がハンフリー，ファーベン，ジョメオ，フィガンに見つかる。まずハンフリーが攻撃し，雌が逃げ出すと雄全員が追う。追いついて，ハンフリー，ファーベン，ジョメオが一緒に攻撃するが，雌がふたたび逃げ出すと，もう追おうとはしない。
		観察者	D.バイゴット（両事例とも）
2	1973年5月	犠牲者	老雌　子どもは未確認
		同行者	マイク，ヒューゴー，ハンフリー，エバレッド，ファーベン，フィガン，サタン，ジョメオ，シェリー，ゴブリン，発情中の雌2頭
		タイプ	レベル3
		時間	6分
		傷の状態	地面と植物の上に大量の血痕
		コメント	本文に記載
		観察者	C.テュティン，C.カクル，R.バンバンガンヤ
3	1975年11月	犠牲者	母親と1歳半から2歳の雌および別の子ども（性未確認）
		同行者	ハンフリー，フィガン，サタン，ジョメオ，シェリー，ゴブリン，アトラス，2頭の雌とその子ども
		タイプ	レベル4（攻撃2回）
		時間	1回目の攻撃　10分，2回目の攻撃（30分後）　10分
		傷の状態	大量の血痕，赤ん坊は鼠径部に重傷。顔，手，足，背中にも傷
		コメント	ワード・ピクチャー17.1に全記載あり
		観察者	E.ムポンゴ，K.セレマニ
4	1976年7月	犠牲者	母親と赤ん坊，もう1頭別のよそ者がいたが，充分観察できず
		同行者	エバレッド，フィガン，サタン，ゴブリン，ギギ
		タイプ	レベル3
		時間	4分
		傷の状態	血痕あり
		コメント	エバレッド，サタン，フィガンが犠牲者に突進。雌は3回ワァワァと吠えながら逃走。エバレッド，サタンが攻撃。フィガンは別の個体を追う。ゴブリン，ギギはディスプレイ。犠牲者，脱出。
		観察者	K.セレマニ，H.ムポンゴ
5	1976年11月	犠牲者	非発情雌，他に1～2頭（見えず）
		同行者	エバレッド，フィガン，ジョメオ，シェリー，ゴブリン，マスタード，雌2頭
		タイプ	レベル3
		時間	2分
		傷の状態	見えず
		コメント	悲鳴が聞こえる。フィガン，ジョメオ，シェリーは歯をむき抱擁して駆け出す。ジョメオ，シェリーが共に攻撃。エバレッドが加わる。フィガンとゴブリンはディスプレイ。雄たちは犠牲者を置いて別の個体へ。雌はやぶの影にしゃがむ。ゴブリン，少し攻撃。雌，逃げ去る。
		観察者	E.ムポンゴ，H.ムポンゴ

506——なわばり制

6	1977年3月	犠牲者	(a) 母親と5歳の個体
			(b) 雌と5〜6歳の雄の子ども（木に逃げる）
		同行者	フィガン，サタン，シェリー，ゴブリン，メリッサ，他に雌2頭
		タイプ	(a)，(b)ともレベル3
		時　間	(a) 4分，(b) 5分
		傷の状態	(a) 多数，顔面，背中，肛門の上がひどい。全身血まみれ。襲撃後よろよろと移動。
			(b) はっきりとは見えず。しかし，雌の体と下生えの上に血液。
		コメント	(a) まず，シェリーがよそ者へ突進。攻撃。そばでギギがディスプレイ，枝を引きずり植物を揺する。雄全員が一緒になってすさまじい攻撃。咬み付き，毛を摑み，引きずり回す。4分後，別のよそ者のワァワァ吠える声が，およそ100m遠方から聞こえる。雄は最初の犠牲者を放置して声の方へ。
			(b) 全員が一気に攻撃。メリッサも参加，犠牲者の耳を咬む。よそ者はメリッサの尻に咬みつく。雄たちは咬みつき，殴り，蹴り続ける。犠牲者は5回逃げ出し，その度に捕まって闘争が続く。4分後，フィガン，サタン攻撃中止。エバレッド，シェリーが再開。
		観察者	J.アスマニ，R.バンバンガンヤ
7	1978年8月	犠牲者	母親と5歳の子ども
		同行者	ハンフリー，フィガン，サタン，シェリー，ゴブリン，マスタード，雌1頭
		タイプ	レベル3
		時　間	1〜2分
		傷の状態	見えず
		コメント	雄がよそ者を見つけ，抱き合い，走り出す。ハンフリー，サタン，シェリーが飛びかかる。子どもは脱出，逃走。ハンフリー，サタンふたたび攻撃。雌，脱出。木へ駆け上る。ゴブリンが追い，攻撃。マスタードが加勢。犠牲者が脱出を試みると，雄が取り囲み妨害。雌，別の木へ飛び移り，さらに地面へ飛び下りる。雄全員が追跡。サタンが捕まえ攻撃。ハンフリー，加勢。雌脱出。
		観察者	J.アスマニ，H.マタマ
8	1978年10月	犠牲者	(a) 母親と赤ん坊
			(b) 中年の雌
			(c) 母親と赤ん坊
		同行者	ハンフリー，フィガン，サタン，ジョメオ，シェリー，ゴブリン，ギギ（性的活動期）
		タイプ	(a) レベル2
			(b)と(c) レベル3
		時　間	(a) 瞬時，(b) 4分，(c) 3分
		傷の状態	(a) なし
			(b) 臀部，直腸に達する重傷。顔面，手にも傷あり
			(c) 見えず。しかし大量の出血
		注　釈	3頭のよそ者がコロブスモンキーの死体を持っている。カサケラのパーティーが前方に突進。下生えに阻まれよく観察できない。2度目に起こった2回の攻撃がかなりひどい。全雄が参加。
		観察者	H.ムポンゴ，Y.アラマシ

507 —— なわばり制

9	1978年11月	犠牲者	中年の非発情雌。他にもいたが見えず
		同行者	フィガン, サタン, ジョメオ, シェリー, ゴブリン, マスタード
		タイプ	レベル4
		時　間	5分
		傷の状態	片足に大怪我。その足は動かない。大量の出血。はっきりとは見えない
		コメント	音が聞こえ, フィガン, ジョメオ, およびシェリーは抱き合って歯をむき出す。注意深く移動再開。30分後, サタンが真っ先に前方へ突進。他の者は抱き合い, 歯をむき出し, 後を追う。サタンがよそ者を繰り返し殴りつけて攻撃する音がする。よそ者は悲鳴をあげている。1分後, 停止。犠牲者は逃げだそうとする。サタンとゴブリンが追いかけ, 怪我をした足を摑んで引きずり倒す。雄全員が雌にディスプレイ, 殴りつけ, またディスプレイを続ける。1分後, ジョメオが攻撃再開。繰り返し腕をたたきつけ, 踏みつける。他の者はワァワァ吠え, そしてディスプレイ。犠牲者が逃げようとしてゴブリンが追跡する。雌が泣き叫び, 座り込む。ゴブリンが摑みかかり, 攻撃が始まる。雌は脱出するが, ゴブリンが追いかけ打ちかかる。他の雄は走り去る。もう1頭よそ者がいるらしい。1分後, 戻りパント・フート, さらにとどろきパント・フート。3分間雌を追い回し, 去る。
		観察者	Y.ムブルガニ, S.ルケマタ
10	1979年1月	犠牲者	母親と赤ん坊
		同行者	ハンフリー, フィガン?, ジョメオ, シェリー?, ゴブリン, ギギ
		タイプ	レベル4
		時　間	5分
		傷の状態	見えず。しかし, すさまじい血量
		コメント	下生えに阻まれ充分見えず。ハンフリー, ジョメオ, ゴブリンによる3回の攻撃。雄全員とギギ, ディスプレイ, パント・フート, 吠え声。赤ん坊が犠牲者のそばから走り出し攻撃を受ける。ものすごい悲鳴。犠牲者脱出。雄はディスプレイ, とどろきパント・フートを続ける。
		観察者	Y.ムブルガニ, K.セレマニ
11	1979年2月	犠牲者	母親と幼児
		同行者	フィガン, サタン, ジョメオ, ゴブリン, 雌1頭
		タイプ	レベル3
		時　間	2分
		傷の状態	見えず
		コメント	雄全員が突進し, 激しく攻撃。その後ディスプレイをしながら去る。下生えではほとんど観察できず。
		観察者	H.ムポンゴ, Y.アラマシ
12	1979年2月	犠牲者	母親と赤ん坊
		同行者	ハンフリー, フィガン, サタン, ジョメオ, シェリー, ゴブリン
		タイプ	レベル3
		時　間	3分
		傷の状態	見えず。しかし大量の血
		コメント	ジョメオとシェリーが同時に襲いかかり, 激しく腕を打ち当てる。他の者は前後でディスプレイ, パント・フート, とどろきパント・フート。
		観察者	H.ムポンゴ, Y.アラマシ
13	1979年3月	犠牲者	母親, 新生児, 子ども(性は未確認)
		同行者	ハンフリー, エバレッド, フィガン, サタン, ジョメオ, シェリー, ゴブリン, マスタード, アトラス, ギギ(発情中), 他の雌1頭
		タイプ	レベル3
		時　間	2〜3分
		傷の状態	豪雨のため母親は見えず。赤ん坊が殺され食べられた。
		コメント	土砂降りの雨。まずマスタードがよそ者に気づき, 前方に突進, 子どもを攻撃する。おとな雄全員が母親に飛びかかり, 腕を打ちつけ, 踏みつける。シェリーが赤ん坊を摑み上げる。雄全員が肉を分配。雌と子どもはいつのまにか消えている。
		観察者	H.ムコノ, H.マタマ

14	1979年5月	犠牲者	中年の母親，3歳の子，若もの雌（9歳ぐらい）
		同行者	ハンフリー，フィガン
		タイプ	レベル4
		時　間	接触15分，攻撃は少なくとも6分
		傷の状態	多数，背中，手，顔がひどい。子どもは最初の攻撃で片足を怪我（おそらく他にもあり）。通過した後に大量の血痕。
		コメント	フィガン，ハンフリーが近づくと，母親が咳こむような唸り声を発する。2頭は突進。しかし，すぐに攻撃はしない。フィガンはディスプレイ，パント・フート，とどろきパント・フート。ハンフリーは母親を5m下の岩のくぼみへ引きずり落とす。出血。母親逃げ出す。雄が追跡。観察者は血痕をたどる。最初の攻撃から6分後，ふたたび攻撃の声。ハンフリーが攻撃，フィガンはディスプレイ，ハンフリーふたたび母親を川めがけて突き落とす。フィガンが加勢。2頭の若い個体，悲鳴をあげて母親を追う。さらに攻撃1分続く。犠牲者は走り出すが，フィガンが捕まえ再度攻撃。雄2頭が太鼓叩き，大声，そして去る。
		観察者	H.マタマ，Y.アラマシ
15	1980年12月	犠牲者	母親，4～5歳の子ども，若い性的活動期の雌
		同行者	フィガン，サタン？，ジョメオ，ゴブリン，マスタード？，アトラス，若もの雄，雌3頭
		タイプ	レベル3
		時　間	2分
		傷の状態	見えず。大量の出血
		コメント	フィガン，ジョメオ，ゴブリン，母親に突進。攻撃開始。雌は逃げだそうとする。雄全員が追跡。激しく攻撃する音（音から判断すると，もっとも激しい暴行の1例と思われる）。
		観察者	H.ムコノ，H.マタマ
16	1982年1月	犠牲者	母親と2歳の子，もう1頭子どもがいた（性未確認）
		同行者	エバレッド，フィガン，サタン，ジョメオ，ゴブリン，マスタード，アトラス，雄の若もの3頭，ギギ，性的活動期の雌1頭
		タイプ	レベル4
		時　間	接触15分，そのほとんどが攻撃
		傷の状態	おびただしい出血
		コメント	木の上に母親。跳び降り，子どもの元へ取って返す。ゴブリンがまず前方へ突進。激しい攻撃。子ども，逃走。サタン，ゴブリン，マスタードが同時に攻撃。他の雄とギギ，激しくディスプレイ。攻撃に参加。10分後，エバレッドが赤ん坊を掴み走る。ディスプレイ，そして赤ん坊を叩きつける。ギギとアトラスが追う。赤ん坊は生きている。絶叫，植物を掴む。エバレッド，赤ん坊を遠くへ投げ捨てる。ディスプレイ，引き返し母親を攻撃。4分以上たって母親脱出。木へ上る。ゴブリンが追い，攻撃。ギギも駆け上り，打ち段る。母親，見えなくなり，全員ディスプレイしつつ遠ざかる。
		観察者	H.ムポンゴ，R.ファジリ

ら判断すると，犠牲者はかなりの重傷を負ったらしい（Goodall et al., 1979 も参照せよ）。

第2の攻撃（ケース3）のようすは，ワード・ピクチャー17.1にすべて記載しておく。これもカサケラのチンパンジーの大パーティーにかんする事件で，この時はおとな雄がまるでヒヒ狩りでもするように犠牲者の回りをぐるっと取り巻いていた。ケース6や7の攻撃でも雄は同様の行動を見せた。ケース16には母親から赤ん坊をもぎ取った例がある。このとき，誘拐犯は赤ん坊を地面にたたきつけてディスプレイし，そして放り出した。幼児の傷は幸い大したことなく，母親の元に戻ることができた。

カサケラの雌への攻撃の可能性

人間の観察者がいるそばで，人付けされていない雄がカサケラの雌を襲う事態は観察できそうもない。今のところわれわれは，そのような

攻撃が現実に起こり得るという間接的証拠しか持ち合わせていない。その内容は，1977年のカハマ・コミュニティーの全滅後見られたカサケラ—カランデ間の交渉とともに，後の章で書くことにする。

よそ者に対するコミュニティーの雌の反応

境界の見回りや遊動域からよそ者を撃退するのは主に雄の仕事である。雌は発情していない限り，雄の見回りに同行することはまずない。仮に同行したとしても雌はたいてい後からついて行き，雄に特徴的な警戒行動をあまり見せない。よそ者の雌が攻撃されているあいだ，最もよくコミュニティー間の衝突現場に居合わせた雌ギギは，争い現場の回りでディスプレイをよくしたが，ある時には，あまりに興奮したため2人の観察者の後ろから突進し，彼らをひっぱたいたり殴ったりしたことがある（表17.2ケース4）。メリッサは発情中，雄の攻撃に参加し，ケース6の被害者の耳を咬んだ。その雌は反撃してメリッサの膨らんだ性皮に咬みつき，傷つけた。1度，カサケラのメンバーでかけおち中の2頭が北の方でよそ者に出会ったことがある。そのとき，よそ者の1頭であった非発情の母親が，かけおち中の雌の息子で若もののアトラスに突進し，攻撃した。残念なことに（というのはわれわれの記録にとってのことで，アトラスにとってではないが），その雌は観察者を発見し，去ってしまった。

カサケラ・コミュニティーの雌は，雄の攻撃に先だって人づけされていない雌に突進していくことがあった。あるとき，大パーティーが，たった一回聞いただけの声の方向へ大騒ぎしながら先を争って駆けて行ったことがある。人づけされていない雌（ハーモニー）が見つかってしまい，カサケラのおとな雌のフィフィに枝の上で追いかけられ，蹴られて30m下の地面へ追い落とされた。実のところ，若い移入したての雌（ハーモニーはその頃すでに移籍していた）は，古顔の雌から目の仇にされる。このような攻撃は，観察できる機会があれば必ず記録されている（というのは，中には新しいコミュニティーのメンバーを受け入れるようになるまで，観察者に対して極度に神経質になる移入者もいるからだ）。

キャロライン・テュティンは，1973年に新しい移入者パティを追っていて劇的な事例に遭遇した（Pusey, 1977 に記載あり）。12月1日，パティは若い雄サタンとともに行動していた。2頭は，3頭の古顔の雌と複数の雄からなる集団に合流した。すると1頭の雌がすぐさまパティの方へ駆け上り，パティは悲鳴をあげて逃げ出した。残り2頭の雌，ウィンクルとアテナは近寄り，抱き合ってからパティをひどく攻撃した。争いは雄の1頭によって止められた。パティはその保護者を盾にして，2頭の怒り狂った雌にワァワァいう吠え声で威嚇し，腕を振り上げた。次の日パティが木の上で採食していると，ウィンクルとミフの雌2頭が近づいてきた。2頭は木の下に立って新参者をじっと見上げた。パティはすぐ枝をつたって逃げ始め，2頭の古参雌は下を追いかけた。パティが別の木に飛び移ると，ミフとウィンクルは逃すまいとして突進した。そのとき第3の雌アテネが加勢し，パティは取り囲まれる格好となった。ゆっくりと3頭はパティに迫り，パティは上れるだけ高く木に上った。しかし，とうとうパティも追い詰められて悲鳴をあげたが，もはや逃れるすべはなかった。するとその悲鳴を聞きつけたのだろう，

2頭のおとな雄が風を切って現場に駆けつけて
きた。パティは雄の方へ急ぎ，1頭が雌たちに
ディスプレイをしているあいだ，ワァワァと吠
え声をあげながら雄たちにつき従った。この事
件があってから，彼女はある大きな雄のそばに
いつもぴったりくっついて過ごすようになった。
しかし，その雄は事件の当事者とは別の個体で
あった。その後，接触を繰り返すことでしだい
に彼女たちの敵対的反応は弱まり，1カ月後に
はパティが以前の迫害者とグルーミングをして
いるのが観察された。

　残念ながら観察できなかったが，カサケラの
未経産雌3頭（ノバ，ポム，ミーザ）がどこか
へ行って姿を見せなかった時期（それぞれ1966
年，1977年，1983年）に，コミュニティーに先
住する他の雌の攻撃を受けた可能性がある。彼
女たちは，それぞれどの個体もカサケラ・コミ
ュニティーの遊動域の中心から姿を消したため，
そのとき隣接コミュニティーを訪れたのだろう
と推測されていたが，背中や頭，顔，手，足に
深い傷を負ってふたたび帰ってきた。さらにノ
バは，背中のあちこちに手の平大の毛を引き抜
かれた痕があった。また，パッションがメリッ
サに加えた傷害（12章）は，雌でも充分な動機
があれば大きな危害を加える能力があることを
示している。

─────ワード・ピクチャー　17.1　カサケラの雄による，よそ者の雌とその子どもへの攻撃（現場は，図17.1の番号3）

　事件は，カサケラの大パーティー──おとな雄5
頭，おとな雌2頭および未成熟個体4頭──が，遊
動域の南側で頭数不明のよそ者の一団と出会ったと
きに起こった。カサケラの雄の大多数が前方に駆け
出し，音だけが聞こえて見ることはできなかったが，
2度の攻撃が深い藪の中で起こった。そのとき，腹
に雌の赤ん坊を抱き，さらに子どもを連れた雌がそ
ばの木に上っていった。カサケラのチンパンジーの
うち，先の攻撃に参加しなかった個体がこの雌を見
つけてワァワァいう吠え声をあげた。フィフィは彼
女を追いかけて同じ木に上り，ワァワァ吠え続けた。
すぐにカサケラの雄も戻ってきて，数頭が木の上の
フィフィに加勢した。よそ者の子どもは木から下り，
それ以後姿を見せなかった。

　2頭の雄ジョメオとシェリーは，その雌に向かっ
てディスプレイをし攻撃を開始した。彼らは入れ替
わり立ち替わり，雌を捕まえて踏みつけた。やがて，
カサケラのチンパンジーは静まり返った。すでに多
くの者がよそ者と同じ木に上って座っていた。彼女
を睨みつける者もいるし，もりもりと採食を始めた
ものもいた。そのとき，よそ者の雌は雄の1頭に近
づき尻向けをした。そして2度，服従の意を示すよ
うに手を伸ばした。しかし何の反応も返って来なか
った。その後，彼女は逃げようとしたのだろう，枝
の上を別の木に向かって移動した。するとすぐさま
雄が何頭か木を下り，上を見上げながら地面を移動

した。枝を伝って追う者もいた。彼女が止まると，
ほとんどの雄がふたたび彼女のいる木へ上った。

　最初の攻撃から30分後，彼女はもう1度雄の1頭
サタンのそばに近寄り，尻向けをして，2度彼に触
れた。サタンは邪険にこの誘いを拒んだ。2度目に
は片手に一杯の木の葉を取り，彼女が手を触れた方
の足をゴシゴシこすった。この後すぐに攻撃が再開
された。まずフィガンが，そしてシェリーが，最後
にサタンが。この暴行のあいだに赤ん坊は落ちてし
まい，すぐさま下にいたジョメオが摑み上げた。母
親は地面に跳んで下り，ジョメオとその子をめぐっ
て争ったうえ，他の雄まで木から跳び下りてきて同
時に雌への攻撃を続けたため，事態は8分間混乱し
てしまった。とうとう最後には（大量に出血してい
た）母親も逃げだし，ジョメオが赤ん坊を摑んだま
ま木へ駆け上った。フィガンがそれを追いかけ，ジ
ョメオからその子をひったくってその片足を握り，
枝や幹に叩きつけながら木々のあいだを跳び移って
行った。そして彼は地面に跳び下り，さらに走りな
がらその哀れな子を繰り返し岩に叩きつけた。そう
して40～50mも駆け抜け，最後にその子を放り投げ
た。

　その子はまだ死んでいなかった。サタンが近寄り，
つまみ上げてグルーミングをし，そっと置いた。そ
の子は次に4歳の雄（フィフィの息子フロイト）に
「救助」された。彼は1時間以上も連れていた。そ

のあいだ，彼は始終手を添えてやっていたが，あまりにその子の傷が深く，またショックが強かったため，とても助けなしに自力でしがみついてはいられなかった。彼はサタンが近づいてもまだその子を連れていた。サタンはフロイトを威嚇し（枝を揺するとその枝がフロイトの上から当たった），赤ん坊を奪い取った。続く1時間半，今度はサタンがその子

を連れていた。彼は抱いたまま採食し，手を添えて移動し，休むときにはときどきグルーミングもしてやった。しかし結局は，その子を地面に置いてしまった。次いで11歳になるゴブリンがその子を摘まみ上げたが，彼はわずか10分間しか連れていようとせず，すぐに深い藪の中に置き去りにしてしまった（その後，その子は傷がもとで死亡した）。

あるコミュニティーの誕生と消滅

1972年，われわれの研究対象だった大きなKKコミュニティーの一部が，ゴンベの新しいコミュニティー，カハマ・コミュニティーとして独立したのを確認した。そして1977年末まで5年間存在して，このコミュニティーは消え去った。カハマの個体を死（あるいは消失）に導いた出来事は，霊長類の野外研究の歴史を通じて特筆すべきものであるとわたしは信じている。ただ残念なことに，コミュニティーを分裂に誘った要因はバナナ供給システムによっていくらか判別が難しくなってしまい，また今後同様の分裂を観察する機会に恵まれるまでは，われわれは何年も待ち続けねばならないだろう。内容をできる限り完全にするため，ここではわたしが研究を開始したときに遡って話を進めたい。

1960年夏，カコンベ谷のイチジクは例年になく豊作だった。また別の2種の果実がリンダ谷にたわわに実っていた。わたしはカコンベ峡谷を見晴らす高みからよく観察したものだ。北のリンダ谷から移動して，イチジク祭を楽しみにカコンベへと下りるチンパンジーのパーティーを何度も見た。また南からもよくチンパンジーがやって来た。南の大パーティーが谷を駆け下り北の大パーティーと合流したり，その反対になったりして，大騒動のうちに両者が合流する場面を何度か観察した。両パーティーのメンバーが平和裏に入り交じって採食した後，巨大

な集合体の一方は北へ，他方は南へと，ふたたび別れて行くことがあった。当時わたしは個体識別をしていなかったので，どの方向から来たチンパンジーが南へ去ったのか，メンバーの交代はあったのかという点を確認することはできなかった。ときには全員が事実上一つの大パーティーになって，リンダ谷で果実を食べようと北へ向かうこともあった。そんなときわたしは，極端に敵意を抱くこともなくしょっちゅう会っている，二つの社会集団を観察しているのだと考えていた。そのため，わたしは最初，「遊動域の両端に住む個体同士はけっして出会うことがなくても，地理的障壁以外にコミュニティー境界をつくるものはない」と考えてしまった（Goodall, 1968b, p. 215）。

1962年から1965年末にかけて，互いに顔見知りらしい合計19頭のおとな雄と若もの雄が，次つぎと調査基地のバナナ供給場を見つけた。1966年までは，その雄たちを明らかに二つの集団に分けることができた。つまり，カコンベ谷（基地のある場所）の南を主に使う雄たちと，北を主に使う雄たちである。われわれは彼らを北と南の「集団（サブ・グループ）」と呼んだ。3頭の雌が，北の雄よりも南の雄とより親密に同行していたようだ。

1971年には，南の雄がKKコミュニティーの遊動域の一部である北を，だんだん訪れなくな

った。一方，北の雄が南を移動することはずっと少なかった。バイゴット（1979）はこの年，二つの集団の雄の出会いや共存の頻度が徐々に減少したことを記録している。また，南の集団がだんだん基地にやって来なくなったことも報告している。その時期はちょうどバナナの供給量を減らした時期と一致している。しかし，このことが遊動パターンを変化させた直接の要因であったとは考え難い。というのは，こういう雄たちがキャンプを訪れればたいていは給餌を受けていたからだ（Bygott, 1974）。

当時北の集団には，全盛期を迎えた6頭（ハンフリー，エバレッド，フィガン，ジョメオ，サタン，そして足に障害のあるファーベン）と老齢の2頭（マイク，ヒューゴー）の，総勢8頭からなる成熟雄がいた。一方南の集団は，全盛期を向えた4頭（チャーリー，ゴティ，デ，そしてやはり足に障害のあるウィリー・ワリー）とやや盛りを過ぎた1頭（ヒュー），そして老齢の1頭（ゴライアス）の，計6頭の成熟雄からなっていた。さらに1頭の若もの雄（スニフ）もこの集団にいた。（南の）カハマ集団のほうが小さかった。しかし前にも書いたように，2頭の上位雄ヒューとチャーリーが連合すれば，（北の）カサケラ集団の最優位雄ハンフリーに勝つことができた。以前は基地を定期的に訪れていたある雌（マンディ）と始終基地にいた別の雌（マダム・ビー）は，ほとんど姿を見せなかった移入者ワンダと同じように，南の集団と同盟を結んだ。

南の雄が基地に向かって北上するとき，彼らはコンパクトな集団にまとまる傾向があった——そして北の雄は，南下するときはいつも最低5頭が一緒に移動した。雄のパーティーが彼らの（属する北または南の）集団の集中利用域を離れ，他方の集団と出会うまで1kmほど移動するのに，あるパターンができてきた。つまり，出会いが起きると南の雄は横一線に並び，突進

ディスプレイをする傾向があった。そのため，いつも北の雄はバラバラにされてしまった。まずこの騒ぎが起こり，その後，交渉はいつも「侵略」した側のパーティーが自分たちの領域に引き上げるまで，平和そのものといった感じで続いた。

このように1971年の状況は，（「出会いの場所」が谷一つ南に移動したことを除けば）わたしが観察した60年代初期の状況を強くしのばせるものだった。KKコミュニティーが分裂する可能性は，すでに1960年代初期にあったといえる。ただその過程は，われわれが毎日バナナを撒いたため妨害され，（おそらく雄の数が多くなりすぎたため）10年後に再開したのだろう。

1972年には，北と南の雄たちはたまにしか出会わなくなった。平和的接触もみられはしたが，概して雄たちは互いに避け合うようになり，南の雄がまるで集団として独立したかのようにパッタリと基地に顔を出さなくなった。1972年以後は老雄のゴライアスと娘を連れたマダム・ビーが（数回）基地に顔を出しただけだ。

1973年初頭までに，カコンベ谷とカサケラ谷をおもに使う北のカサケラ・コミュニティーと，カハマ谷をおもに使う南のカハマ・コミュニティーの二つの独立が確認された（図17.2a）。ランガム（1975）は1973年のデータを分析して，二つのコミュニティーの雄が使う遊動域は地理的に分離したことを確かめた。地図に示したように，眠りの谷だけが明らかな重複域であった。その年，両コミュニティーの雄間にわずかだが非敵対的交渉が見られた。しかしその交渉にかかわったのはカサケラのマイク，ヒューゴー，そしてカハマのゴライアスの3頭の最長老だけであった。全員が長年ともにやってきた連中だ。実際，ゴライアスとマイクは1967年から分裂まできわめて友好的で，ゴライアスがなぜ南についたのかは謎であった。

北と南，つまりカサケラとカハマの出会いの

ゴライアスをグルーミングするマイク。カサケラの雄の激しい暴行を受ける5カ月前まで、ゴライアスは彼らと穏やかな日々を過ごしていた。

際、その他の雄がみせた特徴的な反応は以下のようなものだった。

(a) 1973年1月、カサケラの雄のパーティーが重複域を見渡す崖の上へ移動し、無言で座っていた。遠くにカハマの雄の声を聞いてやっと眠りの谷へ採食に下りた。

(b) 同年5月、カサケラの雄4頭が南の方へ見回りに入った。彼らはカハマ谷を見渡しながらしばらく座っていたが、まったく何の声も聞こえず姿も見えなかった。やがて彼らは、彼ら自身の集中利用域に帰って行った。

(c) 翌月、カサケラの雄7頭がムケンケ谷に下りていると、南の方でパント・フートが聞こえてきた。彼らはすぐさま声を上げ、ディスプレイをした。そして川に向かって音を立てぬように走った。カハマの雄は反対側で鳴き続けている。最後の数百mは、たった4頭のカサケラの雄が走り続けているだけだった。彼らは川に到着し、カハマの雄が声をあげてディスプレイをしているあいだ無言で座っていた。しかしすぐに腰をあげたかと思うと、しばらく沈黙を守ったまま後退し、突然パント・フートと太鼓叩きを轟かせた。

1974年初期には、やがてカハマ・コミュニティーを完全な絶滅に追い込むことになる猛々しい攻撃が観察され始めた。カサケラの雄は南侵を開始し、その動きは、カハマ・コミュニティーの遊動域をついに併合してしまう1977年に最高頂に達した。1974年末までに、カサケラ・コミュニティーの推定遊動域は15k㎡であった。一方、1973年初めには約10k㎡あったカハマ・コミュニティーの遊動域は、約3.8k㎡にまで縮小してしまった。1974年から75年にかけての雨期には、残った4頭のカハマの雄は、わずか1.8k㎡の地域を離れることもめったになく、この地域でさえカサケラの個体からなるパーティーに侵入されることがあった。さらに、人づけされていない南の巨大なカランデ・コミュニティーまでが、カハマ・コミュニティーの最後の砦を侵していった（Pierce, 1978）。1977年末までに、最後のカハマの雄たちも消えてしまった。そしてカサケラの雄たちが、雌や子どもを伴って彼らのコミュニティーの南側で採食や巣づくりを始めた。こうしてカサケラの集中利用域は、図17.2bにあるように驚くほど拡大し、その全遊動域は、当時およそ17k㎡に達した。

1974年から1977年にかけてカハマ・コミュニティーのメンバーに加えられた攻撃は、一貫して残虐で、かつ長く続いた。個々の事例について、これからその詳細を述べる。図17.3に、個々の攻撃の起こった場所を示しておいた。

ゴディへの襲撃

1974年1月、カサケラの大きな両性パーティーが南へ移動した（観察者 H.マタマ）。午後2時15分、おとな雄6頭（ヒューゴー、ハンフリー、ファーベン、フィガン、ジョメオ、シェリー）、若もの雄（ゴブリン）、そして発情中の雌（ギギ）が、さも目的ありげに南へ移動を始めた。それ以外の者は後方に残った。時折南から声が聞こえ、チンパンジーはその方向へ無言のまま足を早めた。すると、唐突に木の上で採食中のゴディに出くわした。彼は跳び降り逃

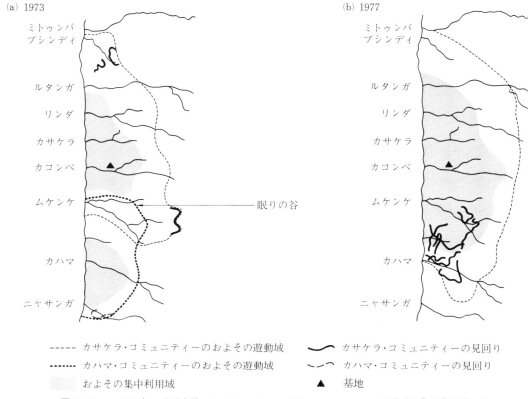

図17.2 a, 1973年, 分裂直後のカサケラ, カハマ両コミュニティーの遊動域と集中利用域。眠りの谷は両コミュニティーの重複域である。b, 1977年末までに拡大したカサケラ・コミュニティーの遊動域を示す。集中利用域の拡大に注意

げ出すが, ハンフリー, ジョメオ, フィガンの3頭が並んで走りながら彼の足元まで迫った。他の者も迫ってきた。ハンフリーがゴディの足を摑み, 引きずり倒して頭から馬乗りになる。そして足を両手で押さえつけ, 地面に釘付けにしてしまった。ハンフリーは他の雄が攻撃するあいだこの体勢をゆるめず, ゴディは逃げることも防御することもできなかった。

フィガン, ジョメオ, エバレッドが, ゴディの肩甲骨から背中にかけて繰り返し腕を打ち当て拳で殴った。ヒューゴーが何度か咬みついた。ギギは大声で叫びながら周囲を駆け回った。ゴブリンは加わらなかった。

ついにハンフリーが犠牲者を放し, 他の者も10分間続けた攻撃をやめた。ヒューゴーは大声で叫び, すっくと立ち上がって大きな石をゴディに投げつけた。それはすぐ横に落ちた。攻撃したパーティーはパント・フートを発し, ディ

ゴディ (P. Mcginnis)

無言で座りカハマ・コミュニティーのなわばりを見渡すおとな雄たち。発情した雌とその子どもを連れている（C. Busse）。

スプレイを続けながら足早に南へ去った。攻撃のあいだ中，全員が大声で叫んでいた。その後，声はさらに南からも聞かれた。カサケラのパーティーはそちらに急いだが，すぐやめ，最終的には彼らの集中利用域へ引き上げた。

攻撃が終わってもしばらくのあいだゴディは身じろぎもしなかった。攻撃者が去ってからゆっくり起き上がり，悲鳴をあげながらその方角を見た。かなりの重傷であった。深い傷口が下唇から顎の左側にかけて開き，上唇は腫れ上がっていた。鼻と口のそばの傷から血が滴り落ちていた。右足と右の肋間には何かが突き刺さった跡があった。左の前腕にも軽い傷があった。調査員は1978年までカハマ地区での調査を続けたが，ゴディの姿をふたたび見ることはなかった。

デへの襲撃

事件は1974年2月末，ちょうどゴディの事件から7週間後に起きた（観察者 M. ムポンゴ，A. バンドラ）。カサケラのパーティーには，エバレッド，ジョメオ，シェリー，ギギ（非発情）がいた。午前8時45分，彼らはまっしぐらに南へ移動を始めた。眠りの谷に着くと歩調を落とし，しばしば立ち止まっては周囲を見回し聞き耳を立てた。突然彼らは緊張し，毛を逆立てて木の上を見上げた。すると2頭のヒヒが動き，チンパンジーは穏やかに唸って緊張を緩めた。そしてまたゆっくりと移動を続けた。午前9時15分，突然全員が前方へ突進した。その瞬間，絶叫，ワァワァいう吠え声，とどろきパント・フートの大混乱となった。それは，あたかも捕食者の襲撃を思わせた。観察者が追いつくと，カサケラの雄3頭がデを攻撃していた。そばで声をだしてディスプレイしているのはチャーリーとスニフだった。発情中のリトル・ビーがデのそばにいた。

約2分後，エバレッドとジョメオが南側のチャーリーとスニフに突進した。シェリーはデを踏みつけ咬みついて攻撃を続けた。デはなんとか逃れようとしたができなかった。おそらく，彼はすでに集団暴行で大怪我をしていたか，前年にかかった病気で弱っていたのだろう。すぐ

にもがくことを止め，金切り声をあげながら背を丸めて小さくなった。シェリーはさらに2分間暴行を続け，デが咬みつきそうになったので走り去った。デは木に上った。するとシェリーが戻ってきて攻撃を再開した。デはふたたび大声で悲鳴をあげ始めた。

このすぐ後で，ジョメオとエバレッドが走り戻ってきた。ジョメオはすぐ弟に加勢した。デは別の木へ跳び移ったが兄弟2頭も後に続き，殴る，咬むの暴行を続けた。デは悲鳴をあげながらもう一度ジャンプした。しかし，跳び移った枝にひびが入っていたため，地面から少し上にぶら下がってしまった。するとジョメオが木から跳び降り，デの足を引っ張って引きずり落とした。エバレッドが加わり，デは地面に長々とのびてしまった。3頭の上位雄が大声を張り上げながら暴行を続ける中，もはや逃げようという気力もなかった。リトル・ビーは5m向こうで見ていた。ギギがディスプレイを始め，足を踏み鳴らし地面を平手で叩いたあげく攻撃に加わった。カサケラのチンパンジー4頭全員が繰り返し繰り返し腕を打ち当て踏みつけたうえ，弱々しく喘ぎを漏らす犠牲者を地上で引きずり回したため，事態はかなりひどいありさまとなった。1頭，あるいはそれ以上の攻撃者がデの足の皮膚を歯で咬み裂いた。

チャーリーとスニフが引き上げた後，ふたたびエバレッドとジョメオがワワァいう吠え声をあげ，枝を揺すりながら走り去った。シェリーはデへの攻撃を続けた。デはまた大声で悲鳴をあげた。リトル・ビーは，（すでに物音の聞こえなくなった）カハマの雄たちのいる方向，つまり南へ移動していった。するとエバレッドとジョメオが彼女に続き，最初の攻撃から20分たったこの時になって，やっと最後のシェリーがデから離れ，仲間を追った（ギギは犠牲者のそばに取り残され，その日はもう姿を見せなかった）。リトル・ビーは南下を続けようとした

デ，襲撃の2カ月後（J. Moore）

が，雄たちがディスプレイを見せたため断念した。その後パーティーは少し休んで北へ引き返した。彼らが移動するあいだリトル・ビーは何度も同行をためらって見せたが，そのたびに雄のうちの1頭が枝を揺すってディスプレイをしたため，彼女は悲鳴をあげて尻向けをし，ふたたび彼らとの道行を続けた。

2カ月後，カハマに1頭でいるデが見つかった。やせ衰えて脊椎骨や腰帯が浮き出し，左腿の内側に負った深手が直りきらずに正常な歩行を妨げていた（おそらく皮膚の細片がはぎ取られた箇所だろう）。何本かの指の爪が引き剥がされており，中でも足指の1本にはかなりひどい箇所があった。片耳は一部ちぎれていた。また陰嚢は正常な状態の5分の1に縮み上がっていた。D. リスによって5日間連続追跡されたが，その間，彼は木に上ることもままならなかったと記録されている。その後の懸命な捜索にもかかわらず，彼がふたたび姿を見せることはなかった。

ゴライアスへの襲撃

この事件は1975年2月に起きた（観察者 E. バーグマン＝リス，A. バンドラ）。その日の午後，5頭のおとな雄（ハンフリー，ファー

ジョメオのグルーミングを受けるゴライアス。ジョメオは後にゴライアスを殺害した雄の1頭である（H. Bauer）。

ベン，フィガン，サタン，ジョメオ）と1頭の若もの雄（ゴブリン）が大きな集まりを離れ，南へ移動した。ファーベンが先頭に立っていた。彼らは聞き耳を立てて立ち止まりながら，ゆっくりと注意深く前進した。15分後ハンフリーは引き返し，そのままその日は姿を現さなかった。ファーベンはまっすぐに，裸の木の峡谷を横切って皆を導いて行った。パーティーは木に上り，カハマの方向を凝視しながら48分間座っていた。ただ聞こえる音といえば，ゴブリンが葉擦れをさせながら採食する音だけだった。

　唐突に雄たちは地上に戻り，しばらく座っていた。そして，ファーベンがパント・フートを発してディスプレイを見せ，低い藪の中に座り込み，たぶん隠れていたゴライアスに向かって25mほど突進した。ファーベンはこの老雄に跳びかかり，ゴライアスの肩をつかみ，地面に突き飛ばしておいて攻撃を開始した。ゴライアスは悲鳴をあげた。他の雄はパント・フートやワァワァいう吠え声を発し，ディスプレイした。ファーベンはサタンがやって来るまでゴライアスを地面に釘付けにしていた。そして，2人掛かりで背を丸めて座っている犠牲者を殴りつけ，踏みつけて，引きずった。ジョメオが叫び声をあげながら攻撃に加わった。1度はゴライアスの体を地面から持ち上げ，ふたたび放り出した。およそ20分も続いた攻撃のあいだ，ゴブリンが何度も走り寄ってゴライアスを殴りつけ，また走り去りを繰り返した。3頭の雄が犠牲者に腕を打ち当て蹴り上げているあいだ，フィガンもディスプレイをしながらすれ違いざまこの老雄を少なくとも8回は殴りつけ，1度は腿に咬みついた。

　3頭の雄は休む間もなく拳と足で暴行を続けた。ゴライアスは最初腕で頭をかばっていたが，ちょうどデがそうであったように，いくらも経たぬうちに観念し，動きを止めて横たわってしまった。ファーベンは彼の片腕を取り，地上を約8m引きずった。そしてサタンが元の場所に引きずり返した。ファーベンは，伏せた格好で長々と伸びているゴライアスの上に跳び乗り，繰り返し踏みつけた。ファーベンがその後腕を打ち当て始めると，サタンとジョメオも同じことをした。ひじょうにすばやい動きでジョメオがゴライアスの肩の上で太鼓叩きを始め，一方ファーベンは老雄の背に馬乗りになり，麻痺し

ていない方の腕でその片足を取ってぐるぐるねじろうとした。

攻撃が始まって18分後，ジョメオがゴライアスから離れ，サタンとファーベンも従った。カサケラのパーティーは信じがたいほど興奮しきって，太鼓叩きやパント・フート，そしてとどろきパント・フートを発し，ディスプレイをした。ファーベンは犠牲者に向き直ってディスプレイをし，彼の真上を走り抜けた。彼はもうほとんど身動きもしない。ただ弱々しい金切り声だけがまだ生きているという証拠だった。やがて攻撃者は北へすばやく駆け戻っていった。そして後方に残していた大きな集まりと再合流すると，雄たちは大声の悲鳴まで交えて大騒ぎをし，木の上で太鼓叩きをした。

この攻撃が起こったとき，ゴライアスはもう大年寄りだった。頭や背中の毛がところどころ抜け落ちていて，肋骨や脊椎骨が浮かび出ており，歯は歯茎まですり減っていた。そして，必然的にこの攻撃でかなりの重傷を負った。背中の脊椎がある下の方に相当深い傷，左耳の後ろにもたらたらと血の滴り落ちる傷ができた。さらに頭にも一つ傷があった。攻撃者が去ってから彼は何度か身を起こそうとしたが，そのたびにまた倒れ込んだ。彼の全身はぶるぶると震えていた。片方の手首を，まるで骨折した時のように手でかばっていた。ゴディ同様ゴライアスも，その後全調査員や調査助手が総出で捜索したが，ついに姿を見せることはなかった。

チャーリーの死

1977年5月，ニャサンガ調査基地のそばに住む漁師が激しい争いの声を聞いた。その直後，5頭の大きなチンパンジーが漁師の小屋のそばを通った——よく人慣れしていて恐怖を示さぬその態度から，明らかにカサケラの雄であったといえる。2日後，争いのあった場所のすぐ近くでチャーリーの死体が発見された。彼はカハ

チャーリー（C. Pierce）

マ川の岸にうつ伏せになって横たわっていた。頭，首，尻，足首，腕，手，そして足におよぶ無数の怪我で死亡したものであった。傷の状態はコミュニティー間の闘争によるものと極似しており，チャーリーもゴディ，デ，さらにゴライアスらと同じ運命に弄ばれたことはほとんどまちがいなかった。

スニフへの襲撃

1977年中期まで，スニフがただ1頭残ったカハマの雄であることはかなり確実だった。南の方で働いていた調査助手たちはよく彼のパント・フートを確認したが，ウィリー・ワリーの応答はついぞ聞かれなかった。11月11日午後4時15分，カサケラのおとな雄6頭全員（ハンフリー，エバレッド，フィガン，サタン，ジョメオ，シェリー）と青年後期のゴブリンが，3頭の非発情雌を後方に残してカハマ川の近くに見回りに出た（観察者　K. セレマニ，Y. アラマシ）。午後4時40分，シェリーが無言のまま太鼓叩きをし，他の雄は全員緊張して毛を逆立てて聞き耳を立てた。しかし何の反応も返ってこず，5分後彼らはディスプレイをし，全員がパ

ウィリー・ワリー（N. Pickford）

スニフ（H. van Lawick）

ント・フートを発した。そしてもう1度聞き耳を立てた。次いで川を渡り、ニャサンガ谷に向かってすばやく、しかし静かに移動して行った。観察者は後方に取り残されてしまったため、15分間彼らの姿は視界から消えた。

午後5時15分、パント・フートと太鼓叩きの音が聞こえた。ニャサンガから北をのぞむ6頭の雄の姿が見えた。彼らはひどく興奮していた。ディスプレイをし、枝を引きずり、太鼓叩きをし、とどろきパント・フートを発しながら、フィガン、サタン、ハンフリー、ゴブリンが北へ向かった（ハンフリーはおそらくそのまま北へ進み続けたらしく、その日はふたたび姿を現さなかった）。他の3頭はカハマ川のそばでディスプレイをした。午後5時22分、フィガンのパーティーのいる方角から激しい攻撃の音が響いてきた。ジョメオは（調査助手アラマシが追っていたが）、その狂ったような悲鳴の方へ走り、たった今の攻撃で出血してまだ悲鳴を上げながら南へ走っているスニフに出くわした。ジョメオは彼の方へ走り、スニフは逃げようとしてエバレッドとシェリーのいる方へまっすぐ走ってしまった。3頭の雄が一度にスニフにのしかかった。地面にかがみ込む彼をジョメオとエバレッドは殴りつけ、手足を引っ張った。またシェリーは顔や頭に咬みついた。午後5時28分、フィガン、サタン、ゴブリンが到着したが、攻撃はまだ続いていた。彼らも攻撃に加わった。雄は皆大声で叫び、ワァワァいう吠え声を発した。スニフはすでに口、鼻、額、背中の傷から血を流し、左足は折れたようだった。彼はかがみ込むがサタンがその首筋を掴み、鼻から流れ出た血をすすった。サタンとシェリーは両足を1本ずつ掴み、叫びをあげながら彼を坂から引きずり落とした。

この時点で、雄たちはほんの少し平静さを取り戻した。サタン、フィガン、そしてジョメオが10m離れて座っていた（エバレッドはすでに離れていた）。スニフが震える声でワァワァいう吠え声を発し、上体を起こすと、ゴブリンがすかさず近づいて何度か鼻面を殴りつけた。それをシェリーは一心に見つめ、午後5時36分、彼もまたスニフを殴り始めた。ゴブリンが去ると、フィガン、ジョメオ、サタンも腰を上げ、大声を発しディスプレイをしながら北へ帰って行った。ゴブリンはその後ろからついて行ったがすぐまた引き返し、スニフから12mの距離まで戻って座った。彼はシェリーが殴り続けるのを見ていた。午後5時40分、シェリーも攻撃を

止め，4m離れて座り，犠牲者を眺めた。ゴブリンがフィガンのパーティーを追って去った。スニフは立ち上がり南へゆっくり歩いたが，足を引きずっていた。そのすぐ後ろにシェリーがぴったりくっついていた。攻撃を続けるようすはない。スニフが止まればシェリーも止まって腰を下ろす。ふたたびスニフが移動すればシェリーもついて行く。午後6時00分，最初の攻撃から35分後，シェリーは川に沿って東向きにパント・フートを発しディスプレイをしながら，ついに足を引きずる雄から離れた。シェリーがついて来るあいだ，スニフはほんの数回小声でワァワァいう吠え声を発したが，今は無言で歩くだけだ。彼が深い藪に入ったとき観察者は彼を置いて去った。というのは，観察者の存在のために彼が思うままに行動できないように思えたからだ。

スニフは次の日も姿を見せたが，かろうじて歩ける程度だった。われわれは彼の苦痛を終らせてやるのが慈悲ではないかと思い定めた。しかし彼はもう見つからなかった。5日後，強い腐敗臭が漂ったがその原因を発見することはできなかった。

マダム・ビーへの襲撃

足の悪いカハマの雌マダム・ビーと，その娘リトル・ビー（1960年生まれ），そしてハニー・ビー（1965年生まれ）は，一連のカサケラの雄の攻撃の対象となった。しかし怪我をしたのは母親だけだった。図17.3はそれらの攻撃が起こった場所を示す。

コミュニティーの分裂が，この家族の遊動パターンに目だった影響を与えることはなかった。というのはマダム・ビーはカハマの雄同様，もともとKKコミュニティーの遊動域の南側をうろついていたからだ。彼女が基地を訪れる回数はもともと決して多い方ではなかったが，さらに少しずつ減少していった。彼女が好んで過ご

図17.3 1974年から1977年にかけて，カサケラの雄がカハマの個体を襲った場所。地図は，およそ北の眠りの谷から南のニャサンガ谷までを示す

す遊動域は二つの新しいコミュニティーの重複域内にあったから，1973年にはカサケラの個体とも幾分かの交渉を維持していた。1974年8月になって，この家族は2年ぶりに基地を訪れた。彼女たちは老雄ヒューゴーと数頭の雌に出会ったが，社会的交渉はほとんど見られず，また敵対的行動もまったく見られなかった（1週間後，マダム・ビーはもう一度基地を訪れようとしたが，対岸の坂を下りようとするたびに，リトル・ビーとつれそい関係にあったウィリー・ワリーがディスプレイをしたため，彼女は諦めてしまった）。

最初の襲撃 1974年9月，ビー一族全員が，5頭のカサケラの雄（エバレッド，ファーベン，フィガン，サタン，ジョメオ）と1頭の雌（ギギ）に襲われ，マダム・ビーだけが怪我をした（観察者 A. バンドラ，H. マタマ）。彼女はまずジョメオに，次いでフィガンにかなり激し

く攻撃され，片足に深い傷を負った。リトル・ビーはエバレッド，ファーベン，そしてギギの攻撃を連続して受けた。ハニー・ビーはサタンに襲われた。その時マダム・ビーは，発情による性皮腫張の初期の兆候を示していた。リトル・ビーの性皮は大きく腫れ上がっており，攻撃者が北へ戻るときには彼らについて行った。翌月リトル・ビーは家族のもとに戻ったが，状況証拠から考えると，その後の発情でも彼女自身の遊動域から北へカサケラの雄に伴われて行ったらしい（Goodall et al., 1979）。

2度目の襲撃　1975年2月，マダム・ビーへの2度目の襲撃が目撃された（観察者　E.バーグマン=リス）。フィガン，ファーベン，ギギしかおらず，そのうちファーベンだけが攻撃を加えた。今回は激しい攻撃ではなく，後から観察したところ目につく怪我はなかった。

3度目の襲撃　その3カ月後の5月，マダム・ビーは，発情した雌（パティ）を伴って南の見回りをしていた3頭のカサケラの雄（フィガン，サタン，ジョメオ）に襲われた（観察者 R.バンバンガンヤ）。見回りは12時15分に始まった。12時44分，雄たちは前方およそ40mの地点にマダム・ビーとハニー・ビーを見つけ，突然突進していった。ジョメオが攻撃の先頭に立ったが，それを無理に取って代わり，腿に重傷を負わせるというひどい虐待を加えたのはサタンだった。この攻撃のあいだ，フィガンはハニー・ビーを追いかけていた。彼が木に追い詰め取っ組み合ったので，彼女は木から落ちてしまった。それから彼女は，大したものではなかったがサタンとジョメオから攻撃を受けた。この出来事は全体で5分程のもので，攻撃のあいだ大声でパント・フートを発していたカサケラの雄は，その後北に向かってディスプレイをした。おそらく，攻撃のあいだ姿が見えなかったパティに対してのことだろう。

直接観察されなかった襲撃　3度目の襲撃か

ら4カ月経った9月，ある追跡観察中，ひどく傷ついたマダム・ビーに出会った。彼女はよろよろと，それもかなり辛いようすで歩いており，いくつかの傷は口を開けたままだった。頭と肩の傷がもっともひどかった。明らかに，彼女は1回あるいはそれ以上の攻撃にさらされていた。

最後の襲撃　6日後，H.マタマとE.ムポンゴの2人の観察者がマダム・ビーの遊動を記録しようと探していると，激しい争いの声が聞こえてきた。現場に急行すると，フィガン，サタン，ジョメオ，シェリーがその老雌の回りでディスプレイをし，攻撃を仕掛けているところだった。ゴブリンと4頭のカサケラの雌が，その動きを見つめていた（その中にはリトル・ビーもいた。彼女はすでにカサケラ・コミュニティーに移籍していた）。観察者が到着したとき，ジョメオがマダム・ビーの片腕を引きずり，ディスプレイをしながら坂を下りていた。そして向き直り，彼女を踏みつけ殴った。彼がやめるとフィガンがディスプレイをしながら駆け上り，犠牲者を踏みつけ，3m引きずってからどこかへ突進していった。その後，4頭の雄全員が叫び声をあげながらディスプレイをしたので，カサケラの雌たちは慌てて木に上って巻添えを避けた。混乱をあおるようにヒヒの一群がその回りをぐるぐる回っていた。マダム・ビーは立ち上がろうとしたが，全身がぶるぶる震えていた。すぐさまサタンがディスプレイをしながら駆け上り，彼女を地面にたたきつけてその体の上に跳び乗ってから，彼女を数m引きずった。次いで，フィガンが残忍さをむき出しにして攻撃を始めた。彼は何度も何度も彼女を殴りつけ踏みにじった。彼女はその暴行の激しさに悲鳴をあげることすらできなかった（たぶん，息が詰まってしまったのだろう）。彼女がもがくことをやめると，彼はディスプレイをしながら離れた。ジョメオが戻ってきて，すでに反応のない彼女の体を引き寄せ，半身を摑み挙げてそのままド

サッと放り出した。そして彼女を踏みつけ，さらに坂に沿ってその体をぐるぐる転がした。そこでやっと彼は攻撃を止め，数mはなれて座り彼女を眺めた。

　マダム・ビーは立とうというしぐさを見せたが，力が入らないのか横たわったままだった。もう1度彼女が身じろぎをした。今度は坂を登り始めた。悲鳴を上げながら茂みに逃れようとしていた。サタンがディスプレイをしながら駆け登り，彼女を地面に弾き飛ばした。そして，その体を引き寄せたり押し戻したりして，彼女の力が抜け，もはやピクリとも動かなくなるまで，2分間にわたって連続的に手と足で叩き続けた。観察者は彼女が死んだと思った。全身の毛を逆立てたサタンはすぐそばに立ち，彼女に掛かった枝を揺すってみた。ゴブリンもすぐ近くに座りじっと見つめた。サタンは彼女が動きを見せるまで枝を揺すり続けた。ゴブリンはその場を離れ，近くでディスプレイをしている3頭の雄に加わった。サタンはさらに1分間その場にとどまり，彼女がゆっくりと濃い茂みに入るまで後についていき，ようすを見ていた。彼女は襲撃の15分後に姿を消した。サタンも去って行った。

　カサケラのパーティーが騒々しく立ち去ってから，観察者の1人が腹這いになってマダム・ビーの入った茂みに潜り込んだ。しかし彼女を見つけることはできなかった。30分程してわたしも現場に案内されたが，同じことだった。その後，夜明けから日没まで熱心に探し回ったが，やっと彼女を見つけたときはすでに3日たっていた。彼女の存在は，木の上を動いていたリトル・ビーによって判った。マダム・ビーはほとんど動けない状態だった。攻撃によって，左足首，右膝，左手首，右手，背中（複数の傷），左足の親指（皮膚が裂けて垂れ下がっていた）に深い傷を負っていた。彼女は襲撃の5日後に死亡した。

マダム・ビー（H. Bauer）

　このように5年間存在して分裂したコミュニティーは事実上皆殺しにされた。2頭のカハマの雌マンディーとワンダは，カランデ・コミュニティーに移入したかもしれない。しかし，ゴンベの雄チンパンジーが見せたよそ者の母親への敵対的行動から考えれば，子どももろともマダム・ビーと同じ運命をたどった可能性の方が強い。

　前述の通り，リトル・ビーは1975年カサケラ・コミュニティーに定着した。妹のハニー・ビーは母親の死から4カ月後，カサケラの遊動域に姿を見せ，その後3年間，時折発情した彼女の姿を認めることができた。妹の方は，リトル・ビーのように攻撃をしかける雄のいるコミュニティーに定着することはなかった。1979年には12〜13歳の別の若い雌キデブが，南の方からカサケラ・コミュニティーに移入してきた。キデブの顔にはカハマの雌マンディーの面影が強く残っていた。特に，マンディーがちょうどキデブくらいの年格好の頃の写真と比べてみると，2頭はそっくりに思えた。コミュニティーの分裂以前に生まれたマンディーの娘ミッジは，

1979年には13歳に達しているはずだ。キデブが
ミッジの成長した姿だということはほぼまちが
いないだろう。

南からの侵略

1977年11月に起きたスニフへの襲撃は，カハ
マ・コミュニティー絶滅が最終段階に入ったこ
とを物語っていた。1978年，勝者であるカサケ
ラの雄たちは雌や子どもを伴って過去5年間カ
ハマの集中利用域であったその心臓部へと入り
込み，ここを採食ばかりか泊まり場としても利
用し始めた（図17.4 a）。しかしこの状態もそう
長くは続かなかった。カハマ・コミュニティー
は，カサケラのチンパンジーと南に住む勢力の
強い（少なくとも9頭の成熟雄がいる）カラン
デ・コミュニティーのあいだにいて，ちょうど
クッションの役割を果たしていたのだ。1975年
の時点で，すでにカランデ・コミュニティーは
北侵を開始していたが，今度はさらにその集中
利用域を北上させ始めた。

1978年から79年にかけての雨期，2種の季節
性の強い果実，ランドルフィア（Landolphia）と
サバ・フロリダ（Saba florida）がカハマ谷とムケ
ンケ谷に大量の実をつけた。この頃，カサケラ
の個体はカハマ川の北で，ほとんどが雄からな
るカランデのチンパンジーのパーティーに繰り
返し出会った。カサケラの雄が見回り行動をし
た地域（図17.4 aとb）は，明らかにカランデに
住む隣接者の北侵を示していた。

1979年中に，カサケラの雄が裸の木の峡谷を
横切り，カハマへと南下するのを26回追跡した。
その54％で，彼らがカランデ・コミュニティー
のメンバーと思われるよそ者の声を聞くか，実
際に姿を見るかしている。カサケラの雄たちは，
ちょうど彼らの新しく併合した土地を少しずつ
縮小していくのと平行して，南下の際，次第に
注意深く神経質になっていった（図17.4 c）。

1980年初頭，カサケラの雌のパッションが大怪
我をして見つかった。彼女は主に基地の南側を
好んで遊動していた。3歳になる息子も重傷を
負っていた。その日，彼女らは南の方から基地
にやって来て下生えに横たわった。パッション
はそこでかぎ裂きになった尻をそっとさわった。
ちりぢりになっていた彼女の家族は，その後彼
女と合流した。その日からパッションとその家
族は，もはや遊動域の南側で観察されることは
なくなった。図17.5には，彼女の1972年と
1978年の年間遊動域と，比較のために1980年に
観察された遊動域が示されているが，違いは明
白である。パッションはよそのコミュニティー
の雄から攻撃された可能性がかなり高い。

1981年までに，カサケラ・コミュニティーの
遊動域は1977年の半分の広さである約9.6k㎡ま
で落ち込んだ。そして実際のところ，チンパン
ジーはおよそ5.7k㎡の集中利用域から外に出る
ことは，めったになくなった。雄がムケンケ川
を横切るのは2度観察されたに過ぎず，ムケン
ケ谷の北側ですら彼らは注意深くなり，時には
見回り行動を見せることもあった（図17.4 d）。
これは，近くによそ者がいるか，つい今しがた
までいたという確かな証拠である。この年の初
めハンフリーが消えた。そしてその後，彼の頭
骸骨がコミュニティーの遊動域の東の境界近く
で発見された。また同年9月から10月にかけて，
2頭のカサケラの雌が1歳から3歳になる子ど
もを失った。この母親の1頭ノウプは，10月15
日に子どもといるところを目撃されているが，
6日後に見かけた時にはすでに子どもはいなか
った。ノウプは顔，片手，片足に大怪我をして

524 —— なわばり制

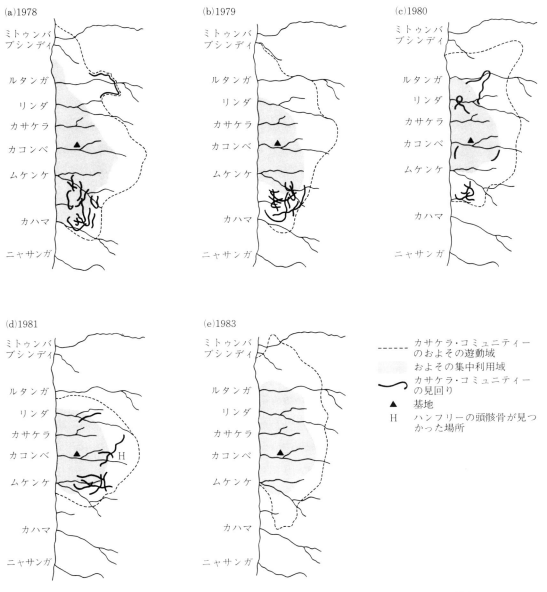

図17.4 1978年から1983年にかけて，南に住む勢力の強いカランデ・コミュニティーの侵入によるコミュニティーの遊動域の変化。カサケラの雄による見回り行動は，コミュニティーのなわばり内にカランデの個体がいたことを示す（1983年の見回りは，データをまだ分析していないため示さなかった）

いた。もう1頭の母親ダブは中心部に入ることのできない雌で，彼女の子どもは母親がまったく姿を見せなかった2カ月のあいだに消失してしまった。これらの奇禍のいくらか，あるいはすべてがカランデの雄との争いの結果であろう。

（5月以降，つまりハンフリーの消失以後）たった5頭の成熟雄ではカサケラ・コミュニティーは南側の土地を失うばかりでなく，彼ら固有の北の土地もかろうじて維持しているに過ぎなかった。全遊動域は6km²ほどにまで落ち込ん

525 ── なわばり制

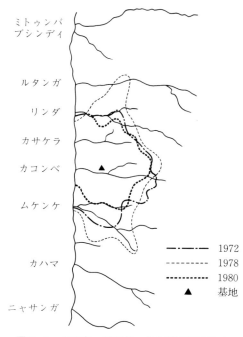

図17.5 1972年，1978年，および1980年のパッションの年間遊動域。1978年（カハマ・コミュニティーの絶滅後）に拡大した彼女の南側の遊動域は，パッションがカランデの雄の襲撃を受けたと思われる時期以後，縮小した。1980年の北側の遊動域は，ほぼランガム（1975）の描いた1972年の遊動域に等しい（発情した娘を連れていた，1978年の彼女の北側の遊動域は，9章で説明したように通常より広くなっていた）

でいた。これは，やっとのことで18頭のおとな雌とその家族を支えられる面積であった。

1981年から82年にかけての雨期が始まると，カランデ・コミュニティーはふたたびムケンケ谷にたわわに実るサバ・フロリダ（*Saba florida*）とランドルフィア（*Landolphia*）の実で饗宴を開こうと北上を始めた。このとき，彼らはカコンベ谷の南岸まで押し寄せ，基地からでさえその声が聞こえた。決して忘れることのない1982年のあの日，カランデの雄4頭がついに基地に現れた。それまで2頭のカサケラの雌，フィフィとメリッサが南の谷を見つめてワァワァ叫んでいたが，よそ者が姿を現すとフィフィとその家族は北へとんで逃げた。しかし，メリッサはヤシの木に上ってしまったためカランデの雄に追いかけられ，ちょっとした攻撃を受けた。彼女の4歳になる息子ギンブルは，2頭目の雄に出くわした。しかし，彼も匂いをかがれただけですんだ。この後，4頭の雄は声をあげて呼んでいる他のメンバーの元へと移動して行った。メリッサは悲鳴をあげながら下りてきて子どもを抱き上げ，そしてフィフィを追った。おそらくメリッサを残虐な攻撃から救ったのは，基地という奇妙な存在だったろう。

この出来事のしばらくのち，休暇を魚釣りでくつろいでいたE.ムポンゴはムケンケからカハマにかけての尾根でカランデの雄が鳴くのを聞いた。そしておそらくそれへの応答として，ミトゥンバの雄がリンダからカサケラにかけての尾根で鳴いた。カサケラの個体はじっと沈黙を守り，さらにそれから3日間というもの，まったく大声を出すことはなかった。ムポンゴが湖で例の大声を聞いた2日後に，（休暇を終えた；訳者補足）わたしも基地に到着した。たった1頭でエバレッドが基地にやってきたが，大変緊張しており，ちょっとした音にも跳び上がってしきりにカコンベ谷の南岸へ目をやった。わたしは，彼が音を立てないようにして用心深くカコンベからムケンケにかけての尾根の頂上まで移動するのを追跡した。15分間，彼は繰り返し立ち止まって聞き耳を立てながら登って行った。頂上にたどり着くと，まったく黙り込んだまま腰を下ろした。まず南を向き，そして西，東と，合計20分間凝視し続けた。次いで，彼はかなり早い足取りでいま来た跡を引き返し，谷底でサバ・フロリダ（*Saba florida*）の採食を始めた。後で調査助手が語ったところでは，この時以前には1頭のカサケラのチンパンジーも，ここでたわわに実ったこのつる植物の実を採食するのを見ていないそうだ。彼の考えでは，カコンベ川の流れは激しくて，チンパンジーがそこで採食

見回りの最中，何かに驚いた3頭のカサケラの雄，フィガン，サタン，および青年後期のマスタード

していたらとても「敵」の接近する音は聞こえず，彼らは不意打ちを恐れていたのだということであった。エバレッドの行動はこの解釈によく合っていた。

1982年の乾期，カサケラの雄たちはふたたびその遊動域を北へ拡張し始めた。その結果，彼らの総遊動域は，この年の暮れには11〜12km²と推定されるまでに増加した（図17.4e）。彼らは1983年中もこの地域を維持するのに精を出した。

実際，1983年から84年にかけての雨期には，性成熟した雄として地位の上がったアトラスとともに，5頭の青年後期の個体が見回りに参加したためカサケラの雄はずっと強気になり，カランデの雄は以前より用心深くなったように思う。カランデの個体をムケンケ川の北で見かけることはなくなり，カサケラの見回りはふたたびカハマ川のずっと南まで，それも定期的に足をのばすようになった。

参戦への個体差

多くのおとな雄のチンパンジー，とくに若い血気盛んな個体は，疑いの余地なく遊動域の辺縁部へ行こうという強い衝動を持っている。犠牲者に長時間かけてこっそり忍び寄るという行為もそうだが，多くの例に見られる，よそ者らしい音や影への反応（中でも雌に対する凶暴なまでの突進）は，こういった出会いが見回りをする個体を強く引きつけるらしいことをうかがわせる。老齢雄は長距離移動を苦にしてやや参加率が低いが，ある程度までは，すべてのおと

な雄が競ってこのような興奮を呼ぶ出来事に参加する。ただし上位雄のあいだですら，その個体差は存在する。

1974年から1979年に消失するまでのあいだ，シェリーはパーティーが辺縁部まで採食に出る際にほとんどいつも先頭に立ち，何度かはリーダーを勤めた。ある時シェリーが5頭の雄とともにムケンケ川の南へ見回りに出かけると，さらに南の方から（カハマの個体の）声が聞こえた。カサケラのパーティーは声を発してディスプレイをしたが，その後彼らの多くはフィガンとハンフリーに導かれて北へ退却した。しかしシェリーは声のする方へ駆けていき，ほんの少し後にファーベンが続いた。10分後，彼らは諦めて他の者に合流した。別の3例では，シェリー以外のパーティー・メンバーは集中利用域に向かったが，シェリーはよそ者の近くに取り残された。また，他のカサケラの雄がディスプレイをしながら去った後も，シェリーはカハマの犠牲者デとスニフのところにとどまり攻撃を続けたことが2度ある。

最も若いカハマの雄スニフも，隣接者に出会うと同様の熱狂ぶりを示した。彼は麻痺した足を引きずって，そういう雄への攻撃の前衛に立った。そして，他のカハマの雄たちがカランデのチンパンジーとの出会いの場から走り去った後で，スニフはたった1頭で，少なくとも3頭のよそ者雄へ石を投げつけるという華々しいエピソードを残した。またある時は，チャーリーとウィリー・ワリーがスニフに続いてカランデのパーティーから逃げ去った後，スニフが1頭で戻ってきた。それはあたかも，彼には結末を見届ける義務があるといわんばかりの行為だった。1975年9月，シェリーがフィガン，サタン，

ジョメオを率いて南の見回りに出たことがあった。突然4頭の雄は前方に駆け出し，気が狂ったような大音響が前方から起こって，すぐにカサケラの戦士が転がり出てきた。スニフとしんがりを勤めるチャーリーに追われて！　ただし，6頭全員が視界から消えてしまったので結果については定かでない。

ジョメオ，サタン，エバレッドらの参加率にはあまり差がない。ジョメオは，カハマの個体襲撃に際して常に粗暴かつ残忍であり，たいていの場合，カサケラの雄側では彼がもっとも大きく体重もあったため，おそらくスニフの骨折を含む多くの重傷は彼が負わせたものである。ファーベンは右腕が完全に麻痺していたにもかかわらずよく見回りを導き，突進の先頭に立った。カハマの雄への襲撃にも2回参加している。ゴライアスへの襲撃では，もっとも残忍な役回りさえ演じた。フィガンは見回りにはよく出たが移動時は後方につく傾向があり，隣接集団の声を聞いたり姿を見たりしたら真っ先に逃げ出してしまうことが多かった。そしてハンフリーだが，彼は北の見回りには熱心で隣接者との遭遇をよく経験したが，南の見回りにはほとんど出なかった。実際，パーティーが意識的にカハマ目指して移動を始めると，彼はパーティーを離れたものだ。カハマの個体への襲撃では，ゴディのケースで参加したに過ぎない。ハンフリーが南での移動に恐怖と言い替えてもよいような躊躇を示すようになったのは，わたしたちの見るところ1971年以後のことである。当時，彼はカサケラ・コミュニティーの最優位雄であったにもかかわらず，カハマの雄が北上してきた際，チャーリー-ヒュー連合に屈服した苦い経験があった。

他の個体群

本調査地以外で唯一長期調査のおこなわれているのがマハレだが，ここで徐々に蓄積されてきた証拠は，異なるコミュニティー，あるいは異なる単位集団の雄間に同じような攻撃的関係が存在することを示している（Nishida, 1979; Nishida et al., 1985）。わたしはすでに 9 章で，勢力の強いM集団の北部への通年の動きに言及しておいたが，小型のK集団は交代するかのように重複部としてのその場所を明け渡した。しかもたいていそれは，M集団の主要部分がやって来たその日に起きた。西田は，両集団が遊動重複域に共存するとき，M集団の声を聞いたK集団がその典型的な反応としていかに素早く，また声を立てぬように退却するかを書いている。ただしK集団の雄たちも，自らの集中利用域の中にいる限りはM集団の声が遊動重複域から聞こえてきても，時には声を発しディスプレイを見せることすらあったという。さらにM集団が少数であった場合は，K集団の雄は，たとえ彼らの方が重複域にいてM集団が自らの排他的遊動域にいたとしても，攻撃的行動を示したという。

西田（1979）は，マハレの単位集団はしっかりした輪郭の描ける「伝統的」な境界線を維持すると述べている。この境界線は（ちょうどゴンベにおけるカサケラ，カハマ両コミュニティーのあいだにムケンケ川があるような）生態学的なものではなく，むしろ「目には見えない障壁」と呼べるものである。7 年間 1 度もK集団の雄はコミュニティーの境界を越えず，おとな雌もめったに越えようとはしない。M集団についても，1 度そのパーティーがK集団の排他的遊動域を侵すのがみられたが，基本的には同様の境界を認めることができる。

マハレの雄たちも見回り―「偵察」―行動を見せるし，「敵集団」に対して直接的な突進ディスプレイを見せることがある。西田は，コミュニティー間の出会いの結果がどうなるかは，主にパーティーの大きさと構成，とくにおとな雄の数によって決まると解説している。おとな雄が両パーティーにいる出会いでは，常に攻撃的要素が見つかる。実際の闘争の報告は 1 例しかない（1974年）のだが，それは，独りでいた雄ミミキレがK集団の雄 3 頭に200 m追われ，そのうちの 1 頭カソンタに捕まり攻撃を受けたというものだ。この時 2 頭は 2 本足で立ち上がり，「カソンタが力ずくでミミキレをねじ伏せ，彼の右腿に咬みつくまで」取っ組み合いが続いた。カソンタが背中を踏みつける中，「ミミキレは少しずつ少しずつ後退して行った」。犠牲者は 5 分後に脱出した。カソンタは彼をほんの少し追ったが，すぐにディスプレイで大騒ぎしながらパーティーの残りの者のところに戻ってきた（Nishida, 1979, p. 89）。

この攻撃には，ゴンベで記録された集団暴行のような残忍さはまったく認められないが，その後，K集団の 6 歳以上の雄全員が 1 頭また 1 頭と消えてしまった。西田と彼の共同研究者（1985）は，コミュニティー間の闘争が少なくともこの消失のいくつかには関係しているだろうと推測している。より大きなM集団は，現在K集団の雌を奪い取ろうとしている最中である。

1974年，マハレで，K集団の雄がM集団の雌の赤ん坊を殺して食べるのが観察された。また1976年の別の観察では，M集団の雄がK集団の雌（ワンテンデレ）を激しく攻撃し，その赤ん坊を捕まえて殺したうえ，食べてしまった（Nishida, Uehara and Nyundo, 1979）。この攻撃か

ら4年後，ワンテンデレの次の子がちょうど4歳になっていたが，この母親はまたM集団の雄に襲われた（Nishida and Hiraiwa-Hasegawa, 1985）。これは1981年1月のことであり，当時K集団の雄は大幅にその数が減っていた時だった。彼女は，息子とともに二つのコミュニティーの遊動重複域を移動していてM集団の見回りに出くわしたものと考えられる。研究者が到着したときには，悲鳴やら何やらが混じり合う中でワンテンデレが攻撃を受けていた。彼女はすでに頭，背中，指にひどい傷を負っていた。息子の方も傷ついていたがその程度はまだ軽かった。攻撃後，ワンテンデレは攻撃者のそばでさらに2時間を過ごしたが，その間に20回の攻撃を受けた（そのうち7回は息子が腹にしがみついたままだった）。その攻撃の多くはあまり激しくなく，3回はひとりでいた息子の方が狙われた。もう1度，M集団の雄4頭のうち3頭が一緒になって激しい暴行を加えたので，研究者はチンパンジーの生命を危ぶみ，あいだに入って攻撃者を追い払った。そのあいだにワンテンデレとその息子は彼女らの集中利用域目指して逃げ帰った。

10カ月後，同じ母子のペアーがM集団の遊動域をふたたび訪れた。今度のワンテンデレはまだ性皮が完全に膨張しきっていなかったが，発情していた。そして，4日間続けて彼女がM集団のチンパンジーと接触するのが観察された。彼女が移籍しようとしていたのは明らかだった。多くはそれほど激しくない攻撃で，いくらかは友好的交渉も見られた。その後このペアーは消え去った。それは，彼女のコミュニティーの生き残りのところへ帰ったのだと推測された。その1カ月後，発情はしているが性皮は膨らみきっていない状態で，ワンテンデレがまたM集団の遊動域に現れた。今度は赤ん坊もろとも，ゴンベでよく見られたような集団暴行にさらされた。M集団のチンパンジー11頭，つまり6頭のおとな雄，2頭の未成熟雄，3頭のおとな雌が

暴行に参加した。ワンテンデレは頭，耳，腕，手の指，足の指，性皮に大怪我をした。彼女の息子も，そうひどくはないがあちこちに怪我をした。7分後，彼女は何とか逃げ出そうともがき始めた。4人の観察者は，ふたたびワンテンデレの生命に危険を感じたため，この母子ペアーの回りをぐるっと取り囲み，人間の非常防御壁を築いた。すると驚いたことに，事態はたちまち鎮静化してしまった。ワンテンデレはその日そのままM集団のところにとどまった（Nishida and Hiraiwa-Hasegawa, 1985）。彼女は1982年にも数回この訪問を繰り返し，K集団の最後の雄が消失した後，完全に移籍した（Nishida et al., 1985）。

K集団の雄全員の消失は，K集団の雌のM集団への流入をもたらした。このため，雄に対する雌の比率が通常見られないほどの高率になってしまった。1982年に，それは1：3.55に達している（Hiraiwa-Hasegawa, Hasegawa and Nishida, 1983）。1982年末までに，これら移籍した雌の子どもで3カ月以上生き延びた例はなかった。これらの雌のうち3頭は，2度妊娠したことがわかった。観察者がその誕生を確認した子の4頭のうち，1頭は生後3カ月の時点でM集団の雄によって殺され，食べられてしまった（Kawanaka, 1982a）。他の2頭も同様の運命にあったらしい。また，別の死亡原因不明の1頭は生後1カ月で死んだ。残り2例では妊娠した雌が1カ月間姿を消し，その後子どもを連れずに姿を見せている（Hiraiwa-Hasegawa, Hasegawa and Nishida, 1983）。また最近の出来事として，4番目の移籍雌が6カ月間姿を消していたが，小さな赤ん坊を連れてふたたび姿を見せた例がある。彼女はM集団の雄3頭の残忍な攻撃を受け，そのあいだに最優位雄が子どもを捕まえて殺し，食べてしまった。その子は他の6例と同じく，以前の単位集団に父親を持つことはほぼ間違いない（Takahata, 1985）。

530 —— なわばり制

この問題と関連した出来事として，セネガルのニオコロコバ国立公園で自然復帰の訓練が進められていたあるチンパンジーの集団が，野生チンパンジーに夜間襲撃されたという一連の観察がある。その自然復帰を進めていた集団についてはブリュワー（1978）による記録があり，わたしはここで，その観察を議論する許可がいただけたことを彼女に感謝する。

ブリュワーの助手たちが目撃したところでは，その事件の当事者はティナという集団の中でももっとも老齢のチンパンジーであり，当時彼女は，その集団の誰かが父親に当たる2歳になる赤ん坊を持っていた。野生チンパンジーから飼育状態を離れた個体への攻撃は研究開始以来ときどき観察されていたが，それが集中したのは1977年であった。この年何度か野生チンパンジーが，自然復帰訓練を受けていた個体を森の中から基地のそばまで追ってきた。ある夜ティナは，自分の巣から基地までずっと野生のおとな雄に追いかけられた。その野生チンパンジーは懐中電灯で顔を照らし出されるまで去ろうとしなかった。その翌月の満月の夜，5頭から8頭のおとなの野生チンパンジーの集団が基地のそばで一晩中断続的にディスプレイをし，パント・フートを発し，太鼓叩き行動を繰り返した。7カ月後，1頭の野生の雄が夜ふたたびティナを基地まで追い詰め，別の1頭が少し離れたところでディスプレイをして声をあげ続けた。そしてついにその2日後，セネガルにおける自然復帰計画をめちゃめちゃにしてしまう出来事が起きた。

午前2時00分，叫びとワァワァいう吠え声が突然響き渡った。助手たちは飛び出し，基地のすぐ近くにおとなの野生チンパンジーを5頭見た。その姿は，満月の月明りにくっきり浮き上がっていた。自然復帰訓練中の4頭は，家の戸口にちぢこまって悲鳴をあげた。若い雌の1頭はすでにかなり攻撃を受けており，眉と額が深く裂け，片腿にも大怪我をしていた。人間が姿を見せると襲撃者たちは退却はしたが，そのまま近くに踏みとどまり，続く1時間ディスプレイを繰り返した。午前6時00分，基地の開墾地の縁でふたたびディスプレイが始まった。6時30分，ティナが劣位を示す行動を見せながらある野生の雄に近づいた。しかし彼は邪険にも攻撃し，すぐさま他の2頭が加勢した。助手が彼らを追い払うまでにティナは重傷を負い，治療してやらねばとても生き残ることは無理だと思えた。彼女は鼻の半分，怪我のなかった方の眉，片耳の半分，人差指半分を失っていた。上唇から鼻にかけて2インチに渡って裂けていた。両手もずたずたの状態で数日間動かなかった。両足も似たようなものだった。彼女の両手両足には深い刺し傷があり，片腿の内側とふくらはぎは深く裂けていた。数日間彼女は木にも上れず，ただ基地の開墾地の草の上に横たわっていた。彼女の赤ん坊は無傷で逃げだしていた。

なぜこのような暴力沙汰が数年間にもわたって，そこそこ平和な年月を過ごした後で起こったのだろうか。自然復帰の訓練をしていた集団は，野生チンパンジー・コミュニティーの遊動域の中にいた。急襲の起きた年は干ばつが起きており，乾期の真っ最中にはブリュワーの基地のすぐ近くにしか流水はなかった。さらに基地近くは，その年結実したタッボ（tabbo）のある数少ない場所の一つであった。この木は，多種の果樹が結実に失敗したりたとえ実っても貧弱であったりした中で，とくに大切な資源であった。もう一つの理由には，1976年中期から，W. マグルーとC. テュティンが開始した野生チンパンジーに焦点を当てた研究（McGrew, Baldwin, and Tutin, 1981）のため，以前は人を恐れてブリュワーの基地には近づかなかった野生チンパンジーも，1977年にはいくぶん恐怖心が薄れてしまったことが考えられる。

この攻撃の結果，自然復帰訓練中の群れは別の場所に移された。以上のような状況にはゴン

べといくつかの共通点がある。つまり，ゴンベでもカサケラ・コミュニティーのメンバーは，カハマの個体への執拗な攻撃によって，分裂以前にはカサケラの遊動域の中だった場所にふたたび出入りできるようになったことだ。

考　察

チンパンジーのおとな雄は，そしていくらかはおとな雌も，よそのコミュニティー・メンバーに対してきわめて残忍な行動をとることは疑いの余地がない。本章に記載した情報を点検すると，いくつか興味深い疑問が湧いてくる。すでに多くの子を産んだよそ者の雌に対する残忍な暴行は，いったいどんな機能を持つのだろうか？　チンパンジーはなわばり制を持つといえるのか？　彼らは意識しておとなの同種個体を殺そうと攻撃しているのだろうか？　そして人類独特の行為である戦争の起源や進化に，彼らの行動は光を投げかけるだろうか？

よそ者の雌に対する暴行─解けない謎

ゴンベでの人付けされていない雌への攻撃でその赤ん坊が4頭殺害され，そのうち3頭の全身または体の一部が食べられた。マハレでも，おとな雄は隣接単位集団の雌の子を捕まえて食べたと考えられている。

多種におよぶ哺乳類の調査から，子殺しは普通に見られる雄の繁殖戦略であることを示唆する証拠が増えてきた。この行動は杉山（1965）が初めてラングールにおいて記載したもので，その後，数多くの動物において観察されてきた（フルディによる総説[1977]がある）。典型的な例では，ある雄が競争相手の雄をうち負かしてその集団のすべての雌を乗っ取ったり，集団から雌をつれ出して自分自身の集団をつくる。そしていずれの場合でも，もし雌に赤ん坊がいれば，雄は赤ん坊を皆殺しにする。出産間隔が非常に長く，育児中の赤ん坊の消失によって雌が

素早く発情状態を取り戻すなら，どの種においても子殺しによって受ける雄の利益は大きい。つまり，(a) 雌は新しい雄にとって交尾対象となり，(b) 前夫の子を殺さずにおくよりも彼自身の遺伝子を持つ子を早くつくれる可能性があり，(c) 打ち負かした競争者の繁殖成功度を下げることになる。さらに，(d) 競争者の子孫まで保護してやる無駄なエネルギーを節約できる。

事実，チンパンジーの雌は赤ん坊を失うとすぐに発情する（赤ん坊の死亡時の年齢にもよるが，その子が生きていた場合より5年も早くなる場合がある）。しかし雄チンパンジーが母子のペアーを攻撃するという行為が，この枠組みに合うとは考え難い。ゴンベの事例では，攻撃は明らかに母親にまっすぐ向けられており，赤ん坊にではない。母子ペアーへの集団攻撃が観察された12例のうち2例で，赤ん坊は捕まり，殴られてから食べられており，2例では，捕まり殴られた後，放り投げられており，2例では，母親から離れて木に上ることで放っておかれ，1例では，母親から離れて攻撃を受け，逃げ去っている。そしてのこりの5例では，赤ん坊は闘争のあいだ母親にくっついていたが放っておかれた。わたしは今，わざと「放っておかれた」ということばを使った。2頭の雌パッションとポムは，メリッサの果敢な抵抗があったにもかかわらず，彼女からその子をもぎ取ることができた。また雄にとって赤ん坊を奪い取ることが目的なら，彼らはそれをなし得たことは明白だ。前述のごとく，マハレのワンテンデレへの襲撃に際して雄の攻撃はまず母親に向けられ

532──なわばり制

た。彼女の息子は独りでいるときほとんど攻撃を受けず（全体で6回），その攻撃は穏やかなものであった。他方，彼女の方は同じ時間に32回の攻撃を受けた。セネガルで見られた自然復帰訓練中の雌への残忍な暴行では，赤ん坊はまったく放っておかれたのに，母親は危うく殺されかけた。もしこの3例に見られる雄が赤ん坊をねらっていたとしたら，このような結果とはならなかっただろう。

マハレでは，隣接集団の雄に子どもを殺された2頭の母親は，その攻撃後も元からいた社会集団にとどまっている。彼女らは再発情のときには攻撃者と交尾していない（Kawanaka, 1981）。確かにワンテンデレは最後には移籍をしたが，その理由は，彼女のもともといたコミュニティーのすべての雄が消失してしまったためであることにほぼ疑いない。ゴンベでは，攻撃を受けて子どもが殺された（あるいは死亡した）4頭の母親の中に，その後カサケラの雄の交尾対象となった個体がいたことを示す証拠はない。この雌たちは，たぶんカサケラの雄たちから受けた傷がもとで死んでいった。さらに，パッションとその家族はカランデの雄の攻撃が予想される場所を積極的に避け，それまで好んで使っていた地域の使用を止めた（図17.5）。

もし暴行が子殺しや雌の犠牲者をつくるためのものでないとしたら，なぜ引き起こされたのだろう。たぶん，犠牲者がすべて隣接コミュニティーのメンバーだったという事実以上の原因を探ってみても，あまり意味はないだろう。つまり，チンパンジーは生まれつきよそ者を嫌うとしかいいようがない。わたしはすでに12章で，ケーラーのテネリファ集団に入れられた，まだ体も小さく実害のない雌の新入りが激しい攻撃

を受けたことを書いておいた。犠牲となったゴンベやマハレの雌たちはよそ者だっただけでなく*，隣接集団の雄を恐れ，とても神経質になる遊動域重複部で出会ったものである。われわれは，このような危険地帯を移動しているあいだにいかに緊張が高まり，一旦自分たちの集中利用域に引き上げるや否や荒々しいディスプレイが起こり，パーティー内のスケープゴートに攻撃が加えられるかを見た。このように，見回り中の雄たちが非発情雌に出会ったが最後（彼女は脅しのポーズを見せるわけでもないし，その時性的受容期にあるわけでもないが），攻撃は受けるべくして受けるもののようだ。そして興奮のレベルが高まっているので，攻撃は極度に激しくなりがちである。

ここに示すマハレのワンテンデレがほぼ発情の頂点で訪問したときの，彼女とM集団の雄の接触の記録はとくに興味深い。おとな雄たちは，明らかに普段あまり経験しない難しい葛藤に満ちた立場に立たされた。というのは，彼女の「よそ者」という立場への彼らの生来の嫌悪感は，彼女の「交尾対象」というもう一つの立場の持つ引力と相矛盾したからである。彼らの行動は双方向的なものであった。つまり，友好的交渉のそこここに脅しや攻撃が散見されたのだ。2頭の雄はグルーミングを中止して跳びかかり，母親か息子に突然咬みついたが，2度，より劣位の雄がよそ者に味方して仲裁に入った（Nishida and Hiraiwa-Hasegawa, 1985）。緊張は極度に高まっていたので，（1981年11月の）突然の激しい集団暴行が起きたのもごく当然のことだった。

もう一つ，われわれの議論に適当だと思える事実がある。ゴンベでは，わたしが繰り返し強

---

* 実際このような雌たちは，以前にも辺縁部への見回りや遠出の際，（おそらく何度か）出会いを経験しているだろう。彼女たちはまた，青年後期の発情中に攻撃者の元を訪れた経験があるだろう。しかし両者はまだまったくよそ者同士であり，もちろん「危険な」雄を含む連中とは別コミュニティー間の社会関係でしかなかった。ケーラーの雌は，コロニーに入れられる前に数週間前も攻撃者の見えるところにいたものである。

調したように，母親と成長した娘の結び付きがきわめて強くかつ持続的である。マハレでは，そのような結び付きはK集団のいかなる年長の雌とその娘のあいだにもなかった。ただし最近のデータでは，より大きなM集団の2組の母親と成熟した娘の関係が，ゴンベでよく見られたものと似ているらしい。7章に示しておいたように，ゴンベの母親は雄と移動する青年後期の娘に同行することがよくある。つまり，母親はつれそい関係にある娘にすら同行することがある（雄にとっては何とも厄介な付添いだ）。

マダム・ビーへの暴行は，1例を除いてカサケラの雄が熱心にその娘リトル・ビーを誘っているときに起きた（同じことが，カハマの雄デへの攻撃にもいえる）。最後の，マダム・ビーの運命を決めた襲撃の直後，10歳になる娘ハニー・ビーがカサケラ・コミュニティーの遊動域に姿を見せた。続く3年間，発情したハニー・ビーがカサケラの雄といるのがときどき観察された。実際のところ，彼女は姉のように移籍，定着することなく，3年後にふたたび姿を消した。それまでのあいだ，雄にとってはいわば発情可能な控えの雌であった。移入してきた2頭の若い雌ハーモニーとジェニーは，彼女たちが初めてカサケラの雄といるのが目撃されたとき，（孤児となった妹か弟と思われる）小さな赤ん坊を連れていた。このことは，彼女らの母親がつい最近死亡したことをうかがわせる。もう1頭の移入者ウィンクルが初めて現れたのは，マハレでもそうだが，まだ母親にべったりくっついていそうな青年最初期の頃であった。つまり，彼女自身が孤児であった。移入雌キデブは，すでに書いたようにカハマの雌マンディーの娘であることはほぼまちがいない。マンディーもまた，マダム・ビーと同じ運命をたどったであろうことはすでに示した。

ゴンベのコミュニティーでは，まず母親に繰り返し残忍な攻撃を仕掛けておくことで，新し

い雌を誘い込むことが容易になる。この攻撃は（リトル・ビーに見られたように）母娘関係を弱めたり，（ハニー・ビーや，おそらくジェニー，ハーモニー，ウィンクル，そしてキデブもそうだったのだろうが）まったく断ち切る働きがある。表17. 2を検討してみると，雌の犠牲者のうち2頭は，それぞれ9歳と11歳と推定された若もの雌と一緒にいたことが判る。また別の2頭の母親は，それぞれ7〜8歳の性未確認の子どもとともにいた（さらにもう1例，1頭のみの雄に襲われたため表には入れていないが，7歳の娘とともにいた例もある）。他に5頭の犠牲になった雌は，4歳から6歳になる子どもを連れていた。計算上これらの母親は，ちょうど中年から老年の3頭の犠牲者に見られたように，もっと年長の子どもも連れていてよかったはずだ。年長の子どもが観察されなかったからといって，いなかったと断言はできない。たとえばハニー・ビーは，例の最終襲撃のとき1度も姿を見せていない。さらに闘争のうち3例までは（ケース4, 5, 6），攻撃者が突然争いを止め，ちょうどデを放っておいてリトル・ビーを追いかけ誘ったときのように，別の音のする方向へ走り出している。現在のところ，これらはすべて類推にしか過ぎない。より多くの事例が切実に求められている。

チンパンジーはなわばりを持つか？

もしある特定の地域が1頭以上の個体によって占拠されていたら，われわれはそれを行動域（霊長類であれば遊動域；訳者注）と呼ぶ（Burt, 1943）。その地域のうちある部分（またはすべて）が，同種他個体あるいは他種からでも防衛されるなら，それをなわばりと呼ぶ（Noble, 1939）。ノーブルは鳥類学者であり，事実数多くの鳥にかんするなわばり行動の文献がある（たとえばHinde, 1956）。多くの鳥ではなわばりの占有者は1羽の雄，あるいは雄-雌のひとつ

がいである。たいていは隣接した雄との戦いを通して境界を設定したなわばり所有者は、音声や視覚的ディスプレイによってその存在を誇示し、領地に居続ける。まず戦いを通して境界を設定してしまうと、それ以後は隣接者と互いの所有権を尊重し合い、それ以上の明らかな攻撃はまれにしか見られない。もし侵入者が現れたときは、その個体は決闘の挑戦を受けるはめになり、そのまま追い払われるか争いが起こるかする。通常なわばり所有者は領地内にいるときは大胆になり、容易に攻撃に移る。しかし冒険心を発揮して領地を離れると、今度は離れただけ臆病さが増してくる。したがって、もし彼が隣の領地に入り込んだとしても決闘の申し出があれば彼は直ちに逃げ帰るだろう。それゆえ、隣接するなわばりの所有者とのあいだに起こるいかなる争いも、境界線上で起こることになる。また、なわばりはよく繁殖期に設定され、子どもが順調に育った後は放棄される。

ハインド（Hinde, 1956）は、なわばり制に見られる行動の諸相とその果たすと思われる多面的機能を強調している。今の議論にもっとも関連の深い点は、個体（あるいは集団）間距離をいかに広く保つかということで、これによってなわばり所有者は邪魔されることなく採食し、狩りをし、交尾をし、子を育てることができる。またもう1点は、子を育て、なわばり所有者を存続させるに足る餌を供給する、ある地域を維持することである。なわばりの住人は地形を熟知し得る有利さがあるが、ウイルソン（Wilson, 1975）の指摘の通り、この利益は防衛するか（なわばりの場合）否か（行動域の場合）にかかわらず、1カ所にとどまるということによってもたらされるものだ。

なわばり行動は動物界に広く見られる行動様式である。ヒト以外の霊長類では、古典的な意味でのなわばり制を頑固に守っているテナガザル（Carpenter, 1940）と南アメリカのティティ

見回り中の雄たち（C. Busse）

Callicebus（Mason, 1968）の2種がいる。この2種は、雄-雌のペアーと未成熟個体からなる集団を形成する。彼らのなわばりは比較的狭く、境界は毎日訪れることができ、重複はほとんどない。たいていの場合、儀式化された脅しのディスプレイでなわばりの保全はこと足りる。たとえば雄のテナガザルは、境界近くの木の上を派手に跳び回り大声をあげる。この声が、その所在を隣接者に知らせる役割を果たす。はっきり境界線を確立したはずの隣接者とでも攻撃的な追跡や本気の攻撃が起こることもあるが、それは通常狭い重複域での話で、多くは、集団同士が競って同じ木で採食しようとした場合の話である（Ellefson, 1968）。

ある集団が広大な行動域を持つと、境界を全部見て回りきちんと防衛することは不可能になる。旧世界ザルの多くの種はヒヒのような広い遊動域を持つが、彼らはまた、隣接集団とのあいだにかなりの遊動重複域を持ち、彼らの遊動域がなわばりであるとは考えられていない。彼らは遊動域や集中利用域の境界を見て回ったり、印をつけて回ったりはしない。また鮮やかな体色でその存在を誇示したり、（たとえばホエザルのやるような [Carpenter, 1934]）音声によるディスプレイを隣接集団と交わしたりもしない。

そして群れ間の争いはまれである。群れ間には，一方が他方の接近で退くというような明白な優劣関係が認められることが多い。これとは対象的にミドリザル（*Cercopithecus aethiops*）の群れでは，少なくともある場所では，たびたび二つの群れが共通の境界近くで出会い，雄が儀式化された攻撃的ディスプレイを交わす。雄は境界近くの高い木で，隣接者のなわばりを見渡しながら座っていることがよくある。彼らの青い陰嚢と赤い陰茎はたいへんよく目だつものだ（McGuire, 1974）。クンマー（Kummer, 1971）は，なわばりを持つ霊長類では最初の土地の分割は争いで決まるだろうが，その後，付近の群れのメンバーはすぐに境界の場所を学び取り，完全にとはいわないまでもよくそれを尊重するようになるだろうという意見を述べている。争いは上記の例のように最小限に縮小され，なわばりの防衛は実害のない宣伝合戦か示威行動に限定される。これは初めに書いた多くの鳥に見られるような，古典的な意味でのなわばり制と同じものだ。

これらのことを頭に置いて，チンパンジーのコミュニティー間交渉をまとめてみよう。すると多くの点から，チンパンジーもまた古典的な意味でのなわばり制を持つことがわかる。つまり，

(a) 遊動域に侵入する隣接社会集団の同種個体は（集団加入の誘いを受ける雌を除いて）敵対的に排除され，

(b) 境界はしょっちゅう誰かが訪れ，監視されていて，

(c) パーティーの周縁域への移動には緊張した神経質な行動が見られ，集中利用域においてよりずっと大胆さが減少し，

(d) 聴覚的ディスプレイ，大声のパント・

＊　ミドリザルはいく種かの霊長類と同じく，遊動域のある場所ではなわばり制を示すが，別の場所では示さない（Gartlan and Brain, 1968）。

フート，太鼓叩きが，隣接コミュニティーのおとな雄のパーティー間で交わされることがあり，これに引き続いて儀式化された攻撃的ディスプレイが見られ，両パーティーのメンバーは闘争なしに退却することがあり，

(e) 境界は長年にわたって尊重される。コミュニティーの分裂以後2年間，カサケラの雄はムケンケ川を彼ら自身とカハマ・コミュニティーの境界と見なしていた。マハレでは勢力の強いM集団のメンバーが，7年以上にわたってより小さなK集団の排他地域に滅多に入らなかった。

しかしながらチンパンジーの行動には，古典的な意味でのなわばり制に従わない三つの重要な点がある。

(a) ゴンベ，マハレのいずれにおいても，ある出会いの結果を決めるのはどちらかといえば地理的な意味での場所ではなく，二つの隣接集団のパーティーの相対的大きさや構成である。少数の見回りでは，もっと大きなパーティーや相手の雄の方が多いパーティーに出会うと，たとえ自分自身の遊動域の中であってもきびすを返して逃げ去るだろう。一方，大パーティーが自らの遊動域の外へ移動していき，もっと小さな隣接コミュニティーのパーティーに出会ったとしても，彼らは追いかけ攻撃する側に回るだろう。両パーティーがほぼ同じ大きさで雄の数も似たようなものなら，通常の成行きとしてはなるべく闘争そのものは避けて視覚的聴覚的ディスプレイを交換することになる。

ほとんど例外なく，なわばりを持つ種ではその領土を安定した集団（または単独）で移動する。したがって，ある雄のテナガザルが雌とともに境界のある場所に移動して隣接者と会ったとすると，彼らはいつも同じ顔ぶれのペアーと顔を合わすことになるだろう。また，あるミドリザルの集団がそのなわばりの境界線近くのある場所に採食に出かけたとして，その集団の出

会った隣接群が急に倍に（あるいは半分に）なっていて驚くということもないだろう。

なわばり制を持つと考えられる哺乳類の中で興味深い例外は、ブチハイエナ（*Crocuta crocuta*）である。この捕食者は（コミュニティーに相当する）クランを形成して住んでおり、各クランはタンザニアのンゴロンゴロ火口原のような少なくとも資源の豊富な場所でなわばりを構え、その境界を定期的に見回って匂いづけをする（Kruuk, 1972）。クランのメンバーは小集団となって移動し、その構成がどんどん変化する。3頭以上の高順位の雌（雌が雄より優位である）が揃えばパーティーは見回りに出発し、クランの境界を監視する。隣接クランから大きさも構成もよく似た二つのパーティーがやってきて共通の境界で出会ったとしたら、彼女らはウーウーウップという声や唸り声をあげ、たてがみを逆立てて攻撃的ディスプレイを示し合い、結局は両方とも騒々しく引き上げていくだろう。しかし相手が単独であったりペアーであったりすると、たとえそこが相手のなわばりであっても、まず間違いなく見回り隊は突撃していく。そして捕まったら最後、よってたかって攻撃され、死ぬままに放っておかれる。パーティーの大きさや構成がいかに重要かは、捕食の対象となった動物があるクランにその境界を越えて追われ、隣接クランの領地内で殺された場合にもっとも明白に示される。ハイエナとはかなり騒々しい動物で、狩猟者が食事のテーブルにつくや否や、ウーウーウップという声や笑いさざめくような声が、声の届く限りの友人と宿敵に同様に伝わっていく。これはある種の警報となり、いくらもしないうちに侵入者の前になわばり占有者が怒りの唸りをあげる一団として現れることになる。そして、充分な体勢が整えば突撃していく。すると、少しは腹のふくれた狩猟者側（少なくとも最初に口をつける高順位の雌）は撤退し、肉の所有者は交代する。しかし狩猟者側は毛を逆立て声をあげながら、一定の距離をおいてとどまっている。そうしているうちに別のハイエナも集まってくる。（それが侵入者の仲間なら）侵入者はあたかも順位が上がったかのように大胆になり、ふたたび突撃して獲物を奪い返す。わたしはこの種の出来事を観察したことがあるが、その時は境界線を行ったり来たりしながら、死体が食いつくされるまでに5回もその所有者が代わった（Goodall and Lawick, 1970）。

ハイエナの社会構造はさまざまな点でチンパンジーに似ている。この両種のコミュニティー（またはクラン）を構成する個体が、さまざまな大きさや構成のパーティーで移動して回るという事実は、隣接者に脅しをかける機会があることを意味する。一方他の種ではこのようなことは滅多にない。ハイエナもチンパンジーも知恵があり、かつ隣接者に敵意を抱くため、機会があればそれを利用する可能性があり、また実際に利用する。

（b）チンパンジーは広大な遊動域を持ち、かつ隣接コミュニティーと遊動域をかなりの程度重複させている。多くのなわばり制を採用する種では重複域はさほど広くなく、なわばりは所有者がいつでも監視できる程度の広さしかない。しかしウィルソン（Wilson, 1975, p. 265）は、なわばり制の定義の付加条項として、ある居住者が「いつでもなわばりの全体を守ることができる、または、なわばりの中でたまたま侵入者と出くわしたその辺りについては守ることができる」という項を提案している。ライオンはなわばりを持つとされている。隣接群とはかなりその行動域を重複させているらしいが、侵入者は見つかると、いついかなる場合も追い払われるか殺される（Pusey and Packer, 1983）。実際チンパンジーは、よそ者の侵入の現場を押さえる機会を自ら作り出すことにかなりのエネルギーを費やしている。おとな雄は平均4日に1度周縁

部に出かけて行く。

　(c)　ハイエナやライオン同様，チンパンジーが動物界の古典的なわばり所有者と大きく異なる点は，おそらく隣接者に向ける敵意の強烈さである。もし彼らが侵入の現場を押さえたら，犠牲者はなわばりの外へ追い払われる程度のことでは済まず，暴行を受け，死を見越した上で放置される。さらにチンパンジーは侵入者を攻撃するばかりでなく，（図17. 4 dが示す通り）隣接集団の集中利用域のまさに心臓部まで攻め込むことすらある。問題なく境界が尊重される場合もあるが，ゴンベやマハレの長期調査からは 3 回の主だった「侵略」が報告されている。カサケラの雄はカハマの遊動域を乗っ取り，カランデの雄はカサケラの遊動域の奥深くまで攻め込んだ。またM集団はK集団の遊動域に入り込んだ。こういった侵略によって，おとな雄（と何頭かの雌）は殺害されるか消えてしまうかした。カサケラの雄はかつて自由に行き来していた地域を取り返そうとしただけだと弁護してみても，それではカランデ・コミュニティーの北侵やマハレで見られたM集団の乗っ取りは説明できない。

　この章に示された事実，中でもウィルソンの付加条項を受け入れるならば，わたしはチンパンジーがなわばりを持つと考えるべきだと信じている。しかしチンパンジーの行動は，ヒト以外の多くの動物に広く認められる比較的平和で儀式化されたなわばりの維持機構からは，ずっと暴力的なものへとずれてしまっている。チンパンジーのなわばり制は侵入者を追い払うばかりでなく，侵入者を傷つけ，あるいは消し去ってしまう働きがある。また遊動域と資源を守るためばかりでなく，弱い隣接者の犠牲のもとに自らの遊動域を拡大する働きがある。さらにコミュニティーの雌という資源を守るためばかりでなく，積極的かつ攻撃的に隣接する社会集団から新しい性的パートナーを誘い込む働きがあ

る。

チンパンジーは殺意を持つのか？

　マダム・ビーはカサケラの雄による最後の暴行から 5 日後に死んだ。傷跡も生々しいチャーリーの死体は，激しい闘争の 2 日後に発見された。ゴライアスとスニフは攻撃が観察された後生き残ることなどできるはずもなかった。スニフは多くの傷にもまして片足が折れていたし，ゴライアスは残忍な一斉攻撃を受けた上に，すでに年寄りであった。デとゴディは，もし生きていたなら1975年から1977年にかけての南部集中調査で見つかっていたはずであり，すでに死んでいたにちがいない（暴行を受けてから 2 カ月後のデの哀れなようすは記載した）。これら 4 頭の死体が発見できなかったことは驚くに当たらない。マダム・ビーの場合は， 2 日間にわたって彼女が横たわっていた場所の近くを確かに探したが発見できず，彼女の娘が木の上にいたからやっと見つけることができた。ゴンベの下生えは極端に深く，場所によってはやぶがからみ合っている上にチンパンジーはまったく音を立てずにいることができる。

　もしすべてのカハマの犠牲者（と，おそらく人づけされていない何頭かの雌）が死んだという事実があったとしても，われわれはそれだけで攻撃者の「意図」を語ることはできない。 5 例の観察では暴行の起こるパターンがたいへんよく似ている。つまり， (a) 攻撃はいずれも長時間に及ぶ。最も短い場合で10分続いたし， 3 例ではその 2 倍以上の時間続いた。 (b) 攻撃はすべて集団暴行であり，場合によって攻撃者が入れ替わり立ち替わり交代することもあるが， 5 例のうち 2 例で犠牲者は一斉に襲われている。 (c) 犠牲者はすべて何地点かで 1 頭以上の攻撃者に押え込まれ，その隙に他の者が殴りつけ蹴りつけている。 (d) 犠牲者はすべて殴り，踏みつけ，咬みつきという攻撃以外に，あちこち引

538 —— なわばり制

きずり回されている。(e) どの例でも犠牲者は（たとえ闘争の始まった直後は何らかの防御や脱出を試みたとしても）まもなく諦めてしまい，うずくまったり横たわったりして猛攻が終るまでされるがままになっている。(f) 攻撃を受けるとただ傷ついたというだけでは済まず，どの犠牲者も大なり小なり動けなくなるまで痛めつけられる。そして，(g) いずれもチンパンジーの行動観察にはかなり熟練した観察者が，こういったすべての例で，攻撃者は犠牲者を殺そうとしていたと信じて疑わない。

わたしは調査助手になぜそう思うのか聞いてみた。彼らの答えた理由は次のようなものだった。すなわち攻撃のパターンがまるで大型獣を殺すときにそっくりで，コミュニティー内の喧嘩では見たことがないようなことをする。たとえばゴライアスの足を捻ったり，デの腿から肉片が垂れ下がったり，スニフの鼻から流れる血液をすすったりといったことだ。さらにどの攻撃をとってみても，犠牲者が完全に動けなくなるまで続いている。

ついでに言えば，気絶させるほどの同様の攻撃はチンパンジーからジャコウネコ（*Civettictis civetta schwarzi*）に対して２回見られている。青年後期の雄のマスタードとおとな雌のパティの２頭が獲物を捕まえ，ディスプレイをして叩きつけ，その動物が動かなくなるまで殴り，踏みつけた。ジャコウネコはその時完全に死んでしまったわけではないが，そのときの傷が元で後ほど死亡した。手負いのサーバル（*Felis serval hindei*; ヤマネコの一種：訳者注）が殴られ，踏みつけられたという記録があるが，その時サーバルが深い藪に這いずり込むと，攻撃者は去ってしまった（Teleki, 1973b）。このように，チンパンジーは肉食のための狩り以外でも攻撃を仕掛け，相手を死に至らしめることがある。

狩猟中の彼らは，（子ザルのような）小動物を故意に殺してしまうことは滅多にない。普通，獲物は食べられる結果絶命することが多い。まず脳が食べられるため，あっさり死んでしまう。しかし（おとなのサルのような）大型動物の場合には問題がある。つまり彼らは脱出しようともがくだけの力があるし（事実そうする），咬みつき，たいていおとなしく食べられるのを待っていたりしない。そのような場合，チンパンジーは咬みついたり，四肢を引き抜いたり，足を折ったり，ディスプレイをしたり，殴りつけたりしてそれ以上動いてわずらわされることのないようにしてしまう。チンパンジーにとっては，もはや動かないかどうかが獲物の生理的死亡よりも大切であることはほぼまちがいない。大型動物はたいてい，端から食いちぎられながらゆっくり死んでいく。もしその獲物が声を出しても（普通は出す），それは無視される。しかし，もし反撃したり激しくもがいたりすると，また殴りつけたり打ちつけたりという攻撃が誘発される。

攻撃の後ゴライアスとデは，ほとんど聞き取れないようなキイキイいう悲鳴をあげながらも身動き一つ満足にできぬまま横たわっていた。スニフの場合動けはしたが，シェリーが居残って，苦労してやぶまで這って行くのをすぐそばで眺めていた。一方，マダム・ビーが「気絶」して２分間ピクリとも動かず横たわっていた時，サタンはその回りでディスプレイをし，彼女がふたたび身動きするまで木の枝を揺すっていた。そして彼は，彼女が茂みまで這って行くのを追って行った。それはまるで，彼女の動きを見届けるまで攻撃が「成功」したことに確信が持てないかのようであった。また，攻撃者が後で「犯行現場」に立ち戻ったという証拠がある。デへの攻撃の１時間半後，（リトル・ビーを伴って）北へ帰る途中だったカサケラの雄が，犠牲者をおいてきた場所に戻って30分辺りを探した。またスニフへの暴行のあった５週間後，攻撃した雄たちが攻撃のあった場所へ移動して行

くのが観察された。彼らは辺りを凝視したり，地面の匂いをかいだりして10分間そこで過ごした。さらにカハマのパーティーが，おそらく自分たちの犠牲となった老雌の死体を探して迂回路をとったことも見逃してはならない。彼らは死体に近づく時，驚きも警戒も示さなかった。その時すでに死体がそこにあると明らかに知っていたのだ。それはまるで，攻撃者が自分たちの攻撃の結果を確認していたかのようだ。

要約すれば，カサケラの雄はカハマのチンパンジーが動かなくなるまで傷つけ打ちのめすことで，その計画を完遂したのだとほぼ確実にいえる。仮に彼らが火器を手にいれその使用法を知っていたならば，それを殺害に使用したのはほぼまちがいないだろう。

戦争行為の先駆者

「人類史上に平和な黄金期など存在しなかった」とクインシー・ライト (1965, p. 22) は書いている。ライトは戦争を，「集団間の武力による闘争（傍点はグドール）」と定義している。さらにわれわれは，戦争行為を組織化された闘争と考えることが重要かもしれない。いずれにせよ，それは他に例を見ない人類独自の行動であり，ほとんどの人類集団に普遍的な特徴といえそうだ (Eibl-Eibesfeldt, 1979)。もちろん戦争は，文化的，あるいは観念的に定義されるイデオロギーまで含めたさまざまな問題を巡って起きてきた。しかし根元的な意味での戦争とは，少なくとも生態学的には，勝利者に生活空間と充分な資源を保証するよう機能するものだ。またある程度までは，戦争は個体数密度を下げ天然資源を保護する働きがある (Russell and Russell, 1973)。戦争行為は個体間のではなく集団間の闘争を意味するから，皆殺しを通じて主に群淘汰の役割を果たすことになる。ダーウィン (1871) によって初めて指摘されたこの事実は，その後多くの研究者，特にキース (1947)，ビジ

ロー (1969)，アレグザンダー (1971)，アイブル＝アイベスフェルト (1979) によって練り上げられてきた。

もちろん，戦争行為は文化上の進化の所産であり，ピット (1978) の指摘の通り，歴史上あるいは歴史の始まる直前の人類進化に及ぼした影響は，この問題を扱う多くの著者が議論の対象にしてきた。しかしアレグザンダーとティンクル (1968) やビジロー (1969) は，初期人類に戦争行為の原初形態が存在したことを自明のこととしている（ビジローが生々しくも「曙の戦士」と名付けている）。また彼らは，利他主義や勇気という人類の価値ある資質を広めたであろう戦争行為の重要な役割を強調している (Cammpbell, 1972 も参照のこと)。さらに初期の戦争行為は，知性とますます洗練されていく集団構成員間の協力体制を開発する，著しい選択圧となったかもしれない。この過程はエスカレートし，知性が増大し，ある集団の協力体制や勇気が増大すればするほど，敵に対する侵略の度合も増大しただろう (Wilson, 1975)。戦争行為が，ほぼ確実に人類の頭脳を開発する強力な圧力となったという点は，すでにダーウィンやキースによって示唆されていたことである。アレグザンダーとティンクル，ビジロー，そしてピットらは，さらに，戦争行為が人類とそのもっとも近縁な現生種，類人猿との，大きな脳のギャップを生み出した中心的進化圧であったと論を進めた。石器時代に脳の進化が遅れた集団は，戦乱を生き抜くことができずとうの昔に滅びていった (Sagan, 1977 も参照せよ)。

仮に人類独自の破壊的な戦争行為（組織化され，武装した集団間闘争）を，文化的発展の一形態であると仮定しても，まず，あらかじめその出現を許す前適応が必要だろう。アレグザンダーとティンクル，あるいはビジローが指摘しているが，その決定的な要素としては，おそらく協力関係にある集団生活，集団によるなわば

り所有，狩猟時の協力体制の拡充，武器の使用，協力体制を前提とした計画の立案能力があげられるだろう。もう一つの基礎的前適応としては，暴力行為として現れる生来のよそ者への恐怖，または嫌悪感があったと思われる（Eibl-Eibesfeldt, 1979）。これらの行動上の特徴を持った初期人類は，理論上，破壊的戦争行為へと発達した，組織化された集団間闘争をなし得る能力があったと思われる。

　チンパンジーは多少なりとも上記の前適応をしているばかりか，曙の戦士による原始戦争に役だってきたであろうその他の生得的特徴をも備えている。

　（a）闘争は犠牲者にとってと同様，攻撃者にも危険なものとなり得る。したがって，一般の哺乳類にはおとなの同種個体を殺す行為は見られない。これはよく強調されることだが，人類の戦士を訓練し育てるためには文化に訴える手法が必要である。つまり戦士の役割を賛美し，卑怯者を罵り，戦場での勇気と手柄を高く評価し，少年期に「男らしい」スポーツの練習に励む正当性を強調する，といった手法である（たとえば，Tinbergenn, 1968; Pitt, 1978; Eibl-Eibesfeldt, 1979を見よ）。ところで，もし初期人類の雄が生得的に攻撃，中でも隣接者に向ける攻撃に魅力を覚えがちであったとしたら，そういった特性は戦士を育てる文化の生物学的基礎を準備したであろう。わたしはこの章で，若い雄のチンパンジーは集団間の出会い，潜在的危険を宿した隣接者たちにさえに強くひきつけられることを書いた。この特徴は，他のサルや類人猿の若い雄にも認められる。たとえば雄のテナガザルは，よその2集団の抗争を眺めるためや自分も参加するために，雌や子どもを置き去りにしてでかけることがある（Ellefson, 1968）。若い雄のラングールは群れをほったらかしにして500mもとび出し，声を出したり，枝揺すりをして隣接者とぶつかることがある（Ripley, 1967）。さらにカ

ヨ・サンチアゴ島のアカゲザルの雄パーティーは，時に積極的に別の群れと接触し，喧嘩を仕掛けることがある。この接触はどんどんエスカレートし，両集団の老齢で高順位の雄まで巻き込んでしまうことがある（Morrison and Menzel, 1972）。ゴリラでも，群れ間の出会いはシルバーバックを引きつける（Fossey, 1979）。

　（b）われわれ自身が属するヒトという種では，文化的進歩が疑似的種分化を導いた（Erikson, 1966）。つまり，個人的に獲得した行動がある特定集団内で世代から世代へと伝わり，その集団の習慣や伝統を形作る。その過程は遺伝物質を介して起こる種形成とよく似ている。人類にとって疑似的種分化とは，ある集団のメンバーが自らを他の集団のメンバーとは別者だと見なすことを意味し，さらにある集団に属する個体と属さない個体に，異なった振舞いをするということを意味する。極端な場合は，疑似的種分化は他集団の「脱人間化」を招き，あたかも別種の生き物であるかのように見なさせることがある（Le Vine and Campbell, 1971）。この過程は，離れた相手を傷つけたり殺したりする武器を使いこなす能力の発達もあって，集団のメンバーを集団内で機能していた抑圧や社会的制裁から解放し，集団内では許容されていなかった行為を「他者」には向け得るようにするだろう。アイブル＝アイベスフェルトは，この抑制の欠落が破壊的戦争行為を発展させた第1の下地であると強調している。

　チンパンジーに，ちょうど人類における疑似的種分化の前触れのような行動が見つかれば，それはきわめて興味深い。第1に，彼らの集団識別能力がきわめて高いことがあげられる。彼らは，明らかに同一集団に「帰属する」個体とそうでない個体を区別する。集団を構成する子どもや雌は，たとえその子どもが他のコミュニティーに父親を持つとしても保護される。そして，コミュニティーに属していない雌の子ども

は殺されることもある。この集団認識の感覚は，単なるよそ者嫌いといったものよりずっと高度なものである。カハマ・コミュニティーのメンバーも，分裂以前は後の攻撃者たちと親密な関係を結んでいた。彼らはあたかも分離独立によって集団のメンバーとして遇される「権利」を失い，よそ者と見なされるようになったかのようだ。

　第2に，集団外の個体は単に凶暴な攻撃を受けることがあるだけでなく，攻撃のパターンがコミュニティー内の攻撃行動で見られるものとはかなり異なっていることをあげておかねばならない。犠牲者は，まるで捕食対象の動物であるかのような扱いを受ける。いわば，彼らは「脱チンパンジー化」しているのだ。

　さらに2点，人類の集団間闘争に関連した行動の進化にかんして，興味深いチンパンジーの行動がある。

　(a)　人類における共食いの事例は，ほぼ全世界から報告されている。さらに古人類学の証拠は，その起源が少なくとも更新世中期まで遡ることを示している。この時代の多くの化石頭骨の特徴は，「大後頭孔の端が注意深く規則的に削り取られている」ことである。これ自体は傍証に過ぎないが，脳を取り出して食べた跡だと考えられている（Blanc, 1961, p. 131）。敵を食べるという行為の動機は，歴史上さまざまなものが見られる。それは人肉に対する嗜好であったり，敵を食ってしまえば完全な撲滅に成功する復讐であったり，あるいは魔術信仰，つまり勝者は敵の肉から相手の勇気や力を得ることができるという思い込みであったりした（Eibl-Eibesfeldt, 1979）。比較的最近まで共食いは，「それによって人類を他の霊長類からはっきり区別し得る（Freeman, 1964, p. 122）」行動の一形態と考えられてきた。われわれは，隣接コミュニティーの雌たちとの闘争後，チンパンジーに共食いが起こるようすを見てきた。何頭ものおとな

雄が死体に対しておこなう奇怪な行動は，もう少し知的に洗練されれば充分儀式へと発展するものだ。

　(b)　人類における戦争行為は，ほとんどの場合，きわめて残酷な行為と結びついている（もちろん戦争行為に限ったことではないが）。フリーマン（1964, p. 121）は，「人類の破壊衝動と残酷性という他に例を見ない本性は，人類を行動上他の動物と区別し得る主要な特徴の一つである」と書いている。オックスフォード大辞典にある残酷性の定義，「他人の傷みに対する喜びあるいは無関心」は，残酷性とは認知力が洗練され，あるレベルに達しないと持つことのできない心性であることを示している。残酷であるためには，(1) たとえば，生き物からその腕を引き抜けば傷みが生じるといったことを理解し，(2) 犠牲者に感情移入する能力がなければならない。われわれ人類は疑いようもなく，この能力があるから残酷になれるのだ。ヒトもチンパンジーも子どものうちは，虫や小動物の体の一部をもぎ取ってみたりする。ヒトの子どもの場合，少なくとも西洋では，これは残酷なことだと教えられる。もし人類のある集団が，ちょうどカサケラの雄がカハマの犠牲者を攻撃するときに見せたような集団暴行をすれば，それは残酷な行為と見なされるだろうし，大型動物を時間をかけて殺す行為も同様だろう。もちろんチンパンジーの知能では，人類がじわじわと責めたてるために発明した類の恐ろしい拷問の数々を創造することはできない。しかし彼らは，ある程度その欲求や感情を他者に転嫁し得るし（Woodruff and Premack, 1979），13章でみたように，彼らはほぼ確実に同情に類する感情を持っている。プレマックのサラは，セメント片をばらまかれた「敵」の写真を確信をもって選んだが，これは彼女にサディズムの芽生えがあることを示唆している。ただ彼女の動機は，ほんのいたずら以上のものではないようだが。

戦場への入口か？

アイブル＝アイベスフェルトによれば，「原始人の戦争は多くの場合，狩りを思わせるようなやり方で敵のところへ忍び寄るとか這って行くとかして，突然襲いかかるというものに限られていた」(Eibl-Eibesfeldt, 1979, p. 171)。しかし，この種の「原始的な」急襲は綿密な計画があって初めて可能となる。さらに，もし敵がいくらかでもその計画に気付いたら，敵もまた迎え打つための計画を練って立ち向かうだろう。もちろんこの計画性こそが，原始的な戦争行為と，カサケラの雄が見せたカハマのなわばりへの時には残虐な暴行へと発展した密やかな共同襲撃との，本質的なちがいである。戦争行為が，おそらくわれわれのユニークな脳を作り出した主な原動力であったことは充分認めるが，わたしには，われわれの遠い祖先が戦争行為——組織化され武装した闘争——へと発展する可能性を秘めた，計画的な集団間の抗争を言語の獲得なしになし得たとは思えない。

チンパンジーは，一方でおとな雄間の強い親密な連帯と，他方で集団外の個体への尋常でない憎しみや凶暴ともいえる攻撃的態度のみごとな組合せの結果，破壊行為と残酷さ，さらに計画的な集団間闘争という点で，人類が到達した世界のまさに入口に立つところまで進化の歩みを進めた。もし彼らが言語能力を発達させたら——そしていま言ったように，彼らもまた戦争への入口に立ったことを思えば——彼らがあと1歩を踏み越え，われわれと同じ隊列に歩みを進めないとは誰が断言できるだろう。

18　物体の操作

日記より

1960年11月4日　カサケラ峡谷のすぐ南にシロアリ塚がある……わたしの調査路はそこから90mほど南を通っている。8時15分：シロアリ塚のすぐ前に黒いものを発見。草木のあいだからのぞいて見た。チンプ（チンパンジー）だ。すばやく体を伏せて，根もとが緑の芽でおおわれた木のところまで，まばらな枯草の中をはって進む。その木の葉のあいだから45mほど先にチンプが見えた。しかし，(a)草と(b)シロアリ塚の手前にある木のせいでよく見えない。チンプが塚から何かをつまみ上げて食べているのがわかった。彼はわたしに背中を向けていた。数分後，彼は塚の向こうへ移動し，まったく見えなくなった。注意深く後退して角度を変えて見ると，幾分見えるようになった。彼はまだ背中を向けたままだ。少し向きを変え，とりわけ慎重な様子で，太い草の茎を自分の方に向けてひっぱり，45cmくらいの長さを引きちぎった。残念ながらふたたび彼は背中を向け，数分後，塚を乗り越えて遠くへ移動した。彼がデイビッド老人だったことを確認した。

デイビッド老人がシロアリを釣っている。このシロアリ塚は，1960年にチンパンジーが自然環境で道具を用いることが初めて観察された塚である。最初の石器を作る以前には，われわれヒトの祖先も小枝や棒を使っていたに違いない（J. D. Waters, née Goodall）。

1960年11月6日　シロアリ塚のそばに2頭のチンプがいる……草の茎の使い方をもう少しよく見ることができた。彼らはそれを左手で持ち，塚の中に差し込んでシロアリがついたら引き出していた。彼らはその茎を口にあてがい，茎の中ほどからくちびるをそれに沿わせてシロアリをとっていた。

物体の操作と道具使用行動をあつかう本章と社会的意識をあつかう次章とは，この本の最後に残しておいたものである。というのは，それらを合わせることによりチンパンジーが自然界で示す疑いようのない知性が描き出されるからである。

道具を作り使用する能力は，非常に長いあいだわれわれヒトに特有のものだと考えられてきた（たとえば Napier, 1971 を見よ）。まだヒトになる以前のわれわれの祖先に道具使用行動が出現したことは，われわれの進化に決定的な一歩をしるすことになった。ある類人猿に似た生物が「お定まりのパターン（a regular and set pattern）」で道具を作るようになった時，定義により彼はヒトになったのである（Leaky, 1961, p. 2）。これこそ，ヒト以外の動物に見られる道具使用がいつも強い興味を引いてきた理由なのだ。

ある物体が道具に分類されるためには，その

表18.1 野生チンパンジーの道具使用行動のいろいろ。観察地それぞれで見られる道具の平均長が知られている場合にはそれも示した。内容については本文参照

物体および目的	各観察地における典型的な使用例				
	ゴンベ	マハレ[a]	ボッソウ(ギニア)	タイ(コートジボアール)	その他の観察地
木の葉					
水を吸う	くしゃくしゃにして使用		そのままで使用		
食物をぬぐい取る	頭骨の内部とストリクノスの実の内部	オオアリの1種(K集団)			
ブラシとして	ミツバチ, サファリアリ				
釣り竿として(主脈のみ)		20cm(K集団)			
ナプキンとして	果汁, 糞, その他	ゴンベと同じ			
容器として	糞をとるため				
草(単子葉類)または細い茎					
シロアリ釣り	28cm	51.5cm(K, M, B集団)			カサカティ盆地セネガル—30cmガボン—38cm
アリ釣り		21.4cm(K集団)			
はちみつとり					カサカティ盆地中央アフリカ
探索	シロアリ塚, 枯木の穴, 等	アリの巣			
木の葉のついた小枝					
ハエ追い払い用					ウガンダ
小さな棒					
アリ釣り		オオアリの1種(K集団)			
追い出す, 動転させる	アリ, ミツバチ	アリ(K集団)			
シロアリ塚に穴をあける					ムビニ(リオ・ムニ)—52cm

物体は手（あるいは足または口）で保持され，目的が直接達成されるようなやり方で用いられなければならない（Goodall, 1970）。この定義が認められれば，昆虫を含めて多くの動物種が道具使用者になり，チンパンジーはそのうちのもっとも優れたものということになる。われわれを除く誰よりも，彼らは多くの物体を，誰よりも多様な目的に使用する。しかし単に道具を使用するだけではたいして驚くことはない。興味深いのは道具使用を可能にする認知的側面なの

である。チンパンジーは物体相互の関係をよく理解して，ある特定の目的に合うようにものを加工することができる。そしてその道具をある程度「お定まりのパターン」に従って作り変えることができる。また，後に道具として使うものを別の場所で拾い上げるばかりか，そこで道具を作りさえする。何よりも重要なことは，彼らがまったく初めて出会う問題を解決するために，ものを道具として使えることだ。

　表18.1はゴンベおよびアフリカの他地域で

おもちゃとして	自分をくすぐる				西カメルーン
シロアリをつつく			5—15cm		
樹脂をつつく			10—20cm		
探索	木の穴，等	ゴンベと同じ			
大きな棒					
探索	木の穴，恐ろしいもの等	ゴンベと同じ			
サファリアリを獲る	15—113cm				
巣の入口を広げる	鳥の巣，ミツバチの巣				
枝にひっかける			先端にフックのついたもの		
砲弾として	チンパンジー，ヒヒ，ヒト等に対して	ゴンベと同じ	120cmに達するもの(ヒトに対して)		ベニン(ザイール)—剝製のヒョウに対して
棍棒として	チンパンジー，ヒヒ，ヒト等に対して	ゴンベと同じ	剝製のヒョウに対して		ベニン(ザイール)—剝製のヒョウに対して
短くて太い棒					
ハンマーとして				コーラの実を割る	
武器として	チンパンジー，ヒヒ，ヒト等に対して	ゴンベと同じ	ヒトに対して		
大小の石					
ハンマーとして			ヤシの実や堅い果実を割る	コーラの実，パンダの実を割る	リベリア—ヤシの実を割る 中央アフリカ—堅い果実を割る
砲弾として	チンパンジー，ヒヒ，ヒト等に対して	ゴンベと同じ			
おもちゃとして	自分をくすぐる				

a．（ ）内はその行動が観察された単位集団。

チンパンジーが道具として使用した種々の物体と，その道具使用行動が観察された時の場面——採食，身づくろい，探索，脅し——の一覧である。

採 食 場 面

ゴンベのチンパンジーが最も多くの道具を最も頻繁に使用するのはこの場面である。他の生息地域のチンパンジーにとっても同じことのようだ。

シロアリ釣り

シロアリ（*Macrotermes bellicosus*）を手に入れる時には，ほとんど例外なく道具が使われる。1年のうちのある時期，チンパンジーがシロアリ

を釣って食べることに長い時間を割くとき，道具使用は日常活動の一部になる。10月から12月にかけて頻繁にシロアリ塚を訪れる時，チンパンジーは移動の途中でしばしば立ち止まり，草の茎や他の材料を選び，それを口にくわえてシロアリ塚へと進む。塚は道具を拾い上げる場所から見えないこともあり，時には100mも離れていることがある。ただし通常の場合にはそれよりずっと近い。

シロアリ塚の内部の通路は狭く，必ずしもまっすぐではない。そのため，しなやかな材料でなければ道具としてうまく機能しない。道具は草（単子葉のもの，以下同じ），つる，樹皮，小枝，ヤシの葉などで作られる。チンパンジーは近くにある適当な材料を手あたりしだい取り上げることがある。以前に他のチンパンジーが使って捨てた道具を拾うこともある。そうかと思えば，道具を選ぶ前に草の茂みやつるのかたまりなどを丹念に点検することもある。ある長さのものを手に取っては使わずにすぐ捨て，また次のを選ぶ。このような道具の選び方の違いは，ある程度は個体差を反映したものである。しかし乾期のシロアリ釣りは雨期に比べて材料選びに技術と注意が必要だ。雨期には(a) シロアリは表面近くにおり，(b) 兵隊アリが巣の防衛をしていて，挿入された異物には何にでもすぐに噛みつく。

ゴンベで使われた145個の雨期の道具は，長さの中央値が28cmである（範囲7－100，McGrew, Tutin, & Baldwin, 1979）。乾期の道具はまだきちんと集めて測定されていない。だがわたしは，シロアリが巣の深いところにいるのだから中央値は大きいだろうと思っている。チンパンジーがこの時期にたいへん長い草やつるを使う傾向があるのは確かである。

道具の先端がほつれたりひどく曲がったりするとチンパンジーはそこを噛み切るので，使っているうちに道具はだんだんと短かくなる。短かくなりすぎれば代わりの道具をさがす。ほとんどの場合，新しい道具は塚からおよそ5m以内の適当な草や他の植物の茂みから調達される。ある雌は，数回にわたり塚の近くの木に5mほど登って，低い枝からつるをとってきた。青年後期の雌，グレムリンである。彼女はいったん7mほど離れた塚の見えないところまで移動して，しなやかで丈夫なつるをとってきた。2時

おとなの姉ポムが長い草の道具をシロアリ塚の穴に挿入しているのを，子どものプロフがそばでじっと見つめている。ポムがいなくなった後，プロフはすぐにそのシロアリの穴を引き継いだ。彼はポムの道具とは違った材料（細い樹皮）を選んだが，その長さは同じようなものだった。2頭ともおよそ45cmの深さから釣っていた。

間の釣りのあいだに彼女はこれを3度おこない，その都度三つか四つのつるをとってきた。1度に数本の道具をとってくることはよく見られる。これらはすぐに使われるのでなく，鼠径部にはさみ込まれるかすぐ近くの地面に置いておかれる。

　材料の中には，細い草（青々としたものあるいは枯れたもの）や滑らかな茎やつるなどのように，そのままで使えるものもある。しかし材料によっては使う前に加工する必要が出てくる。小枝からは葉を，（複葉の場合は）主葉脈からは小さな葉片を，木の皮や太い茎やヤシの葉からは細い繊維性の部分を取り除かねばならない。草は時には細くする必要があり，チンパンジーは主脈の両側の葉身を取り除くこともある。

　チンパンジーのシロアリ釣りの能力には個体差がある。より道具選びのうまい個体やより辛抱強くシロアリ釣りを続ける個体がいる。同じ塚で釣っていても，個体によって釣り続ける時間や捕えるシロアリの数が違う。若雌のポムとグレムリンは，ゴンベの誰もが認める当代のシロアリ釣りチャンピオンである。2頭ともたいへん長い道具を使う。ある乾期のこと，グレムリンは1.5mもの長さの道具を持ち，それをシロアリの通路の中に3分の2以上も突っ込んでいた。これにはかなりの技術が必要で，手首を器用に回転させなければならない。彼女が立ち去ったあとでわたしが彼女の道具で試してみたところ，何とか半分まで通路に入れるのがやっとだった。

　季節はずれでシロアリ釣りが難しい時，シロアリが釣れる唯一の穴で，自分より順位の高い母親が釣りをしているのを，ポムやグレムリンが我慢強く見つめているのは珍しいことではなかった。母親たちが失敗してやめたあと，これらの娘たちが代わって，その穴で上手にシロアリを釣ることもよくあった。3月のある釣りの時間，パッションはポムがシロアリの釣れる穴

ウィリアムがシロアリ釣りの道具に適した蔓を選んでいる。

を見つけたことに気づいた。彼女はすぐにやってきて娘を押しのけた。ポムはパッションがその穴でへたな釣りをするのを座って見つめていた。20分後，パッションがあきらめて塚を離れるとポムはすぐに戻り，再び巧みにシロアリを釣った。8分後，近くの見えない場所で採食していたパッションは，口に草の茎を1本くわえて戻ってきた。彼女はもう1度ポムを押しのけた。今度もうまくいかなかった。15分後彼女は立ち去ってポムに場所を譲った。この時ポムは20分間釣り続け，（最初よりは少なかったが）シロアリを何匹か手に入れた。パッションは別の道具を口にくわえてまた現れ，娘のようにシロアリを釣ろうと最後の試みをおこなった。また失敗すると，これを最後に彼女は去った。ポムはさらに30分間釣り続け，それから家族の後について立ち去った。

アリ獲り

　チンパンジーがサファリアリを獲る時に使う「さお」はシロアリ釣りの道具よりも大きさや外見が一定している。マグルーが13個のさおを

集めて計測したところ，長さは15cmから113cmで，中央値は66cmだった（McGrew, 1974）。短かすぎる道具では一度にたくさんのアリを獲ることはできない。わたしは若いおとな雄のゴブリンが3日続けて同じサファリアリの巣に通うのを見た。彼はいつも長さが13cmくらいしかない不適切な道具を使っていた。アリが手に上がってくるまでに棒を引っ込めなければならないので，彼は20匹くらいしか獲ることができなかった。比較のためにいえば，あるうまいチンパンジーの使っていたさおについていたのと同じくらいのアリのかたまりをマグルーが数えたところ，292匹もいた（この前後の別のときにはゴブリンはよい道具を使ってアリを集めていた）。道具は長すぎてもいけない。扱いにくくなるからだ。側枝が出っぱっていてもいけない。アリを手でしごき取ることができないからである。また細すぎてもいけない。曲がったり折れたりするからである。

使い終った後，道具はアリの巣の近くに放置されるのが普通で，次にきたチンパンジーがそれを拾い上げて使うこともよくある。その道具を作った個体自身がもう1度使う場合もある。

穴 探 り

シロアリ釣りのあいだ，チンパンジーはよく草の葉身や茎を探り棒として使う。シロアリの通路に挿入して抜き出し，注意深く先端の匂いをかぐ。そうして，穴を大きくする作業を続けたり，あたかも匂いでこの穴はだめなことがわかったかのように，すぐに立ち去ってしまったりする。

枯れ木のうろを調べるのにも探り棒が使われる。チンパンジーはその道具を中に差し込んで先端の臭いをかぐ。どうやらその穴が空かどうかを調べているらしい。というのは，チンパン

（発情中の）リトル・ビーが皮をむいた細い棒をサファリアリの巣に挿入している。彼女は素早くその道具を右手に沿わせて引き抜こうとしている。口はいつでもアリのかたまりを食べられるように開けたままだ。右手から口へアリを移すと，歯ぎしりするようにせわしなく顎を動かしてかむ。

ジーは探り棒を捨てて立ち去るか，その穴の探索を続けるかどちらかだからである。枯木を割ることもある。ふつう，中からある種の幼虫が出てきてチンパンジーの食料になる。もちろん，注意深く調べたにもかかわらずその巣はすでに放棄されていて，木を割ったことがむだになる場合もある。棒を用いて穴を調べるのは，おとなより赤ん坊や子どもに多いようだ。

巣の破壊

採食関係で棒を道具として使うことは，前述のものを除けば時たま見られるにすぎない。時として地中にあるミツバチの巣の入口を広げるのに頑丈な棒が使われることがある。チンパンジーが直立して数回棒を激しく前後に振った後，棒を捨てて手で蜜をとって食べたことが3度あった。また2頭の雌と数頭の若い個体が巣をつついていたが失敗に終わったことが1度あった。ある雌（ミフ）は，棒を使って木の穴の開口部を広げ，中に棒を差し入れて，羽の生えたばかりのひな鳥——たぶんサイチョウだろうと思われる——をとっていた。おそらくこの棒で巣の入口をふさいでいた土を壊したのだろう。

わたしは，シリアゲアリ（Crematogaster spp.）の樹上の巣をチンパンジーが棒を使ってこじ開けようとするのを7回見たことがある。うち6回は子どもで1回はおとなの雌だった。このアリの巣はフットボールくらいの大きさで，きわめて堅く，誰も壊すことに成功しなかった（1回，ある個体がこじ開けようとするのを若いチンパンジーたちがじっと見つめていたことがあった。そのうちの3頭は，その後自分もこじ開けようと試みたが，結局失敗に終わった）。彼らがこのアリを食べようとしていたのかどうかはよくわからない。1961年に，あるチンパンジーの集団が長い棒をこの巣の一つに差し込んでいるのを見て，わたしは彼らがこのアリを食べているのだと推測した。しかし，実際にチンパン

バックスがシリアゲアリの巣を壊そうとしている。

ジーがこのアリを食べているのを見たのはただ1度だけである。その時は，1頭の雌が巣の作られた大きな枯木を割って，唇でそのアリをなめとっていた。リチャード・ランガムはチンパンジーが枯木からシリアゲアリをとって食べるのを2度目撃している（Nishida & Hiraiwa, 1982による）。1961年にわたしが見た集団は，空になった巣の後に入り込んだ何か別の生き物をとっていたのかもしれない。ランガムの私信によれば，1度チンパンジーがこのタイプの巣を手で開けて，キツツキのひなを2羽つかみ出したことがあるという。

バナナを入れた箱をゴンベに置いた時には，すぐにたくさんのチンパンジーが棒を使って箱を開けようとした。彼らは，時として棒の先を技術巧みに「のみ」のように加工して，狭いすきまから差し入れることもあった。

穴居者の攪乱

棒のもう一つの使い方は穴の居住者をおどかして追い出すことだ。この使用法を最初に報告したのは西田である（Nishida, 1973）。ゴンベで

オリーがバナナの箱を，15mほど離れた場所から持ってきた丈夫な棒をてこに使ってこじ開けようとしている。娘のギルカ（右）とフィフィがそれをじっと見ている。その後，この2頭の幼児は小枝を使って同じことをした（H. van Lawick）。

この使用法が見られるのはたいていチンパンジーが木の穴を探っている時である。チンパンジーは枝を折り，それを入口から差し込んですばやく前後に動かす。そうしてから，チンパンジーはその道具を取り除いて穴の中をのぞき込む。アリが群れてはい出し，チンパンジーに食べられたことが2度あった。シロアリと思われる昆虫が出てきて食べられたことも1度あった。しかし，あるおとな雌が出てきたアリを見ているだけで食べようとしなかったことも1度あった。また，青年前期の個体がこの方法でミツバチを驚かせて逃げたことも3度あった。穴から

何も出てこないこともよくあった。棒をこのように使うのは赤ん坊や子どもに多い。彼らはこの方法で驚かせた虫の狂乱状態の挙動をながめて楽しんでいるのかもしれない。コーツの研究したチンパンジーのイオニーは，よくわらを手に取って自分のケージのすきまに潜むゴキブリをつついたという。「明らかに彼は虫が逃げるのを見て楽しんでいた。そしてゴキブリがパニックから立ち直ると，必ずこのささやかな遊びを最初から繰り返すのだった」（Kohts, 1935, p. 533）。ゴンベでは，赤ん坊がひとり遊びの時アリの通り道を探索することがあり，時としてそ

552——物体の操作

れを小枝でつつくことがある。

水飲み

木のくぼみに雨水がたまることがある。この水に唇が届かない時，チンパンジーはひとにぎりの葉を拾い集め，短時間それを噛んでスポンジ状にし（すなわちくしゃくしゃに潰して水を吸いやすくして），それを水の中に入れて引き上げ，水を吸う。水がなくなるかあるいはその個体が満足するまで，この作業が繰り返されることもある。1978年から1980年までの3年間に，成熟した個体が典型的なやり方でスポンジを使うのを14回（雌11回，雄3回）観察した。おとな雄のジョメオは川から水を飲むときにスポンジを使っていた。この3年間では，これ以外の30回（うち13回は川での使用）はいずれも赤ん坊や子どもだった。ランガムは，別のおとな雄のヒューゴーが川でスポンジを使うのを観察している（Wrangham, 1975）。わたしも1977年におとな雌のパティがそうするのを見た。

その他

1度おとな雄のエバレッドが，ストリクノス（strychnos）の殻の内側についている果肉の残りを，枯葉でぬぐい取ってしゃぶったことがある（Wrangham, 1977）。おとな雄のヒューゴーはヒヒの頭骨の内部をきれいにするのに木の葉を同じように使った（Teleki, 1973c）。また手や顔，あるいは体の他の部分からねばねばした果汁をふき取るのに木の葉を使うことがある。

おとな雌のミフは，巣とはちみつを手に入れるのに先立って，片手いっぱいの木の葉を使ってミツバチを巣の表面から掃き落としたことがある。この雌は2年後にも同じような目的で木

の葉を使った。その時は，彼女がアリ獲りをしていた若木に群れをなして上ってきたサファリアリを掃き落とすのに使っていた。どちらの場合にも，木の葉を使うことで刺されたり噛まれたりする痛みから自分の手を守っていたのだろう。

他のチンパンジー個体群

マハレ山塊のチンパンジーは，ゴンベとほとんど同じやり方でシロアリを釣って食べる。このやり方でB集団はオオキノコシロアリ（Macrotermes spp.）を，K集団はプシューダカントテルメス属のシロアリ（Pseudacanthotermes spp.）を食べる（Uehara, 1982）。カサカティ盆地のチンパンジーも同じ技術を持っているようだ。2頭のチンパンジーが二つの典型的な釣り道具を置きざりにしてシロアリ塚から走り去ったことが1度観察されている（Suzuki, 1966）。セネガルのアシリク山でも同じ方法が用いられているらしい（McGrew, Tutin, & Baldwin, 1979）。またブリュワーの自然復帰訓練集団でも，教えられたことも見せられたこともないのに，非常によく似た技法が獲得された。この集団のチンパンジーは幼少時にはギニアで野生生活をしていた個体で，そのうち1頭の雌は約3歳になるまで野生状態でいた。おそらく彼女は，もといた社会集団の行動を再現していたのだろう（Brewer, 1978）。

かつてリオ・ムニと呼ばれたムビニの4地域（現在の赤道ギニア）のうちの3地域（Jones & Sabater Pi, 1969），および西カメルーンの観察地（Struhsaker & Hunkeler, 1971）[*]でもオオキノコシロアリを食べるときに道具を使う。しかしどちらも道具の形態や使い方は異なっている。この

---

* 訳註18-1：この引用論文はコートジボアールの木の実割り行動について書かれたものであり，誤り。西カメルーンにおけるシロアリ食のための道具使用については Sugiyama, 1985（The brush-stick of chimpan-zees found in south-west Cameroon and their cultural characteristics. Primates, 26, 361-374.）が記載している。

行動は直接観察されてはいないが，塚のまわりに残された道具（時には塚に突き立てられていることもある）は小枝ではなく棒である。どうやらチンパンジーはこれらの棒でシロアリ塚に穴をあけるか巣を壊すかしているらしい。おそらく彼らはシロアリを露出させると，その後は棒を使わないでシロアリを食べるのだろう（ムビニの残る1地域では，シロアリを食べる場合でも道具は使われないようだ。精力的な捜索がおこなわれたにもかかわらず，1本も見つかっていない。Jones & Sabater Pi, 1969）。

ギニアのボッソウで，杉山とコーマンはチンパンジーが種別不明のシロアリをまた別の方法で捕えるのを観察している（Sugiyama & Koman, 1979）。雄のチンパンジーが小さな棒を折り取って皮をむき，それを枯れ枝が落ちた後の木の幹のうろに集まったシロアリに突っ込むのが2度観察された。チンパンジーはその棒をしばらくのあいだ上下にガタガタ動かして，それから数匹のシロアリ（たいてい潰れている）がついた棒を引き抜いた。どちらの個体も30分ほどのあいだこれを続けたが，たいした量のシロアリはとれなかった。この方法は非常に効率が悪いように思われる。

ボッソウのチンパンジーは，カラパの木（Carapa procera）から樹脂を集めるためにこれと同じ方法を用いる。樹脂を集めるにはこの方法は効果的である。この樹脂はねばねばしていて突き棒の先にうまくつく。

マハレ山塊のK集団とM集団のチンパンジーは，数種の樹上性のアリ，特にオオアリ（Camponotus spp.）を食べるのに道具を使う（B集団ではまだ知られていない）（Nishida, 1973; Nishida & Hiraiwa, 1982）。その道具の大きさは，巣の入口の大きさによって変わる。小さな側枝を折り取ってそのまま巣に突っ込むこともあれば，入口が小さい時にはシロアリ釣りに使うのと同じような道具を作ることもある。アリが1

匹もついてこなければ，チンパンジーはその道具を激しく前後に動かす「追い出し技法」を用いる。こうすると，たいていの場合アリは出てくる（アリが出てこないとチンパンジーは棒を置き，巣のついた木の幹に足をかけてゆすることがある）。木の幹を這っているアリは，くちびると舌でつまみ上げるか，シロアリ釣りの時と同じように手の甲でぬぐい取る。1度偶然に大きなアリがたくさん巣の入口に集まっていた時，1頭の雌が片手いっぱいの葉を拾い上げ，それでアリの集団をぬぐい取って食べたことがある。棒はまたチンパンジーが新しく発見した場所を調べる時に，ものや匂いを探るためにも使われる（Nishida & Hiraiwa, 1982）。

K集団のチンパンジーは，2種のミツバチのはちみつを食べるときにも似たような釣り技法を見せることがある（Nishida & Hiraiwa, 1982）。またチンパンジーが地下のミツバチの巣に棒を差し込んではちみつを食べるのが，カメルーンで1度観察されている（Merfield & Miller, 1956）。

ボッソウでは見事な枝の使い方が観察されている。2週間ちょっとのあいだ，チンパンジーが熟したイチジクの木を毎日訪れたことがあった。その木は太くて幹がすべすべしているために登ることができなかった。そこで彼らは隣の木にできるだけ高く登った。この木の一番高い枝はそのイチジクの木の一番低い枝にもう少しで届くところにあった。彼らはこの高さからイチジクの木に乗り移ろうとしたのである。しかし，最初のうちは失敗に終った。違う雄が入れ替わり立ち替わり木の枝を折り，葉と小枝を取り去り，その一方の端を持って届く範囲にあるイチジクの枝を引き寄せようとした。その道具には横枝が1～2本残されていて，それがフックの役目をする場合もあった。チンパンジーはまっすぐ立ち上がって上方の枝をたたいたり，長いフックのある道具で枝を下に引き寄せたりしながら，あいたもう一方の手をそれに向けて

伸ばした。道具を使う合間には，彼らは自分の座っている枝をはね上げたりゆすったりしてイチジクの木に跳び移るのに十分な振幅を得ようとしていた。1頭の雄は，成功するまでこれらの試みを51分間も続けた。彼が成功した時，他のチンパンジーは大声で歓声をあげ，この雄はイチジクの木で（興奮したかのように）ディスプレイをした。日がたつにつれてイチジクを手に入れるのはどんどん難しくなった。しだいに登る方の木の適当な枝が全部ちぎり取られ，イチジクの木の枝も低いところのものはなくなってしまったからである。道具になる枝を持って木に登るチンパンジーは1頭もいなくなった（Sugiyama & Koman, 1979）。

水飲みに用いられる木の葉のスポンジはガンビアの集団でも使われる。ここでもその行動は誰に教わることもなく自発的に出現した（Brewer, 1978）。ボッソウでは，1頭のチンパンジーが噛み潰されていないままの葉を水の中に浸し，ついた水滴をなめるのが観察されている。ウガンダのブドンゴの森では，1頭のチンパンジーが自分の手を水たまりに浸し，指から水をなめるのが観察された（この行動はゴンベでも見られるので，必ずしもブドンゴの森のチンパンジーはスポンジを使わないことを意味しているのではない）。

西アフリカでは，リベリアの観察地（Beatty, 1951），コートジボアール（Savage and Wyman, 1843-44; Struhsaker & Hunkeler, 1971; Rahm, 1971; Boesch & Boesch, 1981），およびギニア（Sugiyama & Koman, 1979）で，チンパンジーがハンマーと台を用いてアブラヤシの種子や他の小さくて殻の堅いものを叩き割るのが観察されている。コートジボアールのタイの森でおこなわれているボエシュ夫妻の組織的な研究（現在6年目に入った）によれば，木の実が豊富な季節には，ここのチンパンジーは東アフリカのチンパンジーがシロアリやアリをとるのと少なくとも同

マハレのアリ食い（T. Nishida）

じくらいの頻度で木の実割りをおこなう。5種類の木の実が割られるが，たいていはコーラ（*Coula edulis*）の実かパンダ（*Panda oleosa*）の実である。どの場合にも，木の実割りをするには（岩や木の根などの）堅くて平たい台と，石や頑丈な棒などのハンマーが必要だ。コーラの実は地上だけではなく樹上でも割られる。つまりチンパンジーはハンマーを持って木に登らなくてはならない。パンダの実はさらに堅く，石のハンマーでなければ割れない。中身をつぶさずにこの木の実を割るには，実の置き場所に注意することと，ていねいにハンマーを打ちつけることが必要不可欠である。降雨林の林床に石は少なく，時には何百mも運ばねばならない。これらの（現在も継続されている）観察により明らかにされた木の実割り行動は，これまで発見された中で最も洗練されたチンパンジーの技術の例である。ボッソウのチンパンジーも似たようなハンマーと台を使う技術を持っている。こ

こではチンパンジーはアブラヤシの実を割って核を取り出す。この観察地でも，石は木の実割りをする場所まで運ばれる（Sugiyama & Koman, 1979）。

身づくろい

チンパンジーは大変神経質な動物だ。からだに糞，尿，泥等の汚いものがつくと，彼らはよく木の葉を使ってぬぐいとる。また葉をナプキンのように使って，出血を伴う傷におし当てたり，（時たまではあるが）激しい雨のあいだや雨の直後に自分の体をこすったりする。表18.2は，1977年から1982年までの6年間にナプキンがどのような用途にどのような頻度で用いられたかを示したものである。

現在までのところ，ナプキンの使用が最もよく見られる場面は，交尾のあと雄がペニスをふく場合である。この行動の頻度を知るために，個々の雄がペニスふきをおこなった頻度を，観察された交尾回数に対する百分率として算出した。以下の結果からわかるように，個々の雄によって神経質さの程度は異なる。

これ以外の未成熟雄もペニスふきをおこなうが，交尾回数がはるかに少ないためにこの分析には含めなかった。

対照的に，雌は交尾行動の後でもめったに尻

表18.2 1977年から1982年までの6年間に記録されたチンパンジーの木の葉のナプキンの使用事例

使用法	観察例数	とり除かれた付着物				
		糞	尿	精液	血液	その他
自分の体をふく[a]						
ペニス	77	?		●		
尻						
排便後	37	●				
排尿後	5		●			
交尾後	6			●		
月経時	1				●	
付着物の除去						
他個体の糞	31	●				
他個体の尿	11		●			
果汁	15					●
泥	1					●
よそ者にさわられたあと[b]	2					●
雨水	3					●
傷に押し当てる	22				●	
他個体の体をふく						
傷	10				●	
尻	7	●				
鼻	1					●
尿	1		●			
合計	230	75	17	83	33	22
%		33.6	7.5	36	14	9

a．ここにあげたもの以外に，とり除かれた付着物が同定されなかった事例が10回あった。
b．よそ者がヒトであったことが1例含まれている。

	交尾	ぬぐった%
おとな		
ハンフリー	226	5.8
ジョメオ	108	3.7
サタン	193	3.6
アトラス	113	3.5
ゴブリン	216	2.8
シェリー	128	1.6
フィガン	257	1.2
エバレッド	211	0.5
青年前期		
ウィルキー	91	5.5
フロイト	210	2.9

子どものフィフィが，けんかでかまれたクリトリスの血を片手いっぱいの木の葉で拭いている（H. van Lawick）。

をふかない。この理由のひとつは，雄のペニスは性行為の後自分から見え，先端に射精したものの残りが付着しているのがわかるからだろう。その上，性的接触のあいだに雄は雌の尻についた糞で汚されることもある。1度，おとな雌のギギがヒューゴーの熱心な求愛に応えて近づき，尻を差し出したことがある。ヒューゴーは下痢便で汚れた彼女の尻をじっと見つめると，気が変わったらしく交尾をせずに離れていった。また別の時に，ギギが尻を差し出すと，雄がその汚れた尻を木の葉でふいたことが2度あった。このうち1度はその後交尾がおこなわれたが，もう1度は交尾に至らなかった。

実際，ゴンベのチンパンジーは排泄物で汚されることにほとんど本能的な恐れを抱いているように思える。(自分のものであれ他者のものであれ) 素手で糞をさわることはまずないと言ってよいほどだ。もし思いがけず他個体の糞がついたら，この不快な物質は木の葉で注意深くぬぐい取られる。おとな雄のサタンは1度，雌を攻撃している途中で，その雌が恐怖から出した便をひっかけられたことがあった。彼はすぐに追いかけるのをやめ，毎回ナプキンを取り替えながら7回もからだをこすった。母親も自分の子の排泄物で汚された時にはすぐきれいにふきとるのが普通である。下痢をしている個体は木の葉を使って自分でからだをぬぐうことがある。メリッサはこの点とりわけ神経質で，37回の観察事例中13回を占めた。娘のグレムリンもよく尻をふいた（ただし11回中5回は排尿後だった）。

同じようにケーラーもチンパンジーが神経質なことに言及している（Köhler, 1925, p. 75）。彼は一段と面白い事例を観察した。飼育下のチンパンジーの例にもれず，彼のコロニーのチンパンジーも糞食をした。こんな時，彼らは素手で糞を拾い上げるのに何のためらいも見せなかった。ところが思いもかけずに糞で汚されるとどうするか。例をあげよう。「排泄物を踏むと，当然のことながら普通には歩けなくなる……この動物は，（ぼろ布やわらや紙などで）自分の足をきれいにする機会を見つけるまで，ずっと足を引きずって歩くのだ」。糞食は野外ではめったに見られない。それが起こるのは，ほとんどの場合糞についた食べ物を唇でとる時である。手で糞をいじくるのが観察されているのは赤ん坊だけだ。マイクという高齢の雄がある日の夕刻に肉をたらふく食べたことがあった。次の日彼は大きな葉を2枚ちぎってそれを両手に置き，

557 ── 物体の操作

その上に排便した。彼は未消化の肉片を唇で拾い上げた後，その葉と便の残りを自分の座っていた木の下の地面に捨てた（H. バウアーによる観察）。

思いがけず（たとえば木の上にいる仲間などから）尿をかけられた時にも，チンパンジーはそれを葉でふきとる。しかしこの行動はそれほど神経質なものではない。尿をかけられた個体は，単に上方を見上げるだけで，シャワーの残りを浴びないようにそっと移動するだけのこともある。

すでに見たように，チンパンジーはべたべたした果汁をふきとるのに木の葉を使うことがある。ただし，いま問題にしている6年間に観察された15例のうち11例までは，まだ熟していないストリクノスの実を食べておびただしい量の唾液が分泌された時だった。面白いことに，この事例はすべて同家族の個体——パッション，パックス，プロフ，パン——によるものだった。しかしこれより以前には，他の個体も採食場面でからだをふくのが観察されている。おとな雌のフィフィは1度熟れすぎたバナナを運んだ後，胸や腹を繰り返しごしごしこすっていたことがある。

よくチンパンジーは出血のある傷口に木の葉を軽く押し当てて血をなめる。この動作は何度も繰り返されることがある。若雌のグレムリンは，1度尻にひどい切傷を負ったことがあった。2日のあいだ，彼女は小用をたしながら一心に両手に一杯の木の葉を集め，終るや否やそれを尻に押し当てていた。おそらく傷が尿で刺激されたのだろう。ある青年雌は，初めて月経が観察された時，木の葉で尻をふいた。

見知らぬ個体と接触した時の反応としてふきとり行動が見られたことが2例ある。1度はよそものの雌がカサケラのチンパンジーに取り囲まれた時だった（前章に書いたが，彼女は非常に激しい攻撃の的にされた）。おどおどと咳こ

むような唸り声を出しながら彼女はおとな雄のサタンに近づき，服従の態度を示しながら手を伸ばしてサタンの腕にさわった。サタンはすぐに離れ，木の葉を集めてさわられた部位をふいた。二つめの例は1968年に観察された。赤ん坊雌のポムが，あるお客様（ロバート・ハインド教授）の頭上にふざけてぶら下がり，教授の頭を足で蹴っとばして反応をみた。その後ポムは自分の足の匂いをかぎ，木の葉をちぎってそこをごしごしとこすった。

時としてチンパンジーは木の葉を使って仲間のからだをふくことがある。ここで問題にしている6年間に，この行動は19回観察された。すべて家族のあいだである。赤ん坊雄のフロドは，母親が発情している時彼女の尻をふいて便のかすを取り去ったことがある。赤ん坊のミカエルマスは，（やはり発情中の）自分の母親と交尾した後，母親の尻をふいたことが2度ある。おとな雌のメリッサは，自分の双子の子の一方が排便した後，木の葉でその子の尻をふいたことが4度ある。1度，汚れたのは一方だけなのに，ふたりをふいたことがあった。また，子どもが他個体の傷に木の葉を押し当てるのが10回観察されている。うち6回は，雄のプロフが幼児の妹のひどい怪我を優しくふいてやった事例である。4回は雄のギンブルが母親の出血した傷に木の葉を押し当てた事例である。子ども雄のフロイトは2歳の弟と遊んでいる途中，遊びを中断して小便をしたことがあった。（激しい遊びのあいだにはよくあることだが）彼のペニスは勃起していた。尿が日の光に輝いて弧を描き，それが弟のフロドにかかった。兄弟は水流が止まるまでそろって面白そうに見つめていた。フロイトはそれから大きな葉を6枚ちぎってフロドのからだの濡れたところをごしごしこすった。最後の1例は，赤ん坊雄のパックスがくしゃみをした時に見られた。兄のプロフは，パックスの鼻孔からたれるねばねばした鼻汁をじっと見

チンパンジーの歯科治療。若もの雌のベル（メンツェルのチンパンジー）が、ぐらぐらした仲間の乳歯を抜こうとしている。彼女は実際に抜歯を成功させたことがある（W. C. McGrew）。

つめていたかと思うと，木の葉をちぎって注意深く鼻汁をふきとってやった。

これより以前に他者に対するふきとり行動が生じたことが数例ある。赤ん坊雄のフリントは母親の汚れた尻をふいたことがあった。またフリントの姉のフィフィは母親の背中から泥をぬぐっていたことが1度あった。また，あるおとな雄の頭から泥を落としたことも1度観察されている。ミカエルマスが母親ミフの尻をふく行動が観察される5年前の1973年に，ミフがミカエルマスの尻をふくのが観察されている。またミフの上の娘ミーザが赤ん坊だった時，ミーザが母親の尻をふいたことも観察されている。すでに述べたように，2頭の雄がある雌の尻から下痢便をふきとったことがある。

飼育下のチンパンジーも，時おりこのように協力的な道具の使い方をすることがある。マグルーとテュティンはメンツェルの集団の一員が小枝を使って歯の掃除をするさまを述べている（McGrew & Tutin, 1972）。「歯医者」のベルは，ある子ども雄の歯を小枝で掃除しただけでなく，実際に抜歯をおこなった。彼はぐらぐらした乳小臼歯を1分半かかって抜いたのである（これらのチンパンジーは自分の歯を道具でつついて抜くこともあった。ゴンベでも，ある雌が小枝を歯に当ててほじくるのが観察されている。おそらく何かがはさまった箇所をつついていたのだろう）。D. ファウツは，若年個体のルーリスがある若雌の足にできた腫れものを柳の小枝で調べた時の様子を述べている（Fouts, D., 1983）。しかし彼の養母のワシューは，何度もその道具を取り上げ，いつも通りにその患者をグルーミングしたという。

飼育下のチンパンジーはときどき棒を使って自分のからだを掻く（たとえばKöhler, 1925やKummer, 1971, p. 148の愛らしい写真を見よ）。この行動は，ゴンベでは過去に1度見られたことがあるだけだ。豪雨の中，若い雌のポムが，自分の頭の毛を短く堅い小枝で何度もつついていたのである。おそらく毛を伝わって流れ落ちる雨水で頭がむずがゆかったためだろう（たぶん同じ理由だろうが，彼女はその時歯をむき出してニッとしていた）。

559 —— 物体の操作

探　　索

　採食時に草や茎を匂いの探り棒として使うこと，特にシロアリ釣りの時にそれらを使ってシロアリの通路を調べることはすでに述べた。これ以外に，チンパンジーは手が届かないものや，素手でさわるのが恐ろしいものなどを調べるのにも小枝や棒を用いる。餌場に死んだニシキヘビを置いた時，8歳の雌のフィフィはしばらくのあいだそれをじっと見つめてから，そのヘビの下敷きになっていた長いヤシの葉の先端の匂いをかいだ。それから彼女はそのヤシの葉をずんずん押していって，その先端で血の出たニシキヘビの頭に触れ，引き戻して先端の匂いをかいだ。赤ん坊雄のフリントは，生まれたばかりの彼の妹に触れることを母親から禁じられていた。そこで彼は棒で優しく赤ん坊にさわり，先端部の匂いをかいでいた。バナナを与えていた初期の頃，わたしはポケットにバナナを1本隠し持って，大きな雄たちが見ていない時に，ある若い雌（フィフィ）にこっそり食べさせようとしたことがあった。フィフィは近寄ってきてわたしのポケットを探ろうとした。（おとなたちが近くにいたので）わたしが制止すると，彼女は長い草を1本取ってきて，離れたところからわたしのポケットに差し込むとその道具の先端の匂いをかいだ。彼女は確信を持ったらしく，哀訴の声を発しながら，わたしがバナナを与えてもよいところまでついてきた。1965年には2頭の赤ん坊が小枝を使って雌の性器を調べていたことがある（普通は指でさわった後，指の匂いをかぐ）。1971年にも別の幼児がこの行動をしていた。若い個体はときどき棒を使って流れる水を調べることがある。棒を水に突っ込んだりかき回したりして，その効果をじっと見つめるのである。1度赤ん坊雄のフロドが自分の糞

フリントが生まれたばかりの妹のからだを調べている。

をつつき回していたことがあった。ちょうどわれわれが毎日糞を調べていた時だったので，あるいは彼はわれわれのまねをしていたのかも知れない。

脅　し

チンパンジーの雄は，木の枝を引きずったり，振ったり，投げつけたり，石を転がしたり，放り投げたりして，突進ディスプレイを強調することが多い。これらの行動は，ある特定の個体に向けられていなくとも，その行為者を実際より大きく，より危険なものに見せる役割を果たす。雄のハンフリーは，長い順位争いのあいだに，ある雄（いつもサタンだった）のいる方に向けて20個以上もの石を投げたことが2度ある。サタンはハンフリーが突進し石を投げているあいだ，結局木の上に避難場所を探さざるを得なかった。カハマ・コミュニティーのスニフが，見なれないカランデ・コミュニティーの雄たちがディスプレイをしている谷へ向けて，少なくとも13個の石を投げた事例についてはすでに述べた。突進ディスプレイのあいだに，時には非常に大きな石が掘り出され，転がされることがある（あるものは重さが6 kgほどもありそうだった）。もしたまたま坂の下にチンパンジー（あるいは人だろうが何だろうが）がいれば，これはきわめて危険なしろものになる。

マイクが空になった灯油の15リットル缶を使ったのは，突進ディスプレイのために意図的に物を利用した好例である。この様子は15章で述べた。最も印象的だったのは，ディスプレイを始める前，彼が缶を選んでいた時の様子はまったく平静だったことである。（彼が2～3回使った後）われわれが缶を全部隠すと，彼ははるか遠くまで片付けられた缶を取り返しにきた。われわれが苦労して絶対に奪われないようにすると，彼は自然物に切り替えた。そして数カ月にわたりきわめて頻繁にそれらを引きずったり投げたりしていた。

鞭打ち，竿振り，棍棒打ち

鞭打ちとは，チンパンジーが若枝や若木を手に持ち，それを上下に激しく振って相手を打つことである。2頭のおとな雄マイクとゴライアスのあいだの長い順位争いでは，この2者間に鞭打ち以外の攻撃的接触は見られなかった。交尾姿勢をとらない雌に対して雄が鞭打ちをすることもある。また時には交尾中の2者をライバルの雄が鞭打つこともある。観察初期の頃にはチンパンジーがわたしに対して攻撃的になり，わたしを鞭打つことが時々あった。

竿振りとは，拾ったり木からちぎり取ったりした棒やヤシの葉を，ふつう直立姿勢から相手に向けて振り回すことである。これは脅しとし

マイクは突進ディスプレイをする時，二つあるいは三つもの灯油缶を頭上でがんがん鳴らすことをおぼえた。この戦略は彼のライバルたちを激しく脅かした。おかげで彼は，4カ月のあいだに低い順位から14頭の雄の第1位にのし上がった。マイクが肉体的な攻撃をおこなったことは1度も観察されていない（H. van Lawick）。

561 ── 物体の操作

て非常に効果的である。おとなのチンパンジー
の雄の威嚇動作など無視してもおかしくないほ
どの立派なヒヒの雄でさえ，チンパンジーが大
きな棒で竿振りをしながら接近すると，それが
雌か子どもの場合でも退散することが多い。

棒やヤシの葉が相手を叩くのに使われた場合
には，それは棍棒打ちと呼ぶ。1977年から1982
年までの6年間に見られた188回の竿振りのう
ち，22%は棍棒打ちに至った。

ケーラーは棒を武器として使う方法をもう一
つ記載している（Köhler, 1925）。それは突きであ
るがゴンベでは見られたことがない。彼のコロ
ニーのチンパンジーは，怪しい人間や，イヌ，
ニワトリなどを棒や針金を使って突いた。とき
どきパンのかけらを放り投げてニワトリをおび
き寄せ（もう一つの道具使用例だ！），それか
ら突然その不運な鳥を突くこともあった。場合
によっては2頭が協力しておこなうこともあっ
た。一方がパンを投げ，もう一方がニワトリを
突くのである。

投げつけ

ディスプレイの時に物を放り投げるだけでは
なく，チンパンジーはほかの個体やヒヒやヒト，
あるいは種々の他の動物など，はっきり対象物
を定めて大小の石や棒などの砲弾を投げつける
ことがある。投げつけは上手からおこなわれる
ことも下手からおこなわれることもある。大き
な砲弾は下手から投げられることが多い。時に
は両手を使って発射することもある。コント
ロールはよいのだが，目標物の手前で砲弾が落
ちてしまうことが多い。

下表に示したように，ゴンベに餌場を設けた
ことは明らかに投げつけの頻度や（砲弾の選び
方という観点から見た）効率に影響を及ぼした。
少なくともおとな雄にかんしてはそうである。

1963年，1964年，1968年の数値はキャンプで
の記録だけである。1977年と1980年の数値には，

	1963	1964	1968	1977	1980
雄の総数	16	15	14	6	6
投げつけをした雄の数	5	8	9	3	4
砲弾の数	9	32	113	9	11
命中回数	1	4	5	2	0

キャンプ内のものもキャンプ外のものも，追跡
されたすべての時間の観察が含まれている。こ
れらの数値は統計的に取り扱えるほどのもので
はないが，これから変化の様子をうかがうこと
はできる。

バナナをめぐる競争のさなか（1966年から
1969年）には砲弾の数が増加したが，これは餌
場でのおとな雄間の距離の減少によってもたら
された緊張の増加と，チンパンジーとヒヒのあ
いだのバナナをめぐる争いのせいである。この
競争と混雑が弱まった時，雄がものを投げつけ
る必要も少なくなった（ただし，後に見るよう
に，未成熟個体の中には高い頻度で投げつけを
続ける個体もいた）。

棒を振りかざすのと同じように，大小の石を
投げつけることはきわめて効果的な脅しの手段
である。実際の闘争時に武器が用いられること
はめったにない（罰を加えるときにはチンパン
ジーは嚙んだりたたいたり踏みつけたりするの
が普通である）。とはいえ棒や石を使い相手を
脅すことで，攻撃的なできごとがそれ以上激し
くならずにすむ場合があるのは確かである。
1977年から1982年までのあいだにゴンベでは
412例の投げつけが観察された。砲弾の数は1
個とは限らない。若いチンパンジーがヒヒと攻
撃的な遊びをしていた時には，投げられた小石
や枝の正確な数は必ずしも記録されていないの
で，これらはひとつながりの行動（バウト）と
して数えた。したがって実際に投げられた物体
の数は，子どもにかんする限りここに示したも
のよりもかなり多いはずだ。

表18.3は，上述の6年間に観察された竿振
り，棍棒打ち，投げつけの頻度を種々の性・年

子どものフリントがヒヒの雄を威嚇している（H. van Lawick）。

齢の階層別に示したものである。成熟雄では竿振りや棍棒打ちよりも投げつけの回数の方が多いが，成熟雌では投げつけよりも竿振りの頻度の方が高くなる傾向がある。未成熟の雌では投げつけの頻度と棍棒打ちの頻度が同じくらいである。いちばんよく武器を使うのは明らかに未成熟の雄だ。後に見るように，未成熟雄で投げつけと竿振りの頻度がこのように高いのは，実際には毎年1～2頭が頻繁に武器を使うからである。未成熟雄で竿振り，棍棒打ちよりも投げつけの頻度が高いのは成熟雄と同じである。

おそらくこのデータからわかる最も重要なこ

とは，おとなの投げつけ行動のパターンにははっきりした性差があることだろう。おとな雄ではおとな雌に比べて投げつけ行動をおこなう個体の割合が多い。たとえば上述の6年間におとな雄7頭のうち5頭までは少なくとも2度投げつけ行動が観察されているが，頻繁に行動観察がおこなわれた雌12頭（付録C）のうち投げつけが見られたのはわずか3頭にすぎない（上の5頭の雄の投げた砲弾の数は合計39個に達したが，この3頭の雌では12個にすぎない）。1968年には，常時キャンプを訪れていた雄9頭のすべてが少なくとも1度は投げつけ行動をおこな

表18.3 1977年から1982年までの6年間に観察された武器の使用事例。おとなと未成熟個体，および雌雄の違いによる差異を示したもの

使用法	1977	1978	1979	1980	1981	1982	1977	1978	1979	1980	1981	1982
			成熟雄						成熟雌			
投げつけ	9	18	6	5	1	0	0	9	2	0	1	0
竿振り	2	0	1	0	0	0	5	3	5	2	1	3
棍棒打ち	1	0	0	0	0	0	2	0	1	0	1	1
			未成熟雄						未成熟雌			
投げつけ	33	53	72	23	78	85	5	0	5	1	4	2
竿振り	38	34	42	13	13	9	6	2	1	2	3	2
棍棒打ち	5	4	7	4	5	6	1	1	0	1	1	0

ったが，雌でそれをおこなったのは12頭のうちわずか2頭だけである。このとき雄が投げた物体の数は113個に達したが雌では2個だった。これまでに1年間に投げつけ行動の回数が5回を越えた雌は見られていない。ちなみに雄の最高記録は50回を越える。若い雌のなかには非常に頻繁に投げつけをおこなう個体もいるが，若い雄ほど頻繁ではない。

武器を使う場面

表18.4には，上述の6年間に見られた投げつけと竿振りが向けられた対象を，雄雌別に成熟（13歳以上）・未成熟個体に分けて示した。投げつけにかんしては1968年の資料もつけ加えた。チンパンジーとヒヒがバナナをめぐってキャンプで激しく競合したこの年を除くと，おとな雄のチンパンジーがおこなう投げつけや竿振りは同種個体に向けられたものが最も多い。成熟雌では，投げつけはヒヒに向けられることの方が多いが，竿振りはチンパンジーに向けられることの方が多い。未成熟雄ではどれにもあまり差がない。1968年に人に対する投げつけが多

くなっているのは1頭の幼児雄，フリントのせいである。問題にしている6年間には，未成熟雌が武器を使用するところはほとんど観察されなかった。しかしフィフィは8歳のとき頻繁に投げつけをおこなった。1967年に記録された彼女の14回の投げつけのうち，6回はヒヒに向けられたもので，4回は他のチンパンジーに向けられたものだった。ポムも9歳から10歳の時非常に頻繁に投げつけをした（竿振りはさらに頻繁だった）が，まだ細かい資料の抽出が終っていない。

若いチンパンジーはヒヒの若年個体と遊ぶときに竿振りや投げつけを始めることがある。この場合ヒヒは逃げ出すことが多く，チンパンジーは棒を振りかざしたり小石を投げたりして背後からディスプレイをかけることが多い。この行動は攻撃的遊びのひとつだが，攻撃の程度はそのチンパンジーの性と年齢，および遊び相手のヒヒの反応によって変わる。

順位争いの時おとな雄はライバルに向かって石を投げることがあった。また他の攻撃的な出来事の時に雌や子どもに石を投げることもあっ

表18.4　1977年から1982年までの6年間に種々の標的に向けられた投げつけと竿振りの割合。年齢（成熟，未成熟）による差異と雄雌による差異を示した。投げつけ行動にかんしては比較のため1968年の資料も掲載した

	標的となった割合(%)				事例総数	投げつけまたは竿振りをした個体数
	チンパンジー	ヒヒ	ヒト	その他		
投げつけ						
成熟雄	33	56.5	9	2	113	9
成熟雌	50	50	0	0	2	2
未成熟雄	21.5	24	54.5	0	37	5
未成熟雌	33.3	33.3	33.3	0	3	2
投げつけ(1977−1982年)						
成熟雄	64	32	2	2	39	7
成熟雌	17	83	0	0	12	5
未成熟雄	28	40	29	3	344	9
未成熟雌	35	35	30	0	17	6
竿振り(1977−1982年)						
成熟雄	75	25	0	0	4	5
成熟雌	63	37	0	0	19	8
未成熟雄	46	37	14	3	149	8
未成熟雌	37	37	13	13	16	7

た。青年期の雄は自分の脅しのディスプレイを強調するために雌に投げつけをすることがある。アトラスとフロイトの2頭の雄が8歳から10歳の時に投げた129の物体のうち，35％はこのような場面で年上の雌に向けられたものだった。この方法はきわめて効果的である。45回中32回はその雌が待避するかあるいは服従的な行動をとった。時には石を投げなくてもこの若い雄たちが石を拾い上げてふりまわしただけで，雌の服従的な行動が引き出されることがあった。より年上の，あるいはより順位の高い雌は，若い雄たちが石に手を伸ばしたり石をかかえたりするのを見ると，近づいて行ってその武器を取り上げることがあった。また1頭のおとな雄が，他の雄が自分に向けて投げた石をかわした後で，その砲弾を拾い上げて相手に投げ返したことが（全研究期間を通して）3度見られている。

チンパンジーの中には人に向けてよく石を投げる者がいる。代表的な個体はハンフリー，フリント，アトラス，フロイト，そして最近もっとも多いのがフロドである。フリントは1968年に30回の投げつけをおこなったが，そのうちの60％の砲弾はヒトに向けて投げられたものだった。またフロドが1981年に投げた89個の砲弾のうち74％は人に向けられたものだった。おとな雄のハンフリーは1974年に10回投げつけをおこなったことが報告されているが，そのうち6回はヒトが標的だった。投げた砲弾の数は少ないが，彼は若い個体より大きな石を選び，ずっと強く投げる。そしてコントロールもいい。

ボッソウのチンパンジーも観察者に向けて物を投げる。彼らは枝を折り取って木の上からそれを投げる。たいてい下手投げである。おとなの雄はコントロールがよい。彼らは最大，長さにして120cm，重さにして3.2kgもある大きな砲弾を使う。実際にヒトに命中することもあり，その事例は「確かにわれわれに対する激しい攻撃を表すものだった」という（Sugiyama & Ko-

man, 1979, p. 516）。

若いチンパンジーは，オオトカゲ（monitor lizard）やその他の小動物に出会ったとき，投げつけや竿振りをおこなうことがある。フィフィもグレムリンも，動きの鈍いヘビをおよそ10mにわたって追いかけ，棒を振りかざしたり枝の先端でそのヘビを鞭打ったりしたことがある。ケーラーのチンパンジーは棒を用いてトカゲやネズミなどの小動物をいじくった。もしこの動物がチンパンジーの方に向かってすばやい動きを示そうものなら，チンパンジーはその棒を武器にして相手を激しく打つのだった。

1970年以降，チンパンジーがおとなのカワイノシシ（bushpig）に対して大きな石を投げたことが4回観察されている。

(a) 青年雄のアトラスが，自分と自分の家族を果実の落ちている場所から押しのけたイノシシの一群を追い払った事例については12章で述べた。

(b) 狩りの最中に，おとな雄のマイクは子どもを守っていたイノシシに対してメロン大の石を投げた（Plooij, 1978）。この砲弾はおそらくイノシシ親子を離ればなれにさせようと意図して投げられたものだろう。同じ場面でチンパンジーが獲物に対して竿振りをおこなったことも観察されている。

(c) おとな雄のハンフリーは，遊動の途中出会ったおとなのイノシシに対して，少なくとも5kgはあろうかと思われる石を，直立して投げたことがある。

(d) 母親と子どものパーティが唸り声を発しながら向かってくるイノシシに出くわした。おとなの雌は全員木の上に駆け上がったが，8歳の雄のフロイトは地上に残ってディスプレイをしながら，大量の石や枝を（おそらく観察者がいたために）そのイノシシが逃げ去るまで投げつけ続けた。

あるヒヒ狩りの最中，狩りに参加していた6

頭の雄のうちの1頭が，自分たちを攻撃してくるヒヒの雄に向かって多数の石を投げたことがある（11章）。青年後期の雌グレムリンは，自分の母親を威嚇しているヒヒの雄に向かって大きな枯枝を投げつけたことがある（ちょうど母親がそのヒヒの獲物を横取りしたところだった）。この時この2頭の雌は激しく竿振りをした。

おとな雄のヒューゴーはちょっと珍しい投げつけを2度おこなった。1例はおとな雄リックスの死体に向けて（直径15cmに達する）多数の大きな石を投げたことである。この雄は木から落ちて首を折ったのだが，ほかに誰ひとりその死体を打つものはいなかった（Teleki, 1973a）。二つめの例は，おとな雄ゴディの死体に向かって5kg以上ありそうな大きな石を立ち上がって投げつけたことである。彼はコミュニティー間の争いの犠牲者だった。もし石が命中していたなら，死体はひどい損傷を受けたに違いない。

コルトラント（Kortlandt, 1962, 1963, 1967）とその共同研究者たち（Albrecht & Dunnett, 1971）は，（頭部が電気じかけで左右に動く）剥製のヒョウを，チンパンジーがパパイヤ（ベニンで）やグレープフルーツ（ボッソウで）を食べにくる場所に置く野外実験を何度もおこなった。たくさんの雄のチンパンジーがこの剥製のまわりでディスプレイをおこない，しばしばそれを引きずったり竿振りをしたり棒を投げつけたりした。剥製のヒョウは何度も棍棒打ちを食らわされた。これらの観察に基づいてコルトラントは，実際にヒョウと出会ったときチンパンジーは細い棒で棍棒打ちすることもありうると述べている。

野生状態ではチンパンジーと大型の捕食者との出会いはごくまれに観察されているだけである。これまでにチンパンジーとヒョウとの出会いは4例報告されている。いずれもタンザニアでの観察である。2例はゴンベ（Goodall, 1968b; Pierce, 1975），1例はカサカティ盆地（Izawa & Itani, 1966; Itani, 1970），もう1例はマハレ（Nishida, 1968）からの報告である。棒が脅しのディスプレイに用いられたのは2例だけであり，いずれも棍棒としては用いられていない。ゴンベでは，脚を引きずったヒョウが青年雌のハニー・ビーの足元でうごめいていた時，枝を折って投げつけたことがある。マハレでは，1頭の若い雄が下生えの中にいるヒョウに向かって小さな枝や枯れたつるをちぎって投げつけたことがある。しかしヒョウはたいして気にかけなかった。

チンパンジーとライオンとの出会いは2例報告されている。1950年代にキゴマで起こった事例では，やはり棒を投げつける行動が見られた。わたしはタンザニアの一地方に住むムゼー・ムブリショから生々しい話を聞いた。5頭のおとなのチンパンジーが叫び声をあげながら若いライオンの雄に向かって枝を投げつけていた。そのライオンはムブリショと彼の連れが姿を現すと立ち去ったという。第2の報告はタンザニア南西部のウガラからのものである。加納は15頭くらいのチンパンジーの集団が激しく興奮して叫んでいるところに出くわした（Kano, 1972）。突然1頭のライオンがチンパンジーの下の藪の中から走り出してきた（ライオンは加納の接近に動揺して出てきたのである。加納の方もライオンの接近に肝を冷やしたことはいうまでもない）。時刻は午前11時だった。チンパンジーはまだ前夜泊まった木々の中にいたのである。明らかにチンパンジーたちはあえてそこを離れようとしなかったのだ。

個 体 差

投げつけ行動の頻度には（程度は低いが竿振り行動や棍棒打ち行動の頻度にも）明らかな個体差がある。頻繁に投げる個体もいればめったに投げない個体もいる。雌の中には投げつけが1度も観察されたことのない個体がたくさんいる。1964年以来，毎年比較的高い頻度で投げつ

表18.5　1968年から1977年までの７年間の各年ごとの投げつけ事例のうち大多数をおこなった個体。年齢，性の別に示されている。(　)内の数値は投げられた物体の数

観察年および年齢層	20以上 雄	20以上 雌	10—19 雄	10—19 雌	5—9 雄	5—9 雌	1—4[a] 雄	1—4[a] 雌	投げつけた個体の数／各性・年齢層に属する個体の総数 雄	雌
1968										
成年期	2: HM(25), WZ(48)		2: MK, HG		1		4	2	9/9	2/11
青年期							2	1: FF	2/16	1/6
少年期または乳幼児期			1: FT				2	1: PM	3/4	1/4
1977										
成年期					1: HM		2		3/6	0/10
青年期			2: AL, FD					3: PM	2/3	3/6
少年期または乳幼児期							4		4/6	0/5
1978										
成年期			1: HM				3	3: FF, PM	4/7	3/10
青年期	1: FD(26)		1: AL						2/2	0/3
少年期または乳幼児期							1		1/3	0/6
1979										
成年期					1: HM			1: PM	1/7	1/11
青年期	2: AL(21), FD(49)								2/2	0/2
少年期または乳幼児期						1	1: FR		1/9	1/4
1980										
成年期					1: AL	3: HM			4/6	0/11
青年期					1: FD				1/4	0/3
少年期または乳幼児期						1	1: FR		1/8	1/5
1981										
成年期							2: HM, AL	2	2/7	2/11
青年期							2: FD		2/6	0/3
少年期または乳幼児期	1: FR(74)							2	1/7	2/5
1982										
成年期									0/5	0/10
青年期							1: FD		1/7	0/2
少年期または乳幼児期	1: FR(56)						3	1	4/6	1/4

a．他の観察年よりも投げつけ頻度の高かった個体だけを略号で表示した。

けをおこなったおとな雄は４頭しかいない。ヒューゴー，マイク，ミスター・ワーズル，ハンフリーである。未成熟雄の中では，４頭の子どもあるいは青年期の雄がよく投げつけをおこなうようになった。フリント，アトラス，フロイト，およびフロドである。これらの若年個体のうちの２頭，アトラスとフロイトは，７歳から10歳の個体の中では最も頻繁に投げつけをおこなう。フリントは８歳で死んだ。８歳になるフ

ロドは，いま投げつけのピークを迎えている。投げつけではとくに秀でたわずか２頭の雌，フィフィとポムが最も頻繁に投げつけ行動をおこなったのは９歳から10歳の頃で，それ以降この行動はめったに見られなくなった。表18.5に最近のデータをまとめた。この表には1968年の情報も含まれている。投げつけ頻度が非常に高かった10個体のうちで，４頭（フィフィ，フリント，フロイト，フロド）は同じ家族のメン

567——物体の操作

フリントがカメラに向かって石を投げている（H. van Lawick）。

バーである。また2頭（ハンフリーとアトラス）は父子ではないかと思われる。フリントは姉のフィフィが投げつけのピークを迎えた時4歳だった。おそらく彼は姉の行動を見て投げつけを学習したのだと思われる。フロイトはフリントが死んだ時わずか14カ月齢だった。この年齢で彼が投げつけを模倣することができたとは考えにくい。しかし，彼はアトラスがピークを迎えた時3歳から6歳だったから，あるいはこの個体から学んだのかもしれない。フロドは2歳のとき兄の行動をじっと観察していた（フロイトはこの時ほぼ7歳だった）。したがって，この3頭はみな年上の「投げつけチャンピオン」を見ることによってこの行動を獲得した可能性がある。

1974年，アトラスが7歳の時，彼は頻繁に観察者に対して投げつけをおこなうようになった。彼は（3kgにも達する）非常に大きな石を選んだ。また彼は至近距離から投げるのでしばしば的に命中させた。この行動は効果的で，その年彼の家族を追跡する研究者はほとんど誰もいなかった。1975年から1976年にかけても彼は頻繁に投げつけをおこなった。特にキャンプにいるヒヒに対して投げることが多かった。キャンプでは竿振りや棍棒打ちをすることもしばしばあった。彼は，われわれが時おり設けたミネラルのなめ場所から，おとなのヒヒの雄をやすやすと退散させることができた。そのヒヒがおとなのチンパンジーの雄を脅すほどの時でさえそれは可能だった。彼はチンパンジーに対しても物を投げることが多くなった。おとな雌に向けた脅しのディスプレイにその行動を組み込んだのである。1975年の10月から12月の3カ月間に，彼は雌に対して7回，年上の青年雄に対して1回，投げつけをするのが観察された（雌は悲鳴をあげてそれをよけていた）。彼はおとな雄のサタンの攻撃を受けた後，そのサタンに対してすら砲弾を投げた（おそらく彼にとって幸いだ

パスツール研究所の大きな放飼場には，ヒョウの住む西アフリカのサバンナで子ども期や青年期に捕獲されたチンパンジーの小さな集団が飼育されていた。アドリアン・コルトラントは，前肢でチンパンジーの赤ん坊の人形をつかんだヒョウの剥製を放飼場に置いた。チンパンジーたちはこの造りもののヒョウを激しく攻撃し，そこに置かれていた棍棒で4度殴った。赤ん坊を連れた母親が加えた最後の攻撃では，棍棒はヒョウの腹をかすめて地面にぶちあたった。16ミリフィルムで測定すると，その時の棍棒のスピードは時速80kmに達した。棍棒の曲がり方からこの一撃の力のほどがわかる（A. Kortlandtの許可を得て転載）。

ったのは，サタンがそれに気づかなかったこと
だ）。しかし1981年，14歳の時には，アトラス
が投げつけをしたのは1度観察されただけでそ
の次の年にはまったく見られなかった。フロイ
トが最も頻繁に投げつけをしたのは彼が7歳の
時と9歳の時である。

　フロイトの弟のフロドは，これまでで最も熱
心に投げつけをする個体だった。アトラスと同
じように，彼の投げつけ行動も類を見ないほど
効果的なことがあった。少なくとも彼はこのわ
たしを脅すことには成功をおさめた。彼は注意
深く非常に大きな石を選んで（時には選んだ砲
弾があまりに大きすぎて持てず，あきらめなけ
ればならないこともあったが），近くまで，時
には1m以内にまでやってきてものすごい力で
それを投げた。この距離から彼が的を外すこと
はめったになかった。おかげでわたしは何度も
打ち身をくわされた。1983年になると少なくと
も8kgはありそうな特大の石を動かして，坂の
下にいる相手に向けて転がすことを始めた。1
度彼は少なくとも5個の石を続けさまに転がし
たことがある。この砲撃的の的がチンパンジーの
雌だったのかわたしだったのかははっきりしな
い。ふたりとも逃げ出したのだから。

　青年期のフィフィは面白い投げつけをした。
何気なさそうに小さな石ころを片手に一杯かあ
るいは両手一杯集め，何の疑いも持っていない
いけにえ（ふつうヒヒか雌のチンパンジーだっ
た）の方にぶらぶら歩いていって，やにわに
2mほどの距離から相手に向けてこの砲弾を投
げる。彼女が意図的にそうしていたことはまち
がいない。しかしコントロールは悪かった。そ
れに，たいていの場合投げる瞬間に背中を向け
て走り去るので，石ころは空中に舞い上がり，
投げた本人の近くに落ちることが多かった（1
度は本人の上に落下した）。フィフィはいまだ
に時おり投げつけをする数頭の雌のひとりであ
る。ポムもフィフィも，青年期の個体としては
投げつけより竿振りや棍棒打ちをよくやった。

　ケーラーも自分のコロニーで同じような個体
差に気づいていた（Köhler, 1925, p. 80）。チカは
すぐれた投げ手だった。彼女は「巧みに狙いを
つけることを学んで，その腕前を仲間のチンパ
ンジーたちに向けてもわれわれに向けても，同
じように喜び勇んで披露するのだった」。ボッ
ソウでは，投げられた69個の砲弾のうちの54%
は，青年前期の雌と子どもの雄の2頭によるも
のだった（Sugiyama & Koman, 1979）[*]。

その他の場面

　赤ん坊は母親について木から木へ移ることが
できない時，枝を伝って行けるところまでいっ
たあげくに立ち止まり，そこで哀訴の声を出す
ことがある。母親は戻ってくるが，時には母親
の手が子どもに届かない場合もある。母親は周

囲の状況を見回した後，子どものいる木の枝の
先にぎりぎり手が届くところまで登り，子ども
が渡れるところまで枝をたぐって保持する。も
ちろんこのような橋を架ける行為は厳密に言え
ば道具使用ではない。しかし，次に述べるよう

---

[*]　訳註18-1：この引用論文にはこのような事実は記載
　されていない。Sugiyama & Koman（1979）の記載
　に従えば，69回記録されたボッソウでの投げつけの
　うち，まだチンパンジーの慣れていなかった初期にはお
　とな，特に雄がおこなうことが多かったのに対し，少

し観察者に慣れてからは主として若ものと子どもがす
るようになった。また個体差に注目するならば，横手
投げをしてみせたのは第3位雄のアイワのみ（2回），
上手投げは若もの雌のクレ，子ども雄のブーとジマ，
赤ん坊雄のイリだけだった（合わせて6回）。

な遊びに見られる物体の使用例の多くと同様にこれはチンパンジーが事物間の関係を知っていることを示す1事例である。

若い個体はひとり遊びの最中にたくさんの物体を使う。このことから幼児が周囲にある物体をいかにうまく利用するかがわかる。時には非常に発明的な利用法が見られることもある。果実のついた小枝，古い獲物の死体から取った皮膚の一片や毛，お気に入りの布切れなどは，肩にかけるか首や鼠蹊部のポケットにはさんで（つまり首と肩のあいだ，あるいはふとももと腹のあいだにしまいこんで）運ぶ。小石や小さな果実は地面にたたきつけたり，一方の手からもう一方の手に持ちかえたり，軽く空中にほうり投げてまた回収したりする。

時たま大きな石や短い丈夫な棒が自分の体をくすぐるのに用いられることがある。道具使用といってもよい行動だ。子ども雌や青年雌たちはとりわけこの行動をすることが多い。その物体は，首と肩のあいだや鼠蹊部などの特にくすぐったそうな場所に押しつけられこすられる。この行動は10分にもおよんで続けられることがあり，大きな笑い声を伴うことが多い。時にはこれらのくすぐり道具は巣の中まで運び込まれ，そこでこのゲームが続けられることもある。若い2頭の雌（赤ん坊と子ども）は自分たちの性器を棒でくすぐって笑い声を上げていた。雄の赤ん坊では，小石や果実（1度は乾燥した糞）を近くから運んできて地面におき，勃起したペニスをその上にこすりつけるのが3頭で観察されている。面白いことに，その個体はいずれも同じ家族のメンバーだった（ゴブリン，ギンブル，ゲティ）。しかし，彼らがこの行動を互いに学び合ったとは考えにくい。というのは，どの場合でもいったんこの遊びが見られなくなると，次に別の個体がやり始めるまで長期間この行動は観察されなかったからである。

ストリクノスの実は非常によく使われるおも

アブラヤシの枯れた雄花の房は，若いチンパンジーがよく使うおもちゃだ。これは幼児のフリント

ストリクノスの実をおもちゃにしているフリント。彼の顔は遊びの表情を示している（H. van Lawick）。

ちゃである。チンパンジーは近くからこの実を運んできて，地面に転がしたり体にこすりつけたりする。7歳の時フロイトは，このようにして遊んでいて非常に印象的な演技を見せてくれた。彼はこのボールを1m近くも空中に投げ上げて再びそれをキャッチしたのである。彼はもう1度成功させようとしてその後5分間，転がり去るボールを3度にわたって回収しながら同じ試みを繰り返したが，結局失敗に終った。

若いチンパンジーが社会的な遊びを始めるときやその最中に，そのうちの1頭が葉のついた小枝をちぎり取ったり，あるいはヤシの葉など

571 —— 物体の操作

を拾い上げたりすることがある。これを口や手に持って遊び相手に近づき，そして走り出すのである。たいていの場合追いかけっこが始まるが，時としてけんかになることもある。

文化的伝統

　表18.1には，各調査地で観察された道具使用行動の一覧が示されている。ただし，これはチンパンジーがその分布域全体を通して示す道具使用のパターンをすべて集めたものではなく，そのうちの観察されたパターンの一覧にすぎないことを承知しておいてほしい。普通にみられるパターンのすべてが記録されたと考えてもよいのは，人づけされたチンパンジーが長期間にわたって研究され続けてきたゴンベとマハレ（K集団）だけだ。しかし，不完全であるとはいえ，このリストはチンパンジーがいかにさまざまな物体を道具として用いるのか，またいかにさまざまな目的でそれをおこなうのかを描き出してくれる。道具使用のパターンは多岐にわたっている。樹上にあるシロアリの巣を下手なやり方でつついたり押しつぶしたりすることから，注意深く道具を選んで加工し，シロアリ塚の中にそれに合った道具を巧みに挿入することまで，また水の中に木の葉を1枚そのままで入れることから，くしゃくしゃに丸めてスポンジ状にし，それから水を吸い取ることまで，あるいは道具を使わずに殻の堅い果実を固定された面にたたきつけることから，タイの木の実割りのような洗練された行動に至るまで多種多様なものがみられる。物体はそのままで用いられることもあれば，必要な目的によりよく合うようなものに注意深く加工されることもある。道具はその場所で手に入れられることもあれば，かなり遠くから運び込まれることもある。時には，実際に道具を使う場所は見えないような離れた地点から運び込まれることもある。

　これまで研究されたどこの集団にも，道具を使わなければ手に入れることのできない食料で，少なくとも年に何カ月かは大切な常食のひとつになっているものが見られている。ゴンベのチンパンジーは，11月になると採食時間の20％に達する時間をシロアリ釣りに費やす。雌は1年中シロアリ釣りをする。セネガルでもムビニ（リオ・ムニ）でもシロアリは非常によく食べられるようだ。マハレのチンパンジーはほとんど毎日樹上性のアリを釣る。1回の長さは平均約30分で，そのあいだにチンパンジーは200匹から1000匹のアリを捕える（Nishida & Hiraiwa, 1982）。タイのチンパンジーは11月から3月にかけてコーラの実を割る。ピークは12月で，その時にはほとんど1日中それをするらしい。1月から10月のあいだはパンダの実を割る。2月から4月にかけてがこのピークだ。6月から10月にかけてはパリナリ（Parinari）の実を割る。すなわち，彼らがハンマーと台を使った木の実割り技法を使わない月はない。一方，彼らがたいへん広範にそれをおこなう月は4カ月ある（Boesch & Boesch, 1983）。

　チンパンジーの分布域の両端，ゴンベとセネガルで見られるシロアリ釣りの技法は，道具から判断する限りではよく似たもののようだ。その一方，ムビニのチンパンジーが用いる技法は非常に異なっている。ゴンベとマハレのK集団が用いる技法は，獲物の種類は違うがよく似ている。200kmばかり離れたタイとボッソウでは，どちらも石のハンマーが使われるが，その技法は多くの点で異なっている。またボッソウの集団はアブラヤシの実を割るが，タイの集団は，この実自体はあるにもかかわらず割らない

（Boesch & Boesch, 1983）。現在までのところ，大小の石も堅い木の実も（少なくともゴンベでは）豊富にあるにもかかわらず，東部のチンパンジーが何かをたたき割るのに石のハンマーを使ったという報告はない。

　別のところですでに論じたように（Goodall, 1970, 1973），これらの違いは文化によって多様化したものだと見なすことができる。あるコミュニティーで一旦ある技法が確立すると，おそらくそれは何世代にもわたって基本的には変化のないまま永続するのだろう[*]。実際，現在のゴンベの若いチンパンジーと昔の世代のチンパンジーとのあいだには，道具使用行動に明瞭な違いがないことは確かなのだ。若いチンパンジーは，社会的促進や観察や模倣や何度も試行錯誤を繰り返して練習することにより，赤ん坊のあいだにそのコミュニティーの道具使用のパターンを学ぶのである（Goodall, 1973）。学習を通じてある技法を獲得する能力は，その行動の維持継続を保証する上で，下等な動物が示す遺伝的にコントロールされた行動と同じ役割を果たすのだ。道具使用はその一例である（Marais, 1969; Kummer, 1971）。

　ある集団内の道具使用形態を形作るのに，環境が一役かっていることは疑いない（McGrew, Tutin, & Baldwin, 1979）。たとえば，ムビニでは年間降水量が多い。このことは，シロアリはほとんど1年中巣を作る作業をしており，巣の壁は湿気を含んでいて穴が多く壊しやすいということを意味している。一方，ゴンベやセネガルのシロアリ塚は乾期のあいだ著しく堅くなり，チンパンジーはそれを壊すことができない。そのため，ムビニのチンパンジーは巣を壊すことでシロアリを手にいれる方法を発達させやすかった。しかし，道具使用形態に見られるその他

の差異の中には，特別な環境的要因が作用しているとは思えないものもある。たとえば，ゴンベではサファリアリを捕えるがマハレでは樹上性のアリを捕えることや，石のハンマーが用いられる地域と用いられない地域があることなどだ。おそらく，決定的な役割を果たしたのはチンパンジーの世界の「大発明家」の席に座る個体なのだと考えた方がよいのだろう。

　飼育下のチンパンジーは洞察的な問題解決，いいかえれば観念構成（ideation）のできることが知られている。ゴンベでもその典型例が観察された。おとな雄のマイクはわたしの手からバナナを取るのを恐がっていた。彼はわたしを脅かそうと草の束を振り回した。そうしているうちに葉先が少しバナナに触れた。彼は草を捨て，いったん細い植物をちぎったかと思うとそれもすぐに捨て，太い棒を1本折り取った。それから彼はバナナをたたき落とし，拾い上げて食べた。わたしが2本目のバナナを手に持つと，彼はすぐにその道具を使った。ゴンベのチンパンジーにとってこの問題解決方法それ自体が重要だというのではない。また，（チンパンジーはめったに糞を食べないので）おとな雄のマイクは自分の糞をつかむのに，木の葉を使って手が汚れるのを防いだが，こういった創造的な道具使用それ自体が重要だというのでもない。大切なことは，チンパンジーにはこの種の行動をおこなう能力があるということ，そして一旦ある手段で目的を達成すると，ほとんどまちがいなくその行動を繰り返すことができる点だ。チンパンジーはたいへん好奇心が強く，変わった行為がおこなわれると何であれ非常な注意を払って見つめる。また他者の行動を観察することを通じて何かを学習することができる。これらのことにより，集団内の他の個体にこの種の新し

---

[*]　タイとボッソウで木の実割りに用いられる花崗岩の台には，長期間にわたって使用されたことを示すへこみがついている（Sugiyama & Koman, 1979; Boesch & Boesch, 1983）。

573── 物体の操作

ウィンクルが丈夫な棒を使ってハチの巣を壊すのを、その娘のブンダ（左）と若雄のフロドが見つめている。ウィンクルがやめると、ブンダはウィンクルが使っていた道具を拾って使い始めた。

い行動パターンを受け渡すことができるのだ。

　事実から見る限り、新しい道具使用技術を発明するのは赤ん坊や子どもに多い。赤ん坊は、いったんシロアリ釣りのような新しい行動を獲得すると新奇な場面で繰り返しそれをおこなう。赤ん坊雄のフリントは、まるでシロアリを釣るかのように母親の脚の毛の中で「釣り」をおこなっていた。これは役に立つ新しい行動ではない。しかしフリントは4歳の時、木のうろから水を飲むためにこの釣りの技術を用いた。最初のうち彼は草の先についた水滴を飲んでいた。この作業を繰り返しているうちに草は次第にくしゃくしゃになり、彼が作業をやめた時には先は細かいスポンジ状になっていた。これは最初の水飲み用スポンジの「発明」につながってもおかしくないたぐいの行動である（前述した効率の悪い方法でシロアリを釣る行動をギニアで初めて獲得したのは、おそらく母親の樹脂集めをまねようとしてまちがった場所——すなわちシロアリの巣で——それをおこなった子どもだったのだろう）。

　赤ん坊はおとなに比べてより探索好きで、その行動はより柔軟性に富む。ゴンベでのある2年間に穴を探るために棒が用いられたのは11回あったが、うち8回は赤ん坊と子どもだった。残りの3回は青年雌だった。この傾向が最もよくわかる例は、子どもの雄のウィルキーがあるアリの巣に棒を突っ込んでいて、どう猛な黒いアリが列をなして出てきた時のことだ。ウィルキーはアリを避けた。それを見ていた母親はすぐに近づいてきてアリを食べた。このアリはマハレのチンパンジーが好んで食べる大型のオオアリの1種（carpenter ants）だった可能性が最も強い。このような探索行動が、どのようにしてあるコミュニティーの中に新しい道具使用パターンを作り出すのかを考えることは難しいことではない。赤ん坊（とりわけ兄弟がなくて母親が採食しているあいだひとりで遊ばなければならない第1子）はよくアリと遊ぶ。アリをじっと見つめたり、木の幹を上下にはい回っているアリをはじき飛ばしたり、よく小枝でつついたりする。

　これに関連した観察例がもうひとつある。チンパンジーが最も長い時間道具を使わずにシロアリを食べていたのは、繁殖期のシロアリが出てきた塚を子どものプロフが壊したときのこと

フリントが人工的に作られた水たまりからシロアリ釣りの技法を用いて水を飲んでいる。次第に彼は草の葉先をしがむようになり，葉先は小さなスポンジのようになった（H. van Lawick）。

である。プロフと彼の家族は30分以上にわたってこの羽アリを食べていた。ゴンベのチンパンジーがシロアリ塚を壊したのをわたしが見たのは，これ1度だけである。この時確かに棒は使っていなかった。しかし，子どもは棒を振り回すことが好きなことや逃げ回るシロアリが大好きなことを考えれば，どのようにしてムビニのような行動型ができ上がったのかを考えることは難しいことではない。

ゴンベで唯一石をハンマーとして使う例が見られたのは，幼児のフリントが石で地上の小さなもの（おそらく虫）を繰り返し叩いていた時だけである。フリントは木の棒で虫を叩いていたこともある。つまり，ゴンベのチンパンジーはすでに木の実割りの技術が出現するために必要な行動パターンを持っているのだ。将来いつか石のハンマーを使い始めることは大いにありうる話なのである。

10章で見たように，ゴンベの雌はシロアリを（おそらくサファリアリも）探して食べる時間が雄よりもずっと長い。ということは，雌は雄よりも採食場面で道具を使うことが多いということである。しかしながら，現在までのところ雌の方が道具の使い方が巧みだという証拠はない。この点，最近タイで見いだされた事実は興味深い。雌は雄よりも木の実を割る頻度が高いだけではなく，石のハンマーの使い方がより器用だというのである（Boesch & Boesch, 1981）。このような性差は，あるコミュニティーで道具使用の文化が永続することに深い意味を持つ。雌は道具を使うことに長い時間をさく。そのため将来の道具使用者である彼女らの子どもは，必要な技術を学ぶための時間をたっぷりと持つことになる。その上，チンパンジーの社会ではコミュニティー間を移籍するのはふつう雌なのである。雌は移籍により隣り合う集団の遺伝子プールを拡張するだけではなく，その文化的レパートリーを広げる役目をも果たすことが考えられる。というのは，ある雌がある道具使用技術を持ち込めば，その雌は少なくとも自分の子どもにはその技術を伝えることになり，そうして新しい集団内にその行動を広めることになる

575 ── 物体の操作

赤ん坊のフリントが棍棒で虫をつついている。これは新しい行動だったが繰り返されることはなかった（H. van Lawick）。

からだ。現在すでにおこなわれているチンパンジーの研究や，これからおこなわれようとする研究が将来にわたって続けられるなら，われわれはすべての道具使用の伝統にかんしてますます多くのことを知るだろう。そして，いずれはコミュニティーの内外にそれが出現し広まっていく経緯の記録を残すことができるのではないだろうか。

19 社会的意識

1982年2月フィフィとその一家,フロイト,フロド,1歳のファニが休んでいる。まもなくフロイトは起き上がって座り,母親のフィフィをちらりと見ると,腹に赤ん坊の妹を抱え込み北の方に向かって歩き出す。フィフィはフロドをグルーミングするのを止めその後を追う。しかし2,3歩ゆくと再び座り込む。ちょうどファニが戻ってくるところだったのだ。フロイトは食事をすませた後,5分ほど気まぐれにその場を離れる。戻ってきて再び母親の近くに座る。ほどなくフィフィとフロドが南の方に歩き出す。ファニはよちよちとついて行く。フロイトは急いで彼らの後を追い,ファニを拾うと彼らと反対の方に向く。フィフィは立ち止まってじっとフロイトを見つめたあと,向きをかえてついて行く。30mいったところで,ファニは身をよじってフロイトから離れようとする。すぐにフロイトはファニを前に降ろして,自分の進もうとする方向に向けて軽く押す。2m進んだところでファニが逃げようとする。フロイトはファニの足首をつかむと引き寄せてグルーミングし始める。ファニは静かになる。すでに彼らに追いついていたフィフィはそこに立ってその様子をじっと見ている。2分後,フロイトは立ち上がって北の方に行こうとする。しかし1歩踏み出す

フロイトと赤ん坊の妹ファニ

か踏み出さないかのうちにフィフィはファニに手をかけて優しく引き寄せる。フロイトはちょっと抵抗するがあきらめる。フィフィは南の方に急いで移動する。フロイトはフィフィを見てからついていく。その日の晩,フィフィ一家が採食中に東の方でチンパンジーたちが大きな呼び声を発しているのを聞く。フロイトはすぐに声のする方に向かう。しかしフィフィは採食を続ける。フロイトはファニを抱えると仲間のいる方向に向かう。フィフィもそれについて行く。70mほど歩くとファニは母親のところに戻る。しかし今度はフィフィもフロイトと同じ方に移動して行く。そのあとフィフィ一家は大きなパーティーに合流し巣を作る。

ほとんどの章で力説してきたことだが,チンパンジーの生活している離合集散社会はたいへん複雑なものであり,チンパンジーがこの絶え間なく変わる社会場面に対処するためにおこなわなければならない行動の例を述べてきた。自然状態では,チンパンジーの認知能力に対する要請は大きい。もしこの自然の挑戦に立ち向かうことができなければ,より賢い仲間に負けてしまうだろう。チンパンジーは,多種多様な刺激から情報をより分け,それに対して正しく反応できなければならない。チンパンジーの社会的環境は,2,3頭の平和なパーティーから,

デがフィフィと交尾している（P. McGinnis）。

いつなんどき多数の興奮した集まりに変わるかわからないものなのだ。チンパンジーはその社会的環境に従って自分の行動を調整しなければならない。

例として、見かけ上は単純な伝達行為でも、どれほど複雑なものであるかを見てみよう。あるおとな雄が座ってペニスを勃起させ、性皮をいっぱいに腫脹させている雌をちらちらと見ながら枝を揺すっている。雌はそれに答えて彼に近づき尻を向けからだをかがめ交尾が起こる。この光景は過去25年間何千回と観察された。これだけの例があれば、われわれは、雌へのいちべつとペニスの勃起を伴った枝揺すりは、交尾を始めようとする目的を持った信号と名づけたくなる。すべての状況が同じであれば、雄がこのように信号を発した場合、われわれは雌の反応を予言することができる。しかし状況がすべて同じということはない。例を上げよう。

(a) 雌は雄の信号を無視する、あるいは少なくとも反応しないことがある。雌が反応しないのは、その雄が好ましい性的パートナーでないからかもしれないし、高順位個体がいるために、劣位雄と交尾した場合に攻撃される恐れがあるからかもしれない。あるいはその雌は、雄の信号に気づかなかった可能性もある（もし雌が求愛を無視し続ければ、雄は信号をもっと大げさに繰り返すだろう。近づいてきて次第に乱暴な行動を示すようになり、ついには攻撃にいたるかもしれない。最後には交尾に成功するかもしれないし、あきらめることもありうる）。

(b) 雌は信号に反応して悲鳴や金切り声をあげることもあり、近づくというより積極的に雄を避けることもある。雌がこうするのは、(a)と同様に、彼女はその雄と性的接触を持つことを望んでいないが、応じないと攻撃される可能性があることを恐れてなのかもしれない。あるいは、彼女は高順位雄と彼の反応を恐れているのかもしれない。あるいは、（めったにないことだが）彼女は雄の求愛行動を攻撃的なものと間違えたのかもしれない。これらの場合にも、雄には上の(a)と同様の選択肢が考えられる。

(c) 雌は的確に反応し、雄に近づき、身を屈めるかもしれない。しかし雄は、高順位個体の存在に抑制され交尾をしないかもしれない（同時に発情している別の雌がいて、雄が信号を送った相手と別の雌が近づいてきたからだということもたまにはあるだろう）。

(d) 雄は雌に求愛する場合とそうでない場合がある。その理由は、（観察者にはわからない）雌の性的魅力の違いも考えられる。あるいは、どちらの場合にも高順位雄が近くにいて、ある時にはその高順位雄が雌の所有を主張するような行動を示し、あるときには示さなかったからなのかもしれない。あるいは、前者では自分の同盟者が近くにいるが後者では相手の雄の同盟者が近くにいたのかもしれない。

もちろん上の例がすべてではない。しかし、社会的相互交渉を解釈するときに考慮にいれなければならない変数にかんして幾分かの示唆は得られたはずだ。何年かの経験を積めば、複雑で速い行動系列のうち、いくつかのものは容易に理解できるようになる（de Waal, 1982, p. 31 参照）。しかし、くやしいことであるが当事者のチンパンジーにとっては明らかでも、われわれにはその意味が把握できないことがままある。

578 ―― 社会的意識

その一方で，チンパンジーは疑いなく誤った解釈をしているが，自分は正しい理解ができたという満足感を味わうこともある。たとえば，あるおとな雄が鼻に止まったハエを追い払ったのを見て，若い雄がその動作を威嚇と感ちがいして，神経質に歯をむき出し飛んで逃げるというような場合だ。

正しい解釈をしようとするなら，観察者はいろいろな個体の順位階層の中の位置と，社会関係——友好的かそうでないか，敵対しているのか中立なのかなど——について，できるだけ多くのことを知っていた方がよい。というのは，3頭以上のチンパンジーが関与する複雑な相互交渉は，チンパンジーの社会生活を形づくる不可欠の部分だからだ。こんなことがある。子ども雌のプークが高順位雌のサースに近づいてゆき，サースの持っているバナナのひとつに手を伸ばす。サースが間髪をいれずプークに手をふりかざすと，プークは大きな激しい悲鳴を上げて，キャンプから東よりの方に走っていく。サースが軽く威嚇したわりには，プークの反応は必要以上に激しいものに見える。2分後，プークの悲鳴はワァワァ吠える声に変わる。サースがプークの逃げた後をたどり始めると，それはどんどん大声になる。しばらくするとプークは再び姿を現す。プークはサースから5mほど離れたところで立ち止まり，もう1度ワァワァ吠えてサースに腕上げ威嚇をする。プークの後ろには年をとった雄ハクスレー（ちょっと前にキャンプを離れて東の方に行っていた）が少し毛を逆立ててついてきている。サースはプークの方に向かって軽い威嚇の身振りをしたが，ハクスレーをちらっと見ると立ち上がって去って行く。プークはハクスレーを「社会的道具」として使ったのだ。このちょっとした出来事は，この子どもと老年期雄の奇妙な関係を知っていて初めて理解できるのだ。ハクスレーはプークの保護者の任についていることが

多く，滅多に彼女から離れなかった。もちろんサースの方も，的確に振舞うためには，彼らの関係を知っていなければならない。

サルや類人猿は，社会集団の他のメンバー間の順位序列や関係についてどの程度複雑な認知的評価ができるのだろうか。自分の行動が他個体に与える影響を予測できるのだろうか。そしてその予測に基づいて，ひとつの行動を選択することができるのだろうか。クンマー（Kummer, 1982）が指摘したように，エソロジストたちには複雑な行動を単純化して説明しようとする傾向がつい最近まであった。しかし，野外や実験室での霊長類のいろいろな種についての研究から，複雑な相互交渉の記述が蓄積してきており，初期の単純化しすぎた説明を改める必要が出てきた。

1971年，クンマーは3個体の複雑な相互交渉について論じ，「サルは成功をおさめるために，集団の成員の地位や，その個体の自分あるいは他の個体同士の同盟関係と敵対関係を知り，それらをすべて統合しなければならない。」（p. 148）と述べている。そののち彼とその同僚（Bachmann & Kummer, 1980）は，飼育下のマントヒヒを用いて一連の見事に計画された実験を行い，マントヒヒは他個体間の関係を知っているだけでなく，この知識を使って自分自身の行動を調整できることを示した。すなわち，もしあるマントヒヒの雄が，競合関係にある雄と雌が一緒にいるところを以前にみたことがある，つまりその2頭の関係についての情報を持っている場合，その2頭の関係を尊重するという傾向を示した。雄がその雌を乗っ取ろうとした場合には，その雌が「所有者」をあまり好んでいなかった（前もっておこなった選択テストからわかる）ということが多かった。すなわち，雄は雄（「所有者」）とその雌の関係の質に基づいて，闘うか否かの決定をしたのだ。さらに雄は，相手の雄をよく知っている場合に闘いを挑む傾

579 —— 社会的意識

向が高かった。いいかえれば，闘いの結果とそれが雄同士の関係に及ぼす影響を予想できる立場にあるとき，闘いを挑む傾向が高いのだ（Kummer, 1982）。

メイソン（Mason, 1982, p. 138）は飼育下のアカゲザル集団の社会行動について記述し，彼らが「集団内の他のサルに対する自分の地位を知っているばかりでなく，他の成員同士が互いの関係においてどういう地位にあるのかも知っている。そしてこの情報を自分が有利になるように使うこともできる」と述べている。メイソンは以下の例で自分の主張を説明している。アカゲザルたちが水をめぐって対立している。劣位な個体Aが自分より優位な個体Bを威嚇している。ちょうどBは水を飲んでいるところだ。Aは同時に，A，Bどちらよりも優位な第3の個体Cをちらっと見る。CはBを威嚇し，Bは水を飲むのをやめる。Aはすばやく水飲み場に近づき水を飲む。Aは「BをどかすためにBとCの力関係の知識を使ったのだ」。

ハインド（Hinde, 1984, pp. 68-69）が，「実験室での研究はヒト以外の霊長類の知的能力をはなはだしく過小評価していることが多い。……少なくとも社会的環境をこれまでわれわれが考えている以上に複雑に操作している霊長類がいることは，その証拠の蓄積から明らかになりつつある」と述べているのは，これらの事実に基づくものである。

チンパンジーが常に変化する複雑な社会的環境を査定し，それに応じて自分自身の行動を組み立てることができることは，もはや疑いのない事実だ。この主張を実証する前に，ゴンベのコミュニティーで育ってゆくチンパンジーの赤ん坊が，複雑な社会的技術を身につけるために必要な知識をどのようにして獲得してゆくかを見ていこう。

社会的知識の獲得

赤ん坊は，複雑な社会的状況に応じてどう振舞うのかを遺伝的に組み込まれて生まれてくるのではない。確かに，自分自身を表現する声や身振りや姿勢の多くは遺伝的に組み込まれている。しかしチンパンジーは，いつどのようにそれを的確に用いるかを学習しなければならない（Menzel, 1964）。チンパンジーは試行錯誤や社会的促進，観察や模倣，そして練習を通して学んでゆく。この知識は一夜にして得られるものではない。しばしばまちがいを犯し，その結果，叱責を受けることも多い。

社会的相互交渉は本来複雑なものであり，チンパンジーの赤ん坊は生まれた瞬間からその複雑さに取り囲まれる。けれども，赤ん坊が初めからひとつの個体として扱われることは滅多にない。赤ん坊は母親とセットになったものの一部である。母親は，赤ん坊と他の個体との初めての相互交渉の作り手でもあり緩衝材でもある。赤ん坊が，落ち着いて休息しているおとな雄によちよち登っていったとしても，母親はそれをじっと見てはいるだけでとがめはしない。しかしその雄が毛を逆立ていたり，他に不安や不快を感じているそぶりを示すと，母親は跳んでいって赤ん坊を雄から引き離す。他の赤ん坊が自分の赤ん坊に近づいてきても，穏やかに遊んでいるうちは，母親はその接触を容認することが多い。しかし相手がちょっとでも乱暴になると，自分の赤ん坊を引き離したり，遊び相手あるいは双方を威嚇したりする。この時期を通じて，赤ん坊は次第に回りにいる個体の性，年齢，個性，気分などを示す手がかりを，少しずつ知り，覚えるようになっていく。もちろん彼が何より

もよく知っているのは直接の家族である母親ときょうだいのことである。

赤ん坊が大きくなるにつれて，母親はどんどん他の個体との接触を許すようになり，赤ん坊は，今まで見るだけだった行動を実際にしてみる機会をより多く持つようになる。時には他の個体から穏やかな拒絶を受ける場合もあるだろう。しかし注意深い母親は，厳しい罰が与えられそうな状況からは赤ん坊を遠ざけておくのが普通である。また，小さな子どもに対しては，他のおとなもきわめて寛容である。むしろ赤ん坊が初めてひどい拒絶を受ける相手は母親自身であることが多い。そういう時でも母親が過剰な罰を与えることはまずない。そうであるからこそ，子どもの信頼が――そして知識が――育まれていくのである。

運動機能や独立性の発達とともに，赤ん坊は経験を蓄積していく。その結果赤ん坊は，ある個体Ｂは，自分Ａが母親から離れているときと母親のすぐ近くにいるときとで，自分に対して異なった振舞いをしていることを発見する。また赤ん坊は，母親が近くにいないとできないことがあるということ――たとえば，Ｂから食物を取るというようなこと――を発見する。赤ん坊が実際にＢから食物をとっても，母親は赤ん坊をＢの報復から守るだろう。こうして赤ん坊は，危険の潜んでいる社会的状況では母親のそばにいれば良いことを学ぶ。

次に赤ん坊は，Ｂとその同盟者Ｃが束になっても母親にかなわないというのでない限り，ＢとＣがいるときには母親がいても用心深くしていなければならないことを発見する。この事実を学んだ後に，赤ん坊は，母親の親しい同盟者Ｄ（たぶんおとなになった息子か娘）がいて母親と連合すれば，母親たちがＢとＣの連合軍を威嚇できることを発見するだろう。赤ん坊は，他の個体（たとえばきょうだいなど）が母親に加勢することがあるのを発見する。赤ん坊は母

親に加勢する個体と，他の個体との関係を学ぶ。そしてその関係も，自分の（かつ彼らの）母親との距離によってさまざまに変わることを学ぶ。もちろん，あくまで最も重要なものは母親の順位であることも学んでいく。こうして赤ん坊は，母親との関係を核にして社会関係についての知識を広げてゆき，次々に自分の住んでいる社会を学んでいく。

こういう直接的な学習の経験の結果，若いチンパンジーは次第にさまざまな社会的状況に応じて的確に振舞うことができるようになり，自分自身（および自分の同盟者）の振舞いがいろいろな個体にどのような影響を及ぼすのか予測できるようになるだろう。しかし赤ん坊は，他個体間の相互交渉を観察することによってもさまざまなことを学ばねばならない。他個体間の相互交渉は，たとえその時点では自分自身や何よりも大切な母親にまったく関係がなくても，いつ何時自分に影響を及ぼすかわからない。たとえば，ＣがＤを攻撃すると，Ｄは学習の徒であるチンパンジーＡに転嫁攻撃をするかもしれない。Ａは，このような結果を予測できればこの攻撃を避けることができる。それだけでなく，ＣとＤの相互交渉を見ることによりＣがＤより優位であることを学習できれば，Ａはそこから役立つ情報を入手できる。すなわち，Ｄと同盟を組んでＣに対抗するよりも，Ｃと同盟を組んでＤに対抗したほうが得策であることがわかる（ただし，Ｄと結託すればＣに脅しをかけることも可能ではある）。順位の逆転のように重大な派生的効果を持つ社会的事件もある。そして他個体の行動を注意深く観察して多くのことを学ぶことができれば，それだけ仲間を自分に有利なように操作する能力は向上する。

上に述べたような情報を入手しそれを筋道だてて使うには，若いチンパンジーは，長く続く社会的計略をまちがいなくたどれるだけの注意の持続力を持たなければならない。次から次へ

581 ―― 社会的意識

と学んだことを，すべて思い出せなければならない。異なった感覚様相から受け取った情報を統合する方法や，それから概念を形成する方法を学ぶことも必要である。たとえば遠くにパント・フートを聞いたとき，チンパンジーは誰がその声を発したのかを同定した上で，さらに伝達されているメッセージが持っているある種の象徴的意味を読み取らなければならない。もし

仲間の要望や目的，感情的態度や「心の論理」（Premack & Woodruff, 1978））を理解できれば，仲間の将来の行動を予測できるだろうし，自分の行動のよりよい計画が立てられるだろう。結局，ひとつひとつの新しい出会いに的確に反応しようとするなら，過去の経験を引き出したり現在の光景を調べたりして，ばらばらな知識を組み合わせることができなければならないのだ。

行動の結果の予測

チンパンジーは（あらゆる他の高等哺乳類と同じように）相互交渉の相手の性・年齢クラス──そして相手が誰であるか──によって，さまざまに自分の行動を変える。チンパンジーが相手と自分の関係の内容や，我を通した方がよいのかそれとも用心深くした方がよいのかをよく知っていることは明らかだ。若もの雄は，年長者の前で雌と交尾した場合，どんな結果が生じ得るのかを意識している。そうでなければ，交尾の前に雌をごちゃごちゃした藪の中に連れていったりしないだろう。上位者がいないときには，藪の中に雌を連れて行くことはないのだ。チンパンジーは，上位者による厄介を避けようとするならば，抑制したり隠したりしなければならない個々の行動要素を，一連の行動系列の中からひとつひとつ取り出すことすらできる。

チンパンジーが，他個体同士の関係や彼らの間の相互交渉の結末について，深く理解していることも同じように明らかである。実例として，前に述べたサースとプークとハクスレーの3者間相互交渉があげられる。プークはハクスレーがきたとき初めてサースを威嚇した。このことから，プークが，この老いた雄ハクスレーは必要とあらば進んで自分を守ってくれることのみならず，サースはハクスレーより低順位で，同盟者ハクスレーがいるときには自分に害を及ぼ

さないことまで知っていることがわかる。一方，サースのほうもプークとハクスレーの関係が支持的なものであることを認識しているのだ。

自分の参加していない2個体以上の相互交渉を傍観しているチンパンジーが，その結末を予知できることをうかがわせる行動をとったとしたら，彼のより高次な認知的能力が明らかになる。以下はその一例である。1975年，フロイトは他の若いチンパンジーたちと遊んでいるときに乱暴になることが多かった。それがあまりに度重なって，年下のプロフが悲鳴を上げると，時おり双方の家族のチンパンジー全員を巻き込んだ仇討合戦が起こることがあった（プロフの姉ポムがフロイトを威嚇し，フロイトが悲鳴をあげると，フィフィがポムを威嚇した。するとパッションが走ってきてポムの味方をした）。結局フィフィと彼女より高順位のパッションの戦いにまで至ったことが2度ある（いずれもフィフィが負けた）。フィフィは，その年の後半出産すると，こういう争いをつとめて避けるようになった。わたしは，フロイトとプロフの遊びが攻撃に発展しそうになった時，フィフィが立ち上がって急いで去って行くのを2度見たことがある。おそらく彼女は，そこにいればいざこざに巻き込まれてしまう恐れが強いことを知っていたのだろう（1度目は彼女の予想どおり

もめ事に発展した。2度目はフロイトがフィフィについていった）。小さな赤ん坊を抱いた母親が、まったく同じように振舞ったこともある。それは彼女の息子、青年期のアトラスが石と棒を持ってポムのまわりをのしのし歩き、ポムを威嚇し始めたときだった。アーネム・コロニーでは、テペルという雌が同じ問題を別の方法で解決した。テペルは、自分の子どもが遊び仲間とけんかし始めると、（近くに座っていた）相手の母親の方を神経質そうにちらっと見てから眠っている最優位雌の方へ行った。テペルは、彼女を2，3度つつくとけんかしている子どもたちを指し示した。最優位雌は2，3歩子どもたちに向かって歩き穏やかに威嚇した。それで平穏は取り戻された（de Waal, 1982）。

　アーネム・コロニーでは、雄の順位階層が不安定なとき、さらに高度な行動が見られた。攻撃的な対立があると、敵対する雄同士が仲直りするまで、コロニーの興奮はおさまらないことが多い。こういうとき、雌が仲介者の役を果たすことが観察された。一例をあげよう。2頭の仲直りしていない雄が互いに相手の視線を避け、離れて座っていた。しばらくすると、あるおとな雌が彼らの一方に近づいて行き、短時間グルーミングしたあとプレゼンティングをした。

雄が彼女の性器周辺を調べると、彼女はもう一方の雄の方にゆっくり歩き始めた。最初の雄はときどき彼女の後ろをクンクンしながらついていった。彼女は2頭の雄のあいだに座った。2頭とも彼女をグルーミングし始めた。ちょっと間をおいて彼女が慎重に身を引くと、2頭の雄は互いを相手にグルーミングを続行したのである。上手下手こそあったが、コロニーの雌はどの個体も仲介者として振舞うのが観察された。これらの雌の行動はまちがいなく目的を持ったものだ。というのは、仲介者が、第2の雄の所へいく時、第1の雄がついてきているか確かめるために何度も後ろを振り向いていたからだ。雄がついてきていないと、立ち止まったり、腕を引っ張ったりする。またアーネムの雌たちは砲弾として使われるのを防ぐために、雄の手からそっと石を取り除くことが観察されている（de Waal, 1982）。ゴンベでも、石や枝を持ってのしのし歩いている青年前期の雄から、ほうり投げられる前に雌が取りあげたことがあるが、それは自分自身が標的だからだろう。アーネムでは雌はもっと平和主義者であり、他個体が殴られたりすることのないよう気を使うのだ。彼女たちは明らかに、結末には雄たちの軋轢が生じたり、平和が乱されることを知っていたのだ。

操作とだまし

　コミュニケーションの系列には単なる声明もある。たとえば、劣位者Aが、上位者Bは自分より優位であることを認め、それに対してBもAがそこにいることを容認して、2頭のあいだにトラブルが起こらないことを示す挨拶行動がそれである。この場合の「目的」は、単に当面関連している社会的地位を再確認し、2者の関係を維持することにある。この種の挨拶には社会的序列を保持するという機能がある。コミュ

ニケーションの信号の目的が、送り手の要求や必要性に従って受け手の行動を変えることである場合もある。優位な個体は、命令や威嚇によって自分が送ったメッセージの意味を強調することができる。それでもうまくいかないときには実際に攻撃することもある。一方、劣位者は要求や訴えをする以外に方法はない。それが受け入れられなければ諦めるか、もう少し持って回った手を使わなければならない。

583 —— 社会的意識

優位者の場合

　劣位者に対する優位者の攻撃的行動は，不適切な場合も多い。優位者は，自分の思い通りことを運ぶには説得に訴えなければならないことがある。よい例として社会的グルーミングの場面があげられる。14章で述べたように，相手がなかなかグルーミングのお返しをしないと，時おり軽く威嚇する雄がいる。しかし，こういう行動は例外的である。どの点からみても，グルーミングという相互交渉は本来平和的なものである。おとな雌ポムと彼女の未成熟な弟たちとの60分間にわたるグルーミングを詳しく説明しよう。ポムは，プロフのグルーミング活動の対象を弟パックスから自分の方にうつそうと意図して，５種類のやり方を用いた。このうち四つはうまくいった。ポムが手を伸ばしてプロフの顔を触ったことが２度あった。１度目，プロフはすぐそれに応えてパックスをグルーミングするのを止め，ポムと相互にグルーミングしたが，２度目はポムの信号を無視した。するとポムはパックスにおおいかぶさって熱心にグルーミングしているプロフの顎の下に手をいれ，無理やりプロフの顔をあげ，目を合わせた。するとようやくプロフはポムをグルーミングしはじめた。１度，ポムが木の葉を片手いっぱいにつかんで３ｍほど離れ，狂ったように木の葉をグルーミングし始めたことがあった。プロフとパックスはポムの後についていって彼女をじっと見た。そこでポムが木の葉を捨てプロフをグルーミングしはじめると，プロフはすぐにお返しをした。またポムは，プロフの方を見ながら一所懸命自分の身体を掻いたが，それが徒労に終ると，突然大きな音で歯をカチカチ鳴らしながら狂ったようにプロフをグルーミングし始めたことが２度あった。２度ともプロフはびっくりして振り返り，ポムのすることをじっと見ていたが，すぐにポムをグルーミングすることはなかった（別の時に，わたしはこのもくろみが成功した例を見たことがある）。同じグルーミングセッションでプロフがポムをグルーミングしている最中，パックスがプロフに背中をプレゼンティングしてグルーミングを要求し，邪魔をしようとしたことが１度あった。ポムはすぐに移動して２頭の兄弟のあいだに割り込んだ。プロフはポムをグルーミングし続けた。グルーミングが小休止し，ポムがプロフに背中をプレゼンティングしたことが２度あった。いずれの場合もプロフはすぐにポムの正面に移動し，２頭は相互にグルーミングした。

　14章で述べたように，優位者は，劣位者を自分の思いどおりに動かすための平和的手段として，グルーミングという行為を用いることがある。これは，雄が雌をつれそい関係に誘いだそうとするときや，赤ん坊のおねだりに悩まされた母親が静かに食事をしようとするときに見られる。

　子どもが傷つきやすい離乳期には，母親は遊びやグルーミングを始めることで，赤ん坊の注意を乳を飲むことからそらせようすることがよくある。母親の中でも（パラス，リトル・ビー，パティの）３頭は，赤ん坊が哀訴の声を発しようがおかまいなく，大声で笑いながら激しい遊びを始めるのだった。このうちパラスだけは，いつも娘の要求を一時的におさえて遊びを引き起こすことに成功した。パラスはまた，娘が他の若い個体と遊んでいたりして自分についてこなかったとき，遊びを始めることが多かった。ひとしきり娘と精力的に遊ぶと，パラスは最後に娘を冗談でひと押ししてさっと離れた。こうするとたいてい娘はパラスについていった。母親によっては同じような状況で，赤ん坊をちょっとくすぐってから後ろ手に地面を引きずって連れて行くこともある。若いチンパンジーはこうされるとたいへん喜ぶようだ。がたがたと引きずられながら声を出して笑ったり，母親が手を放すとたいていふざけて母親の前に走りでた

りするからだ。また母親は，若い個体（たいてい自分の子ども）が小さな赤ん坊に触ろうとすると，その個体とグルーミングや遊びを始めたりすることもある。

劣位者の場合

高順位個体Ｂがいると，ある目的に向けられたＡの活動が妨げられることがよくある。このような状況でＡのとり得る行動は二つある。ひとつは，少なくともＢがそこにいるあいだは自分のやりたいことを我慢することであり，もうひとつは，Ｂがいても目的を達しようとすることだ。ここで，Ｂがいるにもかかわらず自分の思い通りにするためにＡがとり得る戦術を見てみよう。二つの異なった状況が想定される。第1は，Ａの目的がＢとなんらかの相互交渉をすることである場合だ（Ｂの持っている何かをもらおうとしたり，Ｂに何かをしてもらいたいとか何かをやめてもらいたいとかである）。第2は，Ａの目的はＢと無関係だが，Ｂの存在が目的を実行する際の妨げになる場合だ（Ｂの近くにいる雌と交尾するなど）。場面は異なっても，目的達成のためにＡが用いる手段は同じようなものであることが多い。なおこれから，二つの場面を便宜的に，ＡはＢとの場面，ＡはＢにもかかわらずの場面と呼ぶことにする。

(1) Ａは第3者の助けをかりることができる。Ａは，同盟者Ｃの助けを借りることで，Ｂを立ち去らせる（ＡはＢとの場面の1例）というような目的を達成できることがある。ＡとＣが力を合わせることによってＢを脅かすことができる場合には，Ｃの順位は必ずしもＢよりも高くなくともよい。こういった事例は，Ａの目的はＢを攻撃することにあるが単独では攻撃を敢行できない場合に最も頻繁にみられる。たとえばミフは，（ちょっと前にミフの赤ん坊をさらおうとした）パッションに出会うや否や悲鳴をあげて逃げていったかと思うと，2頭のおとな雄を連れて戻ってきた。彼らはミフの代わりにパッションを威嚇した。

ＡはＢにもかかわらずの場面でも，Ａは同盟者の助けを求めることがある。たとえばシェリーは，1度，大きな肉を持っているのに高順位個体のサタンが邪魔をしたため食べられないことがあった。サタンはシェリーの回りで繰り返しディスプレイをし，獲物をつかもうとした

フロイトが生まれたばかりの弟に何度も触るので，ついに母親のフィフィはフロイトの手を嚙んでくすぐり，遊んでやり始めた。フロイトは笑い出して赤ん坊から注意をそらされてしまった。

り，1度は攻撃までもしたからだ。とうとうシェリーは，最優位雄のフィガンのところまで走って行き，キスをして抱きつき，彼のすぐとなりに座って平穏に肉を食べた。フィガン自身もそのとき肉を持っていた。もう1例は，7歳のフロドである。フロドはスパロウの赤ん坊と遊びたがっていた。しかしフロドがそうしようとする度に，スパロウはフロドを威嚇するのだった。とうとうフロドは，赤ん坊をうながして，スパロウよりも高順位の自分の母親フィフィのところまでついてこさせた。そしてようやく，フロドは邪魔されることなくその赤ん坊と遊ぶことができた。時として若いチンパンジーは，よその赤ん坊を自分自身の母親のところまで引きずって行こうとすることがある。自分の母親がその赤ん坊の母親より高順位である場合には，うまく連れ出すことさえできれば赤ん坊が一緒にいる限り遊ぶことができる。

　上にあげたいくつかの例で，同盟者CはAの社会的道具と見なすことができる。Cが受動的であろうが能動的であろうが，Aは同盟者Cによって他の方法ではできない目的を達成することができるのだ。社会的道具とはチャンス（Chance, 1961）によって提唱され，その後クンマー（Kummer, 1982）によって練り上げられた概念である。もちろんAの戦略が失敗することもある（Bの力がAとCが束になったよりもずっと強い場合や，Cが協力を拒んだ時など）。シロアリ釣りにあまりにも細い小枝を使うと，こわれてしまうかもしれないのと同じことだ。しかし，たとえ意図された目的に役立たなくとも，その小枝はやはり道具と言える。

　社会的道具の使用例をもうひとつ挙げよう（AはBとの場面）。年長の子ども（たいていは雄）は，まだ食事や休息をしている母親に，自分の後をついてこさせようとしたのにうまくゆかないと，赤ん坊を連れ去ることがある。この章の冒頭にあげた逸話がその例である。赤ん坊が小さい場合には，たいてい母親は起き上がってついてくる。もちろん，赤ん坊が母親のところへ逃げ戻ったり母親が赤ん坊を連れ戻してもとの活動に戻ることもある。しかし一般的にいってこの作戦の成功率は高い。フローの家族でこれが一番よく観察された。フィガンと（時たまであるが）ファーベンは赤ん坊のフリントをこの目的に利用した。その後，フロイトが赤ん坊の弟フロドを使ったり，フロイトもフロドも赤ん坊の妹ファニを使った。

フィガンは，赤ん坊の弟フリントを連れて立ち去ろうとしている。彼は母親のフローについてくるよう促しているのだ。しかしフリントはすべり降りてフローのところへ戻ってしまう。

フローをキャンプから連れだそうとして，ファーベンがフリントに背中に乗るよう促している。

フィフィが赤ん坊の弟フリントを連れて立ち去るのをフローが見ている（H. van Lawick）。

　また別のタイプの社会的道具使用も見られる。それは，あるチンパンジーが自分ひとりでは達成できない非社会的目的を達成するために他のチンパンジーの助けを借りるときだ。初めにこの行動を記述したのはケーラー（Köhler, 1925）とクロフォード（Crawford, 1937）だ。ケーラーは，チンパンジーが天井からつり下げられた果物の下に他のチンパンジーを連れて行き，その相棒に乗ってごちそうを手にいれようとした時の様子を述べている。当然のことながらこの方法は効果的戦略ではなく，「お互いにつかみ合って上に登ろうと，からみ合うチンパンジーの集まりができてしまい，誰も踏台になりたがらない」（p. 50）という結果に終ることが多かった。クロフォードは，協力行動を研究する目的で，一緒にロープを引けば餌の入った皿をケージに引き寄せられるという実験を，2頭の若いチンパンジーを対象にしておこなった。この場合，ほとんどいつも優位な方が餌を独占していたため，優位者が劣位者に助けてくれるよう促すのは容易なことではなかった。ヤーキス（Yerkes, 1943, p. 190）はその行動について以下のように述べている。「催促するような身振りも指示するような身振りも見られる。……一方がロープをつかむ。自分でロープを引き始めようとはせず，不審そうにもう一方を見る。まるでいま自分のやっていることに相手の注意を引こうとするかのように手を伸ばして相手を触る。これらの合図でうまくいかないときは，相手をロープの方に押したりそっちを向かせたりして一緒に引いてくれるまでしばらく待つ」。

　このタイプの行動の例のうち，ゴンベでもっともよくみられるのは赤ん坊による母親の操作である。赤ん坊の目的は，何であろうと自分ひとりでは容易に達成できない課題であろう。太い幹の頂上に登ることや，小川を渡ることや，木から木へ移動することや，硬い殻を割って食物を取り出すことなどだ。赤ん坊が母親を操作しようと努力しているのがはっきりするのは，2，3歳になって一所懸命やればこれらのことを独力でも何とかできるようになった頃である。赤ん坊は，母親に手を伸ばしたり，哀訴の声を発したり，悲鳴を上げたり，おねだりをしたりするようになる。うまくいけば独力でやるより生活は楽になる。

　ウィンクルの2頭の子どもはこの種の戦術を用いるのがたいへん巧みだ。ウィルキーの目的は，たいてい他のチンパンジーの仲間に加わり

587——社会的意識

たいときに一緒にいってくれるよう母親を促すことだ。以下のできごとはウィルキーが5歳で離乳期のときに起こった。ウィンクルが自分の決めた方向に歩き出すと，ウィルキーはついてゆくことを拒否して座りこみ，穏やかに哀訴の声を発した。ウィンクルは10mほど進んで立ち止まり，振り向いてウィルキーのところまで戻った。それから彼を腹に抱えると再び（ほぼ間違いなくイチジクの木に向かって）移動し始めた。しかし，しばらくするとウィルキーは自ら母親から離れて別の方向に歩き出した。ウィンクルは立ち止まって赤ん坊の歩いて行くのを見つめ，自分の身体を掻き，2～3度弱い唸り声をあげた。ウィルキーの方も母親がついてこないとみると，立ち止まり，前より強く哀訴の声をあげ始めた。30秒後ウィンクルは再び息子に近づきもう1度腹に抱えると，今度はウィルキーの行こうとした方向に向かって進んだ。3分後ウィンクルは向きを変えると再びイチジクの木の方に向いだした。そうするや否やウィルキーは母親からは離れ，別の方向に歩き出した。彼は移動しながら哀訴の声を発し，繰り返し母親を振り返った。母親は息子に負けて後についていった。そして母子は小さなパーティーに合流し，ウィルキーはそこで他の若いチンパンジーたちと大騒ぎして遊んだ。ウィンクルは1時間半のあいだ，ときどき葉を食べたり自分の身体をグルーミングしたりしていたが，そのあと他のチンパンジーから離れていった。ウィルキーは15mほどついていったが，もとのグループに戻って哀訴の声を発した。ウィンクルはじっと息子の方を見つめ（たぶんため息をついて）息子の後についてゆき，もといたチンパンジーたちのところへ戻った。その晩チンパンジーたちは互いに近くに巣を作った。

　ブンダが赤ん坊の頃，もっとも頻繁に母親を操作したのはシロアリ釣りの場面だった。母親のウィンクルが道具を使い始めると，ほとんど

の場合ブンダはそれをねだった（たいていは成功した）。また彼女は，（哀訴の声をあげて）ウィンクルが使い始めた穴をみんな乗っ取った。このときブンダは6歳だった。次の年には，母親がシロアリ釣りをやめて移動しようとしても，拒むことが多くなった。ブンダは哀訴の声を発して母親が進んでゆく方向を繰り返し見ながら，その後1時間にわたり釣りを続けた。

　母親が，青年期あるいは成年期の娘から，彼らが注意深く選んだシロアリのたくさん出る穴や，注意深く選んだ新品の道具を奪い取ることは珍しいことではない。とくにグレムリンはこの手の略奪の被害にあうことが多かった。チューリッヒ動物園を訪れた時，わたしは，母親が娘を道具として使っている別の事例を見た。そこには年とった雌ルルとその子ども2頭がいた。動物園では彼らに丸太をあたえていた。丸太には穴が開けられ，そこに干ぶどうが詰められていた。これは導入されて間もないものだった。ルルはほとんどすぐに12歳の娘の丸太まで取ってしまった。彼女は自分の止まり木に止まってバランスをとりにくそうにしていた。彼女は一方の手に丸太を持ち，足にもう一つの丸太を持ち，もう一方の手に道具（長い小枝）を持っていたのだ。ルルが自分の丸太から干ぶどうを取っているとき，娘のシタはすぐ近くに座ってじっと見つめながらおねだりをしていた。驚いたことに，5分後ルルは突然自分の道具をシタに渡した。その理由はすぐに明らかになった。自由になった一方の手で，ルルはほとんど食べ尽くしてしまった丸太を足に持ちかえ，まだ手をつけていない（娘の）丸太を手に持ちかえた。それから彼女は当然のことのように娘が持っている小枝に手を伸ばした。シタもぶつぶつ言わずにその小枝をルルに手渡した。

　（2）　A・は・B・の・注・意・を・そ・ら・す・こ・と・が・で・き・る。これは，AはBとの場面で起こり，AがBになにかを期待するという状況のときに最も頻繁に観

察される。たとえばAがBの赤ん坊やBの食物を欲しがっているとき，Aは用心深くBに近づきすぐ近くに座ってBをグルーミングするだろう。今まで見てきたように，この戦略はBを落ち着かせたりBの注意をAの本当の目的からそらすのに役立つ。この技法は霊長類の非常に多くの種で用いられているもので，うまくいくことが多い。離乳期の赤ん坊は，乳を吸いたいとき，2，3分乳首の辺りをグルーミングしてから乳を飲もうとすることがある（Clark, 1977）。子どもは，生まれたばかりの弟妹をグルーミングしようとするとき，まず母親をグルーミングし，だんだん赤ん坊に近づいていって，母親がくつろいだところで赤ん坊に触る。わたしは，若いチンパンジーが一方の手で母親をグルーミングしながらもう一方の手で赤ん坊を触るのを見たことがある。ある時，（当時最優位雄だった）ゴライアスが座って肉を食べていたところ，デイビッド老人が一所懸命ゴライアスをグルーミングし始めたことがあった。2，3分後，デイビッド老人は一方の手でグルーミングを続けながら，もう一方の手を下に落ちた肉の切れ端に用心深くだんだん近づけていった。そして報酬を確保するや否や，デイビッド老人はグルーミングを止めその場を立ち去って肉を食べた。

（3）Aはかんしゃくを起こすことができる。かんしゃくは，欲求不満に対する無統制で抑制のきかない非常に情動的な反応だと思われる。かんしゃくは，Aが自分の思いどおりにならなかったときの最後の頼みの綱だと考えられる。かんしゃくは離乳期のまっさいちゅうにある子どもに多くみられる。乳を吸わせてもらおうとして母親にねだったり，哀訴の声を発したり，おべっかを使ったりしたが，結局，徒労に終ったときに最もよく観察される。このように無意識に突発するようなものが，目的を達成するための緻密な戦略であると考えるのは少々不合理であるかのようにも思われる。しかしヤーキス

（Yerkes, 1943, p. 30）は，「ある若いチンパンジーが，かんしゃくのまっさいちゅうに，ひそかにちらりちらりと母親を見ているのを見たことがある。……それはまるで自分の行動が母親の注意を引いているかどうか確かめるためであるかのようだった」と述べている。またドゥバール（de Waal, 1982, p. 108）は「母親が受け入れると急にかんしゃくをやめる様子はおどろくべきものである（そして不審なものである）」と述べている。

ゴンベではほとんどいつもといっていいほど，母親は子どものかんしゃくに屈服する。かんしゃくは母親を緊張させ神経質にさえするらしい。母親は悲鳴をあげている子どもをあわてて抱きしめる。当然のことながら，子どもはすぐに乳を吸い始める。子どもがかんしゃくを起こしているときには，母親が軽い威嚇の吠え声を出すことも多い。彼女の行動は，おおざっぱに翻訳すると「なんでもいいから静かにして頂戴」といえるかもしれない。

かんしゃくは主として赤ん坊で観察されるが，もうすこし年長の個体でも見られる。特に青年期の雄は，攻撃された後に安全保証を求める接触が無視されるとよくかんしゃくを起こす。われわれは，ミスター・ワーズルが肉を分けてもらおうとしてしつこくおねだりしたが失敗に終わり，激しいかんしゃくを起こして，木から落ちそうになったところを見た。その肉を持っていた高順位のゴライアスは，すぐに獲物を引き裂き半分を悲鳴をあげている仲間に分けあたえた。ドゥバール（de Waal, 1982）は，アーネムの雄2頭が順位を巡る争いに破れたときに，時として激しいかんしゃくを起こしたと述べている。そのとき30歳だった雄について，「イエルーンのかんしゃくをそのまま受けとるわけにはいかない。ひどく誇張されていて見せかけのようだ」と書いている（p. 108; 傍点，著者）。「いくらか冷静さを取り戻す」と，イエルーンは同盟者

になってくれそうな雌のところへいって支持を懇願した。彼女たちが支持を拒むと，イエルーンはもういちど激しいかんしゃくを起こした。「イエルーンは，まるで同情を買い（敵に向けて）同情者を動員しようとしているかのように見えた」(p. 107)。

(4)　ＡはＢに知られないように目的を達成することができる。これはいくつかの方法で可能である。さきほど述べたようにＢの注意をそらすとか，Ｂが寝ていたりよそ見をしていたりするあいだに注意深く静かに活動するとか，隠れるとかすればいいのだ。すでに述べたことだが，青年期や低順位の雄は，雌と交尾しようとする場合，雌をちらりちらりと振り返りながら静かに歩いて，植物の密生したところや岩のかげに移動する。またＡは，高順位個体Ｂに自分の目的を悟られないように隠そうとしているのであり，少なくとも1度はＢの方もちらりとみる。もしこの秘密の作業に雌が協力を惜しまなければ，この戦略はたいてい成功する。

Ａはまた関連する情報を隠しておくこともできる。2章で述べたように，プレマックとウドラッフ（Premack & Woodruff, 1978）は，チンパンジーが相手をだますことができる事実を系統だてて示した。すなわち4頭の若いチンパンジーは，実験者が報酬を食べてしまうことがわかっている場合には，（身振りや目くばりなどで）食物のありかがばれないようにすることを学習した。より寛大な人に対しては熱心に食物のありかを示した。ゴンベで最も頻繁に観察されるだまし行動は関心のありかを隠すことだ。青年前期のフィガンがどこからかおとなのコロブスの死体を持ってきたことがあった。フィガンは，ときどき赤ん坊の妹に小さな肉を分け与えながら，肉を食べていた。同じ木の下の方には母親のフローがいた。わたしはフローが肉になんの関心も示さないことに驚いた。なぜなら，フローは肉に対する貪欲さではほかの雌たちに決

してひけをとらなかったからだ。しかしこのとき彼女は肉の方を見ることすらしなかった。5分ほど観察していると，フローはきわめて自然な感じで少しだけフィガンに近づいた。しかしまだ肉には注意を向けてなかった。彼女はちょうど腕が届くか届かないかのところに立ち止まり，もう1度座るとぼんやりと自分の身体をグルーミングした。7分後，彼女はもう1度木を登り始め，突然ぶら下がっている（獲物の）サルの尾を電光石火の如くつかみにかかった。けれどもフィガンは明らかにこのことを予期していて，フローを上回るすばやさでとびのいた。それから1時間というもの，フローはこの作戦を断続的に繰り返したが，結局失敗に終わった。フィガンはおとなになると，無関心をよそおって，他のチンパンジーから肉を奪う名手になった。

子どもは生まれてまもない赤ん坊と遊びたい時，前述の母親の注意をそらすという方法にくわえて，無関心を装うこともある。そして，あらぬ方角を向きながら赤ん坊に手を伸ばす。メリッサは，双子を生んだ時，異常なほど赤ん坊の保護をするようになった。メリッサの上の娘（子ども）は，赤ん坊に触る時，精いっぱい体を反らせながらうしろ向きに手を伸ばすことが多かった。仰向けに寝ころんで空を見ながら，つま先でその触ってはいけない赤ん坊に触ることもあった。以前，4頭の雌と彼女らの子どもの若いチンパンジーたちが木の上で餌を食べているのを見ていた時，わたしはうっかりしてシャコ（ライチョウのような鳥）を驚かせてしまったことがある。シャコは特徴的な大声で鳴きながら飛び上がった。少しして，そこにいた雌の中で最も劣位のリトル・ビーがゆっくり降りてきた。彼女はわたしのすぐそばに立った。わたしには，彼女の視線や目の動きから，彼女がさっきの鳥がいた場所を目だけで探しているのがわかった。35秒後，彼女は突然体を動かし，

グレムリンは仰向けに寝転がり,「禁じられた」双子の赤ん坊の一方につま先で優しく触っている。

躊躇なく2個の卵に手を伸ばして拾い上げた。彼女が卵を口にいれるかいれないかのうちに,残りの3頭の雌が急いで降りてきた。彼女たちはリトル・ビーの回りに集まり,彼女の口をじっと見たり,巣の辺りを探ったりした。もしリトル・ビーが立ったまま目ではなく手を使って探していたら,高順位雌のうちの誰かが先に卵を見つけていたかもしれない。

　1965年,われわれはバナナの給餌用に遠隔操作のできる箱を作った。箱を開けるには,ナットとボルトを外してハンドルを緩めなければならなかった。こうすると地面に埋め込まれたパイプを通っているワイヤーが緩んで,箱の金属製の蓋が開くようになっていた。2頭の若いチンパンジーはボルトとナットをはずすことを覚えた。そのうちの1頭エバレッドは,ハンドルを緩める度に大きな餌発見の唸り声を上げて箱のところに走っていった。困ったことに,おとな雄たちはみな座ってエバレッドが箱を開ける

のを待っていたので,エバレッド自身はこの巧みな操作の報酬を滅多に手にすることはなかった。一方,もう1頭のフィガンはおとなたちに2,3度エバレッドと同じようなサービスをしたあとすぐ,キャンプにおとな雄がいるときには自分の行動を変えるようになった。フィガンはたいそう無頓着に,まるで何も目的がないかのようにハンドルのところまでぶらぶら歩いていった。彼はそこに座ると,あまり手元を見ないようにして片手でボルトとナットをすっかりはずしてしまった。そのあと彼は,ただ座って箱だけは見ないようにしながら,一方の手か足をハンドルにかけて箱が開かないようにしていた。フィガンは大きな雄が帰るまで30分も待つことがあった。最後の雄が帰ると,フィガンはハンドルを緩め,静かに走っていって,当然受け取るべきこの報酬を手にいれるのだった。

　ある年,われわれはときどきバナナを木の上に隠して,大きな雄たちが箱のバナナを取って

いるあいだに，雌や若いチンパンジーたちにも
バナナを取る機会があたえられるようにした。
ある日フィガン（当時約10歳）は，おとな雄た
ちが大騒ぎしてバナナを食べた後，ちょっとし
てから残り物の偵察にいった。偵察にいった先
はちょうどゴライアスの真上で，そのときゴラ
イアスは座って静かにグルーミングをしていた。
フィガンはゴライアスをちらっとみてすぐに立
ち去り，そのあと30分間バナナが見えないとこ
ろに座っていた。ゴライアスが立ち去ると，フ
ィガンは静かに戻ってきて報酬を手にいれた。

ドゥバール（de Waal, 1982）もよく似た観察を
している。アーネム・コロニーでは，チンパン
ジーを建物の中に閉じ込めているあいだに，放
飼場の砂の中にひと箱分のグレープフルーツを
埋め，黄色の皮が少しだけ見えるようにしてお
いたことがあった。チンパンジーたちは，その
箱にグレープフルーツがいっぱい詰まっている
のを見ていた。しかしドゥバールが戻ってきた
時箱が空になっているのを見て，チンパンジー
は建物から出されるや否やとび出して懸命にグ
レープフルーツを探した。若い雄のダンディー
を含む何頭かはグレープフルーツが隠されてい
るところにも行ったが，誰もそこには立ち止ま
らなかった。その日の午後，皆が休息につくと，
ダンディーは静かに起き上がり，最短距離を通
ってグレープフルーツのありかに行き，掘り起
こして食べた。

チンパンジーは，一連の行動系列の中から情
報を漏らしてしまうような特定の要素を隠すこ
とがある。フィガンが9歳の頃には，ゴンベに
は定型化されたバナナの分配方法というものが
なかった。そのため大きな雄たちがほとんど取
ってしまうことが多かった。ある日，フィガン
はまったくバナナを食べられず，グループの他
のチンパンジーが帰った後もキャンプに残って
いた。われわれは，他のチンパンジーが見えな
くなったあとフィガンにバナナを何本か与えた。

フィガンがたいそう興奮して餌発見の唸り声を
あげると，グループの全員が競うように戻って
きて，フィガンはバナナを1本取っただけでほ
かはみんな取られてしまった。次の日もフィガ
ンは同じところで待っていてバナナを手にいれ
た。けれども今度のフィガンは喉から微かにむ
せぶような声を出しただけで，ほとんどは黙っ
ているのと変わりがなかった。彼は邪魔される
ことなく自分の取り分を食べることができた。
以来，フィガンはこういう状況では2度と大声
をあげなくなった。

内緒の交尾の最中には，雌は交尾の時の悲鳴
や絶叫を出さないことでだまし行動に寄与する
ことが多い。ドゥバール（de Waal, 1982）は，交
尾の最中に特に大きな悲鳴をあげるある雌につ
いて述べている。彼女が交尾の最中に大声を上
げると，いつも最優位雄が突進してきてその禁
じられた行為の邪魔をした。おとなになる頃に
は彼女は内緒の交尾のときには声を押し殺すこ
とを覚えた。しかし最優位雄と交尾するときに
は声を出すのを止めなかった。

前にも述べたように，ゴンベのチンパンジー
は行動域の周辺部を移動する時，たいへん静か
にしており音声を抑える。実際雄たちは，他の
チンパンジーが音声を発することを抑えようと
さえする。青年期のゴブリンがパトロールの最
中に音声を発したことが2度あった。すでに述
べたように，1度目ゴブリンは殴られた。2度
目は抱きしめられた。また別の機会のこと，静
かな移動の最中に，ある赤ん坊が騒々しいしゃ
っくりをした。その母親はひどく動揺して，し
ゃっくりがやむまで繰り返し何度も赤ん坊を抱
きしめた。こういうときに観察者があまりに
騒々しいと威嚇されることもある。こういった
観察事例はたいへん興味深い。というのは，こ
ういうときには静かにしなければならないとい
う概念らしきものをチンパンジーが持っている
ことがうかがえるからである。アーネム・コロ

ニーでも同じような事例が得られている。以前テペルは，自分の赤ん坊が大声をあげ雄の懲罰を招きそうになったとき，とんでいって赤ん坊の口を押さえつけたのだ (de Waal, 1982)。

アーネム・コロニーでは，これ以外に形態の異なった2種類の信号隠しが観察されている。若い雄がこっそり雌に求愛したときに上位の雄が突然やってくると，すばやくペニスを手で覆った。この仕草は数回観察されている。これらの若い雄たちは，勃起したペニスによってことがばれてしまうのを知っているものと思われる (de Waal, 1982)。さらにいっそう明瞭だったのは，老年期の雄イエルーンがラウトの挑戦を受けたときにおこなった信号隠しである。イエルーンは，自分の不安を敵対者のラウトに気どられないようにしたようだった。戦いの後イエルーンはいつも「無表情な顔」でラウトから立ち去る。そしていくらか離れたところまで来て，はじめてラウトに背を向けて，歯をむき出してかん高い声を上げ始める。ラウトがニッキーの挑戦を受けるようになったときにも同じような行動が見られた。闘いの後，ラウトがニッキーのいる木の下で顔を背けて座っていることがあった。ニッキーがパント・フートを叫び始めると，ラウトは明らかに緊張して神経質になり大きく歯をむいたが，「すぐに手を口へ持っていって唇を押え込んだ」(p. 133)。このようなやりかたでラウトが自分の恐怖を隠したことは，これ以外にも2度あった。ニッキーの方も，ラウトが立ち去って音の聞こえないところまでゆくと，歯をむき出し小さな金切り声をあげ始めた。この場合どちらの雄も，情報を押さえることにより，自分が実際ほどには恐がっていないようにみせることができたのだ。たぶん同じ説明がゴライアスにも適用できるだろう。ゴライアスがマイクの挑戦から自分の最優位を守ろうとしていた時，マイクが騒々しく突進してくると，ゴライアスは時おりマイクに背を向け，顔を背

けて座ることがあった。ゴブリンは彼より体の大きい雄と幾度となく戦った。相手の雄が大声で悲鳴をあげているときにゴブリンは黙って闘っていたのも，同じ理由からだろう。ゴブリンは負けたときでも叫び声をあげず，声を出さないディスプレイをしながら去って行くのだった。

（5）　ＡはＢに嘘の情報を与えることができる。たとえば，プレマックとウドラッフの1978年の実験で，4頭の中で一番年長のチンパンジーは，（チンパンジーが餌の入った容器を指し示すと中身を全部食べてしまう）「利己的な」研究者に対しては，嘘の情報を与えるようになった。

メンツェル（Menzel, 1974）は，劣位の雌のベルに餌の隠し場所を知らせた時，その情報を優位な雄のロックから隠しておくために彼女が用いた種々の実に巧みな方法を記述している（彼女がそうしたのは，ロックをその場所に連れてゆくと必ず全部取られてしまうからだ）。しかし，ロックはすぐにベルのいろんなごまかしを見抜くようになった。彼女が餌の上に座っていると彼女の下を探すようになった。ベルが餌に向かう途中で座り込んでしまうと，ロックは彼女の移動してきた方向を辿って正しい場所を見つけるようになった。ベルがロックを餌からはなれたほうに連れてゆこうとするときには，それと反対の方にゆけばよいということも覚えた。またベルは，ロックが視線を外すまで待っていることもあったので，そういう時にはロックは無関心のふりをするようになった。しかし，いったんベルが餌の方に向かいだすと，すぐに彼女の後を追いかけるのだった。メンツェルは時おり，餌をかためて置くところとは別の場所に食物を隠しておいた。ベルはロックをそこに連れてゆき，彼がそれを食べているあいだに，餌の山のある方に走って行った。ロックがこのおとりを無視することを学んで，ベルに鷹のような視線を送り続けるようになると，彼女はかんしゃくを起こした。

これらの出来事は数カ月にわたって生じたことだ。初めのうちベルは情報を隠すだけだった。彼女が嘘をつくようになったのは，ロックが確実にベルの作戦を見破るようになったからだ。ロックも同じようにお返しをするようになった。別の方に向かっていても，彼女が餌を取ろうとするとすぐに向きを変えて疾走してゆき，彼女に餌を取らせないのだった。

ロジャー・ファウツは嘘つき行動の例を記載している（Davis, 1978 に引用されたもの）。若いチンパンジーのブルーノがホースで遊び始めた。しかしブルーノより大きいブーイーはすぐにそのホースを取り上げてしまった。ブルーノは突然小屋のドアのところにゆき，大声でワァワァ吠えた。するとブーイーはホースを捨てて外へ飛び出していった。ブルーノはすぐにその盗まれたおもちゃで遊び始めた。この一連の行動は3度繰り返された。ファウツは，自分がこの手でブルーノの気をそらしたことがあるといっている。ブルーノはファウツのだまし行動を見抜き，後に自分の目的のためにその手を使った。

ファウツは以前，別の嘘つきチンパンジーとわたり合ったことがある。このときの相手はトマーリンのところのルーシーだった。彼女は毎日 ASL の訓練を受けていた。事件は，ルーシーが誰も見ていないときに居間のまん中で排便したときに起こった。ほどなくファウツがやってきた。トマーリン（Temerlin, 1975, p. 122）は，彼らの ASL による会話を一語一句そのまま報告している。

ロジャー　「あれは何？」
ルーシー　「ルーシー，知らない」

ロジャー　「あなた，知ってる。あれは何？」
ルーシー　「汚い，汚い」
ロジャー　「誰の汚い，汚い？」
ルーシー　「スーの」
ロジャー　「スーのじゃない。誰の？」
ルーシー　「ロジャーの」
ロジャー　「違う。ロジャーのじゃない。誰の？」
ルーシー　「ルーシー，汚い，汚い。ごめんなさい，ルーシー」

さらに別の例をドゥバール（de Waal, 1982）が記述している。老年期のイエルーンは，最優位雄との戦いの最中に手を怪我した。まるまる次の1週間，彼はひどく手を引きずって歩いていた。しかし，それはその最優位雄から見える時だけであり，それ以外はごく普通に歩いていた。おそらくイエルーンは，以前びっこをひいていたときその最優位雄に優しくしてもらったことがあって，彼がその経験から学んだのだろうとドゥバールは推測した。[*]

ゴンベのチンパンジーも嘘をつくことができる。すでに述べたように，フィガンはまだ青年期のときにさえも，元気よく，いかにも確信を持った歩き方をすることで，グループの移動開始を引き起こすことができた。フィガンは，自分にはもうバナナがないのに，他のチンパンジーたちがキャンプをうろついているときにこれをやった。5〜10分後フィガンはひとりで戻ってきて，もちろん果物をいくらか手にいれた。初め，わたしはこれが偶然の一致だと思っていた。2度目にはおかしいと思い始めた。3度目にはフィガンのこの作戦が意図的なものだとい

---

[*]　ここでわたしは，自分の犬について話をしなければならない。その犬がひどく怪我をしたとき，わたしはたいそう彼に気を使い同情した。彼はわたしが出発するときにもまだ痛そうにしていた。2週間後わたしは家に戻り，まだ彼が前足を地面につけないようにして

いたので驚いた。わたしは膝をついて，彼が差し出した足を心配そうな声を出しながら見た。そのときわたしは家族が驚いた顔をしているのにはじめて気づいた。彼の傷は1週間以上前に癒えており，わたしが帰ってくるまではごく普通に歩いていたのだった。

うことがはっきりした。あるとき，フィガンが
キャンプに帰ったときには高順位雄がすでにキャ
ンプにきていた。それを見たフィガンはベル
と同じようにかんしゃくを起こし，2，3分ほ
ど前に自分が意気揚々と連れ出したグループの
後を，悲鳴をあげながら走って追いかけた。

　他のチンパンジーにとっては，フィガンの確
信ありげな出発は彼がよい餌場に向かっている
ことを意味するものだったので，彼らはフィガ
ンについて行ったのだ。実際フィガンの行く方
向にはほとんどいつもよい餌場があった。チン
パンジーは熟した食物のありかをよく知ってお
り，普通なら若い個体の後について無益な方向
に行ったりはしない。フィガンの「嘘」は自分
の狙っている食物とは反対の方向に行くことだ
った。おそらく初めはフィガンも，実際に別の
餌場に行こうとしたのだろう。ところが他のチ
ンパンジーがついてきたために，キャンプに戻
る機会が生じた。その後，彼はこの経験をうま
くいかすようになったのである。

　赤ん坊が母親の保護反応を利用することもあ
る。わたしがこの行動を初めて観察したのは，
フィフィとその4歳の息子フロドを追跡してい
るときだった。フロドはそのとき離乳期だった。
フロドは2度母親の背に乗ろうとして2度とも
拒否された。そのあと彼は弱いフーという哀訴
の声を発して母親についていった。突然フロド
は立ち止まり，道のわきをにらんで，まるでな
にかに急におびえたように差し迫った声で大き
な悲鳴を上げた。フィフィは電撃を食らったよ
うにすぐに行動を起こし，フロドのところに走
って戻り，大きく歯をむき出して彼を抱えてそ
の場を立ち去った。わたしにはフロドが何を恐
れたのかはわからなかった。3日後，フィフィ
とフロドを追跡していると，まったく同じ一連
の行動が繰り返された。1年後，やはり離乳期
だったクリスタルが同じ行動をするのを観察し
た。

　この赤ん坊たちは嘘をついていたのだろうか。
それとも実際に何かを恐がっていたのだろうか。
それとも母親の拒絶に突然恐れをなしたのだろ
うか。もっと観察例が必要なのは明らかだが，
わたしは，赤ん坊が意図的に母親を操作したの
だと思う。フィフィ自身も，ある日キャンプに
着いたとき攻撃的なおとな雄ハンフリーに出会
って，同じような行動をした。フィフィがキャ
ンプに現れると，ハンフリーは毛を逆立ててフ
ィフィの方に近づいてきた。フィフィは突進も
せず，咳こむような唸り声を上げることもなく，
這いつくばりもせず，逃げようともしなかった
（これらはみな普通に起こるはずの反応であ
る）。フィフィはハンフリーを完全に無視して
るようだった。彼女はハンフリーのいるところ
を通り過ぎ，低木に登って下草をじっと見たか
と思うと，2度大声でワァワァ吠えた。（フィ
フィの2頭の子どもだけでなく）ハンフリーま
でもが木に登りフィフィと一緒になった。他の
チンパンジーが皆フィフィの示した場所をじっ
と見ているとき，フィフィは向きを変えて穏や
かにハンフリーをグルーミングし始めた。わた
しは双眼鏡でそれを見ていて，後で調べにいっ
た。しかしそこには何もなかった。もちろんフ
ィフィがそこで蛇を見たという可能性もあるが
……。

　これまで述べてきたことは，ゴンベのチンパ
ンジーが他個体の行動を解釈したり操作したり
する技術を持っていることを示す証拠としては，
いまだ不十分なものといわざるを得ない。チン
パンジーのコミュニケーションのもっと微妙な
側面をきちんと記録して十分に分析し，チンパ
ンジーが音声によって伝えることのできる情報
の質をよりよく理解しない限り，われわれはこ
の領域におけるチンパンジーの能力を完全に描
き出すことはできないだろう。アーネム・コロ
ニーのような飼育集団の観察は，チンパンジー

の社会的意識という複雑なものを理解するのに多大の貢献をしてきた。フランツ・ドゥバール以上にチンパンジーの複雑な社会的意識を深く広く明らかにした人はいない。彼と彼の共同研究者は，注意深く忍耐強い観察により，チンパンジーの社会的知能にかんする数々の驚くべき事例の抽出に成功したのである。これらの事例の中には，雌による仲介や，不義の求愛中に驚きあわてた若ものの雄が急いでペニスを隠すことなどのように，ゴンベでは見られたことのないものが含まれている。だから，アーネムのチンパンジーたちがゴンベのチンパンジーたちより複雑な方法で相互交渉しているのかどうか，われわれは考えてみる必要がある。あるいは，ドゥバール自身が言っているように，彼や彼の同僚たちは，野生状態よりもずっと詳細な観察をおこなうことができた結果，ゴンベでは見逃がされていた行動の細かな側面を発見しただけなのであろうか。

　対象個体が放飼場にいる場合には観察条件がよいのは確かだ。ほとんど見通しが妨げられることなく毎日連続的に観察することができる。社会関係の変化を理解するのに役立つ重要なできごとも記録しやすいし，社会関係の微妙な変化も毎日記録できるのだ。そして複雑な出来事の歴史がより完全なものになるほど，いろいろな個体の行動もより複雑なものとして把握されうるようになる。しかしわたしは，アーネムのチンパンジーとゴンベのチンパンジーは，実際に違っているのではないかと思う。また，その違いは主として，飼育下と野生状態の違いによるものではないかと思う。大きな野外の放飼場は，ある意味で，実験室と野生の中間の施設であるといえる。実験室の統制された条件下では，研究者自身が，検査手続きを巧妙に操作してチンパンジーに高度な行動をするよう促すことができ，その結果チンパンジーの高度な認知能力の証拠を得ることができる。野外の放飼場では，

飼育条件が，チンパンジーがすでに持っている社会的技能に圧力をかけ，より一層緻密な行動を発達させるように促すのだ。

　飼育下であるということが，アーネムのチンパンジーの社会的相互交渉に影響を及ぼす経路は三つある。ひとつは，閉じこめられた霊長類は，社会的営みに費やせる時間をかなりたくさん持てるということだ。アフリカの森林では，敵対者と競い合ったり，友だちとの関係を改善するのに優れた知的能力のすべてを捧げる余裕はない。チンパンジーは食物を見つけたり加工したりするのに，多大のエネルギーを費やさなければならない。乾期には特にそうだ。野生生活はいつも刺激に満ちた不確定要素を持っている。いつなんどき敵意を持った危険な隣接集団の雄に出会うかわからない。激しい狩りが始まるかもしれないし，ヒヒとの刺激的な出会いが待っているかもしれない。言いかえれば，チンパンジーの心的技能はほとんど日々の生活に占有されている。まったく対照的に，飼育下のチンパンジーには餌や住居が与えられ，病気の時も世話をしてもらえる。彼らには餌を探す必要もないし，その加工に長時間を費やす必要もない。雨の中，背中を丸め，震えながら座っている必要もないのだ。自分がどちらへ移動するか，連れて行く仲間についてややこしい決断を下す必要もない。同じ理由で，彼らには，パトロールや狩りなどの興奮や緊張を味わう機会もない。生存を脅かすような危険な要素もない。そのため彼らはほぼ完全に，順位階層の中の位置や他のチンパンジーとの関係といったことに没頭できるのだ。他の霊長類でも，生存に対する圧力から解放されれば，新しい社会行動が形成される場合があるかもしれない（Kummer & Goodall, 1985）。クンマーとカート（Kummer & Kurt, 1965）は，動物園のマントヒヒの群れで九つのコミュニケーション信号を記録したが，それらは野生集団では観察されたことのないものだった。そ

フロリダにあるライオン・カントリー・サファリの雄集団。最優位雄（右）が攻撃的な突進ディスプレイを始めると、第2位雄が2足でのしのし歩き、遊びの表情をする。このような状況で遊びを始めようとすることで、彼は相手をはぐらかし、平和の崩壊を防ぐことがよくある（C. Gale）。

れだけでなく、この集団でみられる他者の力をかりた威嚇行動は、野生で観察されるものよりも洗練されていて効果も大きかった。

さらに、飼育下では社会的環境の安定がもたらされる。ゴンベでは、各々のチンパンジーは比較的気ままに誰とでも一緒になり、パーティ仲間の数や相手は絶えず変わる。飼育下のチンパンジーにはこのような選択の自由度はなく、野生のチンパンジーのような行ったり来たりの生活にともなう煩わしさに対処する必要はない。

集団のメンバーはいつも全員が一緒にいるため、飼育下のチンパンジーたちはゴンベのおとなたちよりもお互いをずっとよく知っていて、お互いの行動を予測しやすい。同盟者はつねに手の届くところにいるため、協力的な支援をもとにした社会的戦略はより一層磨きをかけられる。自然の生息環境ではそうやすやすとはいかない。

結局、飼育下という状況は、社会的な営みをより一層洗練されたものにする必要性を生み出すのかもしれない。攻撃性があまりに高まった

597 ── 社会的意識

時，ゴンベのチンパンジーは，その集団を離れて，ひとりで，あるいは好みの仲間をつれて，その場を立ち去ることができる。順位争いに敗れた雄が内心いきり立った状態で森の中をうろついているとしよう。彼はたまたま出くわした運の悪い低順位個体に，欲求不満の吐け口を求めるにちがいない。しかし時間が経つにつれ彼の緊張は弱まるだろう。とはいえ，実際にはこの恨みを根に持っていて，次にその対立者と出会ったときには，また新たなけんかが始まったりする。今度は彼が同盟者と一緒だったり，相手に同盟者がいなかったりするかもしれない。こんな時，ゴンベの雌たちは，雄に比べて，ひとりあるいは家族でその場を立ち去ることがさらに多い。彼女たちはこうして敵対関係にある雄同士の狂暴な争いを避けている。

アーネムのチンパンジーたちにこのような自由はない。彼らは文字どおりとらわれの身であるだけでなく，比喩的な表現をすれば，社会という網の中に閉じ込められている。放飼場の反対側まで行くことはできても，集団から去ることはひとりであろうが仲間と一緒であろうができない。雄は，競争相手のいないところへ雌を連れだし，遠くで平穏に交尾することができない。力の強い敵対者の執ような迫害を避けることができないのだ。野生の雄たちは，時おり協力し合って敵対するなわばりへ進出することがある。飼育下の雄は，このような時に共通の敵に対する恐怖感からもたらされるコミュニティー内の雄の一時的な団結という恩恵を受けることもない。こんなわけで，飼育下の雄には社会的作戦を改善する必要が新たに生じる。このことは，自分の意図を隠したり同盟者との親密なつながりを維持するとき，そしてなによりも争いの後の和解のときに，とりわけ重要になる。

ドゥバールは，争いのあと敵対者同士は「磁石のように互いに引き合い」(p. 40)，ある種の和解が成されるまでは緊張関係が残ると述べている。実際，雄たちは和解するか少なくとも「休戦を宣言する」までは，夜になっても寝室に戻ることは滅多になかった。実際これは根拠のあることなのだが，作戦が失敗に終れば雄はその代償に命を払うことになるかもしれないのだ。飼育下の雄がこういう危険に身をさらされているのは，アーネムだけではない。ライオン・カントリー・サファリの第3位雄は，最優位雄の攻撃的ディスプレイを牽制する戦略として遊びを使った。いろいろな飼育集団からのデータが集まれば，この類のありとあらゆる洗練された革新的行動が明らかになることは疑いない。

雌のチンパンジーの行動は，雄以上に閉じ込められたことの影響を受けるようだ。ゴンベと違って，飼育下の雌は親密で持続性のある友人関係を形成する（Köhler, 1925; de Waal, 1982）。雌たちは社会的秩序の維持のためにより積極的な行動をする傾向がある。それはおそらく，状況の要請が非常に強くなったときでもその場を立ち去ることができないからであろう。雌が雄と同盟することは，しばしば順位争いの結果をその雄に有利なように変化させることがある。和解していない雄の敵対者たちのあいだの仲介を雌がすることで，集団の平和は回復する。ちょうどそれは，ゴンベの雌が自分たちの工夫で雄から立ち去ったりはなれたりして手にいれることのできる調和と同じものなのである。

ゴンベのチンパンジーが自由を剥奪されたらどうなるだろう。アーネムのチンパンジーに自由が与えられたらどんな変化が起こるのだろう。そんなことを考えてみるのもまた楽しい。

結　　　論

　2章で，実験室とその他の飼育条件下で注意深く調べられたチンパンジーの知覚的・知能的な世界を，わたしは通覧してきた。そのあとの各章ではもうすこし詳しく，野生状態におけるチンパンジーのコミュニティーがどうやって日々の生活に対処してきたかを記してきた。そこでもう1度，2章にあげた問題に戻ろうと思う。つまり，自然生息地のチンパンジーは，彼らが持っているはずの高度な認知能力を，実際に，どれほど必要としているのだろうか。

　採食場所からつぎの採食場所への日々の遊動とか，遊動域周縁部への遠出とか，雄雌ペアの密会場所の設定のため，明らかに，時空間の変化にかんする洗練されたメカニズムがチンパンジーに必要とされる。位置についての記憶は重要である。チンパンジーの認知地図は膨大なもので，それは，ゴンベの遊動域の8～24km²のなかにあるどの食物にも，容易に到達できるほどである。彼らの空間的記憶は，その細部についてもすばらしいものである。たくさん実がなる木々などの主要食物のありかを知っているばかりでなく，個々の木やたった一つのシロアリの巣の場所まで知っている。少なくとも数週間にわたって，コミュニティー間闘争など，主な出来事のあった場所を正確におぼえている。象牙海岸国（コートジボアール）のタイの森では，石器と実をつける木の位置をおぼえているばかりでなく，最短距離ですむように，どこのどの

シロアリ釣りを試してみるフィフィ
（H. van Lawick）

石を持ってきたらよいのかさえ知っているらしい（Boesch & Boesch, 1984）。アフリカの別の場所，たとえばセネガルでは，遊動域は数百km²にもおよぶが，それ以上の容量をチンパンジーの知的能力は持っているにちがいない。

　毎日毎日，決断の必要にせまられる。Aと一緒にいこうか，Bとにするか。それともひとりでとどまるか。東のイチジクの木にいこうか，南にいってヤシの実を探そうか。こんな判断には，諸条件の全体を正しく評価する能力が含まれている。たとえば（たぶん1～2日前に出会った）隣の雄たちや（声で識別できる）自分より上位のチンパンジーは今どこらへんにいるか

とか，（おととい訪れた時のようすからして）イチジクとヤシの実はどちらの木が今よく熟してたくさんあるか，など。

目前にせまったことに対して，チンパンジーが計画をたてていることはまちがいない。だから，明らかに視界外のかなり遠くにあるシロアリ塚で使うための道具として，草の葉を採ることがありうる。わたしの好きなエピソードの一つだが，あるとき，ゴライアスが最後にバナナを二つ手に持って立ち去った。ところが，彼はすぐにバナナの山に戻ってくると，すこし熟れすぎた自分のバナナを堅めの二つと交換した。そして，彼はふたたび立ち去った。ゴライアスは堅めのほうが好きなのである。ところで，チンパンジーにはそれ以上先のことまで計画する必要が果たしてあるだろうか。排卵日のすこし前の雌と配偶関係にある雄は，彼女が間もなく性皮を最大限に腫張させることを予知し，それに基づいた計画をたてることが可能だろうか。サタンが発情中の雌について歩き，彼女が巣をつくったらすぐ隣に寝たことがあった。彼は翌朝早くにかけおちする目論見だったのだろうか。それとも単に，いつものように，朝からより有利な状況で出発しようとしていただけなのだろうか。リトル・ビーが夕暮れの薄明りの中にイチジクを見たとき，彼女は翌朝明るくなってすぐ，まだ邪魔者のこないうちにこの木にのぼって実をたべようと考えたのだろうか。ほんとうのところはわからないが，確かなことは，こうした計画をたてられる個体はたてられない個体より有利なことだ。

チンパンジーにとって，算数使用以前の段階だが，それなりのやりかたを必要としているのは，ぜったいに確かだ。つまり，どの枝がより多くの熟れた実をつけているかを正確に，ときには即座に判断すること。先をあらそって木にのぼっていくときでさえ，ライバルよりさきに一番よい席を確保するためにより正確に計算で

きる個体はより多くの報酬を得ることになる。年寄りの雌は，シロアリを釣っているとき娘の成功率が自分よりも高いのにすばやく気づいて，席の交代を，しばしば，断固として主張するのである。

また，シロアリ釣りは，概念形成能力の発達もきわめて重要なことを示している。たとえば，トンネルは通じたが，手の届く範囲にある材料ではシロアリ探りに短かすぎるようなばあい，チンパンジーは5mほどの範囲内に手ごろな道具を探しにでかける。そのとき彼の頭の中には，ある種のタイプの道具がすでにできていることは確かだ。それは，蔓か細葉の草か，さもなくば樹皮であろう。いずれにしても，適当な材料を選びだす前に，ある特定の材料を目指し，目で探し，手で触れながら，調べぬく。この過程は，材料のもつさまざまな特徴を分類する能力を必要とする。まっすぐか曲がっているか，堅いかしなやかか，など。厳密にいって，野生チンパンジーは自分のまわりのものや事象をどうやって分類しているのだろうか。たぶん，たくさんの簡単なカテゴリーがあるのだろう。食べられるかどうか。葉っぱみたいなものか果実のようなものか。仲間か敵か。安全か危険か。攻撃してきそうか平和的か，など。いくつかのカテゴリー分けは，もしかするときわめて重要だ。食べられると分類されたものは，そのチンパンジーが生まれた特定のコミュニティーの習性の一部をなしている。つまり，子どものとき以来食べた経験のあるものに限られる。柔軟性とは好対照だ。しかし，あたらしい食物を試してみる方が危険性の高いことはいうまでもない。

象徴的思考にかんするチンパンジーの能力は，たぶん，二つのもののあいだの関係を知るという概念形成の必要性の結果として生じたものであろう。たとえばわれわれは，一つのイチジクの実が示す諸性質が一般化されて，イチジクそのものから遠ざかって抽象的な存在になってゆ

く経路を追うことができる。チンパンジーにおける一つのイチジクの実の値打ちは，食べることにある。頭上の木になっている果実をイチジクとしてすばやく認識できるようになることは重要だ（このことは，すでに過去に味わったことで知っているはずである）。加えて，たとえ視界内になくても，ある特殊な香りがイチジクを特徴づけることも知らなければならない。以前に来て覚えているイチジクの木のあたりから聞こえてきた仲間の「餌があるぞう」の声も，イチジクのイメージを呼び起こすだろう。すでに証明済みのチンパンジーの学習能力を前提とすると，突然生じたあたらしい刺激（あるいはシンボル）がイチジクの指標であることを理解するのに，極端な認識上の飛躍はないようにみえる。チンパンジーの声の大部分は情緒的に発せられるが，これらの解釈には，やはり認知能力の存在を必要とすることがある。そして解釈そのものが，象徴思考の前駆現象であるといえるかもしれない。

このような認知能力のすべては，社会的交渉の演技のなかで利用される。うまくやるためには，因果関係を知った上での思考を可能にする高度な能力を必要とする世界なのである。前章でみたように，劣位個体はしばしば，取らせまいとする優位個体がいるにもかかわらず，巧妙かつえん曲な方法で欲しいものを手にいれることができるし，また，実際にそうする。もしある雄にとって，なにものよりもまず序列の最優位を獲得することが重要なら，彼は自分自身の動きを計画的に制御し，往々にして体力的には自分より強い劣位のものたちをうまく操らなければならない。そして，他の雄と密接で協力的な関係をもつ能力は，彼自身がよりうまく生きてゆくことにもなるだろう。チンパンジーの社会では社会的環境はたえまなく変化していく。各個体は周囲に気を配ることが必要だし，時々の状況に応じて生じる事柄を位置づけることが

できなければならないし，自分自身の行動を必要に応じて的確にあわせてゆかねばならない。こうして若い雄は，あるときは闊歩して雌に堂々威風をみせつけながら，優位の雄が近づいてきたときには，突然立ち止まって柔らかなもの腰にかえるのである。こういうときは，嵐のような荒々しさはもはや不適切で，雌の協力を得ようとするなら，もうすこしソフトな手腕が必要だからである。怒り狂う優位者から，逃げ出すか宥めの姿勢で近づくか，電光石火の決断がせまられる。誤れば，非情な懲らしめがふりかかる。

もしある生き物が真に洗練された感覚で社会的に目覚めているなら，彼の持っている目的や望みを達成するためには，他個体の厄介にならなければならないし，他個体の経験をよくみることだけからも学べなければならない。たとえば，「もしハンフリーが自分の食物を取ろうとするフィフィを攻撃するなら，わたしが同じことをやっても彼はわたしを攻撃するだろう」というように。ゴンベのチンパンジーがどこまでこのような筋道を追って理解できるかわからないが，少なくともそうできるなら明らかに有利である。この種の社会の中では，なにがしかの自己の概念のきざしは必要である。2章でみてきたように，それは「他人が自分をどうみているか推し量る」能力であり，自分を客体として位置づける能力である。飼育下の無経験なチンパンジーと同じように，ゴンベのチンパンジーは鏡の中の自分を理解できないようである（Goodall, 1971）。そればかりか，明らかに水面にうつった自分の姿を見つめて，数分ものあいだしゃがみ込んでいる個体もいる。自己の認識にかんして，赤ん坊のゴブリンの行動は興味深いものであった。彼は母親が汚れた尻を葉っぱで拭くのを見て，何枚もの葉っぱを採ってきて，自分のきれいな尻を拭いたのである。これは，（もちろん，どんな知的な行動における模倣に

自分の鏡像に対して威嚇するファーベン
（H. van Lawick）

も必要な前提だが）事物のあいだの関係について高度に発達した意識が存在することを明瞭に示しているだけではない。彼自身も母親とは別に，しかし尻を持っているという認識を示している。「お母さんのお尻，わたしのお尻」。

　想像力はどうか。自然環境に生息するチンパンジーが想像の世界に必要としているものは何か。想像力を人間に役立てる方法の一つは，実際にしようとすることを頭の中で実行できるという点である。わたしは，一つの課題からつぎのへとうつるあいだ１週間も，毎晩ハードルを思い浮かべて練習することで馬にハードルを越えさせることをおぼえた。上級顧問軍医であったわたしの叔父は，手術の前の晩かならず，翌

日に予定された手術の手順を，不測の事態が起きたらどうするかも含めて，全部頭の中で一通り反芻してから眠るのを常としていた。この種の実行は，前方に横たわるかん計に満ちた社会的交渉における方策の錬磨としても，強力な道具として作用することができよう。

　［チンパンジーの］ビッキー・ヘイズは引っ張り玩具を頭に描いて，自分の空想に内容をあたえる動きを演じてみせることができた。たいていのヒトの子どもは，同じように空想上のゲームで遊ぶ。ゴンベでは，若もの雄たちが仲間から遠く離れた森の中で突進ディスプレイごっこをしているのに３回も出会った。また，フィガンがひとりで，藪の中に捨てられた灯油か

602——結　論

んを使って，マイクのディスプレイのまねごと
をしていたのを覚えておられるだろう。これは，
彼が空想上のチンパンジーの大群を撃滅してい
るところだと言ったら，それは言い過ぎだろう
か。ある時など4歳のブンダは，垂れ下がり巣
のついた枝から恐ろしいサファリアリを母親が
長い棒で釣っているのを，安全な距離からじっ
と見つめていた。そのときブンダは小枝をとり
あげて，若木の低い枝に母親と同じ格好で座り，
その棒を空想上の巣の中に押し込んでいたのか
もしれない。ブンダが空想上の小枝を引き出し
たとき，何も付いてきてないか，それともうま
く獲物を捕まえられたかを，われわれはどのよ
うにして知ることができようか。

　生きているアリにもまた興味津々だ。小さな
赤ん坊，とくにでき合いの遊び相手である兄さ
ん姉さんのいない長子は，小さく無害なアリを
長い時間見つめたり，叩いたりして過ごし，多
大の関心を寄せる。ときには巣の入口でシロア
リ釣りの真似ごとをしてみたりもする。まさに，
機会を逃さず試行して何らかの収穫をうるとい
うチンパンジーの能力に基づいて，この種の行
動，好奇心と新しい事態に対する学習行動の実
行こそ，革新を生み出しうるのである。さらに，
チンパンジーは仲間の変わった行動に強い関心
を示すので，観察や真似や試行の道筋を通って
新しい行動型が次々と伝えられてゆく。これこ
そ文化進化の夜明けである。すなわち，ある1
頭の天才個体の行動が集団中に広まり，急速に
その伝統の一部となってゆくことを意味してい
る。ある特定の血族の遺伝的有利性をがっちり
と守る血縁淘汰の機構は，こうして攪乱され，
隣の集団の損失と引き替えに，1頭の成功がそ
の集団全体に利益をもたらすのである。ゴンベ
のコミュニティーでは，未だに新しい技術も社
会行動もそのあたらしい確立が一つも記録され
ていない（もっとも，ほんの短期間，ある種の
新しい行動を数頭が真似して実行したことがあ

る）。しかし，今日われわれがみている文化的
伝統は，明らかに過去の優秀なチンパンジーた
ちの革新的行動から出発したものなのである。

　例外的に優秀な野生チンパンジーが存在する
ことをわれわれは知っている。ケーラーのサル
タンが技術的難問を解き，マイクとフィガンが
因果関係をこころみた思考と巧みな技術的・社
会的操作でゴンベの雄たちの中の頂点に立って
いるように。さらに，ポムやグレムリンのよう
にシロアリ釣りで他を制しているのもいる。ど
れも，各々の特徴を持っている。まことに，そ
れぞれに示す顕著な違いが，われわれ人類にお
ける個体差に匹敵する唯一の個性である。チン
パンジー社会では，不具者や劣位者も含めてす
べての雄が子孫を残せるという柔軟な交配形態
を持つために，遺伝的多様性は助長されている。
雌を追ってうまく配偶関係に持ち込めるだけの
社会的手腕を持っている限りは。より手管にた
けた雄は，彼の遺伝子をより多く残す機会があ
り，その結果，なにほどか遺伝的な知性は，社
会的地位と攻撃性において他を凌ぐこともあり
うるのである。

　チンパンジーの高い認知能力は，遊びの中で
こそ高頻度に現れるものもあるが，自然生息地
でも出現することは明らかだと思う。こうして，
われわれはチンパンジーの二つの肖像画を重ね
合わせるところまできた。一つは飼育下の研究
から生じたものであり，他は自然環境での観察
からすこしずつ描かれたものである。結果はど
うだったろうか。双方の肖像画のどの部分もそ
れらを合わせたものよりも魅力的で，奥深いも
のであった。もちろん，まだ絵は完成していな
い。そしてある部分では，われわれが描き込も
うとしている真実がほんの少し歪められ，絵筆
がほんのすこしずれた位置を掃いたり，曲がっ
ていたりする。しかし，多分野からきた科学者
の参加によるチンパンジー理解の努力によって，
ゴンベの研究が始められた25年前のよりもずっ

と真実に近い絵を今もっているのである。

実験室や家庭や森でおこなわれたチンパンジーのすべての研究を通じてもっとも衝撃的な発見は，ある観点からみたチンパンジーと人間の行動のあいだに，しばしば，妖しいまでの類似のみられることであった。親に依存する子ども期の長さ，感情の表出，学習の重要さ，文化的伝統への依存の始まり，基本的認知機構の驚くほどの一致，など。種としてわれわれ人類が成功を勝ち得たのは，まったく，脳の爆発的発達によるものだったのだ。天才的チンパンジーのなかには，人間とチンパンジーの思考過程の類似性を苦心して拾い出してきた科学者の試みを冷やかし，あざけり笑ってきたものもいる。しかし，そんな最高の天才チンパンジーよりも，われわれの知的能力はずっと上をいっているのである。チンパンジーの洞察に満ちた問題解決能力をケーラーやヤーキスが初めて発表したとき，「真実からほど遠い。有害で吐き気がするほどだ」(Pavlov, 1957, p. 557)と悪しざまに非難されたものである。しかし，結果は追認だったのであり，この洗練された知能的問題解決能の証拠は，さらに確固としていった。人類に独自のものと信じられてきた性質が，つぎつぎに，「より低次の」生物にも発見されるようになったのである。

それでも，質的ではなく量的な違いとしてわれわれが類人猿と異なる行動をしたとしても，その量的な差が圧倒的に重いものであることは瞬時も忘れてはならないだろう。われわれの行動がチンパンジーの行動と近いという類の知識は，両者がいかに違うかという知識と合わせて人類の独自性の焦点を指摘することになるのだ，とわたしは信じている。本論はこの問題を深く議論する場ではないが，ここでは三つの点を指摘しておきたい。

第1に，われわれは複雑な象徴的言語を発達させてきた。われわれは子どもたちにどうするのかを見せることができるだけでなく，どうすれば良いかを語り，なぜなのかを説明することができる。ロレンツ (1977, p. 161) が言っているように，「伝統を物体から離して作ることができる」のである。ずっと以前に起こった事件について話すことができ，すぐ先の，あるいはずっと先の将来のこみいった事態を予測して計画を練ることもできる。隣人に対して攻撃的侵略を企てることもできれば，自分自身をどう防衛すれば最高かを決めることもできる。ことばは抽象思考に事物をあたえる。思考の相互作用がアイデアを広げ，概念を研ぎ澄ます。まさにチンパンジーのあいだの競合的相互作用が，より洗練された世渡りの術をもたらすように。

第2に，生物学的遺産である"利己的遺伝子"(Dawkins, 1976) を意識的に取捨選択することによって，他のいかなる生物にもできない遺伝的制約をのり越えることができると，わたしは確信している。われわれの利他的行動は常に利己的であるとは限らない。同じ手形を使って，われわれの粗暴な行為も，必ずしも避けられないものではなくしうるのである。

第3に，われわれの基本的攻撃の型はチンパンジーのと大差ないが，犠牲者に与える苦痛へ

---

* ごく最近，言語習得研究の分野で論争が吹き荒れた。わたし自身の意見はといえば，人類以前の祖先に存在したに違いないある種の前言語能力がチンパンジーにもあるという推測は，遺伝的にかたちづくられてきた生物として根拠があるように思う。

** 1933年，パブロフはラファエルとローザと名づけた2頭のチンパンジーを入手し，コルツシ生物学研究施設で広範な問題解決実験を開始した。その一つは

ケーラーの箱積み問題の焼き直しであった。パブロフはケーラーの発見を追認した。それなのに彼は，問題で示された事象間の関係の即座の理解によるというケーラーの洞察学習の説明に反して，問題解決行動の結果として徐々に洞察力がチンパンジーについてきたのだという考えに固執したのである (Windholz, 1984)。

604――結　論

の理解はまったくけた違いである。

　さて，チンパンジーはその進化の道の終点にきているのだろうか。それとも，時がくればさらに先に押し進めたかもしれない彼らの森林環境に何らかの圧力が加わっているだけなのだろうか。われわれ自身の遠い祖先がたどってきた道に沿って，もっと人間に近づきうる類人猿を生み出しながら。しかし，進化はそれ自身やたらには繰り返さないことから考えて，これは疑問だ。たぶん，たとえば左脳をおさえて右脳が発達するというように，チンパンジーはゆっくりと，もっとちがうものに変わっていくのだろう。

　これらの疑問は純粋に学問的なものである。何千年ものあいだ答えられてこなかったが，今日，アフリカ大森林は余命幾ばくもないのは明らかだ。もし，もうしばらくのあいだチンパンジーが自由の身で生き永らえられるとしたら，それはほんの数えられるほどのやっと許された隔離森林の中でしかないだろう。そこでは社会集団間の遺伝的交流は局限されるか，まったく起こらない。そして，それはすでにゴンベで現実の問題となっていることだ。チンパンジーは実験室と動物園にしかいないという日がこないとはいいきれないように思うのである（この点について，もし進化がこれ以上進むのなら，もはやそれは「不自然淘汰」の作用によるだろう）。

　時機を失う前に，チンパンジーの行動について学ばねばならないことは山ほどある。まことに幸いに，幾つもの長期研究が互いに地理的にはなれた場所で計画中であったり，実行中であることだ。象牙海岸のタイの森では多くのチンパンジーがよく慣れていて，クリストフ・ボエシュとヘドウィジ・ボエシュ夫妻がもう何年も研究を続けており，これからも続けるはずである。ガボンのロペ国立公園ではカロライン・テ

宇宙に最初に飛び出したチンパンジー，ハム。彼は1961年1月，マーキュリー・レドストン・ロケットに乗って歴史を築いた。彼は16年ものあいだ，動物園の檻の中にひとりで過ごしたが，幸運にも，その生涯の最後の2年半をノースカロライナ動物園のきれいな屋外展示場で自由を見いだした。ここでは，彼の好きな雌マギーにみつめられている。（アシェボロ・クリエ・トリビューンとノースカロライナ動物園の好意による）

ュティンが困難な人づけ作業を開始しており，長期研究の計画を持っている。杉山幸丸とその共同研究者はギニアのボッソウで繰り返し研究をしている。ウガンダのキバレ森林研究所ではリチャード・ランガムとイサビリェ・バスタが，すでに人づけのできた動物の新しい長期研究を始めようとしている。そして，もちろん，タンザニアのマハレとゴンベ国立公園での研究はこれからも継続されるだろう。こんなにも多くのグループが研究中であり，さらに多くの研究者が，チンパンジー自身によって表現されたことばから得た資料を整理中である。こうしてわれわれの理解は，飛躍的に進むであろう。より多くの人たちの観察によって，コミュニティー間闘争のようなまれな行動を見る機会も増えるだろうし，情報が蓄えられ比較されることによって，地域をこえた文化的変異の知識は増大するだろう。

　自然におけるチンパンジーの位置づけの新しい理解が，今日，実験室や動物園という監獄にその生命をつながれている何百というチンパン

ジーの存在を幾らかでも浮き立たせるものと期待したい。われわれの強欲で破廉恥な自然破壊がさらに多くのチンパンジーからその生息する森を，彼らの自由を，そして時にはその生命さえも奪い去るかもしれない。しかし彼らの愛と快楽と好奇心の大きさについての知識，恐れと痛みと悲しみの深さについての認識には，同類の人間として，少なくとも共感をもって彼らを扱うようになるだろうことを望みたいと思う。もしわれわれがチンパンジーを，これからも痛みを与え心理的に苦しみを伴う実験に使うのなら，無実のいけにえに拷問の苦しみを課しているというわれわれの行為を正直に認めるようになることを期待したい。

　せめて飼育チンパンジー（やその他の動物たち）の世話に責任を持つ人たちだけでも，わたしと一緒にゴンベでもう少し親密な時間を持つことができるようにしたい。これらの人々は，われわれの必要性，われわれの楽しみ，われわれの欲望こそ第1でなければならないという傲慢さ，われわれ自身の種の行動における目を覆いたくなるような恥さらしをいつもいつも繰り広げている。今こそ無数にあるそんな瞬間のほんの一つでも，わたしに共有させて欲しいと思う。

　太陽はタンガニーカ湖に降り注いでいる。メリッサと娘のグレムリンは10mぐらい離れて巣を作っていた。メリッサの息子のジムグルはまだムソンガテイのマメをたべている。口のまわりはねばついた汁で白くなっている。グレムリンの赤ん坊のゲティは母親にまとわりつき，走りまわり，蹴り，自分の足を摑んだりしている。グレムリンはそんなゲティをつかまえ，その股

のあたりをめんどくさそうにくすぐる。2～3分ののち，ゲティは枝づたいに去る。ちいさなシルエットが夕方の空のあかね色の中に描かれる。メリッサの巣の真上の小枝にきて，ゲティは彼女の腹のうえにどすんと跳びおりる。祖母はやさしく笑ってゲティを抱きよせ，その顔や首をかるく嚙む。ゲティはやがて笑いだす。そしてお祖母ちゃんの手を逃れて上の枝にあがり，もう1度どすんと跳びおりる。何度も，何度も。

　しばらくののち，ゲティは母親のところへ戻ってその懐で寝そべり，片手を母親の胸にのせて乳をのむ。メリッサは手をのばして葉っぱのついた小枝を手いっぱいにもぎとり，ていねいに頭や肩の下にいれて，またごろりとなる。熱帯の夜が足早にやってくると，ジムグルは食事をやめて母親の巣の隅に立ち，一夜の添い寝を懇願する。母親が手を伸ばすと，その巣のなかにはいり体をよせて横になる。

　とつぜん遠くの谷から，ひとり雄の歌うような叫びが聞こえてくる。きっとエバレッドが自分の巣の中から叫んでいるのだろう。ジムグルは母親の横に立ちあがると，片手を母親の胸の上におき，じっと彼にとっての「英雄」のほうを見つめる。そして，叫びをかえす。メリッサも横になったまま加わって合唱になる。グレムリンも合唱に参加。最後にゲティも食べるのをやめて，夕方の合唱に赤ん坊の部として参加する。「よく晴れた，かわいた夕暮れ，いま7時，世はすべてことも無し」。

　少なくとも彼らの生きているうち，自然保護の心を失わないタンザニアのここゴンベは，チンパンジーにとって安住の地であり続けるだろう。

(R. Wrangham)

参 考 文 献

Albrecht, H., and S. C. Dunnett. 1971. *Chimpanzees in Western Africa.* Munich: Piper-Verlag.

Alexander, R. D. 1971. The search for an evolutionary philosophy of man. *Proc. Roy. Soc. Victoria*, 84:99–120.

Alexander, R. D., and D. W. Tinkle. 1968. A comparative book review of *On Aggression* by Konrad Lorenz and *The Territorial Imperative* by Robert Ardrey. *Bioscience*, 18:245–248.

Allen, M. 1981. Individual copulatory preference and the "strange female effect" in a captive group-living male chimpanzee (*Pan troglodytes*). *Primates*, 22:221–236.

Altmann, S. A., ed. 1967. *Social Communication among Primates.* Chicago: University of Chicago Press.

Anderson, J. R., and A. S. Chamove. 1979. Contact and separation in adult monkeys. *S. Afr. J. Psychol.*, 9:49–53.

Andrew, R. J. 1963. The origins and evolution of the calls and facial expressions of the primates. *Behaviour*, 20:1–109.

—— 1972. The information potentially available in mammal displays. In R. A. Hinde, ed., *Non-Verbal Communication*, pp. 179–203. Cambridge: Cambridge University Press.

Argyle, M. 1972. Non-verbal communication in human social interaction. In R. A. Hinde, ed., *Non-Verbal Communication*, pp. 243–267. Cambridge: Cambridge University Press.

Bachmann, C., and H. Kummer. 1980. Male assessment of female choice in hamadryas baboons. *Behav. Ecol. Sociobiol.*, 6:315–321.

Baldwin, P. J., W. C. McGrew, and C. E. G. Tutin. 1982. Wide-ranging chimpanzees at Mt. Asserik, Senegal. *Int. J. Primatol.*, 3:367–385.

Bandura, A. 1970. The impact of visual media on personality. In E. A. Rubenstein and G. V. Coelho, eds. *Behavioral Sciences and Mental Health: An Anthology of Program Reports*, pp. 398–419. Washington, D.C.: Government Printing Office.

Barnett, S. A. 1958. The nature and significance of exploratory behaviour. *Proc. Roy. Phys. Soc. Edinburgh*, 27:41–45.

Bartlett, A. D. 1885. On a female chimpanzee now living in the Society's gardens. *Proc. Zool. Soc.* (London), 673–676.

Bauer, H. R. 1976. Ethological aspects of Gombe chimpanzee aggregations with implications for hominization. Ph.D. diss., Stanford University.

———— 1979. Agonistic and grooming behavior in the reunion context of Gombe Stream chimpanzees. In D. A. Hamburg and E. R. McCown, eds., *The Great Apes*, pp. 395–404. Menlo Park, Calif.: Benjamin/Cummings.

Bauer, H. R., and M. Philip. 1983. Facial and vocal individual recognition in the common chimpanzee. *Psych. Rec.*, 33:161–170.

Beach, K., R. S. Fouts, and D. H. Fouts. 1984. Representational art in chimpanzees. *Friends of Washoe*, 3:2–4; 4:1–4.

Beatty, H. 1951. A note on the behavior of the chimpanzee. *J. Mammal.*, 32:118.

Bielert, C., and L. A. Walt. 1982. Male chacma baboon sexual arousal: mediation by visual cues from female conspecifics. *Psychoneuroendocrinology*, 7:31–48.

Bigelow, R. S. 1969. *The Dawn Warriors: Man's Evolution towards Peace.* Boston: Little, Brown.

Blanc, A. C. 1961. Some evidence for the ideologies of early man. In S. L. Washburn, ed., *Social Life of Early Man*, pp. 119–136. Chicago: Viking Fund Publications in Anthropology no. 31.

Blodgett, F. M. 1963. Growth retardation related to maternal deprivation. In A. J. Solnitz and S. A. Provence, eds., *Modern Perspectives in Child Development*, pp. 83 ff. New York: International University Press.

Boehm, C. 1981. Parasitic selection and group selection: a study of conflict interference in rhesus and Japanese macaque monkeys. In A. B. Chiarelli and R. S. Corruccini, eds., *Primate Behavior and Sociobiology*, pp. 161–182. Berlin: Springer-Verlag.

Boesch, C. 1978. Nouvelles observations sur les chimpanzés de la forêt de Tai (Côte d'Ivoire). *Terre et Vie*, 32:195–201.

Boesch, C., and H. Boesch. 1981. Sex differences in the use of natural hammers by wild chimpanzees: a preliminary report. *J. Hum. Evol.*, 10:585–593.

———— 1983. Optimization of nut-cracking with natural hammers by wild chimpanzees. *Behaviour*, 83:265–286.

———— 1984. Mental map in wild chimpanzees: an analysis of hammer transports for nut cracking. *Primates*, 25:160–170.

Boreman, T. 1739. *A Description of Some Curious and Uncommon Creatures.* London.

Bowlby, J. 1973. *Attachment and Loss.* Vol. 2, *Separation.* London: Hogarth Press.

Brewer, S. 1978. *The Forest Dwellers.* London: Collins.

Brink, A. S. 1957. The spontaneous fire-controlling reaction of two chimpanzee smoking addicts. *S. Afr. J. Sci.*, 241–247.

Brodkin, A. M., D. Shrier, R. Angel, E. Alger, W. A. Layman, and M. Buxton. 1984. Retrospective reports of mothers' work patterns and psychological distress in first-year medical students. *J. Am. Acad. Child Psych.*, 4:479–485.

Brown, G. W., M. Bhrolchain, and T. Harris. 1975. Social class and psychiatric disturbance among women in an urban population. *Sociology*, 9:225–254.

Brown, J. L. 1975. *The Evolution of Behavior.* New York: W. W. Norton.

Buchanan, J. P., T. V. Gill, and J. T. Braggio. 1981. Serial position and clustering effects in a chimpanzee's "free recall." *Mem. Cog.*, 2:651–660.

Buffon, G. L. L. 1766. *Histoire naturelle, générale et particulière*, vol. 14, chaps. 1–3. Paris.

Burt, W. H. 1943. Territoriality and home range concepts as applied to mammals. *J. Mammal.*, 24:346–352.

Burton, F. 1971. Sexual climax in female *Macaca mulatta. Proc. Third Int. Cong. Primatol.*, 3:180–191.

Busse, C. D. 1976. Chimpanzee predation on red colobus monkeys. Manuscript.

——— 1977. Chimpanzee predation as a possible factor in the evolution of red colobus monkey social organization. *Evolution*, 31:907–911.

——— 1978. Do chimpanzees hunt cooperatively? *Am. Nat.*, 112:767–770.

Butler, R. A. 1965. Investigative behavior. In A. M. Schrier, H. F. Harlow, and F. Stollnitz, eds., *Behavior of Non-Human Primates*, vol. 2, pp. 463–490. New York: Academic Press.

Bygott, J. D. 1972. Cannibalism among wild chimpanzees. *Nature*, 238:410–411.

——— 1974. Agonistic behaviour and dominance in wild chimpanzees. Ph.D. diss., Cambridge University.

——— 1979. Agonistic behavior, dominance, and social structure in wild chimpanzees of the Gombe National Park. In D. A. Hamburg and E. R. McCown, eds., *The Great Apes*, pp. 405–428. Menlo Park, Calif.: Benjamin/Cummings.

Campbell, D. T. 1972. On the genetics of altruism and the counter-hedonic components of human culture. *J. Soc. Issues*, 28:21–37.

Carpenter, C. R. 1934. A field study of the behavior and social relations of the howler monkeys (*Alouatta palliata*). *Comp. Psychol. Monogr.*, 10:1–168.

——— 1940. A field study in Siam of the behavior and social relations of the gibbon (*Hylobates lar*). *Comp. Psychol. Monogr.*, 16:1–212.

——— 1942. Sexual behavior of free-ranging rhesus monkeys *M. mulatta*. *J. Comp. Psychol.*, 33:113–162.

Chamove, A. S., H. Harlow, and G. Mitchell. 1967. Sex differences in the infant-directed behavior of pre-adolescent rhesus monkeys. *Child Dev.*, 38:329–335.

Chance, M. R. A. 1961. The nature and special features of the instinctive social bond of primates. *Viking Fund Publ. Anthropol.*, 31:17–33.

Cheney, D. L., and R. M. Seyfarth. 1980. Vocal recognition in free-ranging vervet monkeys. *Anim. Behav.*, 28:362–367.

Clark, C. B. 1977. A preliminary report on weaning among chimpanzees of the Gombe National Park, Tanzania. In S. Chevalier-Skolnikoff and F. E. Poirier, eds., *Primate Bio-social Development: Biological, Social, and Ecological Determinants*, pp. 235–260. New York: Garland.

Clutton-Brock, T. H. 1972. Feeding and ranging behaviour of the red colobus monkey. Ph.D. diss., Cambridge University.

Collins, D. A., C. D. Busse, and J. Goodall. 1984. Infanticide in two populations of savanna baboons. In G. Hausfater and S. B. Hrdy, eds., *Infanticide: Comparative and Evolutionary Perspectives*, pp. 193–216. New York: Aldine.

Crawford, M. P. 1937. The cooperative solving of problems by young chimpanzees. *Comp. Psychol. Monogr.*, 14:1–88.

Crook, J. H. 1966. Gelada baboon herd structure and movement: a comparative report. *Symp. Zool. Soc. Lond.*, 18:237–258.

Cullen, J. M. 1972. Some principles of animal communication. In R. A. Hinde, ed., *Non-Verbal Communication*, pp. 101–121. Cambridge: Cambridge University Press.

Darwin, C. 1871. *The Descent of Man*. London: John Murray.

——— 1873. *The Expression of Emotions in Man and Animals*. London: John Murray.

Davenport, R. K. 1979. Some behavioral disturbances of great apes in captivity. In D. A. Hamburg and E. R. McCown, eds., *The Great Apes*, pp. 341–356. Menlo Park, Calif.: Benjamin/Cummings.

Davenport, R. K., and C. M. Rogers. 1970. Inter-modal equivalence of stimuli in apes. *Science*, 168:279–280.

——— 1971. Perception of photographs by apes. *Behaviour*, 39:318–320.

Davenport, R. K., C. M. Rogers, and S. Russell. 1975. Cross-modal perception in apes: altered visual cues and delay. *Neuropsychologia*, 13:229–235.

Davis, F. 1978. *Eloquent Animals*. New York: Coward, McCann and Geoghegan.

Dawkins, R. 1976. *The Selfish Gene*. New York: Oxford University Press.

Doering, C. H., P. R. McGinnis, H. C. Kraemer, and D. A. Hamburg. 1980. Hormonal and behavioral response of male chimpanzees to long-acting analogue of gonadotropin-releasing hormone. *Arch. Sex. Behav.*, 9:441–450.

Döhl, J. 1968. Über die Fähigkeit einer Schimpansin, Umwege mit selbständigen Zwischenzielen zu überblicken. *Z. Tierpsychol.*, 25:89–103.

Dollard, J., L. W. Doob, N. E. Miller, O. H. Mowrer, and R. R. Sears. 1939. *Frustration and Aggression*. New Haven: Yale University Press.

Dooley, G. B., and T. V. Gill. 1977. Acquisition and use of mathematical skills by a linguistic chimpanzee. In D. M. Rumbaugh, ed., *Language Learning by a Chimpanzee: The Lana Project*, pp. 247–260. New York: Academic Press.

Dunbar, R. I. M. 1980. Determinants and evolutionary consequences of dominance among female gelada baboons. *Behav. Ecol. Sociobiol.*, 7:253–265.

Dunbar, R. I. M., and E. P. Dunbar. 1975. *Social Dynamics of Gelada Baboons*. Contributions to Primatology, no. 6. Basel: Karger.

Eaton, G. G., and J. A. Resko. 1974. Plasma testosterone and male dominance in a Japanese macaque (*Macaca fuscata*) troop compared with repeated measures of testosterone in laboratory males. *Horm. Behav.*, 5:251–259.

Eibl-Eibesfeldt, I. 1971. *Love and Hate*, trans. Geoffrey Strachan. London: Methuen.

——— 1979. *The Biology of Peace and War*. New York: Viking.

Eisenburg, J. F., and R. E. Kuehn. 1966. The behavior of *Ateles geoffroyi* and related species. *Smithsonian Misc. Collect.*, 151:1–63.

Ellefson, J. O. 1968. Territorial behavior in the common white-handed gibbon, *Hylobates lar Linn*. In P. C. Jay, ed., *Primates: Studies in Adaptation and Variability*, pp. 180–199. New York: Holt, Rinehart and Winston.

Enomoto, T. 1974. The sexual behaviour of Japanese monkeys. *J. Hum. Evol.*, 3:351–372.

Erikson, E. H. 1966. Ontogeny of ritualization in man. *Phil. Trans. Roy. Soc. Lond.*, Ser. B, 251:337–349.

Falk, J. L. 1958. The grooming behavior of the chimpanzee as a reinforcer. *J. Exp. Anal. Behav.*, 1:83–85.

File, S. K., W. C. McGrew, and C. E. G. Tutin. 1976. The intestinal parasites of a community of feral chimpanzees. *J. Parasitol.*, 62:259–261.

Fletcher, R. 1966. *Instinct in Man*. New York: Schocken Books.

Flint, M. 1976. Does the chimpanzee have a menopause? Paper presented at the forty-fifth annual meeting of the Association of Physical Anthropology, St. Louis.

Flynn, J., H. Vanegas, W. Foote, and S. Edwards. 1970. Neural mechanisms involved in a cat's attack on a rat. In R. E. Whalen, R. E. Thompson, M. Verzeano, and N. Weinberger, eds., *The Neural Control of Behavior*, pp. 135–173. New York: Academic Press.

Fossey, D. 1979. Development of the mountain gorilla (*Gorilla gorilla beringei*): the first thirty-six months. In D. A. Hamburg and E. R. McCown, eds., *The Great Apes*, pp. 139–186. Menlo Park, Calif.: Benjamin/Cummings.

———— 1983. *Gorillas in the Mist*. Boston: Houghton Mifflin.

———— 1984. Infanticide in mountain gorillas (*Gorilla gorilla beringei*) with comparative notes on chimpanzees. In G. Hausfater and S. B. Hrdy, eds., *Infanticide: Comparative and Evolutionary Perspectives*, pp. 217–236. New York: Aldine.

Fouts, D. H. 1983. Loulis tries his hand at surgery. *Friends of Washoe*, 3:4.

Fouts, R. S. 1973. Talking with chimpanzees. In *Science Year, the World Book Science Annual*, pp. 34–49. Chicago: Field Enterprises Educational Corp.

———— 1974. Language: origins, definitions and chimpanzees. *J. Hum. Evol.*, 3:475–482.

———— 1975. Communication with chimpanzees. In G. Kurth and I. Eibl-Eibesfeldt, eds., *Hominisation and Behaviour*, pp. 137–158. Stuttgart: Gustav Fischer Verlag.

Fouts, R. S., and R. L. Budd. 1979. Artificial and human language acquisition in the chimpanzee. In D. A. Hamburg and E. R. McCown, eds., *The Great Apes*, pp. 374–392. Menlo Park, Calif.: Benjamin/Cummings.

Fouts, R. S., D. H. Fouts, and D. J. Schoenfeld. 1984. Sign language conversational interactions between chimpanzees. *Sign Lang. Stud.*, 34:1–12.

Fouts, R. S., A. D. Hirsch, and D. H. Fouts. 1982. Cultural transmission of a human language in a chimpanzee mother-infant relationship. In H. E. Fitzgerald, J. A. Mullins, and P. Gage, eds., *Psychobiological Perspectives*, pp. 159–193. Child Nurturance Series, vol. 3. New York: Plenum.

Fox, G. J. 1982. Potentials for pheromones in chimpanzee vaginal fatty acids. *Folia Primatol.*, 37:255–266.

Freeman, D. 1964. Human aggression in anthropological perspective. In J. D. Carthy and F. J. Ebling, eds., *The Natural History of Aggression*, pp. 119–130. Institute of Biology, symposium no. 13. New York: Academic Press.

Frost, S. W. 1959. *Insect Life and Insect Natural History*, pp. 356–369. New York: Dover.

Galdikas, B. M. F. 1979. Orangutan adaptation at Tanjung Puting Reserve: mating and ecology. In D. A. Hamburg and E. R. McCown, eds., *The Great Apes*, pp. 195–234. Menlo Park, Calif.: Benjamin/Cummings.

Gale, C., and W. Cool. 1971. A two month continuous study of a large chimpanzee group at Lion Country Safaris, Florida. Manuscript.

Gallup, G. 1970. Chimpanzee: self-recognition. *Science*, 167:86–87.

———— 1977. Self-recognition in primates. *Am. Psychol.*, 32:329–338.

Gardner, B. T., and R. A. Gardner. 1980. Two comparative psychologists look at language acquisition. In K. E. Nelson, ed., *Children's Language*, vol. 2, pp. 331–369. New York: Halsted Press.

Gardner, R. A., and B. T. Gardner. 1969. Teaching sight language to a chimpanzee. *Science*, 165:664–672.

———— 1978. Comparative psychology and language acquisition. In K. Salzinger and F. E. Denmark, eds., *Psychology: The State of the Art*, pp. 37–76. New York: Annals of New York Academy of Sciences.

———— 1983. Early signs of reference in children and chimpanzees. Manuscript.

Gartlan, J. S., and C. K. Brain. 1968. Ecology and social variability in *Cercopithecus aethiops* and *Cercopithecus mitis*. In P. C. Jay, ed., *Primates: Studies in Adaptation and Variability*, pp. 253–292. New York: Holt, Rinehart and Winston.

Ghiglieri, M. P. 1984. *The Chimpanzees of Kibale Forest: A Field Study of Ecology and Social Structure*. New York: Columbia University Press.

Gill, T. V. 1977. Conversations with Lana. In D. M. Rumbaugh, ed., *Language Learning by a Chimpanzee: The Lana Project*, pp. 225–246. New York: Academic Press.

Gillan, D. J. 1982. Ascent of apes. In D. R. Griffin, ed., *Animal Mind—Human Mind*, pp. 177–200. Berlin: Springer-Verlag.

Gilula, M. F., and D. N. Daniels. 1969. Violence and man's struggle to adapt. *Science*, 164:396–405.

Goldfoot, D. A., and K. Wallen. 1978. Development of gender role behaviors in heterosexual and isosexual groups of infant rhesus monkeys. In D. C. Chivers and J. Herbert, eds., *Recent Advances in Primatology*, vol. 1, pp. 155–160. New York: Academic Press.

Goodall, J. 1963. Feeding behaviour of wild chimpanzees: a preliminary report. *Symp. Zool. Soc. Lond.*, 10:39–48.

———— 1965. Chimpanzees of the Gombe Stream Reserve. In I. DeVore, ed., *Primate Behavior*, pp. 425–447. New York: Holt, Rinehart and Winston.

———— 1967. Mother-offspring relationships in chimpanzees. In D. Morris, ed., *Primate Ethology*, pp. 287–346. London: Weidenfeld and Nicolson.

———— 1968a. Expressive movements and communication in free-ranging chimpanzees: a preliminary report. In P. Jay, ed., *Primates: Studies in Adaptation and Variability*, pp. 313–374. New York: Holt, Rinehart and Winston.

———— 1968b. Behaviour of free-living chimpanzees of the Gombe Stream area. *Anim. Behav. Monogr.*, 1:163–311.

———— 1970. Tool-using in primates and other vertebrates. In D. S. Lehrman, R. A. Hinde, and E. Shaw, eds., *Advances in the Study of Behavior*, vol. 3, pp. 195–249. New York: Academic Press.

———— 1971. *In the Shadow of Man*. Boston: Houghton Mifflin; London: Collins.

———— 1973. Cultural elements in a chimpanzee community. In E. W. Menzel, ed., *Precultural Primate Behaviour*, vol. 1. Karger: Fourth IPC Symposia Proceedings.

———— 1975a. Chimpanzees of Gombe National Park: thirteen years of research. In I. Eibl-Eibesfeldt, ed., *Hominisation und Verhalten*, pp. 74–136. Stuttgart: Gustav Fischer Verlag.

———— 1975b. Patterns of behaviour: the chimpanzee. In V. Goodall, ed., *The Quest for Man*, pp. 130–169. London: Phaidon Press.

———— 1977. Infant-killing and cannibalism in free-living chimpanzees. *Folia Primatol.*, 28:259–282.

———— 1979. Life and death at Gombe. *Natl. Geo.*, 155:592–621.

———— 1983. Population dynamics during a fifteen-year period in one community of free-living chimpanzees in the Gombe National Park, Tanzania. *Z. Tierpsychol.*, 61:1–60.

———— 1984. The nature of the mother-child bond and the influence of the family on the social development of free-living chimpanzees. In N. Kobayashi and T. Berry Brazelton, eds., *The Growing Child in Family and Society*, pp. 47–66. Tokyo: University of Tokyo Press.

———— Forthcoming. Social rejection, exclusion and shunning among the Gombe chimpanzees. In R. Masters and M. Gruter, eds., *Ostracism: A Social and Biological Phenomenon*.

Goodall, J., and J. Athumani. 1980. An observed birth in a free-living chimpanzee (*Pan troglodytes schweinfurthii*) in Gombe National Park, Tanzania. *Primates*, 21:545–549.

Goodall, J. van Lawick, and H. van Lawick, 1970. *Innocent Killers*, pp. 149–207. Boston: Houghton Mifflin; London: Collins.

Goodall, J., A. Bandora, E. Bergmann, C. Busse, H. Matama, E. Mpongo, A. Pierce, and D. Riss. 1979. Inter-community interactions in the chimpanzee population of the Gombe National Park. In D. A. Hamburg and E. R. McCown, eds., *The Great Apes*, pp. 13–53. Menlo Park, Calif.: Benjamin/Cummings.

Gordon, T. P., R. M. Rose, and I. S. Bernstein. 1976. Seasonal rhythm in plasma testosterone levels in the rhesus monkey (*Macaca mulatta*): a three year study. *Horm. Behav.*, 7:229–243.

Gordon, T. P., R. M. Rose, C. L. Grady, and I. S. Bernstein. 1979. Effects of increased testosterone secretion on the behaviour of adult male rhesus living in a social group. *Folia Primatol.*, 32:149–160.

Goy, R. W. 1966. Role of androgens in the establishment and regulation of behavioral sex differences in mammals. *J. Anim. Sci.*, 25:21–31.

Graham, C. E. 1970. Reproductive physiology of the chimpanzees. In G. Bourne, ed., *The Chimpanzee*, vol. 3, pp. 183–220. Basel: Karger.

——— 1979. Reproductive function in aged female chimpanzees. *Am. J. Phys. Anthropol.*, 50:291–300.

——— 1981. Menstrual cycle physiology of the great apes. In C. E. Graham, ed., *Reproductive Biology of the Great Apes*, pp. 286–303. New York: Academic Press.

Graham, C. E., D. C. Collins, M. Robinson, and J. R. K. Preedy. 1972. Urinary levels of estrogens and pregnanediol and plasma levels of progesterone during the menstrual cycle of the chimpanzee: relationship to the sexual swelling. *Endocrinology*, 91:13–24.

Gunderson, V. M. 1982. The development of intra-modal and cross-modal recognition in infant pigtail macaques (*M. nemestrina*). *Abstract International*, B, 43:907–908.

Haldane, J. B. S. 1955. Population genetics. *New Biol.*, 18:34–51.

Halperin, S. D. 1979. Temporary association patterns in free ranging chimpanzees: an assessment of individual grouping preferences. In D. A. Hamburg and E. R. McCown, eds., *The Great Apes*, pp. 491–500. Menlo Park, Calif.: Benjamin/Cummings.

Hamburg, D. A., G. R. Elliott, and D. L. Parron, eds., 1982. *Health and Behavior: Frontiers of Research in the Biobehavioral Sciences*, pp. 293–302. Washington, D.C.: National Academy Press.

Hamilton, W. D. 1964. The genetical evolution of social behaviour, pts. 1, 2. *J. Theor. Biol.*, 7:1–52.

Handler, P. 1970. *Biology and the Future of Man*. New York: Oxford University Press.

Harlow, H. F. 1965. Sexual behavior in the rhesus monkey. In F. A. Beach, ed., *Sex and Behavior*, pp. 234–265. New York: Wiley.

Hartman, C. G. 1931. Relative sterility of the adolescent organism. *Science*, 74:226–227.

Hasegawa, T., and M. Hiraiwa. 1980. Social interactions of orphans observed in a free-ranging troop of Japanese monkeys. *Folia Primatol.*, 33:129–158.

Hasegawa, T., M. Hiraiwa, T. Nishida, and H. Takasaki. 1983. New evidence on scavenging behavior in wild chimpanzees. *Curr. Anthropol.*, 24:231–232.

Hayes, C. 1951. *The Ape in Our House*. New York: Harper and Brothers.

Hayes, K., and C. Hayes. 1951. The intellectual development of a home-raised chimpanzee. *Proc. Am. Phil. Soc.*, 95:105–109.

—— 1952. Imitation in a home-raised chimpanzee. *J. Comp. Physiol. Psychol.*, 45:450–459.

—— 1953. Picture perception in a home-raised chimpanzee. *J. Comp. Physiol. Psychol.*, 46:470–474.

Hayes, K., and C. H. Nissen. 1971. Higher mental functions of a home-raised chimpanzee. In A. M. Schrier and F. Stollnitz, eds., *Behavior of Non-Human Primates*, vol. 4, pp. 59–115. New York: Academic Press.

Hebb, D. O. 1945. The forms and conditions of chimpanzee anger. *Bull. Can. Psychol. Assoc.*, 5:32–35.

Herrnstein, R. J., and D. H. Loveland. 1964. Complex visual concept in the pigeon. *Science*, 146:549–551.

Hinde, R. A. 1956. The biological significance of the territories of birds. *Ibis*, 98:340–369.

—— 1966. *Animal Behavior: A Synthesis of Ethology and Comparative Psychology*. New York: McGraw-Hill.

—— 1976. Interactions, relationships and social structure. *Man*, 11:1–17.

—— 1978. Dominance and role—two concepts with dual meanings. *J. Soc. Biol. Struct.*, 1:27–38.

—— 1979. *Towards Understanding Relationships*. New York: Academic Press.

——, ed. 1984. *Primate Social Relationships: An Integrated Approach*. Sunderland, Mass.: Sinauer.

Hinde, R. A., and Y. Spencer-Booth. 1971. Effects of brief separation from mothers on rhesus monkeys. *Science*, 173:111–118.

Hiraiwa-Hasegawa, M., T. Hasegawa, and T. Nishida. 1983. Demographic study of a large-sized unit-group of chimpanzees in the Mahale Mountains, Tanzania. Mahale Mountains Chimpanzee Research Project, Ecological Report no. 30.

Hladik, C. M. 1973. Alimentation et activité d'un group de chimpanzés réintroduits en forêt gabonaise. *Terre et Vie*, 27:343–413.

—— 1977. Chimpanzees of Gombe and the chimpanzees of Gabon: some comparative data on the diet. In T. H. Clutton-Brock, ed., *Primate Ecology*, pp. 481–501. New York: Academic Press.

van Hooff, J. A. R. A. M. 1967. The facial displays of the catarrhine monkeys and apes. In D. Morris, ed., *Primate Ethology*, pp. 7–68. London: Weidenfeld and Nicolson.

—— 1973. The Arnhem Zoo Chimpanzee Consortium: an attempt to create an ecologically and socially acceptable habitat. *Int. Zoo Yearbk.*, 13:195–205.

Hoppius, C. E. 1789. *Anthropomorpha. Amoenitates academicae (Linné), Erlangae.* (1st ed., 1760.)

Hrdy, S. B. 1977. Infanticide as a primate reproductive strategy. *Am. Sci.*, 65:40–49.

Hunsperger, R. W. 1956. Affektreaktionen auf elektrische Reizung im Hirnstamm der Katze. *Helv. Physiol. Acta*, 14:70–92.

Imanishi, K. 1965. The origin of the human family: a primatological approach. In S. A. Altmann and Yerkes Regional Primate Center, eds., *Japanese Monkeys: A Collection of Translations*, pp. 113–140. Published by the editors; printed at the University of Alberta.

Itani, J. 1965. Social organization of Japanese monkeys. *Animals*, 5:410–417.

—— 1970. *Chasing Wild Chimpanzees*. Tokyo: Chikuma-Shobo.

Izawa, K. 1970. Unit groups of chimpanzees and their nomadism in the savanna woodland. *Primates*, 11:1–46.

Izawa, K., and J. Itani. 1966. Chimpanzees in Kasakati Basin, Tanganyika (I). Ecological study in the rainy season 1963–1964. *Kyoto Univ. Afr. Stud.*, 1:73–156.

Jolly, A. 1966. Lemur social behavior and primate intelligence. *Science*, 153:501–506.

Jones, C., and J. Sabater Pi. 1969. Sticks used by chimpanzees in Río Muni, West Africa. *Nature*, 223:100–101.

Kano, T. 1971a. The chimpanzees of Filabanga, Western Tanzania. *Primates*, 12:229–246.

——— 1971b. Distribution of the primates on the eastern shore of Lake Tanganyika. *Primates*, 12:281–304.

——— 1972. Distribution and adaptation of the chimpanzee on the eastern shore of Lake Tanganyika. *Kyoto Univ. Afr. Stud.*, 7:37–129.

Katchadourian, H. A. 1976. Medical perspectives on adulthood. *Daedalus*, 105:29–56.

Kaufman, I. C., and L. A. Rosenblum. 1969. Effects of separation from the mother on the emotional behavior of infant monkeys. *Ann. N.Y. Acad. Sci.*, 159:681–695.

Kaufmann, J. H. 1962. Ecological and social behavior of the *coati Nasua narica*, on Barro Colorado Island, Panama. *Univ. Calif. Publ. Zool.*, 60:95–222.

Kawabe, M. 1966. One observed case of hunting behavior among wild chimpanzees living in the savanna woodland of western Tanzania. *Primates*, 7:393–396.

Kawai, M. 1958. On the rank system in a natural group of Japanese monkeys, pts. I, II. *Primates*, 1:111–112, 131–132.

Kawamura, S. 1959. The process of sub-culture propagation among Japanese macaques. *Primates*, 2:43–60.

Kawanaka, K. 1981. Infanticide and cannibalism in chimpanzees with special reference to the newly observed case in the Mahale Mountains. *Afr. Stud. Monogr.*, 1:69–99.

——— 1982a. Further studies on predation by chimpanzees of the Mahale Mountains. *Primates*, 23:364–384.

——— 1982b. Association, ranging, and social unit in chimpanzee of the Mahale Mountains, Tanzania. Mahale Mountains Chimpanzee Research Project, Ecological Report no. 22.

Kawanaka, K., and M. Seifu. 1979. The third case of cannibalism among wild chimpanzees and the case of non-agonistic encounter between chimpanzees of different unit-groups observed in the Mahale Mountains. Mahale Mountains Chimpanzee Research Project, Ecological Report no. 6.

Keeling, M. E., and J. R. Roberts. 1972. Breeding and reproduction of chimpanzees. In G. Bourne, ed., *The Chimpanzee*, vol. 5, pp. 127–152. Basel: Karger; Baltimore: University Press.

Keith, A. 1947. *A New Theory of Human Evolution*. Gloucester, Mass.: Peter Smith.

Kellog, W., and L. A. Kellog. 1933. *The Ape and the Child*. New York: McGraw-Hill. Rev. ed., New York: Hafner, 1967.

Keverne, E. B., R. R. Meller, and A. M. Martinez-Arias. 1978. Dominance, aggression and sexual behavior in social groups of talapoin monkeys. In D. J. Chivers and J. Herbert, eds., *Recent Advances in Primatology*, vol. 1, pp. 533–548. New York: Academic Press.

King, N. E., V. J. Stevens, and J. D. Mellen. 1980. Social behavior in a captive chimpanzee (*Pan troglodytes*) group. *Primates*, 21:198–210.

Klein, L. L., and D. J. Klein. 1973. Social and ecological contrasts between four types of neotropical primates (*Ateles belzebuth, Alouatta seniculus, Saimiri sciureus, Cebus apella*). Paper presented at the ninth annual meeting of the International Congress of Anthropology and Ethnological Science, Chicago.

Köhler, W. 1921. Aus der Anthropoidenstation auf Teneriffa. *Sitzber. preuss. Akad. Wiss., Berlin*, 39:686–692.

—— 1925. *The Mentality of Apes*. London: Routledge and Kegan Paul. Reprint ed., New York: Liveright, 1976.

Kohts, N. 1923. *Untersuchungen über die Erkenntnisfähigkeiten des Schimpansen*. Museum of Darwinianum, Moscow, p. 453.

—— 1935. *Infant Ape and Human Child (Instincts, Emotions, Play, Habits)*. Scientific Memoirs of the Museum of Darwinianum, Moscow, no. 3. (In Russian, with English summary, pp. 524–591.)

Konner, M. 1982. *The Tangled Wing*. New York: Holt, Rinehart and Winston.

Kortlandt, A. 1962. Chimpanzees in the wild. *Sci. Am.*, 206:128–138.

—— 1963. Bipedal armed fighting in chimpanzees. *Proc. 16th Int. Cong. Zool.*, 3:64.

—— 1967. Handgebrauch bei freilebenden Schimpanzen. In B. Rensch, ed., *Handgebrauch und Verständigung bei Affen und Frühmenschen*, pp. 59–102. Bern: Huber.

Kraemer, H. C., C. H. Doering, P. R. McGinnis, and D. A. Hamburg. 1980. Hormonal and behavioural response of male chimpanzees to a long-acting analogue of gonadotropin-releasing hormone. *Arch. Sex. Behav.*, 9:5.

Kruuk, H. 1972. *The Spotted Hyena: A Study of Predation and Social Behavior*. Chicago: University of Chicago Press.

Kuhn, H. J. 1968. Parasites and the phylogeny of the catarrhine primates. In B. Chiarelli, ed., *Taxonomy and Phylogeny of Old World Primates with Reference to the Origin of Man*, pp. 187–195. Turin: Rosenberg and Sellier.

Kummer, H. 1957. Soziales Verhalten einer Mantelpavian-Gruppe. *Beiheft Schweiz. Z. Psychol.*, 33:1–91.

—— 1968. *Social Organization of Hamadryas Baboons: A Field Study*. Bibliotheca Primatology, no. 6. Chicago: University of Chicago Press.

—— 1971. *Primate Societies: Group Techniques of Ecological Adaptation*. Chicago: Aldine.

—— 1974. Rules of dyad and group formation among captive gelada baboons (*Theropithecus gelada*). *Symp. 5th Cong. Int. Primatol. Soc.*, pp. 129–159.

—— 1979. Intra- and intergroup relationships in primates. In M. von Cranach, K. Foppa, W. Lepenies, and D. Ploog, eds., *Human Ethology: Claims and Limits of a New Discipline*, pp. 381–434. Cambridge: Cambridge University Press.

—— 1982. Social knowledge in free-ranging primates. In D. R. Griffin, ed., *Animal Mind—Human Mind*, pp. 113–130. Berlin: Springer.

Kummer, H., A. A. Banaja, A. N. Abo-Khatwa, and A. M. Ghandour. 1981. Mammals of Saudi Arabia—primates: a survey of hamadryas baboons in Saudi Arabia. *Fauna of Saudi Arabia*, 3:441–471.

Kummer, H., and J. Goodall. 1985. Conditions of innovative behaviour in primates. *Phil. Trans. Roy. Soc. Lond.* B, 308:203–214.

Kummer H., and F. Kurt. 1965. A comparison of social behavior in captive and wild hamadryas baboons. In H. Vagtborg, ed., *The Baboon in Medical Research*, pp. 1–16. Austin: University of Texas Press.

Kuo, Z. Y. 1967. *The Dynamics of Behavior Development*. New York: Random House.

Kurland, J. A. 1977. *Kin Selection in the Japanese Monkey*. New York: Karger.

Kuroda, S. 1980. Social behavior of the pygmy chimpanzees. *Primates*, 21:181–197.

Lack, D. 1966. *Population Studies of Birds*. Oxford: Clarendon Press.

Langer, S. 1957. *Philosophy in a New Key*. Cambridge, Mass.: Harvard University Press.

van Lawick-Goodall, J., *see* Goodall, J.

Leakey, L. S. B. 1961. *The Progress and Evolution of Man in Africa*. London: Oxford University Press.

—— 1977. *The Southern Kikuyu before 1903*, vol. 2. New York: Academic Press.

Lemmon, W. B., and M. L. Allen. 1978. Continual sexual receptivity in the female chimpanzee (*Pan troglodytes*). *Folia Primatol.*, 30:80–88.

LeVine, K. A., and D. T. Campbell. 1971. *Ethnocentrism: Theories of Conflict, Ethnic Attitudes, and Group Behavior*. New York: Wiley.

Lieberman, P., E. Crelin, and D. Klatt. 1972. Phonetic ability and related anatomy of the newborn and adult human, neanderthal man, and the chimpanzee. *Am. Anthropol.*, 74:287–307.

Lindburg, D. G. 1971. The rhesus monkey in North India. In L. A. Rosenblum, ed., *Primate Behavior*, vol. 2, pp. 1–106. New York: Academic Press.

Lorenz, K. 1963. *On Aggression*, trans. M. K. Wilson. New York: Harcourt, Brace and World.

—— 1977. *Behind the Mirror: A Search for a Natural History of Human Knowledge*. New York: Harcourt Brace Jovanovich.

MacKay, D. M. 1972. Formal analysis of communicative processes. In R. A. Hinde, ed., *Non-Verbal Communication*, pp. 3–26. Cambridge: Cambridge University Press.

Mackinnon, J. R., and K. S. Mackinnon. 1978. Comparative feeding ecology of six sympatric primates in west Malaysia. In D. J. Chivers and J. Herbert, eds., *Recent Advances in Primatology*, vol. 1, pp. 305–321. New York: Academic Press.

Marais, E. 1969. *The Soul of the Ape*. New York: Atheneum.

Marler, P. 1969. Vocalizations of wild chimpanzees, an introduction. *Proc. 2nd Int. Cong. Primatol. (Atlanta, 1968)*, 1:94–100.

—— 1976. Social organization, communication, and graded signals: the chimpanzee and the gorilla. In P. P. G. Bateson and R. A. Hinde, eds., *Growing Points in Ethology*, pp. 239–280. New York: Cambridge University Press.

Marler, P., and W. J. Hamilton III. 1966. *Mechanisms of Animal Behavior*. New York: Wiley.

Marler, P., and L. Hobbett. 1975. Individuality in a long-range vocalization of wild chimpanzees. *Z. Tierpsychol.*, 38:97–109.

Marler, P., and R. Tenaza. 1976. Signaling behavior of wild apes with special reference to vocalization. In T. Sebeok, ed., *How Animals Communicate*, pp. 965–1033. Bloomington: Indiana University Press.

Martin, D. E. 1981. Breeding great apes in captivity. In C. E. Graham, ed., *Reproductive Biology of the Great Apes*, pp. 343–375. New York; Academic Press.

Martin, D. E., C. E. Graham, and K. G. Gould. 1978. Successful artificial insemination in the chimpanzee. *Symp. Zool. Soc. Lond.*, 43:249–260.

Mason, W. A. 1965. The social development of monkeys and apes. In I. DeVore, ed., *Primate Behavior*, pp. 514–543. New York: Holt, Rinehart and Winston.

———— 1968. Use of space by *Callicebus* groups. In P. C. Jay, ed., *Primates: Studies in Adaptation and Variability*, pp. 200–216. New York: Holt, Rinehart and Winston.

———— 1979. Environmental models and mental modes: representational process in the great apes. In D. A. Hamburg and E. R. McCown, eds., *The Great Apes*, pp. 277–293. Menlo Park, Calif.: Benjamin/Cummings.

———— 1982. Primate social intelligence: contributions from the laboratory. In D. R. Griffin, ed., *Animal Mind—Human Mind*, pp. 131–144. Berlin: Springer-Verlag.

McCormack, S. A. 1971. Plasma testosterone concentration and binding in the chimpanzee: effect of age. *Endocrinology*, 89:1171–77.

McGinnis, P. R. 1973. Patterns of sexual behaviour in a community of free-living chimpanzees. Ph.D. diss., Cambridge University.

———— 1979. Sexual behavior in free-living chimpanzees: consort relationships. In D. A. Hamburg and E. R. McCown, eds., *The Great Apes*, pp. 429–440. Menlo Park, Calif.: Benjamin/Cummings.

McGrew, W. C. 1974. Tool use by wild chimpanzees in feeding upon driver ants. *J. Hum. Evol.*, 3:501–508.

———— 1975. Patterns of plant food sharing by wild chimpanzees. *Proc. 5th Cong. Int. Primatol. Soc. (Nagoya, Japan)*, pp. 304–309. Basel: Karger.

———— 1979. Evolutionary implications of sex differences in chimpanzee predation and tool use. In D. A. Hamburg and E. R. McCown, eds., *The Great Apes*, pp. 440–463. Menlo Park, Calif.: Benjamin/Cummings.

———— 1981. The female chimpanzee as a human evolutionary prototype. In F. Dahlberg, ed., *Woman the Gatherer*, pp. 35–73. New Haven: Yale University Press.

———— 1983. Animal foods in the diets of wild chimpanzees (*Pan troglodytes*): why cross-cultural variation? *J. Ethol.*, 1:46–61.

McGrew, W. C., and C. E. G. Tutin. 1972. Chimpanzee dentistry. *JADA*, 85:1198–1204.

———— 1978. Evidence for a social custom in wild chimpanzees? *Man*, 13:234–251.

McGrew, W. C., P. J. Baldwin, and C. E. G. Tutin. 1981. Chimpanzees in a savanna habitat: Mt. Asserik, Senegal, West Africa. *J. Hum. Evol.*, 10:227–244.

McGrew, W. C., C. E. G. Tutin, and P. J. Baldwin. 1979. Chimpanzees, tools, and termites: cross-cultural comparisons of Senegal, Tanzania, and Río Muni. *Man*, 14:185–214.

McGrew, W. C., C. E. G. Tutin, P. J. Baldwin, M. J. Sharman, and A. Whiten. 1978. Primates preying upon vertebrates: new records from West Africa. *Carnivore*, 1:41–45.

McGuire, M. T. 1974. The St. Kitts vervet (*Cercopithecus aethiops*). *J. Med. Primatol.*, 3:285–297.

McReynolds, P. 1962. Exploratory behavior: a theoretical interpretation. *Psychol. Rep.*, 11:311–318.

Mead, G. H. 1934. *Mind, Self and Society*. Chicago: University of Chicago Press.

Meddin, J. 1979. Chimpanzees, symbols, and the reflective self. *Soc. Psychol. Quart.*, 42:99–109.

Mellen, S. L. W. 1981. *The Evolution of Love*. Oxford: W. H. Freeman.

Menzel, E. W., Jr. 1964. Patterns of responsiveness in chimpanzees reared through infancy under conditions of environmental restriction. *Psychol. Forsch.*, 27:337–365.

———— 1971. Communication about the environment in a group of young chimpanzees. *Folia Primatol.*, 15:220–232.

———— 1973. Leadership and communication in a chimpanzee community. In E. W. Menzel, Jr., ed., *Precultural Primate Behavior*, pp. 192–225. Basel: Karger.

———— 1974. A group of young chimpanzees in a one-acre field. In A. M. Schrier and F. Stollnitz, eds., *Behavior of Non-Human Primates*, vol. 5, pp. 83–153. New York: Academic Press.

———— 1975. Communication and aggression in a group of young chimpanzees. In P. Pliner, L. Krames, and T. Alloway, eds., *Nonverbal Communication of Aggression*, pp. 103–133. New York: Plenum.

———— 1978. Cognitive mapping in chimpanzees. In S. H. Hulse, H. Fowler, and W. K. Honig, eds., *Cognitive Processes in Animal Behavior*, pp. 375–422. Hillsdale, N.J.: Lawrence Erlbaum Associates.

Menzel, E. W., Jr., D. Premack, and G. Woodruff. 1978. Map reading by chimpanzees. *Folia Primatol.*, 29:241–249.

Menzel, E. W., Jr., E. S. Savage-Rumbaugh, and J. Lawson. 1985. Chimpanzee spatial problem-solving with the use of mirrors and televised equivalents of mirrors. *J. Comp. Psychol.*, in press.

Merfield, F. G., and H. Miller. 1956. *Gorillas Were My Neighbours*. London: Longmans.

Midgley, M. 1978. *Beast and Man: The Roots of Human Nature*. Ithaca: Cornell University Press.

Miles, W. R. 1963. Chimpanzee behavior: removal of foreign body from companion's eye. Paper presented at the 100th annual meeting of the National Academy of Sciences, Washington, D.C.

Missakian, E. A. 1973. Genealogical mating activity in free-ranging groups of rhesus monkeys (*Macaca mulatta*) on Cayo Santiago. *Behaviour*, 45:225–241.

Morris, D. 1962. *The Biology of Art*. London: Methuen.

Morris, D., and R. Morris. 1966. *Men and Apes*. New York: McGraw-Hill.

Morris, K., and J. Goodall. 1977. Competition for meat between chimpanzees and baboons of the Gombe National Park. *Folia Primatol.*, 28:109–121.

Morrison, J. A., and E. W. Menzel, Jr. 1972. Adaptation of a free-ranging rhesus monkey group to division and transportation. *Wildl. Monogr.*, 31:1–78.

Moynihan, M. 1955. Some aspects of reproductive behavior in the black-headed gull (*Larus ridibundus ridibundus L.*) and related species. *Behaviour*, suppl. no. 4:1–201.

Nagel, U., and H. Kummer. 1974. Variation in cercopithecoid aggressive behavior. In R. Holloway, ed., *Primate Aggression, Territoriality, and Xenophobia*, pp. 159–185. New York: Academic Press.

Napier, J. 1971. *The Roots of Mankind*. London: George Allen and Unwin.

Nicolson, N. A. 1977. A comparison of early behavioral development in wild and captive chimpanzees. In F. E. Poirier, ed., *Primate Biosocial Development: Biological, Social, and Ecological Determinants*, pp. 529–560. New York: Garland.

Nishida, T. 1968. The social group of wild chimpanzees in the Mahale Mountains. *Primates*, 9:167–224.

———— 1973. The ant-gathering behaviour by the use of tools among wild chimpanzees of the Mahale Mountains. *J. Hum. Evol.*, 2:357–370.

———— 1976. The bark-eating habits in primates, with special reference to their status in the diet of wild chimpanzees. *Folia Primatol.*, 25:277–287.

———— 1979. The social structure of chimpanzees of the Mahale Mountains. In D. A. Hamburg and E. R. McCown, eds., *The Great Apes*, pp. 73–122. Menlo Park, Calif.: Benjamin/Cummings.

———— 1980. The leaf-clipping display: a newly discovered expressive gesture in wild chimpanzees. *J. Hum. Evol.*, 9:117–128.

———— 1983. Alpha status and agonistic alliance in wild chimpanzees (*Pan troglodytes schweinfurthii*). *Primates*, 24:318–336.

Nishida, T., and M. Hiraiwa. 1982. Natural history of a tool-using behaviour by wild chimpanzees in feeding upon wood-boring ants. *J. Hum. Evol.*, 11:73–99.

Nishida, T., and M. Hiraiwa-Hasegawa. 1985. Responses to a stranger mother-son pair in the wild chimpanzee: a case report. *Primates*, 26: 1–13.

Nishida, T., and S. Uehara. 1983. Natural diet of chimpanzees (*Pan troglodytes schweinfurthii*): long-term record from the Mahale Mountains, Tanzania. *Afr. Study Monogr.*, 3:109–130.

Nishida, T., S. Uehara, and R. Nyundo. 1979. Predatory behavior among wild chimpanzees of the Mahale Mountains. *Primates*, 20:1–20.

Nishida, T., R. W. Wrangham, J. Goodall, and S. Uehara. 1983. Local differences in plant-feeding habits of chimpanzees between the Mahale Mountains and Gombe National Park, Tanzania. *J. Hum. Evol.*, 12: 467–480.

Nishida, T., M. Hiraiwa-Hasegawa, T. Hasegawa, and Y. Takahata. 1985. Group extinction and female transfer in wild chimpanzees in the Mahale National Park, Tanzania. *Z. Tier psychol.*, 67:284–301.

Nissen, H. W. 1931. A field study of the chimpanzee. *Comp. Psychol. Monogr.*, 8:1–121.

Nissen, H. W., and M. P. Crawford, 1936. A preliminary study of food-sharing behavior in young chimpanzees. *J. Comp. Psychol.*, 12:383–419.

Noble, G. K. 1939. The role of dominance in the social life of birds. *Auk*, 56:263–273.

Norikoshi, K. 1982. One observed case of cannibalism among wild chimpanzees of the Mahale Mountains. *Primates*, 23:66–74.

———— 1983. Prevalent phenomenon of predation observed among wild chimpanzees of the Mahale Mountains. *J. Anthropol. Soc. Nippon*, 91:475–479.

Oki, J., and Y. Maeda. 1973. Grooming as a regulator of behavior in Japanese macaques. In C. R. Carpenter, ed., *Behavioral Regulators of Behavior in Primates*, pp. 149–163. E. Brunswick, N.J.: Bucknell University Press.

Packer, C. R. 1977. Reciprocal altruism in *Papio anubis*. *Nature*, 265:441–443.

———— 1979. Inter-troop transfer and inbreeding avoidance in *Papio anubis*. *Anim. Behav.*, 27:1–36.

Parkel, D. A., R. A. White, and H. Warner. 1977. Implications of the Yerkes technology for mentally retarded human subjects. In D. M. Rumbaugh, ed., *Language Learning by a Chimpanzee: The Lana Project*, pp. 273–286. New York: Academic Press.

Patterson, F. 1979. Talking gorillas as informants: questions posed by Jane Goodall regarding wild chimpanzees. *Gorilla*, 2:1–2.

Patton, R. G., and L. I. Gardner, 1963. *Growth Failure in Maternal Deprivation*. Springfield, Ill.: Charles C Thomas.

Pavlov, I. P. 1955. *Selected Works*. London: Central Books.

———— 1957. *Experimental Psychology and Other Essays*. New York: Philosophical Library.

Perachio, A. A. 1978. Hypothalamic regulation of behavioral and hormonal aspects of aggression and sexual performance. In D. C. Chivers and

J. Herbert, eds., *Recent Advances in Primatology*, vol. 1, pp. 549–566. New York: Academic Press.

Pierce, A. H. 1975. An encounter between a leopard and a group of chimpanzees at Gombe National Park. Manuscript.

—— 1978. Ranging patterns and associations of a small community of chimpanzees in Gombe National Park, Tanzania. In D. C. Chivers and J. Herbert, eds., *Recent Advances in Primatology*, vol. 1, pp. 59–62. New York: Academic Press.

Pitt, R. 1978. Warfare and hominid brain evolution. *J. Theor. Biol.*, 72: 551–575.

Plooij, F. X. 1978. Tool use during chimpanzees' bushpig hunt. *Carnivore*, 1:103–106.

Plotnik, R. 1974. Brain stimulation and aggression: monkeys, apes, and humans. In R. L. Holloway, ed., *Primate Aggression, Territoriality, and Xenophobia*, pp. 389–416. New York: Academic Press.

Poirier, F. E. 1974. Colobine aggression: a review. In R. L. Holloway, ed., *Primate Aggression, Territoriality, and Xenophobia*, pp. 123–158. New York: Academic Press.

Polis, E. 1975. A comparison of two aged wild chimpanzees at Gombe. Manuscript.

Popovkin, V. 1981. The monkey buys a banana. *Moscow News Weekly*, 6:10.

Premack, A. J., and D. Premack. 1972. Teaching language to an ape. *Sci. Am.*, 227:92–99.

Premack, D. 1976. On the study of intelligence in chimpanzees. *Curr. Anthropol.*, 17:516–521.

Premack, D., and G. Woodruff. 1978. Does the chimpanzee have a theory of mind? *Behav. Brain Sci.*, 1:515–526.

Prestrude, A. M. 1970. Sensory capacities of the chimpanzee: a review. *Psychol. Bull.*, 74:47–67.

Pryor, K. 1984. *Positive Reinforcement*. New York: Simon and Schuster.

Pusey, A. E. 1977. The physical and social development of wild adolescent chimpanzees. Ph.D. diss., Stanford University.

—— 1979. Intercommunity transfer of chimpanzees in Gombe National Park. In D. A. Hamburg and E. R. McCown, eds., *The Great Apes*, pp. 465–480. Menlo Park, Calif.: Benjamin/Cummings.

—— 1980. Inbreeding avoidance in chimpanzees. *Anim. Behav.*, 28: 543–552.

—— 1983. Mother-offspring relationships in chimpanzees after weaning. *Anim. Behav.*, 31:363–377.

Pusey, A. E., and Packer, C. 1983. Once and future kings. *Nat. Hist.*, 8: 54–62.

Rahm, U. 1971. L'emploi d'outils par les chimpanzés de l'ouest de la Côte-d'Ivoire. *Terre et Vie*, 25:506–509.

Ransom, T. W. 1972. Ecology and social behavior of baboons in the Gombe National Park. Ph.D. diss., University of California, Berkeley.

Rapaport, L., M. Yeutter-Curington, and D. Thomas. 1984. The influence of estrus on social behavior in a group of captive chimpanzees (*Pan troglodytes*): a preliminary report. Paper presented at the annual meeting of the Animal Behavior Society, Washington, D.C.

Reinhart, J. B., and A. L. Drash. 1969. Psychosocial dwarfism: environmentally induced recovery. *Psychosom. Med.*, 31:165–172.

Reite, M. 1979. Towards a pathophysiology of grief. Paper presented at the annual meeting of the American Psychosomatic Society, Dallas.

Rensch, B., and J. Döhl. 1967. Spontanes öfnen verschiedener Kistenverschlüsse durch einen Schimpansen. *Z. Tierpsychol.*, 24:476–489.

———— 1968. Wahlen zwischen zwei überschaubaren Labyrinthwegen durch einen Schimpansen. *Z. Tierpsychol.*, 25:216–231.

Reynolds, P. C. 1981. *On the Evolution of Human Behavior.* Berkeley: University of California Press.

Ripley, S. 1967. Intertroop encounters among Ceylon grey langurs (*Presbytis entellus*). In S. A. Altmann, ed., *Social Communication among Primates*, pp. 237–254. Chicago: University of Chicago Press.

Riss, D. C., and C. Busse. 1977. Fifty day observation of a free-ranging adult male chimpanzee. *Folia Primatol.*, 28:283–297.

Riss, D. C., and J. Goodall. 1977. The recent rise to the alpha rank in a population of free-living chimpanzees. *Folia Primatol.*, 27:134–151.

Rohles, F., and J. V. Devine. 1966. Chimpanzee performance on a problem involving the concept of middleness. *Anim. Behav.*, 14:159–162.

———— 1967. Further studies of the middleness concept with the chimpanzee. *Anim. Behav.*, 15:107–112.

Rose, R. M., T. P. Gordon, and I. S. Bernstein. 1972. Plasma testosterone levels in the male rhesus: influences of sexual and social stimuli. *Science*, 178:643–645.

Rose, R. M., J. W. Holaday, and I. S. Bernstein. 1971. Plasma testosterone, dominance rank and aggressive behavior in male rhesus monkeys. *Nature*, 231:366–368.

Rose, R. M., I. S. Bernstein, T. P. Gordon, and S. F. Catlin. 1974. Androgens and aggression: a review and recent findings in primates. In R. L. Holloway, ed., *Primate Aggression, Territoriality, and Xenophobia*, pp. 275–304. New York: Academic Press.

Rowell, T. 1974. The concept of social dominance. *Behav. Biol.*, 11:131–154.

Roy, A. D., and H. M. Cameron. 1972. Rhinophycomycosis entomophthorae occurring in a chimpanzee in the wild in East Africa. *Am. J. Trop. Med. Hyg.*, 21:234–237.

Rumbaugh, D. M. 1974. Comparative primate learning and its contributions to understanding development, play, intelligence, and language. In B. Chiarelli, ed., *Perspectives in Primate Biology*, pp. 253–281. New York: Plenum.

Rumbaugh, D. M., and T. V. Gill. 1977. Lana's acquisition of language skills. In D. M. Rumbaugh, ed., *Language Learning by a Chimpanzee: The Lana Project*, pp. 165–192. New York: Academic Press.

Rumbaugh, D. M., and J. L. Pate. 1984. The evolution of cognition in primates: a comparative perspective. In H. L. Roitblat, T. G. Bever, and H. S. Terrace, eds., *Animal Cognition*, pp. 569–587. Hillsdale, N.J.: Lawrence Erlbaum Associates.

Rumbaugh, D. M., T. V. Gill, and E. C. von Glasersfeld. 1973. Reading and sentence completion by a chimpanzee (*Pan*). *Science*, 182:731–733.

Russell, C., and W. M. S. Russell. 1973. The natural history of violence. In C. M. Otten, ed., *Aggression and Evolution*, pp. 240–273. Lexington, Mass.: Xerox College.

Saayman, G. S. 1971. Behaviour of adult males in a troop of free-ranging chacma baboons (*Papio ursinus*). *Folia Primatol.*, 15:36–57.

Sade, D. S. 1965. Some aspects of parent-offspring and sibling relations in a group of rhesus monkeys, with a discussion of grooming. *Am. J. Phys. Anthropol.*, 23:1–18.

———— 1968. Inhibition of son-mother mating among free-ranging rhesus monkeys. *Sci. Psychoanal.*, 12:18–38.

———— 1972. Life cycle and social organization among free-ranging rhesus monkeys. Paper presented at meetings of American Association of Anthropologists, Washington, D.C.

Sagan, C. 1977. *The Dragons of Eden.* New York: Random House.

Sapolsky, R. M. 1982. The endocrine stress-response and social status in the wild baboon. *Horm. Behav.*, 16:279–288.

———— 1983. Endocrine aspects of social instability in the olive baboon. *Am. J. Primatol.*, 5:365–376.

Savage, T. S., and J. Wyman. 1843–44. Observations on the external characters and habits of the *Troglodytes niger*, Geoff., and on its organization. *Boston J. Nat. Hist.*, 4:362–386.

Savage-Rumbaugh, E. S., D. M. Rumbaugh, and S. Boysen. 1978. Symbolic communication between two chimpanzees (*Pan troglodytes*). *Science*, 201:641–644.

Schaller, G. B. 1963. *The Mountain Gorilla: Ecology and Behavior.* Chicago: University of Chicago Press.

———— 1972. *The Serengeti Lion.* Chicago: University of Chicago Press.

Schiller, P. H. 1952. Innate constituents of complex responses in primates. *Psychol. Rev.*, 59:177–191.

Schjelderup-Ebbe, T. 1922. Beiträge zur Sozialpsychologie des Haushuhns. *Z. Psychol.*, 88:225–252.

Schultz, A. H. 1938. The relative weight of the testes in primates. *Anat. Rec.*, 72:387–394.

Scott, J. P. 1958. *Aggression.* Chicago: University of Chicago Press.

Scott, J. P., and E. Fredericson. 1951. The causes of fighting in mice and rats. *Physiol. Zool.*, 24:273–309.

Scott, J. P., and J. L. Fuller. 1965. *Genetics and the Social Behavior of the Dog.* Chicago: University of Chicago Press.

Seyfarth, R. M. 1980. The distribution of grooming and related behaviours among adult female vervet monkeys. *Anim. Behav.*, 28:789–813.

Seyfarth, R. M., D. L. Cheney, and R. A. Hinde. 1978. Some principles relating social interactions and social structure among primates. In D. J. Chivers and J. Herbert, eds., *Recent Advances in Primatology*, vol. 1, pp. 39–52. New York: Academic Press.

Short, R. V. 1979. Sexual selection and its component parts, somatic and genital selection, as illustrated by man and the great apes. *Adv. Stud. Behav.*, 9:131–158.

Shostak, M. 1981. *Nisa: The Life and Words of a !Kung Woman.* Cambridge, Mass.: Harvard University Press.

Silk, J. B. 1978. Patterns of food sharing among mother and infant chimpanzees at Gombe National Park, Tanzania. *Folia Primatol.*, 29:129–141.

Simpson, M. J. A. 1973. The social grooming of male chimpanzees: a study of eleven free-living males in the Gombe Stream National Park, Tanzania. In R. Michael and J. H. Crook, eds., *The Ecology and Behavior of Primates*, pp. 411–502. New York: Academic Press.

Smythies, J. R. 1970. *Brain Mechanisms and Behavior.* New York: Academic Press.

Sollereld, H. A., and M. J. van Zwieten. 1978. Membranous dysmenorrhea in the chimpanzees (*Pan troglodytes*): a report of four cases. *J. Med. Primatol.*, 7:19–25.

Speroff, L., F. Glass, and N. Kase. 1983. *Clinical Gynecological Endocrinology and Fertility*, 3rd ed. Baltimore: Williams & Wilkins.

Spitz, R. A. 1946. Anaclitic depression: an inquiry into the genesis of psychiatric conditions in early childhood. In *The Psychoanalytical Study of the Child*, vol. 2, pp. 53–74. New York: International University Press.

Sroufe, L. A. 1979. The coherence of individual development: early care, attachment and subsequent developmental issues. *Am. Psychol.*, 34:834–841.

Stammbach, E., and H. Kummer. 1982. Individual contributions to a dyadic interaction: an analysis of baboon grooming. *Anim. Behav.*, 30:964–971.

Stenhouse, D. 1973. *The Evolution of Intelligence: A General Theory and Some of Its Implications.* London: George Allen and Unwin.

Struhsaker, T. T. 1977. Infanticide and social organization in the redtail monkey (*Cercopithecus aethiops*). *Anim. Behav.*, 19:233–250.

Struhsaker, T. T., and P. Hunkeler. 1971. Evidence of tool-using by chimpanzees in the Ivory Coast. *Folia Primatol.*, 15:212–219.

Sugiyama, Y. 1965. Behavioral development and social structure in the two troops of Hanuman langurs (*Presbytis entellus*). *Primates*, 6:213–247.

Sugiyama, Y., and J. Koman. 1979. Tool using and making behavior in wild chimpanzees at Bossou, Guinea. *Primates*, 20:513–524.

Suzuki, A. 1966. On the insect eating habits among wild chimpanzees living in the savanna woodland of western Tanzania. *Primates*, 7:481–487.

——— 1969. An ecological study of chimpanzees in a savanna woodland. *Primates*, 10:103–148.

——— 1971. Carnivority and cannibalism observed among forest-living chimpanzees. *J. Anthropol. Soc. Nippon*, 79:30–48.

Takahata, Y. 1985. Adult male chimpanzees kill and eat a male newborn infant: newly observed intragroup infanticide and cannibalism in Mahale National Park, Tanzania. *Folia Primatol.*, 44:121–228.

Takahata, Y., T. Hasegawa, and T. Nishida. 1984. Chimpanzee predation in the Mahale Mountains from August 1979 to May 1982. *Int. J. Primatol.*, 5:213–233.

Takasaki, H. 1983. Mahale chimpanzees taste mangoes—towards acquisition of a new food item? *Primates*, 24:273–275.

Teleki, G. 1973a. Group response to the accidental death of a chimpanzee in Gombe National Park, Tanzania. *Folia Primatol.*, 20:81–94.

——— 1973b. Notes on chimpanzee interactions with small carnivores in Gombe National Park, Tanzania. *Primates*, 14:407–412.

——— 1973c. *The Predatory Behavior of Wild Chimpanzees.* E. Brunswick, N.J.: Bucknell University Press.

——— 1981. The omnivorous diet and eclectic feeding habits of chimpanzees in Gombe National Park, Tanzania. In R. S. O. Harding and G. Teleki, eds., *Omnivorous Primates: Gathering and Hunting in Human Evolution*, pp. 303–343. New York: Columbia University Press.

Temerlin, M. K. 1975. *Lucy: Growing up Human.* Palo Alto, Calif.: Science and Behavior Books.

Thomas, D. K. 1961. The Gombe Stream Game Reserve. *Tanganyika Notes Rec.*, 56:34–39.

Thompson-Handler, N., R. K. Malenky, and N. Badrian. 1984. Sexual behavior of *Pan paniscus* under natural conditions in the Lomako Forest, Equateur, Zaire. In R. L. Sussman, ed., *The Pygmy Chimpanzee: Evolutionary Biology and Behavior*, pp. 347–368. New York: Plenum.

Thorpe, W. H. 1956. *Learning and Instinct in Animals.* London: Methuen.

Tinbergen, N. 1968. On war and peace in animals and man. *Science*, 160:1411–18.

Tinklepaugh, O. L. 1932. Multiple delayed reaction with chimpanzees and monkeys. *J. Comp. Psychol.*, 13:207–243.

——— 1933. Corrections to "A diet for chimpanzees and monkeys in captivity." *J. Mammal.*, 14:68–69.

Traill, T. S. 1821. Observations on the anatomy of the orangutan. *Mem. Wernerian Nat. Hist. Soc.*, 3:1–49.

Trivers, R. L. 1971. The evolution of reciprocal altruism. *Quart. Rev. Biol.*, 46:35–57.

———— 1972. Parental investment and sexual selection. In B. Campbell, ed., *Sexual Selection and the Descent of Man*, pp. 136–179. Chicago: Aldine.

Tulp, N. 1641. *Observationum Medicarum*. Amsterdam.

Turnbull-Kemp, P. 1967. *The Leopard*. London: Bailey Brothers & Swinfen.

Tutin, C. E. G. 1975. Sexual behaviour and mating patterns in a community of wild chimpanzees (*Pan troglodytes schweinfurthii*). Ph.D. diss., University of Edinburgh.

———— 1979. Mating patterns and reproductive strategies in a community of wild chimpanzees (*Pan troglodytes schweinfurthii*). *Behav. Ecol. Sociobiol.*, 6:39–48.

Tutin, C. E. G., and P. R. McGinnis. 1981. Chimpanzee reproduction in the wild. In C. E. Graham, ed., *Reproductive Biology of the Great Apes*, pp. 239–264. New York: Academic Press.

Tutin, C. E. G., and W. C. McGrew. 1973. Chimpanzee copulatory behavior. *Folia Primatol.*, 19:237–256.

Tyson, E. 1699. *The Anatomy of a Pygmie*. London.

Uehara, S. 1982. Seasonal changes in the techniques employed by wild chimpanzees in the Mahale Mountains, Tanzania, to feed on termites. *Folia Primatol.*, 37:44–76.

de Waal, F. B. M. 1978. Exploitative and familiarity-dependent support strategies in a colony of semi-free-living chimpanzees. *Behaviour*, 66:268–312.

———— 1982. *Chimpanzee Politics: Power and Sex among Apes*. New York: Harper & Row.

———— 1985. Scapegoating in primates: a double-edged sword. (In press.)

de Waal, F. B. M., and J. A. Hoekstra. 1980. Contexts and predictability of aggression in chimpanzees. *Anim. Behav.*, 28:929–937.

de Waal, F. B. M., and A. Roosmalen. 1979. Reconciliation and consolation among chimpanzees. *Behav. Ecol. Sociobiol.*, 5:55–66.

Weisbard, C., and R. Goy. 1976. Effect of parturition and group composition on competitive drinking order in stumptail macaques. *Folia Primatol.*, 25:95–121.

Wickler, W. 1969. *The Sexual Code*. London: Weidenfeld and Nicolson.

Wilson, A. P., and S. H. Vessey. 1968. Behaviour of free-ranging castrated rhesus monkeys. *Folia Primatol.*, 9:1–14.

Wilson, E. O. 1975. *Sociobiology: The New Synthesis*. Cambridge, Mass.: Belknap Press of Harvard University Press.

Wilson, W. L., and A. C. Wilson. 1968. Aggressive interactions of captive chimpanzees living in a semi-free ranging environment. *Rep. 6571st Aeromed. Res. Lab.*, Holloman Air Force Base, N. M.

Windholz, G. 1984. Pavlov vs. Köhler: Pavlov's little-known primate research. *Pav. J. Biol. Sci.*, 19:1, 23–31.

Woodruff, G., and D. Premack. 1979. Intentional communication in the chimpanzee: the development of deception. *Cognition*, 7:333–362.

Wrangham, R. W. 1974. Artificial feeding of chimpanzees and baboons in their natural habitat. *Anim. Behav.*, 22:83–93.

———— 1975. The behavioral ecology of chimpanzees in Gombe National Park, Tanzania. Ph.D. diss., Cambridge University.

———— 1977. Feeding behavior of chimpanzees in Gombe National Park, Tanzania. In T. H. Clutton-Brock, ed., *Primate Ecology*, pp. 503–538. New York: Academic Press.

————— 1979. Sex differences in chimpanzee dispersion. In D. A. Hamburg and E. R. McCown, eds., *The Great Apes*, pp. 481–490. Menlo Park, Calif.: Benjamin/Cummings.

Wrangham, R. W., and E. van Z. Bergmann-Riss. In press. Frequencies of predation on mammals by Gombe chimpanzees, 1972–1975.

Wrangham, R. W., and T. Nishida. 1983. *Aspilia* spp. leaves: a puzzle in the feeding behavior of wild chimpanzees. *Primates*, 24:276–282.

Wrangham, R. W., and B. Smuts. 1980. Sex differences in behavioural ecology of chimpanzees in Gombe National Park, Tanzania. *J. Reprod. Fert. (Suppl.)*, 28:13–31.

Wright, Q. 1965. *A Study of War*. Chicago: University of Chicago Press.

Yerkes, R. M. 1925. *Almost Human*. New York: Century.

————— 1939. Sexual behavior in the chimpanzee. *Hum. Biol.*, 11:78–111.

————— 1943. *Chimpanzees: A Laboratory Colony*. New Haven: Yale University Press.

Yerkes, R. M., and J. H. Elder. 1936. Oestrus, receptivity, and mating in the chimpanzee. *Comp. Psychol. Monogr.*, 13:1–39.

Yerkes, R. M., and A. Petrunkevitch. 1925. Studies of chimpanzee vision by Ladygina-Kohts. *J. Comp. Psychol*, 5:99–108.

Yerkes, R. M., and A. W. Yerkes. 1929. *The Great Apes: A Study of Anthropoid Life*. New Haven: Yale University Press.

［訳書-原典対応辞書］

　この辞書は，訳語と原語との対応を示すとともに，本書における用語の意味を理解するための用語解説（グロッサリー）をも兼ねている。ただし，本文で十分説明されている場合にはこのかぎりではない。同義語または文脈によって訳し分けた用語は→で併記した。（　）は語の説明を，［　　］は語の補足を示す。原語につけた学名は訳者による。掲載は訳語のアイウエオ順に並べてある。134ページ図6-2に掲載の各種音声については省略した。

アカオザル（オナガザル科オナガザル属の一種）	redtail monkey (*Cercopithcus ascanius*)
アカコロブス（オナガザル科コロブス属の一種）	red colobus (*Colobus badius*)
あざけり笑い	mock smile
遊び顔（図6-1）	play face
穴探り（指または細い棒を穴に入れて探り，かき回す行動）	probing
雨踊り（雷雨などのときに行なわれる誇示行動）	rain display
争い	fight
アリ獲り（アリの集団の中に棒をおいて這い上ってきたアリを食べる方法）	ant dipping
アルファ雄→最優位雄	alpha male
安全保証（元気づけ・自分と相手の心配を打ち消すための行動）	reassurance
［社会集団間の］移籍	transfer
位置換え（優位者の接近に伴う劣位者の移動）	displacement
遺伝的近縁度	genetic relatedness
移動	travel
［近隣の社会集団からの］移入者	immigrant
雨期→雨季	wet season, rainy season
腕振り（示威行動の一種）	arm-waving
腕振り上げ威嚇	arm-raise threat
馬乗り（AがBの背に乗る行動）	mounting
運動遊び（樹上を歩き，走り，腕渡りする一連の遊び）	locomotor play
エビ足（指の欠損等による奇形）	clubfoot
遠距離［伝達］用の音声	distant call
オオトカゲ（1mをこえるものも多い）	monitor lizard (*Varanus spp.*)
お手々ぶらぶら（手首をふって相手の注意を促す行動）	wrist-shaking
脅し	intimidation
おねだり→物乞い	begging
音響スペクトログラフ（音声分析装置）	sound spectrograph
階層→社会的序列	hierarchy
回避	avoidance
覚醒→喚起	arousal
家族（母系の集まり・厳密には生物学的家族）	family, family group
活動→挙動	action
感覚運動制御	sensory-motor control
観察地点	observation point
観念構成	ideation
概念形成	concept formation
眼窩上隆起（瞼の上のでっぱり・チンパンジーやゴリラで顕著に見られる）	brow ridge
拮抗的→対立的	agonistic
基本音声（パント，悲鳴など基本的な数種の音声・図6-2を見よ）	main call
求愛（交尾の誘いかけ）	courtship
境界（なわばりの限界）	boundary
競合→競争	competition
［同じパーティー内での］共存	association
きょうだい（兄弟姉妹）	sibling
共鳴腔（音声増幅に用いられる口腔・鼻腔・胸郭等の体腔）	resonating cavity
局所的強調（場所や事物に対する注意が他個体の反応によって喚起されること）	local enhancement

居住者	resident
挙動→活動	action
唇がえし（図6-1）	lip flip
クラン（ハイエナが形成する母系的集合）	clan
クラン（マントヒヒが形成する単雄の父系的集合）	clan
グリメイス（唇を引き歯をむき出す表情・泣きっつら）（図6-1）	grimace, grin
グルーミング→毛づくろい	grooming
グルーミングセッション（一連のグルーミング）	grooming session
群淘汰	group selection
警［戒］声	alarm call
警察行動（よそ者の侵入を防ぐ見回り）	policing
結合（とくに社会的な結びつき）	bond
元気づけ→安全保証	reassurance
行為	act
攻撃（身体接触を伴う，もしくはそれに近い敵対的行動）	attack
攻撃性	aggression, aggressive
攻撃の伝播	aggressive contagion
交互的グルーミング（交代しながらするグルーミング）	reciprocal grooming
更新世→洪積世	Pleistocene
行動	act, behaviour
行動域→遊動域	home range
行動連鎖（次々に起こる一連の行動）	(behavioral) sequence
交尾	copulation, sexual contact
交尾する	mate
交尾のときの［あえぎ］声	copulation pants
誇示行動→ディスプレイ	display
古人類学	paleoanthropology
個体群（ある地域に生息する同種個体の全員）	population
木の実割り	nut cracking
コピュリン（雌が分泌する性的誘引物質）	copulin
コミュニティー（チンパンジーの社会集団）	community
コロニー（主として飼育集団）	colony
混合パーティー（雄・雌・子どもを含むパーティー）	mixed party
棍棒打ち（示威行動の一種）	clubbing
再会→合流	reunion
サイチョウ（くちばしの大きい熱帯性の大型の鳥）	hornbill (*Bucerotidae*)
最優位雄→アルファ雄	alpha male (highest-ranking male)
竿振り（誇示行動の一種）	flailing
探り棒	investigatory probe, probe
サファリアリ（大型で攻撃的な種類のアリ）	driver ant (*Dorylus spp.*)
三者間	triadic
飼育集団	captive group
支援→支持	support
［個体を］識別する	identify
社会集団	social group
社会的遊び（仲間遊び・集団遊び）	social play

社会的求心 [性]	social attraction
社会的興奮	social excitement
社会的促進（他個体の行動の観察によって既存の同型行動の出現頻度が増加すること）	
	social facilitation
社会的剥奪（個体の発達段階において社会的環境や経験を剥奪すること）	social deprivation
しゃがんだ姿勢	squatting position
周縁部（遊動域の周辺部）	peripheral area
襲撃（複数個体による攻撃）	attack
集合→集団	aggregation
集合性の	gregarious
集団暴行	gang attack
集中利用域（遊動域内で頻繁に利用する地域）	core area
腫脹（発情による雌の尻のふくらみ）	swelling
腫脹した尻	swollen bottom
漿果（多肉で液汁に富んだ果実）	berry
小集団→パーティー	subgroup, party
初期人類	early hominid
食物源	food source
食物資源	food resource
食物選択	food selection
食物分与→分配	food sharing
尻向け→プレゼンティング（交尾誘引または宥和のための行動）	presenting
シロアリ釣り	termite fishing
進化的利益	evolutionary advantage
親和的	affiliative
示威	demonstration
ジャックポット効果（宝くじのような大当たり効果）	jackpot effect
授乳中の不妊	lactational anestrus
[性的] 受容性	receptivity
自由遊動（広範囲を自由に動き回れる野生・餌づけ・放し飼いの状態）	free-ranging
[学習によって] 条件づけられた	conditioned
序列→階層	hierarchy
人口学的	demographic
巣がけ（チンパンジーが毎晩樹上につくるベッド（巣）つくり）	nesting
ストリキニーネ（堅い殻を持つ果実）の実の殻	strychnos shell (*Strychnos spp.*)
スナノミ（哺乳類の皮下にもぐり込んで産卵繁殖する微小昆虫）	sand flea (*Sacropsylla pentrans*)
生活史	life history
性的活性状態→性的受容状態	reproductive condition (state)
性的受容期間中の雌（妊娠や授乳をしていない成熟雌）	cycling female
性的欲求	sexual desire (motivation)
生得的	inherently
成年期（表5-1）	maturity
青年期（表5-1）	adolescence
青年期不妊（初潮が始まってから妊娠可能になるまでの数年間）	adolescent sterility
[雌の尻の] 性皮の腫脹 [状態]	tumescence
性皮の腫脹減退 [状態]	detumescence

性皮の膨張 [傾向]	inflation
背中を示す姿勢（敵意のないことを示す宥和行動・相手を呼ぶ誘引姿勢）	back present
潜在的資源	potential resource
前適応（重要でなかった性質が後に適応的な価値を現わすこと）	preadaptation
相互交渉	interaction
相互的グルーミング（同時にお互いをグルーミングすること）	mutual grooming
壮年期（成年中期・表5-1）	maturity prime
相補的	complimentary
ターゲット情報（調査対象個体についての情報）	target information
対抗者→ライバル	rival
大後頭孔（頭骨の後部または下部にある延髄が通る孔）	foramen magnum
太鼓叩き（雄が胸や大木の幹を叩く示威行動）	drumming display
対立的→拮抗的	agonistic
多子出産（双子，三つ子などを出産すること）	multiple birth
タッボ（ある果実の現地名）	tabbo
単独性	solitary
単雄集団（マントヒヒなどがつくる最小の社会単位）	one-male unit, single-male unit
膣口栓（交尾後膣口をふさぐ固形化した精液）	vaginal plug
乳離れ前の子ども	dependent offspring
[脳内の] 中央記憶貯蔵庫	central memory store
中年期（成年後期・表5-1）	maturity middle age
懲罰	retribution
[遊動域の] 重複部分	overlap zone
通年の	annual
ツムギアリ（糸を分泌して葉や茎を縫い合わせて巣をつくるアリ）	weaver ant (*Oecophylla spp.*)
つれそい→かけおち	consort
提携→連合	coalition
手形	token
敵意	hostility
敵対者	opponent, rival
敵対性	aggression, aggressive, hostile
テナガザル（東南アジアに生息する小型類人猿）	gibbon (*Hylobates spp.*)
転嫁攻撃（攻撃を受けた個体が劣位の個体を攻撃すること）	redirected aggression
ディスプレイ→誇示行動・示威行動	display
統合	integration
遠吠え	whooping
突進ディスプレイ	charging display
共食い	cannibalism
動機づけ	motivation
道具使用行動	tool-using behavior (performance)
動作	gesture
同盟	alliance
なわばり	territory
逃げ腰姿勢→へっぴり腰	bending away
にせ笑い	mock smile
乳幼児期（赤んぼう期・表5-1）	infancy

［脳内に記憶された］認識地図	mental map
認知能力	cognitive ability
年間遊動域	year range
「乗りなさい」姿勢（母親が赤んぼうに尻または背を向けて腰をかがめる姿勢）	climb-aboard
配偶	mating
排他的な	exclusive
［雌の］はいつくばった交尾姿勢	crouch-present
［アリまたはシロアリの］働きアリ	worker
葉っぱ咬み［葉っぱちぎり落し］（上下唇で硬い葉をちぎりその音で相手に注意を促す行動）	leaf clipping
歯をむきだす→グリメイス（図6-1）	grin
般化（通常特定の事象に対する反応が別の事象に対しても発現すること）	generalization
バウト（行動開始から終了までを表わす分析上の単位）	bout
場面（状況の推移，流れ，脈絡）	context
板根（熱帯性樹木特有の主幹から放射状に広がる板状の幹）	buttress
バンド（マントヒヒの「クラン」の集合。群れに近い集団）	band
パーティー（チンパンジーがつくる採食や移動のための一時的集まり）	party
非血縁の	nonrelated
非適応的	maladaptive
人づけ（野生動物を観察者になれさせること）	habituation
ひとり遊び	solitary play
昼寝用の巣	day nest
鼻藻菌症→茸病（p.103）	*rhinophycomycosis entomophthorae*
服従的	submissive
糞食	coprophagy
ブッシュバック（カモシカに近縁のヤギジカ）	bushback (*Tragelaphus scriptus*)
分配→分与	share
［集団の］分裂	fission
プレイ・ウォーク（遊び半分の歩き方）	play walk
［シロアリまたはアリの］兵アリ	soldiers
訪問者（一時的進入者）	visitor
ホエザル（南米に生息する広鼻猿類の一種）	howler monkey (*Alouatta spp.*)
捕食	predation
本能的	instinctive
ボビング→首振り	bobbing
膜様月経困難症（p.112）（原典p.105）	membranous dysmenorrhea
未経産雌（まだ出産したことのない雌）	nullipara
身づくろい	body care
ミドリザル（オナガサル科オナガザル属のサル）	vervet monkey (*Cercopithecus aethiops*)
鞭打ち（示威行動の一種）	whipping
目的志向的	goal-oriented
物乞い→おねだり	begging
模倣	imitation
優位	dominant
友好的	friendly
遊動	travel
遊動域→行動域	home range, range

634 ── ［訳書-原典対応辞書］

優劣	dominance
宥和→なだめ	appeasement
腰帯（足の骨を脊柱に結合する骨格）	pelvic girdle
幼年期→子ども期（表5-1）	childhood
よそもの雌効果（雄が新奇な雌に対し強い関心を持つこと）	strange-female effect
乱婚的	promiscuous
離合集散	fusion-fisson
利他行動（他個体が利益を得るような行動）	altruistic behaviour
［集団からの］離脱	departure
利用可能性	availability
履歴	history
隣接者	neighbor
［ヒト以外の］霊長類	nonhuman primates
劣位	subordinate
連合→提携	coalition
老年期（表5-1）	old age
わん曲足（p. 100）	talipes equino verus

訳者あとがき

　原著者のジェーン・グドールさんについては，いまさら説明するまでもないだろう。1960年から東アフリカのタンザニア西端，タンガニーカ湖に面したゴンベで野生チンパンジーの研究を続け，数々の新発見をしてきたことで知られる，ロンドン生まれのイギリス女性である。彼女の半生をささげたチンパンジー研究の，この本は，文字どおりの集大成である。

　ゴンベは，東アフリカに精通した師のL.S.B. リーキー博士が狙いをつけた絶好のフィールドであった。しかも，調査開始後短期間で，意図しなかった餌づけに成功するという好運にも恵まれた。しかしその後も彼女は，持ち前のねばり強さと詳細な観察を続け，26年間の記録として生まれたのがこの本である。

　初期の研究の成功の後，多くの欧米の若い研究者が参加して，一時，ゴンベはアフリカの中の白人村の観を呈した。しかし，1975年に対岸のザイールの反政府軍によって4人の白人学生が人質にとられ，混乱に陥った。このために，その後は主としてタンザニア人の調査助手による観察に任されることになったが，それでも，観察記録は着実に蓄積されてきた。この本には，それらの観察記録もふんだんに使われている。

　観察記録の豊富さに比べて，グドールさんは，いわゆる学術論文をあまり書かず，*"In the Shadow of Man"*（邦訳「森の隣人」平凡社刊）というポピュラーな本を著し，ナショナル・ジオ

グラフィックという一般向け雑誌に記事を書き，そして新聞雑誌での紹介に登場してきた。これらからは断片的な情報しかえられなかったのである。われわれがゴンベのチンパンジーに関して得てきた正確な知識の多くは，むしろ，あとからゴンベに入った若い学生たちの手によって書かれた論文による。

　だから，グドールさん自身の手によって詳細なゴンベのチンパンジーの記録が公表されることは，長い間待たれていたものだった。この本は，そんな期待に十二分に答えるみごとな観察記録である。驚くほど詳細な，といってもよいだろう。しかも彼女の特徴として，数式を並べたり理論をふりかざすことなく正確な記述がどこまでも続くので，誰が読んでも理解は容易だ。

　遠慮がちな原題，*"The Chimpanzees of Gombe —— Patterns of Behavior"*（ゴンベのチンパンジー——その行動の型）は，この本の内容を明瞭に表している。そのすべてを書きつくしている一方，けっしてチンパンジー全体を書いたとは言っていない。それにもかかわらず，もちろん，グドールさん自身のチンパンジー像はくっきりと浮かび上がっている。

　通読するにはいささか重い本だが，これを読んで読者はきっと考え込んでしまうにちがいない。人間って，いったいなんだろう。人間と動物の差は，どこにあるのだろうか。

大著の訳出には，大勢の若い霊長類研究者の協力を得た。なかでも室山泰之君の精魂込めた努力がなかったら，とても読んでもらえるとこ ろまで来なかった。出版までに払われたミネルヴァ書房の寺内一郎さんの努力にも，記して感謝したい。

　　1990年 5 月　第13回国際霊長類学会日本大会を
　　　　　　　　目前にして

　　　　　　　　　　訳者を代表して　杉山幸丸

《訳者代表》

杉山幸丸（すぎやま・ゆきまる）

1935年生れ。
京都大学名誉教授・理学博士
主著 『ボッソウ村の人とチンパンジー』
　　　『子殺しの行動学』
　　　『サルを見て人間本性を探る』
　　　『野生チンパンジーの社会』
　　　『サルはなぜ群れるのか』

松沢哲郎（まつざわ・てつろう）

1950年生れ。
京都大学高等研究院特別教授・理学博士
主著 『ことばをおぼえたチンパンジー』
　　　『想像するちから』
　　　『おかあさんになったアイ』
　　　『進化の隣人ヒトとチンパンジー』
　　　『チンパンジーから見た世界』

《翻訳分担》

　下記の分担により，各章を第一訳者が下訳し，第二訳者がこれを見直し，修正した。（数字は各章番号）はじめに，1：松沢哲郎／2：板倉昭二，藤田和生／3：室山泰之，藤田／4：大井徹，三谷雅純／5：五百部裕，宮藤浩子／6：佐倉統，松沢／7：広谷彰，杉山幸丸／8：宮藤，杉山／9，10：中川尚史，杉山／11：宮藤，杉山／12：大井，松沢／13：伏見貴夫，藤田／14：室山，藤田／15：五百部，宮藤／16：佐倉，松沢／17：三谷，大井／18：藤田，松沢／19：伏見，藤田／結論：杉山，松沢。

　第三段階として，室山が全巻通して原典と見比べながら検討し，不適切な訳，なめらかでない訳，等をひろい出した。これをもとに，杉山・松沢の両名が再度全面的に原典と見比べつつ，最終訳をつくった。

野生チンパンジーの世界 ［新装版］

| 1990年11月20日　初　版第1刷発行 | 〈検印省略〉 |
| 2017年12月10日　新装版第1刷発行 | |

定価はカバーに
表示しています

訳者代表　杉　山　幸　丸
　　　　　松　沢　哲　郎

発 行 者　杉　田　啓　三

印 刷 者　中　村　勝　弘

発 行 所　株式会社　ミネルヴァ書房
607-8494　京都市山科区日ノ岡堤谷町1
電話代表　075-581-5191
振替口座　01020-0-8076

© 杉山幸丸・松沢哲郎ほか，2017　　　　　中村印刷・新生製本

ISBN978-4-623-08229-2

Printed in Japan

アイブル＝アイベスフェルト 著
日髙敏隆 監修　桃木暁子ほか 訳

ヒューマン・エソロジー

B5判上製函入　984頁　本体15000円

●人間行動の生物学　30年以上にわたり世界各地をフィールドワークし，文化と人間行動を鋭い目で観察し，著者自身が撮った多くの写真・フィルムと動物行動学，心理学，社会学，人類学，歴史，芸術等々の核博な知識に裏付けられた簡潔にして格調高い文章とをもつ，"人間行動学"を打ち立てた一冊。

ウェルナー／カプラン 著
柿崎祐一 監修　鯨岡 峻／浜田寿美男 訳

シンボルの形成

A5判上製カバー　584頁　本体10000円

●言語と表現への有機・発達論的アプローチ　シンボル形成の過程に，個体発生の一般的発達原理のみでは解明し得ない，独特の有機的発達の概念を適用し，言語表現のみならず，あらゆる表現手段のシンボル形成の特徴を解明。

H.ウェルナー 著
園原太郎 監修　鯨岡 峻／浜田寿美男 訳

発達心理学入門

A5判上製カバー　608頁　本体10000円

●精神発達の比較心理学　従来の心理学の視点に対し，心的現象をより相対的に捉える方向を展望し，心理学研究者はもとより精神医学，文化人類学を学ぶ人々にも知的興奮と多くの示唆を与える書。

J.ピアジェ 著
谷村 覚／浜田寿美男 訳

知　能　の　誕　生

A5判上製函入　560頁　本体6000円

新生児はどのような過程を経てひとになるのだろうか。本書は，ピアジェが自分の3人の子どもたちの綿密な観察を基に，発達心理学の原点，感覚運動的知能から表象的知能への概念を確立した，発達心理学上不朽の名著である。

H.ワロン 著
浜田寿美男 訳編

身　体・自　我・社　会

四六判美装カバー　276頁　本体2500円

●子どものうけとる世界と子どもの働きかける世界　他者と自我の二重性をもつ自己として発達する子ども。その全体像を，全体性のままに，矛盾を含んだ姿のままにつかまえようとしたワロンの理論を解説を加えながら紹介する。

J.ブルーナー 著
岡本夏木／仲渡一美／吉村啓子 訳

意　味　の　復　権〔新装版〕

四六判上製カバー　272頁　本体3500円

●フォークサイコロジーに向けて　「文化」に生きる人間は，その文化に根ざす「意味」とのたえざるかかわりにおいて「自己の物語」を紡ぎだしていく。ナラティヴ研究がさかんになっている今，ますますその価値が高まっている古典的名著。

ジョージ・バターワース／マーガレット・ハリス 著
村井潤一 監訳　小山 正／神土陽子／松下 淑 訳

発達心理学の基本を学ぶ

A5判上製カバー　360頁　本体3800円

●人間発達の生物学的・文化的基盤　ピアジェ・ヴィゴツキー・ボウルビィを主軸に，最新の研究も多数紹介し，乳幼児期から成人期以降までの人間発達をトータルな視点で捉える。

ヴァスデヴィ・レディ 著
佐伯 胖訳

驚くべき乳幼児の心の世界

A5判上製カバー　378頁　本体3800円

●「二人称的アプローチ」から見えてくること　従来の乳幼児の他者理解についての研究が見落としてきた，赤ちゃんの深い人間理解に根ざした，「ひとの心」の理解とかかわりを，あますところなく次々と明らかにする。

斎藤清明 著

今　西　錦　司　伝

A5判上製カバー　408頁　本体4500円

●「すみわけ」から自然学へ　まっすぐに自然と向きあい，独自の世界観を創造した，自然学者の今西錦司。その今西を間近に見てきた著者が，本人しか知りえない情報を含めて，今西錦司は何だったのかを解き明かす。

──── ミネルヴァ書房 ────